Der Kosmos Vogelführer

GROSSE AUSGABE

Alle Arten
Europas,
Nordafrikas und
Vorderasiens

Illustrationen und Bildlegenden
Killian Mullarney, Dan Zetterström
Texte und Karten
Lars Svensson
Mit wesentlichen Beiträgen von Peter J. Grant

Übersetzt von Peter H. Barthel

KOSMOS

INHALT

KILLIAN MULLARNEY

Killian Mullarney gilt als einer der führenden Vogelzeichner unserer Zeit und ist ein anerkannter Experte für Vogelbestimmung. Dank seiner großen Freilanderfahrung in Europa, dem Nahen Osten, Asien und Nordamerika hat er ein außergewöhnliches Verständnis für die Vogelarten erworben, die in diesem Buch behandelt werden – ein Buch an dem er von Beginn an intensiv mitarbeitete. Von 1980 bis 2008 war er Mitglied der irischen Seltenheitenkommission, für einige führende europäische Vogelzeitschriften ist er als Bestimmungsexperte beratend tätig, und auch internationalen Seltenheitenkommissionen ist er oft Ratgeber bei der Beurteilung seltener Nachweise. Seine Illustrationen sind in verschiedenen Publikationen erschienen, darunter seine Darstellungen von Seevögeln im jüngst erschienenen Buch „Sound Approach guide to Petrels Night and Day", die begeisterte Beachtung fanden. Er lebt mit seiner Partnerin Cornelia und zwei Töchtern in Wexford, Irland.

© Richard Mills

© Anna-Lena Ahlström

DAN ZETTERSTRÖM

Dan Zetterström gilt als einer der weltweit besten Vogelzeichner und ist ein anerkannter Experte für Vogelbestimmung. Auf seinen häufigen Reisen in Europa, im gesamten Mittelmeerraum wie auch in fernen Ländern der Nordhalbkugel hat er umfassende Kenntnisse praktisch aller in diesem Buch behandelten Vogelarten erworben. Von 1989 bis 1997 war er Mitglied der schwedischen Seltenheitenkommission. 1990 wurde ihm angeboten, sich als Zeichner dem Team für die erste Auflage dieses Buchs anzuschließen, und seitdem hat er mit vielen Ideen, seinem großen Wissen und seiner Schaffenskraft einen großen Beitrag zu diesem Buch und seiner Gestaltung geleistet. Auch in anderen Büchern sind seine Zeichnungen erschienen, so z. B. im „Philip's Guide to Birds of Britain and Europe", „The Birds of the Western Palearctic" und „Handbook of Bird Identification". Er lebt außerhalb Karlstads in Westschweden.

LARS SVENSSON

Lars Svensson ist ein hoch anerkannter schwedischer Ornithologe. In den 1980er Jahren gab er den Anstoß zu diesem Buch und nahm von Anfang an Peter J. Grant und Killian Mullarney in das Autorenteam auf. Neben anderen Büchern veröffentlichte er den „Identification Guide to European Passerines", ein Bestimmungsbuch für Beringer, das alle europäischen Singvögel behandelt. Von 1971 bis 1974 war er Herausgeber der Zeitschrift „Vår Fågelvärld". Er gehörte zu den Gründern der schwedischen Seltenheitenkommission (die zur schwedischen ornithologischen Gesellschaft gehört) und hatte deren Vorsitz von 1971 bis 1986 inne. Er ist Mitglied des schwedischen wie auch des britischen Taxonomischen Komittees und Autor oder Mitautor anderer Bücher oder Publikationen zum Thema Vogelbestimmung. Seine Zeit verbringt er meist zwischen Torekov in Südschweden und Stockholm, doch hat er zahlreiche weite ornithologische Studienreisen unternommen. 2004 wurde er mit der Ehrendoktorwürde der Universität Uppsala ausgezeichnet.

EINFÜHRUNG

Dieses Buch behandelt alle Vogelarten, die als Brutvögel oder regelmäßige Gäste in Europa, Nordafrika nördlich 30° nördlicher Breite sowie in Israel, Palästina, Jordanien, Syrien, der Türkei, Armenien, Georgien und Aserbaidschan und auf der ägyptischen Sinaihalbinsel beobachtet werden können. Ferner sind die Kanarischen Inseln und Madeira behandelt (nicht aber die Azoren, Kapverden, der Irak und Iran). Europa wird im Osten durch den Kamm des Uralgebirges, den Fluss Ural und das Kaspische Meer begrenzt.

713 Arten sind im Hauptteil beschrieben, 59 seltene Besucher werden nur kurz vorgestellt. Weitere 32 Arten, bei denen es sich möglicherweise oder sicher um Gefangenschaftsflüchtlinge bzw. um vom Menschen ausgesetzte Vögel mit in Freiheit brütenden verwilderten Populationen handelt, werden separat behandelt. Schließlich werden 118 sehr seltene Ausnahmeerscheinungen von anderen Kontinenten lediglich aufgelistet.

Systematik und Namen

Für Systematik, Taxonomie und Nomenklatur gibt es weiterhin weder weltweit noch in Europa eine einheitliche Liste, der man folgen könnte. In dieser Hinsicht folgt das vorliegende Buch daher einfach den begründeten Vorlieben des Autors. Zum jetzigen Zeitpunkt Einheitlichkeit und Konstanz zu erwarten, wäre unrealistisch. Lediglich die deutschen sowie die nun erstmals aufgenommenen englischen Namen richten sich konsequent nach den Vorgaben der jeweiligen Kommissionen des International Ornithological Committee.

Jede Vogelart trägt eine latinisierte wissenschaftliche Bezeichnung, die aus zwei Teilen besteht, nämlich dem Gattungsnamen (mit einem Großbuchstaben beginnend) und dem eigentlichen Artnamen (in Kleinbuchstaben). Wissenschaftliche Art- und Gattungsbezeichnungen werden immer kursiv geschrieben. So lautet z. B. der wissenschaftliche Name der Bachstelze *Motacilla alba.*

Eng miteinander verwandte Arten gehören zur selben Gattung (haben also einen identischen Gattungsnamen in ihrer wissenschaftlichen Bezeichnung), einander nahestehende Gattungen bilden eine Familie (deren wissenschaftliche Bezeichnung immer mit -idae endet). Nah verwandte Familien werden in Ordnungen zusammengefasst (wissenschaftliche Bezeichnung endet immer mit -iformes).

Innerhalb einiger Arten gibt es eine erhebliche geographische Variation, die oft zur Ausbildung deutlich unterscheidbarer Populationen geführt hat. Diese werden Unterarten oder Subspezies genannt. Um sie klar zu definieren, wird an ihren zweiteiligen wissenschaftlichen Namen eine zusätzliche Bezeichnung für die Unterart angefügt. Daher heißt die dunkel gefärbte Bachstelze der Britischen Inseln *Motacilla alba yarrellii,* die im übrigen Europa lebende Unterart jedoch *Motacilla alba alba.* Für einige Unterarten haben sich umgangssprachlich deutsche Namen eingebürgert, die in Anführungszeichen gesetzt werden, für die oberseits schwarze britische Bachstelze z. B. „Trauerbachstelze". Aus Platzmangel behandelt dieses Buch nur die auffallendsten Unterarten. Mehr Details dazu finden sich z. B. in der deutschen Großausgabe der ersten Auflage des vorliegenden Buchs oder ausführlich bei Glutz von Blotzheim & Bauer (1966-1997).

Bei der Reihenfolge der Arten wird überwiegend einer älteren Systematik gefolgt. Neu ist jedoch die Stellung der Enten- und Hühnervögel an den Beginn. Dagegen werden manchmal einander ähnliche, jedoch nicht näher miteinander verwandte Arten nebeneinander behandelt, um den Vergleich zu erleichtern. Neuere Erkenntnisse besonders der molekulargenetischen Forschung werden bei einer möglichen weiteren Auflage dieses Buchs zu teilweise radikalen systematischen Änderungen führen.

Statusangaben

Um sofort erfassen zu können, ob eine Vogelart in Deutschland eine häufige Erscheinung oder ein sehr seltener Gast ist, enthält die Kopfzeile für jede Art eine kurze Statusangabe aus oft kombinierten Kennbuchstaben, die leicht verändert und aktualisiert auf der offiziellen deutschen Artenliste (Barthel & Helbig 2005) beruht. Die Bedeutung der Abkürzungen ist nachfolgend erklärt.

B	Brutvogel, brütet regelmäßig in geeigneten Lebensräumen (teilweise nur lokal oder selten)
b	hat in jüngster Zeit ausnahmsweise oder mit weniger als fünf Paaren in Deutschland gebrütet
J	Jahresvogel, der das ganze Jahr über anzutreffen ist
Z	Zugvogel, also im Winter fortziehender Brutvogel bzw. regelmäßiger Durchzügler aus außerhalb Deutschlands liegenden Brutgebieten
W	Wintergast, der aus weiter nördlich oder östlich gelegenen Brutgebieten stammend bei uns überwintert
G	Gastvogel, taucht gelegentlich in geringer Zahl auf, ist aber kein regulärer Durchzügler
A	Ausnahmeerscheinung, die nur sehr selten aus oft weit entfernten Gebieten (Asien, Nordamerika, Mittelmeerraum) nach Deutschland kommt
a	Ausnahmeerscheinung, die nur vor 1950 nachgewiesen wurde
( )	bei Arten, deren regelmäßiges Brutvorkommen in Deutschland auf ausgesetzte oder entflogene Vögel zurückgeht oder bei deren Nachweisen es sich möglicherweise oder sicher um Gefangenschaftsflüchtlinge handelt, steht die Statusangabe in Klammern
–	in Deutschland noch nicht nachgewiesen

Verbreitungskarten

Für fast alle Arten enthält dieses Buch Verbreitungskarten. In den meisten Fällen ermöglichen sie eine schnelle Einschätzung der Wahrscheinlichkeit, eine Vogelart an einem bestimmten Ort zur entsprechenden Jahreszeit sehen zu können. Obwohl die Karten recht klein sind, sollten sie dennoch eine nützliche Zusammenfassung des normalen Auftretens

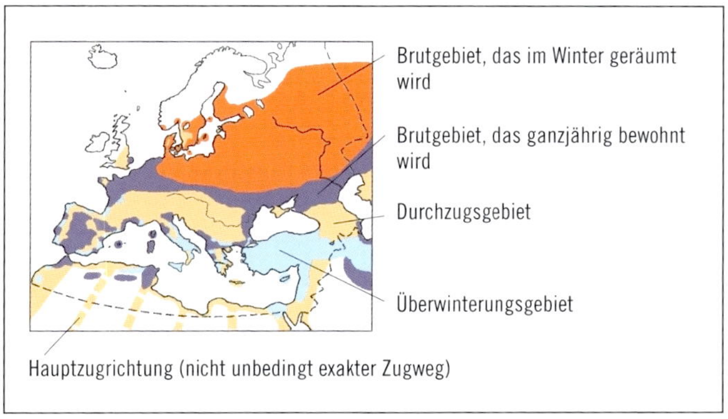

bieten. Soweit bekannt, wurden zusätzlich die Regionen markiert, in denen die betreffende Art zu den Zugzeiten auftritt.

Um die Verbreitungskarten weiterhin so aktuell und exakt wie möglich anzufertigen, wurden alle das Bearbeitungsgebiet betreffenden nationalen Listen und Verbreitungsatlanten der letzten zehn Jahre ausgewertet. Allerdings fehlen noch immer aktuelle Kartierungen für so wichtige Gebiete wie Deutschland, Finnland, Großbritannien, Irland, Island, Libyen, Norwegen und die meisten Staaten der früheren Sowjetunion.

Größenangaben

Jede Artbehandlung beginnt mit einer Angabe der Größe des Vogels, und zwar der beim gestreckten Vogel von der Schnabel- bis zur Schwanzspitze gemessenen Längenangabe (L). Für die meisten derjenigen Arten, die man auch öfter im Flug beobachten kann, ist zusätzlich die Spannweite (S) vermerkt.

Um der ganz normalen Größenvariation innerhalb einer jeden Art Ausdruck zu verleihen, wird ausnahmslos statt eines Durchschnittswerts die Variationsbreite angegeben. Viele Vogelbeobachter vergessen oft die biologische Variation, was allzu leicht zu einer Fehlbestimmung führt, wenn man sich zu sehr auf eine Größeneinschätzung verlässt.

Die Längenangaben beruhen meist auf Messungen von Serien gut präparierter Bälge, manchmal von gerade gestorbenen oder lebenden Vögeln (und wurden nur ausnahmsweise den gängigen Handbuchserien entnommen).

Die Angaben der Flügelspannweite geben die Werte an, die der Vogel selbst erreichen kann (größere Werte lassen sich erzielen, wenn man bei einem Vogel in der Hand die Flügel streckt, doch wurden solche künstlichen Maße vermieden). Einige Maße in anderen Büchern sind etwas irreführend. Die hier präsentierten Angaben beruhen weitgehend auf Originalmessungen lebender Vögel, ergänzt um an Bälgen und von Fotos genommene Maße.

Fachbegriffe und Symbole

Damit dieses Buch für viele Vogelbeobachter und Naturfreunde verständlich bleibt, wurde auf Fachjargon weitgehend verzichtet. Einige technische Begriffe sind jedoch nützlich und erleichtern die Kommunikation und Darstellung. So sollte man die exakten Bezeichnungen für die verschiedenen Kleider und Altersstufen sowie für die Gefiederregionen und Körperteile der Vögel kennen. Sie sind nachfolgend zusammengestellt, während die Topographie des Vogels auf den inneren Umschlagseiten abgebildet und erläutert wird.

Kleiderfolge und Altersbezeichnungen

JK - Jugendkleid; das erste komplette Gefieder, in dem ein Jungvogel die Flugfähigkeit erlangt. Er selbst wird als juvenil (Abk. juv.) bezeichnet

1er W - erstes Winterkleid; folgt auf das Jugendkleid, wird meist im Spätsommer/Herbst durch Teilmauser des Kleingefieders (bei einigen Arten auch Vollmauser) angelegt und bis zum Frühjahr des zweiten Kalenderjahres getragen

1er S - erstes Sommerkleid; ersetzt im Frühjahr des zweiten Kalenderjahres das erste Winterkleid, wird durch Teilmauser (bei manchen Arten Vollmauser) angelegt oder kommt durch Abnutzung von Federrändern zum Vorschein. Häufig noch gut vom Gefieder der älteren Vögel unterscheidbar

2er W - zweites Winterkleid; entsteht durch Vollmauser (bei manchen Arten nur Teilmauser) im Spätsommer/Herbst des zweiten Kalenderjahres und wird bis zur nächsten Mauser im Frühjahr des dritten Kalenderjahres getragen. Meistens, besonders bei kleineren Arten, nicht mehr vom Alterskleid bzw. Schlichtkleid der Altvögel unterscheidbar

2er S - zweites Sommerkleid; das im Sommer des dritten Kalenderjahres getragene Gefieder (wenn der Vogel also 2 Jahre alt ist), meist durch Teilmauser im Frühjahr angelegt und bis zur Vollmauser im Spätsommer/Herbst getragen. Bei einigen größeren Arten (z. B. Großmöwen) lassen sich auch noch drittes Winterkleid (3er W) und drittes Sommerkleid (3er S; usw.) unterscheiden

ad. - adult; Bezeichnung für voll ausgefärbte Altvögel. Wird benutzt, wenn das Alterskleid ganzjährig mehr oder weniger identisch aussieht

PK - Prachtkleid; das von Altvögeln während der Balz- und Brutzeit, also meist im Sommerhalbjahr getragene, oft besonders farbenprächtige Kleid. Die Bezeichnung gilt auch für ♀! Das PK wird bei den meisten Arten durch Teilmauser im Frühjahr angelegt (bei einigen durch Vollmauser oder einfach durch Abnutzung/Abstoßung breiter, unauffällig gefärbter Federränder, unter denen der bunte Teil der Feder zuvor verborgen lag)

SK - Schlichtkleid; von Altvögeln meist durch Vollmauser während oder nach der Brutzeit angelegt und im Winterhalbjahr getragen, meist unscheinbarer als das PK

immat. - immatur; zusammenfassende, unpräzise Bezeichnung für unausgefärbte Vögel, die nicht mehr das Jugend- und noch nicht das Alterskleid tragen

1es KJ - erstes Kalenderjahr; in einigen Fällen sind genaue Kleiderangaben nicht möglich, sodass man sich mit der Angabe des Alters des Vogels begnügen muss. Das erste Kalenderjahr dauert bis zum 31.12. des Geburtsjahres, das zweite Kalenderjahr (2es KJ) beginnt am 1.1. des darauffolgenden Jahres und endet entsprechend auch am 31.12. (usw.)

→ - Mauserzustand zwischen zwei Kleidern, z. B. JK→1erW (vom Jugend- ins erste Winterkleid mausernd) oder SK→PK (vom Schlicht- ins Prachtkleid mausernd)

Weitere Fachbegriffe

Albinismus - völliges Fehlen von Pigmenten, sodass Albinos weiß sind und rote Augen haben

Alula - Daumenfittich; kleine, feste Federn am Handflügel, der Manövrierfähigkeit dienend, oft anders gefärbt

Armdeckenfeld - andersfarbiges Feld auf der Oberseite des Armflügels
Armflügel - Bezeichnung für den inneren Flügel
Art - wichtigste Einheit der Taxonomie, bezeichnet sehr vereinfacht ausgedrückt eine Gruppe von Populationen, deren Mitglieder sich untereinander, aber nicht mit Angehörigen anderer Populationen (also anderer Arten) fortpflanzen
Augenring - das Auge ringförmig umgebende Befiederung
Augenstreif - auf Augenhöhe waagerecht auf den Kopfseiten verlaufender Streifen, vgl. Zügelstreif
Finger - die gespreizt sichtbaren Spitzen der längsten, äußeren Handschwingen bei kreisenden Großvögeln, z. B. Adlern
Flügelbinde - von den hellen Spitzen der Großen und/oder Mittleren Armdecken gebildetes Abzeichen
Flügeldecken - dem Flügel eine aerodynamische Form verleihende, die Schäfte der Schwungfedern, Knochen und Muskeln des Flügels bedeckende Federn, auf der Oberseite bestehend aus Großen, Mittleren und Kleinen Armdecken (Letztere fehlen Singvögeln), Randdecken und Handdecken
Flügelprojektion - Überstand der Flügelspitzen über die Schwanzspitze beim stehenden Vogel
Flügelstreif - von den hellen Basen der Hand- und Armschwingen gebildeter Streif, meist nur im Flug sichtbar, manchmal mit Flügelbinde (s. dort) kombiniert
Fußprojektion - Überstand der Füße über den Schwanz beim fliegenden Vogel
Gonys - vor der Spitze gelegener Bereich des Unterschnabels, oft als Winkel hervorstehend (Gonyseck) oder andersfarbig (Gonysfleck)
Habitus - charakteristischer Gesamteindruck eines Vogels, der sich aus Größe, Gestalt, Bewegungsweise usw. zusammensetzt und vom Beobachter oft intuitiv wahrgenommen wird
Handflügel - zusammenfassende Bezeichnung für den äußeren Flügel
Handschwingenprojektion - Überstand der Handschwingen über die sie mehr oder weniger verdeckenden Schirmfedern
Hybriden - auch im Freiland gelegentlich vorkommende Kreuzungsprodukte zwischen zwei (meist nah miteinander verwandten) Arten (oder Unterarten)
Leukismus - teilweises Fehlen dunkler Gefiederpigmente; leukistische Vögel sehen oft beige oder ausgeblichen aus
Lidring - das Auge ringförmig umgebende, oft bunte, immer unbefiederte Hautpartie
Melanismus - Pigmentstörung, die zu dunklerem bis ganz schwarzem Gefieder führt
Morphe - nicht auf eine Region oder Unterart beschränkte, meist helle oder dunkle Farbvariation
Paläarktis - tiergeographische Region, die Europa, Nordafrika und Asien nördlich des Himalaja umfasst; der Teilbereich westlich des Ural wird Westpaläarktis genannt
Pelagisch - auf dem offenen Meer lebend; Hochseevögel werden auch als Pelagen bezeichnet
Polygamie - Fortpflanzung mit mehreren Partnern des jeweils anderen Geschlechts, bei Vögeln sehr verbreitet
Schirmfedern - Bezeichnung für die anders strukturierten, oft abweichend gefärbten inneren Armschwingen, die „beschirmend" über dem Flügel liegen und wegen des höheren Verschleißes teilweise öfter gemausert werden; bei Singvögeln meist drei, bei anderen Ordnungen oft mehr Federn
Schwanzprojektion - Überstand des Schwanzes über die Flügelspitzen beim stehenden Vogel
Spiegel - rechteckiges, farbiges Feld auf den Armschwingen, bei Enten oft mit Metallglanz
Subapikalfleck - vor der Federspitze platzierter Fleck
Subterminalbinde - kurz vor der Spitze (des Schwanzes, Flügelhinterrands oder einer einzelnen Feder) liegende, auffallend anders gefärbte Binde
Tarsus - Lauf; die zusammengewachsenen Mittelfußknochen, die den größten Teil des sichtbaren Vogelbeins bilden
Tibia - Unterschenkel, bei Vögeln überwiegend verborgen
Überaugenstreif - heller, waagerechter Streif über dem Auge, der sich maximal vom Schnabelansatz bis zum Nacken erstreckt, meist aber kürzer ist
Unterart - auf eine geographische Region beschränkte Population einer Art, die sich durch äußere Merkmale (Größe, Färbung) von anderen Populationen derselben Art unterscheiden lässt; auch Subspezies (ssp.) genannt
Varietät - gelegentlich vorkommende Abweichung innerhalb einer Art, die aber keine taxonomische Benennung erfordert
Wachshaut - unbefiederte, die Nasenlöcher umgebende, oft auffallend gefärbte Haut auf der Oberschnabelbasis, besonders bei Greifvögeln
Zügelstreif - zwischen Schnabel und Auge verlaufender Streif

Symbole

♂ Männchen
♀ Weibchen

Stimmenbeschreibung

Aus Platzmangel, aber auch aus Gründen der Einfachheit und Klarheit und um besonders den Anfänger nicht zu verwirren, werden nur die häufigsten und typischen Lautäußerungen beschrieben. Viele feine Variationen der Kontakt- und Alarmrufe bleiben unberücksichtigt.

Obwohl die Wiedergabe von Vogelstimmen mit Buchstaben zwangsläufig ungenau und subjektiv ist, wurde hier versucht, die jeweils typischen Eigenheiten durch ein bestimmtes System von Buchstabenwahl und Schreibweise möglichst einheitlich und genau zu erfassen. Die Erfahrung lehrt, dass es sehr hilfreich sein kann, eine passende Beschreibung zu lesen, besonders nachdem man die Stimme gerade gehört hat (was im Widerspruch zur gelegentlich geäußerten Meinung steht, solche Beschreibungen seien aufgrund zu subjektiver Höreindrücke von geringem Nutzen).

Wann immer man eine unbekannte Vogelstimme hört, sollte man sofort niederschreiben, woran sie erinnert, sei es an eine andere Vogelart oder etwas völlig anderes. Es ist nämlich wahrscheinlich, dass man bei der nächsten Begegnung exakt denselben Vergleich zieht – und dann sofort weiß, welche Art es ist. Eigene Eindrücke sind also eine wichtige Ergänzung zu den Beschreibungen in diesem Buch.

Lautäußerungen sind immer in Anführungszeichen gesetzt. Silben in GROSSBUCHSTABEN sind stärker betont als die anderen. Sofern ein Laut sehr heftig oder explosiv wirkt, folgt ihm ein Ausrufungszeichen.

Die Wahl der Konsonanten deutet an, ob ein Laut hart oder weich ist; „tick" klingt insgesamt härter als „gipp", „kück" beginnt schärfer als „bjück", „z" meint einen spitzeren, mehr „elektrisch zischenden" Ton als „ts".

Die Vokale sollen einen ungefähren Hinweis auf die Tonhöhe geben. Von den tiefsten zu den höchsten Tönen lässt sich etwa folgende Reihe aufstellen: u, o, ö, a, ä, e, ü, i. Der Ruf „kui" steigt am Schluss an, während „wih-e" abfällt.

Verdoppelte Vokale bezeichnen einen längeren Ton, „wiit" klingt also länger gezogen als „wit". Wird ein Vokal am Silbenende von einem „h" gefolgt, z. B. „tüh", ist er zwar lang gezogen, endet aber absterbend oder ausatmend.

Die Abstände zwischen Buchstaben oder Silben geben an, wie schnell sie aufeinander folgen. „ki... ki... ki..." ist sehr langsam, „ki, ki, ki,..." gibt einen ruhigen Takt an, „ki ki ki..." hört sich etwas schneller an, während „ki-ki-ki-..." hämmernd und „kikiki..." sehr schnell klingt; noch schneller, rollend und vibrierend ist „kr'r'r'r'r'...". Gelegentlich musste eine strikte Anwendung dieser Regeln allerdings zugunsten der Lesbarkeit durchbrochen werden.

Die Tafeln

Besonders um dem Anfänger dabei zu helfen, die vielen Einzelabbildungen besser einordnen zu können, folgen die Tafeln einem bestimmten Aufbau: (1) gleicher Verkleinerungsmaßstab aller Hauptabbildungen einer Tafel, bei denen es sich nicht offensichtlich um „Hintergrundzeichnungen" handelt, (2) einheitliche Stellung und Position der einzelnen Kleider (♂ im Prachtkleid immer unten rechts, Vögel im Jugendkleid immer links außen), (3) zusätzliche Vignetten und kleine Zeichnungen, die den typischen Lebensraum, Verhalten, Stellungen oder das Erscheinungsbild aus größerer Entfernung und unter schlechten Beleuchtungsverhältnissen zeigen (also so, wie man den Vogel oft sieht!), (4) Hinweispfeile und Kurzlegenden, die auf im Haupttext ausführlicher geschilderte Merkmale hinweisen. Um die Zuordnung zu den einzelnen Arten zu erleichtern, sind feine Trennlinien eingezeichnet. Der Artname steht immer oben links über den dazugehörigen Zeichnungen.

Trotz des Bemühens, typische Kleider und Stellungen abzubilden, muss darauf hingewiesen werden, dass man im Freiland gelegentlich einzelnen Individuen begegnet, die ganz anders als auf den Farbtafeln aussehen. Manche haben ein stark abgenutztes oder verschmutztes Gefieder, andere präsentieren sich in abweichender Stellung, da sie sich in schlechtem Zustand befinden oder diese Position einfach nicht mehr auf die Tafel passte. Auch das Licht kann Farben matter wirken lassen oder die Kontraste von Mustern unterdrücken. Man sollte also immer davon ausgehen, dass auf den Tafeln das charakteristische Aussehen des „Durchschnittstyps", also der Mehrzahl der Vögel der betreffenden Art in einem bestimmten Kleid eingefangen ist, die Natur aber zahlreiche Variationen und Abweichungen bereithält.

Mauser und Gefiederabnutzung

Sobald eine Feder ausgewachsen ist, wird sie zum toten, durch den Vogel nicht mehr veränderbaren Körperanhängsel. Durch Sonneneinstrahlung und Abreibung verbleicht sie

Ein Kiebitz bietet in voller Sonne (l.), ungefähr so wie auch auf S. 147 gezeichnet, ein ganz anderes Erscheinungsbild als in geduckter Haltung bei schlechtem Wetter.

und nutzt sich weiter ab, bis sie ihre Funktionen, nämlich den Flug zu ermöglichen, vor Nässe und der Außentemperatur zu schützen, nicht mehr erfüllen kann. Anders als Haare oder Nägel wachsen Federn also nicht ständig nach, sondern müssen in einem normalerweise jährlich stattfindenden Prozess erneuert werden, den man Mauser nennt.

Ein weiterer Grund für die Mauser besonders der Kopf- und Körperfedern ist ihre für das Sozialleben vieler Vögel wichtige, durch Farben und Muster zum Ausdruck gebrachte Signalfunktion; während unterschiedlicher Lebensabschnitte sind oft auch verschiedene Signale erforderlich.

Während der Zugzeit heftig zu mausern wäre ein Nachteil, da das Flugvermögen dadurch beeinträchtigt würde. Für viele Arten scheidet auch die Brutzeit aus, da sowohl Brut wie Mauser viel Energie kosten. Somit ist die Mauser bei den meisten Arten auf die Zeit zwischen diesen Perioden konzentriert. Viele nutzen die Wochen zwischen Brut und Wegzug für eine komplette Mauser, aber besonders die ins tropische Afrika ziehenden Arten führen ihre jährliche Vollmauser im Winterquartier durch. Viele Arten mit spätsommerlicher Vollmauser durchlaufen im zeitigen Frühjahr eine auf Körperfedern und Flügeldecken (also ohne Schwungfedern) beschränkte Teilmauser. Die Langstreckenzieher mit Vollmauser im Winterquartier erneuern oft einige Körperfedern vor dem Weg- oder vor dem Heimzug.

Sehr große, von uneingeschränkter Flugfähigkeit abhängige und häufig segelnde Arten, z. B. große Greifvögel, Störche und Pelikane, erneuern ihre Schwungfedern langsam und kontinuierlich. Da eine neue Feder nur 5-10 mm pro Tag wächst, dauert es bis zu zwei Monate, bis sie ihre volle Länge erreicht hat (bei den längsten Handschwingen der großen Adler und Pelikane sogar zweieinhalb Monate). Mit 10-11 Handschwingen und 15-22 Armschwingen in jedem Flügel

Eine Silbermöwe im Herbst kurz vor Abschluss der Vollmauser. Nur die äußersten Handschwingen wachsen noch. (So wirkt die Flügelspitze hell, da dunkle Abzeichen teilweise noch verdeckt sind.)

benötigen diese Arten also 3-4 Jahre, um ihre Schwungfedern komplett zu erneuern und dabei nichts von ihrem Flugvermögen einzubüßen.

Enten und Gänse verlieren im Sommer, gegen Ende oder nach der Brutzeit, ihr Großgefieder gleichzeitig und sind dann für 3-7 Wochen flugunfähig (je größer die Art, desto länger), während derer sie sich in Ufervegetation verstecken oder weit auf dem offenen Meer in Sicherheit bringen. Viele Enten besitzen besondere und komplizierte Mauserstrategien. Die Männchen legen ihr Prachtkleid oft im Spätherbst an, da die Entenbalz normalerweise im Winter stattfindet. Im Sommer, wenn sich die Männchen der meisten anderen Vogelarten in ihrem hübschesten Gefieder zeigen, mausern Entenmännchen in ein weibchenähnliches Schlichtkleid, um besser getarnt zu sein, wenn sie durch Verlust aller Schwungfedern vorübergehend flugunfähig werden.

Unter den an Land lebenden Arten nimmt der Kranich eine Sonderstellung ein, indem er wie die Enten im Sommer alle Schwungfedern gleichzeitig verliert, allerdings wohl nur alle zwei Jahre oder in noch größeren Abständen. Er versteckt sich dann in ausgedehnten Sumpfwäldern oder im Schilf, bis er rechtzeitig zum Herbst wieder fliegen kann.

Wie die wenigen Beispiele zeigen, gibt es bei der Mauser viele Variationen, und fast jede Art hat ihre eigene Strategie. Sie alle zu verstehen, ist Sache von Spezialisten, doch die Grundlagen sind recht einfach zu lernen. Dies sollte man auch versuchen, denn sie ermöglichen es, eine Altersbestimmung vorzunehmen, sofern man den Vogel gut genug sieht, selbst bei Arten, deren verschiedene Kleider sich sehr ähneln. Eine korrekte Altersbestimmung unterstützt oft die Artbestimmung und ist manchmal sogar ihre Voraussetzung.

Noch häufiger erlaubt eine vorherige Altersbestimmung auch eine Aussage über das Geschlecht des Vogels. Bei vielen Arten ähneln sich alte Weibchen und junge Männchen im Gefieder (z. B. Ohrenlerche, einige Drosseln, Stare, viele Finken und Ammern), kennt man jedoch ihr Alter, lässt sich auch das Geschlecht unterscheiden.

Gerade flügge gewordene Jungvögel tragen frische Schwung- und Steuerfedern, während sie bei Altvögeln zu diesem Zeitpunkt stark abgenutzt, da schon ein halbes bis

Unterschiede in Abnutzungsgrad und Federform zwischen Alt- und Jungvögeln im Winter (Beispiel: Birkenzeisig). Beachte beim Altvogel die runderen Spitzen und frischeren Säume der Steuerfedern.

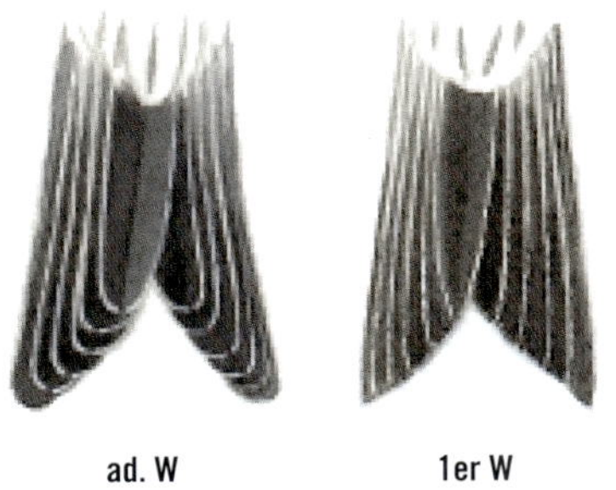

fast ein ganzes Jahr alt sind. Doch bald darauf setzt bei Altvögeln vieler Arten die Vollmauser mit einer Erneuerung des gesamten Großgefieders ein, wodurch sich das Blatt wendet: *Etwa ab Spätsommer tragen Altvögel frischere Schwung- und Steuerfedern als Jungvögel.* Da die Qualität des Jugendgefieders etwas schlechter als bei späteren Federgenerationen und es damit Ausbleichung und Abnutzung noch stärker ausgesetzt ist, wird der Unterschied während des Herbstes und Winters immer deutlicher. Bei vielen Arten besitzen auch die Körperfedern des Jugendkleids eine eher lockere Struktur und sind matter gefärbt. *Die Schwung- und Steuerfedern sowie einige Flügeldecken sind oft etwas blasser und weniger glänzend. Auch sind sie schmaler und stärker zugespitzt, während Altvögel etwas dunklere, glänzendere, breitere Federn mit runderen Spitzen tragen.*

Bei Arten mit einer langsamen Mauser des Großgefieders (z. B. großen Greifvögeln) lassen sich Vögel im Jugendkleid oft daran erkennen, dass *alle Schwung- und Steuerfedern gleich frisch bzw. gleichmäßig abgenutzt* sind, während sie sich bei älteren Vögeln *in Länge, Dunkelheit und Abnutzungsgrad unterscheiden,* da zwischen einzelnen Federn ein Altersunterschied von mehreren Jahren bestehen kann.

Nur wenige Arten durchlaufen schon als Jungvögel eine Vollmauser im Spätsommer oder Frühherbst, erneuern also Schwung- und Steuerfedern, obwohl diese erst wenige Monate alt sind. Dazu gehören z. B. Lerchen, Mariskenrohrsänger, Bartmeise, Schwanzmeise, Stare, Sperlinge und Grauammer. Nach dieser postjuvenilen Mauser kann man bei ihnen *Alt- und Jungvögel nicht mehr unterscheiden.*

Zwei Steinschmätzer-♂ im Frühjahr; das linke mit schwarzen Flügeln ohne helle Kanten ist mindestens im dritten Kalenderjahr, das rechte mit graubraunen Flügeln und Spuren heller Federränder (noch Federn des Jugendkleids) trägt das erste Sommerkleid.

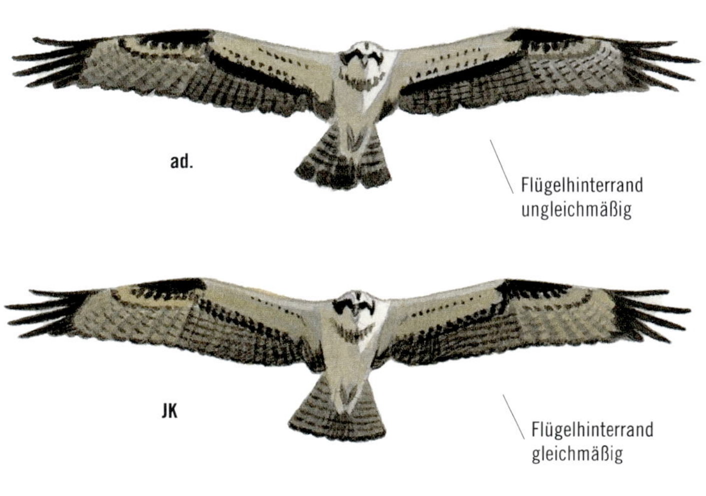

Zwei Fischadler im Herbst; Flügelhinterrand beim oberen Vogel etwas ausgefranst, Schwungfedern nicht gleichmäßig abgenutzt und gefärbt, daher ein Altvogel. Unten sind alle Schwungfedern einheitlich frisch und gleich lang, daher ist es ein Jungvogel.

Grundzüge der Vogelbestimmung

Eine wichtige Triebfeder und ein großer Nervenkitzel bei der Vogelbeobachtung ist die Entdeckerfreude. Man möchte schließlich nicht alles auf einem silbernen Tablett serviert bekommen. Die den Anfänger verwirrenden Schwierigkeiten und Fehlbestimmungen mögen enttäuschend sein, spornen aber meist zu noch größeren Bemühungen an. Dennoch mögen ein paar grundsätzliche Ratschläge willkommen sein - die Vogelbestimmung ist schon schwierig genug.

Meint man, gerade einen Gleitaar über dem verschneiten Feld hinter dem Haus oder einen Zitronenzeisig im Garten entdeckt zu haben, muss die erste Frage lauten: *Ist das überhaupt wahrscheinlich?* Kommt die Art bei uns und zu dieser Jahreszeit vor? Wenn sowohl Verbreitungskarte wie Statusangabe gegen diese Seltenheiten sprechen, sollte man erst einmal nach einer wahrscheinlicheren Alternative suchen (im Beispiel vielleicht männliche Kornweihe und Grünfink).

Befindet sich der Vogel im passenden Lebensraum? Meist geben Text und Bild Hinweise. Wenn sie überhaupt nicht passen, ist es wahrscheinlich doch eine andere Art.

Entspricht das Verhalten der Beschreibung? Oft, aber nicht immer, finden sich Beschreibungen zu Flug und Bewegungsweise, Vertrautheit, Balzverhalten, Nahrungssuche usw. Entsprechen die beobachteten Verhaltensweisen den beschriebenen, kann dies die Bestimmung unterstützen.

Wenn so weit alle Angaben mit der ins Auge gefassten Art übereinstimmen, sollte ihr Aussehen etwas kritischer betrachtet werden. Erst einmal: *Wie groß ist der Vogel?* Ist diese Einschätzung korrekt, so spart man sich später viel Ärger. Daher wurde in diesem Buch viel Arbeit in verlässliche Größenangaben gesteckt.

Auch wenn die Größeneinschätzung einfach erscheinen mag, lehrt die Erfahrung, dass dabei häufig Fehler unterlaufen. Ist die Größe einmal falsch festgelegt, folgt man oft blind dem falschen Weg. „Er sah zwar genauso aus wie ein Neuntöter, aber er war bedeutend größer!" Ein Fehlurteil bei der Größeneinschätzung führt meist zu einer Fehlbestimmung. Hier helfen nur häufiges Üben und der Vergleich mit den hier angegebenen Werten.

Eine dem Vogelbeobachter häufig begegnende Fehlerquelle ist ein *„Größenillusion"* genannter optischer Effekt, der bei der Benutzung stark vergrößernder Fernrohre auftritt. Da hier das Sehfeld in seiner Tiefe stark zusammengeschoben wird, *erscheint* ein weiter hinten in einem Vogeltrupp stehender

Grünschenkel bei Gegenlicht (l.) und Rückenlicht (r.). Bei Gegenlicht wirken Hals, Schnabel und Beine oft dünner (Ränder durch Licht überstrahlt) und lassen den ganzen Vogel schlanker erscheinen.

Kontrast zwischen Vogel und Hintergrund beeinflusst Größenwahrnehmung. Vor heller, spiegelglatter See wirkt eine dunkle Schmarotzerraubmöwe größer als vor dunklem, aufgepeitschtem Wasser, bei der hellen Dreizehenmöwe ist es umgekehrt.

Vogel größer als sein in Wirklichkeit genau gleich großer Artgenosse im Vordergrund.

Auch der Kontrast zwischen Vogel und Hintergrund beeinflusst die Größenwahrnehmung. Grundsätzlich wirkt ein Vogel *bei starkem Kontrast größer, bei schwachem hingegen kleiner.* Ein dunkler Vogel vor dunklem Meer erscheint kleiner als ein gleich großer weißer Vogel vor demselben Hintergrund. Und ein heller Vogel wirkt vor hellem Hintergrund nicht so eindrucksvoll wie ein schwarzer.

Nach dem Versuch einer Größeneinschätzung folgen mehrere wichtige Fragen: *Ist der Schnabel klein oder groß, keilförmig oder dünn? Falls er lang und dünn ist, ist er auch länger als der Kopf? Welche Form hat der Körper? Sind Hals und Schwanz lang oder kurz? Sind die Beine auffallend lang oder nur „durchschnittlich"?* Solche Fragen sind zu klären, während man den Vogel noch vor sich hat, nicht erst zu Hause, wenn das Gedächtnis nachlässt und unklare Details nicht mehr überprüft werden können. Im Idealfall fertigt man vor Ort Notizen und eine Skizze an, die hilfreich sind, wenn man später in Büchern nachschlägt oder Freunde um Rat fragt.

Nun wendet man sich den Farben und Mustern mit ähnlichen Fragen zu. *Welche Farben dominieren auf Ober- und Unterseite? Gibt es auffallend leuchtende oder farbenfrohe Abzeichen? Welche Farbe haben Beine, Schnabel, Augen? Sind helle Flügelbinden oder ein Überaugenstreif vorhanden? Gibt es ein auffallendes Muster auf Kehle, Brust, Mantel oder Scheitel? Ist der Bürzel wie der Rücken gefärbt oder leuchtend weiß? Zeigen die Steuerfedern weiße Kanten oder ein anderes Muster?*

Bei der Betrachtung des Gefieders ist daran zu denken, *dass Wetter und Beleuchtung den Farbeindruck verändern können.* Selbstverständlich sieht die Oberseite in der Mittagssonne hell aus, aber feine Nuancen können überstrahlt sein, und die Unterseite liegt im tiefsten Schatten. Sehr helles Licht bei sonst bedecktem Himmel schwächt zwar Kontraste ab, macht aber feinere Schattierungen deutlicher. An finsteren Tagen sind die tatsächlichen Farben wie die Muster schwer einschätzbar.

Schließlich sind die Lautäußerungen wichtige Merkmale. Bei der Unterscheidung zwischen einander stark ähnelnden Arten z. B. innerhalb der Watvögel, Lerchen, Pieper und Laubsänger ist es hilfreich, das Gehörte sofort mit den Beschreibungen im Buch zu vergleichen. Man kann sich die Stimme auch merken oder besser noch notieren, um sie später mit Vogelstimmenaufnahmen zu vergleichen.

SCHWÄNE *Cygnus*

Sehr groß, weiß, schwer, daher beim Auffliegen lange Anlaufstrecke nötig; Gang watschelnd. Grasen oder gründeln mit langem Hals im Flachwasser nach Pflanzen. Monogame Dauerehe häufig, Nest ein großer Bau aus Pflanzenmaterial am oder im Wasser. Im Winter in Trupps.

HÖCKERSCHWAN BJZW

Mute Swan *Cygnus olor*

L 140-160 cm (Körper ca. 80 cm), S 200-240 cm. Brütet an Gewässern aller Art, oft ausgesetzte Parkvögel. Meist nicht scheu, aber am Brutplatz gegenüber Menschen und anderen Schwänen aggressiv. Wintergäste auch in großen Trupps auf Feldern und Wiesen.

KENNZEICHEN *Sehr groß, weiß,* kleiner Kopf auf langem Hals, *Schnabel rotorange mit großem, schwarzem Stirnhöcker* (bei ♂ größer), Nasenlöcher, Schneidekanten und Spitze schwarz. *Hals* wird im Schwimmen oft *leicht s-förmig gebogen* (manchmal auch gerade gehalten wie beim Singschwan). Droht mit *segelartig aufgestellten Flügeln* und etwas *zurückgelegtem Hals.* Schwanz relativ lang und zugespitzt, auch beim Gründeln gutes Merkmal gegenüber Sing- und Zwergschwan.– JK: Gefieder graubraun *(dunkler und brauner als junger Singschwan),* Schnabel anfangs dunkel-, dann rosagrau, noch ohne Höcker, aber Zügel schwarz. Gefieder wird während des 2en KJ heller. Manche Vögel schon als Küken und im JK rein weiß („*immutabilis*-Mutante"), Beine dann rosa statt schwarz.

STIMME Ruft explosiv schnarchend „hjorr", droht schlangenartig fauchend; Kontakt suchende Einzelvögel können recht laut und möwenähnlich „gaoh" rufen, Küken betteln dünn piepsend „bü-wü-wü-wü…". *Laute, singende oder wummernde Flügelgeräusche sind charakteristisch.*

SINGSCHWAN BZW

Whooper Swan *Cygnus cygnus*

L 140-160 cm (Körper ca. 75 cm), S 205-235 cm. Brütet auf Tundra- und Waldseen, in Feuchtgebieten vorwiegend des Nordens, breitet sich aber derzeit südwestwärts aus und brütet inzwischen im Osten Deutschlands. Überwintert in Nordwest- und Mitteleuropa auf gewässernahem Grünland.

KENNZEICHEN *Groß und weiß (Kopf und Hals aber durch Verschmutzung oft rostfarben,* was beim Höckerschwan selten vorkommt); langer Hals beim Schwimmen meist gerade gehalten; von Höcker- und Zwergschwan am besten durch *langen, keilförmigen Schnabel mit ausgedehntem, keilförmig bis über das Nasenloch hinaus zur schwarzen Schnabelspitze reichendem gelbem Bereich zu unterscheiden.*– JK: *Grau, heller und deutlich schwächer bräunlich getönt als junger Höckerschwan, Schnabelmuster der Altvögel angedeutet* (später schwarze Partien rosa, gelbe noch weißlich).

STIMME Sehr stimmfreudig, *laut und trompetend.* Im Vergleich zum Zwergschwan lauter, durchschnittlich etwas tiefer, *gerade* (ohne auffallenden Diphthong), *oft in Serien von drei oder vier Elementen* (statt ein oder zwei) ausgestoßen „kloo-kloo-kloo". *Flügel erzeugen nur leichtes Zischen,* keinen musikalischen Klang wie beim Höckerschwan.

ZWERGSCHWAN ZW

Tundra Swan *Cygnus columbianus*

L 115-127 cm (Körper ca. 60 cm), S 170-195 cm. Brütet in der russischen Tundra (Unterart *bewickii*), überwintert in Nordwesteuropa.

KENNZEICHEN Eine kleinere Version des Singschwans, aber immer noch sehr groß, *mit proportional etwas kürzerem Hals, größerem Kopf, kompakterem Körper und Schnabel,* daher etwas gänseähnlich, doch diese Unterschiede bei Einzelvögeln oft schwer wahrnehmbar; Schnabelmuster bestes Merkmal, *Ausdehnung der gelben Partie geringer als Schwarzanteil, gelbes Basisfeld rechteckig oder gerundet,* selten keilförmig (dann ähnlich Singschwan, aber nicht bis vor die Nasenlöcher reichend und schwarzer Fleck im Schnabelwinkel größer).– JK: Gefieder hell grau (oft etwas heller als junger Singschwan), *späteres Schnabelmuster angedeutet.*– Vögel mit Merkmalen der nordamerikanischen Form *columbianus* („Pfeifschwan") mit ganz schwarzem Schnabel und nur winzigem gelbem Fleck vor dem Auge erscheinen ausnahmsweise in Westeuropa.

STIMME Stimmfreudig; Ruf ähnlich Singschwan, aber *weniger trompetend, mehr wie weiches Bellen oder Autohupe,* durchschnittlich heller und leicht gebogen (Diphthong), meist nur einmal wiederholt oder sogar einzeln geäußert.

SCHNEEGANS (bA)

Snow Goose *Anser caerulescens*

L 65-75 cm, S 133-156 cm. Brütet in Nordamerika und dem nordöstlichsten Sibirien (Wrangel), ausnahmsweise als Gast, häufig als Gefangenschaftsflüchtling in Europa und dann in den Trupps wilder Gänse. Trotz der weißen Färbung natürlich kein Schwan, sondern eine Gans (S. 16).

KENNZEICHEN Größe wie Blässgans, zwei Farbmorphen.– Ad.: *Schnabel und Beine rosa;* Gefieder ganz *weiß* und dadurch einer Hausgans ähnlich, *aber Handschwingen schwarz,* bei der seltener zu sehenden dunklen Morphe Gefieder variabel *grau,* am hellsten auf Schwanz- und Flügeldecken, und *nur Kopf, oberer Hals und Schwanzspitze weiß.*– JK: *Schnabel und Beine dunkelgrau,* Gefieder hellgrau mit weißlichem Oberschwanz und dunkleren Schwungfedern (weiße Morphe) oder recht einfarbig dunkelgrau (dunkle Morphe).– Vgl. auch die kleinere, kurzschnäbelige Zwergschneegans (S. 422).

STIMME Typisches weiches, leicht ansteigendes Gackern, „koick", warnt tief gackernd „angk-ak-ak-ak".

Höckerschwan

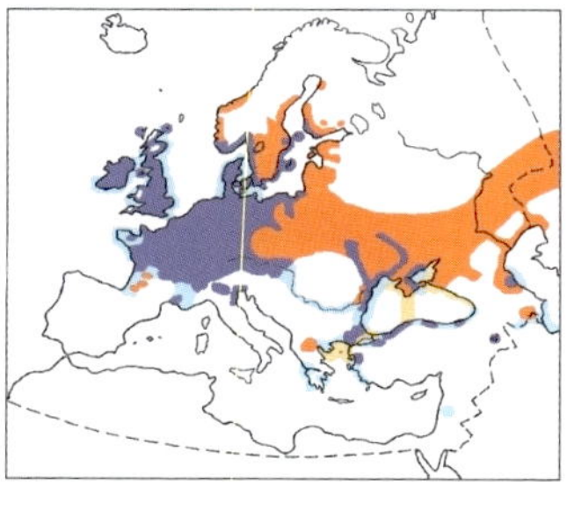

Singschwan

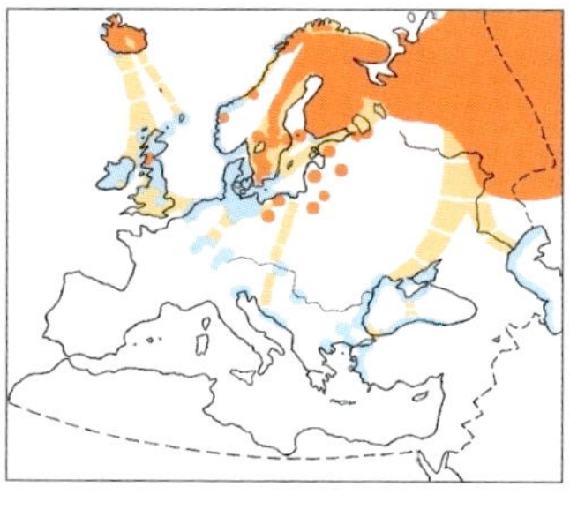

Zwergschwan

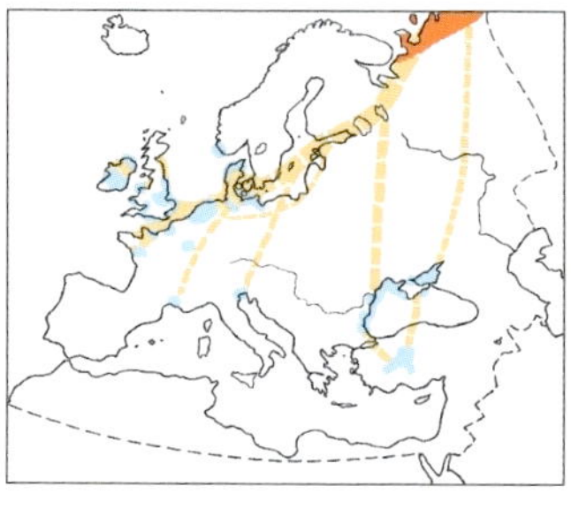

HÖCKERSCHWAN

SINGSCHWAN

ZWERGSCHWAN

SCHNEEGANS

KM

GÄNSE *Anser, Branta*

Große, kräftig gebaute Wasservögel mit mittellangen Hälsen, die sich hauptsächlich an Land grasend ernähren und daher das Laufen erleichternde, recht lange, in der Körpermitte ansetzende Beine und kräftige, keilförmige Schnäbel mit Sägezähnchen an den Schneidekanten haben. Besonders zur Zugzeit und im Winter gesellig. Meist sehr aufmerksam und scheu, können aber in nicht durch Jäger gestörten Gebieten bemerkenswert zutraulich sein, besonders die Jungvögel arktischer Herkunft. Bodennest, mit Dunenfedern gepolstert. Brutpaare bleiben meist lebenslang zusammen, betreuen gemeinsam die Jungvögel und führen sie auf traditionellen Flugrouten ins Winterquartier. Altvögel mausern das Großgefieder synchron, meist während der Führungszeit der Küken, und sind dann 3-4 Wochen flugunfähig. Zug in Familienverbänden oder großen Trupps, meist in Keil- oder Linienformation. Zwei Gattungen, die eher im Binnenland anzutreffenden „grauen Gänse“ (Anser) und die Küsten bevorzugenden, schwarz-weißen Meergänse (Branta).

BESTIMMUNG GRAUER GÄNSE

Obwohl theoretisch einfach, gestaltet sich die Bestimmung der fünf grauen Gänsearten Anser in der Praxis oft sehr schwierig. Durch Bejagung scheu geworden, lassen sie meist keine Annäherung zu. Einzelne Angehörige seltenerer Arten sind häufig mitten im dichten Trupp versteckt und nur teilweise sichtbar. Oft sind die Beine durch Gras verdeckt oder Beine und Schnabel durch Erde so verschmutzt, dass ihre Färbung nicht erkennbar ist. Auch legen sich die Vögel einfach zum Ruhen nieder oder fliegen mit dem ganzen Trupp davon, bevor sie wichtige Details gezeigt haben. Selbst aus mittlerer Entfernung oder unter bestimmten Lichtverhältnissen können Schnabel- und Beinfarbe schwer einschätzbar sein und z. B. bei der Saatgans statt orange blass tomatenrot oder sogar fleischfarben wirken.

Auch eine Bestimmung allein anhand der Größe kann zu Irrtümern führen, wenn man nicht bedenkt, dass Männchen größer als Weibchen und Altvögel größer als Jungvögel sind.

Das Trio Saat-, Kurzschnabel- und juvenile Blässgans bereitet die größten Probleme. Bei der Saatgans ist das Auftreten von zwei in Größe, Gestalt, Schnabelform und -färbung sehr unterschiedlichen Unterarten zu berücksichtigen. Junge und sogar manche adulte Kurzschnabelgänse sehen nicht immer ganz typisch aus, und neben Beleuchtungseffekten spielt hier die vorherige Erfahrung des Beobachters mit der Art eine große Rolle bei der sicheren Bestimmung. Schließlich ist die korrekte Altersbestimmung meist Basis für zuverlässige Artbestimmungen. Dabei sind die Furchung der Halsseiten, Breite, Form und weiße Spitzenfärbung bestimmter Federn sowie Nagelfarbe zu beachten (vgl. Abb.).

ALTERSBESTIMMUNG GRAUER GÄNSE

BLÄSSGANS ZW

Greater White-fronted Goose *Anser albifrons*

L 64-78 cm, S 130-160 cm. Brütet in der nordrussischen Tundra, überwintert in West-, Mittel- und Südosteuropa (Unterart *albifrons*); grönländische Brutvögel *(flavirostris)* ziehen nach Irland und Schottland.

KENNZEICHEN Mittelgroße, kompakte Gans mit orangefarbenen Beinen.– Ad.: Auffälliges weißes Feld um die Schnabelbasis bis auf die Stirn, schwarze Bauchbänderung; kann nur mit Zwerggans verwechselt werden, aber größer (geringe Überschneidung), ohne gelben Lidring (manchmal undeutlich vorhanden), mit kräftigerem Schnabel und normalerweise nicht bis zum Scheitel reichendem weißem Feld (in Seitenansicht senkrecht begrenzt, bei Zwerggans aber schräg zum Scheitel reichend).– JK/1er W: Ohne weiße Befiederung am Schnabelgrund (diese entsteht während des 1en W) und ohne Bauchbänderung, Schnabel matt rosa mit dunklem Nagel (selten auch First und Basis); aus der Entfernung mit Saat- und Kurzschnabelgans verwechselbar, aber anfangs dunkelbraune Befiederung am Schnabelgrund kontrastiert zu helleren Kopfseiten, helle Federränder der Oberseite weniger deutlich, Schnabelbasis (besonders Unterschnabel) nicht ganz schwarz.– Unterart flavirostris („Grönländische Blässgans“) ist etwas größer, dunkler (besonders Brust), langhalsiger und hat kräftigeren, orangegelben Schnabel (nur vor Spitze etwas rosa statt rosa mit etwas Gelb an Basis), meist gröbere schwarze Bauchfleckung und eine schmalere weiße Schwanzendbinde.

STIMME Im Vergleich zu Saat- und Graugans höher, musikalischer oder lachender, nicht so nasal und rau, meist zwei-, manchmal dreisilbig „kjü-jü“ und „kjo-jo-jo“, manche Laute aber tiefer.

ZWERGGANS A

Lesser White-fronted Goose *Anser erythropus*

L 56-66 cm, S 115-135 cm. Brütet in Sümpfen und Mooren der nördlichen Weiden- und Birkenzone, hat stark abgenommen. Skandinavisches Aussetzungsprogramm mit farbberingten Jungvögeln, die mit Weißwangengänsen als Zieheltern (statt wie früher im Südosten) im westlichen Mitteleuropa überwintern.

KENNZEICHEN Etwas kleiner als die ähnliche Blässgans (geringe Größenüberschneidung), immer am sichersten am auffallenden gelben Lidring zu erkennen, ferner Schnabel kleiner („niedlicher“) und immer rosa, Gefieder dunkler, Beine orangerot; Flügelspitzen überragen die Schwanzspitze

Blässgans

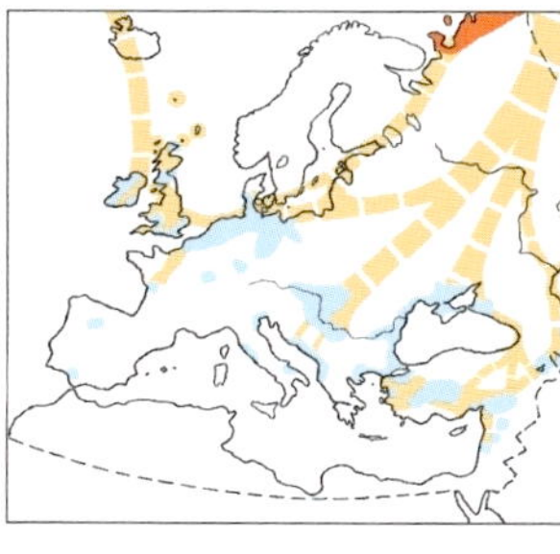

Zwerggans

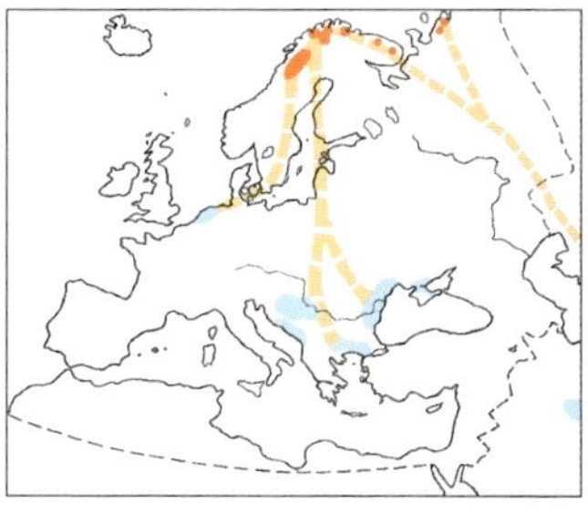

BLÄSSGANS

ZWERGGANS

weiter. Fliegt agil mit raschen Schlägen der schmalen Flügel, bei Erfahrung kürzerer Hals und kleinerer Kopf als bei Blässgans auffallend.– Ad.: Weißes Stirnfeld reicht bis auf Scheitel (in Seitenansicht schräg bis über/hinter das Auge ragend), schwarze Bauchbänderung schwächer als bei Blässgans.– JK/1er W: Durchschnittlich kleiner und dunkler als junge Blässgans, Nagel meist hell, aber außer am gelben Lidring und typischen Habitus oft nicht unterscheidbar.

STIMME Ähnlich Blässgans, aber noch schriller, höher und mit kläffenderem Ton.

SAATGANS

ZW

Bean Goose *Anser fabalis*

L 69-88 cm, S 140-174 cm. Brutvogel von Mooren, Sümpfen und Teichen in der Taiga (Unterart *fabalis*, „Waldsaatgans"; inzwischen selten geworden und nur noch in geringer Zahl in Deutschland erscheinend) und in der feuchten Tundra (Unterart *rossicus*, „Tundrasaatgans"; häufiger Wintergast in Mitteleuropa auf Feldern).

KENNZEICHEN Mittelgroße bis große, recht dunkle, langflügelige Gans; Schirmfedern und Flügeldecken deutlich weiß gerandet, Kopf und Hals recht dunkel, von Grau- und Kurzschnabelgans auch an orangefarbenen statt rosa Beinen unterschieden. Im Flug Oberflügel recht einfarbig dunkel ohne Aufhellungen, Unterflügel ganz dunkel (vgl. Graugans). Besonders aus der Entfernung sowie wenn Schnabel und Beine undefinierbar rötlich aussehen, schwer von Kurzschnabelgans zu trennen, aber identische dunkelbraune Farbe von Oberseite und hinteren Flanken (Kurzschnabelgans oberseits heller) und schmale weiße Schwanzendbinde (statt breite) geben gute Hinweise. Viele Altvögel zeigen weiße Befiederung am Schnabelgrund, die im Extremfall an Blässgans erinnern kann.– Die auch ökologisch differenzierten Unterarten unterscheiden sich recht deutlich im Aussehen: *fabalis* fast so groß wie Graugans, *aber Hals dünner, Kopf kleiner, Schnabel und Körper schlanker, Schnabel* meist *lang*, Basis nicht auffallend hoch, meist mit ausgedehnter Orangefärbung, manchmal aber nur mit schmaler Binde; *rossicus* dagegen *kleiner, kurzhalsiger, Hals und runderer Kopf dunkler*, etwas zum helleren Körper kontrastierend, Schnabel kurz, durch dickeren Unterschnabel an der Basis höher, daher insgesamt der Kurzschnabelgans ähnlicher, *Schnabelbinde* meist *schmal*, aber *orange*. Einzelne Vögel scheinen intermediäre Merkmale zwischen beiden Unterarten zu besitzen bzw. aus noch weiter östlich brütenden, asiatischen Populationen zu stammen.

STIMME Nicht sehr stimmfreudig; ruft tief, nasal, trompetend, zwei- bis dreisilbig stoßend „ang-ank" oder „tjö-jö-jött", im Trupp in leicht unterschiedlicher Höhe.

KURZSCHNABELGANS

ZW

Pink-footed Goose *Anser brachyrhynchus*

L 64-76 cm, S 137-161 cm. Nah mit Saatgans verwandt. Brütet in arktischer Tundra und an Berghängen auf Island, Grönland und Spitzbergen am Boden, manchmal auf Felsen, überwintert in Nordwesteuropa; Brutvögel Spitzbergens ziehen im Oktober vom dänischen Zwischenrastplatz über die Deutsche Bucht ins niederländische Friesland; im mitteleuropäischen Binnenland Ausnahmeerscheinung.

KENNZEICHEN Kleiner und kompakter als Saatgans der Unterart *fabalis*, in Größe und Gestalt daher der Unterart *rossicus* sehr ähnlich. *Rosa Beine* diagnostisch, aber bei schlechtem Licht und großer Entfernung erstaunlich schwer erkennbar, *Schnabel* recht *kurz und dreieckig*, überwiegend *schwarz mit rosa Binde vor der Spitze* (manchmal ausgedehnter), Kopf rundlich, *Hals relativ kurz, Kopf* und oberer Hals *dunkelbraun* und *zu hellerem unterem Hals und blass braungrauem, oft frostig blaugrau überhauchtem Körper* und schwach rosa getönter Brust *kontrastierend*. Einige Altvögel mit schmal weißer Befiederung am Schnabelgrund. *Hinterer Flankenbereich dunkelste Körperpartie, dunkler als Oberseite* (dieser deutliche Kontrast bei Saatgans nicht vorhanden, daher auch aus größerer Entfernung ein gutes Merkmal). *Im Flug Oberflügeldecken sowie Mantel und Rücken deutlich aufgehellt* (im Gegensatz zu Saat- und Blässgans; Graugans hat zwar noch hellere Vorderflügel, aber dunklen Mantel), Schwanz heller als bei Saatgans und mit *breit weißer Spitze*.– JK: Zur Altersbestimmung s. S. 16. Ähnlich ad., aber manche Individuen weniger typisch, insgesamt etwas dunkler und brauner mit weniger Kontrast zwischen Kopf und Körper und ohne blaugrau schimmernde Oberseite; Beinfarbe oft matter, weniger sauber rosa.

STIMME Ähnlich Saatgans, aber sehr stimmfreudig, ruft höher „uink-uink" und kurz trompetend „ank-ank-ank", jedoch tiefer und weniger lachend als Blässgans.

GRAUGANS

BJZW

Greylag Goose *Anser anser*

L 74-84 cm, S 149-168 cm. Brutvogel verschiedenartigster Feuchtgebiete, von Inseln oder Schilfgürteln großer Seen über Küstenlagunen bis zu Parkteichen. Einzige auch in Mittel- und Südeuropa brütende Art, vielerorts zudem ausgesetzte Populationen. Stammform der Hausgans.

KENNZEICHEN Wird in der Größe nur von Saatgans erreicht, ist aber *massiger* mit *dickerem Hals, größerem Kopf* und *kräftigerem, keilförmigem Schnabel*; Beine blass rosa, *Schnabel orange bis rosa. Gefieder* ziemlich *kontrastarm braungrau, Kopf und Hals recht hell*. Einzelne Altvögel mit schmal weißer Befiederung am Schnabelgrund und schwarzen Bauchflecken. Recht schwerer Flug auf breiten Flügeln, *Vorderflügel oberseits hellgrau leuchtend* und zum dunkleren Hinterrand und Mantel kontrastierend, hat als einzige europäische Gans *zweifarbigen Unterflügel mit hellen Kleinen Unterflügeldecken und Achselfedern*; von hinten betrachtet sind Größe sowie *hellgrauer*, vom Braun des Mantels und der Schirmfedern abstechender *Bürzel* und Rücken kennzeichnend.– Westliche Unterart *anser* (in weiten Teilen Europas) oben beschrieben, hat recht deutlich orangefarben getönten Schnabel, östliche Unterart *rubrirostris* (Russland, Asien) ist etwas größer, insgesamt blasser und hat rosa Schnabel; osteuropäische Vögel intermediär.

STIMME Der Hausgans sehr ähnliche, laute, nasale, gackernde, meist dreisilbige, auf der ersten, höheren, lang gezogenen Silbe betonte Rufe, etwa „kiJAA-ga-ga", auch tief und rau „ahnk-ang-ang" (etwas saatgansähnlich) und tiefe oder schrille Laute.

Saatgans

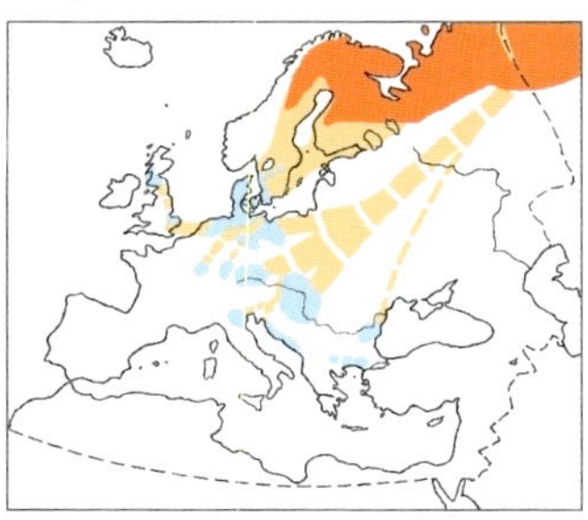

Kurzschnabelgans

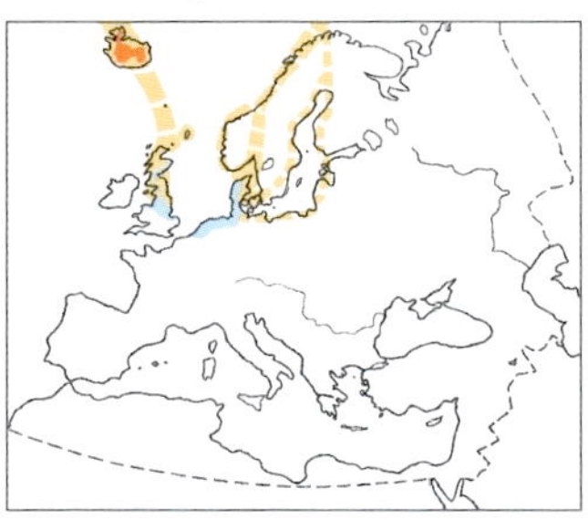

Graugans

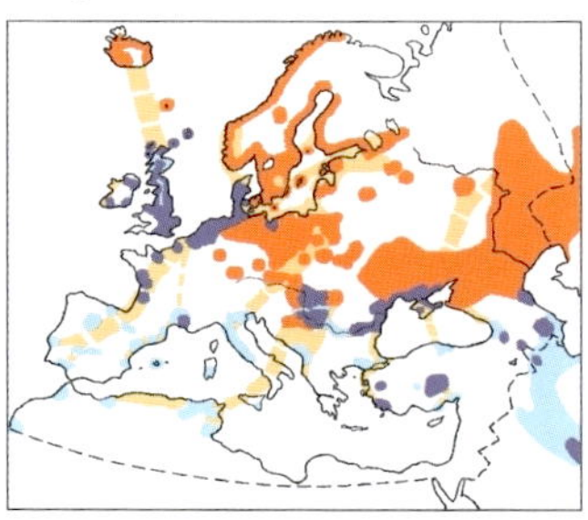

SAATGANS

KURZSCHNABELGANS

GRAUGANS

KM

KANADAGANS (BW)

Canada Goose *Branta canadensis*

L 80-105 cm, S 155-180 cm (gilt für ausgesetzte europäische Brutvögel, meist Unterart *canadensis*). Aus Nordamerika eingeführte Art, inzwischen vielerorts Brutvogel an allen Gewässertypen, oft zahm oder wenig scheu; nördliche Populationen ziehen. Gelegentlich andere, oft kleinere Unterarten, z. B. *parvipes.*

KENNZEICHEN *Groß mit langem, schwarzem Hals und heller Brust,* durch *weißes Kopffeld* von anderen Gänsen außer Zwergkanadagans (s. u.) und kleinerer, kurzhalsigerer, schwarzbrüstiger Weißwangengans unterschieden, aber *Körper bräunlich,* unterseits heller (bei Weißwangengans schwarz, grau und weiß), *weißes Kopffeld eher ein bis hinter die Augen reichendes Kinnband* (bei Weißwangengans ausgedehnter, über Augen bis auf Stirn reichend). Lange Flügel, Flügelschlag eher langsam.– Ad.: Beige Federspitzen bilden auf Oberseite und Flanken saubere Bänder.– JK: Helle Bänderung von Oberseite und Flanken undeutlich und weniger gleichmäßig, Kopf und Hals stumpf bräunlich schwarz, helles Kopffeld blass bräunlich getönt.

STIMME Stimmfreudig, meist laut, zweisilbig, nasal „or-LÜT", zweite Silbe höher, ferner tiefe, tutende, nasale, oft wiederholte Töne.

ZWERGKANADAGANS (A)

Cackling Goose *Branta hutchinsii*

L 60-70 cm, S 125-140 cm. Neuerdings von der Kanadagans als eigene Art abgetrennt. Brütet in arktischer Tundra Kanadas und Alaskas. Ausnahmeerscheinung in Westeuropa, offenbar immer Unterart *hutchinsii* aus Zentralkanada, dann oft unter Weißwangen- oder Kurzschnabelgänsen.

KENNZEICHEN Nur *so groß wie Weißwangengans.* Im Vergleich zur Kanadagans viel kleiner, *kompakter, Hals und Beine kürzer, Kopf eher eckig mit steiler Stirn und kleinem Schnabel,* daher ähnlich „niedlicher" Eindruck wie Zwerggans. Oft angedeuteter weißer Ring zwischen schwarzem Hals und hellbrauner Brust. *Oberseite eher blass bräunlich grau,* heller als die meisten Kanadagänse. Altersbestimmung wie bei Kanadagans.

STIMME Ähnlich Kanadagans, aber etwas höher.

WEISSWANGENGANS BZW

Barnacle Goose *Branta leucopsis*

L 58-70 cm, S 120-142 cm. Arktischer Koloniebrüter auf Felsinseln oder Steilhängen in der Tundra, neuerdings auch an der Ostsee. Überwintert an Nordwesteuropas Küsten.

KENNZEICHEN Mittelgroß, kompakt, *mit dicklichem, kurzem Hals, gerundetem Kopf und kleinem, schwarzem Schnabel, Hals und Brust schwarz, Kopf bis auf schwarzen Zügel, Scheitel und Hinterkopf weiß,* Unterseite silbrigweiß, Oberseite grau mit schwarzer und weißer Bänderung. Weißer Kopf im Flug oft kaum erkennbar, daher *Kontrast zwischen schwarzer Brust und weißlichem Bauch sowie hellere Oberflügel* besser zur Unterscheidung von Ringelgans geeignet, ferner Flügel etwas länger und Schlagfrequenz etwas langsamer, etwa wie bei Blässgans. Fliegt oft in unregelmäßigen, u-förmigen Bändern (wie Ringelgans).– JK: Sehr ähnlich Alterskleid, aber *Flankenbänderung undeutlicher,* Hals und Brust nicht so tief schwarz, Oberseite durch eher beige Federspitzen und diffusere schwärzliche Bänderung verwaschener, weißliches „Gesicht" weniger gelblich getönt; schwarze Fleckung der Augenregion jedoch variabel und daher als Alterskriterium unzuverlässig.

STIMME Stimmfreudig, aber hauptsächlich ein einziger, schriller, einsilbiger, bellender Ruf, im Chor in leicht unterschiedlicher Tonlage, etwa „ka" oder „kau".

ZWERGKANADAGANS

Fast alle als Wildvögel anerkannten Nachweise betreffen allein oder zu zweit am äußersten Westrand Europas zusammen mit grönländischen Weißwangengänsen eingetroffene Vögel.

RINGELGANS ZW

Brant Goose *Branta bernicla*

L 55-62 cm, S 105-117 cm. Brutvogel arktischer Küsten und Inseln, bevorzugt flache Tundra. Überwintert an nordwesteuropäischen Küsten. Verhalten entenähnlich, oft in dichten Trupps auf dem Meer, gründelt nach Seegras.

KENNZEICHEN Etwas kleiner als Weißwangengans, *schlanker,* Hals relativ länger, *Kopf kleiner, Flügel schmaler;* insgesamt *dunkel mit weiß leuchtendem „Heck",* aus der Nähe *weißer Halsseitenfleck* sichtbar. Im Flug schlank und elegant, spitze Flügel leicht zurückgebogen, Flügelschläge langsamer als Eiderente, aber schneller als Weißwangengans, ziehende Trupps oft sehr groß (besonders im Frühjahr), entweder einzelne oder ineinandergeschobene u-förmige Bänder.– Drei Unterarten: *bernicla* („Dunkelbäuchige Ringelgans", brütet in Russland, überwintert hauptsächlich im deutsch-niederländischen Wattenmeer und in Südengland) hat *düster dunkelgrauen Bauch,* etwas hellere Flanken und dunkelgraue Oberseite; *hrota* („Hellbäuchige Ringelgans", Spitzbergen, Grönland, überwintert in Dänemark und auf den Britischen Inseln) ist *unterseits heller weißgrau mit klarem Kontrast zur schwarzen Brust* und oberseits beige überhaucht; *nigricans* („Pazifische Ringelgans", Ostsibirien, nordwestlichstes Nordamerika, Ausnahmeerscheinung in Europa) zeigt starken Kontrast zwischen weißlichen Flanken und schwärzlichem Bauch sowie große, am Vorderhals breiter werdende und oft sogar zusammentreffende weiße Halsseitenflecken.– Ad.: *Oberseite ungemustert einfarbig.*– JK: *Weißliche Spitzen der Oberflügeldecken* erzeugen leichte Bänderung, weißer Halsseitenfleck entsteht erst im Frühwinter; Flanken aller Unterarten anfangs dunkler (wie Bauch), daher subspezifische Zuordnung schwer bis unmöglich.– 1er W: Weißliche Oberseitenbänderung noch vorhanden, ab Oktober bei *hrota* erscheinende *helle Flanken* erleichtern Trennung von *bernicla.*

STIMME Ruft guttural gurgelnd „r'rot", im Trupp in leicht unterschiedlicher Tonhöhe.

KANADAGANS

WEISSWANGENGANS

RINGELGANS

KM

Kanadagans

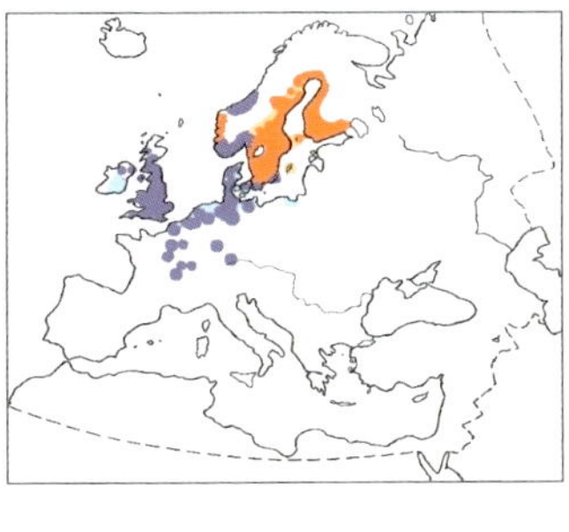

Weißwangengans

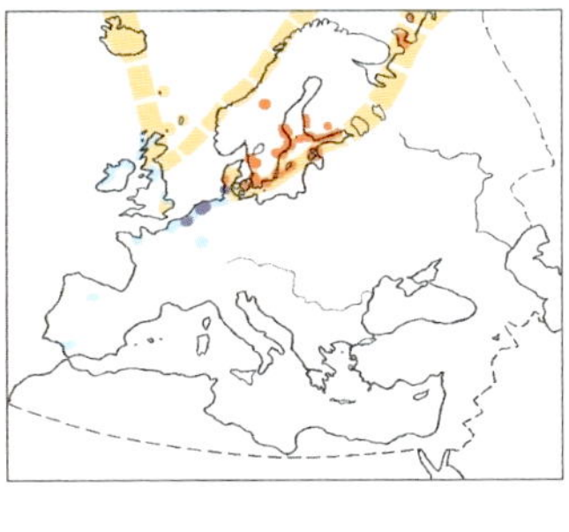

Ringelgans

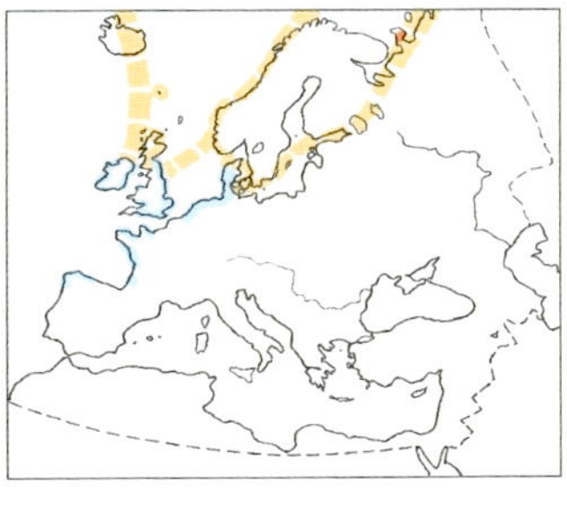

ROTHALSGANS (b)G

Red-breasted Goose *Branta ruficollis*

L 54-60 cm, S 110-125 cm. Kleine Brutkolonien in der russischen Tundra an Flussufern oder -mündungen, oft zusammen mit Greifvögeln als Schutz vor Eisfüchsen. Überwintert hauptsächlich nördlich und westlich des Schwarzen Meeres; erscheint im Winter vereinzelt in Trupps anderer Gänse in Mitteleuropa.

KENNZEICHEN Klein mit *kurzem, dickem Hals,* rundem Kopf und *winzigem schwarzem Schnabel,* durch *rostrotes Färbungsmuster* unverwechselbar, wirkt aber aus der Ferne meist nur *insgesamt dunkel mit breit weißem Flankenstreif.* Im Flug klein und kurzhalsig mit *schwarzen Unter- und sehr dunklen Oberflügeln,* schwarzem Bauch und weißem Flankenstreif.– Ad.: Nur *zwei deutliche weiße Flügelbinden.*– JK: *4-5 undeutlichere weißliche Flügelbinden,* blasser roter *Wangenfleck anfangs klein mit breit weißem Rand.*

STIMME Ruft schrill und hoch „ki-kwi" oder „ki-jick".

BRANDGANS BJZ

Common Shelduck *Tadorna tadorna*

L 55-65 cm, S 100-120 cm. Brütet hauptsächlich an Küsten, auch an größeren Seen und Flüssen, Nahrungssuche meist im Flachwasser. Viele europäische Brutvögel versammeln sich zur Mauser im Sommer im Wattenmeer. Nest meist in Erdhöhlen, unter dichtem Gebüsch oder Gebäuden.

KENNZEICHEN Mittelgroße, *langhalsige* Halbgans mit stark gemustertem Gefieder. Körper plump, Schnabel kräftig mit stark konkavem First, Beine recht lang. Flügel lang und spitz, nach hinten gewinkelt, bei Beschleunigung tief durchgeschlagen. Zieht in recht kleinen Trupps in Linienformation dicht über der Wasseroberfläche. *Gefieder überwiegend weiß mit dunkelgrünem Kopf, rotem Schnabel, kastanienbraunem Brustband;* Schwung- und Schulterfedern, Schwanzspitze und Bauchstreif schwarz. Beine blass rosa bei Alt- und grau bei Jungvögeln.– ♂: *Schnabel und kräftiger Schnabelhöcker leuchtend rot;* bedeutendere Körpergröße bei Paaren auffallend.– ♀: Etwas kleiner, *Schnabelhöcker unauffällig und -färbung blasser,* Muster der Unterseite schmaler und unschärfer.– JK: Kopf und Hals überwiegend weißlich, Scheitel und Hinterhals braungrau, Unterseite ungezeichnet.– 1er S: Wie ad., aber im Flug am *weißen Flügelhinterrand* erkennbar.

STIMME ♂ ruft bei der Balz im Frühjahr hoch zwitschernd in Serie „sliss-sliss-sliss-…", besonders bei Verfolgung des ♀ im Flug zusätzlich auch kurz und weich pfeifend „pju" oder wiederholt zweisilbig „pij-pu". ♂ ruft besonders im Flug nasal, tief und laut gackernd „gagagagaga…"; ferner gereizt nasal „ah-ang" und rauchig rollend „grrah grrah grrah…".

ROSTGANS (BJ)

Ruddy Shelduck *Tadorna ferruginea*

L 58-70 cm, S 110-135 cm. Brütet in verschiedensten binnenländischen Lebensräumen: auf ausgedehnten Steppen an Seen und Salzmarschen, an Flüssen, Hügeln und sogar felsigen Berghängen, oft weit vom Wasser entfernt. Bruthöhlen in Felsen, Ruinen, Bäumen usw. Überwiegend Zugvogel, fliegt oft in großer Höhe. In Mittel- und Nordwesteuropa häufiger Gefangenschaftsflüchtling, der auch in Freiheit brütet, doch erscheinen auch gelegentliche Einflüge möglich.

KENNZEICHEN Kaum größer als Brandgans und ähnlich gebaut; *Gefieder leuchtend orangebraun,* Kopf blasser zimt- bis rahmfarben, Bürzel, Schwung- und Steuerfedern schwarz (teilweise grün glänzend), ober- und unterseits ausgedehnt *weißer Vorderflügel;* Schnabel schwarz.– ♂: Im PK dünner, *schwarzer Halsring,* Mantel und Brust intensiver rostfarben.– ♀: Kein Halsband, im „Gesicht" oft ausgedehnt weiße Partien.– JK: Wie ♀, aber Vorderflügel verwaschen weißlich grau.

STIMME Ruft kräftig nasal hupend, im Flug „ang" und „ahüng" (zweisilbiger Ruf an Kanadagans oder weit entfernten Esel erinnernd), außerdem hohl rollend „ahrrr".

NILGANS (BJ)

Egyptian Goose *Alopochen aegyptiaca*

L 63-73 cm. Afrikanische Halbgans, aber wachsende verwilderte Parkpopulationen in vielen Teilen Europas an Gewässern aller Art, von den Niederlanden nach Deutschland eingewandert, inzwischen fast überall brütend.

KENNZEICHEN Etwas größer als Rostgans, mit der sie aus großer Entfernung verwechselt werden kann, besonders im Flug *(beide hellbraun mit weißem Vorderflügel),* aber weniger orange, unterseits eher schmutzig graubeige und oberseits düster braun, *Augenfleck dunkel, Schnabel matt rosarot* mit dunkler Umrandung, *lange Beine* blass rosa. Brust mit dunklem Schmutzfleck. Geschlechter fast gleich gefärbt, große individuelle Variation.– JK: Blasser, ohne braune Flecke auf Brust und um Auge, Scheitel bräunlich statt weißlich.

STIMME Ruf des ♂ heiser zischend, des ♀ tief, aber schrill „ang-hää-hää".

STREIFENGANS (BJ)

Bar-headed Goose *Anser indicus*

L 68-78 cm. Gehört nicht zu den Halb-, sondern zu den grauen Gänsen. Im mittelasiatischen Hochland beheimatet, bei uns oft aus Gefangenschaft entweichend und dann auch im Freiland brütend.

KENNZEICHEN Größe wie Saatgans, aber *sehr hell grau* (im Flug oft weißlich wirkend), aus der Nähe kennzeichnender *weißer Kopf mit zwei schwarzen Querstreifen* sichtbar, Hinterhals mit düsterem „Aalstrich", Handschwingen nur an den Spitzen dunkel. Relativ kleiner Schnabel und Beine gelb.

Rothalsgans

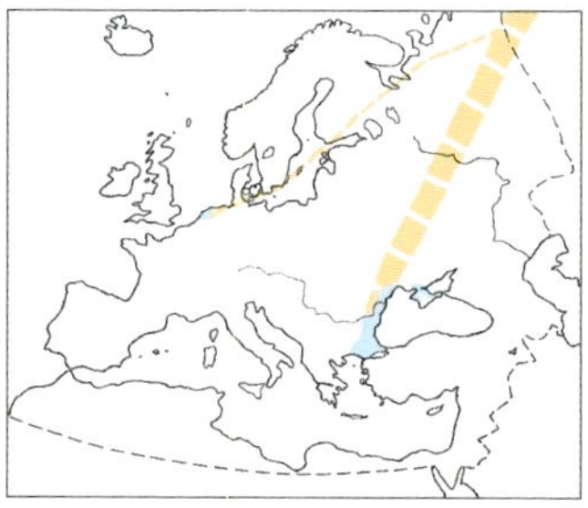

Brandgans

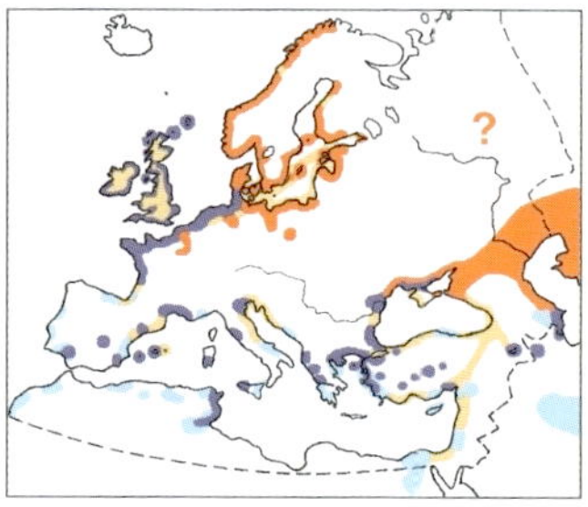

Rostgans

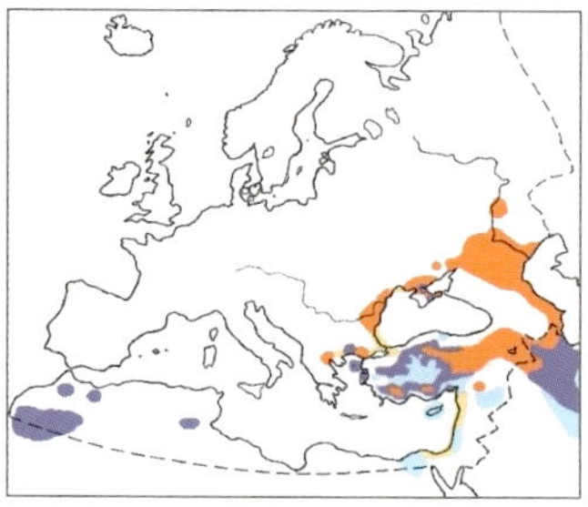

ROTHALSGANS

BRANDGANS

ROSTGANS

NILGANS

KM

STREIFENGANS

GRÜNDELENTEN *Anatini*

Kleine bis große Enten der Flüsse, Seen und Sumpfgebiete, die ihre überwiegend pflanzliche Nahrung von der Wasseroberfläche, gründelnd im Flachwasser oder an Land aufnehmen. Fliegen ohne Anlaufstrecke direkt auf. Geschlechter sehr verschieden gefärbt; im Sommer führt die Synchronmauser aller Schwungfedern für 3-4 Wochen zur Flugunfähigkeit, ♂ tragen dann ein weibchenfarbenes Schlichtkleid.

STOCKENTE BJZW

Mallard *Anas platyrhynchos*

L 50-60 cm, S 81-95 cm. Bekannteste Ente und Stammform der Hausente, brütet an Gewässern fast aller Art, oft an Parkteichen, dort sehr vertraut, unter Büschen, in Baumhöhlen, sogar an Gebäuden. Überwiegend Jahresvogel, nordöstliche Populationen weichen im Winter vor dem Eis.

KENNZEICHEN Groß und kräftig, Kopf und Schnabel groß, Schwanz kurz. *Wirkt im Flug schwer,* Schläge der *recht stumpfen,* besonders an der Basis *breiten Flügel* mäßig schnell. Beine orange. Meist allein an Größe, Gestalt und *blauem, breit weiß eingefasstem Spiegel* erkennbar.– ♂ PK: *Kopf metallisch grün, schmaler weißer Halsring,* Brust braun, restlicher Körper überwiegend hellgrau, Heck schwarz, mittlere Steuerfedern ringelförmig aufwärts gebogen, *Schnabel einfarbig matt gelb.*– ♀: Braun, dunkelbraun gefleckt und gestrichelt, zwischen düster braunem Scheitel und Augenstreif ein hellerer Überaugenstreif; *Schnabel orange mit dunkler,* sich unregelmäßig auf die Seiten erstreckender *Firstfärbung* (vgl. Schnatterente); äußere Steuerfedern beige; beachte im Flug *bräunlichen Bauch* und weißliche Unterflügeldecken.– ♂ SK: Wie ♀, aber *Schnabel einfarbig gelb, Brust eher rostbraun* und weniger gestreift, Kopfmuster deutlicher.– JK: Wie ♀.

STIMME Sehr stimmfreudig, ♂ ruft weich, nasal und tief „rhäb", vom aufgeregt schwimmenden Vogel oft wiederholt, balzt kurz pfeifend „piu"; ♀ ruft rau quakend, auf den ersten Silben betont und dann absterbend „KWÄH-KWÄH-kwkwah-kwah-kwa-kwa-…" und warnt mit Serie kurzer, gleich hoher, härterer Quaklaute.

SCHNATTERENTE BJZ

Gadwall *Anas strepera*

L 46-56 cm, S 78-90 cm. Brütet spärlich an vegetationsreichen, oft eutrophen Feuchtgebieten mit Süß- oder Brackwasser, überwintert hauptsächlich in Westeuropa.

KENNZEICHEN Etwas kleiner, *schlanker und schmalflügeliger* als die oberflächlich ähnliche weibliche Stockente, zeigt im Flug *weißlichen Bauch* (statt bräunlichen) und *kleinen weißen Spiegel,* auffallend bei alten ♂ (wie Zuckerwürfel), aber fast fehlend bei jungen ♀.– ♂ PK: Kopf mittelbraun, *Steiß schwarz* (Schwanz jedoch braun), *Körper grau meliert,* besonders kräftig auf Brust, *lange Schulterfedern hell graubeige, Schnabel dunkelgrau;* im Flug *neben weißem Spiegel auch schwarze und kastanienbraune Flügelabzeichen.*– ♀: Unterscheidet sich vom größeren Stockenten-♀ durch *weißlichen Bauch, kleinen weißen Spiegel,* dunkler braungraue Steuerfedern und *gleichmäßig breites, orangefarbenes Band entlang der Schnabelseiten.*– ♂ SK: Ähnlich ♀, behält aber männliches Flügelmuster, Schnabelseiten etwas orange.– JK: Wie ♀, doch Körperfedern lebhafter beigebraun in stärkerem Kontrast zum graueren Kopf.

STIMME ♂ ruft tief, kurz, knarrend „ährp" und balzt hoch pfeifend „pjii", ♀ quakt etwas härter und mechanischer als Stockente.

SPIESSENTE BZW

Northern Pintail *Anas acuta*

L 51-62 cm (ohne ca. 10 cm verlängerte Steuerfedern des ♂), S 79-87 cm. Brütet an nahrungsreichen Flachseen, überwintert in Westeuropa und Afrika.

KENNZEICHEN Fast so groß wie Stockente, aber *schlanker und eleganter, Flügel und Schwanz lang, schmal und spitz,* besonders beim ♂, Hals lang und schlank, Kopf klein (der „Windhund" unter den Enten); Flug schnell, Handflügel etwas zurückgebogen.– ♂ PK: Durch verlängerte Steuerfedern unverwechselbar, das *Weiß von Brust und Vorderhals zieht sich als Streif auf die Seiten des braunen Kopfes,* Spiegel grün mit weißem Hinter- und rostbraunem Vorderrand, Schnabel schwarz mit graublauen Seiten.– ♀: Ähnlich schlankem, langhalsigem Stockenten-♀, doch *schlanker Schnabel dunkelgrau, Kopf fast einfarbig hellbraun, vom graueren Körper abgesetzt,* Spiegel dunkelbraun, vorne schmal, *hinten sehr breit weiß begrenzt,* Bauch hell braunweiß.– ♂ SK: Ähnlich ♀, aber mit männlichem Flügel- und Schnabelmuster und längeren, graueren Schulterfedern.– JK: Wie ♀, aber Körper weniger sauber geschuppt, eher diffus gefleckt und gebändert; weißer Armflügel-Hinterrand schmaler, Spiegel matter braun, beim ♂ grünlich getönt.

STIMME ♂ pfeift kurz und klar „krrü", tiefer als Krickente, aus der Nähe auch gleichzeitig ein zischendes „wiih-wij" hörbar, ♀ ruft bei der Balz krähenartig rollend „kr'r'r'rah", das Quaken liegt stimmlich zwischen Stock- und Krickente.

DUNKELENTE (A)

American Black Duck *Anas rubripes*

L 53-61 cm. Nordamerikanische Art, gelegentliche Ausnahmeerscheinung und Gefangenschaftsflüchtling.

KENNZEICHEN Erinnert in Gestalt und Färbung an dunkles ♀ der nah verwandten Stockenten, Geschlechter einander sehr ähnlich gefärbt. Kopf hell graubraun, Körper schwarzbraun, kaum gemustert, Schwanz dunkel, Spiegel purpurblau bis türkis schillernd, hinten schmal und undeutlich weißlich begrenzt; Schnabel gelblich, beim ♀ dunkler First angedeutet.

Stockente

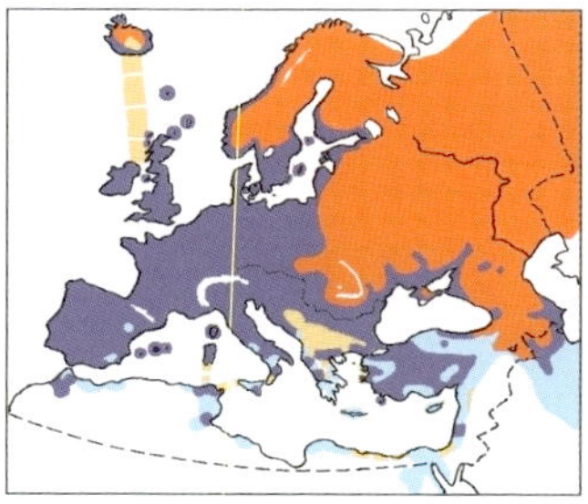

Schnatterente

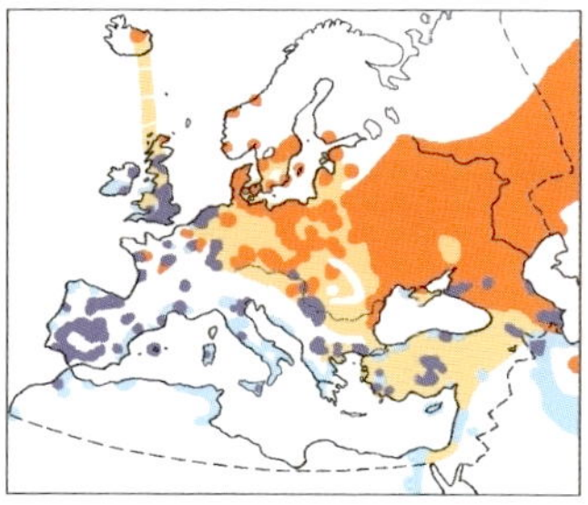

Spießente

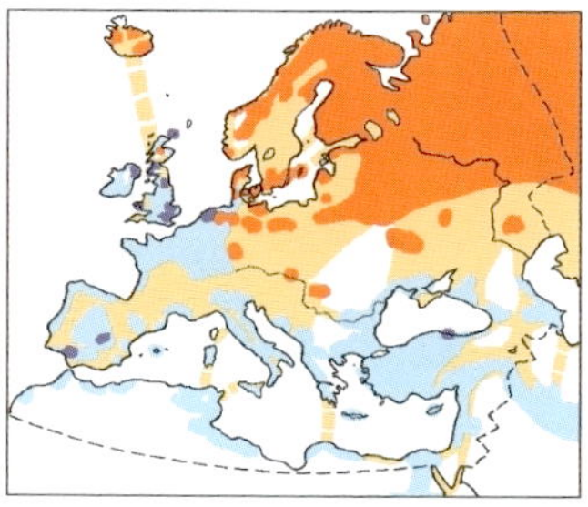

STOCKENTE

SCHNATTERENTE

SPIESSENTE

DUNKELENTE

KM

LÖFFELENTE BZ

Northern Shoveler *Anas clypeata*

L 44-52 cm, S 73-82 cm. Brütet an flachen, nährstoffreichen Gewässern mit viel Vegetation und in Sumpfgebieten mit freien Wasserflächen. Überwintert von Westeuropa bis ins tropische Afrika, in Deutschland im Winter selten; wird meist in Paaren oder kleineren Gruppen gesehen.

KENNZEICHEN Mittelgroß mit kurzem Hals und *beeindruckend langem, breitem Schnabel,* dadurch schwimmend und fliegend *vorderlastig erscheinend.* Flügel von gleichmäßiger Breite, aber schmaler als bei Stockente wirkend, matt grüner Spiegel vorne weiß begrenzt.– ♂ PK: Unverwechselbar, *Kopf grün* (aus Entfernung schwarz), *Brust weiß, Bauch und Flanken kastanienbraun;* Vorderflügel blaugrau; einzige Gründelente mit gelber Iris.– ♀: Erinnert an Stockenten-♀, kenntlich an *mächtigem Schnabel, dunkelbraunem, zu weißlichen Unterflügeln kontrastierendem Bauch, fehlendem weißem Armschwingen-Hinterrand* und gräulichen Armdecken.– ♂ SK: Durch rötlichere Flankentönung, bläuliche Armdecken und dunkleren Kopf mit gelber Iris vom ♀ unterschieden.– JK: Scheitel und Hinterhals etwas dunkler, Bauch etwas heller als beim ♀.

STIMME Auffliegendes ♂ ruft nasal klopfend „tok-tok… tok-tok…“ (manchmal einsilbig), ♀ ruft röchelnd und gedämpfter „kerr-äsch“, auch kurze, in Höhe und Stärke abfallende Quakreihe ähnlich heiserem Krickenten-♀.

PFEIFENTE BJZW

Eurasian Wigeon *Anas penelope*

L 42-50 cm, S 71-85 cm. Brütet im Norden an Waldseen, Tundratümpeln und auf Überschwemmungsflächen, überwintert hauptsächlich an Küsten und größeren Binnengewässern Mittel- und Westeuropas, meist in sehr großen, auch auf Wiesen und Feldern grasenden Trupps, ist im Verhalten also durchaus gänseähnlich.

KENNZEICHEN Mittelgroß und *kurzhalsig mit recht großem, rundem Kopf, kleinem Schnabel und spitzem Schwanz;* im schnellen Flug auch *schlanker Hals und spitze, nach hinten gebogene Flügel* und weißer Bauchfleck auffallend; Achseln grau.– ♂ PK: Durch *rotbraunen Kopf und Hals mit cremegelbem Feld auf Stirn und Vorderscheitel* unverwechselbar; Brust graurosa, Steiß schwarz und weiß, übriger Körper grau; im Flug *großes, weißes Armflügelfeld,* Spiegel grün.– ♀: Matt rötlich- bis graubraun mit diffuser Fleckung (insgesamt sehr variabel), *an Gestalt, dunklem Gefieder, kleinem, grauem Schnabel mit schwarzer Spitze, scharf abgegrenzt weißem Bauch* erkennbar; Spiegel dunkel, innerste Armschwingen oft mit hellen, einen weißen Fleck bildenden Rändern (ähnlich juvenilem Schnatterenten-♀).– ♂ SK: Gefieder rötlicher als ♀, *weißes Armschwingenfeld.*– JK: Unterseite im Gegensatz zum ad. ♀ oft nur schwach gemustert, Spiegel matter.– ♂ 2es KJ: Vom adulten ♂ am *noch graubraunen Armflügelfeld* unterscheidbar.

STIMME ♂ äußert ganzjährig und auch im Flug einen charakteristischen, lauten Glissandopfiff, oft durch tieferen, kurzen Ton eingeleitet (und mit unterdrücktem Triller beendet), etwa „wu, WII-u(rr)“, aus der Entfernung nur als „WII-u“ hörbar; ferner eher unterdrückt und plaudernd „wip…wii… wip-wü“, auch ähnlich Reiherenten-♂ und rau schnaubend „rrah“ und „ra-kaah“; ♀ ruft im Flug wiederholt knurrend „karr karr karr…“, im Tonfall an Haubentaucher erinnernd.

KANADAPFEIFENTE A

American Wigeon *Anas americana*

L 48-56 cm. Seltener nordamerikanischer Gast; schließt sich gern Trupps von Pfeifenten an.

KENNZEICHEN Größe und Gestalt wie Pfeifente, Kopf wirkt mit steilerer Stirn und vollerem Nacken etwas größer.– ♂ PK: *Stirn und Scheitel weißlich, breiter Streif vom Auge in den Nacken dunkelgrün* (aus der Entfernung schwarz), übriger Kopf schmutzig beige und braun gefleckt, Brust und Flanken braunrosa.– Alle anderen Kleider: Oft schwer von Pfeifente unterscheidbar, aber durchschnittlich *Kopf und Hals grauer mit deutlicherem Kontrast zur rötlich braunen Brust; Achselfedern und Mittlere Unterarmdecken weiß* (Achselfedern höchstens mit dunklerem Schaft und diffuser Subterminalbinde), bei der Pfeifente dagegen hellgrau mit braungrauem Schaft und Muster (können aber bei heller Beleuchtung weißlich *wirken* und sind bei einigen Individuen *tatsächlich* heller); Stirn und Scheitel heller, daher Betonung der *dunklen Augenregion* (bei Pfeifente manchmal angedeutet); weiße Basen der Großen Armdecken bilden bei ad. ♀ *helles Flügelband.*

MARMELENTE (A)

Marbled Duck *Marmaronetta angustirostris*

39-42 cm, S 63-70 cm. Brütet selten und lokal im Süden an vegetationsreichen Teichen im Flachland (abnehmend, z. B. in Spanien wahrscheinlich weniger als 100 Paare). Lebensweise wie eine Gründelente, zeigt aber auch Gemeinsamkeiten mit kleinen Tauchenten.

KENNZEICHEN Recht klein und schlank, Flügel und Schwanz lang, schmaler *Schnabel dunkel* (etwas an kleines Spießenten-♀ erinnernd), Kopf groß und durch angedeuteten Schopf lang. *Gefieder blass sandbraun,* diffus weißlich gefleckt, *Augenumgebung dunkel;* im Flug *helle Flügel ohne auffallendes Muster,* kein Spiegel, *aber Armschwingen aufgehellt* und von vorne zwei helle Flecken am Flügelbug (ähnlich Graureiher). Alle Kleider einander sehr ähnlich, ♂ haben oft deutlicheren Schopf und tiefer schwarzen Schnabel, Jungvögel noch diffusere, gelblichere Flecke.

STIMME Meist stumm, während der Balz ruft das ♂ aber hoch und heiser pfeifend „wii-wiih“.

Löffelente

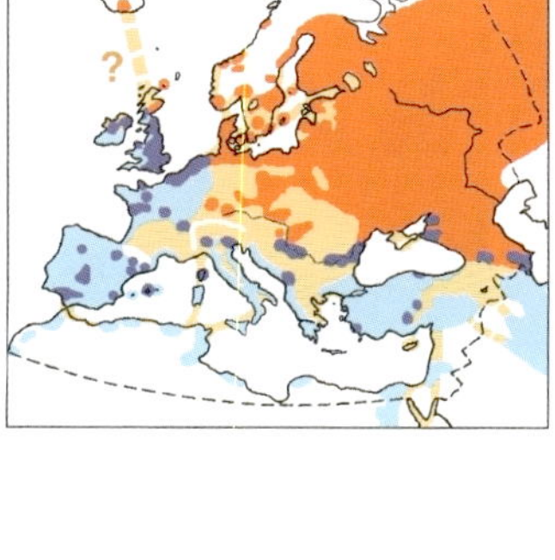

Pfeifente

Marmelente

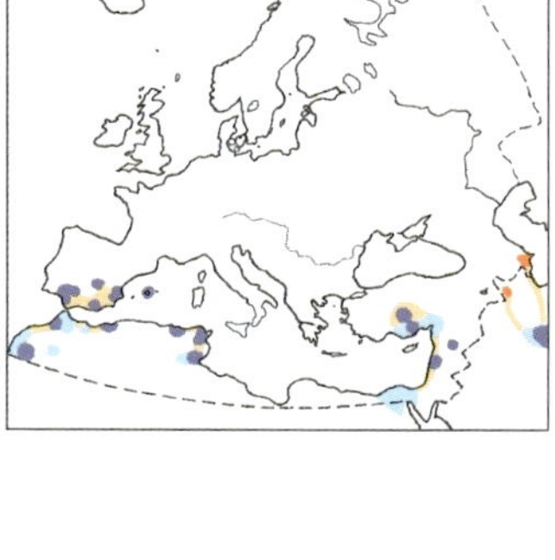

LÖFFELENTE

PFEIFENTE

KANADAPFEIFENTE

MARMELENTE

KRICKENTE BJZW

Eurasian Teal *Anas crecca*

L 34-38 cm, S 53-59 cm. Brutvogel der verschiedensten Gewässertypen, von Süß- bis Brackwasser, bevorzugt an Teichen (auch sehr kleinen) am oder im Wald, auch in Mooren, an Flüssen und stark bewachsenen Meeresufern. Außerhalb der Brutzeit in oft großen Trupps, besonders in Meeresbuchten und an flachen Seen, nordeuropäische Vögel weichen im Winter nach Süden aus.

KENNZEICHEN *Kleinste Ente mit schmalen, spitzen Flügeln, kurzem Hals, schnellem, agilem Flug in oft dichter Formation;* fliegt mühelos und steil von der Wasseroberfläche auf, führt oft plötzliche Schwenks aus. Wirkt aus der Entfernung im Flug *dunkel mit kurzem, weißem Band über die Mitte des Armflügels;* Spiegel glänzend grün.– ♂ PK: Kastanienbrauner Kopf mit grünen, schmal gelb eingefassten Seiten, auch aus der Entfernung leuchtender großer, *hellgelber Steißfleck schwarz begrenzt, waagerechte weiße Linie auf sonst grauem Körper.* Unterscheidet sich von der nordamerikanischen Carolinakrickente (S. 46) durch diese waagerechte weiße Linie (bei Carolinakrickente stattdessen senkrechtes weißes Band auf Brustseiten) und durch komplette gelbe Linien auf den Kopfseiten.– ♀: Braun, dunkler gestrichelt und gefleckt, schwimmend der weiblichen Knäkente ähnlich, aber *kleiner, Schnabel schlanker und an der Basis oft etwas orange,* Kopf durch nur mittelbraunen Augenstreif und *fehlenden Wangenstreif* eher einfarbig, weißer Fleck oder *Streif entlang der Schwanzbasis,* Kinn und Kehle nicht auffallend weißlich; im Flug neben kennzeichnendem Oberflügelmuster auch diffus hellere Bauchmitte und weißliches Längsband zwischen dunklem Vorder- und Hinterrand des Unterflügels typisch.– Vogel im JK und ♂ im SK ähneln ♀, doch ist das JK meist etwas dunkler (auch am Bauch) und zeigt stärker gestreifte (statt geschuppte) Flanken.

STIMME ♂ ruft häufig hell und klar klingelnd „krrik", höher als der ähnliche Ruf der Spießente; ♀ quakt schwach, hoch, nasal und abfallend „PEEHTt pät pät" und bei Verfolgung durch ♂ hart und schnell „krek-ekekek".

KNÄKENTE BZ

Garganey *Anas querquedula*

L 37-41 cm, S 59-67 cm. Brutvogel flacher, eutropher Gewässer in Flachland und Steppe, auch an Gräben in feuchtem Wiesengelände. Zieht im September nach Afrika, zurück im April. Selten in größeren Trupps.

KENNZEICHEN Etwas größer als Krickente mit längerem, geraderem Schnabel und etwas längerem Schwanz, im Flug besonders der *Handflügel heller; gründelt selten,* durchseiht lieber die Wasseroberfläche oder taucht lediglich den Kopf ein (Krickente gründelt oft).– ♂ PK: Brauner Kopf mit *halbmondförmig bis in den Nacken reichendem, weißem Überaugenstreif,* Brust dunkelbraun, Flanken hellgrau gemasert, zugespitzte Schulterfedern schwarz und weiß; im Flug *matt blaugraue Vorderflügel und scharfer Kontrast zwischen dunkler Brust und weißem Bauch.*– ♀: Etwas *größer* als Krickente, *Schnabel länger, gerader und ganz grau* (ohne Orange), Kopfseiten durch *dunklen Wangen- und Augenstreif* und hellen Zügelfleck *stärker gestreift,* kein heller Längsstrich an Schwanzbasis, ferner *Kinn und Kehle meist sauber rahmweiß;* im Flug *graubrauner Vorderflügel* ähnlich Krickente, aber Handflügel heller, kein breit weißes Band über dem Spiegel (nur schmal), aber *breit weißer Armflügel-Hinterrand* (ähnlich weiblicher Spießente).– ♂ SK: Wie ♀, aber mit *blaugrauem Vorderflügel* des PK.– JK: Vom ♀ am etwas dunkleren Bauch und schmaleren weißen Armflügel-Hinterrand unterschieden.

STIMME ♂ balzt typisch hölzern schnarrend, leicht an- und absteigend, wie über Kamm gestrichener Fingernagel „prrirrerrirr"; ♀ meist stumm, ruft manchmal nasal „ga, ga-ga, ga…" und quakt schwach, kurz und hoch.

Krickente

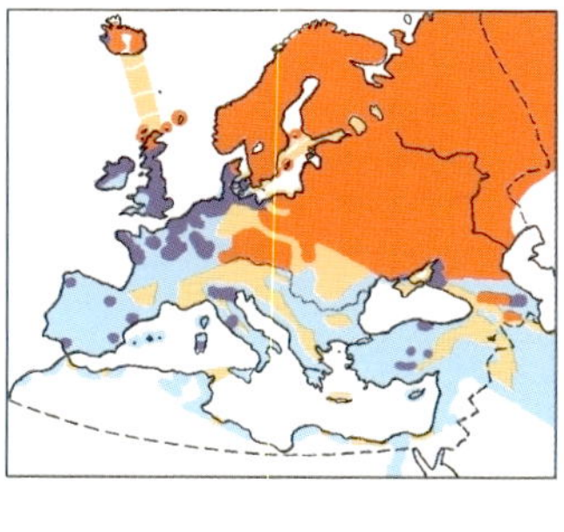

Knäkente

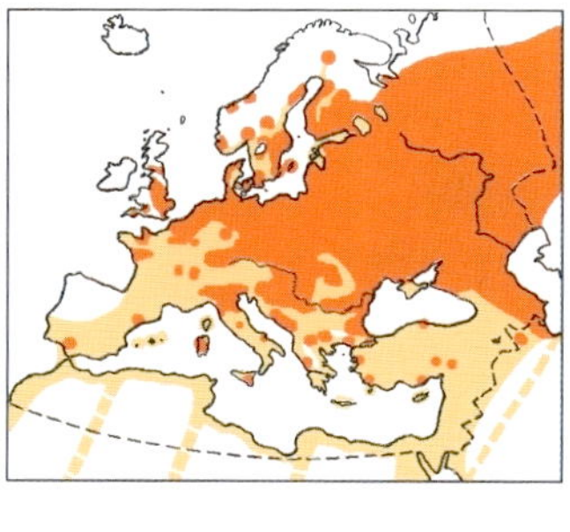

BLAUFLÜGELENTE A

Blue-winged Teal *Anas discors*

L 37-41 cm. Seltene Ausnahmeerscheinung aus Nordamerika, wird manchmal im Frühjahr zwischen heimziehenden Knäkenten beobachtet.

KENNZEICHEN ♂ im PK charakteristisch gefärbt (beachte aber, dass auch mausernde Löffelenten-♂ oft einen weißen Halbmond an der Schnabelbasis zeigen), erinnert in allen anderen Kleidern an Knäk-, Krick- und besonders Zimtente (amerikanische, oft in Gefangenschaft gehaltene Art; S. 423). Beachte *auffallend hellen Zügelfleck* und dunklen Augenstreif, aber *Fehlen eines dunklen Streifs über die Wangen,* fein braune Maserung auf Kinn und Bauch (hell, aber nicht weiß), grünliche bis matt gelbe Beine, leuchtend *hellblaue Vorderflügel* (fast wie beim ♂), *Fehlen von weißem Armflügel-Hinterrand* und weißem Strich an der Schwanzbasis.

GLUCKENTE (A)

Baikal Teal *Anas formosa*

L 39-43 cm. Ostsibirischer Brutvogel, im Bestand stark abnehmend, selten in Europa zu sehen und dann wohl immer aus Gefangenschaft stammend.

KENNZEICHEN Etwas *größer* und langschwänziger als Krickente, Nacken fülliger, Schnabel dünn und ganz grau, *Spiegel vorne rostbraun (statt weiß) und hinten sehr breit weiß begrenzt.* ♀ und Vögel im JK den drei oben behandelten Arten sehr ähnlich.– ♂ PK: Durch markantes Kopfmuster und weißes Längsband auf Brustseiten unverkennbar.– ♀: Kleiner, aber sehr *prominenter, durch dunkle Umgebung betonter, runder, weißer Zügelfleck, erst hinter dem Auge ansetzender dunkler Augenstreif,* manchmal vom weißlichen Kinn vor das Auge reichender *heller Keil und nierenförmiger, dunkler Fleck auf oberen Wangen;* weißer Streif an Schwanzseite schwächer als bei Krickente.– ♂ SK: Gefieder rötlicher als beim ♀.– JK: Etwas matter graubraun als ♀, von sehr ähnlicher Krickente am hellen Zügelfleck, grauen Schnabel und fehlender oberer weißer Spiegelbegrenzung unterscheidbar, Brust rötlichbraun.

KRICKENTE

KNÄKENTE

BLAUFLÜGELENTE

GLUCKENTE

KM

TAUCHENTEN

Aythya, Somateria u. a.

Eine Gruppe kleiner bis großer Enten, die sich hauptsächlich tauchend ernähren und nur selten gründeln. Vegetarier oder Allesfresser. Körper ziemlich schwer, Flügel kürzer (und manchmal stumpfer) als bei Gründelenten, daher beim Auffliegen meist längerer Anlauf über das Wasser nötig. Die *Aythya*-Arten halten sich hauptsächlich an flacheren, eutrophen Binnengewässern, viele andere (Eiderenten, *Melanitta,* Säger) auf dem Meer auf. Mit Daunen ausgelegtes Bodennest in Wassernähe, Weibchen betreut die Küken alleine. Mauser wie bei Gründelenten (S. 24). Bei allen Entenvögeln, besonders aber innerhalb der Gattung *Aythya,* treten manchmal verwirrend aussehende Hybriden auf (S. 34).

TAFELENTE BJZW

Common Pochard *Aythya ferina*

L 42-49 cm, S 67-75 cm. Brutvogel flacher, eutropher Seen, im Winter auf größeren Gewässern, besonders Stauseen. Meist in Trupps, in denen die ♂ überwiegen. Taucht nicht nur, sondern gründelt öfter auch im Flachwasser.

KENNZEICHEN Mittelgroß, kurzschwänzig (Hinterende fällt beim Schwimmen meist sanft ins Wasser ab), Hals relativ lang, *langer, leicht konkaver Schnabel* geht ohne Stufe in die *sanft ansteigende Stirn* über, daher kennzeichnendes Profil mit *weich zugespitztem Hinterscheitel*; in allen Kleidern *unsauber grauer Flügelstreif*.– ♂ PK: *Kopf kastanienbraun, Schnabel schwarz mit graublauer Binde vor Spitze,* Iris rot; *Brust schwarz* glänzend, *Flanken und Oberseite hell grau* (bei starker Beleuchtung weißlich), *Steiß schwarz;* wirkt im Flug durch mittelgraue Oberflügeldecken und hellgrauen Flügelstreif etwas verwaschen und hell.– ♀: Insgesamt sehr unscheinbar graubraun, Flanken und Oberseite gräulich getönt, Brust, Hals und Scheitel dunkler bräunlich, am Kopf Zügelfleck und nach hinten zu einem Streif ausgezogener Augenring diffus hell, unter dem Auge ansetzender und bis zur unteren Schnabelbasis reichender Fleck diffus dunkel, Schnabel im Winter mit hellem Band vor Spitze (zur Brutzeit ganz dunkel), Iris haselnussbraun.– ♂ SK: Unterscheidet sich vom PK durch dunkelbraune Färbung von Brust und Steiß und mattbraunen Kopf.– JK: Einfarbiger und brauner als ♀, keine helle Linie hinter Auge, Iris anfangs gelboliv, nach zwei Monaten Farbe des jeweiligen Geschlechts annehmend.

STIMME Eher schweigsam, ♂ balzt mit charakteristischem Pfeifen, abrupt durch einen kurzen, nasalen Ton abgebrochen wie eine abprallende Kugel, etwa „aaOOO-HAA(e)", öfter auch mit 3-4 scharfen, stoßenden, kurzen Pfiffen „ki ki ki ki"; ♀ ruft besonders im Flug laut schnarrend, etwas abfallend und in langsamem Takt wiederholt „brre-ah".

KOLBENENTE BJZ

Red-crested Pochard *Netta rufina*

L 53-57 cm, S 85-90 cm. Brütet lokal an großen, eutrophen, schilfumstandenen Gewässern, auch an Lagunen, gelegentlich an kleinen Teichen (oft entflogene Parkvögel), überwintert hauptsächlich am Mittelmeer. Ernährt sich hauptsächlich von Pflanzen, gründelt und taucht etwa gleich häufig.

KENNZEICHEN Recht *groß* mit langem, massigem Körper und *großem, rundem Kopf, breit weißer Flügelstreif* in allen Kleidern auffallend.– ♂ PK: Kopf rostorange, Scheitel etwas heller, *Schnabel korallenrot,* Brust, „Heck" und Bauchmitte schwarz, *Flanken weiß,* Oberseite einfarbig braun mit *weißem Keil auf Mantelseiten;* im Flug an schwarzem Bauch, *weißem Flankenfleck,* rotem Schnabel und braunerer Oberseite sofort von Tafelente unterscheidbar.– ♀: Durch helle Kopfseiten, dunklen Scheitel und sonst braunes Gefieder etwas an Trauerenten-♀ erinnernd, ist aber größer, heller und trägt *Rosa vor der Spitze des dunkelgrauen Schnabels;* Iris braun.– ♂ SK: Vom ♀ an *ganz rotem Schnabel* und roter Iris unterschieden.– JK: Wie ♀, aber Schnabel dunkel.

STIMME Eher schweigsam, aber ♂ kann laut und wiederholt „bäht" rufen und „unterdrückt niesen", ♀ ruft bei Verfolgung an fernes Hundegebell erinnernd „wrah-wrah-wrah-…" und auf dem Wasser „rärr-rärr".

MOORENTE bG

Ferruginous Duck *Aythya nyroca*

L 38-42 cm, S 60-67 cm. Brütet selten und lokal an oft kleinen, vegetations- und nahrungsreichen Teichen hauptsächlich in Südosteuropa, überwintert im Mittelmeergebiet; im westlichen Mitteleuropa werden oft Gefangenschaftsflüchtlinge und Hybriden gesehen.

KENNZEICHEN Eher klein und mit kurzem Körper, aber *langem Schnabel,* der ohne auffälligen Knick in die lange Stirn übergeht (ähnlich Tafelente), *Hinterscheitel leicht zugespitzt;* in allen Kleidern *bis kurz vor die Flügelspitze reichender, sehr breiter, weiß leuchtender Flügelstreif* (bei Reiherente kürzer, schmaler, weniger kontrastreich) und (mit Ausnahme weniger Jungvögel) *weißer Steiß,* der deutlich vom sauber braun umrandeten, *weißen Bauch* getrennt ist (selten so klar bei Reiherenten-♀); nur Nagel, nicht aber Schnabelspitze schwarz.– ♂ PK: Gefieder *tief kastanienbraun,* Oberseite etwas dunkler, Flanken etwas heller, *Unterschwanzdecken und Steiß sowie Bauch rein weiß, Iris weiß;* schmales schwarzes Halsband selten sichtbar.– ♀: Etwas matter kastanienbraun als ♂ gefärbt, Iris dunkel; neben den weißen Unterschwanzdecken ist im Vergleich zur Reiherente das *Kopfprofil* zu beachten.– ♂ SK: Ähnlich ♀, aber *Iris weiß,* Gefieder etwas rötlicher.– JK: Noch stumpfer braun als ♀, Bauch und Steiß weniger sauber weiß, daher Reiherente am ähnlichsten.

STIMME Nur zur Brutzeit zu hören, ♀ äußert dann im Flug ein trocken klingelndes Schnarren „kerrr kerrr kerrr…", ♂ balzt ähnlich Reiherente „WIH-wju" und in hartem, nasalem Stakkato „tjk-tjk-tjk-…".

Tafelente

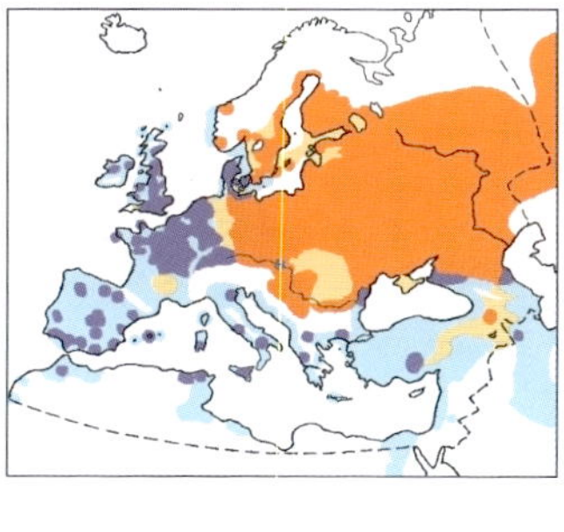

Kolbenente

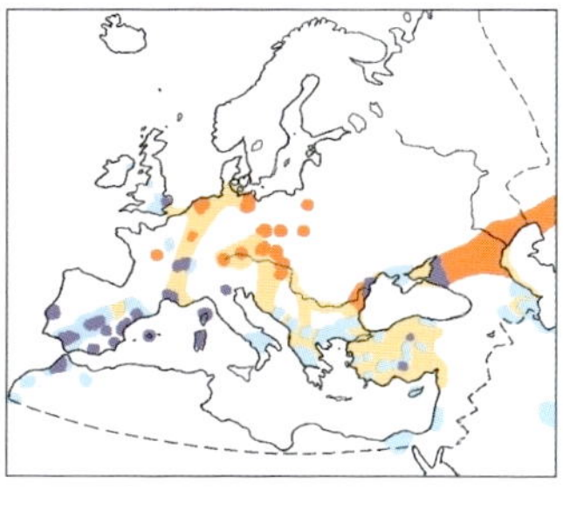

Moorente

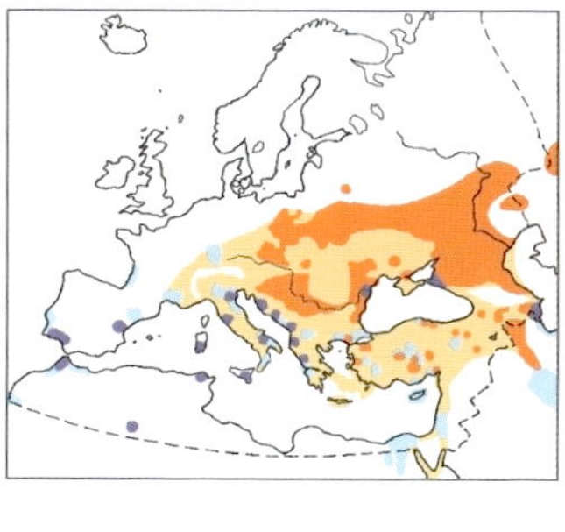

TAFELENTE

KOLBENENTE

MOORENTE

KM

BERGENTE bZW

Greater Scaup *Aythya marila*

L 42-51 cm, S 71-80 cm. Brütet an Küsten an Salz- und Brackwasser, an Teichen in der nördlichen Birken- und Weidenzone und in der Tundra, überwintert in Trupps hauptsächlich auf dem Meer und taucht nach Mollusken.

KENNZEICHEN Mittelgroß mit recht großem, rundem Kopf und sanft ins Wasser abfallendem „Heck". Wird manchmal mit der Reiherente verwechselt, die eine ähnliche Farbgebung und *weißen Flügelstreif* hat, aber bei Bergente *kein angedeuteter Schopf am Hinterkopf, Kopfform länger und sanft gerundet,* Körper länger, *Schwarz an Schnabelspitze geht kaum über den Nagel hinaus* (bei Reiherente ganze Spitze schwarz). Beachte auch ähnliche Hybriden (S. 34) und gelegentlich auftauchende nordamerikanische Kleine Bergente (S. 46).– ♂ PK: Schwarzer Kopf mit *grünem Glanz,* Brust und Heck schwarz, *Oberseite silbergrau* (Melierung nur aus der Nähe sichtbar), Flanken weiß; Schnabel hellgrau mit kleinem, fächerförmigem Nagelfleck, Iris gelb; im Flug helle Oberseite meist auffällig, ebenso durch Maserung mittelgrau wirkende Vorderflügel (bei Reiherente schwärzlich).– ♀: Matt braun mit heller graubraunen Flanken und etwas dunklerer Oberseite (aus der Nähe graue Maserung erkennbar), *Schnabelbasis von breit weißem Ring umgeben* (bei Reiherente manchmal vorhanden, aber selten in dieser Breite); zur Brutzeit meist *heller Ohrdeckenfleck.*– ♂ SK: Kontrastärmer als im PK, mit Braunschimmer auf Kopf, Brust und Oberseite sowie manchmal etwas Weiß am Schnabelgrund.– JK: Ähnlich ♀, aber weniger Weiß am Schnabelgrund, etwas dunklerer Schnabel mit verdunkelter Spitze, hellere Flanken. Junge ♂ haben zum Winterende (Feb.-Apr.) das Alterskleid weitgehend, aber erst im 2en W vollständig angelegt.

STIMME Fast nur zur Brutzeit zu hören, ♂ balzt tief pfeifend „wü-wüp wüwu wüwuwüppwü", tiefer als Reiherente, und an Eiderente erinnernd abfallend „püoh"; ♀ knurrt tiefer, länger, härter und rauer als Reiherente „krrah krrah krrah…".

REIHERENTE BJZW

Tufted Duck *Aythya fuligula*

L 40-47 cm, S 65-72 cm. In der Wahl des Brutplatzes wenig anspruchsvoll, von verschilften Gräben über eutrophe Teiche und nährstoffarme Seen bis zu Küsten, daher verbreitet und häufig, sogar zunehmend und westwärts expandierend; überwintert auf eisfreien Gewässern aller Art, gern auf Stauseen, oft in dichten Trupps.

KENNZEICHEN *Klein* mit gedrungenem Körper, schlankem Hals und *vergleichsweise großem Kopf mit Federschopf* am Hinterkopf (lang und herabhängend beim ♂ im PK, in anderen Kleidern kürzer, aber deutlich); Kopf ungleichmäßig gerundet *mit hoher, steiler Stirn und flachem Scheitel, kurzer Schnabel breit, hell blaugrau und mit wie in Farbe getauchter schwarzer Spitze;* im Flug *weißer Flügelstreif* hervorstechend.– ♂ PK: Schwimmend durch *schwarzes Gefieder mit rechteckigem weißem Flankenfeld und langen Schopf* unverkennbar; Iris gelb.– ♀: Recht einfarbig dunkelbraun mit helleren, meist etwas dunkel gefleckten Flanken, Federschopf kurz, aber deutlich, Iris dunkelgelb; manchmal durch weiße Federn am Schnabelgrund an Bergente erinnernd, aber *kleiner, andere Kopf- und Schnabelform, besonders oberseits dunkler braun, mehr Schwarz an Schnabelspitze;* andere erinnern durch gelegentlich weiße Unterschwanzdecken an Moorente, aber erneut durch andere Kopfform, schwarze Schnabelspitze und im Flug durch *kürzeren, weniger markanten weißen Flügelstreif* unterscheidbar.– ♂ SK: Schwarze Partien mit Braunstich, Flanken bräunlich, Schopf kurz.– JK: Wie ♀, Kopf jedoch etwas heller braun mit beiger Befiederung der Schnabelbasis, durch spitzes Scheitelende anfangs nur angedeuteter Schopf, braune Iris; ♂ bekommen von Dezember bis März das typische Muster, sind aber erst im 2en W voll ausgefärbt.

STIMME ♂ balzt mit schneller, nervöser, blubbernder oder kichernder Serie sich beschleunigender, leicht abfallender Töne auch nachts im Flug „wip WI-WIwüwüp" (hochstimmiger Truthahn); ♀ grollt in typischer Tauchentenmanier „krr krr krr…", etwas schneller und höher sowie mit kürzeren Elementen als Tafelente, höher als Bergente.

Bergente

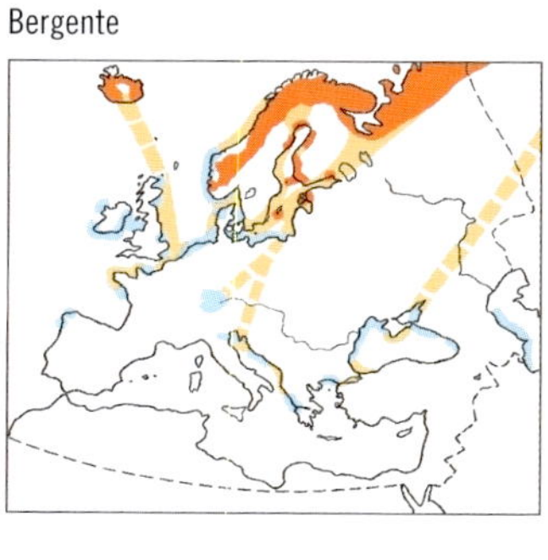

Reiherente

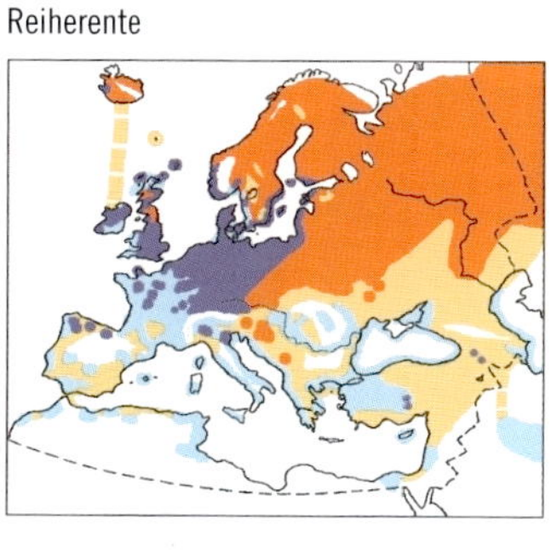

RINGSCHNABELENTE A

Ring-necked Duck *Aythya collaris*

L 37-46 cm. Gelegentlich als Ausnahmeerscheinung aus Amerika sowie als Gefangenschaftsflüchtling zu sehende Tauchente, einzelne Vögel erscheinen manchmal über Jahre hinweg an derselben Stelle.

KENNZEICHEN Klein mit kurzem Körper und großem Kopf von charakteristischer Form: *Stirn hoch und steil, Scheitel zum Hinterkopf hin zugespitzt* und mit Andeutung eines gerundeten, leicht überstehenden Schopfs, der eine *kleine Kerbe zwischen Hinterkopf und Nacken* entstehen lässt; Schnabel schiefergrau mit breit schwarzer Spitze und weißem Subterminalband, also *dreifarbig,* beim ♂ im PK zudem mit schmal weißer Begrenzung an der Basis und weißer Umrandung der Nasenlöcher; *Schwanz länger* als bei Reiherente und *oft auffallend gestelzt; Flügelstreif grau,* nicht weiß; beachte Verwechslungsgefahr mit Hybriden (S. 34) und mausernden Reiherenten-♂.– ♂ PK: Gefieder ähnlich Reiherente gemustert, aber *Flanken grau* (statt weiß) und *nur am Vorderrand mit senkrechtem weißem Keil, Flankenfeld am Oberrand deutlicher s-förmig begrenzt,* purpurbrauner Halsring selten erkennbar.– ♀: Am besten an Kopfform und Schnabelmuster erkennbar (letzteres weniger deutlich als beim ♂); Gefieder erinnert eher an Tafel- als an Reiherente durch *helle Färbung von Kehle, diffusen Fleck an der Schnabelbasis, Augenring und Lidstrich hinter dem dunklen Auge.*– ♂ SK: Wird insgesamt bräunlicher und erinnert dann an ♀, *aber Iris gelb* und außer an Schnabelbasis *keine weißlichen Kopfmarkierungen.*– JK: Dem ♀ sehr ähnlich, aber vielleicht am fast *ganz dunklen Schnabel* erkennbar; ♂ tragen am Ende des 1en W schon das PK.

BERGENTE

REIHERENTE

RINGSCHNABELENTE

EIDERENTE

BJZW

Common Eider *Somateria mollissima*

L 60-70 cm, S 95-105 cm. Typische Meeresente, brütet an Küsten, taucht in mittlerer Tiefe nach Krebsen und vorwiegend Muscheln. Nest mit den berühmten „Eiderdaunen" ausgelegt. Auch im Sommer Trupps (noch) nicht brütender Vögel an den Küsten; erscheint selten in geringer Zahl im tiefen Binnenland.

KENNZEICHEN Große, *dicke* Ente, auf eher *kurzem Hals* ein großer Kopf, der *flachstirnig in den langen, keilförmigen Schnabel* übergeht. Wirkt im Flug auf *breiten, relativ kurzen, recht langsam geschlagenen Flügeln mit eher niedrig gehaltenem Kopf schwer* (entfernt an Gänse erinnernd), fliegt oft eher in unordentlichen, lockeren Gruppen oder unregelmäßigen, langen Ketten.– ♂ PK: *Überwiegend weiß, Bauch, Steiß, Flanken und Scheitel schwarz,* Halsseiten lindgrün.– ♀: Braun mit dunkler Bänderung, dunkler Spiegel weiß begrenzt, Befiederung reicht weit auf hellspitzigen Schnabel.– ♂ SK: Von Ende Juni bis September *sehr dunkel, ungebändert, Oberflügeldecken und lange, abwärts gebogene Schirmfedern aber weiß,* meist im August gemausert und dann fehlend.– JK: Vom ♀ durch *fehlende weiße Begrenzung des dunklen Spiegels,* schwächere Bänderung und kürzere, *kaum gebogene Schirmfedern* unterschieden; junges ♂ zeigt *dunklen Kopf mit hellem Überaugenstreif,* während des 1en W erscheinen weiße Federn auf Brust, Mantel und Rücken.– ♂ 2es KJ: Nach der Mauser im Sommer ähnlich ad. ♂, aber *Oberflügeldecken und Schirmfedern nicht rein weiß,* Letztere weniger gebogen.

STIMME Während der Gruppenbalz ruft das ♂ tief und weit tragend „a-OOH-e" (kann aus der Entfernung an Uhu erinnern), das ♀ wie ein entfernter Fischkutter tuckernd „gak-ak-ak-ak-…".

PRACHTEIDERENTE

A

King Eider *Somateria spectabilis*

L 55-63 cm, S 87-100 cm. Brütet in arktischer Tundra an Tümpeln, seltener an flachen Küsten, überwintert auf dem Meer, einzelne Individuen manchmal in Eiderententrupps versteckt.

KENNZEICHEN Etwas *kleiner und kompakter als Eiderente,* Schnabel kürzer.– ♂ PK: Durch *orangefarbenen Höcker des korallenroten Schnabels,* fülligen, graublauen Nacken, lachsrosa Brust und *kleine „Segel" auf schwarzen Schulterfedern* unverwechselbar; fliegend im Gegensatz zur Eiderente *Rücken schwarz,* Vorderflügel mit kleinerem weißem Feld.– ♀: Ähnlich Eiderente, aber etwas kleiner, *Schnabel kürzer und dunkelspitzig mit auf First weiter als auf Seiten herabreichender Befiederung* und hellerem Zügel, zu dem dunkle, leicht angehobene Schnabelwinkel kontrastieren, daher „lächelnder Gesichtsausdruck"; Gefieder wärmer rötlich braun, *dunkle Abzeichen des Körpergefieders offener u-förmig* mit zentralem dunklem Fleck besonders auf Mantel und Flanken (keine dichte Wellenzeichnung).– ♂ SK: Erinnert durch geschrumpften Höcker des nur noch blass roten Schnabels und insgesamt dunkles Gefieder an unausgefärbtes ♂, behält aber *weißes Flügelfeld* und oft weiße Spuren auf Brust.– JK: Ähnlich ♀, aber durch etwas kälter braunes Gefieder und weniger deutliche u-förmige Abzeichen der Eiderente ähnlicher, jedoch am Schnabelmuster erkennbar.– ♂ 1er S: Der Eiderente ähnlich, doch *kürzerer Schnabel rosa* (statt gelblich grau) und *nie Weiß auf Rücken* (nur auf Mantel).

STIMME Weniger stimmfreudig als Eiderente; ♂ ruft im Frühjahr tief, vibrierend, leicht abfallend „hroo, roo roo-e", im Trupp an balzende Birkhähne erinnernd, ♀ ruft ähnlich Eiderente.

SCHECKENTE

A

Steller's Eider *Polysticta stelleri*

L 42-48 cm, S 68-77 cm. Brütet in arktischer Tundra und überwintert dicht vor flachen nördlichen Küsten, dort oft zwischen Felsen und Seetang gründelnd, taucht aber auch, doch entfernt sich selten weit vom Ufer. In letzter Zeit im Winter in wachsender Zahl auf der Ostsee.

KENNZEICHEN Nur mittelgroße Meeresente, Körper gestreckt und Schwanz lang, flacher Schnabel unbefiedert, in Gestalt und Verhalten eher an Gründel- als Meeresenten erinnernd; *Kopfform mit deutlichem Winkel zwischen Stirn bzw. Hinterkopf und flachem Scheitel charakteristisch;* fliegt auf recht langen, schmalen Flügeln schnell und leicht, erhebt sich mühelos vom Meer.– ♂ PK: *Weiß mit orangefarbenen,* zum Bauch in Kastanienbraun übergehenden *Flanken,* Kinn, Augenregion, Halsband, Hinterhals, Mantel, Rücken und Steiß schwarz, *Schulter- und Schirmfedern schwarzweiß* gestreift, kleine Federbüschel am Hinterkopf und Zügelfleck grün, schwarzer Punkt auf Brustseiten knapp über Wasserlinie, Schnabel blaugrau; *im Flug ausgedehnt weißer Vorderflügel.*– ♀: Dunkelbraun wie Stockenten-♀, ebenfalls mit *breit weiß begrenztem blauem Spiegel,* aber langen, dunklen gebogen herabhängenden Schirmfedern, diese fast immer *weißspitzig.*– ♂ SK: Fast wie ♀ gefärbt, aber Vorderflügel weiß.– JK/1er W: Vom ♀ unterscheidbar an *matt braunem,* undeutlich weißlich begrenztem *Spiegel, braunen, kürzeren, kaum gebogenen Schirmfedern,* oft *auffälligem hellem Augenring und Lidstrich;* beim ♂ *Kinn, Stirn und Hinterkopffleck schwarzbraun,* ab Spätwinter mit ersten weißen Kopffedern.– ♂ 2er S: Vom ad. ♂ noch an einzelnen dunklen Federn auf Kopf und Oberflügeldecken unterscheidbar.

STIMME Wenig stimmfreudig, quakt rauchig „gah gaah geaah", Flügelgeräusch ein feines Pfeifen, etwas lauter als bei Stockente.

Eiderente

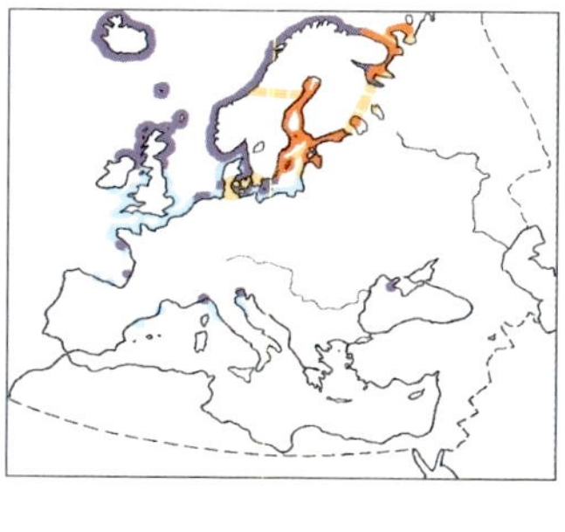

Prachteiderente

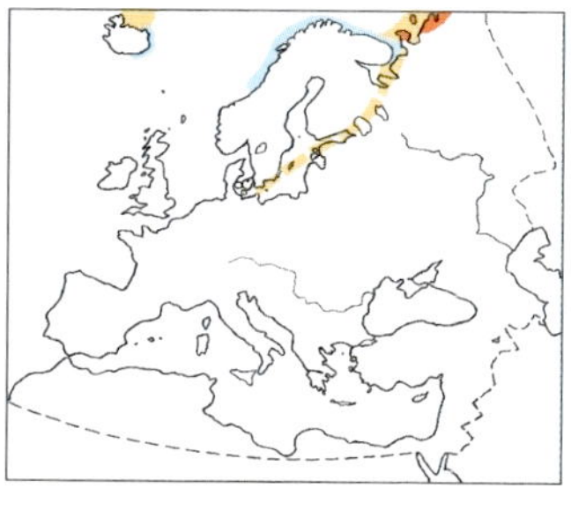

Scheckente

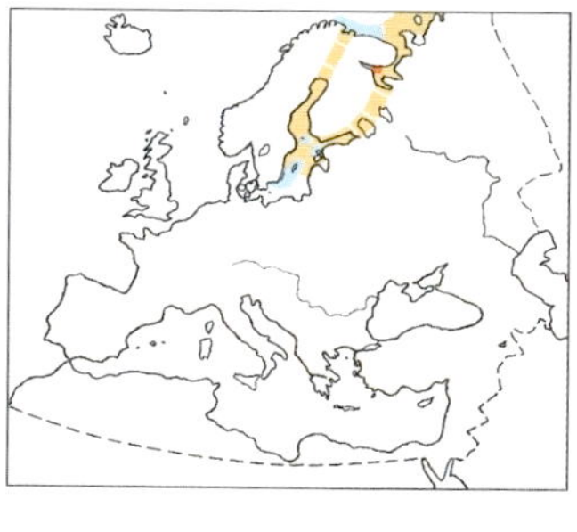

EIDERENTE

PRACHTEIDERENTE

SCHECKENTE

TRAUERENTE ZW

Common Scoter *Melanitta nigra*

L 44-54 cm, S 70-84 cm. Brütet an Seen und Flüssen der nördlichen Waldzone, Fjälls und Tundra, überwintert in oft gewaltigen Trupps auf dem Meer; Heimzug ins Brutgebiet hauptsächlich nachts in breiter Front über Land, Wegzug dagegen tagsüber entlang der Küsten; ♂ ziehen überwiegend schon im Spätsommer Richtung Süden und mausern vor Süddänemark.

KENNZEICHEN Mittelgroß mit plumpem Körper, recht langer Schwanz während des Schwimmens oft sichtbar, Schnabel eher klein, *beim ♂ mit Höcker;* Gefieder ganz dunkel, *ohne Weiß im Flügel;* taucht normalerweise mit kleinem Sprung, *Flügel dabei dicht an Körper gepresst* (Abb. S. 40), Flügelschlagen auf dem Wasser mit schnellem Kopfnicken abgeschlossen; rastet meist *in dichteren und größeren Trupps* als Samtente.– ♂ PK: Gefieder *komplett schwarz,* im Flug aber *Handschwingen heller, daher Flügel besonders bei starker Beleuchtung zweifarbig wirkend. Schnabelfirst gelb* mit von der Seite erkennbarem *kleinem schwarzem Höcker* (vgl. mit der seltenen Pazifiktrauerente, S. 46, die einen großen gelben Höcker trägt und kein Schwarz an der Schnabelbasis zeigt).– ♀: *Rußbraun mit helleren Kopfseiten* und dunkelbraunem Oberkopf, schwimmend daher mit der größeren, helleren Kolbenente verwechselbar, aber Schnabel ganz dunkel und Lebensraum gewöhnlich anders; manchmal ist die Wangenmitte braun gefleckt und kann dann an Brillenente erinnern, s. u.– JK: Wie ♀, aber *Bauch heller* bräunlichweiß statt braungrau, Gefieder mit stärkerem Braun- als Grauton (junge ♂ manchmal mit schwach zweigeteiltem Wangenfeld wie ad. ♀); ♂ werden im 1en W überwiegend schwarz, behalten aber hellen Bauch (kann im Flug überraschend weiß wirken!) und tragen im Frühjahr braun ausgeblichene Handschwingen.

STIMME ♂ ruft während der Balz und während des nächtlichen Heimzugs in Frühjahrsnächten (Ende Apr./Anf. Mai) sanft pfeifend etwa im Sekundenabstand „pju", balzend auch lang gezogen „pju-ih" und kürzere Rufe; ♀ ruft wie viele andere Enten „karrr"; im Flug ist vom ♂ ein fein pfeifendes Flügelgeräusch zu hören.

SAMTENTE ZW

Velvet Scoter *Melanitta fusca*

L 51-58 cm, S 79-97 cm. Brütet im Norden an Küsten mit Salz- oder Brackwasser, auch an großen Waldseen, in Bergland und Tundra, oft einen Monat später als die Eiderente; überwintert hauptsächlich auf der Nord- und Ostsee.

KENNZEICHEN Mittelgroß und kräftig mit *dickem unterem Hals* (oberer Hals kann bei Streckung aber dünn aussehen) und recht kräftigem, *keilförmigem Schnabel;* durch *ganz dunkles Gefieder mit weißen Armschwingen* (diese auch im Schwimmen oft als weißer Fleck erkennbar) im Flug auch aus großer Entfernung unverwechselbar; rastende Trupps nicht so dicht gepackt wie bei Trauerente, taucht ohne vorangehenden Sprung *mit halb geöffneten Flügeln* (Abb. S. 40), Flügelschlagen auf dem Wasser mit leicht angehobenem Kopf und Schnabel, dabei weiße Armschwingen sichtbar.– ♂ PK: *Gefieder schwarz,* nur Armschwingen und kleiner Halbmond unter dem Auge weiß, *Schnabelseiten orangegelb.* Vgl. mit der seltenen Höckersamtente (S. 46), die einen größeren, am Ende aufwärts gebogenen weißen Augenfleck, einen schwarzen Schnabelhöcker und einen rötlicheren Schnabel besitzt.– ♀: Rußbraun mit weißen Armschwingen, Bauch nur etwas heller braungrau; Kopfmuster etwas variabel, zur Brutzeit meist *großer, diffuser heller Zügelfleck* und *kleiner, deutlicherer Ohrdeckenfleck,* manchmal aber insgesamt dunkler mit unauffälligen Flecken, während der Brutzeit können die gesamten Kopfseiten durch Ausbleichung heller werden.– JK: Ähnlich ♀, aber *Bauch viel heller* weißlich (besonders bei juv. ♀) und *helle Kopfflecken deutlicher,* junge ♂ bekommen während des Winters schwarze Federn.

STIMME Mit Ausnahme der morgendlichen Balzflüge im Frühjahr, bei denen das ♀ etwas rau vibrierend „braa-ah… braa-ah… braa-ah…" ruft, sehr schweigsam; ♂ balzt selten gedämpft, tief und nasal „aah-ör".

Trauerente

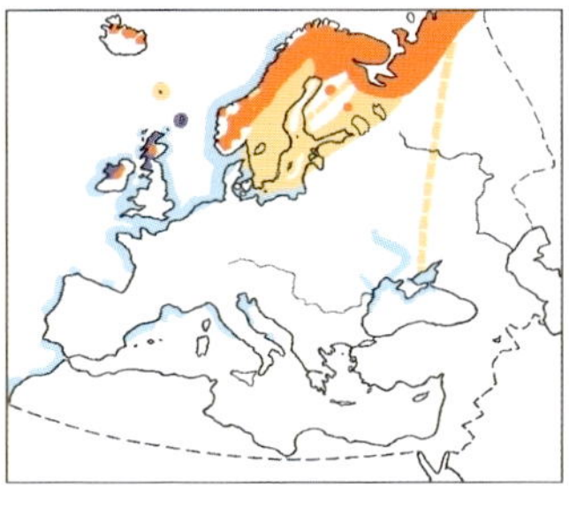

Samtente

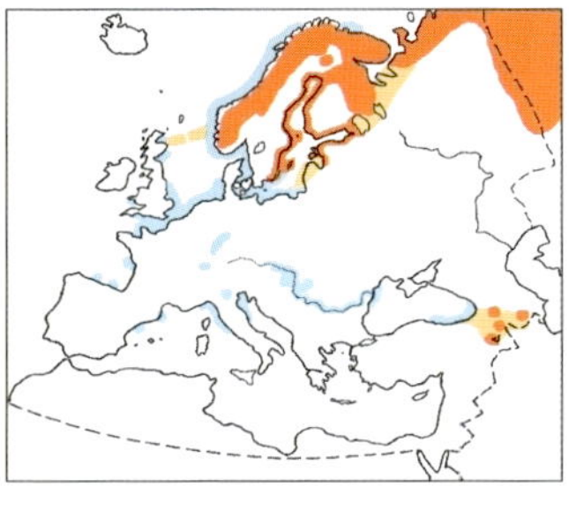

BRILLENENTE A

Surf Scoter *Melanitta perspicillata*

L 45-56 cm. Aus Nordamerika stammende, seltene winterliche Ausnahmeerscheinung an westeuropäischen Küsten, meist ♂ (♀ vielleicht übersehen); versteckt sich fast immer in den großen, vor der Küste liegenden Trupps der Trauerenten und ist dort kaum zu entdecken.

KENNZEICHEN Nur unbedeutend größer als Trauerente, aber etwas kleiner als Samtente, wie diese beiden ganz dunkel; *kein Weiß im Flügel, großer, dreieckiger Schnabel* lässt Kopf groß wirken, Befiederung erstreckt sich etwas auf First (nicht bei Trauerente), *Scheitelprofil flacher* als bei Trauerente; *Schwanz im Schwimmen oft auffallend gestelzt,* taucht mit kleinem Sprung und *halb geöffneten Flügeln* ab (Abb. S. 40), hält den Hals beim Flügelschlagen senkrecht.– ♂ PK: Schwarz mit *großem, weißem Nackenfleck* (im Sommer/Frühherbst teilweise fehlend) und *kleinerem Stirnfleck,* an der Basis geschwollener *Schnabel leuchtet aus der Entfernung gelborange,* zeigt aus der Nähe weiße Basis mit rundem, schwarzem Fleck, *Iris weiß,* Beine rot (bei Trauerente schwärzlich), Schwungfedern im Flug nicht auffallend heller als Deckfedern (vgl. Trauerente).– ♀: Rußbraun, ähnlich Samtente mit *zwei hellen Kopfseitenflecken* (variabel, manchmal undeutlich oder fehlend), oft aber zusätzlichem *kleinem weißlichem Nackenfleck;* dreieckiger, kräftiger Schnabel hat geraden oder leicht konvexen (bei Samtente konkaven), an der Basis befiederten First; Iris meist dunkel, manchmal heller bräunlichweiß.– JK: Wie ♀, aber *Bauch weißlich* (statt hellbraun), Wangen und Kehle meist heller, immer ohne hellen Nackenfleck, Iris dunkel; junge ♂ entwickeln im 1en W das Muster des Alterskleids, weißer Stirnfleck sowie Schnabelform und -farbe sind erst im 2en W ausgebildet.

TRAUERENTE

SAMTENTE

BRILLENENTE

KM

EISENTE ZW

Long-tailed Duck *Clangula hyemalis*

L 39-47 cm (ohne 10-15 cm lange mittlere Steuerfedern des ♂), S 65-82 cm. Häufiger Brutvogel an Tümpeln der arktischen Tundra, auch an der Küste (lokal nördliche Ostsee) und an Bergseen. Sehr gesellig, überwintert auf dem Meer, in großer Zahl auf der Ostsee, oft in gewaltigen, dichten Trupps, aber kaum direkt an der Küste. Sehr agil, oft auffliegend, Verfolgungsflüge unter ständigen Richtungsänderungen dicht über der Wasseroberfläche ausführend, platschend wieder landend und rastlos nach Mollusken und anderen Kleintieren tauchend. Ende Mai spektakulärer Heimzug aus dem Bottnischen Meerbusen zurück in die Tundra, besonders abends bei Rückenwind mehr als 100.000 Individuen zählbar. Erscheint nur selten im mitteleuropäischen Binnenland. Mauser mit drei verschiedenen Kleidern pro Jahr sehr kompliziert: Die meisten Schulterfedern sowie Kopf- und Halsseiten werden dreimal, Brust, Mantel sowie das übrige Kopf- und Halsgefieder zweimal und das restliche Gefieder einmal jährlich gemausert.

KENNZEICHEN Recht kleine, braun, schwarz und weiß gefärbte Ente; Kopf rund, *Schnabel kurz* und stumpf, *mittlere Steuerfedern des ♂ stark verlängert* (kommt sonst nur noch bei Spießente vor); Flügel einfarbig dunkel, recht schmal und zugespitzt, *hauptsächlich unter der Horizontalen* schnell und *elastisch geschlagen und leicht zurückgebogen,* dadurch besonderer, etwas an Fledermaus erinnernder Eindruck.– ♂ Frühjahr/Sommer (ab Ende Apr.): Überwiegend *schwarzbraun mit weißlicher Unterseite und weißem Kopfseitenfleck,* schwärzliche Schulterfedern rostfarben gerandet; Mauser zum kompletten SK während des Sommers verändert Aussehen kaum, aber Schulterfedern kürzer und matter und Schnabel kann rosa Binde verlieren.– ♂ Herbst (ab Sept.): Zeigt viel Weiß, *Mantel, die meisten Schulterfedern, Hals und Kopf weiß,* am Übergang vom Kopf zum Hals graubrauner Seitenfleck, Schnabel wieder mit rosa Binde.– ♂ PK (ab Ende Okt.): Wie im Herbst, aber Kopfseiten hell graubraun und Halsseitenfleck schwarz mit kastanienbraunem unterem Rand.– ♀ Sommer (Mai-Aug.): Ähnlich ♂ im Sommer, doch *ohne verlängerte Steuerfedern, insgesamt matter gefärbt,* heller Kopfseitenfleck schmaler und *diffuser, helles Halsband,* Schnabel grau.– ♀ Herbst/Winter (Aug.-Feb.): Vom Sommergefieder hauptsächlich durch *weißlichen Kopf mit schwärzlichem Scheitel und Kopfseitenfleck* abweichend, ferner Schulterfedern länger und deutlicher rötlichbraun (teilweise sogar weißlich) gerandet.– JK: Ähnlich ♀ im Herbst, aber Kopfseiten dunkler und Seitenfleck heller, also weniger Kontrast, Schirmfedern kürzer und stumpfer; ♂ im 1en W schon mit rosa Schnabelbinde.

STIMME Sehr stimmfreudig, ♂ balzt schon im Winter und während des Heimzugs weithin hörbar nasal jodelnd „ah AU-audeLI, AU-audeLI“, im Chor zu angenehmer, an entfernte Dudelsäcke erinnernder Melodie verschmelzend, auch in gezogen klagender Kurzversion „a-GLEH-ah“ mit Falsettton in der Mitte; beide Geschlechter rufen auch nasal und tief „gack“, oft vom ziehenden Trupp zu hören.

KRAGENENTE (A)

Harlequin Duck *Histrionicus histrionicus*

L 38-45 cm, S 63-70 cm. Brütet an reißenden Flüssen der arktischen Tundra Nordamerikas und Nordostsibiriens, im Bearbeitungsgebiet nur auf Island eine Population von etwa 3.000 Paaren, die auch dort auf dem Meer überwintert; andere europäische Nachweise meist Gefangenschaftsflüchtlinge. Gesellig, aber meist nur in Kleingruppen. Schwimmt energisch auch gegen stärkste Strömung an, taucht von der Oberfläche, von Sitzwarte oder aus dem Flug.

KENNZEICHEN Kleine Ente mit *kleinem Schnabel, hoher Stirn, rundem Kopf, dickem Hals und keilförmig zugespitztem Schwanz;* Gefieder immer *dunkel mit auffälligen weißen Kopfmarkierungen;* liegt schwimmend hoch im Wasser, nickt oft mit dem Kopf;

VERGLEICH DER WEIBCHEN UND DES TAUCHVERHALTENS DUNKLER MEERESENTEN

Ausführliche Behandlung S. 38-39.

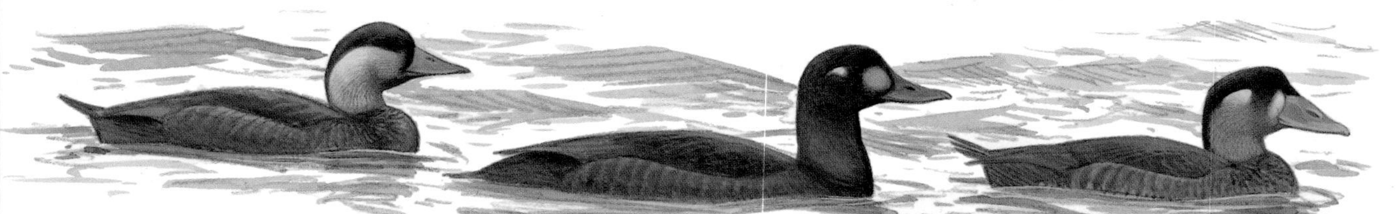

TRAUERENTE
taucht mit kleinem Sprung und angelegten Flügeln

SAMTENTE
taucht ohne Sprung, aber mit leicht geöffneten Flügeln

BRILLENENTE
taucht mit angedeutetem Sprung und erst kurz vor dem Untertauchen abgespreizten Flügeln

KM

EISENTE

KRAGENENTE

KM

schneller Flug auf *ganz dunklen Flügeln*.– ♂ PK: *Dunkel blaugrau* (aus der Entfernung fast schwarz wirkend) mit *kastanienbraunen Flanken,* schwarzem Bauch und Steiß und *attraktiven weißen Markierungen auf Kopf, Hals, Brustseiten und Schulterfedern*.– ♀: Kopf und Hals dunkelgrau, Körper mit Ausnahme des weißlich melierten Bauchs düster braun; großes *weißliches Feld vom Schnabel bis unter das Auge, kleiner weißlicher Fleck über dem Zügel und weißer Punkt auf den Ohrdecken* bilden charakteristisches Kopfmuster.– ♂ SK: Düster und dem ♀ ähnlich, aber einzelne Muster des PK angedeutet (Weiß auf Schulterfedern und Brustseiten sowie kastanienbraune Flanken in Resten vorhanden).– JK: Dem ♀ sehr ähnlich, nur etwas brauner, weniger gräulich, Armschwingen matter und ohne purpurbraunen Metallglanz.

STIMME Meist stumm, balzende ♂ pfeifen dünn und nasal „wii-ah wii-ah“ und „wih“.

Eisente

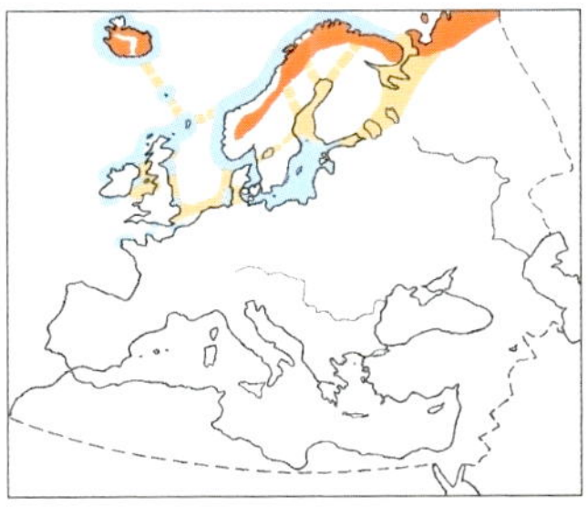

Kragenente

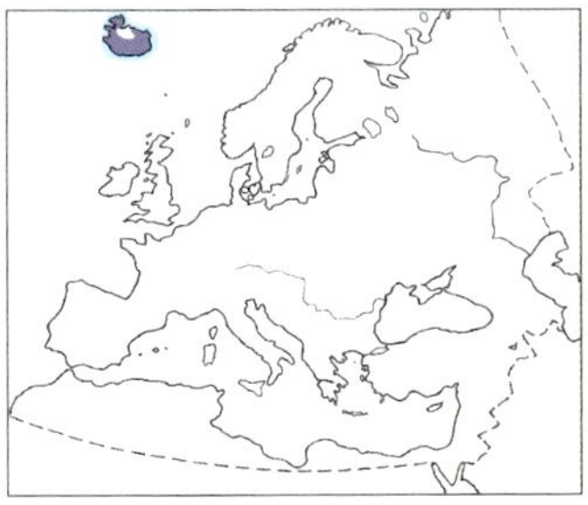

SCHELLENTE BJZW

Common Goldeneye *Bucephala clangula*

L 40-48 cm, S 62-77 cm. Brütet bevorzugt an meist klaren, nährstoffarmen Waldseen, auch an trägen Flüssen, seltener an Küsten, sofern dort Baumhöhlen als Nistplätze vorhanden sind (alte Schwarzspechthöhlen, ausgefaulte Stämme, auch künstliche Nistkästen). Weicht im Winter an Küsten und auf eisfreie Binnengewässer aus, kehrt früh an die Brutplätze zurück. Scheu, meist nur in kleinen Gruppen. ♂ legt bei der Balz im Spätwinter den Kopf auf den Rücken und streckt dann den Hals mit aufwärts gerichtetem Schnabel, dabei manchmal mit den Füßen wassertretend.

KENNZEICHEN Mittelgroß, *kompakt,* mit *großem, rundem Kopf* wie ein Knauf auf recht kurzem Hals, *Scheitel etwas zugespitzt, daher Kopfform dreieckig,* Schnabel kurz und hoch; *innere Armschwingen weiß,* Unterflügel sonst schwärzlich, *Oberflügel bei ad. mit viel Weiß;* Flug mit raschen Flügelschlägen schnell, aber angestrengt wirkend; eigentlich nur auf Island mit der Spatelente verwechselbar, s. u.– ♂ PK: Schwarzer Kopf mit grünem Glanz, *großer, runder, weißer Zügelfleck,* gelbe Iris; *Brust und Flanken weiß leuchtend,* Heck und teilweise Oberseite schwarz, *Schulterfedern erzeugen schräges, schwarz-weißes Streifenmuster.*– ♀: *Kopf braun, Iris blass gelb, Halsring und Bauch weiß,* Brust und Flanken grau, dunkler Schnabel zur Brutzeit mit gelbem Band vor Spitze, sonst oft fehlend.– ♂ SK: Vom ♀ an ausgedehntem Weiß auf Vorderflügel unterscheidbar.– JK: Ähnlich ♀, doch Kopf matter und grauer braun, kein Halsband; Flügelmuster des jungen ♂ ähnlich dem des alten ♀, junges ♂ zeigt weniger Weiß (schmale Binde auf Großen Armdecken, kein heller Fleck auf Mittleren Armdecken).

STIMME ♂ balzt mit einem niesenden doppelten Ton „bii-BIIITSCH“, oft von tiefem, trockenem Rattern „drrudrrir“ ähnlich Schnatterente begleitet; ♀ ruft etwas weicher und langsamer als Reiherente besonders im Flug „brra, brra,…“; am häufigsten ist im Flug das *laute, musikalische Flügelklingeln* zu hören, vor allem bei ♂ im PK (fast fehlend im JK).

SPATELENTE (A)

Barrow's Goldeneye *Bucephala islandica*

L 42-53 cm, S 67-82 cm. Brütet in Nordamerika, auf Grönland und Island, verlässt die isländischen Gewässer auch im Winter nicht; mitteleuropäische Nachweise daher meist Gefangenschaftsflüchtlinge oder Verwechslungen mit manchmal etwas ähnlich gefärbten Schellenten.

KENNZEICHEN Etwas *größer* als die extrem ähnliche Schellente, *Kopf wirkt etwas länger und weniger dreieckig, Stirn steiler, Scheitel flacher* (undeutliche Spitze weit vorne), Nacken fülliger.– ♂ PK: Purpurglanz am Kopf (kann auch bei Schellenten am Ende des 1en W so wirken), *auf dem Zügel weißer Halbmond,* der deutlich über die Augenhöhe reicht (nie bei Schellente am Ende des 1en W, die oft auch halbmondförmigen Fleck hat); Oberseite *ausgedehnter schwarz, auf Brustseiten als „Boa“ hinabreichend, Weiß der Schulterfedern fensterartig schwarz umrandet.*– ♀ und JK: Unter günstigen Umständen von Schellente an Kopfform und *zur Brutzeit mehr Gelb am Schnabel* unterscheidbar.

STIMME ♂ balzt mit schwacher, grunzender, kurzer Stakkatoreihe „wa wa-wa…“, ♀ ruft tiefer und rauer als Schellente „krrah krrah…“; Flügelklingeln des ♂ vielleicht tiefer als bei Schellente.

SÄGER

Eher kleine bis große tauchende Entenvögel, die als Anpassung Schnäbel mit sägezahnartigen Lamellen an den Schneidekanten und mit Haken an der Spitze entwickelt haben, um damit Fische als ihre Hauptbeute besser festhalten zu können. Zwei einander ähnliche größere Arten (S. 44) mit lang gestrecktem Körper und längerem Hals und eine kleinere, eher kompakte Art. Häufig in Trupps auf Salz- wie Süßwasser, auch gemeinschaftlich jagend. Nester in Höhlen oder unter Vegetation versteckt.

ZWERGSÄGER ZW

Smew *Mergellus albellus*

L 38-44 cm, S 56-69 cm. Brütet spärlich in der Taigazone an klaren Seen und ruhigen Flüssen, überwintert an Meeresküsten, aber auch gern an Binnengewässern, wo er meist dicht am Ufer vor dem Schilfgürtel im Flachwasser taucht. Scheu und rastlos, fliegt im Winterquartier gern in kleinen Gruppen alle umliegenden Teiche und Flüsse ab. Brütet in Baumhöhlen (gern alte Schwarzspechthöhlen).

KENNZEICHEN Klein und ziemlich kompakt, von der Gestalt her weniger an die größeren Säger als *an die Schellente erinnernd* (mit der er auch oft gemeinsam vorkommt und gelegentlich erfolgreich hybridisiert; Küken ähneln einander sehr, was dazu führen kann, dass sie sich einem Kükentrupp der falschen Mutter anschließen und als Folge der so entstehenden Fehlprägung später die „Stiefart“ anbalzen).– ♂ PK: Charakteristisch *blendend weiß* mit schwarzer Maske und schwarzem Streif am Hinterkopf; im Flug dann überraschend *schwarz und weiß gemustert,* auch *großes, ovales, weißes Feld auf Vorderflügel* auffallend.– ♀: Stumpf braungrau mit *weißen Wangen und dunkel kastanienbraunem Oberkopf, Zügel schwärzlich,* zur Brutzeit mehr bräunlich; weißes Flügelfeld etwas kleiner als bei ♂.– ♂ SK: Von Juli bis Anfang November ähnlich ♀ mit bräunlichem Zügel, aber mehr Weiß im Flügel und schwärzlicherer Oberseite.– JK: Wie ♀, doch Bauch weniger weißlich, eher grau gefleckt und Zügelregion mindestens bis Herbst noch braun.

STIMME Meist stumm, ♂ ruft bei der Balz manchmal tief, sich beschleunigend, quakend und mit „Schluckauf“ endend „gur'r'rrr-TSCHICK“, ♀ ruft heiser „krrr“.

Schellente

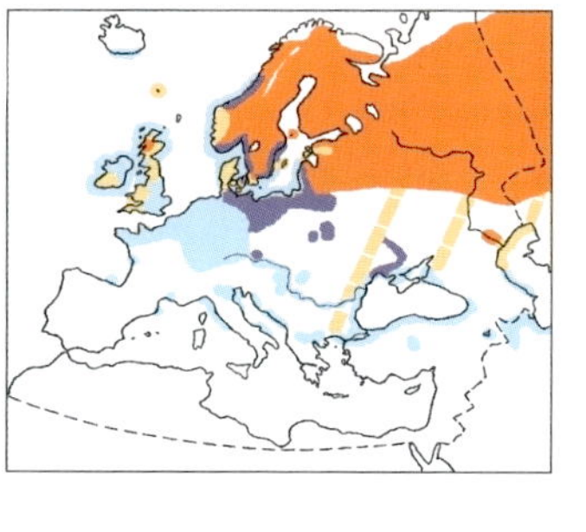

Spatelente

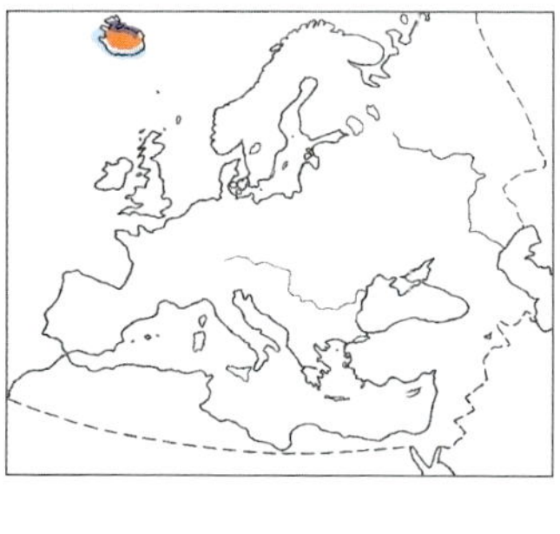

Zwergsäger

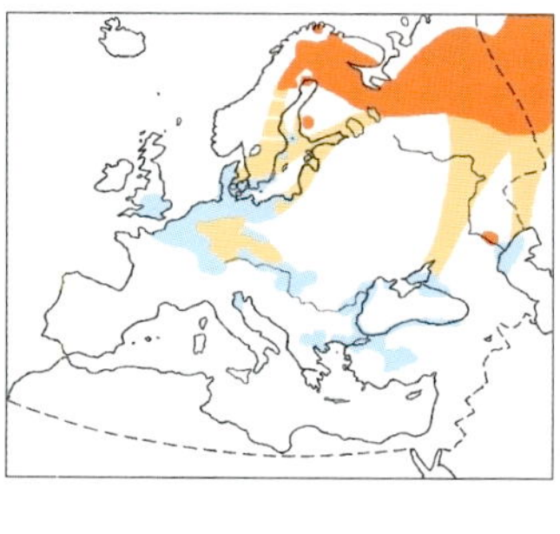

SCHELLENTE

SPATELENTE

ZWERGSÄGER

DZ

GÄNSESÄGER BJZW

Common Merganser *Mergus merganser*

L 58-68 cm, S 78-94 cm. Brütet an fischreichen Seen und Flüssen meist in bewaldetem Gelände; in Baumhöhlen, kann aber auch Nistkästen, Häusernischen, Felslöcher usw. annehmen. Außerhalb der Brutzeit gesellig, in Skandinavien z. B. Trupps von mehreren 10.000 ♂ im Spätsommer gemeinsam mausernd.

KENNZEICHEN Groß mit *langem und stromlinienförmigem Körper und langem, schmalem, rotem Hakenschnabel;* Kopf wirkt durch *fülligen Schopf* am Hinterkopf lang, Hals zwar lang, beim Schwimmen aber oft eingezogen; Flugsilhouette mit langem, *gestrecktem Hals und flachen, schnellen Schlägen der schmalen Flügel* an Taucher erinnernd.– ♂ PK: Überwiegend *weiß,* von Winter bis Frühjahr lachsrosa überhaucht, mit *schwarzem, sonnenbeschienen grün schillerndem Kopf und Hals* und „pomadig gekämmter Mähne", die *Hinterkopf merkwürdig beulenförmig* erscheinen lässt; Oberseite überwiegend schwarz; im Flug *Armflügel überwiegend weiß.*– ♀: *Kopf dunkel rotbraun mit scharf abgegrenztem weißem Kehlfeld,* Schopf lockerer als beim ♂, eher „trocken gekämmt", oft in je ein Büschel an Hinterscheitel und Nacken getrennt; *scharfe Grenze zwischen braunem oberem und weißem unterem Vorderhals;* Körper gräulich; im Flug großes weißes Rechteck auf Armflügel, gebildet von weißen Armschwingen und Großen Armdecken (manchmal *undeutliche, dünne* dunkle Trennlinie entlang der Spitzen aller oder einiger äußerer Großer Armdecken); zur Unterscheidung vom Mittelsäger s. dort.– ♂ SK: Wie ♀, behält aber viel Weiß auf Vorderflügel.– JK: Wie ♀, jedoch Schnabel matter rot, Kehle nicht so sauber weiß, heller Zügelstreif, Iris hell; ♂ im 1en W zeigt mehr Weiß auf Flügel als ♀.

STIMME ♂ balzt mit angenehmem, tiefem, hartem, weit tragendem, etwas unterdrücktem Klingeln „krruu-krraa", ♀ ruft dabei hart „pra, pra-pra…"; im Flug lauter und wiederholt „prrah, prrah, prrah…" und plaudernd, schnell glucksend „TSCHACKerack-ack-ack".

MITTELSÄGER BZW

Red-breasted Merganser *Mergus serrator*

L 52-58 cm, S 67-82 cm. Brutvogel an Küsten und Binnengewässern in Taiga, Bergland und Tundra; Bodennest unter Büschen. Ganzjährig gesellig, aber selten in großen Trupps.

KENNZEICHEN Mittelgroß, schlanker als der sonst ähnliche Gänsesäger, aber *Schnabel besonders an der Basis dünner,* Schopf mehr bürstenartig und schütter (beim ♂ fast „Punkfrisur"), daher Kopf kleiner wirkend, auch Hals dünner.– ♂ PK: Kopf schwarz mit Grünschimmer, *weißer Halsring über rötlich brauner, gestrichelter Brust, schwarze Brustseiten mit weißen Flecken;* Oberseite überwiegend schwarz, Flanken grau; im Flug zwar großes weißes Armflügelfeld, aber kleiner als bei Gänsesäger.– ♀: Dem weiblichen Gänsesäger sehr ähnlich, aber *keine scharfe Begrenzung zwischen braunem Kopf und weißlichem Hals, heller Kehlfleck nur diffus abgesetzt, Schnabel an der Basis dünn, Schopf kürzer und „stacheliger", Kopf eher zimt- als rotbraun, Gesicht gestreift* durch oben und unten dunkel begrenzten Zügelstreif, *Oberseite dunkler und mit Braunstich, Flanken schmutziger grau;* im Flug *Kopf und Hals dünner, weißes Rechteck auf Armflügel immer durch deutliche schwarze Linie zweigeteilt, Vorderflügel eher dunkler graubraun* als sauber grau.– ♂ SK: Bis auf ausgedehntere Weißzeichnung im Flügel wie ♀.– JK: Schnabel blasser rot und Schopf kürzer als beim ♀.– ♂ 1er S: Unterscheidet sich vom ad. ♂ durch *Braunton am Kopf, weitgehend fehlendes weißes Halsband* und weniger Weiß im Flügel.

STIMME Während der Balz mit merkwürdig gewinkelter Körperhaltung ist selten die Stimme des ♂ zu hören, ein „Schluckauf" mit deutlich getrenntem „Niesen", etwa TSCHIka … piTSCHIH"; ♀ wiederholt hart knarrend „prrak prrak prrak…".

WEISSKOPF-RUDERENTE (A)

White-headed Duck *Oxyura leucocephala*

L 43-48 cm (einschließlich 8-10 cm Schwanz). Lokal und selten an flachen, vegetations- und nährstoffreichen Seen im Mittelmeerraum. Überwiegend Standvogel. Fliegt ungern auf, schwimmt lieber in Deckung.

KENNZEICHEN Klein und kompakt mit großem Kopf und *mächtigem, an der Basis stark geschwollenem Schnabel,* langer Schwanz oft gestelzt, *Unterschwanzdecken braungrau.*– ♂: *Großer, blauer Schnabel,* Körper rost- bis gelbbraun, *Kopf weiß* mit schmal schwarzem Scheitel und variablem Schwarzanteil auf Nacken, Hals und Augenregion; im SK matter, Schnabel grau.– ♀/JK: Weißliche Wangen mit *scharfem, dunklem Querstreif;* sonst matter braun als ♂.

STIMME Meist stumm.

SCHWARZKOPF-RUDERENTE (bA)

Ruddy Duck *Oxyura jamaicensis*

L 35-43 cm (einschließlich 6-8 cm Schwanz). Amerikanische Art, in Großbritannien ausgesetzt und stark expandierend; hybridisiert mit europäischer Art und gefährdet sie dadurch.

KENNZEICHEN Etwas kleiner als die ähnliche Weißkopf-Ruderente, Schnabelbasis nicht aufgetrieben, sondern First konkav, *Unterschwanzdecken weiß.*– ♂: Oberkopf bis zum Auge hinab sowie Nacken und Hinterhals ausgedehnter schwarz, auch im matter gefärbten SK (Schnabel dann grau statt blau).– ♀/JK: *Diffuser, schmaler, dunkler Querstreif auf graugelblichen Wangen* sowie Schnabelform und Unterschwanzdecken erlauben Unterscheidung von Weißkopf-Ruderente.

STIMME Meist stumm, balzendes ♂ erzeugt klopfende Laute mit auf die Brust schlagendem Schnabel.

Gänsesäger

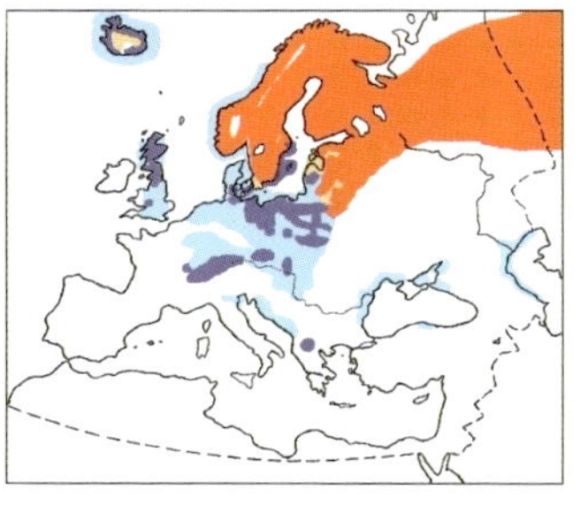

Mittelsäger

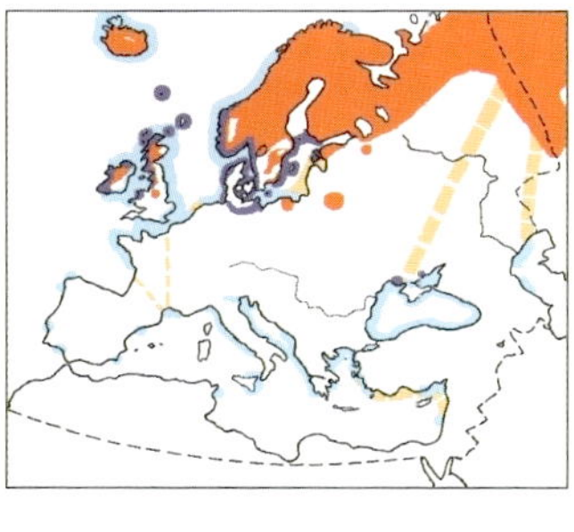

Weißkopf-Ruderente

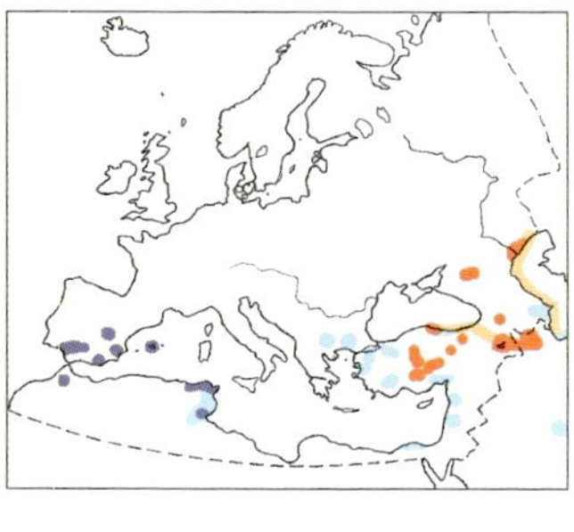

GÄNSESÄGER

MITTELSÄGER

WEISSKOPF-RUDERENTE

SCHWARZKOPF-RUDERENTE

DZ

SELTENE ENTENVÖGEL

Alle folgenden Arten sind in Europa seltene bis extrem seltene Gäste, wenn nicht anders erwähnt aus Nordamerika.

CAROLINAKRICKENTE A

Green-winged Teal *Anas carolinensis*

L 34-38 cm. Eng mit der Krickente (S. 28) verwandt. In Westeuropa fast alljährlich, teilweise wohl inzwischen stationär.

KENNZEICHEN *Klein,* ♂ im PK mit *senkrechtem weißem Band auf der Brustseite* (keine waagerechte weiße Linie über der Flanke) und weitgehend fehlender schmaler gelber Einfassung des grünen Kopfseitenfelds. Brustmitte etwas leuchtender rosa überhaucht, im Flug *obere weiße Flügelbinde stärker rostfarben getönt.* Andere Kleider ähnlich Krickente, doch Scheitel und Augenstreif durchschnittlich dunkler und obere Flügelbinde deutlicher rostfarben.

KLEINE BERGENTE (bA)

Lesser Scaup *Aythya affinis*

L 38-45 cm. Seltener Gast oder Gefangenschaftsflüchtling.

KENNZEICHEN Ähnlich Bergente (S.32), aber *kleiner* (kleiner als Reiherente), *Scheitel hinten spitz auslaufend* und fast einen Schopf wie bei Reiherenten-♀ andeutend (Bergente hat sanft gerundeten Scheitel), *Flügelstreif* nur auf den Armschwingen weiß, *auf den Handschwingen bräunlich grau* (bei Bergente durchgehend weiß; bei einzelnen Kleinen Bergenten Unterschied zwischen Braun und Weiß jedoch eher diffus), *Unterflügel nicht so sauber weiß* wie bei Berg- und Reiherente, sondern mit dunkleren Schwungfederbasen. ♂ im PK *oberseits gröber dunkel gemasert,* Kopf eher *purpurn* als grün glänzend. ♀ von Bergente durch geringere Größe, Kopfform und Flügelstreif unterschieden. Verglichen mit Reiherenten-♀ lässt der etwas blasser graubraune Körper den dunkleren Kopf stärker kontrastieren.

PAZIFIKTRAUERENTE A

Black Scoter *Melanitta americana*

L 44-54 cm. Brutvogel Ostsibiriens und Nordamerikas. Seltener Gast an europäischen Küsten, meist zwischen Trauerenten in ufernaher Brandung.

KENNZEICHEN Ähnlich Trauerente, doch ♂ im PK (auch im Flug) sofort durch *großen, flachen, leuchtend gelblich orangefarbenen Schnabelhöcker* ohne Schwarz an der Basis erkennbar, dieser meist oben gelb und unten orange. Im Flug Flügel ganz dunkel, aber wie bei Trauerente *Handschwingen heller,* besonders unterseits. ♀ schwer von Trauerente unterscheidbar, doch Nagel an Schnabelspitze etwas kräftiger, Nacken ausgedehnter dunkel, dunkler Schnabel manchmal mit blass gelben Bereichen (nie bei Trauerenten).

HÖCKERSAMTENTE –

White-winged Scoter *Melanitta deglandi*

L 50-57 cm. Brütet in O-Sibirien (Unterart *stejnegeri*) und N-Amerika *(deglandi),* Nachweise in Finnland und Island.

KENNZEICHEN Der eng verwandten Samtente ähnlich, jedoch bei ♂ im PK kleiner, aber *auffallender schwarzer Schnabelhöcker* (bei Samtente allenfalls leicht geschwollen), *Schnabelspitze rosa und orangerot* (bei Samtente leuchtend gelb), *großer weißer Augenfleck am Hinterende aufgebogen* (bei Samtente klein und waagerecht). In Ostsibirien Übergang zwischen Stirn und Scheitel flacher, Höcker eckiger, Unterkante der orangeroten Schnabelspitze gelb, weniger Schwarz an Unterschnabelkante. Beim ♀ feine Unterschiede in Schnabel- und Kopfform sowie Schnabelbefiederung, im Freiland nur aus geringer Entfernung sichtbar.

ROTKOPFENTE –

Redhead *Aythya americana*

L 44-51 cm. Nachweise in Großbritannien, Irland, Island.

KENNZEICHEN Kaum größer als die ähnliche Tafelente (S. 30), ♂ ebenso mit *rotbraunem Kopf und schwarzer Brust,* aber *Kopf runder mit steilerer Stirn,* eher *gleichmäßig dicker* statt im Profil mehr dreieckiger Schnabel, dieser *hellgrau mit breit schwarzer Spitze* („in Tinte getaucht"), *Auge gelb* statt rot. ♀ an runderem Kopf, Schnabelform und ebenso dessen schwarzer Spitze erkennbar. Brust im Gegensatz zum ähnlichen Tafelenten-♀ etwas blasser, eher warm rotbraun, mit geringerem oder fehlendem Kontrast zu den Flanken. Brauner Kopf mit hellem Augenring und abwärts gebogenem hellem Hinteraugenstreif. *Schwanz wird beim Schwimmen öfter angehoben* als bei Tafelente.

RIESENTAFELENTE (A)

Canvasback *Aythya valisineria*

L 49-56 cm. Nachweise in Niederlanden, Großbritannien.

KENNZEICHEN Im Vergleich zur Tafelente ist das ♂ sofort an *bedeutenderer Größe und hellerem Körpergefieder* (seidenweiß statt hellgrau) erkennbar, doch ganz dunkler, *längerer Schnabel mit dünn auslaufender Spitze* ebenso auffallend. Rotbrauner Kopf von Schnabelbasis bis hinter Auge oft geschwärzt. ♀ am besten am ganz dunklen, langen zugespitzten Schnabel und eher *einfarbig graubraunen Kopf mit etwas dunklerer Zügelregion* vom Tafelenten-♀ unterscheidbar.

BÜFFELKOPFENTE (A)

Bufflehead *Bucephala albeola*

L 32-39 cm. Einzelne Funde auf Island und den Britischen Inseln können Wildvögel betreffen, übrige Nachweise gehen wahrscheinlich auf Gefangenschaftsflüchtlinge zurück.

KENNZEICHEN Kleinster Verwandter der Schellente mit typischem *großem Kopf.* ♂ im PK mit schwarzem Mantel und Kopf (aus der Nähe mit Grün- und Purpurglanz) und *großem weißem Feld auf Kopfseiten und Nacken.* Im Flug Schulterstreif und Flügelfeld weiß ähnlich Schellente. ♀ mit kleinem weißem Wangenfeld, sonst unscheinbar braun, Brust und Flanken heller. *Auge dunkel,* Schnabel hellgrau.

KAPPENSÄGER (A)

Hooded Merganser *Lophodytes cucullatus*

L 42-50 cm. Einzelne Nachweise auf Island und den Britischen Inseln wahrscheinlich Wildvögel, im übrigen Europa jedoch eher Gefangenschaftsflüchtlinge.

KENNZEICHEN ♂ hat schwarzen Kopf mit *schwarz eingerahmter weißer Nackenhaube,* meist zusammengelegt. *Flanken rotbraun, Brust schwarz-weiß gemustert.* Augen gelb. ♀ mit *kleinerer rostbrauner Haube,* sonst recht einheitlich graubraun mit hellerer Brust, *Unterschnabelkante gelb. Verlängerte schwarzweiße Schirmfedern bilden* Streifenmuster, aber durch Mauser oder Abnutzung oft wenig auffällig.

CAROLINAKRICKENTE

KLEINE BERGENTE

PAZIFIKTRAUERENTE

HÖCKERSAMTENTE

ROTKOPFENTE

RIESENTAFELENTE

BÜFFELKOPFENTE

KAPPENSÄGER

KM

RAUFUSSHÜHNER *Tetraoninae*

Mittelgroße bis große, kräftige und untersetzte, nicht ziehende Bewohner von Berghängen und Wäldern. Verbringen viel Zeit am Boden. Gemeinsame Merkmale sind u. a. befiederte Nasenlöcher, kräftige, ganz oder teilweise befiederte Beine ohne Sporn, runde Flügel mit steifen, gebogenen Handschwingen und im Flug schnelle, geräuschhafte Flügelschläge mit eingeschobenen Gleitstrecken. Hauptsächlich Vegetarier, fressen im Sommer auch Insekten. Bodenbrüter, Küken Nestflüchter, können nach 1-2 Wochen kurze Strecken fliegen und werden ausschließlich oder hauptsächlich vom ♀ betreut.

MOORSCHNEEHUHN –

Willow Ptarmigan *Lagopus lagopus*

L 35-43 cm. Jahresvogel nördlicher Wälder, besonders Birke, auch Weiden und Koniferen, und Tundraflächen mit Weiden, Zwergbirken, Heide usw., im Winter oft in niedrigeren, geschützten Lagen mit Nadel- oder dichterem Birkenwald.

KENNZEICHEN Beide Schneehuhnarten ähneln einander sehr und lassen sich in Nordeuropa, wo sie nebeneinander vorkommen, am besten an Stimme, Habitatwahl, Schnabelgröße und feinen Gefiederdetails unterscheiden. Von allen anderen Raufußhühnern durch *ganzjährig überwiegend weiße Flügel* abzugrenzen (gilt aber nicht für „Schottisches Moorschneehuhn", s. u.). Runder Körper, kleiner Kopf, befiederte Zehen und kurzer Schwanz sind weitere Charakteristika. Im Winter fast völlig weiß, im Sommer rot- bis graubraun, ♂ mit drei, ♀ mit zwei Kleidern.– ♂ Frühjahr: Von März bis Anfang Juni *Kopf, Hals und obere Brust fast einfarbig und kaum gebändert tief kastanienbraun, Bauch* und teilweise Oberseite und Flanken *weiß;* weiße Partien werden schrittweise mit braunen Federn durchsetzt.– ♂ Sommer: Von Juni bis September erscheinen *auf Kopf, Hals und oberer Brust gebänderte, heller rot- bis ockerbraune Federn.*– ♀ Sommer: Von April bis September dem ♂ ähnlich, aber durchschnittlich eher gelblich braun, weniger rötlich, sowie kräftiger gelblich und schwarz gebändert.– Winter: Ab September legen beide Geschlechter schrittweise ein bis auf den schwarzen Schwanz *komplett weißes Gefieder* an, dann vom Alpenschneehuhn an *weißem Zügel,* etwas größerem Körper (besonders ♂), *kräftigerem Schnabel,* durchschnittlich helleren Zehen und Lebensraum unterscheidbar (Moorschneehuhn bevorzugt Deckung in Birken- und Nadelwald, meidet im Winter meist Weiden und alpine Zone).– Die Unterart *scotica* („Schottisches Moorschneehuhn") bewohnt Heiden, Moore und Hochländer im Norden und Westen der Britischen Inseln, unterscheidet sich im Sommer durch dunkle Flügel ohne Weiß und besonders im Winter durch das komplette Fehlen eines weißen Kleids, ist also in allen Kleidern dunkel rostbraun, ♂ dunkler und tiefer rötlich, ♀ heller mit eher ockerfarbenen Federrändern.

STIMME ♂ balzt in Frühjahrsnächten von niedriger Warte mit sich beschleunigender Serie lauter, nasaler, hüpfender, bellender, mit einem Triller endender Laute „kau, kau kau-ka-ka-kakarrrrrrr" sowie teilweise im Flug „KE-u, Kekerrrrr-ke-kerr eHE eHE eHE", sich verlangsamend und oft gefolgt von (oder eingeleitet mit) wiederholtem „ko-WÄH" („Geh weg!"); ♀ ruft „njau".

scotica Moorschneehuhn

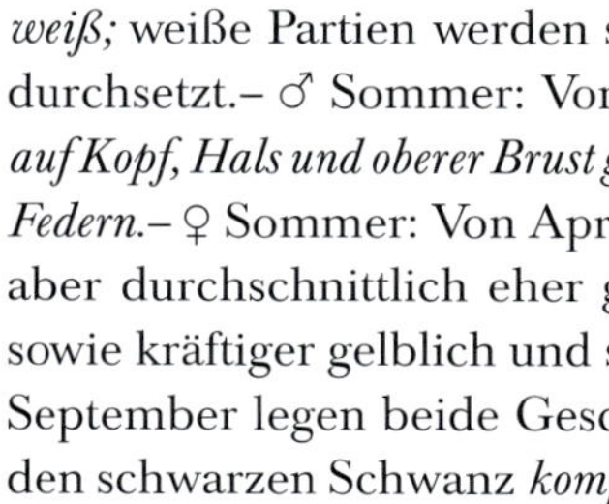

Alpenschneehuhn

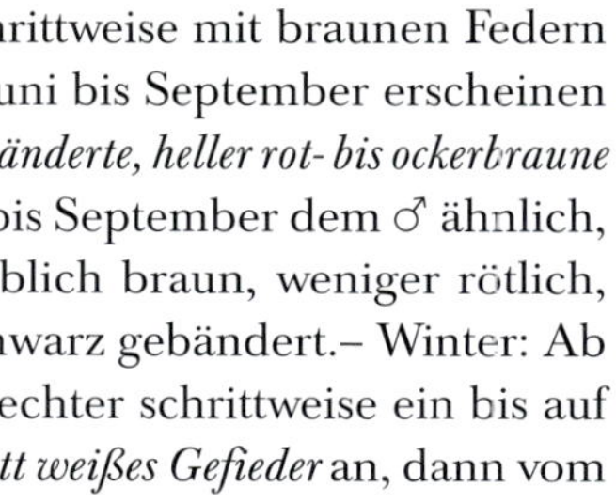

ALPENSCHNEEHUHN BJ

Rock Ptarmigan *Lagopus muta*

L 31-35 cm. Bewohnt Gebirgshänge und Tundra, steiniges Gelände mit wenig Vegetation, zieht sich im Winter manchmal in Weidengebüsch oder offenen Birkenwald an der Baumgrenze zurück. Lebt bei uns nur in den Alpen.

KENNZEICHEN Ein Hühnervogel mit etwas rundlichem Körper, kleinem Kopf und befiederten Zehen. Im Winter fast *ganz weiß mit kurzem, schwarzem Schwanz,* im Sommer graubraun mit überwiegend weißen Flügeln; muss nur in Teilen Nordeuropas, wo beide Arten nebeneinander vorkommen, vom etwas größeren Moorschneehuhn unterschieden werden. Etwas *kleiner* als dieses (auf Spitzbergen aber deutlich größer).– ♂ Frühjahr: Von Mai bis Juli *Kopf, Hals und obere Brust sowie Teile von Flanken und Rücken dunkel graubraun und schwarz, fein schwarz gemasert* sowie beige und weiß gebändert, daher *dunkelgrauer Gesamteindruck* (Moorschneehuhn tief rotbraun und kaum gebändert); *Zügel schwärzlich, Bauch, Flügel und Teile der Flanke weiß.*– ♂ Sommer: Von Juli bis September (manchmal November) *heller grau* als im Frühjahr, *Oberseite mit einzelnen schwarzen Flecken,* weiß gesprenkelte Zügel braun; heller als Moorschneehuhn zur selben Zeit.– ♀ Frühjahr-Sommer: *Gefieder gröber gebändert und gelblicher getönt* als ♂, Zügel heller; verglichen mit Moorschneehuhn sind *Kehle und Kopfseiten etwas dunkler und grauer* (nicht beige bzw. ocker getönt).– Winter: Gesamtes *Gefieder weiß,* nur Schwanz schwarz; ♂ mit *schwarzem Zügelstreif,* bei manchen ♀ dünn angedeutet, aber meist fehlend, dann manchmal an *kleinerem Schnabel* und durchschnittlich dunkleren Zehen erkennbar; im Winter im Gegensatz zum Moorschneehuhn eher in größeren Trupps auf offenen Berghängen oder in Gestrüpp und Heide als im Wald.

STIMME Nicht ganz so stimmfreudig wie Moorschneehuhn, alle Rufe recht ähnlich, meist gedämpft bellend oder trocken knarrend, nur ein Ruf typisch: ein etwas an Schnatterente erinnerndes Knarren mit charakteristischem Rhythmus, „arr orr ka-KARRR („here comes the bride", manchmal nur zwei- oder dreisilbig), offenbar mit Gesangsfunktion, meist im Frühjahr vom Boden aus, manchmal beim Auffliegen, aber gelegentlich auch vom ♀ hervorgebracht; ein kürzeres „urr-errr" wurde als Bodengesang beschrieben; im zeitigen Frühjahr beim auf steifen Schwingen abwärts gleitenden Balzflug eine aufstoßende, mit Gackern endende Tonfolge, etwa „ahrrrr...ka-ka-ka-ka-ka-ka". Bei Alarm oder Aggression „kwa" in Variationen. ♀ ruft weich „kii-a".

MOORSCHNEEHUHN

„SCHOTTISCHES MOORSCHNEEHUHN“

ALPENSCHNEEHUHN

DZ

AUERHUHN BJ

Western Capercaillie *Tetrao urogallus*

L ♂ 74-90 cm (Schwanz ca. 25 cm), ♀ 54-63 cm. Ganzjährig in alten Nadelwäldern, oft auf felsigem Grund mit vielen Beerensträuchern, Moos und einzelnen Laubbäumen, meidet offenen Boden. Spektakuläre Balz im Spätfrühjahr.

KENNZEICHEN *Sehr groß,* ♂ etwa ein Drittel größer als ♀; fliegt mit *sehr lautem Flügelgeräusch* auf, Streckenflug aber schnell und direkt, rasche Flügelschläge mit Gleitstrecken abwechselnd.– ♂: Allein aufgrund der Größe kaum verwechselbar; *dunkles Gefieder, sehr langer Schwanz* (bei Balz gestelzt und gespreizt), *langer Hals* (bei Balz mit gesträubten Federn gestreckt), kräftiger, stark gekrümmter, *strohgelber Schnabel, runder, weißer Fleck am Flügelbug;* Flugbild charakteristisch durch *zusammengelegten, langen, geraden Schwanz, langen, gestreckten Hals* und dadurch relativ schmal wirkende Flügel.– ♀: Zwar kleiner als ♂, aber deutlich größer als ähnliches Birkhuhn-♀, ferner von diesem unterschieden durch *ungemustert orangebraune Kehle bzw. obere Brust, zwei Klammern bildende, deutlichere weiße Spitzen der Schulterfedern,* durchschnittlich helleres, rötlicheres Gefieder, etwas längeren, stärker gerundeten, rötlichen Schwanz (kann auch bei Birkhuhn vorkommen), gröbere Bänderung auf Schwanz und Oberschwanzdecken.

STIMME Von abendlichen Versammlungen der ♂ ist ein aufstoßendes „ko-KRERK-korohr" in Variationen zu hören, ♀ ruft meist aus Baum langsam wiederholt gackernd „grak", oft während des Balzhöhepunkts; ♂ singt im Morgengrauen erst von Baum, dann am Boden, meist in Gruppe, mit sich zum Geräusch eines knallenden Sektkorkens beschleunigenden Doppelklicks, sofort gefolgt von dünnem, schleifendem Zischen, das bei der Bodenbalz manchmal durch geräuschhaftes Flügelflattern ersetzt wird; Dauer des nur 200-300 m weit hörbaren Gesangs 5-7 s.

BIRKHUHN BJ

Black Grouse *Lyrurus tetrix*

L ♂ 49-58 cm (Schwanz ca. 15 cm), ♀ 40-45 cm. Bewohnt Moorränder, Heiden und Waldlichtungen bis zur Baumgrenze im Gebirge. Gemeinschaftsbalz am Boden im zeitigen Frühjahr in offenem Gelände (auch auf gefrorenen Seen), einzelne ♂ aber von Baumspitzen, selbst im Sommer. Frisst im Winter oft Birkenknospen.

KENNZEICHEN Mittelgroß mit kleinem Kopf und Schnabel, Flugweise wie Auerhuhn, aber kompakter und mit mäßig lautem Geräusch beim Start.– ♂: Überwiegend schwarz mit Purpurglanz, *Unterschwanzdecken weiß* (werden bei Balz präsentiert), weiße Unterflügel und *weißer Flügelstreif;* leierförmiger Schwanz bei der Balz gestelzt und gefächert, im Flug zusammengelegt und nur lang wirkend.– ♀: Graubraun, schwarz quer gebändert, auch auf Kehle und Brust (vgl. Auerhuhn), Schwanz graubraun, manchmal rötlich getönt (dann schwächer als Auerhuhn), gerade oder leicht gegabelt; im Flug *schmaler weißer Flügelstreif.*

STIMME ♀ ruft schnell gackernd, endet oft mit nasal lang gezogenem Element, „kakakakakaKEH-ah"; ♂ balzen weit hörbar blubbernd und knurrend „rro-perre-OO-ohr rro-perROO...", dazwischen zischend „tjoo-üsch".

KAUKASUSBIRKHUHN –

Caucasian Grouse *Lyrurus mlokosiewiczi*

L ♂ 50-55 cm (Schwanz ca. 18 cm), ♀ 37-42 cm. Brütet nur im Kaukasus und in der Nordosttürkei in 1.500-3.000 m Höhe an der Baumgrenze und an offenen, mit Rhododendron bestandenen Hängen; im Winter etwas tiefer.

KENNZEICHEN ♂ ähnlich Birkhuhn, doch *Schwanz länger und gegabelt,* nicht nach außen, sondern eher nach unten gebogen, *Unterschwanzdecken schwarz, kein Flügelstreif.*– ♀: *Grauer* als Birkhuhn, *langschwänziger,* kein Flügelstreif, Unterseite feiner und unregelmäßiger gebändert, Überaugenstreif heller, Ohrdecken dunkler, etwas weniger Weiß auf Unterschwanzdecken.

STIMME ♂ fast stumm, erzeugt aber bei der Balz während des Flattersprungs dünn pfeifendes Flügelgeräusch, etwa 150 m weit hörbar; ♀ gackert ähnlich Birkhuhn.

HASELHUHN BJ

Hazel Grouse *Tetrastes bonasia*

L 34-39 cm. Jahresvogel in geschlossenen, gemischten Nadelwäldern (selten Laubwäldern), bevorzugt feuchte Gegenden mit dichtem Unterwuchs und alten Fichten; viel am Boden im Schatten, läuft aber auch auf Ästen und landet hoch in Bäumen; schwer zu beobachten, versteckt sich geschickt und fliegt früh auf.

KENNZEICHEN Recht *klein,* etwa dohlengroß, Körper plump, Kopf und Schnabel klein; kompliziertes Färbungsmuster mit gräulicher Oberseite, bräunlichen Flügeln und weißlicher, dunkelbraun und rötlich gefleckter Unterseite.– ♂: *Kurze, aufrichtbare Haube, schwarzer Kehlfleck weiß umrandet, grauer Schwanz mit breit schwarzer Endbinde.*– ♀: Haube kleiner, *braune Kehle weiß gesprenkelt.*

STIMME Angstruf des ♀ flüssig „piih-titititititit", bei Alarm wiederholt „plitt"; rhythmischer Gesang des ♂ eine Folge sehr hoher Töne (nur mit Gelbbrauen-Laubsänger, Wintergoldhähnchen oder Beutelmeise vergleichbar), etwa „tsiii-ü-IIH si, si-si-si-si", die letzten Töne, nach der Andeutung einer Pause, schnell und in der Höhe abfallend; aufgescheuchte Vögel erzeugen ein typisches Flügelgeräusch, „burr, burr, burr,...", sind aber im dichten Wald oft nicht zu sehen.

Auerhuhn

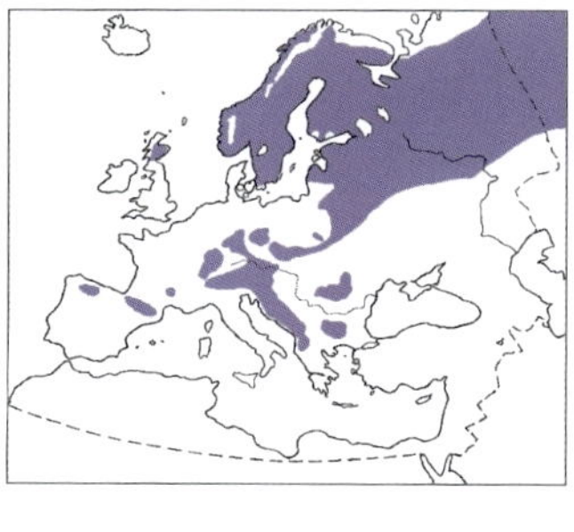

Birkhuhn

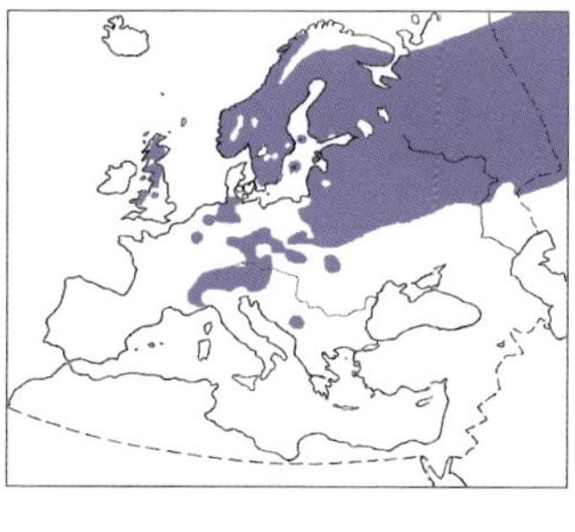

Kaukasusbirkhuhn

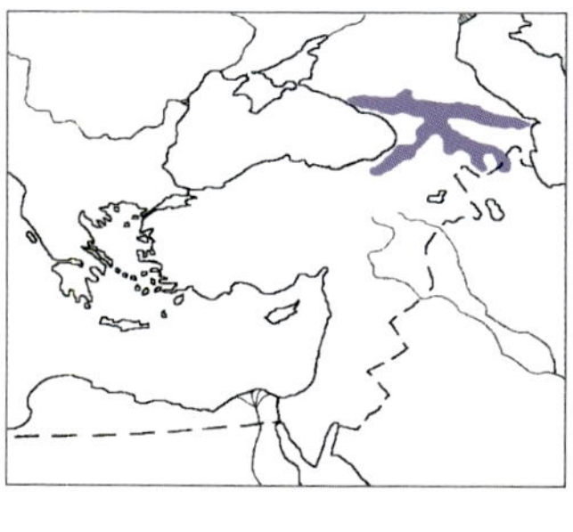

Haselhuhn

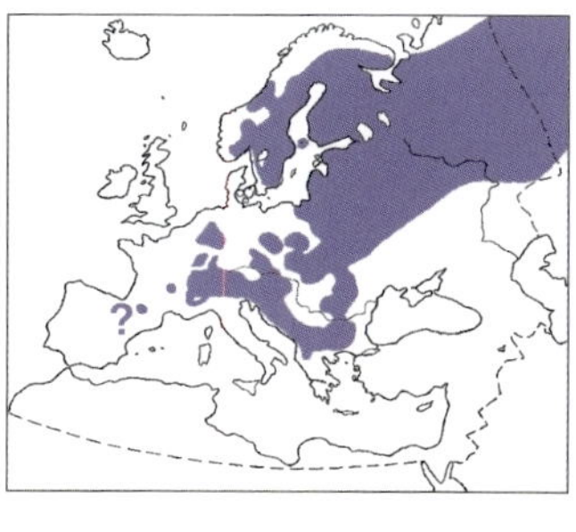

AUERHUHN

BIRKHUHN

KAUKASUSBIRKHUHN

HASELHUHN

GLATTFUSSHÜHNER *Phasianinae*

Sehr kleine bis große Hühner, die meist offeneres Gelände (bis zu Wüsten und Hochgebirgen) dem Wald vorziehen, hauptsächlich am Boden leben und dort Pflanzenmaterial und Insekten fressen; laufen schnell und athletisch, fliegen nur im Notfall. Nasenlöcher und Füße unbefiedert, ♂ einiger Arten mit Sporn am Tarsus. Nester am Boden.

KAUKASUSKÖNIGSHUHN –

Caucasian Snowcock *Tetraogallus caucasicus*

L 50-60 cm. Kommt nur im Kaukasus in Höhen zwischen 2.000 und 4.000 m an steilen, felsigen Hängen mit wenig niedriger, als Nahrung dienender Vegetation vor, im Winter in etwas tieferen Lagen; außerhalb der Brutzeit gesellig, aber nur kleine Trupps; scheu und unnahbar, fliegt früh auf und fällt außer Sichtweite wie ein Stein hinter Felskante ein oder läuft schon auf mehrere 100 m Entfernung davon.

KENNZEICHEN *Groß und kräftig* mit großem Kopf, dickem Hals und langem Schwanz; Gefieder fein grau, braun, weiß und schwarz gezeichnet, aus der Entfernung aber *überwiegend dunkel grau wirkend. Weißer Fleck auf Halsseiten und rostfarben getönter Nacken.* Flanken rostbraun mit kräftiger schwarzer Federmusterung, *Brust und Mantel fein schwarz meliert;* im Flug *große weiße Flügelfelder* (wie Trappe; Gemeinsamkeit aller Königshühner). ♀ etwas matter gefärbt mit schwächer rostbraunem Nacken, Jungvögel noch blasser, ohne Rostbraun auf Oberseite, Flanken kontrastlos. Unterscheidung vom Kaspikönigshuhn, s. dort. Geschickter Bergsteiger, hüpft und springt leichtfüßig an Felshängen, oft mit die *aufgeplusterten weißen Unterschwanzdecken* zeigendem, leicht angehobenem Schwanz; flüchtet mit langen Gleitstrecken und explosionsartig kurzen Flügelschlägen steil hangabwärts.

STIMME Bei allen Königshühnern sehr ähnlich, s. Kaspikönigshuhn, von dem sich der Gesang durch in der Höhe abfallende Schlusselemente unterscheidet.

KASPIKÖNIGSHUHN –

Caspian Snowcock *Tetraogallus caspius*

L 56-63 cm. Bewohnt in getrennten Populationen Gebirge der Osttürkei und die Kaukasusregion; Lebensweise und Habitat wie Kaukasuskönigshuhn, aber nicht so hochalpin, sondern meist in niedrigeren Lagen von 1.800-3.000 m.

KENNZEICHEN Wie Kaukasuskönigshuhn, kaum größer und ähnlich gefärbt, *Gesamteindruck aber etwas heller; Nacken hauptsächlich grau statt rostfarben, Brustfeld hellgrau* und in der Mitte fein dunkel gefleckt *(statt meliert), heller als Flanken, Mantel und Brustseiten einfarbig grau* ohne Bänderung, *Flanken eher grau-* als rostbraun, *hinter dem Auge kleiner gelbbrauner Fleck;* ♀ kleiner, matter gefärbt.

STIMME Im Flug laut gackernde Serien „tschock-ock-ock-ock…“, am Boden plaudernd glucksend „bok-bok-bok-…“, bei Erregung in langen blubbernden Triller umschlagend, „bok-bok-bo-bobobrrrrrrrrreüah“, beendet mit schwirrendem „knorr“. Der Gesang, bei dem der Kopf zurückgelegt und der Schnabel am Schluss weit geöffnet wird, besteht aus einsam klingenden, weithin hörbaren und oft vom Echo zurückgeworfenen, ansteigenden Pfeiflauten, „sooo-luuu-dlü-IIIH“, aus der Entfernung an Brachvogel erinnernd, meist bei Tagesanbruch und am frühen Morgen.

HALSBANDFRANKOLIN –

Black Francolin *Francolinus francolinus*

L 33-36 cm. Bewohnt trockene Ebenen in Wassernähe, gerne Felder, hohes Gras, Brachflächen, Flussufer mit Tamarisken und anderen Büschen; reiner Bodenvogel, zieht nicht, lebt zurückgezogen; ausgesetzte Vögel u. a. in der Toskana.

KENNZEICHEN Gut rebhuhngroß, jedoch schlanker und *oft aufgerichtet,* dadurch größer wirkend.– ♂: *Kopf und Brust charakteristisch schwarz,* getrennt durch *breites, rostbraunes Halsband,* Wangenfleck weiß, Mantel und Brustseiten weiß gesprenkelt, schwarzer Bauch mit weißen, u-förmigen Flecken.– ♀: Viel unscheinbarer gelbbraun mit kräftiger dunkler Bänderung und Fleckung, *Nacken rotbraun, äußere Steuerfedern schwarz.*

STIMME Fällt meist durch seinen charakteristischen, besonders in der Morgendämmerung zu hörenden Gesang auf, eine konstant siebensilbig aufgereihte Strophe mit besonderem Rhythmus und mechanischem Klang, „kjock, KIIIK ki-KII-ko ki-KIIK“.

DOPPELSPORNFRANKOLIN –

Double-spurred Francolin *Pternistis bicalcaratus*

L 30-33 cm. In Marokko lokaler und seltener Brutvogel (Hauptverbreitung südlich der Sahara) in Laubwäldern, Gebüsch, Palmenhainen, an verbuschten Flussufern und in bewachsenen Wadis; Lebensweise wie Halsbandfrankolin, schleicht sich unbemerkt davon.

KENNZEICHEN Etwa so groß wie Felsenhuhn (mit dem es zusammen vorkommt), aber *Scheitel und Nacken rotbraun, Schwanz einfarbig braun* ohne rotbraune äußere Steuerfedern, *Unterseite kräftig schwarz gestreift* (statt quer gebänderter Flanken), Stirn schwarz, weißer Überaugenstreif schmal, Beine gelbgrau oder grünlich; Geschlechter gleich gefärbt, aber ♂ mit doppelten Sporen.

STIMME Ruft unregelmäßig aufgereiht zweisilbig „i-TECK“; singt besonders im Frühling von etwas erhöhter Warte (Baum, Stein, Pfahl) wiederholt und tief „koajrr koajrr“, auch lauter, schrill und rau „krrrrr krrrrr…“.

Kaukasuskönigshuhn

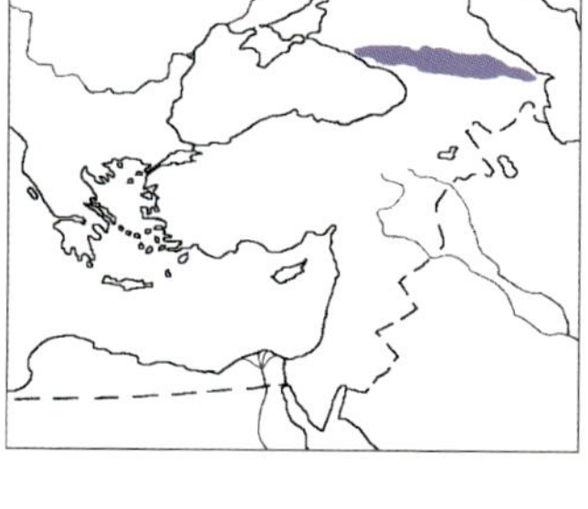

Kaspikönigshuhn

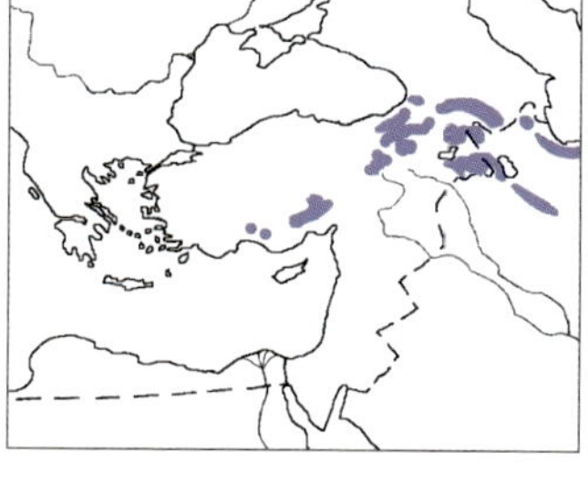

Halsbandfrankolin

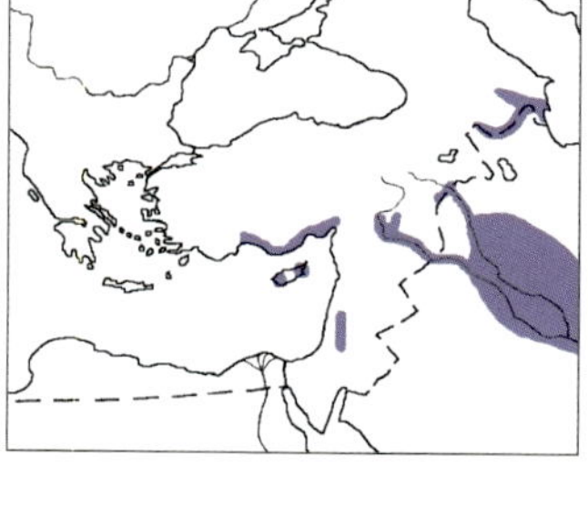

Doppelspornfrankolin

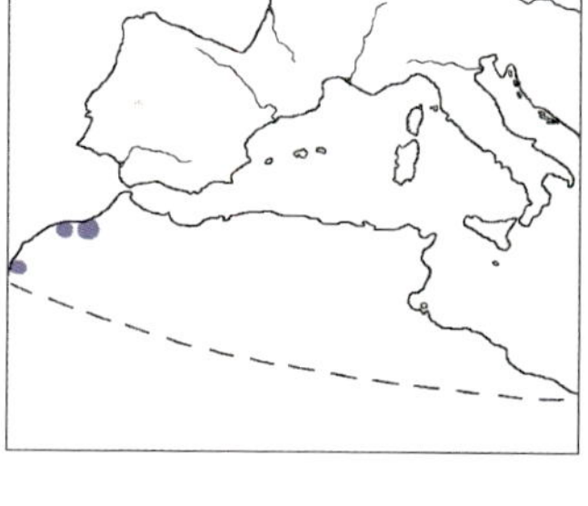

KAUKASUSKÖNIGSHUHN

KASPIKÖNIGSHUHN

HALSBANDFRANKOLIN

DOPPELSPORNFRANKOLIN

DZ

ROTHUHN –

Red-legged Partridge *Alectoris rufa*

L 32-35 cm. Bewohnt hauptsächlich Flachland, z. B. Brach- und Weideland, Heide, sandiges und steiniges Gelände mit niedrigen Pflanzen, Küsten, lokal auch Gebirge oberhalb der Baumgrenze; in Großbritannien eingebürgert. Meist in kleinen Gruppen, wachsam, läuft bei Störung rasch davon, fliegt nur im Notfall, dann niedrig mit schnellen Flügelschlägen und Gleitstrecken; fällt oft durch die Stimme auf.

KENNZEICHEN Obwohl es in der Verbreitung keine Überschneidung mit den anderen *Alectoris*-Arten gibt, sollte man folgende Merkmale kontrollieren: *Kleines weißes Kehlfeld, von breit schwarzem, nach unten in kräftige Brustfleckung auslaufendem Band begrenzt, brauner Hinterhals* (statt grau); zwar wie Rebhuhn *rotbraune Schwanzseiten,* aber *auf Rücken, Bürzel und Oberschwanzdecken grau.*

STIMME Rhythmische, heisere Reihen, einsilbig glucksend beginnend, in langsamen Galopp mit dreisilbigem, am Schluss heiserem Motiv übergehend „tju tju tju tju ka-TSCHEH, ka-TSCHEH-TSCHEH, ka-TSCHEH-TSCHEH,…“, manchmal mit fünfsilbigem Schlussmotiv „ko-KAK kaka-TSCHEH,…“.

STEINHUHN BJ

Rock Partridge *Alectoris graeca*

L33-36 cm. Brütet an steinigen, grasbewachsenen, sonnigen Berghängen meist oberhalb der Baumgrenze zwischen 1.000 und 2.000 m Höhe (meidet Nordlagen); hat stark abgenommen. Standvogel, gesellig, Verhalten wie Rothuhn.

KENNZEICHEN Unterscheidet sich vom Chukarhuhn durch *rein weißen, scharf schwarz begrenzten Kehllatz* (variabel, in Alpen breit, auf Sizilien schmal, teilweise unterbrochen), *schmalen, weißen, oft die schwarze Stirn begrenzenden Überaugenstreif* und etwas *Schwarz am Grund des Oberschnabels.*

STIMME Oft unrhythmische Reihe kurzer, abgehackter, etwas harter Töne, gelegentlich unterbrochen durch schnelle, kichernde Folge, „tschi tscheck pe-ti-TSCHEK tschi-tscheck tschicktschi-tschecktschi-TSCHEEH-TSCHEEH-TSCHEEH-TSCHEEH, pe-TE-ti-ti-TSCHECK tschick te…“, oft ohne Wiederholungsmuster der anderen Arten.

FELSENHUHN –

Barbary Partridge *Alectoris barbara*

L 32-35 cm. Brütet in unterschiedlichen Lebensräumen vom Flachland bis in 3.000 m; auch auf Kanaren, auf Madeira ausgesetzt. Standvogel, gesellig, Verhalten wie Rothuhn.

KENNZEICHEN *Breiter, dunkel rotbrauner, weiß gesprenkelter statt schwarzer Halsring, dunkel rotbrauner Scheitelstreif,* statt eines weißen Kehlfelds *hellgrau auf Kehle wie auch Kopfseiten* mit diffus hellbraunem Fleck auf den hinteren Wangen, *Schulterfedern hell blaugrau und braun gemustert.*

STIMME Gesang charakteristisch mit langen Serien kurzer, unreiner Töne mit gelegentlichem, heiser lang gezogenem Element (wie Trabrhythmus mit Stolperschritt) „tre tre tre tre tre tre TSCHÄÄHtsche tre tre tre tre…“, manchmal mehr wie Rothuhn mit dreisilbigen Reihen „tra-TSCHE-TSCHE“; auch ansteigend heiser „tschuuih“.

CHUKARHUHN –

Chukar Partridge (Chukar) *Alectoris chukar*

L 32-35 cm. Bewohnt ähnliche Lebensräume wie andere Alectoris-Arten, aber auch tiefere Lagen und wüstenartiges Gelände; scheuer als Steinhuhn.

KENNZEICHEN Vom Steinhuhn unterschieden durch *gelbliche Tönung des Kehllatzes, manchmal mit einigen schwarzen Flecken am unteren Rand auf der Brustmitte, breiten, diffusen, hellen Überaugenstreif,* der nicht bis zur Stirn reicht, *Fehlen schwarzer Federn am Grund des Oberschnabels, braunen Fleck hinter dem Auge,* bräunlichere Oberseite.

STIMME Gesang variable, heisere, undeutliche, oft rhythmische Reihe im schnellen Galopp, eingeleitet von einigen kurzen, einsilbigen, gellenden Tönen, „ga ga ga ga gatscha-TSCHACKera-TSCHACKera-TSCHACKera-…“, manchmal einfacher strukturiert „tschack tschack tschack tsche-tschack TRUK-ko TRUK-ko TRUK-ko TRUK-ko…“.

ARABISCHES WÜSTENHUHN –

Sand Partridge *Ammoperdix heyi*

L 22-25 cm. Brutvogel von Bergwüsten, steinigen Hängen, Wadis u.a. mit Zugang zu Wasser. Oft wenig scheu.

KENNZEICHEN Wie ein *kleines, helles* Rebhuhn, wie dieses mit *rotbraunen Schwanzkanten.*– ♂: Sandbraun mit blaugrauem Kopf und weißen Flecken auf Zügel und Ohrdecken, Schnabel orangegelb, Flankenbänderung wellenförmig weiß, schwarz und braun.– ♀: Blasser und ohne weiße Abzeichen am Kopf, Schnabel matt gelb.

STIMME Gesang schnell aufgereihte, kurze Elemente (1,5-2 pro Sekunde), die leicht abfallen, „küwa küwa küwa…“, aus der Entfernung etwas weicher „woA woA …“.

PERSISCHES WÜSTENHUHN –

See-see Partridge *Ammoperdix griseogularis*

L 22-25 cm. Brütet meist in ebenerem Gelände als Arabisches Wüstenhuhn, steigt aber bis in 2.000 m Höhe.

KENNZEICHEN Ähnlich Arabischem Wüstenhuhn, ♂ jedoch mit schwarzem Stirnband, schmal über den weißen Ohrdecken auslaufend, und weiß gesprenkelten grauen Halsseiten; ♀ blasser.

STIMME Leicht ansteigende Pfiffe, etwa einer pro Sekunde, ähnlich Tüpfelsumpfhuhn, „hoITT, hoITT, hoITT,…“.

Rothuhn
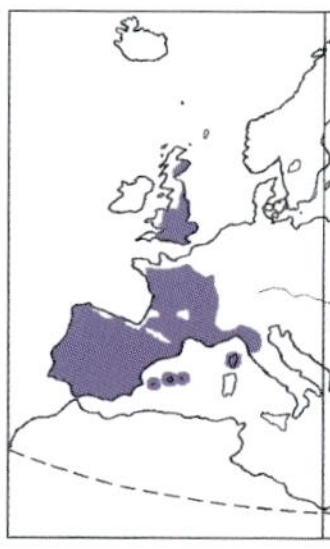

Chukarhuhn
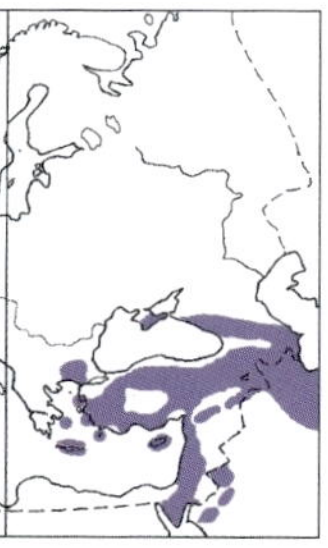

Steinhuhn
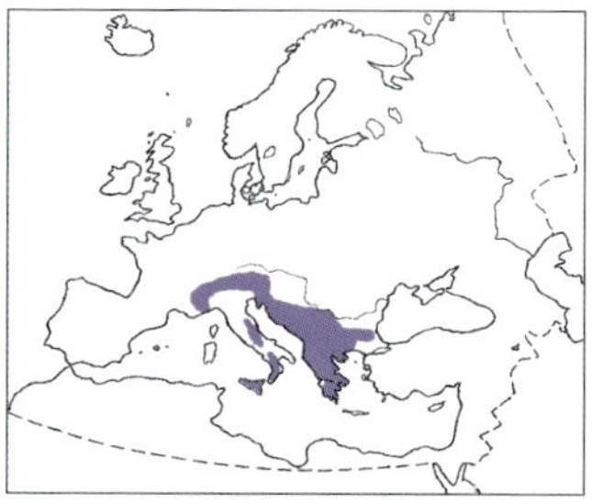

Felsenhuhn
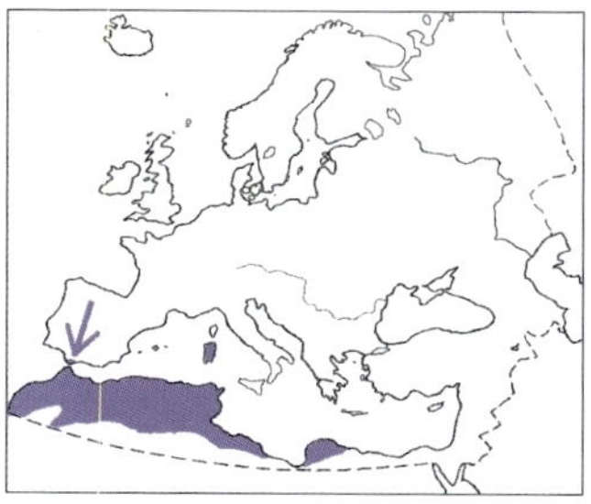

Arabisches Wüstenhuhn
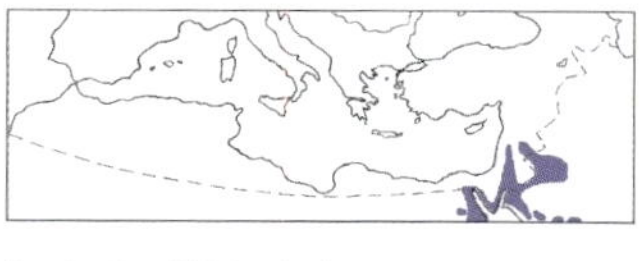

Persisches Wüstenhuhn
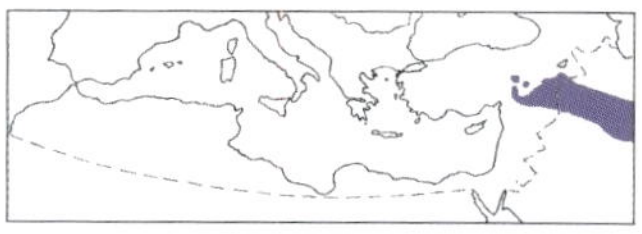

ROTHUHN

STEINHUHN

FELSENHUHN

CHUKARHUHN

ARABISCHES WÜSTENHUHN

PERSISCHES WÜSTENHUHN

DZ

REBHUHN BJ

Grey Partridge *Perdix perdix*

L 28-32 cm. Brütet in offenem Gelände, auf Feldern, Wiesen, Brachflächen mit schützendem Gebüsch und Heckenreihen, hat extrem abgenommen; außerhalb der Brutzeit meist in kleinen, engen Familienverbänden; nervös und wachsam, drückt sich bei Gefahr an den Boden oder läuft schnell fort.

KENNZEICHEN Kompakter, *kleiner Körper und Kopf rund;* meist sieht man Rebhühner als Gruppe dicht vor den Füßen gleichzeitig mit burrendem Flügelschlag und kurzen Gleitstrecken niedrig über den Boden auffliegen und bald wieder landen und erkennt dabei graubraune Vögel mit *Rostrot am Schwanz;* aus der Nähe sind *orangebraunes Gesicht und Kehle,* kastanienbraune Flankenbänderung, fein ziselierte, *aschgraue Brust* und ein *schwarzbrauner, hufeisenförmiger Bauchfleck* sichtbar; Geschlechter fast gleich gefärbt, ♂ etwas bunter und deutlicher gemustert, ♀ mit kleinerem Bauchfleck.– JK: Gelb- bis graubraun, Unterseitenzeichnung wird erst nach 2-3,5 Monaten angelegt, gestreifte Flanken, daher eher Fasanenküken oder groß gewachsener Wachtel ähnlich, aber größer und untersetzter als letztere.

STIMME Auffliegend scharf und kurz „prri prri prri…" oder „rich-rick-rick…"; ♂ und ♀ singen besonders nachts und in der Dämmerung in lockerer Folge heiser, scharf abgeschnitten „kierr-IK".

WACHTEL BZ

Common Quail *Coturnix coturnix*

L 16-18 cm. Brütet in der offenen Agrarlandschaft, bevorzugt auf Getreide- und Kleefeldern in der Ebene und auf brachliegenden Wiesen, im Norden des Verbreitungsgebiets sehr selten geworden; Wärme liebend, einziger ziehender Hühnervogel des Gebiets, überwintert in Afrika.

KENNZEICHEN Öfter zu hören als zu sehen, fliegt tagsüber ungern auf und sucht zu Fuß Deckung in der Vegetation; *sehr klein,* etwa wie ein Fasanenküken, dem sie auch in der Färbung ähnelt: *beigebraun* mit dunkelbrauner Musterung auf Oberseite, Brust und Kopf sowie schmalen, weißlichen Längsstreifen auf Oberseite und Flanken. ♂ hat schwarze Kehle (variabler Ausdehnung, oft schmal), ♀ schmutzig weiße. Fliegend verglichen mit anderen Hühnervögeln *lang- und spitzflügelig, Flügelschlag schnell, Bahn niedrig und gerade,* Oberseite einfarbig gelbbraun wirkend, ohne rostbraune Partien.

STIMME Ruft auffliegend watvogelähnlich weich rollend „wrüü"; bekannteste Lautäußerung der Wachtelschlag, schnell, rhythmisch, dreisilbig, mehrfach wiederholt „PICK per-WICK" oder „BÜTT büll-ÜTT", aus der Nähe mit mechanisch schleifendem Beiton und manchmal gedämpft nasal brummend mit „mau-wau" eingeleitet.

LAUFHÜHNCHEN –

Common (Small) Buttonquail *Turnix sylvaticus*

L 15-17 cm. Eine wenig erforschte Art, inzwischen aus dem spanischen Brutgebiet wohl verschwunden und in Marokko sehr selten (aber südlich der Sahara weit verbreitet). Gehört zu den Wat-, Möwen- und Alkenvögeln, wegen der Ähnlichkeit zur Wachtel aber hier behandelt. Standvogel in trockenem Gelände mit Heide, niedrigen Zwergpalmen, Affodill u. a., auch in überwachsenen Kürbisfeldern. Geschlechterrollen vertauscht (wie bei Wassertretern), Nest am Boden, lange Brutzeit von Apr.-Sept.

KENNZEICHEN Schwer zu sehen und meist nur durch die Stimme auffallend, fliegt bei Störung ungern auf; *sehr klein,* kükenhaft kurzschwänzig, oberseits braun, unterseits weiß mit *orangefarbenem Brustfeld und grob schwarzer Brustseitenfleckung,* ♀ kräftiger gefärbt und größer als ♂. Fliegt mit *lautem Flügelgeräusch* auf, im Gegensatz zur Wachtel *kurz- und rundflügelig,* deutlicher *Kontrast zwischen hellen, gelbbraunen Armdecken und dunklen Schwungfedern,* manchmal gut erkennbar, da nach der Landung kurz mit gestreckten Flügeln aufrecht stehend.

STIMME Nur das ♀ balzt besonders in der Morgen- und Abenddämmerung mit tiefem, etwa 1 s dauerndem, mit 2-3 s Abstand wiederholtem Muhen „hoooo…hoooo… hoooo…", jeder Ton anfangs an Stärke etwas zunehmend.

WACHTELKÖNIG BZ

Corn Crake *Crex crex*

L 22-25 cm. Gehört zu den Rallen (S. 124-127), aber nicht so ans Wasser gebunden wie seine Verwandten. Bevorzugt feuchte Wiesen in Flussniederungen, auch auf Bergwiesen, Brachflächen und gelegentlich Getreidefeldern. Zieht im September nach Ostafrika, zurück im Mai, hat durch moderne Landwirtschaft extrem abgenommen, kommt im Osten aber häufiger vor.

KENNZEICHEN Ist nur ausnahmsweise zu sehen, sodass man sich mit akustischen Nachweisen begnügen sollte. Halb so groß wie Rebhuhn und bedeutend schlanker, Gestalt eher wie Wasserralle, aber *Schnabel kurz und derb; Gefieder gräulich gelbbraun, Überaugenstreif und Brustseiten blaugrau, Oberseite dunkel gefleckt;* wirkt im flatternden *Flug mit hängenden Beinen* unsicher, *rostbraunes Flügelfeld* dann auffällig; fliegt aber auch bei Störung nicht auf, sondern läuft unsichtbar im hohen Gras davon.

STIMME Balzt oft in aus mehreren ♂ bestehenden Rufgruppen besonders nachts, vereinzelt aber auch tagsüber mit im Sekundenabstand ununterbrochen aneinandergereihten, hölzern schnarrenden Doppellauten „rrrep-rrrep, rrrep-rrrep, rrrep-rrrep,…" (oder „crex-crex"), manchmal stundenlang; sonst schweigsam.

Rebhuhn

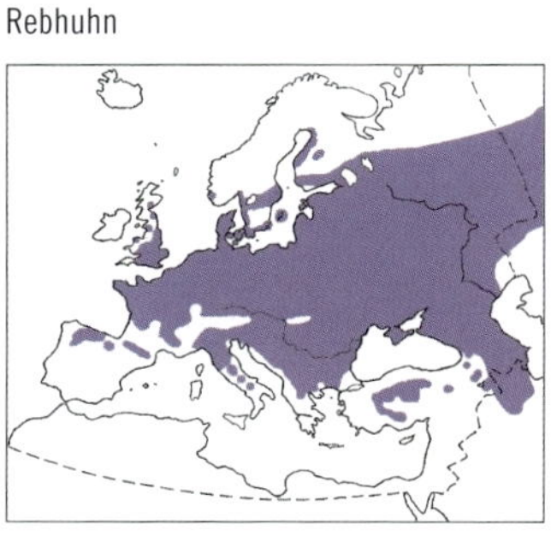

Wachtel

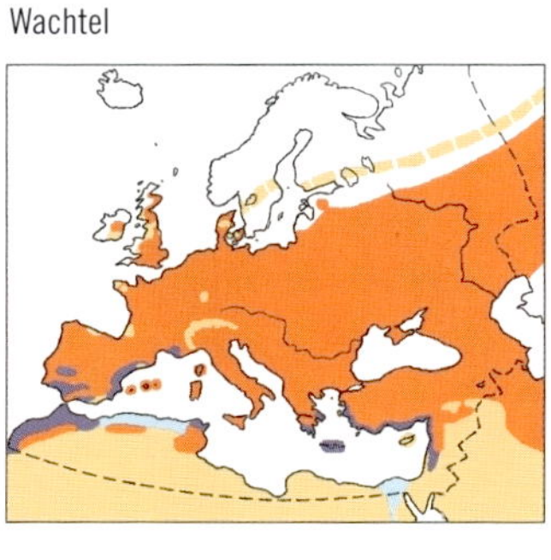

Laufhühnchen

Wachtelkönig

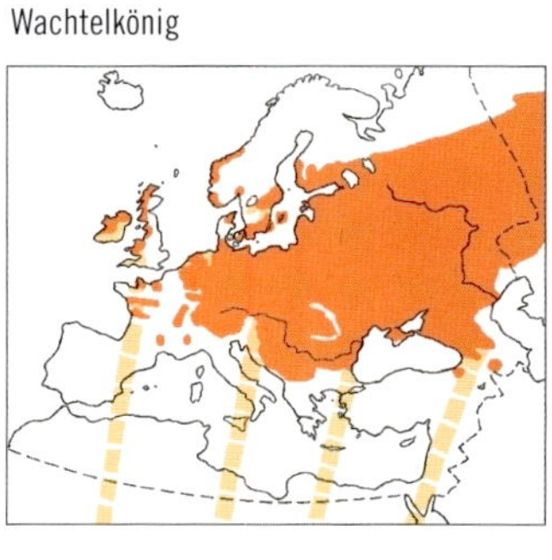

REBHUHN

WACHTEL

LAUFHÜHNCHEN

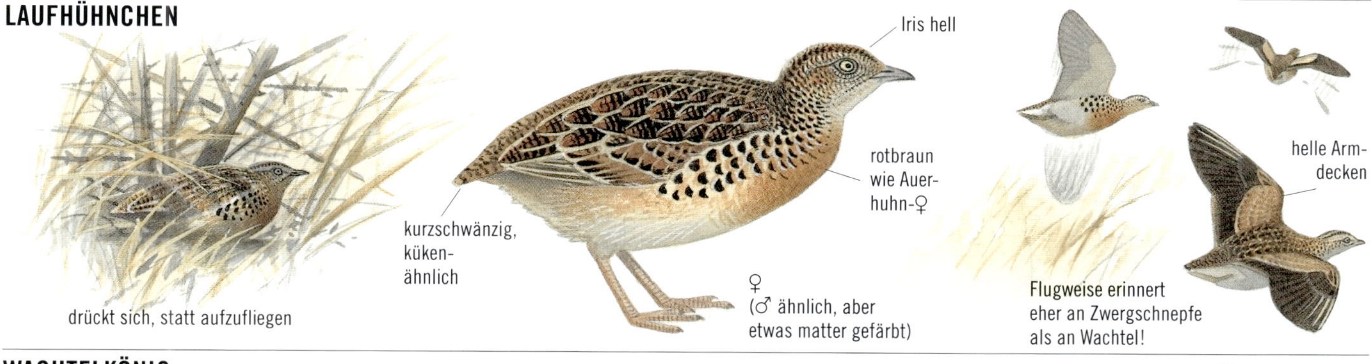

WACHTELKÖNIG

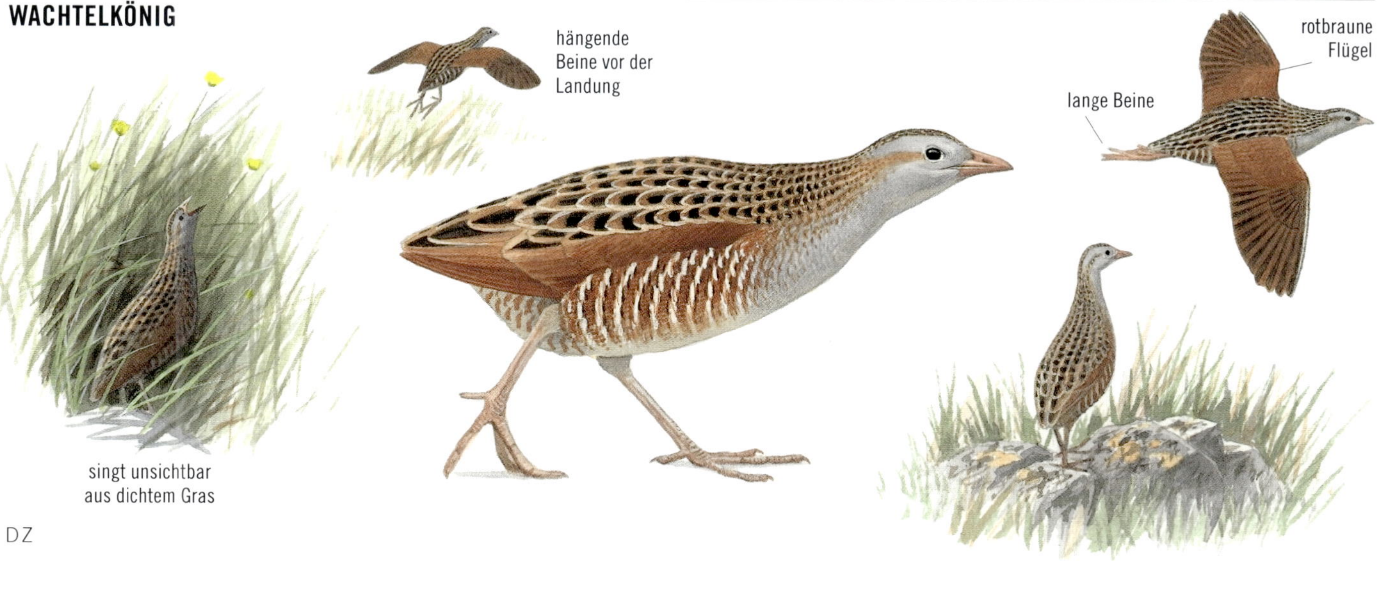

DZ

JAGDFASAN (BJ)

Common Pheasant *Phasianus colchicus*

L ♂ 70-90 cm (davon 35-45 cm Schwanz), ♀ 55-70 cm (Schwanz 20-25 cm). Die Wildform brütet im Bearbeitungsgebiet nur im kaukasischen Raum und am Nordwestrand des Kaspischen Meeres (Unterart colchicus), das Hauptverbreitungsgebiet liegt im Südosten der Paläarktis, wo der Jagdfasan besonders in China in mehreren Unterarten lebt. In weiten Teilen Europas als Zuchtmischung verschiedenster Unterarten von Jägern ausgesetzt. Bewohnt hier offene und halboffene Kulturlandschaft, fliegt meist erst kurz vor den Füßen des Beobachters mit polterndem Flügelschlag auf.

KENNZEICHEN Sehr *langer, brauner, quer gebänderter Schwanz*, brauner Körper mit dunkler Fleckung oder Schuppung.– ♂: *Kopf schwarzgrün und purpurn glänzend* mit nackten, warzigen, *roten Kopfseiten.* ♀: Beigebraun mit dunklen Winkelflecken auf den Flanken und dunklen Federzentren oberseits, eher unscheinbar, aber durch langen Schwanz als Fasan gekennzeichnet. Die meisten in Europa ausgesetzten Vögel ähneln der chinesischen Unterart *torquatus* mit weißem Halsring und grauem Bürzel, manche der Unterart *colchicus* (Kaukasus) ohne Halsband und mit braunem Bürzel, einige der ober- und unterseits grün schillernden Unterart *versicolor* (Japan), solche mit weißen Oberflügeldecken den mittelasiatischen *mongolicus*- und *principalis*-Formen, daneben andere Mischungen.

STIMME Warnruf, oft beim Auffliegen, eine Folge schriller, heiserer, auf der ersten Silbe betonter, zweisilbiger Laute, „KU-tuk KU-tuk KU-tuk…", in der Lautstärke oft abnehmend; Gesang des ♂ ein lauter, plötzlicher, krächzender, auf der ersten Silbe betonter Doppellaut, etwa wie kräftiges Räuspern, oft gefolgt von kurzem, durch Flügelschlagen erzeugtem Schwirren, „KOHRK-kok (burrrr)", meist von etwas erhöhter Warte aus vorgetragen.

GOLDFASAN –

Golden Pheasant *Chrysolophus pictus*

L ♂ 90-105 cm (davon ca. 60-70 cm Schwanz), ♀ 60-80 cm (Schwanz 30-35 cm). Bewohnt Bergland im mittleren China, Ende des 18. Jahrhunderts in Großbritannien ausgesetzt, heute nur noch kleine überlebensfähige Populationen im Süden und Westen Englands in jüngeren Lärchen- und Kiefernplantagen und Mischwald mit dichtem Unterholz.

KENNZEICHEN ♂: Unverkennbar, aber trotz der *lebhaft roten Färbung von Körperunterseite und Schwanzseiten* und der gelben Partien auf Scheitel und Rücken oft geschickt in Vegetation verborgen; *orangegelber Nackenschleier* kann bei Balz wie Fächer aufgefaltet werden.– ♀: Ähnlich ♀ des Jagdfasans, aber durch proportional längeren Schwanz und höhere Beine eleganter, Gefieder dunkler, *deutlich quer gebändert,* Nackenbefiederung fülliger; vom ♀ des Diamantfasans unterschieden durch gelbbraunes Gefieder, etwas *hellere Kopfplatte, wenig hervortretende gelbe Hautpartie ums Auge, gelbliche Beine,* gebänderten Bauch und *undeutlichere Schwanzbänderung.*

STIMME ♂ singt im Frühjahr höher als Jagdfasan ein- oder zweisilbig, rau und weit hörbar „ähk" oder „äh-ehk" (zweite Silbe einen Tonschritt höher); sonst schweigsam.

DIAMANTFASAN –

Lady Amherst's Pheasant *Chrysolophus amherstiae*

L ♂ 105-120 cm (davon Schwanz 75-90), ♀ 60-80 cm (Schwanz 25-30 cm). Lebt in Bergwäldern im südwestlichen Ostasien, in Großbritannien im 19. Jahrhundert eingebürgert, kleine Gruppen überlebten in Südengland in Wäldern mit dichtem Unterwuchs (z. B. Brombeere und Rhododendron) bis zum Beginn des 21. Jahrhunderts, hybridisierte zuweilen mit dem nah verwandten Goldfasan.

KENNZEICHEN ♂: Durch ein Feuerwerk an Farben und Federpracht unverwechselbar; die normalerweise wie ein *silbriger Schleier* herabhängenden breiten, weißen Nackenfedern mit schwarzen (aus bestimmten Blickwinkeln blau glänzenden) Spitzen können bei der Balz wie ein *Fächer* entfaltet werden (wie beim Goldfasan); der *grauweiße Schwanz mit Fischgrätmuster ist extrem lang.*– ♀: Oberseits und am Hals dunkler als ♀ des „Jagdfasans" und *gleichmäßiger quer gebändert,* nicht so grob gefleckt; dem ♀ des Goldfasans ähnlicher, aber *Stirn, Scheitel und Vorderhals dunkler rotbraun* (ähnlich dem ♀ des Auerhuhns), recht ausgeprägte *hellgraue Hautpartie um das Auge, graue Beine,* ungebänderter Bauch, aber *stärker gebänderter Schwanz.*

STIMME Gesang oft in der Abenddämmerung, ähnlich Goldfasan, aber mit doppeltem Nachschlag „äähk ek-ek".

HELMPERLHUHN –

Helmeted Guineafowl *Numida meleagris*

L 58-68 cm. Perlhühner (Numididae) bilden eine eigene Familie innerhalb der Hühnervögel. Hauptsächlich südlich der Sahara verbreitet, der winzige Restbestand der nördlichen Unterart *sabyi* in Marokko ist inzwischen wahrscheinlich ausgestorben. Südliche Nominatform *meleagris* aus Zentralafrika jedoch oft domestiziert und stellenweise in Europa ausgesetzt (z. B. Südfrankreich). Meist in Trupps, bewohnt trockenes, verbuschtes Gelände, übernachtet auf Bäumen, ernährt sich hauptsächlich von Pflanzenteilen, auch Insekten.

KENNZEICHEN Groß mit dünnem Hals und kleinem Kopf, Gefieder *grau mit violettem Ton, mit weißen Sprenkeln* übersät, *unbefiederter Kopf mit bläulicher und roter Haut* und bräunlichem *Scheitelhöcker.*– JK: Graubraun mit hellen Flecken, Kopfzeichnung ähnlich Jagdfasan-♀.

STIMME Vielseitig, aber meist laut und unmusikalisch, z. B. „ka-back", hart „teck-teck-teck-…", rollend „tk trrrrrrr tk tk tk…" oder klagend „TSCHE-tschih, TSCHE-tschih,…".

Jagdfasan

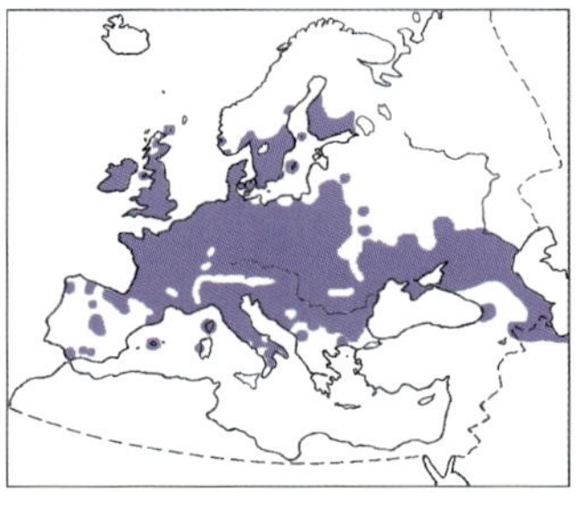

Goldfasan

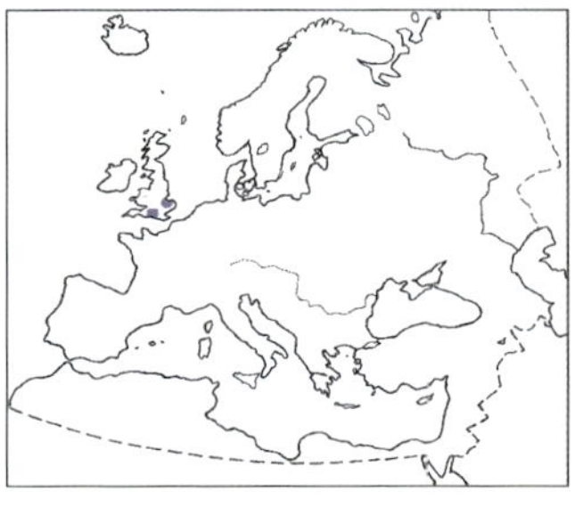

Diamantfasan

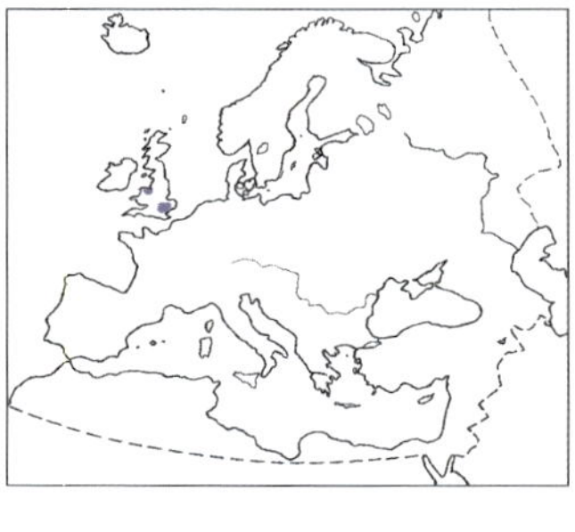

JAGDFASAN

viele Unterarten im eigentlichen Verbreitungsgebiet, in Europa hauptsächlich Mischformen, die keiner Subspezies zuzuordnen sind

hauptsächlich chinesische Art, in Europa bereits im Mittelalter, möglicherweise schon von den Römern zu Jagdzwecken ausgesetzt

GOLDFASAN

läuft schnell in Deckung

unverwechselbar!

DIAMANTFASAN

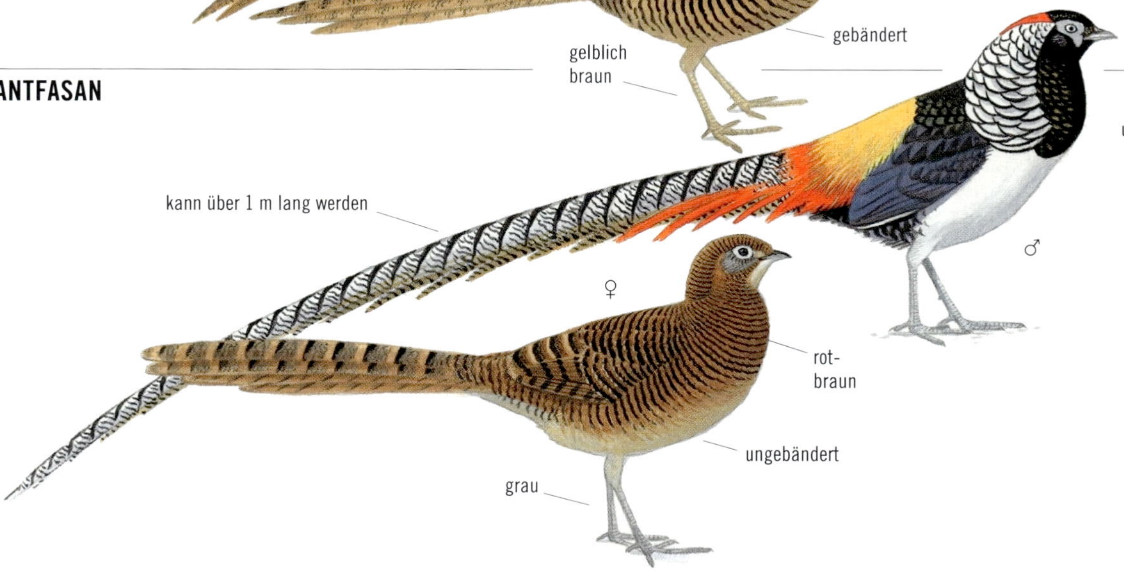

unverwechselbar!!

HELMPERLHUHN

gesellig, meist im Familienverband oder großen Trupp

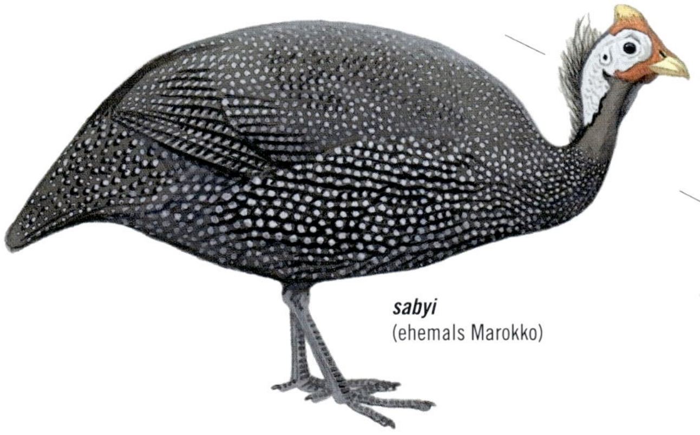

sabyi
(ehemals Marokko)

in S-Europa meist ausgesetzte zentralafrikanische Unterart:

meleagris
(Äthiopien, Kenia)

SEETAUCHER Gaviiformes

Vier regelmäßige Arten, alle recht groß. Schwimmen meist flach im Wasser (ähnlich Kormoranen), beim Ruhen und Putzen aber höher. Körper und Hals lang, durch weit hinten ansetzende Beine an Land sehr unbeholfen. Vom Kormoran an Silhouette, pfriem- bis dolchförmigem Schnabel und extrem kurzem Schwanz unterschieden, von Lappentauchern durch Größe und dickeren Hals, von Sägern durch Schnabelform und längeren Hals. Tauchen bei der Nahrungssuche, hauptsächlich nach Fischen, mit sanftem Bogen ab (ohne „Sprung" vieler Kormorane), bleiben oft für mehr als eine Minute unter Wasser und legen dabei große Entfernungen zurück. Blicken vor dem Tauchen oft mit eingetauchtem Kopf ins Wasser.

Flaches Nest direkt am Ufer von Seen mit stabilem Wasserstand im nordeuropäischen Waldland oder in der Tundra. Im Winter an Küsten, seltener auch auf größeren Binnengewässern, manchmal in großen, lockeren Trupps, doch öfter einzeln oder in kleinen Gruppen. Zug (März-Juni, Sept.-Nov.) hauptsächlich über dem Meer, einzeln oder in Kleingruppen, selten in großen Trupps, dann in lockerem Verband statt wie Kormorane oder Enten in dichter Formation, bei leichtem oder Rückenwind oft hoch, mit gleichmäßigem Schlag der schmalen Flügel und geradlinigem Kurs.

BESTIMMUNG VON SEETAUCHERN

Im schönen und charakteristisch gefärbten Prachtkleid ist die Bestimmung problemlos, in allen anderen Kleidern jedoch weniger einfach, aber bei schwimmenden Vögeln unter guten Beobachtungsbedingungen meist möglich, wenn das gesamte Spektrum der Unterscheidungsmerkmale berücksichtigt wird: Größe, Schnabelform und -farbe, exaktes Kopfmuster und Verteilung heller und dunkler Partien an Kopf und Hals (aus größerer Entfernung oft bestes Merkmal) und, wenn vorhanden, Zeichnungsmuster der Oberseite.

Unterscheidung im Flug (Zeichnungen auf S. 62) sehr schwer und bei großer Erfahrung anhand von Größe, Struktur (besonders Dicke des Halses, „Buckligkeit", Fußprojektion), Amplitude und Frequenz der Flügelschläge (aber je nach Windrichtung und -stärke variabel!), bei geringer Entfernung auch an Färbung von Schnabel, Kopf und Hals möglich. Einzelne, in großer Distanz fliegende Seetaucher sind auch für Experten meist unbestimmbar.

STERNTAUCHER ZW

Red-throated Loon *Gavia stellata*

L 55-67 cm (dazu ca. 7 cm Füße), S 91-110 cm. Fast überall der häufigste Seetaucher. Brütet oft auf kleinen, fischfreien Tümpeln in der Tundra und in Taigamooren und fliegt dann zur Nahrungssuche auf größere Seen oder das Meer.

KENNZEICHEN Kleinster Seetaucher, doch nur etwas kleiner als Prachttaucher und am ehesten mit diesem zu verwechseln. Schnabel wirkt durch geraden First aufgeworfen und wird *meist schräg aufwärts gerichtet.* Stirn flach, Hinterkopf angedeutet kantig. Brust wirkt flach (bei Prachttaucher voller; guter Hinweis aus größerer Entfernung). *Dünnerer Hals im Flug leicht durchhängend* (aber Schnabel oft hochgehalten), daher bucklige Erscheinung; wegen der *den Schwanz kaum überragenden Füße* (bei manchen aber ähnlich Prachttaucher weiter) scheinbar hinter der Körpermitte ansetzende Flügel, ferner *etwas schnellere und tiefere Flügelschläge* als Prachttaucher (unter gleichen Bedingungen) und häufige (statt ausnahmsweise gezeigte) *pendelnde auf-, ab- und seitwärts gerichtete Kopfbewegungen.*– PK: Braunroter Vorderhals kann aus der Entfernung schwarz wirken, dann aber hellgraue Kehle und einfarbige Oberseite kennzeichnend.– SK: *Mehr als die Hälfte des Halses in Seitenansicht weiß,* auch im Flug sichtbar und von hinten zu erkennen (beim Prachttaucher etwa die Hälfte, von hinten unsichtbar), auch Auge besonders vorne weiß umrandet; gesamte Oberseite fein weiß gestrichelt („gesternt"), gesamte Flankenlinie (wenn überhaupt) als weißes, dunkel geflecktes Band über der Wasserlinie sichtbar (statt eines weißen Felds an der Hinterflanke).– JK: Ähnlich SK, doch *weiße Bereiche von Kopf und Hals braungrau meliert* (oft ausgedehnt) und Oberseitenstrichel matter grau; oft bis zur Jahreswende und teilweise bis ins Frühjahr getragen.– 1er S: Nur unvollständiges PK, oft zwei dunkle Streifen am Vorderhals.

STIMME Flugruf laut, monoton, etwas gänseähnlich „kah kah kah…". Weit tragender Gesang, ein Duett zwischen dem lauten, schleifenden „o RROO-uh, o RROO-uh, o RROO-uh, …" des ♂ und dem kräftigeren, gellenderen „ARRo-ARRo-Arro-…" des ♀. Auch klagend lang gezogen „eeaaooh". Manche kurze Rufe an Fuchsbellen erinnernd. Im Winter meist stumm.

STERNTAUCHER

PRACHTTAUCHER

PRACHTTAUCHER

ZW

Black-throated Loon *Gavia arctica*

L 63-75 cm (dazu ca. 10 cm Füße), S 100-122 (127) cm. Brütet anders als Sterntaucher auf klaren, fischreichen Süßgewässern oder Haffs, Nest ufernah oft auf flachen, winzigen Inseln. Im Winter oft gesellig.

KENNZEICHEN Etwas größer als Stockente, doch länger gestreckt (aber einzelne großwüchsige Individuen erreichen Eistaucher). Dolchförmiger Schnabel mit leicht abwärts gebogenem First schmaler als bei Eistaucher und *meist waagerecht gehalten* (bei Sterntaucher aufwärts). Stirn oft steil, Hinterkopf sanft gerundet, *Hals dick,* daher unmerklicher Übergang zum Kopf, kräftig vorgewölbte Brust (Sterntaucher ist flachbrüstig). Im Flug im Vergleich zum Sterntaucher *Hals etwas dicker, wie der Schnabel mehr waagerecht gehalten,* große Füße den Schwanz immer *deutlich überragend,* daher Flügel scheinbar eher in der Mitte ansetzend, Flügelschläge bei vergleichbaren Windverhältnissen flacher und langsamer (aber auch von individueller Größe abhängig: bei kleinen Individuen mehr wie Sterntaucher, bei großen ähnlich Eistaucher).– PK: Oberkopf und Hinterhals samtartig hellgrau, Kinn, Kehle und Vorderhals schwarz, *Oberseite weiß gewürfelt.*– SK: Im Profil *mindestens die Hälfte des Halses dunkel,* auch im Flug sichtbar, und Grenze zwischen grauem Hinter- und weißem Vorderhals oft *durch schwärzlichen Rand akzentuiert.* Gewöhnlich kein Weiß ums Auge (aber auch bei einzelnen Sterntauchern im JK reduziert). Im Schwimmen meist *weißes Feld auf hinteren Flanken* auffallend. Oberseite einfarbig dunkelgrau, Schnabel (hell) grau mit schwarzer Spitze.– JK: Ähnlich SK, aber etwas hellere und bräunlichere Oberseite mit feinem, hellem Wellenmuster, Schnabelspitze weniger schwarz; bis Mittwinter, in Resten bis Sommer zu sehen.– 1er S: Nur unvollständig ausgebildetes PK.

STIMME Am Brutplatz besonders nachts hart knarrend „knarr-knorr“ und möwenähnlich lang gezogen klagend „AAAH-oh“. Gesang ein lautes, einsam klingendes, rhythmisches Flöten „klooII-ko-klooII-ko-klooII-ko-klooII“, jedes „klooii“ mit ansteigendem Glissando. Beim Balztauchen heftig, wie verschluckt endend „koIT“. Im Flug (nur selten unterdrückt „karr-arr-arr“) und Winter meist schweigsam.

Sterntaucher

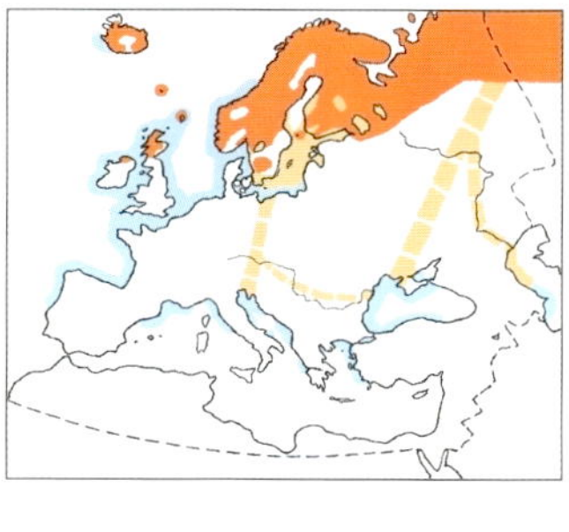

Prachttaucher

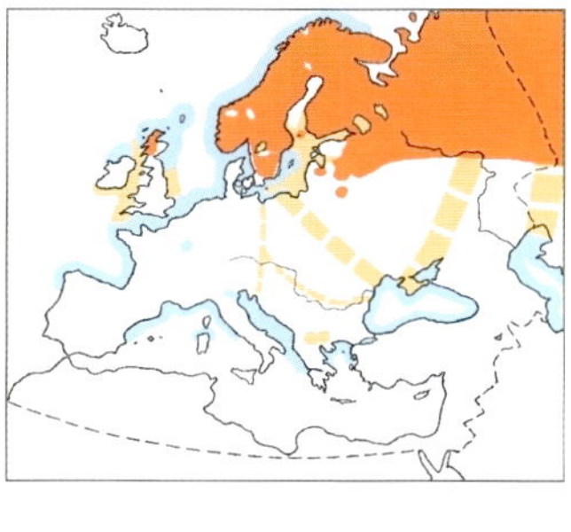

EISTAUCHER W

Great Northern Loon *Gavia immer*

L 73-88 cm (dazu Füße ca. 13 cm), S 122-148 cm. Brutvogel großer, tiefer Seen und Buchten in Waldland und Tundra, hauptsächlich in Nordamerika, etwa 300 Paare auf Island.

KENNZEICHEN Groß und kräftig wie ein Kormoran (aber variabel, manche nur wie große Pracht-, andere wie Gelbschnabeltaucher). Beachte im Schwimmen den *schweren, waagerecht gehaltenen, dolchförmigen Schnabel,* großen Kopf und meist dicken Hals; *Stirn steil, manchmal durch zu einer „Beule" aufgerichtete Federn sogar konkav.* Beim hoch im Wasser liegenden Vogel helle, dunkel gefleckte Flankenlinie sichtbar (ähnlich Sterntaucher). Im Flug dicker Hals gerade ausgestreckt, *weit überragende, große Füße* mit oft gespreizten Zehen („Klumpfuß"), Flügelschläge relativ langsam, federnde Bewegung des Handflügels dabei charakteristisch (dennoch großwüchsigen Prachttauchern sehr ähnlich), *Wuchtigkeit und Schnabelgröße oft erkennbar.*– PK: *Kopf ganz schwarz, Oberseite weiß gewürfelt,* Halsseiten weiß gestreift.– SK: *Schnabel bläulich grauweiß, Spitze und First dunkel, waagerecht getragen* (höchstens leicht hochgehalten); deutlicher *heller Augenring, recht scharfe Trennlinie zwischen dunklem Hinter- und weißem Vorderhals, schwärzlicher Halbring auf unteren Halsseiten durch darüber liegende weiße Einbuchtung* betont; dunkler Hinterhals kontrastiert zu hellerer Körperoberseite. Vom Jugendkleid durch ungeschuppte Oberseite und aus der Nähe durch einzelne aus dem Prachtkleid stehen gebliebene, weiß gesprenkelte Armdecken unterschieden.– JK: Ähnlich SK, oberseits aber mit von den hellen Federspitzen gebildetem, *sauberem Wellenmuster* (daher aus der Entfernung insgesamt heller wirkend als juveniler Prachttaucher), Flügeldecken ohne weiße Sprenkel, Augenring schmutziger.– 1er S: Behält das (ausbleichende) JK.– 2er W: Unterscheidet sich vom SK durch oft etwas dunklere Oberseite, weniger schwarze Schnabelspitze und fehlende Sprenkelung der Kleinen Armdecken.

STIMME Angst- und Kontaktruf oft zu hören (besonders als Hintergrundstimmung in Filmen), wie wahnsinnig lachend, hoch, oft mit tieferem Ton beginnend wiederholt „ho-wüwüwüwüwüa". Klagender Gesang erinnert an Prachttaucher, „aaoooh… WÜH wü-a WÜH wü-a WÜH wü-a"; daneben einsilbige, klagende, lang gezogene Rufe.

GELBSCHNABELTAUCHER A

Yellow-billed Loon *Gavia adamsii*

L 77-90 cm (dazu ca. 14 cm Füße), S 135-150 cm. Brütet entlang der russischen Tundraküste; überwintert in geringer Zahl an Nordnorwegens Küste, selten auf Ost- und Nordsee.

KENNZEICHEN Größter Seetaucher, durchschnittlich etwas größer als Eistaucher (und keine kleinwüchsigen Individuen bekannt). Schnabel wird meist deutlich aufwärts gerichtet getragen, First fast gerade und Gonyseck gewinkelt, daher *insgesamt aufgeworfen erscheinend; Schnabelspitze und äußerer First immer hell.* Hals so dick wie Kopf und nahtlos in diesen übergehend. Größe des hellen Schnabels vor dunklem Hintergrund auffällig, aus großer Entfernung oder vor hellem Hintergrund aber oft weniger massiv wirkend. Da in Größe und Gewicht den Eistaucher übertreffend, im Flug durch Wuchtigkeit und langsamere Flügelschläge noch deutlicher vom Prachttaucher verschieden.– PK: *Ganzer Schnabel gelblich bis elfenbeinweiß* (beim Eistaucher ganz schwarz, kann aber im Sonnenlicht hell blinken oder ausnahmsweise eine weiße Spitze besitzen). Weniger, aber größere weiße Abzeichen auf Hals und Oberseite als Eistaucher.– SK: Schnabel nicht so gelb und oft an der Basis dunkel schattiert (entlang des Firsts bis zu zwei Drittel der Länge). *Kopf und Hinterhals heller graubraun,* Kehle und Vorderhals bräunlicher als beim stärker grauschwarz und weiß kontrastierenden Eistaucher, *heller Bereich um das Auge größer, auch auf Halsseiten und hinter den Ohren heller.* (Im Spätwinter sind einzelne stark ausgeblichene Eistaucher fast genauso hell.). Meist bleiben mehr Flügeldecken aus dem PK stehen, deren größere weiße Flecken dann leichter sichtbar sind als beim Eistaucher.–

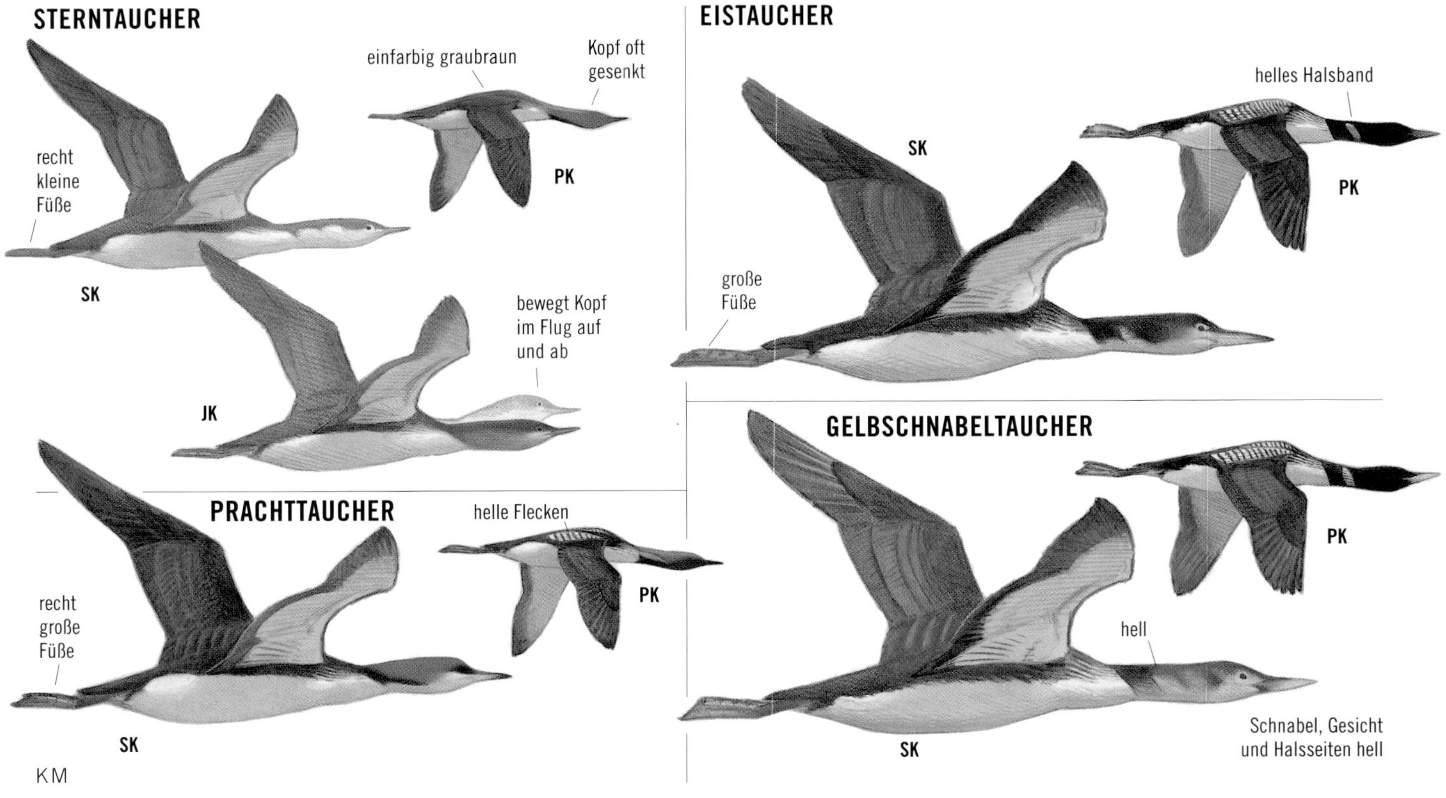

KM

EISTAUCHER

GELBSCHNABELTAUCHER

KM

JK: Oberseits mit *sauberem Wellenmuster,* insgesamt sehr fahl braun wirkend; Schnabel oft noch nicht voll ausgewachsen.– 1er S: Das JK bleibt komplett erhalten.– 2er W: Oberseite einförmig dunkel, keine weiß gesprenkelten Flügeldecken.– 2er S: Mischung juveniler und adulter Federn, einzelne weiße Flecke wie Zuckerwürfel auf der Oberseite, Kopf und Hals hauptsächlich rußgrau ohne die weißen Abzeichen des PK.

STIMME Ähnlich derjenigen des Eistauchers.

Eistaucher

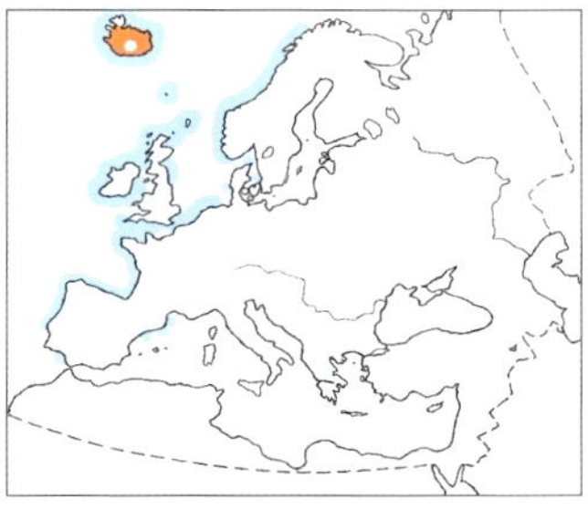

Gelbschnabeltaucher

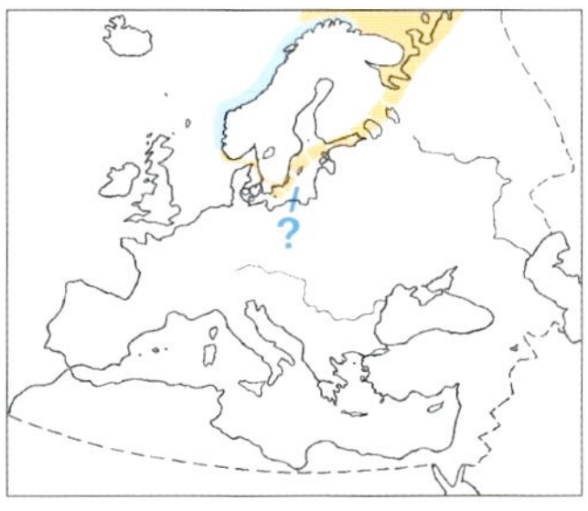

LAPPENTAUCHER

Podicipediformes

Extrem an das Tauchen angepasste Wasservögel mit stromlinienförmigen Körpern und weit hinten ansetzenden Beinen, daher an Land unbeholfen; Zehen mit Schwimmlappen versehen. Fliegen auf schmalen Flügeln, etwas angestrengt wirkend, meist flach über das Wasser. Flugbilder auf S. 66. Bewohnen anders als Seetaucher flache, vegetationsreiche Binnengewässer und seichte Meeresbuchten, ernähren sich von Kleinfischen, Wasserinsekten, Pflanzenresten usw. und bauen schwimmendes Nest aus abgestorbenen Pflanzen. Fünf Brutvögel, eine Ausnahmeerscheinung.

OHRENTAUCHER bZW

Horned Grebe *Podiceps auritus*

L 31-38 cm, S 46-55 cm. Brutvogel flacher, vegetationsreicher Seen und kleinerer Teiche mit geringer offener, aber nicht austrocknender Wasserfläche, in N-Skandinavien auch auf vegetationsarmen Seen in größerer Höhe. Überwintert auf offenen Wasserflächen W-Europas, besonders an Küsten.

KENNZEICHEN Eher klein, etwa so groß wie Krickente. Hals mittellang, *flacher Scheitel zum Hinterkopf spitz auslaufend,* durch auch von vorne flache Stirn und recht langen Körper eher an kleinen Hauben- als an Zwergtaucher erinnernd, Heck kaum so aufgeplustert wie beim Schwarzhalstaucher. *Recht kurzer Schnabel gerade, oft weißspitzig.* Im etwas alkenähnlichen, unsteten Flug, ziehend oft mit kurz oder länger angehobenem Kopf (manchmal auch Füßen), *kleiner, weißer Schulterfleck und auf Armschwingen beschränktes Weiß* sichtbar.– PK: Unverkennbar; goldgelbe Ohrbüschel aufgerichtet; mausernd jedoch mit an Schwarzhalstaucher im SK erinnernden dunklen Ohrdecken; rostbrauner Vorderhals kann aus der Entfernung schwarz wirken.– SK: Kopfmuster kontrastreich, *schwarze Kappe durch fast gerade, vom Schnabel durch das Auge verlaufende scharfe Linie von den weißen Wangen getrennt* (ohne verwaschen dunklen Bereich auf Ohrdecken mit anschließendem deutlichem weißem Nackenhaken); *nur schmale dunkle Trennlinie* zwischen dem weit auf Hinterkopf und Nacken reichenden Weiß; verwaschenes Band über Vorderhals manchmal ausgedehnt (ähnlich Schwarzhalstaucher); aus der Nähe *weißlicher Zügelfleck*.– JK: Ähnlich SK, aber mit rußgrauem Wangenstreif, bräunlicherer Oberseite und hellerer Schnabelbasis. Vorsicht: Manchmal weniger typisch gezeichnet, Schwarzhalstaucher in hellem Licht oder von Weitem manchmal kontrastreicher wirkend.

STIMME Häufigster Ruf schwach, aber weit tragend, zittrig oder trillernd, abfallend „hü-arrr". Balzt mit quäkendem, *pulsierendem Triller,* jede Welle schnell kichernder Laute in abfallendes, mit lang gezogen nasalem Ton endendes Wimmern übergehend. Im Winter meist stumm.

SCHWARZHALSTAUCHER BZW

Black-necked Grebe *Podiceps nigricollis*

L 28-34 cm. Brütet oft in kleinen Kolonien neben Lachmöwen oder Trauerseeschwalben auf flachen, vegetationsreichen Binnengewässern, überwintert an Küsten und auf Binnengewässern W- und S-Europas.

KENNZEICHEN Etwas kleiner, *dünnhalsiger* und eleganter als Ohrentaucher. Gestauchter Körper und „Puderquaste" am Heck erinnern an Zwergtaucher; *steile Stirn mit gerundetem oder über dem Auge spitz zulaufendem Scheitel, schlanker, in aufgeworfener Spitze endender Schnabel* (nur aus der Nähe erkennbar). *Im Flug ohne weißen Schulterfleck, weißes Flügelfeld schließt neben Arm- auch innere Handschwingen ein.*– PK: Unverwechselbar; beachte herabhängende, hellgelbe Ohrbüschel.– SK: Kopfmuster *durch schwärzliche Ausdehnung vom Scheitel auf die Ohrdecken und weißen Halbmond auf Nackenseiten weniger kontrastreich* als beim Ohrentaucher.– JK: Insgesamt brauner als SK, juvenilem Zwergtaucher ähnlicher (dieser noch stärker braun und beige, Schnabel kurz und kräftig).

STIMME Im Brutrevier ansteigend, etwas gepresst, wiederholt „pü-III(ch)". Ferner unauffällig kurz pfeifend „wit", bei Balz und Revierkämpfen ein schneller, vibrierender, recht tiefer, harter Triller. Im Winter stumm.

ZWERGTAUCHER BJZW

Little Grebe *Tachybaptus ruficollis*

L 23-29 cm. Brütet an bewachsenen Ufern oft kleinster Binnengewässer. Scheu, versteckt sich gerne lange in Ufervegetation. Im Winter auch auf offeneren Gewässern.

KENNZEICHEN *Kleinster Taucher* (kann für Entenküken gehalten werden!) mit kurzem Hals und gestutztem, bei gesträubten Federn *in „Puderquaste" endendem Körper* und kleinem, geradem Schnabel. *Flügel meist einfarbig dunkel,* manchmal aber mit hellem Armschwingen-Hinterrand.– PK: *Kopfseiten und Vorderhals kastanienbraun, auffallend grünlich gelbe Schnabelwinkel.*– SK: *Dunkelbraun und beige,* ohne schwarz-weiße Kontraste, Hals und Wangen sandbraun.– JK: Vom SK durch kurze, dunkle Streifen unter und hinter dem Auge und gelblich rosa Schnabelbasis unterschieden; im 1en W stark verblichen.

STIMME Ein weit hörbarer, hoch bibbernder Triller „bibibibibibi…", oft lang gezogen und im Chor, etwas an Kuckucks-♀ erinnernd; im Winter stumm.

BINDENTAUCHER A

Pied-billed Grebe *Podilymbus podiceps*

L 31-38 cm. Sehr seltener amerikanischer Gast.

KENNZEICHEN Kann ohne Größenvergleich für einen großen, kräftig gebauten Zwergtaucher im SK gehalten werden, aber *Schnabel dick und kräftig*.– PK: Dicker weißlicher Schnabel mit *breit schwarzer Querbinde,* schmaler, weißer Augenring, *schwarzes Kinn*.– SK: Schnabel elfenbeinweiß, Binde allenfalls angedeutet, Kinn hell.

STIMME Im Winter stumm.

Ohrentaucher

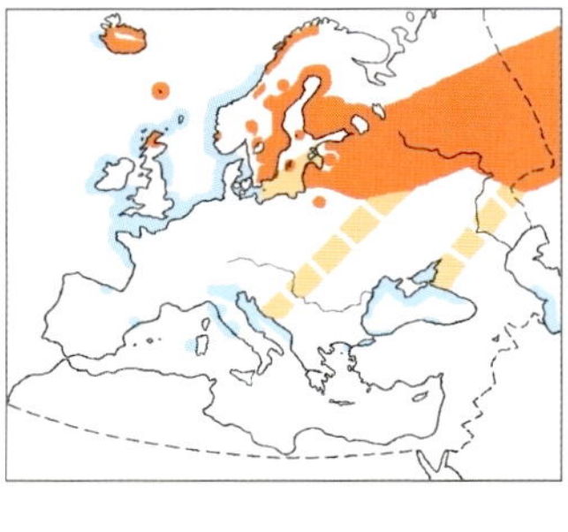

Schwarzhalstaucher

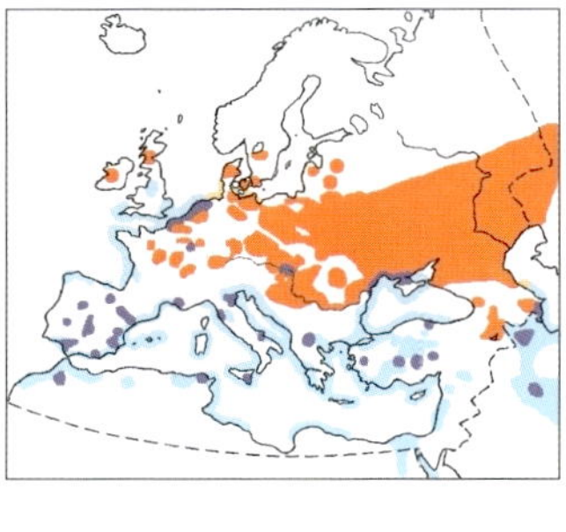

Zwergtaucher

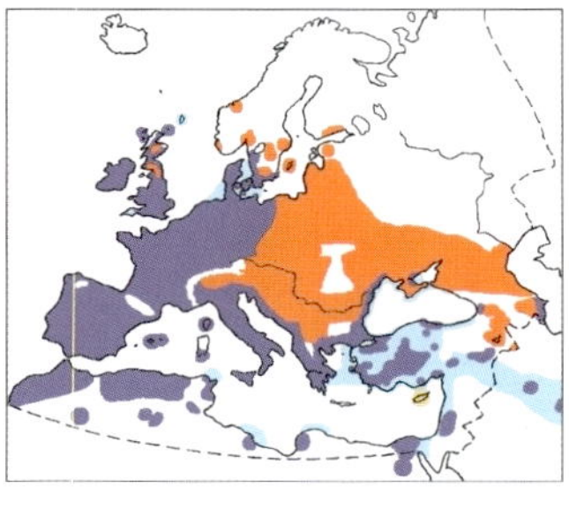

OHRENTAUCHER

SCHWARZHALSTAUCHER

ZWERGTAUCHER

BINDENTAUCHER

KM

HAUBENTAUCHER BJZW

Great Crested Grebe *Podiceps cristatus*

L 46-51 cm, S 59-73 cm. Häufiger Brutvogel schilfumstandener Gewässer, im Winter auf eisfreien Seen und dem Meer. Wenig scheu, oft frei auf der Wasserfläche schwimmend. Nest ein auf dem Wasser schwimmender Haufen von Pflanzenteilen.

KENNZEICHEN *Größter* und bekanntester Lappentaucher mit schlankem Körper und *langem, dünnem Hals,* entweder aufgerichtet oder bei Inaktivität mit auf dem Rücken ruhendem Kopf eingezogen; *Schnabel* lang, schlank, gerade und *ausgedehnter hell* als bei den Verwandten. Im Flug ungewöhnlich *lang gestreckt* und dürr, leicht vorderlastig, schwärzliche Füße angewinkelt überstehend, schwirrender Flügelschlag, *großes Schulterfeld und Armschwingen weiß.*– PK: Unverwechselbar; *Haube* bei Gefahr angelegt, besonders bei der Brust an Brust mit fast ganz aus dem Wasser aufgerichteten Körpern in einem „Pinguintanz" gipfelnden Balz gesträubt und kräftig geschüttelt. Schnabel dunkelrosa.– SK: Kopf und Hals ausgedehnter weiß als bei anderen Lappentauchern, *schwarzer Zügel und weißer Überaugenstreif.*– JK: Wangen gestreift, Schnabel blass gelb.– 1er S: Haube unvollständig oder fehlend.

STIMME Ruffreudig, *Stimme laut und weit tragend.* Balzend (auch in Frühjahrsnächten) kräftig *rollend* „krrra-ahrr", langsam wiederholt, ferner „wreck-wreck-wreck-…"; auch harte, jammernde, nasale Töne und kurz „krro". Küken betteln ähnlich entferntem Austernfischer ausdauernd hell pfeifend „pli(e), pli(e), pli(e),…".

ROTHALSTAUCHER BZW

Red-necked Grebe *Podiceps grisegena*

L 40-46 cm. Brütet meist an kleineren, stärker bewachsenen Seen als Haubentaucher, zeigt sich ungern frei, überwintert an westeuropäischen Küsten und auf größeren Binnenseen.

KENNZEICHEN Etwas kleiner als Haubentaucher, *Hals kürzer, dicker, Heck oft weniger fließend* (Gestalt also zwischen Hauben- und Ohrentaucher), eher keilförmiger Schnabel etwas kürzer und meist leicht abwärts gehalten, daher oft etwas *„tropfend" wirkend.* Im Flug mit kürzerem, dunklerem Hals kompakter als Haubentaucher, kleineres weißes Schulterfeld erreicht Flügelhinterrand nicht. *Taucht* anders als Haubentaucher (aber wie die kleineren Arten) *oft mit einem einleitenden Sprung.*– PK: Unverwechselbar; *Schnabelbasis gelb.* Balz ähnlich Haubentaucher.– SK: Kopf *ohne die scharfen Schwarzweißkontraste* von Ohren- und Haubentaucher, schmutzig weiße Kehle und weißlicher Halbmond hinter den *grauen Ohrdecken* nur diffus gegen das *Grau des oberen Vorderhalses* abgesetzt; Brust oft hellste Partie; kein Überaugenstreif, *gelber Fleck an Schnabelbasis.*– JK: Wie SK, aber weißliche Kopfseiten dunkel gestreift, *Vorderhals ähnlich PK rötlich braun, Gelb der Schnabelbasis ausgedehnter* und nicht wie beim Altvogel scharf abgegrenzt.

STIMME Zur Brutzeit lärmend, balzt u. a. laut wiederholt grob „gahrk, gahrk, gahrk,…" und lang gezogen wiehernd „aaoouuh", das in schweineartiges Quieken übergehen kann (lauter, länger und unheilvoller klingend als Wasserralle). Im Winter stumm.

Haubentaucher

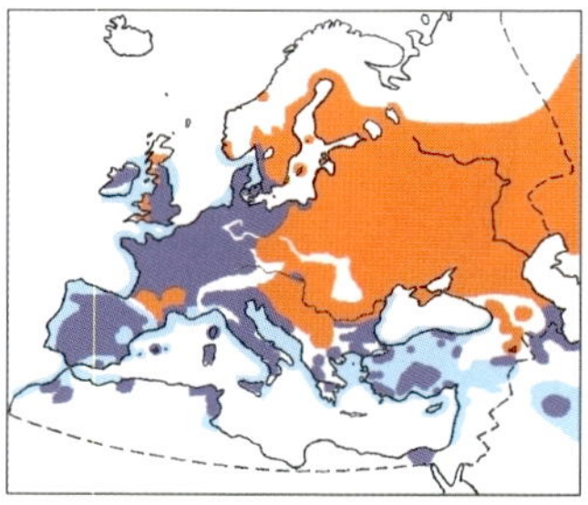

Rothalstaucher

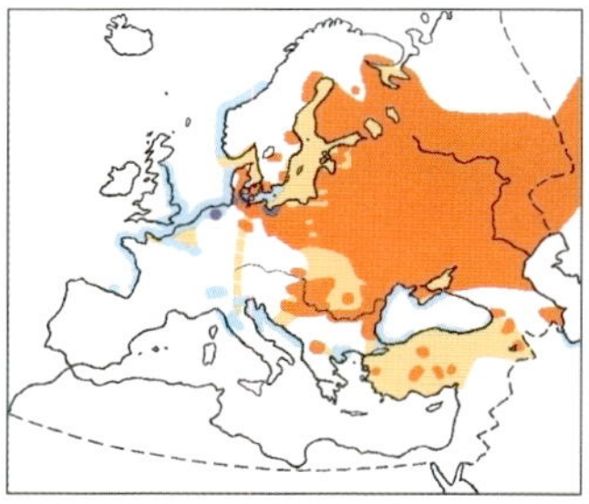

DZ

SEEVOGELBEOBACHTUNG

Fährverbindungen bieten oft beste Beobachtungsmöglichkeiten für Seevögel. Mancherorts werden für Vogelbeobachter auf das Meer hinausführende, spezielle „Pelagen-Trips“ angeboten, die eine Beobachtung der Vögel in ihrem natürlichen Lebensraum erlauben. Viele Arten suchen ihre Brutplätze nur bei Dunkelheit auf, können dann also allenfalls gehört werden. Besonders im Herbst werden sie aber durch starke Stürme oft in Küstennähe geblasen.

Für die meisten Vogelbeobachter ist das ausdauernde Überblicken des Meeres von der Küste oder einer Insel der übliche Weg, Seevögel zu sehen.Allerdings ist das „Seawatching“ etwas gewöhnungsbedürftig, da die Vögel meist weit entfernte Punkte am Horizont sind, oft nur mit viel Erfahrung an Silhouette und Flugweise bestimmbar. Für den Beginner kann es daher durchaus eine entmutigende Erfahrung sein.

Die möglichst genaue Ortsangabe vorbeifliegender Seevögel ist für die Mitbeobachter absolut unerlässlich. Dafür sollte man vorher bestimmte Fixpunkte definieren (Bojen, ankernde Schiffe, Felsen). Die Festlegung der Richtungen erfolgt am einfachsten, wenn man sich die Beobachtergruppe als Mittelpunkt eines imaginären Zifferblatts vorstellt, wobei meist ein lotrecht zum Küstenverlauf liegender Punkt am Horizont als „Geradeaus“ und damit als „12 Uhr“ bezeichnet wird. Daneben sind die Angabe der Flugrichtung, der Position über oder unter dem Horizont, der ungefähren Entfernung oder der Nähe zu definierten Fixpunkten wichtig. „Skua auf 2 Uhr nach links, knapp unter Horizont, mittlere Entfernung … nähert sich roter Boje und passiert sie 3…2…1…jetzt!“ ist sicher eine bessere Beschreibung als das meist zu hörende „Da, da, da!“. Das Sehfeld eines Fernglases, obwohl je nach Modell etwas unterschiedlich, kann gleichfalls als Maßeinheit für Entfernungen benutzt werden, z. B. „Ein halbes Feld über dem Horizont“ oder „Zwei Felder links vom Tanker“. Hat man die Grundlagen des „Seawatching“ begriffen, kann es sich dabei um aufregende Vogelbeobachtung mit der Möglichkeit handeln, von entfernten Meeren verdriftete Seevögel zu entdecken.

Verschiedene Lichtverhältnisse beeinflussen das Erscheinungsbild erheblich, wie hier beim Atlantiksturmtaucher

RÖHRENNASEN Procellariiformes

Eine Ordnung ausgeprägter Hochseevögel, bestehend aus Albatrossen (Diomedeidae, S. 76), Sturmvögeln und Sturmtauchern (Procellariidae) sowie Sturmschwalben (Hydrobatidae). Die großen Arten können stundenlang über dem Meer segeln, ohne mit den langen, schmalen Flügeln zu schlagen. Sturmschwalben als die kleinsten Arten schlagen ihre kürzeren Flügel schnell und flatternd. Kurze Schnäbel mit Hakenspitzen und röhrenförmigen Nasenöffnungen, durch die das Salz des Meerwassers ausgeschieden wird. Ernähren sich von Fischen, Mollusken, Krebstieren, Plankton. Besuchen Brutplätze in Erdlöchern oder Felsspalten auf Felsinseln oder an Steilküsten meist nachts.

EISSTURMVOGEL BJZW

Northern Fulmar *Fulmarus glacialis*

L 43-52 cm, S 101-117 cm. Brütet in Nordeuropa in lockeren Kolonien auf Felsbändern steiler Meeresklippen, in Erdhöhlen unzugänglicher Böschungen, lokal auch offen an Gebäuden. Anders als die Verwandten am Brutplatz tagaktiv. Jungvögel speien Eindringlingen öligen Magensaft entgegen. Bei Nahrungssuche (auch Fischereiabfälle und Walkot) agil, große Ansammlungen oft weitab von Kolonien.

KENNZEICHEN Erinnert an kleine, kompakte Silbermöwe, aber schon aus der Entfernung ohne Gefiederdetails an Gestalt und Flugweise unterscheidbar, aus der Nähe am Fehlen von schwarzer Flügelspitze und weißem Flügelhinterrand. *Gleitet auf steifen, ausgestreckten Flügeln* durch Wellentäler oder hoch vor dem Brutfelsen, gelegentlich durch Serie *steifer, flacher, rascher Flügelschläge* unterbrochen. Schwimmt hoch im Wasser und nimmt zum Auffliegen hüpfend Anlauf. *Hals kurz und dick, Kopf kräftig,* Schnabel kurz und dick, hell blaugrau bis gelblich. Flügelspitze stumpfer als bei Möwen. Gefieder *oberseits meist hell mittelgrau (diffus weißliches Feld auf Handflügelbasis), unterseits weiß,* Kopf weiß mit dunklem Fleck vor Auge. Daneben weitere Farbmorphen, ohne scharfe Abgrenzung, von oberseits hellgrau mit weißer Unterseite bis (besonders im hohen Norden) auf der Oberseite dunkelgrau und unterseits kaum heller.

STIMME Guttural glucksende und gackernde Tiraden, oft in zunehmender Stärke und Geschwindigkeit im Duett zwischen Brutpaaren, meist in Kolonien zu hören.

SEPIASTURMTAUCHER ssp. *borealis* A

Cory's Shearwater *Calonectris diomedea borealis*

L 50-56 cm, S 118-126 cm. Hauptsächlich im Atlantik vorkommende Unterart des Sepiasturmtauchers, manchmal als selbstständige Art betrachtet. Koloniebrüter in Höhlungen von Klippen und Steilküsten im Ostatlantik südlich von 40°, lokal in geringer Zahl an der Iberischen Mittelmeerküste (z. B. bei Almería), überwintert im Südatlantik, wohl hauptsächlich vor Südamerika, erscheint besonders im Aug./Sept. auch im Nordatlantik und ausnahmsweise in der Nordsee. Schwimmende Trupps oft von Land aus sichtbar.

KENNZEICHEN Knapp heringsmöwengroß mit *langen, flexiblen,* immer leicht oder deutlich *gewölbt gehaltenen Flügeln. Lange Gleitstrecken* dicht über dem Wasser (auch bei Windstille!), beendet mit 3-4 (selten bis zu 6-7) gelassenen Flügelschlägen. Flügelspitze wirkt etwas stumpf, *Handflügel* wird *zurückgewinkelt.* Oberseits braungrau (Handflügel etwas dunkler) mit (nur von Nahem sichtbaren) diffus helleren Oberschwanzdecken, unterseits weißlich (Flügelbug und Achseln ohne dunkle Abzeichen) mit typisch schmutzig *grauen Seiten von Brust, Hals und Kopf. Schnabel blass gelblich* mit dunkler Spitze, bei gutem Licht auch aus der Entfernung als hell erkennbar.

STIMME In den Kolonien in der Abenddämmerung lärmende, raue, krähenartige Laute und Serie von drei gepressten, nasalen Tönen (ähnlich Dreizehenmöwe) mit gedehntem Schluss, etwa „gaOOha gaOOha-gaOOha-wääh".

Eissturmvogel

Sepiasturmtaucher *diomedea*

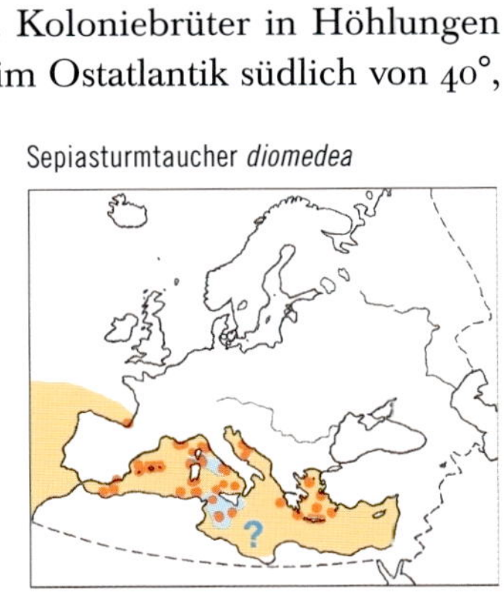

SEPIASTURMTAUCHER ssp. *diomedea* A

„Scopoli's Shearwater" *Calonectris diomedea diomedea*

L 42-52 cm, S 112-122 cm. Hauptsächlich mediterrane Unterart des Sepiasturmtauchers. Koloniebrüter in Höhlungen auf Felsinseln und an Steilküsten hauptsächlich am Mittelmeer, aber lokal und selten auch an der Iberischen Atlantikküste (Biskaya). Überwintert wohl hauptsächlich im Südatlantik vor Südafrika, doch bleiben zumindest einige im zentralen Mittelmeer (z. B. südlich Sizilien). Extreme Ausnahmeerscheinung in der Nordsee.

KENNZEICHEN Schwer von Unterart *borealis* unterscheidbar, da individuelle Variation groß und Beobachtungsbedingungen oft schlecht (Entfernung, Beleuchtung). Auf Fotos oder unter idealen Bedingungen (weiches Licht) jedoch folgende Unterschiede: *Innenfahnen der Handschwingen unterseits ausgedehnt weißlich,* daher weniger Schwarz an Spitze und Hinterrand des Handflügels (bei *borealis* dagegen überwiegend dunkel), aber Fehleinschätzung durch Überschneidung und Lichteinflüsse möglich, *Gesamtgröße etwas geringer* und *Schnabel weniger kräftig,* dieser zudem *durchschnittlich blasser,* weniger lebhaft gelb, Oberseite bei großer Überschneidung heller Braungrau.

STIMME Wie *borealis,* jedoch weniger rau und guttural.

GROSSER STURMTAUCHER A

Great Shearwater *Puffinus gravis*

L 43-51 cm, S 105-122 cm. Südatlantischer Brutvogel, überwintert (während des Nordsommers) vor amerikanischer Ostküste, zieht weiter östlich von Aug. bis Okt. durch W-Atlantik zurück. Oft bei Schiffen und Fischerbooten.

KENNZEICHEN Trotz des Namens etwas kleiner als der Sepiasturmtaucher, diesem durch *weiße Oberschwanzdecken* ähnlich, aber steiferer und schnellerer Flügelschlag (eher wie Eissturmvogel oder Atlantiksturmtaucher) und etwas spitzere Flügel. Ferner *scharf abgesetzte rußbraune Kappe mit weißlichem Nackenband, dunkler Brustseitenfleck, dunkle Achsel- und Armflügelabzeichen,* diffus *dunkler Bauchfleck* (wie Ölfleck, oft kaum sichtbar), graubraune (statt weiße) Unterschwanzdecken, schwarzer Schnabel.

EISSTURMVOGEL

SEPIASTURMTAUCHER *borealis*

SEPIASTURMTAUCHER *diomedea*

GROSSER STURMTAUCHER

KM

KLEINER STURMTAUCHER A

Macaronesian Shearwater *Puffinus baroli*

L 25-30 cm, S 58-67 cm. Brütet in kleinen Kolonien im Frühjahr auf nordatlantischen Inseln (z. B. Azoren, Madeira, Kanaren); erscheint nur ausnahmsweise weiter nördlich.

KENNZEICHEN Wie eine kleine Ausgabe des Atlantiksturmtauchers, ebenfalls oben sehr dunkel und unten weiß, aber unterschieden durch *kürzere, breitere, stumpfere Flügel,* unterseits schmaleren schwarzen Flügelhinterrand (doch offenbar variabel, da manchmal Schwungfedern ganz dunkel), relativ *schlankeren Schnabel* und *runderen,* im Flug oft *hochgehaltenen* und sogar aufgerichteten *Kopf.* Oberflügel angedeutet zweifarbig mit *diffus hellerem Armflügelfeld* (und oft weißlichem Band auf Großen Armdecken); *weiße Kopfseiten umschließen und betonen schwarzes Auge und dunkle Halsseiten.* Fliegt unter vergleichbaren Bedingungen weniger geradlinig, mit *schnelleren Flügelschlägen in längerer Folge* als Atlantiksturmtaucher. Kann sogar mit erhobenen Flügeln und hängenden Füßen im Wind über dem Wasser stehend Nahrung aufnehmen.

STIMME In mondlosen Nächten nach Sonnenuntergang in den Kolonien hellstimmig lachende, rhythmische, auf der zweiten Silbe betonte Reihen, „ka KI-kükükür-kaa".

ATLANTIKSTURMTAUCHER A

Manx Shearwater *Puffinus puffinus*

L 30-35 cm, S 71-83 cm. Koloniebrüter in Erdhöhlen über Steilküsten auf nordatlantischen Inseln, zahlreich auf Britischen Inseln. Gesellig, besucht die Nisthöhlen nachts. Normalerweise kein Schiffsfolger.

KENNZEICHEN Mittelgroßer Sturmtaucher, *oberseits einfarbig rußschwarz, unterseits weiß.* Dunkle Färbung des Oberkopfs bis unter Auge und des Hinterhalses bis auf Brustseiten reichend, dazwischen oft *angedeutetes halbes Halsband. Unterflügel mit Schwarz-Weiß-Kontrast, Unterschwanzdecken immer weiß,* Zehen nicht (oder kaum) über Schwanz ragend. Bei starkem Sonnenlicht können ausgeblichene Vögel im Sommer oberseits sehr bräunlich wirken. Altersstufen und Geschlechter einander sehr ähnlich. Typischer Sturmtaucherflug, bei ruhigem Wetter niedrig über dem Wasser mit Serie schneller, flacher Schläge der *steifen, gerade ausgestreckten Flügel,* gefolgt von langer *Gleitstrecke auf leicht abwärts gebogenen, steifen Schwingen,* bei Sturm fast nur Gleitflug, eine Strecke niedrig durch die Wellentäler, dann (manchmal mehrere Meter) ansteigend und wieder nach unten kenternd. Vgl. Mittelmeer- und Balearensturmtaucher.

STIMME In den Brutkolonien in dunklen Nächten heisere, hustende, viersilbige Rufe, etwa „ak-ka-TJICH-ach" und ähnlich, die letzten Töne rauer, länger gezogen und tiefer.

MITTELMEER-STURMTAUCHER –

Yelkouan Shearwater *Puffinus yelkouan*

L 30-35 cm, S 70-84 cm. Brütet in Höhlen über Steilküsten und auf Inseln im zentralen und östlichen Mittelmeer. Lokal häufig, fliegt auch regelmäßig durch Bosporus, wahrscheinlich zwischen Nahrungsgewässern im Schwarzen und Brut- bzw. Rastplätzen im Mittelmeer. Wahrscheinlich bleibt gesamte Population auch im Winter im Mittelmeerraum.

KENNZEICHEN Größe und Gestalt ähnlich Atlantiksturmtaucher, Gefieder mit dunkler Ober- und weißlicher Unterseite ebenso, beide daher außerhalb ihrer regulären Verbreitungsgebiete normalerweise nicht unterscheidbar. Unter Idealbedingungen oder auf Fotos folgende Unterschiede: *Oberseite braungrau,* nicht so schwärzlich wie bei Atlantiksturmtaucher (kann bei bedecktem Himmel aber so wirken), Unterflügel weniger kontrastreich, *Schwungfedern* eher *grau* als schwärzlich, *Zehen weiter überstehend* (statt kaum oder gar nicht), kein heller Halbring am Hals, *Begrenzung* zwischen hellen und dunklen Kopf- und Halspartien *eher gerade* verlaufend, manchmal *heller Augenring* angedeutet. Im Gegensatz zum Atlantiksturmtaucher Unterschwanzdecken manchmal verdunkelt, oft aber hell wie bei diesem.

STIMME Ähnlich Atlantik- und Balearensturmtaucher, vielleicht etwas höher„a-ah GA-IIH-ah".

BALEARENSTURMTAUCHER A

Balearic Shearwater *Puffinus mauretanicus*

L 34-39 cm, S 78-90 cm. Koloniebrüter in Höhlen von Küstenfelsen der Balearen (besonders Formentera). Überwintert auf dem westlichen Mittelmeer, mausert zuvor aber Schwungfedern in der Biskaya, erscheint dabei im Sommer/Herbst regelmäßig bis in die Nordsee. Bestand hat in jüngster Zeit auf unter 2.000 Paare abgenommen.

KENNZEICHEN Geringfügig größer als Atlantik- und Balearensturmtaucher, wirkt oft hängebäuchig und schwer, *Zehen überragen kurzen Schwanz etwas. Oberseits gräulich braun, unterseits variabel schmutzig bräunlich weiß ohne Kontrast zwischen hellen und dunklen Bereichen* auf Hals und Brust. Auch Unterflügel kontrastarm, *Unterflügeldecken mit dunklen Abzeichen,* nie rein weiß. *Unterschwanzdecken, Steißseiten und Achseln immer dunkel.* Dunkelste Individuen können mit Dunklem Sturmtaucher verwechselt werden, sind aber kleiner, haben etwas breitere, kürzere und stumpfere Flügel und sind *dickbäuchig.* Dunkle Sturmtaucher dagegen athletischer gebaut, schneller und schneidiger fliegend und auf der Körperunterseite nie hell.

STIMME Nachts in den Kolonien wiederholte gedehnte Rufe mit langer betonter Falsettnote „ah-IIIh-ah-eech", rauer und tiefer als Atlantik- und Balearensturmtaucher.

Kleiner Sturmtaucher

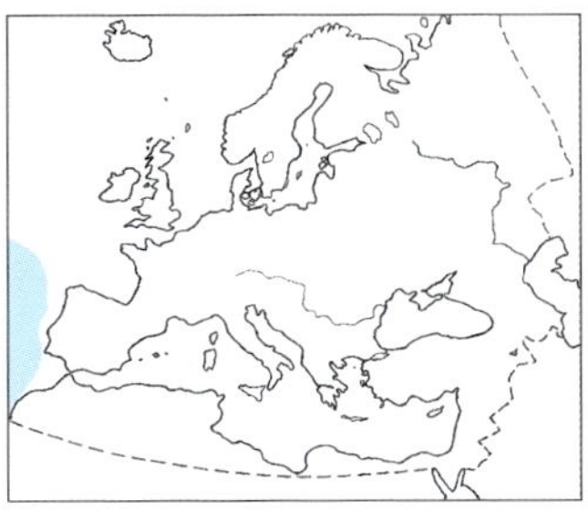

Atlantiksturmtaucher

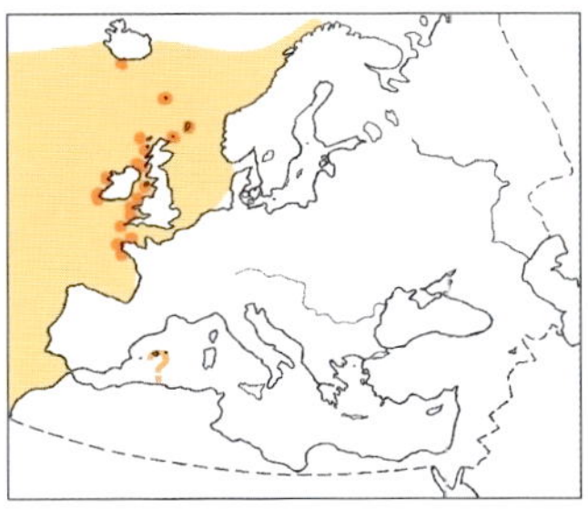

Mittelmeer-Sturmtaucher

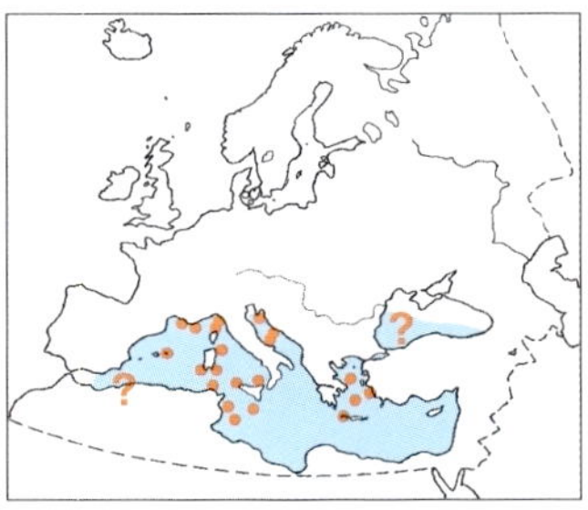

Balearensturmtaucher

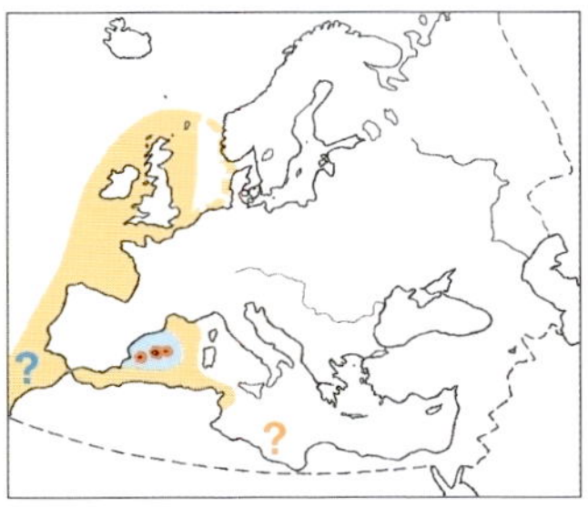

KLEINER STURMTAUCHER

ATLANTIKSTURMTAUCHER

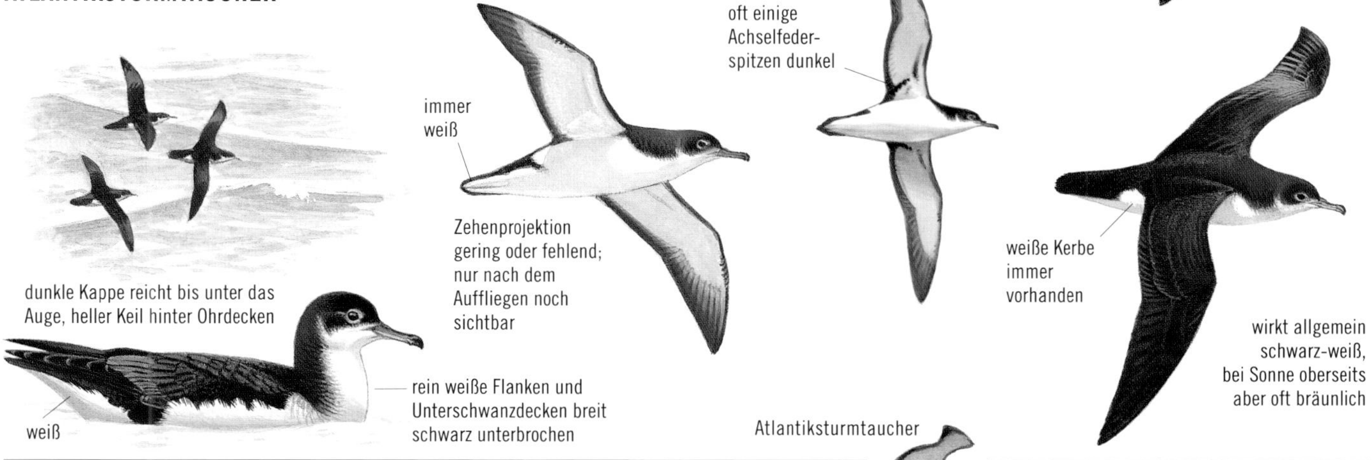

MITTELMEER-STURMTAUCHER

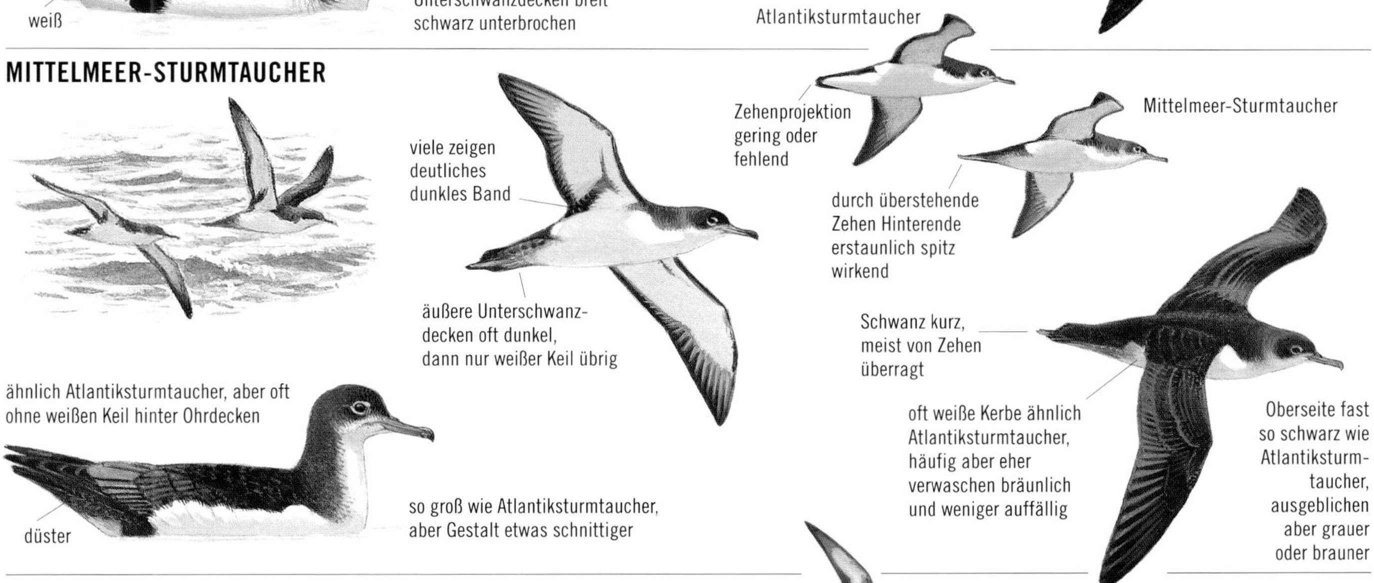

BALEARENSTURMTAUCHER

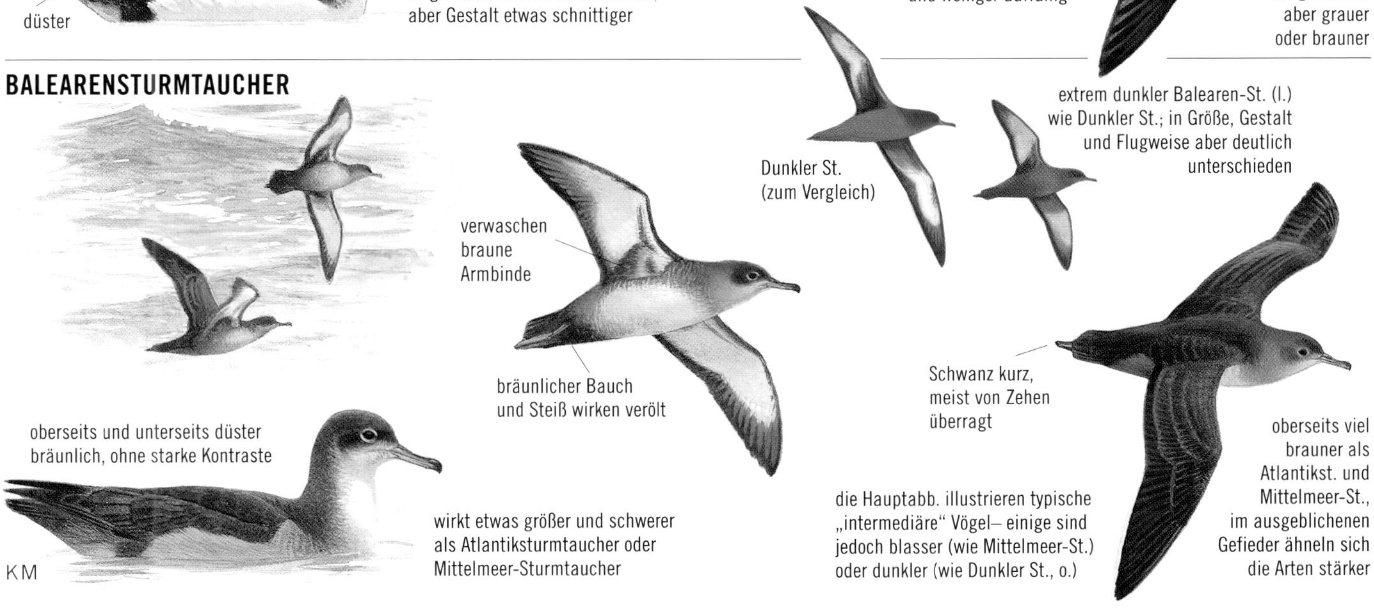

DUNKLER STURMTAUCHER Z

Sooty Shearwater *Puffinus griseus*

L 40-50 cm, S 93-106 cm. Brütet auf der Südhalbkugel (hauptsächlich Neuseeland, Westaustralien, südlichstes Südamerika) und verbringt den dortigen Winter im Norden; während des Heimzugs von August bis Oktober durch den Ostatlantik besonders bei Stürmen auch in der Nordsee. Nimmt Nahrung (hauptsächlich Tintenschnecken, Krebse, Kleinfische) von der Oberfläche auf oder taucht danach bis in 60 m Tiefe, manchmal in Gruppen.

KENNZEICHEN Mittelgroßer, dunkler, lang- und spitzflügeliger Sturmtaucher, im schnellen, kraftvollen, fördernden Flug die *schmalen Flügel leicht gewölbt* und bei stärkerem Wind *etwas nach hinten gewinkelt.* Fliegt bei ausreichendem Wind schneller als andere Seevögel, wird daher leicht aus dem Blickfeld des Fernrohrs verloren und dann viel weiter entfernt wiedergefunden als erwartet. Wirkt bei schlechtem Licht *ganz dunkel,* selbst auf den Unterflügeln, zeigt sonnenbeschienen aber braunes Gefieder mit diffus *gräulichweißem Längsband* (unterschiedlicher Deutlichkeit) *auf Unterflügeln.* Wegen des dunklen Bauchs bei uns nur mit den dunkelsten Individuen des gleichwohl kleineren, kurzflügeligeren, hängebäuchigeren, kraftloser und langsamer fliegenden Balearensturmtauchers verwechselbar. Auch dunkle Morphen der Raubmöwen und juvenile Basstölpel in sturmtaucherartigem Flug bieten auf große Entfernungen Verwechslungsrisiko (s. Tafel), im äußersten Südwesten auch Bulwersturmvogel.

BULWERSTURMVOGEL –

Bulwer's Petrel *Bulweria bulwerii*

L 25-29 cm, S 67-73 cm. Koloniebrüter von Juni bis Oktober in Geröll und Felsspalten meist in Wassernähe auf Inseln des Südatlantik, nordwärts bis Madeira und Kanaren (z. B. Lanzarote). Nahrungssuche einzeln, nicht im Trupp, aber manchmal in lockeren Gruppen.

KENNZEICHEN Eine mittelgroße, sehr dunkle, grazile Art mit *langen, schmalen Flügeln und langem Schwanz.* Einziges Merkmal im sonst *einheitlich graubraunen Gefieder* ist ein *aufgehelltes Diagonalband auf den Armdecken.* In Färbung und Flugweise ohne Größenvergleich dem Dunklen Sturmtaucher ähnlich, aber kleiner, langschwänziger, *Unterflügel ganz dunkel,* Flügelschläge tiefer und gelassener, Flügel im Gleitflug oft leicht abwärts gehalten und gebogen. Langer, zugespitzter Schwanz vor dunklem Hintergrund des Meeres meist nicht erkennbar (fliegt zudem meist dicht über dem Wasser). Oft nützlicher sind vergleichsweise *schlanker Körper mit kurzem Hals und kleinem Kopf in Relation zu schmalen langen Flügeln.* Schnabel recht kräftig.

STIMME Über dem Meer und beim abendlichen Eintreffen am Brutplatz stumm, nachts dort dumpf, heiser bellend „hroo hroo hroo…" (ähnlich entfernter langsamer Dampflok).

KAPVERDENSTURMVOGEL –

Fea's Petrel *Pterodroma feae*

L 33-36 cm, S 86-94 cm. Kleine Brutkolonien im Spätsommer/Herbst in Erdhöhlen auf Madeira (Bugio, Desertas) und den Kapverden, vielleicht auch den Azoren. Gefährdet, wohl nur 1.250 Paare. Nachts am Brutplatz, tagsüber auf dem Meer. Wohl diese und nicht die folgende Art ausnahmsweise vor Westeuropas Küsten.

KENNZEICHEN Erster Eindruck kann der eines „kleinen Sepia- oder Großen Sturmtauchers" sein, aber *Unterflügel fast ganz schwärzlich* mit nur *kleinem weißem Dreieck am vorderen Flügelansatz,* auch Handschwingenbasen können bei bestimmtem Licht kleinen weißen Fleck zeigen. *Oberseite grau mit dunklem w-Muster* (Sichtbarkeit von Entfernung und Beleuchtung abhängig), *Oberschwanz einfarbig hellgrau,* Brustseiten verwaschen grau (ohne Brustband des ausnahmsweise erscheinenden Weichfeder-Sturmvogels, S. 418). Eiliger Flug, bei starkem Wind mit gewinkelten Flügeln hoch aufsteigend. Kapverden- und Madeirasturmvogel im Freiland ohne direkten Vergleich meist nicht unterscheidbar; Kapverdensturmvogel ist *größer* mit *etwas kräftigerem, knolligerem Schnabel.*

STIMME Nachts in der Kolonie klagende und tief heulende Laute „aaoooooh", manchmal mit hicksendem Ton beendet, ideal als Hintergrund für Horrorfilme.

MADEIRASTURMVOGEL –

Zino's Petrel *Pterodroma madeira*

L 32-34 cm, S 80-86 cm. Stark bedroht, brütet im Spätfrühjahr/Sommer in lediglich etwa 75 Paaren (nach katastrophalem Brand am Brutplatz im Jahr 2010 wahrscheinlich weniger) nur in 1.650 m Höhe in unzugänglichen Felsspalten im Gebirge der Hauptinsel Madeiras. Nachts am Brutplatz, tagsüber zur Nahrungssuche über dem Meer.

KENNZEICHEN Sehr ähnlich Kapverdensturmvogel (s. o.). Unterscheidet sich durch *geringere Größe* und *kleineren Schnabel.* Weitere tendenzielle Unterschiede vielleicht eher gerundete Flügelspitze, etwas kürzerer Handflügel, Fehlen eines angedeuteten hellen Überaugenstreifs, oberseits schwächeres w-Muster und unterseits deutlicheres weißes Feld auf Handschwingenbasen.

STIMME Rufe erinnern an Kapverdensturmvogel, aber etwas höher und schwächer, wie bei einem kleineren Vogel auch zu erwarten, lang gezogen und klagend, wegen des leichten Tremolos an entfernte Schleiereule erinnernd, etwa „oooeeh… oh-ho-o-o-ooeh" in Variationen.

Dunkler Sturmtaucher

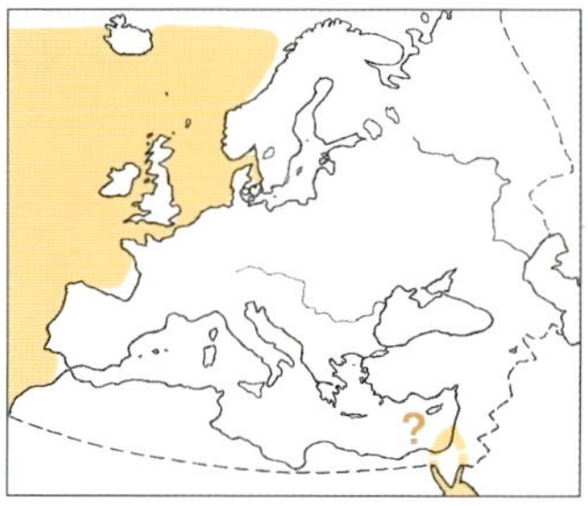

Bulwersturmvogel

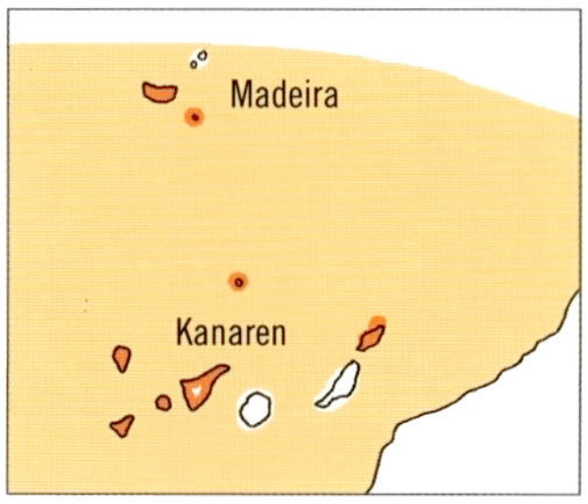

Kapverdensturmvogel

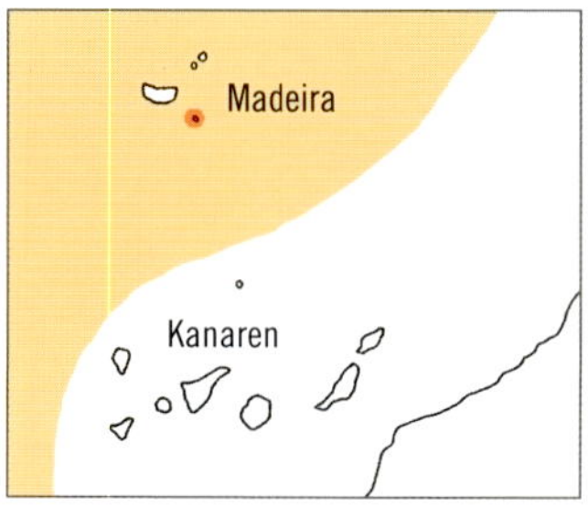

Madeirasturmvogel

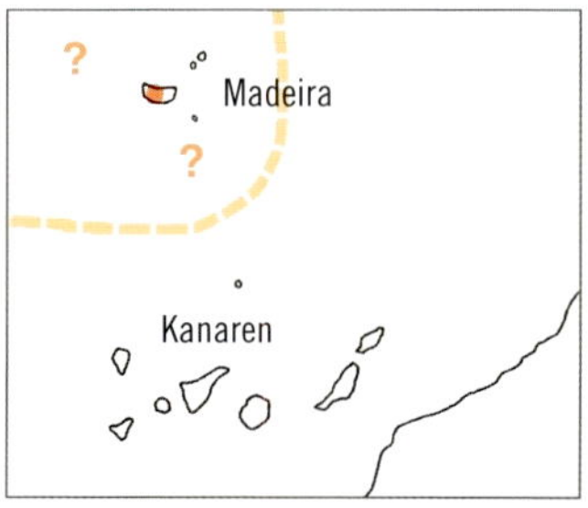

DUNKLER STURMTAUCHER

BULWERSTURMVOGEL

KAPVERDENSTURMVOGEL

MADEIRASTURMVOGEL

KM

STURMSCHWALBE A

European Storm Petrel *Hydrobates pelagicus*

L 15-16 cm, S 37-41 cm. Brutvogel in Felsspalten und Erdhöhlen steiniger Küsten und Inseln von Nordatlantik und Mittelmeer, besonders Britische Inseln und Färöer; im Herbst nach Stürmen selten in südlicher Nordsee, Schiffsfolger.

KENNZEICHEN *Kleinste* europäische Röhrennase, kaum größer als die oberseits ähnlich gefärbte Mehlschwalbe, *Flug flatternder* und „eifriger" als bei Verwandten. Häufigste Verwechslungsart ist der größere Wellenläufer, aber Sturmschwalbe gekennzeichnet durch *fehlendes helles Band über Armflügel* (nur im JK dünn weiße Binde), dafür *breit weißes Unterflügelband* kennzeichnend, rein *weißes, breites Bürzelfeld reicht bis auf Steißseiten, Schwanz gerade* abgeschnitten.

STIMME Nachts aus den Bruthöhlen ein surrender Laut mit regelmäßig eingeflochtenem, magenknurrendem Grunzen.

BUNTFUSS-STURMSCHWALBE A

Wilson's Storm Petrel *Oceanites oceanicus*

L 16-18,5 cm, S 38-42 cm. Bewohnt Meere der Südhalbkugel, von Juni bis Oktober (Nov.) nordwärts bis Biskaya, selten weiter. Kaum in Küstennähe, Schiffsfolger.

KENNZEICHEN Unterscheidet sich von der etwas kleineren Sturmschwalbe durch deutliches *helles Band auf Armdecken, einfarbig dunkle Unterflügel, längere, den Schwanz etwas überragende Beine* (allerdings sind die namengebenden *gelben Schwimmhäute* im Freiland nur selten sichtbar), *breitere, öfter ausgestreckte* und selten stärker gewinkelte *Flügel,* diese bei oft langen Gleitstrecken fast waagerecht gehalten; trippelt bei Nahrungssuche mit erhobenen Flügeln über die Wasseroberfläche.

WELLENLÄUFER G

Leach's Storm Petrel *Oceanodroma leucorhoa*

L 18-21 cm, S 43-48 cm. Brütet in Höhlungen nordatlantischer Felsküsten, überwintert im Südatlantik, besonders nach Stürmen regelmäßig in der Nordsee; kein Schiffsfolger.

KENNZEICHEN Größer als Sturmschwalbe, *Flügel länger und spitzer.* Beachte eher *schmalen, u-förmig weißen Bürzel mit grauem* (oft schwarz wirkendem) *Mittelstreif, deutliches helles Armdeckenband* (oft eher erkennbar als Bürzelfeld) und *dunkle Unterflügel.* Schwanzgabelung nicht immer sichtbar, doch oft hochgedrückte äußere Steuerfedern lassen Schwanzspitze im Profil gefranst erscheinen. Flug bei starkem Wind kraftvoll, gleitet *auf leicht gebogenen, gewinkelten Flügeln* (Flügelbug oft bis vor die Höhe des Kopfes geschoben und diesen verdeckend), macht einige Flügelschläge, kippt ab, gleitet hoch, rüttelt usw.; bei Windstille flatternder Flug.

STIMME Aus den Bruthöhlen schallt nachts ein knatterndes Gurren, unterbrochen durch „wuii-tja" mit Fistelstimme, schneidig beendet mit „tjo-tjatteRItja tjo-tjitteRI".

MADEIRAWELLENLÄUFER A

Band-rumped Storm Petrel *Oceanodroma castro*

L 19-21 cm, S 43-46 cm. Brütet im meist kleinen Kolonien von Sommer bis Winter in Boden- und Felshöhlen in Küstenklippen Portugals, Madeiras und der Kanaren. Schwer zu beobachten, tagsüber auf Hochsee, keine Truppbildung, kein Schiffsfolger.

KENNZEICHEN *Dunkel mit weißem Bürzel,* daher schwer von Verwandten und besonders vom Wellenläufer unterscheidbar, *aber Armflügelband oberseits weniger deutlich, Schwanz schwächer gegabelt, weißer Bürzelfleck wirkt breiter als lang* (bei Wellenläufer meist umgekehrt) und reicht weiter auf Steißseiten; von Nahem *Schnabel kräftiger.* Bei großer Erfahrung geben auch weniger deutlicher Winkel am Flügelbug (Armflügel länger als bei Buntfuß-Sturmschwalbe) und an Sturmtaucher erinnernder Flug mit vielen Gleitstrecken auf steifen Flügeln gute Hinweise.

STIMME Ruft nachts aus den Höhlen gurrend „kr'r'r'r" und quietschend „tjiWIH" (wie Fingerreiben auf Fensterscheibe).

SWINHOEWELLENLÄUFER –

Swinhoe's Storm Petrel *Oceanodroma monorhis*

L 18-21 cm, S 45-48 cm. Brütet auf Inseln im Stillen Ozean vor der ostasiatischen Küste, hat sich aber ausnahmsweise schon in den Nordatlantik verflogen (z. B. Großbritannien, Frankreich, Spanien, Italien, Madeira). Durch nächtliche Lebensweise und Ähnlichkeit zum Wellenläufer sicher auch übersehen. Von diesem nur durch *dunklen Bürzel* und *helle Basen der Handschwingenschäfte* unterschieden.

WEISSGESICHT-STURMSCHWALBE –

White-faced Storm Petrel *Pelagodroma marina*

L 19-21 cm, S 41-44 cm. Brütet in nachts aufgesuchten Erdhöhlen auf Madeira und den Selvagen. Selten über dem Meer zu sehen, folgt Walschulen.

KENNZEICHEN Im Bearbeitungsgebiet einzige Sturmschwalbe mit *überwiegend weißer Unterseite.* Gestalt ähnlich Sturmschwalbe, aber größer, Schnabel und Beine länger, große *„Schmetterlingsflügel".* Schwärzliche Schwung- und Steuerfedern kontrastieren oberseits *zu grauweißem Bürzel, grauem Mantel und hellgrauen Armdecken;* Kopfseiten weiß mit *dunkler Augenmaske,* graue Brustseitenflecke. Gleitet mit steif ausgestreckten Flügeln flach über Wasseroberfläche (wie Fliegender Fisch), benutzt seine langen Beine, als wolle er sich abstoßen. Entfernt mit Wassertreter im SK verwechselbar.

STIMME Aus den Bruthöhlen dringt dumpfes, hohles, gereihtes „koo, koo, koo,..." mit eingeschobenem, kreischendem „kji".

Sturmschwalbe

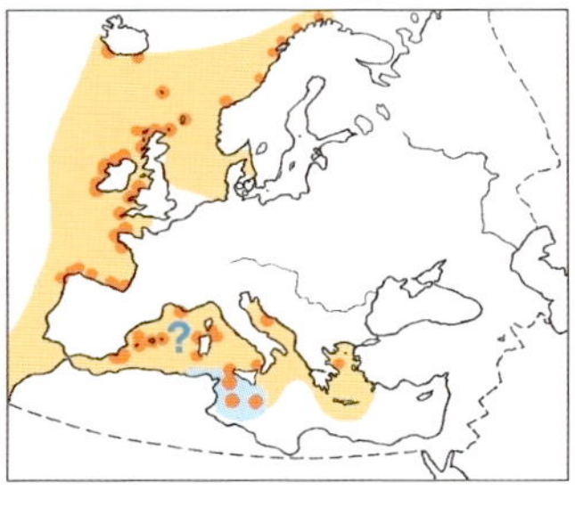

Wellenläufer

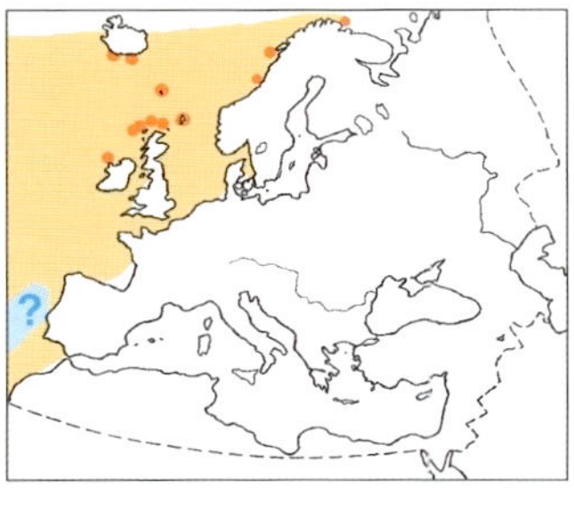

Madeirawellenläufer

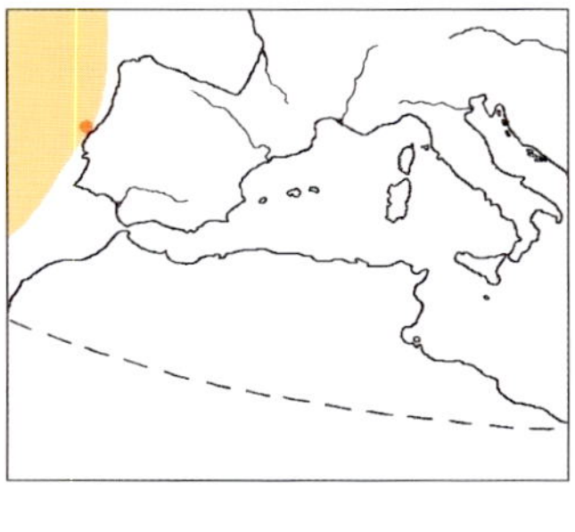

STURMSCHWALBE

BUNTFUSS-STURMSCHWALBE

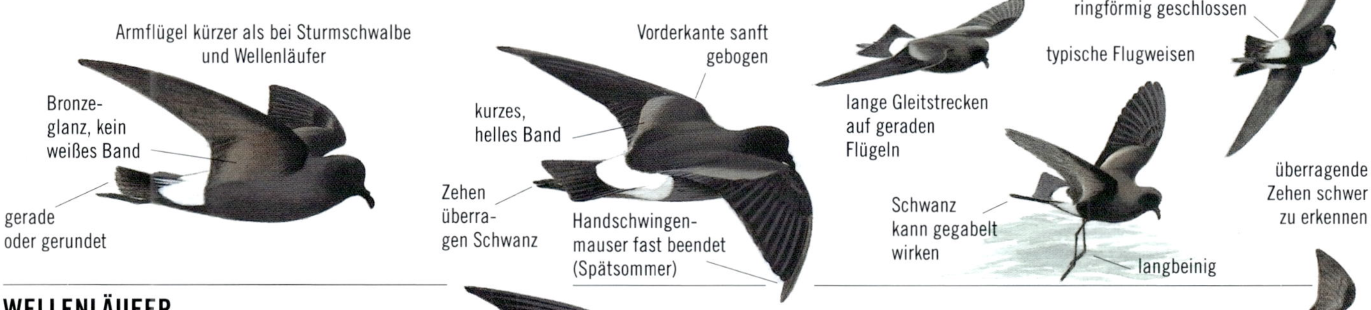

WELLENLÄUFER

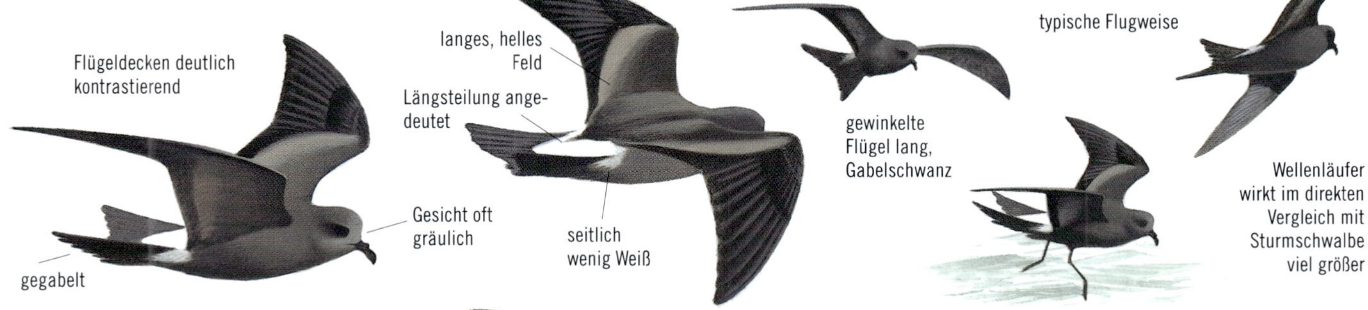

MADEIRAWELLENLÄUFER

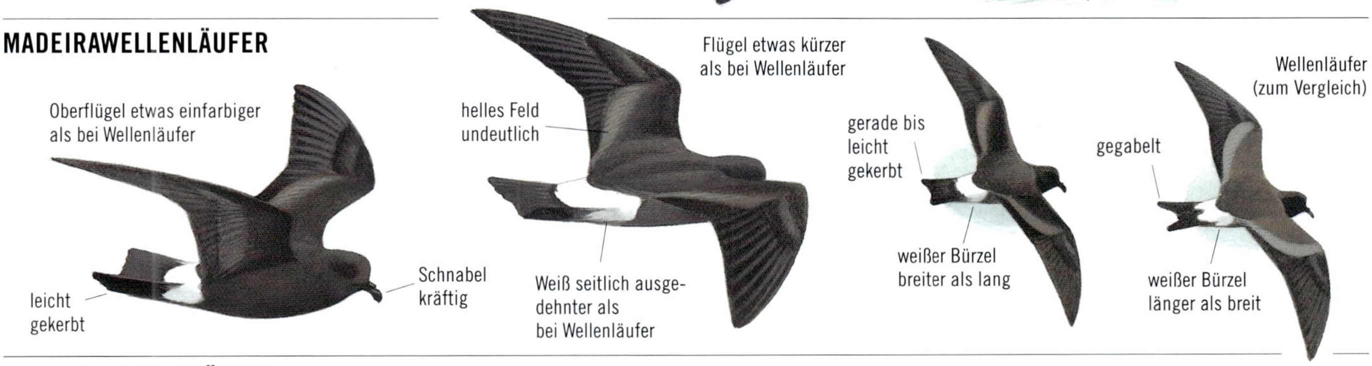

SWINHOEWELLENLÄUFER

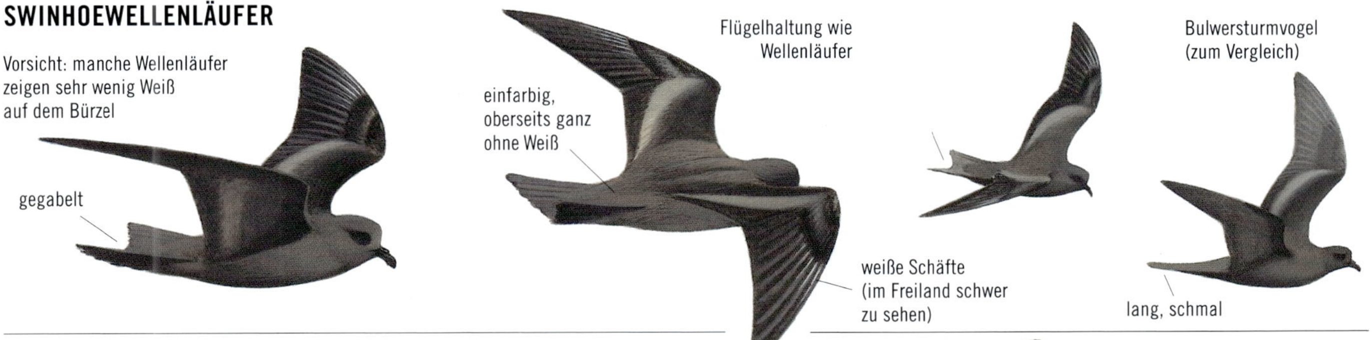

WEISSGESICHT-STURMSCHWALBE

KM

TÖLPEL Sulidae

Große Meeresvögel, lang- und spitzflügelig, langer, spitzer Schnabel. Tauchen zum Fischfang aus großer Höhe ins Wasser. Geschlechter gleich gefärbt. Zwei Arten.

BASSTÖLPEL BZW

Northern Gannet *Morus bassanus*

L 85-97 cm, S 170-192 cm. Koloniebrüter, Nester aus Tang an oder auf nordatlantischen Meeresklippen; außerhalb der Brutzeit teilweise dort bleibend, aber auch bis ins Mittelmeer und vor Westafrika ziehend.

KENNZEICHEN An *bedeutender Größe* (Spannweite übertrifft Mantelmöwe weit) und *typischem Flugstil mit raschen, flachen, gleichmäßigen Schlägen der langen, schmalen Flügel mit kurzen Gleitstrecken* oft schon aus großer Entfernung bestimmbar. Bei starkem Wind ausgiebig gleitende, noch dunkle Jungvögel können an Sturmtaucher erinnern, sind aber viel größer, haben *längeren, keilförmigen Schwanz* und lange Kopf-Hals-Partie. Taucht aus 10-40 m Höhe nach Fisch, stürzt sich schräg hinab und legt die Flügel beim Eintauchen an.– Ad.: *Weiß* mit gelblichem Kopf (im SK blasser) und *schwarzen Flügelspitzen*.– JK: Gesamtes Gefieder graubraun, nur Oberschwanzdecken weißlich; aus der Nähe überall fein weiß gesprenkelt.– 2er W: Unterseite und Kopf, Oberschwanzdecken und oft einige Armdecken überwiegend weiß; Scheitel oft teilweise dunkel und helles Halsband angedeutet (an Großen Sturmtaucher erinnernd).– 3er W: Die meisten Steuerfedern und Armschwingen noch schwarz, einzelne weiß, Kopf und Körper meist schon wie ad.– 4er W: Wie ad., aber mittlere Steuerfedern und einzelne Armschwingen oft schwarz.– Achtung, individuelle Variation führt zu Abweichungen von normaler Kleiderfolge.

STIMME In Kolonien lautes, raues Schnauben.

WEISSBAUCHTÖLPEL –

Brown Booby *Sula leucogaster*

L 65-75 cm, S 135-150 cm. Brutvogel tropischer Küstengewässer, besucht vom Roten Meer aus regelmäßig den Golf von Akaba. *Kleiner* als Basstölpel, *Schwanz eher abgerundet, gesamte Oberseite dunkelbraun,* unterseits *Flügelband und scharf abgegrenzter Bauchfleck weiß* (im JK verwaschen braungrau); *Schnabel und Gesichtshaut hell* zum dunklen Kopf kontrastierend (Schnabelbasis im PK bläulich). Kann steil, aber auch aus flachem Flug (wie im Vorbeigehen) ins Wasser tauchen, rastet gern auf Bojen.

SCHWARZBRAUENALBATROS A

Black-browed Albatross *Thalassarche melanophris*

L 80-95 cm, S 200-235 cm. Bewohnt wie alle Albatrosse die Südhalbkugel, besucht als einzige Art mit gewisser Regelmäßigkeit im Sommer und Herbst ausnahmsweise den Nordatlantik, einer übersommerte jahrelang in schottischer Basstölpelkolonie. *Gewaltige Spannweite* wie Höckerschwan, *weißer Unterflügel schwarz eingerahmt, kurzer, schwarzer Überaugenstreif, Schnabel gelb*, Spitze orange (einzige Verwechslungsart: Mantelmöwe). Unausgefärbt mit *grauem Schnabel und schmalem Halsband*, Unterflügelband schmutzig.

PELIKANE Pelecanidae

Gewaltige Wasservögel, deren enorme Schnäbel mit einem Hautsack am Unterschnabel versehen sind, in dem gefangene Fische gesammelt werden. Geschickte Segelflieger, die im Gegensatz zu Störchen und großen Greifvögeln in geordneten Formationen kreisen und ziehen. Nester aus aufgehäuften Pflanzenteilen an flachen, fischreichen Gewässern. Zwei Arten, beide abnehmend und stark gefährdet.

ROSAPELIKAN (A)

Great White Pelican *Pelecanus onocrotalus*

L 140-175 cm (Hals gestreckt), S 245-295 cm. Brütet lokal in Südosteuropa und Kleinasien, überwintert in Afrika.

KENNZEICHEN Gefieder der Altvögel *weiß, im PK gelblich bis rosa überhaucht, Kehlsack graugelb* (PK lebhaft gelb), *Füße gelblich rosa* (PK rötlicher), *dunkelrote Iris* von großer, unbefiederter, *rosa* (im PK orangefarbener) *Hautpartie* umgeben. Im Flug von unten *schwarze Schwungfedern scharf zu weißen Unterflügeldecken kontrastierend* (ähnliches Muster wie Weißstorch, aber anderes Flugverhalten; s. o.).– JK: *Oberseite,* Kopf und Hals recht *dunkel graubraun,* Unterseite schmutzig weiß, Kehlsack gelblich, *Beine und Gesichtshaut fleischfarben*; im Flug vom Krauskopfpelikan an unterseits *viel dunkleren Schwungfedern mit stärkerem Kontrast zum helleren Längsband* unterscheidbar.

STIMME In Kolonien dumpfes Gemurmel und unartikuliertes Grunzen.

KRAUSKOPFPELIKAN A

Dalmatian Pelican *Pelecanus crispus*

L 160-180 cm (bei gestrecktem Hals), S 270-320 cm. Brütet lokal an Küstenlagunen und (auch kleineren) Binnenseen Südosteuropas und Kleinasiens; eher Kurzstreckenzieher.

KENNZEICHEN Durchschnittlich etwas *größer* als Rosapelikan, Altvögel mit *krausen Nackenfedern* (im PK), *grauen Beinen, grau getöntem Gefieder* (aber wie Rosapelikan gelber Brustfleck), nur von *schmalem, hellem Lidring* umgebener hell *weißlich gelber Iris* und im PK *rötlicherem* (im SK aber rosagelbem) *Kehlsack. Unterflügel* insgesamt *hell* gräulich mit weißlichem Längsband, *nur Spitze dunkel.*– JK: Oberseits hell braungrau, unterseits schmutzig weißlich, insgesamt etwas *heller und grauer* als junger Rosapelikan, doch am einfachsten an verlängerten Nackenfedern erkennbar. Außerdem *graue Beine* und *gräulicher Lidring.*

STIMME Ähnlich Rosapelikan, etwas höher.

Basstölpel

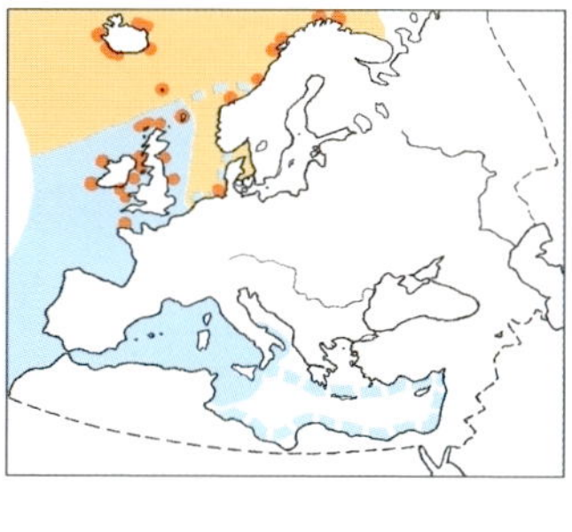

Rosapelikan

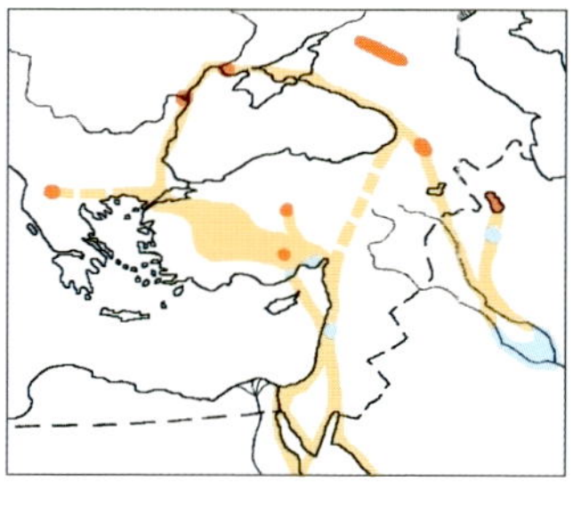

Krauskopfpelikan

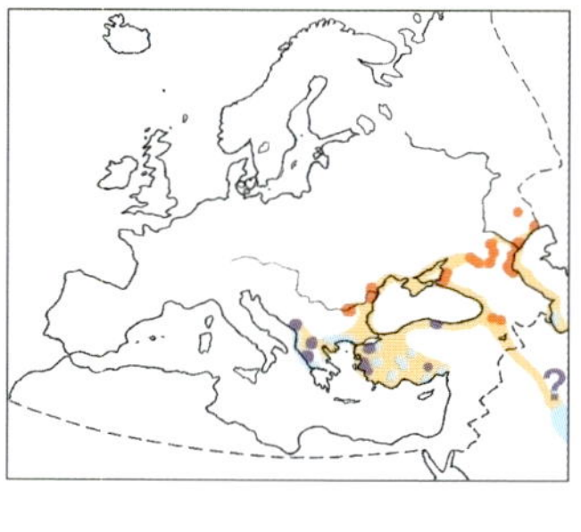

BASSTÖLPEL

WEISSBAUCHTÖLPEL

SCHWARZBRAUEN-ALBATROS

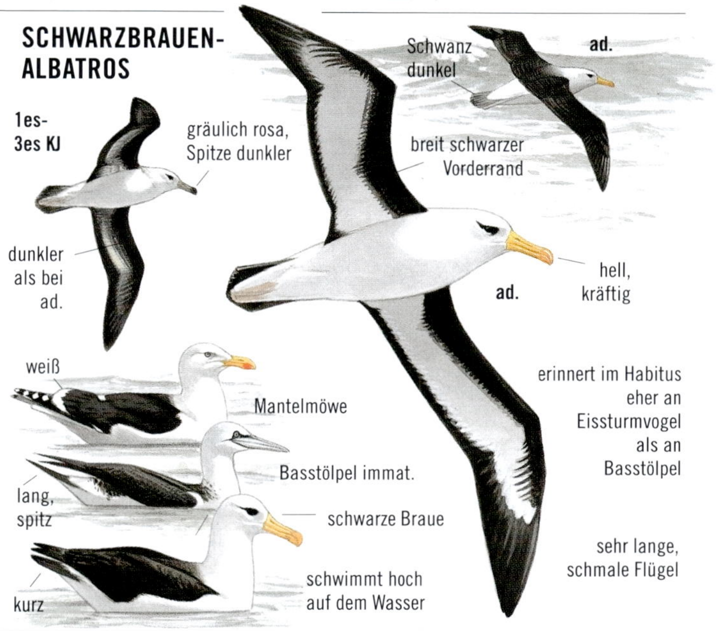

ROSAPELIKAN

KRAUSKOPFPELIKAN

KM

KORMORANE Phalacrocoracidae

Mittelgroße bis große Wasservögel, überwiegend dunkel mit schlankem Körper, langem Hals und langem, gerundetem Schwanz. Gerader Schnabel mit Hakenspitze. Liegen schwimmend tief im Wasser, Schnabel angehoben, tauchen oft mit kleinem Sprung ins Wasser ab. Oft weite Flüge zwischen Brutkolonien bzw. Rastplätzen und Nahrungsgewässern. Stehen oft mit gespreizten Flügeln auf erhöhten Punkten.

KORMORAN BJZW

Great Cormorant *Phalacrocorax carbo*

L 77-94 cm, S 121-149 cm. Brütet auf Felsklippen am Meer (Unterarten *carbo* am Atlantik und *maroccanus* in Marokko) oder auf Bäumen an Seen und Küsten, lokal im Schilf oder am Boden (Unterart *sinensis* an Ostsee, in Mittel- und Osteuropa); besonders nordöstliche Populationen ziehen nach Mitteleuropa. Rastet in oft großen Trupps auf Sandbänken, Felsen, Pfählen und Bäumen. Nest aus Zweigen, Schilf oder Seetang, Baumbrüter lassen Nistbäume durch scharfen Kot verkahlen. Bestand hat sich nach exzessiver Verfolgung langsam wieder erholt.

KENNZEICHEN Groß mit langem, kräftigem Hals, *Kopfprofil etwas keilförmig und eckig,* Schnabel kräftig (bei einigen Jungvögeln aber verwirrend schlank). Im Flug an Gänse erinnernd, da Größe, Flügelschlagfrequenz, ausgestreckter Hals, Formationsflug teilweise hoch über Land sehr ähnlich, aber an *eingeschobenen, kurzen Gleitstrecken,* etwas flacheren Flügelschlägen, *längerem Schwanz, leichtem Halsknick,* etwas angehobenem Kopf und Schwanz und oft weniger ordentlicher Formation erkennbar. Körper liegt schwimmend tief im Wasser, Schnabel leicht aufwärts gehalten, daher Verwechslung mit großem Seetaucher möglich, doch u. a. Hinterkopf eckiger, Hals gestreckter, oft kurzer Sprung vor dem Eintauchen ohne vorangehendes „Schnorcheln".– Ad.: Überwiegend *schwarz,* sonnenbeschienen mit bläulichem (besonders *carbo*) und grünlichem (eher *sinensis*), auf den durch schwarze Federränder geschuppten Flügeln bronzefarbenem *Metallglanz,* nackte Hautpartie (bei *carbo* kleiner) am Schnabelgrund gelb, weiß umrandet. *Im PK weißer Schenkelfleck, Scheitel und Nacken mit weißen Federn durchsetzt,* bei sehr alten Vögeln und Unterart *sinensis* besonders ausgedehnt. Gefieder im SK weniger glänzend, Weiß auf Kehle und Kopfseiten verwaschener.– JK: Oberseite dunkelbraun, Unterseite variabel hell, besonders auf Kehlmitte, Brust und Bauch, manchmal ganze Unterseite ausgedehnt weiß, manchmal Brust dunkel gefleckt und Bauch scharf dunkel gestrichelt.– 2es-3es KJ: Gefieder wird zunehmend dunkler und glänzender.– Bei marokkanischen Vögeln (*maroccanus,* evtl. *lucidus*) sind Vorderhals und Brust ausgedehnt weiß.

STIMME Besonders in der Kolonie tiefe, gutturale Laute.

KRÄHENSCHARBE A

European Shag *Phalacrocorax aristotelis*

L 68-78 cm, S 95-110 cm. Brütet in lockeren Kolonien an Steilküsten in Spalten und unter Felsblöcken.

KENNZEICHEN Etwas kleiner und schlanker als Kormoran, mit dem sie oft verwechselt wird, hat aber *dünneren Hals, kleineren, runderen Kopf* (Stirn steil, Scheitel gerundet) und *schlankeren Schnabel* mit fast parallel verlaufender Ober- und Unterkante (statt Keilform). Fliegt mit *gerader ausgestrecktem Hals auf etwas stumpferen, scheinbar erst hinter der Körpermitte ansetzenden, schneller bewegten, elastischeren Flügeln* ohne eingeschobene Gleitstrecken meist niedriger über das Wasser als Kormoran; taucht mit deutlicherem Sprung ins Wasser ein.– PK: Schwarz mit grünlichem, auf den Flügeln purpurnem Glanz, leuchtend *gelber Schnabelwinkel* von dunkler Umgebung (einschließlich Schnabel) abstechend (bei der am Mittelmeer lebenden Unterart *desmarestii* mit insgesamt hellerem, gelblichem Schnabel ist der Kontrast schwächer). Nur zu Beginn der Brutzeit aufgerichtete, schwarze *Stirntolle.*– SK: Etwas blasser, weniger glänzend, Kinn hell, *Schnabel gelblich.*– JK: Oberseite dunkelbraun, Unterseite blass braun, Kinn weißlich (*desmarestii* unterseits meist ausgedehnt oder komplett weißlich). Unausgefärbte, helle, kleine, schlankschnäbelige Kormorane sind sehr ähnlich, haben aber meist nicht so *gleichmäßig hellbraune,* sondern hell und dunkel gefleckte Brust, hornfarbenen Schnabel mit deutlichem gelbem Hautfeld an der Basis statt *ganz hell ohne Gelb,* dunkle Füße (statt hell mit rosa Schwimmhäuten), eckigere Kopfform und anderen Gesichtsausdruck. Helle Spitzen der Flügeldecken bilden auch im Flug sichtbares *helles Flügelfeld* (bei Kormoran höchstens angedeutet, meist einfarbig dunkel).– 2es-3es KJ: Wird wie Kormoran schrittweise dunkler und glänzender.

STIMME In Kolonien klickende und grunzende Laute.

ZWERGSCHARBE A

Pygmy Cormorant *Phalacrocorax pygmeus*

L 45-55 cm, S 75-90 cm. Aus Zweigen gebaute Nester in Kolonien in niedrigeren, dichten Bäumen oder im Schilf an vegetationsreichen Binnengewässern und in Flussdeltas. Jagt gern in dichten Trupps, rastet auf Zweigen und Schilf.

KENNZEICHEN Recht *klein,* etwa wie Blässhuhn, *Schwanz sehr lang, Schnabel eher kurz und dick* („Baby-face"), Hals kurz, schwimmend aber oft hochgereckt, Gefieder schwärzlich mit braunem und grünem Glanz.– PK: Feine weiße Strichel besonders auf braunem Kopf und Hals sowie Unterseite.– SK: Ohne weiße Strichel, Kinn weißlich, Unterseite braun.– JK: Matter braun, Unterseite hell bräunlich, schwache Kopf- und Bruststrichelung.

STIMME Nur in Kolonien krächzende, grunzende und quakende Laute.

Kormoran

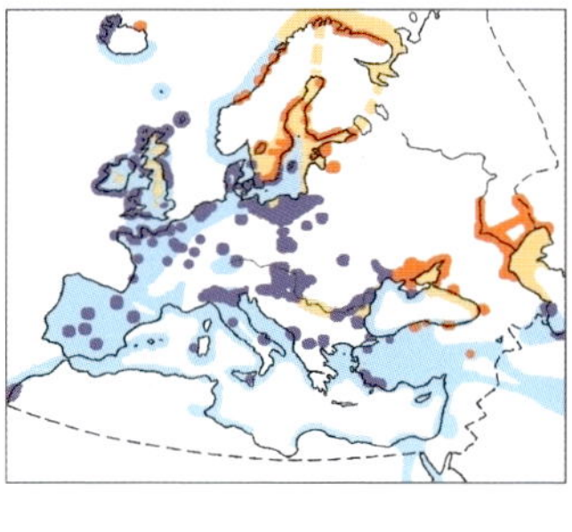

Krähenscharbe

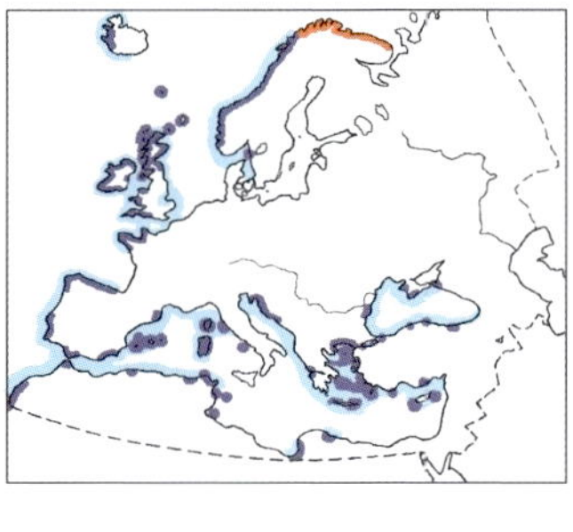

Zwergscharbe

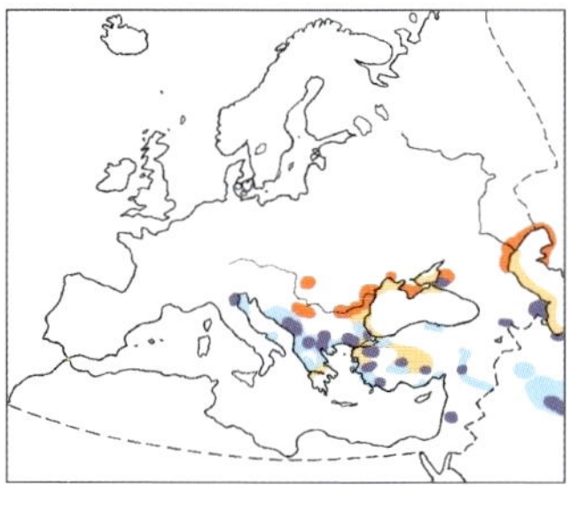

KORMORAN

KRÄHENSCHARBE

ZWERGSCHARBE

SCHREITVÖGEL Ciconiiformes

Eine Ordnung sehr großer oder mittelgroßer Vögel mit langen Beinen, Hälsen und Schnäbeln und ohne Schwimmhäute zwischen den langen Zehen, mit drei Familien: die im Flug sofort am charakteristisch eingezogenen Hals erkennbaren Reiher (Ardeidae), die Störche (Ciconiidae), die oft hoch in der Thermik kreisen und bei denen der Hals im Flug weit ausgestreckt wird, und die Ibisse (Threskiornithidae), die gleichfalls mit ausgestrecktem Hals fliegen, bei denen die Schnäbel aber nicht gerade und meist dolchförmig, sondern abwärts gebogen oder spatelförmig verbreitert sind.

ROHRDOMMEL BZW

Eurasian Bittern *Botaurus stellaris*

L 69-81 cm, S 100-130 cm. Brütet auf aus Altschilf knapp über dem Wasserspiegel errichtetem Nest in ausgedehnten Schilfbeständen; polygam. Ernährt sich von Fischen, Fröschen, Wasserinsekten, weicht bei Frost nach Süden aus.

KENNZEICHEN *Großer, gelbbrauner Reiher,* etwas kleiner als Graureiher, aber viel *kompakter und untersetzter,* Hals dicker (meist zwischen Schultern gezogen), Beine kürzer, Halsbefiederung locker herabhängend. Selten fliegend zu sehen (meist Frühjahr und Frühherbst), dann breite Flügel, Flügelschlag schneller als Graureiher, „dickes" Vorderende, hervorstehende Zehen, aus der Entfernung *ingwerbraunes Gefieder* (somit etwas an Eule oder Bussard erinnernd). Nimmt bei Gefahr eine aufrechte „Pfahlstellung" ein, lebt aber meist im Schilf versteckt und ist daher kaum einmal sichtbar, sondern öfter zu hören.– JK: Scheitel und kürzerer Bartstreif brauner (bei Altvögeln schwarz).

STIMME Im Flug einzeln oder gereiht tief und rau „gräoh", ähnlich Großmöwe oder Fuchsbellen. Männchen balzt bis zu 5 km hörbar sehr tief, ausatmend, wie Nebelhorn „whuump", 3-8-mal mit 2,5 s Abstand wiederholt; aus der Nähe auch einatmender Anfangston „uh-WHUMP" und einleitendes, leises Gurgeln und Schnabelklappern.

NORDAMERIKANISCHE ROHRDOMMEL –

American Bittern *Botaurus lentiginosus*

L 59-70 cm, S 95-115 cm. Nordamerikanischer Brutvogel, sehr seltene Ausnahmeerscheinung in Westeuropa und Großbritannien, meist im Spätherbst. Kleiner als Rohrdommel, und Schnabel dünner, *ungebänderte Schwungfedern einfarbig schwarzbraun, zu hellbraunen Armdecken kontrastierend, Scheitel braun* (statt schwärzlich), *schwarzer Bartstreif dicker* (aber im JK schmal und weniger schwarz), *Vorderhals stärker braun gestreift*; Gestalt und Flugweise mehr an Nachtreiher erinnernd. Nicht so heimlich wie Rohrdommel, öfter auch tagsüber offen umherlaufend.

ZWERGDOMMEL BZ

Little Bittern *Ixobrychus minutus*

L 33-38 cm, S 49-58 cm. Bewohnt auch kleine Schilfflächen, vegetationsreiche Teiche und Gräben, überwintert von Okt.-Apr. in Afrika. Nest Plattform über Wasserspiegel in Schilf oder Gebüsch, Nahrung Fische, Amphibien, Insekten.

KENNZEICHEN *Kleinster Reiher,* kleiner als Teichhuhn. Zwar heimlich, bei Nahrungssuche aber auch am Vegetationsrand, flüchtet eher wie Ralle laufend und kletternd; im Flug schneller, flatternder Flügelschlag und bei Altvögeln markantes, im JK weniger deutliches *helles Armdeckenfeld* kennzeichnend.– Ad. ♂: Scheitel und Oberseite schwarz, cremefarbenes Flügelfeld.– Ad. ♀: Schwarze Partien des ♂ schwarzbraun, Flügelfeld lehmbraun.– JK: Wie blasses ♀, zudem Hals, Oberseite und Flügelfeld dunkel gestrichelt.

STIMME Im Flug kräftig und nasal „kwekwekwe" und kürzer „kuer". Gesang eine Tag und Nacht im Abstand von gut 2 s ausdauernd vorgetragene Serie monotoner, gedämpfter, froschartiger Laute, etwa „wru, wru, wru,...".

NACHTREIHER BZ

Black-crowned Night Heron *Nycticorax nycticorax*

L 58-65 cm, S 90-100 cm. Nester aus Zweigen in kleinen Kolonien in Bäumen, selten im Schilf, in Sümpfen, Flußauen und an Teichen. Von Apr.-Okt. in Europa, überwintert in Afrika. Rastet tagsüber gesellig in Bäumen, sucht hauptsächlich nachts nach Fischen, Amphibien und Insekten.

KENNZEICHEN Kurzschnäbeliger, *untersetzter,* mittelgroßer Reiher, *kompakte, stumpf endende Flugsilhouette, Körperfirst leicht ansteigend, Schnabel leicht abwärts gehalten,* Flügelschläge steif. Fliegt besonders in der Dämmerung, fällt dann meist durch Ruf auf.– Ad.: Unverwechselbar, wirkt im Flug aber oft ganz grau; Beine gelblich, im PK rötlich.– JK/1er W: Dunkelbraun und gelblich mit *dicken, weißen Tropfen* (vgl. mit der ähnlichen Rohrdommel).– 1er S: Oberseite und Flügel ungemustert braungrau.– 2er S: Wie Altvogel, aber Scheitel und Mantel noch braunstichig.

STIMME Häufig zu hörender Flugruf bauchrednerisch, nasal, weich „kwak" oder froschartiger „koARK".

MANGROVEREIHER –

Striated Heron *Butorides striata*

L 40-47 cm, S 60-73 cm. Einziger Brutplatz im Bearbeitungsgebiet sind Mangroven der Sinaiküste. Die wenigen Nachweise auf Britischen und atlantischen Inseln betreffen den verwandten nordamerikanischen Grünreiher (S. 410).

KENNZEICHEN Klein, dunkel, *langschnäbelig,* aufmerksam mit langem Hals, entspannt aber *untersetzt.*– Ad.: *Dunkel schiefergrau,* Oberseite silber- oder braungrau (wirkt aus der Entfernung einfach dunkel), *Flügeldecken beige oder rostig gerandet; Kopfseiten, Hals und Brust variabel beigegrau bis rostbraun.*– JK: Bräunlich, Flügel fein weißlich gefleckt, Hals grob gestreift (Nachtreiher im JK ist größer und kurzschnäbelig).

STIMME Aufgeschreckt scharf „skijäk".

Rohrdommel

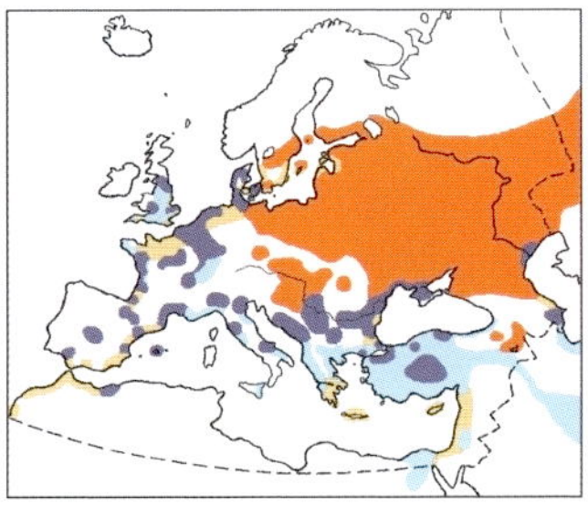

Zwergdommel

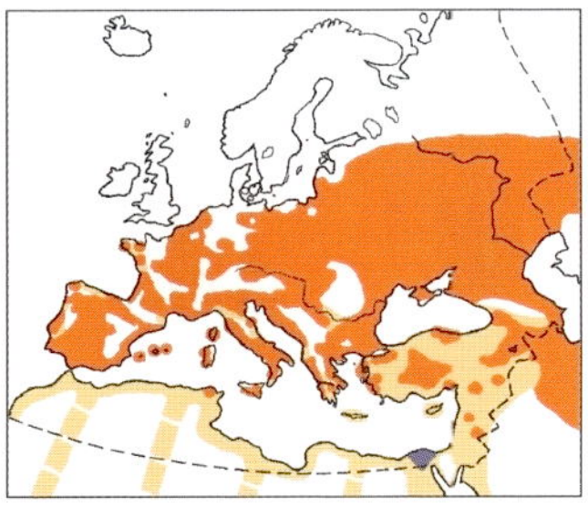

Nachtreiher

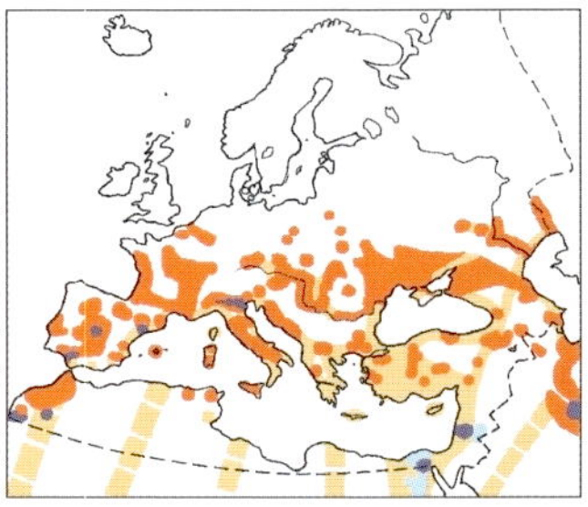

ROHRDOMMEL

NORDAMERIKANISCHE ROHRDOMMEL

ZWERGDOMMEL

NACHTREIHER

MANGROVEREIHER

KUHREIHER (bA)

Cattle Egret *Bubulcus ibis*

L 45-52 cm, S 80-90 cm. Brutkolonien an See- und Flussufern in Bäumen oder Büschen, Nahrungssuche, besonders Heuschrecken und kleine Tiere, gerne in Gruppen *in trockenem Gelände,* auf Wiesen, oft zwischen Weidevieh. Kurzstreckenzieher, derzeit in Ausbreitung begriffen, aber auch viele freifliegende Kolonien in mitteleuropäischen Zoos.

KENNZEICHEN Recht *kleiner weißer Reiher* mit untersetztem Körper, *kurzem Schnabel* und eher kurzem, oft eingezogenem Hals. Kopf rund, *Kinnbefiederung* reicht weit auf Unterschnabel; Schnabel gelb, Beine gräulich, im PK aber beide rötlich und dann das sonst weiße Gefieder *auf Scheitel, Brust und Mantel orange.* Flug in kleinen, ungeordneten Trupps oder Linie mit raschem Flügelschlag.

STIMME Im Flug manchmal einsilbig leise krächzend „kre" oder „ähg", in Kolonien barsch „RICK-räck".

RALLENREIHER A

Squacco Heron *Ardeola ralloides*

L 40-49 cm, S 71-80 cm. Kleine Kolonien, oft mit anderen Reihern, an baum- und buschbestandenen Gewässern. Außerhalb der Brutzeit meist einzeln oder in Kleingruppen, sucht gern an bewachsenen Gräben nach Kleinfischen, Amphibien und Insekten. Überwintert in Afrika.

KENNZEICHEN Recht *kleiner, im Stehen unscheinbar beigebrauner, auffliegend durch rein weiße Flügel plötzlich weiß* leuchtender Reiher.– PK: *Kopf- und Halsseiten fast ungestreift semmelgelb,* Mantel ockerbraun mit leichtem Violettschimmer, verlängerte Nackenfedern, bläulicher Schnabel mit schwarzer Spitze, Beine gelblich rosa (bei Balz kurzzeitig korallenrot).– SK: *Kopf- und Halsseiten deutlicher grau gestreift,* Mantel matt ockerbraun, Nackenfedern kürzer, Schnabel und Beine gelbgrün, Schnabelspitze dunkel.– JK/1er W: Kopf- und Halsseiten stärker als im SK gestreift, Mantel stumpfer und dunkler graubraun.

STIMME Oft ähnlich weiblicher Stockente rau quäkend „kaahk"; in Kolonien nasal hämmernd „kak kak kak…" und unterdrückt „ah ah ah…".

SEIDENREIHER bG

Little Egret *Egretta garzetta*

L 55-65 cm, S 88-106 cm. Brutkolonien mit Reisignestern in Büschen und Bäumen an flachen Seen und Lagunen, Nahrungssuche oft in Gruppen im Flachwasser. Überwintert hauptsächlich in Afrika, teilweise in Südeuropa.

KENNZEICHEN Ganz *weiß, mittelgroß* (zwischen Kuh- und Silberreiher*), sehr schlank und elegant;* durch *gelbe Zehen* im Kontrast zu *schwarzen Beinen* von den anderen europäischen Arten unterschieden (vgl. aber Küstenreiher und Schmuckreiher, S. 410); *Schnabel schwarz,* Zügel blaugrau, nur zur Paarungszeit rötlich, im PK zwei verlängerte, flatternde *Schmuckfedern im Nacken.* Beine im Flug deutlich, aber nicht so weit wie bei Silberreiher überstehend, Flügel daher eher in der Mitte als zum Bug hin angesetzt wirkend.

STIMME Außerhalb der Kolonien meist stumm, auffliegend manchmal krähenartig schroff „aaah", Begrüßungslaut „dawah", in Kolonien raue und harte Laute und typisch gurgelnd „gulla-gulla-gulla-…".

KÜSTENREIHER (A)

Western Reef Heron *Egretta gularis*

L 55-68 cm, S 88-112 cm. Brütet im behandelten Raum nur im Südsinai (Unterart *schistacea*), in Marokko erscheinen Brutvögel Mauretaniens (Unterart *gularis*). Küstengebunden, frisst Fische.

KENNZEICHEN Kommt in einer weißen und einer unverwechselbaren, bis auf die weiße Kehle schiefergrauen Morphe vor; weiße Vögel dem nahe verwandten Seidenreiher (der extrem selten auch eine schwarze Morphe ausbildet) sehr ähnlich, aber *Schnabel etwas länger, an der Basis etwas höher und First auf ganzer Länge schwach gebogen* (angedeutete Säbelform), nie ganz schwarz, eher dunkel *hornbraun,* besonders Schneidekanten und Spitze oft gelblich, *Beine* mindestens bis auf halbe Tarsuslänge hinab *dunkel grüngrau, unterer Tarsus und Zehen matt gelb,* manchmal Beine auch insgesamt weitgehend graugelb. Weiße Morphe im JK oft mit eingesprengten dunklen Flügelfedern.

SILBERREIHER JW

Great Egret *Casmerodius albus*

L 85-100 cm, S 143-169 cm. Koloniebrüter in ausgedehnten Schilfflächen größerer Seen. Zunahme in den letzten Jahren, ganzjährig als Gast in Deutschland, zieht aber teilweise ans Mittelmeer und nach Afrika. Nahrungssuche im Schilf, am Wasserrand, auch frei auf Wiesen und Feldern.

KENNZEICHEN Sehr *großer, ganz weißer Reiher,* ähnlich Graureiher, doch eleganter, Beine und Hals länger. Vom Kuhreiher an Größe, Gestalt, Schnabellänge und fehlender Ockertönung, vom weißen Küstenreiher u. a. an Größe, langen Beinen und geradem, dolchförmigem Schnabel unterschieden. Seidenreiher bildet größte Verwechslungsgefahr, doch Silberreiher ist größer, hat hellen Unterschenkel (und teilweise Tarsus), *gelben, kräftigeren Schnabel* (nur zur Brutzeit schwarz), keine Schmuckfedern im Nacken und proportional *längere Beine, die im Flug mit langsamerem, majestätischem Flügelschlag noch weiter über den Schwanz ragen.*

STIMME Fast nur in Kolonien zu hören, z. B. trocken rollend „kr'r'r'ooh".

Kuhreiher

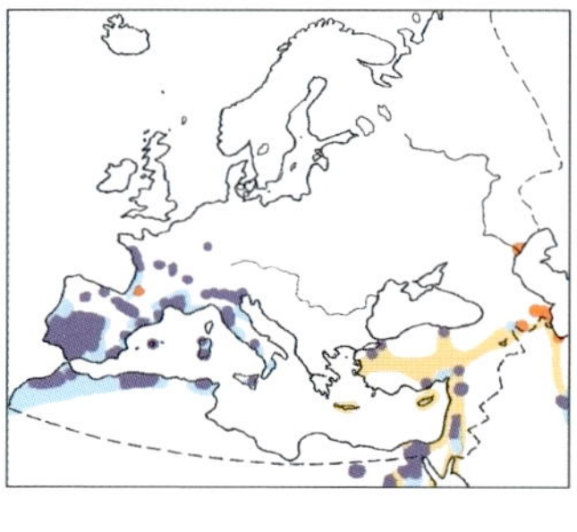

Rallenreiher

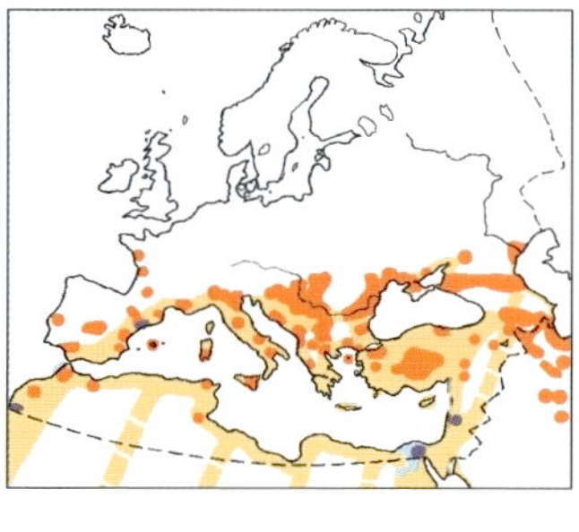

Seidenreiher

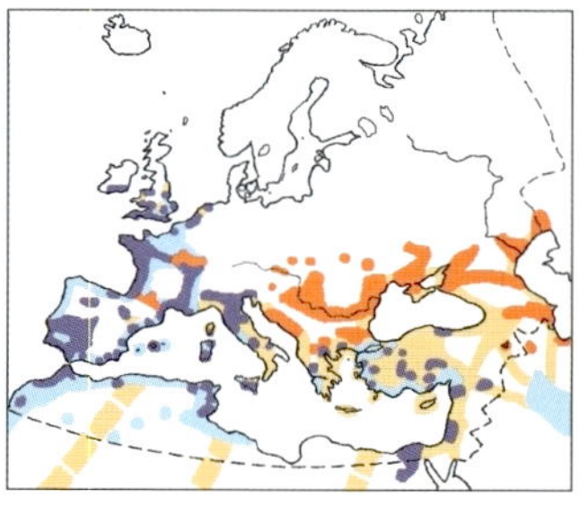

Silberreiher

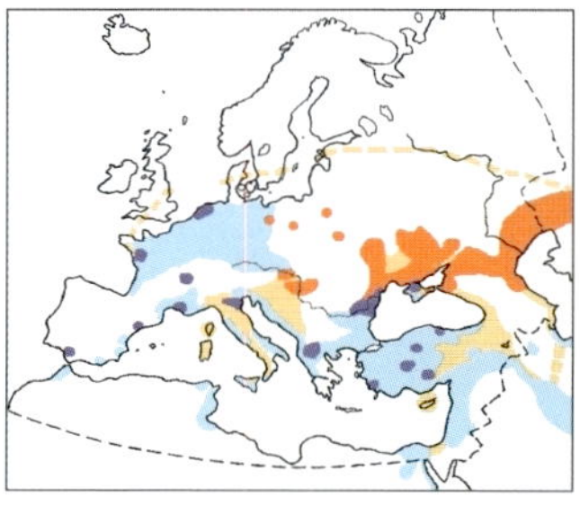

KUHREIHER

RALLENREIHER

SEIDENREIHER

KÜSTENREIHER

SILBERREIHER

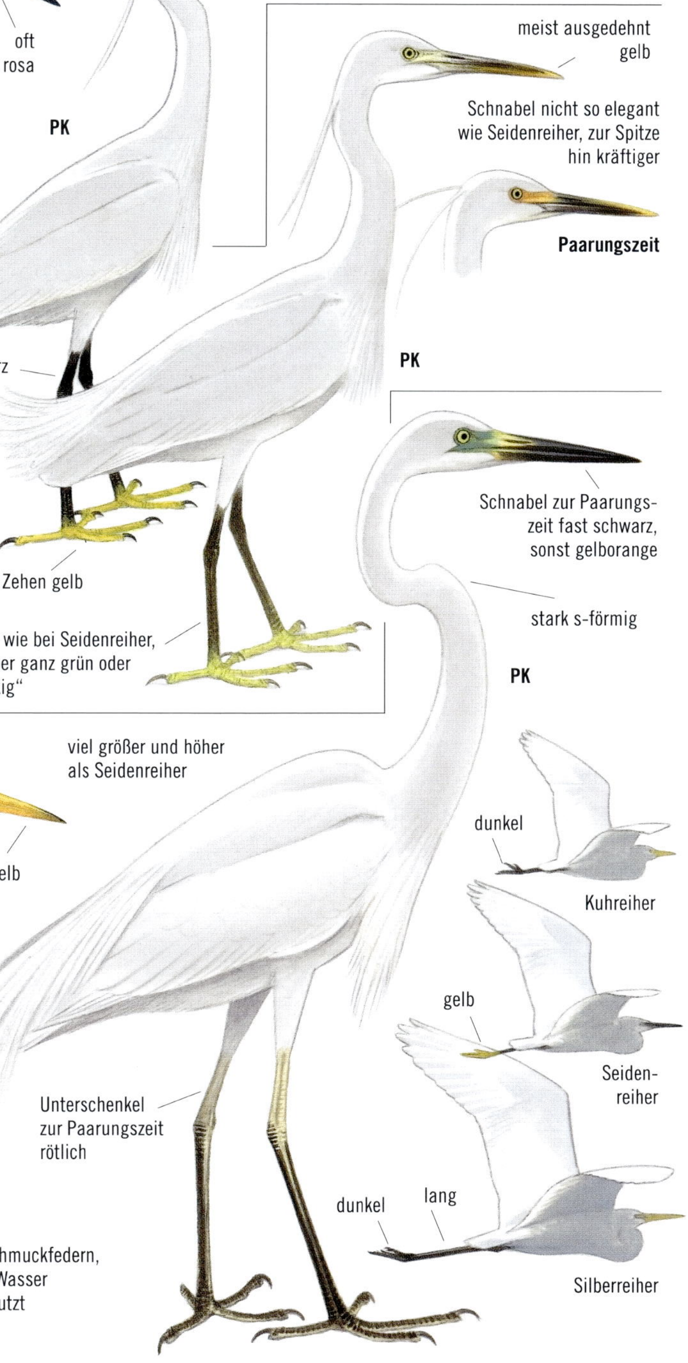

KM

GRAUREIHER BJZW

Grey Heron *Ardea cinerea*

L 84-102 cm (mit gestrecktem Hals), S 155-175 cm. Häufigster Reiher, Zweignester in Kolonien auf alten Bäumen, lokal auch im Schilf und auf Klippen, gelegentlich einzeln brütende Paare. Lauert oft lange ruhig stehend auf Beute, Fische und Amphibien an Gewässern, Mäuse auf Feldern und Wiesen.

KENNZEICHEN Sehr *groß,* kräftig gebaut, oberseits überwiegend *mittelgrau,* unterseits hauptsächlich grauweiß. Von Kranichen sofort am im Flug immer und stehend oft *eingezogenen Hals* unterscheidbar. Kräftiger, gerader Schnabel graugelb bis grünlich (zur Paarungszeit orange), Beine graugelb bis grünlich grau. Fliegt mit gemessenen, oft etwas ungleichmäßigen Schlägen der stark *durchgebogenen Flügel,* oft sehr hoch. Flügeloberseite zweifarbig, grau mit schwarzen Schwungfedern und Handdecken; zwei von vorne auffallende *weiße Flecken neben Flügelbug.*– Ad.: *Stirn, Scheitelmitte und Kopfseiten weiß,* Scheitelseiten und Nacken schwarz, schmale, schwarze Schmuckfedern im Nacken (oft kaum hervortretend), Halsseiten gräulich weiß, Vorderhals weiß und seitlich schwarz gestrichelt.– JK/1er W: *Stirn und Scheitel grau,* Nacken grauschwarz mit kaum hervortretenden Schmuckfedern, *Kopf- und Halsseiten mittelgrau* wie Mantel, Vorderhals beige.

STIMME Ruft im Flug heiser krächzend, laut und durchdringend „kräich" und „kah-ÄHRK". In Kolonien auch keckernde und krächzende Laute und Serien.

PURPURREIHER BZ

Purple Heron *Ardea purpurea*

L 70-90 cm (bei gestrecktem Hals), S 120-138 cm. Koloniebrüter in ausgedehnten Schilfgebieten, lokal auch in Büschen, Nahrungssuche (Fische, Amphibien) überwiegend im Röhricht. Überwintert im tropischen Afrika.

KENNZEICHEN Großer, *schlaksig gebauter* Reiher, der oft einen dunklen Eindruck macht. Vom Graureiher an vielen Merkmalen unterscheidbar: *Gleichmäßig schmaler Schnabel länger* (eher Bajonett als Dolch), *Kopf kleiner* (eher flachstirnig in Schnabel übergehend), im Flug von vorne betrachtet Flügel am Bug etwas gebogen, Flügelschlag etwas ruckartiger, *dünnerer Hals,* der eingezogen im Flug einen *tiefer herabhängenden Knick* bildet, *längere Zehen,* die im Flug auch stärker gespreizt werden (Hinterzehe oft abstehend), geringere Größe.– Ad.: Kopf- und *Halsseiten rotbraun,* Hals mit markanten, schmal schwarzen Streifen, *Mantel dunkelgrau,* Flügeldecken einfarbig dunkelgrau mit *braunviolettem Ton* (besonders beim ♂).– JK/1er W: *Gesamte Oberseite* einschließlich Flügeldecken, Kopf- und Halsseiten *ockerbraun,* Oberseite durch dunkle Federzentren scheckig, dunkle Streifen der Halsseiten undeutlich.– 1er S: Hals und Mantel ähnlich Altvogel, aber *Flügel* durch juvenile Federn noch *braun gescheckt.*

STIMME Wenig ruffreudig, im Flug rau „krrek", höher, kürzer, weniger durchdringend und eher einsilbig als Graureiher. In Kolonien laute, krächzende und grunzende Laute.

WEISSSTORCH BZ(J)

White Stork *Ciconia ciconia*

L 95-110 cm, S 180-218 cm. Brütet in offener Kulturlandschaft mit Feuchtwiesen, Sumpfgebieten oder flachen Gewässerufern, manchmal in kleinen Kolonien, auf Schornsteinen, Dächern, Kirchtürmen, Masten, seltener auf Bäumen. Nest aus Zweigen meist auf angebotenen Plattformen oder Wagenrädern. *Nicht scheu,* frisst Amphibien, Insekten, Kleinsäuger, Regenwürmer usw. Zieht Ende Aug. ins tropische Afrika, zurück im Apr., umfliegt das Mittelmeer, daher große Konzentrationen über Bosporus und Gibraltar.

KENNZEICHEN *Sehr groß, schwarz-weiß, mit langem Hals und langen, roten Beinen und rotem Schnabel* (dieser im JK blasser mit verdunkelter Spitze). Unverwechselbar, schreitet mit würdigen, *gemessenen Schritten.* Im Flug durch *ausgestreckten Hals, den Schwanz überragende Beine und Segeln in ungeordneten Trupps* gekennzeichnet (alles Merkmale, die ähnlich schwarz-weiß gemusterte, fliegende Rosapelikane nicht zeigen; Verwechslung sonst nur mit Kranich möglich, bei dem Hals und Beine noch länger sind).

STIMME Kompensiert seine Stummheit durch lautes Schnabelklappern, besonders am Nest.

SCHWARZSTORCH BZ

Black Stork *Ciconia nigra*

L 90-105 cm, S 173-205 cm. Brütet zurückgezogen besonders in ausgedehnten, alten, ruhigen Wäldern mit Feuchtgebieten, Mooren, Teichen, Bächen, bevorzugt im Bergland. Am aus Ästen hoch in einer Baumkrone errichteten Nest *sehr scheu* und empfindlich. Nahrungssuche oft am und im Wasser, besonders Fische und Amphibien. Zieht etwa einen Monat später nach Afrika als Weißstorch, zurück im Apr.

KENNZEICHEN Gestalt wie Weißstorch, nur unbedeutend kleiner. *Kopf, Hals, Brust und gesamte Oberseite schwarz* mit grünlichem bis violettem Metallglanz. Unterscheidung im Flug aus großer Entfernung und bei kräftigem Sonnenlicht manchmal schwierig, beachte aber, dass auf den Unterflügeln *nur die Achselfedern weiß* sind.– Ad.: *Schnabel und Beine rot.*– JK: Schnabel und Beine graugrün, Gefieder matter.

STIMME Klappert fast nie, ruft im Flug selten bussardähnlich „püju", am Nest „hi-lih", gereiht wetzend „schi-lüü schi-lüü schi-lüü…", die erste Silbe heiser, die zweite klar.

Graureiher

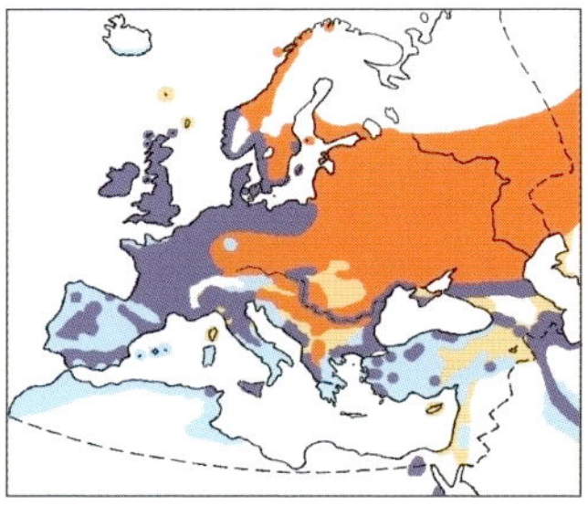

Purpurreiher

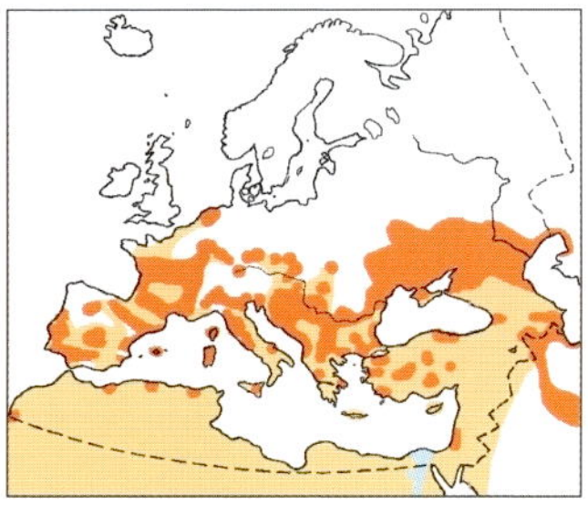

Weißstorch

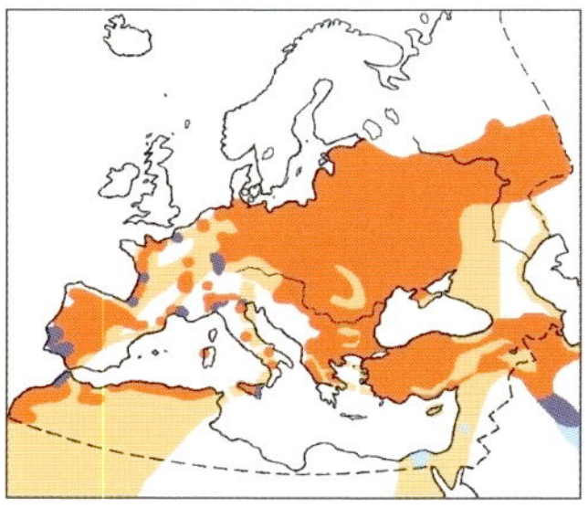

Schwarzstorch

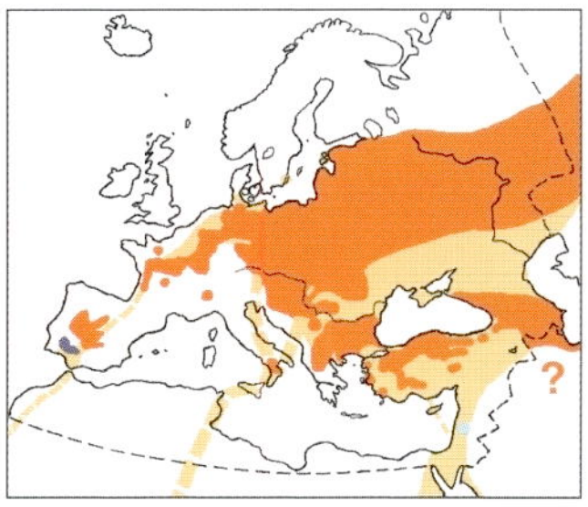

GRAUREIHER

PURPURREIHER

Flug ruckartig, Flügel geknickt

WEISSSTORCH

SCHWARZSTORCH

DZ

SICHLER A

Glossy Ibis *Plegadis falcinellus*

L 55-65 cm, S 88-105 cm. Brutkolonien im Schilf oder auf Büschen in Sümpfen oder flachen, vegetationsreichen Gewässern, oft in Reiherkolonien, hauptsächlich in Südosteuropa. Bei Nahrungssuche im Flachwasser oder auf Schlammflächen nach Amphibien, Insekten und kleinen Wassertieren meist gesellig. Die Mehrzahl überwintert in Afrika, zurück im April.

KENNZEICHEN *Dunkel, mittelgroß, Beine und Hals lang, Schnabel* brachvogelartig *abwärts gebogen, Gefieder dunkel purpurbraun* mit grünlichem Metallglanz auf den Flügeln. Fliegt mit raschen, mechanischen Flügelschlägen, regelmäßig von Gleitphasen unterbrochen, oft in Linienformation in sich leicht auf- und abwärts wiegender Bahn (von vorne der oft im selben Lebensraum vorkommenden Zwergscharbe ähnlich), Hals lang und dünn, Füße den Schwanz deutlich überragend.– PK: Kopf und Hals dunkel, bläuliche Zügelhaut schmal weiß eingefasst.– SK: Kopf und Hals etwas matter braun gefärbt und weiß gesprenkelt, Zügel ganz dunkel.– JK/1er W: Wie SK, aber überwiegend matt grünlich ohne Purpur- und Brauntöne.

STIMME Ruft selten heiser knurrend „grru“, äußert in der Kolonie aber grunzende und quakende Laute.

WALDRAPP (A)

Northern Bald Ibis *Geronticus eremita*

L 70-80 cm, S 120-135 cm. Einer der bedrohtesten Vögel, im 16. Jahrhundert noch Brutvogel in Deutschland und Österreich, 1989 in der Türkei ausgerottet (seitdem dort nur Käfigvögel), derzeit aber Aussetzungsexperimente in den Alpen. Heute nur noch wenige Paare an Marokkos Atlantikküste in kleinen Kolonien an steilen Felsküsten und in Syrien (diese im Winter nach Südarabien und Ostafrika ziehend). Sucht gesellig in trockenen Flussbetten, an Ufern und auf Feldern nach Insekten und Kleintieren.

KENNZEICHEN *Groß, eher kurzbeinig, aber Flügel und Schwanz lang, langer, abwärts gebogener, roter Schnabel, schwarzes Gefieder* mit grünem und purpurbraunem Metallglanz. *Kopf unbefiedert, nackte Haut mehr oder weniger ausgedehnt rot, verlängerte, herabhängende Nackenfedern.* Flügel mit kurzem Arm- und *langem, schmalem Handflügel, Füße überragen Schwanz nicht* (vgl. Sichler), *Flügelschlag flach,* aber auffallend fördernd und geschmeidig, nicht durch regelmäßige Gleitstrecken unterbrochen (kann aber auch auf leicht gewölbten Flügeln gleiten).– JK: Kopf noch dunkel befiedert.

STIMME Außerhalb der Kolonien stumm, ruft dort aber z. B. kurz und guttural „hrump“ sowie lauter und heiser „hüoh“.

LÖFFLER BG

Eurasian Spoonbill *Platalea leucorodia*

L 80-93 cm, S 120-135 cm. Brütet sehr lokal in Schilfgebieten, auch auf Büschen, in meist artreinen Kolonien. Sucht im Flachwasser von Seen und Küstenlagunen nach Kleinfischen, Mollusken und anderen kleinen Wassertieren.

KENNZEICHEN *Groß, weiß,* aus der Nähe durch *langen, an der Spitze löffelförmig verbreiterten Schnabel* unverkennbar; aus großer Entfernung mit weißen Reihern zu verwechseln, aber Bewegungsweise bei der Nahrungssuche charakteristisch: beim Waten ausholende Pendelbewegungen von Kopf und ins Wasser gesenktem Schnabel. Fliegt mit gestrecktem Hals mit schnellen, flachen Flügelschlägen und Gleitstrecken.– PK: Dicker, kurz herabhängender Nackenschopf (besonders ♂), orangegelber Brustlatz, Handschwingen rein weiß, Schnabel schwarz mit gelber Spitze.– SK: Wie PK, doch ohne Schopf und Brustlatz.– JK bis 2es KJ: Wie SK, aber Spitzen der äußeren Handschwingen schwarz, Schnabel und Beine anfangs fleischfarben, dann dunkler.

STIMME Stumm.

FLAMINGOS Phoenicopteriformes

Große, extrem langbeinige und langhalsige Bewohner flachen Salz- oder Brackwassers mit kräftigen, hohen, gewinkelten Schnäbeln. Brüten in großen Kolonien, aber nicht alljährlich; Nest ein stumpfer Schlammkegel. Filtern mit Lamellenschnabel Krebstiere und Plankton aus dem Wasser.

ROSAFLAMINGO (bA)

Greater Flamingo *Phoenicopterus ruber*

L 120-145 cm (ohne 40-50 cm überstehende Beine), S 140-170 cm. Brütet in wenigen, aber großen Kolonien auf Inseln in flachen Salzseen, Lagunen und Salinen, störungsempfindlich. Südeuropäische Population etwa 35.000 Paare.

KENNZEICHEN Unverwechselbar, weißlich mit rosa Ton, roten Flügeldecken und schwarzen Schwungfedern. *Schnabel rosa, nur Spitze schwarz, Beine insgesamt rosa,* Gefieder nur *blass rosa* (vgl. Chile- und Kubaflamingo, S. 424, zwei regelmäßige Gefangenschaftsflüchtlinge). Oft in großen, dichten Trupps (wie rosa Band am Horizont). *Flügeldecken im Flug rot aufleuchtend,* Beine und an der Basis leicht durchgebogener Hals weit ausgestreckt, Flügelschlag stetig und recht schnell.– ♂ durchschnittlich größer und intensiver rosarot.– JK: Graubraun, Bauch weiß.– 2es KJ: Bräunliches JK bleicht schnell aus, neue Federn fast weiß mit dunklen Schaftstrichen und dunkelspitzigen Flügeldecken, Schnabel blass grau, Auge dunkel. Rosa im Flügel erscheint nach einem Jahr.

STIMME Lautes Gackern, an Grau- und Saatgans erinnernd. Von großen Trupps ständiges grunzendes Murmeln.

Sichler

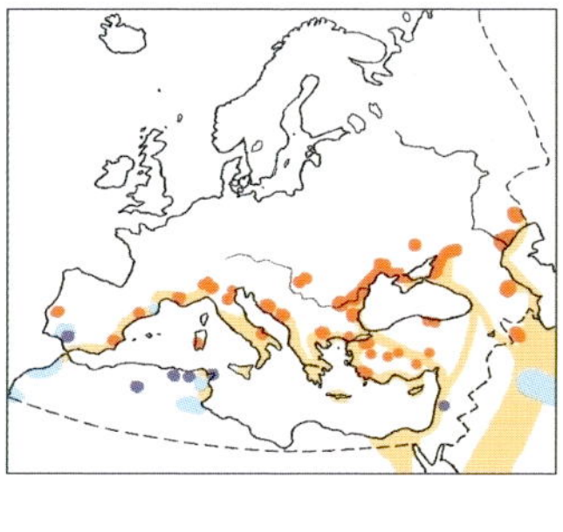

Waldrapp

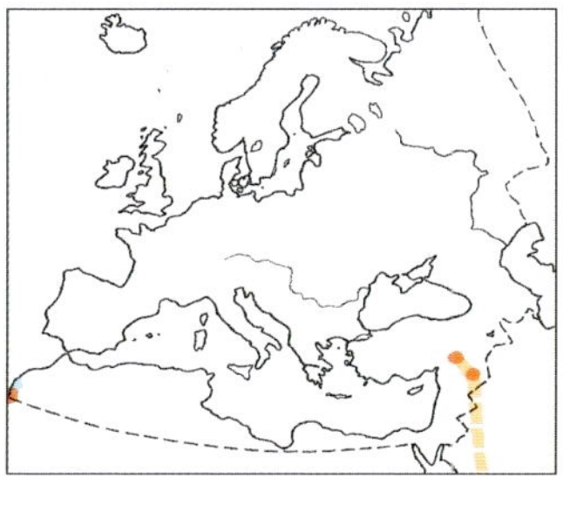

Löffler

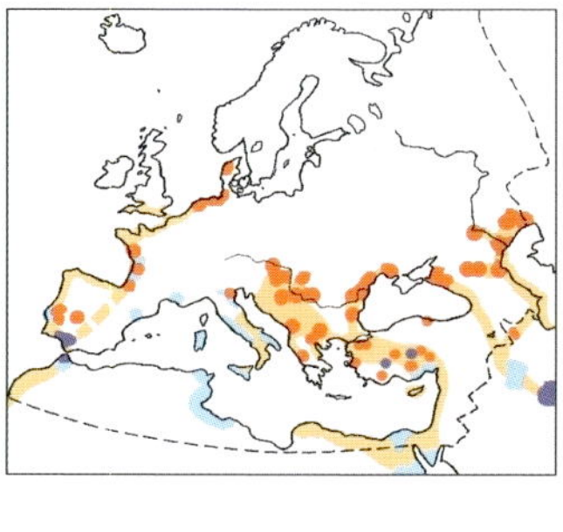

Rosaflamingo

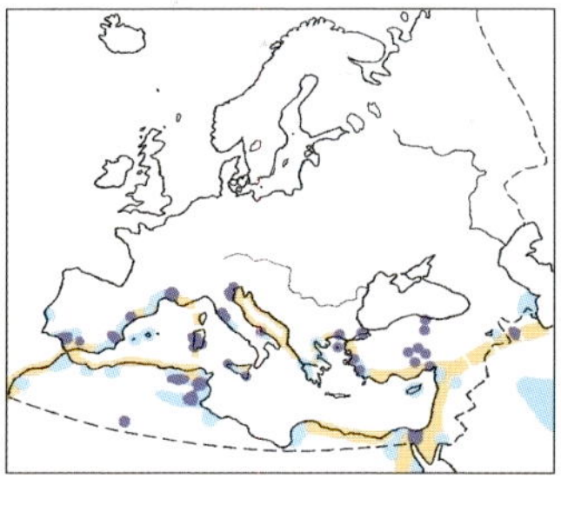

SICHLER

WALDRAPP

LÖFFLER

ROSAFLAMINGO

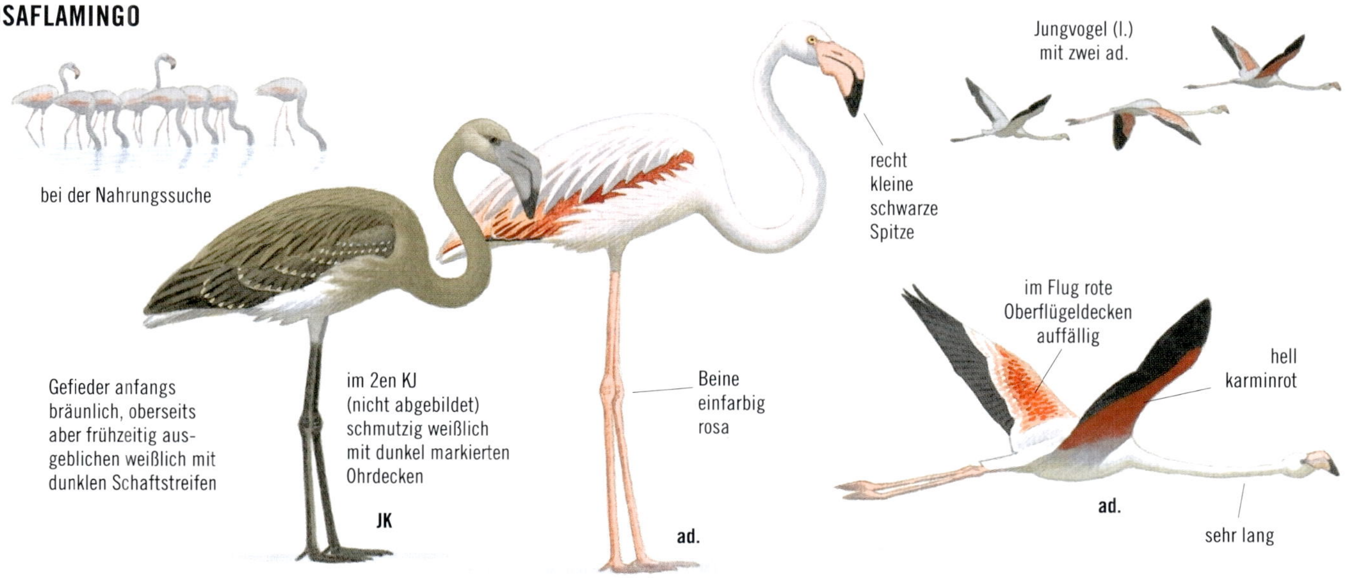

DZ

GREIFVÖGEL Accipitriformes

Diese Gruppe enthält 47 tagaktive, hier auf drei Familien verteilte Arten unterschiedlicher Größe und Gestalt. Alle vorwiegend Fleischfresser mit Hakenschnabel und kräftigen Füßen, die, mit Ausnahme der Geier, ihre Beute meist selbst jagen und erlegen. Die hier traditionell als Greifvögel geführten Falken sind mit diesen nicht näher verwandt und bilden die eigene Ordnung Falconiformes.

Accipitridae: Habichte, Bussarde, Adler, Milane, Geier und Weihen. Mit 34 Arten größte Familie. Breite, „gefingerte", zum Segeln und Gleiten ausgebildete Flügel.

Pandionidae: Fischadler einzige Art. Spezialisiert auf die Jagd nach Fischen, die im Rüttelflug erspäht und sturztauchend erbeutet werden. Füße und Krallen sehr kräftig.

Falconidae: Falken. Zwölf auf rasanten Jagdflug spezialisierte, spitzflügelige Arten, die teilweise auch „rüttelnd" aus der Luft nach Beute spähen und diese oft nach langer Verfolgung und im Sturzflug meist in der Luft schlagen.

SCHREIADLER

Weiße Wolken überstrahlen Färbung und Details, die erkennbar werden, wenn der Vogel vor dunklen Wolken oder blauem Himmel fliegt.

GREIFVOGELBESTIMMUNG

Greifvögel sind aufgrund der meist großen Entfernungen, der oft kurzen Beobachtungszeit, der großen Gefiedervariation, der ähnlichen Silhouette nah miteinander verwandter Arten, der geringen Ruffreudigkeit und der seltenen Gelegenheit, so manche Art überhaupt einmal zu beobachten, im Freiland schwer zu bestimmen. Alle Arten sofort unterscheiden zu können, wäre zu viel erwartet, aber mit entsprechender Übung kann man schon ein Stück weit kommen.

Am besten reist man zu den *Knotenpunkten des Greifvogelzugs* (z. B. Falsterbo, Gibraltar, Bosporus, Elat) und schließt sich erfahrenen Experten an. Wichtig ist, sich das Erscheinungsbild der *Schlüsselarten* (z. B. Mäusebussard, Sperber, Rohrweihe und Schwarzmilan) aus verschiedenen Winkeln und bei unterschiedlichem Licht einzuprägen.

Auf Artniveau bereits bestimmte, sich nähernde Vögel sollte man *im Spektiv weiter beobachten, bis sie außer Sichtweite sind*, und sich dabei alle Details einprägen. So gewinnt man am besten einen eigenen Eindruck davon, wie die Arten aus großer Entfernung und unter ungünstigen Bedingungen – die leider den Regelfall darstellen – aussehen.

Das Spektiv ist dabei ein unerlässliches Hilfsmittel. Ebenso wichtig ist ein *stabiles Stativ* (leichte Fotostative wackeln im Wind bzw. bei Bedienung des Spektivs) mit einem leichtgängigen *Videoneiger* (ein Kugelkopf ist weniger geeignet). Für das Beobachten fliegender Greifvögel, also in 95 % aller Fälle, ist ein Spektiv mit Schrägeinblick bequemer zu handhaben als mit Geradeinblick, doch das ist Geschmackssache.

Optische Täuschung und *Größenillusion* spielen bei der Greifvogelbeobachtung aus großer Entfernung oft eine Rolle. Die Größe eines kreisenden Adlers wird überschätzt, da der langsame Flügelschlag und die dunkle Färbung vor hellem Himmel ihn größer erscheinen lassen, als er wirklich ist. Erfahrungsgemäß tritt diese Fehleinschätzung selbst bei direktem Vergleich mit anderen gleichzeitig anwesenden Arten auf. Zudem berücksichtigen viele Beobachter die ganz normale *Größenvariation* innerhalb einer Art nicht. Die in diesem Buch angegebenen Flügelspannweiten wurden anhand von Bälgen, Fotos und lebenden Vögeln sorgfältig kalkuliert und zeigen den großen Überschneidungsbereich zwischen den Arten. Dennoch bieten sie einen Anhaltspunkt für die nicht außer Acht zu lassende relative Größe einer Art.

Die *Flugweise* bietet bereits einen Hinweis für die Bestimmung, doch variiert sie innerhalb einer Art je nach Größe des Individuums, da die größten langsamer mit den Flügeln schlagen als die kleinsten. Auch die *Gefiedervariation* ist vor allem bei Bussarden und einigen Adlern groß. Dennoch lohnt es, sich die ganze Variationsbreite einzuprägen. Im Gegensatz zu Größe und Proportionen unterliegt ein klar erkanntes Gefiederdetail weit weniger dem Einfluss der Täuschung oder der eigenen subjektiven Wahrnehmung.

Vor weißen Wolken fliegende Vögel lassen ihre Färbung kaum erkennen. Deshalb sollte man sie weiter im Auge behalten, bis sie vor blauem Himmel oder vor einer dunkleren Wolke erscheinen und mehr Färbungsdetails zeigen.

Schließlich ist die *Kenntnis der Mauser* für eine korrekte Art- und Altersbestimmung unerlässlich, siehe hierzu auch die allgemeinen Hinweise auf S. 11-12.

SCHELLADLER

Bei vielen Greifvögeln gibt es zwischen Jung- und Altvögeln einen Unterschied in der Silhouette. Altvögel besitzen eher gleichmäßig breite Flügel, vollere Handflügel und kürzeren Schwanz, während Jungvögel einen eher s-förmig geschwungenen Flügelhinterrand, schmaleren und spitzeren Handflügel und etwas längeren Schwanz zeigen.

SEEADLER

Die Mauser der Handschwingen gibt einen Hinweis auf das Alter eines Greifvogels (und erleichtert damit in vielen Fällen auch die Artbestimmung). Dieser Seeadler im Sommer wirkt juvenil, aber die aktive Mauser mit zwei Mauserzentren im Handflügel zeigt, dass er sich mindestens im 3en KJ befindet.

BARTGEIER

GEIER *Gypaetus, Neophron, Gyps* u. a.

Sechs Arten. Meist sehr große, breitflügelige Vögel, die segelnd und gleitend nach Aas oder Beuteresten Ausschau halten. Flügelmuskulatur im Verhältnis zu Körpergewicht und Flügeloberfläche schwach ausgebildet, daher auf Thermik angewiesen und meist nicht früh morgens aktiv. Oft in Trupps. Kopf der meisten Arten unbefiedert, einige mit langem, im Flug nach Reiherart eingezogenem Hals. Krallen recht kurz.

BARTGEIER (A)

Bearded Vulture *Gypaetus barbatus*

L 105-125 cm, S 235-285 cm. Sehr seltener, lokaler Bewohner hoher Bergregionen, meist an unzugänglichen, steilen Felswänden; im behandelten Verbreitungsgebiet nur noch ca. 500 Paare. Nahrung frisches Fleisch und Aas, auch Knochenmark. Lässt Knochen aus großer Höhe auf Felsen fallen, um sie in Stücken zu verschlingen, ebenso mit den Zehen gegriffene Schildkröten, deren Panzer beim Aufprall zerbrechen. Lebenslange Paarbindung; riesiges Nest in Felshöhle oder -spalte. In den Alpen wieder ausgewildert.

KENNZEICHEN Groß und *langflügelig*, Flugsilhouette durch *schmale, spitze Flügel* und *langen keilförmigen Schwanz* (deutlich länger als Flügelbreite) unverkennbar (Silhouette nur mit Schmutzgeier vergleichbar, doch dieser nur halb so groß, kurzschwänziger und stumpfflügeliger); segelt und gleitet auf meist flachen, kaum gewölbten Flügeln, Handflügel beim Gleiten aber zeitweise stärker abwärts gehalten, patrouilliert zeitlupenartig (durch seine Größe und die Weite des Lebensraums bewirkt) endlos segelnd ohne Flügelschlag an Felshängen entlang; wenn grelles Licht die Oberseite aufhellt und vor dem Felshintergrund verschwinden lässt, am besten am wandernden Schatten zu entdecken.– Ad.: Unterseite weißlich bis hell gelblich oder (durch Baden) oft rostorange, zu dunklem Unterflügel kontrastierend; schwarze Kleine und Mittlere Unterflügeldecken bei gutem Licht erkennbar; Oberseite bleigrau mit hellen Schäften.– JK: Körper matt grau, Kopf, Hals und Vorderbrust dunkelgrau abgesetzt („Nebelkrähen-Muster"); oberseits nicht so einfarbig wie Altvögel, Mantel, Bürzel und einige Flügeldecken hell; *Silhouette durch kürzeren Schwanz, breitere Flügel und stumpfere Flügelspitze* von Altvögeln unterschieden.– Immat.: Kopf noch recht lange dunkel; das Alterskleid wird erst ca. im 5en Kalenderjahr angelegt.

STIMME Meist stumm, bei Flugbalz schrille, laut pfeifende Töne oder Triller.

Bartgeier

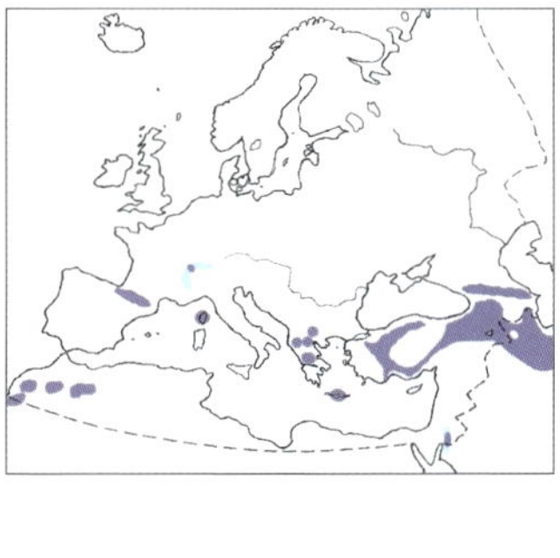

GÄNSEGEIER

A

Griffon Vulture *Gyps fulvus*

L 95-110 cm, S 230-265 cm. Standvogel in Bergregionen des Mittelmeerraums, in N-Europa Ausnahmeerscheinung; im behandelten Gebiet nur ca. 20.000 Paare, davon 90 % in Spanien. Segelt und gleitet vor Steilhängen und Klippen, oft in lockeren Trupps; Nest auf Felskante oder in -höhlen steiler Hänge, oft in lockeren Kolonien von 10-20 Paaren.

KENNZEICHEN Gewaltige Größe von Weitem am *zeitlupenartig langsamen Flügelschlag* erkennbar, *Flügel breit* mit *sehr langen „Fingern"*; *Armschwingen* oft *länger als innere Handschwingen* (beim Mönchsgeier meist gleich lang), dadurch geschwungener Hinterrand, Schwanz kurz, gerundet (auch leicht keilförmig); heller Kopf im Flug wenig auffallend. *Spitzen der Armschwingen abgerundet*, Flügelhinterrand daher nicht ausgefranst wirkend; Flug schwerfällig, mit einigen langsamen, tiefen Schlägen, von Gleitstrecken abgelöst. Flugprofil *beim Segeln* charakteristisch flach *v-förmig* ähnlich Steinadler, Gleitflug ab und zu von einem einzigen, für große Geier typischen, tief ausholenden Flügelschlag unterbrochen. *Kontrastreiche zweifarbige Grundfärbung* meist auffällig, kann aber gegen grellen Himmel dunkel wirken.– Ad.: Am leichtesten an breiten, *hell gelblichen Spitzen* der *Oberflügeldecken* zu erkennen; recht dunkel, *mittelbraune Kleine Unterflügeldecken* von *ein bis zwei schmalen, hellen Bändern* durchbrochen, Körper unterseits mittelbraun. Weiße (nicht hellbraune) Halskrause; Schnabel gelblich.– JK: *Große Oberflügeldecken ohne helle Spitzen*, *Unterflügeldecken heller* braun als bei ad. und *einfarbiger*, Körper unterseits heller als bei ad.; Krause gelbbraun; Schnabel grau, „Gesicht" oft hell.– Immat.: Das Alterskleid wird innerhalb von 5-6 Jahren angelegt.

STIMME Verschiedene zischende und rau grunzende Töne, die meist in Trupps am Aas oder rastend geäußert werden.

SPERBERGEIER

–

Rüppell's Vulture *Gyps rueppellii*

L 90-105 cm, S 220-255 cm. Brutvogel Afrikas südlich der Sahara, besucht selten Nordägypten und Spanien, dort einzelne seit den 1990er-Jahren in Gänsegeier-Kolonien.

KENNZEICHEN Im direkten Vergleich etwa 10 % kleiner als Gänsegeier. *Ad. dunkel mit dichter heller Fleckung*, immat. (meist in Europa) *insgesamt recht dunkel mit breit weißem Band auf Unterarmdecken.* Mit zunehmendem Alter mehr und schmalere weiße Binden.

MÖNCHSGEIER

(A)

Cinereous Vulture *Aegypius monachus*

L 100-115 cm, S 250-285 cm. Sehr selten, bis heute starker Rückgang (in Europa ca. 1.000 Paare, vor allem in Spanien); bewohnt sehr trockenes, raues Bergland sowie ausgedehnte, bewaldete Täler mit Hügeln und herausragenden Felsblöcken; Nahrung vorwiegend Aas; riesiges, aus Ästen und Zweigen gebautes Nest fast ausschließlich auf Bäumen.

KENNZEICHEN Gewaltig, *Flügel breit mit sehr langen „Fingern"*, Flugsilhouette durch *gleichmäßig breite Flügel* etwas adlerähnlicher als beim Gänsegeier, Kopf auffälliger, *Gefieder komplett dunkel*, spitz geformte Armschwingen lassen *sägezahnartigen Hinterrand* entstehen; Verwechslung mit Adler auszuschließen durch im Verhältnis zu großen Flügeln kleineren Kopf, tiefer „gefingerte" Flügel und stärker als beim Adler abstehende zwei äußere Handschwingen. Schwanz wie bei Gänsegeier kurz. Flugsilhouette von vorne beim Segeln vom Gänsegeier deutlich unterschieden durch *geraden Armflügel* und leicht *abwärts gehaltenen Handflügel*; gleitet zum Landen im Gegensatz zu anderen großen, breitflügeligen Geiern *nicht mit baumelnden Beinen* herab, sondern richtet dabei oft den Schwanz auf; Färbung der Füße variabel bläulich grauweiß, hell rosa bis hell gelblich.– Ad.: *Unterflügel nicht einfarbig dunkel*, sondern auf Kleinen und Mittleren Flügeldecken etwas heller graubraun (meist ein bis zwei diffuse Bänder andeutend), *Krause und Kopf hellbraun*, nicht schwärzlich wie im JK.– JK: *Unterflügeldecken einfarbig schwarz*, dunkler als Schwungfedern, Kopf und Krause schwärzlich; Alterskleid etwa ab 6em Kalenderjahr.

Gänsegeier

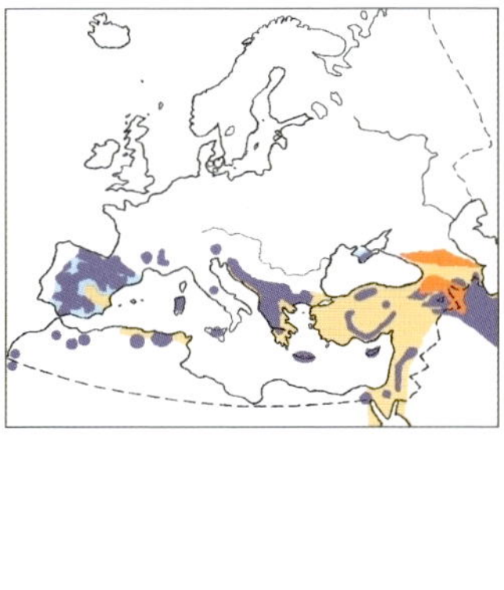

Mönchsgeier

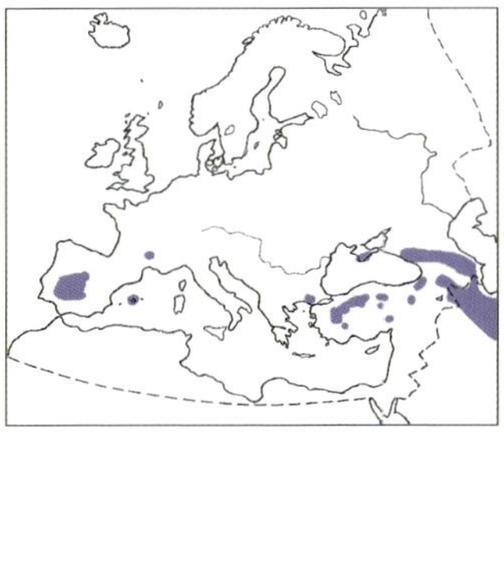

SPERBERGEIER

OHRENGEIER

–

Lappet-faced Vulture *Torgos tracheliotus*

L 98-112 cm, S 250-280 cm. Ehemals Brutvogel in S-Israel, sehr seltener Jahresvogel in Arabien, vielleicht noch in S-Jordanien (im Bearbeitungsgebiet nur noch unregelmäßig beobachtet). Brütet in Bergen und Wüsten; Nahrung vorwiegend Aas; riesiges Zweignest auf Bäumen, seltener auf Klippen.

KENNZEICHEN *Gewaltig.* Flugsilhouette ähnlich Mönchsgeier mit *gesägtem Flügelhinterrand*, *Armflügel* aber wie bei Gänsegeier etwas *„ausgebuchtet"*, *Schwanz proportional kürzer* als bei Gänse- und Mönchsgeier. *Kopf hell, Krause dunkel, dunkle Brust* bei Altvögeln *weißlich gestrichelt und gefleckt*, etwas Weiß an Flanken, Oberflügeldecken und Mantel bräunlich, von dunkleren Schwung- und Steuerfedern leicht abgesetzt.– Ad.: Körper unterseits dunkel und hell gestreift, *Unterflügeldecken schwarz mit einem hellen Band am Vorderrand.*– JK: Körper- und Flügelunterseite recht einfarbig schwarz.– Immat.: Alterskleid wird etwa im 6en bis 7en KJ angelegt.

GÄNSEGEIER

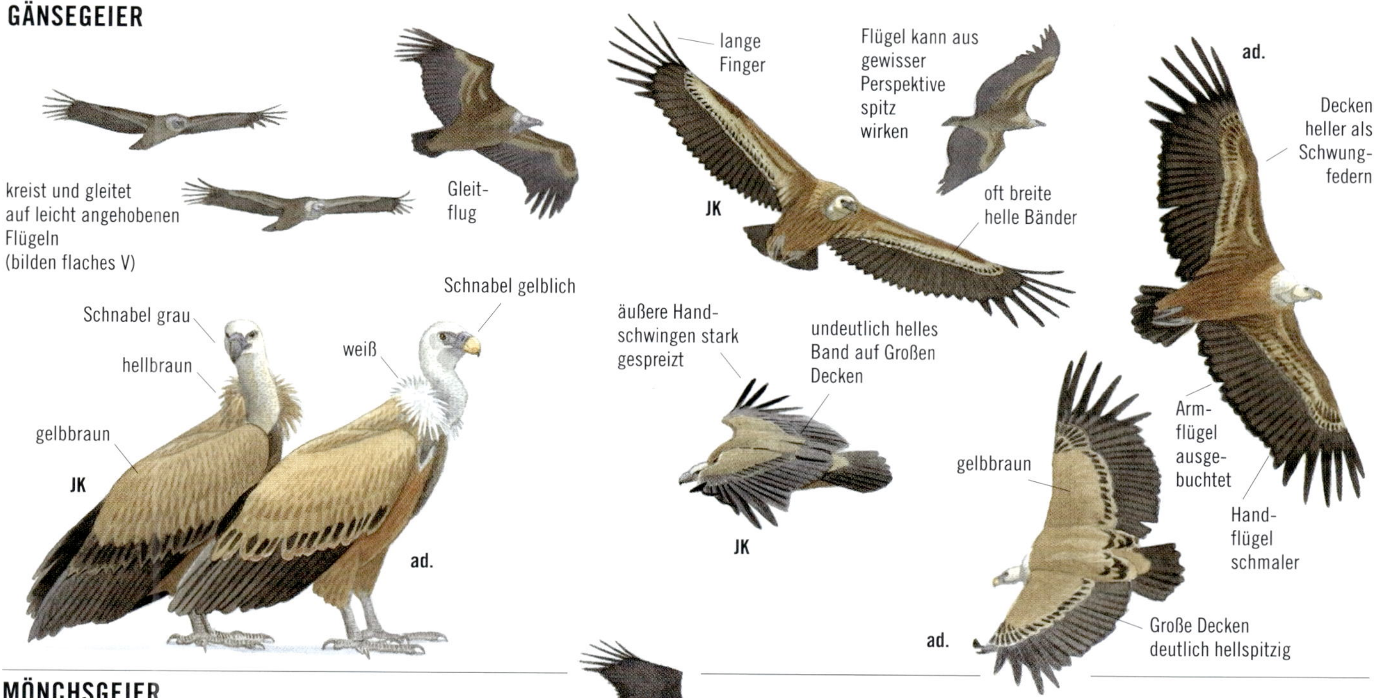

MÖNCHSGEIER

OHRENGEIER

SCHMUTZGEIER A

Egyptian Vulture *Neophron percnopterus*

L 55-65 cm, S 155-170 cm. Seltener Brutvogel vor allem in Bergregionen des Mittelmeerraumes, häufiger nur in Spanien, NW-Afrika und Türkei, überwintert in Afrika; Bestand abnehmend; Nahrung Aas, Fleischabfälle; Nest an Klippen.

KENNZEICHEN Mittelgroß, Flugsilhouette charakteristisch durch *keilförmigen Schwanz* (etwas kürzer als Flügelbreite) und *kleinen Kopf mit schmalem, langem Schnabel*, Flügel relativ breit und „gefingert", Flugsilhouette von vorne beim Segeln sehr gerade, beim Gleiten mit hängendem Handflügel, Flug mit recht langsamen und tiefen Flügelschlägen; einzige Art mit oberseits weißen Zentren der Schwungfedern.– Ad.: Körper, Kopf, Schwanz, Kleine und Mittlere Flügeldecken weiß; Kopf, Hals, Brust und Mantel variabel gelblich bis graubräunlich überhaucht, unterseits starker Kontrast zwischen weißen Partien und schwarzen Schwungfedern; gelbe Wachs- und Gesichtshaut schon von Weitem auffällig.– JK: Dunkelbraun mit stark kontrastierenden ockergelblichen (weißlich ausbleichenden) breiten Spitzen der Steuerfedern, Oberflügeldecken, Mantel-, Bürzel-, Schulter- und hinteren Bauchfedern; abgetragenes Gefieder matter braun mit schwächerem Kontrast, aber einige Vögel im JK durch schwächere helle Spitzen einfarbiger braun.– Immat.: Gefieder weniger kontrastreich, matter braun; erste helle oder weißliche Federn erscheinen auf Mantel, Rücken, Bürzel, Bauch und Flügeldecken im 2en Sommer. Alterskleid etwa im 5en Kalenderjahr vollständig.

STIMME Meist stumm.

SEEADLER BJW

White-tailed Eagle *Haliaeetus albicilla*

L 76-92 cm, S 190-240 cm. Brütet an Küsten, größeren Seen oder Flüssen. Ad. meist Standvögel, nur im hohen Norden wie die Jungvögel wandernd; Nahrung Fische, Wasservögel, Aas, Fleischabfälle; riesiges Nest in Baumkronen oder an Klippen; wird wieder benutzt, wenn keine Störung auftritt.

KENNZEICHEN Sehr groß mit *langen, breiten Flügeln*, Flügelspitze stark „gefingert"; recht *kurzer, stumpf keilförmiger Schwanz, langer Hals* und *kräftiger Schnabel* erzeugen charakteristisches Flugbild, Flugsilhouette von vorne gerade bis leicht gewölbt (Armflügel angehoben, Handflügel herabhängend); aktiver Flug mit langen Serien entspannter, recht flacher Flügelschläge, ab und zu unterbrochen durch kurzes Gleiten (vgl. Steinadler); plötzliches leichtes Heben oder Senken der Flugbahn typisch; kann lange in großer Höhe segeln.– Ad.: Braun mit hellerem, gelblichbraunem Kopf und Hals, durch einige unregelmäßig hell gelblich gespitzte Oberflügeldecken, Mantel- und Schulterfedern etwas „unsauber" geschuppt wirkend; *Schnabel gelb, Schwanz rein weiß* oder weiß mit brauner Fleckung an Basis und Spitze.– JK: Gefieder frisch bzw. gleichmäßig abgetragen; im Vergleich zu Altvögeln äußere Armschwingen länger (dadurch ausgebuchteter Armflügel-Hinterrand), Schwanz länger und weniger gestuft; Kopf, Hals und Körper dunkelbraun, Brust, Bauch, Rücken und Oberflügel rötlich braun mit ausgedehnt schwarzen Spitzen, Kleine Flügeldecken am dunkelsten (dunkler Ton variabel, einige schwärzlich, andere recht hell braun), Unterflügel dunkel mit diffus hellem Achselfleck und schmalem hellem Band auf Mittleren Unterflügeldecken, Steuerfedern weitgehend dunkel mit hellen Zentren, dadurch zusammengelegter Schwanz (auch im Flug!) oft ganz dunkel, gespreizt bei gutem Licht recht hell wirkend; Schnabel dunkel, *Zügel weißlich,* recht auffälligen, hellen Fleck bildend.– 1er S-2er S: Gefieder (aufgrund verzögerter Mauser) ungleichmäßig alt, rötlichbraune Färbung ausgeblichen, einige Brust- und Mantelfedern mit weißen Basen, „Hosen" ganz dunkel; Schnabel etwas heller grau.– 2er S-3er S: Variabel, aber gleichmäßiger dunkel; Brust, Mantel und Flügel brauner, einige an Rücken und Brust noch weiß gefleckt. Schnabel graugelblich.– 4er S-5er S: Altvögeln bereits viel ähnlicher als jüngere Altersstufen, Gefieder aber immer noch mit einzelnen weißlichen Federn durchsetzt, Kopf und Hals noch recht graubraun; Schnabel gelb, Iris hellbraun.

STIMME Außerhalb der Brutzeit meist stumm; äußert vor allem in Nestnähe lautes, gereihtes, schrill gackerndes „klii klii klii klii…" (an Ruf des Schwarzspechts im Frühjahr erinnernd), bei ♂ höher als bei ♀; Warnruf tiefer, hart pochend und wenige Male langsam wiederholt „kleck".

FISCHADLER BZ

Osprey *Pandion haliaetus*

L 52-60 cm, S 152-167 cm. Brutvogel klarer Süßwasserseen, küstennaher Brackgewässer und der Mittelmeerküsten, überwintert in Afrika. Nahrung Fische, die stoßtauchend erbeutet werden; Neststandort variabel, oft auf Bäumen.

KENNZEICHEN Mittelgroß, Flugsilhouette unverwechselbar: *Flügel schmal, lange „Hand" mit nur vier „Fingern", Schwanz kurz* und gerade abgeschnitten, Flügel angewinkelt, Gelenk im Gleitflug vorgeschoben; Silhouette von vorne mit abwärts gebogenen Flügeln; späht im schwerfälligen Rüttelflug nach Beute und taucht zum Fischfang ins Wasser.– Ad.: Oberseite einfarbig graubraun ohne weiße Federspitzen, Scheitel weiß, Große Unterflügeldecken ganz schwarz, Armschwingen dunkel mit meist undeutlicher Bänderung; Iris gelb; braunes Brustband beim ♂ weniger ausgeprägt als beim ♀.– JK: Federn der Oberseite mit weißen Spitzen, Scheitel weiß, dunkel gestrichelt. Große Unterflügeldecken und Armschwingen weiß mit dunkler Querbänderung; Iris orange.

STIMME Pfeift bei Flugbalz (in großer Höhe im Wellenflug mit baumelnden Füßen) klagend „ü-iilp ü-iilp ü-iilp…"; Warnruf, oft im Flug, ein raues, aber scharfes „kju-kju-kju-…", Kontaktruf kurz, laut und explosiv pfeifend „pjüpp!".

Schmutzgeier

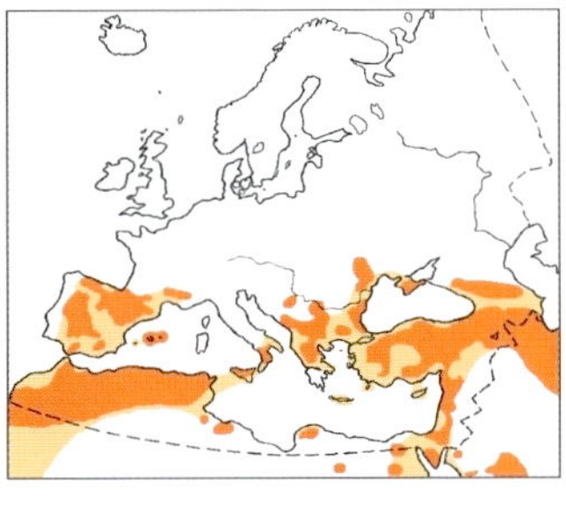

Seeadler

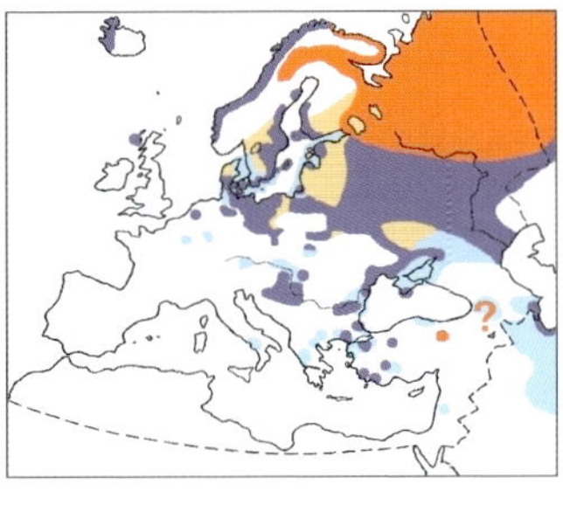

Fischadler

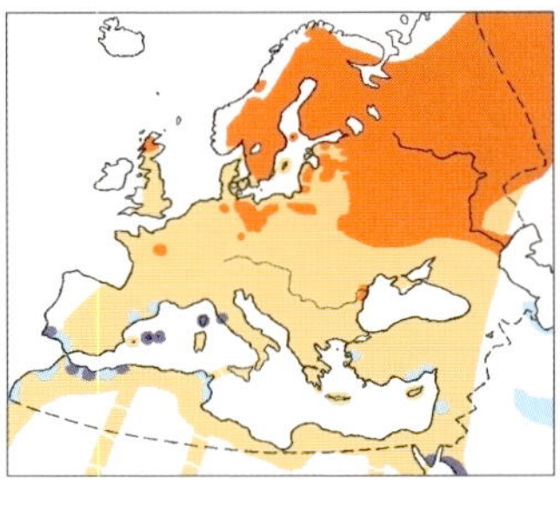

SCHMUTZGEIER

SEEADLER

FISCHADLER

DZ

ADLER *Aquila, Circaetus*

Gruppe unterschiedlich großer, breitflügeliger, kräftiger Greifvögel mit mächtigem Schnabel; einige Arten nicht nah miteinander verwandt; Geschlechter gleich gefärbt, Weibchen aber meist größer; Alterskleid wird erst nach einigen Jahren angelegt.

STEINADLER BJ

Golden Eagle *Aquila chrysaetos*

L 80-93 cm, S 190-225 cm. Bewohnt Bergregionen und weite Hochlandwälder, gelegentlich auch Waldgebiete der Niederungen, im südlichen Verbreitungsgebiet Standvogel, im Norden Wanderungen, vor allem der Jungvögel; Nahrung Säugetiere (Hasen, Kaninchen, Eichhörnchen, auch Jungfüchse), Hühnervögel, Aas; versierter Jäger, der hoch kreisend nach Beute späht oder im niedrigen Flug nach Habichtart Überraschungsangriffe unternimmt; hält auch lange von hohen Bäumen Ausschau. Großes Nest in alten Bäumen oder an Felswänden, wird oft erneut benutzt.

KENNZEICHEN Sehr großer, langflügeliger Adler mit typischem *langem Schwanz* (Länge etwa Breite der Flügel), Flügel an Hand- und Armbasis schmaler, dadurch s-förmig geschwungener Hinterrand, besonders deutlich bei Jungvögeln; Flug kräftig, oft mit Serien von 6-7 recht tiefen, langsamen Flügelschlägen, jeweils unterbrochen von 1-2 s Gleitflug, Flugbahn meist gerade; Flugsilhouette von vorne beim Segeln, wie auch oft beim Gleiten, *mit v-förmig angehobenen Flügeln*, Flügel beim Gleiten zuweilen auch flacher oder etwas gewölbt gehalten; in allen Kleidern recht dunkel braun mit (altersunabhängig) variablem gelblich oder hell rötlich braunem Nacken.– Ad.: Schwung- und Steuerfedern grau mit 3-5 breiten, dunklen Querbändern und breit schwarzen Spitzen; abgetragene, ausgeblichene Mittlere und innere Große Oberflügeldecken lassen (mehr oder weniger deutliches) unregelmäßiges, helles Feld entstehen; Brustfleck und Mittlere Unterflügeldecken oft hell rötlich.– JK: *Großes weißes Flügelfeld* (durch weiße Basen der Handschwingen und äußeren Armschwingen), *ausgedehnt weiße Schwanzbasis;* helles Flügelfeld selten zu kleinem Fleck reduziert (aber kein Alterskriterium), Oberflügeldecken einfarbig dunkelbraun, *ohne helles Band*, Flügelhinterrand s-förmig geschwungen, alle Federn frisch bzw. gleichmäßig abgetragen.– 1er S-2er S: Ähnlich JK, aber mit hellem Band auf Oberflügeln, Federn unterschiedlich abgenutzt.– 3er S-5er S: Ähnlich 1er S-2er S, aber einige Schwungfedern bereits wie bei Altvögeln grau und gebändert; Weiß der Schwanzbasis oft noch lange vorhanden, wenn Flügel bereits dem Alterskleid entsprechen.

STIMME Wenig ruffreudig, im Flug ein dünnes Pfeifen, „klüh"; Nestlinge und ♀ betteln zweisilbig „pii-tschulp".

KAISERADLER A

Eastern Imperial Eagle *Aquila heliaca*

L 70-83 cm, S 175-205 cm. Seltener Brutvogel in Wäldern, Steppen oder weiten Ebenen SO-Europas, auch in Bergwäldern; Nahrung Säugetiere, Vögel; nistet in Bäumen.

KENNZEICHEN Sehr groß, dem Steinadler am ähnlichsten, aber Schwanz kürzer (3/4 bis 4/5 der Flügelbreite) und Flügel in der Regel gleichmäßiger breit; in Frontansicht vom Steinadler oft durch *eher gerade gehaltene Flügel* unterschieden (zuweilen aber auch leicht angehoben), segelt oft mit zusammengelegtem Schwanz; *Schwanzspitze gerader und eckiger* abgeschnitten als beim Steppenadler.– Ad.: Sehr dunkel braun-schwarz, mit hellem, goldgelbem Nacken, heller als bei Steinadler, *helles Band auf Oberflügeldecken* meist *fehlend*, nur gelegentlich angedeutet, Schwungfedern grau, verwaschen gebändert, *Unterflügeldecken kontrastierend schwarz*, Schwanzbasis heller und enger gebändert als bei Steinadler, *Schwanzendbinde breit schwarz* (zweifarbiger Schwanz kann von Weitem an jungen Steinadler erinnern); weiße Schulterflecken (manchmal klein und schwer zu erkennen).– JK: Körper und Flügeldecken sandfarben, Brust, Mantel und Flügeldecken grob graubraun gestrichelt; meist *Kontrast zwischen gestrichelter* (von Weitem dunkler) *Brust und gestricheltem Mantel* und *ungezeichnet hellem Bauch und Rücken.* Schwung- und Steuerfedern und Große Oberflügeldecken schwärzlich mit breit weißen Spitzen; *innere drei Handschwingen* ober- wie unterseits *heller abgesetzt*; Oberflügel durch *nur undeutlichen hellen Handflügelfleck* vom immaturen Steppenadler oder Schrei- und Schelladler unterschieden (zeigt ausnahmsweise angedeutete, an jungen Steppenadler erinnernde Unterflügelbinde, doch restliche Merkmale eindeutig).– 1er S-2er S: Ähnlich JK, doch Federn durch Mauser ungleich abgenutzt mit 1 bzw. 2 Mauserzentren. Heller Flügelhinterrand und helle Schwanzspitze undeutlicher.– 3er S-4er S: Gefieder allmählich mit dunklen Federn durchsetzt, beginnend an Kehle, Oberkörper und Kleinen Flügeldecken; kann zuweilen recht *scheckig* aussehen; Alterskleid ab 6em Kalenderjahr.

STIMME Recht ruffreudig, ruft tiefer als Steinadler, meist schnell gereiht, rau bellend „auk-auk-auk-…", oft während der Flugbalz; warnt lang gezogen tutend „öht".

SPANISCHER KAISERADLER –

Spanish Imperial Eagle *Aquila adalberti*

L 72-85 cm, S 180-210 cm. Naher Verwandter des Kaiseradlers; sehr seltener Brutvogel Mittel- und SW-Spaniens (ca. 150 Paare); Nest auf Bäumen.

KENNZEICHEN Fast wie Kaiseradler, aber *ober- und unterseits rein weiße Flügelvorderkante*, und größerer, wie dessen Verlängerung wirkender weißer Schulterfleck; *Schwungfedern* durchschnittlich *dunkler, weniger gebändert, Schwanzbasis heller* grau, wirkt ungebändert.– JK: Eher *rötlich braun* (als sandbraun) und *ungestrichelt* (manchmal dünne Bruststrichel), Schnabel etwas kräftiger.

STIMME Wie Kaiseradler.

Steinadler

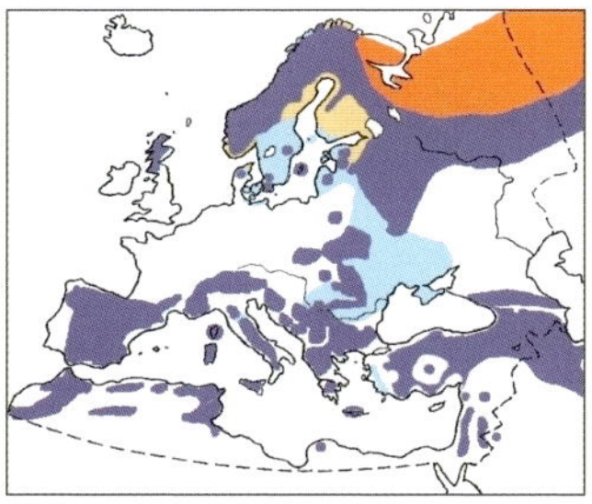

Kaiseradler

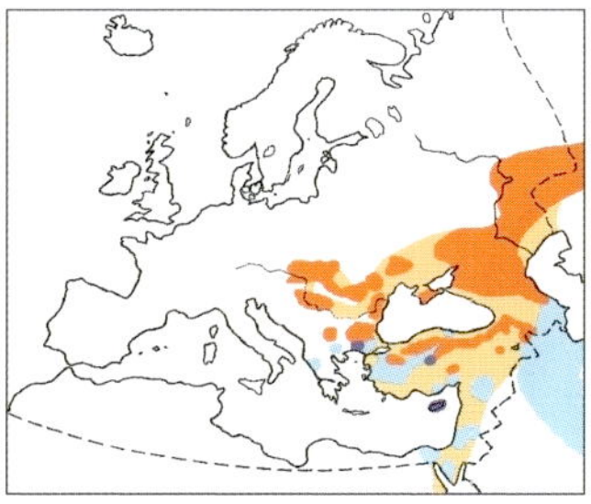

Spanischer Kaiseradler

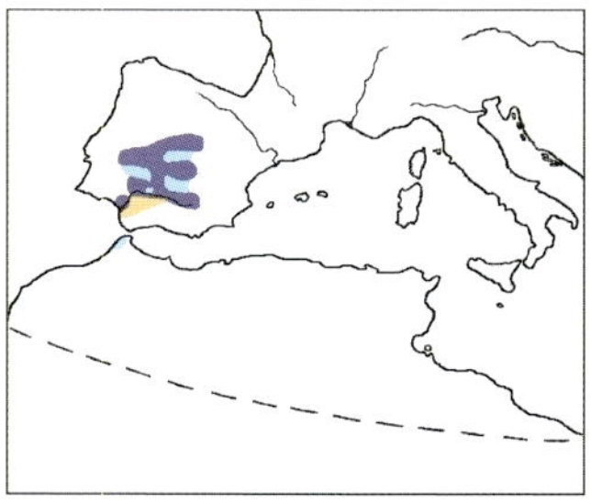

STEINADLER

KAISERADLER

SPANISCHER KAISERADLER

SCHREIADLER BZ

Lesser Spotted Eagle *Aquila pomarina*

55-65 cm, S 143-168 cm. Lokaler Brutvogel im östlichen Mitteleuropa in bewaldeten, weiten Ebenen; zieht im Winter nach Afrika, dann als Durchzügler häufig in der Türkei und im Nahen Osten (Apr., Sept.); Nahrung Kleinsäuger, Amphibien, gelegentlich Vögel, Insekten; Nest in Bäumen.

KENNZEICHEN Mittelgroßer, dunkler Adler von kompakter Gestalt mit gleichmäßig breiten, deutlicher als bei Bussarden, aber nicht so stark wie bei anderen großen *Aquila*-Adlern „gefingerten" Flügeln; Handflügel etwas schmaler, siebte Handschwinge von außen sehr kurz (JK) bis kurz (ad.), Schwanz gerundet, Länge etwa 2/3 bis 3/4 der Flügelbreite. Flugsilhouette von vorne vor allem beim Gleiten, weniger ausgeprägt auch beim Segeln, mit *leicht angewinkeltem Bug und hängendem Handflügel* (hängende Hand im Gleitflug auch z. B. bei Schell- und Steppenadler); recht schneller Flügelschlag; Kopf und Hals bussardähnlich, Schnabel für einen Adler klein, Nasenlöcher rund (typisch für Schrei-/Schelladler). Am besten an Färbung zu bestimmen: *dunkelbraun mit heller abgesetzten Kopf-/Halspartien und Oberflügeldecken, kleiner weißlicher Handbasisfleck* oberseits typisch, meist etwas Weiß auf Oberschwanzdecken; typischer Unterflügel zeigt *Kontrast zwischen helleren Flügeldecken und dunkleren Schwungfedern* (milchschokoladenbraun gegen dunkelgrau); Schwungfedern bis zur Spitze meist eng dunkel gebändert, dunkle Bänder mindestens so breit wie helle, bei einigen Individuen völlig ungebändert.– Ad.: Kleine und Mittlere Oberflügeldecken bilden hell *gelblich braunes Vorderflügelfeld*; Kopf oberseits hell, Mantel meist dunkel (je nach Mauser und Abnutzung etwas heller), weißer Handflügelfleck klein und abgesetzt, Große Flügeldecken, Armschwingen und Steuerfedern ohne weiße Spitzen. Iris gelbbraun (bei Schelladler dunkel).– JK: Kleine und Mittlere Flügeldecken ober- und unterseits dunkler als bei ad., aber meist etwas heller als Große Decken und Schwungfedern (einige mit dunklen Unterhanddecken), Kopf braun mit *rötlich gelbem* (ausgeblichen weißem) *Nackenfleck*, weißer Handflügelfleck groß, oft auf Handschwingenbasen ausgedehnt, Große Flügeldecken (ober- und unterseits), Flügelhinterrand und Schwanz mit schmal weißen Spitzen; Armschwingen-Hinterrand oft leicht geschwungen (nicht bei ad.).– Immat.: Alterskleid ca. im 5en Kalenderjahr komplett, doch Altersstufen außer JK und ad. im Freiland schwer zu unterscheiden; Schwungfedermauser kann Hinweis geben – im 1en S werden nur innere Handschwingen gemausert, in den folgenden Sommern jeweils einige innere und äußere.

STIMME Am Nest stimmfreudig, hoch „k-jiip", wie jaulender junger Hund, im Balzflug lang pfeifend „wiiik".

Schreiadler

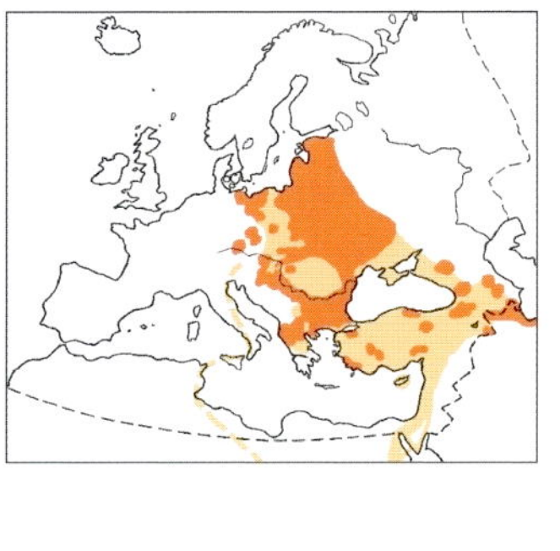

Schelladler

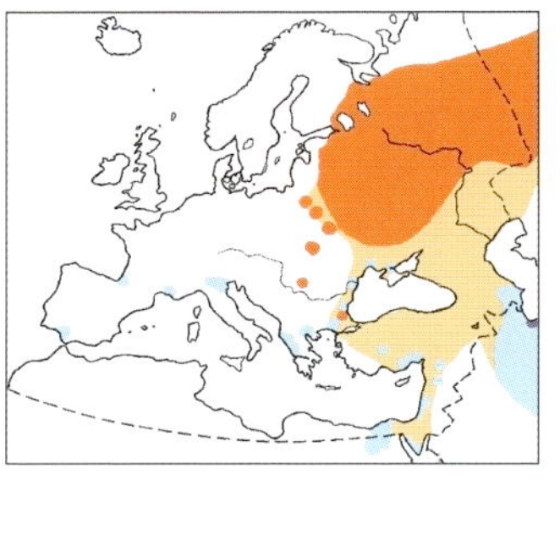

SCHELLADLER bA

Greater Spotted Eagle *Aquila clanga*

L 59-69 cm, S 153-177 cm. Seltener Brutvogel oft feuchter Wälder und Auen Osteuropas. Kurzstreckenzieher, überwintert im Süden des Verbreitungsgebiets und im Nahen Osten; Nahrung Kleinsäuger, Aas; Nest in Bäumen.

KENNZEICHEN Großer, dunkler Adler mit kompakter Gestalt, Flugsilhouette sehr ähnlich Schreiadler (s. dort), nur geringfügig durch volleren Handflügel und längere „Finger" unterschieden; Schnabel mittelgroß, Nasenlöcher rund. Gefieder bietet beste Merkmale: dunkelbraun, *Unterflügeldecken in der Regel dunkler als Schwungfedern* (beim Schreiadler umgekehrt), *oberseits keine hell abgesetzten Flügeldecken, weißer Handflügelfleck auf Oberflügel undeutlicher* (vor allem durch Handschwingenschäfte gebildet) und ausgedehnter, *fast die Flügelvorderkante erreichend;* Schwungfedern unterseits dicht dunkel gebändert, dunkle Bänder zur Spitze hin undeutlicher, bei einigen Individuen ungebändert.– Ad., typisch: *Dunkelbraun,* Kopf, Mantel und Oberfügeldecken etwas heller; diffus weißliche Handschwingenflecke und bei vielen Individuen etwas Weiß auf Oberschwanzdecken bilden einzige Aufhellungen im dunklen Gefieder; Vorderflügel unterseits oft dunkler als Große Decken und Schwungfedern, aber bei vielen einfarbig dunkel erscheinend; *leuchtend weißer Halbmond oder Fleck unterseits an den Basen der äußeren Handschwingen* gutes Kennzeichen, bei einigen aber zweiter matterer Halbmond auf den Handflügeldecken wie bei Schreiadler.– Ad., hell: Bei einigen Individuen Kopf und Flügeldecken etwas heller braun, ähnlich Schreiadler, aber oberseits ohne dunklen Rücken und scharfen Kontrast zwischen hellem Flügeldeckenfeld und restlichem dunklem Flügel.– JK, typisch: *Braunschwarz,* purpurn überhaucht, mit unterschiedlich starker weißer Fleckung, *auf allen Deckfedern aufgereihte große, weiße Tropfen* typisch, einige mit kleineren Flecken sehr ähnlich Schreiadler; helle Flecke am Kopf bilden ausnahmsweise hellen Nackenfleck, ähnlich Schreiadler; *Kopf sehr dunkel mit leuchtend abgesetztem, gelbem Schnabelwinkel;* Vorderflügel unterseits braunschwarz, deutlich dunkler als mittelgraue Große Decken und Schwungfedern; Armschwingen-Hinterrand im Flug „ausgebuchtet", Gefieder frisch bzw. gleichmäßig abgenutzt.– JK, hell: Variable, nicht so dunkle Grundfärbung, partiell oder ausgedehnt rötlich braun, oft stark gelblich gepunktet oder gestrichelt; von Weitem mit Schreiadler zu verwechseln, aber durch Dunkelbraun an Kopf, Hals und Kleinen Ober- und Unterflügeldecken unterschieden, dadurch weniger einförmig braun. Oberseits verwaschener Handflügelfleck weiteres Merkmal.– Hellste Variante (var. *fulvescens,* sehr selten): Hell goldfarbenes Körpergefieder (im 1en S weißlich ausgeblichen) und helle Spitzen erinnern eher an helle Morphe des Savannenadlers oder ausgeblichenen juv. Kaiseradler, von diesen aber (schwer) durch Größe, Proportionen, Schnabelgröße und manchmal Flugsilhouette von vorne und Gefiederdetails unterschieden; hellste Variante wohl auch bei immat.– Immat.: Weiße Flecke wie im JK (nur etwas kleiner und undeutlicher) zumindest ein weiteres Jahr vorhanden; Alterskleid erst im 5en bis 6en Kalenderjahr.

STIMME Ähnlich Schreiadler, aber tiefer, meist bellend, einzeln oder gereiht „kjak".

SCHREIADLER

SCHELLADLER

STEPPENADLER

A

Steppe Eagle *Aquila nipalensis*

L 62-74 cm, S 165-190 cm. Naher Verwandter des Savannenadlers. Brutvogel offener, trockener Ebenen und unterer Hanglagen, in Europa von März bis Okt./Nov. in den Steppen nördlich des Kaspischen Meeres. Überwintert in Afrika. Nahrung Kleinsäuger, Insekten (im Winter vor allem Termiten), Aas usw. Nest in Bäumen oder auf Erdhügeln.

KENNZEICHEN *Groß* bis sehr groß, Flügel lang, breit und stark „gefingert", *Kopf und Hals etwas stärker hervortretend* als bei Schrei-/Schelladler, *Armflügel proportional länger*, kräftiger *Schnabel mit langem, auffälligem, gelbem Schnabelwinkel* bis unter den Hinterrand des Auges. Mit Erfahrung kann breitere Hand mit längeren Fingern und langer 7. Handschwinge zur Unterscheidung vom Schreiadler dienen; Größe nur bei größten Individuen und in direktem Vergleich hilfreich; Nasenlöcher oval (bei Schrei-/Schelladler rund). Nützliche Gefiederdetails: *Schwung- und Steuerfedern breit dunkel gebändert* (auch Handschwingenbasen, Schrei-/Schelladler dort ungebändert), *Bänder in deutlichem Abstand* und von Nahem immer *gut sichtbar*, von Weitem zumindest am äußeren Rand der inneren Handschwingen; *dunkler Armschwingen-Hinterrand bei ad. breiter*, meist auf mittlere Entfernung sichtbar, Kinn und Kehle in allen Kleidern hell; nur Handschwingenspitzen unterseits schwarz, Handschwingenbasen heller grau; beim stehenden Vogel „Hosen" breiter und auffälliger als beim Schreiadler; oft kleiner, weißer Rückenfleck (aber auch bei Schrei-/Schelladler möglich).– Ad.: Dunkel- bis mittelbraun, Schwung- und Steuerfedern grob gebändert, dunkler Flügelhinterrand geschlossen, Nacken oft etwas heller braun; dunkle Vögel erinnern an Schelladler, haben aber *dunklen Flügelhinterrand und dunkle Schwanzendbinde* und etwas längere Flügel, helle Vögel erinnern an Schreiadler, zeigen aber neben strukturellen Unterschieden oft (viele Ausnahmen!) einfarbig hellbraune Färbung von Mantel und Oberflügeldecken (beim Schreiadler Mantel immer dunkler als Flügeldecken); Körper unterseits dunkler als Unterflügel, dieser mit recht deutlichem dunklem Bugfleck.– JK: Mittelbraun, Unterflügel mit charakteristischem, *mittig verlaufendem, breitem, weißem Band* (ausnahmsweise schwach ausgebildet) *und breit weißem Flügelhinterrand und weißer Schwanzendbinde*; bei einigen Individuen Flügelband zu großem, cremeweißem Bugfleck ausgedehnt. Große Oberflügeldecken mit breit weißen Spitzen, mit meist auffälligem, weißem Handschwingenfeld verbunden, viel Weiß auf Oberschwanzdecken.– Immat.: Variabel, aber weißes Flügelband komplett oder partiell vorhanden, ebenso Spuren von weißem Flügelhinterrand (vor allem an inneren Handschwingen) und weißer Schwanzendbinde.– Fast ad.: Ähnlich ad., aber einige Schwungfedern noch ohne dunkle Spitzen und meist Reste der weißen Flügelbinde sichtbar (am längsten auf inneren Handschwingendecken vorhanden).

STIMME Recht stumm; ruft ähnlich Schrei- und Schelladler, aber etwas tiefer.

Steppenadler

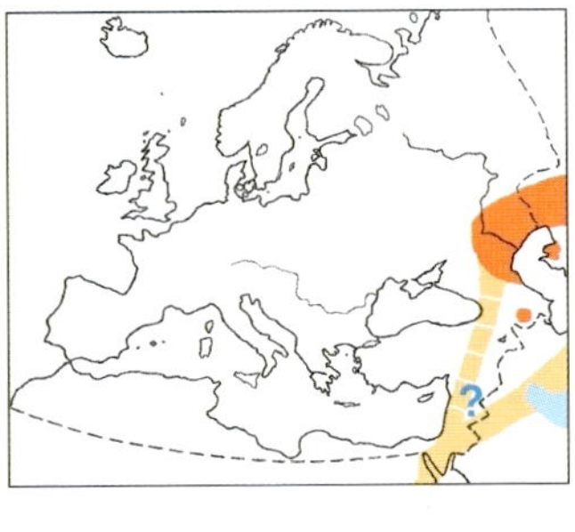

Savannenadler

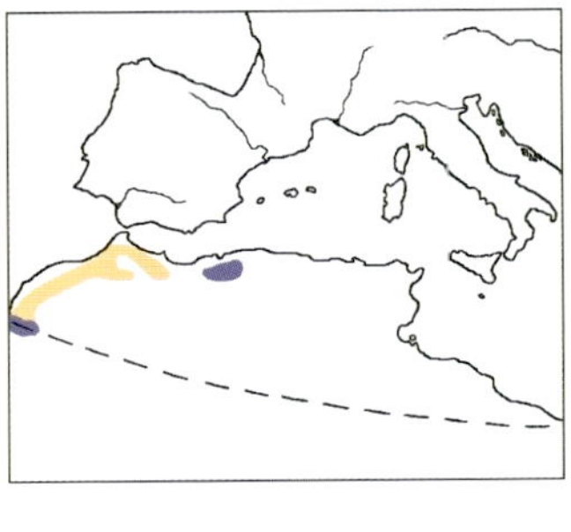

SAVANNENADLER

–

Tawny Eagle *Aquila rapax*

L 62-72 cm, S 165-185 cm. Naher Verwandter des Steppenadlers, die seltene nordafrikanische Unterart *belisarius* bewohnt Berg- und Waldregionen; Nahrung wie Steppenadler, aber schmarotzt oft; Nest in Bäumen.

KENNZEICHEN Im Vergleich zum Steppenadler kleiner, etwas untersetzter, nur geringfügig größer als Schelladler; Gefieder verglichen mit Steppenadler variabler, *oft recht hell*, *Schwung- und Steuerfedern dicht, aber unauffällig gebändert* oder ungebändert, einige ad. mit diffus dunklem Flügelhinterrand; *Rücken bis Oberschwanzdecken fast immer sehr hell* (auch typisch für jungen Kaiser-, selten beim Steppenadler); bei hellen Individuen *drei innerste Handschwingen* (und manchmal restliche Handschwingenbasen unterseits) meist *auffallend hell*, ähnlich jungem Kaiseradler; auffälliger gelber Schnabelwinkel reicht nur bis unter Augenmitte (bei Steppenadler bis Augenhinterrand), *Kehle von übriger Körperunterseite nicht hell abgesetzt* (bei Steppenadler Kehle hell); *Jungvögel unterseits ohne typisches weißes Flügelband junger Steppenadler.*– Ad.: Sehr variabel dunkel-, hell-, mittel- oder rötlich braun mit dunkleren Schwung- und Steuerfedern, Oberflügeldecken und viele Körperfedern mit dunklen Zentren, dadurch Gefieder gestreift und nach gradueller Mauser oft ungleichmäßig und etwas schäbig (mit Ausnahme seltener dunkelster Individuen); heller Handflügelfleck undeutlich, Iris hell (bei Steppenadler dunkel).– JK: Meist hell rötlich braun, zu Weißlich ausbleichend, einige Individuen mittelbraun; Unterflügeldecken hell, Große Decken dunkel zentriert. Gefieder frisch oder gleichmäßig abgenutzt.

KAFFERNADLER

–

Verreaux's Eagle *Aquila verreauxii*

L 78-88 cm, S 190-210 cm. Sehr seltener Brutvogel der Gebirgswüsten im Sinai; Nahrung vor allem Klippschliefer.

KENNZEICHEN Größe fast wie Steinadler (kann durch dunkles Gefieder größer wirken), Altvögel *auffällig schwarz mit ober- und unterseits großen weißlichen „Handflügelfenstern", weißem Mantel-V (im Flug u-förmig) und Weiß auf Bürzel und Oberschwanzdecken*; kann von Weitem für dunkle Morphe des Adlerbussards gehalten werden. Flugsilhouette durch *stark „ausgebeulten" Armschwingen-Hinterrand, schmale Flügelbasis und schmalen inneren Handflügel* sehr charakteristisch, Flügel wirken von Weitem oft recht zugespitzt; *segelt mit v-förmig gehaltenen Flügeln.*– JK: Recht dunkel mit hell rötlich goldenem Nackenfleck, ein wenig an ad. Steinadler erinnernd, aber unterschieden durch *auffällig helle Handschwingenbasis, andere Flügelform, weißliche Oberschwanzdecken*, etwas kürzeren Schwanz, proportional kleineren Kopf, längeren, schlankeren, schwarzen Hals, längere Beine und größere Füße; Kopf- und Kehlseiten schwarz, dunkle Oberflügeldecken mit hellbeigen Spitzen erzeugen Schuppenmuster.

STEPPENADLER

SAVANNENADLER

KAFFERNADLER

SCHLANGENADLER A

Short-toed Snake Eagle *Circaetus gallicus*

L 62-69 cm, S 162-178 cm. Bewohnt im Süden offenes Gelände mit Bergen und Wald, im Osten auch Flusstäler, Wälder, überwintert in Afrika; selten, etwa 10.000 Paare im Bearbeitungsgebiet; Nahrung Reptilien; Nest in Bäumen.

KENNZEICHEN Groß, hell, *Flügel lang und breit, Schwanz* etwa 4/5 so lang wie Flügel breit, schmal *an der Basis, wenn gefaltet gerade abgeschnitten und eckig; Hals kurz, Kopf breit, beim stehenden Vogel eulenartig;* Flugsilhouette von vorne im Gleiten mit *charakteristisch vorgestrecktem Bug und abwärts gebogenen Flügeln,* äußere Arm- und innere Handschwingen lang, *bei vorgestrecktem Bug recht geraden Flügelhinterrand* formend; Flügel beim Segeln gerade gehalten; *rüttelt* oder hängt mit geringen Flügelbewegungen im Wind; *Unterseite silbrig weiß* mit typischem *Kontrast zum Dunkelgrau von Kopf und Brust* und dunklen Tropfenreihen an Bauch, Flügeldecken und locker gebänderten Schwung- und Steuerfedern, *Schwanz mit drei gleich breiten,* ober- und unterseits sichtbaren *dunklen Binden,* bei einigen Individuen angedeutete vierte Binde. Von Fischadler und hellen Bussarden unterschieden durch *Fehlen des dunklen Bugflecks* und Schwanzmuster; einige dunkler, andere sehr hell gefärbt, mit nur rudimentärer Bänderung von Flügeln und Schwanz, Spitzen der äußeren Handschwingen grauer, an den Kanten am dunkelsten (bei Bussarden Spitzen einfarbig schwarz).– Ad./JK: Altersbestimmung schwierig. Im JK geschwungener Flügelhinterrand durch längere Armschwingen und schmalere „Hand", alle Schwungfedern frisch mit kleinen weißen Spitzen bzw. gleichmäßig abgenutzt.

STIMME Zur Brutzeit recht stimmfreudig; ähnlich Pirol, einzeln oder gereiht„küo", auch klagend „mii-ok".

ZWERGADLER bA

Booted Eagle *Aquila pennata*

L 42-51 cm, S 110-135 cm. Bewohnt Wälder mit angrenzenden offenen Flächen, Hügel- und Bergland, überwintert in Afrika (wenige in SW-Spanien); Nahrung Kleinsäuger, Reptilien, Vögel, die im spektakulären, mit angelegten Flügeln ausgeführten Sturzflug in Bodennähe erbeutet werden; nistet auf Bäumen oder (selten) Felsen.

KENNZEICHEN Kleiner Adler von der Größe und Gestalt eines Bussards, Handflügel aber durch 6 „Finger" (anstatt 5) gleichmäßiger und breiter als bei jenem, Flugweise adlerartig, mit geraderem Kurs, oft größerer Geschwindigkeit und längeren Gleitstrecken. Schwanz 4/5 so lang wie Flügelbreite oder gleich breit, *gerade abgeschnitten, Außenkanten gerade* (oder sogar an der Spitze leicht konkav verlaufend). Zwei Farbmorphen: helle Morphe mit *weißer Unterseite* (an Brust und Augenpartie etwas bräunlich oder düster) *und weißen Unterflügeln* (locker schwarz gepunktet), *mit stark abgesetzten, schwarzen Schwungfedern (innere drei Handschwingen meist heller und gebändert);* dunkle Morphe mit dunkelbrauner Unterseite (rötlich überhaucht, gestrichelt) und dunkelbraunen Unterflügeln (oft zur Vorderkante aufgehellt), Schwungfedern wie helle Morphe, aber meist nicht schwarz, eher braun und gebändert; *innere drei helle Handschwingen* am auffälligsten. Schwanz unterseits in beiden Morphen grau, *innen und an der Spitze dunkler.* (Bei beiden Morphen Variationen, helle Morphe mit rötlichem Anflug an Körperunterseite und, häufiger, dunkle Morphe von mittelbrauner Färbung mit heller rostbrauner Vorderkante des Unterflügels). 75 % aller Individuen zeigen *charakteristischen kleinen, rein weißen Fleck an der Basis des Vorderflügels* („Positionslichter"), ähnlicher Fleck ausnahmsweise beim Wespenbussard (aber nicht so rein weiß und abgesetzt). Oberseits zeigen beide Morphen ein *hell ockerfarbenes, über den Armflügel verlaufendes Band, weißliche Oberschwanzdecken* und einige helle Schulterfedern.

STIMME Zur Brutzeit stimmfreudig, schrill „kli kli kli...", auch bussardähnlich „hijääh" und in Serien „gü".

HABICHTSADLER A

Bonelli's Eagle *Aquila fasciata*

L 55-65 cm, S 145-165 cm. Brutvogel in Bergregionen, selten, ca. 800 Paare überwiegend im Südwesten; Nahrung mittelgroße Säugetiere oder Vögel; Nest an Felsen.

KENNZEICHEN Mittelgroßer, kräftiger Adler mit breiten Flügeln und *geradem, recht breitem, gerade abgeschnittenem Schwanz,* Schwanzlänge etwa wie Flügelbreite oder etwas kürzer, Flügelspitze nur *mäßig „gefingert";* Flugbild mit beim Gleiten *nach vorne gepresstem Bug, recht kleiner Kopf* sowie Schwanzlänge erinnern an Wespenbussard, segelt und gleitet auf geraden Flügeln, Handschwingen zuweilen leicht abgesenkt.– Ad.: Typisches Flugbild von Weitem mit *weißlichem Körper und dunkler Färbung von Flügeln und Schwanz,* aus kürzerer Distanz unterseits mit weißer Flügelvorderkante (variabel auf Kleine und manchmal Mittlere Decken ausgedehnt), diffus grauen Basen der äußeren Handschwingen und schwärzlichen Großen Flügeldecken; Schwanz hellgrau mit breiter dunkler Endbinde, weiße Partien eng dunkel gebändert; Oberseite dunkelgrau mit typischem *weißem Mantelfleck* (unterschiedlich groß; kann fehlen).– JK: Unterseits Körper und Flügeldecken hell rötlich beige (fein dunkel gestrichelt), Flügelspitzen schwärzlich, Schwung- und Steuerfedern hell grau, schmal dunkel gebändert, ohne breite Endbinde; Große Flügeldecken können rein rötlich beige sein oder durch dunkle Basen ein undeutliches Band erzeugen, das bis auf die Handdecken reicht.– Immat.: Körper unterseits hellbraun, kräftig dunkel gestreift, später Große Flügeldecken dunkler, Körper weißer; breit dunkle Schwanzendbinde entsteht während des 3en W, Alterskleid gewöhnlich im 5en W.

STIMME Nur am Nest sind verschiedene bellende und schrille Töne zu hören.

Schlangenadler

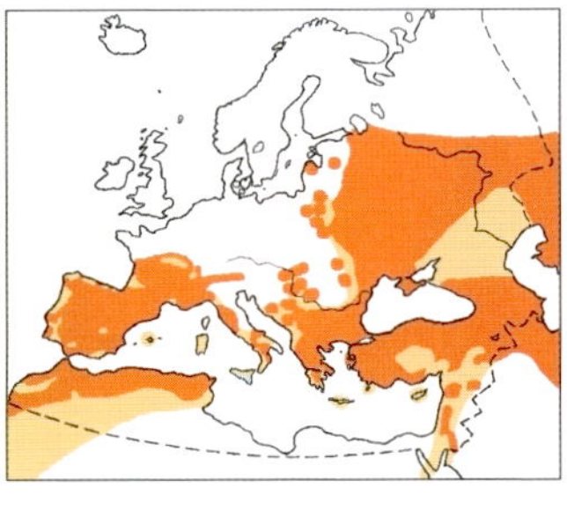

Zwergadler

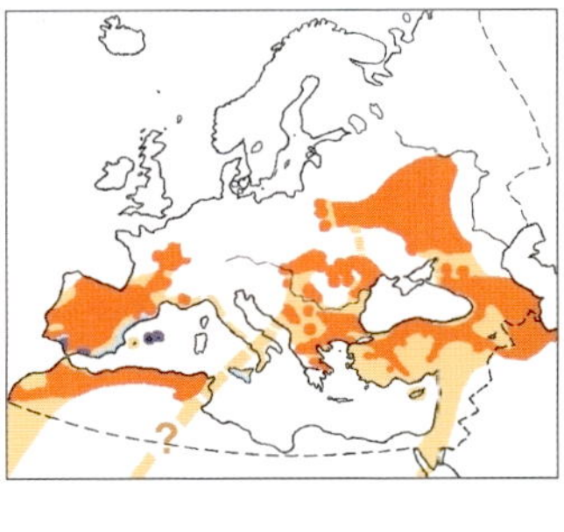

Habichtsadler

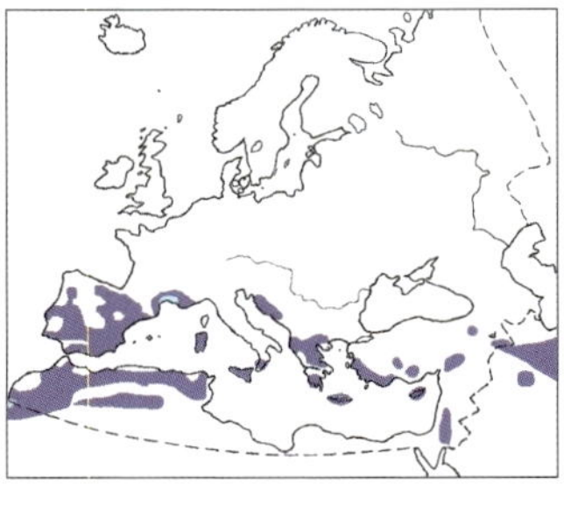

SCHLANGENADLER

ZWERGADLER

HABICHTSADLER

DZ

MILANE *Milvus*

Große, langflügelige Greifvögel mit langen, gegabelten Schwänzen, die während des Segelns und Gleitens oft gedreht werden. Nahrung Kleintiere, oft Aas, besuchen auch Mülldeponien und patrouillieren an Gewässerufern nach toten Fischen, stehlen auch Beute von Krähen und anderen Greifvögeln. Bauen Reisignester hoch in alten Bäumen.

ROTMILAN BZW

Red Kite *Milvus milvus*

L 61-72 cm, S 140-165 cm. Brutvogel bewaldeter Regionen mit Seen und Feldern, vor allem im Norden Zugvogel, im Winter oft große Ansammlungen an Schlafplätzen. Nahrung oft Aas, Abfälle, auch Fische und Insekten.

KENNZEICHEN Mittelgroß, langflügelig, mit *charakteristischem langem, tief gegabeltem Schwanz,* recht schmale *Flügel gleichmäßig breit, am Bug gebeugt und gewinkelt, lange „Hand" von vorne betrachtet herabhängend; im Flug mit hängendem Schwanz und Kopf bucklig wirkend;* Flugweise lebhaft und lässig, fast krähenartig, von *ständigem Schwanzdrehen* begleitet; *unterseits weiße „Fenster" des inneren Handflügels typisch, Schwanz oberseits rostfarben,* unterseits heller, *oberseits helles, gelbbraunes Flügelband diagonal über dunklen Armflügel* verlaufend, heller und markanter als beim Schwarzmilan, von vorne betrachtet als heller Flügelbug sichtbar; Kopf hell.– Ad.: Große Oberflügeldecken ohne helle Spitzen, Brust und Bauch tief rotbraun, dünn schwarz gestrichelt, Unterschwanzdecken recht dunkel.– JK: Große Oberflügeldecken mit schmal weißen Spitzen, Brust und Bauch rotbraun, durch gelbbeige Schaftstriche heller als dunkler Unterflügel, Unterschwanzdecken hell.

STIMME Recht stumm; dünnes Pfeifen, bussardähnliches Miauen, gefolgt von lang gezogenem, auf- und absteigendem „wiii-uuh, ii uu ii uu", auch wiederholt „wii-uh".

SCHWARZMILAN BZ

Black Kite *Milvus migrans*

L 48-58 cm, S 130-155 cm. Bewohnt Waldgebiete mit Seen, Flüssen oder Feuchtgebieten, überwintert in Afrika; Nahrung Fische, Fleisch- und andere Abfälle; gesellig, oft in recht großen Trupps, bildet Schlafgemeinschaften.

KENNZEICHEN Mittelgroß, mit leicht gegabeltem Schwanz; vom Rotmilan unterschieden durch dunkles Gefieder, etwas geringere Größe, Flügel und Schwanz proportional kürzer, *Flügelspitze breiter, Schwanz schwächer gegabelt, graubraun (niemals rostfarben);* Gefieder dunkelbraun, Handschwingenbasen unterseits heller; helles „Fenster" bei europäischen Altvögeln schwach ausgebildet, im JK und bei vielen östlichen Durchzüglern im Nahen Osten viel weißer, ähnlich Rotmilan. Oberseite dunkelbraun mit hellem, *mittelbraunem Diagonalband über Armflügel* (wie bei Rotmilan, aber dunkler und matter); wenn Schwanzkerbe nicht sichtbar, Verwechslung mit Zwergadler der dunklen Morphe möglich, Letzterer zeigt aber helle Oberschwanzdecken, meist weiße „Positionslichter"; dunkle Rohrweihe hat weit weniger „gefingerte" Flügelspitzen, unterseits keine hellen Handschwingenbasen, von vorne betrachtet angehobenen Arm- und geraderen Handflügel, also keine angewinkelten Flügel mit hängender „Hand".– Ad./JK: Altersbestimmung wie beim Rotmilan.– Variation: „Schmarotzermilan" (ssp. *aegyptius*) in Ägypten und Südarabien hat komplett gelben Schnabel, einheitlicheres und heller braunes Gefieder und feiner gebänderte Schwungfedern.

STIMME Ähnlich Rotmilan, aber schneller wiehernd „pii-i-i-i", auch bussardähnlich maunzende Rufe.

WEIHEN *Circus*

Mittelgroße, langflügelige und langschwänzige Greifvögel, die in mühelosem Flug mit wenigen Flügelschlägen, gefolgt von Gleitstrecken auf leicht angehobenen Flügeln, auf der Suche nach Kleinvögeln, Mäusen, Insekten und Eidechsen niedrig über offenem Gelände patrouillieren. Bodennest in Schilf oder anderer Vegetation.

ROHRWEIHE BZ

Western Marsh Harrier *Circus aeruginosus*

L 43-55 cm, S 115-140 cm. Brütet an flachen Gewässern oder Flüssen, überwintert hauptsächlich in Afrika; Nahrung Kleinsäuger, Vögel, Insekten; Nest in hohem Schilf.

KENNZEICHEN Größte Weihe, etwas größer als Mäusebussard, aber mit schlankerem Körper, schmaleren Flügeln und längerem Schwanz; *segelt mit v-förmig angehobenen Flügeln, gleitet mit leicht angehobenem Arm- und geraderem Handflügel;* von Weitem mit Schwarzmilan und Zwergadler der dunklen Morphe verwechselbar, unterschieden durch *weniger „gefingerte" Flügelspitze, gerundeten Schwanz* und von vorne andere Silhouette.– Ad. ♂: *Scharf abgesetzte schwarze Flügelspitzen, einfarbig blaugrauer Schwanz,* Kopf und Brust hell gelblichweiß, Oberflügel drei- bis vierfarbig, einige Individuen sehr hell, von Weitem ähnlich Kornweihen-♂, aber *Bauch und Oberflügeldecken kastanienbraun.*– Ad. ♀: Gefieder dunkelbraun, Scheitel, Kehle und (teilweise) Vorderflügel cremeweiß, oft heller Brustfleck; helle Individuen ähnlich ♂, aber ohne schwarze Flügelspitzen und mit braunem Schwanz.– JK: Schwärzlich braun, Scheitel und Kehle (manchmal auch Vorderflügel) goldgelb; ganz dunkle Morphe selten; von ad. ♀ unterschieden durch helle Spitzen der Großen Armdecken, sehr dunkle Unterflügeldecken, dunkleren Schwanz, schmaleren Hand- und ausgebuchteten Armflügel.

STIMME ♀ pfeift dünn, mehrfach wiederholt „psii-i", wenn ♂ Futter bringt. Alarmruf schnelles „quek-ek-ek-ek". Während des Balzflugs wimmernd, nasal „wä-I", zweimal wiederholt mit 2 s Pause, im Ton ähnlich Alarmruf des Kiebitz.

Rotmilan

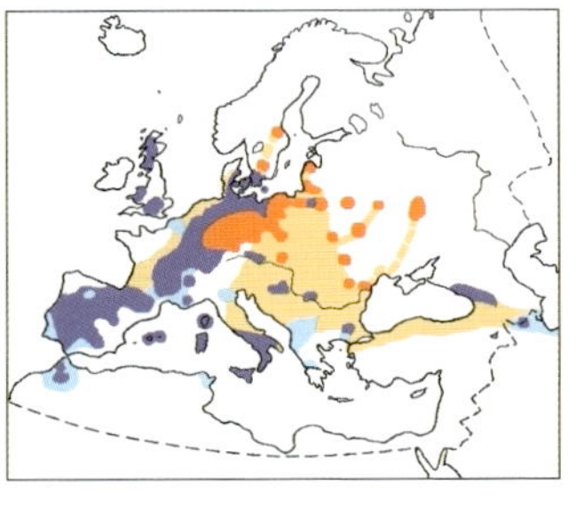

Schwarzmilan

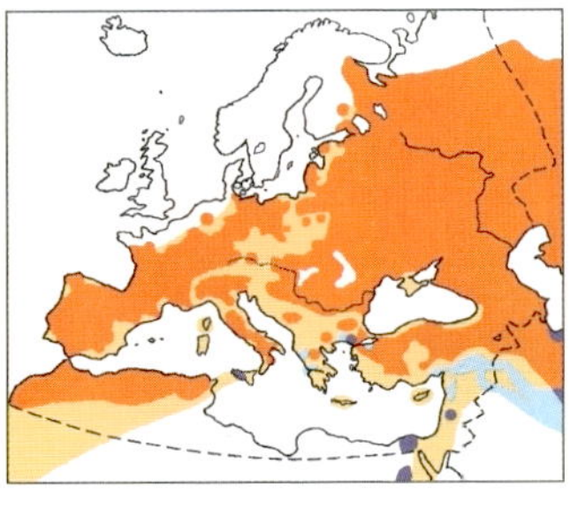

Rohrweihe

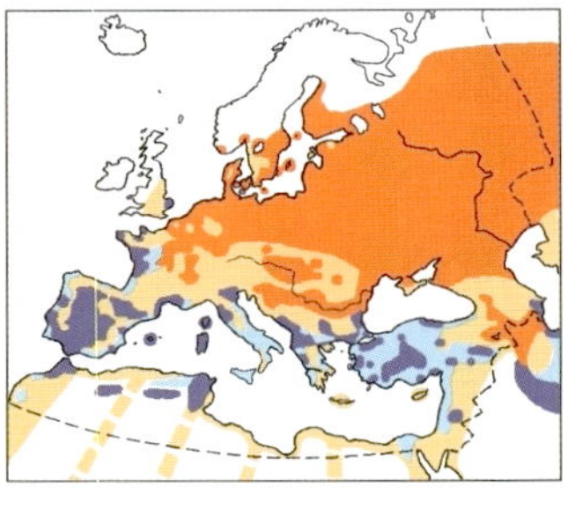

ROTMILAN

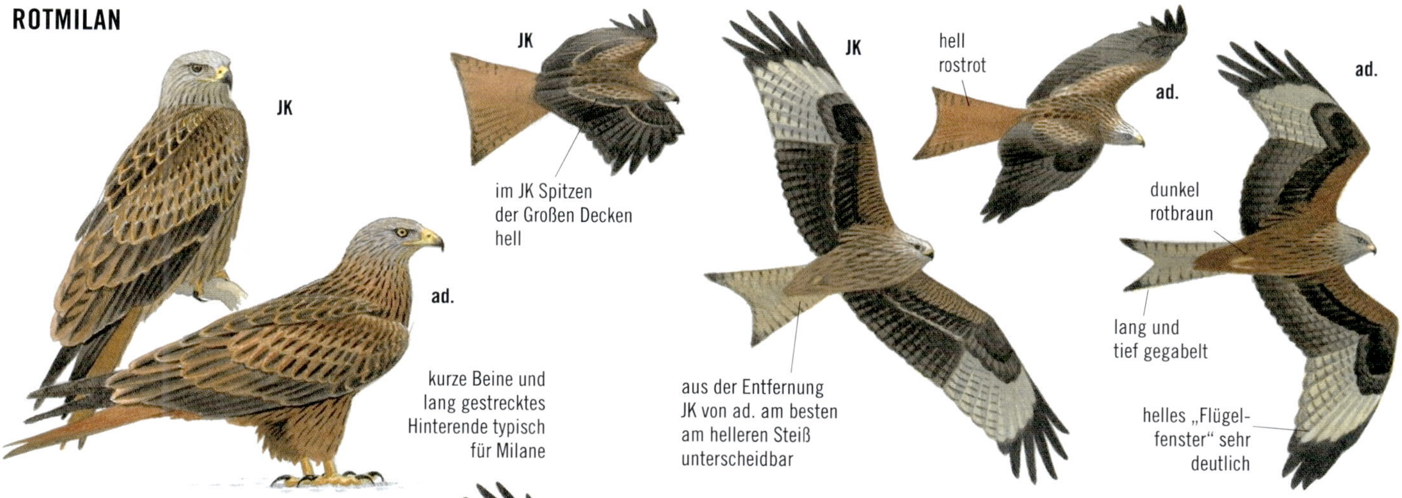

SCHWARZMILAN

ROHRWEIHE

KORNWEIHE BZW

Northern Harrier *Circus cyaneus*

L 42-55 cm, S 97-118 cm. Bewohnt Feuchtflächen in offener Landschaft, Sümpfe oder Schilfgürtel, auch Moore und Heide der Niederungen; Nahrung Kleinsäuger, Vögel, im niedrigen, gaukelnden Suchflug erbeutet; Nest am Boden.

KENNZEICHEN Als Weihe erkennbar an *langen Flügeln und langem Schwanz, niedrigem Gleitflug mit flach v-förmig gehaltenen Flügeln;* von Rohrweihe unterschieden durch Färbung, leichteren Bau und Flugweise, von den schmalflügeligen Weihen durch *kürzere und breitere „Hand" mit langer fünfter Handschwinge und breiterem „Arm".* – Ad. ♂: Flügelspitzen schwarz, *Unterseite weiß, Kopf und Brust scharf abgesetzt blaugrau,* Flügelhinterrand dunkel; Oberseite blaugrau *mit weißen Oberschwanzdecken.*– Ad. ♀: Oberseite braun, Oberschwanzdecken weiß, Armflügel mit gelblichem Feld variabler Größe; Unterseite gelblich weiß, braun gestrichelt.– JK: Wie ad. ♀, aber *rötlich gelbe, schwächer gestrichelte Unterseite,* oberseits *eher rostfarbenes als gelbes Flügelfeld;* Große Oberflügeldecken hellspitzig.

STIMME ♀ pfeift dünn „piih-e", wenn ♂ Futter bringt; Warnruf des ♀ zwitschernd „tschit-it-it-it-et-it-et-it-et...", in variabler Tonhöhe endend; ♂ ruft „tschek-ek-ek-ek", während des Balzflugs schnell schlagend gereiht „tschuk-uk-uk-uk-uk", ähnlich warnender Zwergmöwe.

WIESENWEIHE BZ

Montagu's Harrier *Circus pygargus*

L 39-50 cm, S 96-116 cm. Bewohnt offene Flächen, Moore, Brachland, Heide mit niedrigem Buschwerk, auch Getreidefelder; überwintert in Afrika; Nahrung kleine Vögel oder Säugetiere, Eidechsen, Insekten; Nest am Boden.

KENNZEICHEN Flügel sehr lang und schmal (5. Handschwinge im Gegensatz zur Kornweihe kurz), *Körper schlank,* Schwanz schmal und lang; *Flugweise* vor allem beim ♂ *seeschwalbenartig leicht.* In W-Europa selten melanistische Individuen.– Ad. ♂: Ähnlich Kornweihen-♂, unterschieden durch Gestalt, Flugweise und s*chwarze Bänder auf Armschwingen* (zwei unter-, eins oberseits), mehr Schwarz auf Flügelspitzen, *Mantel und Armdecken dunkler grau (Oberseite wirkt dreifarbig,* mit heller grauweißem Bereich vor schwarzer Spitze); kastanienbraune Strichel am Bauch von Nahem sichtbar (sehr alte ♂ an Brust/Vorderbauch ausgedehnt blaugrau, mit wenigen, selten ohne braune Strichel).– Ad. ♀: Von Kornweihe am besten an Gestalt unterscheidbar, von Steppenweihe durch etwas schmalere Flügelbasis, *oberseits deutliches, an Flügeldecken anschließendes dunkles Band auf braunen Armschwingen;* unterseits in breitem Abstand dunkle Bänder auf hell gelblichen Armschwingen, *helle Färbung zum Körper hin nicht dunkler werdend* wie bei Steppenweihe; *unterseits dunkler Armflügelhinterrand,* Mittlere und Große Unterflügeldecken und *Achselfedern deutlich gebändert.*– JK: Dunkler und stärker rostbraun als ad. ♀, *unterseits einfarbig rotbraun,* nur an Brustseiten dunkle Strichel (sehr selten bei Steppenweihe); *Armschwingen* oberseits einfarbig dunkel, *unterseits fast ungebändert dunkel grau;* schmale, helle Binde auf Großen Flügeldecken; von juv. Steppenweihe unterschieden durch *Fehlen des deutlichen, ungestrichelten, gelblich weißen Kragens* oder einfarbig dunkler Halsseiten, also *Fehlen der dunklen „Boa";* Handschwingen der ♂ unterseits unregelmäßiger gebändert.– ♂ 1er S: Kopf, Hals und Vorderbrust mit unterschiedlich vielen dunkelgrauen Federn, oft ein (irreführendes) helles Halsband bildend; mittlere Steuerfedern ab Apr. oft durch graue ersetzt, Schwungfedern des JK noch ungemausert (braun, gebändert).

STIMME ♀ und Jungvögel rufen dünn pfeifend (nicht abfallend) „pii-ii", wenn ♂ Futter bringt; Warnruf beider Geschlechter gleich, schnell schlagend „tschit-er-tschit-er-tschit-it-it-it", etwas an Steinwälzer erinnernd; beim Balzflug ruft das ♂ nasal dohlenähnlich „kjäh kjäh-kjäh".

STEPPENWEIHE bA

Pallid Harrier *Circus macrourus*

L 40-50 cm, S 97-118 cm. Lebensräume, Nahrung und Nest wie Wiesenweihe, überwintert in Afrika.

KENNZEICHEN Gestalt ähnlich Wiesenweihe, aber ad. ♀ durch *etwas breitere Flügelbasis* und kürzeren und breiteren Handflügel *geringfügig kompakter,* „Hand" auch beim ♂ kürzer. Jagdflug des schmalflügeligen ♂ oft mit schnellen turmfalkenähnlichen Flügelschlägen, anders als Wiesenweihe.– Ad. ♂: Sehr hell; *oberseits perlgrau (ohne leuchtend weiße Oberschwanzdecken des ad. Kornweihen-♂),* unterseits weiß, *nur an Kopf und Vorderbrust dunkler überhaucht, schmaler schwarzer Flügelspitzenkeil.*– Ad. ♀: Sehr ähnlich Wiesenweihen-♀, aber *oberseits fast einfarbig dunkelbraune Armschwingen* ohne schwärzliche Binde (kann aber angedeutet sein), *unterseits dunklere Armschwingen mit dichterer dunkler Bänderung und hellen, zum Körper hin dunkler werdenden Bändern, Hinterrand des Handflügels heller,* Handschwingenbänderung außen schwächer; *Große Unterarmdecken und Achselfedern dunkel,* Achseln manchmal diffus rötlich gebändert; vom sehr ähnlich gefärbten Kornweihen-♀ durch Flügelform unterschieden.– JK: Sehr ähnlich juv. Wiesenweihe, aber *deutlicher, ungefleckter, gelblich weißer Kragen,* der durch einfarbig *dunkle Halsseiten* betont wird („Boa"); Handschwingenbasen unterseits oft ungebändert, dann *heller „Halbmond" vor dunklen Flügeldeckenspitzen.*– 1er S: Meist wie JK (aber heller und abgetragen); manche mausern früh und zeigen ab März hellen Bauch, wenige dünne, rostfarbene Bruststrichel und graue mittlere Steuerfedern.

STIMME ♀ bettelt dünn, wimmernd, einsilbig pfeifend „pii-ih"; Warnruf ähnlich Wiesenweihe, aber durchschnittlich kürzer; Balzruf des ♂ hoch trillernd „dir'r'r'r".

Kornweihe

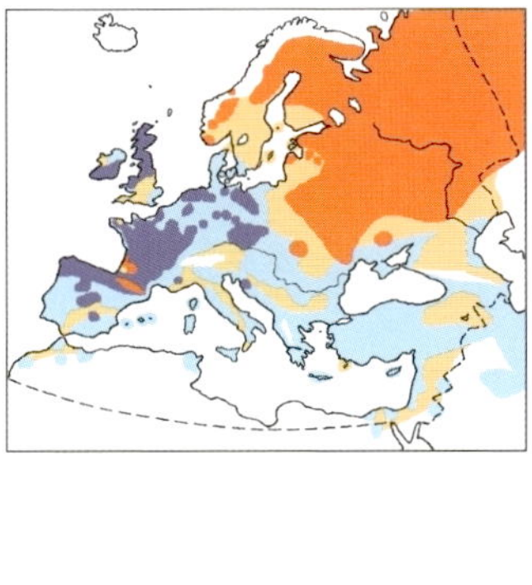

Wiesenweihe

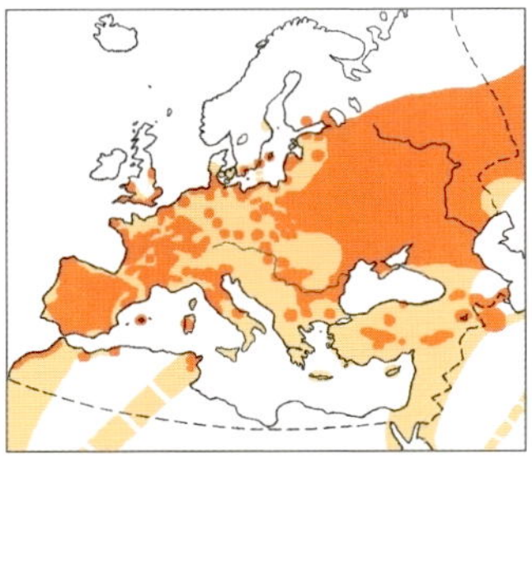

Steppenweihe

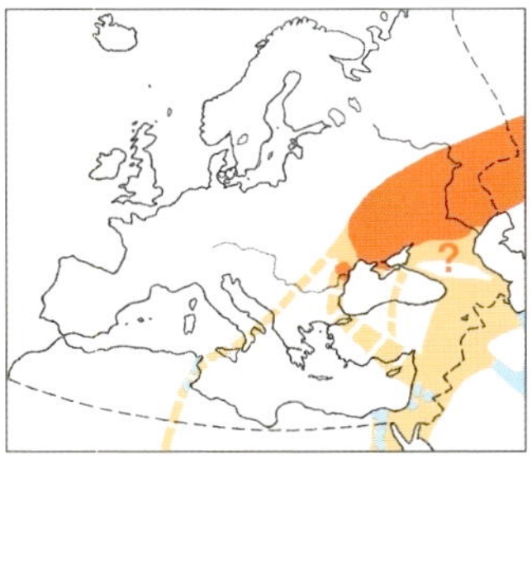

KORNWEIHE

WIESENWEIHE

STEPPENWEIHE

DZ

BUSSARDE *Buteo*

Mittelgroße, breitflügelige Greifvögel, segeln sehr hoch in Thermik, spähen bewegungslos auf Pfosten oder Masten stehend oder im Rüttelflug nach Beute, die am Boden geschlagen wird, hauptsächlich Kleinnager, auch Insekten, Eidechsen und Regenwürmer. Gattung *Buteo* mit den Wespenbussarden *Pernis* (S. 110) nicht nah verwandt, aber von Weitem und besonders im Flug sehr ähnlich.

ADLERBUSSARD A

Long-legged Buzzard *Buteo rufinus*

L 50-58 cm, S 130-155 cm (Unterart *rufinus*; Südosteuropa, Asien); L 43-50 cm, S 105-125 cm (Unterart *cirtensis*; Nordafrika). Bewohnt trockene Steppen oder Halbwüsten, auch Bergregionen (Afrika). Nahrung Kleinsäuger, Reptilien, Insekten. Brütet oft an Felswänden. Überwintert vorwiegend im Nahen Osten und Nordafrika.

KENNZEICHEN Unterart *rufinus: Großer, langflügeliger* Bussard, Gestalt ähnlich Raufußbussard, *Silhouette und Flugweise* wie dieser (inkl. Rütteln), gleitet und segelt aber zuweilen mit stärker angehobenen Flügeln. Gefieder oft bestes Bestimmungsmerkmal, aber Größe und Flugbild unverzichtbar, da einige „Falkenbussarde" *B. buteo vulpinus* (s. u.) ähnlich gefärbt sind. Mindestens drei Farbmorphen: helle Morphe (im Bearbeitungsgebiet häufigste), rote und dunkle Morphe, aber Übergänge zwischen Letzteren fließend; alle Morphen zeigen *ausgedehnten dunklen Bugfleck* (auch oberseits angedeutet, bei „Falkenbussard" selten), *dunkle Flügelhinterkante,* unterseits *sehr weiße Handschwingenbasen;* ad. mit *ungebändertem, hell rostrotem Schwanz* (angedeutete dunkle Endbinde möglich); in grellem Licht und von Weitem kann Schwanz bei ad. weißlich wirken, besonders wenn ausgeblichen; alle hellen und viele rötliche Morphen zeigen *helle Färbung von Kopf und Brust und nach hinten dunkler werdenden Bauch,* Unterflügeldecken einfarbig oder gestrichelt, nicht gebändert; Oberflügel mit hell grauweißen Handschwingenbasen (von Nahem oft Bänderung erkennbar) und oft *rötlichem oder gelblichbraunem Vorderflügel, heller als dunkelgraue Schwungfedern.* Mit rötlichem „Falkenbussard" leicht zu verwechseln, am besten zu unterscheiden durch Größe, proportional längere Flügel und geruhsameres Segeln in weiteren Kreisen, helle Morphe durch dunklen Bauch und helleren Kopf und meist hellere Oberflügeldecken. Schwanz im JK graugelblich und dünn gebändert, sehr ähnlich einigen „Falkenbussarden". *Dunkle Morphe* (östlichste Verbreitung) mit schwärzlicher Färbung von Körper und Flügeldecken, Schwanz und Schwungfedern weiß mit deutlicher Bänderung; sehr ähnlich dunkler Morphe des Raufußbussards (aber kaum im selben Gebiet auftretend) und dunkler Morphe des „Falkenbussards", aber größer und langflügeliger als diese.– Ad.: Schwanz oberseits ungebändert hell rostrot, unterseits etwas heller und grauer; breiter, schwarzer Flügelhinterrand.– JK: Schwanz graugelblich, dünn grau gebändert; Flügelhinterrand verwaschen dunkel.– Unterart *cirtensis:* Kleiner und etwas kompakter, in Größe und Gestalt ähnlich Mäusebussard, Kopf oft hell, Bauch rötlich, dunkle Bugflecke können unterseits fehlen; Wachshaut und Füße im JK oft eher hell bräunlich blaugrau als gelb; keine dunkle Morphe.

STIMME Recht stumm, Rufe erinnern an Raufußbussard, sind aber kürzer und weicher.

„FALKENBUSSARD" A

„Steppe Buzzard" *Buteo buteo vulpinus*

L 40-48 cm, S 100-125 cm. Nordöstliche Unterart des Mäusebussards (S. 108), hier wegen des leicht abweichenden Erscheinungsbilds, Zugverhaltens und der großen Ähnlichkeit zum Adlerbussard separat behandelt. Brütet in N- und NO-Europa. Zieht östlich des Mittelmeers über Bosporus und Israel (dort häufigster durchziehender Greifvogel) nach Ost- und Südafrika. Lebensweise sonst wie Nominatform.

KENNZEICHEN Gestalt ähnlich Mäusebussard, doch durchschnittlich etwas *schmalere, spitzere Flügel* und längerer Schwanz, etwas *geringere Größe* und *schnellere Flügelschläge* geben bei Erfahrung Hinweise. Gefieder meist insgesamt wärmer mit *rostfarbenem Ton auf Unterseite und Oberschwanz* (doch wie bei anderen Bussarden alle Färbungsvarianten mit Ausnahme der weißen vorhanden), *unterseits weißlicheren Schwungfedern* mit feinerer, aber deutlicherer Bänderung, bei Altvögeln auch *Flügelspitze und -hinterrand schärfer schwarz abgesetzt. Oberseits* fast immer *helles Feld auf Basen der äußersten Handschwingen* und *zur Basis heller werdender rötlicher Schwanz. Rötliche und dunkle* Färbungstypen ohne das für mitteleuropäische Mäusebussarde typische helle Brustband, Körperunterseite *einfarbig dunkel.* Unterscheidet sich vom Adlerbussard durch geringere Größe, agilere Bewegungen, beim Segeln eher *waagerecht gehaltene statt angehobene Flügel* (im Gleitflug leicht abgesenkt statt beim Adlerbussard gerade). Ferner helles Handschwingenfeld oberseits klein und unscharf (beim Adlerbussard meist große, hell braungraue oder weißliche „Handflächen"), *Oberflügeldecken* nur selten auffallend heller, meist recht *einfarbig dunkel* (bei Adlerbussard oft blass gelblich oder rötlich gelb). Mittlere Unterflügeldecken meist heller als Kleine und Große, helles Band bildend, das beim Adlerbussard nicht vorkommt, dessen Kleine und Mittlere Unterflügeldecken einfarbig gelblich bis rötlich sind, während die oft dunkleren Großen ein dunkles Band zwischen Armdecken und Schwungfedern bilden.

Adlerbussard

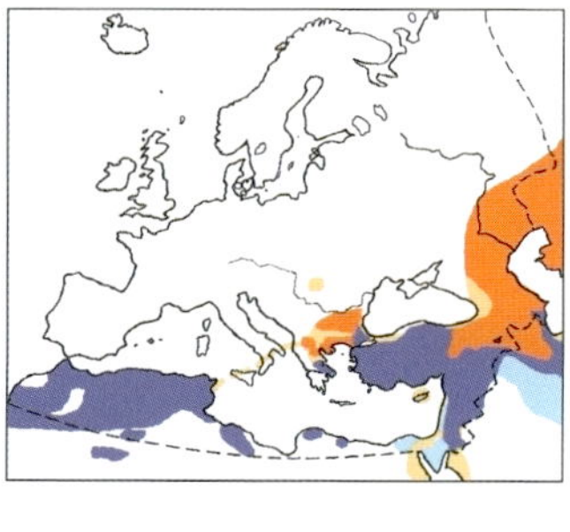

„Falkenbussard"

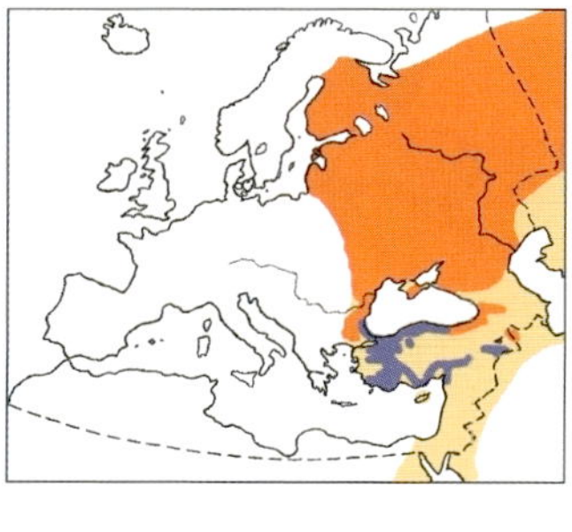

Mäusebussard (s. S. 108)

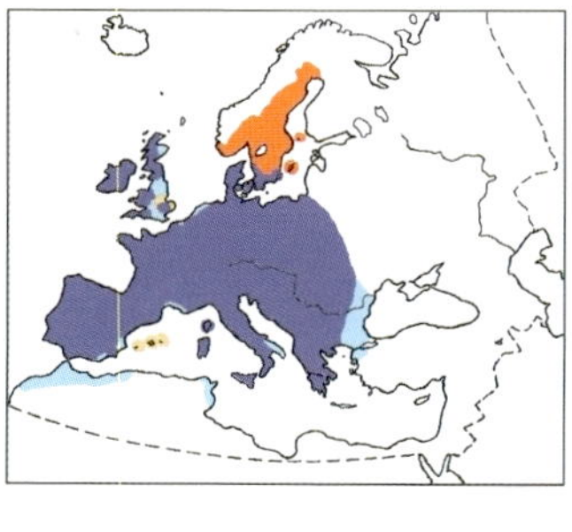

Raufußbussard (s. S. 108)

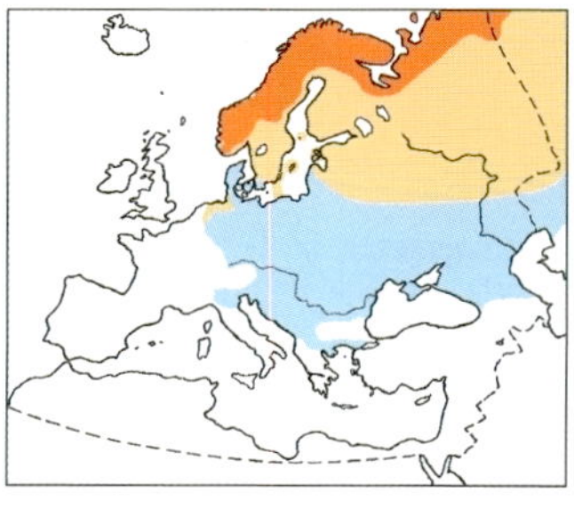

ADLERBUSSARD

„FALKENBUSSARD“
vulpinus

DZ

MÄUSEBUSSARD BJZW

Common Buzzard *Buteo buteo*

L 48-56 cm, S 110-130 cm. Häufigster europäischer Greifvogel (neben Sperber). Bewohnt Waldgebiete mit anrainenden offenen Flächen, Wiesen oder Feuchtgebiete; Nahrung vor allem Mäuse, auch Reptilien, Amphibien, Insekten, Würmer; nistet in Bäumen. Überwiegend Standvogel, verlässt Fennoskandien aber im Sept./Okt. Im Nordosten Unterart *vulpinus* („Falkenbussard“, S. 106). Karte S. 106.

KENNZEICHEN Mittelgroßer, *breitflügeliger,* recht kompakter Greifvogel mit *breitem, kurzem Hals* und mittellangem Schwanz; hält oft auf Zaunpfählen oder Telegrafenmasten stehend nach Beute Ausschau; im Segelflug (in mittlerer Höhe) *fächerförmig gespreizter Schwanz,* Flügel vorgeschoben und *flach v-förmig* angehoben, im Gleitflug Flügel flacher, Armflügel meist leicht angehoben und Handflügel leicht herabhängend, dadurch *Bugknick stärker als bei Wespenbussard;* im schnellen Gleitflug Bug nach vorne gedrückt und Handflügel nach hinten gewinkelt. Wie bei allen *Buteo*-Bussarden *Schwanz etwas oder deutlich kürzer als Flügelbreite, mit geraden Seiten und eckigen Kanten* (beim Wespenbussard Schwanz meist etwas länger, etwa wie Flügelbreite, mit leicht konvexen Seiten und rundlichen Kanten). „Falkenbussard“ (S. 106) als Langstreckenzieher durchschnittlich etwas kleiner, schmalflügeliger und langschwänziger als mittel- und westeuropäische Nominatform, die Kurzstreckenzieher oder Standvogel ist. *Aktiver Flug mit recht schnellem, steifem Flügelschlag,* mit Erfahrung kann schnellerer Abschlag als bei Wespen- und Raufußbussard erkannt werden; Gefieder variabel sehr dunkel bis sehr hell; dennoch einige Merkmale nützlich: weißlicher *Schwanz eng grau gebändert,* bei allen Farbmorphen trennt *helles Brustband* dunkle Vorderbrust von dunklem Bauch oder Bauchseiten. Unterseits Flügelhinterkante einschließlich aller „Finger“ schwarz, restliche Schwungfedern weißlich, dunkel gebändert (5-7 Binden; äußere Handschwingen nur schwach gebändert). *Helle Morphe* von Zwergadler der hellen Morphe unterschieden durch unterseits ausgedehnt weiße Handschwingenbasen und *dunklen,* oft kommaförmigen *Bugfleck,* oberseits häufig *rein weiße Flecke auf Vorderflügel* (Kleine und Mittlere Decken) und Bürzel. Unterscheidung vom Adlerbussard s. S. 106. Selten können unausgefärbte helle Mäusebussarde hellen unausgefärbten Adlerbussarden ähnlich sein, sind aber kleiner, zeigen eher aufgebrochenen dunklen Bugfleck, oft einige gebänderte Unterflügeldecken und von helleren Mittleren Unterarmdecken gebildetes, angedeutetes Flügelband.– Ad.: *Schwanzendbinde breit schwarz, breiter als innere Binden,* helle Federn an Brust, Hinterbauch/Hosen und Großen Unterflügeldecken dünn gebändert, nicht gefleckt oder gestrichelt, Flügel recht gleichmäßig breit, „Hand“ etwas breiter, Schwanz (vor allem bei ♂) etwas kürzer als im JK.– JK: *Ohne deutliche breite Schwanzendbinde,* unterseits vor allem an Brust grob *gestrichelt;* einige Federn gefleckt oder angedeutet gebändert, aber Strichel dominieren; Handflügel schmal, Schwanz oft etwas länger als bei ad., Iris heller.

STIMME Für einen Greifvogel sehr stimmfreudig, ruft laut, miauend, abfallend, meist im Flug „piijäh“ (von Eichelhäher prächtig imitiert!); Bettelrufe der Jungvögel ähnlich, aber länger gezogen, zitternd und wimmernder.

RAUFUSSBUSSARD W

Rough-legged Buzzard *Buteo lagopus*

L 49-59 cm, S 125-148 cm. Brütet in Mooren, Bergtälern oder Bergtundren, gelegentlich in Wäldern tieferer Lagen mit Hügel- oder Felserhebungen; Nahrung vor allem Kleinsäuger; nistet an Felsklippen oder an steilen Hängen, auch in Bäumen. Kurzstreckenzieher, überwintert im südlichen Fennoskandien und nördlichen Mitteleuropa. Karte S. 106.

KENNZEICHEN Typischer Bussard mit breiten Flügeln und mittellangem Schwanz, im Vergleich zum Mäusebussard größer und *langflügeliger;* im Gleitflug *deutlicher Bugknick* (stärker als beim Mäusebussard), mit angehobenem Armflügel und geradem Handflügel, aktiver Flug mit langsamerem Flügelschlag als Mäusebussard, *rüttelt viel häufiger* als Mäusebussard. Beste Merkmale sind *ober- und unterseits weiße Schwanzbasis* (heller Mäusebussard kann weißliche Schwanzbasis zeigen, aber verwaschener, ohne starken Kontrast zu dunklem Oberflügel, Bürzel und Schwanzende und dies nur in Kombination mit Weiß auf Oberflügeldecken und Bürzel, die Raufußbussard nicht hat); Unterseite weiß, immer kontrastreich gezeichnet mit *schwarzem Bugfleck* und *schwarzem Bauch;* Färbungsunterschiede weitgehend Alters- und Geschlechtskennzeichen (*dunkle Morphe* sehr selten: Körper und Flügeldecken schwärzlich, weiße Steuer- und Schwungfedern kräftig dunkel gebändert; von dunklem Adlerbussard und, abgesehen von Größe, „Falkenbussard“ sehr schwer zu unterscheiden.).– Ad. ♂: Handflügel voll, Flügel gleichmäßig breit, Schwanz recht kurz; Flügelhinterrand durch Mauser und Abnutzung oft etwas ausgefranst, Schwanz oberseits mit *2-4 schwarzen Binden vor breit schwarzer Endbinde,* davon 1-3 unterseits sichtbar; Schwungfedern schmal, aber deutlich gebändert; *Kopf und Brust typischerweise dunkler als Bauch,* der durch starke helle Bänderung aufgehellt wird; „Hosen“ gebändert; *Unterflügeldecken dunkel* (nicht bei ♀), oft an Mäusebussard erinnernd; Oberseite meist ganz dunkel mit kleinem, diffusem, hellerem Fleck an Basis der äußersten Handschwingen, Vorderrand des Armflügels etwas heller.– Ad. ♀: Von ad. ♂ unterschieden durch *nur eine (sehr selten zwei) ober- und unterseits sichtbare schwarze Binde vor schwarzer Schwanzendbinde; dunkler Bauchfleck meist ausgeprägt und immer dunkler als Kopf und Brust,* Unterflügel variabel, aber nie so dunkel wie dunkelstes ♂.– JK: *Handflügel schmaler und Armschwingen leicht ausgebuchtet,* alle Schwungfedern frisch bzw. gleichmäßig abgenutzt. Grundfärbung gelblich weiß, *Brust und Unterflügeldecken typisch locker gestreift, Bauch ganz schwarz ohne helle Bänderung, Schwanz mit verwaschen dunkelgrauer Endbinde, unterseits oft recht hell,* bei ♂ oft mit angedeuteten Bändern durchsetzt; Schwungfedern nur diffus gebändert, dunkler Hinterrand verwaschen; *typischer Oberflügel mit großem, hellem Handschwingenfeld.*– ♂ fast ad.: Färbung oft zwischen ad. ♂ und ad. ♀, daher Geschlechter schwer und nur in Extremformen erkennbar; Unterflügeldecken und Kopf/Brust nicht so dunkel wie typisches ad. ♂, Schwanz mit weniger Binden.

STIMME Zur Brutzeit stimmfreudig; Ruf ein klagendes Maunzen, ähnlich Mäusebussard, aber vielleicht etwas stärker abfallend, oft wimmernder und schärfer, auch als Alarmruf benutzt, gelegentlich vibrierend.

MÄUSEBUSSARD

RAUFUSSBUSSARD

WESPENBUSSARDE *Pernis*

Mittelgroße, breitflügelige Greifvögel, obwohl mit den eigentlichen Bussarden *Buteo* (S. 106-109) nicht näher verwandt, diesen besonders im Flug sehr ähnlich, da beide als Thermiksegler eine ähnliche Flügelform entwickelt haben. Wespenbussarde sind durch längere, dünnere Hälse und kleinere Köpfe ausgezeichnet. Den Jungvögeln werden als Nahrung vorwiegend Wespennester gebracht, die durch Beobachten der Flugwege adulter Wespen gefunden und dann mit den Füßen ausgescharrt werden. Schuppenartige Federn um Schnabel und Auge schützen vor Stichen. Besonders in regnerischen Sommern gehören auch andere Kleintiere zur Nahrung. Langstreckenzieher, Winterquartiere im tropischen Afrika oder in Südasien.

WESPENBUSSARD BZ

European Honey Buzzard *Pernis apivorus*

L 52-59 cm, S 113-135 cm. Bewohnt Wälder mit Lichtungen und Schneisen nahe offenem Gelände, zieht im Sept. in Trupps ins tropische Afrika, zurück im Mai. Vögel im 2en KJ übersommern in Afrika und kehren erst im 3en KJ zum Brüten zurück. Nahrung vorwiegend Wespennester und Larven, die aus dem Boden gegraben werden, auch Reptilien, Amphibien, Nestlinge von Kleinvögeln, Würmer usw. Nest in hohem Baum, mit grünen Blättern ausgelegt.

KENNZEICHEN Etwas größer und *langflügeliger* als Mäusebussard, von Weitem mit diesem leicht zu verwechseln, aus kürzerer Distanz aber feinere Merkmale sichtbar: Im Flug *Hals schlank* und *Kopf vorgestreckt* wie beim Kuckuck; *Schwanz* recht lang, *etwa so lang wie Flügelbreite, Seiten leicht konvex und Ecken gerundet,* Silhouette von vorne im Gleitflug im Gegensatz zu Mäusebussard mit *weich abwärts gebogenen Flügeln* und ohne erkennbaren Bugknick; segelt mit geraden Flügeln; aktiver Flug mit langsameren, elastischeren Flügelschlägen. Gefieder variabel, dunkle, mitteldunkle, helle und rötliche Morphen bei ad. und im JK. Ad. meist eindeutig, doch im JK dem Mäusebussard viel ähnlicher. Beide Altersklassen zeigen rechteckigen oder ovalen dunklen Bugfleck.– Ad. ♂: Handflügel breit, Schwanz recht lang, *nur Spitzen der längsten Handschwingen scharf abgesetzt schwarz,* deutlicher schwarzer Flügelhinterrand; *großer Abstand zwischen dunklen Bändern auf hellgrauen Schwungfedern* und Steuerfedern, *Schwanz mit deutlicher dunkler Endbinde und in großem Abstand einer oder zwei schmaleren dunklen Binden an Schwanzbasis;* Kopf vorwiegend blaugrau; *Oberseite braungrau, schwarze Bänderung der Unterseite auch oberseits sichtbar,* Wachshaut grau, Iris gelb.– Ad. ♀: Vom ♂ unterschieden durch zwar *ausgedehnter schwarze, aber verwaschenere Handschwingenspitzen, kürzeren Abstand zwischen mehr Bändern auf Schwung- und Steuerfedern* (meist 2 an Basis, selten dritte angedeutet), oft verwaschen graue Armschwingen; Blaugrau am Kopf reduziert oder fehlend; Oberseite dunkelbraun, kaum gebändert.– JK: Durch etwas kürzere innere Handschwingen und manchmal kürzeren Schwanz *Flugbild dem des Mäusebussards ähnlicher, Flügelspitzen ausgedehnter schwarz* wie bei Mäusebussard; *Schwungfedern dichter gebändert als bei ad.* (4-5 Bänder statt 2-3), an juv. Mäusebussard erinnernd (Letzterer zeigt aber 6 Bänder); *Armschwingen und Schwanz oft dunkel, mit 4 oder 5 Bändern gleichen Abstands;* Wachshaut gelb, Iris dunkel. Dunkle Morphe (recht häufig) mit einfarbig dunkelbrauner Körperunterseite *ohne helles Brustband* der meisten Mäusebussarde der Nominatform; Große Armdecken bilden unterseits hellste Stelle des Innenflügels (bei Mäusebussard Basen der Armschwingen); helle und mitteldunkle Morphen oft an Brust und Bauch *grob gestreift,* nicht gebändert wie die meisten Altvögel.

STIMME Außerhalb der Brutzeit stumm; ruft voll pfeifend „PIII-lu“ oder „glü-I-jüh“, in Struktur gelegentlich an Kiebitzregenpfeifer erinnernd; in Nestnähe mechanische, schnell tickende Rufe, wie entfernte Mähmaschine.

Wespenbussard

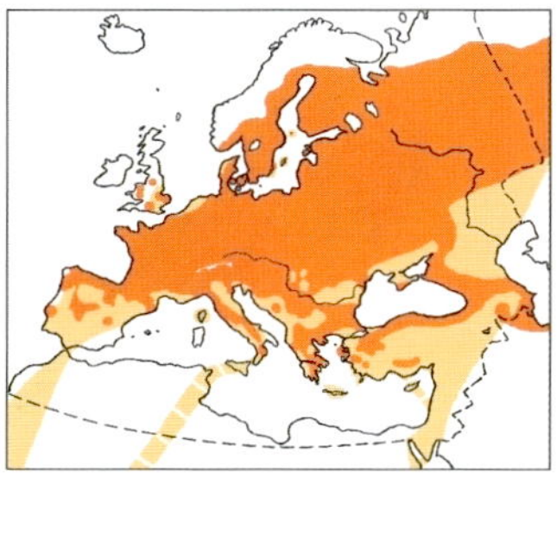

Schopfwespenbussard

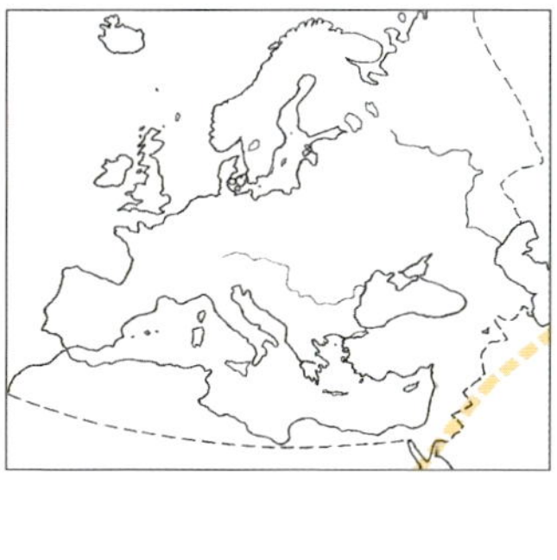

SCHOPFWESPENBUSSARD –

Crested Honey Buzzard *Pernis ptilorhynchus*

L 55-65 cm, S 130-155 cm. Brütet in der sibirischen Taiga (Unterart *orientalis*), gern in der Nähe von Sümpfen, Flüssen und Lichtungen. Überwintert im tropischen Asien, von Arabien im Westen (spärlich) bis Südostasien, neuerdings mehrfach ausnahmsweise Durchzügler in Südisrael. Nahrung hauptsächlich Larven und Nester von Wespen. Neststand hoch in einem Baum.

KENNZEICHEN Etwas größer, adlerähnlicher und *breitflügeliger* als Wespenbussard mit *„vollerer“ Flügelspitze* (da 6. Handschwinge von außen länger und somit einen weiteren „Finger“ bildend), wirkt im Flug durch kleinen Kopf schwer. Kleiner Schopf am Hinterkopf, aber selten aufgerichtet und sichtbar. Fällt durch Größe und Gestalt auf, Bestimmung muss dann aber über Gefiedermerkmale erfolgen.– Ad. ♂: Sofort erkennbar am *charakteristischen Schwanzmuster mit nur zwei sehr breiten schwarzen Binden, je eine an Spitze und Basis* (Wespenbussard-♂ zeigt zwei schmale an der Basis, eine breitere an der Spitze).– Ad. ♀: Dem Wespenbussard-♀ ähnlicher, ebenfalls mit zwei schmalen Binden an Schwanzbasis, doch folgende Unterschiede: *kein dunkler Bugfleck, mehr Binden auf Unterflügel* (vor Endbinde 3-4 statt 2), diese *gleichmäßiger verteilt* (ohne großen Abstand zwischen letzter und vorletzter wie bei typischem Wespenbussard), *schmalerer und schwächer abgesetzter Flügelhinterrand, dichtere und unregelmäßigere Handschwingenbänderung,* oft auffallende *dunkelbraune oder schwarze Zeichnung der Halsseiten mit Kropfband.*– JK: Gefieder variabel, den entsprechenden Färbungstypen des Wespenbussards im JK ähnlich, aber immer *ohne dunklen Bugfleck auf Unterflügel* (fehlt Wespenbussard nur ausnahmsweise). *Bedeutendere Größe* und *breitere Flügel,* die den *Kopf besonders klein* erscheinen lassen, liefern erste Hinweise, gefolgt von Details der Gefiederfärbung. *Armschwingen* oft *nicht so dunkel,* dadurch *dichtere Bänderung* stärker hervortretend (meist 5-6 sichtbare Binden statt eher 4 beim Wespenbussard).

WESPENBUSSARD

SCHOPFWESPENBUSSARD

DZ

HABICHTE *Accipiter*

Kleine bis mittelgroße, langschwänzige Greifvögel. Jagen mit Überraschungsangriffen oder kurzen Verfolgungsflügen nach Ansitz auf versteckter Warte oder aus manchmal hohem Kreisflug heraus. Runde Flügel erlauben auch im dichten Wald schnelles Manövrieren. Nahrung hauptsächlich Vögel, doch auch kleine Säugetiere. Vögel werden am Boden oder in der Luft erbeutet und dann am Boden unter schützender Vegetation gerupft und verspeist. Nest aus Zweigen hoch in dichten Bäumen, oft Koniferen.

SPERBER BJZW

Eurasian Sparrowhawk *Accipiter nisus*

L ♂ 29-34 cm, ♀ 35-41 cm, S ♂ 58-65 cm, ♀ 67-80 cm. Brütet in Wäldern, auch nahe Siedlungen, manchmal in Parks oder Gärten. Neben dem Mäusebussard häufigster Greifvogel Europas. Nahrung Kleinvögel, die bei Überraschungsangriffen im rasanten Flug zwischen Bäumen, Büschen oder Gebäuden erbeutet werden, verfolgt Kleinvögel sogar zu Fuß bis in Büsche hinein. Nest häufig in Koniferen, oft in 6-12 m Höhe, wird jährlich neu gebaut; am Brutplatz heimlich. In weiten Teilen Europas Jahresvogel, doch ziehen fennoskandische Brutvögel im Winter nach Kontinentaleuropa, junge ♂ am weitesten und alte ♀ kürzere Strecken.

KENNZEICHEN Kleiner Greifvogel mit recht kurzen, breiten, stumpfen Flügeln und langem Schwanz; *Schwanz immer länger als Flügelbreite und mit 4-5 Bändern auch auf mittleren Steuerfedern* (bei ad. ♂ aber oft undeutlich); Flugweise charakteristisch mit wenigen schnellen, durch kurzes Gleiten unterbrochenen Flügelschlägen, gewinnt durch *taubenartig schnelle Flügelschläge* an Höhe und sinkt beim kurzen Gleiten leicht ab, dadurch *etwas wellenförmige Flugbahn* und weniger geradlinig als beim Habicht. ♀ mit Habicht-♂ zu verwechseln (Größenunterschied nicht immer erkennbar), aber neben schnelleren Flügelschlägen und leichterem, wellenförmigem Flug unterschieden durch *schmalere Schwanzbasis, eckigere Schwanzkanten, proportional kürzeren Armflügel und größeren Kopf, kürzeren Hals und schlankeren Körper.* Fliegt zum Überraschungsangriff oft niedrig über den Boden; meidet (im Gegensatz zu vielen Habichten) Siedlungen und Gärten nicht. Aufrecht stehend zu bestimmen an *vergleichsweise kleinem Schnabel, dünnen Beinen* (Daumenregel: Lauf dünner als Augendurchmesser – beim Habicht umgekehrt) und *schlankem Hinterkörper.* Mantel- und Schulterfedern mit weißen Zentren, die bei locker getragenem Gefieder auffallende Fleckenreihen bilden.– Ad. ♂: Klein; Oberseite schiefergrau, oft bläulich überhaucht; Wangen rostrot, Brust und Bauch rostrot gebändert (selten braungrau wie ♀).– Ad. ♀: Größer als ♂, mit stetigerem Flug und gelasseneren Flügelschlägen (dennoch wahrnehmbar schneller als Habicht); oberseits schiefergrau, unterseits braungrau gebändert (selten rostrot überhaucht, dann ähnlich schwach gefärbtem ♂).– JK: *Oberseits dunkelbraun,* Flügelranddecken von Nahem sichtbar rostrot gerandet, Unterseitenbänderung oft grob, an Brust unterbrochen und unregelmäßig, besonders bei ♂.

STIMME Außerhalb der Brutzeit meist stumm, selbst am Nest oft ruhig. Ruft schnell gackernd „kjukjukjukjukjukjukjukju…“ oder „kikikikikiki“, mit geringen Variationen auch als Kontakt-, Balz- und Alarmruf benutzt; Bettelruf des ♀ dünn wimmernd „PII-ih“.

Sperber

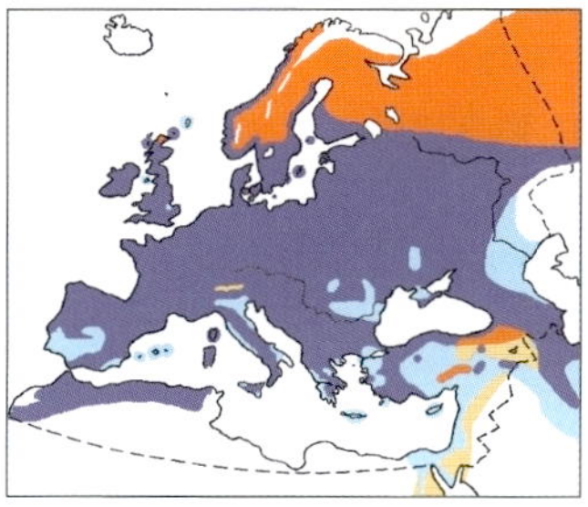

Habicht

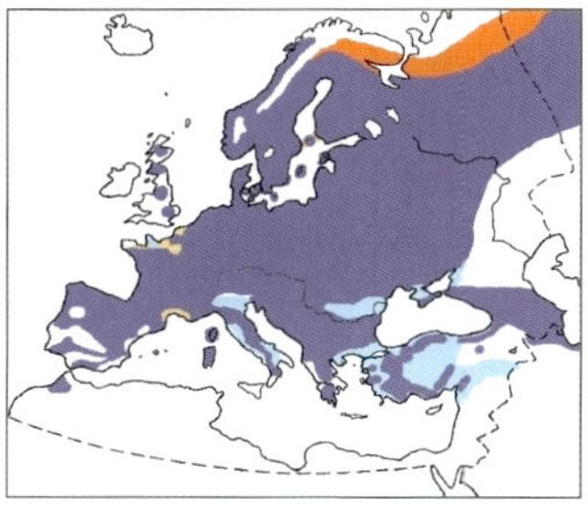

HABICHT BJ

Northern Goshawk *Accipiter gentilis*

L ♂ 49-56 cm, ♀ 58-64 cm, S ♂ 90-105 cm, ♀ 108-120 cm. Brütet in Wäldern, oft in alten Nadelbeständen, auch in jüngeren Forsten mit dichteren, höheren Bereichen. In vielen Regionen eher scheu, in anderen inzwischen auch in Siedlungen jagend. Nahrung Vögel und Kleinsäuger bis zur Größe eines Fasans und Hasen. Jagdtechnik ähnlich Sperber, späht aber auch in größerer Höhe kreisend nach Beute. Ausladendes Nest in Bäumen in etwa 10-16 m Höhe, oft wiederholt benutzt, während der Bebrütung mit grünblättrigen Zweigen ausgelegt. Überwiegend Standvogel, aber Jungvögel und nordosteuropäische Populationen Kurzstreckenzieher.

KENNZEICHEN Mittelgroßer, kräftiger Greifvogel mit breiten Flügeln und langem Schwanz, insgesamt ähnlich Sperber, doch eine Größenklasse höher. Starker Größenunterschied zwischen ♂ und ♀, Spannweite bei ♂ ähnlich Krähe, bei ♀ ähnlich Mäusebussard. Fliegt meist in Baumkronenhöhe oder knapp darüber mit wenigen, *entspannten Flügelschlägen* (langsamer als Dohle), unterbrochen von kurzen, geraden Gleitstrecken (beim Gleiten nicht absinkend wie Sperber), segelt oft oder steht häufig aufrecht auf Warte, mit *kräftigem Hinterkörper* („hinterlastig“), häufig locker *abstehenden Unterschwanzdecken* und *kräftigen Beinen/Zehen,* wobei der Lauf etwa die dreifache Dicke der „Stricknadeln“ des Sperbers besitzt. Ad. ♂ trotz größerer Ausmaße mit Sperber-♀ zu verwechseln; beachte etwas langsamere Flügelschläge und kraftvolleren Flug, *proportional längere und spitzere Flügel, gerundete Schwanzkanten, breitere Schwanzbasis* und durch etwas längeren Hals *weiter hervorstehenden Kopf.*– Ad.: Oberseits bläulich grau (♂) oder schiefergrau (♀), unterseits weißlich, fein grau gebändert, weißer Überaugenstreif kontrastiert zu schwärzlichen Kopfseiten und Scheitel.– JK: Oberseits braun, *unterseits rötlich weiß, grob braun gefleckt* (auf Achseln gröber; kann im Flug unterseits „gescheckt“ wirken).– Variation: Russische und westsibirische Brutvögel der Unterart *buteoides,* die ausnahmsweise im Winter weiter westlich erscheinen können, sind größer, heller, Altvögel wegen feinerer Bänderung unterseits weißlich, Jungvögel dort cremefarben mit dünnerer brauner Strichelung und oberseits auf Flügeldecken und Schwanzbasis oft teilweise weiß gefleckt.

STIMME Außerhalb der Brutzeit meist stumm; ruft gern in der Morgendämmerung ähnlich Sperber, aber deutlich lauter, tiefer und schärfer, langsamer gackernd „kja-kja-kja-kja…“, Bettelruf des ♀ und der Jungvögel wild, traurig „PIII-lih“. Beide Rufe werden vom Eichelhäher imitiert.

SPERBER

HABICHT

DZ

FALKEN Falconiformes

Kleine bis mittelgroße Beutegreifer mit ziemlich spitzen Flügeln; Flugweise schnell und agil, Beute wird meist in der Luft geschlagen; Schnäbel mit Ausbuchtung an der Schneidekante des Oberschnabels („Falkenzahn").

TURMFALKE BJZW

Common Kestrel *Falco tinnunculus*

L 31-37 cm, S 68-78 cm. Bewohnt offene Landschaften, Industrie- und Kulturland mit Bäumen und Büschen und Gebirge; Nahrung Mäuse und Insekten; brütet in alten Krähennestern, an Gebäuden oder in Felsnischen.

KENNZEICHEN Mittelgroß, mit *langen Flügeln und langem Schwanz;* Flügelbasis recht schmal, gespreizte Flügelspitze eher stumpf, *rüttelt häufig* mit hängendem, gefächertem Schwanz; aktiver Flug mit *eher lockeren* (entspannten, mechanischen) *Flügelschlägen* als andere Falken; Gesamteindruck manchmal an Sperber erinnernd, doch unterschieden durch *stetigere Flugweise mit viel weniger Gleitstrecken,* schmalere und gerader gehaltene Flügel (bei Sperber mit leicht vorgeschobenem Bug) und Gefiederfärbung: *Mantel, Rücken und Oberflügeldecken rötlichbraun, zu dunkleren Schwungfedern kontrastierend.*– Ad. ♂: Bürzel und Oberschwanz *ungebändert blaugrau,* breite, dunkle Schwanzendbinde; Kopf grau, dünn gestrichelt; *Mantel, Rücken und Oberflügeldecken tief rotbraun, fein schwarz gepunktet.*– ♂ 1er S: Einige an deutlicher dunkler Bänderung von Bürzel und Oberschwanz zu erkennen.– Ad. ♀: Bürzel und Oberschwanz *braun, schmal dunkel gebändert;* Schwanzendbinde etwas breiter; Kopf bräunlich, deutlich gestrichelt; Oberseite warm braun, weniger rötlich als ♂, eher dunkel gebändert als gepunktet (selten Kopf, Bürzel und Schwanzbasis grau, aber *Schwanz immer gebändert).*– JK: Wie ad. ♀, aber oberseits gelblicher rotbraun, Brust gröber und diffuser gestrichelt; *angedeutetes helles Band auf oberen Handflügeldecken* oft sichtbar; bei einigen jungen ♂ Bürzel und Oberschwanzdecken blaugrau (gebändert).

STIMME Ruf schnelle Serie kurzer, scharfer Töne „ki-ki-ki-ki-…", eher kürzer als bei Baumfalke und Merlin. Bettelrufe der Jungvögel und ♀ wimmernder, vibrierender, mehrfach wiederholter Triller „kir'r'rl…".

RÖTELFALKE A

Lesser Kestrel *Falco naumanni*

L 27-33 cm, S 63-72 cm. Koloniebrüter in Städten, an steilen Felshängen, Ruinen usw., meist in niedriger Höhe, auch während des Zuges gesellig; Nahrung Insekten, die am Boden (jagt wie Rotfußfalke zuweilen auch zu Fuß) oder in der Luft erbeutet werden; brütet an Gebäuden in Nischen oder Höhlen und an Felsbändern.

KENNZEICHEN Kleiner, eleganter Falke; sehr ähnlich Turmfalke, aber unterschieden durch *kennzeichnenden Ruf* (s. u.), Flügel und Schwanz etwas kürzer, gespreizt etwas breiter; bei vielen Individuen mittlere Steuerfedern verlängert (bei Turmfalke nur ausnahmsweise); *Krallen hell* (bei Turmfalke dunkel).– Ad. ♂: Ähnlich Turmfalke, unterschieden durch *oberseits fehlende dunkle Fleckung, bläuliches Flügelfeld* zwischen kastanienbraunem Vorderflügel und dunklen Schwungfedern, blauen Kopf ohne dunklen Kinnstreif; *Unterflügel weißlicher* als bei Turmfalke, oft fast ungemustert (aber einige kräftiger gemustert); Flecken unterseits kleiner und runder als bei Turmfalke, Brust oft dunkler rostgelblich.– ♂ 1er S: Sehr ähnlich Turmfalke, da *blaugraues Flügelband oberseits fehlt und kastanienbraune Flügeldecken und Schirmfedern noch dunkel gepunktet;* oft nur mittlere Steuerfedern wie bei ad., restliche gebändert; kein Kinnstreif.– Ad. ♀/JK: Ähnlich Turmfalke, oft Gefiedermerkmale zur Bestimmung nicht ausreichend. Durchschnittlich Flügel- und Körperunterseite heller, feiner gestrichelt, Kinnstreif dünner, kein dunkler Streif hinter Auge, Wangenfleck etwas heller, dadurch „freundlicherer" Gesichtsausdruck.

STIMME Kennzeichnender Kontaktruf dreisilbig, recht hoch und raspelnd „tsche-tsche-tsche" (im Ton ähnlich Rebhuhn), in Kolonien oft im Chor; auch turmfalkenähnliche, gereihte, kurze Töne, aber schneller und plaudernder; Bettelruf sehr ähnlich Turmfalke, vibrierend „kiirrrl…".

ROTFUSSFALKE G

Red-footed Falcon *Falco vespertinus*

L 28-34 cm, S 65-76 cm. Brütet in Kolonien, selten allein, in offenen Landschaften mit kleinen Wäldchen, in der Steppe, in offenen Flusstälern; Nahrung vorwiegend Insekten; brütet in alten Krähennestern, auch in Saatkrähenkolonien.

KENNZEICHEN Mittelgroß, *Silhouette ähnlich Turmfalke und Baumfalke,* je nachdem, wie Schwanzlänge wahrgenommen wird; *aktiver Flug* oft turmfalkenähnlich, *mit recht lockeren Flügelschlägen, aber Insektenjagd im Flug* sehr ähnlich Baumfalke, *rüttelt oft, landet am Boden, läuft, rüttelt wieder usw.*– Ad. ♂: Einzigartige Färbung durch *dunkles Blaugrau von Körper und Flügeldecken, matt rote „Hosen" und Unterschwanzdecken und hell silbergraue Schwungfedern;* Wachshaut und Füße tief orange.– ♂ 1er S: Gefieder mit unterschiedlich vielen blaugrauen Federn, aber *Unterflügel wie im JK gebändert, Körperunterseite zumindest teilweise rostrot.*– Ad. ♀: *Unterseits ungestreift hell rostbeige, Rücken schiefergrau, dunkel gebändert;* Kopf gelblich weiß, Füße und Wachshaut orange.– JK: Unterseits beige, *dunkel gestreift;* kurzer, dunkler Bartstreif, dunkle Maske über hellen Kopfseiten; *deutlich dunkler Unterflügel-Hinterrand,* Wachshaut und Füße gelb.

STIMME Zur Brutzeit und am Schlafplatz stimmfreudig. Ruft schnatternd „kikikiki…", ♂ meist schneller und höher als ♀. Flugruf des ♂ ähnlich Baumfalke, wimmernd „kju kju kju kju…".

Turmfalke

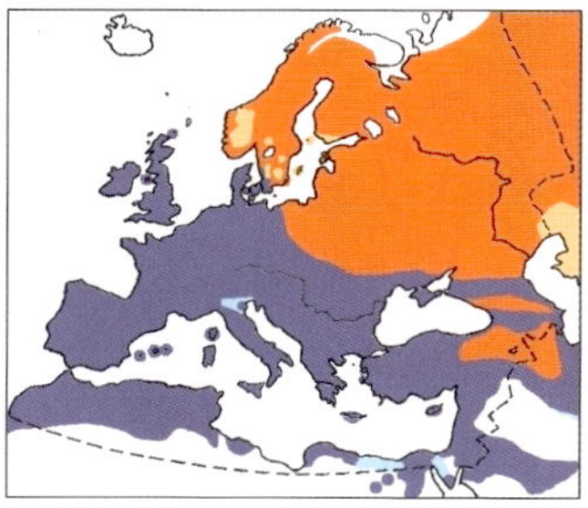

Rötelfalke

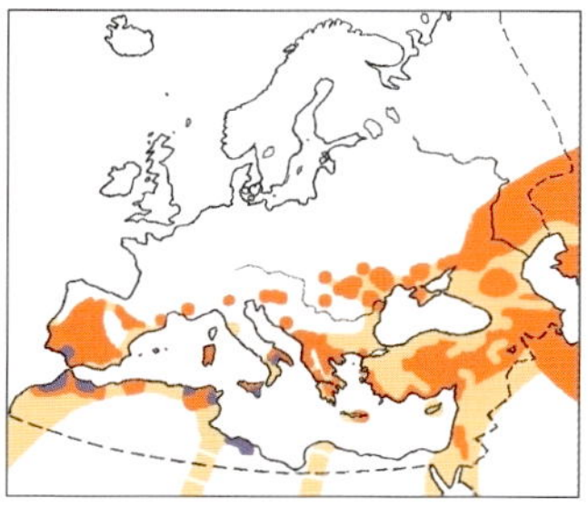

Rotfußfalke

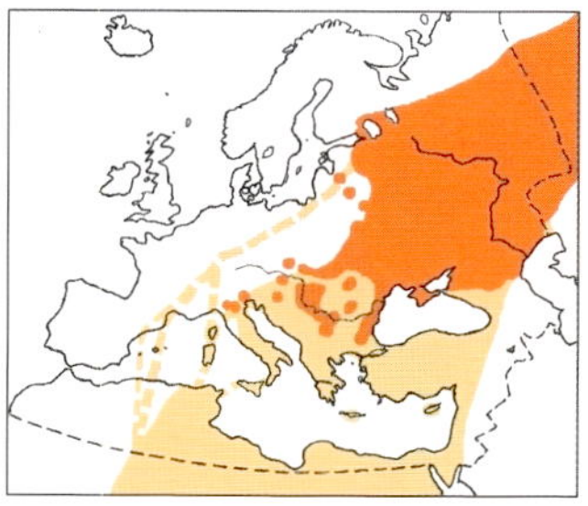

TURMFALKE

RÖTELFALKE

ROTFUSSFALKE

DZ

BAUMFALKE BZ

Eurasian Hobby *Falco subbuteo*

L 29-35 cm, S 70-84 cm. Brutvogel verschiedenster Lebensräume wie Kulturland mit Seen und Wäldern, Flussniederungen, Bergwälder, oft in verlassenen Krähennestern; überwintert von Okt.-Apr. in Afrika; Nahrung im wendigen Jagd- oder Sturzflug erbeutete Insekten und Vögel.

KENNZEICHEN Mittelgroßer, eleganter Falke mit *langen, spitzen Flügeln und mittellangem, gerade abgeschnittenem Schwanz; fliegt rasend schnell,* kann Vögel in der Luft erbeuten (auch Rauchschwalben und sogar Mauersegler) und löst bei Erscheinen meist Alarm bei Vögeln aus; fliegt oft niedrig und schnell über Schilf- und Feuchtflächen, *mit kräftigen, leicht verzögert folgenden, schnittigen Flügelschlägen,* Flugweise bei Libellenjagd entspannter, mit kurzen Beschleunigungen und Wendungen; frisst Insekten im kurzen Gleitflug; typische Flugsilhouette mit *langen, angewinkelten Handschwingen* oft spitzflügelig, gelegentlich aber auch stumpfflügeliger wirkend ähnlich Rotfußfalke (der nur geringfügig längeren Schwanz und kürzere Flügel hat und daher von Weitem für einen Baumfalken gehalten werden kann). Wirkt aus normaler Entfernung *oberseits dunkelgrau und unterseits dunkel mit weißer Kehle,* von Nahem aber *„Hosen" und Steißregion rostrot,* kräftige Streifen auf Brust und Bauch und schwarzer Kinnstreif sichtbar. Im Mittelmeergebiet auch Verwechslung mit Eleonorenfalke möglich, dieser aber etwas größer und mit proportional etwas längerem Schwanz, Baumfalke an Flügel- und Schwanzunterseite auch einfarbiger.– JK: Von ad. unterschieden durch Fehlen von Rot an „Hosen" und Steiß (auch im 1en S fehlend), oberseits hellspitzige Hand- und Große Armdecken, hellere Stirn, braun überhauchte Oberseite und gelblich weiße (statt weißliche) Unterseite.

STIMME Ruft keifend „kju-kju-kju-kju-…", nicht unähnlich Gesang des Wendehalses, aber mit weniger weinerlichem, flehendem Klang, im Tempo sehr unterschiedlich; im Flug auch wiederholt scharf „ki-tschik"; einzeln scharf „kitt"; Bettelruf lang gezogen, fordernd „PII-eh", ähnlich Merlin (aber anders als vibrierender Triller des Turmfalken).

ELEONORENFALKE A

Eleonora's Falcon *Falco eleonorae*

L 36-42 cm, S 87-104 cm. Koloniebrüter, vor allem auf Mittelmeerinseln an Küstenfelsen in Nischen, überwintert bis April in Afrika; ausgeprägter Vogeljäger, Brutzeit beginnt erst im Spätsommer, wenn der die Ernährungsgrundlage für die Jungvögel liefernde Kleinvogelzug einsetzt.

KENNZEICHEN Mittelgroßer Falke mit *langen, vergleichsweise schmalen Flügeln, langem Schwanz und recht schlankem Körper;* ähnlich größerem Baumfalken oder schlankem Wanderfalken-♂, aber von beiden unterschieden durch längeren Schwanz und von Letzterem durch proportional längere und schmalere Flügel, andere Silhouette aber nicht immer schnell und eindeutig erkennbar. *Flugweise entspannt, mit weichen, aber kräftigen* (etwas an Raubmöwe erinnernden), im Verfolgungsflug jedoch schnellen *Flügelschlägen;* gleitet oft auf gerade gehaltenen Flügeln nach Vögeln spähend lange Zeit über dem Meer.– Ad., helle Morphe: Ähnlich jungem Baumfalken, unterschieden durch *Kontrast zwischen sehr dunklen Unterflügeldecken und heller grauen Schwungfederbasen sowie tief rostgelblicher oder rostbrauner (nicht gelblich weißer) Körperunterseite.*– Ad., dunkle Morphe: Insgesamt einfarbig dunkel braunschwarz, aber wie helle Morphe mit Kontrast zwischen schwärzlichen Unterflügeldecken und helleren Schwungfederbasen.– JK: Ähnlich Baumfalke im JK, unterschieden durch Silhouette, Größe und *unterseits hellere, gebänderte Schwungfederbasen, die zu dunklen Flügelspitzen und -decken kontrastieren;* unterseits gelblich beige, schmal dunkel gestrichelt, Kehle gelblich, nicht so weiß wie bei Baumfalken.

STIMME Ruft nasal, etwas kratzend „kjeh kjeh, kjeh, kjeh"; verschiedene scharfe Warntöne in Nestnähe, z. B. „kak kak" und „kekekeke…".

SCHIEFERFALKE –

Sooty Falcon *Falco concolor*

L 32-37 cm, S 78-90 cm. Brütet in flachem Bergland oder an Felsen in Wüsten, auf Koralleninseln und an Felsküsten, überwintert von Dez.-Apr. hauptsächlich auf Madagaskar; Nahrung Kleinvögel, im Winter auch Insekten; brütet wie Eleonorenfalke erst spät, um über die Wüste ziehende Kleinvögel zum Füttern der Jungvögel nutzen zu können.

KENNZEICHEN Mittelgroß, *etwas größer als Baumfalke,* in der Silhouette diesem ähnlich, etwas kleiner als Eleonorenfalke, im Vergleich zu diesem *Kopf proportional größer und Schwanz kürzer,* gelbe Wachshaut meist deutlicher.– Ad.: *Gefieder kennzeichnend einfarbig schiefergrau* (dunkle Morphe des Eleonorenfalken mit Kontrast zwischen schwärzlichen Unterflügeldecken und helleren Schwungfederbasen; ad. Rotfußfalken-♂ hat silbergraue Handschwingen, helleren, blaugrauen Körper und Rot an „Hosen" und Steiß); dunkles Gefieder bei ad. variiert von recht hellem Blaugrau (heller als bei jedem Eleonorenfalken) bis schwärzlich blaugrau, helles Gefieder wohl öfter bei ♂.– JK: Ähnlich Baum- und Eleonorenfalken im JK (s. a. Rotfußfalke im JK, S. 116); neben Größe und Silhouette unterschieden durch unterseits breite, *dunkle Flügelhinterkante und Schwanzendbinde* (nicht bei Baumfalke) und Fehlen der kontrastierenden Unterflügeldecken (bei Eleonorenfalke vorhanden); *mittlere Steuerfedern dunkel und ungebändert* (auch unterseits sichtbar) und etwas verlängert, einen *leicht keilförmigen Schwanz* formend; dunkles Brustband angedeutet.

STIMME Noch wenig bekannt. Einige Rufe an Turmfalken erinnernd, aber langsamer und eine Spur rauer.

Baumfalke

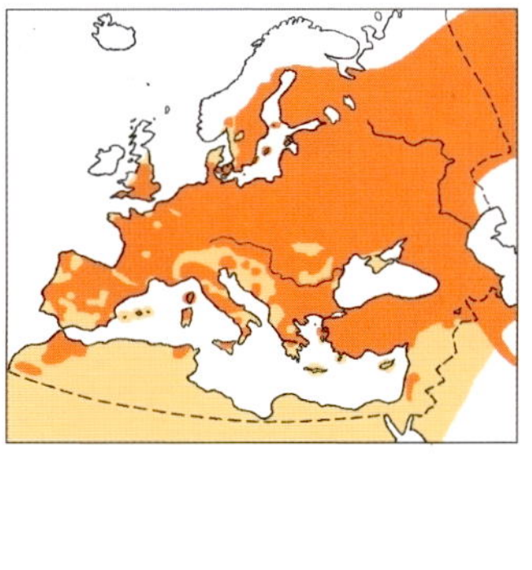

Eleonorenfalke

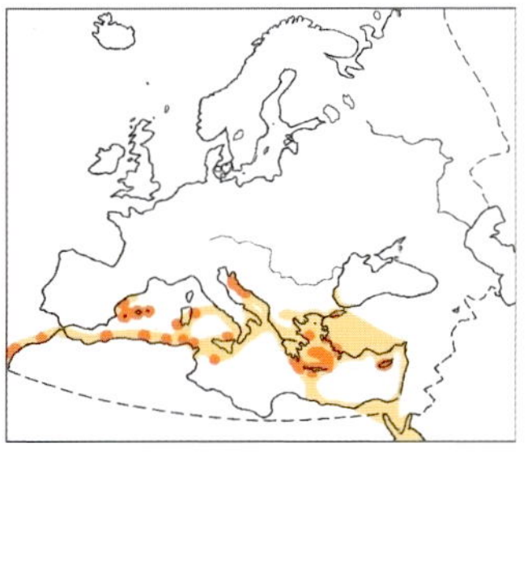

Schieferfalke

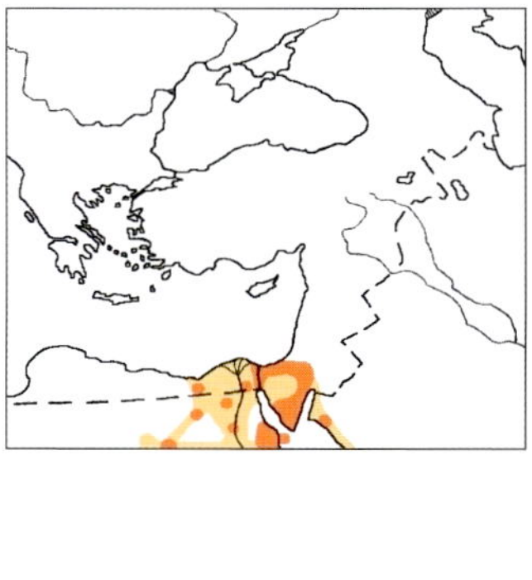

BAUMFALKE

ELEONORENFALKE

SCHIEFERFALKE

WANDERFALKE BJW

Peregrine Falcon *Falco peregrinus*

L ♂ 38-45 cm, ♀ 46-51 cm, S ♂ 89-100 cm, ♀ 104-113 cm. Weltweit verbreitet, aber drastischer Bestandsrückgang in 1950er- und 60er-Jahren durch Biozideinsatz und Jagd, seitdem wieder etwas zunehmend; brütet an steilen Felsküsten oder in Gebirgen, auch im Flachland an Felsen, Gebäuden, in Taigamooren am Boden, selten in alten Krähennestern in Bäumen; im Norden und Osten Zugvogel. Erbeutet kleine bis mittelgroße Vögel im horizontalen Verfolgungs- oder spektakulären Sturzflug mit angelegten Flügeln.

KENNZEICHEN Mittelgroß bis groß; ♀ deutlich größer als ♂; in Relation zur Größe stärkster Falke mit *kräftigem Körper, „brustlastig", Flügel spitz, Armflügel recht breit, Schwanz mittellang;* Flügel meist leicht gewinkelt, Bugwinkel deutlich, aktiver Flug mit recht schnellen, eher flachen Flügelschlägen und mittlerer Geschwindigkeit, bei erspähter Beute mit festeren Flügelschlägen und abrupt erhöhter Geschwindigkeit.– Ad.: *Oberseite schiefergrau, Rücken, Bürzel und Oberschwanzdecken heller blaugrau,* Unterseite weiß, Brust und Bauch dünn gebändert, Wangen, Kehle, Vorderbrust weiß (größter Weißanteil bei ♂), zu *schwarzer Kappe und breitem, schwarzem Kinnstreif* scharf kontrastierend.– JK: Am besten zu erkennen an kräftiger *Streifung* (nicht Bänderung) *von Brust und Bauch, bräunlicher Oberseite* mit hell gerandeten Handschwingen- und Großen Flügeldeckenspitzen; Wachshaut und Füße matt gelblich grün; Verwechslung mit dunklem juv. Gerfalken möglich, aber neben der Silhouette (und beim ♂ geringeren Größe) fällt der *breit schwarze Kinnstreif mehr auf, der nicht in gestreifte Wangen übergeht; Unterflügel einfarbig grau* (statt mit kontrastierenden dunklen Flügeldecken); Unterschwanzdecken gebändert oder mit Winkelflecken gezeichnet (bei Gerfalken gestrichelt); Wachshaut und Füße bei Gerfalken im 1en W meist reiner blau.– Variation: Mediterrane Unterart *brookei* etwas kleiner, oberseits dunkler, unterseits rötlich überhaucht, rötlicher Nackenbereich (vgl. Wüstenfalke).

STIMME Außerhalb des Nestbereichs meist stumm. Warn- und Kontaktruf ein raues Gackern mittleren Tempos, beharrlich zeternd, manchmal lange wiederholt „rähk rähk rähk rähk…", oft im Flug geäußert, auch zweisilbig schneidend „IH-tschipp"; Bettelruf vibrierend „kji'i'ih".

WÜSTENFALKE –

Barbary Falcon *Falco pelegrinoides*

L ♂ 33-37 cm, ♀ 36-39 cm, S ♂ 76-86 cm, ♀ 89-98 cm. Naher Verwandter des Wanderfalken (manchmal als dessen Unterart betrachtet); brütet in Halbwüsten mit Felsen und Anhöhen, weiter östlich auch in Vorgebirge und Bergen; Nahrung wie Wanderfalke; Brutplatz an Felsen.

KENNZEICHEN Kleinere Version des Wanderfalken; ♂ nur wenig größer als Baumfalke (aber schwer und „brustlastig" wie Wanderfalke), Flugsilhouette mit etwas schmalerem Armflügel als bei Wanderfalke, aufgrund der Größe Flügelschläge in vergleichbarer Situation etwas schneller.– Ad.: Im Vergleich zum Wanderfalken *Oberseite heller blaugrau, Schwungfedern unterseits heller mit dunkleren Flügelspitzen und dunklerem Hinterrand, Körper und Flügeldecken unterseits rötlich (frisch) oder cremefarben (ausgeblichen) getönt* (auch Wanderfalke der Unterart *brookei* zeigt rötliche Tönung). Ferner *schwächere Bänderung der Unterseite* (am schwächsten bei ♂), unterseits oft angedeutete *dunkle Schwanzendbinde und schwaches, dunkles „Komma" auf Spitzen der Handdecken; Kinnstreif schmaler, Nacken rostrot* (nur von Nahem sichtbar; beachte roten Nacken auch bei *brookei*-Wanderfalken).– JK: *Wie Wanderfalke im JK, aber Kopf heller,* Stirn, Nacken und Überaugenstreif rötlich gelb; *Kinnstreif schmaler;* unterseits oft schwache *dunkle Schwanzendbinde, Streifung der Körperunterseite schmal* und auf Bauchmitte konzentriert, *Kehle/Vorderbrust und „Hosen"/hinterer Bauch fast ungemustert beige.*

STIMME Wie bei Wanderfalke, aber etwas höher.

MERLIN ZW

Merlin *Falco columbarius*

L 26-33 cm, S 55-69 cm. Bewohnt bevorzugt Birken- und Weidenzonen im Fjäll, auch Taigamoore, offene Küstenlandschaften und Heide im Norden; Nahrung vorwiegend Kleinvögel, die im rasanten, waagerechten Verfolgungsflug bodennah erbeutet werden; brütet in Bäumen (verlassenes Krähen- oder Greifvogelnest), Büschen oder am Boden.

KENNZEICHEN Kleinster Falke, Flugsilhouette ähnlich Wanderfalke, recht *„brustlastig", mit spitzem Hand- und recht breitem Armflügel und mittellangem Schwanz,* daher Verwechslung möglich, wenn Größe nicht einschätzbar, fliegt jedoch mit *viel schnellerem Flügelschlag.* Jagt niedrig, gelegentlich wie zur Tarnung *drosselartig* (in weichem Auf und Ab, dabei kurze Pause zwischen mehreren Flügelschlägen), oder in schnellem Verfolgungsflug; sehr wendiger Flieger.– Ad. ♂: *Oberseite blaugrau, Schwanz mit breiter, schwarzer Endbinde,* Handschwingen dunkel, Brust rötlich gelb, dünn gestrichelt, Kinnstreif schmal und unauffällig, Kehle weiß.– Ad. ♀: *Oberseite braungrau, Schwanz kräftig dunkel gebändert* (ca. 5 breite Binden, Endbinde nur wenig breiter), *Brust gelblich weiß, kräftig dunkel gestreift,* Kinnstreif schmal, weniger auffällig.– JK: Sehr ähnlich ad. ♀ und von diesem im Freiland meist nicht unterscheidbar, aber durchschnittlich oberseits brauner, ohne die für viele ♀ typische graue Tönung von Rücken und Schwanz, Handdecken hell rötlich gebändert (bei ad. ♀ einfarbiger).

STIMME Ruft nur am Brutplatz, bei Alarm schnelle Serie ansteigender, scharfer Töne, „ki-ki-kiki-kikiki…", beim ♂ etwas heller und schneller als beim ♀; Bettelruf ähnlich Baumfalke (oder sogar Großem Brachvogel), voll klingend und klagend „pII-eh".

Wanderfalke

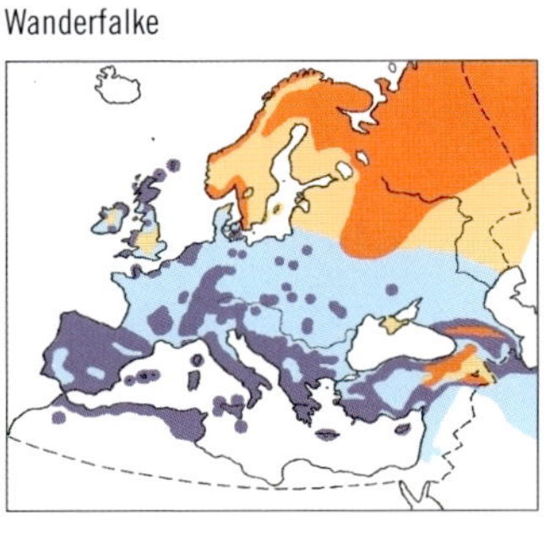

Wüstenfalke

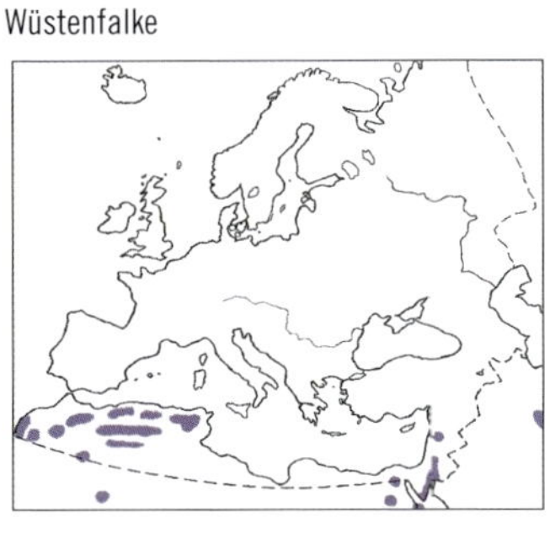

Merlin

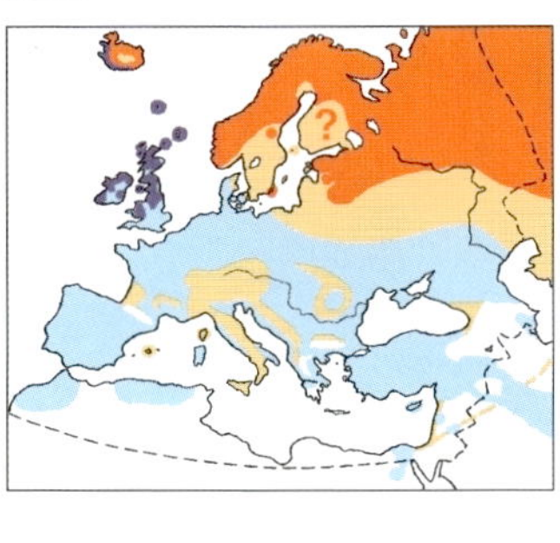

WANDERFALKE

WÜSTENFALKE

MERLIN

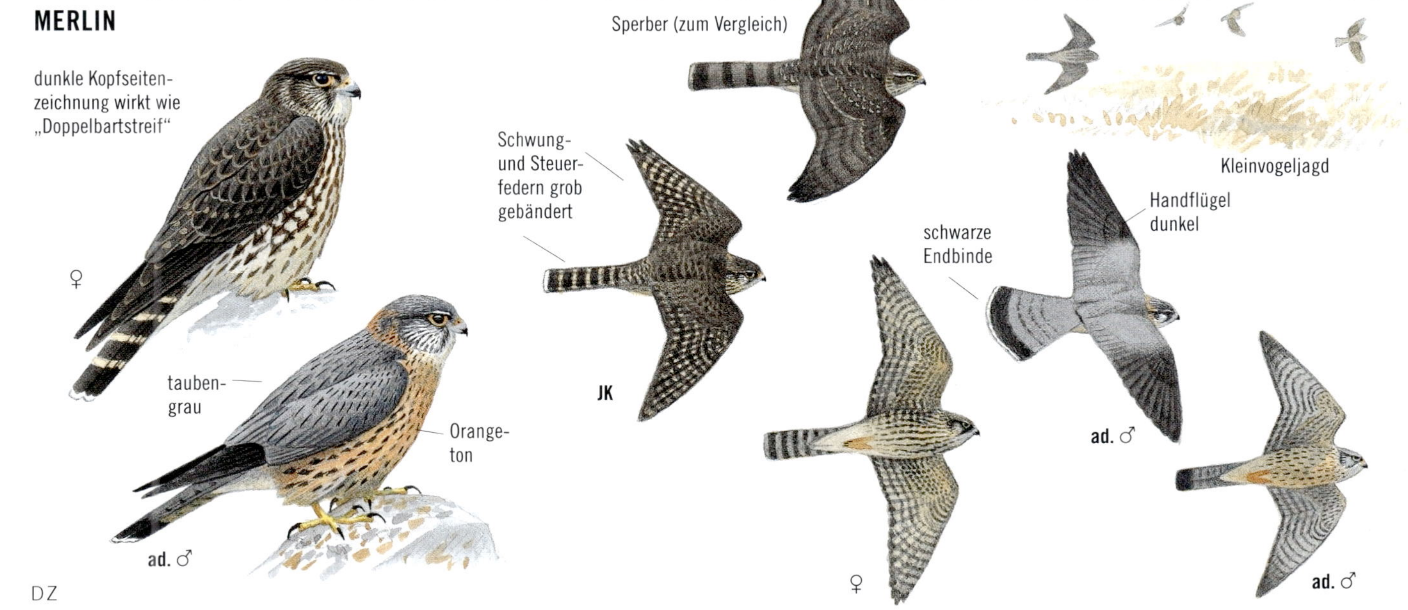

GERFALKE

A

Gyrfalcon *Falco rusticolus*

L 53-63 cm, S 109-134 cm. Brütet auf Felsbändern in Bergland und Tundra, bevorzugt Flusstäler; überwiegend Standvogel, besonders Jungvögel weichen im Winter etwas nach Süden aus; Nahrung am Boden oder in der Luft erbeutete Vögel (vor allem Schneehühner) und Lemminge.

KENNZEICHEN Größter Falke mit der *Flügelspanne des Mäusebussards; Flügel breit, Flügelspitzen für einen Falken recht gerundet, Schwanz etwas länger als bei Wanderfalke;* Körper ebenso schwer, aber länger, *Schwanzbasis breiter* („Hüfte“ wie bei Habicht dick), Flugweise ähnlich Wanderfalke, aber durch bedeutendere Größe und *etwas längeren Armflügel stetiger, mit etwas langsameren, flacheren, elastischen Flügelschlägen;* jagt meist in horizontalem Verfolgungsflug, oft niedrig über dem Boden; nur selten Sturzflug aus großer Höhe. Gefiedervariationen vor allem geografisch bedingt, aber Überschneidungen und Variationen bedeutend; weiße Morphe (vorwiegend Grönland, aber auch Sibirien) mit *weißem, dunkel geflecktem Gefieder und dunklen Flügelspitzen;* hellgraue Morphe (Island) mit hellgrauem, weißlich gebändertem Gefieder; dunkelgraue Morphe (Fennoskandien, Russland) mittelgrau, hellgrau gebändert; zwei letztgenannte Morphen zeigen *schmalen, undeutlichen Kinnstreif, hellen Überaugenstreif und dünn gestrichelte oder dunkel schattierte Wangen.*– Ad. graue Morphe: Wachshaut und Füße gelb; Oberseite grau (oder graubraun), hell aschgrau gebändert oder gefleckt; Unterseite fein dunkel gepunktet und gestreift, meist an Flanken und „Hosen“ leicht gebändert.– JK: *Wachshaut und Füße bläulich;* oberseits dunkel braungrau, bis auf Schwanz nur wenig oder gar nicht hell gebändert oder gefleckt; *unterseits kräftig dunkel gestreift, keine Bänderung.*

STIMME Laut, rau, raspelnd oder hart gackernd „wrä(eh) wrä(eh) wrä(eh)…“, langsamer, schroffer und deutlicher zweisilbig als bei Wanderfalke.

WÜRGFALKE

bA

Saker Falcon *Falco cherrug*

L 47-55 cm, S 105-129 cm. Bewohnt Steppen, hügeliges Grasland oder Wälder in offener Landschaft; teilweise Zugvogel; Nahrung Vögel und Nagetiere; brütet an Felsen, auf Strommasten, in Zweignestern in Bäumen, oft in Reiherkolonien; selten (ca. 600 Paare in Europa), doch sieht man öfter Falknern entkommene Flüchtlinge und Hybriden.

KENNZEICHEN *Groß,* fast so groß wie Gerfalke, dem er im Flugbild mit *recht breiten Flügeln mit stumpfer Spitze* ähnelt; von diesem mit Erfahrung unterschieden durch etwas schmalere Flügel, schlankere Schwanzbasis und „Hüfte“, aber Gefiedermerkmale unerlässlich.– Ad. normal: Vom ähnlichen Lannerfalken meist unterschieden durch *gelbbraune Färbung von Mantel, Rücken und Innenflügel, die zu dunkleren, grauen Schwungfedern kontrastieren,* fast wie bei Turmfalken-♀ (Lannerfalke meist schiefergrau mit dunkleren Schwungfedern, wie Rotfußfalken-♀), *Kopf meist recht hell braun mit weißlichem Überaugenstreif* (bei Lannerfalke fehlend oder undeutlich rötlich gelb), *dünn gestreiftem Scheitel* (ohne dunkle Stirn und rötlichen Nacken des Lannerfalken) *und schmalem, mehr oder weniger deutlichem Kinnstreif; einige wirken von Weitem fast weißköpfig* (Vorsicht: junge Lannerfalken in Nordafrika und Nahem Osten oberseits zimtbraun, oft sehr hellköpfig und am Unterschwanz ungebändert!); *unterseits von Kehle an abwärts und an Flanken oft kräftig gestreift, „Hosen“ häufig ganz dunkel* (bei Lannerfalke Brust dünner gefleckt, an Flanken und „Hosen“ gebändert); Unterflügel ähnlich Lannerfalke mit mehr oder weniger kontrastierenden dunklen Unterflügeldecken (im Gegensatz zu Wander- und Wüstenfalke).– Ad. graue Morphe (*„saceroides“*; in Europa sehr selten): Oberseite grau und gebändert, sehr ähnlich Lannerfalke, durch Größe, Gestalt und Kopfmuster möglicherweise zu unterscheiden.– JK: Sehr ähnlich ad.; *Oberseite hellbraun, Unterseite kräftig gestreift,* Kopf meist dunkler als bei ad., aber mit deutlicherem, weißem Überaugenstreif; am Gefieder sehr schwer von Lannerfalke im JK zu unterscheiden, aber *„Hosen“ oft ganz dunkel* (fast wie bei Raufußbussard) und *Oberseite etwas heller, hellbraun überhaucht* (vgl. mit europäischem juv. Lannerfalken); Wachshaut und Füße matt graugrün oder grau, blaugrün überhaucht.

STIMME Recht ähnlich Wanderfalke, aber etwas langsamer und wimmernder, nicht so heiser.

LANNERFALKE

–

Lanner Falcon *Falco biarmicus*

L 43-50 cm, S 95-105 cm. Bewohnt Wüsten, Steppen, niedrige Gebirgszonen, in Europa nur 300 Paare. ♂ und ♀ jagen oft gemeinsam vorwiegend kleine bis mittelgroße Vögel in schnellem Sturz- oder Verfolgungsflug. Brütet auf Felsbändern, selten in alten Baumnestern.

KENNZEICHEN Etwas kleiner als Würgfalke, *Flügel und Schwanz etwas schmaler* (Silhouette wie kurzschwänziger Turmfalke).– Ad.: *Oberseite schiefergrau oder braungrau und dunkel gebändert* (europäische Unterart *feldeggii*) oder heller bläulichgrau (nordafrikanische Unterart *erlangeri*), nicht zimtbraun wie die meisten Würgfalken; *Unterseite weniger gestreift als Würgfalke, eher fein gepunktet, an Flanken und „Hosen“ gebändert, oft angedeutetes, dunkles Stirnband; Nacken und Überaugenstreif* (wenn vorhanden) *hell kastanienbraun,* schwarzer Kinnstreif schmal (weitere Unterscheidungsmerkmale siehe Würgfalke).– JK: Sehr ähnlich ad. und juv. Würgfalke, *aber „Hosen“ gestreift, nie ganz dunkel, oberseits Mantel entweder sehr dunkel* (Europa) oder würgfalkenähnlich heller und wärmer braun (Nordafrika, Naher Osten).

STIMME Ähnlich Würgfalke, aber leiser.

Gerfalke

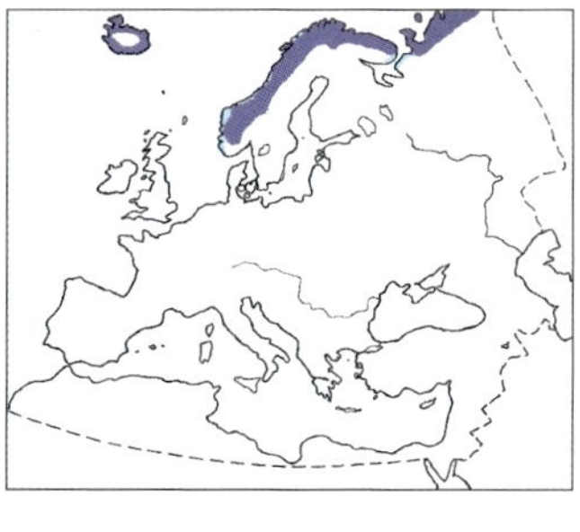

Würgfalke

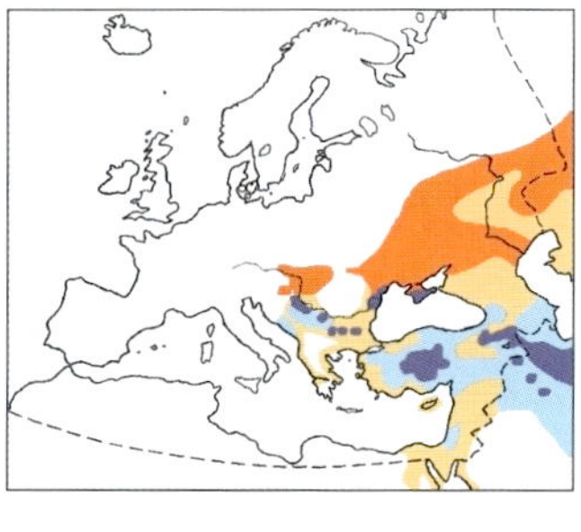

Lannerfalke

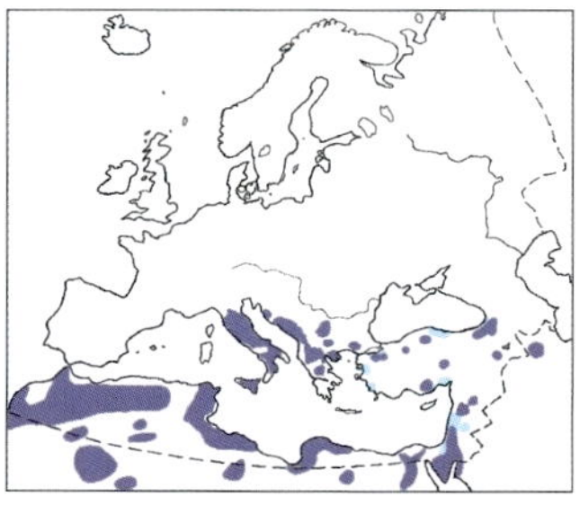

GERFALKE

WÜRGFALKE

LANNERFALKE

(Flugbild s. S. 121)

RALLEN Rallidae

Klein bis mittelgroß, oft in dichter Vegetation versteckt in Sümpfen und am Wasser lebend. Öfter zu hören als zu sehen. Nachtzieher, Nahrung Kleintiere und Pflanzenmaterial. (Auch der Wachtelkönig, S. 56, gehört dazu.)

WASSERRALLE BJZW

Water Rail *Rallus aquaticus*

L 23-26 cm (inkl. Schnabel 3-4,5 cm). Bewohnt selbst kleinste Feuchtgebiete mit dichter Vegetation.

KENNZEICHEN Recht klein, durch rundes Hinterende, flache Brust und langen Hals fast birnenförmig, *Schnabel lang, dünn, leicht abwärts gebogen; wirkt* aus der Entfernung *dunkel,* nur *Unterschwanzdecken leuchten hell*; fliegt mit schnellem Flügelschlag und hängenden Beinen in Deckung.– Ad.: Oberseite olivbraun, schwarz gefleckt, „Gesicht" und Brust dunkel blaugrau, Flanken und Bauch schwarz-weiß quergebändert, *Schnabel rot,* First und Spitze dunkler, Beine matt rot.– JK: *Kehle und Brustmitte schmutzig weiß, bräunliche Brustseiten und Flanken* diffus quergebändert, *heller Überaugenstreif* und *dunklere Augenmaske* angedeutet, weniger Rot am Schnabel.

STIMME Vielfältiges Repertoire, missmutig griesgrämig absterbend (ähnlich Rothalstaucher) „grrüIIT grroIT grui gru", erschöpft und halb erstickt stöhnend „oouuuh", bei Störung kurz „kipp"; ♂ singt nachts hartnäckig hämmernd „küpp küpp küpp küpp…", unverpaartes ♀ hell, charakteristisch „püpp püpp pü-ERRRRR" (aufgebaut wie beim ♀ vom Kleinen Sumpfhuhn, aber höher mit typischer Wasserrallenstimme), abschließender Triller „pü-errrr" auch von in Frühjahrsnächten fliegenden ♀.

TÜPFELSUMPFHUHN BZ

Spotted Crake *Porzana porzana*

L 19-22,5 cm. Brütet besonders in Seggenflächen und überschwemmten Wiesen, meidet Schilfgebiete; schwer zu sehen, schleicht unbemerkt selbst durch niedrigste Vegetation.

KENNZEICHEN Etwas kleiner als Wasserralle, unterschieden durch *kurzen, geraden Schnabel,* meist beige Unterschwanzdecken (selten gefleckt oder gebändert), *grüne Beine* und im flatternden Flug *weißen Flügelvorderrand; weiße Flecken auf Hals, Brust und Oberseite, gelbgrauer Schnabel* mit etwas Rot an Basis.– JK: Ohne graublaue Färbung von Überaugenstreif, Kehle und Brust, Kehle oft weißlich.

STIMME Gesang ein helles, weich ansteigendes, peitschendes Pfeifen, nachts taktfest gut einmal pro Sekunde aufgereiht. „huITT, huITT, huITT,…", in stillen Nächten 1-2 km weit zu hören, aus der Entfernung etwas an Wassertropfen erinnernd, aus der Nähe mit unrein grunzendem Beiton (wie bei Wachtel).

CAROLINASUMPFHUHN –

Sora *Porzana carolina*

L 18-21 cm. Nordamerikanische Ausnahmeerscheinung, in Aussehen und Biotopwahl ähnlich Tüpfelsumpfhuhn, aber *einfarbig dunkler Scheitelstreif* (ohne Längsstrichelung), *keine weißen Flecke auf Kopf, Hals und Brust, dunkle Schirmfedern mit hellen Rändern* (statt wellenförmiger Querbänderung), gelber Schnabel ohne Rot; im JK ungezeichnet hellbraune Brust. Stimme u. a. ein an Zwergtaucher erinnernder Triller, in Höhe und Geschwindigkeit rasch abfallend; Gesang ein in ruhigem Takt aufgereihtes, tiefes, schleppendes Pfeifen mit ansteigendem Schluss, „ku-wü" (wie Auftakt der Pfuhlschnepfenbalz).

KLEINES SUMPFHUHN BZ

Little Crake *Porzana parva*

L 17-19 cm. Bewohnt Schilfgürtel in tieferem Wasser, hauptsächlich im Südosten Europas, in Deutschland selten (am Neusiedlersee häufig).

KENNZEICHEN *Klein,* dem Zwergsumpfhuhn ähnlich, aber unterschieden durch *große Handschwingenprojektion, längeren, spitzeren Schwanz,* bei Altvögeln etwas *Rot am Schnabel, Oberseite matt braun mit helleren Längsstreifen, bei jüngeren Vögeln teilweise weiße Längsstrichel oder Flecke* (keine Ringe und Schnörkel) und begrenzte Querbänderung an hinteren Flanken; ♂ unterseits blaugrau, ♀ beige mit schwach blaugrauem Ton am Kopf. JK ähnlich ♀, aber *unterseits weißer* und mit *reichlicherer Flankenbänderung,* vom Zwergsumpfhuhn im JK hauptsächlich an größerer Handschwingenprojektion unterscheidbar.

STIMME Nachts bis zu 1-2 km weit hörbarer Gesang des ♂ ein nasal bellendes „koA", erst langsam, dann schneller aufgereiht und zum Schluss mit sinkender Tonhöhe in eine stammelnde Reihe übergehend; ♀ hat eine kurze Strophe in derselben nasalen, lauten Stimme, „koA-koA-kwarrrr".

ZWERGSUMPFHUHN bA

Baillon's Crake *Porzana pusilla*

L 16-18 cm. Brütet in nassen Seggenwiesen mit höchstens knietiefem Wasser und in überschwemmten Wiesen.

KENNZEICHEN *Klein,* ähnlich Kleinem Sumpfhuhn, unterscheidet sich durch *geringe Handschwingenprojektion* (Handschwingen überragen Schirmfedern kaum), *nie Rot am Schnabel, weiße Ringel und Kritzel auf der rotbraunen Oberseite, deutlichere, ausgedehntere schwarz-weiße Flankenbänderung.* Im JK unterseits schmutzig braun, Brust deutlicher quer gebändert als Kleines Sumpfhuhn.

STIMME Gesang leise, trocken knarrend, in wechselnder Lautstärke, erinnert stark an Wasserfrosch (und Knäkente), 2-3 s lang, höchstens 300 m weit hörbar (oft nur 75 m!).

Wasserralle

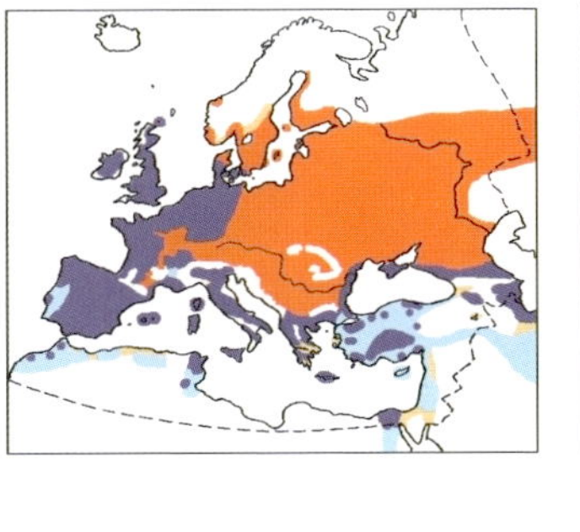

Tüpfelsumpfhuhn

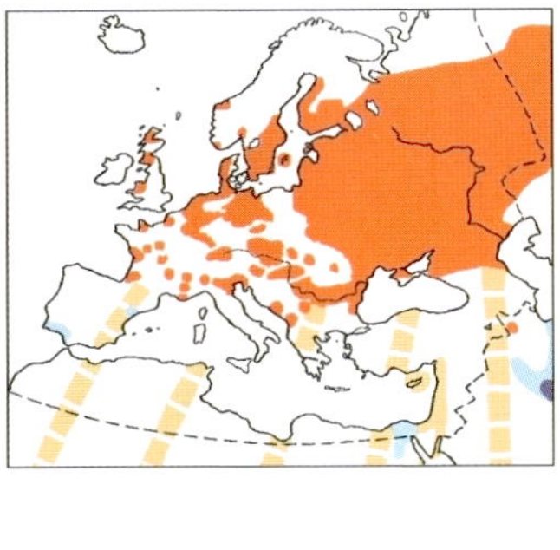

Kleines Sumpfhuhn

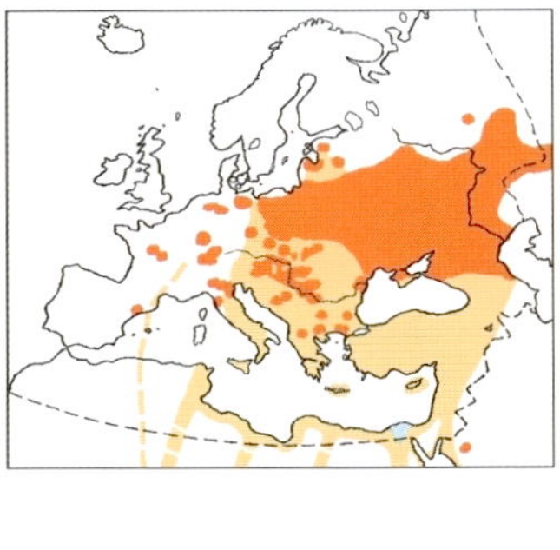

Zwergsumpfhuhn

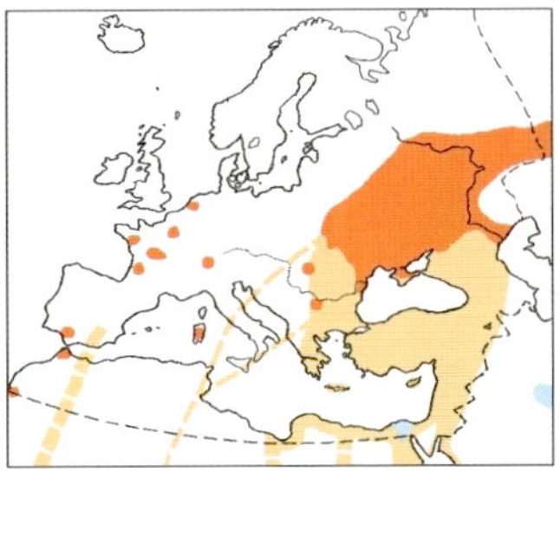

WASSERRALLE

TÜPFELSUMPFHUHN

CAROLINASUMPFHUHN

KLEINES SUMPFHUHN

ZWERGSUMPFHUHN

TEICHHUHN
BJZW

Common Moorhen *Gallinula chloropus*

L 27-31 cm. Verbreiteter Brutvogel an Seen, Teichen, Flüssen, Sümpfen, sofern genug schützende Vegetation vorhanden ist, schwimmt auch frei auf der Wasserfläche und läuft auf deckungsfreiem Gelände, ist zwar oft heimlich, aber an Parkgewässern sehr vertraut. Korbförmiges, oft gedecktes Nest aus Wasserpflanzen im Uferbewuchs versteckt.

KENNZEICHEN Taubengroß und *dunkel* mit recht langem Schwanz, *langen, grünen Beinen und langen Zehen; großes, rotes Stirnschild, Schnabel rot mit gelber Spitze;* Gefieder schieferschwarz (oberseits braun getönt) mit *weißer Flankenlinie* und *weißen äußeren Unterschwanzdecken* (von hinten weißen Winkel bildend); stelzt *Schwanz* und *zuckt* im Laufen auffallend damit, *nickt schwimmend mit dem Kopf.*– JK: Graubraun, Kinn und Kehle schmutzig weiß. Küken wie beim Blässhuhn schwarz mit rotem Schnabel, aber *ohne gelbbraunen Kragen.*

STIMME Reiches Repertoire, öfter zu hören als zu sehen; typisch ein heftiger, kurzer, blubbernder oder gutturaler Laut, „kjürrrk!"; ferner bei Beunruhigung ein scharfes „ki-keck" und, oft lange wiederholt und auch nachts im Flug geäußert, ein schnelles, dreisilbiges „kreck-kreck-kreck".

BLÄSSHUHN
BJZW

Eurasian Coot *Fulica atra*

L 36-42 cm. Brütet bevorzugt an nährstoffreichen Gewässern mit offenem Wasser und schützender Ufervegetation, im Winter auf allen eisfreien Gewässern und in Trupps in Ufernähe an Land. Nest oft frei sichtbar im Wasser.

KENNZEICHEN *Runder,* breiter Körper mit kurzem Schwanz und kleinem Kopf; Gefieder *rußgrau mit schwarzem Kopf, weißem Stirnschild und Schnabel;* im Flug schmaler, *weißer Armflügel-Hinterrand;* Beine kräftig, Zehen lang und mit Schwimmlappen versehen (wie Lappentaucher; keine Schwimmhäute wie Enten); schwimmt mit leicht *nickenden Kopfbewegungen,* taucht mit kleinem Sprung, kommt schnell wieder hoch, schwimmt wie ein Korken, muss zum Auffliegen mit den Füßen über das Wasser platschend Anlauf nehmen.– JK: Halsseiten, Vorderhals und Brust grauweiß, übriges Gefieder braunschwarz, Unterschwanzdecken dunkel (vgl. Teichhuhn), Stirnschild entwickelt sich erst; Küken schwarz mit *rotem und bläulichem Kopf* und *gelbbraunem Kragen.*

STIMME Vielseitig, am lautesten ein platzendes, einsilbiges „köck" oder „kröck", oft gereiht, und ein explosives, spitzes „pix!"; in Frühjahrsnächten äußern fliegende Vögel ein verschnupftes, etwas stoßendes Trompeten „pä pä-ÄU"; Jungvögel betteln mit lispelnder Stimme kläglich wimmernd „ÜH-lif".

KAMMBLÄSSHUHN
–

Red-knobbed Coot *Fulica cristata*

L 39-44 cm. Brütet lokal und selten in SW-Spanien und Marokko im selben Lebensraum wie Blässhuhn und teilweise mit diesem zusammen, ist etwas scheuer, hält sich mehr in der Vegetation auf; zieht nicht.

KENNZEICHEN Dem Blässhuhn sehr ähnlich, aber zur Brutzeit zwei kleine *dunkelrote Höcker* über dem weißen Stirnschild, die sich bald zurückbilden und ohnehin schwer zu sehen sind oder einfach nur dunkel wirken; sicherste Merkmale sind in *weicher Rundung zwischen Schnabel und Stirnschild auslaufende Befiederung* (statt in spitzem Keil), schwach *blaugraue Tönung* des weißen Schnabels, weiter auf den Scheitel reichendes, oben eher *gerade abgeschnittenes Stirnschild* (statt gerundet), *dünnerer Hals* und *Fehlen des weißen Armflügel-Hinterrands;* Silhouette im Schwimmen oft mit flacherem Rücken und hochstehendem „Heck", etwas spitzerem Kopf und bei der Nahrungsaufnahme von der Wasseroberfläche in der Mitte gekrümmtem Hals (Blässhuhn beugt dabei den ganzen Hals).

STIMME Ruft anders als Blässhuhn oft zweisilbig, eher kurz, nasal gellend „kerRE" (an Kleines Sumpfhuhn erinnernd), auch dumpf nasal und etwas heiser „ka-hah" und in langen, rauen Reihen „krre".

PURPURHUHN
a

Purple Swamphen *Porphyrio porphyrio*

L 45-50 cm. Brütet an Seen und Sümpfen mit üppigem, aber eher niedrigem Bewuchs von Schilf, Binsen, Seggen und viel umgebrochenem Pflanzenmaterial zum Klettern, steigt ungleich anderen Rallen auch hoch in Schilfbüscheln hinauf.

KENNZEICHEN Fast birkhuhngroße Ralle mit *elegant dunkel blau oder violett schimmerndem Gefieder, weißen Unterschwanzdecken, großem, rotem Schnabel* mit ebensolchem *Stirnschild* (im Winter etwas blasser) und kräftigen, krebsroten Beinen mit langen Zehen; jüngere Vögel zeigen etwas matteres Gefieder mit grauerem Kopf, einzelnen grauweißen Federn auf der Bauchmitte und anfangs mehr graurosa Schnabel und Beine; im Flug schneller Flügelschlag und hängende Beine; schwimmt auch, wenn erforderlich.– Ägyptische Unterart *madagascariensis* auf Mantel, Schultern und Schirmfedern mit Grünton, türkische und kaspische Vögel *(poliocephalus)* haben helleren, gräulichen Kopf.

STIMME Sehr laut und aufsehenerregend mit großem Repertoire, besonders nachts oft lang gezogenes Trompeten mit nasaler, klagender Stimme und in wiegender Tonhöhe, oft in langer Folge; auch härter, gerader und mechanischer „prrrih prrrih prrrih…" in wechselnder Stärke, manchmal schrill und entrüstet; Kontaktlaut schmatzend „tschuck".

Teichhuhn

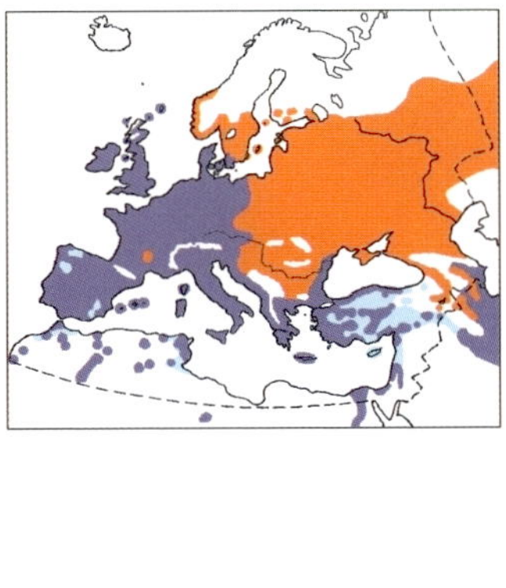

Blässhuhn

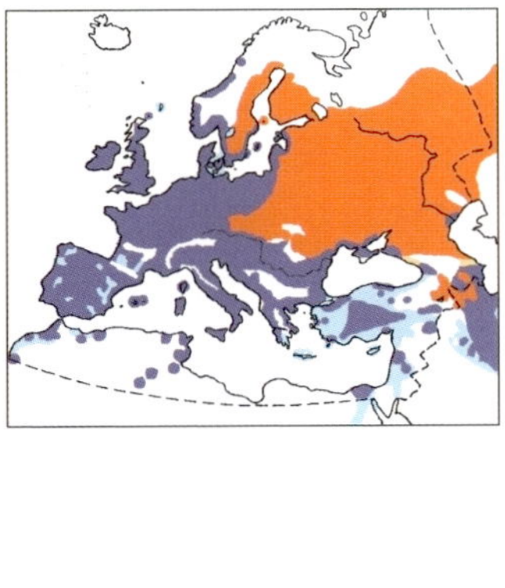

Kammblässhuhn

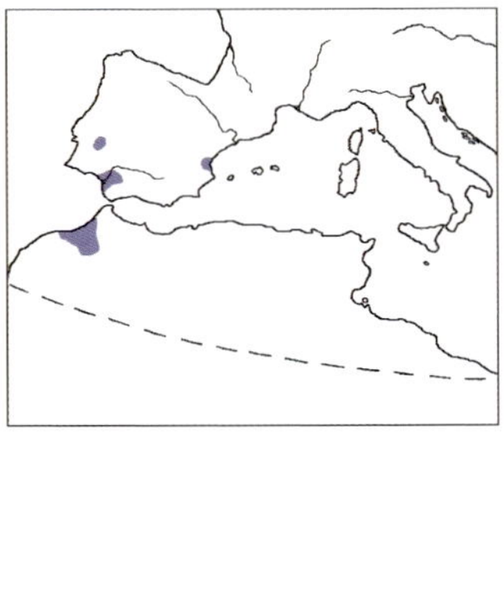

Purpurhuhn

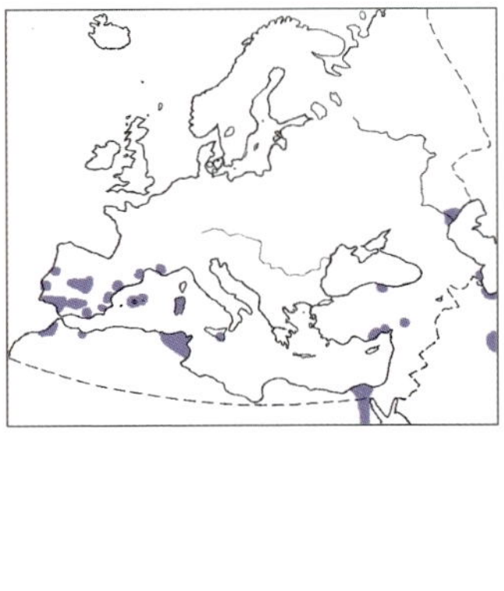

TEICHHUHN

BLÄSSHUHN

KAMMBLÄSSHUHN

PURPURHUHN

KRANICHE Gruidae

Sehr große, schlanke Vögel mit langen Beinen und Hälsen, geraden, mittellangen und dolchförmigen Schnäbeln; Schirmfedern stark verlängert und überstehend, scheinbar den (kurzen, darunter verborgenen) Schwanz bildend. Hervorragende Segelflieger, Hals dabei wie bei Störchen ausgestreckt, Zug in Keil- oder Linienformation, von den ähnlich ziehenden Gänsen aber sofort an überstehenden Beinen, langsamerem Flug mit vielen Gleitstrecken und ausgiebigem Kreisen in warmen Aufwinden unterschieden. Wirkt bei der Nahrungssuche durch stocherndes Prüfen und blitzschnelles Aufnehmen „kurzsichtig".

KRANICH BZ

Common Crane *Grus grus*

L 96-119 cm (Körper 55-65 cm), S 180-222 cm. Brütet spärlich in Waldmooren, Sumpfgebieten und Bruchwäldern, in Deutschland besonders im Nordosten, überwintert von November bis Februar im Mittelmeerraum; im Frühjahr spektakuläre Balztänze ganzer Trupps (meist immaturer Vögel). Nahrung Pflanzenmaterial, Getreide, alte Kartoffeln und Insekten. Nest aus aufgehäuften Pflanzen am Boden.

KENNZEICHEN *Sehr groß, Beine und schlanker Hals lang, Gefieder hauptsächlich hell blaugrau,* Oberseite wird während der Brutzeit aber oft rostbraun (durch Einreiben mit Schlamm und eisenhaltigem Moorwasser); *Kopf und oberer Hals schwarz,* aber *Kopfseiten mit weißem Band,* sich *zum Hinterhals* hinabziehend und dort zusammenlaufend, nackte Hautpartie auf *Scheitel* mehr oder weniger ausgedehnt *rot; verlängerte Schirmfedern* bilden unordentlich buschig hoch stehendes, straußenähnliches Hinterende. Geschlechter gleich gefärbt, ♂ etwas größer und beim Duettgesang (Hals mit aufwärts gerichtetem Schnabel hochgereckt, Schirm- und Brustfedern gesträubt) mit halb geöffneten, ♀ mit angelegten Flügeln. *Flügel lang und rechteckig,* Schwungfedern grauschwarz zu übrigem Gefieder kontrastierend, Spitzen tief gefingert, Flug majestätisch mit langsamem Flügelschlag auf flachen Schwingen, Hals und Flügel ausgestreckt wie bei einem Storch (bei dem sie aber kürzer sind; Reiher fliegen mit eingezogenem Hals auf stark gebogenen Flügeln). Zieht in Keilformation, oft mehrere Keile oder Bögen ineinander verwoben, bei gutem Wetter in großer Höhe, kündigt sich durch trompetende Rufe an.– JK: Am hell rotbraunen Kopf und Hals erkennbar, auch im 2en KJ noch ohne das markante Kopfmuster der Altvögel.

STIMME Stimmfreudig, Rufe laut und weit reichend; Kontaktruf (auch der ziehenden Trupps) tief und etwas schnarrend trompetend „krru" und „karr", im Herbst dazwischen die „tschirp" piepsenden Jungvögel herauszuhören; morgens (im Norden auch in hellen Nächten) stimmen Paare am Brutplatz ein Duett an, das ♂ laut trompetend „krrruu", das ♀ sofort anschließend tiefer „krro", manchmal hart klopfend „ka-ka-ka", andere Duette können wie „krruu-IH krroh, KRRU-krroh,..." klingen.

Kranich

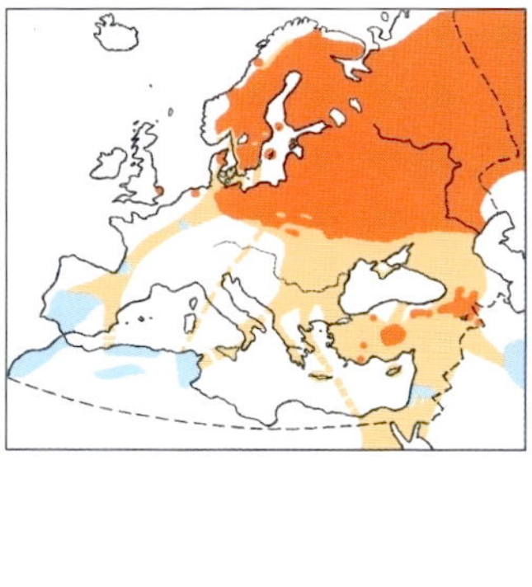

Jungfernkranich

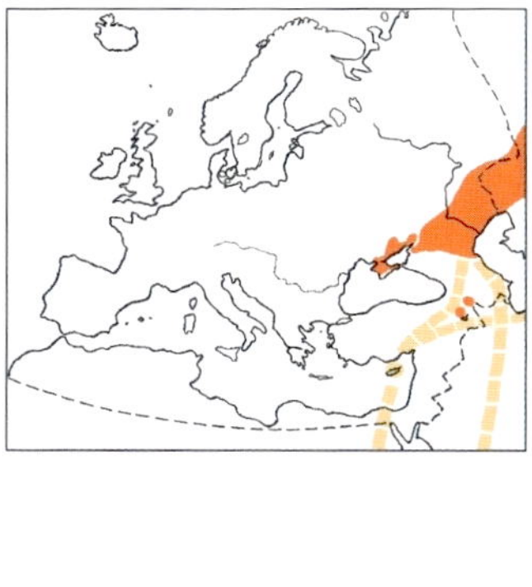

JUNGFERNKRANICH (A)

Demoiselle Crane *Grus virgo*

L 85-100 cm (Körper 47-55 cm), S 155-180 cm. Brütet in trockenen Steppen Südosteuropas, manchmal in großer Höhe. Westliche Populationen überwintern in Afrika, ziehen eher als Kranich ab (Durchzügler schon im August auf Zypern), zurück April; bildet oft größere Trupps als Kranich; Bestand abnehmend; einzelne Vögel in Mitteleuropa wohl meist Gefangenschaftsflüchtlinge.

KENNZEICHEN *Sehr groß* und dem Kranich so ähnlich, dass Färbungsunterschiede aus der Entfernung und im Flug kaum auffallen, auch nicht die um 20 % geringere Größe; Hinweise beim entfernt stehenden Vogel liefern auch zur Brutzeit *hellgraue Oberseite* und nicht buschig hoch stehende, sondern lange, spitze, ordentlich zusammengelegt die Rückenlinie in einem Bogen zum Boden fortführende Schirmfedern; aus der Nähe *Kopf- und Halsmuster* mit locker *bis auf die Brust herabhängenden schwarzen Federn,* elegant geschwungenen, langen *weißen Ohrbüscheln* und schmal grauem Scheitelstreif ohne Rot kennzeichnend. Im Flug vom ähnlichen Kranich an *schwarzer Brust* und *graueren Handdecken mit geringerem Kontrast zu den Handschwingen* unterscheidbar, ferner Kopf etwas größer und runder wirkend. *Mauserlücken* im Flügel (Juni-Okt.) liefern wichtigen Hinweis (Kranich mausert Schwungfedern synchron im Sommer, wie viele Entenvögel).– JK: Blasser als Altvogel, *Kopf sehr hell,* aus Entfernung weißlich, und nur mit angedeuteten Ohrbüscheln, Vorderhals und kaum verlängerte Brustfedern in der Mitte schiefergrau statt schwarz.

STIMME Ähnlich Kranich, aber etwas höher und trockener „grru", bei der Balz gutturaler und rauer.

SCHNEEKRANICH –

Siberian Crane *Grus leucogeranus*

L 105-145 cm, S 205-245 cm. Sehr seltener Brutvogel in Westsibirien (am Ob, wahrscheinlich weniger als 10 Paare), überwintert im Nordiran und rastet fast alljährlich Ende März/Mitte April und im Oktober im Wolgadelta. Größere Population in Ostsibirien (Jakutien, ca. 1.500 Paare), überwintert in Ostchina. Bevorzugt feuchte Lebensräume.

KENNZEICHEN Etwas größer als Kranich, langhalsiger und unverwechselbar; Gefieder *rein weiß,* nur *Handflügel schwarz, Beine, Schnabel* und ausgedehnt nackte *Gesichtshaut rot.* ♂ etwas größer und langschnäbeliger als ♀. JK: Etwas kleiner, hell rot- bis zimtbraun, Kopf ganz befiedert, ohne rotes „Gesicht".

STIMME Ruft trockener als Kranich, Duett bei der Balz dagegen mit klarerem Hornklang und längeren Lauten.

KRANICH

JUNGFERNKRANICH

SCHNEEKRANICH

DZ

TRAPPEN Otididae

Große, schwer gebaute Bodenvögel mit langen, kräftigen Beinen, langen Hälsen und kurzen, derben Schnäbeln, Flügel lang und breit mit gefingerten Spitzen und auffälligen weißen Mustern. Bewohnen offenes Gelände von Wiesen bis Wüsten. Gang langsam und bedächtig, bei Nahrungssuche an Kranich erinnernd. Scheu, bei Gefahr davonlaufend.

GROSSTRAPPE BJ

Great Bustard *Otis tarda*

L ♂ 90-105 cm, ♀ 75-85 cm, S ♂ 210-240 cm, ♀ 170-190 cm, Gewicht ♂ 8-16 kg, ♀ 3,5-5 kg. Brütet in trockenen, offenen Ebenen und extensiv bewirtschafteten Flächen, hat extrem abgenommen. Gesellig, im Frühjahr spektakuläre Gruppenbalz, bei der die ♂ einen Großteil des Gefieders „von innen nach außen krempeln", dabei überall weiße Federn zeigen und schütteln („wie im Schaumbad"), während Kopf und Hals auf dem Rücken liegend verborgen sind.

KENNZEICHEN *Gewaltig,* größte ♂ sind die schwersten Vögel der Region, viel größer als ♀. Kräftig gebaut mit *markanter Brustpartie;* stehend an *rötlich getönter Brust* und *einfarbig grauem Kopf* erkennbar; Flügel lang und tief gefingert, Flugweise majestätisch, *breit weißes Feld auf Flügeldecken* kontrastiert zu schwarzen Armschwingen und ockerbraunem Vorderflügel, Weiß erstreckt sich *verwaschen* bis auf *Handflügel.*– Ad. ♂: *Brust und untere Halsseiten rötlich braun* (außerhalb der Brutzeit schwächer), *Kopf und oberer Hals blaugrau, Hals* auch im Ruhezustand *sehr dick;* lange, *borstenartige Federn an den Kinnseiten* (bei Balz aufgerichtet, außerhalb der Brutzeit fehlend), auch im zusammengelegten Flügel oft etwas Weiß sichtbar.– ♀: Kleiner als ♂, *Kopf weniger blau* getönt, eher aschgrau mit Gelbton, oft *ohne Rotbraun an Unterhals* (eher hell blaugrau) *und Brust* (eher hell gelbbraun), weniger *Weiß auf Oberflügel, nur selten am zusammengelegten Flügel sichtbar.*

STIMME Meist stumm; bei Alarm kurz und nasal bellend „ongh", Jungvögel pfeifen klagend „tschiioh".

SAHARAKRAGENTRAPPE –

Houbara Bustard *Chlamydotis undulata*

L 45-65 cm, S 115-150 cm. Brütet in Wüsten und Halbwüsten mit Deckung bietendem Gestrüpp und Büschen. Störungsempfindlich, Bestand hat abgenommen.

KENNZEICHEN *Groß* mit langem, schlankem Hals, ziemlich *gestrecktem Körper und langem Schwanz;* Flügel lang und gleichmäßig breit, Spitze gefingert, Flugweise eindrucksvoll wie Adler, aber Flügelschläge tiefer und Aufschlag ruckartig wie bei *Asio*-Eulen. Wichtigstes Kennzeichen ist *schwarzer Streif entlang der Halsseiten,* Oberseite hell sandbraun mit dunkler Querwellung und Kreuzbinden; im Flug oberseits *weißes Feld auf Handschwingenbasen zum Schwarz von Flügelspitze und Armschwingen kontrastierend.* Geschlechter ähnlich, aber ♀ kleiner, oberseits grauer, Stirn nicht so hell, schwarzer Halsstreif undeutlicher abgesetzt. Ähnlich Steppenkragentrappe, aber *Scheitel ganz weiß,* bei der Balz zu *kurzer Haube* aufgerichtet, hängende *Halsseitenfedern ganz schwarz, Oberseite durchschnittlich kräftiger gebändert* (aber große Überschneidung).– Auf Fuerteventura und Lanzarote selten die kleinere, oberseits dunklere, kräftig gebänderte und oft gescheckt wirkende Unterart *fuerteventurae.*

STIMME Balzend 3-5 tief brummende Töne wie entfernte Fabrikgeräusche, alle 2 s einer, kaum über 50 m hörbar.

STEPPENKRAGENTRAPPE A

Macqueen's Bustard *Chlamydotis macqueenii*

L 55-65 cm, S 130-150 cm. Brütet in Halbwüsten, trockenen Steppen und Wadis mit Büschen. Störungsempfindlich, hat durch Kultivierung und Falknerei stark abgenommen.

KENNZEICHEN Sehr ähnlich Saharakragentrappe, aber *weiße Scheitelfedern mit eingesprengtem Schwarz, bei der Balz über den Schnabel gelegt, schwarze Halsseitenfedern mit weißen Zentren, Brust einfarbig grau, Unterschwanz fein gepunktet und gebändert. Oberseits durchschnittlich etwas weniger kräftig oder dicht gebändert,* Bänder wirken etwas unregelmäßig (aber große Überschneidung).

STIMME Selten zu hören, balzend eine nur aus geringer Entfernung wahrnehmbare Serie von 25-40 maschinenartig tief klopfenden Tönen innerhalb von 12-18 s.

ZWERGTRAPPE A

Little Bustard *Tetrax tetrax*

L 40-45 cm, S 83-91 cm. Brutvogel offenen Geländes mit Deckung bietender Vegetation. Zur Balz gehören neben der Stimme auch Fußtrampeln und manchmal Flügelzeigen mit kurzen Luftsprüngen; monogam oder ein ♂ mit 2-3 ♀.

KENNZEICHEN Kleinste Trappe, etwa so groß wie Fasanen-♀, Flugweise eher *hühnerartig* mit burrendem Auffliegen, schnellen, flachen Flügelschlägen mit kurzen Gleitstrecken auf mittellangen, gerundeten Flügeln mit etwas gebogenen Handschwingen und *viel Weiß auf Flügeloberseite* einschließlich der Armschwingen, zum *Schwarz der Spitzen von Handschwingen und -decken* kontrastierend.– ♂ PK: *Hals schwarz mit zwei weißen Halsringen,* Halsfedern ferner bei Balz wie aufgeblasen gesträubt (auch im Flug!), *Kopf und Kehle bleigrau;* Körperoberseite sandbraun mit dunklen Abzeichen, Unterseite weiß; vierte Handschwinge verkürzt und eigentümlich verengt, erzeugt im Flug hohen Pfeifton.– ♀ und ♂ SK: Ohne Kopf- und Halsmarkierungen, stattdessen sandbraun mit dunklen Stricheln.

STIMME Gesang ein langsam (etwa alle 10 s) aufgereihtes, kurzes und trockenes Schnarren, weich, aber auf 500 m noch hörbar, etwa „prrt"; ♀ kann aufgescheucht laut hackend gackern; Jungvögel rufen dünn und klagend „tschioh", ähnlich Großtrappe.

Großtrappe

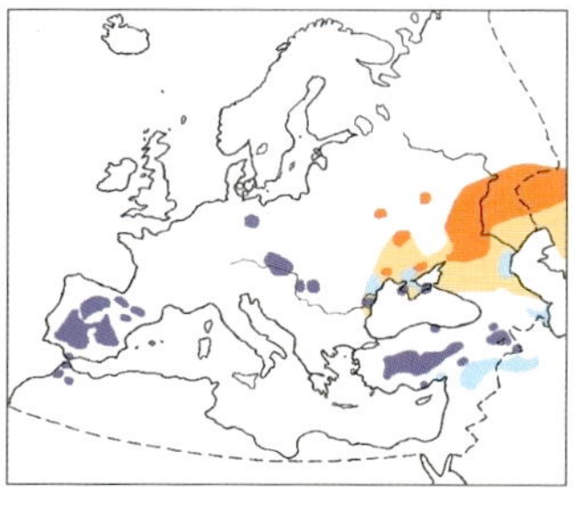

Sahara- / Steppenkragentrappe

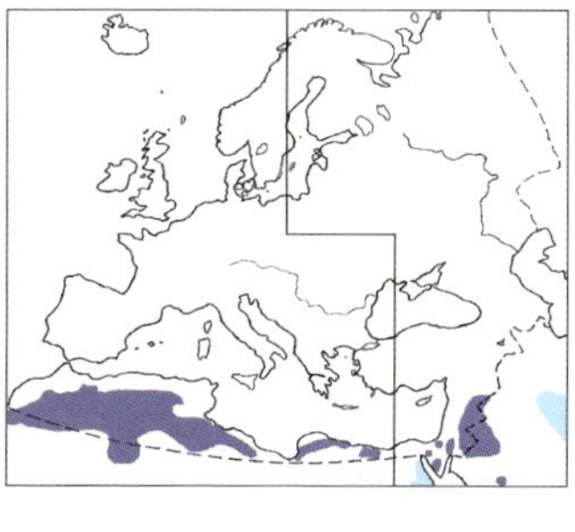

Zwergtrappe

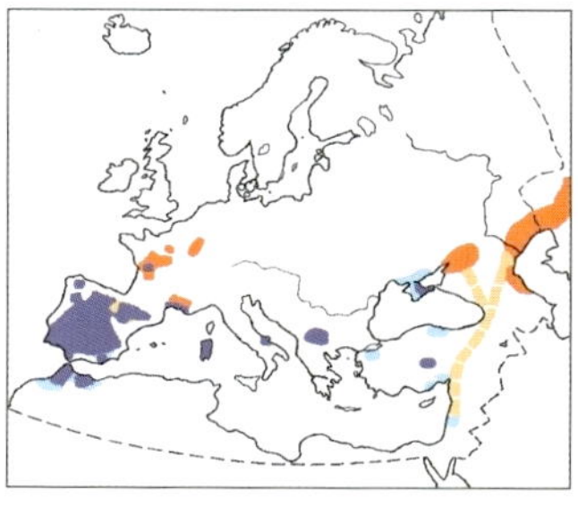

GROSSTRAPPE

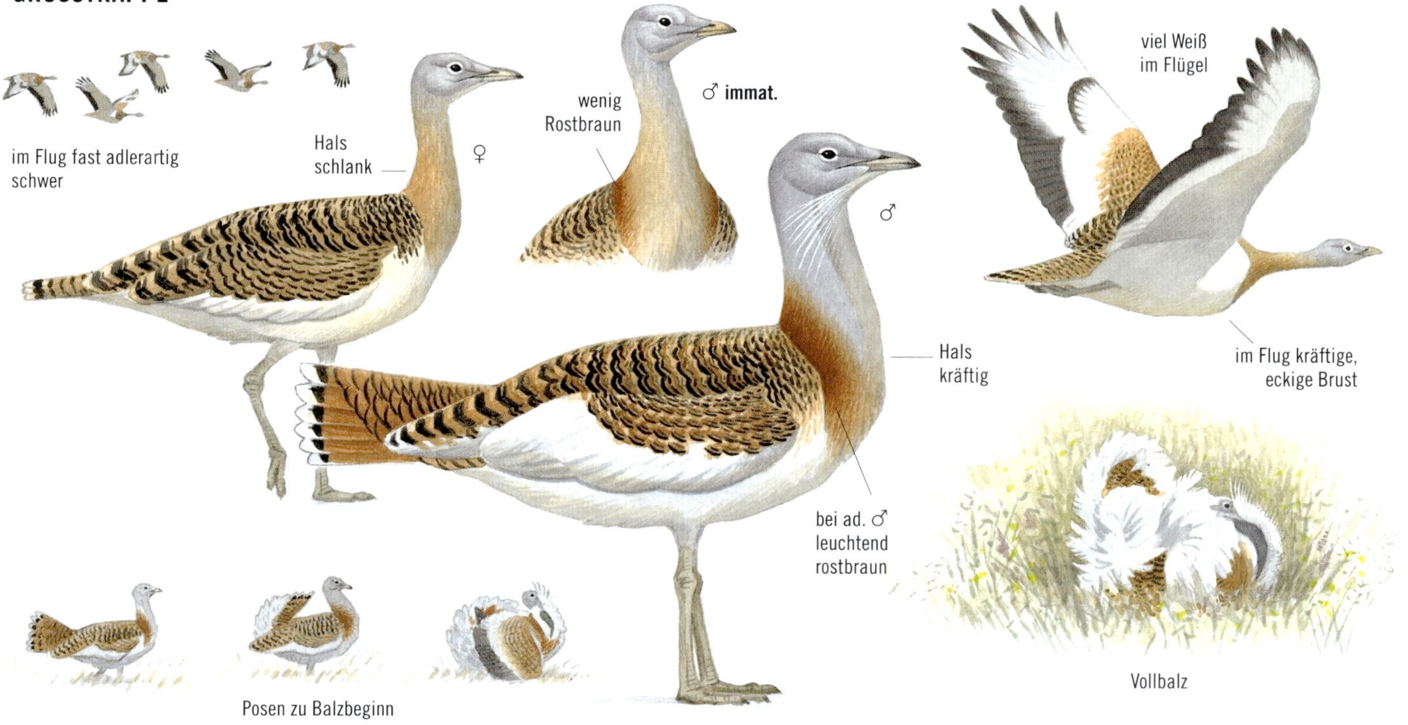

SAHARAKRAGENTRAPPE

STEPPENKRAGENTRAPPE

ZWERGTRAPPE

WAT-, MÖWEN- UND ALKENVÖGEL Charadriiformes

Eine sehr große und vielgestaltige Ordnung mit mehreren Familien, zu der neben den Familien der eigentlichen Watvögel (s. u.) die zwar recht anders aussehenden, aber nah verwandten Familien der Brachschwalbenverwandten (S. 136), Laufhühnchen (S. 56), Raubmöwen (S. 174), Möwen (S. 178), Seeschwalben (S. 198) und Alke (S. 208) gehören.

Unter dem Oberbegriff Watvögel oder Limikolen werden neben den kleineren Familien der Austernfischer, Säbelschnäblerverwandten und Triele auch die großen Familien Regenpfeiferverwandte sowie Schnepfenverwandte zusammengefasst. Fast alle sind mehr oder weniger langbeinige Vögel, die an Küsten, Ufern und in Feuchtgebieten der verschiedensten Art leben, nur wenige sind an trockenere Lebensräume angepasst. Zur Zugzeit und im Winter sind sie in oft dichten Trupps auf Wattflächen, an Küsten und in binnenländischen Feuchtgebieten anzutreffen, wo sie nach Würmern, Mollusken, Insekten und deren Larven, Krebstieren, Kleinfischen und teilweise auch Pflanzen suchen.

Als Nistplatz dient meist eine einfache Bodenmulde, in die von den meisten Arten vier durch Sprenkelung gut getarnte Eier gelegt werden. Die im Dunenkleid schlüpfenden Küken verlassen das Nest sofort, suchen bei fast allen Arten selbstständig nach Nahrung und werden von den Eltern lediglich beaufsichtigt und gewärmt, meist von beiden Elternteilen (wobei die Weibchen die Familie häufig verlassen, bevor die Jungvögel flügge sind), bei manchen nur vom Weibchen (z. B. Kampfläufer, Zwerg-, Doppel- und Waldschnepfe) oder allein vom Männchen (z. B. Mornellregenpfeifer, Meerstrandläufer, Dunkler Wasserläufer und Bruchwasserläufer, Wassertreter, Goldschnepfe).

Limikolen gehören zu den interessantesten Vögeln. Ihre beeindruckende Zugleistung, die Anpassungen an die Ernährungsweise und ihr oft hübsches Gefieder tragen zu ihrer Besonderheit bei. Für den erfahreneren Beobachter bildet auch die Bestimmungsproblematik einen zusätzlichen Reiz.

Innerhalb der Limikolen bilden die eher kompakten, rundlichen, kurzschnäbeligen und kurzhalsigen Regenpfeiferverwandten (S. 138-145) eine gut gekennzeichnete Familie. Die größte Familie stellen jedoch die Schnepfenverwandten (S. 148-173), zu der 51 Arten des Bearbeitungsgebiets gehören, darunter die Gattungen Strand- und Wasserläufer, Schnepfen, Brachvögel und Wassertreter. Viele brüten in Nordeuropa und Sibirien in offenem Gelände und arktischer Tundra und sind im übrigen Europa nur zu den Zugzeiten und im Winter in oft großen Trupps an Küsten und in Sümpfen zu sehen, wo sie mit ihren meist langen und schlanken Schnäbeln rastlos im Schlamm stochern.

Der Sandregenpfeifer hat den für Regenpfeifer typischen, zum Picken geeigneten kurzen Schnabel

Ein Alpenstrandläufer mit dem für Schnepfenvögel kennzeichnenden langen Stocherschnabel

LIMIKOLENBESTIMMUNG

Anfangs bereitet die Bestimmung von Watvögeln oft Schwierigkeiten, da sie im Jugend-, Schlicht- und Prachtkleid sowie den dazwischenliegenden Mauserstadien sehr verschieden aussehen, zudem gelegentlich den europäischen Arten sehr ähnliche Ausnahmeerscheinungen auftreten und sie ferner ohnehin oft nur aus einer Distanz zu sehen sind, die das Erkennen von Details unmöglich macht.

Die ersten Schritte

Die folgenden Vorschläge sollen helfen, die anfängliche Verwirrung bei der Limikolenbestimmung etwas zu verringern. Die meisten der bei uns zu sehenden Kleider sind abgebildet und beschrieben. Sie werden natürlich nicht alle zur selben Jahreszeit getragen, wodurch die Situation weniger schwierig ist, als ein erster Blick auf die Tafeln vermuten lässt. *Nur die zur entsprechenden Zeit tatsächlich getragenen Kleider müssen bei der Bestimmung auch berücksichtigt werden.*

Entdeckt man in einer Gruppe einen „anders aussehenden" Vogel, handelt es sich wahrscheinlich eher um eine weitere, aber gleichfalls häufige Art oder sogar um dieselbe Art in einem anderen Kleid, als um eine „Seltenheit". Daher sind in diesem Buch die *regelmäßig in Europa erscheinenden Schnepfenvögel auf S. 148-163 nebeneinander* bzw. auf aufeinanderfolgenden Seiten vergleichend dargestellt. Sie sind alle so typisch, dass ihre Unterscheidung bei einigermaßen guten Beobachtungsbedingungen (die man oft nicht vorfindet!) bald möglich sein sollte. Solange man die Bestimmung der häufigeren Arten nicht beherrscht, kann man die entfernte Möglichkeit der Entdeckung einer Seltenheit und damit die Seiten 162-173 (sowie zwei weitere Raritäten auf S. 152-153) ignorieren, *nicht* aber den auf *S. 166-167* versteckten, besonders häufig verwechselten *Kampfläufer.* Allein dieser Ansatz und die Zusammenstellung der Tafeln sollten die Dinge einfacher machen. (Da bei den Regenpfeifern die Zahl der Ausnahmeerscheinungen klein ist, werden sie dort gemeinsam mit den häufigen Arten behandelt.)

Auch wenn man schnell lernt, typische Arten wie Rotschenkel oder Alpenstrandläufer im Prachtkleid auch aus der Entfernung zu erkennen, muss man die meisten Limikolen doch aus der Nähe sehen. Der Idealfall ist ein gemischter Trupp vor einem Beobachtungsstand in einem Reservat, am besten durch ein Fernrohr betrachtet, das für eine ernsthafte Beschäftigung mit Watvögeln ohnehin Voraussetzung ist.

Watvögel werden am einfachsten an einer Kombination von Merkmalen bestimmt, besonders *Größe* (vgl. aber Fehleinschätzungen, S. 13), *Schnabelform und -länge, Gefiederfarbe und -musterung, Stimme* und *Verhalten.* Die Gestalt kann sich verändern, da ein ruhender Vogel den bei der Nahrungssuche gestreckten Hals zwischen die Schultern zieht oder bei kaltem Wetter aufgeplustertes Gefieder den Vogel dicker und kurzbeiniger erscheinen lässt. Mit wachsender Erfahrung lassen sich Limikolen aus größerer Entfernung an Silhouette, Verhalten und besonders ihren typischen Flugrufen unterscheiden.

Fortgeschrittenentechnik

Man kann die Limikolenbestimmung noch viel weiter treiben. Oft ist es möglich, das Geschlecht oder die Unterart zu erkennen, bei den verschiedenen Kleidern auch noch die selten abgebildeten ersten Winter- und ersten Sommerkleider zu identifizieren – und sich damit oft sogar die Artbestimmung zu erleichtern. Um Ausnahmeerscheinungen zu entdecken, muss man zuerst die häufigeren Arten in allen Kleidern kennen, was nur gelingt, wenn man sich genügend Wissen über die Topografie und Mauser erworben hat. Der Spätsommer

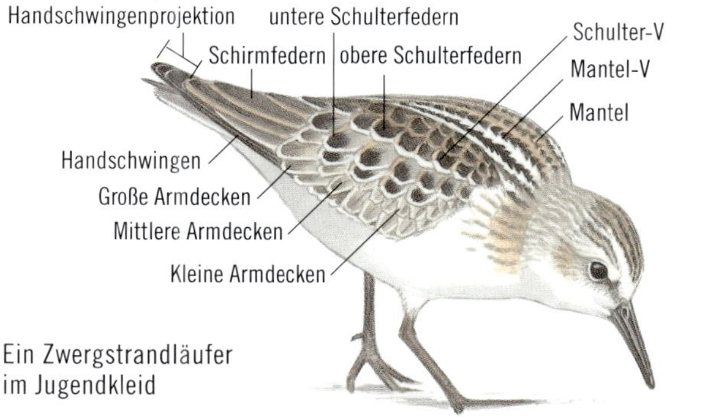

Ein Zwergstrandläufer im Jugendkleid

ist die beste Zeit zum Limikolenstudium, da man Alt- und Jungvögel sowie verschiedene Mauserstadien nebeneinander sehen kann.

Topografie Zum Erlernen der exakten Lage der in dieser Zeichnung dargestellten Federpartien sollte man versuchen, sie auf den Farbtafeln, auf Fotos in Büchern und Zeitschriften sowie am lebenden Vogel zu erkennen.

Mauser *Altvögel* mausern zweimal pro Jahr, vor der Brutzeit (oft zwischen Jan. und April, auf Kopf, Körper und einen variablen Anteil innerer Flügeldecken beschränkt) ins Prachtkleid und danach (meist von Aug. bis Nov. durch Vollmauser, also unter Einschluss des Großgefieders) ins Schlichtkleid.

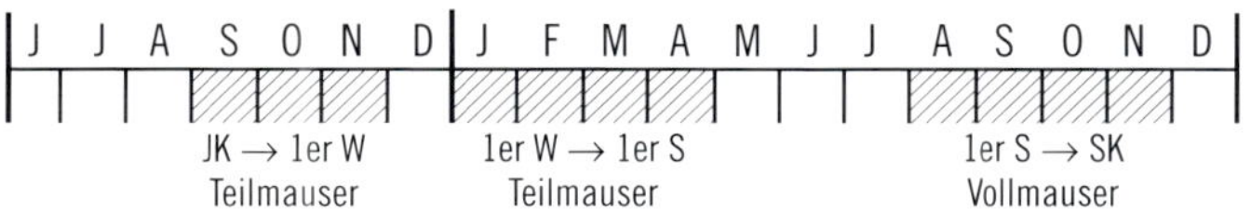

Typischer Mauserzyklus eines Watvogels

Dagegen führen *Jungvögel* im Herbst (hauptsächlich zwischen Sept. und Nov.) nur eine Teilmauser durch, die sogenannte Jugendmauser, um ihr erstes Winterkleid anzulegen. Ab dem zweiten Kalenderjahr entspricht ihr Mauserzyklus dann demjenigen der Altvögel. Bei den meisten Arten findet die Mauser im Winterquartier oder in dessen Nähe statt, wobei die Jugendmauser bald nach der Ankunft beginnt und die Mauser ins Pracht- oder erste Sommerkleid vor Antritt des Heimzugs abgeschlossen wird.

Altersbestimmung Die Jugend-, Schlicht- und Prachtkleider sowie Geschlechtsunterschiede sind beschrieben und illustriert. Dazu sowie zu den Zeiträumen, in denen sie getragen werden, sind folgende Anmerkungen hilfreich.

Jugendkleid, Juli-Okt. (Nov.): Die Jungvögel der meisten nördlichen Arten erscheinen ab Mitte Aug. in Mitteleuropa, übertreffen aber schon kurz darauf die Zahl der Altvögel. Ihr Gefieder ist insgesamt frisch und sauber gemustert, anders als das um diese Zeit abgenutzte und ungleichmäßig gemusterte oder einfarbigere Gefieder der Altvögel.

Prachtkleid, (März) Apr.-Sept. (Okt.): Noch während des Heimzugs besitzen die Federn des frischen Prachtkleids bei Strandläufern und einigen anderen Arten weißliche Ränder, die manchmal einen „überfrorenen" Eindruck erzeugen. Die Ränder nutzen sich rasch ab und geben das Prachtkleid frei. Im Spätsommer ist meist das gesamte Gefieder abgetragen und besonders oberseits dunkler. Mauserlücken im Flügel während des Wegzugs deuten auf Altvögel.

Schlichtkleid, (Sept.) Okt.-März: Bei den meisten Arten ist das Schlichtkleid einfarbiger, weniger bunt und oft grau, also deutlich vom Jugend- und Prachtkleid verschieden.

Die folgenden Kleider sind meist nicht beschrieben:

Erstes Winterkleid, (Sept.) Okt.-März: Da die Flügelfedern während der Jugendmauser nicht gewechselt werden, lässt sich das erste Winterkleid bei den meisten Arten anhand des Musters und der Färbung dieser juvenilen Federn vom Schlichtkleid unterscheiden, am deutlichsten an den Schirmfedern und Großen Armdecken. Sie sind im Schlichtkleid oft einfarbig grau und schwächer gemustert. Durch Ausbleichung und Abnutzung verringern sich die Unterschiede und sind nach der Jahreswende oft schwer erkennbar.

Erstes Sommerkleid, Mai-Juli: Bei einigen Arten verbringen die Vögel im zweiten Kalenderjahr den Sommer im Winterquartier. Meist führt die erste Frühjahrsmauser nur in ein unvollständiges Prachtkleid oder in ein kaum vom ersten Winterkleid verschiedenes Kleid. Zu beachten ist, dass bei manchen Arten auch das Prachtkleid der adulten Weibchen weniger bunt als bei Männchen ist, sodass nur bei extrem schwach gefärbten Vögeln eine Zuordnung zum ersten Sommerkleid erfolgen sollte. Allerdings setzt die sommerliche Vollmauser im zweiten Kalenderjahr früher ein, was es wahrscheinlich macht, dass ein bereits im Juli oder Aug. im kompletten Schlichtkleid angetroffenes Individuum vorjährig ist. Vor Mai und nach Juli lässt sich jedoch nicht sicher zwischen Vögeln im zweiten Kalenderjahr und spät bzw. früh mausernden Altvögeln unterscheiden.

Zwischenkleider: Mausernde Vögel zeigen Übergänge zwischen Kleidern und werden z. B. als „vom Schlicht- ins Prachtkleid" oder „vom Jugend- ins erste Winterkleid mausernd" beschrieben. Sie fallen im Herbst besonders auf, da die einfarbigeren, helleren neuen Federn mit den dunkleren und gemusterten Federn ein fleckiges Muster bilden.

VERSCHIEDENE MAUSERSTADIEN DES ALPENSTRANDLÄUFERS

Vom Jugend- ins erste Winterkleid mausernd

Im ersten Winterkleid. Beachte juvenile Flügelfedern, vgl. mit SK

Schlichtkleid. Beachte einfarbige Flügelfedern, vgl. mit 1em W

Vom Pracht- ins Schlichtkleid mausernder Altvogel

AUSTERNFISCHER

BJZW

Eurasian Oystercatcher *Haematopus ostralegus*

L 39-44 cm (einschließlich 6,5-9 cm Schnabel), S 72-83 cm. Brütet an Küsten und auf Feuchtwiesen, lokal tiefer im Binnenland; im Winter große Rastgesellschaften; Schnabel durch Länge an Stochern nach Würmern, durch messerartig zusammengedrückte Spitze an Öffnen von Muscheln angepasst. Legt drei Eier in eine Bodenmulde, gern zwischen Kies, füttert die Jungvögel über mehrere Wochen.

KENNZEICHEN Groß, kompakt, mit breiter Brust, durch *schwarz-weißes Gefieder* und *Rotfärbung von geradem, langem Schnabel* und Beinen markant gefärbt; im direkten Flug mit schnellen, entenartigen Flügelschlägen *breit weißer Flügelstreif* kennzeichnend.– PK: Lidring orangerot, Iris dunkelrot, Beine rosa; Schnabel beim ♂ durchschnittlich kürzer, dicker, mit mehr Rot an Basis, aber Geschlechtsbestimmung bei Einzelvögeln meist unmöglich.– SK: Wie PK, doch mit weißem Kehlband.– JK: Oberseite matt bräunlich schwarz statt schwarz, ausgedehnt schwarze Spitze des blass orangefarbenen Schnabels, gräuliche Beine.– 1er W/1er S: Ähnlich ad., aber an Kombination folgender Merkmale erkennbar: schwarze Schwanzendbinde schmaler, Schnabelspitze ausgedehnter dunkel (kommt auch bei älteren Vögeln vor), Oberseite bräunlich, Beine matt fleischfarben, weißes Kehlband meist bis zum 1en S vorhanden, Flügel ausgeblichen, im Frühjahr bräunlich, Lidring matt gelborange, Iris braunrot.

STIMME Lärmend, häufigster Ruf ein weit tragendes, schrilles „biik!“ oder „k'biik!“, ähnlich auch bei manchmal in dichten, kleinen Gruppen ausgeführter Balz am Boden mit geöffneten, nach unten weisenden Schnäbeln gereiht „kip kip kip-kip-kip-…“, dann zu „klikliklikli…“ und einem blubbernden Triller „prrrrrrr…“ umschlagend; bei Flugbalz des ♂ oder Paares in weiten Kreisen auch langsamer im Takt mit zeitlupenartigen Flügelschlägen „plii-ah plii-ah plii-ah…“.

SÄBELSCHNÄBLER

BJZ

Pied Avocet *Recurvirostra avosetta*

L 42-46 cm (einschließlich 8 cm Schnabel, ohne 10 cm Beinüberstand), S 67-77 cm. Brütet an flachen, offenen Meeresküsten, salzigen oder brackigen Lagunen und im Binnenland an Steppenseen, überwintert an schlammigen Küsten Westeuropas und am Mittelmeer, seltener im Wattenmeer; außerhalb der Brutzeit in kleinen bis sehr großen Trupps. Kleine Krebstiere und Insektenlarven werden erbeutet, indem der leicht geöffnete Schnabel mit pendelnden Bewegungen durch Flachwasser oder dünnen Schlick bewegt wird; daneben aber auch pickender Nahrungserwerb und aus dem gelegentlich gezeigten Schwimmen heraus entenartiges Gründeln. Nest eine flache Bodenmulde oder ein etwas höher aufgetürmter Kegel im Flachwasser. Wachsam, umkreist Eindringlinge zur Brutzeit heftig warnend.

KENNZEICHEN Kann durch das insgesamt weiße Erscheinungsbild bei oberflächlicher Betrachtung aus der Ferne leicht für eine Möwe gehalten werden, sonst aber durch *schwarz-weiße Färbung, dünnen, aufwärts gebogenen Schnabel und lange, graublaue Beine* unverkennbar; im Flug durch schwarzweißes Färbungsmuster aus großer Entfernung allenfalls mit Brandgans oder Gänsesäger-♂ verwechselbar.– Ad.: Beim ♂ Schnabel länger und weniger scharf aufwärts gebogen als beim ♀, dessen schwarzes Band über Kopfplatte und Hinterhals oft braunstichig und weniger scharf begrenzt ist.– JK: Schwarze Partien matt braun, weiße teilweise bräunlich meliert, Beine gräulich.– 1er W/1er S: Von ad. unterscheidbar, solange einzelne juvenile Federn stehen bleiben; Handschwingen sind im 1en S bräunlich ausgeblichen.

STIMME Lock- und Warnruf laut flötend in niedriger Tonlage mit typischem Klang „plütt plütt plütt…“.

STELZENLÄUFER

bG

Black-winged Stilt *Himantopus himantopus*

L 33-36 cm (davon 6 cm Schnabel, ohne 14-17 cm Beinprojektion). Bewohnt süße, brackige und salzige Flachwasserzonen, z. B. Lagunen, Salinen und Steppenseen hauptsächlich im Süden, gelegentlich Brutvorstöße nach Norden; überwintert in Afrika; lange Beine erlauben Nahrungssuche in tiefem Wasser. Nest eine Bodenmulde auf flacher Insel im oder nahe am Wasser, manchmal aus höher aufgetürmtem Pflanzenmaterial.

KENNZEICHEN Eleganter und graziler Watvogel, durch *schwarz-weißes Gefieder, extrem lange, rote Beine und nadelfeinen, langen, geraden Schnabel* unverwechselbar; im Flug mit lang ausgestrecktem Hals, *weit überstehenden Beinen,* ganz *schwarzen Ober- und Unterflügeln* und zuckenden Schlägen der *spitzen Flügel.*– Ad.: Schwarze Oberseite beim ♂ mit grünem Glanz, beim ♀ Mantel und Schulterfedern bräunlich glänzend und als „Sattel“ zu schwarzen Flügeln kontrastierend; beim ♂ oft mehr Schwarz am Kopf, aber große Überschneidung und als Geschlechtskennzeichen unzuverlässig.– JK: Oberseite matt schwärzlich braun mit von hellen Federrändern gebildetem, feinem Schuppenmuster, Armschwingen und innere Handschwingen mit weißen Spitzen, Beine fleischfarben.– 1er W/1er S: Erkennbar, solange die Beine matt gefärbt und die hellspitzigen, juvenilen Schwungfedern ungemausert sind.

STIMME Zur Brutzeit sehr laut, sonst eher schweigsam; häufigster Ruf schrill, etwas quäkend, schnell aufgereiht „kjück kjück kjück…“ (ähnlich Säbelschnäbler, aber höher, härter, weniger flüssig); bei Alarm laut und rau „krit krit krit…“ (ähnlich Spornkiebitz), rollendes „krre“ erinnert an Lachmöwe; Jungvögel rufen noch bis zum Frühjahr an Bruchwasserläufer erinnernd „gipp!“.

Austernfischer

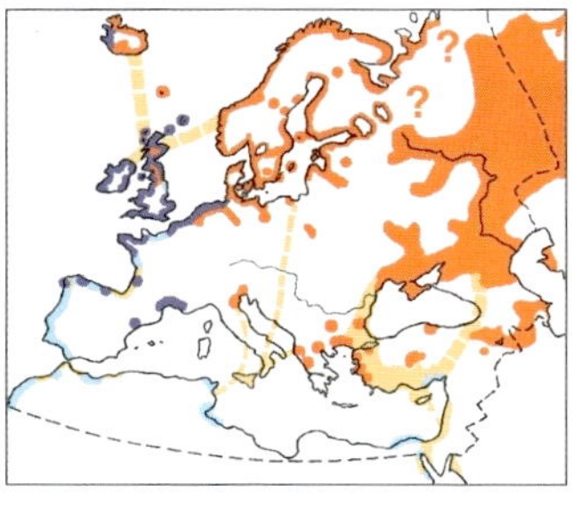

Säbelschnäbler

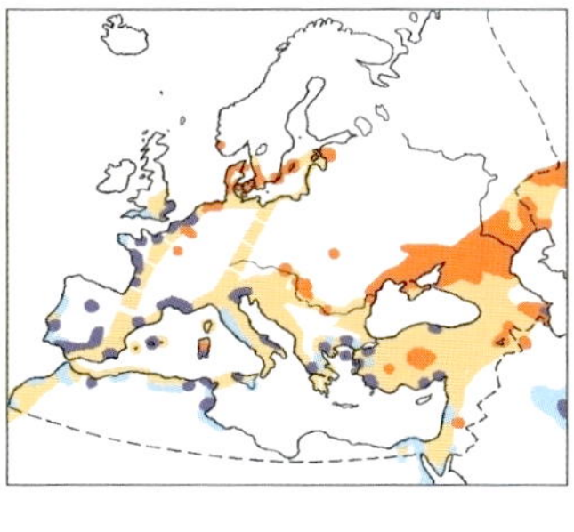

Stelzenläufer

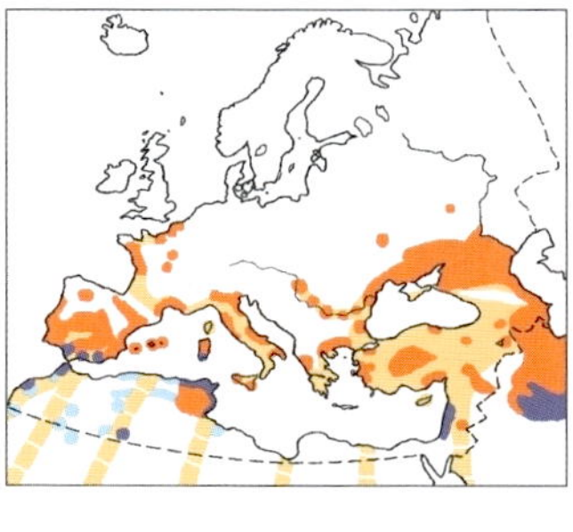

AUSTERNFISCHER

SÄBELSCHNÄBLER

kann zwischen Möwen erstaunlich schwer zu entdecken sein

STELZENLÄUFER

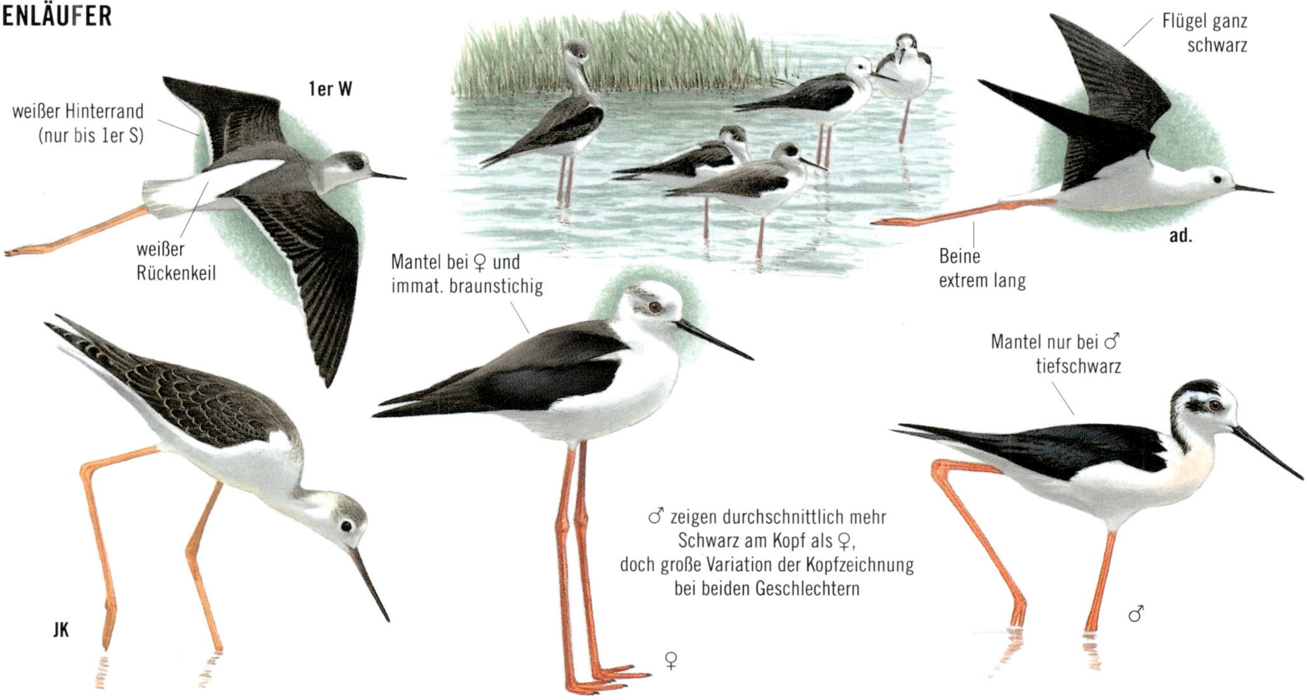

KM

TRIEL A

Eurasian Stone-curlew *Burhinus oedicnemus*

L 38-45 cm, S 76-88 cm. Brutvogel offener, spärlich bewachsener Flächen (z. B. Heide, Steppe, Halbwüste, trockene Schlammflächen); überwintert in Südeuropa und Afrika. Hauptsächlich in der Dämmerung und nachts aktiv. Nahrung überwiegend Insekten, brütet in flacher Bodenmulde.

KENNZEICHEN Gestalt und Bewegung erinnern an übergroßen Regenpfeifer, schleicht geduckt oder rennt mit waagerecht gehaltenem, langem Körper mit eingezogenem Hals davon; stehend und liegend (drückt sich bei Gefahr an den Boden) gut getarnt, oft nur durch *großes, gelbes Auge* und *schwarzspitzigen gelben Schnabel* auffallend; im Flug durch *schwarz-weißes Flügelmuster, buckliges Profil* und *flache Schläge der langen, steif gebogenen Flügel* gekennzeichnet.– Ad.: Bei Paaren ♂ meist an deutlicher schwarz begrenzter weißer Flügelbinde erkennbar.– JK: Ohne weißlichen Überaugenstreif der ad., Flügelbinde undeutlich, Große Armdecken breit weißspitzig.

STIMME Zur Brutzeit besonders nachts zu hören, teilweise an Brachvogel erinnernd, z. B. ansteigend flötend „küü-LI-Ie“ oder „kur-li-LII“ und bei Alarm schnell „kü-wü-WÜ“ in langen Folgen; ruft auch dünn pfeifend „kiiiie“; balzt laut klagend mit rau trillernder erster und klarer zweiter Silbe „klii-ürr-LII, klürrr-LII, klürr-LIII, klürr-LIII, klürr-LIII…“.

SENEGALTRIEL –

Senegal Thick-knee *Burhinus senegalensis*

L 35-39 cm. Ganzjährig in Ägypten, besonders im Nildelta und bei Kairo, in offenem Gelände wie der Triel, bevorzugt aber Wassernähe.

KENNZEICHEN Ähnlich Triel, *Schnabel länger, kräftiger, weniger Gelb an Basis; breites, einfarbig gräuliches Flügelfeld* (statt markant schwarz-weiße Binde), Beine graugelb (statt leuchtend gelb), weißes Feld vor Flügelspitze größer, Schwanz eher einfarbig (statt kräftiger gebändert).

STIMME Lange Serie klagender, klingelnder, erst ansteigender und sich beschleunigender, dann abfallender und schwächer werdender Pfiffe, entfernt an Austernfischer erinnernd „pü pi pi-pi-pi-PII-PII-PII-pii-pi pi…“.

RENNVOGEL A

Cream-coloured Courser *Cursorius cursor*

L 24-27 cm. Bewohnt flache, sandige Halbwüsten des südlichen Mittelmeerraums, wo er am Boden rennend nach Insekten sucht, manchmal in kleinen Gruppen.

KENNZEICHEN Durch *sandfarbenes Gefieder, lange, helle Beine* und *abwärts gebogenen Schnabel* unverkennbar, grauer Hinterscheitel von weißem Überaugenstreif eingerahmt; rennt mit erhobenem Kopf auf der Suche nach Insekten; fliegt mit ruckartigen, taubenähnlichen Flügelschlägen, unterbrochen durch kurze Gleitstrecken, dabei das *Schwarz von Handflügel und Unterflügel* kennzeichnend.– JK: Oberseite fein geschuppt, Kopfmuster schwächer.

STIMME Ruft im Flug gedämpft bauchrednerisch „kwett“, auch beim Balzflug in größerer Höhe, dann gelegentlich durch tieferes „chiah“ unterbrochen.

ROTFLÜGEL-BRACHSCHWALBE A

Collared Pratincole *Glareola pratincola*

L 24-28 cm, S 60-70 cm. Brütet in lockeren Kolonien auf ausgedehnten Ebenen mit niedriger Vegetation in Wassernähe, z. B. in Steppen, Salinen, Flussdeltas, überwintert in Afrika; fängt in weit ausgedehnten Nahrungsflügen wie eine Trauerseeschwalbe in wendigen Manövern Insekten.

KENNZEICHEN Erscheinungsbild durch lange Flügel und gegabelten Schwanz etwas *seeschwalbenartig,* aber Beine länger und Schnabel kürzer; aus der Entfernung durch *agile Flugmanöver, rechteckigen, weißen Bürzel und weißen Bauch in Kontrast zum sonst dunklen Gefieder* gekennzeichnet, aus der Nähe *rostbraune Unterflügeldecken* (oft schwarz wirkend!) und *weißer Armflügel-Hinterrand* typisch; beim ♂ im PK Kopfmuster oft klarer als beim ♀ und Zügel schwarz (statt braun); schwarze Umrandung des rahmgelben Kehlfelds fehlt im SK; vgl. auch Schwarzflügel- (s. u.) und Orientbrachschwalbe (S. 412).– JK: Von dunklen Flecken gebildetes, breites Brustband, Oberseite schuppig, Kopf kontrastarm, Schnabel ganz dunkel.

STIMME Ruft nasal, aber durchdringend hoch und kurz „kitt“ oder „kittick“, ähnlich Zwergseeschwalbe; Trupps im Frühjahr singen erregt, rhythmisch, fünfsilbig „KÜRre-kek kitTICK“.

SCHWARZFLÜGEL-BRACHSCHWALBE A

Black-winged Pratincole *Glareola nordmanni*

L 24-28 cm. Brütet in Südosteuropa in Steppen und Feuchtwiesen, überwintert in Südafrika.

KENNZEICHEN Oft schwer von Rotflügel-Brachschwalbe unterscheidbar, aber im Flug *Fehlen des weißen Flügelhinterrands, schwarze Unterflügeldecken,* geringerer Kontrast zwischen Oberflügeldecken und Schwungfedern kennzeichnend, im Stehen *die Flügelspitzen nie erreichende (statt sie meist überragende) Schwanzspitze, längere Beine,* dunkelbrauner (statt mittelbrauner) Mantel, weniger Rot an Schnabelbasis, dafür oft mehr Schwarz auf Zügel und Stirn; im JK und SK nur im Flug unterscheidbar.

STIMME Etwas tiefer, härter, trockener („klopfender“) als Rotflügel-Brachschwalbe „ketteck“, „ke-ti-tick“ oder „kett“, warnt hart und trocken rollend „tr'r'rt“.

Triel

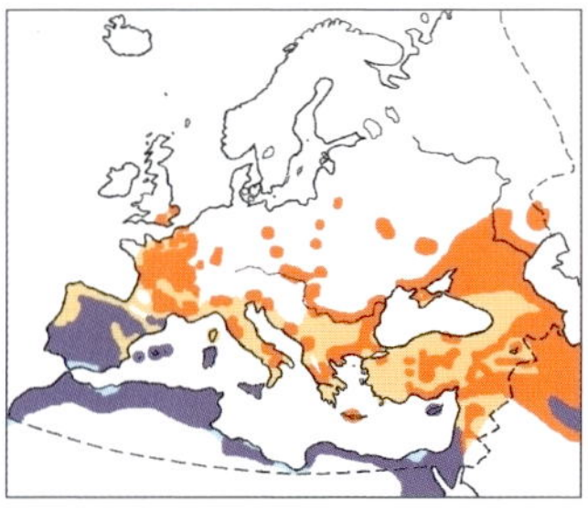

Rennvogel

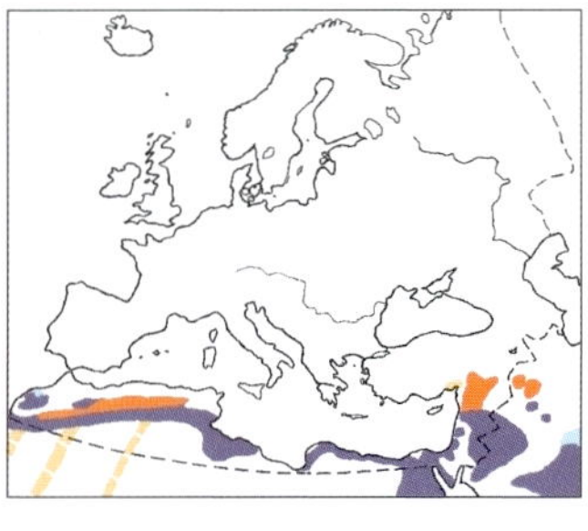

Rotflügel-Brachschwalbe

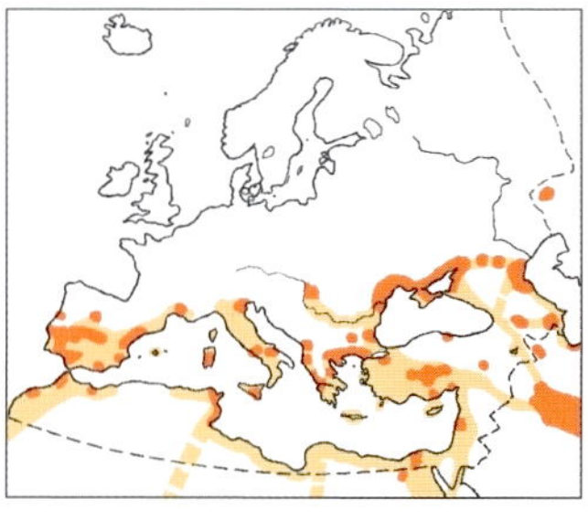

Schwarzflügel-Brachschwalbe

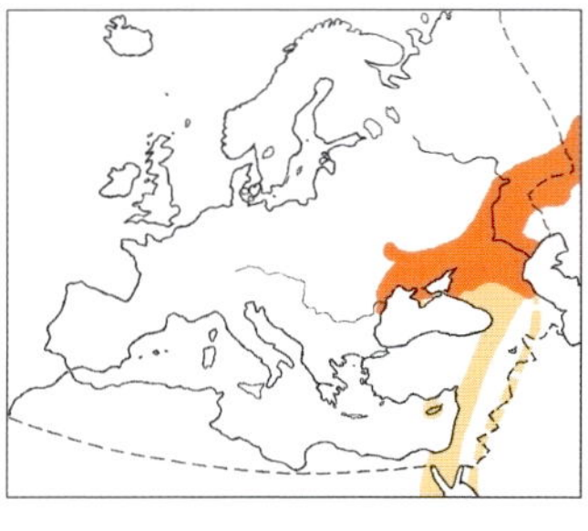

TRIEL

SENEGALTRIEL

RENNVOGEL

ROTFLÜGEL-BRACHSCHWALBE

SCHWARZFLÜGEL-BRACHSCHWALBE

KM

FLUSSREGENPFEIFER BZ

Little Ringed Plover *Charadrius dubius*

L 15,5-18 cm, S 32-35 cm. Brütet auf vegetationsarmen Schlamm-, Sand- und besonders Kiesflächen an binnenländischen Gewässern, oft in Kiesgruben; Sommervogel (Apr.-Sept.), überwintert in Afrika; Eier in Nistmulde am Boden so gut getarnt, dass man sie eher zertritt als findet.

KENNZEICHEN Etwas kleiner als Sandregenpfeifer, Schnabel schlanker und länger, Hinterende länger ausgezogen, durch schlankeres Brust- und Bauchprofil oft *hochbeiniger; kein weißer Flügelstreif* (nur schmale, weißliche Binde), dunkle *Maske* am unteren Hinterrand oft *zugespitzt* statt gerundet, sehr geringe Handschwingenprojektion (bei Sandregenpfeifer größer).– Ad.: Durch Kombination von auffallendem *gelbem Lidring, ganz dunklem Schnabel* und hellbraunen bis graurosa Beinen (nicht orange) gekennzeichnet; schwarze Abzeichen bei ♀ (und ♂ im 1en S) mit bräunlichen Federn durchsetzt, im SK ohnehin braun werdend, Stirn und Überaugenstreif dann beige, aber Lidring meist noch sichtbar.– JK: Vom juv. Sandregenpfeifer an *kleinerem, diffuserem, gelblichem Stirnfleck,* der nicht in einen deutlichen Überaugenstreif übergeht (nur beige über Zügel und Auge) und aus der Nähe am *hellgelben Lidring* unterschieden.

STIMME Häufigster Ruf leicht abfallend pfeifend „PIu", Warnruf etwas härter „prii", im Brutrevier auch uferschwalbenähnlich „rererere…"; balzt entweder tagsüber im fledermausartigen Flug große Kreise ziehend oder nachts schnell und hart „pri-pri-pri-…" und recht langsam, rhythmisch und rauer „KRRI-a, KRRI-a, KRRI-a".

SANDREGENPFEIFER BZ

Common Ringed Plover *Charadrius hiaticula*

L 17-19,5 cm, S 35-41 cm. Brütet an offenen, flachen Küsten und Seeufern mit kurzrasigen Flächen, Sand, Kies und Muschelschalen, aber auch in der Tundra; Sommervogel (März-Okt.), überwintert in Westeuropa und Nordwestafrika, während des Zugs auch in Trupps auf binnenländischen Schlammflächen.

KENNZEICHEN Im Vergleich zum Flussregenpfeifer kompakter, vollbrüstiger, kurzbeiniger wirkend und mit größerer Handschwingenprojektion; Flug schnell, mit lockeren, schneidigen Flügelschlägen, verglichen mit z. B. Alpenstrandläufer langflügeliger, aber mit weniger hervorstehendem Kopf/Hals, *breit weißer Flügelstreif* auffallend.– Ad.: *Beine und Basis des schwarzspitzigen Schnabels orange;* beim ♀ oft viel Braun in schwarzen Kopfmarkierungen und im Brustband; Beine im SK oft matter orange und Schnabel ganz dunkel.– JK: *Dunkle Zeichnung auf Kopf und Brust braun* statt schwarz, *breit weißer Überaugenstreif, Brustband schmaler, oft nicht geschlossen,* Oberseite fein geschuppt, Schnabel ganz dunkel oder nur an Basis etwas gelblich, *Beine matt orange* bis gelblich; Brustband und Kopfmarkierungen meist ab Dez./Jan. schwarz, dann von ad. kaum unterscheidbar.– Arktische Unterart *tundrae* kleiner und schlanker als Nominatform, oberseits dunkler, mausert Schwungfedern erst im Winterquartier.

STIMME Ruft sehr charakteristisch weich flötend, deutlich zweisilbig, ansteigend „TU-ip", warnt einsilbig pfeifend „tihp"; Gesang wechselt zwischen schnellem, rhythmischem, weichem „ti-TOO-e ti-TOO-e ti-TOO-e…" und eiligem, etwas einfacherem „t'WIIa-t'WIIa-t'WIIa-…", meist in langsamen, fledermausartigen Kreisflügen dicht über dem Boden.

AMERIKANISCHER SANDREGENPFEIFER –

Semipalmated Plover *Charadrius semipalmatus*

L 16-17,5 cm. Sehr seltene nordamerikanische Ausnahmeerscheinung, erst dreimal in Europa nachgewiesen, aber vielleicht übersehen.

KENNZEICHEN Dem Sandregenpfeifer extrem ähnlich, aber etwas kleiner, mit *durch kleine Spannhäute verbundenen Zehen* (Sandregenpfeifer hat nur zwischen Mittel- und Außenzehe winzige Spannhaut), etwas *kürzerem, an der Basis dickerem Schnabel* (aber manchmal identisch), schlankerem, etwas an Flussregenpfeifer (und *tundrae*-Sandregenpfeifer!) erinnerndem Körper und *schmalem, hellem Lidring* (beim Sandregenpfeifer nur bei manchen ad. ♂, im JK aber oft angedeuteter heller Augenring oder Halbmond vor oder unter Auge).– Ad.: Dunkles *Brustband* durchschnittlich schmaler, seitlich meist nicht deutlich ausgebeult, *oft auffallend gleichmäßig dünn;* beim ♂ meist *kein weißer Überaugenstreif* hinter dem Auge (beim Sandregenpfeifer fast immer vorhanden).– JK: *Weiße Kehlseiten erstrecken sich keilförmig bis über den Schnabelwinkel* (beim Sandregenpfeifer im JK reicht dunkler Zügelstreif fast immer bis zum Schnabelwinkel hinab), ferner Flügeldecken häufig mit kontrastreicher abgesetzten hellen Rändern und Brustband in der Mitte selten oder nie unterbrochen.

STIMME Ruft deutlich anders als Sandregenpfeifer entweder kurz, rau und ansteigend pfeifend „tschüWI", nicht so deutlich zweisilbig und hinten betont (etwas an einen entfernten Dunklen Wasserläufer erinnernd) oder länger ausgezogen „tschü-WIIH".

KEILSCHWANZ-REGENPFEIFER –

Killdeer *Charadrius vociferus*

L 23,5-26 cm. Nordamerikanische Ausnahmeerscheinung, meist im Winter besonders auf den Britischen Inseln, gern auf kurzrasigen Wiesen, aber auch an flachen Sandstränden.

KENNZEICHEN Deutlich größer und langhalsiger als Sandregenpfeifer, Schnabel lang und ganz dunkel, Körper durch *langen Schwanz* gestreckt wirkend, *doppeltes Brustband;* im Flug *orangebrauner Bürzel* und breit weißer Flügelstreif kennzeichnend.– JK: Durch helle Federränder oberseits geschuppt.

STIMME Ruft laut, dünn, hoch und ansteigend „klüii", manchmal in schnell wieherndes „klüii'i'i…" umschlagend.

Flussregenpfeifer

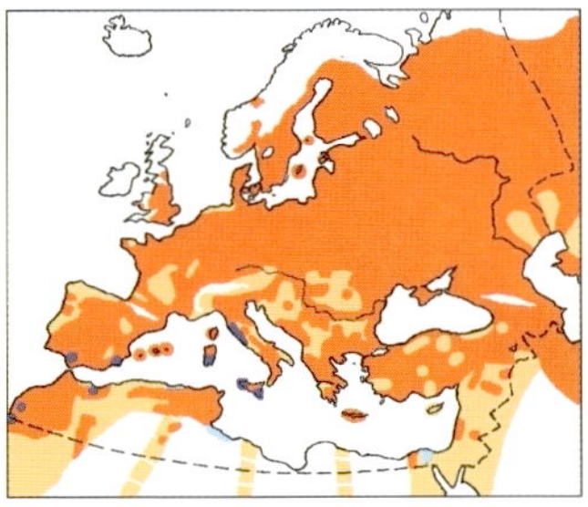

Sandregenpfeifer

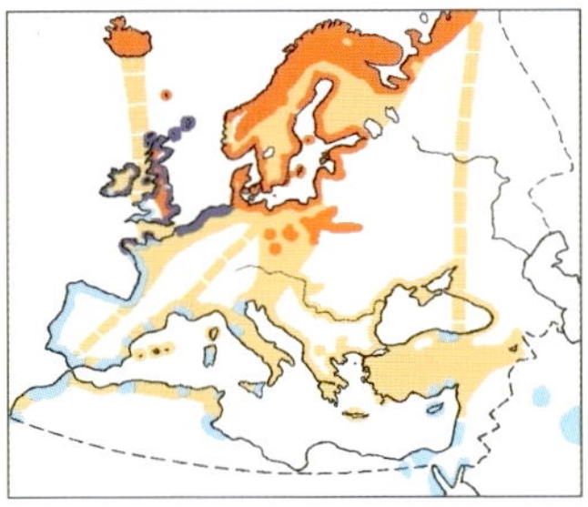

FLUSSREGENPFEIFER

SANDREGENPFEIFER

AMERIKANISCHER SANDREGENPFEIFER

KEILSCHWANZ-REGENPFEIFER

KM

SEEREGENPFEIFER BZ

Kentish Plover *Charadrius alexandrinus*

L 15-17 cm. Brütet auf schlammigen oder spärlich bewachsenen Flächen in Küstennähe. Sommervogel (Apr.-Okt.); im nördlichen Verbreitungsgebiet stark abnehmend; brütet in flacher Bodenmulde. Nahrung Insekten, Krebse, Würmer.

KENNZEICHEN Etwas kleiner, hochbeiniger und *dünnschnäbeliger* als Sandregenpfeifer, *Hinterende kürzer, Kopf groß, breit und flachstirnig; Gefieder heller,* in allen Kleidern nur *kleine, dunkle Brustseitenflecken* statt eines kompletten oder in der Mitte unterbrochenen Brustbands, Schnabel schwarz, *Beine schwärzlich* (manchmal blasser graubraun); im Flug deutlicher weißer Flügelstreif und *weiße Schwanzseiten.*– Ad.: Beim ♂ im PK Abzeichen auf Brustseiten und Kopf sauber schwarz, *Scheitel und Nacken rostbraun,* im SK weniger deutlich; ♀ hat graubraune Abzeichen (selten sogar geschlossen braunes Brustband) und kein oder wenig Rostbraun auf Scheitel. Beachte im SK *komplettes weißes Nackenband.*– JK: Ähnlich ♀, aber Abzeichen an Kopf und Brustseiten blasser, oberseits schmale, helle Federränder.– 1er S: Schwarze Abzeichen und rostbrauner Scheitel beim ♂ noch nicht voll ausgebildet.

STIMME Ruft leise rollend „dr'r'rp" und weich flötend ansteigend „djuitt" (ähnlich Tüpfelsumpfhuhn), im Flug kurz „bip" oder „bipip". Gesang eine Mischung aus rhythmischem „TSCHE-ke TSCHE-ke…" und an Alpenstrandläufer erinnerndem, hart rollendem, gutturalem „drruuRRI-RRE-RRE" in schmetterlingsartigem Balzflug.

HIRTENREGENPFEIFER –

Kittlitz's Plover *Charadrius pecuarius*

L 14-16 cm. Lokal häufiger Brutvogel an flachen Küsten und auf Schlammflächen an Teichen in Ägypten; zieht kaum; Ausnahmeerscheinung in Israel.

KENNZEICHEN Im PK durch *Kopfmuster* und *orange getönte Brust* unverwechselbar; im SK und JK an Seeregenpfeifer erinnernd, aber etwas kleiner (Körper wirkt kürzer), *langschnäbeliger, hochbeiniger* und oberseits (am stärksten im PK) durch diffus helle Federränder *verwaschen gemustert* (statt einfarbig), dunkle Randdecken oft als „Bugfleck" sichtbar, auffallende *orangebeige Tönung von Überaugenstreif, Nackenband, Brustseitenflecken und Brust* (statt weiß); Beine grau, manchmal mit schwacher Grün- oder Brauntönung; im Flug deutlich *überstehende Zehen.*

STIMME Im Flug kurz „tschick" und trocken „drrr".

MONGOLENREGENPFEIFER –

Lesser Sand Plover *Charadrius mongolus*

L 17-19 cm. Brutvogel Mittel- und Ostasiens, überwintert in Ostafrika und Südasien, meist an Küsten.

KENNZEICHEN Nur geringfügig größer als Sandregenpfeifer, aber etwas hochbeiniger und langschnäbeliger. In sämtlichen Kleidern dem Wüstenregenpfeifer sehr ähnlich, daher Größe und Struktur wichtig: *etwas kleiner* (durch relativ großen Kopf und ähnliche Beinlänge ohne auffallend langen Unterschenkel an Seeregenpfeifer erinnernd), *Schnabel kurz, maximal der Entfernung zwischen Schnabelbasis und Augenhinterrand entsprechend,* und mit *stumpfer Spitze* (Wüstenregenpfeifer hat oft auffallend *lange Unterschenkel, kräftigeren, aber stärker zugespitzten Schnabel,* dessen Länge meist den Abstand von der Basis zum Augenhinterrand übertrifft), *Beine dunkel* graugrün (bei Wüstenregenpfeifer oft etwas heller), *Flügelstreif gleichmäßig breit* (statt schmal auf Arm- und breiter auf Handflügel); macht bei der Nahrungssuche zwischen den kürzeren Pausen weniger (1-4) Schritte (Wüstenregenpfeifer oft 3-10 Schritte und längere Pausen, aber große Überschneidung).– PK: ♂ hat durchschnittlich breiteres rostbraunes Brustband und mehr Schwarz am Kopf als blasseres ♀, Geschlechter aber manchmal sehr ähnlich; PK im 1en S unvollständig.– 1er W und SK: Ähnlich Seeregenpfeifer, größer, kein Weiß auf Nacken und Schwanzseiten.– In Mittelasien (Unterart *pamirensis*) Beine und Schnabel etwas länger, Flügel kürzer, Stirn des ♂ im PK schwarz mit nur winzigen weißen Flecken, Brustband ohne schwarzen Oberrand, in Ostasien (*mongolus*-Gruppe) Beine und Schnabel kürzer, Flügel länger, Stirn des ♂ im PK mit großem weißem Fleck, Brustband oben schmal schwarz begrenzt.

STIMME Ruft kurz und hart „trik" oder „tirrik", auch weich und rollender ähnlich Wüstenregenpfeifer „trrrp".

WÜSTENREGENPFEIFER A

Greater Sand Plover *Charadrius leschenaultii*

L 19-22 cm. Brutvogel von der Zentraltürkei bis Mittelasien in offenen Steppen. Ausnahmeerscheinung in Europa.

KENNZEICHEN Gestalt erinnert mehr an Kiebitz- als Seeregenpfeifer, aber kleiner und schlanker, Beine (besonders Tibia) und Schnabel proportional länger; Gefieder in allen Kleidern ähnlich Mongolenregenpfeifer (s. dort), ist aber etwas *größer,* hat *längere Beine* und *längeren, oft unproportioniert groß wirkenden Schnabel* mit kräftigerer Basis und *schärferer Spitze,* längeren Körper und Hals, *Beine* durchschnittlich *heller* grünlich oder gelblich grau, hellere *Oberseite* zeigt oft *Rosttönung* auf Schulterfedern.– PK: Geschlechter anscheinend deutlich verschieden, ♀ viel matter und grauer gefärbt.– Brutvögel Vorderasiens (Unterart *columbinus*) haben etwas kürzere Schnäbel, ♂ im PK ausgedehnt rostbraune Färbung auf Brust, oft auch Flanken und Mantel; östlich des Kaspischen Meeres (*crassirostris*) ähnlich, aber Schnabel länger und kräftiger; ostasiatische Nominatform mit schmalem Brustband.

STIMME Ruf ein trillerndes „trrr", oft schnell aneinandergereiht, im Ton an Sichelstrandläufer oder Steinwälzer erinnernd, nur mit großer Erfahrung vom Mongolenregenpfeifer unterscheidbar.

Seeregenpfeifer

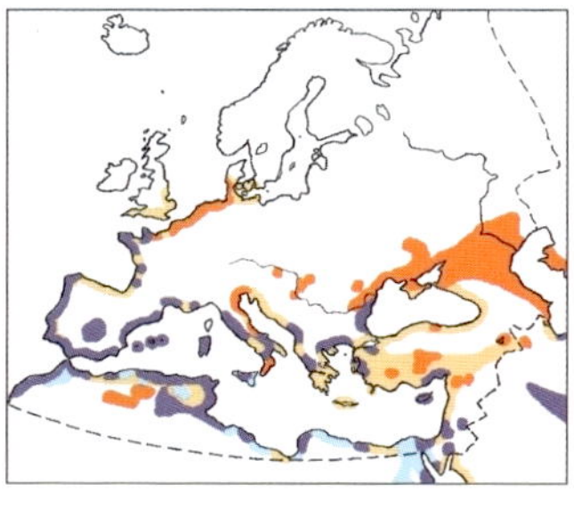

Hirtenregenpfeifer

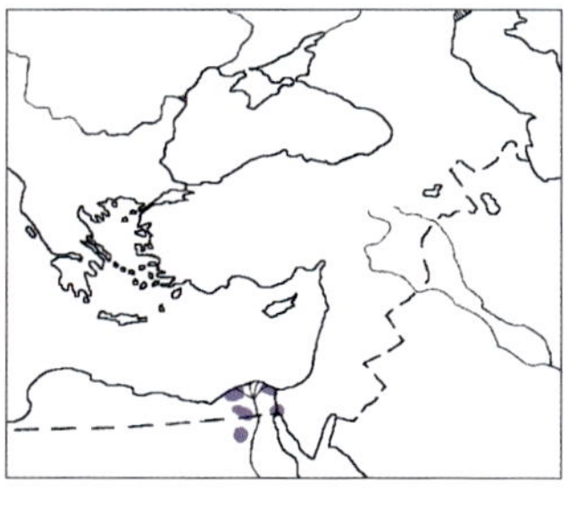

Wüstenregenpfeifer

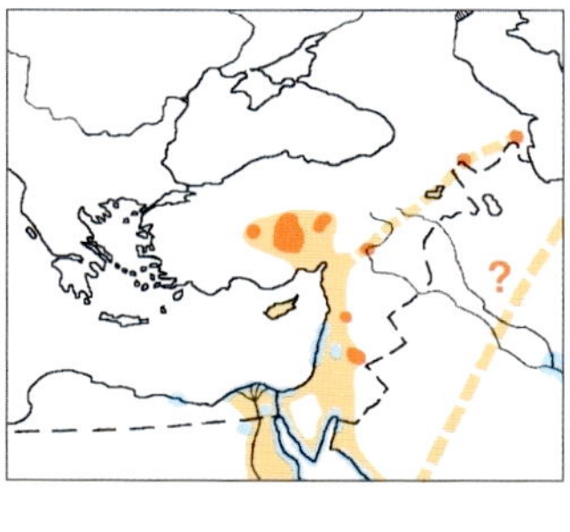

SEEREGENPFEIFER

HIRTENREGENPFEIFER

MONGOLENREGENPFEIFER

WÜSTENREGENPFEIFER

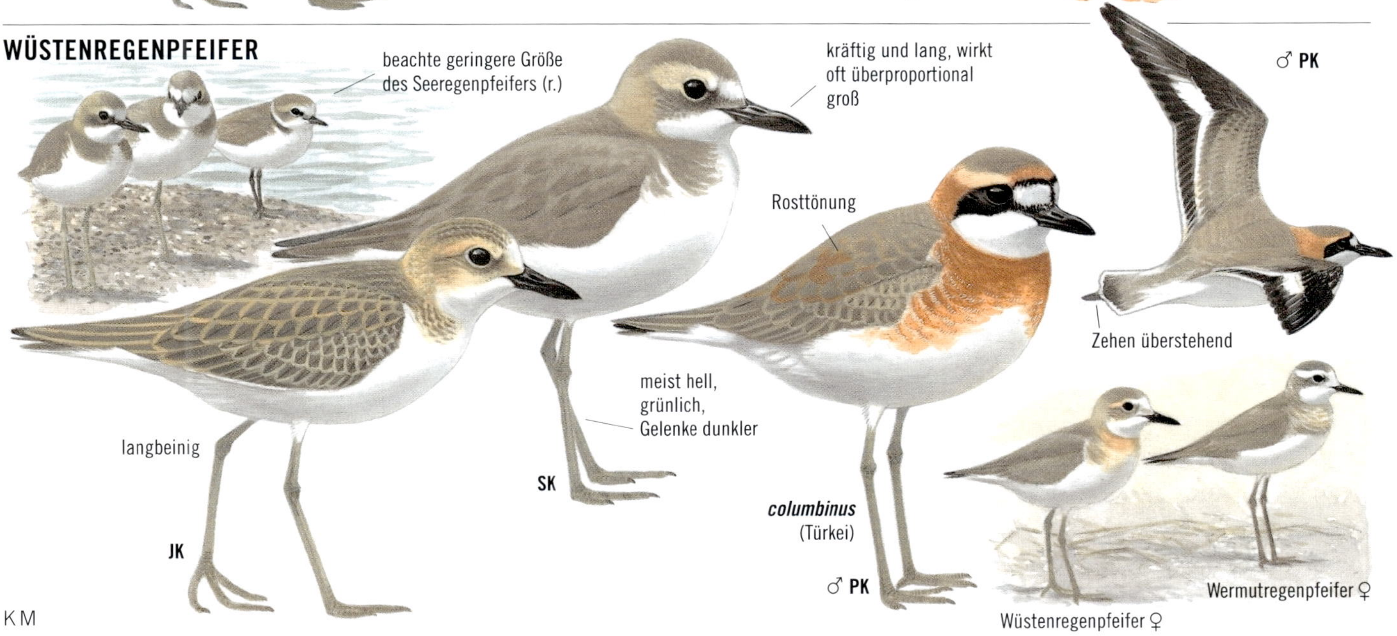

KM

KIEBITZREGENPFEIFER ZW

Grey Plover *Pluvialis squatarola*

L 26-29 cm, S 56-63 cm. Brutvogel der hocharktischen Tundra, wo die Altvögel den Juni und Juli verbringen, bevor sie an Westeuropas Küsten ziehen, dort teilweise mausern und sogar überwintern (meist ♂), mehrheitlich aber nach Westafrika weiterziehen (meist ♀ bis in die Tropen); Jungvögel ziehen später (Ende Aug.-Sept.); Heimzug meist sehr rasch ohne längere Rast im Mai.

KENNZEICHEN Ein großer Regenpfeifer mit *massigem Körper, großem Kopf* und *kräftigem Schnabel,* Haltung oft etwas buckliger und Nahrungssuche bedächtiger als bei den kleineren Arten; im Flug *schwarze Achselfedern, breit weißer Flügelstreif* und *weißer Bürzel* kennzeichnend.– PK: Oberseite schön schwarz-weiß gemustert, aus der Entfernung in der Sonne silbergrau leuchtend, Unterseite beim ♂ rein schwarz, beim ♀ mit weißen Federn durchsetzt.– SK: Unterseite weißlich, graue Federn der Oberseite diffus weißlich gesäumt oder quer gebändert.– JK: Federn der Oberseite mit grauschwarzen Zentren und *gelblichen Rändern und Zacken,* Unterseite beige mit feiner, grauer Strichelung; manche Individuen intensiv goldgelb und an juvenilen Goldregenpfeifer erinnernd, andere durch deutlichen Überaugenstreif und Andeutung eines dunklen Ohrflecks sogar an Prärie-Goldregenpfeifer.– 1er S: Wie SK oder mit wenig Schwarz auf Unterseite; viele übersommern in Westeuropa und Westafrika.

STIMME Stimmfreudig, meist ein trauriges, dreisilbiges, auf der tieferen mittleren Silbe betontes Flöten, „püü-AA-ü“, besonders bei Jungvögeln manchmal schrill und rau klingend; während des oft mit langsamen Flügelschlägen ausgeführten Balzflugs aber erste und letzte Silbe tiefer und betont, „PLU-ü-U“; ferner am Brutplatz, meist bei Gefahr, „plüüh“ und brachvogelähnlich „pluu-i“.

MORNELLREGENPFEIFER Z

Eurasian Dotterel *Charadrius morinellus*

L 20,5-24 cm. Brütet in Bergland oberhalb der Baumgrenze auf niedrig und spärlich bewachsenen, oft steinübersäten Flächen und in offener Tundra, in Mitteleuropa lokal in den Alpen; überwintert hauptsächlich in Nordafrika, zieht vorwiegend im Mai und Aug./Sept. durch Mitteleuropa, rastet aber nur an wenigen Stellen, oft auf abgeernteten Feldern, kurzrasigen Wiesen und in der ungarischen Puszta; oft wenig scheu. ♂ übernimmt Brut und Aufzucht oft allein, wirkt dabei zwar häufig sehr vertraut, sollte aber dennoch nicht am Nest aufgesucht werden.

KENNZEICHEN Etwas kleiner und kompakter als Goldregenpfeifer, Hals und Flügel kürzer, Kopf proportional größer, Schnabel kleiner; in allen Kleidern durch *lange, im Nacken zusammenlaufende, weiße oder beige Überaugenstreifen* gekennzeichnet, ferner weißliches Brustband, *einfarbige Oberflügel* mit weißem Schaft der äußeren Handschwinge, gelbliche bis graugrünliche Beine.– PK: Durch Kombination von *rostroter Brust, schwarzem Bauch, schmalem, weißem,* oben dünn schwarz begrenztem *Brustband* und den dunklen Scheitel einfassende weiße Überaugenstreifen unverwechselbar; ♀ bunter und sauberer gefärbt als ♂.– SK: Brust und Flanken gräulich mit gelblichem Ton, schmales, weißliches Brustband, Federn der Oberseite schiefergrau mit schmalen, rostgelblichen Rändern.– JK: Dem SK ähnlich, aber Federn der Oberseite schwarzbraun mit kontrastierenden *beigen Rändern,* die an den *Spitzen durch einen schwarzen Schaftstrich unterbrochen* sind.– 1er W: An den aus dem JK stehen gebliebenen Armdecken erkennbar.

STIMME Ruft während des Zugs, oft beim Auffliegen, weich rollend und etwas abfallend „pjürr“, Kontaktruf ein auch wiederholtes gesangsähnliches „bütt“; ♀ balzt mit flachen, zitternden Flügelschlägen über dem Revier kreisend „bütt bütt bütt…“, etwa zwei Rufe pro Sekunde.

WERMUTREGENPFEIFER a

Caspian Plover *Charadrius asiaticus*

L 19-21 cm. Brütet vom Nordrand des Kaspischen Meeres bis Mittelasien in Steppen und Halbwüsten, meist in Wassernähe, oft in lockeren Kolonien mit ca. 50 m voneinander entfernten Nestern; überwintert in Afrika; seltener Durchzügler im Nahen Osten.

KENNZEICHEN Erinnert etwas an Wüsten- und Mongolenregenpfeifer, aber *Gestalt und Haltung viel eleganter,* Hinterende durch den Schwanz extrem weit überragende Flügelspitzen schlanker und gestreckter, Schnabel länger und dünner als beim Mongolen-, *Beine lang* wie beim Wüstenregenpfeifer; nur etwas größer als Sand-, etwa so groß wie Mongolenregenpfeifer, aber durch schlanke Gestalt größer wirkend; *Überaugenstreif hinter dem Auge* in sämtlichen Kleidern viel deutlicher als bei Verwandten, ohne hervortretendes Weiß an den Schwanzseiten (nur an Schwanzspitze), *weißer Flügelstreif kurz, Beine graugrün, Zehen im Flug die Schwanzspitze überragend.*– ♂ PK: *Stirn, Zügel und Wangen rein weiß,* Ohrdecken dunkel, *rotbraunes Brustband breit* und *unten* schmal und scharf *schwarz begrenzt;* im 1en S manchmal weniger kontrastreich gezeichnet.– ♀ PK: Überaugenstreif und Wangen *schmutzig weiß,* Ohrdecken *hellbraun,* Brustband graubraun, schwach rotbraun getönt, ohne schwarzen unteren Rand und nur diffus zur schmutzig weißen Kehle begrenzt.– SK: Ähnlich Wüsten- und Mongolenregenpfeifer (S. 140), aber mit *breitem, ununterbrochenem, graubraunem Brustband* statt gut abgegrenzter Brustseitenflecke und *graueren Unterflügeln.*– JK: Ähnlich SK, Federn der Oberseite jedoch mit deutlicheren hellen Rändern.

STIMME Ruft am Boden kurz „tschüpp“, oft schnell verdoppelt, im Flug aber einzeln; singt mit aneinandergereihten, dreisilbigen, klingelnden Lauten.

Kiebitzregenpfeifer

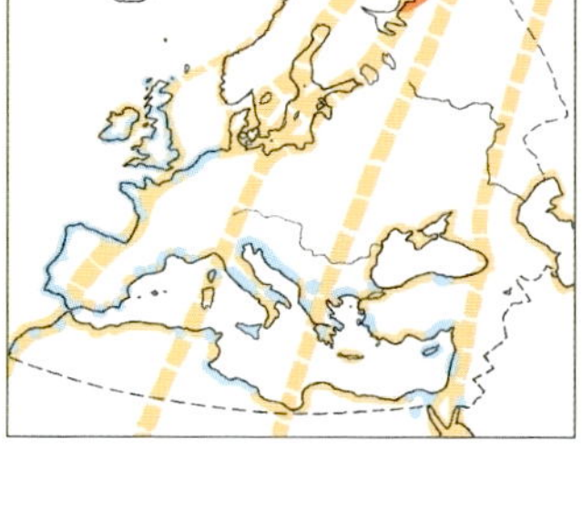

Mornellregenpfeifer

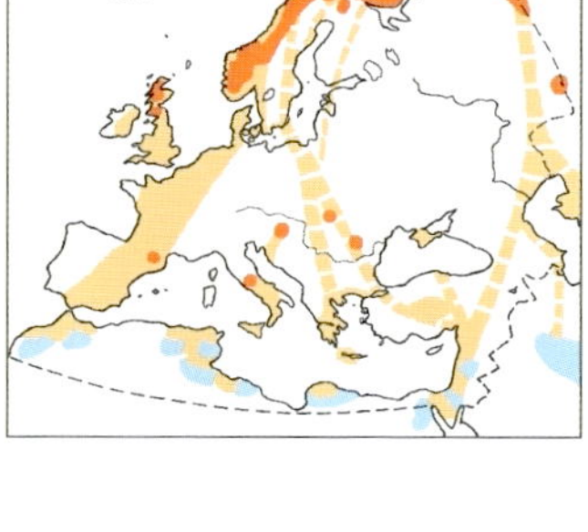

Wermutregenpfeifer

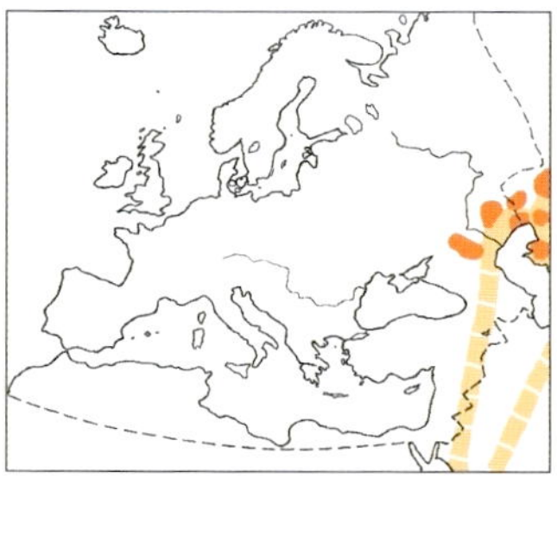

KIEBITZREGENPFEIFER

MORNELLREGENPFEIFER

WERMUTREGENPFEIFER

KM

GOLDREGENPFEIFER BZ

European Golden Plover *Pluvialis apricaria*

L 25-28 cm, S 53-59 cm. Brütet in Nordeuropa in Mooren, auf kurzrasigen Bergwiesen, Heiden und in der Tundra; überwintert hauptsächlich in Südwest- und Südeuropa auf Wiesen, Weiden und Feldern, watet selten in Schlamm und Wasser; Heimzug durch Mitteleuropa schon ab März, im Herbst Aug.-Okt., oft auch im Binnenland in dichten Trupps in offenem Gelände, häufig zusammen mit Kiebitzen.

KENNZEICHEN Etwas kleiner und zarter als Kiebitzregenpfeifer mit etwas *schlankeren, spitzeren Flügeln* und schnelleren Flügelschlägen; wirkt aus der Entfernung oberseits braun, zeigt aus der Nähe aber dunkelgraue Oberseite mit dicht grünlich- oder ockergelb und weiß gezackten Federrändern; im Flug *diffuser, recht schmaler weißlicher Flügelstreif,* dunkler Bürzel und *leuchtend weiße Achselfedern und innere Armdecken;* zur Unterscheidung von Tundra- und Prärie-Goldregenpfeifer s. u.– PK: ♂ zeigt auf der *Unterseite* mehr *Schwarz* als ♀, wegen großer individueller Variation Geschlechtsbestimmung nur bei sehr dunklen ad. ♂ in Nordeuropa oder bei Brutpartnern möglich.– SK: Unterseite hell statt schwarz.– JK: Ähnlich SK, aber Gefieder frischer, sauberer gemustert, *Bauch und Flanken größtenteils fein graubraun gebändert.*– 1er S: Oft ähnlich SK oder mit wenig Schwarz am Bauch.– Im Süden brütende Vögel (*„apricaria"*-Typ) tragen ein weniger vollständiges PK als die durchschnittlich unterseits ausgedehnter schwarzen nördlichen Vögel (*„altifrons"*-Typ), aber große Variation.

STIMME Ruft im Flug oder ständig wiederholt bei Gefahr am Brutplatz nur leicht abfallend, melancholisch flötend „püh" oder „tüü(u)"; singt im hohen, schmetterlingsartigen Balzflug klagend und rhythmisch „pü-PII-u, pü-PII-u…", beim Landen oder am Boden oft gefolgt von schnellerem, gedämpfterem „prePURRlja-prePURRlja-prePURRlja…", auch außerhalb der Brutzeit zu hören.

TUNDRA-GOLDREGENPFEIFER A

Pacific Golden Plover *Pluvialis fulva*

L 21-25 cm. Nah mit Prärie-Goldregenpfeifer verwandt. Brütet in Nordsibirien und Westalaska, in Mitteleuropa Ausnahmeerscheinung im Spätsommer (ad.) und Herbst (juv.); eher auf Schlammflächen als auf Wiesen und Feldern.

KENNZEICHEN Sehr ähnlich Goldregenpfeifer, doch folgende Unterschiede in Größe und Struktur: etwas *kleiner* und *schlanker* mit proportional etwas *größerem Kopf* und längerem Hals, *Beine länger,* fliegend *Flügel schmaler* und *Zehen etwas über die Schwanzspitze ragend,* Schnabel durchschnittlich etwas länger und von gleichmäßigerer Dicke (Goldregenpfeifer hat etwas kürzeren Schnabel mit feinerer Spitze und kräftigerer Basis, doch Unterschiede gering und Überschneidung groß); in allen Kleidern *Achselfedern graubraun* und *innere Unterflügel grauweiß* (wie beim Prärie-Goldregenpfeifer, aber im Unterschied zum Goldregenpfeifer, bei dem sie weiß sind). Vom Prärie-Goldregenpfeifer noch schwieriger zu unterscheiden, aber eine Ahnung *kleiner, Flügel kürzer,* aber *Schirmfedern länger,* daher nur mäßige Handschwingenprojektion mit *3 die Schirmfedern überragenden Handschwingen* (beachte, dass die beiden längsten Handschwingen dicht beieinander liegen) statt 4 (oder sogar 5) beim Prärie-Goldregenpfeifer; Schirmfedern bei manchen juv. kürzer, dann 4 Handschwingen sichtbar, dieses Merkmal aber durch Mauser und Abnutzung veränderlich; ferner *Beine* beim Tundra- *etwas länger* als beim Prärie-Goldregenpfeifer.– PK: Ähnlich Goldregenpfeifer, doch *mehr Weiß auf Stirn, Halsseiten und oberen Brustseiten* (dort oft eine Ausbuchtung bildend), dafür *weniger auf den Flanken* und dort oft schwarz gefleckt oder fast fehlend, *Unterschwanzdecken schwarz gemustert* oder überwiegend schwarz (selten ganz schwarz wirkend), *Oberseite gröber gemustert, besonders Schirmfedern* mit weniger und größeren hellen Zacken.– JK: Sehr ähnlich juv. Goldregenpfeifer, an Größe, Struktur, Unterflügelfarbe und Stimme erkennbar, ferner durchschnittlich *etwas gelblichere Tönung von Kopf, Hals und Brust* mit deutlicherer, feinerer Fleckung; vgl. auch Prärie-Goldregenpfeifer.

Goldregenpfeifer

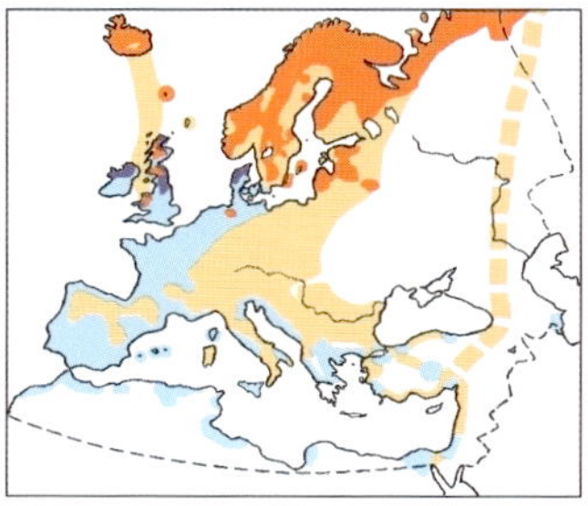

STIMME Ruft im Flug zweisilbig flötend „tschu-itt!", dem Dunklen Wasserläufer bemerkenswert ähnlich. Ferner „püü" ähnlich Goldregenpfeifer, abfallend „plüü-i" oder dreisilbig „tü-i-ü" während des Zugs.

PRÄRIE-GOLDREGENPFEIFER A

American Golden Plover *Pluvialis dominica*

L 24-27 cm. Nah mit Tundra-Goldregenpfeifer verwandt, Ausnahmeerscheinung in Europa, brütet in Nordamerika.

KENNZEICHEN Dem Tundra-Goldregenpfeifer sehr ähnlich und wie dieser mit *graubraunen Achselfedern und hellgrauem innerem Unterflügel* (beim Goldregenpfeifer weiß), aber durchschnittlich *etwas größer,* mit *schlankerem Körper, längeren Flügeln* und *kürzeren Beinen* (*Zehen* im Flug meist *nicht über Schwanzspitze* ragend); beim stehenden Vogel große Handschwingenprojektion mit *4* (manchmal sogar 5) *über die Schirmfedern hinausragenden Handschwingenspitzen* und gewöhnlich *über die Schwanzspitze hinausragenden Flügelspitzen* (bei den meisten Tundra-Goldregenpfeifern so lang wie Schwanz oder nur wenig länger). Vom Goldregenpfeifer durch Unterflügelfärbung, etwas *geringere Größe, schlankere Gestalt* und im Flug *länger und schmaler wirkende Flügel* unterschieden.– ♂ PK: *Unterseite* einschließlich Unterschwanzdecken *ganz schwarz,* in deutlichem, *weißem Brustseitenfleck* endender, *scharf abgegrenzter, weißer „Schal"* entlang der Halsseiten, *keine weiße Flankenlinie.*– ♀ PK und 1er S: Gefieder sehr ähnlich Tundra-Goldregenpfeifer, am sichersten an Struktur und Proportionen erkennbar.– JK: Verglichen mit Gold- und besonders Tundra-Goldregenpfeifer *graueres Gefieder* ohne gelbliche Tönung von Kopf, Hals und Brust; *Überaugenstreif* durchschnittlich *weißlicher und deutlicher,* auch *Zügel- und Ohrdeckenfleck dunkler; Scheitel und Mantel dunkel,* Nacken jedoch hellgrau abgesetzt, *Oberseitensprenkelung* oft *nur auf vorderem Mantel, oberen Schulterfedern und Schirmfedern gelb getönt,* sonst weiß oder beige (bei Gold- und Tundra-Goldregenpfeifer gleichmäßig gelb gefleckt).

STIMME Ruft „KLU-i" mit betonter erster, manchmal kaum hörbarer zweiter Silbe „klüü(i)"; daneben dreisilbig mit höherer und zitternder zweiter Silbe „DLU-i'i-uh".

GOLDREGENPFEIFER

TUNDRA-GOLDREGENPFEIFER

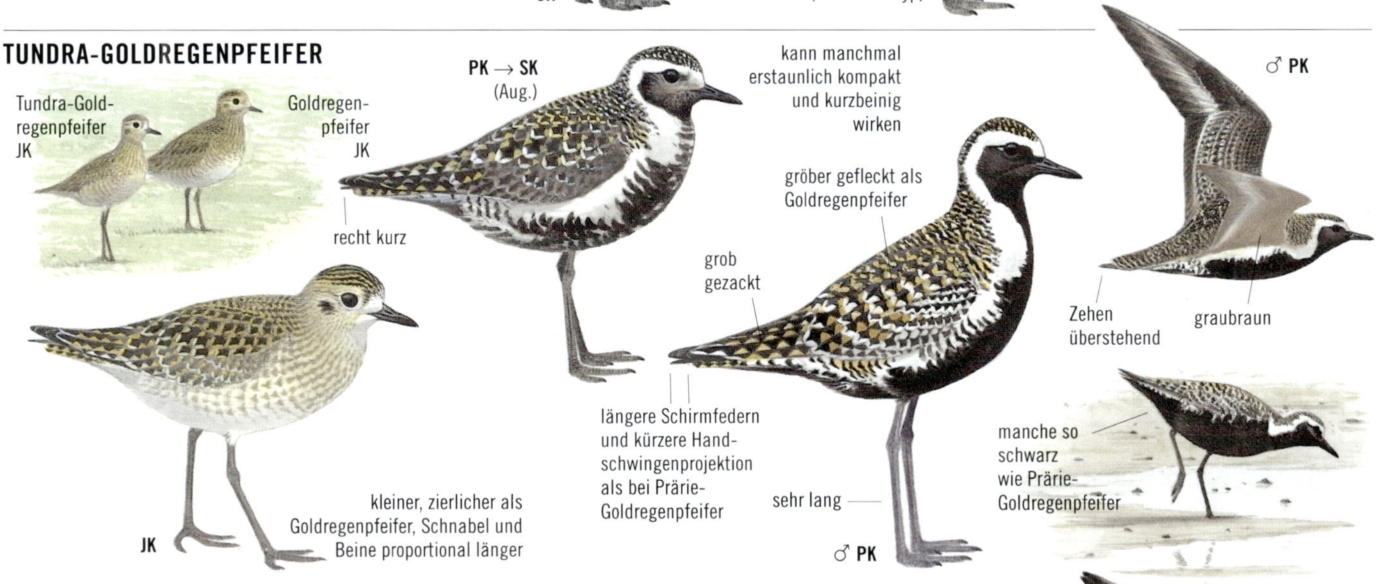

PRÄRIE-GOLDREGENPFEIFER

KM

KIEBITZ BZ

Northern Lapwing *Vanellus vanellus*

L 28-31 cm, S 67-72 cm. Weit verbreiteter Brutvogel in Feuchtwiesen, Sümpfen, an Gewässerrändern und auf Feldern. Außerhalb der Brutzeit in oft großen Trupps auf Wiesen und abgeernteten Feldern.

KENNZEICHEN Unverwechselbarer, *schwarz-weiß* gefärbter, taubengroßer, kräftiger Regenpfeifer mit einzigartiger *langer, dünner Federholle* und aus der Nähe *grünem und violettem Metallglanz* der dunklen Gefiederpartien; im gemächlichen Flug mit lockeren Flügelschlägen sind die *breit gerundeten Flügelspitzen* („wie Bratpfannen") auffallend, durch schwarze Ober- und weiße Unterseite auch von Weitem blinkender Effekt bei meist dicht fliegenden Trupps.– PK: ♂ hat längere Holle, reinere Schwarzfärbung von Gesicht und Vorderhals und breiteren, runderen Handflügel.– SK: Kinn und Vorderhals weiß, beige Federspitzen erzeugen feines Wellenmuster auf Oberseite.– JK: Holle kurz, an SK erinnernd, aber rundum (nicht nur an den Spitzen) hell gerandete oder gefleckte Federn der Oberseite bilden deutlicheres Schuppenmuster.– 1er W: Am Schuppenmuster auf den stehen gebliebenen juvenilen Armdecken und Schirmfedern erkennbar, aber Unterschied zum SK durch Abnutzung der Ränder schnell schwächer werdend.

STIMME Sehr stimmfreudig, selbst nachts zu hören; ruft im Flug bei Alarm klagend, schrill, etwas rau „kschää-ech" oder „kiju-wit"; im akrobatischen Balzflug im Frühjahr steigt das ♂ auf und ab, wirft sich von einer Seite auf die andere und jodelt dabei heiser, während die Flügel gleichzeitig ein wummerndes Geräusch erzeugen, „kschääh-widdleWIPP, i-WIPP i-WIPP...kschee-o-WIPP".

SPORNKIEBITZ (A)

Spur-winged Lapwing *Vanellus spinosus*

L 25-28 cm. Brütet nur selten in Südostgriechenland, aber lokal häufig in Kleinasien und im Nahen Osten auf vegetationsarmen Flächen in Gewässernähe.

KENNZEICHEN Etwas kleiner, schlanker und *hochbeiniger* als Kiebitz, immer an ausgedehnt *weißen Seiten* des sonst schwarzen Kopfes erkennbar, ferner *Brust, Flanken, Schwanz und Schnabel schwarz,* Beine dunkelgrau; fliegend aus der Entfernung am besten an *schwarzen Armschwingen* vom Steppenkiebitz unterscheidbar; am Flügelbug kleiner, selten sichtbarer Sporn.– Ad.: Oberseite einfarbig hellbraun.– JK: Ähnlich ad., aber oberseits einige Federn mit hellen Rändern (z. B. Stirn) und schwarze Partien mit braungrauem Ton.

STIMME Stimmfreudig und lärmend; ruft scharf einzeln oder schnell aufgereiht „p(w)ick", etwas ähnlich Stelzenläufer, und singt rasch wiederholt „TITti-TERrit".

ROTLAPPENKIEBITZ –

Red-wattled Lapwing *Vanellus indicus*

L 32-35 cm. Häufiger Brutvogel Südasiens, im Bearbeitungsgebiet nur am Tigris bei Cizre in der Südosttürkei.

KENNZEICHEN Erinnert an Spornkiebitz, ist aber etwas größer; kennzeichnende Kombination von *langen, gelblichen Beinen, schwarzer Kehle und Brustmitte, weißen Flanken,* aus der Nähe erkennbarer *Rotfärbung von Schnabelbasis, Zügel und Lidring* sowie im Flug *weißem Schwanz* mit recht schmaler, *schwarzer Querbinde* von gleichmäßiger Breite.– JK: Stirn und Kinn weiß, Kehlfeld weiß gefleckt.

STIMME Ruft schleifend und kreischend „kri" und „krik", auch in ein seeschwalbenartiges Zwitschern übergehend „krikrik kri-ki-koo-it kri-kri-kuu-it...".

STEPPENKIEBITZ A

Sociable Lapwing *Vanellus gregarius*

L 27-30 cm. Brütet in trockenen Steppen von der Wolga bis Südwestsibirien, oft weit vom Wasser entfernt; überwintert von Nordostafrika bis Indien; in Europa sonst Ausnahmeerscheinung, gelegentlich in Kiebitztrupps.

KENNZEICHEN Verhalten und Gestalt ähnlich Kiebitz, aber etwas kleiner und *hochbeiniger,* durch Kombination von kräftigem, *weißem Überaugenstreif, schwärzlichen Beinen* und *dreifarbigem Oberflügelmuster* (ähnlich Schwalbenmöwe; beachte aber Verwechslungsgefahr mit leukistischen und teilalbinotischen Kiebitzen) unverwechselbar; nicht so schlank und langbeinig wie Weißschwanzkiebitz, *Schwanz mit schwarzem Feld* vor der Spitze.– PK: Scheitel und Augenstreif schwarz, Brust rosa graubeige, *Bauch schwarz,* zum Steiß hin dunkel rotbraun.– SK: Brust heller, *Bauch weiß.*– JK: Brust diffus gestrichelt, Oberseite deutlich geschuppt.– 1er W: An stehen gebliebenen juvenilen Flügeldecken und Schirmfedern erkennbar.

STIMME Ruft rau einzeln „kretsch" oder im Flug aufgereiht, heiser schwatzend „kretsch-etsch-etsch...".

WEISSSCHWANZKIEBITZ A

White-tailed Lapwing *Vanellus leucurus*

L 26-29 cm. Brütet von der Unteren Wolga und dem Irak bis Mittelasien an flachen Ufern von Steppenseen; überwintert von Nordostafrika bis Indien gern an bewachsenen Gewässerrändern, versteckt sich oft in Vegetation.

KENNZEICHEN Etwas kleiner als Spornkiebitz, von eleganterer Gestalt und mit *sehr langen Beinen;* in sämtlichen Kleidern *Kopf und Körper recht einfarbig hell graubraun* ohne hervortretenden Überaugenstreif, *sehr lange, gelbe Beine* schon kennzeichnend, bevor im Flug der *rein weiße Schwanz* sichtbar wird.– JK: Oberseite kräftig geschuppt.

STIMME Abseits des Brutplatzes gewöhnlich stumm.

Kiebitz

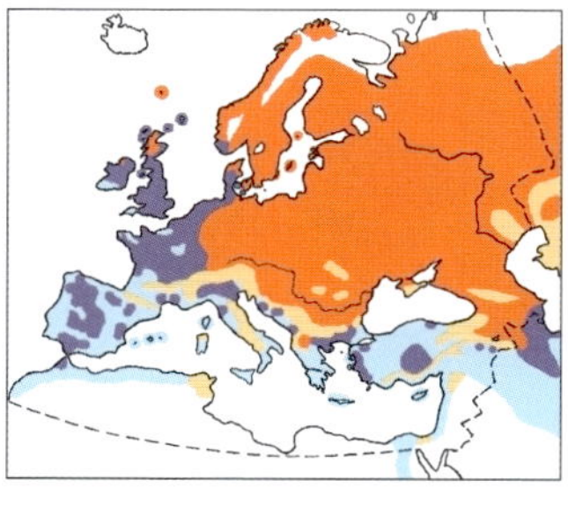

Spornkiebitz

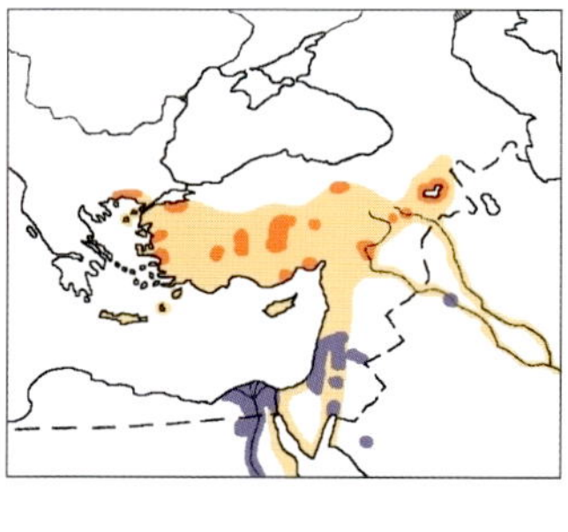

Rotlappenkiebitz

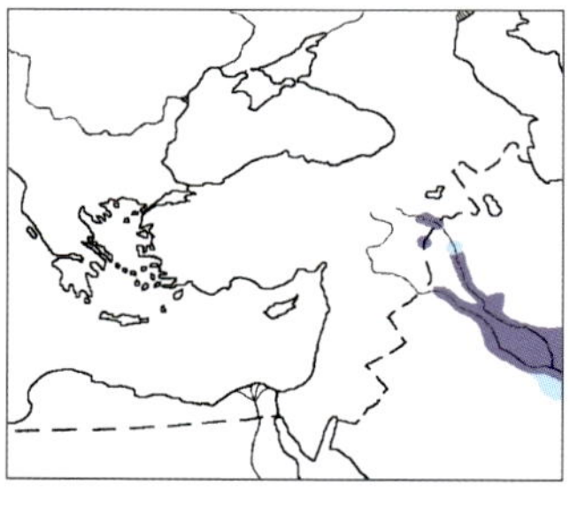

Steppenkiebitz

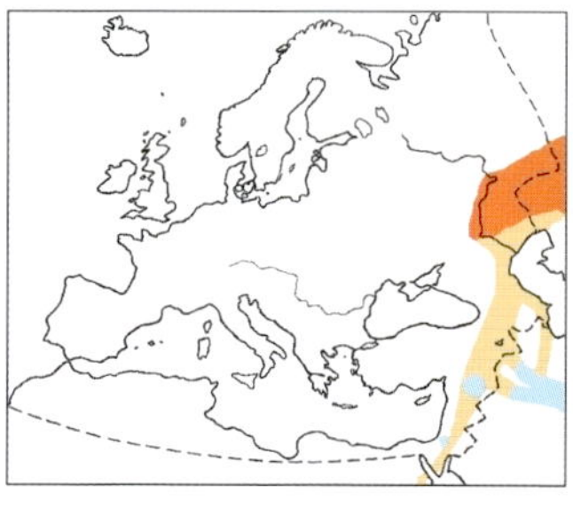

KIEBITZ

SPORNKIEBITZ

ROTLAPPENKIEBITZ

STEPPENKIEBITZ

WEISSSCHWANZKIEBITZ

KM

KNUTT ZW

Red Knot *Calidris canutus*

L 23-26 cm, S 47-53 cm. Brütet in arktischer Küstentundra; im Winter große Trupps an Küsten, nur selten im Binnenland; Wegzug ab Aug., Heimzug im Mai/Juni.

KENNZEICHEN Ein recht *kurzbeiniger* und *plumper* Watvogel, größer und kompakter als Alpenstrandläufer, *Schnabel recht dick und kurz* (etwa kopflang), nur *ganz schwach abwärts gebogen* (manchmal länger und etwas stärker gebogen); im Flug langflügelig, Körper recht kurz, weißer Flügelstreif schmal, *Bürzel hellgrau,* fein quergebändert; im SK und JK am besten an *Gestalt, grauem Gesamteindruck, deutlichem hellem Überaugenstreif* und *kurzen, graugrünen Beinen* erkennbar (vgl. auch extrem seltenen Großen Knutt, S. 412).– PK: ♂ unterseits durchschnittlich einheitlicher und satter rostbraun als ♀.– SK: Oberseits einheitlich grau mit nur dünnen weißen Federrändern, weißem Überaugenstreif, grau gefleckter Brust, grauen Stricheln und Pfeilspitzen auf Unterschwanzdecken und Flanken.– JK: Aus der Entfernung ähnlich SK, aber anfangs mit *orangebeiger Tönung der Unterseite* (manchmal in Intensität an PK erinnernd) und feineren grauen Markierungen auf Brust und Flanken, Oberseite aus der Nähe durch *helle Federränder mit dunklen Subterminalsäumen* deutlich geschuppt.

STIMME Flugruf kurz, nasal und weich „uÄTT-uÄTT".

SANDERLING ZW

Sanderling *Calidris alba*

L 18-21 cm. Hocharktischer Brutvogel; zur Zugzeit und im Winter manchmal große Trupps bevorzugt an Sandstränden, auch im Watt, selten im Binnenland.

KENNZEICHEN Größe ähnlich Alpenstrandläufer, aber kompakter; bei der *Nahrungssuche typisches Vor- und Zurückrennen vor auflaufenden Wellen,* an ruhigen Ufern aber methodisches Picken; Einzelvögel in untypischem Lebensraum können mit kleineren Strandläufern verwechselt werden, beachte neben *Größe* aber *kräftigeren Schnabel, breit weißen,* dunkel eingefassten *Flügelstreif* und diagnostisches Fehlen einer Hinterzehe an den *schwarzen Beinen.* Leuchtet im Winter *auffallend hell* und zeigt typischen *schwärzlichen Flügelbug.*– PK: Im Frühjahr Kopf und *scharf begrenztes Brustband grau und rotbraun,* oberseits schwärzlich und rotbraun mit weißen Rändern; im Sommer werden Kopf, Brust und Oberseite kräftig rostfarben.– SK: Insgesamt einfarbig, oberseits sehr hell grau, Armdecken und Schirmfedern diffus weiß gerandet.– JK: Gesamtes Gefieder kontrastreich schwarz und weiß, *Mantel- und Schulterfedern weiß gefleckt* statt gerandet (daher kein Schuppenmuster) und keine V-Zeichnung bildend.

STIMME Flugruf betont und kräftig „plitt".

MEERSTRANDLÄUFER ZW

Purple Sandpiper *Calidris maritima*

L 19-22 cm, S 37-42 cm. Brütet an Küsten, in felsiger Tundra; überwintert an Felsküsten, meist in Trupps zusammen mit Steinwälzern; erscheint fast nie im Binnenland.

KENNZEICHEN Kaum größer als Alpenstrandläufer, mit ähnlicher Schnabelform, aber durch *dickeren Körper* und *kürzere Beine pummelig wirkend;* Schwanz überragt Flügelspitze; im Winter an typischem Lebensraum und Kombination von Gestalt, *einfarbig braungrauer Färbung von Kopf* (kein Überaugenstreif), *Oberseite und Brust, senfgelben Beinen* (manchmal hell rötlich braun) und *gelber Schnabelbasis* erkennbar; dunkle Grundfärbung kontrastiert zum Weiß von Bauch, Achselfedern und Bürzelseiten, *Flügelstreif schmal und undeutlich;* in untypischem Umfeld stochernde Einzelvögel können besonders im JK sehr verwirrend wirken.– PK: Brust und Flanken schwarzbraun gefleckt, *Mantel- und Schulterfedern weiß und rostgelb gemustert.*– SK: Kopf, Brust und Oberseite sehr einfarbig düster grau.– JK: Durch helle Ränder der Armdecken und Schulterfedern erzeugtes *sauberes Schuppenmuster,* schwacher Rostton auf Scheitel und Mantel; vom ähnlichen juv. Alpenstrandläufer am *Gelb* von *Beinen und Schnabelwurzel,* sauber gestrichelten Flanken und *längerem Schwanz* unterschieden.

STIMME Flugruf scharf „kwit" oder „kwit-it"; warnt laut, schnell lachend „pihihihihi…"; Fluggesang ähnlich Alpenstrandläufer summend „prrüih-prrüih-prrüih-…", hart zwitschernd „kewick-kewick-wick-wick-wick…".

STEINWÄLZER bZW

Ruddy Turnstone *Arenaria interpres*

L 21-24 cm, S 43-49 cm. Brütet an steinigen Küsten, die auch im Winter bevorzugt werden, dann aber auch im Watt und auf Schlammflächen, selten im Binnenland; wendet zur Nahrungssuche mit dem Schnabel Steine und Seetang.

KENNZEICHEN Mittelgroße, *kräftige* Limikole mit *kurzem, derbem Schnabel, kurzen, orangefarbenen Beinen* und *markantem Flugmuster.*– PK: ♂ auf Schultern und Flügeln ausgedehnt orangebraun, prägnant schwarz-weißes Kopfmuster; ♀ (und ♂ im 1en S) matter rostfarben, Kopfmuster unscharf.– SK: Dunkle Brustseitenflecke mit hellen Zentren, Oberseite recht dunkel, Schulterfedern oft gedämpft rostfarben, Flügeldecken und Schirmfedern *einfarbig* graubraun oder mit *diffus* hellen Rändern.– JK: Im Gegensatz zum SK durch gelbbraune oder weißliche Federränder *sauber geschuppte* Oberseite.

STIMME Flugruf glucksend „tuck-a-tuck-tuck" und kurz „k(l)ju"; Warnruf und Gesang eine ähnliche, heftige, sich beschleunigende Serie, „KJÄwi-KJÄwi-wittwittwittwittwittwitt!".

Knutt

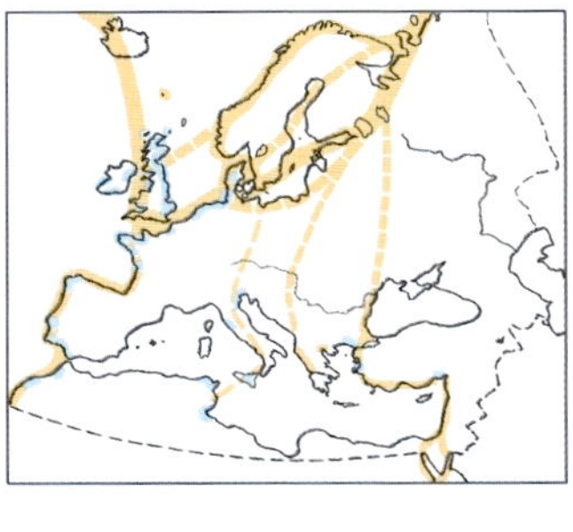

Sanderling

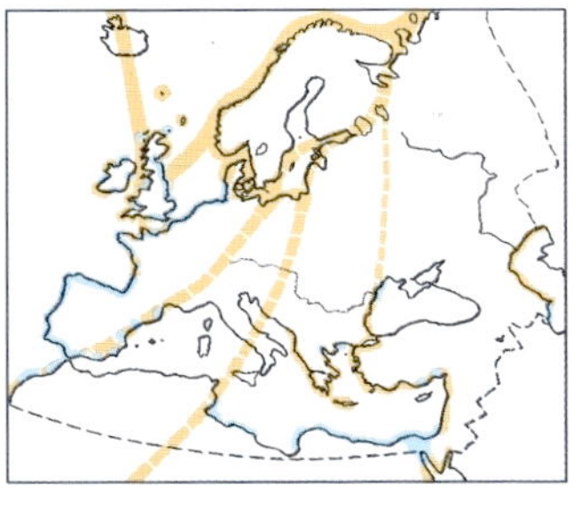

Meerstrandläufer

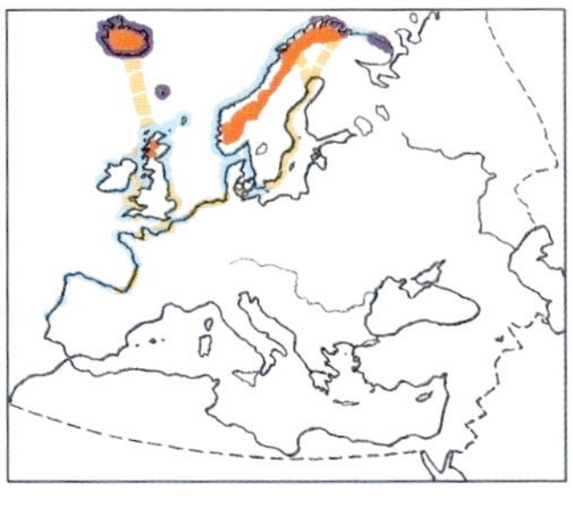

Steinwälzer

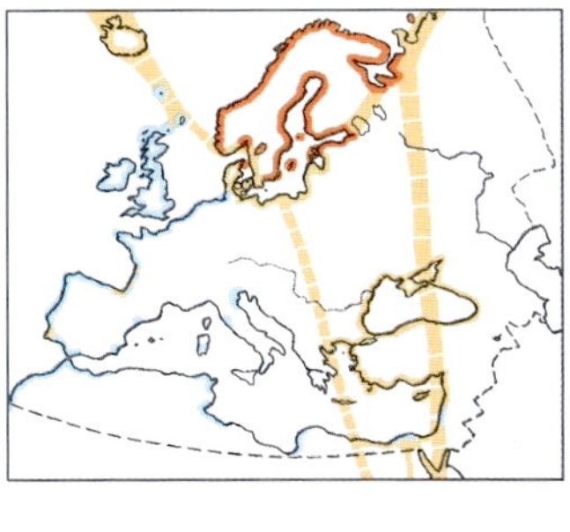

KNUTT

SANDERLING

MEERSTRANDLÄUFER

STEINWÄLZER

KM

ALPENSTRANDLÄUFER BZW

Dunlin *Calidris alpina*

L 17-21 cm, S 32-36 cm. Brütet vom Flachland bis in höhere Lagen in Feuchtwiesen und Tundra; zur Zugzeit und im Winter eine der häufigsten Limikolen in den verschiedensten Feuchtgebieten, besonders im Wattenmeer in gewaltigen Trupps am Spülsaum und auf Schlammflächen.

KENNZEICHEN Häufigster Strandläufer, dessen Kenntnis in allen Kleidern und Variationen Voraussetzung für den Vergleich mit anderen ist. Knapp starengroß mit variabler Schnabellänge (s. u.), das kürzeste und geradeste Extrem ähnlich kleineren Strandläufern, das längste und am stärksten gebogene wie Sichelstrandläufer.– PK: *Schwarzer Bauchfleck* kennzeichnend, *Oberseite* variabel *rostbraun*, durch Abnutzung zunehmend; ♂ bunter als ♀, Hinterhals hellgrau kontrastierend (bei ♀ bräunlich).– SK: Einfarbig und unscheinbar, oberseits einheitlich braungrau (besonders auf den Flügeldecken schmale, weißliche Säume), deutlich hellgrau gestricheltes Brustband kontrastiert zur sonst ganz weißen oder mit feiner Flankenstrichelung versehenen Unterseite. *Einfarbiger Kopf* mit undeutlichem, kurzem Überaugenstreif und mittellangem, abwärts gebogenem, schwarzem Schnabel (Vorsicht bei extrem lang- oder kurzschnäbeligen Individuen).– JK: Oberseits dunkelbraun mit schmutzig weißen und rostbraunen Federkanten und oft weißem Mantel- und Schulter-V, Unterseite typisch mit diffus dunkel gestricheltem Brustband und großen, *dunklen Flecken auf den Bauchseiten*, aber meist *ungefleckten Flanken; gelbbrauner Farbton auf Kopf, Hals und oberer Brust*, nur undeutlicher Überaugenstreif. Auch von Weitem an Kombination von eher einfarbig gelbbraunem Kopf, gefleckten Bauchseiten und weißlichen Flanken erkennbar; Bauchfleckung kann dicht und kräftig sein (an mausernden ad. erinnernd) oder ausnahmsweise ganz fehlen.– Bei uns drei Unterarten, an durchschnittlicher Schnabellänge und Anteil rostbrauner Oberseitenfedern unterscheidbar; *arctica* (Grönland, überwintert vorwiegend in Westafrika) mit kürzestem Schnabel und geringster Rostfärbung, *schinzii* (Island, Westeuropa, Südskandinavien, im Winter Südwest- und Westafrika) intermediär, *alpina* (Nordeuropa, überwintert schon in West- und Südwesteuropa) hat längsten Schnabel und am meisten Rostbraun; Unterart nur in Extremfällen bestimmbar. ♀ haben längere Schnäbel als ♂, kurzschnäbelige Individuen sind oft ♂ von *arctica* oder *schinzii*, langschnäbelige meist ♀ von *alpina*.

STIMME Ruft surrend oder rau rollend „krrrrü“, im Trupp kurz, hell zwitschernd „plipp-ipp-ipp“; singt im Flug ansteigend, gepresst „RRÜi-RRÜi-RRÜi-RRÜi-…“, in fallenden, etwas stockenden, harten Triller übergehend, „rüR-RÜÜrürürürü-rü-ru-ru ru ru ru“.

SICHELSTRANDLÄUFER Z

Curlew Sandpiper *Calidris ferruginea*

L 19-21,5 cm. Brütet im arktischen Sibirien, überwintert vorwiegend in Afrika; als Durchzügler meist spärlich, Jungvögel in manchen Jahren aber häufig an schlammigen Küsten und Binnengewässern, oft mit Alpenstrandläufern.

KENNZEICHEN Etwas größer als Alpenstrandläufer, *Schnabel länger, gleichmäßiger abwärts gebogen, mit dünnerer Spitze*, Hals und Beine (besonders Tibia) länger, daher *elegantere Silhouette*; *Oberschwanzdecken im Flug weiß*.– PK: ♂ durchschnittlich leuchtender und gleichmäßiger *ziegelrot* (weniger weiß gefleckt) als ♀.– SK: Bei uns kaum zu sehen; ähnlich Alpenstrandläufer (besonders der langschnäbeligen Unterart *alpina*), aber elegantere Gestalt, Oberseite heller grau, *Überaugenstreif vorne deutlicher*, Oberschwanzdecken weiß.– JK: Grauer als Alpenstrandläufer, *Oberseite gleichmäßig geschuppt* (ohne V-Muster), *deutlicherer weißlicher Überaugenstreif*, feine Strichelung auf Brustseiten konzentriert und meist *orangebeige Brusttönung*.

STIMME Flugruf kurz zwitschernd „tirripp“ oder „kürüripp“, ähnlich Temminckstrandläufer, aber tiefer und rauer, deutlich anders als das Surren des Alpenstrandläufers.

SUMPFLÄUFER Z

Broad-billed Sandpiper *Limicola falcinellus*

L 15-18 cm. Brütet in skandinavischen Mooren und Seggensümpfen, Nest in Bülte getarnt; überwintert in Ostafrika und Südasien, meist an Küsten; sonst in Europa seltener Durchzügler besonders im Osten, oft zwischen Alpenstrandläufern an Küsten, auch an schlammigen Binnengewässern.

KENNZEICHEN Leicht mit jungem Alpenstrandläufer zu verwechseln, aber *etwas kleiner, kurzbeiniger* und bei der Nahrungssuche langsamer, daher oft träger und untersetzter wirkend, *Schnabel* ähnlich lang, aber im Profil gerader und erst an der äußersten *Spitze abgeknickt*; Jungvögel selbst von Weitem durch geringere Größe, langsamere Bewegungen, *dunklere Oberseite* und *weißen Bauch* auffallend; *kräftige Längsstreifung am Kopf* (breiter dunkler Augen-, deutlicher heller Überaugen- und schmaler *heller Scheitelseitenstreif im dunklen Scheitel*).– PK: Typische Kombination von kräftiger Flankenfleckung (oft pfeilförmig), *gefleckter Brust* und *dunkler Oberseite* mit schmalem Mantel- und Schulter-V; frisches Gefieder durch weißliche Federränder heller, abgetragen aber Oberseite dunkel, V-Zeichnung reduziert bis fehlend und Brust dunkler.– SK: Ähnlich Alpenstrandläufer, doch charakteristisches *Kopfmuster* angedeutet.– JK: Oberseits ähnlich jungem Alpenstrandläufer, doch V-Zeichnung markanter, unterseits mit kräftiger Fleckung auf bräunlicher Brust im Kontrast zum *Weiß* von *Bauch* und *Flanken, Überaugenstreif gegabelt*.

STIMME Flugruf ein trockener, aber hell klingelnder, fast fräsender Triller, am Schluss oft leicht ansteigend „brrreit“ (ähnlich Uferschwalbe), auch kurz „tjepp“; Fluggesang rhythmisch surrend „brre, brre, brreBERreBERrebrebrebrebrebre…“.

Alpenstrandläufer

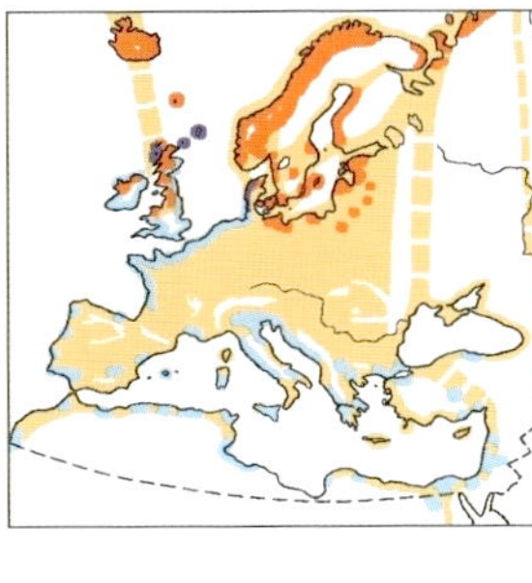

Sichelstrandläufer

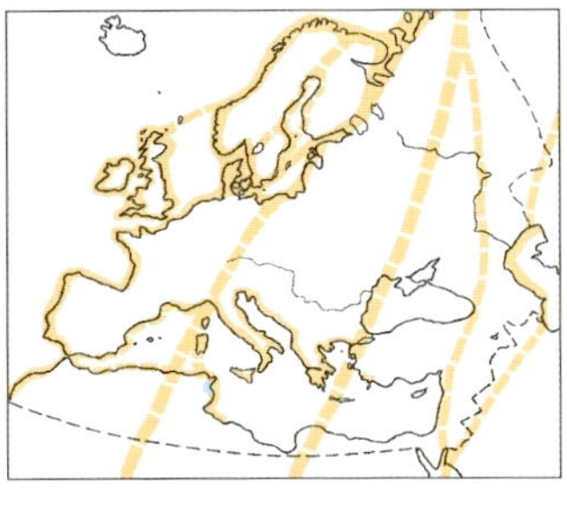

Sumpfläufer

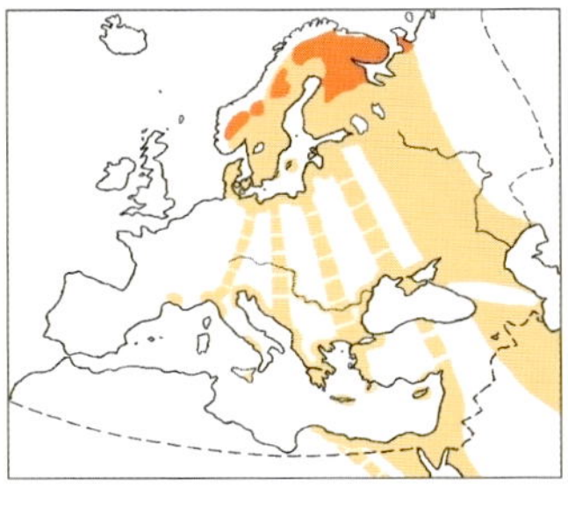

ALPENSTRANDLÄUFER

SICHELSTRANDLÄUFER

SUMPFLÄUFER

TEMMINCKSTRANDLÄUFER Z

Temminck's Stint *Calidris temminckii*

L 13,5-15 cm. Brütet in Mooren, Sümpfen und Flussdeltas vom Bergland bis in die Küstentundra, überwintert hauptsächlich in Afrika; während des Zugs (Mitte Mai und Aug.) hauptsächlich im Binnenland.

KENNZEICHEN Ähnlich klein wie Zwergstrandläufer, jedoch etwas *länger* (Schwanz überragt die Flügel etwas) und *kurzbeiniger* mit dünnerem, *etwas abwärts gebogenem Schnabel;* unauffällig, im Gegensatz zum Zwergstrandläufer gern auf leicht bewachsenen Schlammflächen, bei der Nahrungssuche auf eingeknickten Beinen eher *„kriechend"* und mit geringerer Pickrate; aufgescheucht, „himmelt" er wie eine Bekassine, dabei ständig trillernd. Äußere Steuerfedern weiß (grau beim Zwergstrandläufer), *Beine hell* (gelblich, grünlich oder bräunlich); Färbung im SK und JK an kleinwüchsigen Flussuferläufer erinnernd. Oft mit Zwergstrandläufern im SK verwechselt, die bei angelegtem Gefieder schlank wirken, durch angetrockneten Schlamm helle Beine und im Sonnenlicht weiß erscheinende äußere Steuerfedern zeigen, doch zeigt Temminckstrandläufer *bräunliche Oberseite* (statt hellgrau mit dunklen Federzentren), recht *einfarbig braunen Kopf* (beim Zwergstrandläufer weißliches „Gesicht" und deutlicher Überaugenstreif), *scharf abgesetzte, bräunliche Brust* (statt hellgrau) und *kürzere Beine.*– PK: Variabler Anteil von Mantel- und Schulterfedern mit schwarzen Zentren und rostbeigen Rändern erzeugt aus der Entfernung einen typischen scheckigen Eindruck.– SK: Einfarbige, matt graubraune Oberseite und Brust kontrastieren zur rein weißen Unterseite.– JK: Aus der Nähe sind auf der Oberseite *gelbbraune Federränder mit dunkleren Subterminalrändern* erkennbar.

STIMME Flugruf ein typischer, lauter, trockener Triller, meist wiederholt, „tirrr-tirrr-tirrr…"; während der Flugbalz steht das ♂ rüttelnd in der Luft und äußert ein ununterbrochenes, heuschreckenähnliches „titititititi…".

ZWERGSTRANDLÄUFER Z

Little Stint *Calidris minuta*

L 14-15,5 cm, S 27-30 cm. Brutvogel küstennaher Tundra; während des Zugs nach Afrika an Küsten und auf Schlammflächen im Binnenland, seltener im Mai (östlichere Heimzugroute), häufiger und in Jahren mit gutem Bruterfolg in großen Trupps von Aug. bis Okt.

KENNZEICHEN Sehr kleine Limikole von etwa zwei Dritteln der Länge des Alpenstrandläufers und häufigster der kleinen Strandläufer, mit dem man in allen Variationen vertraut sein sollte. *Geringe Größe* auffallend, nicht nur im direkten Vergleich mit anderen Limikolen, sondern durch die *schnellen Bewegungen* und die *hohe Pickfrequenz* auch bei einzelnen Individuen; *Schnabel kurz, gerade* und mit feiner Spitze, viel *Weiß an Kopf und Brust* erzeugt hellere Frontpartie als bei anderen kleinen Limikolen (außer Sanderling); *Beine schwarz.*– PK: Rostbraune Tönung von Kopf, Brust und Oberseite variabel (am kräftigsten bei ♂), durch Abnutzung der bei frischen Federn hellen Ränder im Sommer stärker werdend, *gegabelter Überaugenstreif* und *gelbliches Mantel-V* oft deutlich.– SK: Graue Oberseite durch dunkle Federzentren gefleckt, Brustseiten grau (manchmal graues Brustband, dann ähnlich Temminckstrandläufer).– JK: Oberseits *mit dunklen Federzentren,* wie die Flügeldecken mit sauberen *weißlichen oder lebhaft rotbraunen Rändern,* meist deutliches *weißes Mantel- und Schulter-V;* Unterseite mit Ausnahme einiger feiner Flecke auf den rostgetönten Brustseiten weiß; weißer, *gegabelter Überaugenstreif* deutlich und *Scheitelmitte dunkel.*

STIMME Ruft scharf und hoch „titt", singt im Flug oder am Boden dünn „svi-svi-svi-svi…", gelegentlich mit silberhellem „swirr'r'r'r" durchsetzt.

Temminckstrandläufer

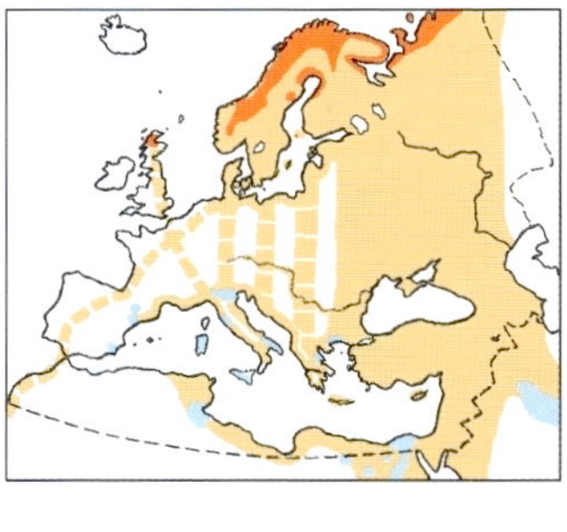

Zwergstrandläufer

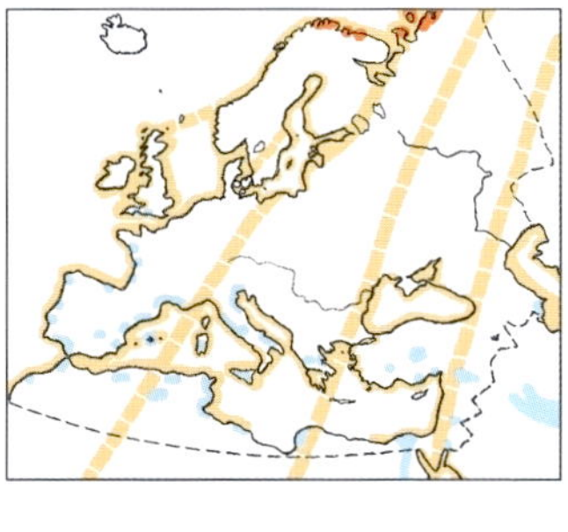

LANGZEHEN-STRANDLÄUFER A

Long-toed Stint *Calidris subminuta*

L 14-15,5 cm. Sibirischer Ausnahmegast.

KENNZEICHEN Durch *helle Beine und fehlende Handschwingenprojektion* ähnlich Wiesenstrandläufer (s. u.), aber *etwas größer, Unterschnabelbasis meist hell, Gestalt* erinnert durch *längere Beine* (besonders Unterschenkel) und *längeren Hals* oft eher an *winzigen Bruchwasserläufer* als an Strandläufer; *Zehen auffallend lang,* Mittelzehe geringfügig länger als Tarsus (beim Wiesenstrandläufer kürzer), im Flug etwas über die Schwanzspitze ragend; *Stirn* oft bis auf den Schnabel hinab *dunkel* (statt durch zusammentreffende Überaugenstreifen hell), *Überaugenstreif weißer und breiter,* über dem Auge oft *deutlich gegabelt, Zügel recht hell* (statt dunkel), Scheitel oft rotbraun.– PK: *Breit rotbraune Mantel-, Schulter- und Schirmfederränder.*– SK: Recht dunkle Zentren der graubraunen Schulterfedern.– JK: Zumindest *Mittlere und Kleine Armdecken weiß gerandet* und zu den rotbraun gerandeten Schulter- und Schirmfedern kontrastierend (beim Wiesenstrandläufer auch Flügeldecken rotbraun gerandet, daher kein Kontrast).

STIMME Ruft tief trillernd „tschirp".

WIESENSTRANDLÄUFER A

Least Sandpiper *Calidris minutilla*

L 13-14,5 cm. Amerikanische Ausnahmeerscheinung.

KENNZEICHEN Ähnlich Langzehen-Strandläufer (Unterschiede s. o.); von anderen kleinen Strandläufern an *hellen, oft gelblichen oder grünlichen Beinen* und sehr *kurzer bis fehlender Handschwingenprojektion* unterschieden; *dichte Bruststrichelung* (oft geschlossenes Brustband), *verwaschenes Kopfmuster* und *braunere Grundtönung* erzeugen *dunkleren, schäbigeren Gesamteindruck.*– PK: Rotbraune Federränder der Oberseite *schmal,* durch Abnutzung oft ganz verschwindend.– SK: *Diffus* dunkle Federzentren der mausgrauen Oberseite erzeugen aus der Entfernung schwaches Schuppenmuster.– JK: Oberseite einschließlich Flügel oft mit auffallend rotbraunen Federrändern, weißes Mantel- und Schulter-V schmal.

STIMME Ruft hell, weich klingelnd, ansteigend „trrü-ip".

TEMMINCKSTRANDLÄUFER

ZWERGSTRANDLÄUFER

LANGZEHEN-STRANDLÄUFER

WIESENSTRANDLÄUFER

DZ

BRUCHWASSERLÄUFER Z

Wood Sandpiper *Tringa glareola*

L 18,5-21 cm, S 35-39 cm. Brütet in Mooren und Sümpfen der Taiga; rastet während des Zugs nach Afrika oft in Gruppen an Küsten und in binnenländischen Feuchtgebieten.

KENNZEICHEN Von rotschenkelähnlicher Gestalt, jedoch erheblich kleiner und kurzschnäbeliger, mehr dem Waldwasserläufer ähnelnd, aber *heller braun*, oberseits mit *größeren hellen Flecken, Beine länger, Schwanz fein gebändert,* Brust und Flanken so spärlich gestrichelt und gebändert, dass *kein scharf abgegrenztes Brustband* entsteht, weißlicher *Überaugenstreif reicht bis hinter das Auge, Beine gelbgrün;* wippt wie Flussuferläufer bei Erregung mit dem Hinterkörper; im Flug *Unterflügel hell* (beim Waldwasserläufer dunkel), *Zehen überragen Schwanzspitze* komplett, Gesamteindruck weniger kontrastreich.– PK: Oberseite grob und unregelmäßig weißlich und beige gefleckt.– SK: Gefieder *grauer* und *Brust einfarbiger* als im PK.– JK: Oberseite *dicht,* sauber und *deutlich beigeweiß gefleckt, Brust fein gestrichelt* statt einfarbig.

STIMME Flugruf auf gleicher Tönhöhe schnell pfeifend „jiff-iff-iff"; warnt scharf hämmernd „gipp gipp gipp…"; Fluggesang schnell jodelnd „tü-LÜLLtiLÜLLtiLÜLLtiLÜLLti…".

WALDWASSERLÄUFER BZW

Green Sandpiper *Tringa ochropus*

L 20-24 cm, S 39-44 cm. Brutvogel feuchter Wälder, baumbestandener Ufer und Moorränder; überwintert teilweise schon in Mittel-, häufiger in Südeuropa und Afrika; rastet gern an Gräben und kleinen Tümpeln, seltener auf offenen Schlammflächen, oft einzeln und kaum in größeren Gruppen. Brütet in Bäumen, meist in alten Drosselnestern.

KENNZEICHEN Ähnlich Bruchwasserläufer, etwas *kräftiger* und kurzbeiniger; wird meist unerwartet aus Graben oder Tümpel auffliegend gesehen, dann typischer Ruf, *schwärzliche Flügel* (auch unterseits) und *weißer Bürzel* auffallend; *Schwanz nur mit wenigen breit schwarzen Binden* insgesamt dunkel wirkend, *von den Zehen kaum überragt.* Stehend vom Bruchwasserläufer durch *dunklere, schwächer hell gefleckte Oberseite, von der sonst weißen Unterseite scharf getrennte dunkle Brust,* weißen Augenring, *nicht hinter das Auge reichenden weißen Überaugenstreif* und *grüngraue Beine* unterschieden.– SK: Brust und Oberseite fast einfarbig dunkel.– JK: Oberseite *fein beigeweiß gesprenkelt.*

STIMME Flugruf klar flötend „PLÜit-witt-witt", erster Ton ansteigend, die beiden folgenden höher; warnt schneidend „tlipp-tlipp-tlipp-…". Beim Fluggesang folgt auf Erregungsrufe schnelle, rhythmische Serie, „TLUUi-TÜi TLUUi-TÜi TLUUi-TÜi…".

FLUSSUFERLÄUFER BZ

Common Sandpiper *Actitis hypoleucos*

L 18-20,5 cm, S 32-35 cm. Brütet bevorzugt an steinigen Flüssen und Bächen, gerne in Wäldern, auch an Seen und Küsten; überwintert von Südeuropa bis Afrika; zieht einzeln oder in kleinen Gruppen, dann oft nachts zu hören.

KENNZEICHEN Oft an Verhalten und Gestalt bestimmbar, bevor Gefiederdetails zu erkennen sind: Mittelgroße Limikole mit horizontaler, leicht kauernder Körperhaltung, kurzem Hals, aber *langem Schwanz,* eher kurzen Beinen und ständig *wippendem Hinterkörper,* besonders nach schnellen Bewegungen oder Landung (auch bei anderen Wasserläufern, aber nicht so ausgeprägt); *niedrig über die Wasseroberfläche führende Flugweise charakteristisch, mit schnellen Schlägen, unterbrochen von kurzen Gleitstrecken auf steif nach unten durchgebogenen Flügeln, Flügelstreif breit weiß; Oberseite braun* mit deutlichem *weißem Keil zwischen Flügelbug und braunen, scharf begrenzten Brustseiten,* Beine braungrau mit grünlichem oder mattgelbem Ton.– Ad.: Oberseits einfarbiger als Jungvögel, besonders im SK.– JK: Oberseits deutlicher gebändert, Flügeldecken und Schirmfedern mit schmalen hellbeigen Spitzen und Rändern.

STIMME Ruffreudig, im Flug klare, hohe, leicht abfallende Pfeiftöne, „hii-dii-dii-dii-dii", auch nachts von Durchzüglern zu hören; warnt gedehnt, hoch und durchdringend pfeifend „hiiip". Gesang (oft im Flug dicht über dem Wasser) rhythmisch wiederholt, hoch, etwas zittrig „swidiDIH-dide-swidiDIH-dide-swidiDIH-dide-…".

TEREKWASSERLÄUFER A

Terek Sandpiper *Xenus cinereus*

L 22-25 cm. Brütet in der Taiga in Niederungen an Flüssen und an nährstoffarmen Seen; überwintert in Afrika, Arabien und Asien; zur Zugzeit auf Schlammbänken an Küsten und Seen, selten in Mitteleuropa.

KENNZEICHEN Ähnlich großem Flussuferläufer, aber mit *sehr langem, aufwärts gebogenem Schnabel;* wippt gelegentlich mit dem Hinterkörper und pickt mit schnellen Bewegungen Insekten von der Oberfläche; *breit weißer Flügelhinterrand* erinnert im Flug an Rotschenkel; *Oberseite einschließlich Bürzel und Schwanz hellgrau, ebenso Brust, Flügelbug dunkel* und (nur im PK) lange, *schwarze Längsstreifen auf den Schulterfedern;* Schnabel im PK schwarz oder mit gelber oder orangefarbener Basis, kurze Beine schmutzig gelb, leuchtend gelb oder bei ad. oft orange.

STIMME Im Flug eine schnelle Serie von 2-5 kurzen, hohen Flötentönen, etwas an Regenbrachvogel erinnernd, aber weicher „wüwüwü"; Gesang eine oft dreisilbige Phrase mit rollendem Ton, mehrmals langsam aufgereiht, z. B. „ka klü-RRII, ka klü-RRII, ka klü-RRII…".

Bruchwasserläufer

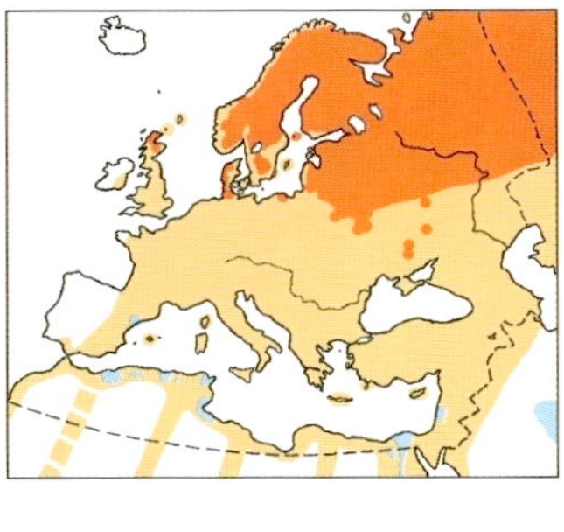

Waldwasserläufer

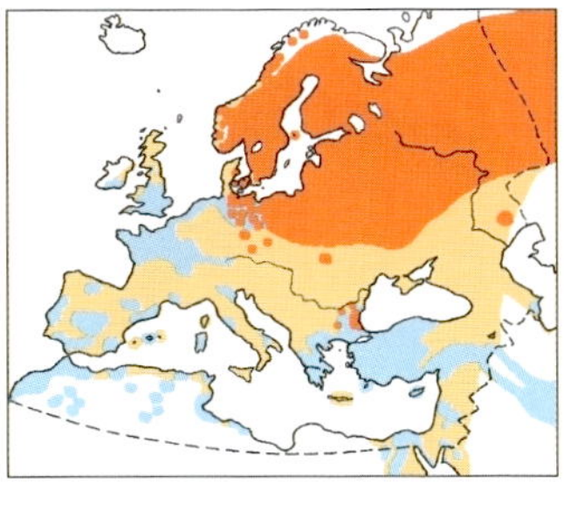

Flussuferläufer

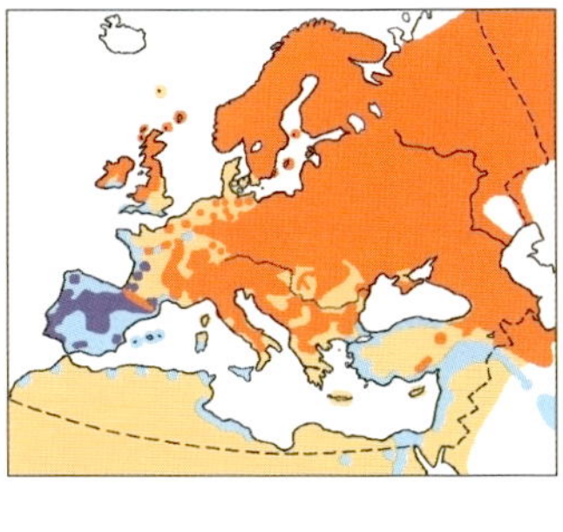

Terekwasserläufer

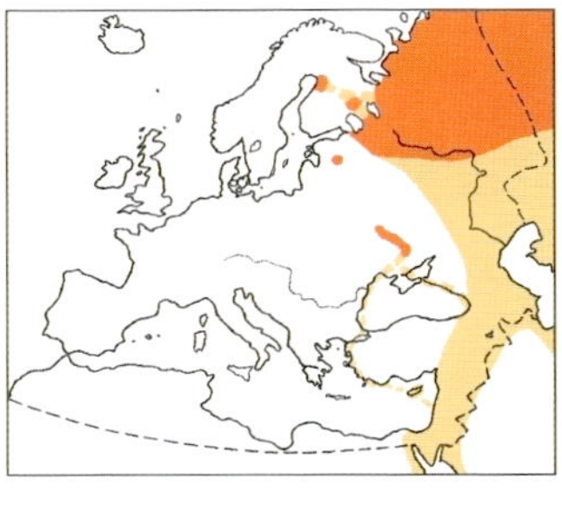

BRUCHWASSERLÄUFER

WALDWASSERLÄUFER

FLUSSUFERLÄUFER

TEREKWASSERLÄUFER

KM

ROTSCHENKEL BZW

Common Redshank *Tringa totanus*

L 24-27 cm, S 47-53 cm. Brütet in Feuchtwiesen, Marschen und Sumpfgebieten, in Deutschland besonders an den Küsten; rastet auf Watt- und Schlammflächen.

KENNZEICHEN Eine der häufigsten mittelgroßen Limikolen, gekennzeichnet durch *rote Beine* und *rote Schnabelbasis* (sonst nur beim Dunklen Wasserläufer und einzelnen Kampfläufern); in allen Kleidern Oberseite bräunlich, Brust und Flanken gestrichelt, Augenring und Überaugenstreif vor dem Auge weißlich; im Flug spitzer weißer Rückenkeil und *breit weißer Flügelhinterrand.*– PK: Ober- und Unterseite mit grober, etwas unregelmäßiger dunkler Fleckung und Bänderung, heller Augenring oft einziges auffallendes Merkmal am Kopf.– SK: *Oberseite und Brust recht einfarbig braungrau,* Flanken und Unterschwanzdecken *spärlich gestrichelt und gebändert.*– JK: Federn *der Oberseite mit beigen Randflecken,* Hals und Brust deutlich gestrichelt, *Flanken fein und gleichmäßig gefleckt, Beine gelborange.*

STIMME Ruft kräftig flötend „tjuu“, auch mehrsilbig „TJUU-hu“ oder „TJUU-huhu“; warnt ausdauernd „gipp-gipp-gipp…“; Gesang (oft im Flug) laut und klangvoll „tüll-tüll-tüll-tüll-teLIIa-teLIIa-teLIIa-…“.

DUNKLER WASSERLÄUFER Z

Spotted Redshank *Tringa erythropus*

L 29-33 cm. Brutvogel nordeuropäischer Feuchtgebiete; überwintert in Südeuropa und Afrika; während des Zugs oft in kleinen Gruppen an Küsten und binnenländischen Schlammflächen; ♀ ziehen schon im Juni südwärts.

KENNZEICHEN Im Vergleich zum Rotschenkel *schlanker, eleganter, langbeiniger* und mit *längerem, schmalerem, an der Spitze leicht abwärts gebogenem Schnabel (nur Unterschnabelbasis rot,* beim Rotschenkel auch Oberschnabel); im SK und JK *weißer Überaugenstreif* schärfer begrenzt; läuft bei der Nahrungssuche in tieferes Wasser als Rotschenkel, schwimmt und gründelt auch; im rasanten, direkten Flug fallen einfarbig dunkle Oberflügel und *ovales, weißes Feld auf Bürzel und Rücken* auf.– PK: ♂ fast *ganz schwarz* (nur oberseits schwach weiß gesprenkelt), Beine schwärzlich; ♀ auf Bauch und Unterschwanzdecken ausgedehnt weiß gefleckt.– SK: Oberseits hellgrau, *unterseits rein weiß,* Kopfseiten und Vorderhals schmutzig weißlich (Rotschenkel oberseits und auf Brust viel brauner), Beine rot.– JK: *Unterseite recht gleichmäßig gebändert* (beim Rotschenkel Brust gestrichelt, Bauch weiß); Ränder der Armdecken und Schirmfedern mit feinerer Fleckung als im SK; Beine rot.

STIMME Ruf ein typisches, schnelles, betontes, zweisilbiges, ansteigend flötendes „tju-itt!“; singt im Flug rhythmisch leiernd „trrruuIIE trrruuIIE trrruuIIE…“.

GRÜNSCHENKEL Z

Common Greenshank *Tringa nebularia*

L 30-34 cm, S 55-62 cm. Brütet auf trockenem Untergrund in alten Nadelwäldern des Nordens in der Nähe von Mooren oder Wasser; rastet während des Zugs nach Afrika im Flachwasser, wo er auch schnell rennend Kleinfische erbeutet.

KENNZEICHEN Etwas größer und kräftiger als Rotschenkel, *Schnabel länger, kräftiger und schwach bis deutlich aufwärts gebogen,* Schnabelbasis und *Beine grau bis grüngrau;* wirkt im SK und JK von Weitem oberseits grau mit weißlichem Kopf und Hals; im schnellen und kraftvollen Flug einfarbig dunkle Flügel, sehr *heller Schwanz* und *auf den Rücken reichender weißer Keil* kennzeichnend.– PK: Variable Anzahl von Schulterfedern mit schwarzen Zentren kontrastiert zur sonst braungrauen Oberseite; Kopf, Brust und Flanken kräftig dunkel markiert.– SK*: Oberseite hellgrau* mit feinem, hellem Schuppenmuster, *Vorderhals und Brustmitte weiß.*– JK: *Oberseite recht dunkel graubraun* mit deutlichen hellen, ein *Streifenmuster* bildenden Federrändern, *Brust sauber und gleichmäßig gestrichelt.*

STIMME Stimmfreudig, Ruf kräftig, dreisilbig, auf einer Tonhöhe flötend „tju-tju-tju“ (bei Jungvögeln oft etwas schrill); warnt hart „kju!“; singt im hohen Balzflug anhaltend leiernd „klu-wü klu-wü klu-wü…“.

TEICHWASSERLÄUFER Z

Marsh Sandpiper *Tringa stagnatilis*

L 22-25 cm. Brütet in nassen Niederungswiesen und Sümpfen in Steppe und Taiga; rastet während des Zugs nach Afrika in binnenländischen Flachwasserzonen.

KENNZEICHEN Größe zwischen Bruchwasserläufer und Rotschenkel, aber mit *langem, geradem* (selten kaum aufgeworfenem), *nadelfeinem Schnabel,* schlankem Körper und Hals und *sehr langen, dürren Beinen,* wirkt feingliedrig; im Flug dunkle Flügel, *sehr langer weißer Rückenkeil* und *weit überstehende Beine;* in allen Kleidern diffus weißer Überaugenstreif und weiße Befiederung am Schnabelansatz, Beine matt gelb (im PK selten auch orange) oder grüngrau.– PK: Oberseite *braungrau,* markant *schwarz gefleckt.*– SK: Oberseite grau, Unterseite weiß, Kopf und Hals weißlich, wirkt daher wie kleiner Grünschenkel.– JK: Oberseite dunkel mit schmal hellen Federrändern und feinen Randflecken auf Großen Armdecken und Schirmfedern, ähnlich jungem Grünschenkel, aber Brustmitte weißer.

STIMME Flugruf „kiu“ oder „tiu-tiu-tiu“, ähnlich Grünschenkel, aber schneller und höher. Gesang melodisch und rhythmisch „te-LÜÜ-e te-LÜÜ-e…“, ähnlich Rotschenkel, doch schleppender und mit trübseligerem Ton, sowie mit schnell zwitschernder Serie „tschipp!-tschipp! tschip-tschitjetjetjetjetje…“.

Rotschenkel

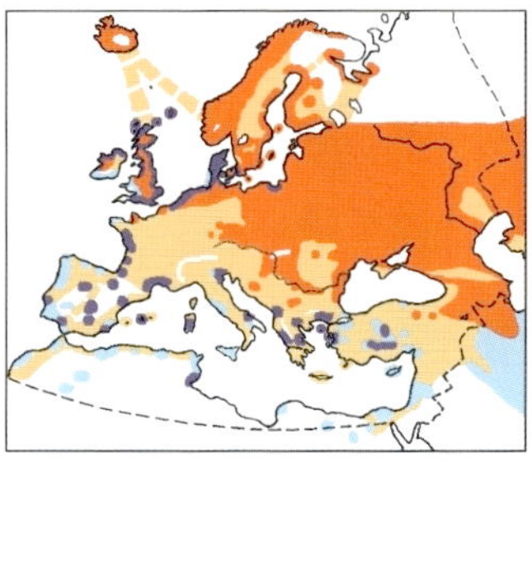

Dunkler Wasserläufer

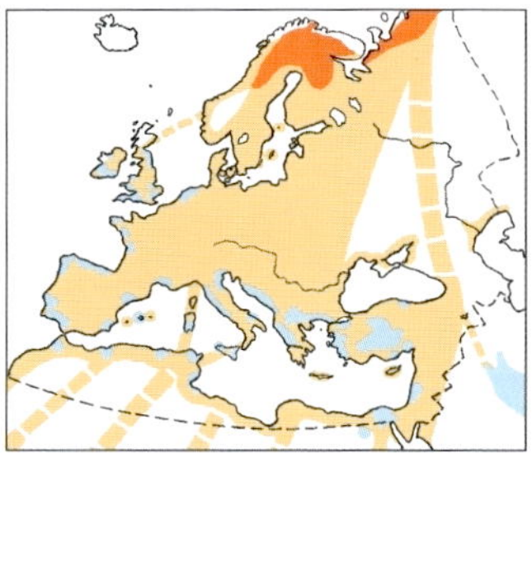

Grünschenkel

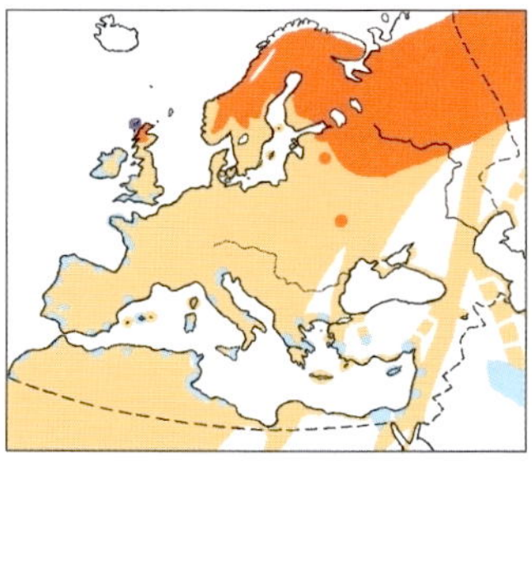

Teichwasserläufer

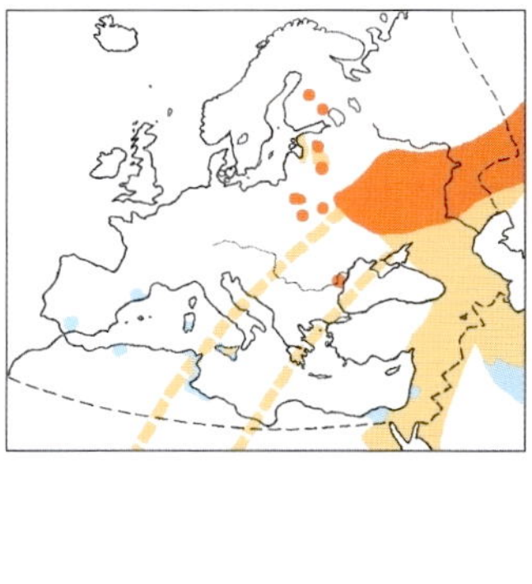

ROTSCHENKEL

DUNKLER WASSERLÄUFER

GRÜNSCHENKEL

TEICHWASSERLÄUFER

KM

UFERSCHNEPFE

BZ

Black-tailed Godwit *Limosa limosa*

L 37-42 cm (davon Schnabel 8-11 cm), S 63-74 cm. Brütet in Feuchtwiesen und Niedermooren; zur Zugzeit in ähnlichen Gebieten, an Küsten und an flachen Binnengewässern.

KENNZEICHEN *Groß mit langen Beinen, langem, geradem Schnabel und langem Hals;* nur mit Pfuhlschnepfe verwechselbar, aber *Unterschenkel länger, Schnabel etwas länger und gerader* (allenfalls schwach aufgeworfen); im Flug *durch breit weißen Flügelstreif, schwarze Schwanzbinde, weißen Bürzel* und *lang gestreckte Erscheinung* mit gleichweitem Überstand von Schnabel/Kopf und Beinen/Schwanz unverwechselbar; Schnabelbasis im Sommer ausgedehnt gelb oder orange, im Winter rosa.– PK: ♂ legt mehr rostbraune Federn an als ♀; *Bauch und Unterschwanzdecken weißlich, Flanken gebändert.*– SK: Brust und Oberseite *einfarbig* hell braungrau.– JK: Hals und Brust orangebeige getönt (unterschiedlich intensiv), *Flügeldecken hell gerandet* und mit *rundem, dunklem Spitzenfleck* (Pfuhlschnepfe stärker gestreift).– Bei isländischer Unterart *islandica* Schnabel und Beine kürzer, im PK satter orangebraune Färbung auf Brust weiter nach unten reichend.

STIMME Flugruf schnell und nasal „wi-wi-wü“ und kiebitzähnlich „wääh-i“; am Brutplatz sehr stimmfreudig, singt auch im Flug schleppend nasal „kääIH-e-ITT kääIH-e-ITT kääIH-e-ITT…“, in schnelles, rhythmisches „wäddü-WÛTTo wäddü-WÛTTo…“ umschlagend.

PFUHLSCHNEPFE

Z

Bar-tailed Godwit *Limosa lapponica*

L 33-41 cm (davon 7-11 cm Schnabel), S 62-72 cm. Brütet in offener Tundra und Taigamooren; Küstenzieher im Mai und Aug./Sept. nach Westeuropa und Westafrika.

KENNZEICHEN Etwa so groß wie Uferschnepfe, aber *Beine kürzer* (besonders Unterschenkel), *Schnabel* etwas kürzer, aber meist *deutlich aufwärts gebogen* (beim ♀ länger und damit der Uferschnepfe ähnlicher); am sichersten im Flug unterscheidbar: *Schwanz gebändert, weißer Bürzel keilförmig bis auf den Rücken reichend,* einfarbige Flügel *ohne Flügelstreif,* Zehen überragen Schwanzspitze kaum.– PK: *Gesamte Unterseite beim ♂ ziegelrot* (dunkler als Uferschnepfe), beim ♀ aber viel heller (schmutzig weiß mit Orangeton), *meist ganz ohne Rotbraun* und mit gestrichelter Brust; Schnabel schwarz, Basis leicht aufgehellt.– SK: Oberseite recht hell graubraun mit durch schwarze Schaftstriche hervorgerufener *Strichelung* (Uferschnepfe einfarbig), Unterseite weißlich ohne Beigetönung, nur Brustseiten schwach gestrichelt; Schnabel rosa mit dunkler Spitze.– JK: Ähnlich SK, aber oberseits dunkler mit fein beige gefleckten Rändern der Schulter- und besonders Schirmfedern, gesamte Brust gestrichelt, Vorderhals und Brust beige (vgl. ad. ♀).

STIMME Ruft nasal „kuwi-kiwi“ (schärfer als Knutt); singt im Flug hartnäckig nasal „kuWÄ-kuWÄ-kuWÄ-…“, oft eingeleitet mit schnellem „wittwittwett“.

GROSSER BRACHVOGEL

BZ

Eurasian Curlew *Numenius arquata*

L 48-57 cm (davon 9-15 cm Schnabel), S 89-106 cm. Brütet in Mooren, Feuchtwiesen, offenen Flussniederungen, lokal auf Feldern; rastet während des Zugs im März/Apr. und von Juni bis Okt. an Küsten und auf Wiesen.

KENNZEICHEN *Größte Limikole,* durch *kennzeichnenden langen, gleichmäßig abwärts gebogenen Schnabel* unverkennbar (beim ♀ länger als bei ♂ und juv.); kann lediglich mit dem selteneren Regenbrachvogel verwechselt werden (s. u.); recht gleichmäßig gestreiftes und gebändertes graubraunes Gefieder ohne besondere Merkmale; im recht langsamen, möwenähnlichen Flug sind der weiße Rückenkeil und die dunklen äußeren Handschwingen auffallend.

STIMME Ruft laut, weit tragend, etwas wehmütig flötend „kuu-LI“, im Flug auch oft „kuui-kui-KUH“; warnt heftig „wi-wi-wü“; singt (im Flug mit flatternden Flügelschlägen und anschließender, abwärts führender Gleitstrecke) mit schleppenden, traurigen Tönen eingeleitet und in einen rhythmisch pulsierenden Triller übergehend „oOT oOT oÜT trru-I trrru-IL trrrru-IL trrru-ÜHL“.

REGENBRACHVOGEL

Z

Whimbrel *Numenius phaeopus*

L 37-45 cm (davon 6-9 cm Schnabel), S 78-88 cm. Brütet in Taigamooren, an Berghängen oberhalb der Baumgrenze und in der Tundra; während des Zugs, hauptsächlich im Mai und Juli/Aug., meist einzeln oder in Kleingruppen an Küsten und auf Wiesen; überwintert an afrikanischen Küsten.

KENNZEICHEN Etwas *kleiner* als Großer Brachvogel, mit *kürzerem Schnabel* (beachte aber Kurzschnäbeligkeit junger ♂ des Großen Brachvogels), durch *dunklen Scheitelseitenstreif* und *dunklen Zügelstreif* betonten, deutlicheren *hellen Überaugenstreif* und von vorne sichtbaren, schmalen, *hellen Scheitelstreif,* Flügelschläge etwas rascher, Unterflügel ein wenig dunkler als beim Großen Brachvogel (durchschnittlich stärker gefleckte Unterflügeldecken).– Weißer Bürzel fehlt der selten in Westeuropa nachgewiesenen amerikanischen Unterart *hudsonicus* (evtl. eigene Art).

STIMME Ruft auf einer Tonhöhe flötend laut und schnell trillernd „pühühühühühüh“, an Kuckucks-♀ oder Zwergtaucher erinnernd; warnt ähnlich, aber länger und ungleichmäßiger; Gesang beginnt wie beim Großen Brachvogel, schlägt aber in blubbernden, geraden Triller ohne pulsierenden Rhythmus um und klingt trauriger.

Uferschnepfe

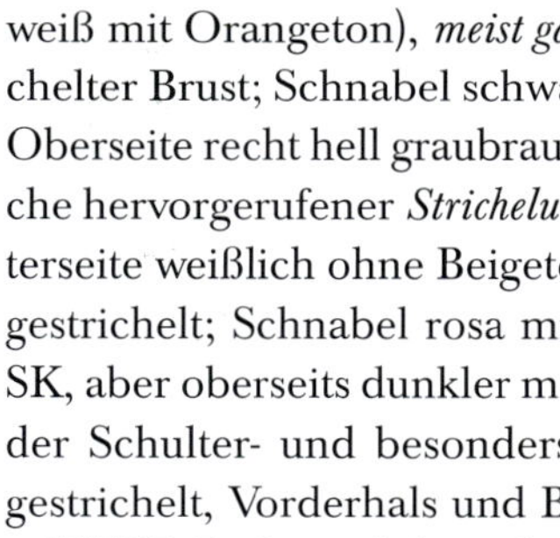

Pfuhlschnepfe

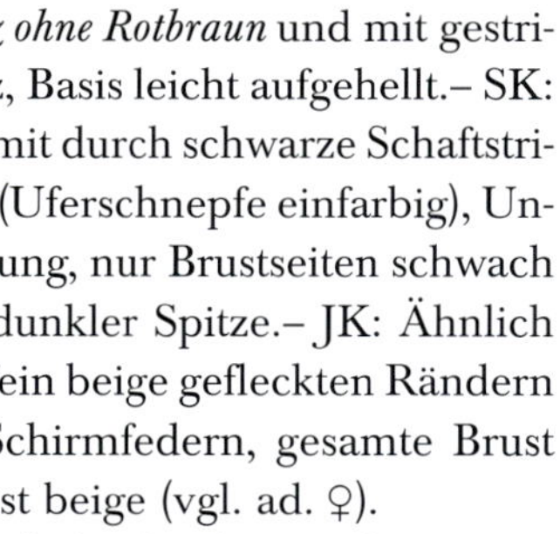

Großer Brachvogel

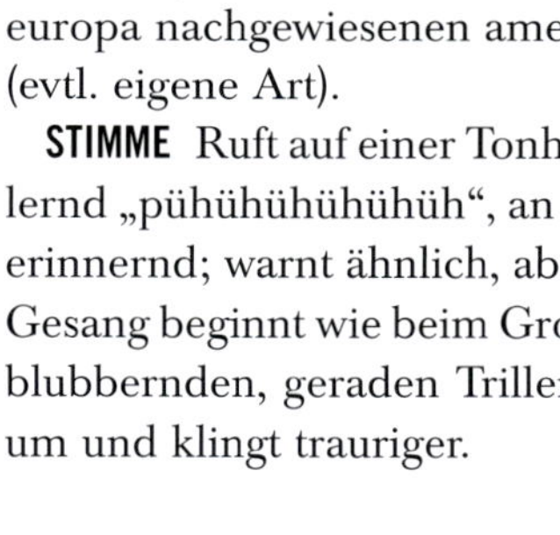

Regenbrachvogel

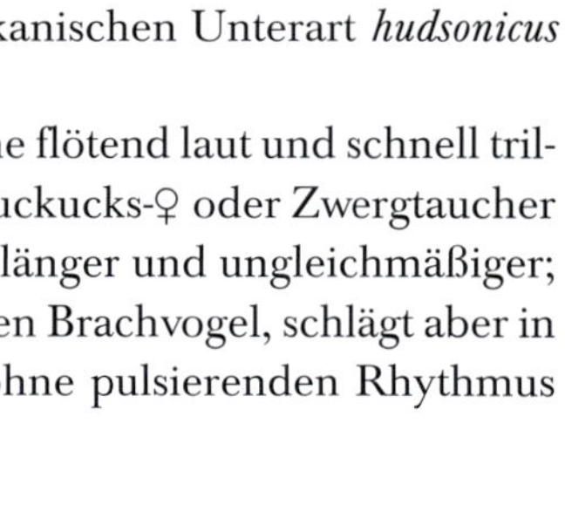

UFERSCHNEPFE

PFUHLSCHNEPFE

GROSSER BRACHVOGEL

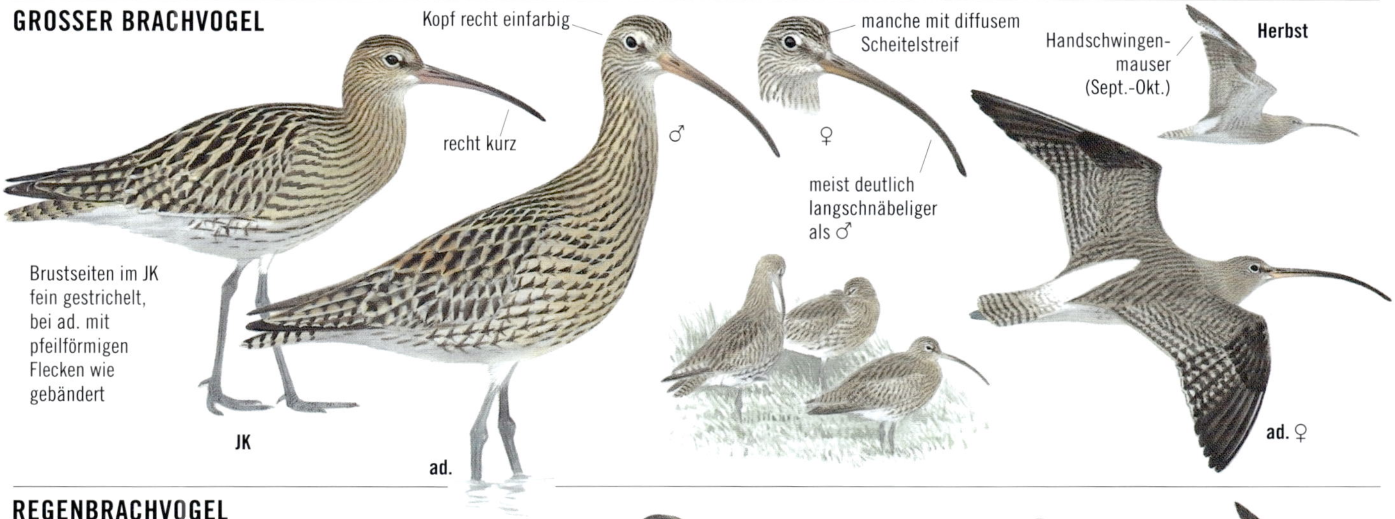

REGENBRACHVOGEL

KM

WALDSCHNEPFE
BJZW

Eurasian Woodcock *Scolopax rusticola*

L 33-38 cm (davon 6-8 cm Schnabel), S 55-65 cm. Brütet in feuchten Laub- und Mischwäldern mit Lichtungen, Schneisen, nassem Boden; zur Zugzeit auch in trockenerem Gebüsch, meist einzeln; Lebensweise heimlich, tagsüber meist nur bei versehentlichem Aufscheuchen sichtbar, beste Beobachtungsmöglichkeit im Apr./Mai, wenn die ♂ in der Abenddämmerung an Waldrändern und Lichtungen über den Baumwipfeln in geradem, waagerechtem Flug balzen.

KENNZEICHEN *Taubengroße, dicke Limikole* der Wälder, verschwindet aufgescheucht mit schnellem, *burrendem Flügelschlag* zwischen den Stämmen und zeigt dabei *rostfarbenen Schwanz und Bürzel;* beim Balzflug *runder Bauch, langer, gerader, abwärts gehaltener Schnabel,* schwanzlastiger Eindruck, *breite, runde,* langsam und etwas steif und *mechanisch* unter der Horizontalen *geschlagene Flügel* (schneller Doppelschlag) kennzeichnend; Kleider ähnlich.

STIMME Das balzende ♂ äußert 3-4 gedämpft grunzende Töne, gefolgt von einem hohen, kurzen, explosiven Laut, „oart oart-oart-oart PISSP!", etwa 300 m weit hörbar; beim Zusammentreffen mit Rivalen in der Luft oft Verfolgungsflug mit frenetischem „plip-plip-pissp psi-plip…".

DOPPELSCHNEPFE
A

Great Snipe *Gallinago media*

L 26-30 cm (davon 6-7 cm Schnabel), S 43-50 cm. Brütet in offenen, nassen Wiesen im Flachland oder in Skandinavien an Berghängen, wo sich die ♂ an traditionellen Gruppenbalzplätzen treffen; überwintert in Afrika; rastet zur Zugzeit auf Feuchtwiesen, Weiden und trockeneren Feldern.

KENNZEICHEN Etwas *größer, untersetzter* und kurzschnäbeliger als Bekassine, fliegt aufgescheucht flacher, gerader und nicht so weit; fliegt auf etwa 5 m Entfernung mit *burrendem Flügelgeräusch* auf, dann *dunkles Armdeckenfeld* auffallend, das durch *zwei weiße Flügelbinden* begrenzt wird, während der *breit weiße Armflügel-Hinterrand* der Bekassine *fehlt; Unterseite einschließlich Unterflügel grob gebändert* (Bauch nicht ausgedehnt weiß, Unterflügel ohne weiße Längsstreifen), *viel Weiß auf äußeren Steuerfedern* (beim Auffliegen und Landen, aber nicht im Streckenflug sichtbar); auch am Boden zwei weiße Flügelbinden und die nahezu komplett gebänderte Unterseite kennzeichnend; Kleider ähnlich, im JK aber weniger reines Weiß am Schwanz.

STIMME Stumm, beim Auffliegen selten gedämpft niesend; Gesang während der abendlichen Arenabalz aus drei ineinander übergehenden, etwa 4-6 s dauernden Teilen: schnelles, ansteigendes und fallendes Zwitschern, sich beschleunigendes Klicken (wie hüpfender Tischtennisball) und ein abschließender wimmernder Laut, etwa 300 m weit hörbar.

BEKASSINE
BZ

Common Snipe *Gallinago gallinago*

L 23-28 cm (davon ca. 7 cm Schnabel), S 39-45 cm. Brutvogel in Feuchtwiesen, Mooren, Sümpfen mit dichter, niedriger Vegetation; zur Zugzeit auch auf Schlammflächen, an Gewässerrändern, Küsten und Gräben.

KENNZEICHEN Mittelgroß, meist in Deckung, aber frei stehend an überproportional *langem, geradem Schnabel, kurzen Beinen, untersetztem Körper,* oft *geduckter Haltung* und *heller Streifung von Kopf und Oberseite* leicht erkennbar; fliegt auf etwa 10-15 m typisch rufend im charakteristischen *Zickzackflug* auf und steigt dann meist hoch in die Luft („himmelt"), dabei *weißer Flügelhinterrand* deutlich sichtbar; Gefieder braun mit markant gelblich beigen Streifen auf Kopf und Oberseite, Flanken gebändert, aber *Bauch weiß* (manchmal schwer erkennbar); Kleider ähnlich.

STIMME Ruft auffliegend heiser und explosiv „kätsch!" (wie aus dem Schlamm gezogener Gummistiefel), manchmal tendenziell zweisilbig „kä-ätsch!" (wie unterdrücktes Niesen); singt von einer Warte ausdauernd „tick-a tick-a tick-a…", Gesangsfunktion hat auch das typische „Meckern", im Flug bei Sturzflügen erzeugt, wenn die Luft die äußeren, gespreizten Steuerfedern zur Vibration bringt, meist in der Dämmerung und nachts zu hören und wie „huhuhuhuhuhuhuhu…" klingend.

ZWERGSCHNEPFE
ZW

Jack Snipe *Lymnocryptes minimus*

L 18-20 cm (davon 4 cm Schnabel), S 33-36 cm. Brütet spärlich in Mooren und Sümpfen der Taiga; zur Zugzeit und im Winter oft an Tümpeln, Grabenrändern und in nassen Wiesen; wegen der heimlichen Lebensweise oft übersehen.

KENNZEICHEN Knapp zwei Drittel so groß wie Bekassine, *Schnabel* an der Basis relativ höher und *viel kürzer* (etwa 1,5-fache statt mindestens doppelte Kopflänge); *fliegt erst auf, wenn man fast darauftritt,* bleibt meist *stumm,* zeigt *rundere Flügelspitzen, spitzeren Schwanz,* geraderen Flug und *landet* meist in der Nähe; am Boden kennzeichnendes Kopfmuster *mit gegabeltem Überaugenstreif, dunklem Halbmond unter dem Auge,* dunklem Zügelfleck, aber *fehlendem hellem Scheitelstreif; Brust und Flanken kräftig gestrichelt* (nicht gebändert), *Oberseite* mit *markanten gelblichen Längsstreifen* und grünem Metallglanz auf Mantel und Schultern; *wippende Körperbewegungen* bei Nahrungssuche.

STIMME Ruft auffliegend ausnahmsweise gedämpft heiser „gatsch"; bei schnellen, langen, flachen Sturzflügen während der Balz typisches, schwer lokalisierbares, hohles „ogogOCK-ogogOCK-ogogOCK-…", wie ein entfernt galoppierendes Pferd, etwa 8 s dauernd und von einer Serie wispernder Töne gefolgt.

Waldschnepfe

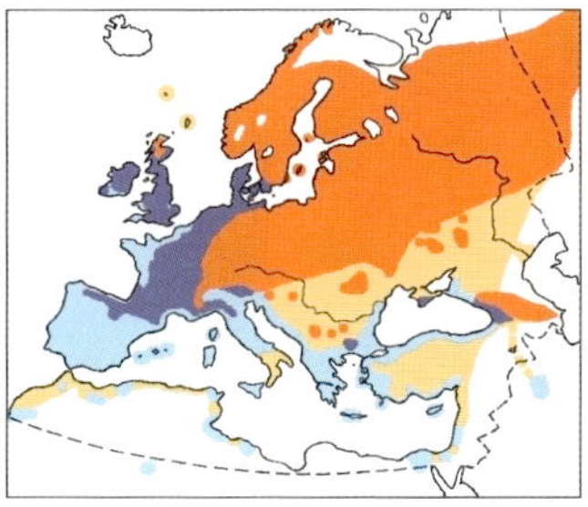

Doppelschnepfe

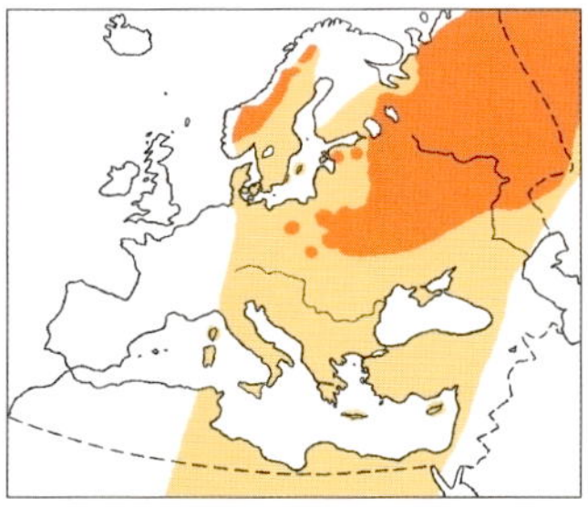

Bekassine

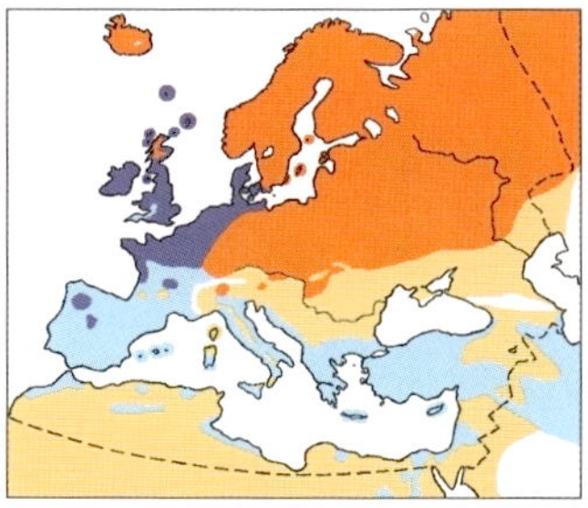

Zwergschnepfe

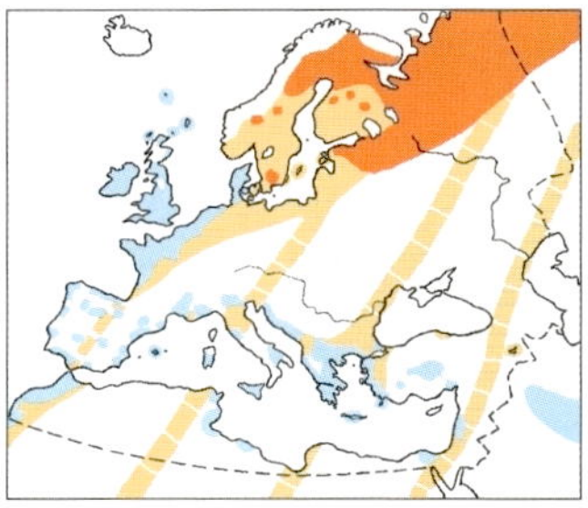

WALDSCHNEPFE

DOPPELSCHNEPFE

BEKASSINE

ZWERGSCHNEPFE

THORSHÜHNCHEN A

Red Phalarope *Phalaropus fulicarius*

L 20-22 cm, S 36-41 cm. Brütet in küstennaher arktischer Tundra, in trockeneren Gebieten immer in der Nähe von Süß- oder Brackwasser; überwintert weit vor den Küsten West- und Südafrikas; erscheint während des Zugs über dem Nordatlantik besonders bei Stürmen auch an der Nordseeküste und selten im Binnenland; Geschlechterrollen vertauscht, die bunter gefärbten ♀ werben in Trupps um die ♂, die sich alleine um Brut und Aufzucht kümmern.

KENNZEICHEN Meist wenig scheue Limikole von der Größe eines Alpenstrandläufers, abseits des Brutgebiets meist im hellgrauen, weißen und schwarzen Gefieder auf dem Wasser schwimmend (dann an kleine Zwergmöwe erinnernd) oder niedrig über das Meer fliegend zu sehen (dann mit Sanderling verwechselbar, *aber weißer Flügelstreif nur auf dem Armflügel markant* und auf dem Handflügel schmal, schwarze Maske oft erkennbar, *Bauch dicker;* fliegt einzeln oder in lockeren Gruppen, nicht in dichten Trupps), bis sie plötzlich auf dem Wasser landet und aus dem *kreiselnden Schwimmen* heraus Nahrung von der Oberfläche pickt. Unterscheidet sich in allen Kleidern vom Odinshühnchen aus der Nähe durch *etwas dickeren, in Aufsicht platteren Schnabel,* Bestimmung entfernter Vögel aber schwer, besonders während der Mauser.– PK: Unverwechselbar; ♂ unterseits oft weiß gefleckt und weniger intensiv gefärbt, Kopfmuster etwas unschärfer; Schnabel gelb mit schwarzer Spitze; im Flug *Kontrast zwischen dunklem Bauch und weißen Unterflügeldecken.*– SK: *Oberseite einschließlich Flügel hell blaugrau* (Odinshühnchen hat weißes Mantel-V und weiße Schulterfederränder), *weißer Scheitel dunkel begrenzt* (beim Odinshühnchen im SK weiß, im JK ganz schwarz), dunkler Schnabel meist mit angedeutet *gelbbrauner Basis.*– JK: Dem juvenilen Odinshühnchen extrem ähnlich, aber ockergelbes *Mantel-V schmaler* und *Schulter-V meist fehlend;* mausert schneller ins erste Winterkleid als Odinshühnchen, mit den grauen Schulterfedern beginnend; *Rostton* auf Hals und Brustseiten nur *schwach angedeutet* (Odinshühnchen anfangs kräftig rotbraun).– 1er W: An schwärzlichen statt grauen Schirmfedern vom SK unterschieden.

STIMME Flugruf hell, hart, metallisch „pit" (kann an Blässhuhn erinnern). ♀ singt im kreisförmigen Balzflug mit langsamem Flügelschlag ähnlich Sumpfläufer hell surrend „brrrip"; Erregungsruf im Schwimmen „bipp bipp…".

ODINSHÜHNCHEN Z

Red-necked Phalarope *Phalaropus lobatus*

L 17-19 cm, S 30-34 cm. Brütet an Tümpeln in der Tundra und im Fjäll, tiefer im Binnenland und höher als Thorshühnchen, zieht ab Ende Juli bis Sept. südostwärts über das osteuropäische Binnenland zur Überwinterung fernab der Küste an den Persischen Golf, rastet unterwegs aber kaum und wird nur spärlich in Mitteleuropa beobachtet; Geschlechterrollen wie beim Thorshühnchen vertauscht.

KENNZEICHEN Sehr ähnlich Thorshühnchen, aber etwas *kleiner und zierlicher* mit *kürzerem Körper* (schwimmend nicht so möwenähnlich), *sehr dünnem, ganzjährig schwarzem Schnabel* (nicht zusammengedrückt).– PK: Scheitel, Kopfseiten, Hinterhals, Brustseiten und Mantel bleigrau, *Kehle und kleiner Fleck über dem Auge weiß;* Anteil *rötlicher oder orangebrauner Federn auf den Halsseiten* variabel, sauberer und satter beim ♀, matter und unscharf begrenzt beim ♂.– SK: Oberseite hell bleigrau mit deutlichem *weißem Mantel-V* und *weißlichen Schirmfederrändern* (Thorshühnchen heller perlgrau und fast einfarbig); in diesem Kleid kaum in Europa zu sehen.– JK: Hat im Unterschied zum Thorshühnchen *deutliches ockergelbliches* (ausgeblichen weißlich werdendes) *Mantel- und Schulter-V,* einfarbig *dunklen Scheitel* und eine schwache *rosagraue Tönung von Hals und Brustseiten* (verbleicht schnell zu Weiß).

STIMME Ruft kurz, nasal und etwas unrein „tschepp" oder länger, fast zweisilbig „tscherre"; unreiner Ruf und schärfere „tschick"-Varianten bei Balz im Chor geäußert.

Thorshühnchen

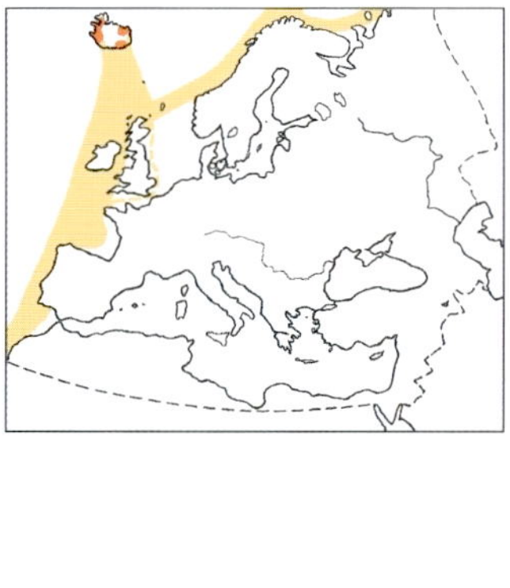

Odinshühnchen

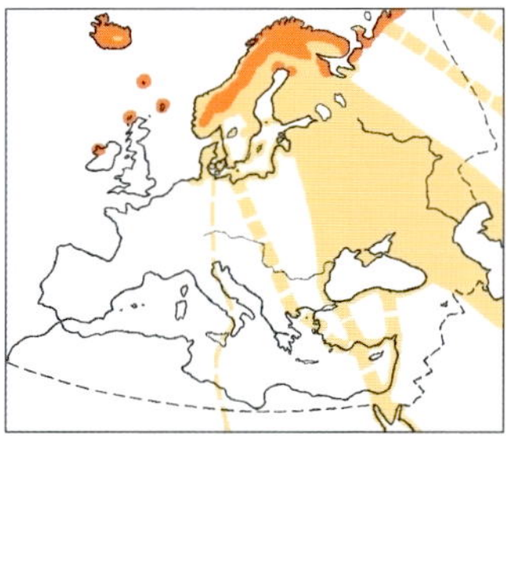

SELTENE LIMIKOLEN

Die Arten auf den folgenden Seiten (sowie einige auf S. 138, 144 und 152) erscheinen nur ausnahmsweise aus Nordamerika oder Asien in Europa. In dem unwahrscheinlichen Fall, ihnen doch einmal zu begegnen, müssen sie sehr genau beobachtet, beschrieben und an die zuständige Seltenheitenkommission gemeldet werden, bevor sie als Nachweise anerkannt werden dürfen. Einige dieser Arten sind kaum verwechselbar, andere ähneln ihren europäischen Verwandten so sehr, dass ihre Bestimmung große Vertrautheit mit den Variationen der häufigeren Arten voraussetzt. Beachte auch die Einführung in die Limikolenbestimmung auf S. 132-133.

WILSONWASSERTRETER A

Wilson's Phalarope *Phalaropus tricolor*

L 22-24 cm. Nordamerikanischer Brutvogel, der sich selten im Herbst über den Atlantik nach Westeuropa verfliegt.

KENNZEICHEN Etwas größer als die beiden anderen Wassertreter und durch *längeren Hals, längeren, nadelfeinen Schnabel* und *längere Beine* ungewöhnlich proportioniert; schwimmt zwar auch, *läuft* aber viel im Flachwasser und an Schlammufern, wo er sich *geduckt, mit hochstehendem Hinterteil und fast den Boden berührender Brust* an Insekten anschleicht oder diese mit an ein *Schaukelpferd* erinnernden Bewegungen des ganzen Körpers aufpickt; *Beine* nur im PK schwarz, sonst *gelb;* im Flug *einfarbige Flügel* und rechteckiger *weißer Bürzel* kennzeichnend, Zehen überragen Schwanz.– PK: Unverwechselbar, auch hier ♀ bunter als ♂.– SK: Gesamte Oberseite einfarbig *sehr hell grau,* Unterseite weiß, daher aus der Entfernung *ungewöhnlich hell wirkend;* langer, weißer Überaugenstreif, diffus grauer Halsseitenstreif, keine dunklen Kopfabzeichen.– JK/1er W: Das in Europa am häufigsten zu sehende Kleid, dem SK ähnlich, aber mit braunen, hell gerandeten Flügeldecken, Schirmfedern und oft auch einzelnen Schulterfedern.

STIMME Flugruf kurz und nasal „wit".

THORSHÜHNCHEN

ODINSHÜHNCHEN

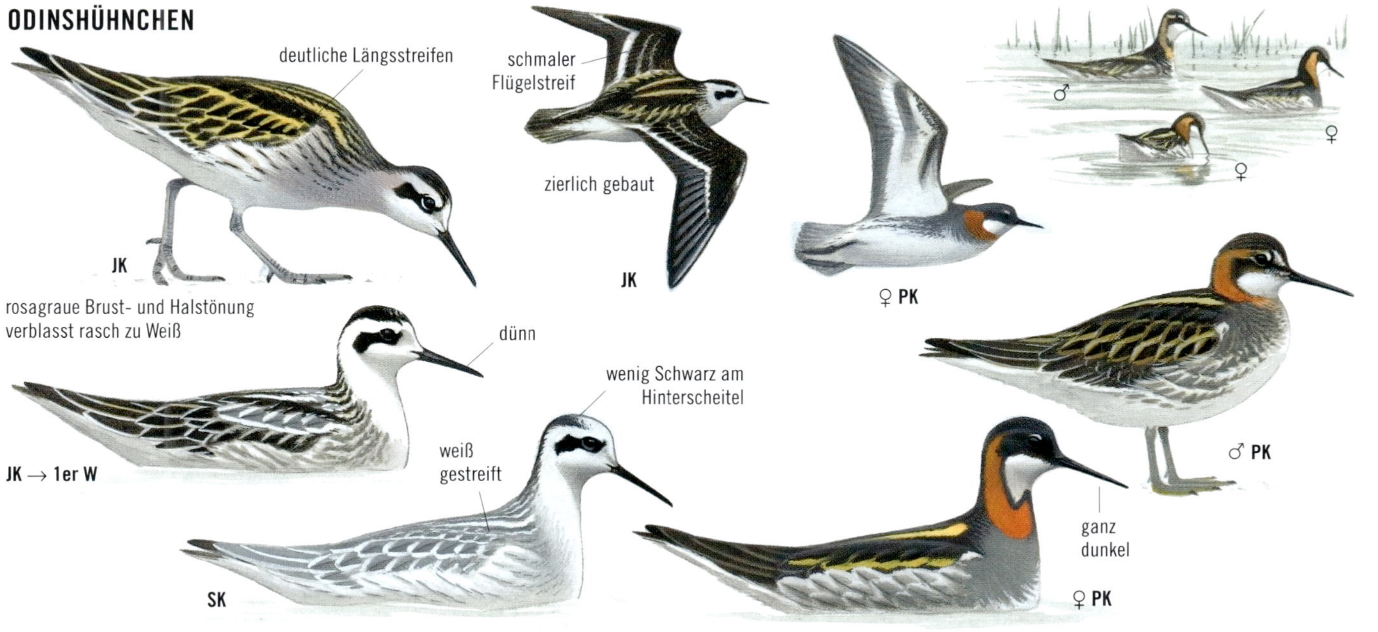

WILSONWASSERTRETER

KM

BAIRDSTRANDLÄUFER A

Baird's Sandpiper *Calidris bairdii*

L 14-17 cm. Brutvogel Nordamerikas und des nordöstlichsten Sibiriens, besucht ausnahmsweise Europa.

KENNZEICHEN Etwas kleiner und schlanker als Alpenstrandläufer, Körper hat von vorne oder hinten betrachtet die Form eines plattgedrückten Ovals; *Flügelspitzen überragen Schwanzspitze weit,* daher kurzbeinige, *lang gestreckte Erscheinung* noch ausgeprägter als beim Weißbürzel-Strandläufer, zu dem es in allen Kleidern folgende Unterschiede gibt: *Oberschwanzdecken schwarz geteilt,* Überaugenstreif schwächer, *Schnabel mit feinerer Basis, geraderem First* und ganz schwarz.– PK: Oberseite graubeige mit variablem Anteil dunkler Federzentren, *beige getönte Brust auf den Seiten braun gestrichelt* (mausernder Sanderling oft ähnlich, aber Körper kräftiger, Beine länger, Schnabel dicker).– SK: Oberseits einfarbiger graubraun mit hellen Federrändern.– JK: Grundfärbung von Kopf und Brust meist *auffallend beige,* Oberseite etwas grauer mit *gleichmäßigem Schuppenmuster,* also ohne deutliche weiße V-Zeichnung oder rotbraune Töne; Kehle und schwacher Überaugenstreif hellbeige, meist *komplettes, braun gestricheltes Brustband* im Kontrast zur sonst weißen Unterseite.

STIMME Flugruf ein kurzer, surrender Triller, „prrrit“.

WEISSBÜRZEL-STRANDLÄUFER A

White-rumped Sandpiper *Calidris fuscicollis*

L 16-18 cm. Nordamerikanische Ausnahmeerscheinung.

KENNZEICHEN Etwas kleiner als Alpenstrandläufer mit die *Schwanzspitze weit überragenden Flügeln,* teilt mit dem Bairdstrandläufer die *lang gestreckte, kurzbeinige Silhouette;* in sämtlichen Kleidern bilden die *weißen Oberschwanzdecken* ein kennzeichnendes, halbkreisförmiges Feld; ferner deutlicher, *weißlicher Überaugenstreif,* mittellanger Schnabel mit recht hoher Basis und *schwach abwärts gebogener Spitze, bräunliche Unterschnabelbasis.*– PK: Federn der Oberseite im frischen Gefieder mit deutlichen braunschwarzen Zentren und rostbraunen bzw. gelblich beigen Säumen, Brust und *Flanken markant schwarz gestrichelt und getropft, Mantel schmal weiß gestreift,* im abgetragenen Gefieder *auffallend helle Basen der zweituntersten Schulterfederreihe.*– SK: Ähnlich kleinem Alpenstrandläufer, aber an Struktur und weißen Oberschwanzdecken unterschieden.– JK: Vom Alpenstrandläufer an Struktur, *weißerer Unterseite* und *deutlichem hellem Überaugenstreif* zu unterscheiden; Oberseitenfärbung meist mit deutlich *rotbraunen Kanten der Mantel-, oberen Schulter- und Schirmfedern,* ferner zwergstrandläuferartigem *Mantel- und Schulter-V,* rotbraun getöntem Scheitel und feiner, grauer Flankenstrichelung.

STIMME Hoch und dünn, mäuseartig quietschend „tsiit“.

SANDSTRANDLÄUFER A

Semipalmated Sandpiper *Calidris pusilla*

L 13-15 cm. Nordamerikanische Ausnahmeerscheinung.

KENNZEICHEN Vgl. mit Zwerg- (S. 152) und Bergstrandläufer; oft etwas untersetzter als Zwergstrandläufer, *Schnabel kurz, gerade, mit etwas dickerer Spitze* (bei manchen aber etwas länger und mit leicht abwärts gebogener Spitze); zwischen den Zehen kleine *Spannhäute* (sonst nur beim Bergstrandläufer).– PK: *Oberseits kein Rotbraun und kein V,* daher recht einheitlich *graubraun mit schwarzen Zentren der Schulterfedern; deutliche Bruststrichel* bis auf die Vorderflanken reichend.– SK: Am sichersten an Spannhäuten und Stimme erkennbar; vom Bergstrandläufer an *diffuserer Bruststrichelung* und *etwas größerer Handschwingenprojektion* unterscheidbar.– JK: Verglichen mit Zwergstrandläufer oft *gleichmäßiger gemustert* und weniger bunt gefärbt, manchmal mit schwachem Mantel-V (von Weitem oft deutlicher) und etwas dunkleren oberen Schulterfedern, aber oft *ohne kontrastierend rotbraune Partien und deutliche V-Muster; Ohrdecken und Zügel meist etwas dunkler, Scheitel etwas gleichmäßiger gestrichelt* und zum recht deutlichen hellen Überaugenstreif kontrastierend, Brustseiten diffuser gestrichelt und *Handschwingenprojektion geringer.*

STIMME Typischer Flugruf kurz schwirrend „tschrrüp“, aber auch zwergstrandläuferähnlich kurz „tüpp“.

BERGSTRANDLÄUFER –

Western Sandpiper *Calidris mauri*

L 14-17 cm. Nordamerikanische Ausnahmeerscheinung.

KENNZEICHEN Vgl. mit Zwerg- (S. 152) und Sandstrandläufer; *Schnabel recht lang* mit *dünner, leicht abwärts gebogener Spitze;* Scheitelseiten und Ohrdecken auffallend blass, weißer Überaugenstreif vor dem Auge deutlich; *Spannhäute* schließen alle *Calidris*-Arten außer Sandstrandläufer aus.– PK: *Schwarzfleckige Schulterfedern mit ausgedehnt rostbrauner Färbung kontrastieren zu recht einfarbig grauen Flügeldecken,* meist auch *Rostbraun auf Scheitelseiten und Ohrdecken,* Bruststrichelung geht auf den *Flanken* in *dreieckige Markierungen* über.– SK: Kaum vom Sandstrandläufer unterscheidbar, aber oft feine, scharfe *Strichelung über gesamte Brust.*– JK: Auffällig *rotbraune Säume der oberen Schulterfedern* kontrastieren zu überwiegend *grauen unteren Schulterfedern und Armdecken,* untere Schulterfedern zeigen oft *keilförmig* schwarze Zentren und Spitzen (beim Sandstrandläufer breiter und eher ankerförmig); Mantel- und Schulter-V undeutlich, Brustseiten fein gestrichelt.

STIMME Flugruf hoch und vibrierend „tjit“.

ROTKEHL-STRANDLÄUFER A

Red-necked Stint *Calidris ruficollis*

L 13-16 cm. Seltene nordsibirische Ausnahmeerscheinung.

KENNZEICHEN Vgl. mit Sanderling, Zwerg- und Sandstrandläufer; etwas kurzbeiniger und länger gestreckt als Zwergstrandläufer.– PK: Kehle und obere Brust *ungestreift orange, unten durch schwarze Strichel und Pfeilspitzenflecke begrenzt,* Orange auf Überaugenstreif und Hals ausgedehnt; Schulterfedern mit schwarzen Zentren und rotbraunen Säumen kontrastieren zu einfarbigen oder im Zentrum dunklen *grauen Flügeldecken und Schirmfedern;* manchmal *weißliches Mantel-V;* Orange- und Rosttönung im frischen Gefieder durch weißliche Federsäume verdeckt.– SK: Vom Sandstrandläufer durch Gestalt und *Fehlen der Spannhäute* unterschieden; vom Zwergstrandläufer allenfalls an Gestalt und Stimme unterscheidbar.– JK: Fast wie Zwergstrandläufer, jedoch *Kontrast* zwischen graueren unteren Schulterfedern und Flügeldecken und rotbraun gesäumten oberen Schulter- und Mantelfedern mit schwarzen Zentren; Mantel-V und Überaugenstreif schwächer.

STIMME Flugruf hoch und etwas rau „tschriit“.

BAIRDSTRANDLÄUFER

WEISSBÜRZEL-STRANDLÄUFER

SANDSTRANDLÄUFER

BERGSTRANDLÄUFER

ROTKEHL-STRANDLÄUFER

DZ

KAMPFLÄUFER BZ

Ruff *Philomachus pugnax*

♂ L 29-32 cm, S 54-60 cm, ♀ L 22-26 cm, S 46-49 cm. Keine Ausnahmeerscheinung, sondern häufiger europäischer Brutvogel und Durchzügler, der hier aus Vergleichsgründen zwischen einigen ähnlich aussehenden Ausnahmeerscheinungen behandelt wird. Brütet in nordeuropäischen Feuchtwiesen, Sümpfen, Taigamooren und in der Tundra; überwintert in Afrika; während des Zugs in Trupps auf Schlammflächen, Feuchtwiesen und an Gewässerrändern. Stumme Gruppenbalz von ♂ auf traditionell besuchten, spärlich bewachsenen Grasflächen, dabei Flügelflattern, kurze Sprünge, hockendes Verharren mit gespreiztem Kragen, ♀ besuchen die Balzarenen nur kurz zur Paarung.

KENNZEICHEN Deutlicher Größenunterschied zwischen den Geschlechtern, ♂ deutlich größer als ♀, oft größer und dicker als Rotschenkel, kleinste ♀ kaum größer als Alpenstrandläufer (aber Hals und Beine länger); typischer *Gesamteindruck* mit *kleinem Kopf, kräftigem Körper, recht langem Hals* (aber oft eingezogen) und *mittellangem,* im Gegensatz zu einigen ähnlichen Arten *leicht abwärts gebogenem Schnabel,* besonders bei der Bestimmung im JK und SK hilfreich, da Gefieder, Beinfarbe (altersabhängig von grünlich über gelblich bis rötlich) und Größe sehr variabel sind; *Mantelfedern locker,* bei der Nahrungssuche oder im Wind *oft kammartig hochstehend* (kommt sonst nur bei Uferschnepfe vor). Flügelschläge etwas tiefer und lockerer als bei anderen kleinen bis mittelgroßen Limikolen, daher *träge wirkende Flugweise,* vor dem Landen oft lange Gleitstrecken; Flügelstreif dünn und undeutlich, aber *zwei langovale, weiße Felder auf Oberschwanzdecken* typisch; Schnabel- und Beinfarbe variabel, bei manchen ♂ im SK leuchtend orange und ähnlich Rotschenkel, aber Gestalt anders, *Oberseite überwiegend geschuppt* (hinten mit einigen groben Binden versehen) statt größtenteils einfarbig (mit nur feiner Bänderung oder Fleckung).– ♂ PK: *Aufrichtbare Federn bilden Haube und Kragen* unterschiedlichster Ausprägung, einfarbig oder gebändert *schwarz, rostbraun, orange oder weiß,* meist nur im Mai/Juni in der Nähe der Brutplätze zu sehen; Schnabel, warzige Gesichtshaut und Beine meist orange.– ♀ PK: Variabler Anteil *schwarzer Flecken und Bänder* auf brauner Ober- und weißlicher Unterseite, Schnabel ganz dunkel, Beine orange bis matt rot, auch bräunlich bis gelblichgrün.– SK: Geschlechter hauptsächlich an Größe unterscheidbar; unbefiederte Körperteile meist matter und dunkler gefärbt, ♂ ohne Kragen und nackte Gesichtshaut (aber meist *heller Befiederung am Schnabelgrund);* insgesamt *recht einfarbig hell graubraun,* manchmal an Kopf und Hals weißlich, Schirmfedern und längste Schulterfedern mit diffus hellen Rändern oder *dunkler Querbänderung.*– JK: Ähnlich SK, *aber Unterseite kräftig beige* und *Oberseite mit deutlichem Schuppenmuster* und dunklen Federzentren.

STIMME Meist stumm, äußert nur selten tief grunzende Töne.

Kampfläufer

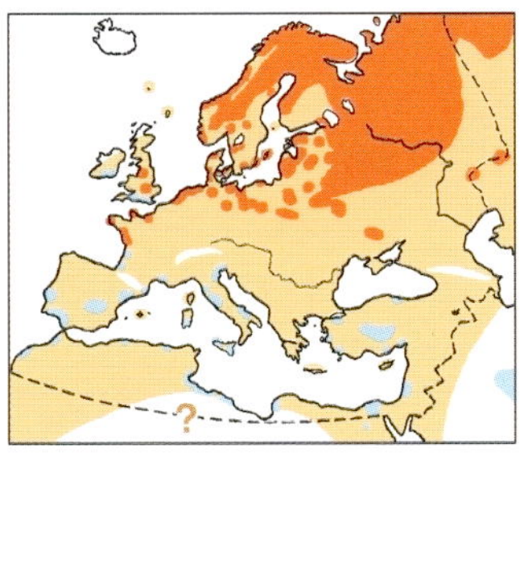

GRASLÄUFER A

Buff-breasted Sandpiper *Tryngites subruficollis*

L 18-20 cm. Nordamerikanische Ausnahmeerscheinung, meist auf kurzrasigen Wiesen, auch Schlammflächen.

KENNZEICHEN Etwa so groß wie Alpenstrandläufer und ähnlich Kampfläufer im JK gefärbt, aber *Schnabel kürzer, dünner, gerader und ganz schwarz* (bei Kampfläufer im JK Basis meist hell), Kopf und Unterseite gleichmäßiger ockergelb mit *sauber dunkel gestricheltem Scheitel* und aus den hellen Kopfseiten hervorstechendem *dunklem Auge, Brustseiten fein gepunktet, Beine gelb;* erinnert fliegend an Goldregenpfeifer, *oberseits kein Weiß,* aber *Unterflügel weiß mit dunklem Halbmond* auf Großen Unterhanddecken.– Ad.: Schulterfedern mit breit hellen Rändern, Flügeldecken eher einfarbig.– JK: Oberseite mit *gleichmäßiger Schuppenzeichnung,* Flügeldecken kontrastreich gemustert.

STIMME Oft stumm, ruft manchmal halb erstickt „gerf".

GRAUBRUST-STRANDLÄUFER A

Pectoral Sandpiper *Calidris melanotos*

L 19-23 cm, S 38-44 cm. Brütet in Nordsibirien und Nordamerika, erscheint alljährlich in geringer Zahl im Sept./Okt. und Mai in Europa.

KENNZEICHEN Etwas größer als Alpenstrandläufer mit recht kurzem, schwach abwärts gebogenem *Schnabel mit heller Basis;* Gestalt und Färbung (auch im Flug) erinnern an kleinen Kampfläufer, besonders bei *aufrechter Körperhaltung* mit gestrecktem Hals; in allen Kleidern *dicht gestrichelte Brust, scharf vom weißen Bauch abgesetzt* und in der Brustmitte in Spitze endend, *helle Beine meist gelblich getönt* (manchmal eher graugrün).– PK: Wie JK, aber rotbraune Federränder und weiße V-Zeichnungen weniger deutlich oder fehlend, weniger gleichmäßiges Schuppenmuster besonders auf abgenutzten Flügeldecken, schwächerer Überaugenstreif; Brust des ♂ grob gefleckt statt fein gestrichelt.– SK: Oberseits graubraun mit diffuser dunklen Zentren als im JK; in Europa kaum zu sehen.– JK: Oberseits mit markant schwärzlichen Zentren und rotbraunen Säumen sauber geschuppt, oft deutliches, weißes Mantel- und Schulter-V, beiger Überaugenstreif fein gestrichelt.

STIMME Flugruf kurz und etwas unsauber trillernd „krrrt", ähnlich Sichel- und Bairdstrandläufer, aber tiefer.

SPITZSCHWANZ-STRANDLÄUFER A

Sharp-tailed Sandpiper *Calidris acuminata*

L 17-21 cm. Extrem seltener Gast aus Ostsibirien.

KENNZEICHEN Ähnelt Graubrust-Strandläufer, aber immer *ohne dessen typisches Brustmuster,* mit *weißlicherem Überaugenstreif* (besonders hinter Auge), klar abgesetzter, *rotbrauner Kappe* und deutlicherem weißem Augenring.– PK: Obere Brust gestrichelt, *Brustseiten, Flanken und Unterschwanzdecken mit oft großem Anteil dunkler Winkel- und Pfeilspitzenflecken.*– SK: Strichelung von Brust, Flanken und Unterschwanzdecken etwa wie im PK.– JK*: Brust gewöhnlich kräftig orangebeige, Strichelung auf schmales Band über die obere Brust beschränkt, Kappe viel lebhafter rotbraun* als beim Graubrust-Strandläufer, *Überaugenstreif rein weiß* und sehr markant, besonders hinter dem Auge.

STIMME Typischer Flugruf weich, klagend, gedämpft „uipp" oder „pliip", oft verdoppelt oder aufgereiht.

KAMPFLÄUFER

GRASLÄUFER

GRAUBRUST-STRANDLÄUFER

SPITZSCHWANZ-STRANDLÄUFER

KM

KLEINER GELBSCHENKEL A

Lesser Yellowlegs *Tringa flavipes*

L 23-25 cm. Nordamerikanischer Brutvogel, erscheint besonders im Spätsommer und Herbst ausnahmsweise in Europa an flachen Gewässern und auf Schlammflächen.

KENNZEICHEN Einem Rotschenkel ähnlich, aber kleiner (etwa wie Teichwasserläufer) und mit *langem, dünnem Hals, langen Flügeln und Beinen* eleganter gebaut; ungewöhnliche Gestalt und Proportionen erregen die Aufmerksamkeit ebenso wie Gefiederdetails und Beinfarbe; *Schnabel* meist ganz *gerade, dünn* und *fast ganz dunkel, lange Beine* immer *leuchtend gelb.* Von Teichwasserläufer und Grünschenkel im Flug am *rechteckigen weißen Bürzelfeld* (nicht keilförmig auf Rücken reichend) unterschieden, vom Bruchwasserläufer (mit ähnlichem weißem Bürzelfeld und manchmal matt gelben statt grünlichen Beinen) neben strukturellen Unterschieden (beachte besonders *größere Handschwingenprojektion* und den *Schwanz weit überragende Flügel* des Kleinen Gelbschenkels) an *kürzerem Überaugenstreif* (nicht bis hinter das Auge ausgedehnt), Fehlen der deutlichen dunklen Kappe und des zweifarbigen Schnabels, im Flug zudem an eher schlaksiger Erscheinung (Bruchwasserläufer ist kompakter). Kann ohne Größenvergleich auch mit Großem Gelbschenkel verwechselt werden, ist aber *schlanker*, hat etwas *kürzeren*, gut kopflangen, *geraderen* oder nur leicht aufgebogenen, *dunkleren,* allenfalls mit angedeutet gelbbrauner Basis versehenen *Schnabel* (statt deutlich länger als Kopf, stark aufgeworfen, im SK und JK mit auffallend heller Basis), ferner einfarbig dunkle Schwungfedern (Arm- und innere Handschwingen beim Großen Gelbschenkel zumindest teilweise fein hell gepunktet).– PK: *Flanken nur spärlich gebändert oder ganz ungefleckt* (beim Großen Gelbschenkel quergebändert).– SK: Färbung wie beim Großen Gelbschenkel.–JK: Unterscheidet sich vom SK durch dunklere Mantel-, Flügeldeck- und Schirmfedern mit stärker kontrastierenden hellen Flecken; vom JK des Großen Gelbschenkels an *dünnerer, verwaschenerer Bruststrichelung* unterschieden.

STIMME Ruft im Flug sehr hell und klar „tju", oft einzeln, manchmal 2-4 Rufe in rascher Folge und derselben Tonlage, wie Mischung aus Rotschenkel und Teichwasserläufer.

GROSSER GELBSCHENKEL –

Greater Yellowlegs *Tringa melanoleuca*

L 29-33 cm. Extrem seltener Gast aus Nordamerika.

KENNZEICHEN Zwar grünschenkelähnlich, aber in allen Kleidern *leuchtend gelbe Beine* (manchmal fast orangegelb), meist *brauneres Gefieder* (weniger grau), oberseits deutlicher weiß gepunktete Federränder und sich *nicht keilförmig auf den Rücken erstreckendes, weißes Bürzelfeld*; kann auch mit dem Kleinen Gelbschenkel verwechselt werden (ausführlicher Vergleich s. o.), hat aber *Größe und Gestalt eines Grünschenkels, kräftigeren, deutlich aufgeworfenen, etwas längeren* (deutlich länger als Kopf) *Schnabel mit heller, grauer Basis.* Beachte, dass manche Grünschenkel graugelbe und junge Rotschenkel orangefarbene Beine haben.– PK: *Querbänderung der Flanken ausgedehnter und gröber* als beim Kleinen Gelbschenkel, manchmal *bis auf Bauch* reichend.– SK: Oberseits überwiegend grau, unterseits weiß; heller, grauer und oberseits schwächer gemustert als juv.–JK: Dunkelbraune Oberseitenfedern mit feinem Muster von Rand- und Spitzenflecken, *Brust kräftiger gestreift* als beim Kleinen Gelbschenkel.

STIMME Flugruf dreisilbig flötend, ganz ähnlich Grünschenkel, aber manchmal etwas lebhafter, geringfügig höher und heller und fast immer mit leicht fallender letzter Silbe „klü-klü-klu"; normalerweise etwas lauter und klarer als Kleiner Gelbschenkel (manche Laute aber ähnlich), Dreisilbigkeit oft guter Hinweis.

EINSAMER WASSERLÄUFER –

Solitary Sandpiper *Tringa solitaria*

L 18-21 cm. Extrem seltener Gast aus Nordamerika.

KENNZEICHEN Ähnlich Waldwasserläufer, hat aber *keinen weißen Bürzel* (Bürzel dunkel, Schwanzseiten quer gebändert), dafür weiße Fleckung oberseits deutlicher (aber schwächer als Bruchwasserläufer); *ziemlich dunkle Unterflügel* erinnern auch im Flug an Waldwasserläufer, aber Körper schlanker und Flügel schmaler und länger; am Boden *Schnabel und Beine durchschnittlich etwas länger, Schnabel* anders als bei Wald- und Bruchwasserläufer *leicht abwärts gebogen, weißer Augenring* meist prominenter als bei Waldwasserläufer.– PK: Kopf, Hals und Brust markanter weiß gestreift als bei Waldwasserläufer, meist kräftige weiße Sprenkelung von Mantel- und Schulterfedern im Kontrast zu dunkleren Flügeldecken.– JK: Im Vergleich zum jungen Waldwasserläufer oberseits etwas heller braun, Handschwingen- und Flügelprojektion größer; zwar zeigen beide kurzen Überaugenstreif und weißen Augenring, Letzterer aber beim Einsamen Wasserläufer oft etwas auffälliger.

STIMME Ruft fast wie Waldwasserläufer, aber etwas weicher „tüwitt-witt".

DROSSELUFERLÄUFER A

Spotted Sandpiper *Actitis macularius*

L 18-20 cm. Nordamerikanisches Gegenstück zum Flussuferläufer, erscheint alljährlich in geringer Zahl in Europa.

KENNZEICHEN Dem Flussuferläufer sehr ähnlich, aber in allen Kleidern *oberseits grauer* (weniger braun), *Schwanzprojektion kürzer, Flügelstreif kürzer,* auf dem Armflügel nicht bis zum Körper reichend.– PK: *Schwarze Fleckung der Unterseite* diagnostisch, aber manchmal spärlich und schwer erkennbar.– SK: Oberseits einfarbig braungrau, unterseits ungefleckt, aus der Nähe Schirmfederränder unmarkiert (beim Flussuferläufer feines Sägemuster), aber Bestimmung nur über Schwanzlänge, Ausdehnung des Flügelstreifs und Stimme abzusichern.– JK: *Schirmfedern und Große Armdecken weitgehend einfarbig mit auf die Spitzen beschränkter Bänderung,* sehr *kräftig gebänderte* Partie daher auf *Mittlere und Kleine Armdecken* beschränkt (Schirmfederränder und alle Flügeldecken beim Flussuferläufer komplett gebändert); *Beine hell gelblich* (beim Flussuferläufer matt bräunlich oder graugrün), Brustseitenflecke einfarbiger und grauer, Schnabel meist hell graurosa mit dunkler Spitze; im Flug weniger Weiß auf äußeren Steuerfedern (die wohl auch weniger gern gespreizt werden).

STIMME Vielfältige Rufe, aber Einzelvögel oft enttäuschend schweigsam; ruft manchmal ähnlich Flussuferläufer, aber öfter kurz, hart und einsilbig pfeifend „kitt!" oder im Ton an Waldwasserläufer erinnernd doppelt „piit-wiit".

KLEINER GELBSCHENKEL

GROSSER GELBSCHENKEL

EINSAMER WASSERLÄUFER

DROSSELUFERLÄUFER

DÜNNSCHNABEL-BRACHVOGEL a

Slender-billed Curlew *Numenius tenuirostris*

L 36-41 cm (davon etwa 8 cm Schnabel), S 77-88 cm. Extrem selten oder bereits ausgestorben, da seit Ende der 1990er-Jahre nicht mehr nachgewiesen. Brütete in westsibirischen Taigasümpfen, vielleicht auch an mittelasiatischen Seen und überwinterte auf Salzsteppen im Mittelmeerraum.

KENNZEICHEN Etwa so groß wie Regenbrachvogel (S. 158), aber etwas schlanker, *Schnabel dünner und zur Spitze schmaler werdend* (wirkt daher manchmal länger); Grundfärbung von *Kopfseiten, Kehle und Brust weißer,* daher schwarze Strichelung stärker als bei Regen- und Großem Brachvogel kontrastierend, Strichel auf unterer Brust und Flanken langsam in sich deutlich vom weißen Untergrund abhebende *runde oder tropfenförmige Flecke* übergehend; Kopfmuster zwischen Regen- und Großem Brachvogel, *recht dunkler Zügelstreif und dunkle Scheitelseiten* verstärken den Eindruck eines *hellen Überaugenstreifs* (dieser keinesfalls so deutlich wie beim Regenbrachvogel, auch fehlt dessen markanter Scheitelstreif); *Unterflügeldecken ganz weiß,* Bürzel weiß und *Schwanz sehr hell* (wirkt weißlich, heller als bei den beiden häufigen Arten), Arm- und innere Handschwingen markant weiß gemustert und zu dunklen äußeren Handschwingen kontrastierend (aber nur im direkten Vergleich ein brauchbares Merkmal).– JK: Flanken noch gestrichelt, erste Tropfenflecke erscheinen im 1en W.– Vorsicht, Große Brachvögel können proportional ähnlich kurzen Schnabel, weiße Unterflügel und kontrastreiche Flankenmarkierung zeigen, sodass bei der Bestimmung geringe Größe, andere Schnabelform sowie die Form der Flankenflecken unbedingt zu beachten sind.

STIMME Ruft ähnlich Großem Brachvogel „kur-lii", weicher, heller und rascher wiederholt, manchmal in kichernden Triller umschlagend; warnt härter und kürzer „ku-i".

ZWERGBRACHVOGEL –

Little Curlew *Numenius minutus*

L 29-32 cm (davon etwa 4 cm Schnabel), S 57-63 cm. Brütet in Nordostsibirien, überwintert in Nordaustralien; erscheint extrem selten in Europa.

KENNZEICHEN Ein winziger Brachvogel (etwas kleiner als Goldregenpfeifer) mit *kleinem Kopf,* eher *kurzem Hals* und proportional viel *kürzerem, schwächer abwärts gebogenem Schnabel* als die Verwandten; *Kopfmuster* in allen Kleidern *ähnlich Regenbrachvogel* (dunkler Scheitel mit schmalem, hellem Scheitelstreif), alle *Unterflügeldecken graubraun, beige Unterseite* ziemlich fein gemustert, *Bürzel und Oberschwanz nicht weiß* (Achtung: trifft auch auf Regenbrachvogel der Unterart *hudsonicus* und auf Präriеläufer zu); Stirn und Zügel oft hell, dadurch zusammen mit hellbeigem Überaugenstreif *heller Gesichtsausdruck;* Hand- und Armschwingen einfarbig dunkel, im Kontrast dazu *helles Armdeckenfeld;* Unterschnabelbasis rosa. Kann durch kurzen Schnabel, gelbliche Färbung und Gestalt von Weitem mehr an Kampfläufer als an Brachvogel erinnern. Gäste in Westeuropa manchmal mit Goldregenpfeifern auf Stoppelfeldern, dann durch stetige und methodische Bewegung bei Nahrungssuche auffallend (Goldregenpfeifer steht still, rennt ein Stück, stoppt wieder usw.). – Sehr ähnlich ist der extrem seltene, wohl ausgestorbene nordamerikanische Eskimobrachvogel *Numenius borealis* (S. 419), hat aber kürzere Beine, etwas längeren, stärker gebogenen Schnabel, längere Flügel (überragen Schwanzspitze) und dunkler gefleckte Unterseite.

STIMME Flugruf schnell lachend „kui-kui-kui-kui-…", deutlich höher und weicher als Regenbrachvogel; Warnruf etwas schärfer „kuitt-kuitt".

PRÄRIELÄUFER a

Upland Sandpiper *Bartramia longicauda*

L 28-32 cm, S 50-55 cm. Nordamerikanische Ausnahmeerscheinung; gern auf kurzrasigen Flächen.

KENNZEICHEN Rotschenkelgroß mit kleinem Kopf und der Gestalt eines kleinwüchsigen Brachvogels, also dem Zwergbrachvogel nicht unähnlich, jedoch mit *kurzem, fast geradem Schnabel* (Unterschnabel hell gelbbraun), *sehr langem, die Flügelspitzen deutlich überragendem Schwanz* und bei Aufmerksamkeit *lang gestrecktem, sehr dünnem Hals;* zeigt *im Flug oberseits kein Weiß.* In allen Kleidern *dunkler Scheitel mit dünnem, hellem Scheitelstreif, aus dem hellen Gesicht hervorstechendes dunkles Auge,* pfeilspitzenförmige dunkle Abzeichen auf Brust und Flanken, schmutzig gelbe Beine und kräftig quergebänderte Flügeldecken. Läuft viel umher und wippt beim Stoppen mit Hinterkörper.– Ad.: Schulter-, Schirmfedern und Armdecken dunkel gebändert.– JK: Helle Federsäume und Sägemuster der Schirmfederränder erzeugen deutliches Schuppenmuster.

STIMME Flugruf ein klar pfeifender Triller, „kip-ip-ip-ip-ip-ip", sehr an Kuckucks-♀ oder Zwergtaucher erinnernd.

BINDENSTRANDLÄUFER A

Stilt Sandpiper *Calidris himantopus*

L 18-23 cm, S 37-42 cm. Nordamerikanische Ausnahmeerscheinung, gerne auf Schlammflächen mit Strandläufern vergesellschaftet, stochert aber auch im für diese zu tiefen Flachwasser mit Wasserläufern und Kampfläufern.

KENNZEICHEN Etwas größer als Alpenstrandläufer, aber Flügel, *Hals und Beine länger;* gebogener Schnabel, Gestalt und *weißer Bürzel* erinnern an Sichelstrandläufer, aber *Beine auffallend länger* (überragen im Flug die Schwanzspitze weit), *gelblich bis matt grün* (nicht schwarz), und *Schnabel von gleichmäßiger Dicke, weniger feinspitzig;* markante Körperform, im Profil seltsam *eckig,* von vorne oder hinten merkwürdig *seitlich zusammengedrückt* (nicht so rund wie z. B. Rotschenkel); Flügeloberseite ziemlich einfarbig dunkel, *ohne deutliche Flügelbinde,* aber mit recht hellem Hinterrand.– PK: *Unterseite teilweise oder komplett gebändert, rostfarbene Ohrdecken* zum weißen Überaugenstreif kontrastierend, kurzer, heller Längsstreif auf Hinterscheitel; wirkt aus der Entfernung ziemlich einfarbig dunkel und lässt an Schlammläufer oder juv. Dunklen Wasserläufer denken.– SK: Oberseite einfarbig braungrau, Bruststrichelung ausgedehnter als beim Sichelstrandläufer und über Flanken bis Unterschwanzdecken reichend.– JK: Oberseite durch schwärzliche Federzentren und weißliche Ränder weniger grau und stärker geschuppt als Sichelstrandläufer; deutlicher heller Überaugenstreif kontrastiert zu dunklem Scheitel und dunkler Maske auf den Ohrdecken.

STIMME Ruft im Flug dem Sichelstrandläufer sehr ähnlich weich rollend „trrrp".

DÜNNSCHNABEL-BRACHVOGEL

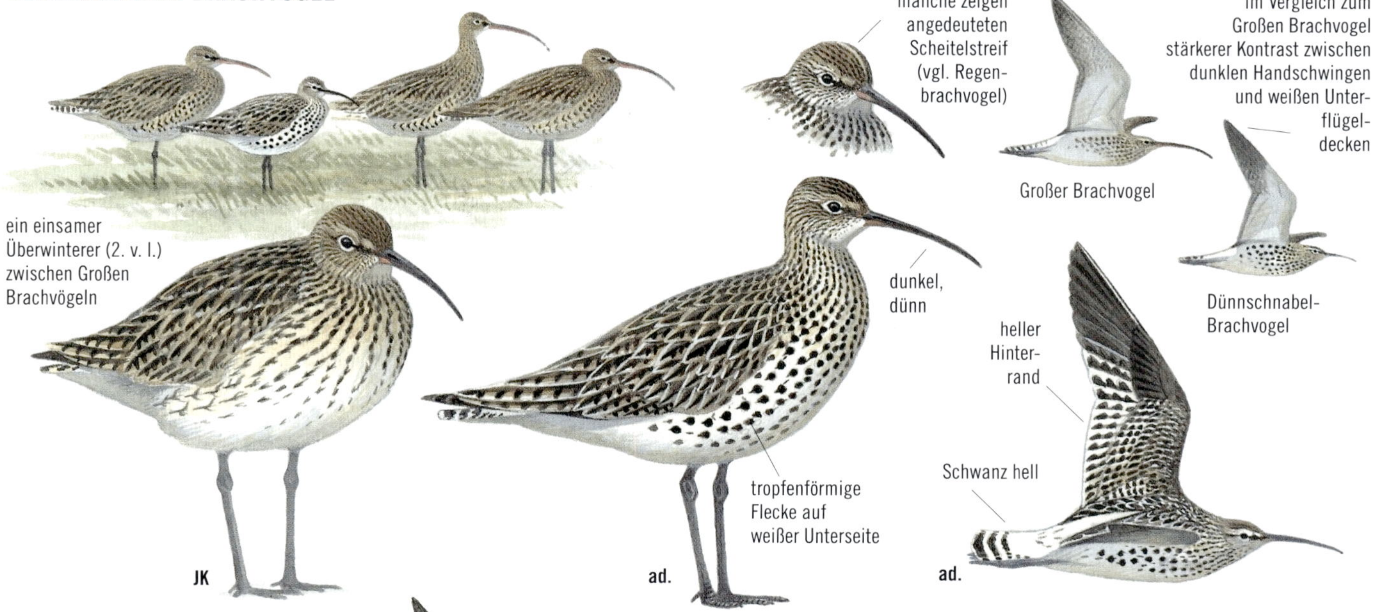

PRÄRIELÄUFER

ZWERGBRACHVOGEL

BINDENSTRANDLÄUFER

(größerer Maßstab als übrige Tafel)

DZ

GROSSER SCHLAMMLÄUFER A

Long-billed Dowitcher *Limnodromus scolopaceus*

L 27-30 cm (davon Schnabel 5,5-7,5 cm), S 42-49 cm. Brütet in Nordamerika und Nordostsibirien, seltener Gast.

KENNZEICHEN Schlammläufer sind bekassinengroß, Gestalt, Bewegungsweise und Gefieder stellen eine Mischung aus Bekassine und Pfuhlschnepfe dar; *Schnabel sehr lang,* Überaugenstreif deutlich, *Beine mittellang und grünlich,* im Flug schmal *weißer Rückenkeil* und deutlich *weißlicher Flügelhinterrand, Schnabelspitze verdickt und angedeutet abwärts gebogen.* Unterscheidung der zwei Arten schwer, unter guten Bedingungen bei Jungvögeln möglich, im PK und SK aber oft nur anhand der *diagnostischen Stimme; Schnabellängen* überschneiden sich so sehr, dass nur Extremfälle eindeutig sind: mindestens *doppelte Kopflänge deutet auf Großen, 1,5-fache auf Kleinen Schlammläufer. Schwarze Schwanzbinden beim Großen breiter, beim Kleinen Schlammläufer schmaler als die weißen* (gleichbreite Binden kommen bei beiden vor).– PK: Unterseite *einschließlich Bauch* (oft aber ohne Unterschwanzdecken) rostbraun, *Vorderhals und obere Brust dicht gepunktet, Brustseiten, Flanken und Unterschwanzdecken kräftig gebändert oder quer gefleckt.*– SK: Brust *einfarbig grau* und Flanken verwaschen grau, recht *scharf vom weißen Bauch abgesetzt.*– JK: Schirmfedern, Große Armdecken und Schulterfedern mit *massiv dunklen Zentren* und sauberen, weißlichen bis rotbraunen Säumen (manchmal kleine helle Flecke nahe den Spitzen).

STIMME Schrille, kurze, scharfe Einzelrufe, „kjipp“, Ton an Bruchwasserläufer oder leisen Austernfischer erinnernd, im Flug oft im Abstand von 2-3 s, besonders bei Alarm schnell doppelt oder dreifach „kjip-ip“ oder „kjipipip“.

KLEINER SCHLAMMLÄUFER A

Short-billed Dowitcher *Limnodromus griseus*

L 25-29 cm (davon 5-6,5 cm Schnabel). Nordamerikanische Ausnahmeerscheinung, seltener als Großer Schlammläufer.

KENNZEICHEN Zu allgemeinen Kennzeichen s. Großer Schlammläufer.– PK: Grundfarbe der Unterseite gewöhnlich verwaschen orange (heller als bei Großem Schlammläufer), entweder mit *fein gefleckter Brust* (aus der Entfernung einfarbig orange), *spärlich* gebänderten Flanken und *gepunkteten* Unterschwanzdecken (Unterart *hendersoni)* oder mit *weißem Bauch* und manchmal ähnlich kräftiger Unterseitenzeichnung wie der Große Schlammläufer (Nominatform), Brustseitenflecke aber meist eher gerundet als quer liegend.– SK: Fast identisch mit der größeren Art; Flankenbänderung und obere Brust grau, in diffuse, *feine Fleckung auf der unteren Brust* und schließlich in weißen Bauch übergehend.– JK: Brust und Oberseite oft deutlicher rotbraun getönt als beim Großen Schlammläufer, Schirmfedern, Große Armdecken und Schulterfedern zeigen auch *in den Zentren auffallende rotbraune Querbänder, Streifen und Flecke.*

STIMME Flugruf ein kurzer, klarer, zwei- oder dreisilbiger Laut, „tüdü“ oder „tüdlü“, Tonlage wie Steinwälzer.

SPIESSBEKASSINE –

Pin-tailed Snipe *Gallinago stenura*

L 25-27 cm (davon etwa 6 cm Schnabel). Brütet vom Nordural durch Nordsibirien in offener Tundra und Flusstälern, überwintert in Südasien, Ausnahmeerscheinung.

KENNZEICHEN Der Bekassine (S. 160) sehr ähnlich, aber folgende Unterschiede: *Flügelhinterrand nur schmal und unscharf weiß* (statt markant), Mittlere und Kleine Armdecken bilden *helleres Flügelfeld, Schnabel etwas kürzer* und an der Basis kräftiger, *Schwanz kürzer,* daher *Zehen im Flug meist überstehend, Flügel stumpfer,* Handschwingen brauner (bei Bekassine dunkler), *Spitzen der Großen Handdecken schmal weiß* (durchschnittlich mehr als bei Bekassine), *Flügelunterseite dunkler und gleichmäßig gebändert* (ohne weiße Streifen der Bekassine), *gelblich weiße Längsstreifen der Oberseite weniger deutlich* und *Stimme abweichend.* Am Boden oberseits *braune Grundfärbung mit reichlicher Bänderung und Fleckung* (nicht so einfarbig braunschwarz), Mittlere und Kleine Armdecken meist braun *quer gebändert* (statt überwiegend gefleckt und gestreift), bei unteren Schulterfedern *weißer Rand um Spitzen* herum (statt Außenkanten breit weiß, Innenkanten gelbbraun); *nadeldünne äußere Steuerfedern* einzigartig, aber kaum erkennbar.

STIMME Ruft aufgescheucht kurz, recht scharf und heiser einsilbig „kjiärr!“, etwas tiefer und heiserer als Bekassine; Flugbalz mit Sturzflügen mit raspelnden und feilenden Lauten, die in vibrierenden und wimmernden Tönen kulminieren, kürzer, höher und schneller als bei Waldbekassine.

GOLDSCHNEPFE –

Greater Painted Snipe *Rostratula benghalensis*

L 23-26 cm. Brütet in Ägypten in vegetationsreichen Gewässern, Ausnahmeerscheinung in Israel; sehr heimlich; Geschlechterrollen wie bei Wassertretern vertauscht.

KENNZEICHEN Etwa so groß wie Bekassine, im Flug schwerer und träger, mit *breiten, stumpfen Flügeln* und langen, den *Schwanz weit überragenden Beinen; Schnabel* recht kurz, *dick, leicht abwärts gebogen und hell*; *breiter, heller Augenring als Linie über Ohrdecken verlängert,* beiger Scheitelstreif schmal, auffallende *gelblich beige Brustseiten- und Schulterbänder* treffen auf dem *Mantel v-förmig* zusammen; weiße Unterflügel breit dunkel eingefasst.– ♂ PK: *Kehle, Hals und obere Brust matt graubraun,* braunschwarzes Brustband schmal, beiger Augenstreif undeutlich; Flügeloberseite und Schultern braungrün, *Flügeldecken breit beige quer gefleckt.*– ♀ PK: Bunter als ♂, *Kehle, Hals und obere Brust rotbraun,* durch *breit schwarzes Brustband* begrenzt; markant weißer Augenstreif schwarz eingefasst, *Oberflügel und Schultern überwiegend einfarbig grünlich* mit feiner, dunkler Wellenzeichnung.– JK: Ähnlich ♂, Brust jedoch diffuser gefleckt und zum Bauch nicht deutlich schwarz begrenzt sowie Oberseite üppiger beige gebändert.

STIMME ♀ äußert im waldschnepfenartigen Balzflug ein tiefes, dumpfes „kuut“; sonst meist stumm.

Spießbekassine

Goldschnepfe

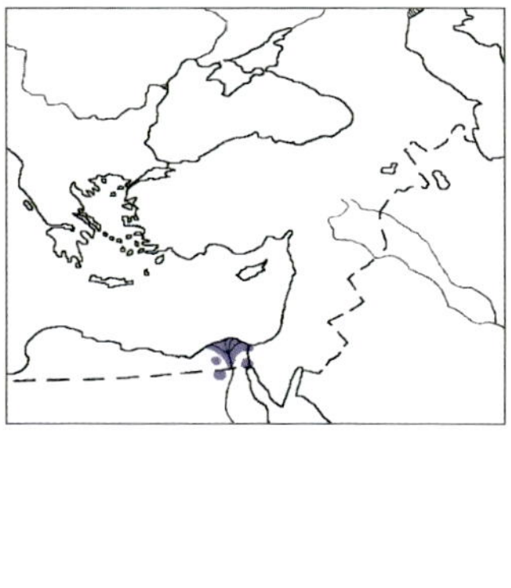

GROSSER SCHLAMMLÄUFER

KLEINER SCHLAMMLÄUFER

SPIESSBEKASSINE

GOLDSCHNEPFE

RAUBMÖWEN Stercorariidae

Eine Schmarotzerraubmöwe verfolgt eine Seeschwalbe, um sie zum Auswürgen erbeuteter Fische zu zwingen.

Mittelgroße, vorwiegend auf dem Meer lebende, möwenähnliche Vögel, die in Nordeuropa in Tundren, küstennahen Mooren, auf entlegenen Inseln usw. brüten. Ziehen entlang der Küsten, über dem Meer und weniger ausgeprägt auch über Land in ihre im nördlichen Indischen Ozean und vor den Küsten Westafrikas, Südamerikas und des südlichen Nordamerikas gelegenen Winterquartiere. Nahrung während der Brutzeit Lemminge, Eier, Jungvögel, Fische, Insekten und Beeren, sonst Kleintiere, Aas und Abfälle und vor allem Fische, die meist anderen Vögeln abgejagt werden.

Hakenschnabel und scharfe, gebogene Krallen an Jagdverhalten angepasst. Führen bei der Verfolgungsjagd eindrucksvolle, schnelle, akrobatische Flugmanöver vor. Verfolgen meist Möwen oder Seeschwalben in engem, eine schnelle Reaktion erforderndem Kontakt so lange, bis das Opfer den Kropf- oder Mageninhalt auswürgt, der dann im Flug aufgefangen wird. Auch Alke und andere fischfressende Vögel werden angegriffen. Möwen und Seeschwalben fliegen bei Erscheinen einer Raubmöwe in der Regel auf.

Raubmöwen sind vorwiegend graubraun und weißlich gefärbt und zeigen an den Handschwingenbasen helle Partien. Bei einigen Arten kommen dunkle, helle und intermediäre Morphen vor. Geschlechter gleich gefärbt. Altvögel der kleineren Arten haben kennzeichnend geformte Schwanzspieße. Sie rasten oft auf dem Meer, lassen sich aber nach langem Gleiten und kurzem Rütteln nur „zögernd“ nieder.

BESTIMMUNG VON RAUBMÖWEN IM FREILAND

Die sichere Bestimmung von Raubmöwen erfordert viel Übung, daher einige Hinweise für Beginner. Die meisten Raubmöwen, auch juvenile und Vögel der hellen Morphen, wirken im Freiland noch *dunkler als juvenile Möwen,* die von Weitem (über 1 km) oder aus bestimmtem Blickwinkel häufig zu Verwechslungen führen. Grundsätzlich sind juvenile Möwen auch auf Entfernung am helleren Kopf und Mantel, dem auffälligeren hellen Bürzel und den meist helleren inneren Handschwingen zu erkennen. Abgesehen vom Gefieder zeigen Raubmöwen *spitzere Handflügel* (außer breitflügelige Skua), *schnellere, elegantere Flugweise,* in entspanntem Flug *flachere, gleichmäßigere und kräftigere Flügelschläge,* also eine „entschlossenere“ Flugweise verglichen mit dem eher bedächtigen, fast trägen und im entspannten Flug tiefer ausholenden Flügelschlag von Möwen.

Eine seltenere Verwechslungsgefahr stellen Sturmtaucher auf große Entfernung dar. Bei stürmischem Wetter zeigen auch Raubmöwen eine sturmtaucherähnliche Flugweise, wobei sie vor dem Wind entlang der Wellen schnell gleiten, in starker Seitenlage steil in den Wind kurven, erneut niedrig vor dem Wind gleiten usw. Sobald sie aber mit den Flügeln schlagen (meist direkt vor dem Steilflug), wird das geübte Auge sie als Raubmöwe erkennen: Raubmöwen fliegen falkenähnlich lebhaft und „athletisch“ mit recht langsamen, flachen Flügelschlägen, während *Sturmtaucher mit* ihren schmaleren und *geraderen Flügeln schnelle* (wenn auch bei größeren Arten etwas langsamere) *Flügelschläge* vollziehen.

Der schwierigste Teil der Raubmöwenbestimmung ist die Unterscheidung immaturer Schmarotzer-, Spatel- und Falkenraubmöwen. Die entscheidenden Kennzeichen werden in den Artbehandlungen dargestellt. Hier einige allgemeine Hinweise: Beobachtet man einen Vogel weit draußen auf dem Meer durch ein Spektiv, ist die *Größe* immer schwer einzuschätzen. Zu beachten ist dabei, dass das dunkle Gefieder einer Raubmöwe im Vergleich zu hellen Möwen täuschen kann; vor hellem Himmel wirken dunkle Vögel größer als weiße und umgekehrt erscheinen dunkle Vögel vor dunkler See oft kleiner als sehr helle, besonders bei grellem Licht.

Besondere Aufmerksamkeit sollte Gestalt und Proportionen (wie z. B. Breite des Armflügels) und der Flugweise gelten. Das Vorhandensein von langen Schwanzspießen und hellen Gefiederpartien ist zu beachten. Bei Annäherung des Vogels liefern Ausprägung heller Handschwingenbasen, Schnabelgröße und -färbung und Form der Schwanzspieße (sofern vorhanden) wichtige Hinweise. Natürlich sollte man nicht erwarten, von Anfang an alle fliegenden Raubmöwen bestimmen zu können. Es erfordert viel Übung, schwierigere Individuen zu bestimmen, und auch (vernünftige) Experten lassen so manchen Vogel unbestimmt weiterziehen.

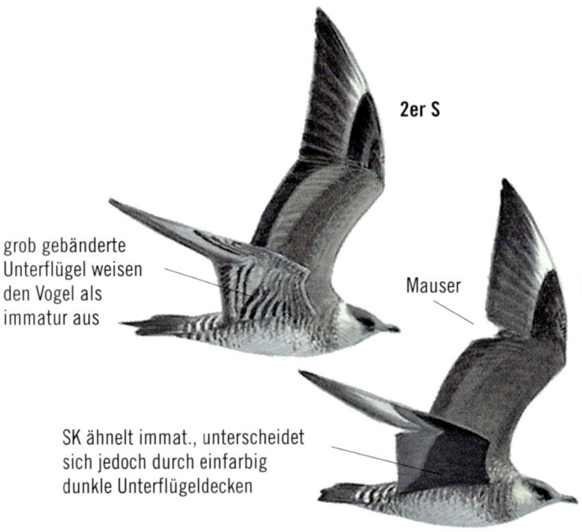

Unterflügelzeichnung und Mauser erleichtern die Bestimmung von Raubmöwen (hier Schmarotzerraubmöwen) im Herbst und Winter.

Skua

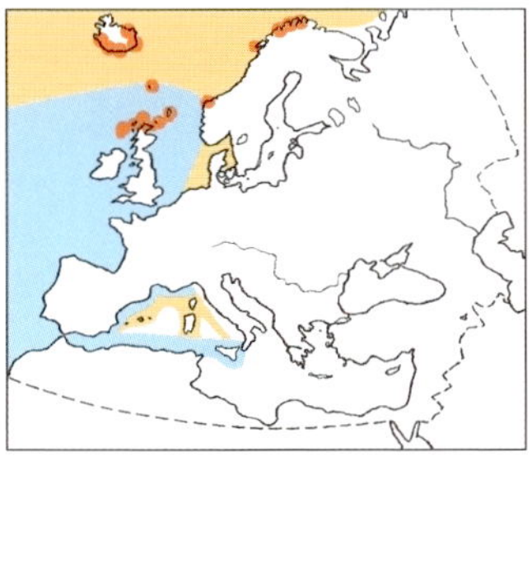

Spatelraubmöwe

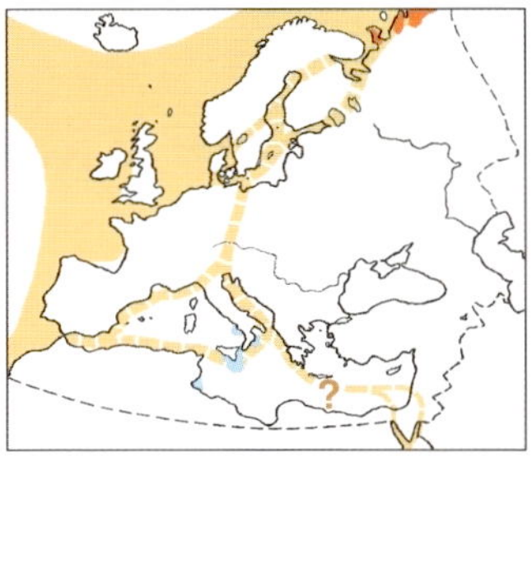

SKUA ZW

Great Skua *Stercorarius skua*

L 50-58 cm, S 125-140 cm. Brütet auf Felsinseln und Küstenmooren, meist in lockeren Kolonien; überwintert im Nord- und Südatlantik. Nahrung vor allem Fische, die von der Wasseroberfläche oder hinter Booten aufgelesen oder anderen Vögeln abgejagt werden; Nest in flacher Bodenmulde wird mit wütenden Flugattacken verteidigt.

KENNZEICHEN Etwa silbermöwengroße, *schwere* Raubmöwe; im Flug *dunkel mit ober- und unterseits großen weißen Handwurzelflecken;* Schnabel kräftig, *Kopf und Hals massig,* mittlere Steuerfedern breit mit runden Spitzen, den Schwanz wenig oder nicht überragend; segelt häufiger als Verwandte. Schwimmt hoch auf dem Wasser liegend.– PK: Oberseits, an Hinterkopf und Hals grob und bei ♀ meist ausgeprägter gelbbraun gestrichelt.– JK/1er W: Einfarbiger braun als ad. und vor allem unterseits *rötlich braun getönt;* weißer Handwurzelfleck oberseits weniger ausgedehnt und auffallend als bei ad. – Verwechslungsgefahr stellen vor allem junge (besonders verölte) Großmöwen oder juvenile sowie von Weitem adulte Spatelraubmöwe der dunklen Morphe dar; von junger Großmöwe unterschieden durch *stetigere, entschlossenere Flugweise, geschmeidigere Flügelschläge* (Schlagfrequenz aber ähnlich) proportional *schwereren Körper* („fliegende Tonne"), *breitere Flügelbasen,* aber oft spitzeren Handflügel und *weißen Handwurzelfleck* (s. o.). Von juv. Spatelraubmöwe zu unterscheiden durch *plumperen Körper und schwerfälligere Flugweise, Fehlen weißer Bänderung* (zeigt also nie kontrastierend helle Partien an Bürzel, Bauch oder Unterflügeldecken); *Kopf oft etwas dunkler als restlicher Körper* (bei Spatelraubmöwe Gefieder meist einfarbig dunkel oder Kopf etwas heller als Brust); Flügel breiter und proportional etwas kürzer; Handwurzelfleck meist deutlich größer, reiner weiß, bis in Armflügel reichend (bei einigen juv. Skuas Handwurzelfleck oberseits reduziert); von ad. Spatelraubmöwe der dunklen Morphe unterschieden an Gestalt, Flugweise und Fehlen breiter Schwanzspieße (können jedoch durch Mauser fehlen).

STIMME Im Brutgebiet einzeln oder gereiht, kurz, etwas nasal „gok"; bei der Balz gepresst rollend „tchirr".

SPATELRAUBMÖWE Z

Pomarine Skua *Stercorarius pomarinus*

L 42-50 cm (ohne 5,5-11 cm Schwanzspieße im PK), S 115-125 cm. Brütet in arktischer Tundra, zieht über Nord- und Westeuropa vor allem im Okt./Nov. in Winterquartiere vor westafrikanischer Küste, Heimzug im Mai; seltener, aber regelmäßiger Durchzügler an der Nordseeküste, meist einzeln oder in kleinen Gruppen.

KENNZEICHEN Wirkt im Flug deutlich größer als Sturmmöwe und *etwas kleiner als Silbermöwe,* am Boden aber überraschend klein; kleinste Individuen erscheinen dreizehenmöwengroß, aber immer vollbrüstig; langflügelig mit recht breitem Armflügel (etwas breiter als Distanz von Flügelhinterrand bis Schwanzspitze) und spitzem Handflügel ähnlich Schmarotzerraubmöwe; *Flugweise entspannt, gleichmäßig* und gerade mit gemäßigten Flügelschlägen, nicht leicht und ruckartig mit energischen Flügelschlägen wie gelegentlich bei Schmarotzerraubmöwe. In allen Kleidern *heller Handwurzelfleck ober- und unterseits* ähnlich Schmarotzerraubmöwe, aber deutlich kleiner als bei Skua.– PK: *Lange und löffelförmig verbreiterte Schwanzspieße,* um 90° gedreht und von der Seite stumpfspitzig wirkend, zweimal jährlich (Nov.-Dez., März-Apr.) gemausert (abgebrochene Spieße sehr selten). Zwei Morphen: helle (häufigste) Morphe mit dunkler Kappe (unter Schnabelwinkel reichend), dunkelfleckigem Brustband (bei ♂ recht oft in Brustmitte unterbrochen, kann auch fehlen), schwach bis

SPATELRAUBMÖWE

kräftig gebänderten Flanken, ausgedehnt dunklem, deutlich abgesetztem Steiß (oft hell gebändert); dunkle Morphe bis auf Handwurzelflecke ganz dunkel.– JK: Variabel mittelbraun mit gelblichbrauner Bänderung vor allem an Bürzel und Steiß bis einfarbig dunkel schwärzlich braun, *im Freiland aber fast immer dunkel erscheinend;* von juv. Schmarotzerraubmöwe unterschieden durch *ruhigere, stetigere Flugweise, breiteren Armflügel, volleren Bauch,* kräftigeren Schnabel mit deutlicher *hell blaugrauer Basis* (auf 300 m gut erkennbar); helle Morphe mit doppeltem Handwurzelfleck *(Handschwingenbasen und meist Handdecken hell)* (jenseits 300 m schwer einschätzbar); *breite, stumpfe mittlere Steuerfedern kaum oder nicht überstehend;* bei juv. Kopf oder Bauch nie hell kontrastierend (vgl. Schmarotzer- und Falkenraubmöwe); dunkelste Vögel der dunklen Morphe ungebändert wie dunkle ad.– 2es KJ, helle Morphe: Hals und Bauch heller, mittlere Steuerfedern länger bis halblang und nicht gedreht.– 3es KJ, helle Morphe: Hals und Bauch hell, dunkle Kappe angedeutet, aber Unterflügeldecken noch *gebändert.*– SK, helle Morphe: Ähnlich 3es KJ, Schwanzspieße halblang, aber an ganz *dunklen, ungebänderten Unterflügeldecken* zu erkennen.

SCHMAROTZERRAUBMÖWE Z

Parasitic Jaeger *Stercorarius parasiticus*

L 37-44 cm (ohne 5-8,5 cm Schwanzspieße im PK), S 100-115 cm. Brütet in Tundren und küstennahen Mooren, lokal in lockeren Kolonien; überwintert südlich des Äquators.

KENNZEICHEN Wie *dunkle* Möwe, mit spitzen Flügeln und *schneller, fast falkenartiger Flugweise;* von Nahem *heller Handwurzelfleck* und bei ad. *halblange, spitze Schwanzspieße* erkennbar, wirkt im Flug *dreizehenmöwengroß;* Flügel lang und recht schmal, Handflügel spitz, Breite des Armflügels maximal Distanz von Flügelhinterrand bis Schwanzspitze (ohne Spieße) oder geringer. Fliegt leichter als Spatelraubmöwe; erinnert bei Sturm durch leichte Flugweise, schnelle Flügelschläge und plötzliche Wendungen an Dreizehenmöwe, Spatelraubmöwe dagegen schwerer und wie Großmöwe gleichmäßiger fliegend; *Schnabel etwas schwächer* als bei Spatelraubmöwe, Gefieder ähnlich Spatelraubmöwe mit großer Variation, aber dunkle Kappe bei ad. nicht tiefschwarz und *über der Schnabelbasis immer etwas Weiß;* Brustband, sofern vorhanden, verwaschen dunkel, nicht grobfleckig; hellste juv. Individuen heller als Spatelraubmöwe und mit *kontrastierend hellem Kopf, Hals* (von Nahem dünn gestrichelt) *und oft Bauch,* dunkelste Individuen von dunkler Spatelraubmöwe am besten an Schnabelgröße, Schwanzform und Proportionen zu unterscheiden; spitze, mittlere Steuerfedern stehen 1-3 cm über; Handdecken unterseits ohne helle Basen (Ausnahme 1 von 20 Individuen), *Schnabel meist dunkel wirkend* ohne auffallend helle Basis (leicht aufgehellte Basis jenseits 150 m kaum erkennbar).

STIMME Häufigster Ruf nasal miauend, bei der Balz mehrfach wiederholt „äh-glou"; Warnruf kurz „pjiu!".

FALKENRAUBMÖWE Z

Long-tailed Jaeger *Stercorarius longicaudus*

L 35-41 cm (ohne 12-24 cm Schwanzspieße im PK), S 88-105 cm. Brütet in Heiden oberhalb der Baumgrenze und trockenen Tundren, überwintert vor allem im Südatlantik; Nahrung im Sommer vorwiegend Lemminge, von denen Bruterfolg abhängt; während des Zugs im Mai und Aug./Sept. (selten später) selten in Westeuropa.

KENNZEICHEN *Klein und schlank,* Körper wie Lachmöwe, aber durch *lange, schmale Flügel* im Flug größer wirkend, *Flugweise fast seeschwalbenartig leicht.*– PK: Deutliche schwarze Kappe,

SCHMAROTZER-RAUBMÖWE

FALKENRAUBMÖWE

KM

oberseits Kontrast zwischen dunklen Schwungfedern und helleren Flügeldecken, unterseits ohne hellen Handwurzelfleck; Schwanzspieße sehr lang und spitz; im PK keine dunkle Morphe!– JK: Ausgeprägte Variation wie bei Schmarotzerraubmöwe, aber unterschieden durch Gestalt (schlanker Körper, schmale Flügel, länger wirkendes Hinterende) und Flugweise; helle und intermediäre Morphe mit *grauerer Grundtönung* (dunkle Morphe aber ähnlich Schmarotzerraubmöwe), zwar ähnlich weit (1-3 cm) überstehenden, aber *runden mittleren Steuerfedern* und *kurzem Schnabel mit heller Basis.*

STIMME Höher im Ton als bei den verwandten Arten, wiederholt „kju“ und „kriIP“, auch zänkisch „kri-krip“; während der Balz klagend „GLII-äh“, etwas an die Sturmmöwe erinnernd.

Schmarotzerraubmöwe

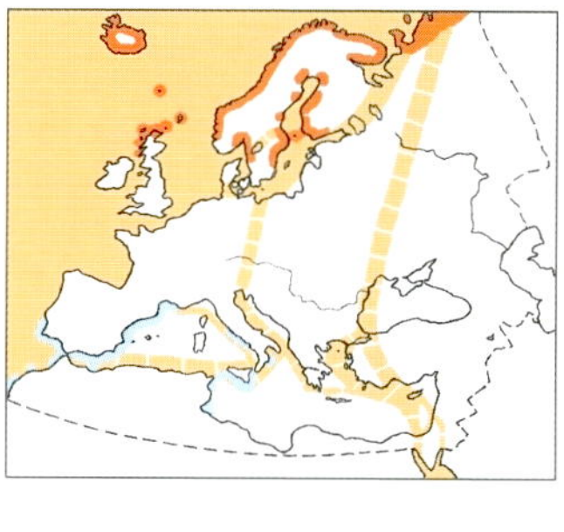

Falkenraubmöwe

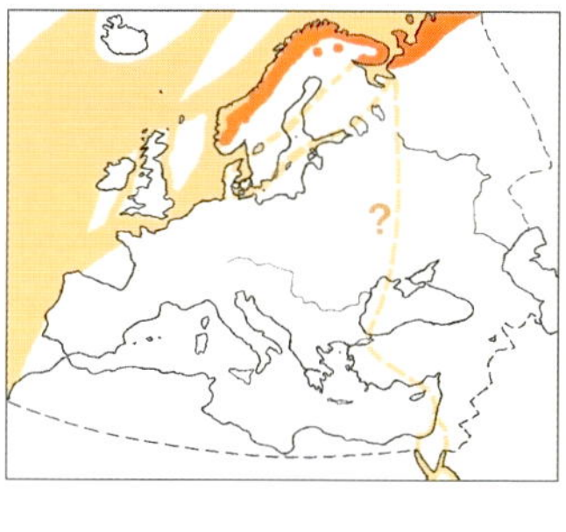

LACHMÖWE BJZW

Black-headed Gull *Chroicocephalus ridibundus*

L 35-39 cm, S 86-99 cm. Häufige, in Kolonien auf Seen, in großen Schilfzonen, Sumpfgebieten oder auf küstennahen Gewässern brütende Möwe; im Norden Zugvogel, häufig auf frisch gepflügten Feldern und an Parkteichen.

KENNZEICHEN Zweijahres-Möwe (s. S. 178). Im Flug von anderen häufigen Möwen unterschieden durch *weißen Vorderflügelkeil (bestes Kennzeichen, oft aus großer Entfernung erkennbar;* ähnliches Flügelmuster nur bei Dünnschnabelmöwe und der amerikanischen Bonapartemöwe; s. a. Graukopfmöwe, S. 413); *beachte auch unterseits an weißen Flügelkeil angrenzendes schwärzliches Flügelfeld, spitze Flügel,* proportional *kleineren Kopf, längeren Hals und kürzeren Schwanz,* die in der Kombination von anderen häufigen Arten abweichendes Bild ergeben; am stehenden Vogel geringe Größe, *Kopfmuster* (Kapuze oder dunkler Ohrfleck) und (bei ad.) *rötliche Färbung von Schnabel und Beinen* kennzeichnend.– PK: Kapuze dunkelbraun (oft schwarz wirkend), Schnabel und Beine matt dunkelrot.– SK: Breiter, dunkler Ohrfleck, Schnabel und Beine rot oder braunrot, Schnabelspitze dunkel.– JK (Juni-Sept.): Oberseite und Kopfmuster auffällig ingwerbraun, Flügel braun gemustert, schwarze Schwanzendbinde, Schnabel (mit dunkler Spitze) und Beine gelblich bis fleischfarben.– 1er W: Flügel, Schwanz, Schnabel- und Beinfarbe wie JK, aber Kopf und Körper wie SK.– 1er S: Wie 1er W, aber häufig mit partieller Kappe (manchmal komplette Kapuze wie PK), braune Flügelpartien oft ausgeblichen und reduziert (Schirmfedern mit braunen Zentren kennzeichnend), Schnabelbasis und Beine intensiver orangerot.

STIMME Am Brutplatz und in Nahrung suchenden Trupps stimmfreudig; im Frühjahr können Brutkolonien ohrenbetäubend laut sein; häufigster Ruf schneidend, abfallend, einzeln oder gereiht und in vielen Variationen „krriiärr", auch kurz, scharf „kik" oder „kikikik".

DÜNNSCHNABELMÖWE A

Slender-billed Gull *Chroicocephalus genei*

L 37-42, S 90-102 cm. Lebensraum und Verhalten wie Lachmöwe, außerhalb der Brutzeit aber stärker küstengebunden; auch am Mittelmeer seltener als Lachmöwe.

KENNZEICHEN Zweijahres-Möwe (s. S. 178); etwas größer als Lachmöwe und mit sehr ähnlichem Flügelmuster und Gesamteindruck, aber unterschieden durch *weißen Kopf* im PK und nur *schwachen Ohrfleck* im SK; *Iris* meist auffallend *gelblich oder weißlich* (bei Lachmöwe immer dunkel); typisches *Kopfprofil* gekennzeichnet durch *längeren* (aber nicht wirklich dünnen) *Schnabel, flacher ansteigende Stirn* und in gestreckter Haltung sehr langen Hals. Beine relativ lang.– PK: Unterscheidet sich von Lachmöwe außer durch *ganz weißen Kopf* durch meist *stark rosa überhauchte Unterseite* und dunkler rote (oft schwärzlich wirkende) Färbung von Schnabel und Beinen.– SK: Rosa Unterseitentönung schwächer oder fehlend, Ohrfleck hellgrau (oder fehlend), Schnabel und Beine *heller gelblich braun oder orange-fleischfarben, dunkle Schnabelspitze deutlich kleiner oder fehlend.*– Einige Vögel im 2en W oder 2en S noch an dunklen Zentren auf einzelnen Schirmfedern erkennbar.

STIMME Entfernt an Lachmöwe erinnernd, aber rollender Ruf tiefer, trockener und härter „krirrr" mit etwas heiserer Stimme; am Brutplatz tiefe, schroffe, nasale Rufe.

Lachmöwe

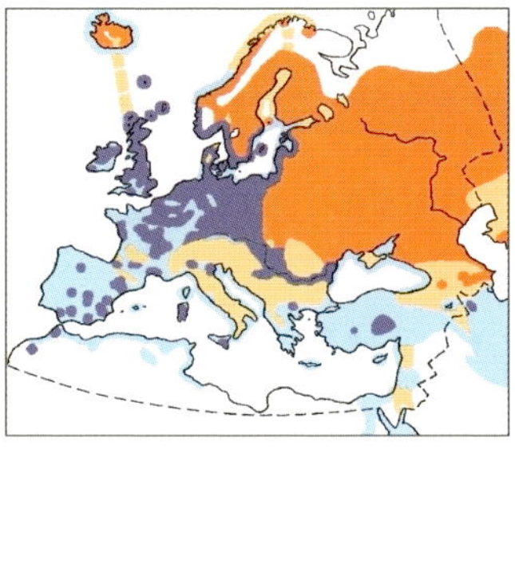

Dünnschnabelmöwe

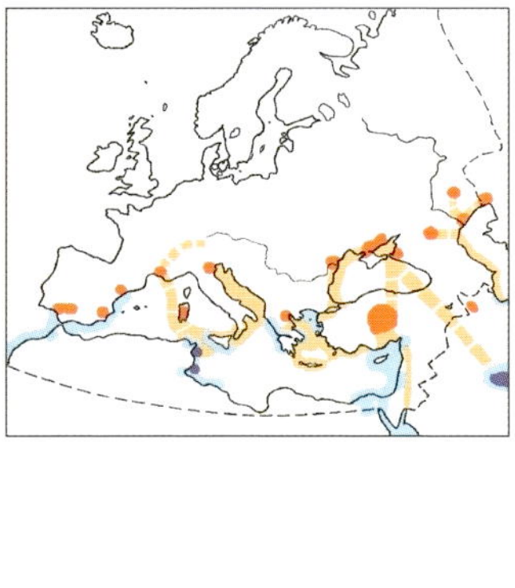

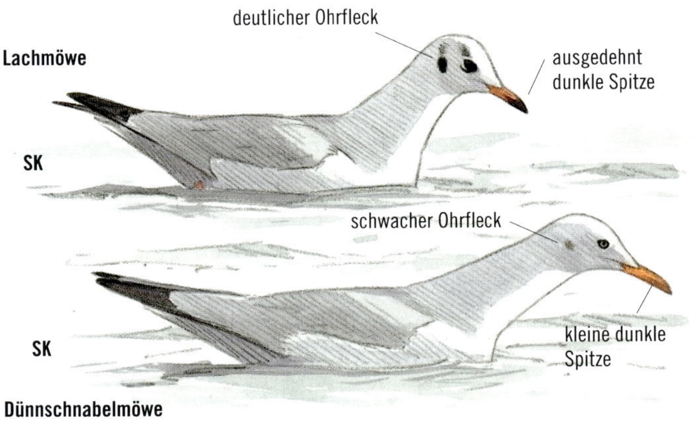

Dünnschnabelmöwe zeigt längeren Schnabel, flachere Stirn und bei Beunruhigung längeren Hals als Lachmöwe.

BONAPARTEMÖWE A

Bonaparte's Gull *Chroicocephalus philadelphia*

L 31-34, S 79-84 cm. Seltener Gast aus Nordamerika; Nahrungssuche trauerseeschwalbenartig pickend.

KENNZEICHEN Zweijahres-Möwe (s. S. 178); ähnlich Lachmöwe mit vergleichbarem Flügelmuster und Gesamteindruck, aber kleiner; kann durch geringere Größe und schnellere Flügelschläge auch an Zwergmöwe erinnern; Handflügel ohne an weißen Flügelkeil angrenzenden dunklen Bereich der Lachmöwe, daher *Handschwingen von unten durchscheinend weiß* oder hellgrau, aber mit *deutlichem schwarzem Hinterrand.* Vorsicht bei Lachmöwen im 1en S (oft etwas kleiner als ad.) mit ausgeblichenen, transparenten Handschwingen! Von Lachmöwe in allen Kleidern ferner unterschieden durch *proportional kleineren, schwarzen oder vorwiegend schwarzen Schnabel,* relativ *kürzere Beine* und etwas dunklere Grautönung der Oberseite, die den weißen Handflügelkeil oberseits betont.– PK: Mit *schwärzlicher* (nicht brauner) *Kapuze,* meist rosa überhauchter Unterseite (bei Lachmöwe im PK selten) und eher *orangeroten oder rosaroten Beinen.*– SK: Mit meist größerem Ohrfleck, weiter auf Hinterkopf ausgedehntem Grau und hell fleisch- bis rosafarbenen (nicht roten) Beinen.– 1er W: Von Lachmöwe unterschieden durch schwärzeres (weniger braunes) Flügelmuster, weiße innere und dunkel markierte äußere *Große Handdecken* (bei Lachmöwe im 1en W innere Große Handdecken recht dunkel, mittlere weiß und ein bis zwei äußere dunkel markiert), größeren Ohrfleck und oft auf Hinterkopf und Brustseiten ausgedehntes Grau (etwas an Dreizehenmöwe im SK erinnernd).

STIMME Häufiger Ruf hoch, nasal, seeschwalbenartig „tschirp", deutlich von Lachmöwe verschieden.

LACHMÖWE

DÜNNSCHNABELMÖWE

zwei Dünnschnabelmöwen im 1en W (M.) zwischen zwei Lachmöwen; beachte längere, blass orangefarbene Beine der Dünnschnabelmöwen

BONAPARTEMÖWE

STURMMÖWE

BJZW

Mew Gull *Larus canus*

L 40-46 cm, S 100-115 cm. Brütet einzeln oder in Kolonien an Küsten, auf Inseln, in Sümpfen, an Flüssen oder an Binnenseen; Nest bevorzugt leicht erhöht angelegt.

KENNZEICHEN Dreijahres-Möwe (s. S. 178); etwas größer als Lachmöwe; von häufigen Arten nur mit *viel größerer Silbermöwe* (S. 184) zu vergleichen; wenn Größe schwer einschätzbar, beachte *kleineren, schlankeren Schnabel, runderen Kopf,* zierlichere Gestalt, leichtere, aktivere Flugweise mit oft *tieferen, energischeren Flügelschlägen* und *schmalere Flügel;* bei ad. *weiße Schirmfederspitzen oft auffälliger, weißer Spiegel in Flügelspitze größer;* im 1en W *mittleres Flügelband einfarbig* (nicht gebändert) und dadurch Flügel sauberer wirkend, *breite, scharf abgesetzte, schwarze Schwanzendbinde,* Unterflügel *sauberer gemustert* als bei immat. Silbermöwe. Stehender Vogel im PK auch an Dreizehenmöwe erinnernd, aber *Beine lang und hell* (nicht kurz und schwarz), *Stirn weniger steil gerundet, Handschwingen* ausgedehnter schwarz *mit weißen Spitzen.*– Ad.: Kopf weiß (im SK grau gestrichelt), *Schnabel und Beine* grünlich gelb (Schnabel im SK matter, mit schmalem dunklem Ring vor Spitze).– JK: Kopf und Brust graubraun, Oberseite braun geschuppt.– 1er W: Kopf und Körper wie SK, aber Flügel- und Steuerfedern wie JK; Schnabel gräulich mit klar abgesetzter schwarzer Spitze.– 1er S: Wie 1er W, aber Flügel- und Steuerfedern stark ausgeblichen, Schnabelbasis gelblich oder rosa.– 2er W/2er S: Wie ad., aber Handschwingen ausgedehnter schwarz ohne deutliche weiße Spitzen, weißer Spiegel kleiner, Beine und Schnabel (mit schwarzer Spitze oder Binde) oft bläulich gründgrau.

STIMME Alle Rufe viel höher als bei Silbermöwe, auch „jauchzendes" „ke ke le KLIIIH-ä… KLIIIH-ä… kej-a kej-a kej-a kej-a ke ke"; ruft kennzeichnend, dünn kläffend, oft wiederholt „kiia"; warnt pausenlos „klii-U klii-U…"

RINGSCHNABELMÖWE

A

Ring-billed Gull *Larus delawarensis*

L 41-49 cm, S 112-124 cm. Gast aus Nordamerika, alljährlich zahlreiche Nachweise in Westeuropa.

KENNZEICHEN Dreijahres-Möwe (s. S. 178); ähnlich Sturmmöwe, aber etwas größer, kräftiger und mit *dickerem Schnabel.*– Ad.: *Klar abgesetzte, breit schwarze Schnabelbinde* (bei Sturmmöwe manchmal deutliche Binde im SK oder 2en W), *Iris gelb* (bei Sturmmöwe braun), *Oberseite heller grau* (ähnlich Lachmöwe), *schmale weiße Schirmfederspitzen* (bei Sturmmöwe breit und auffällig), *weißer Spiegel kleiner.*– 1er W: Im Vergleich zu Sturmmöwe *Oberseite und mittleres Flügelband heller grau,* oft *einzelne Schulterfedern mit dunklen Pfeilflecken* (bei Sturmmöwe einfarbig oder mit schwachen Schaftstrichen), *schmalere helle Schirmfederspitzen, Schwanz stärker gemustert* (bei Sturmmöwe weiß mit breiter dunkler Endbinde).– 2er W: Wie SK, aber Handflügel ausgedehnter schwarz, Handschwingenspitzen und Spiegel klein oder fehlend, Schnabelbasis und Beine grünlich gelb oder gräulich; *dunkle Schwanzendbinde variabel* (bei Sturmmöwe meist fehlend).– Beachte: Silbermöwe im 2en W ähnlich Ringschnabelmöwe im 1en W, aber Schirmfedern und Flügeldecken stärker gefleckt oder gebändert (bei Ringschnabelmöwe recht sauber dunkel zentriert), Unterflügel recht einförmig düster (bei Ringschnabelmöwe sauber dunkel gefleckt, Armschwingenfeld durchscheinend), Schwanz ausgedehnter dunkel; Silbermöwe im 3en W ähnlich Ringschnabelmöwe im 2en W, aber Flügel und Schwanz unsauberer gemustert und Beine rosa.

STIMME Wie Silbermöwe, aber höher und nasaler.

Sturmmöwe

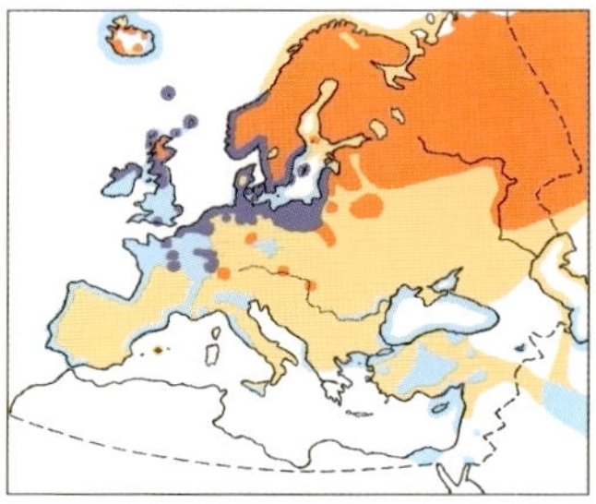

Schwarzkopfmöwe

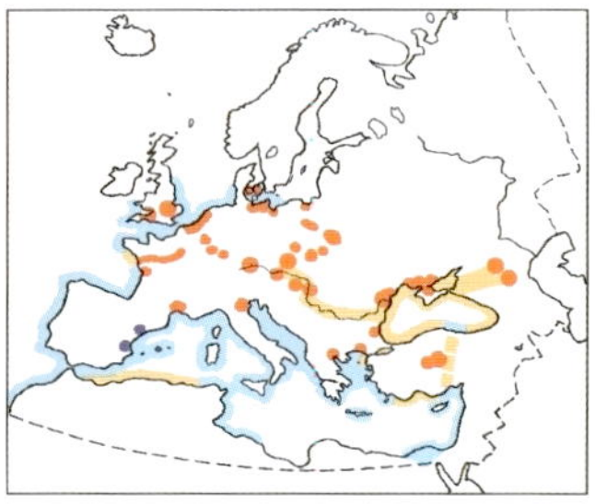

Die Form der Kapuze verändert sich bei Möwen je nach Kopfhaltung.

Schwarzkopfmöwe, PK

SCHWARZKOPFMÖWE

BZ

Mediterranean Gull *Larus melanocephalus*

L 37-40 cm, S 94-102 cm. Brütet in West- und Südeuropa in kleinen Kolonien, meist zwischen Lachmöwen, zunehmend auch in Deutschland.

KENNZEICHEN Dreijahres-Möwe (s. S. 178); wenig größer als Lachmöwe mit *kürzerem, dickerem, stumpferem Schnabel, breiteren, etwas kürzeren, weniger spitzen Flügeln und längeren Beinen;* fliegt mit *schnelleren und steiferen Flügelschlägen* als Sturmmöwe.– Ad.: Unverwechselbar mit *ganz weißen Schwungfedern,* sehr *heller, grauer* (von weitem silbrig weiß wirkender) *Oberseite, scharlachroter Färbung von Schnabel und Beinen* (im Winter matter gefärbt) und *ausgedehnt schwarzer Kapuze (im Winter schwarzer „Maske").*– JK/1er W: *Ähnlich Sturmmöwe, aber Unterflügeldecken ganz weiß, mittleres Flügelfeld heller grau,* Schwanzendbinde etwas schmaler, *Schnabel dunkel mit roter Basis oder ganz schwarz,* ab Sept. *Oberseite heller grau, dunkle „Maske", Unterseite weiß.*– 1er S: wie 1er W, aber oft partielle Kapuze.– 2er W/2er S: Wie ad., aber mit variabel ausgedehntem Schwarz in Flügelspitze.

STIMME Kennzeichnender Ruf ansteigend und am Ende abfallend, nasal, etwas jammernd „jiäh".

Beachte Ähnlichkeit zwischen unausgefärbten Silbermöwen und Ringschnabelmöwen (s. Text).

STURMMÖWE

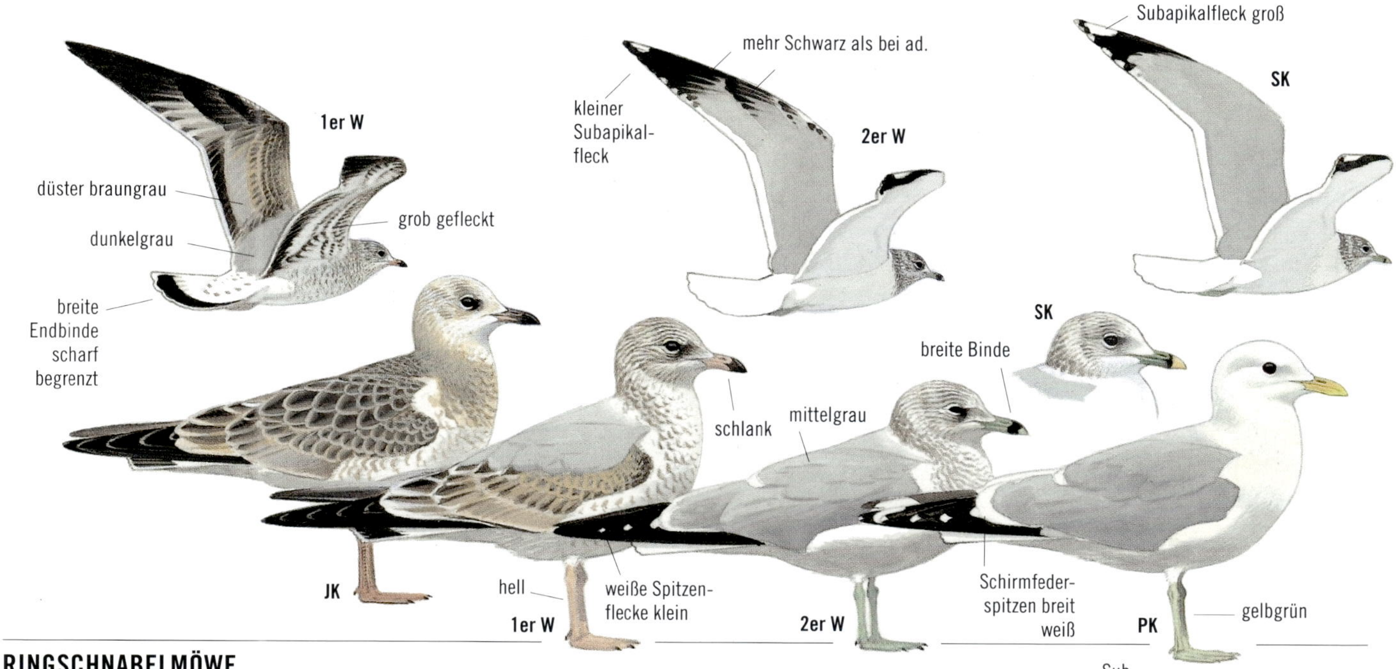

RINGSCHNABELMÖWE

SCHWARZKOPFMÖWE

GROSSE WEISSKÖPFIGE MÖWEN

In den letzten 20 Jahren sind die Großmöwen aus der Verwandtschaft von Silber- und Heringsmöwe molekulargenetisch sowie hinsichtlich ihrer Kennzeichen genauer untersucht worden. Dies hat zur Aufspaltung in mehrere Arten geführt, die einander teilweise jedoch sehr ähnlich sind, da sie sich erst in jüngerer Zeit aufgespalten haben. Ihre Unterscheidung ist in einigen Fällen deprimierend schwierig und nur für Spezialisten mit großer Erfahrung möglich, die sich oft stundenlang dem Studium von Großmöwentrupps auf Mülldeponien und Hafenmauern widmen und dabei seltene Arten entdecken. Auf den nächsten Seiten werden einige erste Bestimmungshinweise gegeben, die jedoch die Fachliteratur nicht ersetzen können.

SILBERMÖWE BJZW

European Herring Gull *Larus argentatus*

L 54-60 cm, S 123-148 cm. Im nördlichen Europa weit verbreitete und häufige Art, zahlreich an Küsten, auch im Binnenland auf Feldern, an Mülldeponien usw.; rastet auf Hafenmolen oder entlegenen Inseln, zu denen sie in großer Höhe, oft in Formation fliegt, segelt bei Hochdruckwetter häufig in großer Höhe, brütet oft kolonieweise auf küstennahen Inseln, Klippen oder an Seen, manchmal aber auch in Einzelpaaren. Ernährung vielseitig, von Fisch über Krebstiere, Regenwürmer, Abfall, Verkehrsopfer bis zu Eiern und Küken anderer Vögel.

KENNZEICHEN Vierjahres-Möwe (s. S. 178); von allen anderen häufigen Arten unterschieden durch *bedeutendere Größe* und *hellgraue Oberseite* (vgl. kleinere Sturmmöwe), jedoch mit Ausnahme von Mittelmeer- und Steppenmöwe (Unterschiede s. dort), im Vergleich zu diesen Flügel aber nicht so lang und spitz mit bei stehenden Vögeln geringerer Handschwingenprojektion und eher kompakt wirkend. Zur Gefiederentwicklung und Altersbestimmung s. Tafel, beachte aber individuelle Variation. Graue Federn der Oberseite erscheinen erst ab 2em W, daher im 1en W und 1en S schwerer von Herings- und Mantelmöwe (S. 190) unterscheidbar; *Kopf* im PK weiß, *ab Herbst* (Sept.-Jan.) *kräftig graubraun gestrichelt,* Schnabel im JK/1en W zunächst dunkel mit variabel heller Basis und allmählich heller werdend, bei ad. gelb mit orangerotem Fleck; Iris im JK dunkelbraun, allmählich heller werdend, bei ad. hellgelb (mit gelbem oder orangefarbenem Lidring), *Beine in allen Kleidern rosa* (aber s. u.).– Vögel Westeuropas und Islands (Unterart *argenteus*) relativ klein, rundköpfiger und mit heller grauem Mantel sowie mehr Schwarz und weniger Weiß in der Flügelspitze; Vögel Skandinaviens sowie der Nord- und Ostsee *(argentatus),* die teilweise in Westeuropa überwintern, etwas größer, mit etwas dunklerem Mantel, bei Extremformen Flügelspitze wenig Schwarz und viel Weiß zeigend; Vögel des östlichen Baltikums wie *argentatus,* aber lokal mit gelblicheren oder gelben Beinen (var. *„omissus"*) und damit zur Verwechslung mit Steppen- und Mittelmeermöwe einladend, aber an kompakter Gestalt, hellem Auge, viel Weiß in Flügelspitze sowie im SK gestricheltem Kopf unterscheidbar.

Silbermöwe

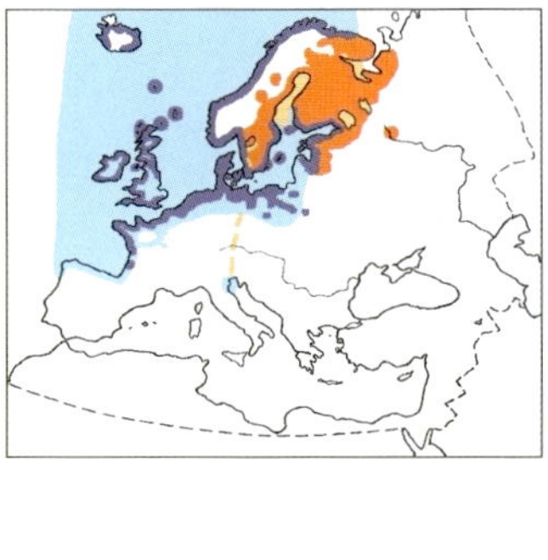

STIMME Warnruf durchdringend, wiederholt „kiou", beunruhigt kennzeichnend „gag-ag-ag"; „jauchzender" Balzruf laut, tief und schallend „aau… kjA-kjA-kjA-kjA-kjA-kjA… kjAU".

KANADAMÖWE A

American Herring Gull *Larus smithsonianus*

L 52-58 cm, S 120-144 cm. Früher als nordamerikanische Unterart der Silbermöwe betrachtet, aber wegen deutlich verschiedenem Jugend- und ersten Winterkleid und genetischer Unterschiede nun als eigene Art geführt. Ausnahmeerscheinung in Westeuropa.

KENNZEICHEN Vierjahres-Möwe (s. S. 178); der Silbermöwe extrem ähnlich und Altvögel oft ununterscheidbar.– JK: Durchschnittlich *dunkler* als juvenile Silbermöwe, *Schwanz fast komplett schwarz* (feine helle Bänderung allenfalls auf Seiten und Basis), *Bürzel und Ober- wie Unterschwanzdecken dicht dunkel gebändert,* kaum zum schwarzen Schwanz kontrastierend, *Kopf und Unterseite* nicht wie bei Silbermöwe gestrichelt bis gefleckt, sondern *fast einfarbig dunkelbraun.*– 1er W: Typische Vögel mit deutlichem *Kontrast zwischen weißlichem Kopf und weiterhin einfarbig brauner Unterseite,* Schnabelmuster ähnlich Eismöwe mit *rosa Basis und dunkler Spitze,* manche aber ähnlich Silbermöwe. Mit zunehmendem Alter der Silbermöwe immer ähnlicher, einzelne Vögel oft nur von Spezialisten oder überhaupt nicht unterscheidbar.

STIMME Sehr ähnlich Silbermöwe, aber „Jauchzen" vielleicht etwas schneller und höher.

Vergleich zwischen typischer juveniler Kanada- und Silbermöwe sowie sehr dunkler juveniler Heringsmöwe

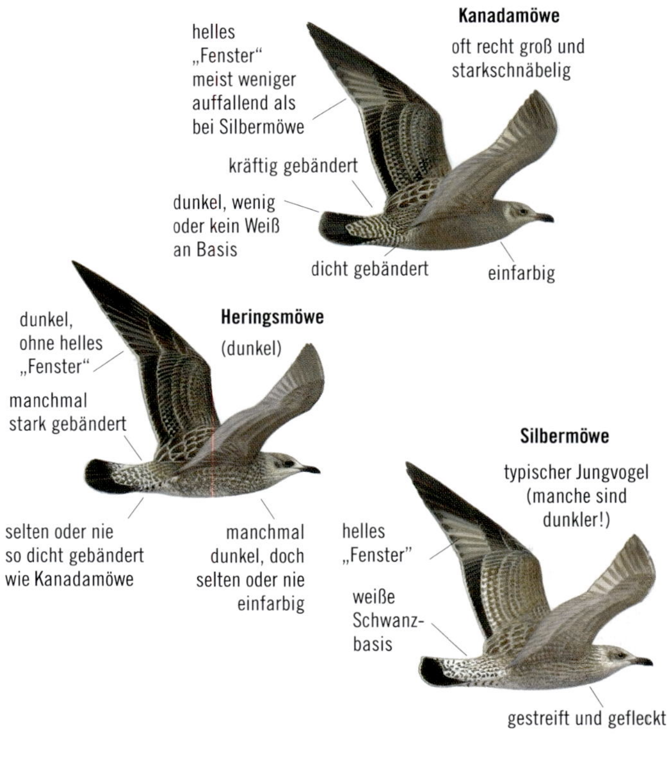

SILBERMÖWE

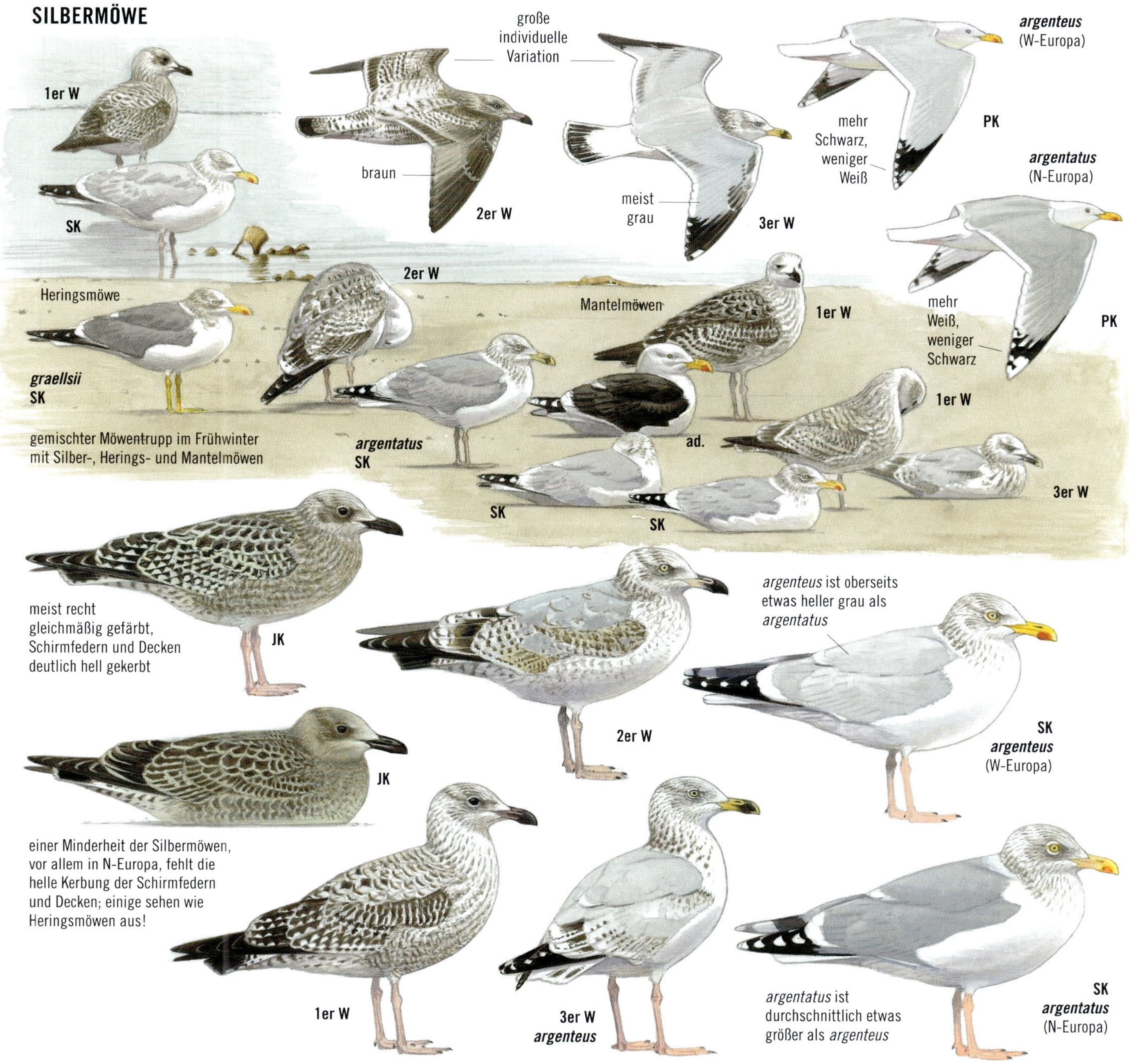

KANADAMÖWE

MITTELMEERMÖWE BZW

Yellow-legged Gull *Larus michahellis*

L 52-58 cm, S 120-140 cm. Lebensweise ähnlich Silbermöwe. Jahresvogel, vielerorts zunehmend, auch in Deutschland, hat sich entlang der französischen Atlantikküste und vom nördlichen Mittelmeer ausgehend im mitteleuropäischen Binnenland nach Norden ausgebreitet; erscheint ab Juli weit nördlich des Brutgebiets.

KENNZEICHEN Vierjahres-Möwe (s. S. 178), adulte und fast adulte sehr ähnlich Silber- und Steppenmöwe, jüngere unausgefärbte mehr wie Heringsmöwe (und Steppenmöwe). Adulte zeigen im Vergleich zur Silbermöwe *im SK einen weißeren* Kopf (Strichelung auf Nacken und Augenumgebung konzentriert, aber variabel und hellste Vögel in Osteuropa), *ganzjährig gelbe Beine* und oft alle oder einige der folgenden Kennzeichen: im Flug *etwas längere Flügel,* kräftigerer Schnabel mit stark gebogener Spitze und meist deutlichem Gonyseck, *Handschwingenspitzen ausgedehnter schwarz mit weniger Weiß,* oft auf Oberschnabel reichender *größerer roter Gonysfleck, etwas dunkler grauer, weniger bläulicher Mantel, nasalere Rufe.* Im JK und 1en W abweichend von gleich alter Silbermöwe *Kopf heller mit angedeuteter dunkler Maske, kräftiger Schnabel ganz dunkel, heller Bürzel, saubere schwarze Schwanzbinde, hellere Unterseite, fehlendes oder nur schwach angedeutetes helles Fenster auf inneren Handschwingen, recht dunkle Unterflügeldecken* und *lange Flügel.* Vgl. Steppenmöwe.– Variation: Vögel der Atlantischen Inseln (Unterart *atlantis*), besonders ausgeprägt auf den Azoren, haben noch *dunkleren Mantel,* fast so dunkel wie Heringsmöwen der Unterart *graellsii,* im SK durch dichte dunkle Kopfstrichel hervorgerufene angedeutete Kapuze, sind etwas kleiner und kurzflügeliger; im JK und unausgefärbt recht dunkel, ähnlich Herings- und Kanadamöwe. Westiberische Vögel *(„lusitanius")* tendenziell kleiner und mit weniger Schwarz in Flügelspitze.

STIMME Alle Rufe nasal, tief, eher an Herings- als an Silbermöwe erinnernd.

ARMENIENMÖWE –

Armenian Gull *Larus armenicus*

L 50-56 cm, S 115-135 cm. Eng mit der Mittelmeermöwe verwandt, brütet an Bergseen von der Türkei bis in den nordwestlichen Iran, überwintert hauptsächlich von Nordisrael bis zur Sinaiküste, aber auch an der Golfküste und selten im übrigen Arabien.

KENNZEICHEN Vierjahres-Möwe (s. S. 178); etwas kleiner als Mittelmeermöwe mit *kürzerem Schnabel* und etwas längeren Beinen, *Kopf mehr gerundet* statt mit flacherem Scheitel und eckigem Hinterkopf. Auch im PK oft schwarze Binde vor Schnabelspitze (aber nicht immer), diese im SK meist deutlicher ausgebildet als bei Mittelmeermöwe. *Iris durchschnittlich dunkler,* Mantel etwas dunkler grau, Schwarz auf der Flügelspitze ausgedehnter mit weißem Fleck vor der Federspitze gewöhnlich nur auf der äußeren Handschwinge. Unausgefärbte Vögel sind Mittelmeermöwen so ähnlich, dass sie nur an Größe und Struktur unterscheidbar sind (kleiner, rundköpfig, kurzschnäbelig, hochbeiniger).

STIMME Rufe ähnlich Mittelmeermöwe (und teilweise Heringsmöwe), zwar recht nasal und tief, doch etwas höher und schneller, manchmal vage an Sturmmöwe erinnernd.

KORALLENMÖWE A

Audouin's Gull *Larus audouinii*

L 44-52 cm, S 117-128 cm. Seltene Möwe, Bestand im westlichen Mittelmeerraum seit einigen Jahren aber wieder stark zunehmend; brütet einzeln oder in Kolonien auf kleinen Felsinseln; stark küsten- bzw. meeresgebunden, gern an Felsküsten, Buchten oder Sandstränden mit starker Brandung; Nahrung fast ausschließlich Fische, die im Flug knapp unter der Wasseroberfläche oder flach tauchend erbeutet werden, ernährt sich zunehmend vom Beifang der Fischerboote.

KENNZEICHEN Vierjahres-Möwe (s. S. 178); etwas kleiner und von grazilerer Gestalt als Silbermöwe; *Schnabel kürzer und stumpfer* mit bis zu den Nasenlöchern reichender Befiederung, *Stirn flacher ansteigend, Hals* bei Beunruhigung *länger;* fliegt auf *längeren, schmaleren Flügeln* eleganter und mit häufigeren Gleitstrecken; Schnabel beim stehenden Vogel oft leicht abwärts gerichtet. Im Brutgebiet nur mit ad. Mittelmeermöwe zu verwechseln, von dieser unterschieden durch *dunkelroten* (von Weitem schwarz wirkenden) *Schnabel, sehr dunkle Iris, dunkelgraue oder grünliche Beine* (oft auch im Flug sichtbar), *deutlich heller grauen* und etwas zweifarbig wirkenden *Oberflügel mit nur sehr schmalem weißem Flügelhinterrand, kleinen weißen* (wie Perlen aufgereihten) *Handschwingenspitzen* und *sehr kleinem weißem Fleck vor Flügelspitze.*– JK-1er S: JK ähnlich Mittelmeer- und Heringsmöwe, aber Unterflügel mit *dunkel gebänderten Flügeldecken, dunklen Schwungfedern* und *hellem mittlerem Flügelfeld* kontrastreicher gemustert, *Bürzel dunkel, weiße Oberschwanzdecken auffälliges „U" bildend; Steuerfedern weitgehend schwarz mit breit weißen Spitzen,* hintere Flanken meist dunkel; *Beine dunkelgrau; zwei Drittel des Schnabels grau, Spitze schwarz und höher als Schnabelbasis;* hellgraue Mantel- und Schulterfedern erscheinen bereits Feb.-Mai.– 2er W/2er S: Erkennbar an *hellgrauer Oberseite,* „sauberem" Flügelmuster mit *dunklem, klar abgesetztem Armschwingenfeld, schmaler schwarzer Schwanzendbinde* und *dunklen Beinen.*– 3er W/3er S: Wie ad., aber etwas Schwarz auf Handdecken, vor Flügelspitze kein weißer Fleck, Schwanzendbinde manchmal angedeutet.

STIMME Ruft zur Brutzeit nasal „gleh-i-eh", tief warnend „ug-ug-uk" und rau endlos wiederholt „arch".

Mittelmeermöwe

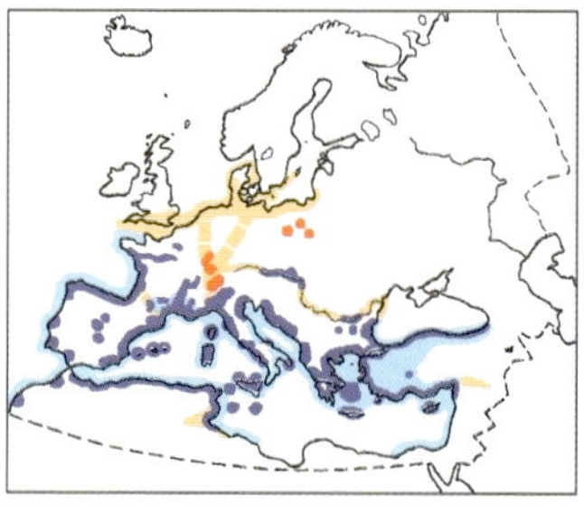

Armenienmöwe

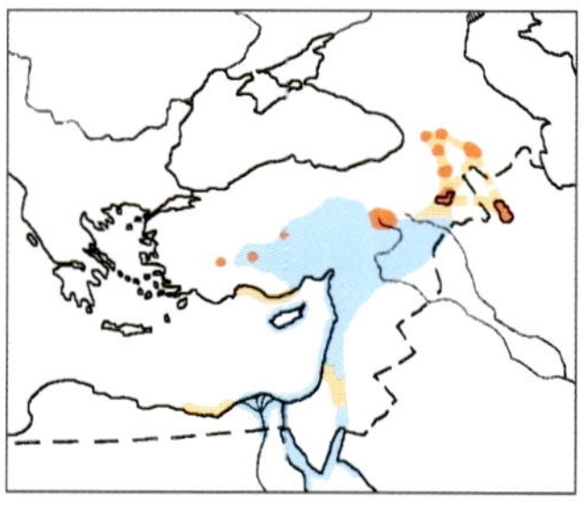

Korallenmöwe

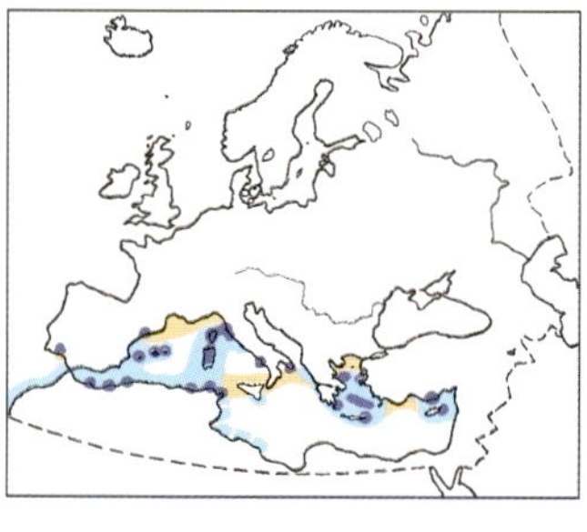

MITTELMEERMÖWE

ARMENIENMÖWE

KORALLENMÖWE

KM

STEPPENMÖWE bZW

Caspian Gull *Larus cachinnans*

L 55-60 cm, S 138-147 cm. Nah verwandt mit Mittelmeer- und Silbermöwe, inzwischen jedoch als selbstständige Art betrachtet. Brütete ursprünglich von den Küsten und Zuflüssen des Schwarzen und Kaspischen Meeres ostwärts bis zu den mittelasiatischen Steppenseen, hat sich in letzter Zeit mit lokalen Brutvorkommen westwärts bis Mitteleuropa ausgebreitet und erscheint hier auch zunehmend nach der Brutzeit. Hybridisiert gelegentlich mit Silber- und Mittelmeermöwe (Bruterfolg wenig untersucht). Koloniebrüter, bevorzugt kleine Inseln und flache Ufer, während Mittelmeermöwen eher an Klippen und auf Gebäuden brüten (aber z. B. in der Camargue auch auf flachen Inseln).

KENNZEICHEN Vierjahres-Möwe (s. S. 178). Etwa so groß wie Mittelmeer- oder Silbermöwe, doch im Vergleich zur Silbermöwe etwas *schlanker, kleinköpfiger, hochbeiniger* und *langflügeliger* mit *flacherer Stirn* und recht *eckigem Hinterkopf.* Steht oft aufrechter als andere Möwen, entweder mit gestrecktem Hals oder *vorgereckter Brust* und ziemlich *niedrig gehaltenen* Flügeln. Schnabel lang, gleichmäßig schlank mit dünner Spitze, *ohne auffälliges Gonyseck.* Außerhalb der Brutzeit *Schnabel* bei ad. ziemlich *blass gelbgrün, Beine* blass gelblich rosa, *blasser als bei Silbermöwe.* Roter Gonysfleck auf Unterschnabel beschränkt (vgl. Mittelmeermöwe), *Auge oft dunkel* (bei 75 % der Individuen deutlich dunkler als bei Mittelmeer- und Silbermöwe). Verglichen mit Mittelmeer- und Armenienmöwe *Mantel heller grau,* etwa wie bei Silbermöwe der Nominatform; *Flügelspitze weniger ausgedehnt schwarz, mehr weiße Flecke vor der Federspitze und längere weiße „Zungen"* auf den Fahnen. Im SK oft durch *fast ganz weißen Kopf* (feine Strichelung um Auge und auf Scheitel nur aus der Nähe erkennbar), dunkles Auge und oben beschriebene strukturelle Unterschiede auffallend.– JK: *Weißlicher Kopf* mit dunkler, *graubrauner „Boa"* um unteren Hinterhals, *ganz schwarzer Schnabel, weißlicher Bürzel* und *saubere schwarze Schwanzbinde*; Körper unterseits hell graubraun und *Unterflügeldecken durchschnittlich heller* als bei gleichaltriger Mittelmeermöwe (doch manchmal ähnlich), innere Handschwingen etwas blasser braun als äußere, ein undeutliches helles Fenster bildend, aber weniger auffällig als bei Silbermöwe; Schirmfedern variabel, von eher einfarbig dunkel mit breit weißen Spitzen bis dunkel mit schmaleren weißen Spitzen, manchmal mit dünner Musterung vor den Spitzen; Große Armdecken gewöhnlich fein gemustert, manchmal mit wie bei der Mittelmeermöwe ein dunkles Feld bildenden Basen oder die Andeutung von hellen Flügelbinden betonend.– 1er W: Mausert wie Mittelmeermöwe recht früh (ab Okt.) und legt zunehmend graue Federn mit dunklen Flecken oder Ankerzeichnung auf Mantel und Schulterfedern an, wobei Körper, Kopf und Hals weißlicher werden; Schnabel wird angedeutet zweifarbig mit meist etwas hellerer Basis.– 2er W: Ähnlich 1er W, *Schnabel deutlicher zweifarbig*, die inneren zwei Drittel blass rosabraun; zum Winterende erste dem Alterskleid ähnliche Federn des zweiten Sommerkleids: auf *Oberseite grau ohne oder mit wenigen dunklen Abzeichen, Schirmfedern hellgrau mit weißen Spitzen* und variablem Anteil weniger dunkler Flecke.– 3er W: Flügelzeichnung wie ad., doch dunkle Schnabelbinde vor Spitze, einzelne dunkle Abzeichen auf Handdecken, Schwanz und Schirmfedern.

STIMME Jauchzt mit angehobenen Flügeln, Klang höher, mit „kindlicher" Stimme und schneller als Mittelmeermöwe, manchmal verglichen mit Stakkatofolge von Seelöwe oder Esel.

Steppenmöwe

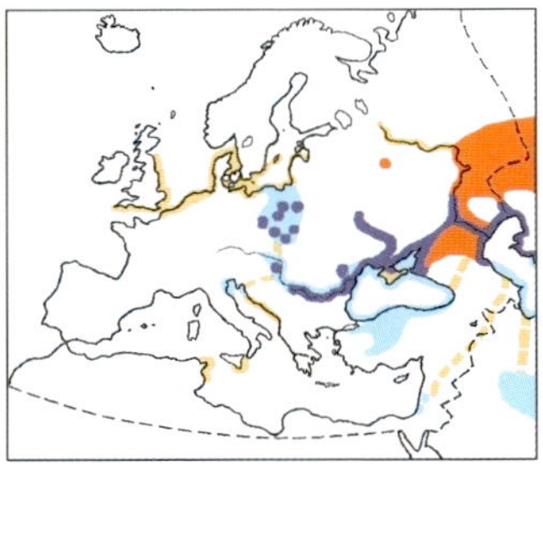

Fischmöwe

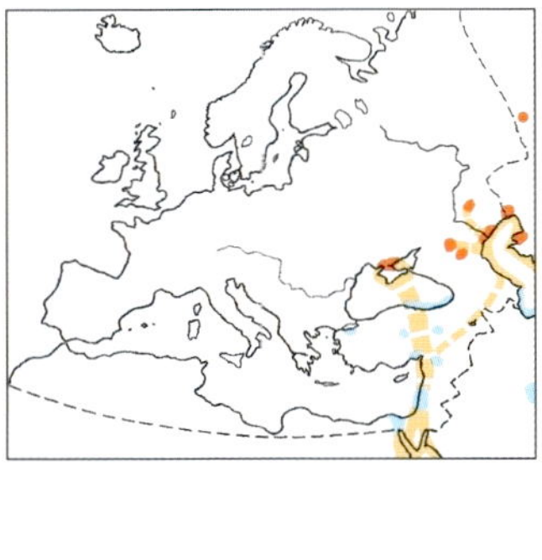

FISCHMÖWE A

Pallas's Gull *Larus ichthyaetus*

L 58-67 cm, S 146-162 cm. Ganz offensichtlich keine weißköpfige Möwe, aber an dieser Stelle behandelt, da sie sehr groß ist und unausgefärbte Vögel überwiegend weißliche Köpfe besitzen. Brütet in Kolonien in Feuchtgebieten, auf Inseln usw. vom Schwarzen Meer bis Mittelasien; seltener, aber regelmäßiger Wintergast im Nahen Osten, in Mitteleuropa selten; Nahrung vorwiegend Fische, Krebstiere, Muscheln, Insekten (auch schwärmend im Flug erbeutet), Kleinsäuger usw.

KENNZEICHEN Vierjahres-Möwe (s. S. 178), aber Gefiederentwicklung ähnlich einer Dreijahres-Möwe; so groß wie Silbermöwe oder größer, aber etwas schlanker und *langflügeliger* mit *langer, flach ansteigender Stirn,* die *langen und schweren Schnabel* betont; im Flug etwas schmalflügeliger als andere Großmöwen und mit voller Brust, langem Kopf und großem Schnabel vorderlastig wirkend; im PK durch *beträchtliche Größe* und *schwarze Kapuze* unverkennbar, stehende Vögel in anderen Kleidern leicht für Steppenmöwen zu halten, doch *schwarze Maske und weiße Augenklammern* auffällig; beachte, dass auch andere Großmöwen durch Ölverschmutzung dunkle Kopfpartien zeigen können und daher immer weitere Merkmale (s. u.), vor allem Flügel- und Schwanzmuster, überprüft werden müssen.– Ad.: *Handflügel weiß mit schwarzem Querband vor Flügelspitze,* Schnabel gelb (im Sommer zur Spitze hin rot) mit schwarzer Binde, Beine gelblich.– JK: Oberseits braun geschuppt, braune Brust oder Brustseiten zu sonst *weißer Unterseite* kontrastierend, auffällig *hellgraues Flügelfeld auf Großen Armdecken, Unterflügeldecken weiß, klar abgesetzte, breit schwarze Schwanzendbinde,* Schnabel hell mit dunkler Spitze, Beine gräulich oder bräunlich-fleischfarben.– 1er W/1er S: Wie JK, aber *Oberseite ähnlich ad. hellgrau, Hinterhals dunkel,* Schnabel und Beine im 1en S oft etwas gelblich (insgesamt riesiger Schwarzkopfmöwe im 1en W ähnlich).– 2er W/2er S: Wie ad., aber Handflügel ausgedehnter schwarz, schmale schwarze Schwanzendbinde.– 3er W/3er S: Wie ad., aber etwas mehr Schwarz in Flügelspitze, manchmal Spuren der Schwanzendbinde.

STIMME In Brutkolonien stimmfreudig; ruft tief, recht nasal „aagh", ähnlich Heringsmöwe; außerhalb der Brutzeit meist stumm.

STEPPENMÖWE

FISCHMÖWE

KM

MANTELMÖWE

bJZW

Great Black-backed Gull *Larus marinus*

L 61-74 cm, S 144-166 cm. Brütet an Küsten einzeln oder in kleinen Kolonien, oft in großer Höhe auf Felsinseln, lokal auch an größeren Seen; überwiegend Standvogel; Nahrung Fische, Abfälle, Vögel, raubt Meeresvögeln oft die Nahrung.

KENNZEICHEN Vierjahres-Möwe (s. S. 178); *größte Möwe* mit schwerem Körper, dickem Hals, *sehr mächtigem Schnabel* und *majestätischem Flug mit langsamen Flügelschlägen. Schwärzliche Oberseite* (ab Frühjahr des 3en KJ) und *Größe* weisen sofort auf diese Art (oder Heringsmöwe, s. dort). Bis zum 2en W ohne schwarze Mantelfedern, dann schwer von Silbermöwe zu unterscheiden. Aufhellung der Schnabelfarbe von schwarz im JK/1en W bis gelb mit orangefarbenem Schnabelfleck bei ad., der Iris von braun im JK bis gelblich grau bei ad. mit rotem Lidring; *Beine in allen Kleidern fleischfarben.* Bei ausreichenden Beobachtungsbedingungen Altersbestimmung der immat. Vögel anhand des Flügel- und Schwanzmusters möglich.– JK: Gefieder sauber gemustert, Schulterfedern und Schirmfedern mit schwarzen Zentren, Kopf gefleckt.– 1er W: Ähnlich JK, aber Schulterfedern eher gebändert, Kopf etwas heller.– 2er W: Ähnlich 1er W, aber Flügeldecken schwächer gefleckt, Große Armdecken recht einfarbig oder fein gemustert, Schnabelbasis meist aufgehellt; schwarze Schulter- und teilweise Mantelfedern erscheinen durch Frühjahrsmauser im 3en KJ (2er S).– 3er W: Flügeldecken größtenteils schwarz, wenige noch gebändert.– 4er W: Viele wie ad., einige mit immat. Spuren auf Flügeldecken, Schwanz und Schnabelspitze.

STIMME Wie Heringsmöwe und Silbermöwe, aber *viel tiefer* und immer typisch *rau kratzend*; „lachender" Balzruf langsamer und kürzer.

HERINGSMÖWE

BZ

Lesser Black-backed Gull *Larus fuscus*

L 48-56 cm, S 117-134 cm. Koloniebrüter an Küsten und Seen; zieht aus Nord- und Osteuropa entlang großer Flüsse nach Afrika, in Westeuropa Stand- und überwiegend Zugvogel, nur wenige überwintern auf der Nordsee.

KENNZEICHEN Vierjahres-Möwe (s. S. 178), aber baltische Vögel oft früher ausgefärbt. *Schwärzliche Oberseite* ab 2em W erscheinend und dann nur noch mit Mantelmöwe zu verwechseln, aber unterschieden durch *geringere Größe* (wie Silbermöwe oder etwas kleiner), *schlankeren Körper, längere und spitzere Flügel* und *schlankeren,* schwächeren *Schnabel;* ad. erkennbar an *gelben* (nicht rosa) *Beinen, viel weniger Weiß* vor Flügelspitze und kleineren weißen Handschwingenspitzen, also *ohne durchgehend weißen Hinterrand des Handflügels,* in Westeuropa deutlich graue Kopffleckung im SK (bei Mantelmöwe Kopf weiß oder schwach gestrichelt). Im 1en W schwerer von Mantel- und vor allem Mittelmeer-, Steppen- und Silbermöwe unterscheidbar. Allmähliche Aufhellung des Schnabels von schwarz im JK bis gelb mit rotem Fleck bei ad., der Iris von braun im JK bis gelb bei ad. (mit rotem Lidring) und der Beine von rosa im JK bis gelb bei ad.; zur Altersbestimmung von Großmöwen s. Mantelmöwe.– Vögel im 1en S verweilen meist im Winterquartier, daher im Brutgebiet selten zu sehen.– Variation: Vögel Westeuropas und Islands (ssp. *graellsii)* mit schiefergrauem, zu schwärzeren Flügelspitzen kontrastierendem Mantel, recht kompakt ähnlich Silbermöwe gebaut, Standvögel oder ziehen bis Westafrika.– Vögel Südwestskandinaviens (ssp. *intermedius)* mit dunkel schwärzlich grauem Mantel, oft mit schwachem Kontrast zur ganz schwarzen Flügelspitze, überwintern häufig in Westeuropa und südwärts bis Westafrika. Baltische Vögel (ssp. *fuscus)* überwintern im Nahen Osten und vor Ostafrika, zeigen bräunlichschwarzen, sich kaum von Flügelspitzen abhebenden Mantel, im SK viel schwächere Kopfstrichelung und wirken durchschnittlich eleganter, langflügeliger, mit größerer Handschwingenprojektion (aber variabel, manche ♂ in der Gestalt ähnlich *intermedius* oder gar Silbermöwen-♀).– Nordrussische Vögel *(heuglini;* Tundramöwe) sind oberseits schiefergrau ähnlich *graellsii,* aber etwas langflügeliger, sowie im Unterschied zu *fuscus* etwas größer, massiger und hochbeiniger, beginnen aber wie diese spät mit der Herbstmauser.

STIMME Alle Rufe wie Silbermöwe, aber merklich *tiefer und nasaler,* an Mittelmeermöwe erinnernd.

MANTELMÖWE

KM

HERINGSMÖWE

graellsii

„BALTISCHE HERINGSMÖWE“ *fuscus*

„TUNDRAMÖWE“ *heuglini*

KM

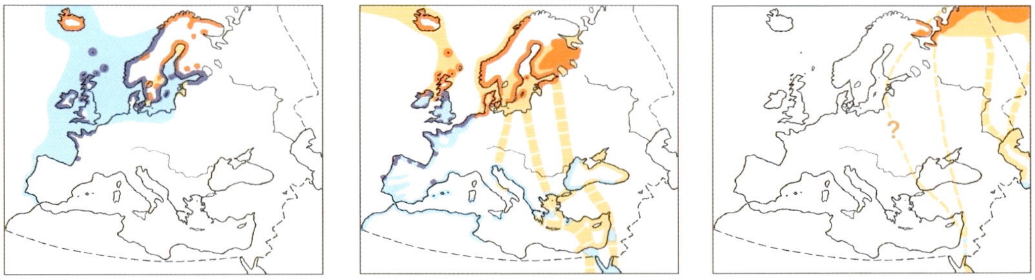

ROSENMÖWE A

Ross's Gull *Rhodostethia rosea*

L 29-32 cm, S 73-80 cm. Hocharktischer Brutvogel Nordsibiriens und Nordamerikas; in Europa sehr seltener Gast.

KENNZEICHEN Zweijahres-Möwe (s. S. 178). Etwas größer als Zwergmöwe, mit *längeren, spitzeren Flügeln und langem, keilförmigem Schwanz*.– PK: Dünner *schwarzer Halsring,* Unterseite rosa überhaucht, weißer Flügelhinterrand *breiter als bei Zwergmöwe* und *vor Flügelspitze endend*.– SK: Wie PK, aber statt Halsring kleiner dunkler Fleck auf Ohrdecken und vor Auge, Scheitel, Hals und Brustseiten hellgrau, Unterseite oft weiß.– 1er W: Oberflügel mit dunklem Zickzackband wie Zwergmöwe, aber weniger Schwarz auf Handschwingen, ohne dunkle Armschwingen, dadurch *großer weißer Flügelkeil,* der unterseits zu *aschgrauen Unterflügeldecken* kontrastiert; ohne Schwanzendbinde und schwarzen Scheitelfleck; manchmal Halsring im 1en S.

STIMME Als Gast meist stumm.

ZWERGMÖWE bZ

Little Gull *Hydrocoloeus minutus*

L 24-28 cm, S 62-69 cm. Brütet in meist kleinen Kolonien an Süßwasserseen, überwintert in Westeuropa und im Mittelmeerraum; zieht im April/Mai und von Aug. bis Okt. entlang Küsten oder großer Flüsse; pickt seeschwalbenartig Nahrung von der Wasseroberfläche und jagt Insekten im Flug; Nest meist in Vegetation im Flachwasser.

KENNZEICHEN Dreijahres-Möwe (s. S. 178); sehr klein und grazil (Größe ca. zwei Drittel der Lachmöwe), mit schnellen Flügelschlägen und erratischerer Flugweise; bei ad. *schwärzliche Unterflügel* und kontrastierende hellgraue Oberflügel auffallend; *weißer, ganze Flügelspitze einrahmender Flügelhinterrand* lässt *Flügelspitze rund* erscheinen.– PK: *Schwarze Kapuze,* Schnabel rötlich braun (wirkt schwarz), Beine karminrot, Unterseite rosa überhaucht.– SK: Schwarzer Ohrfleck, Scheitel schwärzlich, Unterseite weiß, Schnabel schwarz, Beine matt rot.– JK: Kopf, Mantel und Rücken ausgedehnt schwärzlich braun gemustert, Oberflügel mit *dunklem Zickzackband* und diffus dunklem Armschwingenfeld, dunkle Schwanzendbinde, Unterflügel weiß (mit nur kleinem dunklem Fleck am inneren Armflügel-Hinterrand), Schnabel schwarz, Beine rosa.– 1er W: Kopf und Körper wie SK, restliche Partien wie JK.– 1er S: Wie 1er W oder mit partieller oder kompletter Kapuze; Flügel oft stark abgenutzt und Zickzackband ausgeblichen hellbraun, Schwanzendbinde oft in der Mitte unterbrochen.– 2er W/2er S: Wie ad., aber *Oberflügelspitze noch variabel schwarz markiert, Unterflügeldecken heller.*

STIMME Ruft kurz, hart, nasal, auch schnell wiederholt „keck"; balzt rhythmisch „KJÄ-ki-KJÄ-ki-KJÄ-ki-…".

DREIZEHENMÖWE BJZW

Black-legged Kittiwake *Rissa tridactyla*

L 37-42 cm, S 93-105 cm. Koloniebrüter, mancherorts mehrere Zehntausend Paare an Steilklippen (z. B. Helgoland); häufig nahe Fischereihäfen, auf dem Meer hinter Fischerbooten; Nahrung Wirbellose und Fische, auch Fischabfälle.

KENNZEICHEN Dreijahres-Möwe (s. S. 178), wenig größer als Lachmöwe mit leicht eingekerbtem Schwanz und kurzen Beinen; Flugweise mit steifen, schnellen Flügelschlägen und schmalem Handflügel.– Ad.: *Flügelspitze einfarbig schwarz,* Oberseite dunkelgrau, *zur schwarzen Flügelspitze hin aufgehellt weiß,* dadurch Flügel dreifarbig wirkend; Schnabel gelblich, Beine dunkelbraun oder schwärzlich (selten rot, orange oder fleischfarben), Kopf im PK weiß, im SK Hinterkopf grau und halbmondförmiger Ohrfleck schwärzlich.– JK-1er S: *Oberflügel mit dunklem Zickzackband,* schwarze Schwanzendbinde; im JK und einige im 1en W mit weißem Kopf, schwarzem Ohrfleck und *Nackenband,* sonst Kopf wie SK; im 1en S Zickzackband oft ausgeblichen, Schnabel matt gelblich mit dunkler Spitze. JK und 1er W ähnlich gleichaltriger Zwergmöwe, aber an Gestalt und Flugweise zu erkennen; Dreizehenmöwe oberseits dunkler grau mit *klarer abgesetztem, großem weißem Flügelkeil*.– 2er W/2er S: Wie ad., aber von Nahem z. B. an schwarzen Kanten der äußersten Handschwingen und Schwarz am Schnabel, im 2en S manchmal am Kopfmuster des SK zu unterscheiden.

STIMME In Kolonien stimmfreudig; häufigster Ruf wiederholt, schnell, nasal „kitt-i-WÄÄik", im Flug kurz, nasal „kja!"; Warnruf kurz, pochend „kt kt kt…".

SCHWALBENMÖWE Z

Sabine's Gull *Xema sabini*

L 30-36 cm, S 80-87 cm. Hocharktischer Brutvogel Nordsibiriens und Nordamerikas; jährlich Sturmgast im Sept./Okt. in der Nordsee, wenn nordamerikanische Vögel (vor Südwestküste Afrikas überwinternd) südwärts über den Atlantik ziehen und durch Nordweststürme verdriftet werden.

KENNZEICHEN Zweijahres-Möwe (s. S. 178); Größe zwischen Zwerg- und Lachmöwe; Gestalt schlank mit langen Flügeln, Schwanz gekerbt; *sehr kontrastreiches Oberflügelmuster* in allen Kleidern kennzeichnend, doch beachte, dass Dreizehenmöwen im 1en W auch aus kürzerer Entfernung ähnlich Schwalbenmöwen erscheinen können und daher weitere Kennzeichen zu überprüfen sind: Im PK mit dunkelgrauer Kapuze, die bis Herbst länger erhalten bleibt als bei anderen schwarzköpfigen Möwen; im SK und 2en W Hinterkopf und Nacken variabel ausgedehnt schwärzlich; im JK (bis Dezember) *Oberseite braungrau und hell geschuppt,* Kopf und Brustseiten ausgedehnt grau *(Kopf wirkt von Weitem dunkel,* bei Dreizehenmöwe dagegen weiß), *Flugweise* etwas *leichter* als bei Dreizehenmöwe.– 1er S (kaum in Europa zu sehen): Wie ad., aber Kopf wie im SK oder mit partieller Kapuze.

STIMME Ruft ähnlich Seeschwalben pfeifend „prrih".

Zwergmöwe

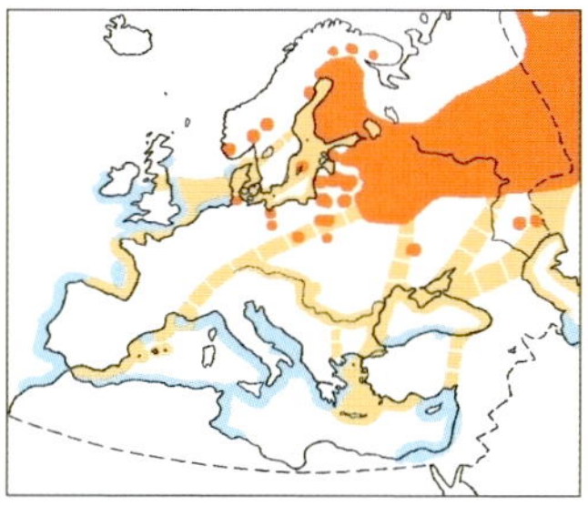

Dreizehenmöwe

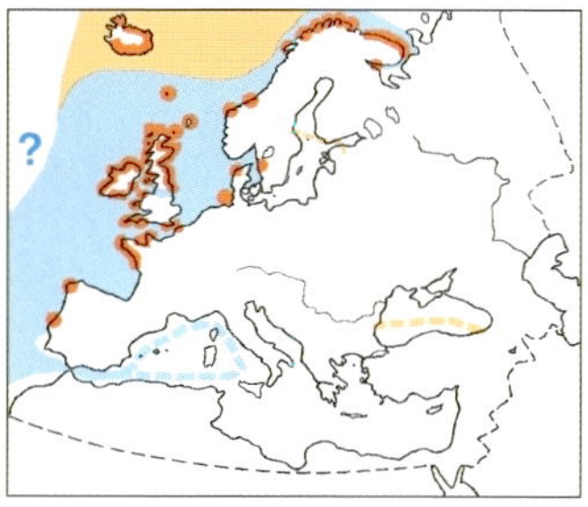

Schwalbenmöwe

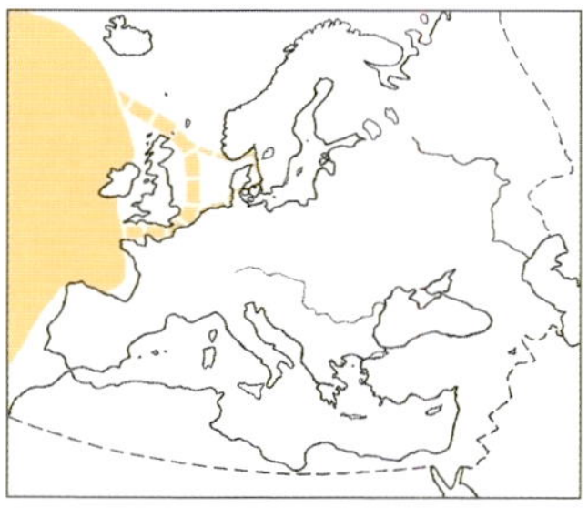

ROSENMÖWE

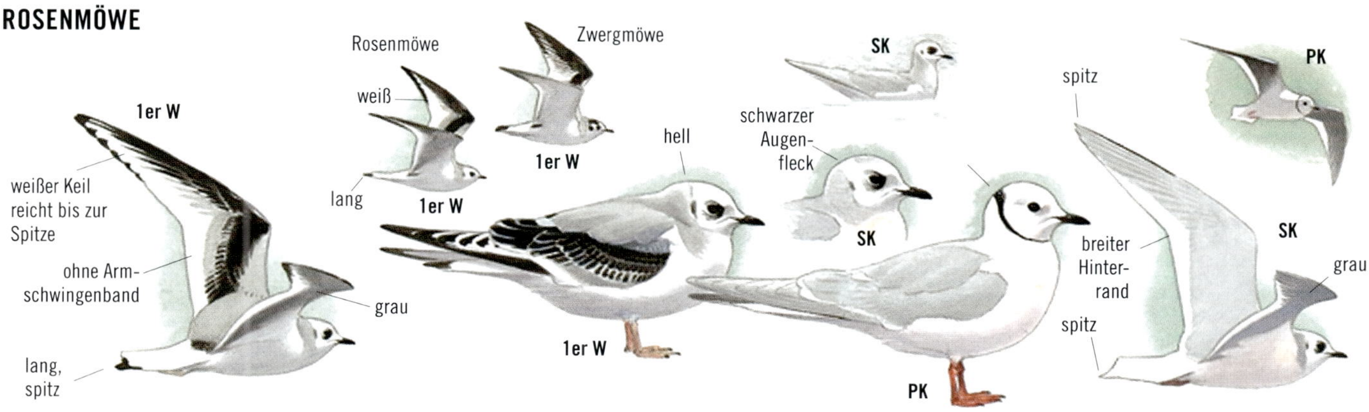

ZWERGMÖWE

DREIZEHENMÖWE

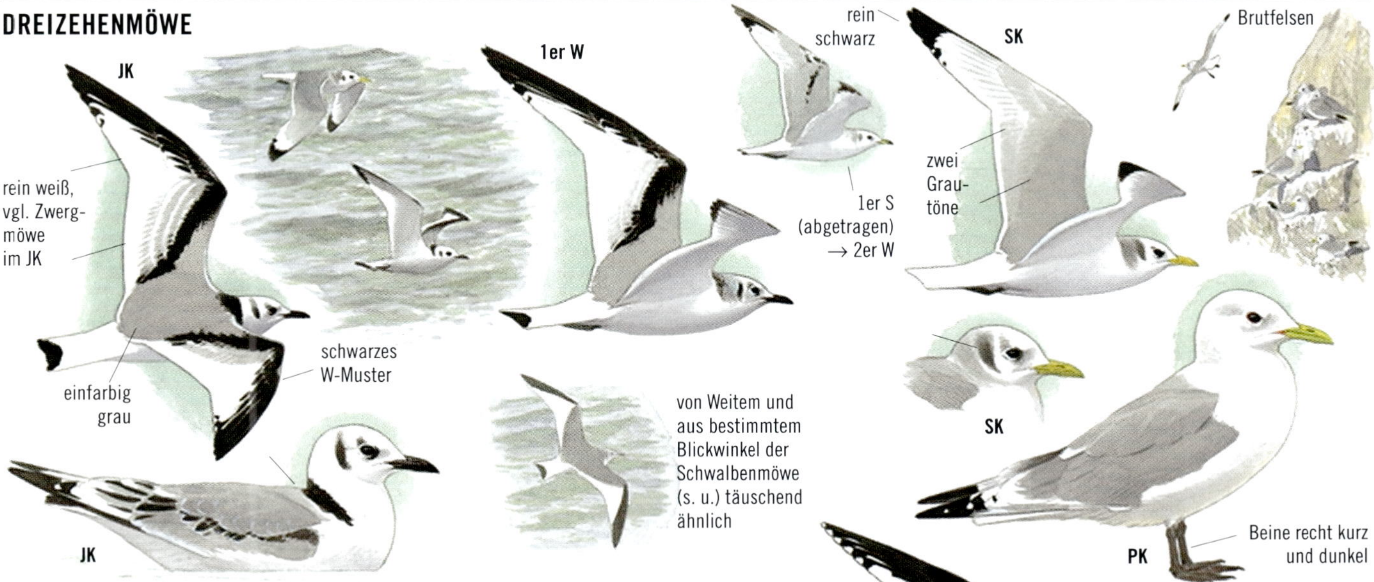

SCHWALBENMÖWE

EISMÖWE A

Glaucous Gull *Larus hyperboreus*

L 63-68 cm, S 138-158 cm. Brütet einzeln oder in lockeren Kolonien an Klippen und auf offenen Flächen in Küstennähe; im Winter selten südlich der Brutgebiete. Nahrung im Sommer vorwiegend Fische, Eier und Jungvögel, im Winter Fischreste in Häfen und Abfälle.

KENNZEICHEN Vierjahres-Möwe (s. S. 178); von allen *Großmöwen* haben nur Eis- und Polarmöwen *rein weiße Handschwingen;* ad. oberseits heller grau als Silbermöwe, im 1en W und 2en W frisches Gefieder recht *einfarbig hell ockerbraun* oder milchkaffeefarben mit diffuserer und dünnerer Bänderung der Oberseite als bei anderen Großmöwen; in allen Kleidern *unmarkiert* helle oder weiße Handschwingen kennzeichnend, vor allem unterseits auffällig und durchscheinend wirkend (Vorsicht bei mausernden Silbermöwen im Herbst); Eis- und Polarmöwe aufgrund ähnlicher Gefiederfärbung in allen Kleidern nur an Größe, Struktur, Schnabelmuster (1er W) und -färbung (3er W und einige ad.) unterscheidbar, bei guten Beobachtungsbedingungen Bestimmung meist einfach: Eismöwe *etwas oder deutlich größer, langbeiniger und schwerer als Silbermöwe,* mit großem Schnabel, kleinem Auge, flach ansteigender Stirn und oft eckigem Hinterkopf eher „grimmigen" Gesichtsausdruck vermittelnd; *Schnabellänge entspricht etwa Länge der (kurzen) Flügelprojektion oder ist etwas länger;* im Vergleich zur Polarmöwe Flügel proportional breiter, Hals länger, Kopf größer und Flugweise schwerfälliger; Unterscheidung im 1en W anhand des kennzeichnenden Schnabelmusters einfacher: Schnabel zu *zwei Dritteln rosa mit scharf abgesetzter schwarzer Spitze* (bei Polarmöwe Spitze ausgedehnter schwarz und weicher in oft nur etwas hellere Basis übergehend). Lidring bei ad. gelb (bei Polarmöwe rötlich). Gelegentlich auftretende kleine oder klein wirkende Eismöwe bzw. groß wirkende Polarmöwe am besten an Schnabelmuster (im 1en W) und Schnabellänge im Verhältnis zur Flügelprojektion zu unterscheiden.– Vorsicht bei ganz weißen, albinotischen Möwen anderer Arten, leukistischen immat. Silber- und Mittelmeermöwen und Hybriden zwischen Eis- und Silbermöwen; albinotische Möwen sind jedoch selten ganz weiß, Eis- und Polarmöwen dagegen nie rein weiß (können aber im 1en S oder 2en S ausgeblichen sein und von Weitem sehr weiß wirken); bei leukistischen immat. Möwen und Hybriden sind äußere Handschwingen, Armschwingenfeld oder Schwanzendbinde zumindest etwas dunkler gefärbt als restliches Gefieder; ad. Hybriden zeigen immer dunkle Markierung auf der Flügelspitze, die bei Eismöwe und Nominatform der Polarmöwe nie vorhanden sind.

STIMME Ähnlich Silbermöwe, aber etwas rauer.

POLARMÖWE A

Iceland Gull *Larus glaucoides*

L 52-60 cm, S 123-139 cm. Brütet auf Grönland und in Nordkanada; in Nordwesteuropa im Winter seltener als Eismöwe; Verhalten und Nahrung ähnlich Eismöwe.

KENNZEICHEN Vierjahres-Möwe (s. S. 178); mit *ganz weißen Handschwingen,* in sämtlichen Kleidern sehr ähnlich Eismöwe; ad. mit hellgrauem Mantel und gelbem Schnabel mit rotem Fleck; bei immat. Gefieder fein braun gebändert; *etwas* oder deutlich *kleiner, kurzbeiniger* und leichter *als Silbermöwe,* mit „mittelgroßem" Schnabel, proportional größerem Auge und recht rundlichem Kopf „freundlich" wirkend, im Flug oft kurzhalsig und kleinköpfig erscheinend; *Flügel überragen Schwanz viel weiter als bei Eismöwe, Schnabel deutlich kürzer als Länge der Flügelprojektion;* im 1en W Schnabelmuster kennzeichnend: *schwarze Spitze* über Hälfte des Schnabels *ausgedehnt* und ohne scharfe Grenze *in nur wenig hellere* (matt fleischfarbene oder graue) *Schnabelbasis übergehend;* kennzeichnende Schnabelfärbung bei einigen Vögeln noch im 2en W vorhanden, sonst aber ähnlich Eismöwe gemustert; bei einigen ad. und im 3en W *Schnabel leicht grünlich gelb* getönt (bei Eismöwe immer gelblich ohne Grünton); Lidring bei ad. rötlich.– Variation: Brutvögel im nordöstlichen Kanada (ssp. *kumlieni;* in Nordwesteuropa sehr selten) wie Nominatform, aber oft etwas größer, Schnabel kräftiger, Flügelspitze bei ad. im frischen Gefieder kennzeichnend eisgrau (s. Abb.), im ausgeblichenen Gefieder aber graubraun, Iris oft dunkel; im 2en W und 3en W Außenfahnen der äußeren 3-4 Handschwingen dunkel markiert (wie bei ad.), oft dunklere Schwanzendbinde; im 1en W nicht von der Nominatform unterscheidbar. Brutvögel im nordwestlichen Kanada (ssp. *thayeri;* wenige Meldungen aus Europa) insgesamt dunkler mit ausgedehnter dunkleren Markierungen der Flügelspitze und sehr ähnlich heller Silbermöwe; nach derzeitigem Wissensstand sichere Bestimmung sehr schwierig.

STIMME Wie Silbermöwe, aber etwas höher.

ELFENBEINMÖWE A

Ivory Gull *Pagophila eburnea*

L 41-47 cm, S 100-113 cm. Hocharktischer Vogel, kaum südlich der Packeisgrenze anzutreffen; ernährt sich überwiegend von Aas und Exkrementen; in Europa extrem seltener Gast, meist in Fischereihäfen oder an Stränden mit Aas wie toten Seehunden oder Walen.

KENNZEICHEN Zweijahres-Möwe (s. S. 178); so groß wie Sturmmöwe, aber mit breiteren Flügeln, kürzerem Hals, plumperem Körper, längerem Schwanz und *kürzeren Beinen;* Flugweise leicht mit recht schnellen Flügelschlägen.– Ad.: *Gefieder ganz weiß,* aber beachte typische Gestalt, *dunklen Schnabel mit gelber Spitze* und schwarze Beine, um andere weiße albinotische Möwen auszuschließen.– 1er W: *Gefieder weiß mit schwarzen Tupfen,* Gesicht schmutzig schwärzlich gefleckt.

STIMME Seeschwalbenartig „krriä".

Eismöwe

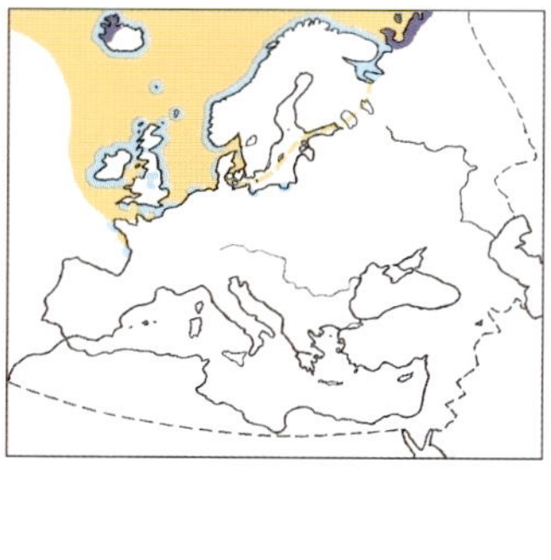

Polarmöwe

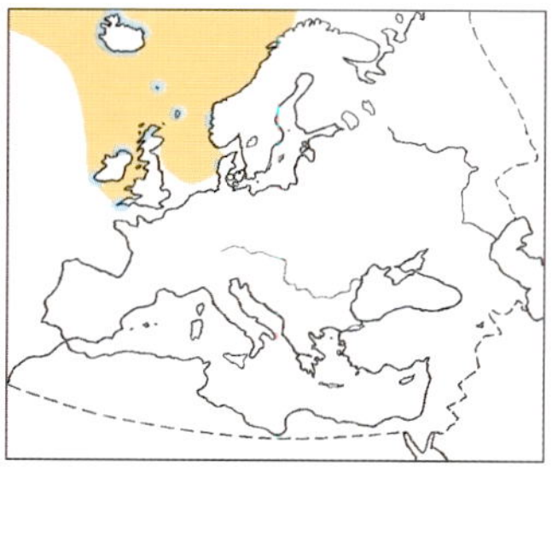

Elfenbeinmöwe

EISMÖWE

POLARMÖWE

ELFENBEINMÖWE

HEMPRICHMÖWE –

Sooty Gull *Larus hemprichii*

L 42-45 cm, S 105-113 cm. Brütet im Herbst vom südlichen Roten Meer bis Persischen Golf; sonst Gast nördlich bis Suez und Akaba; strikt an Küsten gebunden; Allesfresser.

KENNZEICHEN Dreijahres-Möwe (s. S. 178); so groß wie Sturmmöwe, kann aber durch *dunkles Gefieder und lange Flügel* von Weitem größer wirken und vor allem durch dunkle Unterflügel an Raubmöwe erinnern; Kombination von dunklem Gefieder, langen Flügeln und *außergewöhnlich langem Schnabel* auch für Weißaugenmöwe typisch, von dieser aber in allen Kleidern unterschieden durch *dickeren, zweifarbigen Schnabel mit scharf abgesetzter schwarzer Spitze* (bei Weißaugenmöwe gleich lang, aber dünner und ganz dunkel) und kräftigere Gestalt.– PK: Verglichen mit Weißaugenmöwe *Kapuze dunkelbraun* (statt schwarz), *weißer Halbmond* meist nur *über dem Auge* (statt Auge umrahmend), *Brust und Oberseite rußbraun* (statt grauer und heller), *Schnabel grünlich mit dunkler Binde* und roter Spitze (statt dunkelrot mit schwarzer Spitze).– SK: Kapuze und weißer Nackenschal undeutlicher (gilt für beide Arten).– JK: *Kopf und Hals einfarbig hell graubraun* (statt dunkler braun), Halbmond über dem Auge diffuser (statt wie ad.), Schnabel *scharf abgesetzt zweifarbig* (statt ganz dunkel).– 2er W: Wie SK, aber mit undeutlicherem Kopfmuster und variabel ausgeprägter schwarzer Schwanzendbinde.

STIMME Ähnlich Dreizehenmöwe, vor allem falsettartig lachender Balzruf „waaÄÄH wa wa, waaÄÄH…"; einige Rufe schriller und rauer als bei Weißaugenmöwe.

WEISSAUGENMÖWE –

White-eyed Gull *Larus leucophthalmus*

L 39-43 cm, S 100-109 cm. Brütet im Roten Meer und Golf von Aden; einzelne Vögel regelmäßig nördlich bis Akaba; küstengebunden; Nahrung hauptsächlich Fische.

KENNZEICHEN Dreijahres-Möwe (s. S. 178); nur mit Hemprichmöwe zu verwechseln, mit der sie Kombination von *dunklem Gefieder, dunklen Unterflügeln,* schlanker Gestalt und *langem Schnabel* teilt; in allen Kleidern von dieser unterschieden durch etwas *geringere Größe,* leichteren Körper und *dünneren, von Weitem ganz dunkel wirkenden Schnabel.*– Ad.: *Kapuze schwarz, Auge von breiten, weißen Halbmonden eingerahmt, Brust und Oberseite etwas heller und reiner grau,* Schnabel von Nahem *dunkelrot mit schwarzer Spitze* (ohne Grünton der Hemprichmöwe).– JK: *Insgesamt dunkler* als Hemprichmöwe mit weniger kontrastreichen hellen Rändern der Flügeldecken, *Kopf und Hals dunkler und brauner, Auge von weißen Halbmonden eingerahmt, Schnabel ganz dunkel.*– 2er W: Wie SK, aber mit schwarzer Kappe statt Kapuze, variabel ausgeprägter schwarzer Schwanzendbinde und ganz dunklem Schnabel.

Hemprichmöwe

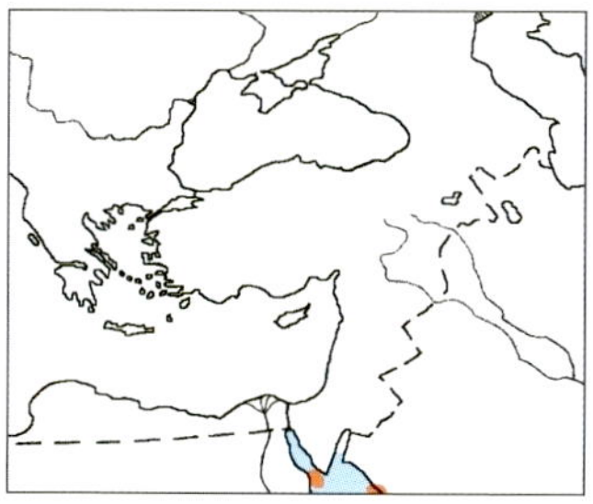

Weißaugenmöwe

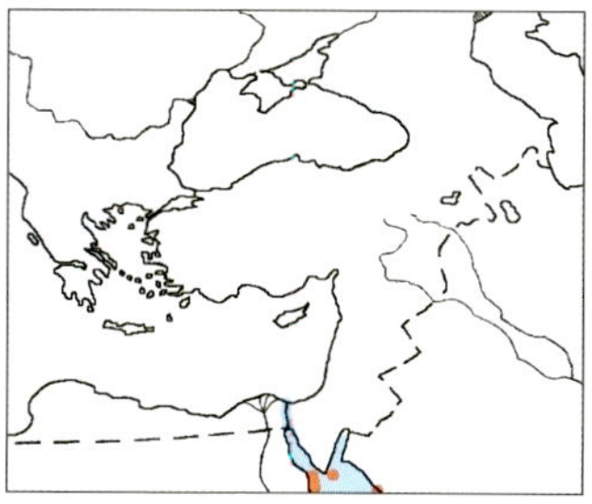

STIMME Wie Hemprichmöwe, aber tiefer und weicher.

AZTEKENMÖWE A

Laughing Gull *Larus atricilla*

L 36-41 cm, S 98-110 cm. Nordamerikanischer Brutvogel, in Europa seltener Gast mit jährlich wenigen Nachweisen.

KENNZEICHEN Dreijahres-Möwe (s. S. 178); Größe zwischen Lach- und Sturmmöwe, am ehesten mit Präriemöwe zu verwechseln, aber Vorsicht auch bei Heringsmöwen im 2en W und 3en W, die ähnlich wirken können, wenn bedeutendere Größe nicht einschätzbar; Azteken- und Präriemöwe *oberseits viel dunkler grau* als andere kleine europäische Möwenarten (fast so dunkel wie Heringsmöwen *graellsii);* Aztekenmöwe etwas größer als Präriemöwe, *mit längerem Schnabel,* längeren Beinen und Flügeln, die am stehenden Vogel *längeres Hinterende* entstehen lassen (Präriemöwe kompakter, ähnlich Zwergmöwe); ad. und Vögel im 2en S von Präriemöwe im 1en S und späteren Kleidern ferner unterschieden durch *ganz schwarze Flügelspitze,* die *keine oder nur kleine weiße Handschwingenspitzen* zeigt (statt Flügelspitze breit schwarz-weiß gemustert), ganz weißen Schwanz (statt Schwanzmitte grau), *schmale weiße Halbmonde* über und unter dem Auge (statt Halbmonde dicker und hinter dem Auge zusammentreffend); im SK *weniger Schwarz am Kopf* (statt im SK und 1en S kennzeichnende Kappe), im PK Schnabel und Beine *dunkelrot* (statt im PK leuchtend rot).– 1er W: *Brust, Flanken und Unterflügeldecken grau* (statt Letztere weiß), am Kopf weniger Grau (statt dunkle Kappe), alle Handschwingen gleichmäßig dunkel (statt helles „Fenster"), *Schwanz grau mit breiter schwarzer Endbinde* (statt weiß mit schmalerer Endbinde).– 1er S: Wie 1er W, aber Oberflügeldecken oft ausgeblichen hellbraun (statt wie ad.).– 2er W: Wie ad., aber Schwarz von Flügelspitze variabel ausgeprägt bis auf Handdecken reichend, (meist) Spuren der schwarzen Schwanzendbinde vorhanden.

STIMME Im Flug ähnlich Sturmmöwe jaulend „kii-ag".

PRÄRIEMÖWE A

Franklin's Gull *Larus pipixcan*

L 32-36 cm, S 81-93 cm. Nordamerikanischer Brutvogel.

KENNZEICHEN Zweijahres-Möwe (s. S. 178); Größe wie Lachmöwe oder etwas kleiner; am ehesten mit Aztekenmöwe zu verwechseln (s. dort), aber Vorsicht bei Dreizehenmöwen im SK, die von Weitem oder bei kurzen Beobachtungen ähnlich wirken könnten; Hauptunterschiede im Vergleich zur Aztekenmöwe: *etwas geringere Größe, Gestalt kompakter, Schnabel kürzer,* bei ad. kennzeichnendes *schwarz-weißes Flügelmuster, breitere weiße Halbmonde* hinter dem Auge zusammentreffend. *Schnabel und Beine leuchtend rot.*– 1er S: Nach Vollmauser im Frühjahr ähnlich SK, aber *weiße Querbinde* zwischen schwarzer Flügelspitze und grauem Oberflügel *schmal oder fehlend,* weiße Handschwingenspitzen kleiner, Kapuze nie komplett ausgebildet (gutes Unterscheidungsmerkmal vom PK); im 1en S also völlig anderes Gefieder als gleichaltrige Aztekenmöwe, die Schwung- und Steuerfedern des JK zeigt.– 2er W: Wie ad., aber manchmal weniger Weiß in Flügelspitze.

STIMME Weich „krro" oder bei der Nahrungssuche schrill, wiederholt „kek, kek".

HEMPRICHMÖWE

WEISSAUGENMÖWE

AZTEKENMÖWE

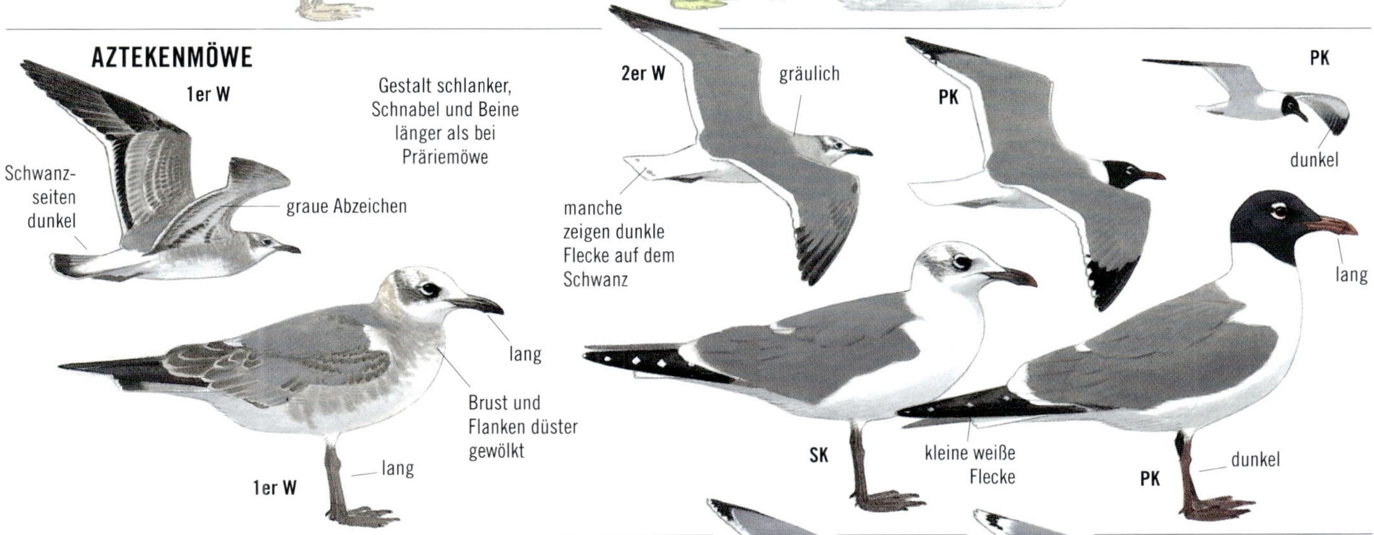

PRÄRIEMÖWE

KM

SEESCHWALBEN Sternidae

Relativ kleine bis mittelgroße, schlanke Seevögel mit langen, schmalen und spitzen Flügeln, meist langem und tief gegabeltem Schwanz und langem, spitzem Schnabel. Meisterhafte Flugkünstler, einige Arten extrem lange Zugstrecken zurücklegend, mit leichter, eleganter Flugweise, schwungvollen, elastischen Flügelschlägen und oft gewinkelten Flügeln. Erbeuten, oft nach Rüttelflug, sturztauchend Fische, zeigen keinen Gleitflug und schwimmen nur selten. Brüten oft in Kolonien und nisten am Boden.

ZWERGSEESCHWALBE BZ

Little Tern *Sternula albifrons*

L 21-25 cm, S 41-47 cm. Brütet in lockeren Kolonien auf flachen, sandigen, mit Kies oder Muscheln bedeckten und kurzrasigen Küstenstreifen oder Inseln, auch an Seen und breiten Flüssen; Nahrung vor allem kleine Fische; von Mitte Apr. bis Okt. in Europa, überwintert in Afrika.

KENNZEICHEN *Winzig*, etwa halb so groß wie Flussseeschwalbe, mit *auffällig schmalen Flügeln und sehr schnellen Flügelschlägen; rüttelt oft lange und niedrig,* wiederholt dies schneller als andere Arten.– PK: *Stirn weiß, Zügel schwarz, Schnabel gelb mit schwarzer Spitze,* Beine orangegelb; 2-3 äußere Handschwingen schwärzlich.– SK: Wie PK, aber ab Aug. Zügel weiß und Vorderscheitel heller.– JK: Schnabel dunkel (mit schmutzig gelber Basis), Mantel und Schulterfedern dunkel geschuppt, Flügelvorderkante oberseits dunkel; *geringe Größe* und *Flugweise* beste Kennzeichen.

STIMME Ruft typisch scharf kratzend „kriit“. Bei Balz und Alarm schnell wiederholt „KIRre-kit KIRre-kit KIRre-kit…“; Jungvögel betteln hell „plii“ oder „plii-wi“.

BRANDSEESCHWALBE BZ

Sandwich Tern *Sterna sandvicensis*

L 37-43 cm (davon bei ad. 6-9 cm Schwanzspieße), S 85-97 cm. Brütet kolonieweise auf Sandstränden oder flachen Inseln in Salz- oder Brackwasser. In Nordeuropa Ende März bis Ende Sept., überwintert in Südeuropa und Afrika. Zieht strikt entlang der Atlantikküste, im Binnenland selten.

KENNZEICHEN *Etwa lachmöwengroße, aber schlanke Seeschwalbe* mit kennzeichnendem *langem, gleichmäßig schmalem Schnabel;* zeigt häufiges Stoßtauchen mit *gemäßigten, kräftigen Flügelschlägen* und *leicht gewinkelten, langen und gleichmäßig schmalen Flügeln; wirkt* im Flug *kurzschwänzig* und vorderlastig, fliegt im Suchflug mit nach unten weisendem Schnabel höher als Fluss- und Küstenseeschwalbe, um plötzlich steil ins Wasser zu stürzen, jagt bei kräftigem Wind oft in großen, lauten Trupps über Wellenbrechern.– PK: Wirkt durch hellgraue Oberseite, weiße (leicht hellrosa überhauchte) Unterseite und breit weißen Flügelhinterrand *sehr weiß;* 4-5 äußere, im Sommer nachdunkelnde Handschwingen erzeugen schwarzen Keil oder dunkle Spitze; *Beine schwarz, Schnabel schwarz mit gelber Spitze.*– SK: *Stirn und Vorderscheitel* (ab Juni) *weiß,* dunkle Kappe hinterlassend, Oberflügel (Nov.-März) einfarbig eisgrau.– JK: Oberseits *kräftig geschuppt, komplett dunkle Kappe,* Schnabel meist dunkel und kürzer als ad.– 1er W: Kopf und Körper wie SK, aber dunkle Markierungen auf Flügeldecken, Armschwingen und Schwanz; äußere Handschwingen und Steuerfedern abgetragen, im Frühjahr bereits schwärzlich; gelbe Schnabelspitze klein oder fehlend.

STIMME In Kolonien und bei der Nahrungssuche im Sommer und Frühherbst ruffreudig; Flugruf kennzeichnend, laut kratzend „kärRICK“; Bettelruf der Jungvögel bis in den 1en W dünn und hoch klingelnd „srii-sri“.

LACHSEESCHWALBE BZ

Gull-billed Tern *Gelochelidon nilotica*

L 35-42 cm, S 76-86 cm. Brütet kolonieweise auf offenen Ebenen an Seen, geschützten Lagunen und Bergseen (bis ca. 2.000 m) mit Wiesen und Sandstränden. In Europa Apr.-Sep., überwintert in Afrika; Nahrung vor allem Insekten, auch Frösche, Kleinsäuger usw.

KENNZEICHEN Von Brandseeschwalbe in allen Kleidern unterschieden durch *kurzen, dicken, ganz schwarzen Schnabel* von etwa halber Länge der schwarzen Kappe (bei Brandseeschwalbe etwa so lang wie Kappe, aber beachte unausgewachsenen schwarzen Schnabel bei immat. Brandseeschwalben), *etwas breitere Flügelbasen* (Flügel dennoch lang und spitz), kürzeren Hals und im Stehen *längere Beine. Verhalten* kennzeichnend: *Jagt normalerweise nicht sturztauchend* wie Brandseeschwalbe, sondern *erbeutet* in leichtem Flug oft über Wiesen *Insekten* oder pickt in wendigen Flugmanövern Nahrung von Vegetation oder Wasseroberfläche.– PK: *Oberseits einschließlich Bürzel und Schwanz* (mit weißen Außenkanten) *einfarbig eisgrau,* Handschwingen oft einfarbig, meist aber 4-5 äußere im Sommer durch Abnutzung dunkler werdend und manchmal ähnlich dunklen Flügelkeil wie bei Brandseeschwalbe bildend; *unterseits dunkler Hinterrand der äußeren Handschwingen länger und schärfer abgesetzt* als bei Brandseeschwalbe, oft auch oberseits sichtbar.– SK: *Isolierter Fleck oder Streif hinter dem Auge* reicht nicht auf Hinterhals.– JK: Schnabel schlanker als bei ad., *Oberseite und Flügel meist viel schwächer gemustert* als bei Brandseeschwalbe im JK, *am Kopf weniger Schwarz*.– 1er S: Wie SK, stehen gebliebene juv. Flügel- und Steuerfedern schwächer dunkel markiert als bei Brandseeschwalbe.

STIMME In Kolonien ruffreudig, Flugruf tief, nasal, ansteigend „kä-WICK“ (erinnert etwas an balzende Pfuhlschnepfe), bei Alarm schnell lachend „wick-wick-wick“. Am Brutplatz auch knarrend „br-r-r-r-…“; Jungvögel betteln hoch pfeifend „pi-iip“ (ohne klingelnden Ton juv. Brandseeschwalben).

Zwergseeschwalbe

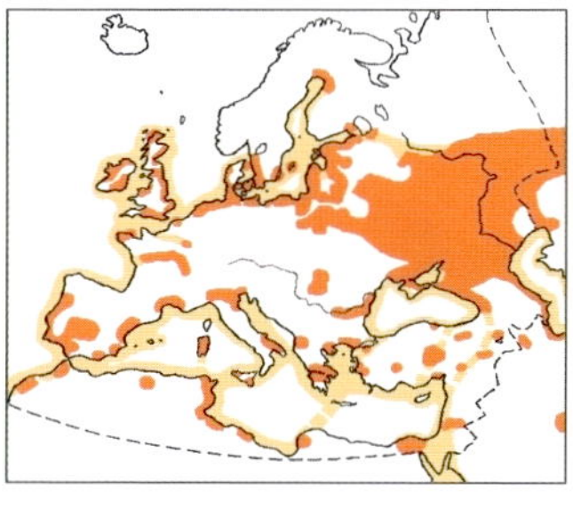

Brandseeschwalbe

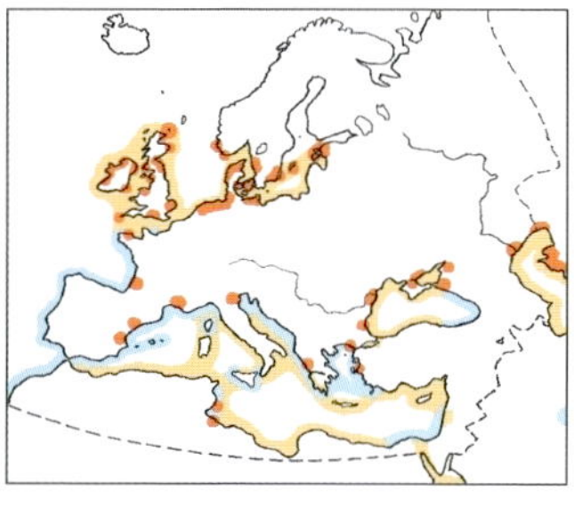

Lachseeschwalbe

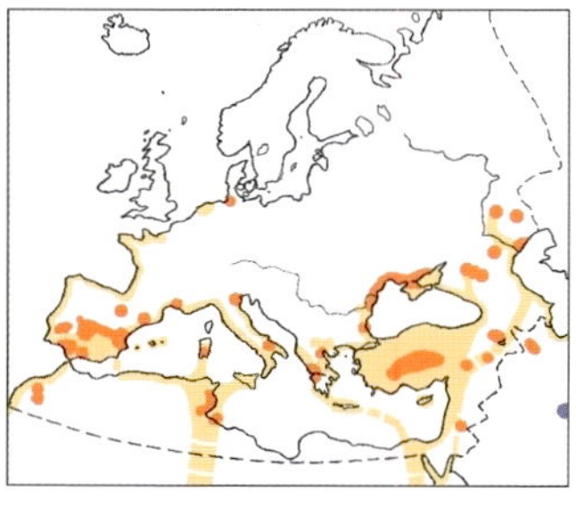

ZWERGSEESCHWALBE

BRANDSEESCHWALBE

LACHSEESCHWALBE

KM

FLUSSSEESCHWALBE BZ

Common Tern *Sterna hirundo*

L 34-37 cm (davon 5-8 cm Schwanzspieße), S 70-80 cm. Brütet in Kolonien oder einzeln an Küsten- und Binnengewässern. In Europa Apr.-Okt., überwintert in West- und Südafrika; Nahrung Fische; Nestmulde am Boden.

KENNZEICHEN Sehr ähnlich Küstenseeschwalbe, aber etwas größer, strukturelle Merkmale hilfreich: *Schnabel* (wirkt oft leicht abwärts gebogen), *Kopf und Beine länger* (deutlicher Abstand zwischen Bauch und Boden), im Flug *Hals-Kopf-Profil länger, Flügel etwas breiter* und etwa Körpermitte bildend; rüttelt und taucht in direktem Stoß nach Fischen.– PK: *Schnabel orangerot mit* (vor allem im Mittsommer manchmal sehr kleiner) *schwarzer Spitze;* Unterseite hellgrau und meist ohne Kontrast zur weißen Wange; *Schwanzspieße überragen Flügelspitzen nicht;* äußere 4-6 dunklere Handschwingen formen oberseits *dunklen Flügelkeil,* der im Frühjahr oft noch sehr schwach ist (nur dunkle Kerbe an Flügelhinterkante bildend) und sich bis Mittsommer durch Abnutzung verstärkt; unterseits *Handschwingen weiß mit breiter, verwaschen dunkler Hinterkante,* innere Handschwingen am stärksten transparent.– SK: Stirn und Unterseite weiß, dunkler Bugstreif, Schnabel ganz schwarz (Mauserbeginn bei einigen im Juli, bei Küstenseeschwalbe erst im Winterquartier).– JK: *Rechteckiges, helles Feld zwischen schmalem grauem Armschwingen-Hinterrand und auffälligem dunklem Armflügel-Vorderrand; etwas Orange an Schnabelbasis* (ab Spätsommer Schnabel bei Küstenseeschwalbe ganz schwarz); *deutlich ingwerbraune Tönung von Stirn und Oberseite* bei gerade flüggen Vögeln, *dunkler Bugstreif* bei stehenden *meist sichtbar* (bei Küsten- kleiner, meist verdeckt).– 1er S: Stirn und Unterseite weiß, Schnabel schwärzlich; durch ganz oder teilweise erhaltene, abgetragene juv. Flügel- und Steuerfedern sehr bunt gemustert (bleibt meist im Winterquartier, in Europa selten).– 2er S: Wie PK, aber Weiß an der Stirn, Unterseite graufleckig und Schnabel schwärzlich (bleibt oft im Winterquartier).

STIMME In Kolonien ruffreudig, z. B. kurz, scharf „kit", schnell gereiht „kt-kt-kt-kt-…" und mit Variationen „KIERri-KIERri-KIERri…"; Warnruf zweisilbig, gedehnt, abfallend „kriii-errr" oder scharf „tschip!".

KÜSTENSEESCHWALBE BZ

Arctic Tern *Sterna paradisaea*

L 33-39 cm (davon 7-11,5 cm Schwanzspieße), S 66-77 cm. Brütet in oft großen und dichten Kolonien oder einzeln an Küsten, lokal an Taiga- oder kahlen Bergseen und in der Tundra in Wassernähe; ist von Ende Apr.-Okt. in Europa, zieht an Küsten; überwintert zwischen Südafrika und Antarktis, hat einen der längsten Zugwege.

KENNZEICHEN Von sehr ähnlicher Flussseeschwalbe unterschieden durch etwas geringere Größe, *kürzeren Schnabel und kürzeres Hals-Kopf-Profil, längeren Schwanz,* wodurch Flügel etwas vor Körpermitte versetzt wirken; Beine sehr kurz, Flügel etwas schmaler. Fliegt oft elastischer und schwungvoller als Flussseeschwalbe; Sturzflug vor dem Eintauchen oft von stufenweisem, kurzem Rütteln unterbrochen; pickt gelegentlich ähnlich Trauerseeschwalbe Nahrung von der Wasseroberfläche.– PK: *Schnabel dunkelrot ohne schwarze Spitze, untere Kehle, Brust und Bauch verwaschen grau* und zum Weiß von Kehle und Wangen leicht kontrastierend; *lange Schwanzspieße überragen* beim stehenden Vogel Flügelspitzen; *Oberflügel einfarbig hellgrau* ohne dunklen Keil der Flussseeschwalbe, *unterseits alle Schwungfedern weiß und durchscheinend,* schmaler, scharf abgesetzter schwarzer Hinterrand des äußeren Handflügels (schmaler als bei Flussseeschwalbe).– JK: Bugstreif oft schwächer als bei Flussseeschwalbe, *Armschwingen weißlich* statt grau überhaucht; *am Hinterflügel oft weißes Dreieck;* Schnabel dunkel, oft zunächst mit roter Basis, ab Aug./Sept. ganz schwarz; Stirn weiß (schärfer begrenzt als bei Flussseeschwalbe).– 1er S: Stirn weiß, Schnabel dunkel, durch schwachen Bugstreif ähnlich SK; kaum in Europa.

STIMME Ähnlich Flussseeschwalbe, z. B. flötend, klar „pi-pi-pi-pi-…", „piu piu piu", klirrend „PRRII-ih", hart ratternd „kt-kt-kt-krrr-kt-…"; warnt zweisilbig „krri-ärrrrr" (oft härter und trockener als Flussseeschwalbe).

ROSENSEESCHWALBE A

Roseate Tern *Sterna dougallii*

L 33-36 cm (davon 8-11 cm Schwanzspieße), S 67-76 cm. Kolonienbrüter an Küsten, von Mitte Mai-Aug. in Europa, überwintert vor Westafrika, sehr selten und lokal verbreitet.

KENNZEICHEN Hat im Vergleich zu Fluss- und Küstenseeschwalbe kürzere Flügel, schnellere, flachere Flügelschläge und schnellere, direktere Flugweise; rüttelt weniger und stürzt *mit typisch angewinkelten Flügeln „wie fliegend" ins Wasser.*– PK: Durch heller graue Oberseite und weißliche Unterseite zwischen graueren Fluss- und Küstenseeschwalben *herausleuchtend; Schnabel ganz schwarz oder mit roter Basis* (im Sommer intensiver rot); Beine recht lang und leuchtend rot; *Unterseite rosa überhaucht* (ohne Grau); *Schwanzspieße sehr lang und biegsam;* nur 2-4 äußere, dunklere Handschwingen bilden *schmalen* dunklen Flügelkeil; stehend durch *weißliche innere Handschwingen* nur „kurze dunkle Flügelspitze" sichtbar (bei Fluss- und Küstenseeschwalbe alle Handschwingenspitzen recht dunkel).– SK: Stirn und Unterseite weiß, dunkler Bugstreif, Schnabel schwarz; mausert Schwanzspieße Juli-Aug.– JK: Durch *stark geschuppte Oberseite, Schwarz* von *Kappe* (Stirn wird ab Sept. allmählich weiß), Schnabel und *Beinen wie Miniaturausgabe einer juv. Brandseeschwalbe.*

STIMME Kennzeichnender Ruf schnell und zweisilbig „TCHIWwick", etwas an entfernten Dunklen Wasserläufer erinnernd, und gerade, tief und rau „krrähk".

Flussseeschwalbe

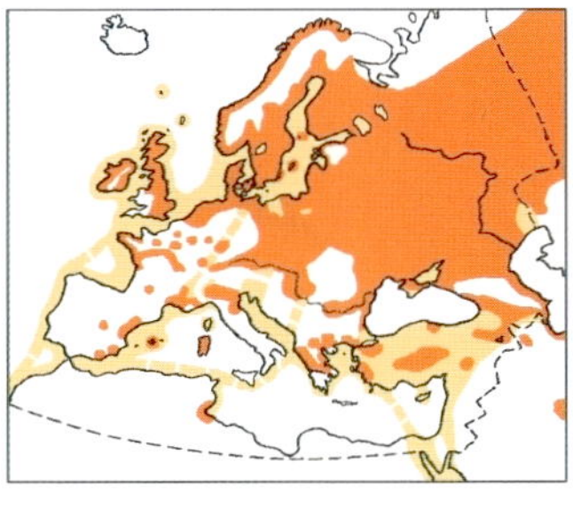

Küstenseeschwalbe

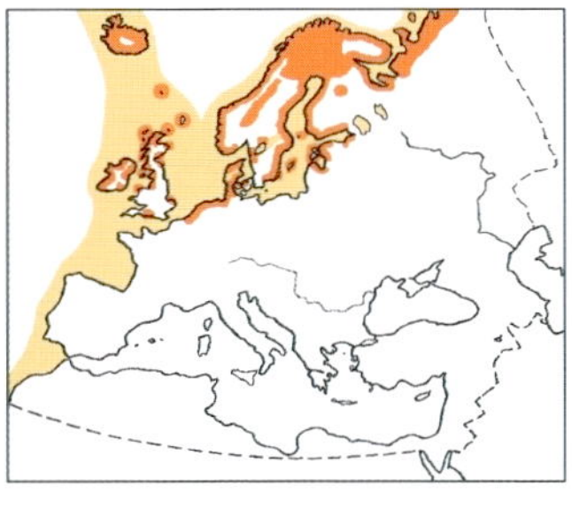

Rosenseeschwalbe

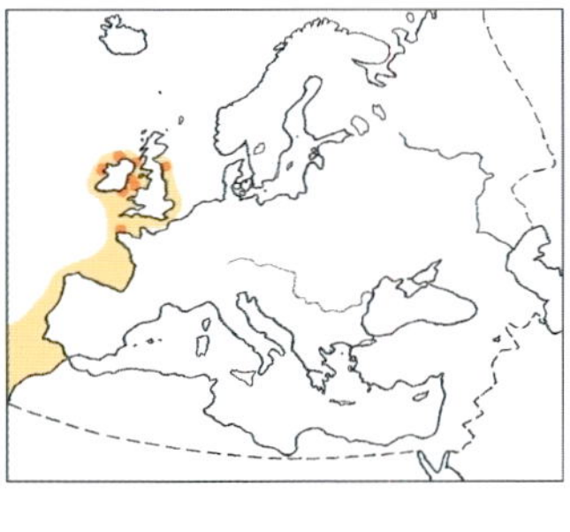

FLUSSSEESCHWALBE

KÜSTENSEESCHWALBE

ROSENSEESCHWALBE

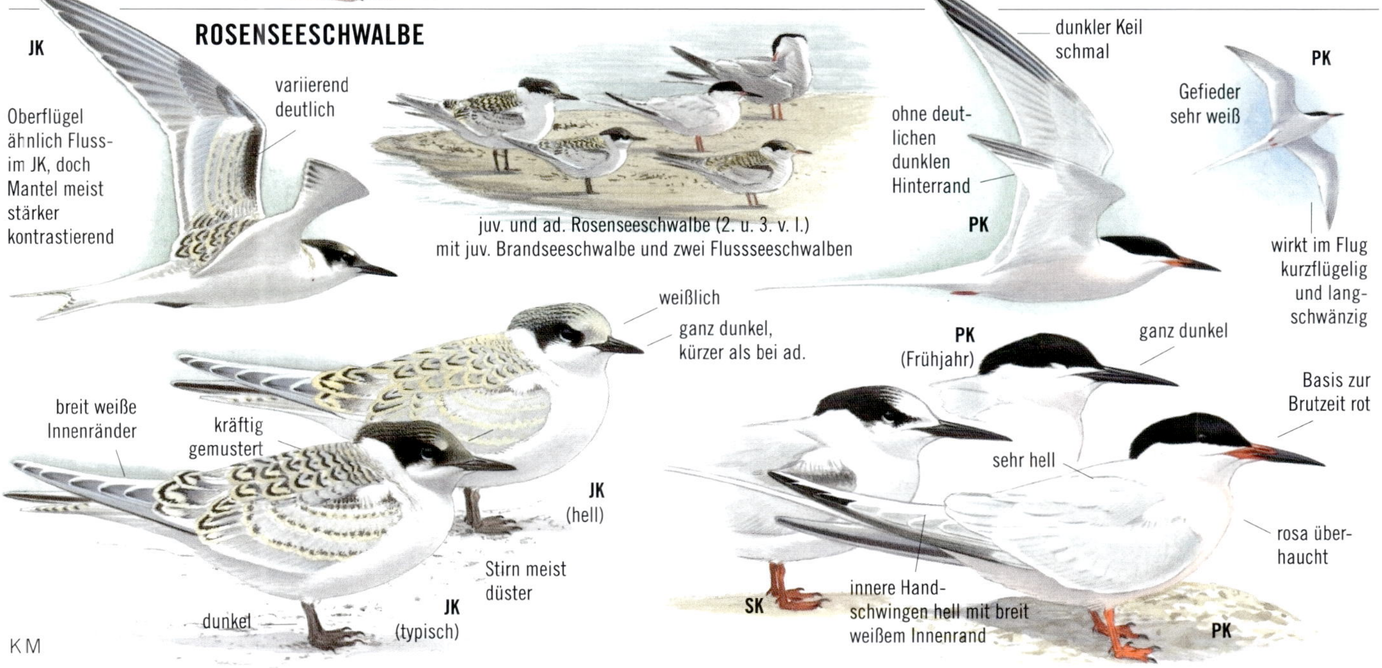

KM

RAUBSEESCHWALBE bZ

Caspian Tern *Hydroprogne caspia*

L 48-55 cm, S 96-111 cm. Brütet in Kolonien oder einzeln auf meist weiter im Meer gelegenen, flachen Inseln; von Apr.-Okt. in Europa; überwintert in Westafrika, gelegentlich am Mittelmeer; zieht teilweise Flüssen folgend über das europäische Binnenland. Nahrung vor allem Fische, die zur Brutzeit weit entfernt (30-60 km oder mehr) und oft in Binnengewässern erbeutet werden.

KENNZEICHEN Größte Seeschwalbe mit *größerer Flügelspannweite als Sturmmöwe,* fliegt mit langsameren Flügelschlägen als andere Seeschwalben, wirkt im Flug auffallend *vorderlastig* und insgesamt eher möwenähnlich; in allen Kleidern *Schnabel sehr groß und rot* und *Handschwingen unterseits ausgedehnt schwärzlich.*– Ad.: *Schnabel leuchtend rot* mit meist dunkler Markierung vor Spitze, Beine schwarz; im Winter *schwarze Kappe ausgedehnt* und mit weißlichen Federn durchsetzt, nicht auf Hinterkopf reduziert wie bei meisten anderen Seeschwalben.– JK: Komplette dunkle Kappe reicht weiter auf Wangen und Zügel als bei ad.; Schnabel orange mit dunkler Spitze, *Beine hell;* Oberseite und Schwanz eher schwach dunkel markiert, Armflügel recht einfarbig hell ohne den dunklen Bugstreif anderer Seeschwalben.– 1er W: Schnabel orangerot (nur wenig heller als SK), Beine ab Sommer schnell dunkler werdend, Stirn allmählich weißlich durchsetzt ähnlich SK.– 1er S: Wie SK, aber Flügel- und Steuerfedern stark abgetragen oder durch einzelne neue Federn unregelmäßig gemustert.

STIMME Im Flug tief, scharf und reiherartig rau „krre-ähk!“; in Kolonien ohrenbetäubend laut; Bettelrufe der Jungvögel und im 1en W wiederholt piepsend „wii-WI“.

KÖNIGSSEESCHWALBE –

Royal Tern *Sterna maxima*

L 42-49 cm, S 86-92 cm. Vorwiegend in Amerika verbreitet, brütet am Ostatlantik nur von Mauretanien bis Guinea und zieht nordwärts an nordwestafrikanische Küste (ausnahmsweise nach Spanien), im übrigen Westeuropa sehr seltener Gast von wahrscheinlich nordamerikanischer Herkunft.

KENNZEICHEN Größe zwischen Brand- und Raubseeschwalbe. Von Letzterer in allen Kleidern unterschieden durch *geringere Größe, schwächeren Schnabel,* schlankere Flügel, *spitzeres Hinterende, stärker gegabelten Schwanz und unterseits helle Handschwingen mit nur schmalem dunklem Hinterrand;* zur Unterscheidung von ähnlicher Rüppellseeschwalbe s. u. Im Vergleich zur Eilseeschwalbe *S. bergii* (S. 414) der arabischen Unterart *velox* oberseits deutlich heller grau (Eilseeschwalbe fast bleigrau), Schnabel orange (statt gelb oder matt grünlich gelb) und dolchförmig (bei *bergii* schlanker und leicht abwärts gebogen), im PK Bürzel und mittlere Steuerfedern weiß (statt gräulich), Stirn schwarz (statt Vorderstirn weiß); im Vergleich mit sehr seltener, mittelamerikanischer Schmuckseeschwalbe *S. elegans* (S. 414) etwas größer, Schnabel kräftiger, gerader und intensiver rötlich orange (bei *elegans* schlanker, länger, leicht abwärts gebogen und orange mit gelblicher Spitze), Stirn und Augenregion im SK und 1en W oft ausgedehnter weiß (bei *elegans* Augenregion immer schwarz).– Ad.: Von Raubseeschwalbe unterschieden durch *einfarbig orangefarbenen oder orangegelben* (nur ausnahmsweise roten), etwas schlankeren und spitzeren *Schnabel; Haube struppiger; Kappe nur im Frühjahr komplett schwarz, ab Mai/Juni Stirn/Vorderscheitel allmählich weiß durchsetzt* wie im SK.– JK/1er W: Im Vergleich zur Raubseeschwalbe *Schnabel gelblich oder hellorange* (nicht orangerot), Bugstreif, Große Armdecken und Armschwingen auffallend dunkel, Kopfmuster hell (wie SK).– Bei westafrikanischen Brutvögeln (Unterart *albididorsalis*), die (meist Juni-Okt.) an marokkanischer Atlantikküste auftauchen, im Gegensatz zur amerikanischen *(maxima)* Schnabel im Durchschnitt länger, schlanker und stärker gelblich orange (weniger rötlich orange), insgesamt etwas kleiner und schlanker, aber dennoch viel größer als Brandseeschwalbe.– Vorsicht: Die Bestimmung einer seltenen Seeschwalbe mit orangefarbenem Schnabel hängt oft von der Einschätzung mehrerer subjektiver Kriterien ab. Kritisches Beobachten und sorgfältiges Einschätzen von Größe, Schnabelform und -länge, Mantel- und Bürzelfärbung usw. sind hierbei unerlässlich.

STIMME Im Flug guttural „kerrjup“ oder „krrii-it“ ähnlich Brandseeschwalbe, aber rauer und tiefer.

Raubseeschwalbe

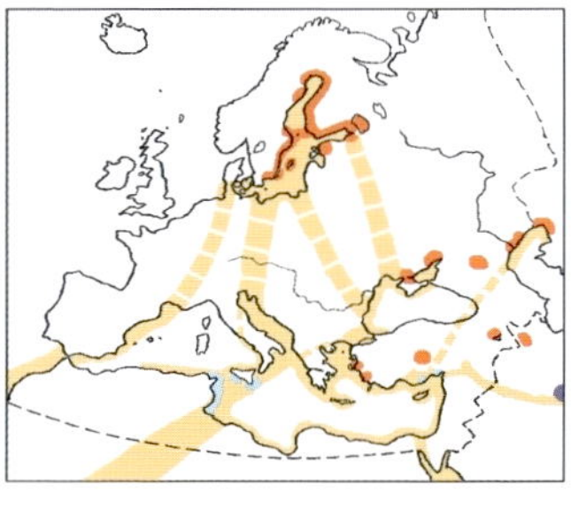

Rüppellseeschwalbe

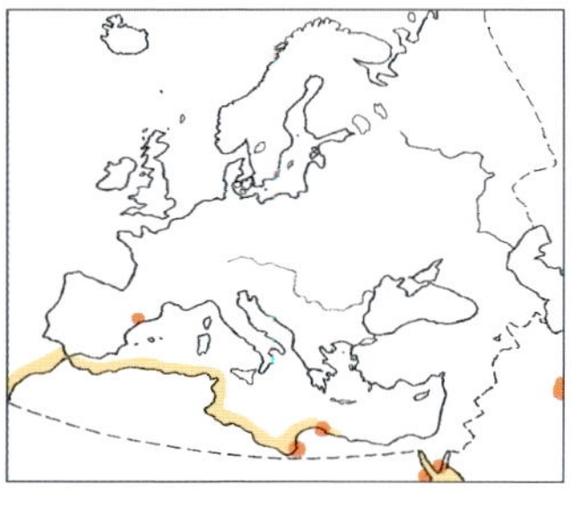

RÜPPELLSEESCHWALBE A

Lesser Crested Tern *Sterna bengalensis*

L 33-40 cm (davon Schwanzspieße etwa 7 cm), S 76-82 cm. In Libyen brütende Vögel überwintern entlang der nordwestafrikanischen Küste; am Golf von Suez und Akaba sehr selten (Population am Roten Meer); hat einige Male in Europa gebrütet, sonst sehr seltener Gast; Verhalten, Nahrung und Brut sehr ähnlich Brandseeschwalbe.

KENNZEICHEN Größe und Gefieder wie Brandseeschwalbe, aber *Schnabel hellorange* (JK/1er W) *bis leuchtend orange* (ad.), oft mit gelblicher Spitze, etwas kürzer und an der Basis meist etwas dicker; verglichen mit Brandseeschwalbe *Oberseite einschließlich Bürzel und mittleren Steuerfedern einfarbiger und etwas dunkler grau,* im JK Beine zunächst matt braungrau, aber frühzeitig schwärzlich wie bei ad. Von Königsseeschwalbe in allen Kleidern unterschieden durch *geringere Größe, schlankeren und auch an der Spitze dünneren Schnabel,* von proportional längeren Flügeln am stehenden Vogel geformtes, aufwärts geschwungenes Hinterende, leichtere Flugweise und tiefer gegabelten Schwanz; *Oberseite dunkler grau,* bei ad. einfarbiger und von ähnlicher Tönung wie Flussseeschwalbe (bei Königsseeschwalbe wie Brandseeschwalbe oder heller); *Bürzel und mittlere Steuerfedern grau* (bei Königsseeschwalbe weiß, aber im 1en/2en KJ Bürzelmitte grau).– JK/1er W: Wie Brandseeschwalbe, aber Schnabel gelblich orange, bei juv. Brandseeschwalben Schnabel sehr selten hellorange oder gelblich und an First und Spitze dunkel.

STIMME Kratzend „kerrick“ wie Brandseeschwalbe.

RAUBSEESCHWALBE

KÖNIGSSEESCHWALBE

RÜPPELLSEESCHWALBE

RUSSSEESCHWALBE A

Sooty Tern *Onychoprion fuscata*

L 42-45 cm (davon Schwanzspieße 7-10 cm), S 72-80 cm. Brütet auf Inseln südlicher Ozeane bis zum Roten Meer; lebt außerhalb der Brutzeit pelagisch; sehr seltener Gast an Westeuropas Küsten, meist im Sommer.

KENNZEICHEN Durch *schwarz-weißes Gefieder, dunklen Bürzel, lange, schlanke und spitze Flügel und langen, tief gegabelten Schwanz* nur mit Zügelseeschwalbe zu verwechseln, Rußseeschwalbe aber *größer* (fast brandseeschwalbengroß) mit proportional *etwas schwererem Kopf* und *längerem Schnabel,* etwas breiteren Flügeln und kräftigerer, stetigerer Flugweise (Zügelseeschwalbe schmalflügeliger mit leichterer Flugweise), Handschwingen unterseits dunkel (statt heller mit dunklen Spitzen).– Ad.: *Oberseite schwarz* oder schwärzlich (statt braungrau, aber beachte Einfluss der Lichtverhältnisse); *Stirnfleck breit weiß, schwarzer Zügelstreif am Schnabelwinkel schmal.*– JK: Gefieder vorwiegend rußgrau, nur Hinterbauch weißlich, Oberseite *durch weiße Federspitzen schmal hell gebändert;* wirkt im Flug wie große, langflügelige Trauerseeschwalbe, aber Hinterbauch weißlich (statt dunkelgrau) und Achselfedern dunkel (statt heller).– Auf Westindischen Inseln und im Südatlantik (Nominatform) Unterseite und Unterflügeldecken weiß, im Indischen und Pazifischen Ozean *(nubilosa)* im frischen Gefieder hellgrau überhaucht.

STIMME Gastvögel meist stumm, rufen aber gelegentlich sehr charakteristisch „ker-WÄCki-wäck“.

ZÜGELSEESCHWALBE A

Bridled Tern *Onychoprion anaethetus*

L 37-42 cm (davon 8-10 cm Schwanzspieße), S 65-72 cm. Brutverbreitung umfasst Karibik, Mauretanien, Rotes Meer und Persischen Golf; in Europa sehr seltener, meist im Sommer auftretender Gast; Verhalten wie Rußseeschwalbe.

KENNZEICHEN Durch *dunkle Oberseite* einschließlich Bürzel und *tief gegabelten Schwanz* nur mit Rußseeschwalbe zu verwechseln (nur Weißwangen-Seeschwalbe kann von Weitem ähnlich wirken), aber Größe und Gestalt eher flussseeschwalbenartig mit schmalen Flügeln, langem Schwanz und recht kleinem Kopf, *Flugweise oft eleganter und leichter.*– Ad.: *Weißer Stirnfleck schmal* und *bis hinter das Auge dünn ausgezogen,* Zügelstreif breit schwarz, bei einigen helles Nackenband (kann fehlen; bei Rußseeschwalbe nie vorhanden); *Oberseite heller und braungrau* mit kontrastierenden dunklen Schwungfedern und weißen äußeren Steuerfedern (bei Rußseeschwalbe Oberseite schwärzlich; beachte, dass bei bestimmten Lichtverhältnissen Rußseeschwalbe heller gräulich oder Zügelseeschwalbe sehr dunkel wirken kann).– JK: Grundfärbung wie ad., aber Kopfmuster verwaschener, keine weißen äußeren Steuerfedern, Oberseite entweder durch helle Federränder geschuppt oder fast einfarbig und dunkler (Rußseeschwalbe im JK/1en W an Kehle und Brust rußgrau, oberseits rußschwarz mit deutlichen weißen Punktreihen oder Bändern).

STIMME Gäste in Europa meist stumm.

Zügelseeschwalbe

Weißwangen-Seeschwalbe

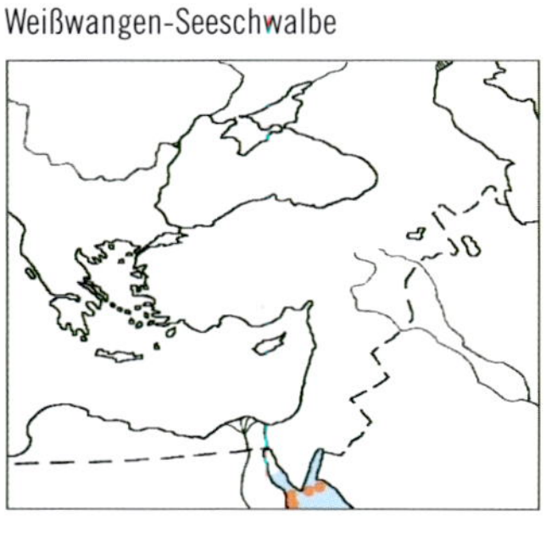

WEISSWANGEN-SEESCHWALBE –

White-cheeked Tern *Sterna repressa*

L 32-34 cm, S 58-63 cm. Brütet auf Inseln im Roten Meer; erscheint gelegentlich im Golf von Akaba.

KENNZEICHEN *Ähnlich Flussseeschwalbe, jedoch Schnabel etwas länger,* Flügel schmaler und Flugweise oft eleganter und schwungvoller.– PK: Schnabel wie Flussseeschwalbe mit dunkler Spitze, aber *Oberseite dunkler grau, Bürzel und Schwanz wie Mantel grau; Unterseite dunkler grau* mit Kontrast zu *weißen Wangen* (ähnlich Weißbart-Seeschwalbe); ganzer *Unterflügel mit breitem, diffus grauem Hinterrand,* der zu grauweißen Unterflügeldecken (mittleres Flügelfeld oft am hellsten) kontrastiert.– JK/1er W: Wie Flussseeschwalbe, aber oberseits meist stärker dunkel gemustert, *Bürzel/Oberschwanzdecken grau wie Mantel, Oberflügel einfarbiger grau* als bei Flussseeschwalbe mit oberseits schwächerem Armschwingen-Hinterrand und meist sichtbarem, recht hell silberfarbenem Schimmer auf den Handschwingen; Schnabel wird schnell ganz schwarz. Von recht ähnlicher Weißbart-Seeschwalbe im JK/1en W unterschieden durch *längeren, stark gegabelten Schwanz, längeren Schnabel* und längere, schmalere Flügel.

STIMME Ähnlich Flussseeschwalbe.

FORSTERSEESCHWALBE –

Forster's Tern *Sterna forsteri*

L 33-36 cm (davon etwa 7,5 cm Schwanzspieße), S 64-70 cm. Nordamerikanische Ausnahmeerscheinung.

KENNZEICHEN Größe und Gestalt ähnlich Flussseeschwalbe, aber mit *etwas größerem Kopf, stärker dolch- bis kegelförmigem Schnabel, längeren Beinen und längeren Schwanzspießen,* die beim stehenden Vogel die Flügel deutlich überragen.– PK: Mit orangerotem, schwarzspitzigem Schnabel ähnlich Flussseeschwalbe, aber *mittlere Steuerfedern grau,* nur Bürzel rein weiß; *alle Handschwingen oberseits eisgrau* (ohne dunklen Flügelkeil der Flussseeschwalbe), *Unterseite weiß.*– SK: *Scheitel weiß, auffällige schwarze Maske* über Augenregion und Ohrdecken, Schnabel schwarz; Oberflügeldecken grau ohne dunklen Bugstreif der Flussseeschwalbe im SK (europäische Nachweise vorwiegend im Winter, aber Vorsicht: Von Nov.-März zeigen Brandseeschwalben im SK von Weitem eisgraue Handschwingen).– JK/1er W: Verglichen mit gleichaltriger Flussseeschwalbe Flügel und Schwanz schwächer dunkel markiert, ohne dunklen Bugstreif, äußere Handschwingen vor allem an der Spitze nur geringfügig dunkler als bei ad.; am stehenden Vogel *dunkle Zentren der Schirmfedern* oft auffällig; *langer, spitzer Schnabel mit hoher Basis;* im Flug durch helle Grundfärbung, Vorderlastigkeit und kurzen Schwanz an Brandseeschwalbe erinnernd, aber äußere Handschwingen mit deutlicheren dunklen Spitzen, Maske breiter und Beine rötlich.

STIMME Rollend, etwas rau ähnlich Lachmöwe „kriirr“.

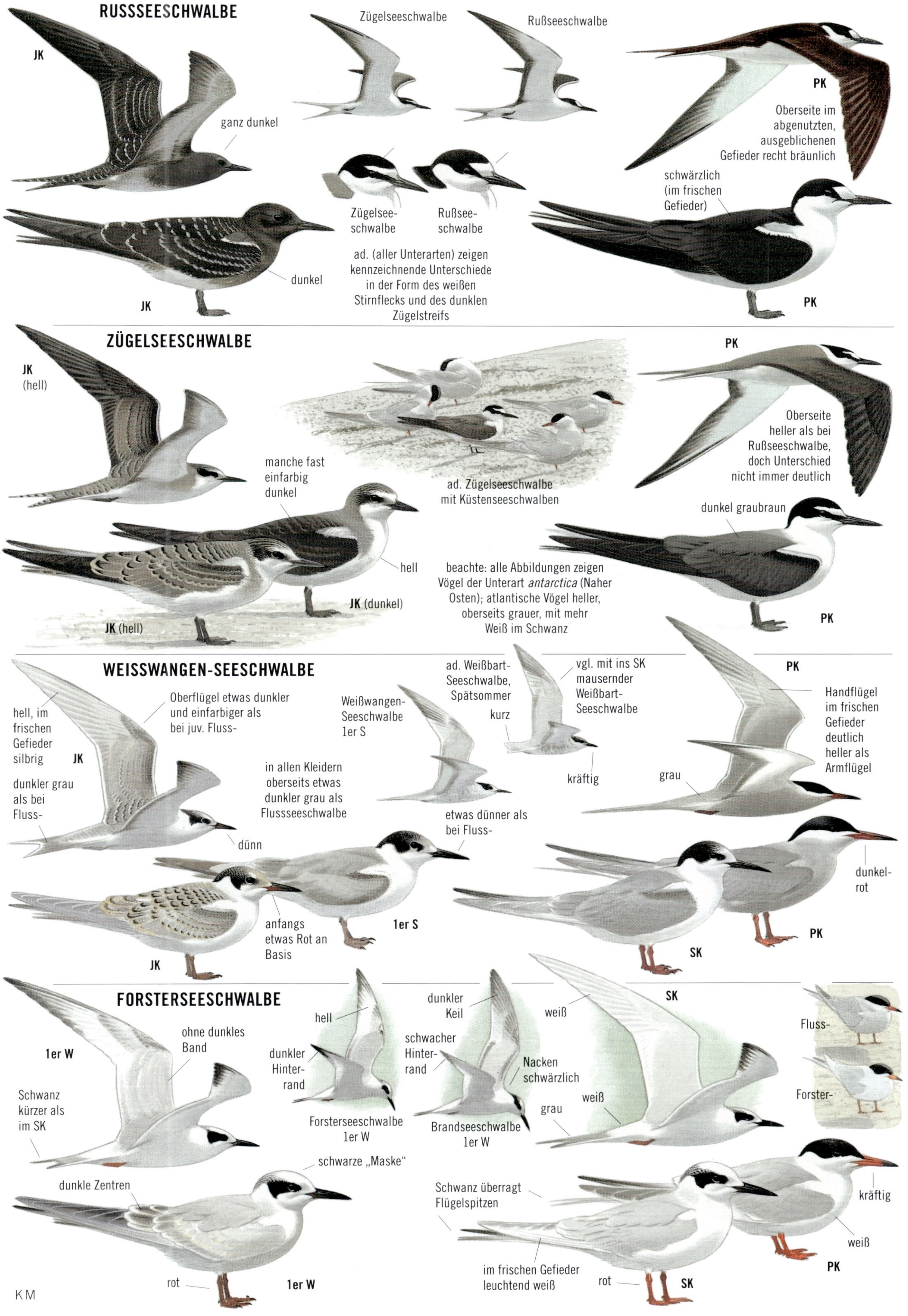
RUSSSEESCHWALBE
JK
ganz dunkel
dunkel
JK
Zügelseeschwalbe
Rußseeschwalbe
Zügelsee-
schwalbe
Rußsee-
schwalbe
ad. (aller Unterarten) zeigen
kennzeichnende Unterschiede
in der Form des weißen
Stirnflecks und des dunklen
Zügelstreifs
PK
Oberseite im
abgenutzten,
ausgeblichenen
Gefieder recht bräunlich
schwärzlich
(im frischen
Gefieder)
PK
ZÜGELSEESCHWALBE
JK
(hell)
manche fast
einfarbig
dunkel
hell
JK (dunkel)
JK (hell)
ad. Zügelseeschwalbe
mit Küstenseeschwalben
PK
Oberseite
heller als bei
Rußseeschwalbe,
doch Unterschied
nicht immer deutlich
dunkel graubraun
beachte: alle Abbildungen zeigen
Vögel der Unterart *antarctica* (Naher
Osten); atlantische Vögel heller,
oberseits grauer, mit mehr
Weiß im Schwanz
PK
WEISSWANGEN-SEESCHWALBE
hell, im
frischen
Gefieder
silbrig
JK
Oberflügel etwas dunkler
und einfarbiger als
bei juv. Fluss-
dunkler grau
als bei
Fluss-
dünn
Weißwangen-
Seeschwalbe
1er S
in allen Kleidern
oberseits etwas
dunkler grau als
Flussseeschwalbe
ad. Weißbart-
Seeschwalbe,
Spätsommer
kurz
vgl. mit ins SK
mausernder
Weißbart-
Seeschwalbe
kräftig
etwas dünner als
bei Fluss-
anfangs
etwas Rot an
Basis
1er S
JK
PK
Handflügel
im frischen
Gefieder
deutlich
heller als
Armflügel
grau
dunkel-
rot
PK
SK
FORSTERSEESCHWALBE
1er W
ohne dunkles
Band
Schwanz
kürzer als
im SK
hell
dunkler
Hinter-
rand
Forsterseeschwalbe
1er W
dunkler
Keil
schwacher
Hinter-
rand
Nacken
schwärzlich
Brandseeschwalbe
1er W
weiß
SK
weiß
grau
Fluss-
Forster-
schwarze „Maske"
dunkle Zentren
rot
1er W
Schwanz überragt
Flügelspitzen
im frischen Gefieder
leuchtend weiß
rot
SK
kräftig
weiß
PK
KM

SUMPFSEESCHWALBEN *Chlidonias*

Sumpfseeschwalben unterscheiden sich von weißen Seeschwalben durch trägere, schaukelndere Flugweise (statt festere Flügelschlägen in stetigem und direktem Flug), etwas kürzere und breitere Flügel und schwächer gegabelte Schwänze. Sie picken Nahrung von der Wasseroberfläche (tauchen nur ausnahmsweise) und jagen Insekten im Flug, zeigen also nicht das von Stoßtauchen gefolgte Rütteln. Sie brüten in lockeren Kolonien an Binnengewässern.

TRAUERSEESCHWALBE BZ

Black Tern *Chlidonias niger*

L 22-26 cm, S 56-62 cm. Häufigste Sumpfseeschwalbe, die auf Süßwasserseen mit Schwimmblattvegetation (gern in Gesellschaft Schutz bietender Lachmöwen) brütet; von Ende Apr.-Sept. in Europa, überwintert in Afrika.

KENNZEICHEN PK: Kopf und Körper schwarz, *Oberseite einfarbig dunkelgrau,* Schwanzunterseite weiß, Schnabel und Beine dunkel; Kopf und Unterseite bei mausernden Altvögeln im Frühjahr (vor Mai) und im Spätsommer/Herbst weiß gefleckt (erste weiße Federn am Kopf schon im Juni).– SK: Sehr ähnlich JK, aber *Oberseite einfarbig grau* ohne Schuppung, *äußere 5-7 Handschwingen dunkler als innere* (Kopf- und Körpergefieder ab Sept. komplett gemausert).– JK: *Ausgedehnte schwarze Kappe* und *auffällige dunkle Brustseitenflecke,* Mantel und Flügeldecken geschuppt wirkend; dunkler Bugstreif und Armschwingen-Hinterrand; äußere Handschwingen nicht dunkler als innere; Verwechslung mit juv. Fluss- oder Küstenseeschwalbe möglich, aber beachte geringere Größe, *kürzeren, schwächer gekerbten Schwanz,* etwas *kürzere Flügel,* dunkle Brustseitenflecke und andere Flugweise.– 1er S: Variabel; wie SK, aber in der Regel äußere Handschwingen und Armschwingen abgetragen und dunkler, bei einigen bereits wenige dunkle Federn an Kopf und Körperunterseite, solche Individuen von mausernden Altvögeln nur im Mai-Juni unterscheidbar (bleibt meist im Winterquartier).

STIMME Im Flug rau, fast mehrsilbig „k'schlett" (erinnert etwas an Zwergseeschwalbe) und kurz, nasal „klit", „KLII-ä"; warnt energisch „ki-ki-ki…" oder schrill „kiä".

WEISSFLÜGEL-SEESCHWALBE BG

White-winged Tern *Chlidonias leucopterus*

L 20-24 cm, S 50-56 cm. Seltenere Verwandte der Trauerseeschwalbe mit östlicherer Verbreitung und ähnlichem Bruthabitat; in Europa von Mai-Sept., überwintert in Afrika, ziehend manchmal in Trauerseeschwalbentrupps versteckt.

KENNZEICHEN Unterscheidet sich von Trauerseeschwalbe durch kürzeren Schnabel, längere Beine, breitere Flügel und nur leicht gekerbten Schwanz.– PK: *Vorderflügel weiß* (diffus gezeichnet), *Mantel und Unterflügeldecken schwarz, Bürzel kontrastierend weiß, Beine leuchtend rot;* mausernde ad. zeigen weiße Flecke an Kopf und Körperunterseite, aber von Trauerseeschwalbe durch *schwarze Unterflügeldecken* leicht unterscheidbar.– SK: Von Trauerseeschwalbe unterschieden durch *ausgedehnter weiße Stirn* und *Fehlen von Brustseitenflecken; Bürzel und Schwanzaußenkanten grauweiß, nur 1-4 äußere Handschwingen dunkler als innere* (zumindest solange in Europa anwesend), oft *einzelne schwarze Unterflügeldecken* vorhanden (Kopf- und Körpergefieder ab Sept. komplett gemausert).– JK/1er W: Im Gegensatz zu gleichaltriger Trauerseeschwalbe *ohne dunkle Brustseitenflecke;* ab Spätsommer *mehr Weiß an Stirn, Mantel bräunlich schwarz und zu hellgrauem Armflügel und weißem Bürzel stark kontrastierend* (aber einige Trauerseeschwalben können dunkleren Mantel und sehr hellen Bürzel zeigen); Schirmfedern und hintere Schulterfedern recht einfarbig (bei Trauerseeschwalbe hellspitzig); *Schwanz hellgrau mit weißen Außenkanten;* kann auf den ersten Blick an juv. Zwergmöwe erinnern, bevor Gestalt und Oberseitenfärbung erkannt werden.– 1er S: Siehe Trauerseeschwalbe.

STIMME Ruft tiefer und oft rauer als Trauerseeschwalbe, weich „kek", kennzeichnend raspelnd „tschr-re", im Klang an Rebhuhn (und Zwergseeschwalbe) erinnernd.

WEISSBART-SEESCHWALBE BG

Whiskered Tern *Chlidonias hybrida*

L 24-28 cm, S 57-63 cm. Brütet auf Seen und Sümpfen; in Europa Ende Apr.-Sept., überwintert lokal am Mittelmeer.

KENNZEICHEN Größer und hochbeiniger als andere Sumpfseeschwalben, mit *kräftigerem Schnabel* und *steiferer Flugweise;* Färbung kann an Fluss- und Küstenseeschwalbe erinnern, aber beachte *schwach gekerbten Schwanz* und *grauen Bürzel und Schwanz.*– PK: *Brust und Bauch dunkelgrau,* zu *weißen Wangen und Unterflügeldecken* stark kontrastierend; Schnabel dunkelrot, Beine rot; kann von Weitem sehr hell wirken.– SK: Hinterscheitel dünn schwarz gestrichelt, *schwarzer Fleck hinter dem Auge;* im Vergleich zu Trauerseeschwalbe *dunkler Brustseitenfleck diffus angedeutet oder fehlend,* zu Weißflügel-Seeschwalbe *Oberflügel einfarbiger* ohne sich abhebende, dunklere äußere Handschwingen.– JK: Verwechslungsgefahr mit Weißflügel-Seeschwalbe im JK, aber *Flügel breiter, Schnabel oft kräftiger, Bürzel und Schwanz* (meist mit schmaler, dunkler Endbinde) *hellgrau; Bugstreif schwach oder fehlend; Mantel schwarz gefleckt und stärker geschuppt wirkend.* Von Fluss- und Küstenseeschwalbe im JK unterschieden durch *grauen Bürzel und Schwanz, hellere Flügel und sich abhebende Mantelfärbung,* von Küstenseeschwalbe auch durch *dunkle Armschwingen.*– 1er W: Ähnlich SK, aber Flügel mit dunklen Armschwingen und Schwanz noch aus JK (Mauser von Kopf- und Körpergefieder Anfang Juli-Mitte Sept.).– 1er S: Siehe Trauerseeschwalbe.

STIMME Ruft scharf knirschend „zrik!" und raspelnd „tscherk", im Klang fast an Wachtelkönig erinnernd.

Trauerseeschwalbe

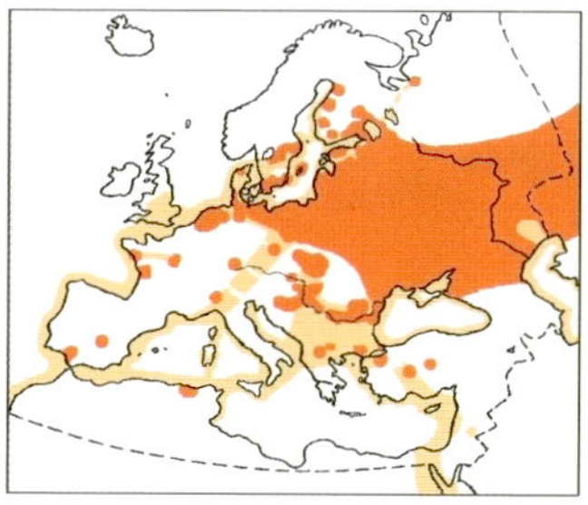

Weißflügel-Seeschwalbe

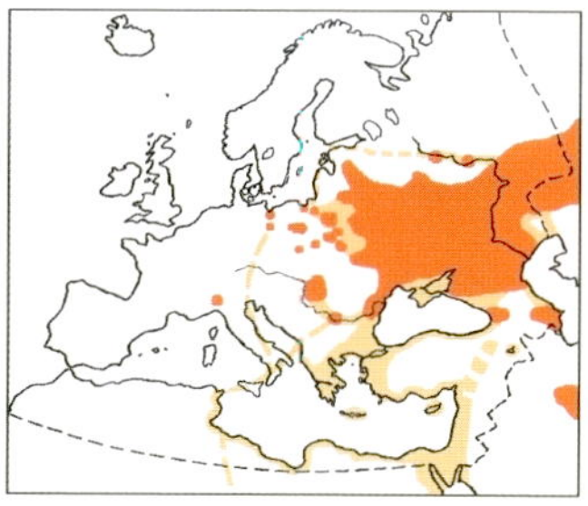

Weißbart-Seeschwalbe

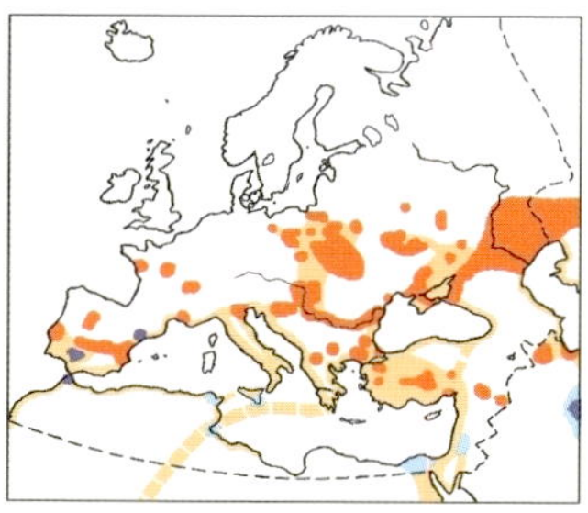

TRAUERSEESCHWALBE

WEISSFLÜGEL-SEESCHWALBE

WEISSBART-SEESCHWALBE

ALKE Alcidae

Schwarz-weiße, mittelgroße bis eher kleine Meeresvögel, die nur zum Brüten an Land kommen. Körper lang gestreckt, Zehen mit Schwimmhäuten versehen, Beine weit hinten am Körper ansetzend, somit gut angepasste Tauchvögel, die sich vorwiegend von Fischen und Krebstieren ernähren, gewissermaßen die „Pinguine der Nordhalbkugel", die mit den Flügeln „unter Wasser fliegen" und dabei mit den Füßen steuern. Fliegen meist in lockeren Linien dicht über den Wellen mit schnellen, schwirrenden Flügelschlägen. Im Winter auf dem Meer, nach Stürmen in Küstennähe.

Ein Alk öffnet die Flügel und taucht mit typischem Ruck ab

Ein typischer Alkentrupp, der mit schnellen Flügelschlägen dicht über das Wasser zieht; hier ein Tordalk (l.) mit drei Trottellummen

KRABBENTAUCHER W

Little Auk *Alle alle*

L 19-21 cm, S 34-38 cm. Arktische Art, die in riesigen Kolonien an steilen Küstenklippen wie auch binnenländischen Berghängen in Felsspalten, Geröllfeldern oder unter Steinen brütet und südwärts bis zur Nordsee überwintert; im Winter oft näher an Küsten als andere Alke, besonders nach heftigen Stürmen. Nahrung vorwiegend Plankton.

KENNZEICHEN *Sehr klein,* nur etwa halb so groß wirkend wie Papageitaucher, mit *sehr kurzem, dickem Schnabel.* Schulterfedern weiß gerandet. Flugweise leicht, neigt häufiger zu Richtungswechseln als seine Verwandten; liegt zwischen Tauchgängen mit hängenden Flügeln sehr tief im, sonst höher und mit angelegten Flügeln auf dem Wasser und fliegt leicht und ohne Planschen auf; kann Hals strecken; vom Papageitaucher, der im 1en W mit recht kleinem, dunklem Schnabel und ähnlichen *dunklen Unterflügeln* zu Verwechslungen führen kann, unterschieden durch geringere Größe (50 %), *schwirrend schnelle Flügelschläge,* etwas schmalere und *stärker nach hinten gerichtete Flügel,* die etwa die Körpermitte bilden, weißen Armschwingen-Hinterrand, kleineren Kopf und Fehlen eines geschlossenen dunklen Brustbands. Kann in kurzem, ungünstigem Beobachtungsmoment auch mit größeren Alken verwechselt werden, aber beachte schwirrenden Flügelschlag und graue (schwärzlich wirkende) Unterflügel.

STIMME In Kolonien sehr stimmfreudig, sonst stumm; zwitschernde, schnatternde, in Gelächter endende Rufe „krrii-ek ak ak ak ak", die in Kolonie brummenden Chor erzeugen; Warnruf im Flug heulend „huhuhuhuhu…".

PAPAGEITAUCHER A

Atlantic Puffin *Fratercula arctica*

L 28-34 cm, S 50-60 cm. Brütet kolonieweise in selbst gegrabenen Höhlen an grasbewachsenen Steilküsten; überwintert weiter draußen auf dem Meer als andere Alke.

KENNZEICHEN PK: Von Nahem unverkennbar durch *papageiartigen, riesigen, bunten Schnabel, ausgedehnt weiße Kopfseiten* und dunkles, geschlossenes Brustband; liegt hoch auf dem Wasser, Größe ca. 60 % der Trottellumme, von dieser im Flug von Weitem zu unterscheiden durch *kürzeren, dickeren Körper, größeren, runderen, im Sommer hellen Kopf, recht dunkle Unterflügel* (von Nahem grauweiße Bereiche erkennbar); kein weißer Armflügel-Hinterrand, Bürzel ohne weiße Außenkanten; hecklastig, *Flügel wirken weit hinten ansetzend,* orangefarbene Füße oft gut sichtbar.– SK: Schnabel kleiner, Augenregion dunkelgrau.– JK/1er W: Ähnlich SK, aber Schnabel viel kleiner und dunkler; kann mit Krabbentaucher verwechselt werden (s. o.).

STIMME Ruft meist in der Höhle tief grunzend „arrr-uh".

GRYLLTEISTE W

Black Guillemot *Cepphus grylle*

L 32-38 cm, S 49-58 cm. Brütet zwischen Felsbrocken und in Felsspalten einzeln oder in kleinen, lockeren Kolonien.

KENNZEICHEN Deutlich kleiner als Trottellumme, etwas größer als Papageitaucher mit schwarzem, spitzem Schnabel, recht kleinem Kopf, dickem Bauch und plumpem, birnenförmigem Körper; fliegt mit *schnellen, schwirrenden Flügelschlägen hecklastig* und niedrig über das Wasser.– PK: *Gefieder schwarz mit großen, ovalen, weißen Armschwingenflecken* und weitgehend weißen Unterflügeln, Füße rot; durch Hecklastigkeit und schnelle Flügelschläge auch von Samtenten-♂ (S. 38) zu unterscheiden, wenn weißes Flügelfeld von Weitem nicht genau lokalisierbar ist.– SK: *Unterseite weiß, Oberseite variabel stark weiß gebändert;* im Flug oberflächlich an Lappentaucher im SK erinnernd, aber an Gestalt, Flugweise, ovalem weißem Flügelfeld, ausgedehnt weißen Unterflügeln und Weiß von Bürzel und Oberschwanzdecken erkennbar.– JK/1er W: Helles Flügelfeld dicht dunkel gebändert; Kopf, Brust und Bürzel meist dunkler als bei ad.– 1er S: Köper wie bei ad. schwarz, aber Flügelfeld noch gebändert, manchmal ganzer Flügel durch sehr dichte Bänderung dunkel (im Norden kommt seltene Variante ganz schwarzer Altvögel *„motzfeldi"* vor).

STIMME Balzend gereiht, sehr fein und pieperähnlich (an Grille erinnernd) „sipp-sipp-sipp-…", gelegentlich etwas kratzender „sipp-sü-sipp-sü-sipp-sü…"; auch sehr dünn und lang gezogen pfeifend „siiiiiüü".

Krabbentaucher

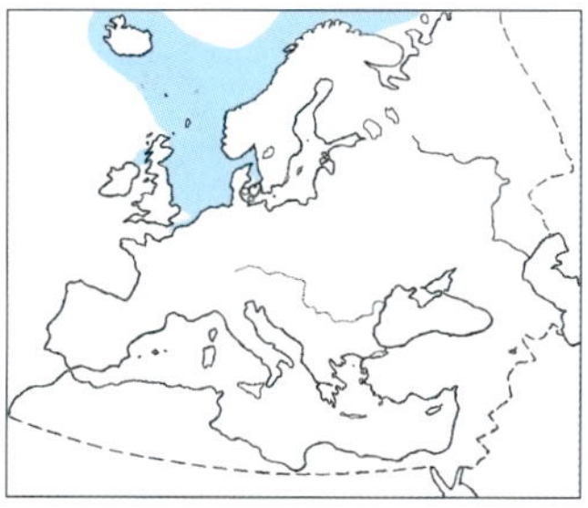

Papageitaucher

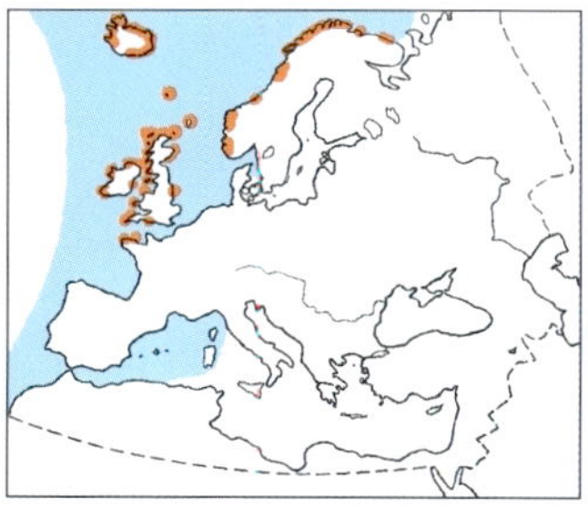

Gryllteiste

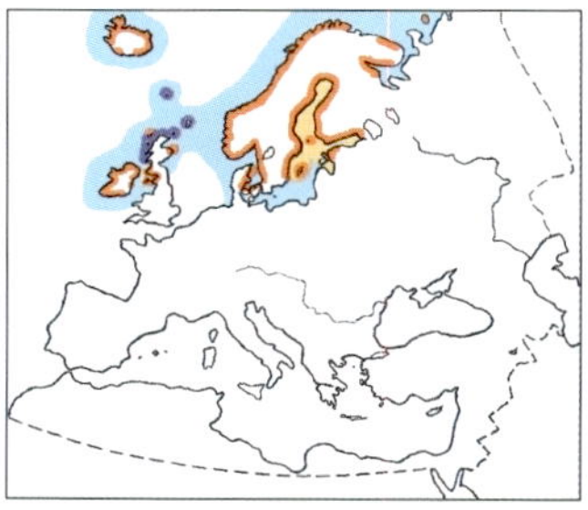

KRABBENTAUCHER

PAPAGEITAUCHER

GRYLLTEISTE

KM

FLUGHÜHNER Pterocliformes

Mittelgroße, kurzhalsige, kräftige, kompakte Wüsten- und Steppenbewohner. Schnelle, ausdauernde Flieger mit langen, spitzen Flügeln und teilweise Schwanzspießen, fliegen meist in Trupps morgens und abends an Wasserstellen, ernähren sich vegetarisch und legen 2-3 Eier auf den Boden.

SANDFLUGHUHN a

Black-bellied Sandgrouse *Pterocles orientalis*

L 30-35 cm. Brütet in vegetationsarmen Ebenen, weniger wärmebedürftig als Verwandte und daher auch in größeren Höhen, besucht Wasserstellen nach teilweise sehr langer Flugstrecke meist morgens; aufmerksam und scheu.

KENNZEICHEN Groß und *kräftig* mit *recht breiten Flügeln* und *bauchiger Silhouette,* sofort am schwarzen Bauch erkennbar; unterseits starker Kontrast zwischen schwarzen Schwungfedern und weißen Unterflügeldecken.– ♂: *Brust einfarbig grau,* rostgelbe Kehle in der Mitte schwarz, Oberseite dicht rostgelb gefleckt.– ♀: *Gelbbraune Brust kräftig schwarz gestrichelt,* Oberseite fein meliert.

STIMME Rollend oder brodelnd, am Ende abfallend und tiefer „TJÜRRR'R're-ka", aus der Nähe singender Beiton, aus Distanz schnaubend (und zu „tjörrr'r" zusammenfließend); aufgescheucht auch steinkauzähnlich „tjiio".

SPIESSFLUGHUHN (A)

Pin-tailed Sandgrouse *Pterocles alchata*

L 28-32 cm (dazu 2-10 cm Schwanzspieße), S 55-63 cm. Brütet in offenem, trockenem, niedrig gelegenem Gelände. Besucht Tränke morgens, oft in gewaltigen Trupps.

KENNZEICHEN Etwas kleiner und schlanker als Sandflughuhn, mit *langen, dünnen Schwanzspießen* (beim ♂ am längsten), *Bauch und Unterflügeldecken kreideweiß* zu schwarzen Schwungfedern kontrastierend; beide Geschlechter mit *schwarzem Augenstreif* und schwarz eingerahmtem Brustfeld.– ♂: *Goldgrüne Flügeldecken* schmal schwarz gebändert, Mantel- und Schulterfedern mit runden, gelbgrünen Flecken, *kleiner Kinnfleck schwarz,* Scheitel, Nacken und Halsband ungemustert olivgrün, *Brustfeld rotbraun.*– ♀: Unterscheidet sich vom ♂ durch *weniger grünliche* (eher graubraune und weißliche) und *stärker schwarz gebänderte Flügeldecken,* dicht schwarze Bänderung von Scheitel und Nacken, *weißliche Kehle, zwei schwarze Halsbänder* (statt einem) und blasser braunes Brustfeld.

STIMME Im Flug guttural, hart, abfallend „rräh-a" (nasal, von Weitem etwas an Schwarzkopfmöwe erinnernd).

TROPFENFLUGHUHN –

Spotted Sandgrouse *Pterocles senegallus*

L 29-33 cm (dazu 3-6 cm Schwanzspieße). Brütet wie Kronenflughuhn in flachem, wüstenartigem, steinigem Gelände, besucht Wasserstellen morgens in großen Trupps.

KENNZEICHEN Mittelgroß, hell gelblich beige, Hinterkörper zugespitzt, *dünnne Schwanzspieße;* im Flug von unten *kontrastierend schwarze Armschwingen,* Handschwingen diffus heller, auf Bauchmitte schmaler schwarzer Längsstrich.– ♂: Scheitel, Nacken und Brust hell blaugrau, *Kinn, Kehle und Halsseiten orange.*– ♀: Ähnlich Kronenflughuhn-♀, hat aber *Schwanzspieße,* eher *beige Grundfärbung, spärlichere Oberseitenfleckung* und feine *Sprenkelung auf Brust,* Scheitel und Hinterhals.

STIMME Trupps rufen beim Besuch der Tränke im Chor zweisilbig peitschend „kuITT-o" (ähnlich Wellenflughuhn), manchmal von einsilbigem „kwi" eingeleitet.

KRONENFLUGHUHN –

Crowned Sandgrouse *Pterocles coronatus*

L 25-29 cm. Brutvogel in Wüsten, Halbwüsten und trockenem, steinigem, kaum bewachsenem Gelände in niedrigen Lagen; besucht Tränken meist nur morgens, wenig scheu.

KENNZEICHEN Nimmt in Größe und Färbung eine Mittelstellung zwischen Tropfen- und Wellenflughuhn ein; *schwärzliche Schwungfedern* kontrastieren im Flug ober- und unterseits zu den Deckfedern.– ♂: *Unterseits ungemustert rosagrau,* Kopf- und Halsseiten gelborange, von der *Stirn zum Kinn senkrechtes schwarzes Band,* zum Auge und um dieses herum weiß; breiter, blaugrauer Augenstreif, Scheitelmitte rotbraun, Flügeldecken mit *mattgelben Tropfenflecken.*– ♀: Durch ober- und unterseits *dichte, feine, schwarze Bänderung* ähnlich Wellenflughuhn, Kehle jedoch fast *ungezeichnet ockergelb.*

STIMME Ruft im Flug (vier- bis) fünfsilbig recht hart, etwas nasal und leicht stoßend „tju-KU tju-ku-KURR".

WELLENFLUGHUHN –

Lichtenstein's Sandgrouse *Pterocles lichtensteinii*

L 22-25 cm. Brütet in Südmarokko, Südisrael und auf der Sinaihalbinsel in Wadis und niedrigerem Bergland in wüstenartigem, steinigem Gelände mit einzelnen Bäumen; besucht Tränke in Kleingruppen in der späten Dämmerung.

KENNZEICHEN Kompakt mit *dunklem, dicht gebändertem Gefieder,* recht hochbeinig und mit weniger spitzem Körperende, läuft mit stärker angehobenem Schwanz; Lidring gelb.– ♂: *Stirn breit schwarz-weiß gebändert, rostgelbe und schwarze Querbänder auf unterer Brust* und Großen Armdecken, Schnabel orange.– ♀: *Gleichmäßig fein gebändert* ohne die Brust- und Flügelfärbung des ♂, Schnabel grau.

STIMME An der Tränke im Chor stimmungsvoll klingendes „kuIT(a)l" mit metallischem Beiklang; warnt krächzend, trocken „krre-krre-krre-krre-…".

Sandflughuhn

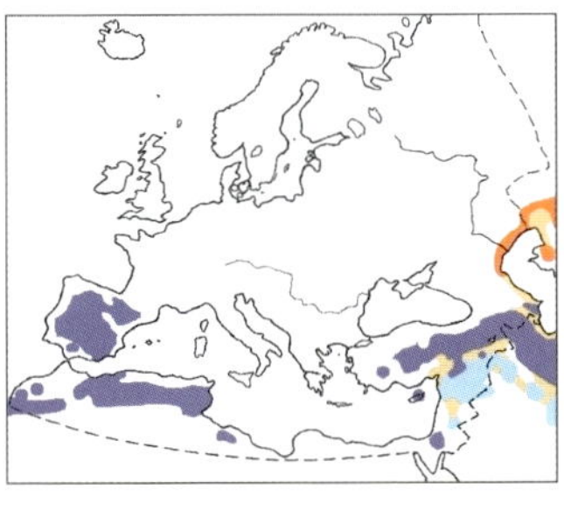

Spießflughuhn

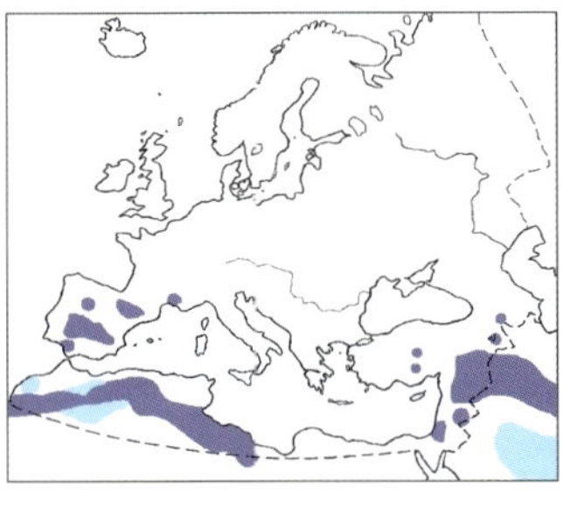

Tropfenflughuhn

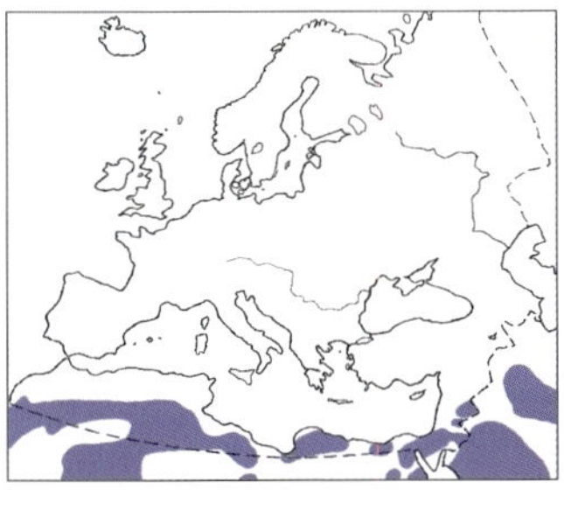

Kronenflughuhn

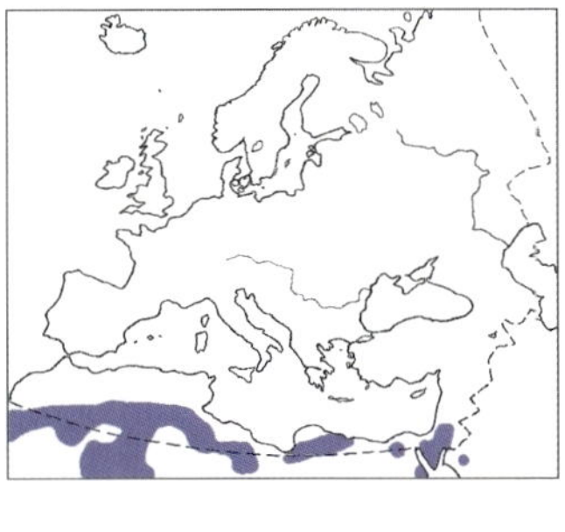

SANDFLUGHUHN

SPIESSFLUGHUHN

TROPFENFLUGHUHN

KRONENFLUGHUHN

WELLENFLUGHUHN

DZ

TAUBEN Columbiformes

Mittelgroße, kompakt gebaute Vögel mit wegen starker Flugmuskulatur kräftig gewölbter Brust und kleinem Kopf sowie schnellem, meist geradlinigem Flug. Beine kurz, laufen am Boden mit nickenden Kopfbewegungen. Nahrung pflanzlich, z. B. Getreide, Sämereien, frische Blätter, meist am Boden aufgenommen. Tauben trinken mit ins Wasser eingetauchtem Schnabel saugend (im Gegensatz zu anderen Vögeln). Nest in Baumhöhlen, Felsen oder frei aus Zweigen gebaut. Jungvögel werden mit „Kropfmilch" ernährt.

FELSENTAUBE –

Common Pigeon *Columba livia*

L 30-35 cm, S 62-68 cm. Brütet in Felshöhlen und an Klippen, meist an der Meeresküste, aber auch im Bergland. Standvogel, früher in Europa weit verbreitet, jetzt eher lokal hauptsächlich im Mittelmeerraum und an Küstenklippen Westeuropas. Oft kleine Trupps in großer Höhe in zielgerichtetem Flug zwischen Brut- und Nahrungsplatz. Stammform der Straßen- und Brieftauben, solche gelegentlich auch fernab von Städten in Gruppen von Felsentauben durch Musterung oder rötliche Färbung auffallend.

KENNZEICHEN In Gestalt und Gefieder ähnlich der Hohltaube, jedoch *auf Mantel und Flügeloberseite heller grau,* wodurch Kopf, Hals und Brust dunkler hervorstechen (Hohltaube ist einfarbiger), sowie mit *weißer Flügelunterseite* (bei Hohltaube grau); *Bürzel schneeweiß* (in Asien hellgrau), *zwei durchgehende schwarze Flügelbinden.* Augen rötlich, Schnabel dunkel. Fliegt rasant und kraftvoll; Balzflug mit v-förmiger Flügelhaltung wie Straßentaube.

STIMME Gurrt ähnlich Straßentaube klagend, mehrfach wiederholt „druuO-u", oft etwas anschwellend.

„STRASSENTAUBE" (BJ)

Feral Pigeon *Columba livia* f. *domestica*

L 29-35 cm, S 60-68 cm. Straßentauben stammen von Felsentauben ab (verwilderte Gefangenschaftsvögel; früher u. a. als Brieftauben, heute noch als Reisetauben gezüchtet); weit verbreitet und zahlreich in Städten und Dörfern.

KENNZEICHEN Gestalt wie Felsentaube, manche der unzähligen Gefiedervarianten sehen fast genau wie Stammform aus (s. o.), andere sind weiß-grau gemustert, einheitlich dunkelgrau, rotgrau, dunkel gescheckt oder wie die Felsentaube gefärbt, aber ohne deren weißen Rücken.

STIMME Wie Felsentaube.

HOHLTAUBE BZ

Stock Dove *Columba oenas*

L 28-32 cm, S 60-66 cm. Brütet in Baumhöhlen, sowohl in Wäldern als auch in größeren ruhigen Parks, gebietsweise auch an der Steilküste oder an Gebäuden. Recht scheu, oft eher zu hören als zu sehen.

KENNZEICHEN Größe und Gestalt recht ähnlich Straßentaube, aber kleiner und *kurzschwänziger als Ringeltaube,* was in gemischten Schwärmen auffällt; fliegt mit *schnelleren Flügelschlägen* und „entschlossener" als Ringeltaube (Unterschied aber nicht immer auffällig). Gefieder blaugrau mit grün und weinrot schimmerndem Halsfleck. Im Flug mit *grauem Unterflügel und Rücken* (bei Felsen- und Straßentaube weiß), ferner *hell blaugraue Oberseitenfärbung* (heller als bei Ringel-, aber dunkler als bei Felsen-/Straßentaube); nur kurze, schmale schwarze Armflügelbänder innen, aber nicht über ganzen Flügel (vgl. Felsentaube) und keine weißen Binden (vgl. Ringeltaube). Balzflug mit langsamen, tiefen Flügelschlägen und anschließender Gleitphase mit leicht erhobenen Flügeln und manchmal Flügelklatschen über dem Rücken.

STIMME Gesang eine Folge recht eintöniger, zweisilbiger, dumpf klagender „oo-uo"-Laute, zu Beginn zaghafter, ein Ton pro sek. Lautes Flügelklatschen beim Auffliegen, dünn pfeifendes Geräusch im normalen Flug.

RINGELTAUBE BJZW

Common Wood Pigeon *Columba palumbus*

L 38-43 cm, S 68-77 cm. Brütet in Wäldern aller Art, in Parks und großen Gärten, gebietsweise mitten in Städten, dort wenig scheu; Nahrungssuche auf Wiesen und Feldern. Regionale Bestandszunahmen; im Norden und Osten Zugvogel, der vor allem in Westeuropa überwintert; tritt während des Wegzuggipfels (Anfang Okt.) und des Heimzugs (März/Apr.) in großen bis sehr großen, dicht fliegenden Schwärmen auf. Sehr einfaches, flaches Reisignest, meist hoch in Bäumen in Stammnähe, oft so schütter, dass die Eier von unten durch den Nestboden sichtbar sind. Lange Brutperiode, flügge Jungvögel von Mai bis Okt.

KENNZEICHEN Große Taube, *deutlich größer als Straßentaube* sowie mit im Verhältnis etwas längerem Schwanz und kleinerem Kopf, ferner mit rundlicherer Brust und trotzdem *lang gestreckter Gestalt.* Bestes Erkennungsmerkmal ist *großer weißer Halsseitenfleck* sowie im Flug *weißes Querband auf Flügeloberseite.* Von fliegenden Hohltauben durch etwas *ruhigeren Flügelschlag,* bedeutendere Größe und wenig *längeren Schwanz* zu unterscheiden. Typischer Balzflug mit kurzem steilem Aufstieg und lautem Flügelklatschen, darauf Abwärtsgleiten mit steif gehaltenen Flügeln und gespreizten Steuerfedern. Bei Gefahr lautes Flügelklatschen beim Abfliegen.– JK: Ohne weiße Halsabzeichen (diese erscheinen je nach Schlupftermin meist Aug.–Dez.).

STIMME Zur Brutzeit oft dumpf, heiser, gedämpft, knurrend „huh-hruu…". Gesang fünfsilbige, dumpf gurrende, rhythmische Strophe (gewisse individuelle Variation, fast immer erste Silbe betont und etwas längere Pause vor der kurzen fünften) „DUH-duu, doodoo...du", ohne Pause 3-5-mal wiederholt (daher wirkt fünfte Silbe wie Einleitungssilbe zur nächsten Strophe).

Felsentaube

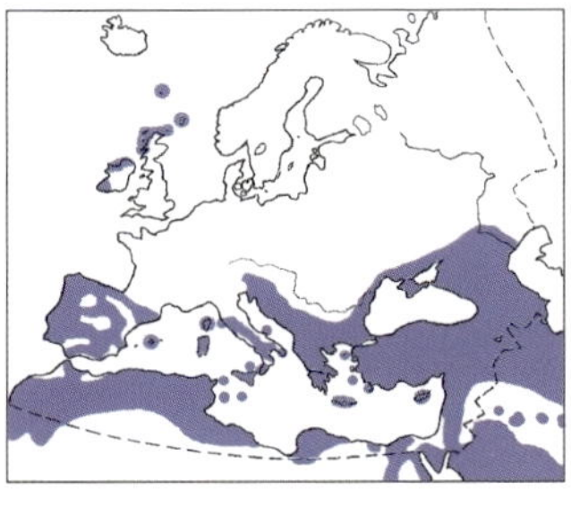

Hohltaube

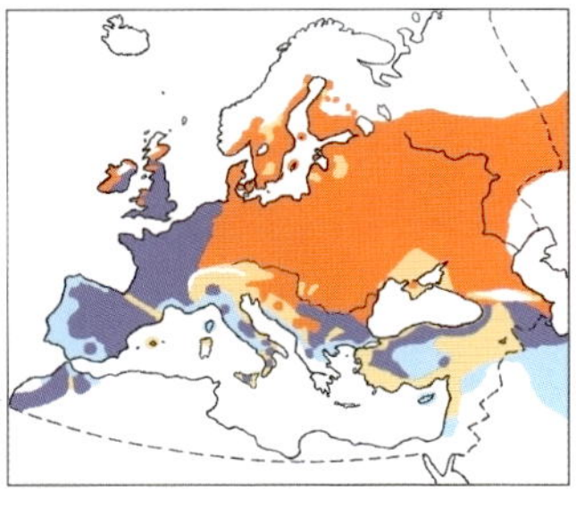

Ringeltaube

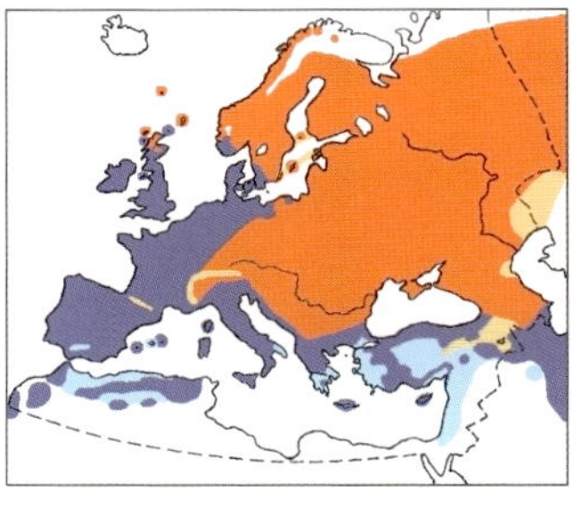

FELSENTAUBE

„STRASSENTAUBE“

Straßentauben zeigen eine große Gefiedervariation; manche sehen fast wie ihre Stammform, die Felsentaube, aus

HOHLTAUBE

RINGELTAUBE

KM

LORBEERTAUBE –

Laurel Pigeon *Columba junoniae*

L 38-41 cm, S 62-67 cm. Endemischer Jahresvogel der Kanaren (La Palma, Gomera, Teneriffa, Hierro, < 2.000 Paare?) an felsigen Berghängen in oder knapp unterhalb der Baumheide- und Lorbeerzone. Wird meist einzeln gesehen. Wachsam, aber nicht wirklich scheu. Lange Brutzeit, oft zwei Gelege zwischen Feb. und Sept.; Nest in Felsspalte oder an steilem Hang im Schutz von Büschen oder Bäumen.

KENNZEICHEN *Einheitlich dunkel graubraun* mit Purpurton und Metallglanz auf Kopf und Hals. Flügel *ohne Kontrast zwischen Schwung- und Deckfedern*, aber *Bürzel/Schwanzoberseite heller blaugrau* mit diffus abgesetzter *beigeweißer Schwanzendbinde*. Auge rot, Schnabel gelblich weiß mit rosa Basis. Wirkt im *recht unsteten* Flug mit *langsamen Flügelschlägen langhalsig* und *kurzflügelig*. Balzflug mit langsamen Flügelschlägen und horizontalen Gleitstrecken in weiten Kreisen bei voll gespreiztem Schwanz erlaubt besten Blick auf kennzeichnende helle Schwanzspitze.– JK: Matter gefärbt als ad., Gefieder eher warm braun getönt mit weniger Purpur und Metallglanz, Schulterfedern und Flügeldecken mit schmalen hellen Spitzen.

STIMME Gesang beginnt mit hohem, langem Knurren und geht über in wiederholtes dreisilbiges Gurren mit falsettierter zweiter und gezogener dritter Silbe, „hrrrüh…ru-pwiJUUH… ru-pwiJUUH…ru-pwiJUUH…“ usw.

BOLLES LORBEERTAUBE –

Bolle's Pigeon *Columba bollii*

L 35-38 cm, S 60-65 cm. Endemischer Jahresvogel der Kanaren (La Palma, Gomera, Teneriffa, Hierro, etwa 3.000 Paare) in Lorbeerwäldern und Baumheide an Berghängen. Scheu und in Baumkronen schwer zu entdecken, verrät sich aber oft durch das Flattern während der Nahrungssuche. Meist einzeln oder in Paaren, manchmal in kleinen Gruppen. Legt nur ein Ei, Brutzeit erstreckt sich von Juli-Okt., doch hauptsächlich Frühjahr.

KENNZEICHEN Erinnert etwas an Hohltaube, ist aber etwas größer und *langschwänziger*. Gefieder graublau mit grün und altrosa glänzenden Halsseiten. Schwungfedern und Oberschwanz kontrastierend dunkler, Schwanz mit angedeuteter heller Querbinde. Flügel recht kurz und gerundet; rasanter Flug, auffliegend mit klatschendem Geräusch, im Streckenflug mit rhythmischem Pfeifen. Schwanz im Flug oft zusammengelegt, wirkt dann abgeschnitten. Schnabel rot, Auge gelb.– JK: Matter und bräunlicher gefärbt als ad., Schwanzendbinde nicht so dunkel.

STIMME Gesang leise, viersilbig, heiser und tief gurrend, dritter Ton etwas gedehnt, auch bei guten Bedingungen nur über 100 m hörbar, 5-6-mal in schneller Folge wiederholt, erste Folge oft auf fünf Silben erweitert, etwa „hwo hwo hwooh hwo“.

SILBERHALSTAUBE –

Trocaz Pigeon *Columba trocaz*

L 40-45 cm, S 68-74 cm. Endemischer Jahresvogel auf Madeira (4.000-5.000 Paare) in Grotten und an steilen Berghängen in der Lorbeerwald- und Baumheidezone, bevorzugt die tieferen Lagen und Nordhänge; Fortbestand hängt vom Erhalt des schrumpfenden Lebensraums ab. Scheu; Nahrungssuche in Baumkronen und am Boden, bei gutem Angebot in Trupps von 10-30 Vögeln. Lange Brutperiode, wohl vom Reifezeitpunkt der Lorbeeren abhängig. Baumnest enthält meist nur ein Ei.

KENNZEICHEN Ähnlich einer großen, kurzflügeligen Ringeltaube ohne weiße Abzeichen an Hals oder Flügeln, jedoch mit *silbergrauem Halsfleck* (der je nach Lichteinfall auch bläulich bis rosa wirkt). Gefieder *oberseits* etwas *dunkler und einheitlicher blaugrau* als Ringeltaube, ohne deren helleren Mantel und Rücken. *Schwanz mit charakteristischer heller Querbinde*, etwa so breit wie dunkle Endbinde. *Unterflügel dunkelgrau* (vgl. Felsentaube); Auge hell gelbweiß.– JK: Gefieder matter, bräunlich getönt, nicht so sauber blaugrau, Schulterfedern und Flügeldecken mit schmalen hellen Spitzen.

STIMME Reviergesang ähnlich Ringeltaube, aber rauer, tiefer, weniger kräftig, ein sechssilbiges Gurren mit Betonung und Dehnung der beiden mittleren Silben, mehrfach wiederholt „uh-uh HROOH-HROOH ho-ho“.

KAPTÄUBCHEN –

Namaqua Dove *Oena capensis*

L 22-26 (inkl. 10-12 cm Schwanz), S 28-33 cm. Weit verbreitet in Afrika südlich der Sahara und in Arabien, brütet im Bearbeitungsgebiet nur in Südisrael. Lebt in Kulturflächen in der Halbwüste mit Akazien und Büschen, Nest niedrig in Bäumen. Oft am Boden, eher scheu und nervös.

KENNZEICHEN Sehr *klein* (Körper kaum größer als Haussperling) und *schlank*. Sehr *langer, schmaler, schwarzer Schwanz*, bei Fächerung keilförmig. Fliegt oft tief mit raschen, schneidenden Flügelschlägen, zeigt dabei rostbraunes Flügelfeld.– Ad. ♂: *Stirn, Kehle und Brust schwarz*, diffus weiß begrenzt, Bauch weiß, Schnabel gelb und rot– Ad. ♀: Ohne Schwarz an Kopf und Brust; Schnabel dunkelgrau mit rötlicher Basis.– JK: Armdecken und Schulterfedern grob weiß, beige und dunkelgrau gemustert.

STIMME Eher ruhige Taube, Gesang ein bauchrednerischer, tiefer, gedehnter, klagender, gurrender, in der Lautstärke und etwas in der Höhe ansteigender Laut zwischen je einem kurzen Ton, etwa „hu-huoooOOO-hu“.

Lorbeertaube

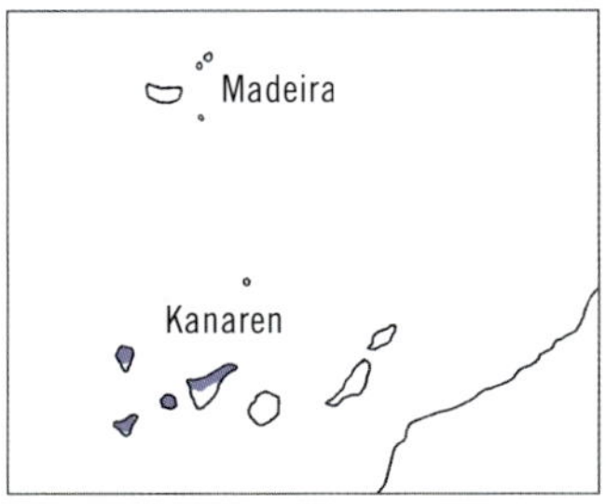

Bolles Lorbeertaube

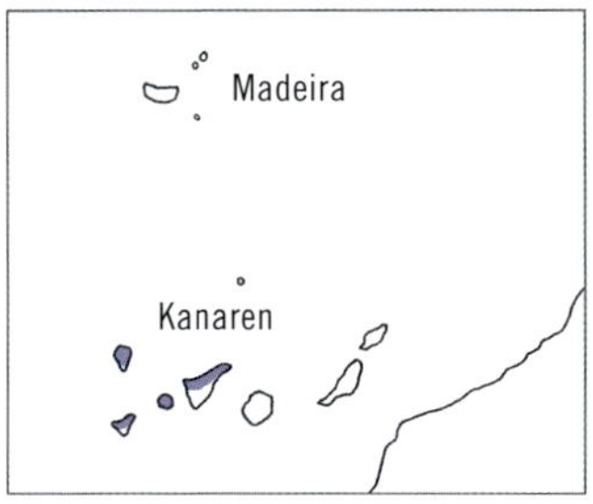

Silberhalstaube

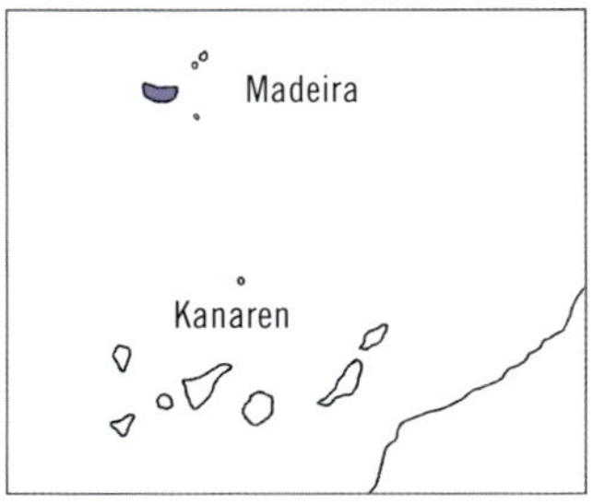

Kaptäubchen

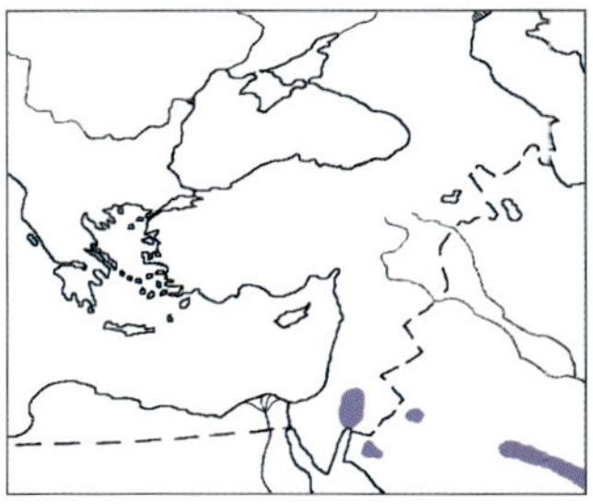

LORBEERTAUBE

BOLLES LORBEERTAUBE

SILBERHALSTAUBE

KAPTÄUBCHEN

TÜRKENTAUBE BJ

Eurasian Collared Dove *Streptopelia decaocto*

L 29-33 cm, S 48-53 cm. Brütet fast ausschließlich in Ortschaften. Ist von Südosten nach Europa eingewandert. Jahresvogel, Nahrung vor allem vegetarisch, gerne an Getreidesilos, im Winter auch in Trupps; wenig scheu.

KENNZEICHEN Mittelgroße, *lang gestreckte*, recht elegante Taube mit *langem Schwanz* und heller Färbung; leicht kenntlich an schmalem (weiß gerandetem) schwarzem *Nackenring*; Gefieder *recht einheitlich hell beigegrau* mit bräunlicherem Ton auf Rücken und blaugrauem Anflug auf Großen Armdecken. Dunkles Auge sticht aus einfarbig hellem Kopf hervor. *Äußere Steuerfedern mit breiten weißen Spitzen* (fallen im Flug bei gespreiztem Schwanz auf), zusammengelegt wirkt *Schwanzunterseite fast rein weiß*, zu *aschgrauen Unterschwanzdecken kontrastierend*. Geschlechter ähnlich, ♂ durchschnittlich sauberer rosa mit deutlicherem Blauschimmer auf Kopf, Hals und Brust.– JK: Ohne schwarzes Halsabzeichen, Färbung etwas matter, brauner.

STIMME Ruft nasal, etwas lachmöwenartig „chräh". Singt dreisilbig, mehrfach wiederholt, aus der Ferne an Kuckuck erinnernd „du-DUU do", der zweite Laut betont und gedehnt, der dritte etwas tiefer.

TURTELTAUBE BZ

European Turtle Dove *Streptopelia turtur*

L 25-28 cm, S 45-50 cm. Brütet in offeneren Laubwäldern, Gehölzen und Heckenlandschaften des Tieflands. Sommervogel (Apr.–Sept.), überwintert südlich der Sahara. Recht scheu, oft in Bäumen verborgen.

KENNZEICHEN Recht kleine, schlanke Taube mit schneller, etwas ruckartiger und (besonders vor der Landung) hin und her schwankender Flugweise. Unterschiede zu ähnlicher Palmtaube: *Leuchtend rostgelbe Federsäume* und scharf abgesetzte *schwarze Federzentren oberseits* auf Schulterfedern und Kleinen Armdecken (statt dunkler rotbraun und nahezu einfarbig); *deutlicher abgesetztes blaugraues Feld in Flügelmitte*; *längere, spitzere Flügel* (große Handschwingenprojektion) *und etwas kürzeren Schwanz*, ferner durch *schmaleren weißen Endsaum, innen von durchgehendem schwarzem Band eingefasst*; aus der Nähe sieht man *Halsfleck aus schwarzen und weißen* (manchmal eher bläulichen) *Streifen*, die *deutliche schwarze Schwanzbasis unterseits* sowie das *orangerote Auge mit recht deutlichem rötlichem Lidring* (vgl. Orientturteltaube).– JK: Eher einfarbig schmutzig braun und beigegrau, ohne Halsfleck. Kann mit juv. Türkentaube verwechselt werden, beachte aber Schwanzmuster. Auch der Orientturteltaube extrem ähnlich (s. u.).

STIMME Gesang ein tiefes, mehrfach wiederholtes Gurren „turrrr turrrr turrrr".

ORIENTTURTELTAUBE A

Oriental Turtle Dove *Streptopelia orientalis*

L 30-35 cm, S 54-62 cm. Brütet in der Taiga Mittelsibiriens (Nominatform) sowie in der Waldsteppe Südwestsibiriens und in Bergwäldern Mittelasiens (ssp. *meena*), wegen der Unterschiede in Färbung und Gesang vielleicht zwei Arten, beide ausnahmsweise in Nord- und Westeuropa festgestellt.

KENNZEICHEN Nominatform: Gefieder ähnlich Turteltaube, aber deutlich *größer* und *kräftiger*, erinnert im Flug durch *relativ schwerfällige, zielgerichtete Flugweise* eher an Hohl- als an Turteltaube. Ad. unterschieden von Turteltaube durch *blaugraue Schwanzspitze, hellgrauen Bauch/Unterschwanz* (statt rein weiß), Federn der Flügeloberseite mit *größeren und diffuser abgegrenzten dunkelgrauen* (nicht schwarzen) *Zentren* und mit *schmaleren, eher rotbraunen* (nicht ockergelben) Säumen (solange Federn frisch, bleichen später aus), zwei (angedeutete) *schmale helle Flügelbinden* über Spitzen der Mittleren und Großen Armdecken; *blaugraues Flügelfeld dunkler und kleiner, Brust dunkler braunrosa* (statt heller rosa mit bläulichem Schimmer); *Rücken und Bürzel bilden einfarbig dunklen blaugrauen Bereich* (statt mit beigemischtem Graubraun), Mantel dunkler, oft mit schwarzen Flecken; *Lidring weniger auffallend*.– Unterart *meena* etwas kleiner, manchmal fast wie Turteltaube. Von *orientalis* unterschieden durch *weiße Färbung von Schwanzspitze und Bauch*, Oberseite und Brust aber fast wie Nominatform.– JK: Sehr ähnlich juv. Turteltaube, jedoch Rücken und Brust dunkler, Gestalt weniger zierlich, Handschwingenprojektion etwas geringer, helle Handdeckenspitzen schwächer.

STIMME Gesang der Nominatform hohl und kehlig, abwechselnd jeweils zwei heisere Töne gefolgt von zwei etwas klareren „hru-hruu uu-uu hru-hruu uu-uu…". Bei *meena* folgt auf drei gedämpft heisere Töne ein klarerer und tieferer vierter, etwa „HRUUUH…hru-HRU…hoo".

PALMTAUBE –

Laughing Dove *Streptopelia senegalensis*

L 23-26 cm, S 40-45 cm. Brütet in Gehölzen, auch in Siedlungen. Charaktervogel von Oasen (dort teilweise eingebürgert). Jahresvogel; wenig scheu.

KENNZEICHEN Klein, schlank, recht langschwänzig und kurzflügelig; wirkt aus mittlerer Entfernung rotbraun, von Nahem blaugraues Flügelfeld zwischen dunkelgrauen Schwungfedern und rotbraun gemusterter Oberseite, ferner das *einheitliche Weiß* von Schwanzunterseite (und Bauch) erkennbar; Brustband schwarz und ocker gemustert. Im Flug recht ähnlich Turteltaube (z. B. ähnlich gefärbte Schwanzoberseite und dunkle Flügelunterseite), unterscheidet sich aber durch *gleichmäßiger braunen Rücken* (ohne schwarze Federzentren) und meist erkennbar *längeren Schwanz und kürzere Flügel*.

STIMME Singt hohl gurrend, sechsilbig, schnell, etwas stotternd, dritte und vierte Silbe etwas höher und betont „do-do-DO-DO-do-do"; im Chor etwas an Birkhahnbalz erinnernd.

Türkentaube

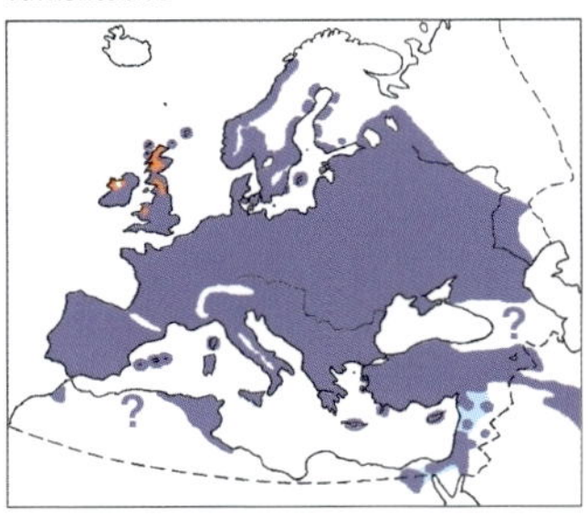

Turteltaube

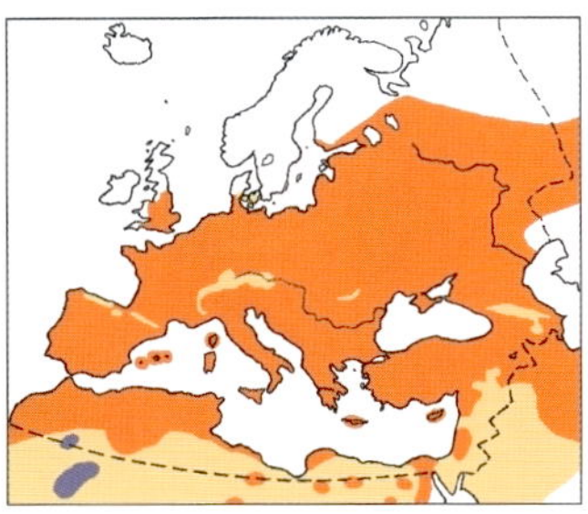

Palmtaube

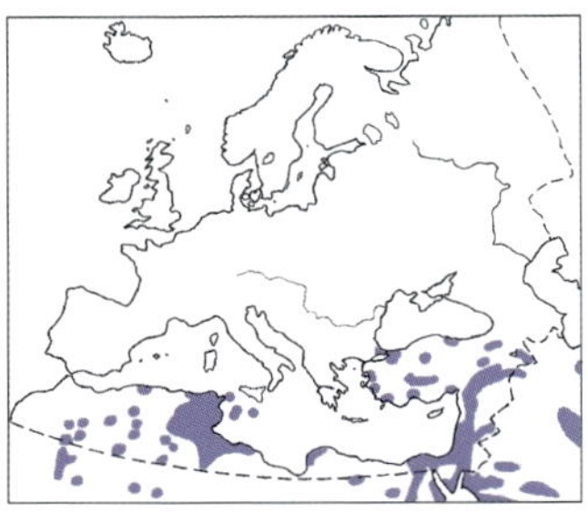

TÜRKENTAUBE

TURTELTAUBE

ORIENTTURTELTAUBE

PALMTAUBE

KM

KUCKUCKE Cuculiformes

Vier Brutvögel und zwei Ausnahmeerscheinungen aus Nordamerika; mittelgroß, lang gestreckt, langschwänzig, mit kurzen Beinen. Drei der Arten sind Brutschmarotzer.

KUCKUCK BZ

Common Cuckoo *Cuculus canorus*

L 32-36 cm, S 54-60 cm. Bewohnt Wälder und halboffene Landschaft, Sommervogel (meist Mai-Sept.), überwintert im tropischen Afrika. Zur Brutzeit leicht zu sehen, steht oft frei. Legt Eier einzeln in fremde Nester.

KENNZEICHEN Mittelgroßer, *schlanker* Vogel mit *langem, abgerundetem Schwanz* und *spitzen Flügeln.* Fliegt mit gleichmäßigen Flügelschlägen (gleitet selten und nur kurz), die *Flügel* werden *kaum über den Körper angehoben* (vgl. mit Sperber und Turmfalke), Flughaltung mit gerader Rückenlinie und *vorgestrecktem Schnabel.* Steht oft frei auf Leitungen oder Masten, meist mit hängenden Flügeln und etwas erhobenem Schwanz.– Ad. ♂: Oberseite, Kopf und Brust ungemustert blaugrau, unterseits scharfe Grenze zum hellen, fein dunkel quer gebänderten Bauch; Iris, Lidring, Schnabelbasis und Füße gelb.– Ad. ♀: Zwei Morphen, die graue wie ♂, jedoch auf der Brust mit rostbeiger Tönung und dunkler Querbänderung, die seltene braune oberseits und auf der Brust rostbraun, oft gesamtes Gefieder mit Querbänderung.– JK: Schiefergrau mit mehr oder weniger deutlich rostbrauner Tönung, leicht kenntlich durch *weißen Nackenfleck* und *schmal weiß gesäumte Oberseitenfedern.*

STIMME Singt auf der ersten Silbe betont zweisilbig (gelegentlich dreisilbig) „gu-ko"; bei Verfolgungsjagden heiser räuspernd „GUCH-chä-chä-chä". ♀ trillert schnell brodelnd, etwas an Zwergtaucher erinnernd. Jungvögel betteln anhaltend mit durchdringenden, unreinen „psrieh"-Rufen.

HOPFKUCKUCK –

Oriental Cuckoo *Cuculus optatus*

L 30-34 cm. Brütet in der Taiga und in Buschlandschaften; Ankunft Mitte Mai bis Juni; überwintert in Südostasien.

KENNZEICHEN Sehr ähnlich Kuckuck, oft an Gefiedermerkmalen kaum zu unterscheiden; kaum *kleiner* und mit *verhältnismäßig etwas kräftigerem Schnabel.* Graue Morphe (beide Geschlechter) auf Rücken und Oberflügeln etwas dunkler als Kuckuck; manche Vögel mit etwas weniger und gröberen Querbändern auf dem weißen Bauch; *Steißbereich oft rostbeige und nahezu ungezeichnet* (wie bei manchen Kuckucken); Unterhanddecken oft ungefleckt oder mit reduzierter Bänderung (auch bei einigen Kuckucken). Braune Morphe (nur ♀; häufig) gänzlich kräftig quer gebändert, oberseits (vor allem Schwanz) *schwarze Bänder meist breiter als die rotbraunen* (beim Kuckuck-♀ meist umgekehrt).

STIMME Gesang bestes Bestimmungsmerkmal: rasche, gleichmäßig betonte Folge mit *wiedehopfartigem Klang,* meist von stammelnder Tonreihe von 4-8 Lauten eingeleitet „(pupupupupu) pu-pu pu-pu pu-pu pu-pu…". ♀ trillert wie Kuckuck-♀, aber langsamer, härter, ratternder.

HÄHERKUCKUCK A

Great Spotted Cuckoo *Clamator glandarius*

L 35-39 cm. Brütet in offener Landschaft mit Gehölzen und Plantagen. Brutparasit meist bei Elstern.

KENNZEICHEN Größe ähnlich Kuckuck, jedoch mit *breiteren, stumpfer endenden Flügeln* sowie *etwas längerem, schmalerem Schwanz, Oberseite dunkel, mit kleinen weißen Flecken übersät,* Unterseite hell.– Ad.: Handschwingen dunkelgrau; Scheitel und Ohrdecken silbergrau, Hinterscheitel mit angedeuteter Haube; Schirmfedern und Armschwingen mit breit weißen Spitzen; Kehle und Brustseiten gelblich weiß.– JK: *Handschwingen lebhaft rostbraun, schwarzspitzig, Oberkopf matt schwärzlich;* Oberseite schwärzlich mit etwas kleineren weißen Flecken als bei ad.; Schirmfedern und Armschwingen mit nur schmalen weißen Spitzen; Kehle und Brust ockerbeige.– 1er S: Meist an rostbrauner Tönung der Handschwingen sowie etwas dunklerer Kopf- und Mantelfärbung von ad. unterscheidbar.

STIMME Ruft oft laut ratternd „tjerr-tjerr-tje-tje-tje" oder „ki-ki-ki-kriä-kriä-kriä…"; erregt nasal rau „chäh".

GELBSCHNABELKUCKUCK –

Yellow-billed Cuckoo *Coccyzus americanus*

L 29-32 cm. Seltener Gast aus Nordamerika, vom Schwarzschnabelkuckuck unterschieden durch *gelbe Schnabelbasis, lebhafteren Rostton der Handschwingen, deutlichere weiße Spitzen und Außenfahnen der Steuerfedern;* Lidring gelblich.

SCHWARZSCHNABELKUCKUCK A

Black-billed Cuckoo *Coccyzus erythropthalmus*

L 28-31 cm. Sehr seltener Gast aus Nordamerika. Etwas ähnlich einem kleinen jungen Häherkuckuck, jedoch ohne deutliche helle Oberseitenfleckung. Vom Gelbschnabelkuckuck durch *ganz schwarzen Schnabel, undeutlicheren Rostton auf den Handschwingen* sowie schmalere, undeutliche helle Steuerfederspitzen unterschieden.– Ad.: Mit schwarzem Schnabel (juv. grau) und rotem Lidring (juv. beige).

SPORNKUCKUCK –

Senegal Coucal *Centropus senegalensis*

L 35-41 cm. Brütet in Ägypten in offener Landschaft mit Büschen. Jahresvogel, scheu.

KENNZEICHEN *Groß,* langschwänzig, *kräftiger schwarzer Schnabel; Flügel rostbraun, abgerundet;* fliegt unbeholfen mit kurzem Gleiten; *Kopf und Schwanz schwarz,* Rücken dunkelbraun, Unterseite beigeweiß.– JK: Oberseite dunkel gebändert.

STIMME Eine Reihe brodelnder, dumpfer Töne, ähnlich Geräusch beim Ausgießen einer Flasche „buu-buu bu-bu-bu-bu…".

Kuckuck

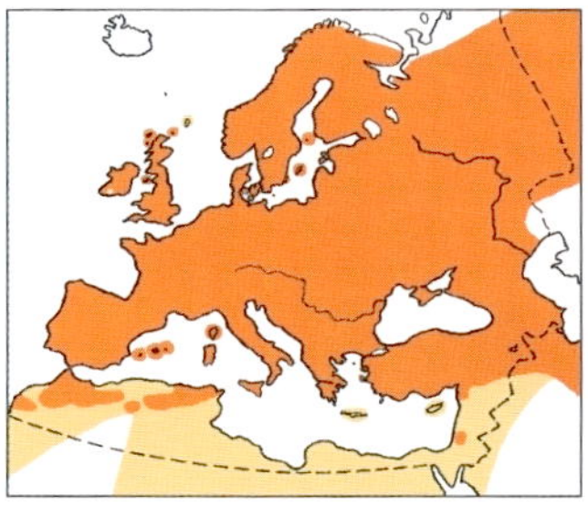

Hopfkuckuck

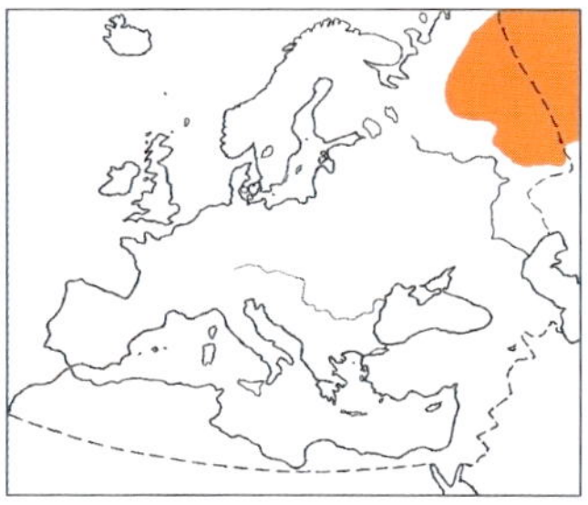

Häherkuckuck

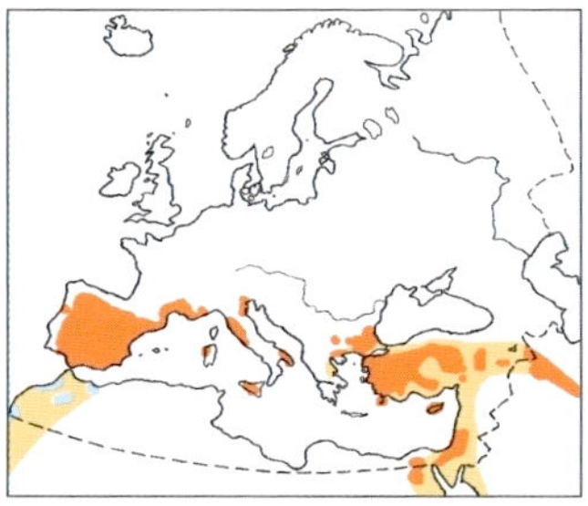

BARTKAUZ

HABICHTSKAUZ

SCHNEEEULE

DZ

SPERBEREULE A

Northern Hawk-Owl *Surnia ulula*

L 35-43 cm, S 69-82 cm. Bewohnt vor allem boreale Wälder, oft die obere Baumzone an Berghängen (Nadel-Birken-Mischwald), bevorzugt Nähe von Mooren, Wiesen oder gerodeten Flächen; Bestand jährlich schwankend, in manchen Jahren lokal recht häufig, im Herbst gelegentlich verstärkte Wanderungen nach Süden. Teilweise tagaktiv; Nahrung Mäuse und Vögel; brütet in Bäumen (ausgefaulte Baumstümpfe oder Höhlen) oder verlassenen Greifvogelnestern. Vorsicht: Kann zur Zeit des Ausfliegens der Jungvögel aggressiv sein, dann nicht näher herangehen und Altvögel im Auge behalten!

KENNZEICHEN Mittelgroß mit einprägsamen Proportionen: *durch sehr langen, schmalen Schwanz und stumpfe Flügelspitzen* eher sperber- als eulenartige Gestalt; *Flugweise direkt und wendig,* mit wenigen, durch kurze Gleitstrecken unterbrochenen Flügelschlägen; steht gern frei auf Baumspitzen; Kopf recht groß, *mit oft flachem Scheitel* (bei Störung, Alarm).– Ad.: Oberseite dunkelbraun, *Hinterhals hell, helle Schulterfedern* formen großes V; Unterseite weißlich, bis auf *rein weiße obere Brust* dünn gebändert, „Gesicht“ weißlich, breit schwarz umrahmt (ernster Gesichtsausdruck), Iris gelb; Hinterkopf hell und dunkel gemustert („Scheingesicht“ formend; Abschreckung), schwarzer Fleck an Kopfseiten.– JK: Ähnlich ad., aber etwas grauer und matter gefärbt, Augenregion dunkel, Kehle und Vorderbrust verwaschen gezeichnet.

STIMME Alarmruf schrill, ähnlich einem Merlin-♀ „ki-ki-kikikikikiki“; Bettelruf des ♀ heiser quietschend, lang gezogen „ksiii-lip“, abrupt endend; Gesang sehr lang gezogenes und schnelles Blubbern oder Trillern „lülülülülülülü…“, 8-9 s andauernd, 8-25 s pausierend, zumindest 1 km weit zu hören; äußert erregt ein gurgelndes, kurzes Gurren, fast wie Birkhuhn; Bettelrufe der Jungvögel ähnlich denen des ♀, aber zischender „psssss-lip“.

RAUFUSSKAUZ BJ

Boreal Owl *Aegolius funereus*

L 22-27 cm, S 50-62 cm. Brütet in dichten Mischwäldern, oft im Bergland, gern mit kleinen Mooren und Lichtungen. Vorwiegend Standvogel. Ausschließlich nachtaktiv; Nahrung hauptsächlich Mäuse; Höhlenbrüter (alte Schwarzspechthöhle oder Nistkasten).

KENNZEICHEN Mittelgroß (etwa wie Steinkauz), mit *großem Kopf* und flachem Scheitel, Augen mittelgroß, Iris gelb, *„erstaunter Gesichtsausdruck“;* oberseits braun, auf Schulterfedern diffus weißlich gefleckt, unterseits weißlich, undeutlich bräunlich gefleckt; Flügel gerundet, *Flugweise recht geradeaus,* mit Serien schneller Flügelschläge, unterbrochen durch kurze, gerade Gleitstrecken. Größte Verwechslungsgefahr ist Sperlingskauz (klein, besiedelt dasselbe Verbreitungsgebiet und denselben Lebensraum), dieser aber nur starengroß, mit proportional kleinerem Kopf und „ernsterem Gesichtsausdruck“, etwas wellenförmigerer Flugweise und proportional kürzeren Flügeln; auch bevorzugt der Sperlingskauz Baumspitzen als Sitzwarten, der *Raufußkauz dagegen das Innere von Baumkronen.*– JK: Ästlinge vorwiegend *schokoladenbraun* mit variablem Weißanteil im Gesicht.

STIMME Recht stimmfreudig, häufiger Ruf ähnlich Eichhörnchen „tschiAK“; Gesang schnelle Serie von 5-8 tiefen Pfeiftönen, bei Erregung zu längeren Serien gedehnt, anfänglich in Ton und Tempo ansteigend, überraschend laut (in ruhigen Nächten über 3 km weit zu hören) „po-po-PO-PO-PO-PO“; in Klang und Tempo etwas variierend; Bettelrufe der Jungen dünn und abrupt „ksi!“.

SPERLINGSKAUZ BJ

Eurasian Pygmy Owl *Glaucidium passerinum*

L 15-19 cm, S 32-39 cm. Brütet in Nadel- oder Mischwäldern, in Mitteleuropa vorwiegend in Bergwäldern; hauptsächlich Standvogel. Dämmerungsaktiv (bei tiefer Dunkelheit schlechtes Sehvermögen), recht furchtlos; Nahrung Vögel, Mäuse; für seine geringe Größe sehr kräftig, kann sogar seine eigene Größe übertreffende Drosseln erlegen, legt Nahrungsvorräte in Höhlen an; brütet in Baumhöhlen, oft in alten Buntspechthöhlen.

KENNZEICHEN *Sehr klein* (starengroß) mit rundem Kopf (rudimentäre Federohren selten sichtbar), *Kopf proportional kleiner* als bei Stein- und Raufußkauz; fliegt schnell, über längere Strecken in *spechtartigem Wellenflug,* hält oft von Fichtenspitzen aus Ausschau, zuckt dabei gelegentlich mit dem Schwanz oder hebt ihn langsam ähnlich einem Fliegenschnäpper. Schleier schwach entwickelt, aber *kurzer, auffälliger, weißer Überaugenstreif* und kleine, eng zusammenliegende Augen mit *gelber Iris* lassen verbiesterten Gesichtsausdruck entstehen; helle Nackenflecken erzeugen angedeutetes abschreckendes „Scheingesicht“; Oberseite graubraun, *fein weiß gesprenkelt,* Unterseite weißlich mit brauner Brust (vor allem Brustseiten) und dünn gestreiftem Bauch.– JK: Ästlinge ähnlich Altvogel, aber ohne weiße Fleckung von Scheitel, Mantel und Flügeldecken.

STIMME ♀ ruft sehr dünn, lang gezogen „tsiiiih“ (an Amsel oder Rotkehlchen erinnernd, aber mit mehr Nachdruck); häufigster Ruf besonders im Herbst ist die „Leiter“, eine Serie von 5-10 scharfen, ansteigenden Pfeiftönen „tschook tschuuk tschüük tschiik…“ (wie Luftpumpe mit Finger auf Öffnung); Gesang ein weiches, in 10 Sekunden 6-7-mal wiederholtes Pfeifen, ähnlich Gimpel, aber gedehnter, etwas höher und am Ende leicht betont „hjük“, 500-1.000 m weit zu hören; bei Erregung dünnes, gedämpftes Stottern zwischen regelmäßigen Pfeiftönen, „hjük…(huhuhu)…hjük…(huhuhu)…“ usw.; Bettelruf der Jungvögel dünn „tsiih“, ähnlich ♀, aber kürzer.

Sperbereule

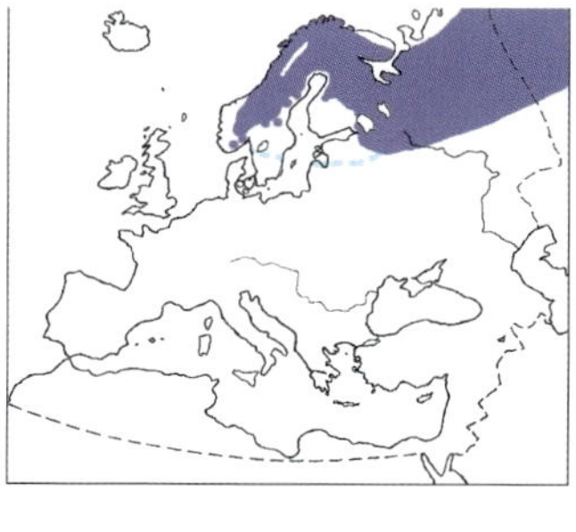

Raufußkauz

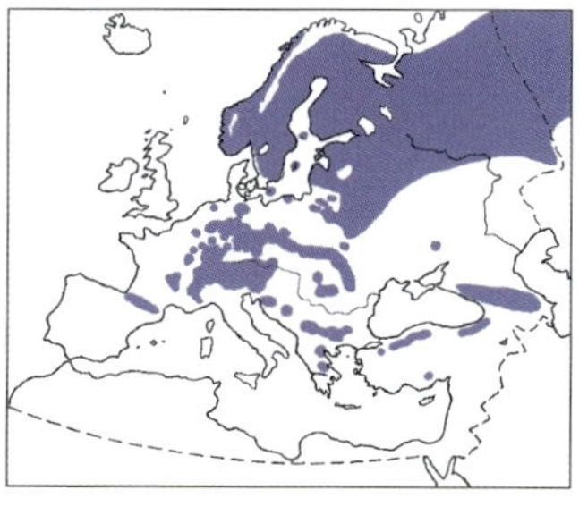

Sperlingskauz

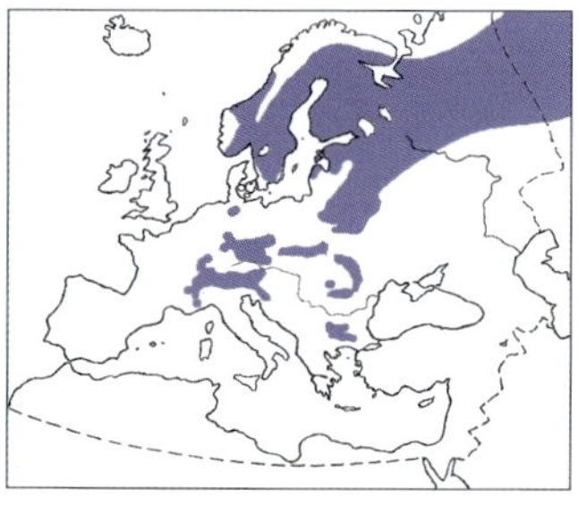

SPERBEREULE

RAUFUSSKAUZ

SPERLINGSKAUZ

WALDOHREULE

BJZW

Long-eared Owl *Asio otus*

L 31-37 cm, S 86-98 cm. Bewohnt Wälder in der Nähe offener Flächen, Feldgehölze, größere Parks mit Koniferen usw. Im Norden Zugvogel, im Süden und Westen Standvogel. Nacht- und dämmerungsaktiv, Nahrung hauptsächlich Mäuse und Kleinvögel, die vom Ansitz oder im Suchflug erbeutet werden. Im Winter oft kleine Gruppen an Tagesschlafplätzen. Brütet in verlassenen Nestern anderer Vögel, meist in Krähennestern.

KENNZEICHEN Deutlich *kleiner als Waldkauz,* etwas kleiner und proportional kurzflügeliger als Sumpfohreule, mit *langen und recht schmalen Flügeln; lange Federohren* bei Balz, Alarm und in Tarnstellung oft gut erkennbar, im Flug und in entspannter Stellung aber auch angelegt; *Flugweise recht langsam und gaukelnd,* mit wenigen rudernden Flügelschlägen (deutlich langsamer als bei Waldkauz, sehr ähnlich Sumpfohreule) und eingelegten Gleitstrecken. Verwechslungsgefahr mit Sumpfohreule durch ähnliches Oberflügelmuster: *großes gelblich beiges Feld an Basen der äußeren Handschwingen* kontrastiert zu dunklem Bugfleck und dunkler Flügelspitze; von Sumpfohreule unterschieden durch *Fehlen des weißen Armschwingen-Hinterrands, gleichmäßig dunkel gebänderte Flügelspitze, recht gleichmäßig gestreifte Körperunterseite,* diffus eng gebänderten Schwanz, unterseits Fehlen kontrastierender dunkler Schirmfedern; Iris orange; Flügel proportional etwas kürzer und breiter.– Geschlechter gleich gefärbt, ♂ durchschnittlich heller, unterseits schwächer gestreift, mit blasserem, weniger rötlichem „Gesicht".

STIMME Ad. recht schweigsam, ♀ ruft schwach, nasal, etwas gebrochen und wiederholt „PIH-äw". Alarmruf recht impulsiv, krächzend, nasal „wräck, wräck-wräck". Gesang eine Serie tiefer, alle 2,5 s wiederholter Töne, „oh", anfänglich schwach und tief, bis 1.000 m weit zu hören, aber bereits ab 200 m sehr verhalten; gelegentlich singen ♂ und ♀ im Duett (♀ klingt dumpfer, nasaler); kann während des Balzflugs die Flügel unterhalb des Körpers unregelmäßig zusammenklatschen. Bettelrufe der Jungvögel laut und „herzzerreißend", hoch, zweisilbig und lang gezogen „PII-ih", über 1 km hörbar.

SUMPFOHREULE

BZW

Short-eared Owl *Asio flammeus*

L 33-40 cm, S 95-105 cm. Brütet auf Heideflächen, in Wiesen unter Büschen, auf Mooren und Lichtungen in nördlicher borealer Waldzone; im Norden vorwiegend Zugvogel, sonst meist Standvogel. Im Winter manchmal kleine Gruppen an bevorzugten Rastplätzen. Teilweise tagaktiv; Hauptnahrung Mäuse; Bodenbrüter.

KENNZEICHEN Mittelgroß mit sehr *langen, schmalen* und recht spitzen *Flügeln* und *vergleichsweise kleinem, rundem Kopf,* Federohren sehr klein und selten sichtbar; Gefieder *hell gelblich braun,* cremefarben und stark gestreift; kann bei bestimmten Lichtverhältnissen, z. B. trübem Wetter oder in der Dämmerung, überraschend weißlich wirken; Gesicht fahl, *mit kennzeichnender äußerer schwarzer Augenumrandung, gelber Iris* und „übernächtigtem" Gesichtsausdruck; Flugweise lebhaft und schaukelnd, mit *zeitlupenartig langsamen, rudernden Flügelschlägen, steif wirkenden Flügeln* und frei eingeschobenen Gleitstrecken; steht oft am Boden. Im Flug von Waldohreule (s. o.) unterschieden durch breiten *weißen Armflügelhinterrand,* fast einfarbig schwarze, von nur einer Binde unterbrochene Flügelspitze, *Kontrast zwischen gestreifter Brust und weitgehend ungestreiftem Bauch,* grob gebänderten Schwanz, unterseits kontrastierende, dunkle Schirmfedern; Flügel proportional etwas länger und schmaler.– Geschlechter gleich gefärbt, ♂ meist unterseits und im Gesicht blasser, schwächer gestreift.

STIMME ♀ ruft heiser, unheilvoll „TSCHIH-eff", bettelnd gedehnt „TSCHIII-op"; Warnruf rau „tschef-tschef-tschef"; Gesang im Flug (oft in großer Höhe) schnell gereihte, dumpfe, tiefe Töne „po-po-po-po-po-po-...", 6-20-mal gereiht, ca. 1 km weit zu hören; Bettelruf der Jungvögel ähnlich ♀, aber zischender und anfangs schwächer.

KAPOHREULE

–

Marsh Owl *Asio capensis*

L 30,5-37 cm, S 80-95 cm. Bewohnt sumpfige Flächen und Feuchtwiesen mit hohem Gras, selten und nur lokal in Nordwestmarokko, Bestand abnehmend; Standvogel, teilweise tagaktiv; brütet am Boden in Grasbülte. Hauptverbreitungsgebiet Afrika südlich der Sahara.

KENNZEICHEN Ähnlich einer kleinen Sumpfohreule (bewohnt auch vergleichbaren Lebensraum) mit folgenden Kennzeichen: Größe geringfügig *kleiner* als Waldohreule, Flügel *kürzer, breiter und stumpfer,* Flugweise eher wie Wald- als Sumpfohreule, *gleitet auf leicht gewölbten Flügeln;* Oberkörper, Brust und Oberflügeldecken fast einfarbig dunkelbraun, *Gesicht stark kontrastierend cremeweiß, Iris schwarz; Armschwingen oberseits dunkel,* unterseits breit gebändert; Bauch hell, dünn gebändert.– JK: Diffuses, helles Feld auf Oberflügeldecken, von Nahem grobe Bänderung von Brust und Oberseite sichtbar.

STIMME Ruft froschähnlich rau krächzend „krark". Gesang offenbar eine Serie krächzender Laute in abgehacktem Rhythmus, „kra-kra-KRREK-kra-kra", im Kreisflug mehrfach wiederholt. Bei Gefahr am Nest ein dünner, quiekender Pfeifton. Kann auch mit den Flügeln klatschen. Bettelrufe der Jungvögel zweisilbig, ziemlich melodisch und ansteigend „tuu-ih".

Waldohreule

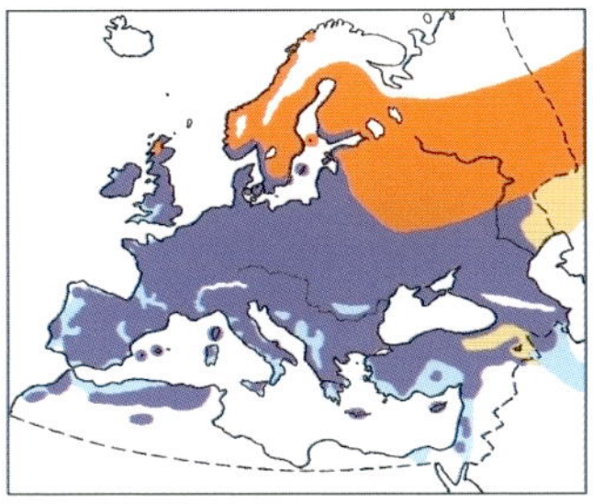

Sumpfohreule

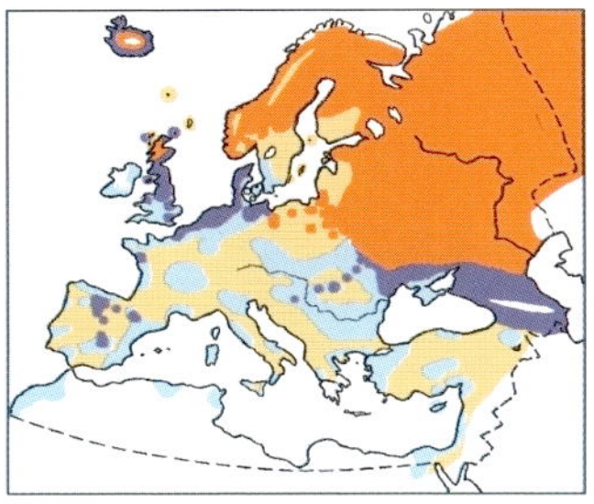

Kapohreule

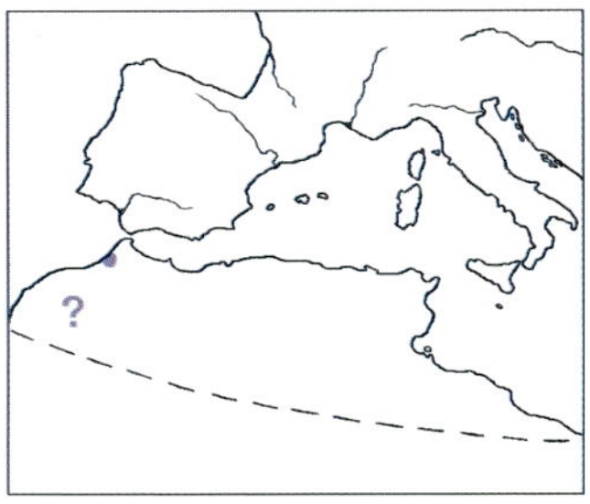

WALDOHREULE

SUMPFOHREULE

KAPOHREULE

DZ

STEINKAUZ

BJ

Little Owl *Athene noctua*

L 23-27,5 cm, S 50-57 cm. Bewohnt offene Landschaft, z. B. mit einer Mischung aus Feldern, Wiesen, Wein- und Obstgärten, Gehölzen, Felsen, Gärten, Gebäuden und Baumhecken, weiter im Süden auch Halbwüsten. Teilweise tagaktiver Standvogel, der gerne exponiert steht, weshalb man ihn häufig sieht; Nahrung Insekten, Vögel, kleine Amphibien und Schlangen. Brütet in Baumhöhlen oder Gebäudenischen, auch Felswänden, Steinmauern oder Bodenhöhlen.

KENNZEICHEN *Eine recht kleine und kompakte Eule* mit *großem, breitem und rundem Kopf,* vergleichsweise flachem Scheitel, *langen Beinen* und kurzem Schwanz, duckt sich bei Beunruhigung und wippt bei Aufregung heftig auf und ab; *Flugweise* schnell, über längere Strecken *wellenförmig* wie bei Spechten, auf Kurzstrecken eher direkt mit stetigem Flügelschlag. Oberseite braun, auf dem Scheitel fein und der Oberseite kräftiger weiß gesprenkelt, Unterseite weißlich, dicht braun gestreift; *weißliche Überaugenstreifen* vermitteln „ernsten“ Gesichtsausdruck; Iris gelb, Schnabel gräulich gelb.– JK: Gefieder matter gefärbt, ohne weiße Flecke am Scheitel.– Variation: Im südlichen Nahen Osten eine auffallend helle, graubraune Form *lilith* („Hartertsteinkauz“). Intermediär gefärbte Populationen in Südosteuropa und der Westtürkei *(indigena)* und in Mittelasien *(bactriana).*

STIMME Häufigster Ruf scharf, vorwurfsvoll und abfallend fistelnd „KII-jo“ oder „kwiew“ mit Falsettstimme, gewöhnlich abfallend, oft eifrig wiederholt. Warnruf ein explosives, hohes „kji, kji, kji-kji…“. ♀ bettelt mit halb unterdrückten Schreien mit oder ohne rollenden Ton. Gesang weich und voll klingend, etwas lang gedehnt und recht tief, am Ende ansteigend „guuuuhk“ (fragender Ton), im Abstand von 5-10 s wiederholt, jede Silbe länger als bei Zwergohreule andauernd; ♀ ruft höher, nasaler und etwas härter; Bettelruf der Jungvögel zischend „schrii“.

ZWERGOHREULE

bA

Eurasian Scops Owl *Otus scops*

L 19-21 cm, S 47-54 cm. Bewohnt offene Laub- und Mischwälder, Buschwerk in Kulturland, Alleen, Obstplantagen, größere Gärten, auch bewaldete Berghänge bis in 1.500 m oder höher. Zugvogel, der normalerweise in Afrika südlich der Sahara überwintert, doch einige vielleicht lokale Vögel bleiben im südlichsten Europa und Nordafrika. Jagt erst bei völliger Dunkelheit, Nahrung vor allem Insekten. Höhlenbrüter, bezieht auch Nistkästen. Nimmt wie Waldohreule eine steife, aufrechte Tarnstellung ein.

KENNZEICHEN Klein, deutlich *kleiner als Steinkauz,* etwa so groß wie Star oder geballte Faust. Steht aufrecht, Federohren klein und bei Entspannung kaum sichtbar (dann eher wie *scharfe Kopfecken* wirkend), bei Beunruhigung stärker aufgerichtet. Flugweise auf proportional langen und schmalen Flügeln schnell und kaum wellenförmig (vgl. Steinkauz). Wirkt von Weitem recht *einfarbig braun* (variabel rötlich oder grauer gefärbt), mit *hellem* grauweißem *Schulterstreifen,* Gesicht und Körperunterseite etwas heller; von Nahem Gefiederzeichnung aus verschlungenen schwarzen Stricheln und Kritzeln, diffusen weißlichen Sprenkeln und rötlichen Flecken erkennbar; Iris gelb. Zur Unterscheidung von manchmal sehr ähnlicher Streifenohreule siehe dort.

STIMME Von Altvögeln ist während der Futterübergabe bei der Balz ein unterdrücktes „drrr-drrr“ zu hören. Gesang ein im Abstand von 2-3(4) s beständig wiederholter, kurzer, tiefer Pfeifton „tjok“, einfach nachzuahmen und ca. 1 km weit zu hören; ♀ ruft etwas höher, oft mit ♂ im Duett; Gesang von Rufen der Geburtshelferkröte unterschieden durch etwas längeren und volleren Ton von musikalischerer Qualität (nicht so gerade und mechanisch klingend).

STREIFENOHREULE

–

Pallid Scops Owl *Otus brucei*

L 20-22 cm. Lebensraum ähnlich Zwergohreule. Teilweise Zugvogel, einige überwintern in Südisrael; rastet oft in dichten Akazien; nachtaktiv, Nahrung hauptsächlich Insekten, auch Kleinsäuger und Kleinvögel. Brütet in Höhlen, auch alten Elsternestern.

KENNZEICHEN *Klein,* wenig kleiner als Zwergohreule (Unterschied im Freiland aber nicht wahrnehmbar), doch in Gestalt und Lebensweise mit dieser identisch; *Federohren breit,* bei Entspannung kaum sichtbar, steht aufrecht, Flügel lang, Schwanz kurz; Hauptunterschied, abgesehen vom Gesang, *helleres, matt sandgraues Gefieder,* vor allem im Gesicht; unterseits auf hellem Grund nur *gleichmäßig fein quer gemasert* (ohne breite weiße Querflecke und dunkle Querbänder der Zwergohreule); heller Schulterstreif immer gelblich (nicht weißlich wie bei einigen Zwergohreulen); Gefieder *ohne Rosttöne,* Fleckung oberseits schwach (aber einige Zwergohreulen in Südeuropa und Nahem Osten recht ähnlich); rudimentäre Befiederung der Zehen (bei Zwergohreule fehlend) im Freiland kaum sichtbar.– JK: Unterseits dünn quer gebändert, aber *ohne deutliche Längsstreifen* (im Unterschied zu ad. sowie zu ad. und juv. der Zwergohreule).

STIMME Gesang bestes Unterscheidungsmerkmal gegenüber sehr ähnlicher Zwergohreule. Rufe weicher und leiser, meist nur 300 m weit zu hören. Gesang eine Serie von etwa 10 tiefen Tönen „woh woh woh woh woh woh…“; gedämpft und bauchrednerisch klingend (nicht laut und weich flötend wie Zwergohreule), Geschwindigkeit etwa wie Hohltaube; die ersten und letzten Töne sind (wie beim Bartkauz) etwas weicher. Manchmal wird der Gesang länger und schneller vorgetragen. Ruft bei Erregung hoch quiekend „tzir tir tir ir“.

Steinkauz

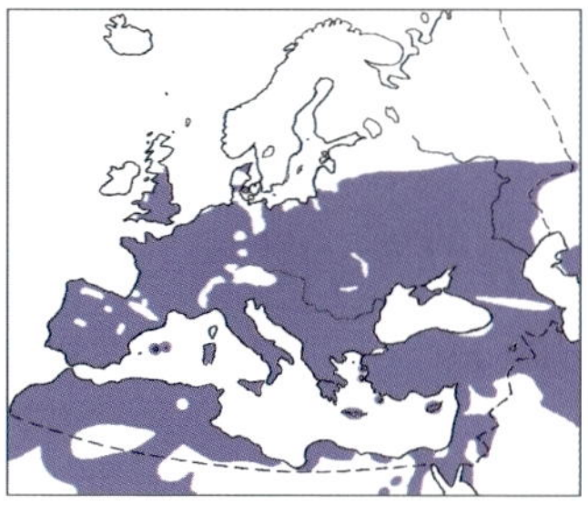

Zwergohreule

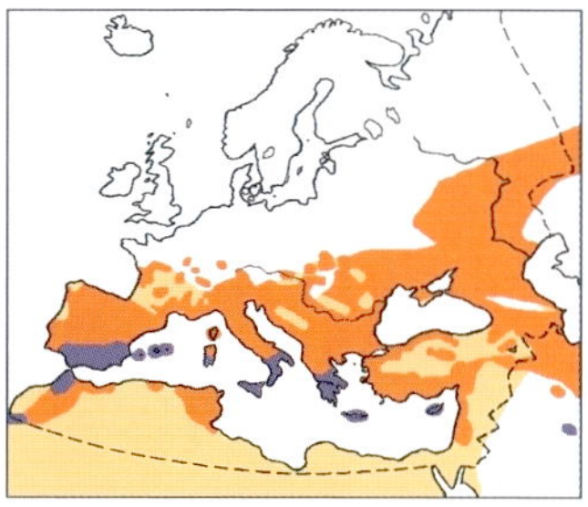

Streifenohreule

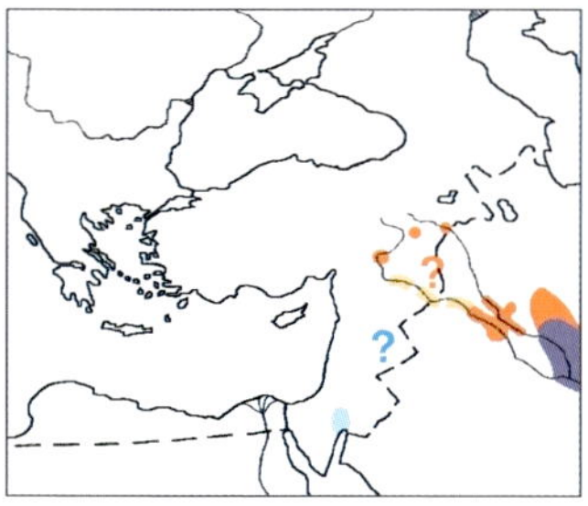

STEINKAUZ

ZWERGOHREULE

STREIFENOHREULE

NACHTSCHWALBEN Caprimulgiformes

Mittelgroße Vögel, auf den Fang von Fluginsekten in der Dämmerung und nachts spezialisiert: große Rachenöffnung, steife Borsten am Schnabelwinkel (um „Insektenkäscher" zu vergrößern), Flügel und Schwanz lang, Kopf groß, Hals und Füße kurz, Schnabel kurz. Gefieder weich, braun gesprenkelt, weiße Signalflecke auf Flügeln und Schwanz. Tagesruhe bewegungslos auf einem Ast oder am Boden; fallen meist nachts durch die Stimme auf; Bodennest.

ZIEGENMELKER BZ

European Nightjar *Caprimulgus europaeus*

L 24-28 cm, S 52-59 cm. Brütet vor allem in lichtem Kiefernwald auf Sandboden, gerne nahe Moor- und Heideflächen. Sommervogel (Mai-Sept.), überwintert in Afrika.

KENNZEICHEN Mit *braun, beigeweiß, grau und schwarz gemustertem Tarngefieder* und fast geschlossenen Augen längs auf Ast ruhend kaum zu entdecken. Fliegt bei Insektenjagd lautlos, leicht und mit Seitwärtswendungen, kurzen Rüttelphasen, plötzlichem raschem Gleiten. Kreideweiße Flecke auf Flügeln und Schwanzecken nur bei ad. ♂; ferner kleiner schmaler weißer Kehlseitenfleck (bei ♀ fehlend oder undeutlich).

STIMME Meist nur zur Brutzeit nachts zu hören; ruft froschähnlich klangvoll „krruit". Singt oft 1 km weit hörbar hart schnurrend, aus der Nähe erstaunlich kräftig ratternd mit nur kurzen Pausen und einem Tonwechsel stundenlang „errrrrrrörrrrrrrrörrrrrerrrrrrr". Ist ein ♀ in der Nähe, geht das Schnurren in eine hackende Tonfolge über, „fiORR, fiORR", und stirbt wie ausgehender Motor ab.

ROTHALS-ZIEGENMELKER –

Red-necked Nightjar *Caprimulgus ruficollis*

L 30-34 cm, S 60-65 cm. Brütet in Heide oder Pinienwald. Sommervogel (Ende Apr.–Okt.), überwintert in Afrika.

KENNZEICHEN *Größer* und *langschwänziger* als Ziegenmelker, Gefieder ähnlich, jedoch mit *gelblich rostroter Färbung von Halsband, Kehle und Vorderbrust*; alle Flügeldecken mit breiten hellen Spitzen. Beide Geschlechter zeigen helle Flügel- und Schwanzabzeichen (bei ad. ♂ am deutlichsten) sowie einen recht großen weißen Kehlfleck.– Unterart *desertorum* (Nordafrika) deutlich heller und eher rostfarben.

STIMME ♀ ruft heiser „tsche-tsche-tsche…" (wie Dampflok). Gesang weittragend, zweisilbig, knackend mit hohlem, leicht nasalem Klang, lang, etwas an- und abschwellend, etwa „kjuTOK-kjuTOK-kjuTOK…".

PHARAONENZIEGENMELKER a

Egyptian Nightjar *Caprimulgus aegyptius*

L 24-27 cm, S 53-58 cm. Jahresvogel in Wüsten und Halbwüsten mit niedrigem Buschwerk und einzelnen Bäumen, gerne bei Quellen oder kleinen Wasserläufen.

KENNZEICHEN Größe wie Ziegenmelker, *lange schmale Flügel* und *recht langer Schwanz*, jedoch insgesamt *heller* und eher *sandfarben*; Oberseite zart gemustert, *ohne kräftige schwarze Längszeichnung des Ziegenmelkers, ohne deutliche weiße Flügelabzeichen* (aber mit einigem Weiß auf den Innenfahnen der äußeren Handschwingen, sodass Handunterseite weiß schimmert, auf Oberseite erscheint Weiß jedoch nur bei ganz ausgebreitetem Flügel). Im Flug kann Oberseitenmuster des Flügels (*Handflügel dunkler als der gelbbraune Armflügel*) an Turmfalken-♀ erinnern. *Schwanz hell, beim ♂ mit deutlichen weißen Ecken. Fliegt mit recht langsamen, waldohreulenähnlich ruckartigen Flügelschlägen.* (Beachte die im Nahen Osten im Winterhalbjahr vom Iran her durchziehenden kleinwüchsigen, hellen Ziegenmelker der Unterart *unwini*; diese jedoch unterseits mit gänzlich quer gebänderten Handschwingen sowie mit kräftigen schwarzen Längsstreifen auf dem Mantel.)

STIMME Gesang aus langen Folgen rasch wiederholter, hohl und mechanisch klingender, kurzer Schnarrtöne „krru-kruu-kruu-krru…", aus der Ferne wie tuckernder Bootsmotor.

NUBISCHER ZIEGENMELKER –

Nubian Nightjar *Caprimulgus nubicus*

L 20-22 cm, S 46-50 cm. Jahresvogel in Halbwüsten mit Bäumen. Kann mit Gesang vor Dämmerung beginnen.

KENNZEICHEN *Kleinste* Nachtschwalbe des behandelten Gebietes; proportional *kürzerer Schwanz* als Ziegenmelker, *etwas breitere, weniger spitze Flügel.* In der Färbung ähnlich Rothals-Ziegenmelker. ♂ mit auffälligen *weißen Flügel- und Schwanzflecken* (Erstere kontrastieren mit den sonst *fast schwarzen Flügelspitzen*), beim ♀ fast genauso groß.

STIMME Gesang hohl klingender, klangvoller Doppellaut, fast einmal pro Sekunde wiederholt „kjau kjau" (oder „trül trül"); nur rund 200 m weit zu hören.

NACHTFALKE –

Common Nighthawk *Chordeiles minor*

L 23-25,5 cm, S 54-60 cm. Nordamerikanische Art; sehr seltener Gast in Europa (Sept.-Okt.), vorwiegend in Großbritannien. Größe wie Ziegenmelker, jedoch mit *spitzeren Flügeln* und *mittellangem, leicht gegabeltem Schwanz.* Von vorne im Gleitflug v-förmig angehobene, im Bugbereich etwas angewinkelte Flügel. Ungebändert schwärzliche Handschwingen bei ♂ mit breit weißem Querband , undeutlicher bei ♀. Bei ♂ *Schwanz* mit *breiter weißer Subterminalbinde*; ferner mit deutlichem *weißem Kehlfleck* (bei ♀ kleiner und beigefarben). Jungvögel mit weißem Flügelhinterrand.

Ziegenmelker

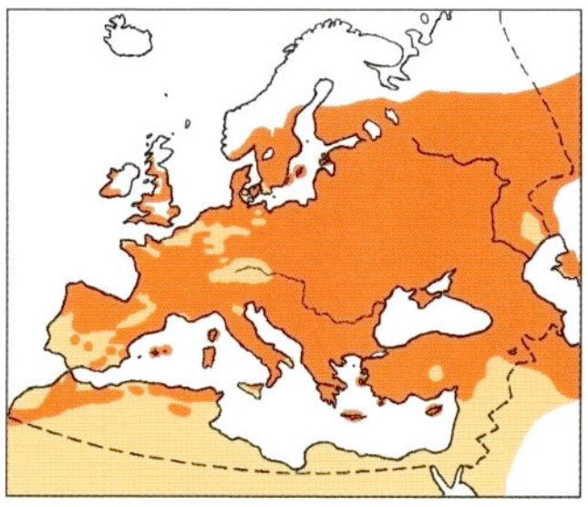

Rothals-Ziegenmelker

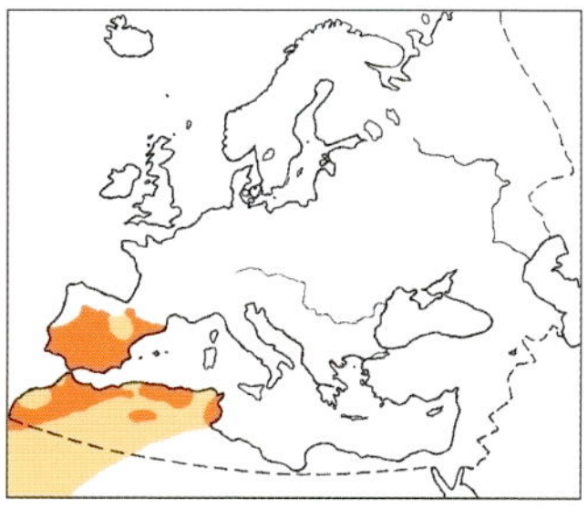

Pharaonenziegenmelker

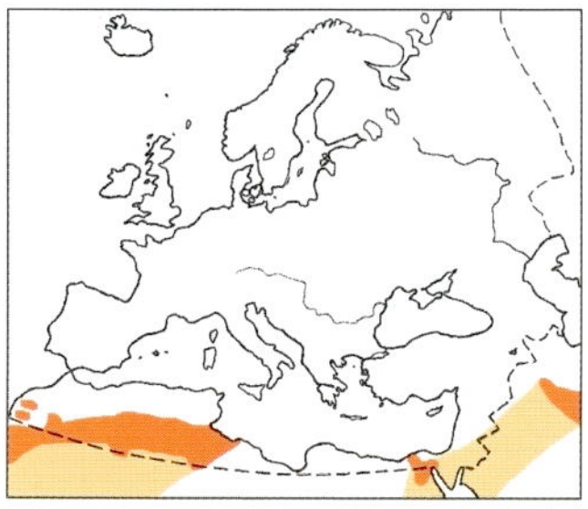

Nubischer Ziegenmelker

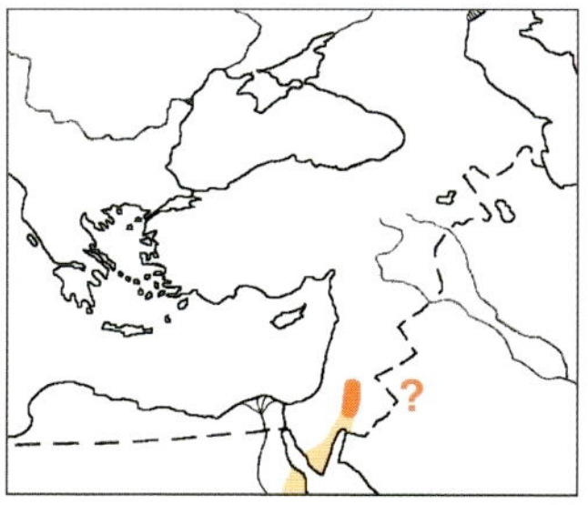

ZIEGENMELKER

ROTHALS-ZIEGENMELKER

PHARAONENZIEGENMELKER

NUBISCHER ZIEGENMELKER

NACHTFALKE

SEGLER Apodidae

Stromlinienförmig gebaute kleine bis mittelgroße Vögel mit langen, spitzen Flügeln, sehr gewandte, ausdauernde Flieger; ihr Klammerfuß taugt nicht zum Stehen. Geschlechter gleich gefärbt. Segler können im Flug schlafen und sich paaren. Nahrung Fluginsekten; Nest in Höhlungen.

MAUERSEGLER BZ

Common Swift *Apus apus*

L 17-18,5 cm, S 40-44 cm. Brütet in Städten und Dörfern sowie (seltener) in ausgedehnten Waldgebieten. Nest in Hohlräumen unter Dächern, in Mauerlöchern, Felsspalten oder Baumhöhlen; oft große Nistplatztreue; monogame Dauerehe. Sommervogel (meist Anfang Mai-Anfang Aug.), überwintert im südlichen Afrika.

KENNZEICHEN Ausgedehnte Luftjagden, oft zusammen mit Schwalben (von Laien häufig mit diesen verwechselt), unterscheidet sich vor allem durch *einheitlich dunkle Unterseite* (nur Kehle hell, im Flug kaum zu sehen), etwas bedeutendere Größe sowie andere Flügelform und Flugweise. *Flügel sichelförmig* mit langem Handflügel und sehr kurzem Armflügel (Flügelbug kaum erkennbar). Flug bald mit sehr schnellen, tiefen Flügelschlägen, bald in langem Gleit- oder Segelflug (Schwalben flattern oder schlagen die Flügel mehr nach hinten).– JK: Grundfärbung schwärzer, Stirn und Zügelregion hell (weiße Federsäume); Kehlfleck heller, schmal weiß gerandete Flügeldecken.

STIMME Verschiedene einsilbige, schrille Rufe „srriiirr“, manchmal leicht abfallend (oder ansteigend). Besonders auffallend der Chor an Hochsommerabenden knapp über Dächer fliegender dichter Trupps.

FAHLSEGLER A

Pallid Swift *Apus pallidus*

L 16-18 cm, S 39-44 cm. Brütet in Höhlungen von Gebäuden oder Felsen. Zugvogel, überwintert südlich der Sahara.

KENNZEICHEN Sehr ähnlich Mauersegler, aber mit *etwas breiteren Flügeln, breiterem Kopf/Hals* und *gedrungenerem Rumpf.* Flug mit etwas langsamerem Flügelschlag und längeren Gleitphasen. *Stirn und Kehle* meist *heller, dunkler Augenfleck* hebt sich von heller braunen Kopfseiten ab. Oberflügel mit *etwas heller braunen Armschwingen, inneren Handschwingen und Handdecken,* kontrastieren zu fast schwärzlichen äußeren Handschwingen und dunkler braunem Mantel. *Rücken/Bürzel ein wenig heller braun als Mantel* (angedeuteter „Sattel“; Mauersegler oberseits einheitlicher dunkel, doch dessen asiatische Unterart *pekinensis* oft mit sehr deutlichem Sattel). Körperunterseite etwas heller und stärker geschuppt als bei Mauersegler. Licht und Hintergrund können Farbeindruck verfälschen!

STIMME Ähnlich Mauersegler (manchmal schwer zu unterscheiden), aber häufigster Ruf fast immer *tiefer, deutlich abfallend* (zweisilbig), Klang etwas trockener und härter (mehr „mechanisch“), „vrrüü-e“.

ALPENSEGLER BZ

Alpine Swift *Apus melba*

L 20-23 cm, S 51-58 cm. Brütet kolonieweise an Felswänden und hohen Gebäuden. Sommervogel (meist Apr.–Sept.), überwintert im südlichen Afrika; monogame Dauerehe.

KENNZEICHEN Leicht erkennbar an *bedeutender Größe* und verhältnismäßig *gemächlich, aber tief schlagenden Flügeln* (erinnert gelegentlich an Baumfalke) sowie am *weißen Bauch; Weiß der Kehle* hingegen oft erstaunlich unauffällig, kann beschattet oder reduziert sein; *Oberseiten- und Brustbandfärbung fahl graubraun.*

STIMME Leicht erkennbarer langer lauter Tiller, der sich beschleunigt oder (häufig) verlangsamt und zum Schluss etwas abfällt, z. B. „ti ti tititititititititi-ti-ti-ti-ti-ti tü tü“.

EINFARBSEGLER –

Plain Swift *Apus unicolor*

L 14-15,5 cm, S 36-39 cm. Brütet auf Madeira und den Kanaren. Vorwiegend Sommervogel (März-Aug.), doch viele auch im Winter anwesend.

KENNZEICHEN Sehr ähnlich Mauersegler, jedoch *etwas kleiner, schlanker und schmalflügeliger;* Schwanz proportional *etwas länger* und mit *schmalerer Basis; heller Kehlfleck kleiner,* weniger leuchtend und zur Brust undeutlicher begrenzt; Färbung etwas heller graubraun als Mauersegler (nicht rußschwarz), nur unter optimalen Bedingungen zu sehen. Flug wirkt noch schneller, mit wilderen Wendungen, fliegt anders als Mauersegler sogar durch Baumkronen.

STIMME Kaum von der des Mauerseglers unterscheidbar.

KAFFERNSEGLER –

White-rumped Swift *Apus caffer*

L 14-15,5 cm, S 33-37 cm. Hauptverbreitung südlich der Sahara. Brütet in alten Nestern der Rötelschwalbe. Sommervogel (Mai-Okt.), überwintert südlich der Sahara.

KENNZEICHEN Sehr *dunkel* mit *schmalem weißem Bürzelfleck, kleinem, scharf begrenztem weißem Kehlfleck* sowie diffus *hellspitzigen Armschwingen.* Flügel spitz mit langem Handflügel, Flug mit raschen Flügelschlägen schnell und agil. *Schlankes Hinterende mit langem, tief gegabeltem Schwanz,* im Flug oft zusammengelegt.

STIMME Eine stotternde, trillernde, mäßig schrille Stakkatofolge: „tjütt-tjütt-tjütt-tjütt-ürrrrrrrr“.

HAUSSEGLER A

Little Swift *Apus affinis*

L 12-13,5 cm, S 32-34 cm. Brütet in Städten und Dörfern, auch in Felswänden; teilweise Jahresvogel.

KENNZEICHEN *Dunkel* mit *ziemlich breitem weißem Bürzelfleck, der bis zu den Flanken reicht,* Silhouette typisch *mit breiter Schwanzbasis* und *kurzem, aber recht breitem, gerade abgeschnittenem Schwanz* sowie recht breiten inneren Handschwingen, aber kurzen Armschwingen, sodass der Flügel in der Mitte „voll“ wirkt, aber Hinterkante sieht nahe am Rumpf eingeschnitten aus (besonders im Frühjahr, wenn innerste Handschwingen wegen des frühen Mausertermins gewechselt werden). Flugweise nicht so schnell, eher flatternd ähnlich Mehlschwalbe.

STIMME Helles, raues Zwitschern, leicht pulsierend (erinnert etwas an balzende Doppelschnepfe).

Mauersegler

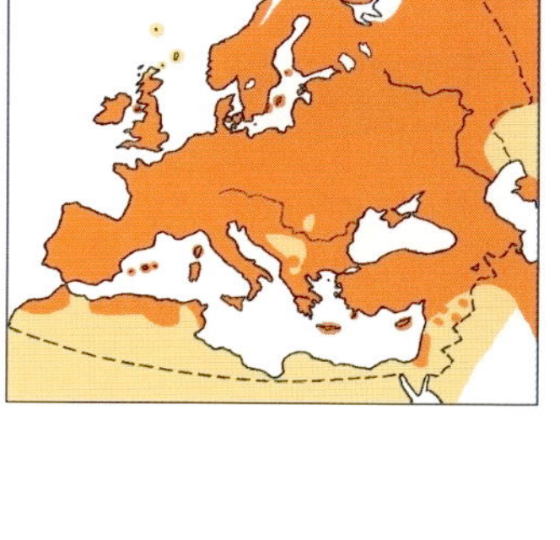

MAUERSEGLER

FAHLSEGLER

ALPENSEGLER

EINFARBSEGLER

KAFFERNSEGLER

HAUSSEGLER

Fahlsegler

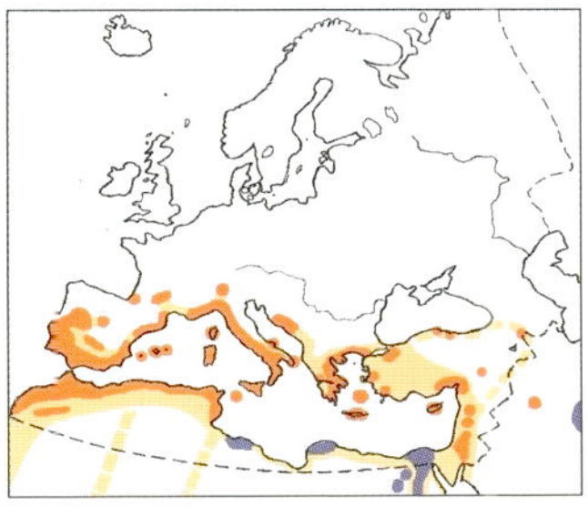

Alpensegler

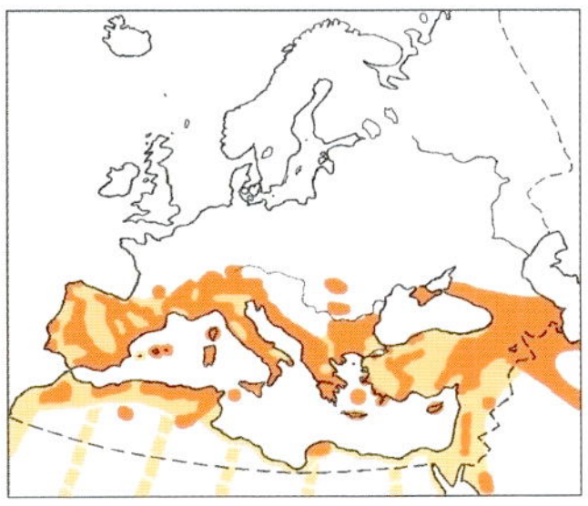

Kaffernsegler

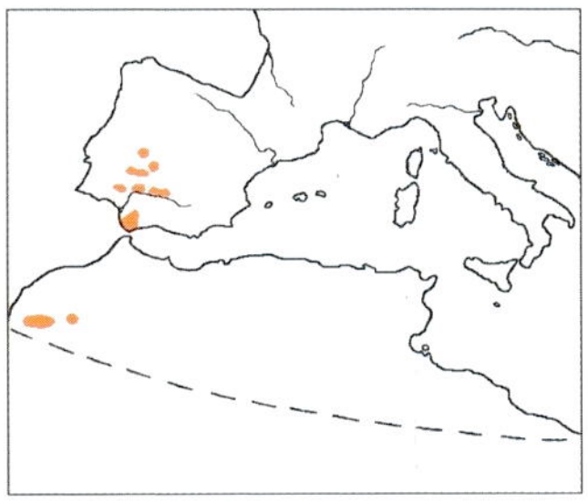

Haussegler

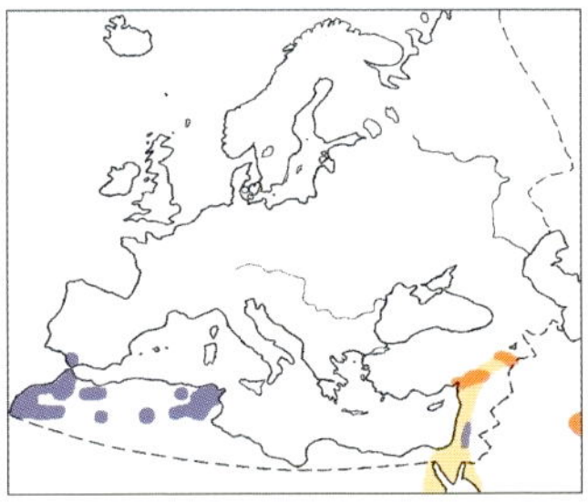

WIEDEHOPF BZ

Eurasian Hoopoe *Upupa epops*

L 25-29 cm (davon Schnabel 4-5 cm), S 44-48 cm. Brütet in Kulturlandschaft mit Gehölzen, gern in Wein- und Obstanbaugebieten. Nahrungssuche (meist Würmer, Insekten) auf kurzrasigen oder vegetationsarmen Flächen; recht scheu. Nest in Baumhöhlen, Mauern oder Erdlöchern. Sommervogel (meist Ende Apr.–Sept.), überwintert in Afrika.

KENNZEICHEN Einer der auffälligsten Vögel des behandelten Gebiets, jedoch am Boden leicht zu übersehen. Gefieder *orangebräunlich mit schwarz-weiß gerandeten, breiten abgerundeten Flügeln* und einer aufrichtbaren, *an Indianerhäuptling erinnernden Federhaube* (wird jedoch meist nur kurz beim Landen gefächert, sonst selten); Schnabel lang und schmal, leicht abwärts gebogen; Schwanz schwarz mit breiter weißer Querbinde. Fliegt flatternd und recht unstet in kurzen Bögen, oft niedrig über dem Boden.

STIMME Bei Erregung helles, kreischendes „schäär", erinnert an Türkentaube oder entfernte Lachmöwe; daneben ein trocken rollendes „tscherr", z. B. am Nest. Gesang mehrfach wiederholtes, dumpf und hohl klingendes, dreisilbiges „hup hup hup", nicht laut, aber recht weit hörbar.

EISVÖGEL Alcedinidae

Kleine bis mittelgroße, kompakte Vögel mit im Verhältnis großem Kopf und Schnabel, kurzem Hals und kleinen Füßen; meist am Wasser, fangen dort stoßtauchend Fische.

EISVOGEL BJZW

Common Kingfisher *Alcedo atthis*

L 17-19,5 cm (davon Schnabel ca. 4 cm). Brütet an fischreichen Gewässern mit geeigneten Steilufern für die Nestanlage. Steht oft auf Warte still am Ufer und lauert auf kleine Fische, die in senkrechtem Sturzflug (oft nach einer Rüttelphase) erbeutet werden; scheu; gräbt eine knapp einen Meter lange Röhre mit rundlicher Nestkammer.

KENNZEICHEN Ein kleiner, *gedrungener, kurzschwänziger* und *kurzbeiniger* Vogel mit *großem Kopf*, prächtiger Färbung und unverhältnismäßig *langem Schnabel*; steht aufrecht. *Scheitel und Flügel grünlich blau* (je nach Lichteinfall auch mehr grünlich), *Schwanzoberseite, Bürzel, Rücken und Teile des Mantels rein blau* (schimmert von azur- bis kobaltblau!), *Unterseite und Wangen warm orangebraun*, Kehle und Halsseitenfleck kreideweiß; trotz Farbenpracht ist der gedeckt am schattigen Ufer auf einem Zweig stehende Vogel manchmal schwer zu entdecken; fliegt oft niedrig und schnell (häufig rufend) über dem Wasser. Geschlechter gleich, ♀ mit rötlicher Unterschnabelbasis, ♂ mit ganz schwarzem Schnabel. Beine rosarot.– JK: Wie ad., Gefieder jedoch weniger glänzend, eher grün, Beine grau.

STIMME Ruft kurz scharf pfeifend „zii", manchmal zweisilbig „ZII-ti", bei Erregung gereiht. Gesang ist eine einfache Strophe aus abgewandelten Lockrufen, etwas stammelnd und in variablem Rhythmus vorgetragen.

BRAUNLIEST –

White-throated Kingfisher *Halcyon smyrnensis*

L 26-30 cm (davon Schnabel ca. 6 cm). Nicht streng an Wasser gebunden, oft trockenere Agrarlandschaft, Palmenhaine, Parks; trotzdem meist in Wassernähe. Nahrung Fische, Amphibien, Eidechsen, Insekten.

KENNZEICHEN Etwa drosselgroß, kaum zu verwechseln: Kopf, Bauch, Flanken und Kleine Armdecken kastanienbraun, *Kehle und Vorderbrust kreideweiß, Rücken, Schwanzoberseite und größter Teil des Oberflügels blaugrün, Schnabel korallenrot.* Im Flug oberseits himmelblauer Handwurzelfleck, unterseits *großes weißes Flügelfeld.*– JK: Etwas mattere Färbung, oft zartes Schuppenmuster auf weißer Brust; Schnabel gelbbraun oder orange mit dunklerer Spitze.

STIMME Sehr stimmfreudig und laut, kann eine Gegend akustisch dominieren. Warnt mit gackernden, metallischen Reihen „krix-krix-krix-krix-ix…". Gesang ein lautes und durchdringendes, mehrfach wiederholtes, schnell trillerndes Pfeifen, das in der Tonhöhe abfällt und aufgeregt/klagend klingt „PÜHÜHÜHÜHÜHÜ…".

GÜRTELFISCHER –

Belted Kingfisher *Megaceryle alcyon*

L 31-34 cm. Sehr seltener Gast aus Nordamerika.

KENNZEICHEN Groß und kräftig. Oberseite bleigrau mit weißem Halsband, Brust weiß mit entweder nur einem grauen (♂) oder darunter einem zusätzlichen rötlichen Band (♀). Verlängerte Scheitel- und Nackenfedern können zu zerzauster Haube gesträubt werden.

GRAUFISCHER –

Pied Kingfisher *Ceryle rudis*

L 25-27 cm (davon Schnabel ca. 5 cm). Brütet an fischreichen Gewässern, auch Küsten. Jahresvogel.

KENNZEICHEN Recht großer, lebhafter Eisvogel, der viel rüttelt und frei steht. Gefieder *auffällig schwarz-weiß.* Unterseite weiß mit zwei (♂) oder einem (♀) *schwarzen Brustband*; deutlicher weißer Überaugenstreif zwischen schwarzem Scheitel und schwarzem Augenstreif. Schwanz recht lang, mittlere Federn und Endbinde schwarz. Außenflügel schwarz mit weißem Feld auf Handschwingenbasen. Schnabel schwarz.

STIMME Laute, durchdringende, etwas vibrierende Pfeiftöne, oft schnell und strukturlos gereiht, manchmal auch rhythmisch „titi-TÜTT titteRITT".

Wiedehopf

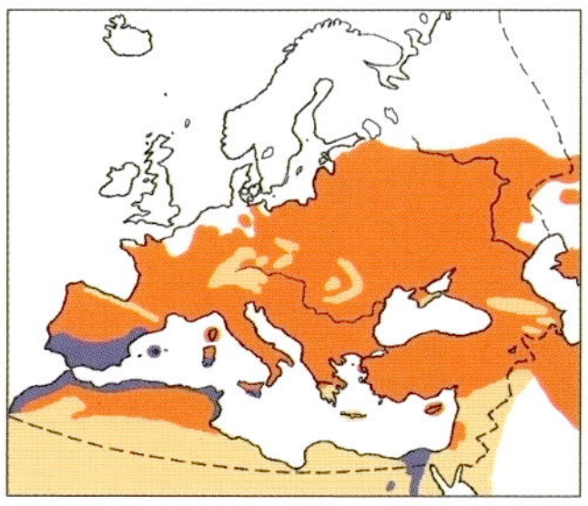

Eisvogel

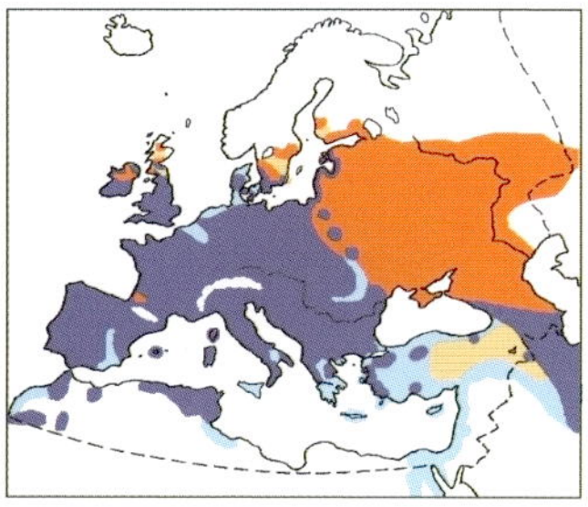

Braunliest

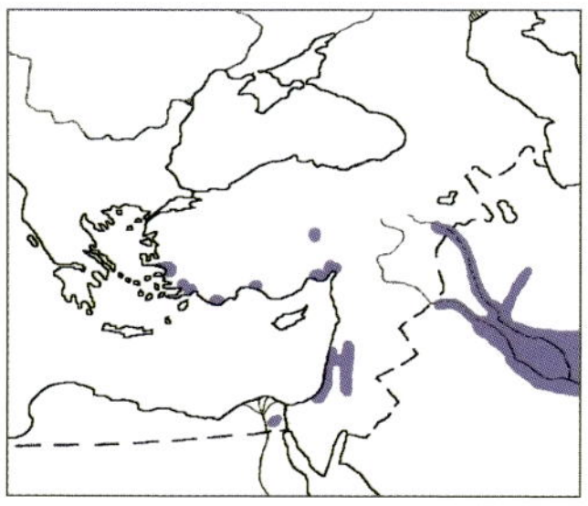

Graufischer

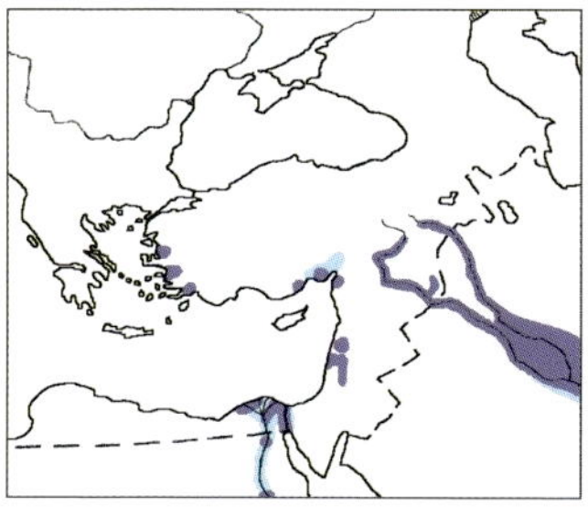

WIEDEHOPF

EISVOGEL

BRAUNLIEST

GÜRTELFISCHER

GRAUFISCHER

SPINTE Meropidae

Recht kleine bis drosselgroße, schlanke Vögel mit schmalem, spitzem, abwärts gebogenem Schnabel, langen, spitzen Flügeln und langem Schwanz, meist mit Schwanzspießen. Drei Arten im behandelten Gebiet, viele weitere im Süden. Auf den Fang fliegender Insekten (sogar stechende Hautflügler) spezialisiert. Koloniebrüter, häufig in Trupps, Nester in Erdhöhlen, Steilufern oder Sandgruben.

BIENENFRESSER BZ

European Bee-eater *Merops apiaster*

L 25-29 cm (einschließlich Schwanzspieße 0-3 cm), S 36-40 cm. Brütet in offenen, warmen Gegenden, Feldflur oder hügeliger Landschaft mit Weiden, Gebüsch, einzelnen Bäumen oder Gehölzen, oft an Flüssen mit Steilufern oder Bodenentnahmestellen. Sommervogel (Mai-Aug.), überwintert im südlichen Afrika.

KENNZEICHEN Spint mit exotischer Farbenpracht; ad. mit *leuchtend gelber Kehle, bläulicher Unterseite, gelbweißen Schulterfedern* sowie *rotbrauner Färbung von Scheitel, Mantel, Rücken und Armdecken,* unverkennbar. Jungvögel mit eher grünlicherer Oberseitenfärbung, aus der Ferne mit Blauwangenspint (s. u.) zu verwechseln. Insektenjagd oft in größerer Höhe, dabei wechseln Gleitphasen mit gerader Flügelhaltung und kurze, schnelle (mehlschwalbenartige) Flügelschlagserien ab. Flugbild der meisten Spinte von unten ähnlich mit schmalem schwarzem Hinterrand der *spitzen, rötlich getönten Flügel.* Beim Bienenfresser *schwarzer Hinterrand des Armflügels* jedoch etwas *breiter* als derjenige des Handflügels.

STIMME Ruf häufig mehrfach wiederholt, weich rollend „prrüt", von fliegenden Trupps im Chor, weit hörbar. Bei Beunruhigung am Nest reiner, kurz pfeifend „wüt".

BLAUWANGENSPINT A

Blue-cheeked Bee-eater *Merops persicus*

L 28-32 cm (einschließlich Schwanzspieße 4-8 cm), S 35-39 cm. Brütet in trockener, offener Landschaft, gern am Wasser, manchmal auch in offenen Wäldern. Sommervogel (meist Apr.-Sept.), überwintert in Afrika.

KENNZEICHEN Nahezu einheitlich grün gefärbter Spint, ähnlich groß wie Bienenfresser, ad. mit *längeren schmaleren Schwanzspießen und rostroten Unterflügeln.* Beachte *einheitlich grüne Rückenfärbung* (ohne helle Schulterflecke), *rotbraunen Kehlfleck* mit nur *wenig Gelb am Kinn* sowie *schmaleren dunklen Hinterrand auf der Armflügel-Unterseite,* genauso schmal wie auf Handflügel.– JK: Gefieder matter grün gefärbt, sehr kurze Schwanzspieße, nahezu ohne Gelb am Kinn sowie ohne Blaugrün auf den Kopfseiten.

STIMME Rufe erinnern an Bienenfresser, sind jedoch trockener, etwas härter und wenig höher „prri prri prri...", weniger melodisch und daher nicht so weit hörbar.

SMARAGDSPINT –

Green Bee-eater *Merops orientalis*

L 20-25 cm (einschließlich Schwanzspieße 2-8 cm). Brütet in trockener, offener Landschaft mit Einzelbäumen, auch in Palmenhainen und Gärten. Steht oft auf Leitungen und Buschspitzen. Wenig scheu.

KENNZEICHEN Kleinster Spint des behandelten Gebiets, nur steinschmätzergroß, *Gefieder fast einheitlich grün,* schwarzer Augenstreif sowie ein *schwarzes Querband zwischen Kehle und Brust.* Geschlechter gleich. Im JK matter gefärbt und ohne Schwanzspieße.– Unterart *cyanophrys* (Israel, Jordanien) mit *rein blauer Färbung von Kehle* und einem *schmalen Überaugenstreif,* schwarzes Querband unter der Kehle meist breit und unscharf begrenzt, *Schwanzspieße kurz.* Im Niltal *(cleopatra) Kehle blass grün,* Kehlband immer schmal, *Schwanzspieße lang.*

STIMME Warnt kurz und hart „kitt". Gesang besteht aus harten, rollenden, durchdringenden, schnell gereihten Pfeiftönen „krrie krrie krö-krö krieh kr-krü".

BLAURACKE A

European Roller *Coracias garrulus*

L 29-32 cm, S 52-57,5 cm. Brütet in trockenen, warmen, offenen Gegenden mit Einzelbäumen, Gehölzen und lichtem Wald (meist Eichen, lokal auch Kiefern) sowie mit vielen Bodeninsekten (z. B. Käfer); Nest in Baumhöhlen. Sommervogel (meist Mai-Aug.), überwintert im südlichen Afrika.

KENNZEICHEN Dohlengroß und kräftig gebaut, überwiegend *türkisblau* gefärbt (wirkt manchmal grünlicher) mit *rötlich braunem Mantel,* großem Kopf und *kräftigem schwarzem Schnabel.* Im Flug fällt *Kontrast zwischen blauen Flügeldecken und schwärzlichen Schwungfedern* auf, wegen der blass blauen, fast weißlich wirkenden Unterflügeldecken unterseits noch stärker als oberseits. Fliegt über längere Strecken geradlinig und mit recht ruhigen, kräftigen Flügelschlägen, vollführt jedoch manchmal kleine Wendungen und Richtungsänderungen. Im Vergleich z. B. zur Dohle wirken die Flügel gegenüber dem schlanken Körper groß und werden stärker gewinkelt gehalten.– JK: Gefieder matter und mehr grüngrau gefärbt, Brust und Mittlere Armdecken eher braun.

STIMME Ruft hart „RACK-ack" (manchmal auch ein- oder dreisilbig); bei Beunruhigung heisere Folgen wie „reehr-eehr-eehr-eehr..." (klingt wie streitende Dohlen oder Saatkrähen). Während des fast kiebitzartigen Balzflugs beginnt das ♂ mit einigen harten Lockrufen, darauf folgen 1-4 schnelle, heisere, gezogene „krääh"-Laute.

Bienenfresser

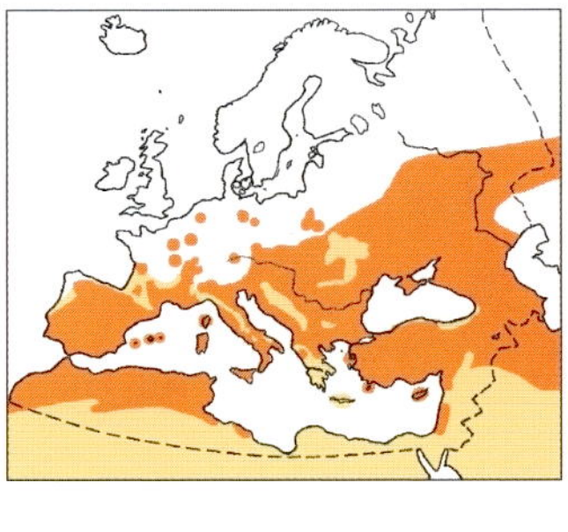

Blauwangenspint

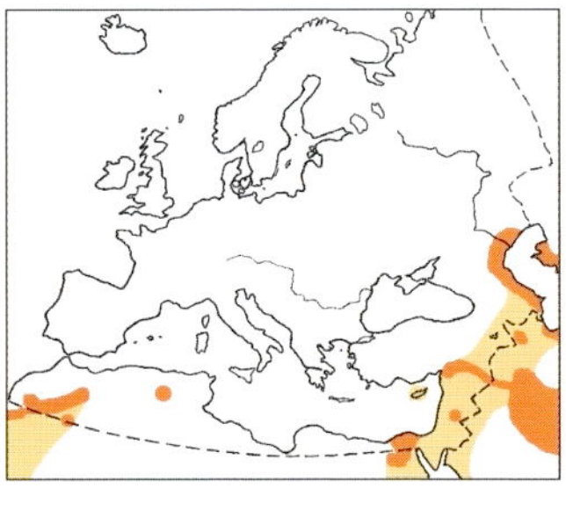

Smaragdspint

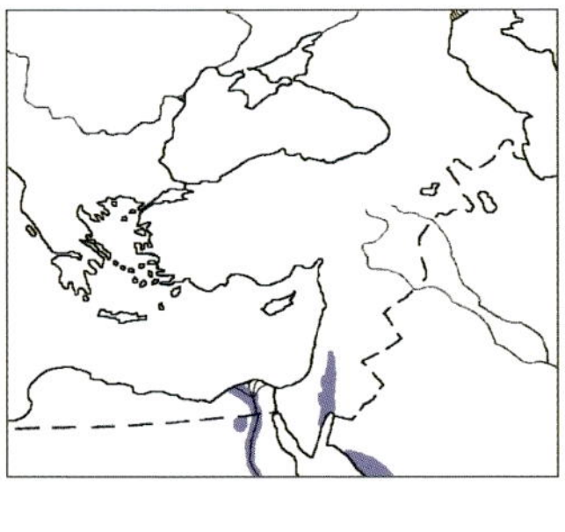

Blauracke

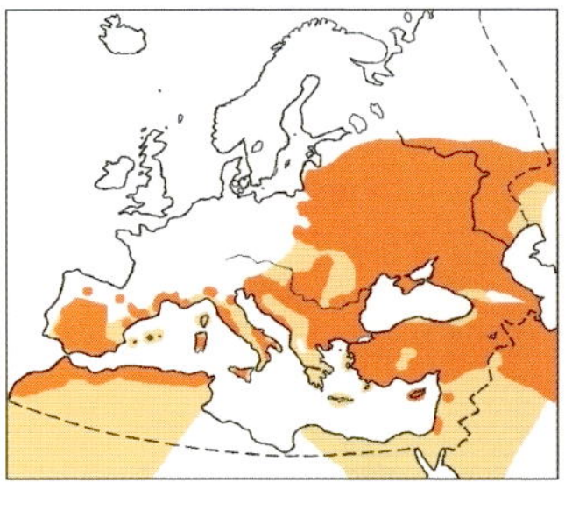

BIENENFRESSER

BLAUWANGENSPINT

SMARAGDSPINT

cyanophrys (Israel, Jordanien)

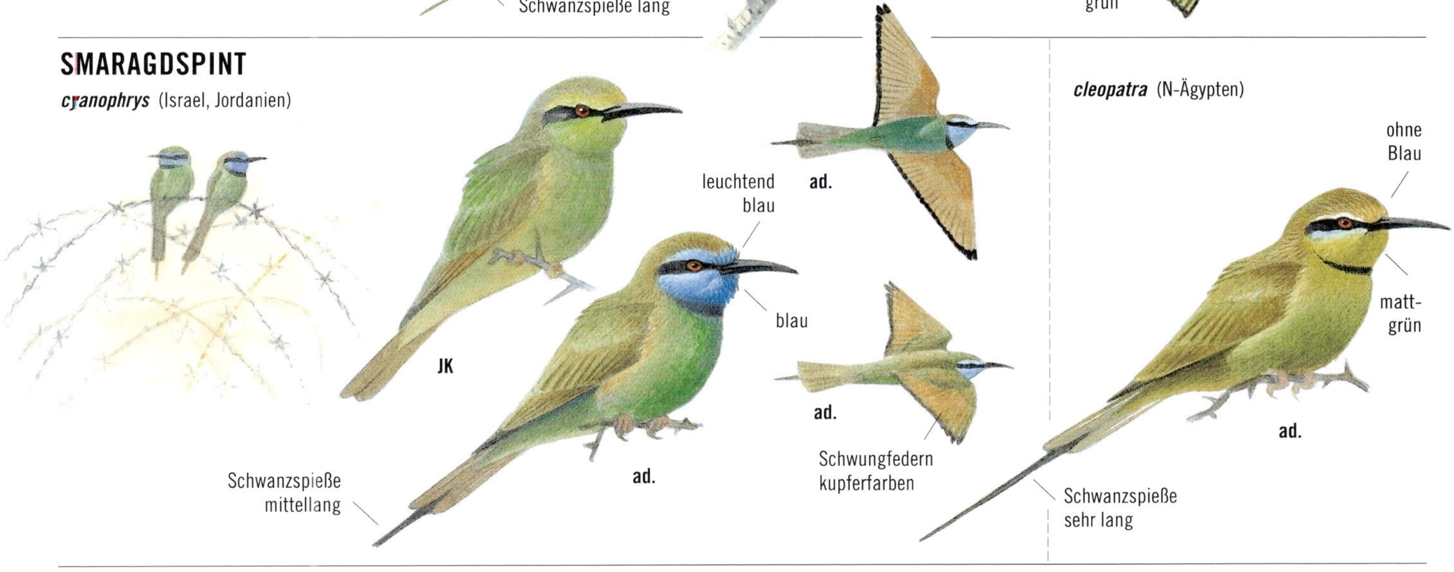

BLAURACKE

DZ

SPECHTE Picidae

Elf Arten, alle, außer Wendehals, auf das Klettern an senkrechten Baumstämmen und das Zimmern von Nisthöhlen spezialisiert; anatomische Anpassungen dafür sind kräftige Füße mit beweglichen Zehen (meist zwei nach hinten gerichtet) und scharfe Krallen, steife Steuerfedern (Stützschwanz) sowie kräftige pfriem- oder meißelförmige Schnäbel und eine „stoßdämpfende" Schädelkonstruktion. Nahrung sind holzbewohnende Insekten, die mit sehr langer Zunge aus ihren Gängen hervorgeholt werden. Die meisten Arten trommeln (entspricht dem Gesang); alle Spechte sind Jahresvögel, nur Wendehals ist Langstreckenzieher.

SCHWARZSPECHT BJ

Black Woodpecker *Dryocopus martius*

L 40-46 cm, S 67-73 cm. Brütet in älterem Buchen- oder Mischwald, auch in Kiefernwald. Hochovaler Höhleneingang ca. 9 × 12 cm.

KENNZEICHEN Krähengroß und *ganz schwarz* mit weißem Auge; ♂ roter Scheitel, ♀ nur roter Hinterscheitelfleck. Im Vergleich zum Grünspecht mit *schmalerem Hals und* längerem, *kantigem Kopf. Flug flatternd* und etwas unstet mit *hochgehaltenem Kopf, Flugbahn meist gerade* (nicht in Bögen wie andere Spechte), erinnert an Tannenhäher.

STIMME Flug-/Warnruf ganzjährig „krrück krrück krrück…"; kurz nach dem Landen oft gellend „KLII-ö". Singt durchdringend pfeifend, vom „Lachen" des Grünspechts durch den „zögernden" Beginn, gleichmäßigere Tonhöhe am Ende und wilden Klang unterschieden „koih kvi kvi-kvi-kvi-kvi-kvi-kvi-kvi". Trommelwirbel sehr kräftig, 2-4 km weit hörbar, 1,75-3 s lang (♂ länger als ♀).

GRÜNSPECHT BJ

European Green Woodpecker *Picus viridis*

L 30-36 cm, S 45-51 cm. Brütet in offenen Laub- und Mischwäldern, strukturreichen Obstanbaugebieten und offenen Gegenden mit Gehölzen, auch größeren Parks. Nahrung vor allem Ameisen. Höhleneingang ca. 6 × 7 cm.

KENNZEICHEN Fliegt oft in *stark bogenförmiger Flugbahn*; wenn dabei die *grüne Oberseite mit gelbem Bürzelbereich* erkennbar ist, Verwechslung nur mit Grauspecht möglich (s. dort); Pirol-♀ sind oberseits ebenfalls grünlich und fliegen bogenförmig, sind aber deutlich kleiner, schlanker und schmalflügeliger. Aus der Nähe *roter Scheitel* und *schwarze Maske um das weiße Auge* sichtbar. ♂ mit *roter Wangenstreifmitte*, ♀ dort ohne Rot.– JK: Gesamtes Gefieder kräftig schwärzlich gestrichelt und gefleckt.– Variation: Vögel der Iberischen Halbinsel *(sharpei)* fast ohne Schwarz im Gesicht, Augenregion grau, roter Wangenstreif der ♂ ist nur unten schwarz begrenzt.

STIMME Meist durch Stimme zu entdecken; im Flug laut gellend „kjükjüKJÜCK", gelegentlich zu langen Serien gereiht, mit Betonung beispielsweise auf jeder zweiten oder jeder vierten Silbe. Gesang in laut lachenden Strophen von jeweils 10-18 „klü"-Lauten, die leicht in der Tonhöhe abfallen und am Ende ein wenig schneller gereiht werden „klüh-klüh-klü-klü-klü-klü-klü-klü…" Trommelt nur selten, die Wirbel sind schnell, lang und dauern ca. 1,5 s.

GRAUSPECHT BJ

Grey-headed Woodpecker *Picus canus*

L 27-32 cm. Brütet vor allem in Laub- oder Mischwald mit vielen morschen Laubbäumen, oft an Gewässerufern, in Auwäldern, großen Parks; gern im Bereich von Lichtungen und Waldrändern; geht im Gebirge oft höher als der Grünspecht. Nahrung vor allem Ameisen; besucht Futterstellen. Höhleneingang ca. 5,5 cm Durchmesser.

KENNZEICHEN Kleiner als Grünspecht und eigentlich nur mit diesem zu verwechseln; im Vergleich zu Grünspecht mit etwas *kleinerem, mehr gerundetem Kopf,* was durch den etwas *kürzeren und schwächeren Schnabel* betont wird (wirkt dadurch „freundlich"), ferner mit andersartigem, mehr *einheitlich grauem Kopfmuster* und weniger Schwarz (nur Zügel) um *bernsteinfarbenes Auge,* mit *schmalerem Wangenstreif* sowie bei ♂ mit *Rot auf den Vorderscheitel beschränkt,* bei ♀ *ganz ohne Rot auf dem Scheitel.* Oberseite überwiegend moosgrün (nicht gelbgrün wie Grünspecht), Unterseite ungebändert hellgrau (mit schwacher Grüntönung), nicht gelb getönt.– JK: Sehr ähnlich ad., jedoch mit etwas matteren Farben.

STIMME Bei Beunruhigung Serien etwas unterdrückt klingender „tjk"-Rufe. Gesang aus Strophen von 6-9 Pfeiftönen, die sukzessive in der Tonhöhe abfallen und nach den drei Anfangstönen langsamer werden „kikiki kü-kü-kü-kü kö", leicht nachzupfeifen, ohne den lachenden Ton des Grünspechts, klingt eher wehmütig. Trommelt häufig in lauten, recht schnellen und ca. 1,5 s dauernden Serien.

ATLASGRÜNSPECHT –

Levaillant's Woodpecker *Picus vaillantii*

L 30-33 cm. Brütet in Bergwäldern mit Eichen, Pappeln, Zedern und Tannen, geht bis zur Baumgrenze (ca. 2.000 m).

KENNZEICHEN Sehr ähnlich ♀ der iberischen Grünspechtunterart (s. dort), mit bis zum Schnabel reichendem *ganz schwarzem, oberhalb hell begrenztem Wangenstreif,* ferner *weniger Grau hinter und über Auge.* ♂ mit ganz rotem Scheitel, ♀ mit rotem Nacken (übriger Scheitel dunkel gefleckt).

STIMME Ähnlich Grünspecht, Gesang aber schneller, Tonhöhenverlauf gleichmäßiger, Tonfall eher sprudelnd. Trommelt öfter, Wirbel dauern 1-1,5 s.

Schwarzspecht

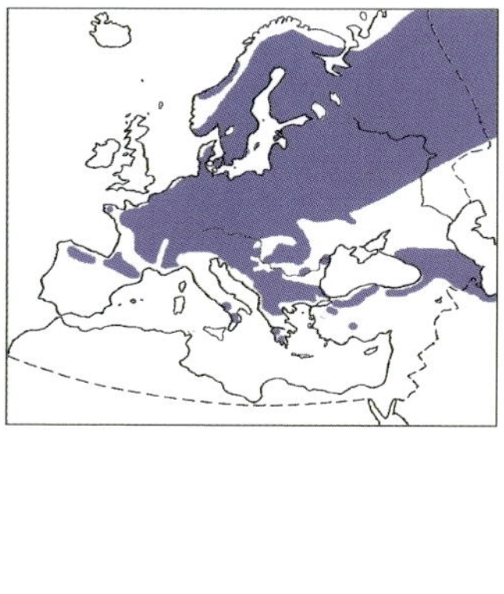

Grünspecht

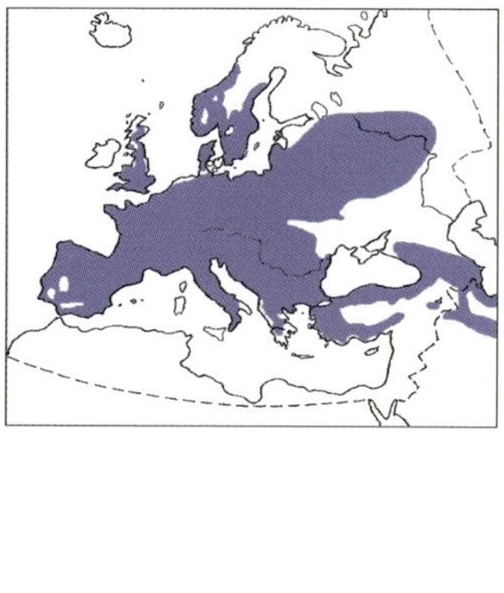

Grauspecht

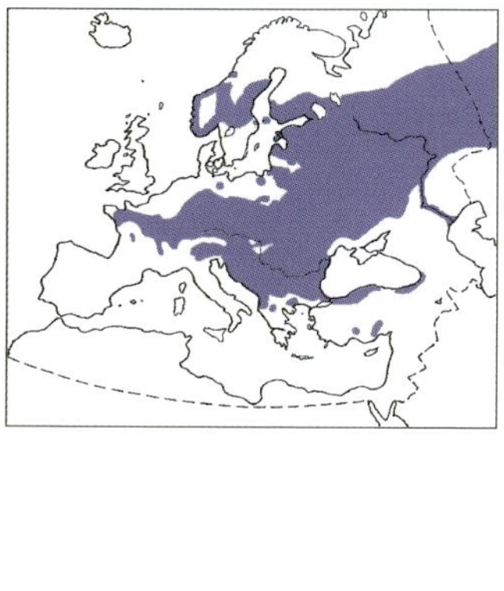

Atlasgrünspecht

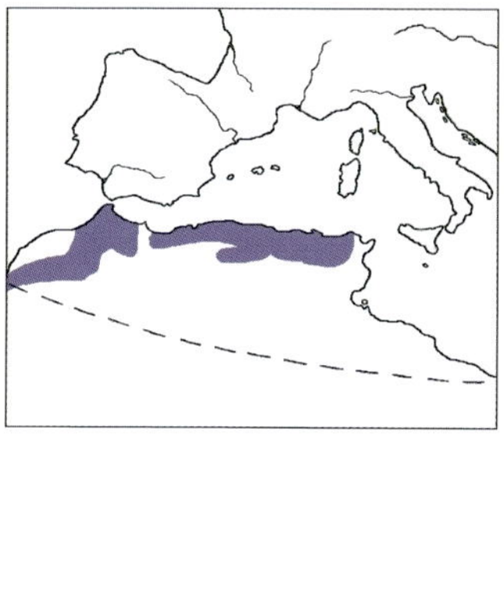

SCHWARZSPECHT

GRÜNSPECHT

GRAUSPECHT

ATLASGRÜNSPECHT

DZ

BUNTSPECHT BJ

Great Spotted Woodpecker *Dendrocopos major*

L 23-26 cm, S 38-44 cm. Brütet in Wäldern, Agrarlandschaften mit Gehölzen, häufig auch in Parks (sogar mitten in Großstädten) sowie in größeren Gärten mit Baumbestand. Wachsam und vorsichtig, besucht jedoch häufig Futterstellen, hängt manchmal wie Meise an Meisenring. Nahrung Insekten, Nadelbaumsamen (vor allem im Winter), mitunter auch Eier und Jungvögel. Bearbeitet Zapfen, indem er sie in Rindenspalten („Spechtschmieden") einklemmt, darunter liegen oft große Mengen geleerter Zapfen. Unternimmt in manchen Jahren mit geringer Zapfenernte invasionsartige Wanderungen, meist in Süd- oder Südwestrichtung. Höhleneingang ca. 5 × 6 cm.

KENNZEICHEN Weitaus häufigster der *schwarz-weiß-roten* Spechte („Buntspechte"); meist leicht erkennbar am *satten Rot von Unterschwanzdecken und Steiß*, scharf vom weißlichen Bauch abgesetzt, ferner an den *ungezeichneten Flanken* und den *großen, ovalen, weißen Schulterflecken. Fliegt in tiefen Bögen geradlinig und zielgerichtet.*– Ad. ♂: Roter Fleck am Hinterscheitel/Nacken.– Ad. ♀: Scheitel und Nacken schwarz, ohne Rot.– JK: Größter Teil des Scheitels rot (bei jungen ♂ Scheitelfleck am größten und kräftigsten), im Vergleich zu ad. schwächer ausgebildeter Verbindungsstreif zwischen Wangenstreif und Nacken, ferner mit blasserem Rot im Steißbereich und gelegentlich schwach gestrichelten Flanken; diese Merkmalskombination kann zu Verwechslung mit Mittel- und Weißrückenspecht führen. Beachte jedoch: W*eiße Schulterflecken* wie ad.; schwarzer Wangenstreif erreicht den Schnabel; schwarze Scheitelseitenstreifen.– Mittel- und südeuropäische Vögel an Unterseite und Stirn generell dunkler (graubeige) als nordeuropäische. Vögel aus Algerien und Tunesien *(numidus)* mit rot-schwarzem Brustband und mit auf den Bauch reichender Rotfärbung von Steiß und Unterschwanzdecken.

STIMME Lockruf kurz und scharf „kick", manchmal in längeren Reihen und mit ca. einer Sekunde Tonabstand; bei Beunruhigung sehr schnelle, scheltende, undeutliche Lautfolgen „tschrett-tschrett-tschrett-tschrett…". Trommelt in typischen kurzen Wirbeln (0,4-0,8 s), sehr schnell (Einzelschläge kaum hörbar) und jäh abbrechend. Jungvögel in der Höhle betteln hell und laut „wiwiwiwiwiwi…".

BLUTSPECHT –

Syrian Woodpecker *Dendrocopos syriacus*

L 23-25 cm. Brütet in offener Kulturlandschaft, in Obst- und Weinanbaugebieten, Gärten, Parks und Alleen. Hat sein Areal im 20. Jahrhundert nach Nordwesten ausgedehnt. Nahrung Insekten, Früchte; Höhleneingang ca. 5 cm.

KENNZEICHEN Sehr ähnlich Buntspecht, ♂ mit *etwas größerem rotem Nackenfleck*, ♀ mit ganz schwarzem Scheitel; wie Buntspecht mit *großen weißen Schulterflecken und rotem Steiß.* Beachte: K*eine Verbindung zwischen schwarzem Wangenstreif und Nacken* (sicherstes Bestimmungsmerkmal bei ad.), *etwas längerer Schnabel,* helle Federn um die Nasenöffnungen (beim Buntspecht schwarz), *viel weniger Weiß auf äußeren Steuerfedern* (nur wenige weiße Flecken ganz außen; beim Buntspecht weiß mit geringer schwarzer Bänderung); im Durchschnitt reiner weiße Kopfseiten und hellere Stirn (Buntspecht meist mit schmutzig weißen Wangen und braunweißer Stirn, aber manche Vögel ähneln darin dem Blutspecht); manchmal einige schwache graue Strichel auf hinteren Flanken und Bauch (nicht bei ad. Buntspechten, nur juv.); im Durchschnitt weniger intensiv rot gefärbter Steiß (manche Buntspechte aber ähnlich).– JK: Gestrichelte Flanken; oft rötlich getönte Brust.

STIMME Ruft weicher als Buntspecht, eher „gück" als „kick", erinnert stark an Warnruf des Rotschenkels; bei stärkerer Beunruhigung wird der Ruf zu schnellen „gip-gip-gip"-Folgen gereiht, auch mit „tschirr" kombiniert. Trommelwirbel ähnlich denen des Buntspechts, jedoch gewöhnlich länger (0,8-1,2 s) und am Ende leiser (die des Buntspechts sind kurz und enden abrupt); im Vergleich zu Wirbeln des Weißrückenspechts sind sie kürzer und mit höherer Frequenz. Jungvögel betteln nicht ganz so laut wie junge Buntspechte.

MITTELSPECHT BJ

Middle Spotted Woodpecker *Dendrocopos medius*

L 19,5-22 cm, S 33-34 cm. Wärmeliebender Specht, brütet in Laubwald mit alten Eichen und Buchen, gebietsweise auch in Erlenwald. Nahrung Insekten und Baumsaft; hält sich oft hoch in Baumkronen auf, bewegt sich bei der Insektenjagd auch waagerecht auf starken Ästen. Nisthöhle oft in morschem Stamm oder starkem, manchmal schrägem oder sogar waagerechtem Seitenast; Höhleneingang ca. 4 cm.

KENNZEICHEN Nur wenig kleiner als Buntspecht, wirkt aber durch *kurzen, recht schwachen Schnabel* und *runden, hellen Kopf* deutlich kleiner. Geschlechter einander ähnlich; *roter Scheitel* (reicht bei ♂ weiter nach hinten); *schwarzer Wangenstreif fehlend*; weiße Stirn und Kopfseiten mit hervorstechendem dunklem Auge; *ovale weiße Schulterflecken* (vgl. Weißrückenspecht); *rosa Steiß*, der ohne scharfe Farbgrenze in gelbbraun getönten Bauch übergeht; *zarte dunkle Strichel auf Flanken.* Steht oft quer auf einem Ast in leicht kauernder Haltung, mit gesenktem Schwanz.

STIMME Einzelruf „kück" klingt recht schwach (erinnert an Kleinspecht) und wird selten geäußert; häufiger sind Serien in rasch trabendem Takt und mit abweichender, höherer erster Silbe „KICK kück-kück-kück-kück-kück…". Reviergesang aus 4-8 (oder mehr) nasal quäkenden Tönen in langsamem Tempo (ca. 2 pro Sekunde) „gwäk gwäk gwäk gwäk gwäk". *Trommelt nicht* zur Revierbehauptung (nur *sehr selten* in Konfliktsituationen).

Buntspecht

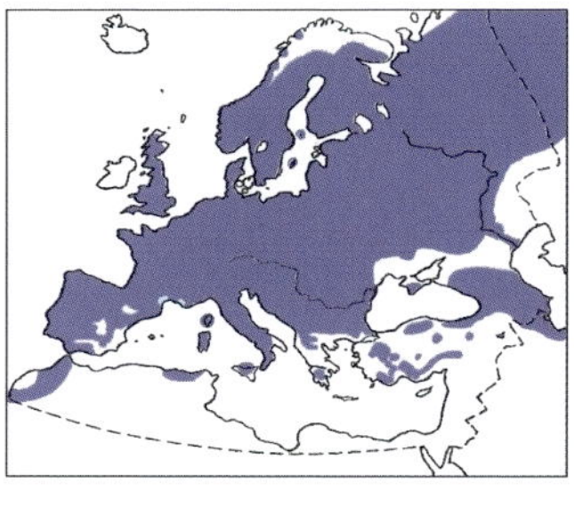

Blutspecht

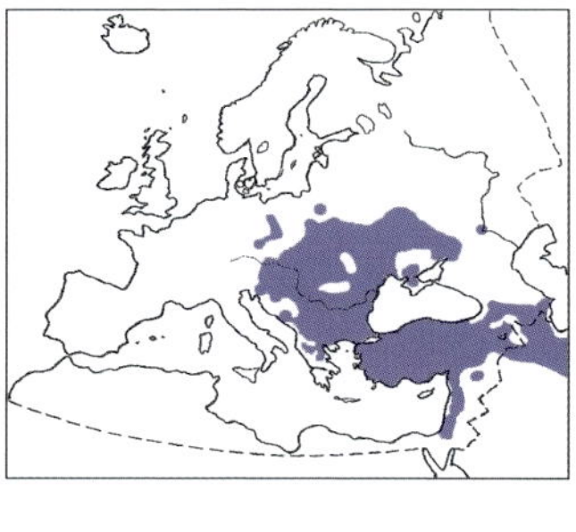

Mittelspecht

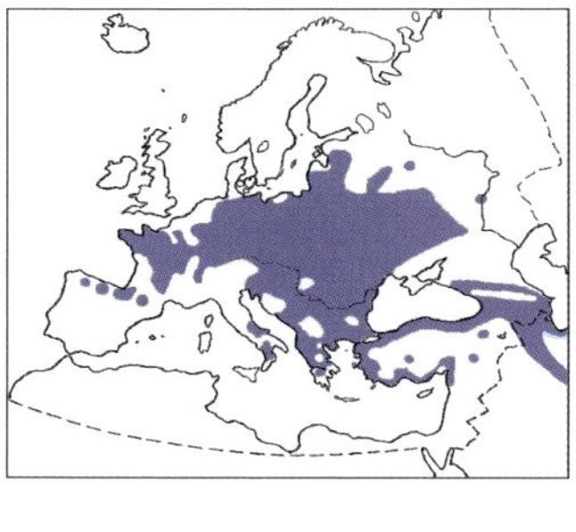

BUNTSPECHT

BLUTSPECHT

MITTELSPECHT

LERCHEN Alaudidae

Bodenlebende Sperlingsvögel mit meist braunem und sandfarbenem Gefieder, Hinterkralle lang und gerade. 20 Arten, viele zeigen ausdauernden Singflug, darunter einige exzellente Imitatoren; Bodennest, Jungvögel verlassen Nest vor Flugfähigkeit. Jugendkleid an hellen Federrändern von Mantel- und Flügelfedern zu erkennen.

FELDLERCHE BJZW

Eurasian Skylark *Alauda arvensis*

L 16-18 cm. Bewohnt offenes Kulturland, auch Wiesen und Heiden; vorwiegend Standvogel, aber nördliche Populationen weichen im Winter nach Süden aus; im Winter zuweilen große Trupps auf Stoppelfeldern und Grassteppen.

KENNZEICHEN *Graubraun,* oberseits *gestrichelt;* Brust gelblich weiß und gestrichelt, zum ungemustert weißen Bauch scharf abgesetzt. ♂ kann *stumpfe Haube* aufstellen (bei Haubenlerche länger und spitzer). Oft auf Feldern und an Wegen, duckt sich bei Störung, schnellt dann katapultartig in die Luft, fliegt kurze Strecke mit *flatterndem Flügelschlag* flach über den Boden und landet mit halb gespreiztem und gesenktem Schwanz, lässt dabei *schmalen, diffus bräunlich weißen Flügelhinterrand* und *weiße Schwanzaußenkanten* erkennen. Singt gelegentlich von Warte, meist im *typischen Singflug,* steigt dabei immer höher und verharrt singend an einer Stelle (in 50-150 m Höhe), fliegt singend wieder herab und lässt sich das letzte Stück stumm und mit gefalteten Flügeln zu Boden fallen.

STIMME Verschiedene Rufe, alle trocken rollend, z. B. „prriit“, „prrli“, „prrüt-üt“und „prriih-i“, manchmal bei Beunruhigung flötender „p(r)iih“. Gesang von Spätwinter bis Mittsommer, von Morgendämmerung bis Abend, eine endlose Aneinanderreihung rollender, zirpender und flötender Töne, die in schnellem Tempo 3-15 min vorgetragen werden; einige Töne wiederholt und variiert, einige Imitationen eingeflochten (z. B. Limikolen, Rauchschwalbe).

KLEINE FELDLERCHE –

Oriental Skylark *Alauda gulgula*

L 14-16 cm. Bewohnt Kulturland und Steppen Süd- und Mittelasiens (westlich bis Iran); nördliche Populationen Kurzstreckenzieher; seltener Wintergast in Israel.

KENNZEICHEN Sehr ähnlich Feldlerche. Im Flug klein und kurzschwänzig, stehend durch folgende Merkmale unterschieden: *kürzere Handschwingenprojektion, Unterseite einfarbiger und hell gelblich, Handschwingen oft rötlich gerandet,* äußere Steuerfedern meist hell gelblich grau (gelegentlich fast weiß und gegen Himmel schwer einzuschätzen), ohne hellen Flügelhinterrand; Schnabel durchschnittlich etwas länger und Schwanz kürzer als bei Feldlerche.

STIMME Von Feldlerche abweichender Flugruf kurz, schneidend, schwirrend „bzrü“. Andere Rufe feldlerchenähnlich, aber auch ähnlich Rauchschwalbe „plip“. Gesang ähnlich Feldlerche, aber trockener und mit mehr Wiederholungen, aus driftendem Singflug vorgetragen.

HAUBENLERCHE BJ

Crested Lark *Galerida cristata*

L 17-19 cm. Brütet auf Feldern, in Industriegebieten, in Häfen usw., wo Wildkrautsamen zugänglich sind; im Süden auch auf trockeneren Flächen; Standvogel.

KENNZEICHEN Wenig größer als Feldlerche, Gefieder graubraun, *lange, spitze Haube* auch zusammengelegt am Hinterkopf sichtbar (bei Feldlerche nicht); meist etwas grauer und dunkler (in Nordafrika auch rötlicher) als Feldlerche, mit *diffuserer Bruststrichelung* (einige aber deutlicher gestrichelt), ohne hellen Flügelhinterrand, *äußere Steuerfedern gelblich braun* statt weiß, Unterflügel und oft Unterschwanzdecken rötlich überhaucht; *Schnabel lang und spitz, mit gerader Unterschnabelkante* (Schnabellänge variierend: am längsten in Nordafrika, kürzer in Nordeuropa und im Nahen Osten; vgl. sehr ähnliche Theklalerche).

STIMME Stimmfreudig, häufigster Ruf variable Kombination von 2-4 geraden Pfeiftönen, einer oder mehrere davon gedehnt mit wehmütigem Klang, z. B. „triiliiPÜÜ“ oder „wü ti WÜÜ“, Letzterer als „ungeduldiger“ Kontaktruf oder alternativer Gesang benutzt. Zu anderen Rufen gehören ein vergnügtes, weiches, aber meist etwas gebrochenes, ansteigendes, oft im Flug wiederholtes „dwuih“ und ein durchdringenderes „brschü“. Gesang lang und oft im Flug, variationsreich mit melancholischen, geraden Pfeiftönen (s. o.), oft schwer von Theklalerche zu unterscheiden!

THEKLALERCHE –

Thekla Lark *Galerida theklae*

L 15-17 cm. Bewohnt natürlichere und trockenere Lebensräume als Haubenlerche, oft in größerer Höhe an Steinhängen oder in trockenen Steppen; auch Obstplantagen, Korkeichensavannen oder Gebüsch auf Sandboden.

KENNZEICHEN Sehr ähnlich Haubenlerche und von dieser nur von Nahem sicher zu unterscheiden; geringfügig kleiner, *Schnabel kürzer, Unterschnabel weniger spitz zulaufend und meist leicht konvex* geformt (Ausnahme: Balearen), dadurch „niedlicher” wirkend, Schnabel oft auch etwas dunkler; *Bruststrichelung meist deutlicher* und feiner auf hellerem Grund (aber einige sehr ähnlich), Gefieder *grauer, Mantel meist stärker gestreift, Schirmfedern kontrastreicher und Oberschwanzdecken rötlicher,* steht auch auf Büschen oder Bäumen (Haubenlerche nur ausnahmsweise).

STIMME Ähnlich Haubenlerche, aber weicher und melodischer (nicht so melancholisch flötend mit geraden Tönen), oft vielsilbig, z. B. „tju-telli-TJU-tilli-TII“; einige Rufe eher wie Haubenlerche. Fluggesang etwas weicher, stärker variierend und gefälliger, nicht so scharf flötend; beide Arten imitieren.

Feldlerche

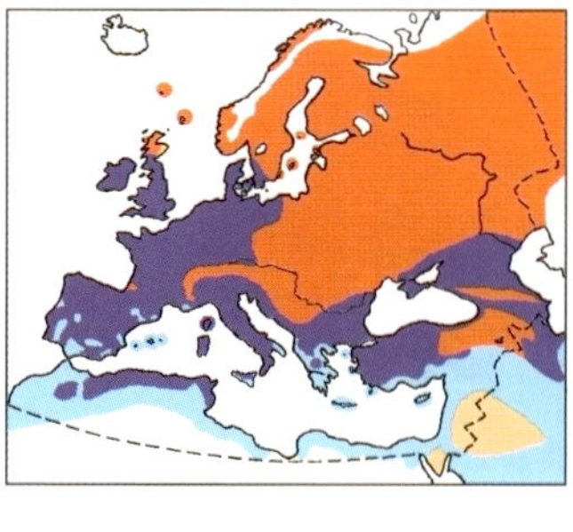

Haubenlerche

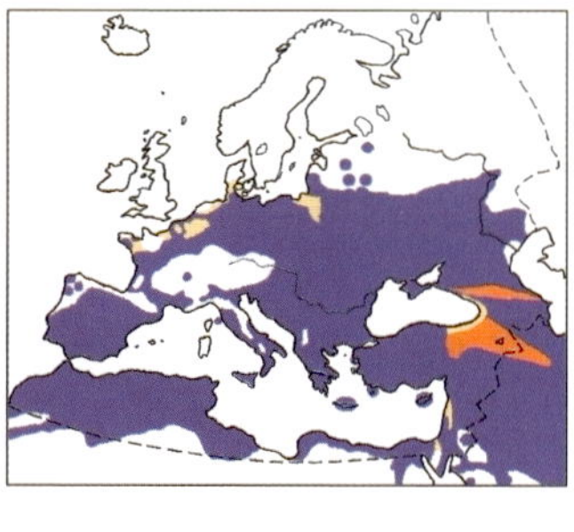

Theklalerche

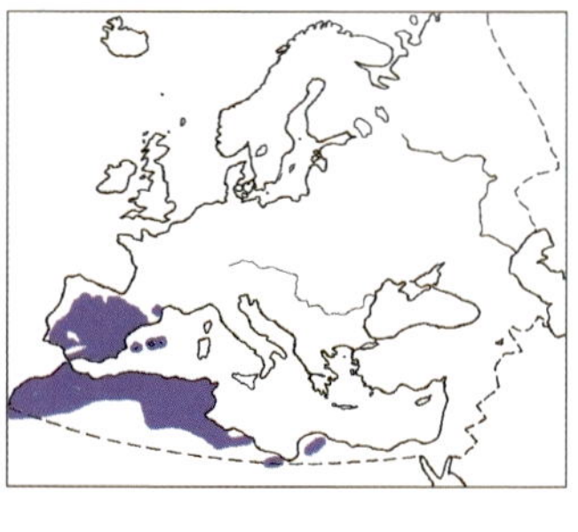

FELDLERCHE

KLEINE FELDLERCHE

HAUBENLERCHE

THEKLALERCHE

HEIDELERCHE BZ

Woodlark *Lullula arborea*

L 13,5-15 cm. Bewohnt offene Wälder, bevorzugt Kiefernwald auf Sandboden, auch Misch- oder Laubwald mit Lichtungen sowie Heide; im Süden Standvogel; nördliche Vögel ziehen nach Südeuropa; recht scheu und unnahbar.

KENNZEICHEN Recht klein, braun und *kurzschwänzig*, steht im Gegensatz zu anderen Lerchen oft auf Baum- oder Buschspitzen und Stromleitungen (lebt dennoch vorwiegend am Boden), *kann im wellenförmigen Flug mit kurzen, breiten Flügeln* und kurzem Schwanz *an Kleinspecht erinnern!* Schwanzspitze weiß (verstärkt vor grellem Hintergrund Kurzschwänzigkeit), Schwanzaußenkanten nicht weiß, sondern hellbraun, Flügelhinterrand bei Altvögeln nicht hell; zeigt am Boden charakteristisches *schwarz-weißes Muster vor Flügelbug* (Handdecken dunkel mit gelblich weißen Spitzen und weißem Fleck an der Basis); *breit cremefarbener Überaugenstreif reicht weit nach hinten* (am Hinterkopf fast zusammenlaufend); Gesang meist im Flug in großer Höhe vorgetragen (100-150 m), oft bei Sonnenaufgang, auch in sternenklarer Nacht.

STIMME Ruf ein weich flötendes Jodeln „TLUii-TLUii" oder schwächer „düDLUii", oft von ziehenden Trupps. Attraktiver Gesang besteht aus gefälligen, weichen, melancholischen Serien, die zögernd beginnen, sich beschleunigen und dann oft absteigen und an Lautstärke gewinnen, z. B. „li, li-li-lilili-LIlülu…II-lü II-lü II-lü-IIlu-IIluIIlu…tljuii, tljui tljui vi vi vi TILLILLILLILL…" usw.

KURZZEHENLERCHE A

Greater Short-toed Lark *Calandrella brachydactyla*

L 14-16 cm. Brütet in Südeuropa in offenen, trockenen Regionen auf Feldern oder kahleren Flächen.

KENNZEICHEN Recht klein, mit hellem, graubraunem und weißlichem Gefieder. Unterseite bei Altvögeln fast *ungezeichnet* mit nur einem *dunklen Brustseitenfleck* („Miniatur-Kalanderlerche"; Fleck bei einigen angedeutet, bei anderen aus Stricheln bestehend, aber *nie ganze* Brust gestrichelt; vgl. Stummellerche); *lange, die Flügelspitze fast erreichende Schirmfedern* wichtig zur Unterscheidung von Stummellerche; Mittlere Armdecken dunkel mit breit hellen Spitzen (ähnlich Pieper), breiter, schmutzig weißer Überaugenstreif und weitgehend ungestrichelte, graubraune, hell umrahmte Wangen bilden markanten Gesichtsausdruck, Schnabel spitz und recht hell. Scheitel manchmal leicht rötlich getönt (häufiger in Spanien und Afrika, oft mit reduzierter Strichelung) oder gleichmäßiger graubraun und deutlicher gestrichelt (oft in Osteuropa und Türkei). Langsamer, *wellenförmiger Singflug* mit zusammengelegtem Schwanz, *Strophen meist von plötzlich schnell flatternden Flügelschlägen begleitet* (Ende des Abstiegs, ganzer Anstieg), längere Strophen (bei erregtem Vogel) oder stärkerer (zu heftigerem Flügelschlag zwingender) Wind können typische Flugweise verändern.– JK: Federn der Oberseite hell gerandet, unterseits ganze Brust spärlich und diffus gefleckt; von Stummellerche im JK unterschieden durch Handschwingenprojektion, Schnabelform und Rufe.

STIMME Ruft trocken tschirpend „dritt", trockener, kürzer und heftiger als Feldlerche, ähnlich Mehlschwalbe; auch voller „trilp", etwas an Brachpieper erinnernd. Zwei Gesangstypen: charakteristischer, einfacher Gesang besteht aus kurzen, trocken tschilpenden Strophen (1-2 s), zu Beginn stockend, dann beschleunigend und am Ende rasend, mit 1-3 s Pause zwischen den Strophen; extatischerer Gesang mit 5-30 s andauernden Strophen, darunter Imitationen und mehr Variationen, leicht mit Stummellerche (und anderen Lerchen!) zu verwechseln, falls Ruf und stockende Elemente nicht eingewoben sind.

STUMMELLERCHE a

Lesser Short-toed Lark *Calandrella rufescens*

L 13-14,5 cm. Brütet auf trockenen Ebenen (Lehm), in Salinen und wüstenartiger Steppe. Vorwiegend Standvogel, osteuropäische Populationen ziehen in den Nahen Osten.

KENNZEICHEN Klein, meist etwas kleiner, *grauer und gleichmäßiger gestrichelt* als Kurzzehenlerche (aber einige östliche Unterarten gleich groß), am besten unterschieden durch *gestrichelte Brust* (auch Brustmitte, wie sehr kleine Feldlerche), kürzere Schirmfedern (10-15 mm vor Flügelspitze endend), *kürzeren und dickeren Schnabel* und Stimme. *Rundlicher Kopf*, kleiner Schnabel und breit weißer Augenring erzeugen oft „niedlichen" Gesichtsausdruck, Überaugenstreif meist undeutlicher, Wangen dünn gestrichelt. Im Singflug oft mit flatternden Flügelschlägen und teilweise gespreiztem Schwanz umherdriftend, bei geeignetem Wind ab und zu Flügelschläge verlangsamend (nie bei Kurzzehenlerche).– Große geografische Variation, in Spanien *(apetzii)* klein und *eher graubraun, Brust kräftig gestrichelt, auch Flanken,* im südlichen Nahen Osten und Nordafrika *(minor)* und auf den Kanaren klein, aber eher braun, Bruststrichel dünn, Flanken ungestrichelt, in Osteuropa *(heinei)* und Türkei *(aharonii)* groß, grau, Brust dünn oder diffus, Flanken undeutlich gestrichelt.

STIMME Ruft trocken rollend oder surrend „drrrrd", oft abfallend oder verhallend, meist mehrfach wiederholt, an Uferschwalbe erinnernd; Kurzzehenlerche ruft manchmal ähnlich. Gesang durchgehend variationsreicher und schneller als bei Kurzzehenlerche, mit exzellenten Imitationen (darunter andere Lerchen, was Bestimmung erheblich erschwert; kann mehrere Sekunden lang Hauben- und Kurzzehenlerche imitieren!); mischt Imitationen mit eigenen trockenen Trillern und weicheren, flötenden Tönen (ähnlich Theklalerche); einige Strophen kürzer und ähnlich Kurzzehenlerche, dann eingestreute trockene Triller und rasendes Tempo beste Hinweise.

Heidelerche

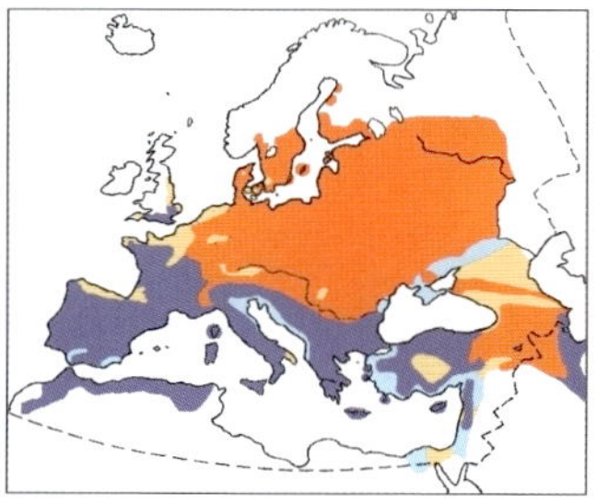

Kurzzehenlerche

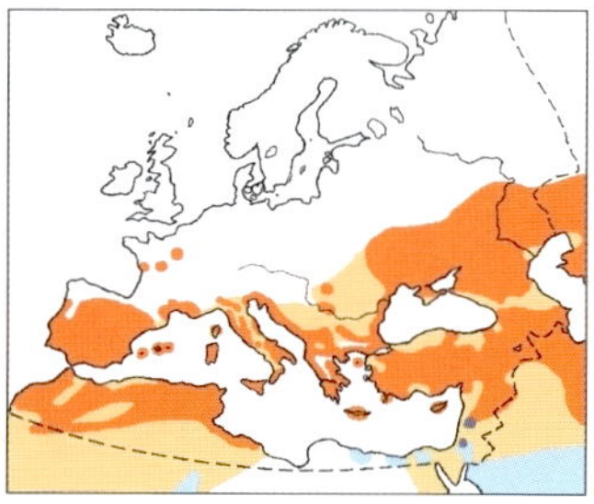

Stummellerche

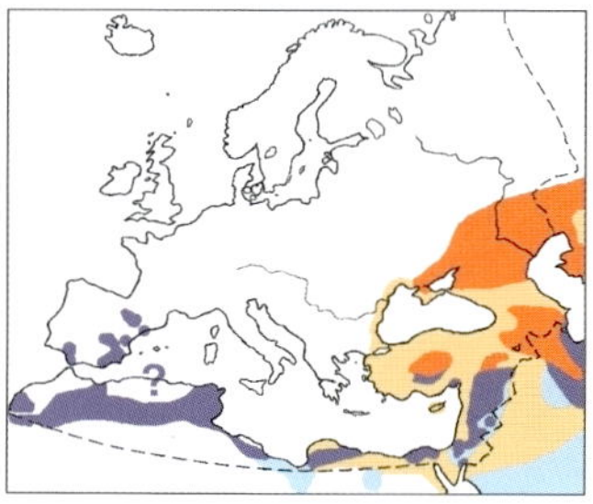

HEIDELERCHE

KURZZEHENLERCHE

STUMMELLERCHE

KM

STEINLERCHE –

Desert Lark *Ammomanes deserti*

L 15-16,5 cm. Brütet in wüstenartig trockenem, offenem, oft hügeligem und felsigem Gelände, in Wadis oder an steinigen Berghängen, meidet flache Sandwüsten; Standvogel. Lebensweise versteckt; oft wenig scheu.

KENNZEICHEN Buchfinkengroße, sandfarbene, kräftige Lerche mit vorderlastigem, hinten spitz zulaufendem Körper; *Schnabel recht schwer* und lang mit gewölbtem First (in Südmarokko größer, im Sinai und in Israel kleiner) und *hell bräunlich gelber Basis,* an First und Spitze etwas dunkler; Gefieder oberseits einfarbig graubraun, unterseits rosa graugelblich getönt und an *Brust meist deutlich verwaschen gestrichelt,* kurzer Überaugenstreif und schwacher Augenring hell, Zügelstreif etwas dunkler; Schirmfedern braungrau, rötlich überhaucht, im frischen Gefieder deutlich hell gerandet, *Steuerfedern recht dunkel* mit rostgelben Kanten, Außenfahnen der Handschwingen rostrot gerandet. (Geografische Variationen s. Tafel). Von ähnlicher Sandlerche am besten unterschieden durch Schnabelgröße und -farbe, *diffus abgesetzte* dunkle *Schwanzendbinde,* meist stärker gestrichelte Brust und Halsseiten, etwas größere Handschwingenprojektion, Stimme und Lebensraum.

STIMME Wenig stimmfreudig; mehrere Rufe, möglicherweise nur Variationen eines Rufs, häufig rollend„tschurrr", auch verhalten pfeifend und langsam wiederholt „tjiälp", „tju-iil", „tjü(ju)" oder „tschup". Gesang recht tief, laut und resonant mit wehmütigem Klang, schnell wiederholt aus 3-6 Silben, oft im wellenförmigen Singflug, z. B. „tju-vi-tjätjä, WUUII" oder „tju-WIIÜ tjuvi-tru-tru".

SANDLERCHE –

Bar-tailed Lark *Ammomanes cinctura*

L 13-14 cm. Brütet in flachen Sandwüsten, auch in Halbwüsten mit Kies und vereinzelten, niedrigen Vegetationsflecken, nicht in bergigem oder felsigem Gelände; Standvogel, lokal wandernd, außerhalb der Brutzeit oft in Trupps; rennt emsig und rastlos mit nur kurzen Stopps umher.

KENNZEICHEN Von ähnlicher Steinlerche (neben Habitat und Stimme) unterschieden durch *geringere Größe,* rundlichere Gestalt mit *rundem Kopf, kürzerem Schnabel,* „niedlicherem" Gesichtsausdruck; morgens aber aufgeplustert rundlich und in Mittagshitze schlank und langbeinig; im Herbst Oberseite (Mantel/Schulterfedern) *oft* von Kopf, Nacken und Flügeln *grauer abgesetzt;* hell rostroter Schwanz mit *deutlich abgesetzter schwarzer Endbinde* beim Landen sichtbar; *Schnabel in grellem Licht schmutzig weiß,* bei trübem Wetter *leicht rosa;* Schirmfedern *hell rostrot,* bei angelegtem Flügel *schwarze Spitzen der äußeren Handschwingen* dazu kontrastierend.

STIMME Einige Rufe ähnlich Steinlerche, oft trocken, etwas gepresst und hart trillernd „tjerr", auch nasal und kurz „tjüp", kennzeichnender rau „bschii" (wie Rohrammer). Charakteristischer Gesang ein mehrfach rhythmisch wiederholter, quietschender Ton, eingeleitet von 1-2 tieferen Tönen (nur von Nahem zu hören), ähnlich einer entfernten, rostigen Pumpe „(tliu) viiih, (tliu) viiih, (tliu) viiih…", oft den Silben folgend im wellenförmigen Singflug.

Steinlerche

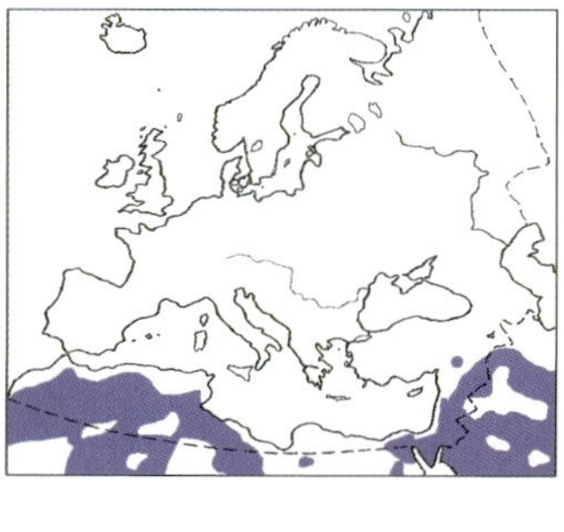

Sandlerche

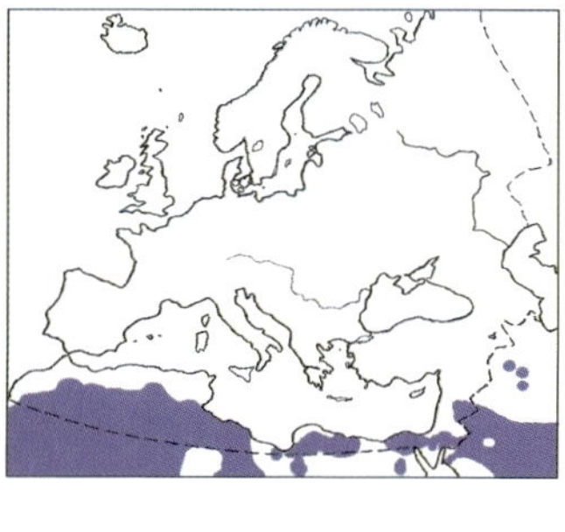

EINÖDLERCHE –

Dunn's Lark *Eremalauda dunni*

L 14-15 cm. Seltener, lokaler Brutvogel flacher, sandiger Wüsten und Halbwüsten im Nahen Osten (z. B. Jordanien), eine andere Population und vielleicht eigene Art wurde in Südmarokko gefunden. Standvogel oder nomadisch lebend; wenige Brut- und Winternachweise in Südisrael. Unterbricht stetiges Umherrennen durch längere Stopps als Sandlerche, um Pflanzenteile mit kräftigem Schnabel abzureißen.

KENNZEICHEN Größe zwischen Stein- und Sandlerche, *bis zur Spitze kräftiger, rosa Schnabel* (manchmal Spitze orange überhaucht) mit stark gebogenem First, aber *ohne deutlich dunkle Färbung von First und Spitze;* Gefieder sandbraun, rötlich überhaucht, *Scheitel, Mantel und Brustseiten rötlich gestrichelt; lange Schirmfedern erreichen Flügelspitze; dünner, grauer Wangen- und Kinnstreif, schwarze Schwanzseiten, gelbliche mittlere Steuerfedern,* recht deutlicher, gelblich weißer Augenring und kurzer Überaugenstreif.

STIMME Ruft guttural und ansteigend „dschrui", auch sperlingsartig „tschilp", in Trupps auch verhaltener „prt" und trillernd „drrri-ü". Gesang eine schnelle Strophe sperlingsartig schilpender Laute und trockener Lerchentöne.

WEISSSTIRNLERCHE –

Black-crowned Sparrow-Lark *Eremopterix nigriceps*

L 11,5-12,5 cm. Im Bearbeitungsgebiet kein regelmäßiger Brutvogel, aber erscheint gelegentlich in Israel; weiter südlich verbreitet (Kapverden, Südmarokko, Sahelzone, Südostägypten, Südirak, Arabische Halbinsel usw.), in Algerien nachgewiesen; meist in Trupps in flachen Halbwüsten und auf trockenen Ebenen mit einzelnen Büschen oder Bäumen.

KENNZEICHEN *Sehr klein,* girlitzgroß, mit proportional großem Kopf, großem, kegelförmigem, grauweißem Finkenschnabel, *Unterflügel dunkel* (bei ♂ schwärzlich), äußere Steuerfedern schwarz, mittlere hell wie Rücken.– Ad. ♂: *Unterseits von Kinn bis Unterschwanzdecken schwarz,* oberseits sandfarben, am *Kopf markant schwarz-weiß gezeichnet.*– Ad. ♀: Oberseits hell rötlich-gelblich (Rotton schwindet durch Abnutzung), Scheitel, Schulterfedern und Brustseiten dünn gestrichelt, restliche Unterseite hell gelblich weiß, Mittlere Armdecken etwas dunkler braun, oft dunkles Band erzeugend. Färbung und Schwanzmuster ähnlich Einödlerche, unterschieden durch geringere Größe, dunkle Unterflügel, kräftigen, kegelförmigen Schnabel (ohne rosa Tönung) und im Flug kürzere, stumpfere Flügel. Landet nach Störung und Auffliegen schnell wieder.

STIMME Ruft sperlingsartig „tjip". Gesang meist in Morgen- oder Abenddämmerung im niedrigen, flatternden Singflug vorgetragen, eine alle 4-5 s rhythmisch wiederholte Strophe aus 2-4 melancholisch klingenden Silben, z. B. „wit ti-wüü", letzte Silbe etwas tiefer und gedehnt.

STEINLERCHE

SANDLERCHE

EINÖDLERCHE

WEISSSTIRNLERCHE

KM

KALANDERLERCHE A

Calandra Lark *Melanocorypha calandra*

L 17,5-20 cm. Brütet in offenem Kulturland und in Steppen; im Osten Zugvogel, im Westen vorwiegend Standvogel.

KENNZEICHEN Kräftige, große Lerche mit *schwerem, gelblich braunem Schnabel* und typischem *großem, schwarzem Brustseitenfleck* (in Größe und Form variierend), Überaugenstreif und Augenumrandung hell, *schwärzliche Unterflügel* mit *kennzeichnendem breit weißem Hinterrand* (im Flug auffällig, manchmal auch am gefalteten Flügel hervorlugend); Oberseite ähnlich Feldlerche graubraun, dunkel gestrichelt, Schwanzaußenseiten weiß, Beine bräunlich rosa. Hängt im typischen Singflug in 25-100 m Höhe mit *zeitlupenartig schlagenden,* steifen, geraden Flügeln und zusammengelegtem Schwanz in der Luft; langsamer Flügelschlag kann Vogel noch größer wirken lassen.

STIMME Ruft charakteristisch trocken rollend, fast klirrend „tschrrrriip", feldlerchenartiger „triih", „trip-trip" usw. Gesang wie Feldlerche gedehnt, voller tschirpender, schneller Laute, mit wenigen Imitationen; erkennbar an etwas langsamerem Takt, angedeuteten Pausen und Fülle eingeflochtener trockener, rollender, rufartiger Töne.

BERGKALANDERLERCHE (A)

Bimaculated Lark *Melanocorypha bimaculata*

L 16-18 cm. Brütet in trockenen, steinigen Halbwüsten und an Berghängen, auch auf Feldern wie Kalanderlerche, dann aber in höheren Lagen; Zugverhalten ausgeprägter.

KENNZEICHEN Ähnlich Kalanderlerche, mit sehr kräftigem Schnabel und dunklem Brustseitenfleck, aber unterschieden durch etwas geringere Größe, etwas kürzeren Schwanz, *braungraue Unterflügel, hellbräunlichen statt weißen Flügelhinterrand, Schwanzspitze (nicht Schwanzseiten) weiß; Kopfzeichnung* mit deutlicherem Überaugenstreif und dunklen, durch das Auge und unter dem Auge verlaufenden Linien *kontrastreicher, besonders der Zügelstreif sehr markant;* frische Federn der Oberseite meist heller gerandet. Im Singflug *Flügel meist konstant schnell flatternd,* bei Wind aber fledermausartig langsamer; kann bei Sturm lange ohne Flügelschlag in der Luft stehen; zeigt keine zeitlupenartigen Flügelschläge auf steifen, geraden Flügeln, *Schwanz* im Gegensatz zur Kalanderlerche *oft gespreizt.*

STIMME Rufe ähnlich Kurzzehenlerche, z. B. kurz, trocken zwitschernd „tripp, tripp", aber in rauerem Ton und stärker variierend, darunter raspelnd „tscher" usw. Gesang verwirrend ähnlich Kalanderlerche, weitgehend aus schnellen, trockenen, zwitschernden Lauten bestehend, aber etwas tiefer und härter, fast hüpfend (nicht so „hoch klirrend"), monotoner und weniger Imitationen und weiche Töne enthaltend.

KNACKERLERCHE –

Thick-billed Lark *Ramphocoris clotbey*

L 17-18 cm. Brütet in trockenem, offenem Gelände NW-Afrikas (Südmarokko), lokal im Nahen Osten; Standvogel.

KENNZEICHEN Groß, mit *riesigem Schnabel, breit weißem Flügelhinterrand und dunklen Unterflügeln.*– Ad. ♂: Kopfseiten schwarz mit abgesetzten weißen Flecken; Schnabel hell blaugrau; Unterseite schwarz gefleckt.– Ad. ♀: Kopfseiten dunkelgrau mit diffuseren weißen Flecken; Schnabel hell hornfarben mit leicht bläulichem Hauch; Unterseite schwächer gefleckt.– SK: Dunkle Gefiederteile durch helle Federränder größtenteils verdeckt.– JK: Kopf ohne dunkle Zeichnung, fast einfarbig, Schnabel etwas weniger wuchtig.

STIMME Ruft pfeifend (fragend) „tsu-II?" oder rollend „zrr-roüh". Gesang schnelle Serie zwitschernder Laute.

WEISSFLÜGELLERCHE a

White-winged Lark *Melanocorypha leucoptera*

L 17-19 cm. Brütet in Steppen, trockenen Heideflächen und auch auf Feldern, teilweise Zugvogel.

KENNZEICHEN *Flügelmuster charakteristisch weiß, schwarz und braun* (bei beiden Geschlechtern) mit breit weißem Hinterrand (Flügel gegen grelles Licht schmal erscheinend). Ähnlich Mongolenlerche (*M. mongolica;* nicht behandelt), diese aber größer, mit schwererem Schnabel und schwarzem Brustseitenfleck.– Ad. ♂: Scheitel ungestreift rostrot, Brust meist nur spärlich gestrichelt.– Ad. ♀: Scheitel graubraun, gestrichelt, Brust deutlich gestrichelt.

STIMME Ruft trocken, hart „drrit-drrit", ähnlich Bergkalanderlerche. Gesang ähnlich Feldlerche, aber erkennbar an Abschnitten schwankender Laute (wie bei Kurzzehen- oder Ohrenlerche) und etwas härterer, trockenerer Stimme.

MOHRENLERCHE a

Black Lark *Melanocorypha yeltoniensis*

L 18-20,5 cm. Brütet in Steppen, oft nahe Feuchtflächen und Salzseen, lokal häufig, teilweise Zugvogel.

KENNZEICHEN Ad. ♂: Groß, schwarz, mit kräftigem, strohfarbenem Schnabel; im Herbst Schwarz durch helle Federränder verdeckt. *Zeitlupenartiger* Singflug, niedriger Balzflug mit steil hochschlagenden, steifen Flügelschlägen oder taubenartigem Gleiten.– Ad. ♀: Braungrau, dunkel gefleckt; recht variabel, manche mit Brustseitenfleck ähnlich Kalanderlerche, aber Beine dunkel, kein weißer Flügelhinterrand und unterseits meist kräftig gefleckt; Unterflügeldecken fast schwarz, deutlich dunkler als Schwungfedern.

STIMME Gesang ähnlich Feldlerche, aber etwas höher, schwirrender und rasender zwitschernd; Lautstärke schwankend; oft weiche, miauende Töne eingeflochten.

Kalanderlerche

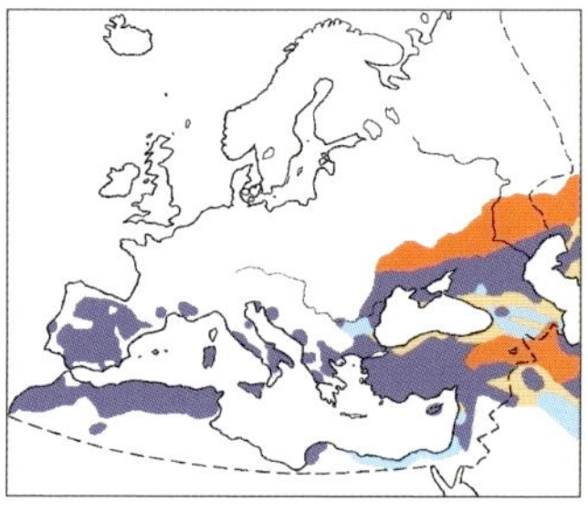

Bergkalanderlerche

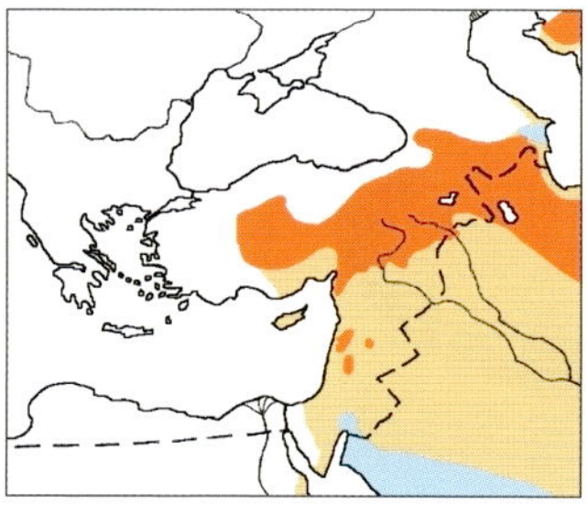

Weißflügellerche

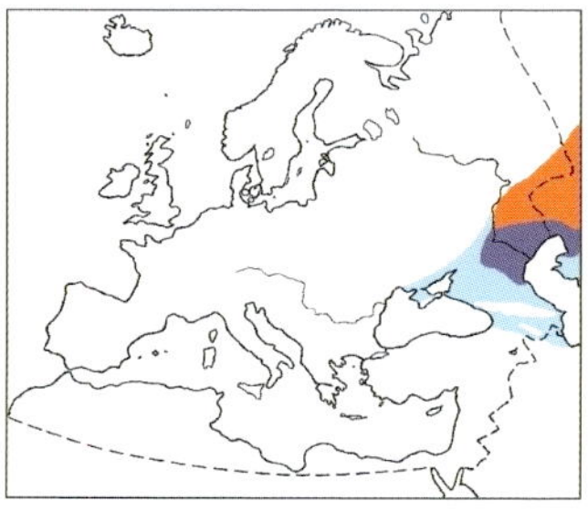

Mohrenlerche

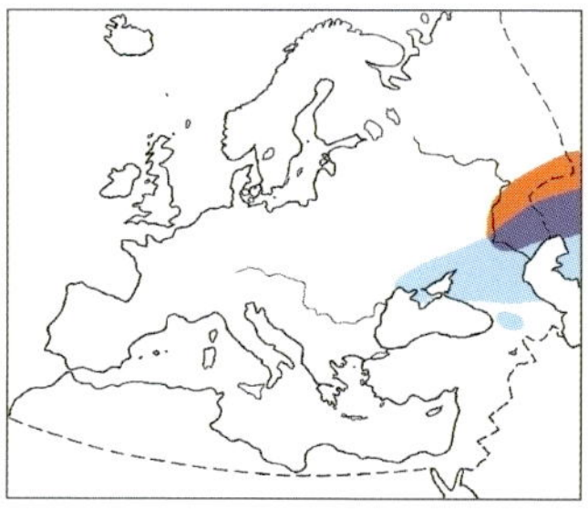

KALANDERLERCHE

BERGKALANDERLERCHE

KNACKERLERCHE

WEISSFLÜGELLERCHE

MOHRENLERCHE

OHRENLERCHE

W

Horned Lark *Eremophila alpestris*

L 16-19 cm. Brütet in Gebirgen oberhalb der Baumgrenze, auf alpinen Mooren und auf trockenem, steinigem Gelände, im Norden auch auf Meereshöhe; im Norden Zugvogel.

KENNZEICHEN Etwas kleiner als Feldlerche, in allen Kleidern an *charakteristischer schwarz-gelber* (Europa, Nordtürkei, Kaukasus, Nordafrika) *oder schwarz-weißer* (übriges Asien) *Kopfzeichnung* zu erkennen, schwarze Federohren auf Scheitelseiten nicht immer sichtbar. Geschlechter und Altersstufen ähnlich, doch im direkten Vergleich ♂ größer, Kopf markanter gezeichnet mit längeren „Ohren", ungestreiftem, rosabraunem Scheitel und Hinterkopf, weniger Streifung auf Mantel. In winterlichen Trupps junge ♀ manchmal erkennbar an geringerer Größe, undeutlicherer Kopfzeichnung (Zügel grau statt schwarz, dunkler Wangenfleck klein), fehlenden „Ohren" und dunkler Streifung von Scheitel, Hinterkopf und Mantel. Beachte im Flug schwärzlichen Schwanz.– JK: Oberseite und Brust hell und dunkel gefleckt, dunkler Wangenfleck angedeutet.– Neben gelber oder weißer Grundfärbung des Kopfes (s. o.) folgende Unterschiede zwischen den Unterarten: In Nordeuropa *(flava)* schwarze Kopfzeichnung von schwarzem Brustfleck getrennt, in Südosteuropa *(balcanica)*, der Nordtürkei und im Kaukasus *(penicillata)* mit Brustfleck verbunden, im Nahen Osten *(bicornis)* Oberseite rötlicher.

STIMME Rufe dünne, kurze Einzeltöne „iih" oder mit Echo „IIH-dü" oder „IIH-diidü", auch recht metallisches Klingeln, gelegentlich rauer „prsch" oder „tsrr". Gesang von Felsen aus oder im Singflug meist schnell wiederholte, kurze Strophen (1-2,5 s) mit charakteristischem Anstieg nach zögerndem, stammelndem Beginn und mit einsam zwitschernder und schwatzender Stimme.

SAHARAOHRENLERCHE

–

Temminck's Lark *Eremophila bilopha*

L 14-15 cm. Brütet in Halbwüsten, trockenen Steppen und an niedrigen Berghängen (unterhalb 1.000 m Höhe).

KENNZEICHEN Wie kleine Ohrenlerche der nahöstlichen Unterart *bicornis*, unterschieden durch lebhaft rostrote Tönung von Oberseite einschließlich Flügeldecken und Schirmfedern (ohne dunkle Zentren), kurze Handschwingenprojektion; Handschwingenspitzen schwärzlich (frisch hell gerandet) und zu rötlichen Schirmfedern kontrastierend, schwarzer Brustfleck nie mit schwarzer Wangenzeichnung verbunden und Grundfärbung des Kopfes nie gelb.

STIMME Ruf fein klingelnd wie Schlüsselbund. Gesang feiner als Ohrenlerche, enthält gebrochene, dünne Laute, Strophen häufig kurz und wenig variationsreich, Rhythmus gleichmäßiger, Beschleunigung nicht so deutlich.

DUPONTLERCHE

–

Dupont's Lark *Chersophilus duponti*

L 17-18 cm. Brütet auf trockenem, sandigem Untergrund mit Grasbülten, in Steppen oder Halbwüsten und auf flachen Berghängen, auf Hochplateaus wie auch in Tiefebenen in Küstennähe, zur Nahrungssuche auch auf Feldern; vorwiegend Standvogel, lebt extrem scheu und versteckt, läuft schnell in Deckung und bewegt sich nervös und ruckartig.

KENNZEICHEN Größe wie Feldlerche, aber schlanker mit *schmalerem, längerem Hals, längeren Beinen und langem, etwas abwärts gebogenem Schnabel,* steht zuweilen sehr aufrecht; Gefieder wie Feldlerche oberseits braun mit gestrichelter Brust und weißen Schwanzseiten, aber etwas dunkler mit im frischen Gefieder schmalen, hellen Federspitzen, *dünnem, hellem Scheitelstreif* (von vorne gut sichtbar), ohne hellen Flügelhinterrand und mit dünnem, dunklem Kinnstreif.– Beschrieben wurde die in Spanien und Nordwestafrika nördlich des Atlas vorkommende Unterart *duponti,* in Südalgerien und Libyen *(margaritae)* ist das Gefieder deutlicher rostrot getönt und der Schnabel ist länger.

STIMME Gesang meist in Morgen- und Abenddämmerung vorgetragen, Singflug auch nachts und in großer Höhe; langsam wiederholte, kurze, melancholische Strophen, die mit wenigen kurzen Flötentönen beginnen, gefolgt von nasalem, miauendem, gedehntem Ton „wu-tlii-tri-wiiüüih".

WÜSTENLÄUFERLERCHE

–

Greater Hoopoe-Lark *Alaemon alaudipes*

L 19-22,5 cm. Brütet in flachen Wüstenregionen, Halbwüsten, offenen Wadis usw.; meist einzeln oder paarweise auftretender Standvogel, flüchtet meist rennend statt fliegend.

KENNZEICHEN Große, schlanke, hell sandfarbene Lerche (einige grauer) mit recht breiten, schwarz-weiß gemusterten Flügeln, an der Spitze leicht abwärts gebogenem, langem Schnabel und langen Beinen; Kopf mit schwarzem Wangen- und Augenstreif, Brust meist dünn gefleckt; hebt auf Buschspitze oder am Boden stehend (oder im niedrigen, bodennahen Flatterflug) zum Gesang an, der im spektakulären Singflug mit 1-5 m steil aufsteigendem Flugmanöver mit gespreiztem Schwanz, darauffolgendem senkrechtem Absturz mit gefalteten Flügeln fortgeführt und am Boden landend oder im niedrigen, bodennahen Flug beendet wird.

STIMME Ruft kräftig rollend, etwas ansteigend „zrrruü".Gesang charakteristisches, dünnes Flöten und melancholische Töne, erst zögernd, dann anschwellend und wieder abfallend „wuj wuj...WÜÜÜÜ(tja) WÜÜÜÜ(tja) swe-swe-swe-swe-swe-swe sisisi...swii, swiih", dabei das „WÜÜÜ" durchdringend dünn und weittragend; im Nahen Osten auch an Schwarzspecht erinnerndes, „kri-kri-kri-kri-kri" eingeflochten (offenbar in Afrika nicht zu hören).

Ohrenlerche

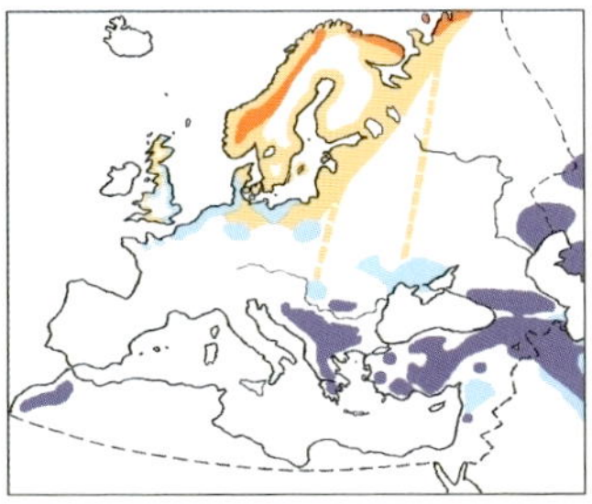

Saharaohrenlerche

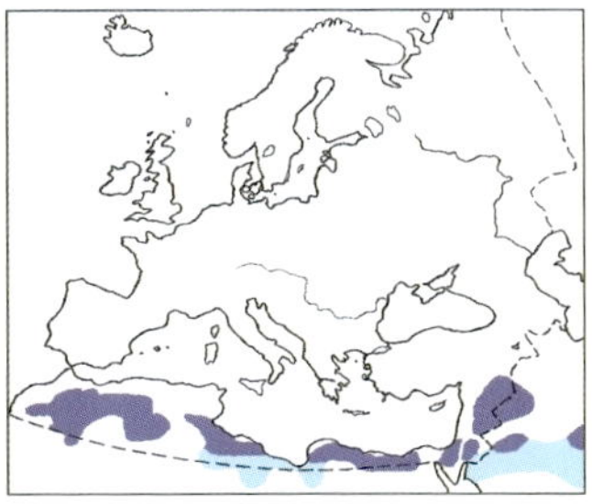

Dupontlerche

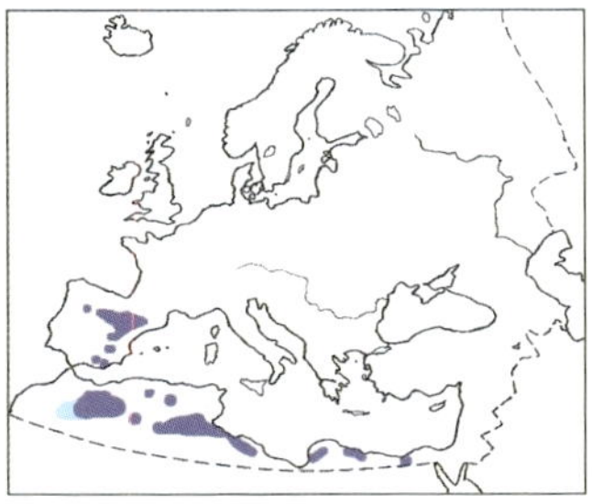

Wüstenläuferlerche

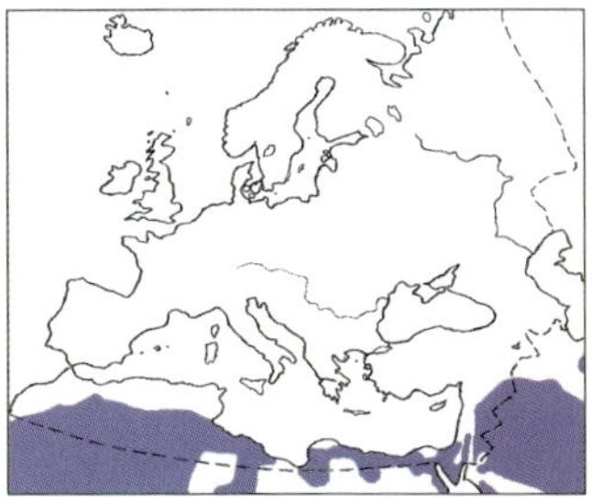

OHRENLERCHE

SAHARAOHRENLERCHE

DUPONTLERCHE

WÜSTENLÄUFERLERCHE

SCHWALBEN Hirundinidae

Kleine Sperlingsvögel mit langen, spitzen Flügeln, breitem Rachen sowie rasantem, wendigem Flug, an Insektenjagd in der Luft angepasst. Sieben Arten, überwintern meist in den Tropen. Geschlechter gleich gefärbt. Einige brüten in selbstgegrabenen Röhren in Steilufern, andere bauen kunstvolle Nester aus Lehm, Pflanzen und Speichel.

UFERSCHWALBE BZ

Sand Martin *Riparia riparia*

L 12-13 cm. Koloniebrüter in senkrechten, sandigen Steilufern an Flüssen, am Meer oder in Sandgruben; gräbt knapp meterlange, waagerechte Brutröhre. Sommervogel (Apr. - Sept.), überwintert in Westafrika. Zur Zugzeit Gemeinschaftsschlafplätze im Schilf.

KENNZEICHEN Eine der kleinsten Schwalbenarten. Gefieder *oberseits matt graubraun* (Handschwingen etwas dunkler), *unterseits weiß mit graubraunem Brustband*; *Flügelunterseite dunkel* (graubraun, Flügeldecken etwas dunkler); Schwanz nicht tief, aber deutlich gegabelt und ohne weiße Flecke. Unterscheidet sich von Braunkehl-Uferschwalbe durch etwas bedeutendere Größe, dunkles Brustband, weiße Kehle und *kontrastreicher abgesetzte dunkle Unterflügeldecken.* Fliegt rasant und leicht, beim Beschleunigen wirken die nach hinten schlagenden Flügel schmal; gleitet nur wenig.– JK: Aus der Nähe helle rostbeige oder weißliche Säume besonders auf Schirmfedern und Flügeldecken, diese Bereiche aus der Entfernung heller wirkend als bei ad.

STIMME Ruft rau raspelnd, wie durch grobes Sandpapier erzeugt „trrsch"; bei Erregung in langer, schneller sich oft beschleunigender Folge „trrrsch trre-trre-trre-rrerrerre…". Diese Serien und ähnliche Variationen bilden offenbar den Gesang. Alarmruf höher und erregt „tschiir".

BRAUNKEHL-UFERSCHWALBE –

Brown-throated Martin *Riparia paludicola*

L 10,5-11,5 cm. Brütet im Winter in kleinen Kolonien in Steilufern, im Bearbeitungsgebiet nur in Marokko (sonst südliches Afrika). Verhalten wie Uferschwalbe, Jahresvogel.

KENNZEICHEN *Kleinste Schwalbe* im behandelten Gebiet. Proportional *kürzere Flügel* als Uferschwalbe, wirken daher etwas breiter und abgerundeter. Kann durch andere Gestalt in Kombination mit *fehlendem dunklem Brustband* sowie diffus dunkel gefleckte oder *schattierte Kehle* an Felsenschwalbe erinnern, wenn geringe Größe nicht einschätzbar. Unterflügel recht einfarbig (Flügeldecken nur unwesentlich dunkler als Schwungfedern). Flug leichter und flatternder als Uferschwalbe mit häufigeren Richtungs- und Tempoänderungen.– JK: Gefiederunterschiede wie bei Uferschwalbe.

STIMME Ähnlich Uferschwalbe, jedoch heller, weicher und weniger hart raspelnd „tschirr", „prri" u. a.

FELSENSCHWALBE BZ

Eurasian Crag Martin *Ptyonoprogne rupestris*

L 14-15 cm. Brütet in Spalten und Höhlungen von Felswänden, seltener an Gebäuden oder Gemäuer, von Meereshöhe bis in unzugängliche Bergregionen über 2.000 m Höhe. Im Norden Zugvogel, im Süden Teilzieher oder Jahresvogel.

KENNZEICHEN Recht große und kompakte Schwalbe mit *kräftigem Körper, breitem Hals* und *breiten, aber spitzen Flügeln.* Oberseits düster braungrau mit etwas dunkleren Schwungfedern, unterseits auf *Brust bräunlich grauweiß, zu den Unterschwanzdecken dunkler* werdend. Aus mittlerer Entfernung bei gutem Licht auch *gestrichelte oder gewölkte Kehle* erkennbar. Unterflügel durch recht hell braungraue Schwungfedern und deutlich kontrastierende rußschwarze Flügeldecken charakteristisch. Nur bei Spreizung des leicht gegabelten Schwanzes *kleine weiße „Fenster" auf den meisten Steuerfedern* erkennbar. Flug kraftvoll und agil, gleitet oft auf flachen, gerade ausgestreckten Flügeln, unterbrochen von schnellen Schlägen, mit plötzlichen Wendungen oder rasanten Sturzflügen, patrouilliert entlang Felswänden, kreist auch seglerartig in großer Höhe.– JK: Gefiederunterschiede wie bei Uferschwalbe.

STIMME Wenig auffällig, oft ein kurzes, hohes, klickendes „pli", lebhaftes, bluthänflingsartiges „piiä", daneben kurz, zwitschernd, mehlschwalbenartig „tschir" und „trit". Gesang eine leise, schnelle Zwitscherstrophe.

STEINSCHWALBE –

Rock Martin *Ptyonoprogne fuligula*

L 12-13 cm. Brütet in Wüsten und wüstenartigem Gelände an Klippen, in Schluchten, auch an Ruinen und Gebäuden. Jahresvogel, in Afrika und im Nahen Osten weit verbreitet.

KENNZEICHEN Gestalt und Grundmuster ähnlich Felsenschwalbe, einschließlich der *weißen „Fenster" auf den meisten Steuerfedern* (nur bei gespreiztem Schwanz sichtbar), aber zwar geringfügig, doch deutlich *kleiner* und oberseits *etwas heller braungrau,* besonders auf Rücken und Bürzel (im direkten Vergleich oder bei großer Erfahrung erkennbar), *unterseits heller schmutzig weiß. Kehle hell,* nicht graubraun gefleckt wie bei Felsenschwalbe, und *Unterschwanzdecken ziemlich hell,* nicht dunkel wie bei Felsenschwalbe. Flügelunterseite nur im *Bugbereich dunkler* als übriger Unterflügel (bei Felsenschwalbe alle Flügeldecken dunkel), *Kontrast geringer.*

STIMME Ruft weich und recht trocken „trrt", ähnlich Mehl- oder Uferschwalbe, auch eher rauchschwalbenartig nasal „wick". Gesang ein gedämpftes raues Zwitschern.

Uferschwalbe

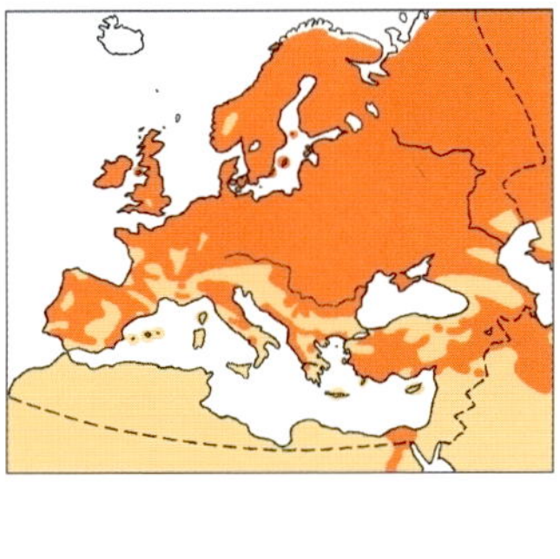

Braunkehl-Uferschwalbe

Felsenschwalbe

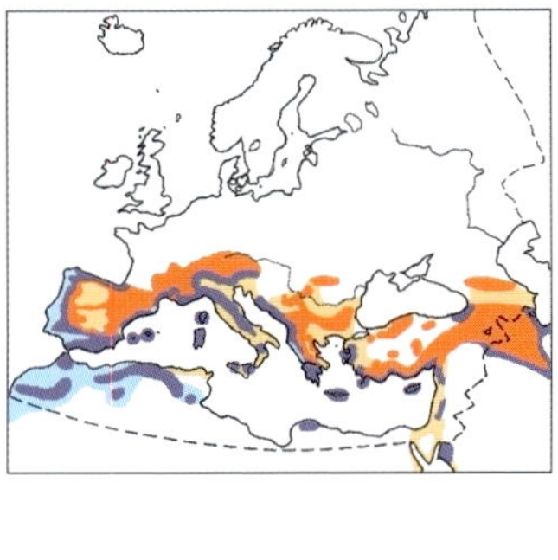

Steinschwalbe

UFERSCHWALBE

BRAUNKEHL-UFERSCHWALBE

FELSENSCHWALBE

STEINSCHWALBE

DZ

RAUCHSCHWALBE

BZ

Barn Swallow *Hirundo rustica*

L ad. 17-21 cm (einschließlich 3-6,5 cm Schwanzspieße), juv. 14-15 cm. Brütet häufig in offenem Kulturland und in Dörfern. Sommervogel (Apr.-Okt.), überwintert in Afrika. Übernachtet außerhalb der Brutzeit in großen Trupps im Schilf. Nest eine mit Pflanzenstängeln verstärkte Schale aus gehärtetem Schlamm im Inneren von Gebäuden. Jagt Insekten oft niedrig über dem Boden, gerne bei Weidetieren.

KENNZEICHEN Die „klassische“ Schwalbe, allgemein bekannt durch Nistgewohnheiten und charakteristisches Aussehen mit *langen, spitzen Flügeln* und *tief gegabeltem Schwanz mit langen, dünnen Schwanzspießen.* Oberseits glänzend blauschwarz, Unterseits weiß oder beige (vgl. aber Unterarten) mit *blauschwarzem Brustband, Kinn, Kehle und Stirn dunkel blutrot.* Rot im Flug und aus der Entfernung erstaunlich schwer erkennbar, wirkt dann auf Kopf und Brust einheitlich dunkel. Wird der Schwanz bei Flugmanövern gespreizt, erkennt man die *kleinen weißen „Fenster“* auf den *äußeren Steuerfedern. Fliegt schnell, kraftvoll, reißend* und oft niedrig über Boden oder Wasserflächen (trinkt auch im Flug), gleitet nicht so oft in langen ruhigen Bögen wie Mehlschwalbe. Geschlechter einander ähnlich, ♂ jedoch mit durchschnittlich dünneren, längeren Schwanzspießen.– JK: Kurze, stumpfere Schwanzspieße, Kinn und Kehle rostbeige oder bräunlich rosa (statt blutrot), Oberseite mit schwachem Blauglanz.– Vögel der östlichen Mittelmeerküste *(transitiva)* sind unterseits rötlich beige, solche in Ägypten *(savignii)* satt rostrot.

STIMME Stimmfreudig. Im Flug häufig muntere, schneidende „witt“-Rufe, oft verdoppelt oder gereiht. Während der gegenseitigen Gefiederpflege von Paaren an Wellensittich erinnernd zärtlich plaudernd und zwitschernd. Warnruf bei auftauchenden Katzen scharf „siflitt“, bei Greifvögeln ähnlich „flitt-flitt“. Gesang laut und schnell zwitschernd, gelegentlich von kratzenden Tönen unterbrochen, die in trockenes Schnurren übergehen.

RÖTELSCHWALBE

A

Red-rumped Swallow *Cecropis daurica*

L 14-19 cm (ad., davon 3-5 cm Schwanzspieße). Brütet an Klippen im Bergland und an Steilküsten, auch in Höhlen, Ruinen und unter Brücken. Sommervogel, überwintert im tropischen Afrika. Klebt ein geschlossenes Lehmnest mit Eingangstunnel unter Decken.

KENNZEICHEN Erinnert durch ähnliche Größe, Gestalt und *lange, spitze Schwanzspieße* an Rauchschwalbe, aber sofort unterscheidbar am *hellen Bürzel*, der von Weitem weiß wirken kann (vgl. Mehlschwalbe), jedoch vorne hell *rostrot* und hinten blasser (manchmal weißlich) ist. Aus der Nähe *schmales rostbraunes Nackenband* sowie helle (statt blauschwarze) Kopfseiten. Flügel und Schwanz dunkel bräunlich schwarz (Schwanz ohne weiße „Fenster“ der Rauchschwalbe), Rücken, Mantel, Schulterfedern und Scheitel glänzend blauschwarz. Im Flug unterseits auch aus großer Entfernung leicht kenntlich an *heller Färbung von Kehle und Brust* sowie *scharf abgegrenzten schwarzen Unterschwanzdecken* (bei Rauchschwalbe weiß), aus der Nähe auch feine, diffuse Längsstrichelung auf der hell rostbeigen Unterseite sichtbar. Flugweise zwischen Rauch- und Mehlschwalbe, schnelle Flügelschläge, oft aber auch langsames Gleiten auf gerade ausgestreckten Flügeln.– JK: Kürzere Schwanzspieße, oberseits schwächerer Blauglanz, beigeweiße Spitzen auf Schirmfedern und vielen Flügeldecken.

STIMME Stimmfreudig, aber leiser als Rauchschwalbe. Ruft oft während der Insektenjagd im Trupp recht weich, aber schneidend nasal „tvejk“ (Ton erinnert an Feldsperling); Alarmruf scharf „kiir!“. Gesang strukturell ähnlich Rauchschwalbe, enthält quäkende und knirschende Töne, aber einleitendes Zwitschern viel tiefer, rauer, langsamer und kürzer (Rhythmus und Klang fast wie Kappenammer).

MEHLSCHWALBE

BZ

Common House Martin *Delichon urbicum*

L 13,5-15 cm. Brütet häufig und in Kolonien in Städten und Dörfern an Gebäuden, auch an Klippen in unbesiedelter Landschaft. Sommervogel (meist Apr.-Sept.), überwintert in Afrika. Übernachtet außerhalb der Brutzeit in Schwärmen auf Bäumen (nicht im Schilf) und in arteigenen Nestern. Recht vertraut gegenüber Menschen; kunstvolle geschlossene, meist viertelkugelförmige Lehmnester immer an den Außenseiten von Gebäuden, oft direkt unter dem Dach, auch unter Brücken, mitunter sogar auf pendelnden Fähren; an Felswänden nistende Mehlschwalben befestigen ihre Nester unter Überhängen und in Nischen. Nach der Brutzeit oft in Gruppen auf Leitungsdrähten (wie Noten in einer Partitur). Insektenjagd oft in großer Höhe.

KENNZEICHEN Leicht am *kreideweißen Bürzel* erkennbar, der sich kontrastreich von der sonst *schwarzen Oberseite* mit *Blauglanz* auf Scheitel, Mantel und Schulterfedern abhebt. *Unterseite weiß.* Schwarzer Schwanz kurz, leicht gegabelt (ohne Schwanzspieße). Am Boden, z. B. beim Sammeln von Schlamm zum Nestbau, weiß befiederte Füße erkennbar (ähnlich Raufußhuhn). Flug nicht so pfeilschnell wie Rauchschwalbe, eher *flatternd*, manchmal *lange Gleitphasen auf gestreckten Flügeln* in weichen Bögen.– JK: Ähnlich ad., aber oberseits kaum Blauglanz, Kehle und obere Brust verwaschen bräunlich grau. Etwas Gelb an Unterschnabelbasis (bei ad. ganzer Schnabel schwarz).

STIMME Stimmfreudig. Ruft trocken, aber angenehm zwitschernd „prrit“, je nach Stimmung und Kontext in verschiedenen Varianten. Alarmruf höher, betonter und länger „TSCHIerr“. Gesang kaum mehr als ein schwatzhafter Ausbruch von Zwitschertönen ohne klare Struktur, aber recht niedlich und eifrig klingend.

Rauchschwalbe

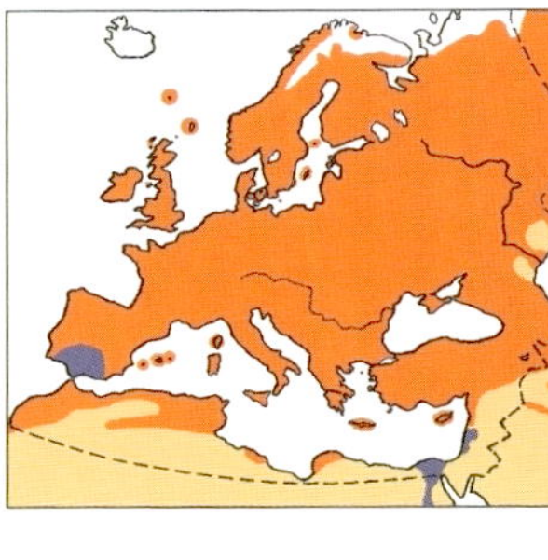

Rötelschwalbe

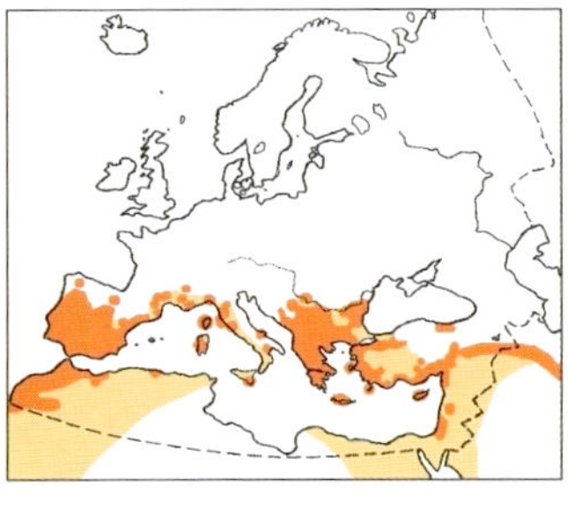

Mehlschwalbe

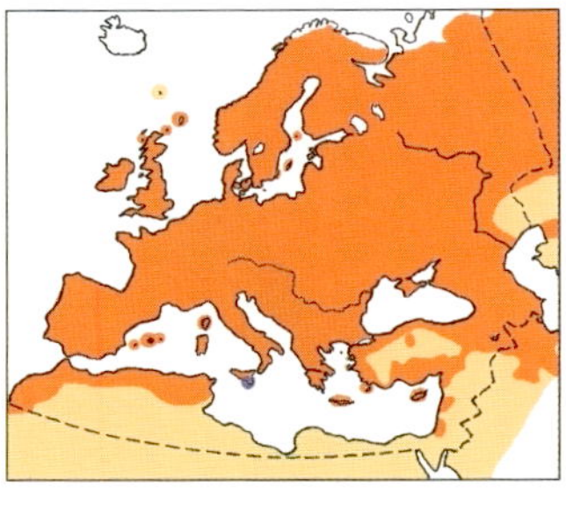

RAUCHSCHWALBE

RÖTELSCHWALBE

MEHLSCHWALBE

BERGPIEPER BZW

Water Pipit *Anthus spinoletta*

L 15,5-17 cm. Brütet in Gebirgen auf kahlen Hängen und Plateaus. Kurzstreckenzieher, überwintert in der Ebene an Fluss- und Seeufern, Überschwemmungswiesen, seltener an Küsten. Eng mit Strand- und Pazifikpieper verwandt (alle drei früher als „Wasserpieper" zusammengefasst).

KENNZEICHEN Im Schlichtkleid sehr ähnlich Strandpieper (einschließlich der meist *dunklen Beine*), aber oberseits etwas heller und brauner (nicht olivgrau), *unterseits reiner weiß mit deutlicheren Stricheln. Überaugenstreif und Flügelbinde meist deutlicher, äußere Steuerfedern rein weiß* (beachte, dass graue Schwanzaußenkanten des Strandpiepers bei grellem Licht weiß wirken können).– PK: Mausert im März in typisches Kleid mit fast *ungezeichneter, hellrosa Unterseite* (nur Flanken schwach gestrichelt) und dunkel *aschgrauem Kopf und Nacken*, oft kontrastreich abgesetzt vom *braunen Mantel, ferner deutlichem weißem Überaugenstreif und weißlichen Flügelbinden.*– Vögel vom Kaukasus *(coutellii)*, die u. a. im Nahen Osten überwintern, sind *oberseits deutlicher gestreift*, unterseits ausgedehnter beige.

STIMME Ruft wie Strandpieper oder auch leicht ansteigend „füist". Gesang sehr ähnlich Strandpieper, manchmal an etwas rhythmischeren Motiven und dünnen, feinen, gezogenen Tönen (etwas an Rotkehlpieper erinnernd) unterscheidbar, z. B. „zrü zrü zrü-zrü-zrü-zrü-zü-zü-züzüzüzüzüzüzüzü swirriIRR-swirirIRR-svirirIRR SUUü-SUUü PSIIIeh-PSIIIeh-PSIIIeh" (aber geografische Variation!).

STRANDPIEPER bW

Eurasian Rock Pipit *Anthus petrosus*

L 15,5-17 cm. Brütet an Felsenküsten und auf Inseln. Nordeuropäische Vögel überwintern überwiegend an Küsten Westeuropas.

KENNZEICHEN Recht kräftig gebauter Pieper mit überwiegend *dunklem Gefieder* und *verwaschenen Abzeichen.* Beste Merkmale sind meist die *dunkle Beinfärbung* (mitunter eher rotbraun, doch nie rosa wie z. B. beim Wiesenpieper) sowie *der relativ lange, dunkle Schnabel*; manchmal ist auch im Freiland die hellgraue, nicht rein weiße Färbung (außer manchmal an der Spitze) der äußeren Steuerfedern zu sehen. *Überaugenstreif meist undeutlich und kurz*, schmaler weißer Augenring. Unterseite schmutzig weiß, oft beige getönt, Brust und Flanken *kräftig, aber diffus dunkel gestrichelt.* Oberseite braungrau mit *leichtem Olivton*, Mantel undeutlich dunkel gestreift.– Nordeuropäische Unterart *littoralis* im SK kaum von westeuropäischen Vögeln *(petrosus)* zu unterscheiden, manche tragen jedoch abweichendes PK mit rosa getönter Unterseite und reduzierter Strichelung, in extremen Fällen verblüffend ähnlich Bergpieper, jedoch stets mit *grauerer Färbung von Mantel und Bürzel* sowie *kräftigem dunklem Kinnstreif.*

STIMME Ruft scharf, explosiv, gezogen „wiisst", meist Einzelrufe oder weniger rasch wiederholt als beim Wiesenpieper. Gesang sehr ähnlich Bergpieper (erinnert auch an Wiesenpieper!), Serien von wiederholten, scharfen, feinen Tönen mit drei oder vier Motivwechseln im typischen ansteigenden und dann auf steifen Flügeln hinabgleitenden Flug vorgetragen, etwa „zrü-zrü-zrü-zrü-zrü-zre-zre-zre-zre-zre-zre-zre-sui-sui-sui-sui-zri-zri-zri…"; unterscheidet sich von Wiesenpiepergesang durch etwas schärfere, fast „elektrische" Stimme und härtere, weniger saubere und tiefere einleitende „zrü"-Folge

Bergpieper

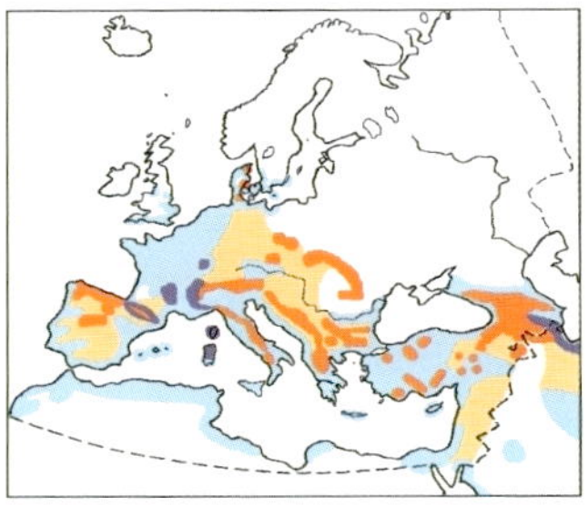

Strandpieper

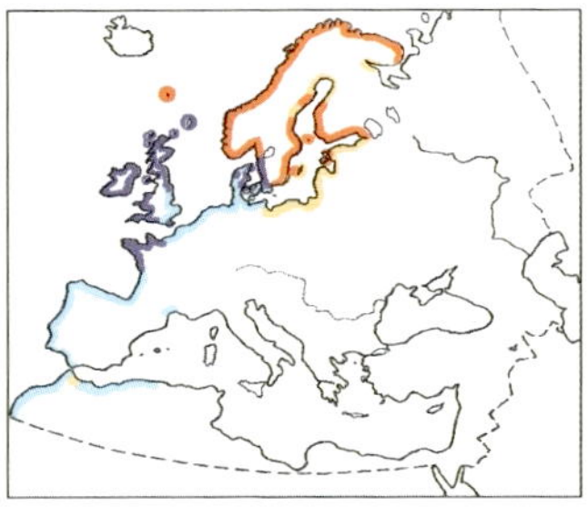

PAZIFIKPIEPER a

Buff-bellied Pipit *Anthus rubescens*

L 15-16 cm. Sehr seltener Gast aus Amerika oder Asien. Nominatform brütet in Nordamerika und auf Westgrönland, wurde im Herbst in Westeuropa angetroffen; völlig anders gefärbte Unterart *japonicus* brütet in Ostasien (wohl nicht westlich des Baikal), erscheint im Winter u.a. in Israel.

KENNZEICHEN *Etwas kleiner* als Bergpieper, mit *schwächerem Schnabel* und *hellerem Zügel*, daher an Wiesenpieper erinnernd, aber oberseits stets *viel weniger gestreift.*– SK: Unterart *rubescens unterseits beige* mit schmalen, aber deutlichen dunklen Längsstricheln sowie meist *dunklen Beinen*, *japonicus* unterseits *weißer mit deutlicher schwarzer Strichelung* (einschließlich dunklem Halsseitenfleck, ähnlich jungem Rotkehlpieper), *oberseits dunkler und grauer*, oft mit *deutlichem Augenring und Überaugenstreif*, Letzterer manchmal oben dunkel begrenzt (erinnert an Waldpieper!); Beine rötlich braun, oft heller als bei *rubescens.*– PK: Gesamte Unterseite beige, Brust oft gestrichelt.

STIMME Ruft ähnlich Wiesenpieper „psipp", aber etwas quietschender und betonter, meist einzeln geäußert.

KANARENPIEPER –

Berthelot's Pipit *Anthus berthelotii*

L 13-14,5 cm. Brütet als einziger Pieper auf den Kanaren und Madeira auf trockenen, steinigen und sandigen Ebenen mit niedrigem Bewuchs und an Hängen. Jahresvogel.

KENNZEICHEN *Klein* wie Wiesenpieper, aber mit anderen Proportionen: *kurzes Hinterende, recht großer Kopf*, schlanker Schnabel. Ad. vorwiegend *grau und schmutzig weiß*, JK dagegen oberseits oft rötlich getönt. Schmutzig weißer, *deutlicher Überaugenstreif* charakteristisch, Kopf wirkt durch hellen Augenring, diffusen hellen Bereich unter dem Auge und auf der Ohrdeckenmitte, *dunklen Augenstreif* (einschließlich Zügel) und *dunklen Wangenstreif* sowie *schmalen dunklen Kinnstreif* markant. *Brust mit deutlicher Längsstrichelung auf schmutzig weißem Untergrund* (ohne Beigeton). Oberseite ungestreift (Nacken) oder mager gestrichelt. Deutliche helle Flügelbinde. Huscht fast wie eine Maus, bleibt abrupt stehen; fliegt nur ungern auf.

STIMME Ruft ähnlich Schafstelze „tsri(e)", auch kürzer weich „tjüp". Gesang im wellenförmigen Flug recht energisch 4-7-mal langsam wiederholt etwas brachpieperähnlich „tschilp… tschilp… tschilp…", manchmal schneller und mit fast prinienartig ratterndem, rollendem Klang „tsivirr tsivirr tsivirr tsivirr".

BERGPIEPER

STRANDPIEPER

PAZIFIKPIEPER

KANARENPIEPER

KM

WIESENPIEPER BZW

Meadow Pipit *Anthus pratensis*

L 14-15,5 cm. Brütet in offenem Gelände wie Wiesen, Weiden, Mooren, Heiden von der Küste bis zur Baumgrenze, überwintert von Okt.-März vor allem in Südwesteuropa, teilweise auch in Deutschland.

KENNZEICHEN Häufigster und typischer Pieper mit oberseits oliv getöntem graubraunem und unterseits beigem oder schmutzig weißem, mehr oder weniger stark gestreiftem Gefieder. Am ehesten mit Baumpieper zu verwechseln, aber meist allein an Stimme und Lebensraum unterscheidbar. Kommen beide doch nebeneinander vor (z. B. bewaldete Weiden, Hochmoorränder, zur Zugzeit Wiesen) und rufen nicht, helfen folgende Unterschiede: *etwas schlankerer Schnabel* (wirkt oft *ganz dunkel,* ohne rosa Unterschnabelbasis des Baumpiepers), etwas *diffuser,* weniger kontrastreich gemusterter Kopf mit *weniger deutlichem Überaugenstreif* und etwas schmalerem, weniger hellem Bartstreif. Oft ist ein *schmaler schmutzig weißer Augenring* der hellste Bereich im Gesicht. Mantel *kräftiger gestreift* als beim Baumpieper (im frischen Gefieder jedoch recht ähnlich). Kralle der Hinterzehe lang und weniger gekrümmt, Beine rosa. Häufig *auf dem Boden,* landet dort auch meist nach dem Flug, steht aber auch auf Zäunen, Buschspitzen und Freileitungen. Singflug typisch, steigt zunächst mit kräftigen Flügelschlägen auf, gleitet zum Schluss mit steif gehaltenen Flügeln hinab.

STIMME Ruft beim etwas ruckhaften, hüpfenden Auffliegen gereizt und dünn „ist ist ist"; überfliegende Vögel rufen ähnlich oder kürzer „ist", „ist üst" u. a. Warnruf ein zitternder Doppelton „sitt-itt" (oder „tirri"). Gesang aus Serien rasch wiederholter feiner, spitzer Töne mit 3-4-maligem Phrasenwechsel pro Strophe und recht konstantem Strophenaufbau „zi zi zi zi zi zi zi zi zi zi zü-zü-zü-zü-zü-zü-zü-zü-swiswiswiswiswi TÜÜ TÜÜ TÜÜ TÜÜ tii-swia". Vollständige Strophen nur im Singflug, Wartengesang aus ständig wiederholten Einleitungssilben „zi zi zi zi…".

BAUMPIEPER BZ

Tree Pipit *Anthus trivialis*

L 14-16 cm. Brütet in offenem Wald, gern am Rand von Mooren, Heiden oder Kahlschlägen sowie auf Lichtungen. Sommervogel (meist Mai-Sept.), überwintert in Afrika.

KENNZEICHEN Dem Wiesenpieper sehr ähnlich, aber mit *etwas kräftigerem Schnabel,* etwas ausgeprägterer Kopfzeichnung mit deutlicherem Überaugenstreif, breiterem, hellerem Bartstreif und angedeutetem dunklem Augenstreif (diese geringen Unterschiede aber oft kaum wahrnehmbar). Unterseits mehr *Kontrast zwischen warm beiger Brust und weißem Bauch* sowie zwischen *kräftiger Bruststreifung und dünner Flankenstrichelung* (Wiesenpieper unterseits einheitlicher gelbweiß oder schmutzig weiß mit gleichmäßig grober Strichelung auf Brust und Flanken). Mantel gewöhnlich weniger deutlich dunkel gestreift als beim Wiesenpieper (Unterschiede aber gering). Aus der Nähe lässt sich manchmal die kurze, gekrümmte Hinterkralle erkennen; Beine und Schnabelbasis rosa. Etwas kräftiger gebaut als Wiesenpieper, fliegt etwas direkter, nicht ganz so leicht und „hüpfend". Recht scheu, Annäherung schwierig. Nahrungssuche meist am Boden, fliegt aber nach Störung eher *auf Baum,* in offenem Gelände oft weiter weg als Wiesenpieper. Singflug sehr typisch, startet von einem Baum aus, *gleitet zum Schluss mit hängenden Beinen zu neuer Baumwarte hinab.* Stehend oft pumpende Abwärtsbewegungen des Schwanzes.

STIMME Ruft gedehnt rau „spihz", warnt mit wiederholtem, durchdringendem, klarem „sütt". Gesang häufig zu hören, selbst während der Mittagspause anderer Vogelarten, eine muntere, laute, aus mehreren Phrasen zusammengesetzte Strophe in wechselndem Tempo und mit unterschiedlichen Motiven, z. B. „zit-zit-zit-zit zia-zia-zia-tsja sürrrrrrrrrrrrrr SIIIII-a twet-twet-twet-twet SIwa-SIIwa SIIIwa SIIIEwa zia-zia-zia".

WALDPIEPER A

Olive-backed Pipit *Anthus hodgsoni*

L 14-15,5 cm. Brütet in offener Taiga Sibiriens und im äußersten Nordosteuropa, überwintert in Südasien. Alljährlicher seltener Herbstgast (oft Okt.) im westlichen Europa.

KENNZEICHEN Dem Baumpieper ähnlich (ebenfalls mit kurzer, gekrümmter Hinterkralle, diese bei allen anderen Piepern etwas länger und gerader), jedoch mit typischem Kopfmuster, stärkerem *Olivton auf braungrauer, nur schwach gestrichelter Oberseite und kräftiger schwarzer Brustfleckung. Überaugenstreif* deutlich, weißlich und ungestrichelt (dieser bei Baumpieper blass gelbbraun, ganz fein gestrichelt und unterschiedlich ausgeprägt), *vor dem Auge rostbeige* getönt (höchstens schwach beige bei Baumpieper), oberhalb des Überaugenstreifs gewöhnlich ein *dunkler Scheitelseitenstreif* (nie so deutlich bei Baumpieper), hinter den Ohrdecken fast immer ein *isolierter heller Fleck, darunter ein dunkler Fleck* (gelegentlich beide Flecke bei Baumpieper angedeutet). Im Herbst stets *frische Schirmfedern mit breiten, olivbraunen Säumen* (junge Baumpieper mit schmalem grauweißem, oft abgenutztem Schirmfederrand).

STIMME Ruft sehr ähnlich Baumpieper scharf, etwas rau, hoch „spiz" (schwer zu unterscheiden, aber Waldpieperruf etwas feiner, weniger rau gedehnt). Warnt dünn und scharf „sitt". Gesang ähnlich Baumpieper, aber mit zumeist kürzeren, weicher und heller klingenden Strophen, Tempo durchgehend schnell (ohne gelegentliche Verlangsamung wie beim Baumpieper), mit trockeneren Trillern (was zusammen mit manchen dünnen, hellen Tönen an Rotkehlpieper erinnert); Stimmlage manchmal ähnlich Heckenbraunelle (nie beim Baumpieper).

Wiesenpieper

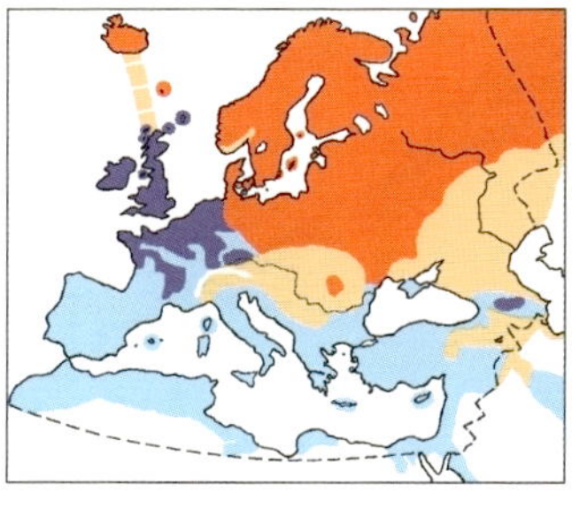

Baumpieper

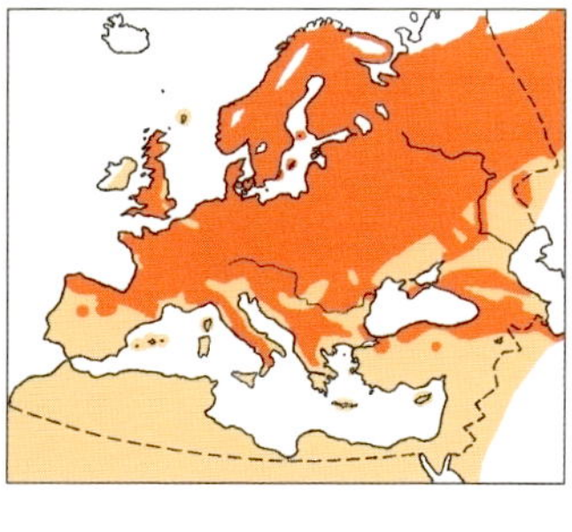

Waldpieper

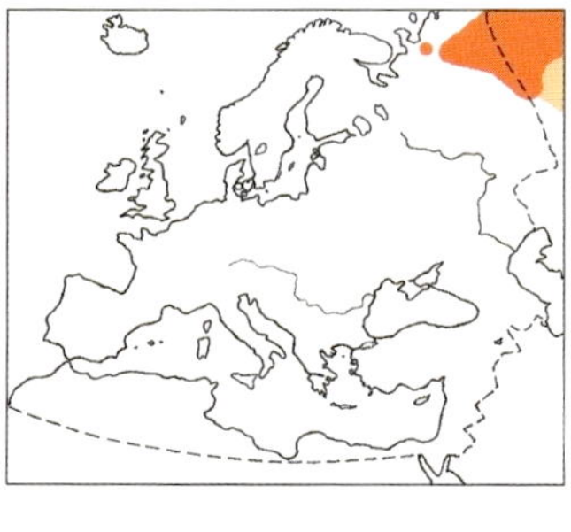

WIESENPIEPER

BAUMPIEPER

WALDPIEPER

KM

ROTKEHLPIEPER Z

Red-throated Pipit *Anthus cervinus*

L 14-15 cm. Brütet im nördlichsten Europa spärlich an kahlen Hängen, in der Tundra und Sümpfen in der Weiden- und offenen Birkenzone. Überwintert in Afrika und lokal im Nahen Osten. Zieht im Mai und Sept./Okt.

KENNZEICHEN Erinnert in Größe und Gestalt an Wiesenpieper, rastet (und brütet mitunter) im selben Lebensraum. Normalerweise nur Jungvögel im Herbst schwer bestimmbar. In allen Kleidern oberseits *kräftig schwarz gestrichelt, auch auf Rücken und Bürzel* (Bürzel beim Wiesenpieper nur schwach gestrichelt), *Grundfärbung braun* mit einigen rötlichen und weißlichen Säumen (ohne Olivton der meisten Wiesenpieper im Herbst).– Ad.: Leicht an rostroter Kehle kenntlich; manche Vögel (wohl meist ♂) zusätzlich mit ziegelroter Färbung von Überaugenstreif, Stirn und Vorderbrust sowie ohne Strichelung dieser Partien (und ohne dunklen Kinnstreif), andere (wohl meist ♀) mit eingeschränkter Rotfärbung und kräftigerer Streifung. Ziegelrote Färbung auch im SK (Herbst), jedoch anfänglich eher gelbbräunlich.– 1er W: Ohne rötliche Kehle, unterseits cremeweiß. Beachte *kräftig dunkel gestreifte* Oberseite mit eher brauner als olivgrauer Grundfärbung, *auffallend helle Schirmfedersäume, blasse Zügel, kompletten schmalen weißlichen Augenring,* schlanken Schnabel mit meist gelblicher Unterschnabelbasis, *weißliche Mantelstreifen* sowie oft kräftigen schwarzen Keilfleck auf unteren Kehlseiten.

STIMME Ruft dünn, gedehnt „psiiih“, von Nahem etwas rau (aber viel höher, sauberer und länger als Baumpieper!). Warnt ähnlich Ortolan „tschüpp“. Charakteristischer Gesang aus *rhythmisch* trillernden, pfeifenden und ratternden *Lautfolgen,* typischen *nadelfeinen langen Elementen* (Klang wie Artruf) und ähnlich Birkenzeisig *trocken surrenden Tönen,* z. B. „swüswü-swü-SWÜ swü-swü-swü SWÜ swü-swü-swü-SWÜ psiü psiiiü psiiiiüh sürrrrrrrr wi-wi-wi-wi tswü-tswü-tswü“, meist im kurzen Singflug.

PETSCHORAPIEPER A

Pechora Pipit *Anthus gustavi*

L 14-15 cm. Brütet in Mooren mit offenem Nadelwald und Weiden sowie auf sumpfiger Tundra mit vereinzelten Gehölzen. Sommervogel (Juni-Sept.), überwintert in Südostasien. Ausnahmeerscheinung im westlichen Europa (meist Sept./Okt.). Fliegt ungern auf, rennt mäuseartig in Vegetation.

KENNZEICHEN Kräftig gestreifte Oberseite mit *zwei weißlichen Mantelstreifen* (häufig zwei weitere helle Streifen angedeutet) und oft dunkler Halsseitenfleck erinnern an jungen Rotkehlpieper, aber folgende Unterschiede: etwas *kräftigerer Schnabel* mit meist rosa oder hellbrauner Basis, *die Handschwingenspitzen nicht erreichende Schirmfedern,* auffallend hellere, fast weißliche Flügelbinden, Kontrast zwischen *weißem Bauch und beiger Brust* (Rotkehlpieper unterseits einheitlicher weißlich), *Scheitel und Ohrdecken recht hell rötlich braun, deutlich dunkel gestrichelt;* tendenziell *dunkler Zügel,* aber undeutlicher Wangen- und Kinnstreif; Überaugenstreif kurz und diffus, fein gestrichelt; Schwanzkanten nicht rein weiß.

STIMME Ruft beim (unfreiwilligen) Auffliegen weniger häufig als andere Pieper kurz, scharf, klickend, mehrfach wiederholt „dzepp“ mit fast elektrischem Oberton. Singt leise mit gepresster, mechanischer Stimme, harten, trockenen Trillern, von Doppelschlag unterbrochen „türrrrrtirrrrrr-TJÜtjitürrrrrrr-TJÜtji-tirrrtürrrrr…“.

BACHSTELZE BZ

White Wagtail *Motacilla alba*

L 16,5-19 cm. Häufiger Brutvogel in unterschiedlichen Lebensräumen, gern in offener Kulturlandschaft, z. B. Bauernhöfe oder Gewässerufer, in Dörfern, Städten, auf Industrieflächen sowie im Gebirge und sogar in der Tundra. In Deutschland Sommervogel (März-Okt.), im Westen und Süden Europas Jahresvogel. Nest auf Dachbalken, in Mauerlöchern, Holzstößen usw. Insektenjagd auf offenen oder vegetationsarmen Flächen.

KENNZEICHEN Allgemein bekannter schlanker und graziler Vogel, der ständig mit dem *langen, schwarzen Schwanz mit weißen Außenkanten wippt.* Läuft mit ruckartigen Kopfbewegungen hinter Insekten her, stoppt plötzlich und wippt erregt mit dem Schwanz. Färbung schwarz, weiß und grau, in allen Kleidern auf der *Brust dunkel.*– ♂ PK: Scheitel und Nacken schwarz, *scharf vom aschgrauen Mantel abgesetzt;* Stirn und Vorderscheitel weiß; schwarzer Latz (von Schnabel bis Brust); weiße Flügelbinden und weiße Schirmfedersäume.– ♀ PK: Wie ♂, aber weniger Schwarz auf Nacken, *diffus in grauen Mantel* übergehend, manchmal nur wenig Schwarz auf Scheitel oder sogar *Scheitel und Nacken einheitlich grau.*– SK: Weißer Kinn- und Kehlbereich, manchmal mit gelbem Anflug, schwarzes Brustband; Stirn weiß oder grünlich gelb getönt oder hellgrau mit grünlichem Ton (ad. ♂ am weißesten, juv. manchmal ohne jedes Weiß).– JK: Scheitelseiten dunkel, Flügelbinden grau, *Brustfleck grau statt schwarz.*– In fast ganz Europa brütet die Nominatform *alba,* auf den Britischen Inseln und sporadisch an den angrenzenden Küsten brütet die „Trauerbachstelze“ *yarrellii,* ♂ im PK *mit kohlschwarzer Oberseite,* ♀ (und jüngere ♂) dort *rußgrau mit schwarzem Bürzel,* Flanken dunkel olivgrau; im SK und 1en W Mantel etwas weniger dunkel. Marokkanische Vögel *(subpersonata)* mit markantem Kopfmuster.

STIMME Ruf zwei- oder dreisilbig munter „tsli-WITT“ oder „zi-ze-LITT“. Gesang wenig kunstvoll, von Pausen unterbrochene Zwitschertöne. Daneben bei allgemeiner Erregung, Revierkonflikten oder Verfolgung von Kuckucken und Sperbern eine lange, sehr schnell vorgetragene Folge aufgeregt klingender Zwitscherlaute.

Rotkehlpieper

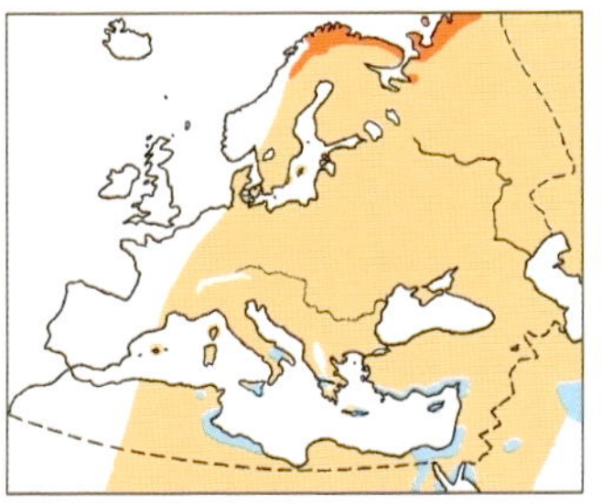

Petschorapieper

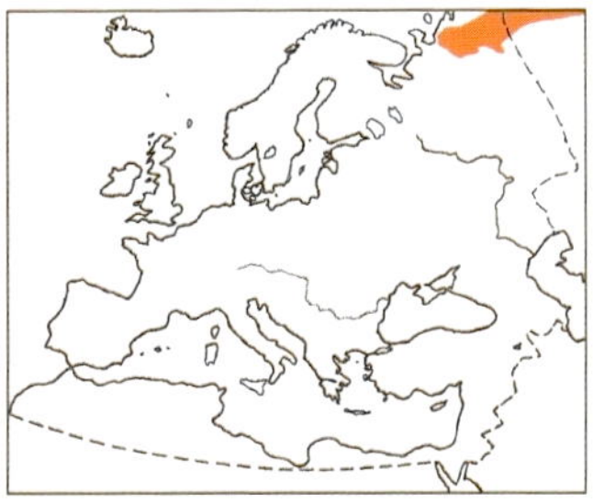

Bachstelze

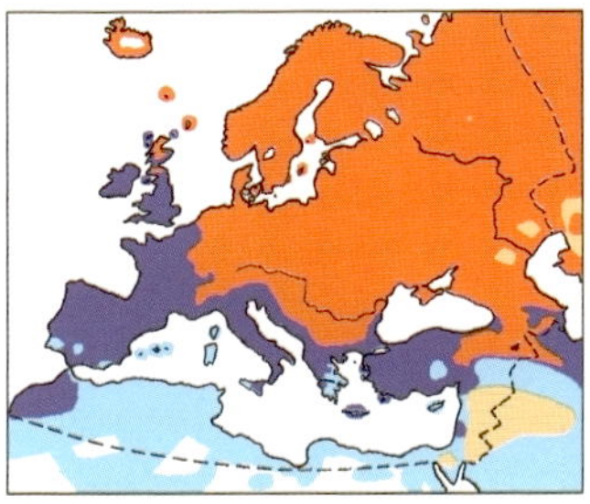

ROTKEHLPIEPER

PETSCHORAPIEPER

BACHSTELZE

WASSERAMSEL

BJW

White-throated Dipper *Cinclus cinclus*

L 17-20 cm. Brütet an flachen, schnell fließenden Bächen und Flüssen im Wald- oder Bergland, häufig in der Nähe von Stromschnellen, steht gern auf Steinen im Wasser. Taucht, *schwimmt* (mithilfe der Flügel) und läuft *unter Wasser* (was durch ein außergewöhnlich massives Skelett ermöglicht wird), um nach Insekten und anderen Wassertieren zu suchen, taucht im Winter auch vom Eisrand. Überdachtes Nest aus Moos und Halmen mit seitlichem Eingang über dem Wasser in der Uferböschung, in Mauern, unter Brücken, manchmal sogar hinter einem Wasserfall. Jahresvogel, nordeuropäische Vögel weichen jedoch nach Süden aus.

KENNZEICHEN *Kompakte Gestalt,* kräftige Beine und *kurzer Schwanz, der oft etwas aufgerichtet gehalten wird.* Gefieder *dunkel mit großem weißem Brustlatz,* entweder insgesamt rußschwarz (im Norden und Osten, weiten Teilen Frankreichs und Nordwest-Iberien) oder am Kopf bräunlich und unterhalb des Brustlatzes rostbraun (Mitteleuropa, Britische Inseln). Nickhaut weiß. Wirkt im *geradlinigen Flug auf schwirrenden, gerundeten Flügeln kompakt,* etwa starengroß. Im Stehen oft wiederholte knicksende Bewegungen.– JK: Fahl grau mit oberseits hellen und unterseits dunklen welligen Bändern. Helle Brust angedeutet, aber verwaschen grau und am Bauch undeutlich begrenzt.

STIMME Ruft kurz und scharf „zrik“, durchdringt das Wasserrauschen, oft von niedrig über dem Wasser fliegenden Vögeln zu hören. Gesang, auch im Winter, eine langsam vorgetragene, etwas unterdrückte Folge rau zwitschernder, knirschender, quietschender und gepresster Töne, einige mehrfach wiederholt. Beide Geschlechter singen.

SEIDENSCHWANZ

W

Bohemian Waxwing *Bombycilla garrulus*

L 18-21 cm. Brütet im Nordteil des Taigagürtels, oft in einsamen, flechtenreichen, alten Wäldern mit feuchtem Moosboden. Tiefmuldiges Nest hoch auf Zweigen, häufig auf Kiefer. In manchen Wintern Evasionen großer Schwärme bis nach Westeuropa, dann oft Beeren von Ebereschen (und anderen Gehölzen, auch Äpfel) fressend. Oft vertraut, dennoch aufmerksam und nervös, bei Gefahr in hohe Baumkronen flüchtend. Frisst auch angegorene Beeren, nimmt wegen seiner extrem großen Leber jedoch keinen Schaden.

KENNZEICHEN Größe etwa wie Star, kompakt gebaut und mit dickem Hals. *Große Scheitelhaube* in Kombination mit *rötlich braunem Gefieder* schließt Verwechslung mit anderen Arten aus. Ferner charakteristisch sind schmale Augenmaske und *schwarzer Kinnfleck, gelbe Schwanzendbinde* sowie *gelbe und weiße Flügelabzeichen.* Fliegt schnell und direkt in langen Wellenbewegungen und oft dicht gedrängten Trupps, daher an gleich große und ähnlich gebaute Stare erinnernd.– Ad. ♂: Spitzen der Handschwingen auf den Außenfahnen mit gelben, auf den *Innenfahnen mit breit weißen Kanten,* die *Winkel* bilden. Breite gelbe Schwanzendbinde; viele lange rote, wachsartige Hornplättchen auf Armschwingen-, manchmal auch an Steuerfederspitzen; schwarzer Kinnfleck unten scharf begrenzt.– Ad. ♀: Schmalere weiße Spitzen der Handschwingen-Innenfahnen oder sogar unvollständige Winkel; gelbe Schwanzendbinde schmaler, oft weniger und kürzere rote Plättchen; undeutliche untere Begrenzung des Kinnflecks.– 1er W: *Ohne* jegliche *weiße Spitzen auf den Innenfahnen* der Handschwingen, nur auf den Außenfahnen schmale gelblich weiße Spitzen (also ohne leuchtendes Gelb und ohne Winkel).

STIMME Kontaktruf angenehm klingend „sirrrrr“, wie von kleiner Glocke, oft in anschwellendem Chor, bevor Trupp abfliegt. Gesang langsam und abgehackt, eine mit harten, rauchigen Tönen durchsetzte Serie von Rufen „sirrr sirrrrr tschark-tschark tschi-tschark sirrrr sirrrr“ usw.

SEIDENWÜRGER

–

Hypocolius *Hypocolius ampelinus*

L 21-24 cm. Brütet im Nahen Osten, hauptsächlich im Irak und Südiran, in oder am Rand von Halbwüsten mit einzelnen Bäumen oder Büschen, in Dattelpalmenplantagen, Hainen oder Gärten. Ernährt sich wie der verwandte Seidenschwanz zeitweise von Beeren, dabei oft in kleinen Gruppen. Überwintert im Süden des Persischen Golfs, im Westen und Norden Saudi Arabiens und in den Emiraten.

KENNZEICHEN Wirkt aus der Entfernung wie ein Würger, ist aber schlanker, kürzflügeliger und *langschwänziger.* Aus der Nähe durch *sehr blass blaugraues Gefieder* und *schwarze Schwanzendbinde unverwechselbar.* Die Verwandtschaft zum Seidenschwanz zeigt sich in ähnlichem Schnabelbau, „schulterloser“ Körperform und der Angewohnheit, bei Gefahr den Hals zu strecken. Flugweise direkt mit ständigen Flügelschlägen.– Ad. ♂: Auf den *Kopfseiten große, schwarze Felder,* die eine Maske bilden, sich nach hinten verbreitern und im Nacken treffen. *Handschwingen überwiegend schwarz, doch mit breit weißen Spitzen,* im Flug ober- und unterseits sichtbar, das Schwarz im Stehen aber überwiegend verdeckt, die weißen Spitzen dagegen auffällig.– Ad. ♀: Ähnlich ♂, aber schwächer blau überhaucht, eher matt bräunlich grau, *ohne schwarze Maske,* vor den *Handschwingenspitzen nur schmales schwarzes Band* und *schmalere Schwanzendbinde.*– JK: Ähnlich ♀, doch mit schmalen hellen Spitzen der Schirm- und Steuerfedern, schmalerer und weniger dunkler Schwanzendbinde und lockererem, „wolligem“ Gefieder.

STIMME Zu den Kontaktrufen gehören ein miauendes „mjee“ in Variationen und ein abfallendes „wiioo“ (fast wie Pfeifente). Ferner schnell und weich trillernd „tre-tur-tur“, dabei der erste Ton etwas höher als die folgenden. Ein eigentlicher Gesang scheint zu fehlen.

Wasseramsel

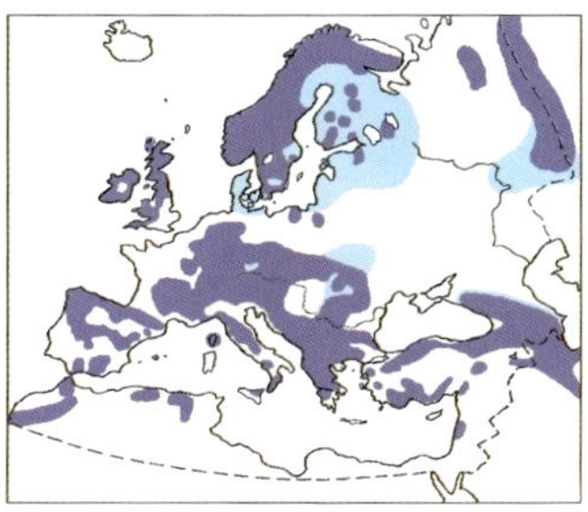

Seidenschwanz

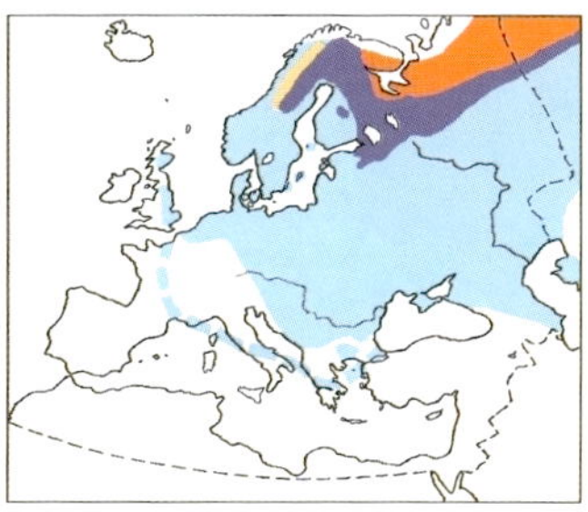

Seidenwürger

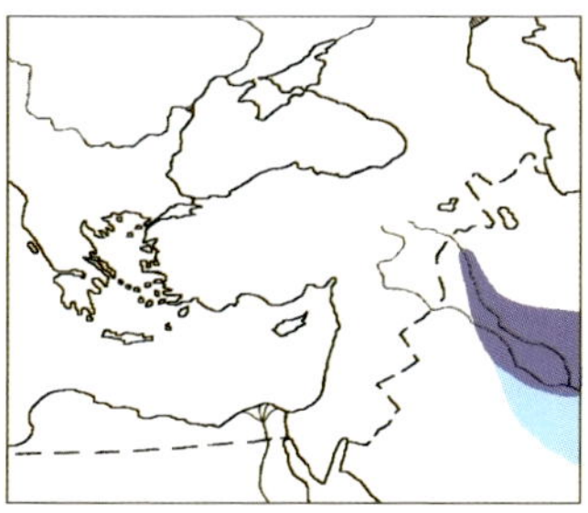

WASSERAMSEL

SEIDENSCHWANZ

SEIDENWÜRGER

DZ

BRAUNELLEN Prunellidae

Kleine, an Sperlinge sowie Zweigsänger oder kleine Drosseln erinnernde Sperlingsvögel, die sich viel am Boden oder in niedriger Vegetation aufhalten. Schnabel recht dünn und spitz (aber mit ziemlich breiter Basis), Gefieder meist braun, beige, grau und schwarz; Flügel recht kurz und gerundet. Alle Kleider sehr ähnlich. Nahrungssuche in geduckter Haltung meist am Boden.

HECKENBRAUNELLE BJZW

Dunnock *Prunella modularis*

L 13-14,5 cm. Brütet in Nadel- und Mischwäldern mit viel Unterwuchs, in Jungwald, Heckenlandschaften, Parks und Gärten. Im Sommer recht scheu und zurückgezogen. Nahrung meist Insekten, besucht Futterhäuser. Nest in dichten Büschen oder niedrig in Nadelbäumen. In Deutschland häufig. Teilzieher (Ende März-Okt.), viele überwintern.

KENNZEICHEN Etwa rotkehlchengroß und, ähnlich einem Zweigsänger, mit *dünnem Schnabel*; *Oberseite braun gemustert*, ähnlich Haussperling, typisch ist *bleigraue Färbung von Kopf* (Ohrdecken und Scheitel mit braunem Anflug) *und Brust*; Beine rotbraun. Große Armdecken mit feinen hellen Spitzenflecken, die manchmal als schmale Flügelbinde zu sehen sind. Wirkt jedoch normalerweise *einfarbig und recht dunkel*. Flug etwas ruckartig und sprunghaft. Steht beim Singen oft exponiert auf niedrigen Baumspitzen, sonst aber zurückgezogen, schwer zu beobachten, verschwindet bei Störung sofort in der Deckung.– JK: Gefieder brauner, *kräftiger gestreift* und mit heller Kehle.– Vögel Irlands und Nordwestschottlands *(hebridum)* besonders auf Oberseite und Brust dunkler, die übrigen britischen Vögel *(occidentalis)* farblich zwischen diesen und den kontinentaleuropäischen *(modularis)*.

STIMME Ruft zur Zugzeit vor allem im Flug etwas klingelnd, zitternd, sehr fein „tihihihi", warnt (und lockt gelegentlich) mit lautem, scharf pfeifendem „tiih". Gesang klare, ca. 2 s lange, eilig zwitschernde Folge auf etwa gleicher Tonhöhe, z. B. „TÜtelliTItelletiTÜtellüTOtelitelleTI".

ALPENBRAUNELLE BJ

Alpine Accentor *Prunella collaris*

L 15-17,5 cm. Brütet in alpinen Lagen, gewöhnlich in 1.800-3.000 m Höhe an felsigen Hängen mit niedriger Vegetation, auf Geröllhalden oder an Felsabbrüchen. Gesellig, auch zur Brutzeit gelegentlich kleine Gruppen. Überwiegend Jahresvogel, Nahrung Insekten und Sämereien, Nest in Felsspalten.

KENNZEICHEN Feldlerchengroß, gedrungen und dunkel; fliegt recht kraftvoll, schnell und in weichen Bögen, fast wie eine kleine Drossel; *hellgelber Schnabelbasisfleck*, *dunkles Flügelfeld* (von Großen Armdecken gebildet), grobe *rotbraune Längsfleckung auf den Flanken;* aus der Nähe helle Kehlsprenkel und weiße Spitzenflecke auf Flügeldecken erkennbar.– Brutvögel der Türkei *(montana)* etwas blasser braun und oberseits weniger kräftig gestreift.

STIMME Ruft beim Auffliegen gedämpft, lerchenartig rollend „drrü drrü", „drrip" oder „tschirr". Gesang anhaltend schwatzend und trillernd, wenig strukturiert, manche Laute erinnern an Haubenmeise, andere klingen quietschend; singt meist von Warte, manchmal im Flug.

BERGBRAUNELLE –

Siberian Accentor *Prunella montanella*

L 13-14,5 cm. Brütet vom westlichen Nordural bis Nordsibirien in Weiden- und Birkenwald am Rand von Mooren, Tundra oder Flüssen, auch in offenem, kargem Nadelwald. Überwintert in Südostasien. Ausnahmeerscheinung im westlichen Europa. Scheu, hält sich meist verborgen.

KENNZEICHEN Größe etwa wie Heckenbraunelle. Charakterisiert durch *breiten, langen, ockergelben Überaugenstreif* (am breitesten hinter Auge), betont durch *braunschwarzen Scheitel* (Seiten am dunkelsten) und *dunkle Ohrdecken. Gesamte Unterseite gelblich rostbeige* (manchmal mit angedeuteten dunklen Zentren der Brustfedern). Oberseite etwas variabel, *meist deutlich rötlich braun* mit dunkler rotbraunen Streifen, manchmal eher kalt dunkelbraun mit nur schwach rotbraunem Anflug und kräftigen schwarzen Flecken (dann Schwarzkehlbraunelle ähnlicher).

STIMME Ruft fein „ti-ti-ti". Gesang ähnlich monotoner Heckenbraunelle, hoch, mit kleinen Tonschritten und harten R-Lauten.

STEINBRAUNELLE –

Radde's Accentor *Prunella ocularis*

L 13-14 cm. Brütet auf ca. 2.000-3.000 m Höhe in felsigem Buschgelände. Jahresvogel oder Kurzstreckenzieher. Wirkt rastlos, läuft viel auf dem Boden, zuckt mit den Flügeln, fliegt zwischen den niedrigen Büschen.

KENNZEICHEN Etwa heckenbraunellengroß; oberflächlich ähnlich Bergbraunelle – also *mit breitem hellem Überaugenstreif, dunklem Scheitel* und dunklen Ohrdecken sowie warm beiger Unterseite, unterscheidet sich jedoch durch eher schmutzig weißen oder rahmfarbenen Überaugenstreif (statt ockergelb) und *orange getönte, auf die Brust konzentrierte* Beigefärbung der Unterseite, etwas kontrastierend zum weißlicheren Bauch (wie bei Schwarzkehlbraunelle) und zur Kehle. Aus der Nähe feine dunkle Kehlseitenstrichelung erkennbar.

STIMME Ruft ähnlich Heckenbraunelle fein „ti-ti-ti". Gesang kristallklar, schnelle Strophen mit einzelnen wiederholten Tönen und eingeflochtenen kurzen, *hellen Trillern.*

SCHWARZKEHLBRAUNELLE A

Black-throated Accentor *Prunella atrogularis*

L 13-14,5 cm. Brütet im Fichtendickicht und Gebüsch, auch im Laubwald, oft auf oberen Hängen (Ural), in Mittelasien auch in hochstämmigem Nadelwald der Gebirgstäler. Sehr seltener Herbstgast im westlichen Europa.

KENNZEICHEN Ähnlich Berg- oder Steinbraunelle mit *braunschwarzem Scheitel und breitem beigem Überaugenstreif.* Kennzeichnend ist *schwarze Kehle*, leicht im Sommer zu sehen, schwerer aber bei unausgefärbten Vögeln im Herbst, wenn sie durch breite helle Federsäume teilweise (bei jungen ♀ selten komplett) verdeckt wird. Beachte *matt dunkelbraunen Mantel* (nicht kräftig rötlich braun getönt) mit dunkler Fleckung sowie *Kontrast zwischen warm orangebeiger Brust und weißlichem Bauch.* Auf der Brust einige dunkle Federzentren.

STIMME Ruft ähnlich anderen Braunellen fein „ti-ti-ti". Singt wie Heckenbraunelle zwitschernd mit kleinen Tonschritten, doch kürzer, leiser und mit weniger klaren Tönen.

HECKENBRAUNELLE

ALPENBRAUNELLE

BERGBRAUNELLE

STEINBRAUNELLE

SCHWARZKEHLBRAUNELLE

DZ

Heckenbraunelle

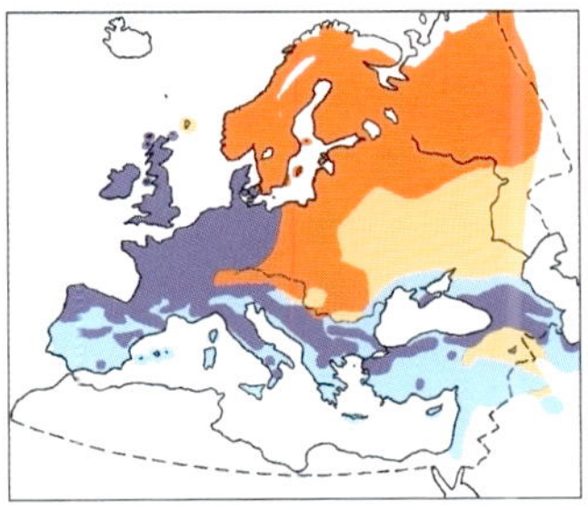

Alpenbraunelle

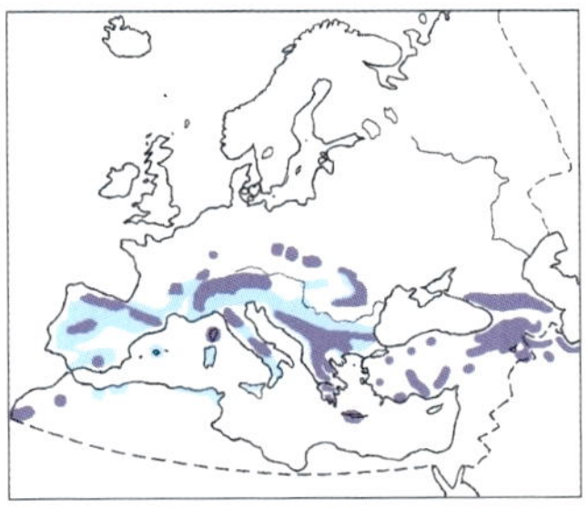

Steinbraunelle

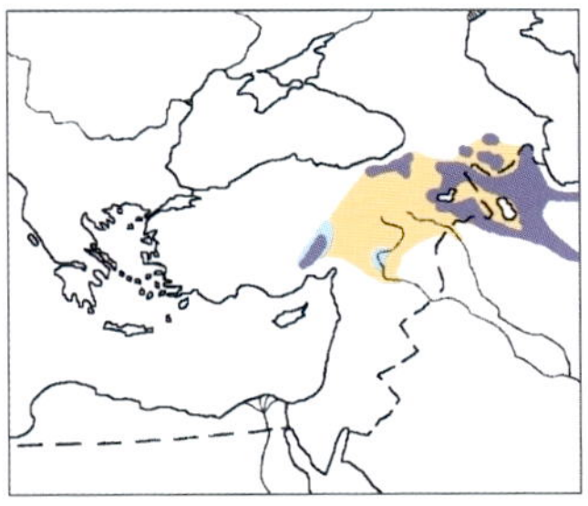

Schwarzkehlbraunelle

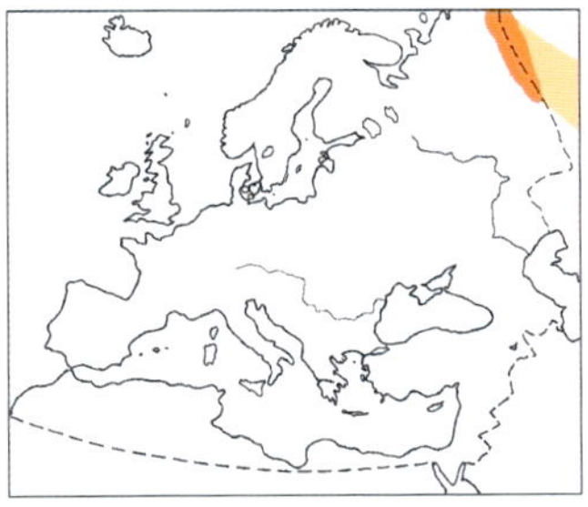

DROSSELN Turdidae

Große Gruppe von kleinen bis mittelgroßen, sehr stimmbegabten Sperlingsvögeln. Jugendkleid meist gefleckt. Eigentliche Drosseln (S. 294-301, 18 Arten) groß mit kräftigen Beinen und Schnäbeln. Die recht unterschiedlichen kleineren Arten sind Schnäpperverwandte und oft bunt gefärbt, z. B. Nachtigallen, Schmätzer und Rotschwänze (34 Arten).

ROTKEHLCHEN BJZW

European Robin *Erithacus rubecula*

L 12,5-14 cm. Brütet in Wäldern, Gärten, Parks, aber auch in offenem Gelände mit vielen Büschen. Nördliche Populationen ziehen. Wachsam, aber nicht scheu. Nest in Baumstümpfen, an Böschungen und bodennahen Höhlungen.

KENNZEICHEN Klein und bräunlich mit *rostroter „Kehle“* (Färbung auf Gesicht und Brust ausgedehnt). *Schmale gelbe Flügelbinde* (besonders deutlich bei Jungvögeln).Wirkt oft großköpfig, *Beine dünn und recht lang.* Gefieder manchmal aufgeplustert und dann rund und kompakt, meist aber eher schlank wirkend. Hüpft rasch und mit hängenden Flügeln am Boden, knickst und stelzt den kurzen Schwanz, steht still, bewegt sich plötzlich, steht wieder still usw.– JK: Gesamtes Gefieder fein gefleckt, keine rote Kehle.

STIMME Ruft kurz und hart „tick“. Bei Beunruhigung und in der Dämmerung schnell gereiht „tick-ick-ick-ick…“, als würde eine Uhr aufgezogen. Warnruf sehr dünn und spitz, schwer lokalisierbar „tsiiih“. Nächtlicher Zugruf dünn und rau „tsi“. Gesang beginnt oft mit einigen hohen, gedehnten, feinen Tönen, fällt in der Höhe ab, beschleunigt sich mit schnellen Folgen zitternder und erregter heller Töne, wobei Tempo und Lautstärke variieren.

NACHTIGALL BZ

Common Nightingale *Luscinia megarhynchos*

L 15-16,5 cm. Der wegen seines schönen Gesangs jedem aus Literatur und Musik bekannte Vogel. Brütet in Wäldern, Gehölzen und Gärten mit viel Unterholz, gern in Wassernähe, auch in trockenem dichtem Gebüsch. Sommervogel (meist Apr.-Sept.), überwintert im südlichen Afrika.

KENNZEICHEN Öfter zu hören als zu sehen, doch ist ihre äußere Erscheinung überraschend schlicht: *Oberseits braun mit rostrotem Schwanz und Bürzel,* unterseits graubeige mit diffus hellerer Kehle. *Schwarzes Auge recht groß* und durch *undeutlichen weißlichen Augenring* betont. Sehr ähnlich Sprosser, manchmal kaum unterscheidbar, aber Oberschwanz etwas rötlicher und keine auffallende graue Wölkung auf unterer Kehle/Brust (aber manchmal hellgrau getönt).

STIMME Keine auffallenden Rufe, bei Alarm pfeifend, leicht ansteigend „üIHP“ und knarrend „errrr“. Gesang kräftig, melodisch und abwechslungsreich, aus recht kurzen Phrasen (2-4 s) mit oft gleich langen Pausen dazwischen, bestehend aus trillernden, flötenden, schmetternden und gurgelnden Abschnitten, am einfachsten erkennbar an wiederkehrendem *crescendoartig ansteigendem Flötenmotiv* „lu lu lü lü li li“.

SPROSSER BZ

Thrush Nightingale *Luscinia luscinia*

L 15-17 cm. Vertritt die Nachtigall im Nordosten Europas (westwärts bis Ostdeutschland). Brütet in dichtem, feuchtem, schattigem Laubwald, gerne in Haselnussbeständen, auch in gewässernahen Gehölzen. Sommervogel (Mai-Aug.), überwintert im südlichen Afrika.

KENNZEICHEN Wie Nachtigall, aber durchschnittlich *auf Schwanz und Bürzel etwas weniger rötlich braun,* auf dem Mantel eher graubraun sowie meist mit deutlicher grauer Wölkung auf unterer Kehle/Brust (aber keines dieser Merkmale eindeutig oder im Freiland leicht erkennbar).

STIMME Warnt durchdringend, schwer lokalisierbar, scharf pfeifend „ihp“ (wie warnender Halsbandschnäpper) und hart knarrend „errr“. Gesang ähnlich Nachtigall, doch eher laut als schön (dennoch herausragend!), eine Serie schnalzender, knarrender, glucksender Töne, oft mit einigen nachdenklichen scharfen Pfiffen eingeleitet. In ruhigen Nächten kilometerweit hörbar.

HECKENSÄNGER A

Rufous-tailed Scrub Robin *Cercotrichas galactotes*

L 15-17 cm. Brütet in trockener, offener Landschaft mit dichtem Gebüsch, Hecken und Plantagen, bevorzugt Tamarisken, Feigenkakteen und Pistazien; oft bei Siedlungen. Sommervogel (Mai-Sept.), überwintert südlich der Sahara.

KENNZEICHEN Oberseits bräunlich, unterseits schmutzig weiß, langer rotbrauner Schwanz mit *schwarz-weißen Spitzen der äußeren Steuerfedern.* Markantes Kopfmuster *mit weißem Überaugenstreif, schmalem dunklem Augenstreif und oft dunklem Scheitelseitenstreif.* Gern auf dem Boden, fächert den Schwanz und schlägt ihn ruckartig hoch, schließt ihn und senkt ihn langsam ab; auch Flügelzucken. Geschlechter und Altersstufen nicht unterscheidbar.– Bei Unterart *galactotes* (Spanien, Nordwestafrika, Ägypten und Israel) kontrastiert warm brauner Mantel kaum zum Schwanz, Brust beige, während in Griechenland und der Türkei *(syriaca)* Mantel, Brust und Flanken grauer sind und das Kopfmuster kontrastreicher.

STIMME Ruft hart schnalzend sowie weich pfeifend „üh“, ferner insektenartig surrend „bsssss“. Gesang drosselähnlich klar und wehmütig, ähnlich müder Singdrossel (kurze Phrasen, kurze Pausen), aber höher und zwitschernder.

Rotkehlchen

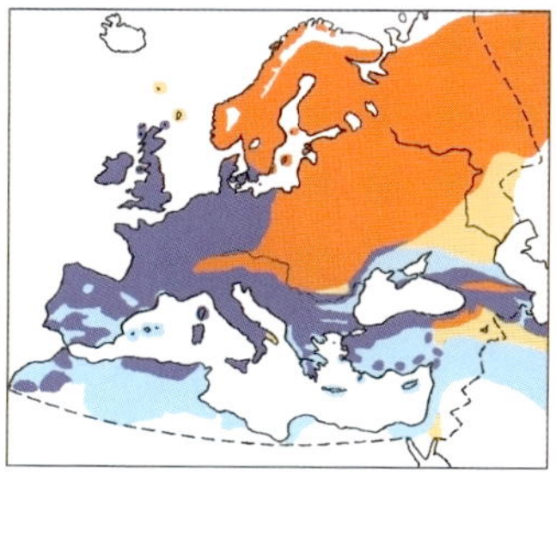

Nachtigall

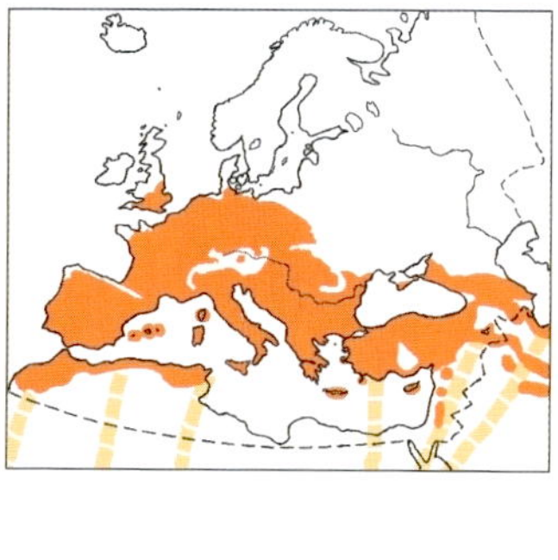

Sprosser

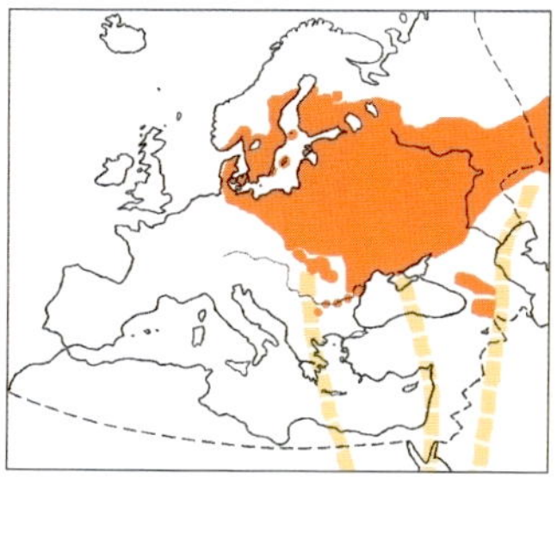

Heckensänger

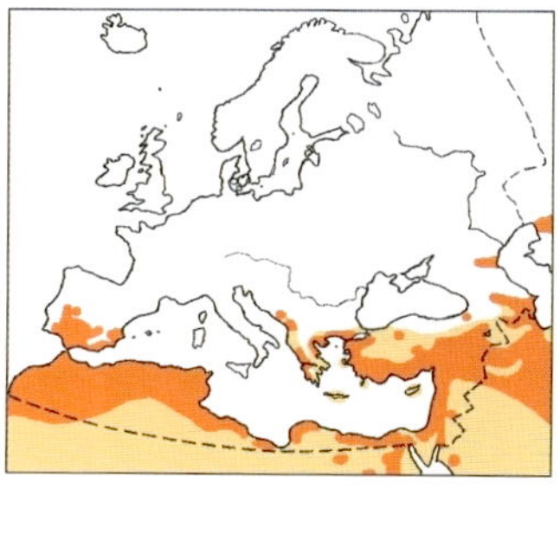

ROTKEHLCHEN

NACHTIGALL

SPROSSER

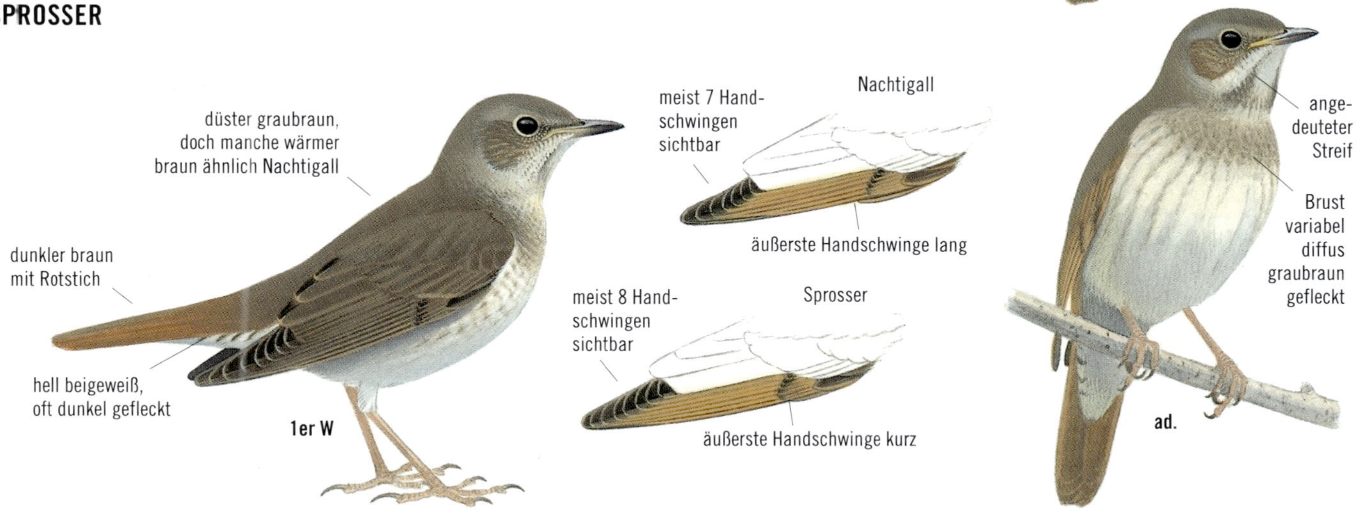

HECKENSÄNGER

KM

BLAUKEHLCHEN BZ

Bluethroat *Luscinia svecica*

L 13-14 cm. Brütet in Weidengebüsch und Schilf an Gewässern und Gräben, in Auwald u. a., in Nordeuropa (und den Alpen) auch an Berghängen mit Gehölzen. Nest bodennah gut versteckt. Sommervogel (meist März-Sept.), überwintert vorwiegend von Nordostafrika bis ins westliche Indien.

KENNZEICHEN Recht kleiner, schlanker Vogel mit langen dünnen Beinen, in allen Kleidern gekennzeichnet durch *deutlichen weißlichen Überaugenstreif* und *rostroten Bereich an den Seiten der Schwanzbasis* (oft im Flug und bei gestelztem Schwanz sichtbar).– ♂: *Leuchtend blaue Kehle*, nach unten durch schmales schwarz-weißes und breiteres rostrotes Band begrenzt. Inmitten der blauen Kehle bei der Unterart *svecica* (Nordeuropa, Alpen) ein rostroter Fleck, im übrigen Europa, der Osttürkei und dem Kaukasus ein kleiner weißer oder überhaupt kein Fleck (Unterarten *cyanecula, magna* u. a.); leuchtende Farben werden im Herbst teilweise durch gelblich weiße Partien ersetzt.– ♀: Kehlfärbung variabel, gewöhnlich nur ein Bogen schwarzer Flecke auf cremeweißem Grund, bei älteren Vögeln gelegentlich etwas Blau sowie die schwarze und rostrote Brustbegrenzung (manchmal fast wie ♂).– JK: Wie Rotkehlchen im JK fein gefleckt, kenntlich am Schwanzmuster.

STIMME Ruft trocken und kehlig schmatzend „track" (wie im Wind an Fahnenstange schlagende Leine); erregt auch steinschmätzerartig pfeifend „hiit" (manchmal Gartenrotschwanz imitierend „HÜit"). Im Herbst auch rau „bsrü". Gesang kräftig und klar („Nachtigall des Nordens"), beginnt meist mit oft wiederholtem, sich langsam beschleunigendem, lautem, metallischem „zrü" oder mehrsilbigem „zri-zri-ZRÜTT", das plötzlich übergeht in eine Kaskade von melodischen oder harten, klirrenden Tönen, häufig mit eingeflochtenen guten Imitationen anderer Arten.

BLAUSCHWANZ A

Red-flanked Bluetail *Tarsiger cyanurus*

L 13-14 cm. Brutvogel in bergiger Taiga, gern in feuchtem, moosigem Nadelwald mit einigen Birken, westwärts bis Ostfinnland (trifft ab Ende Mai ein). Überwintert in Südostasien, Ausnahmeerscheinung im westlichen Europa.

KENNZEICHEN Bei gutem Licht gesehen, ist das ♂ im PK ein wunderschöner Vogel mit *matt blauer Oberseite* (nur Bürzel, Schwanzbasis, Flügelbug und Scheitel leuchtender blau), *orangefarbenen Flanken* und weißer Unterseite; Flügel blau oder (meist) graubraun mit Olivton.– Ad. ♀/♂ 1er S/1er W: Unauffällig olivgrau und schmutzig weiß, leicht zu übersehen, da nur Oberschwanz zwar blau, aber oft nur dunkel wirkend; beachte aber *orangene Flanken*, grau gewölkte Brust und *graue Wangen*, die *schmal weißliches Kehlfeld* einrahmen, sowie *weißlichem Augenring*. Zuckt oft mit Flügeln und Schwanz.

STIMME Warnt ähnlich Hausrotschwanz, mehrfach wiederholt, gerade pfeifend „wiht" sowie gedämpft, hart, etwas schnalzend „track". Gesang oft im Morgengrauen von Baumspitze, eine recht konstante, schnelle, kurze, klare und wehmütige Strophe, ähnlich Gartenrotschwanz, aber tiefer und klarer, „itrü-TSCHÜRR-tre-tre-tru-trurr".

WEISSKEHLSÄNGER –

White-throated Robin *Irania gutturalis*

L 16,5-18 cm. Brütet an trockenen Felshängen oft über 1.000 m hoch, mit dichtem Gebüsch und einzelnen Bäumen. Sommervogel (meist Ende Apr.-Aug.), überwintert in Ostafrika. Eher scheu, singt aber frei auf Warte stehend und gelegentlich im gleitenden Singflug.

KENNZEICHEN Recht groß und drosselähnlich schlank, Hals, Beine und *kräftiger Schnabel lang, langer Schwanz bei ♂ schwarz, bei ♀ dunkelgrau*, wird oft angehoben.– Ad. ♂: Unverwechselbar, *Brust orange, schwarze Kopfseiten* rahmen *schmales weißes Kehlfeld* ein, *Überaugenstreif weiß, Oberseite bleigrau*.– ♀/♂ 1erW: Unterseits schmutzig gelblich weiß (Brust schwach grau gewölkt), *Flanken blass orange*, Stirn und Augenring hell, oberseits bräunlich grau.

STIMME Ruft zweisilbig „tschi-LITT", ähnlich Bachstelze, bei Erregung klickend „tjeck", warnt knirschend „tschürrr". Gesang *sehr schnell zwitschernd*, voller scharfer Pfeiftöne und harter, knarrender Laute, oft so schnell, dass die Noten in der Kehle steckenzubleiben scheinen, kann an ekstatisch singende Grasmücke oder Würger erinnern.

RUBINKEHLCHEN A

Siberian Rubythroat *Luscinia calliope*

L 14,5-16 cm. Brütet in Nadelmischwald mit vielen Birken, Weiden und Unterholz, oft an feuchten Stellen; auch in gehölzreichen Parks. Sommervogel (meist Ende Apr.-Anfang Sept.), überwintert in Südostasien. Nest niedrig in Busch.

KENNZEICHEN Wie eine Kreuzung aus Blaukehlchen und Sprosser, hochbeinig, aber recht kurzschwänzig. In allen Kleidern *dunkler Zügel* und *heller Überaugenstreif*.– ♂: *Rote Kehle* schmal schwarz begrenzt, *Bartstreif weiß, Zügel schwarz*.– ♀: *Diffuseres Kopfmuster (Zügel grau, Bartstreif verwaschen)* und entweder teilweise hellrote Kehle (ältere ♀) oder weißliches Kinn ohne schwarze Begrenzung.

STIMME Bei Gefahr zweisilbig pfeifend „II-lü" und schnalzend „tschack" (wie Wacholderdrossel, aber schwächer), manchmal auch gedämpft knarrend „arrr". Gesang perlend, *ruhig schwatzend*, erkennbar an härteren, tieferen, eher gepressten Tönen und helleren Pfeiftönen; manchmal mit meisterlichen Imitationen.

Blaukehlchen

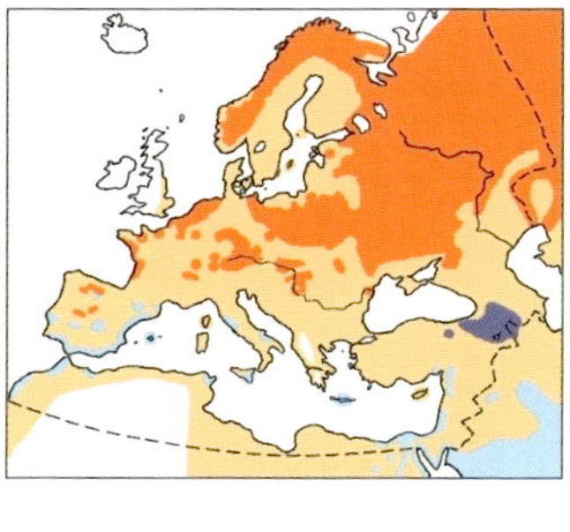

Blauschwanz

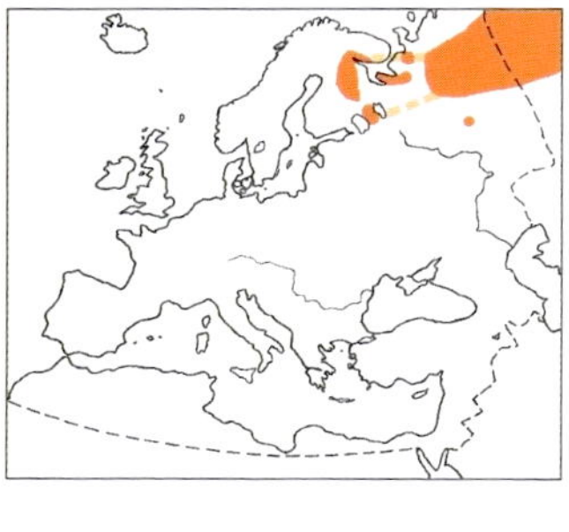

Weißkehlsänger

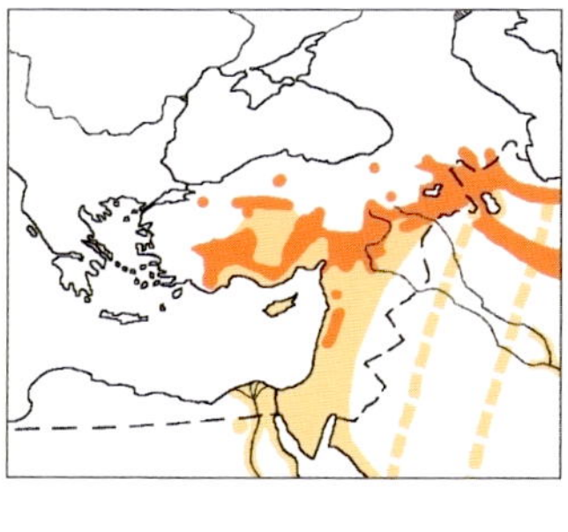

Rubinkehlchen

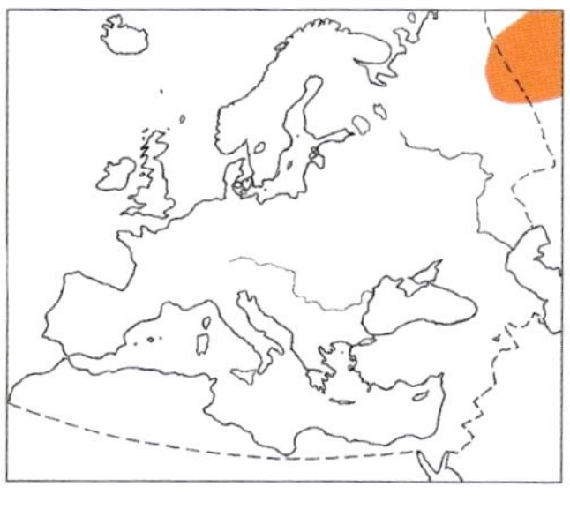

BLAUKEHLCHEN

BLAUSCHWANZ

WEISSKEHLSÄNGER

RUBINKEHLCHEN

GARTENROTSCHWANZ BZ

Common Redstart *Phoenicurus phoenicurus*

L 13-14,5 cm. Brütet in Wäldern, oft altem Laub- und Mischwald, Gärten, Parks, in Nordeuropa auch älterem Kiefernwald. Sommervogel (Ende Apr.-Sept.), überwintert in Afrika. Meist in Bäumen und Büschen verborgen und nur kurz am Boden. Brütet in Baumhöhlen und Nistkästen.

KENNZEICHEN Recht schlank, steht oft ziemlich aufrecht und *zittert mit dem Schwanz,* wobei dessen *rostrote Farbe* exponiert wird.– ♂ PK: *Schwarze Kehle, orangerote Brust, weiße Stirn, aschgrauer Scheitel und Mantel.* Farben im SK teilweise durch beige Federsäume verdeckt.– ♂ 1er W: Recht ♀-ähnlich, jedoch Kehle grau und Brust orange gefleckt, manchmal etwas Weiß auf Stirn.– ♀: Oberseits graubraun, unterseits beige, verglichen mit ähnlichem Hausrotschwanz-♀ *heller, weniger grau getönt, Kehle, untere Brust und Bauchmitte deutlich heller.* Selten mehr ♂-ähnlich mit orange getönter Brust.– ♂ der Unterart *samamisicus* (Osttürkei, Kaukasus) oberseits etwas grauer und dunkler mit weißem Flügelfeld (variabler Größe), auch ♀ häufig mit angedeuteter Aufhellung der Armschwingen.

STIMME Ruft weich pfeifend ansteigend „hüit" (*samamisicus* halsbandschnäpperartig gerade „ih"), oft gefolgt von schnalzendem „tick-tick-tick". Gesang ab Morgengrauen eine kurze, weiche, wehmütige, hohe Strophe, oft mit Standardphrase beginnend, aber in Details unterschiedlich endend, z. B. „sih TRÜI-TRÜI-TRÜI si-si pli siWOJ si".

HAUSROTSCHWANZ BZ

Black Redstart *Phoenicurus ochruros*

L 13-14,5 cm. Brütet im Bergland an steinigen Hängen und in der Ebene meist im menschlichen Siedlungsbereich. Nest in Felsspalten, Mauernischen oder in Halbhöhlen. Sommervogel (März-Nov.), vereinzelt überwinternd.

KENNZEICHEN Größe und Gestalt wie Gartenrotschwanz, Verhalten ähnlich: steht aufrecht, vibriert ständig mit dem *rostroten Schwanz,* ist eher scheu und nervös, huscht viel herum.– Ad. ♂: *Grauschwarz mit deutlichem weißem Flügelfeld.*– ♂ 1er S: Kein weißes Flügelfeld (manchmal angedeutet), Gefieder entweder graubraun wie ♀ oder grauschwarz wie ad. ♂.– ♀/1er W: Kopf und Körper *rußig braungrau,* viel dunkler als Gartenrotschwanz-♀ (auch auf Kehle, unterer Brust und Bauch).– ♂ in weiten Teilen Europas (Unterart *gibraltariensis*) oberseits grau, Mantel in Iberien *(„aterrimus")* oft schwärzlicher; ♂ in Türkei und Kaukasus (Nominatform) gewöhnlich mit Rostrot auf Bauch; ♂ im Nahen Osten *(semirufus)* deutlich verschieden durch rostrote Färbung von Bauch und unterer Brust, scharf abgesetzt vom schwarzen Kehllatz, ferner Mantel schwarz und kein Weiß im Flügel.

STIMME Ruft gerade und etwas scharf pfeifend „fist", oft ungeduldig wiederholt, bei hoher Erregung mit angehängtem Schnalzen, „fist tk-tk-tk". Gesang laut, oft schon vor Morgendämmerung von hoher Warte, meist vierteilig: beginnt mit einigen Pfeiftönen und einer klappernden Wiederholung desselben Tons, gefolgt von etwa 2 s Pause, dann ein merkwürdig knirschender Ton, worauf Strophe in einigen kurzen Pfeiftönen endet, z. B. „si-srü-TILL-ILL-ILL-IL… (krschkrschkrsch) SRÜswiswi"; Reihenfolge der Komponenten kann umgedreht werden.

DIADEMROTSCHWANZ –

Moussier's Redstart *Phoenicurus moussieri*

L 12-13 cm. Brütet in offenem Gelände mit Gebüsch, einzelnen Bäumen und Gehölzen, gern an Berghängen, auch in offenem, buschreichem Küstenwald, in Plantagen und Gärten. Recht vertraut, brütet in Höhle oder Nische.

KENNZEICHEN Klein und kompakt, *Schwanz und Flügel eher kurz,* zittert ständig mit *rostrotem Schwanz,* zuckt mit Flügeln, steht oft frei.– Ad. ♂: *Gesamte Unterseite* und Bürzel *rostrot,* übrige Oberseite schwarz mit *großem weißem Flügelfeld* und *weißem Stirnband, das sich über die Augen bis auf die Halsseiten zieht.* Schwarze Gefiederpartien im Herbst mit braunen Säumen.– ♀: Ähnlich kurzschwänzigem Gartenrotschwanz-♀, aber *unterseits satter orange* und *mit angedeutetem hellem Flügelfeld.*– ♂ 1er W: Wie ad. ♂, aber schwarze Gefiederpartien braungrau (breit hell gesäumt), Schwungfedern brauner.

STIMME Ruft dünn pfeifend „hit" und weich „tchirrrr". Gesang zwitschernd, schüttelnd, etwas unregelmäßig aufgebaut, ähnlich Heckenbraunelle, aus quietschenden Tönen mit eingestreutem „tchirr", 2-5 s lang.

RIESENROTSCHWANZ –

Güldenstädt's Redstart *Phoenicurus erythrogastrus*

L 15-16 cm. Lebt auf felsigen Matten und Blockhalden mit spärlicher Vegetation bis hinauf zur sommerlichen Schneegrenze, von 2.200 m (meist über 3.000 m) bis 5.000 m Höhe. Im Winter in Tälern bis 1.500 m (manchmal 900 m).

KENNZEICHEN *Recht groß,* kräftig und vollbrüstig mit großem Kopf. Steht oft frei auf Felsvorsprung, wechselt Warte häufig, Flug fast drosselartig kraftvoll.– Ad. ♂: Unverkennbar: *Scheitel/Nacken weiß* (im frischen Gefieder graugelb getönt), *großes weißes Flügelfeld, dunkel rostrote Unterseite* und *schwarzer Brustlatz.*– ♀: Wie übergroßes helles Hausrotschwanz-♀, aber mit *angedeutetem kleinem hellem Flügelfeld.*

STIMME Ruft „tsi" oder „tsi tek-tek". Gesang eine kurze, klare, an Steinrötel erinnernden Strophe mit eingewobenen harten Tönen.

Gartenrotschwanz

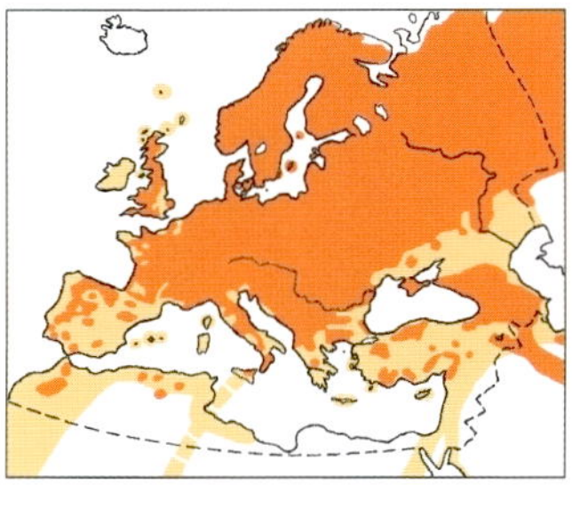

Hausrotschwanz

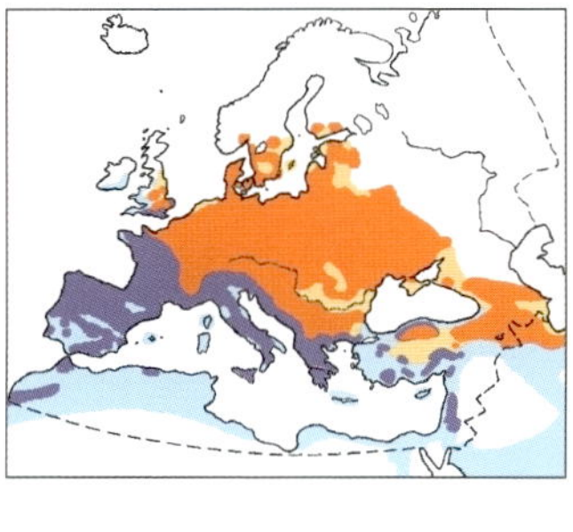

Diademrotschwanz

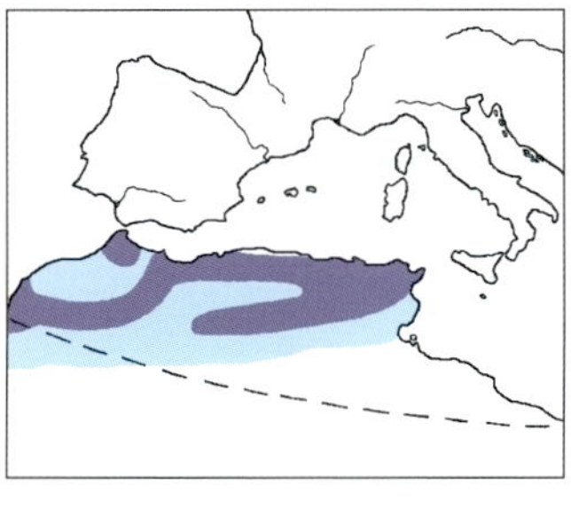

Riesenrotschwanz

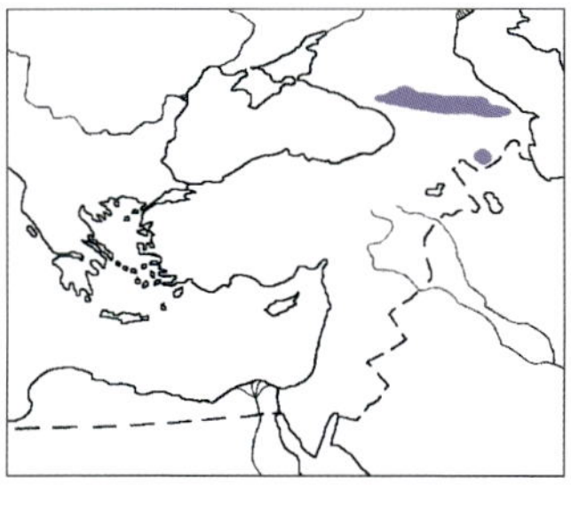

GARTENROTSCHWANZ

HAUSROTSCHWANZ

DIADEMROTSCHWANZ

RIESENROTSCHWANZ

DZ

STEINSCHMÄTZER *Oenanthe*

Familie kleiner Sperlingsvögel offenen Geländes, meist am Boden. Alle zeigen ein charakteristisches schwarz-weißes Schwanzmuster, manchmal auch rötlich, oft mit einem umgedrehten schwarzen „T".

STEINSCHMÄTZER BZ

Northern Wheatear *Oenanthe oenanthe*

L 14-16,5 cm. Brütet in offenem, steinigem Gelände mit Wiesen, gerne auf Heiden, Strandwiesen, Weiden und Feldern mit Legsteinmauern, felsigen Inseln und Hängen mit Blocksteinen und an Klippen. In Südeuropa oft in alpinem Gelände. Sommervogel (meist Apr.-Okt.), überwintert in Afrika. Grönländische und kanadische Brutvögel überwintern ebenfalls in Afrika und gehören damit zu den extremen Langstreckenziehern (und legen darüber hinaus 2.400 km in 30-stündigem Nonstop-Flug über den Atlantik zurück). Nahrung Insekten, Nest in Höhlungen von Felsen, Steinhaufen, Mauern, Kaninchenbauen usw.

KENNZEICHEN In allen Kleidern *schwarz-weißer Schwanz* (*schwarzes T-Muster* an der Spitze, weiße Basis; etwas variabel, schwarze Endbinde in Südeuropa tendenziell schmaler). *Oberseite grau oder graubraun, Überaugenstreif weiß oder beige*.– ♂ PK: *Scheitel, Nacken und Rücken aschgrau*, weißer Überaugenstreif, schwarze Maske, schwarze Flügel und rosa-gelbliche Tönung auf Kehle und Brust (kann im Sommer zu Weiß ausbleichen und dann etwas an die hellkehligen Morphen des Mittelmeer-Steinschmätzers erinnern).– ♀ und Vögel im Herbst: Oberseits graubraun, unterseits beige, Flügel und Ohrdecken dunkler, Überaugenstreif hellbeige. ♂ im SK erkennbar an schwarzen Flügeln (mit schmalen hellen Säumen), schwarzem Zügel und etwas Schwarz auf Ohrdecken. ♀ und 1er W ähnlich, aber mit dunkelbraunen Flügeln, ohne Schwarz am Kopf; hellere Individuen mit Isabellsteinschmätzer verwechselbar (s. u.).– Grönländische und isländische Brutvögel *(leucorhoa)* etwas größer und im frischen Gefieder etwas dunkler rötlich braun. Doch auch Vögel der Nominatform aus Fennoskandien und der russischen Tundra sind im zeitigen Frühjahr und Herbst ähnlich satt gefärbt, wodurch die sichere Bestimmung von *leucorhoa* nur bei gefangenen Vögeln anhand der Maße möglich ist.

STIMME Ruft gerade pfeifend, wie saugendes „hiit", und schnalzend „tschack". Gesang, oft von erhöhtem Platz aus (Felsspitze, Leitungsdraht o. Ä.) oder in kurzem Singflug, explosive, schnelle, harte, zwitschernde und knirschende Strophen mit eingeflochtenem pfeifendem „hiit", im Detail variierend und schwer beschreibbar; manchmal mit ein oder zwei Imitationen anderer Vogelarten. Singt oft während frühester Morgendämmerung, aber auch tagsüber.

SEEBOHMSTEINSCHMÄTZER –

Seebohm's Wheatear *Oenanthe seebohmi*

L 14-16 cm. Oft als Unterart des Steinschmätzers betrachtet, wegen abweichender Färbung des ♂ und des getrennten Vorkommens hier als selbstständige Art behandelt. Brütet an grasigen, steinigen Hängen, meist in 1.500-2.350 m Höhe. Sommervogel (meist März-Okt.), in Nordwest-Mauretanien und dem übrigen Westafrika überwinternder Kurzstreckenzieher. Nest in Bodenhöhle oder zwischen Felsen.

KENNZEICHEN Wie Steinschmätzer, aber ♂ im PK mit schwarzer Kehle, schwarzen Unterflügeldecken und durchschnittlich mehr Weiß auf der Stirn. Schwarze Schwanzendbinde recht schmal, wie bei südeuropäischen Steinschmätzern. ♀ und 1er W nicht von Steinschmätzer unterscheidbar, sofern die grau gefleckte Kehle nicht angedeutet ist.

STIMME Ähnlich Steinschmätzer, aber kaum untersucht. Ruft „hiit", ähnlich Ohrenlerche. Gesang hört sich vielleicht weicher und weniger kratzend als Steinschmätzer an.

ISABELLSTEINSCHMÄTZER A

Isabelline Wheatear *Oenanthe isabellina*

L 15-16,5 cm. Brütet auf kurzrasigen Ebenen oder Hängen, gern in Bereichen mit einzelnen Steinblöcken; Sommervogel, überwintert südlich der Sahara. Nest in Bodenhöhle, oft in Nagerbau.

KENNZEICHEN Durchschnittlich größer als Steinschmätzer, Flügel und Schwanz proportional etwas kürzer, *steht oft aufrechter* auf *senkrecht durchgedrückten Beinen* mit stärker *gestrecktem Hals,* aber darin viel Überschneidung zwischen beiden Arten. Ähnlich schlicht gefärbtem Steinschmätzer und oft schwer trennbar, neben den Grundmerkmalen jedoch folgende Unterschiede: *breitere schwarze Schwanzendbinde* (zwischen Steinschmätzer und Wüstensteinschmätzer, breiter als der auf den mittleren Steuerfedern zur Schwanzbasis weisende schwarze Bereich lang ist; beim Steinschmätzer entspricht die Länge dieser Basis der „T-Zeichnung" der Breite der Endbinde oder ist länger); *hellere Flügel* mit breiteren beigen Säumen, Flügeldecken im Farbton daher eher dem Mantel als den dunkelbraunen Handschwingen entsprechend und Flügel im Flug vor dunklem Hintergrund hell wirkend. *Schwärzliche Alula hebt sich oft von heller braunen Hand- und Großen Armdecken ab* (beim Steinschmätzer wegen dunklerer Zentren aller Flügeldecken weniger Kontrast), *Überaugenstreif am hellsten vor dem Auge, beige und schmaler dahinter* (bei Steinschmätzer über und hinter dem Auge heller und breiter, also umgekehrt). Ohrdecken durchschnittlich heller braun, Tarsus länger. Geschlechter ähneln einander, ♂ meist mit schwärzlicherem Zügelstreif.

STIMME Ruft ziemlich scharf „tschip", etwas abfallend „tschiü", auch gedämpft schnalzend „tschack". Gesang lang anhaltend (Strophen oft 10-15 s lang, Pausen kurz), plaudernd mit typischen wohlklingenden Pfeiftönen, z. B. „wi-wi-wi-wü-wü-wü-wuj-wuj-wuj-...", harten, schrillen Tönen und Imitationen.

Steinschmätzer

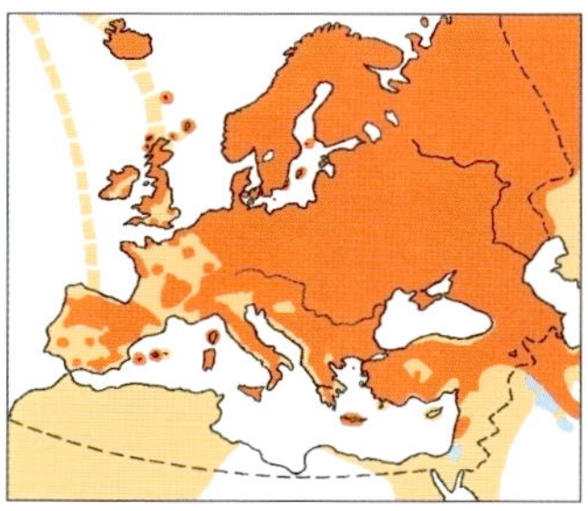

Seebohmsteinschmätzer

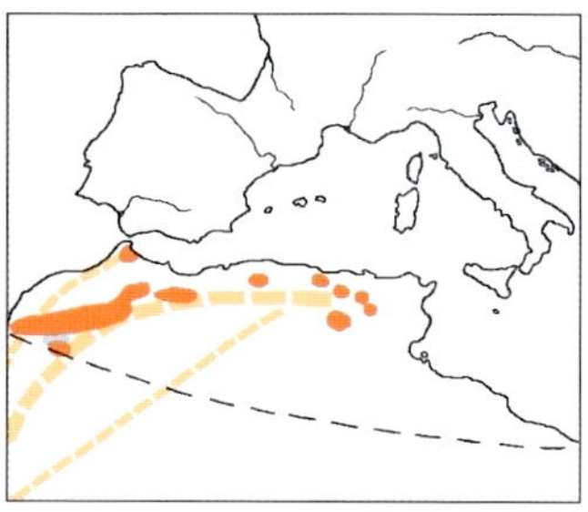

Isabellsteinschmätzer

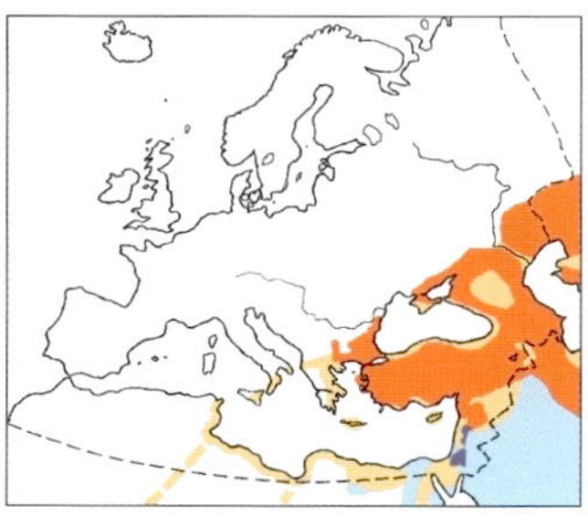

STEINSCHMÄTZER

SEEBOHMSTEINSCHMÄTZER

ISABELLSTEINSCHMÄTZER

DZ

MITTELMEER-STEINSCHMÄTZER A

Black-eared Wheatear *Oenanthe hispanica*

L 13,5-15,5 cm. Brütet in offenem Gelände mit einzelnen Büschen, Bäumen und Felsen, meist unter 600 m Höhe, gern in kargem Weideland, an Flussufern sowie an steinigen Hängen. Sommervogel, überwintert südlich der Sahara. Nest unter Steinen, in Erdloch oder dichtem Grasbüschel.

KENNZEICHEN Recht klein, schlank und langschwänzig, steht oft aufrecht. *Schwanzendbinde* nicht gleichmäßig, sondern *außen breiter,* manchmal zur Mitte sogar durchbrochen (wie Nonnensteinschmätzer, aber anders als Steinschmätzer, Isabell-, Felsen-, Schwarzrücken-Steinschmätzer u. a.). Bei beiden Geschlechtern zwei Morphen, eine hellkehlige (am häufigsten im Westen) und eine dunkelkehlige (dominiert im Osten).– ♂: *Mantel weißlich,* im frischen Gefieder mit ockergelbem Ton; Schwarz von Kopf und Kehle klar vom Schwarz des Flügels getrennt (vgl. Felsensteinschmätzer).– ♀: Ähnlich Nonnensteinschmätzer, jedoch *oberseits wärmer gelblich graubraun, auf Brust einheitlicher gelborange.*– Zwei oft als Arten betrachtete Formen, bei *hispanica* („Maurensteinschmätzer", von Nordwestafrika über Iberien bis Norditalien) ♂ mit weniger ausgedehnter Augenmaske bzw. schwarzer Kehle, beide Geschlechter auf Mantel und Brust im frischen Gefieder mehr ockergelb, Handschwingenprojektion recht kurz. Bei *melanoleuca* („Balkansteinschmätzer", von Süditalien über Balkan bis in den Nahen Osten) ♂ mit ausgedehnterem Schwarz am Kopf, Gefieder im PK ausgeprägter schwarz-weiß; ♀ oberseits eher stumpf gräulich gelbbraun (daher ähnlich Nonnensteinschmätzer-♀), Handschwingenprojektion groß (wie Nonnensteinschmätzer).

STIMME Ruft gebrochen, fast fräsend „bschre", manchmal auch eher wie Steinschmätzer „tschak", warnt abfallend pfeifend „wiü". Gesang aus kurzen, trocken zwitschernden und recht „explosiven" Strophen (erinnert an Kurzzehenlerche oder schnelle Dorngrasmücke), z. B. „tchüTCHÜRRtchetjüTJIRR-trii", einige Teile oft gegen Imitationen von z. B. Rauch- und Rötelschwalbe, Bluthänfling oder Stieglitz ausgetauscht.

NONNENSTEINSCHMÄTZER A

Pied Wheatear *Oenanthe pleschanka*

L 14-16,5 cm. Brütet an Felshängen mit niedriger Vegetation, auf Hochplateaus mit felsreichen Matten, manchmal bei kargen Weiden oder Feldern; steigt oft höher und in steilere Bereiche als Mittelmeer-Steinschmätzer. Nest in Felsspalten, Bodenhöhlen. Sommervogel, überwintert in Ostafrika.

KENNZEICHEN Größe, Gestalt und Schwanzmuster wie Mittelmeer-Steinschmätzer, manche ♀ und Herbstvögel sehr schwer unterscheidbar.– ♂ PK: *Schwarzer Mantel fließt mit schwarzen Halsseiten zusammen, Flügel im Flug dunkel* (bei Schwarzrücken-Steinschmätzer hell), *Brust im frischen Gefieder beige, Unterschwanzdecken hell gelblich weiß* (Schwarzrücken-Steinschmätzer auf Brust stets weiß, Unterschwanzdecken rostfarben). Flügel bei ad. schwärzlich, im 1en W/1en S brauner, ferner im 1en S weniger perfekt schwarz-weiß, mit Resten des 1en W. (Eine hellkehlige Morphe *„vittata"* ist sehr selten.)– ♂ SK: durch breite graubraune Säume auf Mantel (1er W ausgeprägter als bei ad.) entsteht Ähnlichkeit mit östlichem Mittelmeer-Steinschmätzer, jedoch *oberseits meist etwas kälter braungrau* mit *deutlicheren hellen Federspitzen* (helles Schuppenmuster).– ♀: Sehr ähnlich östlichem Mittelmeer-Steinschmätzer, jedoch *oberseits dunkler und kälter erdbraun,* im frischen Gefieder *helles Schuppenmuster, ferner Brust rötlich gelbbraun oder rosagrau,* oft mit ungleichmäßiger unterer Begrenzung zum hellen Bauch und Tendenz zu diffuser Strichelung (bei Mittelmeer-Steinschmätzer-♀ ausgeprägterer gelboranger Bereich auf Brust mit deutlicherer unterer Begrenzung und ohne diffuse Zeichnung); *Kehle* im PK variabel *dunkel,* Andeutung davon meist auch im Herbst (aber einige dann recht hellkehlig), dunkle Kehle reicht etwas weiter abwärts als bei Mittelmeer-Steinschmätzer (bei eingezogenem Kopf jedoch schwer zu sehen).

STIMME Sehr ähnlich Mittelmeer-Steinschmätzer; ruft ebenfalls „brsche", manchmal auch unrein schmatzend „tschack", warnt pfeifend „wih(e)". Gesangsstrophen oft etwas kürzer, Pausen länger, jedoch gleichermaßen „explosiv" und trocken zwitschernd, z. B. „surtruSCHIRR-etjö", kann Braunkehlchen ähneln; Strophen gelegentlich länger und mit Imitationen.

Mittelmeer-Steinschmätzer

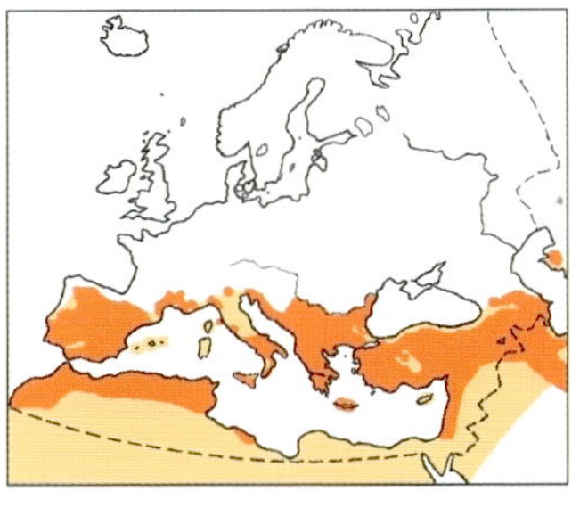

Nonnensteinschmätzer

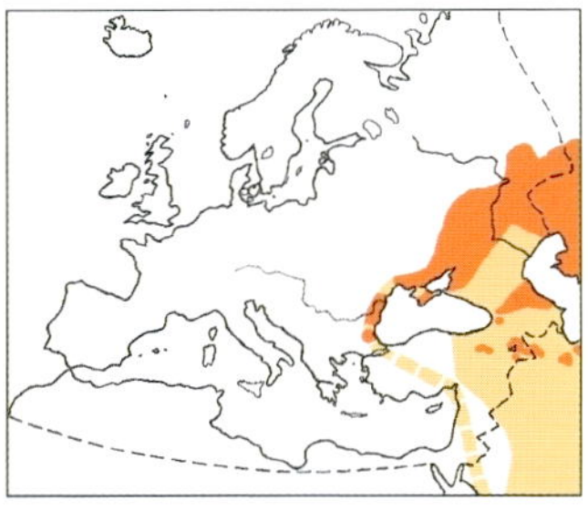

ZYPERNSTEINSCHMÄTZER a

Cyprus Wheatear *Oenanthe cypriaca*

L 14-15 cm. Früher als Unterart des Nonnensteinschmätzers betrachtet, heute meist als eigene Art anerkannt. Brütet nur auf Zypern, dort häufig ab Mitte März bis Anfang Okt. in trockenem, grasigem Gelände aller Höhenstufen, oft in oder nahe Dörfern; steht beim Singen häufig auf Baumspitzen. Überwintert im Südsudan und in Äthiopien, rastet während des Zugs u. a. in Israel und Ägypten.

KENNZEICHEN Ähnlich Nonnensteinschmätzer, aber *etwas kürzere Flügel* und *kürzerer Schwanz,* wirkt kompakt und großköpfig; *Schwanzendbinde breiter, weniger Weiß im Nacken,* reicht nicht auf Mantel (entgegen Nonnensteinschmätzer), *Weiß auf Rücken ebenfalls weniger weit ausgedehnt; Unterseite* im SK/1en W *mehr satt gelb,* außerdem bleicht Brust im Sommer nie einheitlich weißlich aus. Geschlechter nahezu gleich, ♀ insgesamt *dunkler* (grauschwarz oder dunkel braungrau) auf Kehle und Mantel sowie mit *etwas Weiß im Nacken; Scheitel* im Herbst bei ♀ sowie bei ♂ 1er W *rußgrau,* jedoch auf Scheitelseiten bereits etwas Weiß, das im Sommer durch Abnutzung ausgedehnter wird. ♂ im 1en S mit Kontrast zwischen braungrauen Schwungfedern und schwarzem Mantel bzw. übrigem Flügel.

STIMME Ruf zischend „brzü", rau und hart „tschik", ansteigend pfeifend „dchüi" (manchmal abfallend „dchiü"). Typischer Gesang ganz anders als andere Steinschmätzer, Folge gleichartiger, rauer Töne von 3-10 s Dauer, „bizz-bizz-bizz-bizz-bizz…".

MITTELMEER-STEINSCHMÄTZER

NONNENSTEINSCHMÄTZER

ZYPERNSTEINSCHMÄTZER

DZ

FELSENSTEINSCHMÄTZER –

Finsch's Wheatear *Oenanthe finschii*

L 15-16 cm. Brütet an kargen Berghängen und auf steinigen Hochebenen mit niedriger Vegetation. Kurzstreckenzieher, überwintert und rastet in höheren, kühleren Lagen als die meisten Verwandten, verteidigt sein Revier aggressiv und erfolgreich gegen diese. Rastlos, flink, scheu, fliegt bei Gefahr weit weg. Nest meist in Felsnische oder -spalte.

KENNZEICHEN Kaum größer als Mittelmeer-Steinschmätzer, *Kopf* im Verhältnis *etwas größer, Beine und Schnabel kräftiger.* Schwanz mit *einheitlich breiter dunkler Endbinde* (wie Schwarzrücken-, anders als Mittelmeer- und Nonnensteinschmätzer). Im Flug recht helle Schwungfedern.– Ad. ♂: Schwarze Schulterfedern und Flügel, aber *weißer Mantel und Rücken* (meist nur bei abfliegendem Vogel sichtbar); ausgedehntes *Schwarz an Kehle,* reicht weit herab und *fließt auf Seiten mit Schwarz der Flügel zusammen*; Schwungfedern mit feinen weißen Spitzen, Weiß von Scheitel und Rücken in frischem Gefieder *beigerosa getönt,* Scheitel in abgetragenem Gefieder *heller und mit schmutzig grauer Mitte*; Brust weiß (ganz schwacher Beigeton), Unterschwanzdecken leicht rötlich beige.– ♂ SK/♂ 1er W: Wie ad. ♂ PK, jedoch Schwungfedern und vor allem *Handdecken brauner,* Letztere *mit weißen Spitzen.*– ♀: Überwiegend braungrau und schmutzig weiß (ohne wärmeres Beigebraun auf Brust wie Mittelmeer- und Nonnensteinschmätzer), ziemlich *kontrastlose Armdecken,* Handdecken mit deutlichen hellen Spitzen; Ohrdecken meist rotbraun getönt; schmutzig weißer Überaugenstreif; *Kehlfärbung* variabel, meist *grau schattiert* (im abgetragenen Gefieder bei manchen fast so dunkel wie bei ♂), oft am dunkelsten an den Seiten und unten, andere Vögel offensichtlich ganz hellkehlig; beachte Schwanzmuster.

STIMME Ruft kurz „tsit", oft wiederholt, auch steinhart „tscheck-tscheck" und raspelnd „bschäh". Gesang variabel, kurze, klare, laute Strophen in ruhigem Tempo mit aufsteigenden Pfeiftönen und einzelnen harten, knarrenden, gepressten Tönen (daher anders als Mittelmeer-Steinschmätzer), etwa „tk-tk-suIIH-wa tschi-tschi TRRÜÜ-u... tschu-tschu ketrüchiiih-a...", imitiert wenig, singt auch im Flug.

BERBERSTEINSCHMÄTZER –

Maghreb Wheatear *Oenanthe halophila*

L 14,5-16,5 cm. Früher als nordwestafrikanische Unterart des Schwarzrücken-Steinschmätzers betrachtet, jedoch u. a. durch deutlichen Sexualdimorphismus und getrenntes Verbreitungsgebiet von diesem verschieden. Brütet in kargen Bergregionen, an steinigen Hängen und in Wadis in Felsspalten oder Erdhöhlen.

KENNZEICHEN Dem Schwarzrücken-Steinschmätzer ähnlich, ebenfalls mit *gleichmäßig breiter dunkler Schwanzendbinde* und im Flug erkennbaren *helleren Schwungfederbasen,* aber Geschlechter deutlich unterscheidbar. ♂: *Mantel, Flügel und Kehle schwarz.* Vom Schwarzrücken-Steinschmätzer mit Mühe unterscheidbar an *nicht so weit auf den Rücken reichender schwarzer Mantelfärbung, schwächerem Rost- oder Beigeton auf Unterschwanzdecken* (oft weiß wirkend) und *weniger aufgehellte Schwungfederbasen* (dennoch mit Kontrast). Schwarzer Mantel selten durch weiße Strichelung aufgebrochen.– ♀: *Mantel recht hell beigebraun,* Kehle hell oder öfter verwaschen grau, wird durch Abnutzung schnell dunkel. Manche dunkelkehligen ♀ sind ♂ im 1en W ähnlich und zeigen braungrauen Ton auf Nacken (hell) und Mantel (dunkler). Mantel ausnahmsweise schwarz gestrichelt, dann nicht von ♂ unterscheidbar.

STIMME Rufe und Gesang ähnlich Schwarzrücken-Steinschmätzer.

SCHWARZRÜCKEN-STEINSCHMÄTZER –

Mourning Wheatear *Oenanthe lugens*

L 14,5-16,5 cm. Brütet in kargen Bergregionen, an steilen Hängen, in vegetationsarmen Wadis, manchmal in flachem, felsübersätem oder steinigem Gelände mit wenig Vegetation. Jahresvogel oder Kurzstreckenzieher. Nest in Fels- oder Erdhöhlen.

KENNZEICHEN Ähnlich Nonnensteinschmätzer, aber folgende Unterschiede: *dunkle Schwanzendbinde gleichmäßig breit,* im Flug Kontrast zwischen *hellen Schwungfederbasen* und dunkleren Spitzen und Flügeldecken (statt einheitlicher dunkle Flügel), Beine und Schnabel etwas kräftiger. Ferner *schwarzer Kehllatz kleiner,* reicht nicht auf obere Brust, *diese immer rein weiß,* aber *Unterschwanzdecken rostbeige,* Weiß des Nackens weniger ausgedehnt, *reicht nicht auf oberen Mantel.* 1er W/1er S *mit weißen Spitzen auf Handdecken* und oft einigen äußeren Großen Armdecken, *bilden kleinen weißen Fleck* (nicht so bei Nonnensteinschmätzer). Geschlechter gleich gefärbt. Zur Unterscheidung vom Berbersteinschmätzer s. o.– In Südsyrien/Nordjordanien kommt eine wenig untersuchte, als „Basaltsteinschmätzer" bezeichnete seltene Morphe vor, bei der Kopf- und Körpergefieder ganz schwarz (die Handschwingenbasen dennoch aufgehellt) und nur die Unterschwanzdecken weiß (statt rostbeige) sind.

STIMME Ruft gerade pfeifend „hiit" und klickend „tschak", manchmal kreuzschnabelähnlich „tchüpp-tchüpp", nach Störung auffliegend gebrochen „brzü". Gesang kurze Strophen mit deutlichen Pausen und klarem, traurigem Klang, klingelnd und rollend (der Blaumerle vergleichbar), z. B. „tritra TSCHÜRR-tru", oft mit anfänglichem oder eingeflochtenem „tschack" und gelegentlichen Imitationen, wenig abwechslungsreich, manchmal länger und oft im Flug vorgetragen.

Felsensteinschmätzer

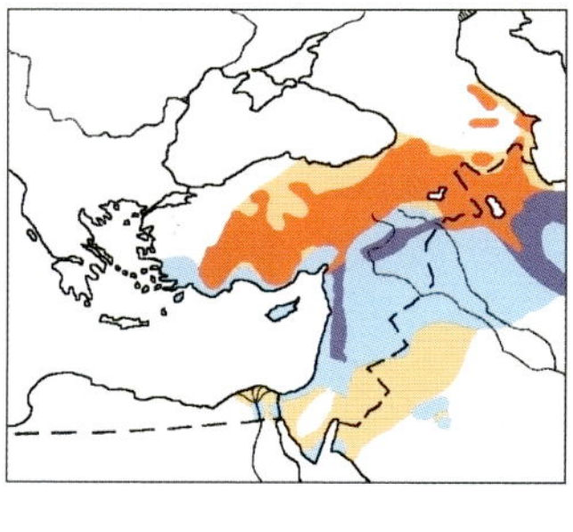

Berbersteinschmätzer

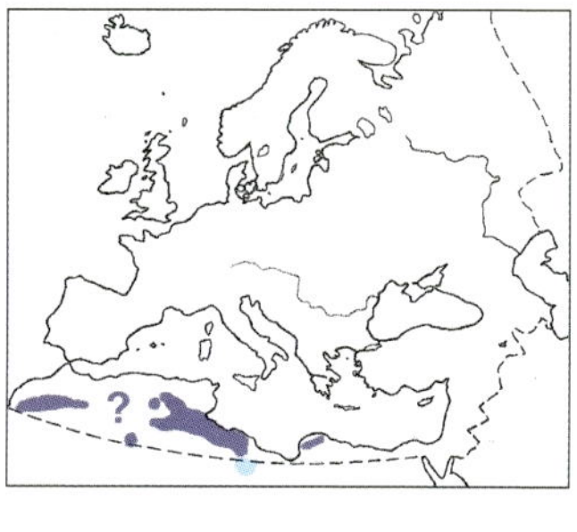

Schwarzrücken-Steinschmätzer

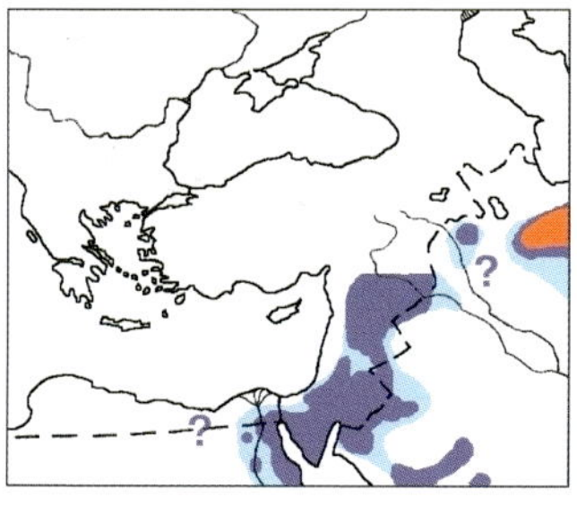

FELSENSTEINSCHMÄTZER

BERBERSTEINSCHMÄTZER

SCHWARZRÜCKEN-STEINSCHMÄTZER

DZ

KAPPENSTEINSCHMÄTZER –

Hooded Wheatear *Oenanthe monacha*

L 15,5-17 cm. Brütet in vegetationslosen Gebirgswüsten, in steilen Felsschluchten und Wadis. Jahresvogel. Fängt größere Fluginsekten in hohem Verfolgungsflug, steht oft unauffällig auf Felsblock, um dann plötzlich nach unten in einer Schlucht zu verschwinden. Nest in Felsspalten.

KENNZEICHEN *Recht groß, großer Kopf, Schnabel,* Flügel und Schwanz *lang,* aber eher *kurze Beine*; steht oft geduckt.– ♂: *Schwanz zeigt viel Weiß* ohne deutliche Endbinde, *Schwarz nur auf mittleren Steuerfedern und etwas an Ecken,* was langschwänzigen Eindruck verstärkt (ähnliches Schwanzmuster nur bei Saharasteinschmätzer, s. u.); *Mantel, Kehle, Vorderbrust* und sogar obere Flanken *schwarz*; Weiß des Nackens verschmälert sich nach hinten zu.– ♀: Schwanzmuster wie ♂, Weiß jedoch durch blasses Rostbraun ersetzt; gesamtes Gefieder *blass graubraun* mit etwas hellerer Unterseite und leicht *rostbeigem Bürzel*; Flügeldecken mit dunkleren Zentren und sandfarbenen Säumen. Beachte *langen Schnabel.*

STIMME Wenig bekannt. Ruft rau pfeifend „wit", schnalzend „tschak" und grob rollend „prrü". Gesang *langsam schwätzend* mit oft langen Strophen aus knirschenden Lauten und harten, klopfenden Tönen, aber auch einzelnen klaren, weicheren Silben sowie vielen Imitationen anderer Vögel.

SAHARASTEINSCHMÄTZER (A)

White-crowned Wheatear *Oenanthe leucopyga*

L 17-18,5 cm. Brütet in einsamen Gebirgswüsten, steinigen Ebenen, Wadis, auch an Häusern bei Oasen; ein vegetationsfreies Gelände bevorzugender Wüstenvogel. Meist scheu (lokal aber auch eher vertraut). Jahresvogel.

KENNZEICHEN Etwa so *groß* wie Trauersteinschmätzer, jedoch *schlanker,* Flügel und Schwanz länger, Schnabel schmaler. Fliegt schnell und kraftvoll. Gesamtes Gefieder *schwarz* mit *weißem Scheitel,* der sich aber erst nach einem Jahr entwickelt; einzelne jüngere Vögel zeigen im sonst schwarzen Scheitel eingestreute weiße Federn. *Schwanz mit viel Weiß,* schwarzem Mittelstreif und nur kleinen schwarzen Markierungen auf den Ecken (Muster wie Kappensteinschmätzer-♂). Im Flug *einheitlich dunkle Flügel.* Geschlechter gleich gefärbt.

STIMME Reiches, vielfältiges Repertoire, kräftige Stimme, guter Imitator (der „Beo der Wüste"). Ruft schrill pfeifend „hiit", hoch summend „bizz" und heiser „tschrä". Gesang oft laut mit vielen klaren Pfeiftönen, gleichartige Kurzstrophen längere Zeit wiederholt mit z. B. abfallenden Pfeiftönen als beherrschendem Lautmuster, „si-sü-so-trui-trü", oft mit hervorragenden Imitationen durchsetzt; daneben schwätzender weicher Vorgesang. Manchmal Singflug mit flatternden Flügeln und gefächertem Schwanz.

TRAUERSTEINSCHMÄTZER –

Black Wheatear *Oenanthe leucura*

L 16-18 cm. Brütet an steilen, trockenen Hängen mit Felsen, Abbrüchen, etwas Buschwerk und einzelnen Bäumen, von Meereshöhe bis in 3.000 m Höhe (meist unter 2.000 m); meidet ebeneres Terrain und Menschennähe. Jahresvogel. Scheu, flüchtet früh, meist hangaufwärts.

KENNZEICHEN *Groß, kräftig, großer Kopf, kräftiger Schnabel,* wirkt etwas plumper als der unausgefärbt ähnliche Saharasteinschmätzer. Pumpende Aufwärtsbewegungen des Schwanzes mit langsamem Absenken. Flug kraftvoll auf breit gerundeten Flügeln. *Ganz dunkel* (♂ schwarz, ♀ rußbraun) mit weißem Bürzel und gattungstypischer Schwanzzeichnung (schwarzes „T" auf weißem Grund), *Schwanzendbinde ausgeprägt und gleichmäßig breit,* etwa wie bei Steinschmätzer. Schwungfedern dunkel (kontrastieren jedoch bei durchscheinendem Licht etwas mit dunklen Flügeldecken). Verwechslungsgefahr nur mit unausgefärbtem Saharasteinschmätzer, dieser jedoch schlanker und mit unvollständiger Schwanzendbinde.

STIMME Ruft abfallend pfeifend „piüp", oft gereiht, sowie etwas zäh schmatzend „tschett-tschett", manchmal rollend „tscherrr". Gesang grob zwitschernd, etwas tieferer als andere südliche Steinschmätzer, fast drosselartig (aber ohne wehmütigen Klang und klare rollende Stimme der Blaumerle). Zeigt wellenförmigen Singflug.

SCHWARZSCHWANZ –

Blackstart *Cercomela melanura*

L 14-16 cm. Brütet in felsiger Wüste, Wadis und an steinübersäten Hängen mit einzelnen Büschen und Akazien. Jahresvogel. Vertraut, nähert sich oft furchtlos. Nest in Felsspalten.

KENNZEICHEN Gesamtes *Gefieder grau* (unterseits heller) mit *komplett schwarzem Schwanz.* Schwarze Alula kontrastiert mit grauen Flügeldecken. Alle Kleider identisch. Spreizt oft Schwanz und Flügel, vor allem bei Landung oder Ortswechsel, schlägt Schwanz langsam abwärts. Steht viel am Boden, oft auch niedrig in Akazienkronen.

STIMME Einzelne Gesangselemente werden wohl auch als Ruf benutzt. Warnt pfeifend „wih", erregt prasselnd oder fauchend „bschräh", erinnert an Nonnensteinschmätzer. Gesang aus 2-3 ziemlich tiefen, klaren Flötensilben, die erste betont, mit 4-5 s Abstand wiederholt, „TCHÜRRE-lü...... TRRÜtroo...... TSCHÜRRlü...... TSCHÜRRtschurr......", Tonfall einsam und wehmütig, Lautstärke oft durch widerhallende Felswände verstärkt.

Kappensteinschmätzer

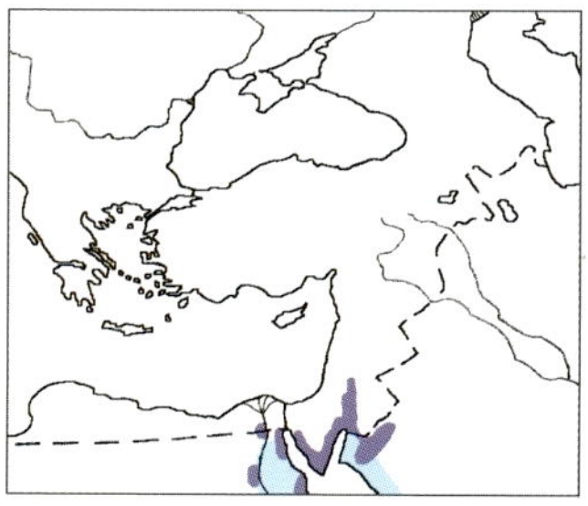

Saharasteinschmätzer

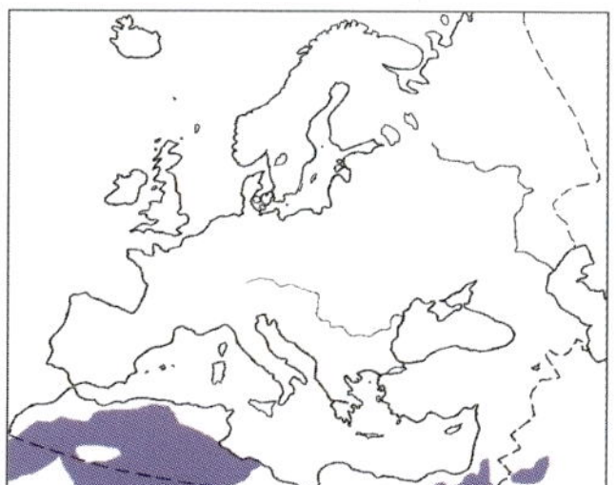

Trauersteinschmätzer

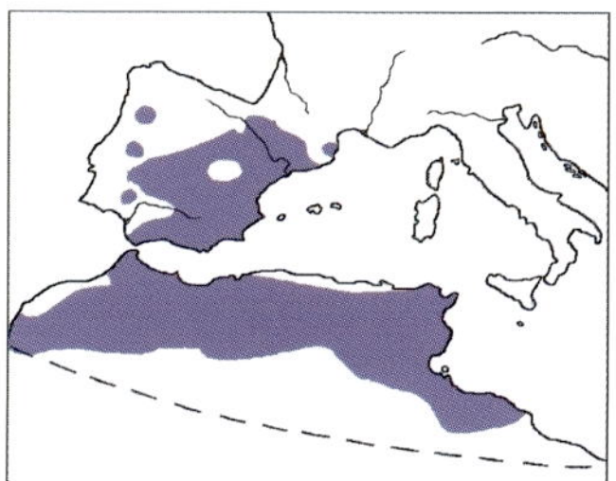

Schwarzschwanz

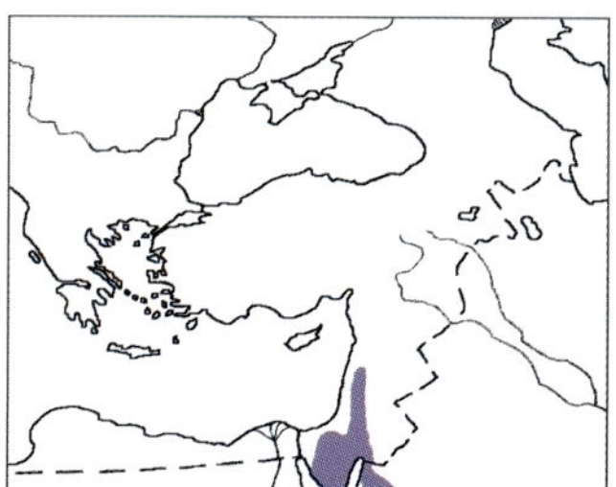

KAPPENSTEINSCHMÄTZER

SAHARASTEINSCHMÄTZER

TRAUERSTEINSCHMÄTZER

SCHWARZSCHWANZ

WÜSTENSTEINSCHMÄTZER A

Desert Wheatear *Oenanthe deserti*

L 14,5-15,5 cm. Brütet in trockenem, sandigem, steppenähnlichem Gelände und in Halbwüsten mit vereinzelten Büschen, niedrigem Bewuchs und Felsen (meidet aber reine Sandwüste). Kurzstreckenzieher.

KENNZEICHEN Recht kompakt mit relativ großem Kopf, Hals und Schwanz kurz. *Schwanz fast ganz schwarz*, Bürzel beige, leuchtet im Flug; Schwungfedern im Flug recht hell graubraun, aber *Unterflügeldecken* bei beiden Geschlechtern *kontrastierend dunkel* (beim ♂ schwärzlich).– ♂: Stets mit *schwarzer Kehle*; erinnert an schwarzkehlige Morphe des Mittelmeer-Steinschmätzers, jedoch mit schwarzem Schwanz und *weißen* (nicht schwarzen) *Schulterfedern*, daher Schwarz des Flügels viel schmaler, ferner *schwarze Verbindungslinie zwischen dem Schwarz von Kehle und Flügel* (bei Mittelmeer-Steinschmätzer selten). Im Herbst helle Säume der schwarzen Partien. Im 1en S Flügel brauner als bei ad.– ♀: Beachte neben Schwanzzeichnung ziemlich *blass graubraune Färbung auch des Flügels* (bei ♀ anderer Arten gewöhnlich dunkler); Brust beigebraun (ohne Orangeton); Mantel hell gelblich beige; *Schulterfedern sehr hell beigebraun*, mindestens so hell wie Mantel; Ohrdecken rötlich braun, Überaugenstreif schmutzig gelbweiß; gelegentlich mit dunkel schattierter Kehle.

STIMME Ruft schrill pfeifend lang „wiiäh", hart schmatzend „tsak" und dünn, gedämpft ratternd „tk-tk-tk". Gesang recht konstant wiederholte *kurze*, klare, abfallende, etwas zitternde, verzweifelt klagende Flötentöne, „TRÜÜ-trururu". Singflug vor Tagesanbruch, oft im Chor.

ROSTBÜRZEL-STEINSCHMÄTZER –

Kurdistan (Kurdish) Wheatear *Oenanthe xanthoprymna*

L 14-15 cm. Brütet an kargen Gebirgshängen mit niedriger, spärlicher Vegetation, oft in großer Höhe (1.200-4.000 m). Überwiegend Sommervogel, ziehend auch in geringerer Höhe. Wenig scheu, steht auf niedrigen Büschen, untersten Baumzweigen und Steinen. Schlägt den Schwanz selten.

KENNZEICHEN Recht *kompakter* Steinschmätzer mit proportional großem Kopf, dagegen Hals, Schwanz und Beine eher kurz. Steht oft ziemlich waagerecht. Teilt mit Kaukasussteinschmätzer charakteristisch *rostfarbenen Bürzel und Steiß*, zeigt als ad. aber eine *weiße Schwanzbasis*, die jedoch im ersten Lebensjahr meist noch rostfarben ist. Geschlechter ähneln einander, ♂ jedoch durchschnittlich bunter, mit dunkleren Schwungfedern, grauerem Mantel und tieferem Rostton auf dem Steiß, Kehle schwarz (bei ♀ dunkelgrau), Überaugenstreif weiß (bei ♀ gräulich), Scheitel, Mantel und Rücken grau (bei ♀ mit Braunton), einige den Flügel etwas gemustert wirken lassende helle Federränder. Unterscheidet sich vom Fahlbürzel-Steinschmätzer u. a. durch *schmalere helle Flügeldeckensäume* (daher Flügel im Frühjahr recht dunkel), *graueren Mantel und Rücken*, etwas geringere Größe und schlankere Gestalt.

STIMME Ruf ein abfallender Pfiff „tijüp", weniger durchdringend als entsprechender Steinschmätzerruf, und ein grob schnalzendes „tschack", manchmal in ratternder Folge („tch'r'r'r"). Gesang kurz und ziemlich tief, eine konstant wiederholte zwitschernde Strophe aus 4-6 trocken rollenden Elementen, „TSCHU-i tschu TSCHURR" o. Ä.

KAUKASUSSTEINSCHMÄTZER –

Red-tailed (Persian) Wheatear *Oenanthe chrysopygia*

L 14,5-16 cm. Früher als Unterart des Rostbürzel-Steinschmätzers betrachtet, unterscheidet sich aber durch mehrere Kriterien, getrennte Verbreitung und wird daher inzwischen als selbstständige Art betrachtet. Brütet im östlichen Kaukasus, Iran und angrenzenden Teilen Mittelasiens, überwintert in Ostafrika, zieht durch den Nahen Osten. Lebensraum und Lebensweise wie Rostbürzel-Steinschmätzer.

KENNZEICHEN Geschlechter gleich gefärbt. Wirkt wie ♀ des Rostbürzel-Steinschmätzers, aber *Bürzel und Schwanzbasis immer rostrot* (statt weiß) und *Kehle weißlich* (nie dunkel). Flügel eher *ungemustert braungrau*, Schirmfedern in frischem Zustand rötlich gesäumt, *Unterflügeldecken hell* (statt kontrastierend dunkel). *Oberseite rötlich graubraun* (nie dominierend grau), *Überaugenstreif undeutlich, kurz*.

STIMME Ruft harsch „kersch", ähnlich Nonnensteinschmätzer. Gesang lang, lerchenähnlich, meditativ plaudernd, durchsetzt mit hartem Doppelruf „kersch-kersch".

FAHLBÜRZEL-STEINSCHMÄTZER –

Red-rumped Wheatear *Oenanthe moesta*

L 14,5-16 cm. Brütet überwiegend in niedrigeren Lagen auf flachen, trockenen, sandigen oder lehmigen Flächen oder karger, steiniger Halbwüste, manchmal zwischen Tamarisken und schütterer niedriger Vegetation, aber nicht in reiner Sandwüste. Jahresvogel.

KENNZEICHEN Ähnlich Rostbürzel-Steinschmätzer (s. o.), jedoch *etwas größer, Schnabel und Beine* länger, Schwanz fast komplett dunkel mit rostrotem Bürzel und beim ♂ schmaler, beim ♀ ausgedehnt rötlicher Basis; *weiße Ränder der Großen Armdecken bilden helles Flügelfeld*, besonders beim ♂; *helle Flügelbinden* auf Großen und Mittleren Armdecken; Mantel, Rücken und Schulterfedern bei ♂ im abgetragenen Kleid schwarz, was gelegentlich zu Verwechslungen mit anderen Arten verleiten kann.– ♀: Zeigt *an Scheitel, Nacken und Kopfseiten rostbeige* Färbung und *hellbeiges Flügelfeld*. Hebt den Schwanz oft an und senkt ihn langsam wieder ab (ähnlich Trauersteinschmätzer).

STIMME Ruft bei Erregung wiederholt kurz „prrit", fast wie Zwergtrappe. Gesang recht langsam, weich, tief, ohne klare Struktur, kratzend oder metallisch, etwa „tschurr-urr tschorr-orr tschürr ürr tschirr-irr…". Auch kürzere, einfachere Strophen.

Wüstensteinschmätzer

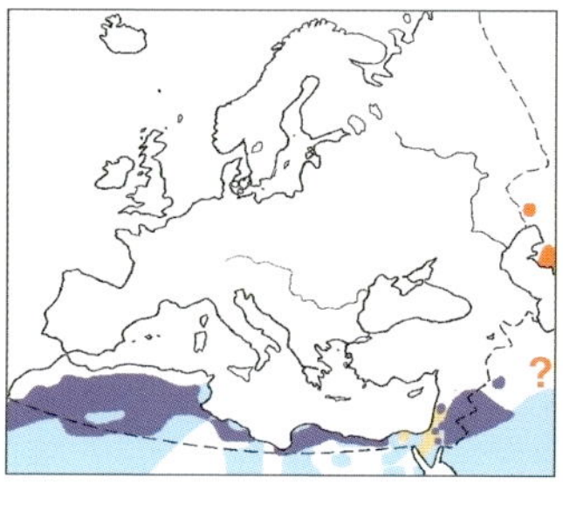

Rostbürzel-Steinschmätzer

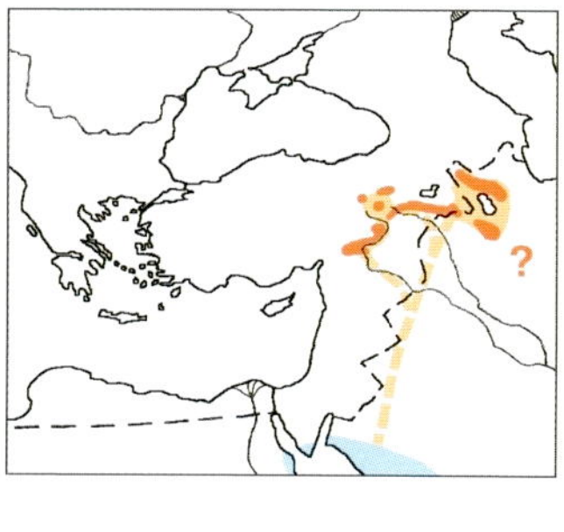

Fahlbürzel-Steinschmätzer

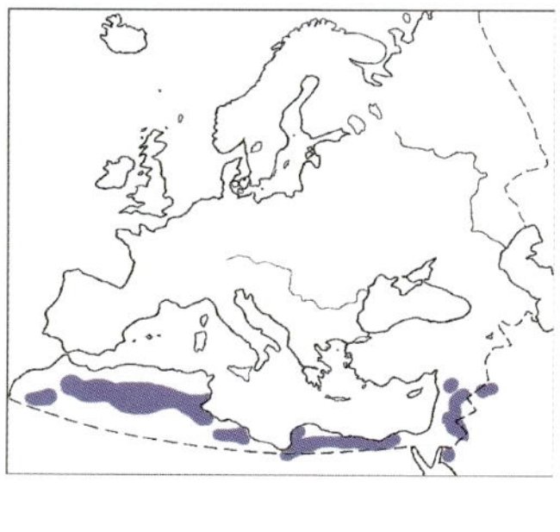

WÜSTENSTEINSCHMÄTZER

ROSTBÜRZEL-STEINSCHMÄTZER

KAUKASUSSTEINSCHMÄTZER

FAHLBÜRZEL-STEINSCHMÄTZER

BRAUNKEHLCHEN BZ

Whinchat *Saxicola rubetra*

L 12-14 cm. Brütet in feuchtem Wiesen- und Weidegelände, in der Taiga auch in feuchten Seggenmooren mit niedrigen Weiden. Sommervogel (Apr.-Sept., selten Okt.), überwintert im tropischen Afrika. Nest unter Grasbüschel.

KENNZEICHEN Klein, kurzschwänzig und kompakt mit recht langen schwarzen Beinen. Steht aufrecht, knickst und wippt langsam mit dem Schwanz, fliegt oft niedrig und schwungvoll von einer Warte zur anderen auf eine Staudenspitze oder einen Zaun. Markanter heller Überaugenstreif in allen Kleidern charakteristisch. *Bürzel gelbbraun und dunkel gefleckt,* übrige Oberseite dunkel gestrichelt. Weiße Basen der äußeren Steuerfedern im Flug sichtbar.– Ad. ♂: Schwarze Zügel und schwarzbraune Kopfseiten, *von rein weißen Streifen eingerahmt. Kehle und Brust orange.* Flügel ziemlich dunkel mit ein oder zwei *weißen Flügelabzeichen,* am einfachsten im Flug erkennbar.– ♀/1er W: Beigeweißer Überaugenstreif, hellbraune Kopfseiten, meist kein weißes Flügelabzeichen. Altersbestimmung im Herbst außer bei sehr bunten ad. ♂ schwierig. Alt- und Jungvögel können auf der Brust fein gefleckt sein.

STIMME Warnt mit weichen, kurzen Pfeiftönen und schnalzenden Lauten „jü teck, jü teck-teck…". Gesang (oft auch nachts) aus variablen, lauten, schnellen Kurzstrophen mit rauen und knirschenden, aber auch klaren, tiefen Tönen und vielen Imitationen. Strophen beginnen etwas abgehackt, beschleunigen sich und enden abrupt. Vom ebenfalls nachts singenden Steinschmätzer am weicheren, weniger kratzenden Tonfall, dem explosiven Vortrag und dem häufigen Einschluss des kurzen Warnrufs „jü" unterscheidbar.

SCHWARZKEHLCHEN BZ

European Stonechat *Saxicola torquatus*

L 11,5-13 cm. Weit verbreitete Art mit mehreren Formen, oft als zwei oder mehr selbstständige Arten betrachtet, hier aber zusammengefasst, da es Zwischenformen gibt und die Situation in Kontaktgebieten unklar erscheint. Unabhängig von taxonomischer Einstufung jedoch auf zwei Gruppen aufteilbar, die hier getrennt behandelt werden. Die erste Gruppe kommt in Europa und der Westtürkei vor (hauptsächlich *rubicola*) und ist außer im Norden Jahresvogel. Brütet in offenem Gelände mit niedriger Vegetation, gern mit Heidekraut und Ginster, von Meereshöhe über Hochmoore bis über die Baumgrenze in der alpinen Zone hinaus.

KENNZEICHEN (*rubicola* u. a.) Ad. ♂: Gesamter *Kopf* (einschließlich Kinn) *schwarz* (im Herbst teilweise durch helle Federsäume verdeckt), weißer Halsseitenfleck. Brust rötlich orange, auf oberen Bauch und Flanken ausgedehnt. *Bürzel braun* und *dunkel gefleckt* (bleicht im Sommer aus, manchmal zu kleinem und selten zu großem weißen Fleck). *Unterflügeldecken grau mit dünnen weißen Säumen,* kaum einmal einen schwärzlichen, kontrastierenden Eindruck vermittelnd.– ♀: Kehle dunkelbraun (kann im Herbst durch helle Federsäume überwiegend verdeckt sein).

STIMME Warnt ähnlich Hausrotschwanz mit schrillem, scharfem Pfeifton und kehligem Schnalzen „wist trak-trak, wist…". Gesang kurze, hohe Zwitscherstrophe, an Ohrenlerche oder Heckenbraunelle erinnernd, eher monoton und ohne Variationen und Stimmumfang des Braunkehlchens.

„PALLASSCHWARZKEHLCHEN" A

„Siberian Stonechat" *Saxicola torquatus maurus* u. a.

L 11,5-13 cm. Unterartengruppe des Schwarzkehlchens, hier aus praktischen Gründen separat behandelt. Brütet in Sibirien und dem nördlichen Mittelasien (*maurus, stejnegeri,* „Pallasschwarzkehlchen"). Davon isoliert zwei weitere Taxa: *armenicus* („Armenienschwarzkehlchen", Osttürkei, Armenien) und *variegatus* („Kaspischwarzkehlchen", westlich des Kaspischen Meeres). Lebensraum und Lebensweise ähnlich Schwarzkehlchen, meist in geringeren Höhenlagen.

KENNZEICHEN *(maurus)* Ad. ♂: Ähnlich Schwarzkehlchen, aber *weißer Halsseitenfleck größer und weiter auf Nacken reichend, orangeroter Brustfleck durchschnittlich kleiner, übrige Unterseite weiß* (aber manchmal intermediäre Vögel). *Bürzel ungestrichelt beigeweiß* (im Sommer zu großem weißem Fleck ausbleichend). *Unterflügeldecken schwarz,* in starkem Kontrast zum übrigen Unterflügel (manchmal schwer einschätzbar).– ♀: *Kehle hell,* gelblich weiß, nie dunkel.– 1er W: Ausnahmegäste in Europa zeigen angedeuteten *hellbeigen Überaugenstreif* und *ungestreiften großen, beigen Bürzelfleck.*– „Kaspischwarzkehlchen": Ad. ♂ ähnlich *maurus,* aber mit viel Weiß im Schwanz, das *steinschmätzerähnliches T-Muster* erzeugt.– „Armenienschwarzkehlchen": Ähnlich *maurus,* aber etwas größer und manchmal mit etwas Weiß an der Schwanzbasis.

STIMME Wahrscheinlich identisch mit Schwarzkehlchen.

KANARENSCHMÄTZER –

Canary Islands Stonechat *Saxicola dacotiae*

L 11-12,5 cm. Brütet nur auf Fuerteventura (Kanaren; wohl max. 1.300 Paare) auf kahlen Hängen und in Schluchten mit Büschen und einzelnen Bäumen. Jahresvogel.

KENNZEICHEN Etwas kleiner als Schwarzkehlchen, Gestalt und Verhalten ähnlich. Schnabel etwas dünner und länger, Schwanz länger und schmaler. Ad. ♂: *Kopf braunschwarz* mit *schmalem weißem Kehlfeld* (auf Halsseiten fortgesetzt) und *kurzem weißem Überaugenstreif,* auf oberer Brust orangebeiger Fleck, kleiner weißer Flügelfleck, *Bürzel dunkel.*– ♂1er W: Matter gefärbt als ad., meist ohne Flügelfleck. Im frischen Gefieder *helles Band entlang der Armschwingen* sowie dünne helle Flügelbinde.– ♀: Blasser und grauer als ♂, Kopf braungrau, zart gefleckt, Überaugenstreif diffus. Kehle immer hell.

STIMME Stimme sehr ähnlich Schwarzkehlchen.

Braunkehlchen

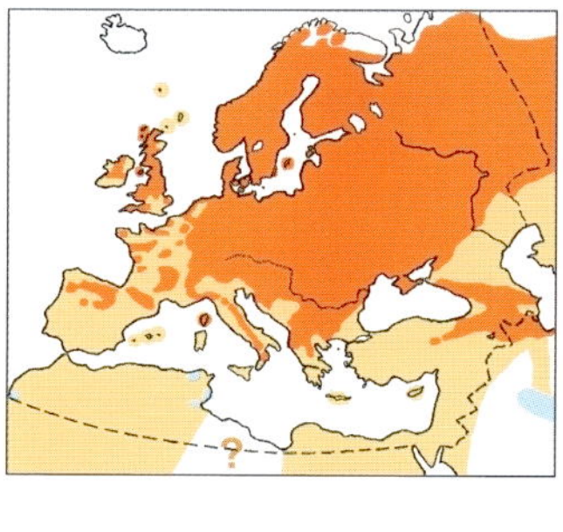

Schwarzkehlchen

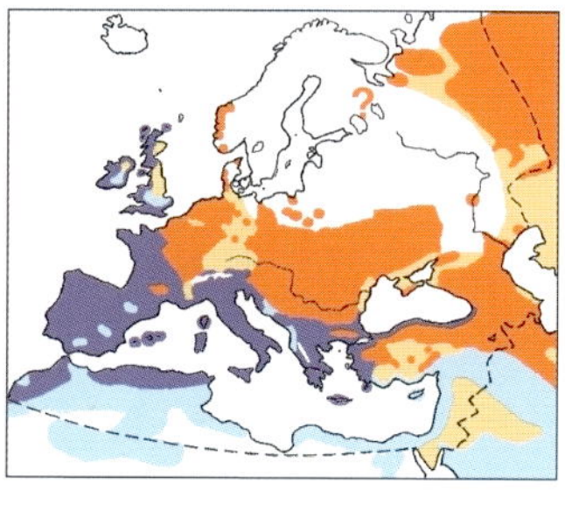

Kanarenschmätzer

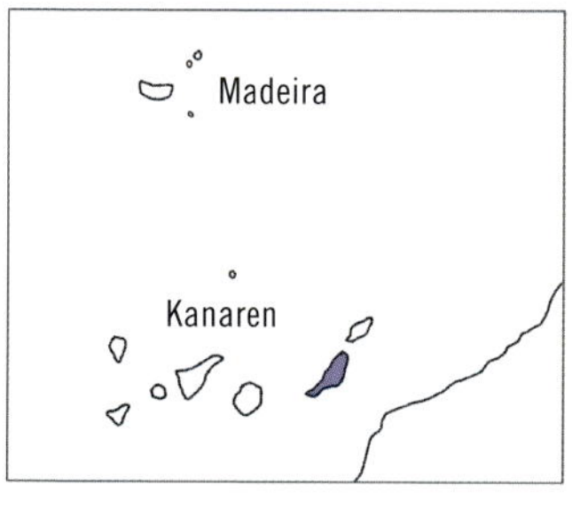

BRAUNKEHLCHEN

SCHWARZKEHLCHEN

KANARENSCHMÄTZER

DZ

SINGDROSSEL BZ

Song Thrush *Turdus philomelos*

L 20-22 cm. Brütet in Wäldern, Parks und baumbestandenen Gärten. Nordöstliche Populationen ziehen nach West- und Südeuropa (März-Okt.). Nahrung Schnecken, Insekten, Würmer. In Gehölzen gut verstecktes Nest innen mit Holzmulm und Lehm ausgekleidet.

KENNZEICHEN Eher klein und kompakt, *recht kurzschwänzig*. Flug schnell und etwas ruckartig. Oberseite braun, *Unterseite gelblich weiß oder weiß, dicht übersät mit schwarzen Flecken* (vgl. Misteldrossel). *Unterflügeldecken rostbeige*, manchmal im Flug erkennbar; *oft mit wärmerem Ockerton auf den Flanken* entlang der Flügelkanten (und auf der Brust), aber nie rostrot wie Rotdrossel und ohne deren Überaugenstreif. Geschlechter gleich gefärbt.

STIMME Ruft beim Auffliegen und auf dem Zug fein, spitz „zit" (weniger hart und klickend als Rotkehlchen, etwas weicher als Waldammer). Warnt durchdringend zeternd „tix-ix-ix-ix-ix…" (schärfer und heller als Amsel). Gesang laut und sehr abwechslungsreich, wirkt „selbstsicher" und „rechthaberisch", oft scharfe, durchdringende Kaskaden mit wenigen, kurzen Pausen, typisch sind 2-4-malige Motivwiederholungen, z. B. „kückliVI kückliVI, tixi-tixi-tixi, PI-äh, trrrü-trrrü-trrrü tixiFIX, tjü-tjü-tjü, ko-ku-kiKLIX ko-ku-kiKLIX…".

ROTDROSSEL bZ

Redwing *Turdus iliacus*

L 19-23 cm. Charaktervogel nordeuropäischer Nadel- und Fjällbirkenwälder bis in die Weidenzone, auch in Kulturland und Parks. Nest auf dem Boden, niedrig in Büschen oder Bäumen. In Mitteleuropa häufiger Durchzügler (meist Okt./Nov, März/Apr.), gelegentlich Überwinterung und einzelne Bruten. Eher scheu.

KENNZEICHEN *Klein* (knapp singdrosselgroß), recht kurzschwänzig, kompakt und mit ziemlich großem Kopf. Beachte *weißen Überaugenstreif* und *weißen Wangenstreif* sowie *rostrote Flanken* bei stehenden und *rostrote Unterflügeldecken* bei fliegenden Vögeln.

STIMME Ruft im Flug (auch nachts ziehend über Städten zu hören) hoch, gedehnt, etwas rau „stüüüf". Ruft auch nasal „gack", warnt hart schmetternd „tret-tret-tret-tret…". Gesang sehr variabel und individuell verschieden, recht kurz mit 3-6 s langen Pausen, besteht aus lauten, leicht wiederzugebenden Tonreihen, gefolgt von weich schnarrendem Zwitschern; häufige Einleitungsmotive abfallend „tjirre tjürre tjorre", ansteigend „trü tra tro-trü-tri", weich wie Karmingimpel „vidJE-vidJÜ", kurz und wehmütig „trüi trai", klar und klingend „tüllüllüllüllüll…". Zur Zugzeit auch laute Zwitscherchöre rastender Trupps.

MISTELDROSSEL BJZW

Mistle Thrush *Turdus viscivorus*

L 26-29 cm. Brütet in Wald, Parks und großen Gärten, in Südeuropa oft an Hängen im Bereich der Baumgrenze, Nahrungssuche dann auf höher gelegenen Wiesen. Jahres-, teilweise Sommervogel (meist März-Nov.). In weiten Teilen des Verbreitungsgebiets wachsam und scheu, aber in Mitteleuropa vertrauter.

KENNZEICHEN Groß und einer Singdrossel ähnlich gemustert, aber leicht zu unterscheiden durch andere *Rufe, bedeutendere Größe, langschwänzige Gestalt, kraftvolleren Flug in längeren Bögen* (nicht ruckartig und hüpfend), *weiße Unterflügeldecken* und *weiße Schwanzecken*. Im Baum stehend manchmal schwieriger von Singdrossel zu unterscheiden, aber *Kopf- und Halsseiten blasser braungrau, schwarze Flecke auf Brustseiten größer,* unregelmäßige *dunkle Abzeichen auf Halsseiten, rundere schwarze Flecke auf Brust und Bauch, grauere Flügelfedern mit helleren Rändern.*

STIMME Ruf ein charakteristisches lang gezogenes, trockenes, hölzernes Schnarren „zer'r'r'r'r'r", warnt hart ratternd ähnlich Wacholderdrossel, aber etwas trockener. Gesang aus kurzen, variablen, lauten Strophen mit amselartigem Klang, jedoch mit wehmütigerem, etwas härterem Ton, schnellerem Tempo und kürzeren Pausen sowie kleineren Tonstufen (wirkt daher monotoner), ferner ohne (oder nur mit wenigen) gepressten Lauten am Strophenende „truItrüwu…tschuRI tschurU…tschüWUtru…tschruwüTRU…".

WACHOLDERDROSSEL BJZW

Fieldfare *Turdus pilaris*

L 22-27 cm. Brütet in offenen Laub- und Mischwäldern, Feldgehölzen, Alleen, Parks und Gärten, meist in kleinen Kolonien (greifen gemeinsam und sehr energisch Krähen und Greifvögel an, bespritzen sie manchmal sogar mit Exkrementen). Ab Herbst in Trupps auf Wiesen und an beerentragenden Gehölzen. Nahrung im Sommer jedoch überwiegend Würmer und Insekten.

KENNZEICHEN Große, *langschwänzige*, robuste Drossel. Im Flug langer Schwanz, *hellgrauer Bürzel* (gut von hinten zu sehen), *weiße Unterflügeldecken* (sonst nur bei Misteldrossel) und eher flatternder, *weniger wellenförmiger Flug. Mantel rotbraun*, Scheitel/Nacken grau. Unterseits kräftig gefleckt, Brust mit rostgelbem Ton. Geschlechter ähneln einander.– JK: Helle Flecke auf Flügeldecken.

STIMME Ruft durchdringend gepresst „gih" und rau schackernd „schak-schak-schak". Krähen werden furios zeternd verjagt. Gesang einfach, schwatzende Töne ohne Struktur durch kurze Pausen getrennt, im Singflug etwas ekstatischer, schneller und länger.

Singdrossel

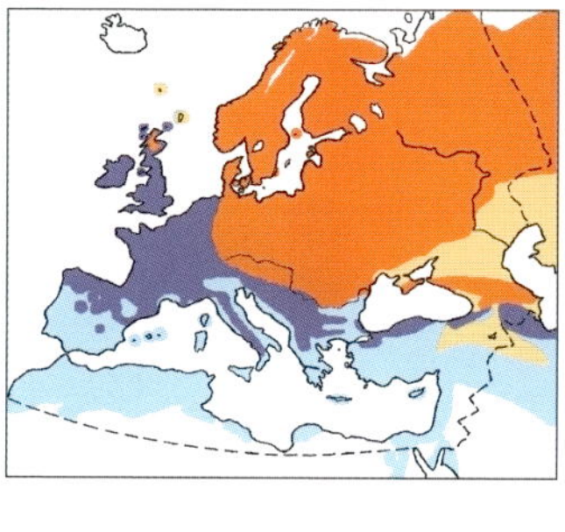

Rotdrossel

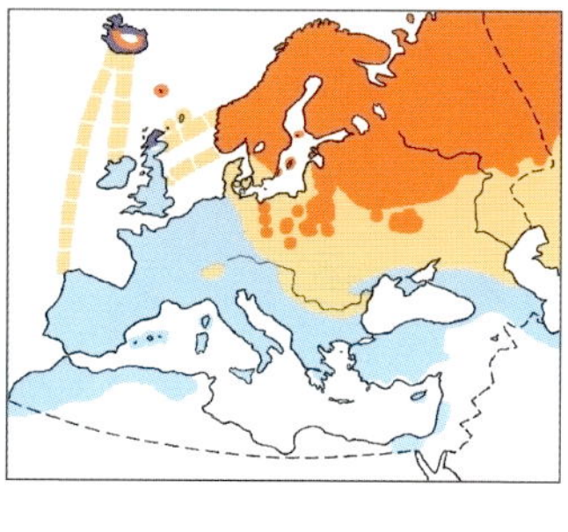

Misteldrossel

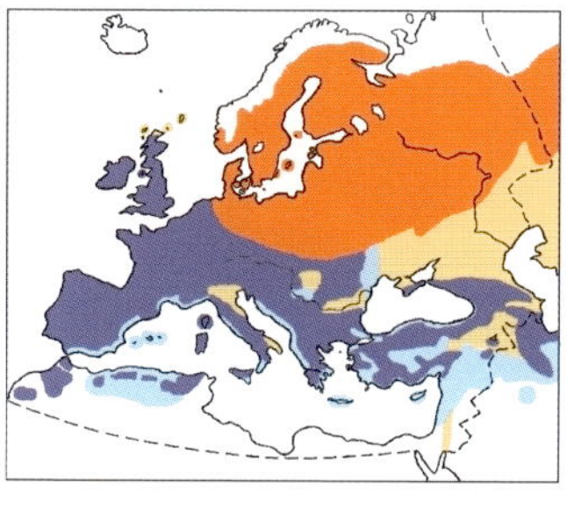

Wacholderdrossel

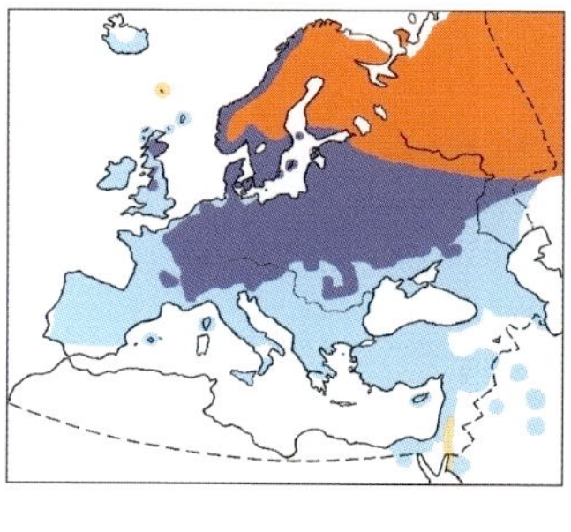

SINGDROSSEL

ROTDROSSEL

MISTELDROSSEL

WACHOLDERDROSSEL

KM

AMSEL BJZW

Common Blackbird *Turdus merula*

L 23,5-29 cm. Brütet häufig in Wäldern, Parks und Gärten. Teilzieher, vor allem Jungvögel ziehen (Okt./Nov.). Vertraut, Nest in Gebüsch und Bäumen, in Spalieren, auf Dachbalken oder sogar auf Balkonen in Blumenkästen. Singt oft von Dächern, Antennen und Baumspitzen. Nahrung Regenwürmer, Insekten und Beeren.

KENNZEICHEN ♂: *Ganz schwarz mit gelbem Schnabel und gelbem Lidring.* Vom Beginner allenfalls mit Star zu verwechseln, aber *kein Schwarmvogel, Schwanz lang* (oft gestelzt), *hüpft* (statt zu trippeln), Gefieder ohne große weiße Flecke.– ♀: Dunkelbraun mit etwas *hellerer Kehle und diffuser Brustfleckung.*– JK: Wie ♀, aber oberseits kleine helle Flecke.

STIMME Vielfältiges Repertoire, stimmfreudig. Häufige Rufe: tief „pok"; während des Zugs gedämpft, fein rollend „srrri"; erregt rotkehlchenartig fein „tsiiih"; hart schnalzend „tjack-ack-ack-ack…"; warnend gegenüber Katze oder Eule, auch vor Aufsuchen des Schlafplatzes, metallisch hoch „pli-pli-pli-pli-pli…", das (oft beim Abfliegen) in Crescendo umschlägt. Gesang *melodisch* und weich im Ton, *klare und laute Flötentöne* (fast in Dur) in gemächlichem Tempo und mit oft großen Tonsprüngen sowie mit angehängtem, gepresstem Zwitschern; Strophen recht kurz, mit 3-5 s Abstand. Manchmal mit wehmütigem Ton an Misteldrossel erinnernd.

RINGDROSSEL BZ

Ring Ouzel *Turdus torquatus*

L 24-27 cm. Brütet in Bergregionen, an steilen, steinübersäten Hängen, in Mittel- und Südeuropa in lichten alpinen Nadelwäldern und in der Latschenzone. Im Norden Sommervogel (Apr.-Okt.), überwintert im Mittelmeerraum. Scheu. Nahrung Insekten, Würmer, Beeren, Nest in Felsspalte, hohlem Baumstumpf, Baum usw.

KENNZEICHEN Gestalt und Größe ähnlich Amsel (etwas schlanker, langhalsiger und schmalflügeliger).– Ad.: Überwiegend schwarz oder rußig braunschwarz mit *weißem Brustband* (*Halbmond;* bei ♀, aber auch einigen ♂, mit schmalen braunen Federsäumen, am deutlichsten im frischen Gefieder), *gelber Schnabel* mit dunkler Spitze; Flügelfedern mit hellen Rändern, im Flug wirken Flügel daher *deutlich heller* als bei Amsel. Geschlechter einander ähnlich, ♂ jedoch im Durchschnitt schwärzer und mit ausgeprägter weißem Halbmond.– 1er W: ♂ wie ad. ♀, aber mit nur angedeutetem hellem Halbmond, ♀ gewöhnlich ganz ohne hellen Halbmond, erinnert an Amsel, jedoch mit etwas helleren Flügeln.– Vögel Mittel- und Südeuropas *(alpestris)* haben unterseits helles Schuppenmuster und hellere Flügel.

STIMME Ruft steinhart klickend „tück", härter und etwas höher als Amsel. Gesang aus laut und wehmütig klingenden Strophen mit 2-4 gleichartigen Silben oder Motiven in ruhigem Tempo, z. B. „trrü trrü trrü trrü… si-WÜTT si-WÜTT si-WÜTT… tschuWÜÜ tschuWÜÜ tschuWÜÜ…".

BLAUMERLE (A)

Blue Rock Thrush *Monticola solitarius*

L 21-23 cm. Brütet in felsigem, steilem Gelände, in Schluchten, an Steilhängen mit Felsblöcken und Felsvorsprüngen, lokal auch in Steinbrüchen, an Ruinen, Kirchen und sogar bewohnten Gebäuden in der Ebene, also im Gegensatz zum Steinrötel auch in tieferen Lagen. Überwiegend Jahresvogel. Wachsam, geht schnell in Deckung. Nahrung Insekten, Pflanzenmaterial, kleine Eidechsen. Nest in Fels- oder Wandnische.

KENNZEICHEN *Groß und schlank, auffallend langer Schnabel* (erinnert im Gegenlicht an Misteldrossel).– ♂: Dunkel *blaugrau* mit dunklen Flügeln (1er W matter blau und dunkel gebändert, Handdecken hellspitzig).– ♀: Dunkelbraun mit gebänderter Unterseite und *dunkelbraunem Schwanz,* selten mit blauem Hauch des Kleingefieders.

STIMME Ruft zweisilbig durchdringend pfeifend „üh-wih", auch tief und hart „tschuck". Gesang etwas variabel, oft ähnlich Steinrötel, laut, aber nicht so weich, enthält *klare sowie rollende oder vibrierende* (auf „r"), aber auch kratzende Töne, *sehr melancholischer Klang.*

STEINRÖTEL bZ

Rufous-tailed Rock Thrush *Monticola saxatilis*

L 17-20 cm. Brütet an steilen, felsigen Hängen oder auf hoch gelegenen Matten in über 1.500 m Höhe, somit meist höher als Blaumerle. Sommervogel (meist März/Apr.-Sept.), überwintert südlich der Sahara. Scheu. Nahrung Insekten, Pflanzenmaterial, kleine Eidechsen. Nest in Felsspalte, unter Felsbrocken oder im Boden.

KENNZEICHEN ♂ PK kaum verwechselbar (jedoch oft erstaunlich unauffällig).– ♂ SK/♀/JK: Einander ähnlich, deutlich schlichter gefärbt, bräunlich mit *dichter dunkler Bänderung;* kennzeichnend sind *kurzer rostroter Schwanz,* gedrungener Körperbau und recht langer Schnabel; ♂ zeigen manchmal etwas *Weiß auf Rücken* sowie Blaugrau auf Kopf und Kehle.

STIMME Ruft kurz, hell „wiht" und hart „tschack". Gesang, oft in wellenförmigem Singflug mit abschließendem Gleiten, weiche und melodische Strophen (mit traurigem Grundton), in der Höhe oft abfallend; kann an Rotdrossel und Amsel erinnern, weicher und weniger wehmütig als Blaumerle.

Amsel

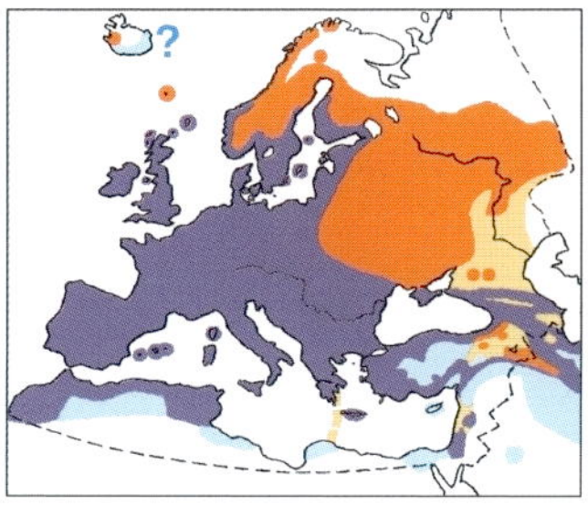

Ringdrossel

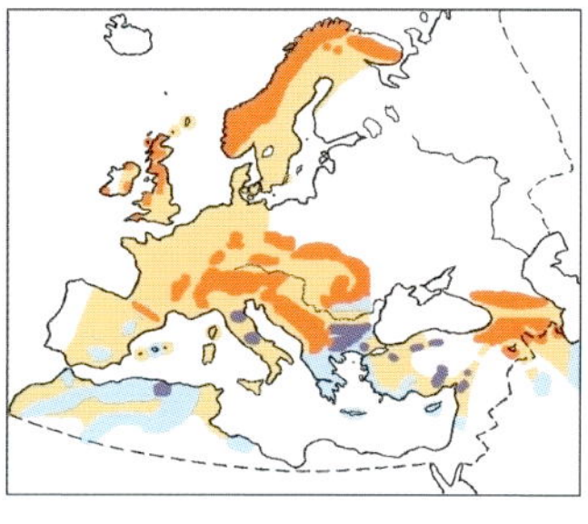

Blaumerle

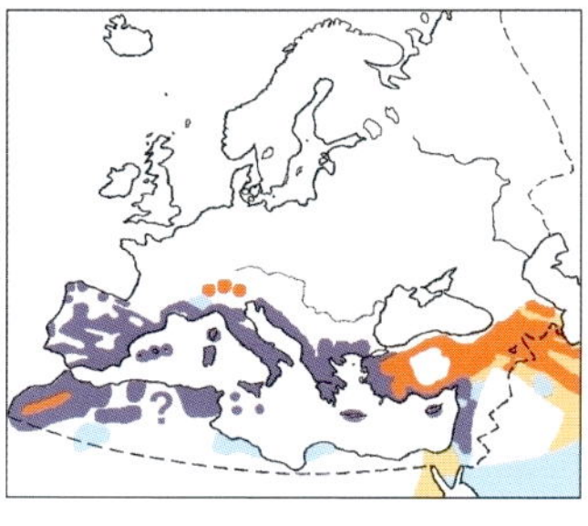

Steinrötel

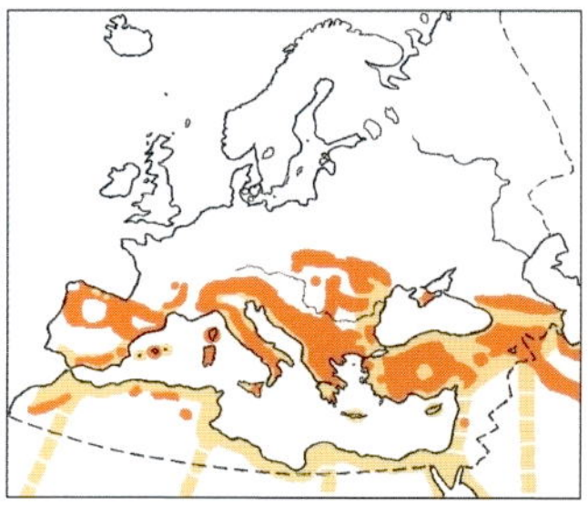

AMSEL

RINGDROSSEL

KM

BLAUMERLE

DZ

STEINRÖTEL

NORDAMERIKANISCHE DROSSELN

Einige nordamerikanische Drosselarten wurden mehrfach in Europa nachgewiesen und sind hier dargestellt. Obwohl sie gute Flieger sind, benötigen sie für die Meeresüberquerung zusätzlich starken herbstlichen Rückenwind und ein Tiefdruckgebiet über dem Nordatlantik. Eine der gezeigten Arten gehört zur auch in Europa vertretenen Gattung *Turdus*, vier zur von kleineren Arten gebildeten typisch amerikanischen Gattung *Catharus*.

WANDERDROSSEL A

American Robin *Turdus migratorius*

L 22-25 cm. War als „Robin" für britische Auswanderer der rotbrüstige Ersatz für ihren geliebten Gartenvogel, das Rotkehlchen. Seltener Gast in Europa, meist Herbst und Winter. Wenig scheu (in Nordamerika auch in Gärten). Verhält sich wie Amsel.

KENNZEICHEN Recht kräftig gebaut, Gestalt und Verhalten etwa wie Wacholderdrossel oder Amsel, also langflügelig mit gutem Flugvermögen. *Gesamte Brust, Flanken und Vorderbauch tomaten- oder rostrot* (in frischem Gefieder beigeweiße Federspitzen, bei ad. ♂ am wenigsten ausgeprägt). *Oberseite dunkelgrau* (schwacher Braunton bei ♀ und im 1en W), *Kopf fast schwarz* (bei ♀ und 1er W matter) *mit weißen Markierungen um das Auge*; Kehle weiß, grob schwarz gefleckt; *Schnabel* bei Vögeln im PK fast *ganz gelb*, im SK dunkler, im 1en W ganz dunkel. Bei einigen ♂ (Variante *„nigrideus"*) Mantel rußig oder schwarzfleckig, Unterseite tiefer rot.

STIMME Amselartig, einschließlich tief schnalzendem „schock-schock-schock" und erregterem „kli-kli-kli...".

ZWERGDROSSEL a

Swainson's Thrush *Catharus ustulatus*

L 16-18 cm. Seltener Gast in Europa, vorwiegend im Herbst. Ziemlich wachsam.

KENNZEICHEN Recht klein, deutlich kleiner als die ähnlich gefärbte Singdrossel (aber ohne Größenvergleich oft schwer einschätzbar), dunkle Flecken der Unterseite jedoch *kleiner* und *auf Kehle und Brust begrenzt,* auf den Flanken weit vor Beinansatz endend (statt mit gröberer Fleckung bis Bauch und Flanken bis zu den Beinen) sowie mit dem für *Catharus* (und *Zoothera*) typischen *Flügelmuster.* Schmaler dunkler Kinnstreif, Flanken gräulich. Erinnert an Grauwangendrossel, jedoch mit *beigem deutlicherem Augenring* (nicht grauweiß und schmal) sowie *schwach beige getönten Wangen* und *vor dem Auge deutlichem beigem Überaugenstreif.* Oberseits graubraun mit Olivton (Populationen in Nordwestamerika aber eher mit Rostton).

STIMME Flugruf, oft nachts zu hören, hoch, weich, ansteigend „kwüüi". Warnruf peitschend und resonant „tschipp".

GRAUWANGENDROSSEL a

Grey-cheeked Thrush *Catharus minimus*

L 15-17 cm. Nah mit Zwergdrossel verwandt. Seltener Gast in Europa, vorwiegend im Herbst. Scheu, bleibt meist in Deckung.

KENNZEICHEN Klein; *Flügelunterseite* wie bei anderen *Catharus*-Arten *weißlich mit breitem grauem Band in der Mitte;* ähnlich Zwergdrossel mit fein dunkel gefleckter Kehle und Brust, schmalem dunklem Kinnstreif, grau getönten Flanken, einfarbig graubrauner Oberseite, unterscheidet sich jedoch *durch eher grauweiße Grundfärbung an Kopfseiten und Kehle,* in der Regel *schmaleren, weniger hervortretenden grauweißen Augenring* (im 1en W manchmal etwas deutlicher) sowie durch *Fehlen* des *deutlichen hellen Überaugenstreifs.*– Unterart ***bicknelli*** aus dem Nordosten (auch als eigene Art angesehen) ist klein mit schwachem Rostton auf dem Schwanz sowie Gelbfärbung des halben Unterschnabels.

STIMME Auf dem Zug, meist nachts, schrill pfeifend und lang, angedeutet abfallend „tsii(ü)".

EINSIEDLERDROSSEL a

Hermit Thrush *Catharus guttatus*

L 15-17 cm. Sehr seltener Gast in Europa. Scheu, fast immer versteckt.

KENNZEICHEN Klein; *Flügelunterseite* gattungstypisch. *Brust mit wenigen, aber großen und markanten dunklen Flecken,* Flanken meist ganz ungefleckt (allenfalls grau gewölkt). Oberseite graubraun *mit rostrotem Ton auf Bürzel und Schwanz* (ähnlich Nachtigall, aber etwas größer, kompakter und kurzschwänziger). *Weißer Augenring.* Stelzt oft den Schwanz und senkt ihn langsam ab.

STIMME Ruft amselartig, aber höher und gedämpfter „tschück", oft gereiht; daneben auch gepresst, nasal, etwas meisenartig, leicht ansteigend „weeüh".

WILSONDROSSEL –

Veery *Catharus fuscescens*

L 16-18 cm. Sehr seltener Gast in Europa (nur wenige Herbstnachweise). Scheu, bleibt in Deckung.

KENNZEICHEN Klein; Flügelunterseite gattungstypisch. Erinnert stark an Grauwangen- und Zwergdrossel, jedoch *Fleckung auf Kehle/Brust undeutlicher* und weniger ausgedehnt; außerdem *mit einheitlich rostgetönter Oberseite* (Einsiedlerdrossel nur Bürzel und Schwanz rotbraun; beachte aber, dass westliche Unterart der Zwergdrossel oberseits ähnlich rotbraun getönt ist); Augenring stets schmal und undeutlich. Kann bei flüchtiger Beobachtung mit Sprosser verwechselt werden, aber gesamte Oberseite (nicht nur Schwanz) rötlich, Beine rosabraun statt grau.

STIMME Ruft rau pfeifend abfallend „pjiu".

Alle auf der gegenüberliegenden Seite abgebildeten Arten zeigen (mit Ausnahme der Wanderdrossel) ein markantes Unterflügelmuster.

WANDERDROSSEL

ZWERGDROSSEL

EINSIEDLERDROSSEL

GRAUWANGENDROSSEL

WILSONDROSSEL

ASIATISCHE DROSSELN

Von den sieben hier gezeigten Arten brüten zwei am Rand des Bearbeitungsgebiets, die anderen weiter östlich in Sibirien. Ausnahmegäste in Europa meist im Herbst und Winter.

ERDDROSSEL A

White's Thrush *Zoothera dauma*

L 27-31 cm. Brütet lokal unmittelbar westlich des Ural. Sommervogel (ab Ende Mai), überwintert in Südostasien. Meist am Boden, sehr scheu, fliegt bei Störung entweder hoch in Bäume oder versteckt sich im Unterwuchs.

KENNZEICHEN *Groß, lang,* mit *kräftigem Schnabel.* Im kraftvollen Flug, über längere Strecken wellenförmig, ist manchmal die kennzeichnende schwarz-weiße Längsbänderung des Unterflügels erkennbar. Gefieder sonst graubraun mit Olivstich, aus der Nähe *ober- und unterseits schwarze halbmondförmige Fleckung* sichtbar. *Flügel recht kontrastreich* (einschließlich zweifarbiger Schwungfedern). Geschlechter gleich gefärbt.

STIMME Sehr schweigsam, mit Ausnahme des bemerkenswerten Gesangs, monotone, jeweils eine Sekunde dauernde Pfeiftöne im Abstand von 5-10 s, „tüüü...... tüüü...... tüüü...", manchmal zwischen zwei Tonhöhen wechselnd.

SCHIEFERDROSSEL A

Siberian Thrush *Geokichla sibirica*

L 20-21,5 cm. Sibirische Taigaart. Scheu.

KENNZEICHEN Singdrosselgroß, in allen Kleidern mit *breitem, dunklem, weiß begrenztem Längsband auf Unterflügel* und weißspitzigen äußeren Steuerfedern.– Ad. ♂: Überwiegend *dunkel bleigrau* (wirkt schwarz) *mit weißem Überaugenstreif,* auf Bauchmitte und Flanken viel Weiß.– ♂ 1er W/1er S: Wie ad. ♂, jedoch *etwas Weiß an Kehle und Kopfseiten,* Überaugenstreif nicht sauber weiß, *Schwungfedern und Handdecken brauner,* oft mit deutlichen weißen Stricheln und dunklen Querflecken an Brust und Flanken.– ♀: *Oberseits* und an Flanken *olivbraun,* schmale gelblich weiße Flügelbinde auf Großen Armdecken, Überaugenstreif beige, Brust gelbweiß mit *dunklen Querflecken.* Selten mit Blauton auf Bürzel, Flügel und Flanken.

STIMME Ruft dünn und unrein „tsii" oder kurz „zit".

SCHWARZKEHLDROSSEL A

Black-throated Thrush *Turdus atrogularis*

L 23-25,5 cm. Schwarzkehl-und Rotkehldrossel wurden bisher unter dem Namen „Bechsteindrossel" zu einer Art zusammengefasst. Brütet vom Westhang des Ural ostwärts.

KENNZEICHEN Gestalt ähnlich Wacholderdrossel. Oberseits einfarbig bräunlich grau. Deutlicher Kontrast zwischen Schwarz auf Kehle/Brust und ungezeichnetem Bauch/Unterschwanzdecken (Letztere weißlich, selten rötlich überhaucht). *Flanken nur diffus grau gefleckt.* Im Flug rostrote Unterflügeldecken. Bei ad. ♂ Kehle und Brust einheitlich schwarz, im Herbst mit feinen hellen Federsäumen, *äußerer Schwanz schwärzlich.* Ad. ♀ und ♂ 1er W kräftig dunkel gefleckt und gestreift auf Brust (teilweise zusammenfließend) und Kehlseiten (bei ♂ gesamte Kehle dünn gestrichelt, bei ♀ hauptsächlich Brust). Im 1en W äußere Große Armdecken hellspitzig. Bei ♀ im 1en W Brust und Kehlseiten schwächer gestreift. *Schwanz graubraun.*

STIMME Ruft wacholderdrosselartig jammernd „gwih gwih", bei Beunruhigung ähnlich Rotdrossel „gjack" und ringdrosselartig hart „tock tock". Gesang eine gesetzte Serie einfacher schwätzender Töne, „tschip-tschip-tschip" und „tschat-tschat-tschat", gelegentlich abgelöst durch kurze heisere Flötentöne wie „trro-UUH trri-WIH".

ROTKEHLDROSSEL a

Red-throated Thrush *Turdus ruficollis*

L 23-25,5 cm. Nah mit der Schwarzkehldrossel verwandt.

KENNZEICHEN Wie eine Kopie der Schwarzkehldrossel, bei der das Schwarz auf *Kehle, Brust und Schwanz* durch *Rostrot* ersetzt ist. Im Flug *rostrote Unterflügeldecken.* Alters- und Geschlechtsbestimmung wie bei Schwarzkehldrossel. ♀ im 1en W auf Brust und Kehlseiten spärlich gestrichelt.

STIMME Ruft offenbar ähnlich Schwarzkehldrossel. Gesang kaum bekannt, vielleicht hauptsächlich einfache getrennte Flötentöne ohne Schwatzen.

WEISSBRAUENDROSSEL A

Eyebrowed Thrush *Turdus obscurus*

L 20,5-23 cm. Sibirische Taigaart, seltener Herbstgast.

KENNZEICHEN Singdrosselgroß, schlank, recht langschwänzig und kurzschnäbelig. Brustseiten und Flanken orange, *deutlicher weißer Überaugenstreif, dunkler Zügel, darunter weißer Streif* bis zum Kinn. Unterflügel grauweiß. Ad. ♂ fast einfarbig grau auf Kehle, Wangen und Hals, andere Kleider mit schmutzig weißer, schwarz gefleckter oder gestrichelter Kehle und dunklen, weiß gefleckten Wangen. Geschlechtsbestimmung wohl nur bei sehr sauber gefärbten ad. ♂ (schwärzliche Zügel, dunkelgraue Wangen, keine Kehlstrichelung) und matt gefärbten ♀ im 1en W (fast ohne Orange, Kehle stark gestrichelt) möglich.

STIMME Zugruf rotdrosselähnlich fein „ts(r)iih".

ROSTFLÜGELDROSSEL A

Dusky Thrush *Turdus eunomus*

L 21-24 cm. Früher mit der Rostschwanzdrossel unter dem Namen „Naumanndrossel" zu einer Art zusammengefasst.

KENNZEICHEN Gestalt ähnlich Singdrossel. Ad. ♂ mit *schwarz-weißem Kopfmuster* und *kupferroten Oberflügeln.* Dunkler Mantel schwarz gefleckt, weißliche Unterseite mit *kräftigen braunschwarzen Flankenflecken* und oft komplettem *schwarzem Brustband. Überaugenstreif weiß, Wangen schwarz.* Geschlechter ähnlich, ♂ oft sauberer gezeichnet.

STIMME Ruft ähnlich Wacholderdrossel schrill „giieh" und schnalzend „tschack-tschak".

ROSTSCHWANZDROSSEL a

Naumann's Thrush *Turdus naumanni*

L 21-24 cm. Nah mit Rostflügeldrossel verwandt.

KENNZEICHEN Größe und Gestalt wie Rostschwanzdrossel, Gefieder stark abweichend: *Unterseite ausgedehnt kräftig rostrot gefleckt,* Federn im frischen Gefieder beige gesäumt. Ad. ♂ am saubersten und rötlichsten gezeichnet, nur wenige oder keine Strichel auf Kehlseiten und manchmal *Rot auch auf Schulterfedern und Bürzel* der sonst braunen Oberseite. ♀ im 1en W blasser, weniger rot unterseits, deutliche dunkle Strichel auf Kehlseiten.

STIMME Offenbar ähnlich Rostflügeldrossel.

ERDDROSSEL

SCHWARZKEHLDROSSEL

SCHIEFERDROSSEL

ROTKEHLDROSSEL

WEISSBRAUENDROSSEL

ROSTFLÜGELDROSSEL

ROSTSCHWANZDROSSEL

KM

ZWEIGSÄNGER Sylviidae

Nach traditioneller Systematik sind die „Zweigsänger“ eine große Familie kleiner oder gut sperlingsgroßer Insektenfresser. Hier werden unter dieser Bezeichnung 63 Arten behandelt. Sie haben meist attraktive Gesänge oder zumindest auffällige Stimmen, alle leben in Wald, Gebüsch oder höherer Vegetation, die meisten von ihnen sind als Insektenfresser ausgeprägte Zugvögel.

Alle Arten sind in ihren Bewegungen lebhaft und schnell, sie hüpfen oder fliegen ständig von einer Warte zur nächsten und zucken dabei oft hektisch mit Flügeln oder Schwanz, halten sich oft lange in der Vegetation verborgen und sind daher oft nur kurz zu sehen, aber meist allein schon an ihren charakteristischen Lautäußerungen bestimmbar.

Um den Überblick über die verwirrende Vielfalt dieser Gruppe zu erleichtern, werden nachfolgend die fünf wichtigsten Gattungen allgemein vorgestellt.

Beachte: Nach neueren Untersuchungen spiegelt die Zusammenfassung der „Zweigsänger“ in einer Familie nicht die evolutionäre Verwandtschaft wider. Tatsächlich handelt es sich um mehrere Familien, die zusammen mit z. B. Lerchen und Schwalben eine „Überfamilie“ bilden (Sylvioidea). Aus pädagogischen Gründen wurde die bisherige Systematik in dieser Auflage beibehalten. Dagegen wurde auf Artniveau einigen moderneren Trennungen gefolgt.

Dorngrasmücke

GRASMÜCKEN *Sylvia*
(19 Arten) Bewohnen oft dichtes Dornengebüsch oder Wälder. Körperbau, Schnabel und Füße relativ kräftig, Schwanz schmal und gerade abgeschnitten, Färbung oberseits meist braun oder grau, unterseits weiß oder beige, Männchen manchmal auf Kehle und Brust rostrot oder rosa und schwarz am Kopf (einzige Familie mit häufigen Geschlechtsunterschieden). Gesänge meist schnell und rau zwitschernd, Unterscheidung der Rufe erfordert viel Erfahrung. Männchen vieler Arten zeigen kurze Singflüge.

ROHRSÄNGER *Acrocephalus*
(11 Arten) Bewohnen meist offene Feuchtgebiete (Schilf, Gebüsch). Schlank mit langem spitzem Schnabel und flacher Stirn; lebhaft, klettern an Schilfhalmen aufwärts, schlüpfen geschickt, mitunter kopfabwärts, durch dichte Vegetation und verschwinden schnell wieder. Färbung oberseits braun, unterseits beige, einige Arten mit hellem Überaugenstreif. Kein Weiß im Schwanz. Gesang oft arttypisch, meist laut, rau und mit Wiederholungen, bei einigen Arten auch Imitationen, oft nachts zu hören.

Teichrohrsänger

SCHWIRLE *Locustella*
(5 Arten) Ähnlich Rohrsängern, aber Schwänze breiter und mehr gerundet, Gefieder stärker gestrichelt. Halten sich vorwiegend am Boden und in niedriger Vegetation auf, huschen eher davon als aufzufliegen. Typische Nachtsänger, vier Arten mit monotonem, mechanischem, insektenartigem Gesang.

Feldschwirl

SPÖTTER *Hippolais* und *Iduna*
(8 Arten) Bewohnen Wälder und Gebüsch, sind sehr nah mit Rohrsängern verwandt, von denen sie sich durch eher gerade abgeschnittene Schwänze und an den Basen breitere Schnäbel unterscheiden. Färbung oberseits braungrau oder graugrün, unterseits schmutzig oder gelblich weiß (daher manchmal an Laubsänger erinnernd), manche Arten mit hellen Armschwingenrändern. Gesang laut, lang anhaltend, rau schwätzend oder melodisch, bei einigen Arten mit Imitationen.

Gelbspötter

LAUBSÄNGER *Phylloscopus*
(16 Arten) Brüten meist im Wald, halten sich viel in Baumkronen auf (nisten aber am Boden). Meist klein, Schnabel und Beine dünn, Schwanz recht schmal und kurz, meist gerade abgeschnitten. Sehr lebhaft, flattern und hüpfen rastlos im Gezweig, die kleinsten rütteln sogar. Gefieder fast stets oberseits graugrün, unterseits weiß oder gelblich weiß, manche mit ein oder zwei Flügelbinden, die meisten mit hellem Überaugenstreif. Die meist klaren und angenehmen Gesänge sind sehr unterschiedlich und erleichtern die Bestimmung.

Fitis

FÄRBUNG BEI UNTERSCHIEDLICHEM LICHT
Meist müssen die Farben zur Bestimmung korrekt eingeschätzt werden. Gegenlicht oder starkes Rückenlicht führen zu ganz unterschiedlichen Eindrücken ein und derselben Farbe, daher schätzt man die Färbung eines Vogels im grünen Licht der Baumkronen oft falsch ein. Hier hilft es, den Vogel möglichst lange und in verschiedenen Winkeln zum einfallenden Licht zu sehen, im Sonnenlicht und Schatten.

Oben: Singender Buschrohrsänger bei starkem Rückenlicht betrachtet: Oberseite wirkt hell und braun. Beachte auch spitzen Scheitel!

Unten: Buschrohrsänger bei Gegenlicht betrachtet: Oberseitenfärbung wirkt dunkel und schwer einschätzbar, Kopfzeichnung kontrast-reicher. Beachte auch flache Stirn!

Oben: Buschrohrsänger unter sonnigem Laub: Grüntöne des Gefieders intensiver, Kopfzeichnung undeutlicher.

WÜSTENPRINIE

Scrub Warbler *Scotocerca inquieta*

L 10-11 cm. Lebt in Halbwüste und trockener, sandiger oder steiniger Steppe mit einigen niedrigen Büschen oder Gras (Wadis, Garrigue), mitunter im selben Habitat wie Brillengrasmücke mit dichtem, aber niedrigem Unterwuchs, öfter jedoch zusammen mit Steinlerche und Berber- oder Schwarzrücken-Steinschmätzer in bergigem Gelände an steinigen Hängen. Jahresvogel. Unerschrocken, lebhaft und rastlos. Nest niedrig in der Vegetation.

KENNZEICHEN Ein kleiner, *hell sandfarbener* „Federball" mit *langem, schmalem, dunklem Schwanz,* der oft zaunkönigartig *gestelzt* wird. *Kopf verhältnismäßig groß mit breitem hellem Überaugenstreif,* betont durch *schmalen dunklen Augenstreif* und *dunkel gestrichelten Scheitel.* Beine lang, erscheinen weit hinten am Körper angesetzt.– Brutvögel von Algerien bis Libyen *(saharae)* sind hell mit recht einfarbig rosabeigem Gefieder, undeutlichem gelblich weißem oder beigem Überaugenstreif und hellem Auge. Brutvögel Ägyptens und des Nahem Ostens *(inquieta)* sind etwas dunkler, stärker rosa getönt mit abgesetztem Überaugenstreif und dunklem Auge. Vögel im Südwesten Marokkos *(theresae)* sind am dunkelsten, ziemlich satt braun, auf Scheitel und Nacken kräftig dunkel gestreift, haben eher helle Augen und einen im vorderen Teil rostig getönten Überaugenstreif.

STIMME Rufe variabel. Bei Beunruhigung metallisch, trocken trillernd, abfallend „prrrrrrr". Typisch ein zweisilbiges Pfeifen, zweite Silbe tiefer, „wii-woo"; viersilbige Variante sukzessiv fallender Töne hat wohl Gesangsfunktion, „sii-sü-su-so" (von Weitem fast wie rufender Flussuferläufer). Hauptgesang oft mit wechselnder Anfangssilbe, z. B. „TSRIsrü si-sü-su" oder „TRSIRR-vüj-vüj-vüj".

Wüstenprinie

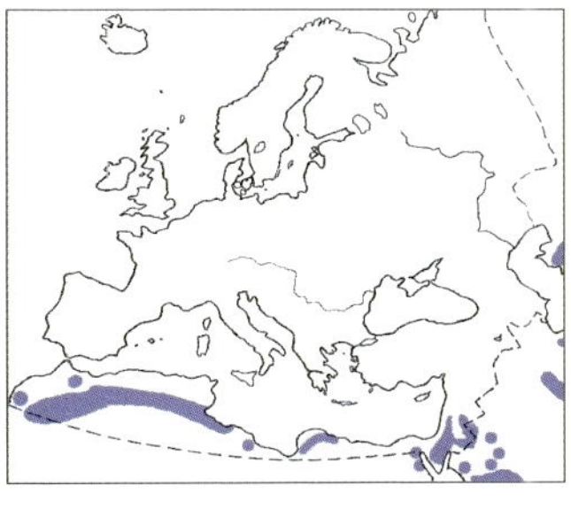

Streifenprinie

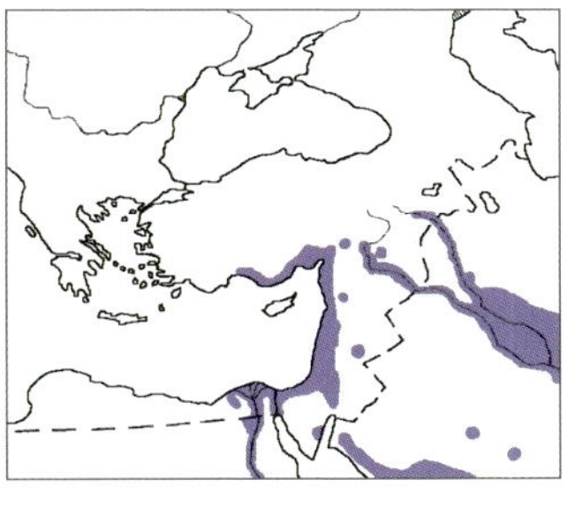

STREIFENPRINIE

Graceful Prinia *Prinia gracilis*

L 10-11 cm. Brütet in Gebüsch und hohem Gras in feuchten wie trockeneren Lebensräumen, oft an Gräben, Fluss- und Teichufern, auf sandigem Boden, in Kulturflächen und in Gebäudenähe, wenn dichter Unterwuchs, Tamarisken, Schilf, Binsen u. Ä. vorhanden sind. Jahresvogel. Furchtlos, aktiv, Nest niedrig in Vegetation.

KENNZEICHEN Erinnert an Wüstenprinie, jedoch *Kopf kleiner, runder, eher einfarbig gefärbt* (ohne hellen Überaugen- und dunklen Augenstreif), *Gefieder eher gräulich* getönt, nicht so warm bräunlich, auf *Mantel und Rücken dunkler gestreift,* langer *Schwanz stark gestuft,* jede *Steuerfeder mit schwarz-weißer Spitze.* ♂ im PK mit *schwarzem Schnabel.* Auge gelbbraun.

STIMME Ruft explosiv „tlipp!" oder metallisch ratternd-trillernd „srrrrrrt", oft wiederholt und mit etwas schwingendem Rhythmus. Warnt scharf „tsiit", ähnlich Baum- oder Rotkehlpieper. Gesang frenetisch wetzend „srrLIP srrLIP srrLIP srrLIP…".

SPERBERGRASMÜCKE BZ

Barred Warbler *Sylvia nisoria*

L 15,5-17 cm. Brütet in hohem Gebüsch mit einzelnen Bäumen in offenem Gelände, teilt Lebensraum oft mit Neuntöter. Sommervogel, Mai-Sept. Sehr zurückgezogen, aber mitunter zwischen Büschen fliegend oder im Frühjahr im flachen Singflug zu sehen.

KENNZEICHEN Große, *langschwänzige* Grasmücke. Flügeldecken und Schirmfedern mehr oder weniger hell gerandet, Weiß an Schwanzspitze.– Ad. ♂: *Iris leuchtend gelb. Oberseite bleigrau,* auf dem Kopf am dunkelsten, *deutliche weiße Ränder auf Flügeldecken und Schirmfedern,* gesamte *Unterseite dicht und kräftig dunkelgrau quer gebändert.*– Ad. ♀/♂ 1er S: Wie ad. ♂, aber Iris etwas matter gelb, Oberseite mehr braungrau, Unterseitenbänderung weniger deutlich und vollständig (♀ 1er S fast ungebändert, oberseits brauner, Iris gelbbraun).– 1er W: Oberseits graubraun, unterseits ungebändert graubeige, Iris dunkel; erkennbar an *hell beigegrauen Schirmfeder- und Flügeldeckensäumen.*

STIMME Charakteristischer Ruf *laut ratternd* und zum Ende absterbend „trrrrr't't'-t", erinnert etwas an zankende Haussperlinge, manchmal an Gesang angehängt. Warnruf heiser, gedämpft „tschähr". Gesang ähnlich Gartengrasmücke, aber fast immer hörbar *härter und rauer* und etwas höher. Noch ähnlicher klingen manche ekstatisch singende Dorngrasmücken, manchmal muss für Artbestimmung ratternder Ruf gehört oder Vogel gesehen werden.

GARTENGRASMÜCKE BZ

Garden Warbler *Sylvia borin*

L 13-14 cm. Brütet in lichtem, gebüschreichem Waldland, in Feldgehölzen, auch in unterwuchsreichen Parks und verwilderten Gärten. Sommervogel (Mai-Sept.), überwintert im tropischen Afrika. Nest niedrig in dichtem Buschwerk oder Staudengewirr. Scheu, meist nur kurz zu sehen.

KENNZEICHEN „Anonyme" Erscheinung, eine oliv braungraue, eher plumpe Grasmücke ohne auffallende Kennzeichen. *Schnabel recht dick und stumpf,* bläulich graubeige mit etwas dunklerer Spitze, recht kräftige Beine hellgrau. Diffuser hellerer Augenring (um das dunkle Auge) und noch undeutlicherer, kurzer Überaugenstreif; *an den Halsseiten oft ein grauer Anflug.* Kleider gleich, aber im 1en W frischere Flügel mit hellen Spitzen der Schirm- und Schwungfedern.

STIMME Ruf (meist vom im Laub nicht sichtbaren Vogel) etwas gackernd, nasal, schmatzend „tschäck-tschäck-tschäck…", Tempo mit steigendem Unbehagen zunehmend (Mönchsgrasmückenruf härter und durchdringender). Gesang wohlklingend, 3-8 s lange Strophen von schnellen, bald drosselartig vollen, bald raueren Tönen, die ohne klare Gliederung wie ein Bach „dahinplätschern". Ohne flötenden Schlussteil der Mönchsgrasmücke. Manche singen härter und können mit Sperbergrasmücke verwechselt werden.

MÖNCHSGRASMÜCKE BZ

Eurasian Blackcap *Sylvia atricapilla*

L 13,5-15 cm. Brütet in schattigen Wäldern mit dichtem Unterwuchs, Parks und Gärten. Sommervogel (März-Okt.), vereinzelt überwinternd, in West- und Südeuropa Jahresvogel. Leichter zu entdecken und häufiger in Gärten als Gartengrasmücke. Nest niedrig in dichtem Gebüsch.

KENNZEICHEN Ähnlich untersetzt wie Gartengrasmücke. Oberseite grau, Unterseite hell olivgrau, ♂ *mit schwarzer, recht kleiner Platte* auf mittelgroßem Kopf (reicht nur bis zum Augenoberrand; vgl. „Graumeisen", S. 344, diese mit größerer schwarzer Kopfplatte und schwarzem Kinnfleck), ♀ und JK mit *rotbrauner Kopfplatte.* Bei ♂ im 1en W Kopfplatte braun, schwarz oder aus beiden Farben gemischt. Schwanz immer ohne Weiß, Schnabel und Beine grau.

STIMME Ruft hart schnalzend „täck" (härter und lauter als „tett" der Klappergrasmücke), bei Beunruhigung zu langen Folgen gereiht „täck-täck-täck…", gelegentlich mit langem, rauem „schriih" durchsetzt. Gesang überaus melodisch, beginnt mit schwätzendem Vorgesang ähnlich Gartengrasmücke (kann besonders während der Mittagshitze und in Südeuropa verkürzt sein oder ganz fehlen), der in *klare, kräftige, zum Ende hin wehmütige Flötentöne* mündet. Gelegentlich, wie bei anderen Grasmücken auch, Vorgesang mit Imitationen und knirschenden, rauen Tönen.

DORNGRASMÜCKE BZ

Common Whitethroat *Sylvia communis*

L 13-15 cm. Brütet in verbuschtem Gelände und offener Landschaft mit Hecken. Sommervogel (Apr.-Sept.), überwintert südlich der Sahara. Singt oft von Buschspitze oder anderer Warte und im kurzen, ansteigenden Singflug.

KENNZEICHEN *Kräftig gebaut* und *langschwänzig. Schnabel kräftig* mit diffus hellerer Basis, *Beine* recht dick, *gelbbraun.* In allen Kleidern *breit rostbraun gesäumte Schirmfedern und Große Armdecken* (sonst nur bei Brillen- und Atlasgrasmücke) zum graubraunen Mantel kontrastierend. Schwanzkanten weiß.– Ad. ♂: Kopf grau, *Augenring* und Kehle *weiß,* Brust rosa, Iris rötlich ocker.– Andere Kleider: Kopf graubraun, Augenring diffus, Kehle schmutzig weiß, Brust beige, Iris graubraun oder gelbbraun.

STIMME Ruft heiser, etwas nasal „wähd wähd wähd"; warnt lang gezogen rau „tschähr". Gesang von Warte meist sehr typisch, kurze, hastige, raue, aber wohlklingende Strophen in etwas stotterndem Rhythmus. Im Singflug Strophen länger, Stimme ähnelt dann mehr anderen Grasmücken, z. B. Sperbergrasmücke. Singt viel.

Sperbergrasmücke

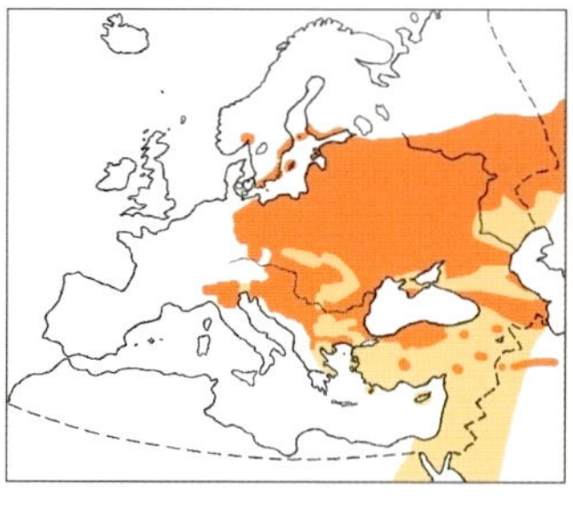

Gartengrasmücke

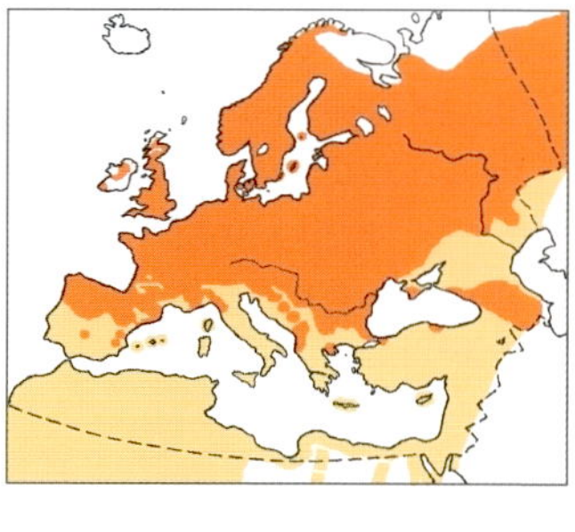

Mönchsgrasmücke

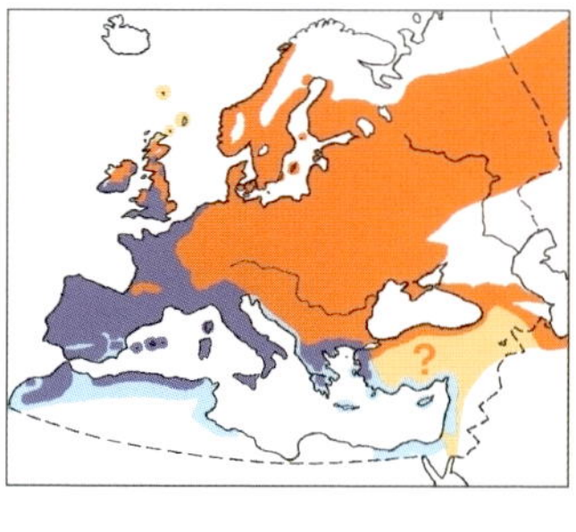

Dorngrasmücke

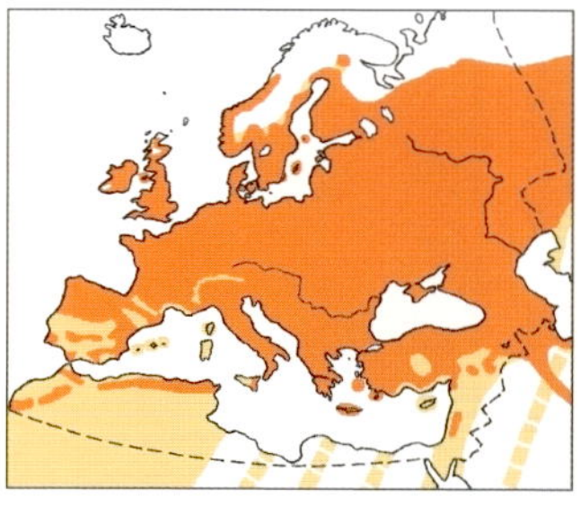

SPERBERGRASMÜCKE

GARTENGRASMÜCKE

MÖNCHSGRASMÜCKE

DORNGRASMÜCKE

DZ

KLAPPERGRASMÜCKE BZ

Lesser Whitethroat *Sylvia curruca*

L 11,5-13,5 cm. Brütet in offener Kulturlandschaft mit Gebüsch und Hecken, in Parks und Gärten, auch in Nadelbaumschonungen und Dornengestrüpp (dort nicht so oft wie Dorngrasmücke, bevorzugt einige Bäume). Sommervogel (Apr.-Sept.), überwintert in Nordostafrika. Am Brutplatz unauffällig, verrät sich meist nur durch die Stimme.

KENNZEICHEN *Klein,* aber *kompakt gebaut,* recht kurzschwänzig. In Europa *oberseits* stets *graubraun,* Scheitel und Schwanz grauer. Bestes Merkmal sind *dunkler graue Ohrdecken* (dunkler als Scheitel) in Kombination mit geringer Größe und *dunkelgrauen Beinen.* Manchmal angedeuteter grauweißer Überaugenstreif. *Iris dunkel* (grau oder braun), *Schnabel eher kurz, dunkel* mit heller blaugrauer Basis.– Östlich des Kaspischen Meeres in Halbwüsten heller und brauner gefärbt *(halimodendri),* erscheint ausnahmsweise weiter westlich. In mittelasiatischen Gebirgen groß und dunkel *(althaea),* in Europa nicht sicher nachgewiesen, wie auch die kleinste und hellste Wüstenform *minula.*

STIMME Ruft trocken schnalzend „tett". Auf dem Zug auch zeternd „tsche-tsche-tsche…" (an Blaumeise erinnernd). Gesang in Europa laut klappernd „tell-tell-tell-tell…", davor ein leises, eiliges Schwätzen. In Osttürkei, Kaukasus, Mittelasien und Sibirien dominiert raues Zwitschern, die Klapperstrophe ist verkürzt oder fehlt.

NACHTIGALLENGRASMÜCKE –

Eastern Orphean Warbler *Sylvia crassirostris*

L 15-16,5 cm. Nah mit Orpheusgrasmücke verwandt und erst kürzlich wegen Unterschieden in Färbung und Stimme in Artstatus erhoben. Brütet in ähnlichen Lebensräumen, benötigt neben Büschen aber immer einige Bäume. Scheu.

KENNZEICHEN Sehr ähnlich Orpheusgrasmücke und ohne Gesang oder lange Beobachtung kaum unterscheidbar. Folgende Unterschiede*: Kopffärbung beim ♂ schwärzlicher und deutlicher abgesetzt* (oft aber ähnlich!), *Oberseite gräulicher* (besonders bei ♂), *Unterseite weißlicher* (auf Flanken und Steiß nur leicht graubeige verwaschen), längere *Unterschwanzdecken immer mit dunklen Zentren* (schwer erkennbar), Schnabel etwas kräftiger und länger (mit Überschneidung), beim ♂ das *bläuliche Weiß an der Unterschnabelbasis ausgedehnter und deutlicher abgesetzt,* oft bis zum Gonys reichend (weniger und diffuser bei Orpheusgrasmücke).

STIMME Rufe unterscheiden sich wohl nicht von Orpheusgrasmücke. Gesang jedoch ganz anders, länger und abwechslungsreicher, die Phrasen mit verschiedenen Motiven besser ausgearbeitet, manchmal sogar an Nachtigall erinnernd „TRÜ TRÜ TRÜ schiWÜ schiWÜ, ju-ju-ju-brü-TRIüh".

ORPHEUSGRASMÜCKE A

Western Orphean Warbler *Sylvia hortensis*

L 14,5-16 cm. Brütet im Laubwald (z. B. Eichen, Olivenhaine, üppiger Auwald), in hohem Gebüsch mit einigen Bäumen (Macchie), oft an steinigen, sonnigen Hängen, lokal auch in Kiefernwald. Sommervogel, überwintert südlich der Sahara. Scheu, bleibt meist in Baumkronen.

KENNZEICHEN Groß, etwas größer als Mönchsgrasmücke mit *längerem Schnabel* und etwas *größerem Kopf.* Oberseits matt *braun,* unterseits schmutzig weiß mit *beigerosa Anflug auf Flanken und Steiß,* manchmal auch Brust und dann *zu weißer Kehle kontrastierend. Schwanz gerade abgeschnitten mit weißen Kanten.*– Ad. ♂: *Ohrdecken, Zügel und Stirn grauschwarz,* manchmal auch am Scheitel sehr dunkel (jedoch im Unterschied zu Samtkopf-Grasmücke stets unscharfe Grenze zum grauen Hinterscheitel/Nacken); *Iris hell.*– Ad. ♀: Kopf mit weniger Schwarz als bei ♂ (oft nur Ohrdecken und Zügel dunkler grau, wirkt daher etwa wie große Klappergrasmücke), Oberseite braun. Iris variabel, oft mit schmalem hellem Ring, manchmal dunkler.– 1er W: Wie ad. ♀, aber *Kopf graubraun ohne Schwarz, Iris stets dunkel.* Oft heller Überaugenstreif von Stirn bis Auge.

STIMME Ruft schnalzend „täck", kaum von Mönchsgrasmücke unterscheidbar. Bei Erregung summend ratternd „trrrrr", an Maskengrasmücke erinnernd, und ähnlich Sperbergrasmücke heiser „tschäh". Gesang eine einfache Komposition aus klaren Motiven, ringdrosselartig mehrfach wiederholt, z. B. „TÜru TÜru TÜru TÜru……LIru LIru LIru trü…".

AKAZIENGRASMÜCKE –

Arabian Warbler *Sylvia leucomelaena*

L 14,5-16 cm. Brütet in Akazienbeständen in Halbwüsten. Jahresvogel. Relativ scheu, rastlos und mobil, verschwindet trotz des offenen Lebensraums oft spurlos für Stunden.

KENNZEICHEN Sehr ähnlich Nachtigallengrasmücke, aber Schwanz *länger und runder mit weißen Spitzen der äußeren Steuerfedern* (statt weißer Schwanzkanten), stets *dunkles Auge* mit angedeutetem *weißem Augenring, kürzerer Schnabel* und *schwärzerer Oberkopf;* Kehle leuchtend weiß. Steht oft ziemlich aufrecht, hüpft aber auch etwas geduckt in dichten Akazienkronen. *Schlägt den Schwanz ständig abwärts.* Gesamteindruck einem Bülbül nicht unähnlich (der häufig im selben Revier vorkommt). Geschlechter gleich, unausgefärbt mit braungrauem Scheitel.

STIMME Ruft etwas „dick" schnalzend „t(r)ack", oft wiederholt. Gesang klar und wohlklingend aus recht kurzen Strophen mit großen Tonsprüngen, kann an Mönchs- und Nachtigallengrasmücke, Waldammer und aus der Entfernung sogar an Amsel erinnern.

Klappergrasmücke

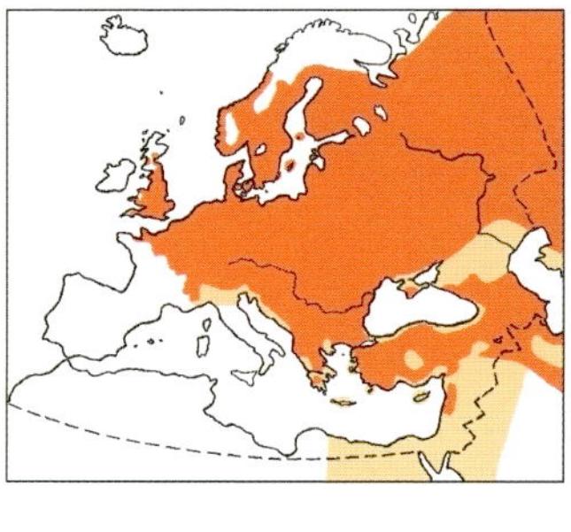

Nachtigallengrasmücke

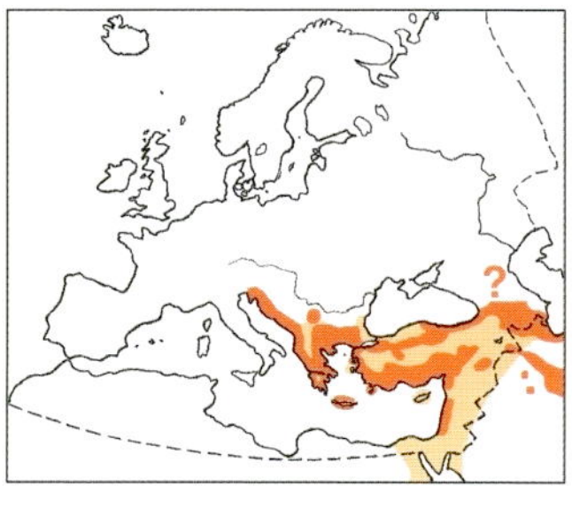

Orpheusgrasmücke

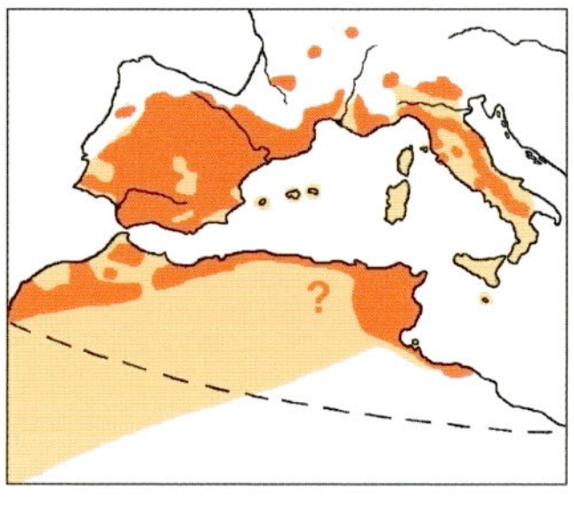

Akaziengrasmücke

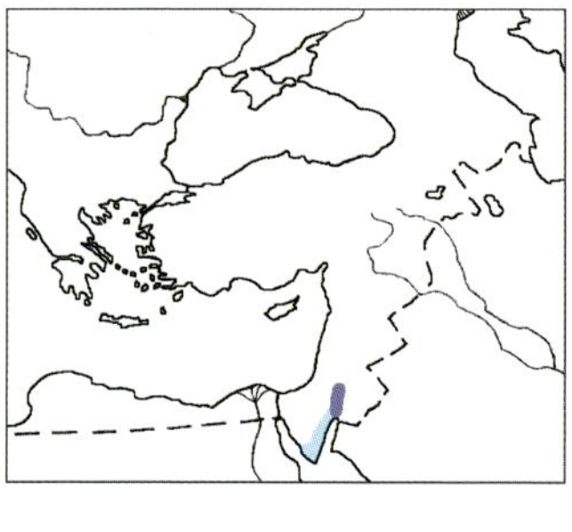

KLAPPERGRASMÜCKE

NACHTIGALLENGRASMÜCKE

ORPHEUSGRASMÜCKE

AKAZIENGRASMÜCKE

DZ

SAMTKOPF-GRASMÜCKE A

Sardinian Warbler *Sylvia melanocephala*

L 13-14 cm. Brütet in höherem Gebüsch, offenem Wald und dichtem Gestrüpp, lokal auch in nur hüfthoher Vegetation. Vorwiegend Jahresvogel. Aktiv und rastlos, nicht scheu.

KENNZEICHEN Etwa so groß wie Klappergrasmücke, *kompakt* und ziemlich großköpfig. Zuckt mit Flügeln und Schwanz, nimmt oft geduckte Haltung mit gesenktem Kopf ein. In allen Kleidern *weiße Kehle, recht dunkle Flanken, rotbrauner Augenring* (am ausgeprägtesten rot bei ♂) um roten Lidring, *abgerundeter, recht langer Schwanz.* Ad. mit dunklen Steuerfedern und weißen Schwanzecken. Iris ocker- (ad.) oder graubraun (1er W).– ♂: *Schwarze Kapuze* mit oft unscharfer Grenze zum *dunkelgrauen Mantel,* Flanken mittelgrau, meist ab Aug. erkennbar.– ♀: Grauer Kopf (manchmal Grauschwarz auf Vorderscheitel und Ohrdecken), *brauner Mantel,* graubraune Flanken.– Vögel im östlichen Mittelmeerraum *(momus)* etwas kleiner und heller.

STIMME Ruft laut, sehr hart „tseck“, typischer ist jedoch stotternd-ratternder Warnruf aus schnell gereihten ein- oder zweisilbigen Lauten, „trr-trr-trr-trr-trr“ oder „ti-TRRÜ ti-TRRÜ ti-TRRÜ ti-TRRÜ“, auch mit abweichendem ersten Ton „tüRETT trett-trett-trett-trett“. Gesang ein für mediterrane Grasmücken typisches raues Schwätzen, meist kurze (2-5 s) Strophen *in schnellem Tempo* mit knarrenden und knirschenden Lauten, *ganz kurzen Pfeiftönen* sowie mit eingefügtem Rattern. Vertrautheit mit diesem Gesang erleichtert die Bestimmung anderer Arten.

TAMARISKENGRASMÜCKE –

Ménétries's Warbler *Sylvia mystacea*

L 12-13 cm. Brütet in Büschen, oft Tamarisken, in offenem Wald mit Unterwuchs, in trockenerem, offenem Gelände, entlang Wasserläufen. Überwintert rund ums Rote Meer.

KENNZEICHEN Sehr ähnlich Samtkopf-Grasmücke (besonders Unterart *momus*), jedoch zierlicher und etwas kurzschwänziger.– ♂: Dunkle, aber nicht samtig schwarze, sondern eher *matt grauschwarze und weniger weit nach hinten reichende Kapuze, Flanken* weniger grau, eher *weißlich*; die meisten Vögel der Türkei mit weißer Kehle und Brustmitte, manche jedoch (wie meist in Kaukasus und Mittelasien) mit *rosa oder ziegelrotem Ton auf Kehle/Brust.*– ♀: Von Samtkopf-Grasmücke *(momus)* unterschieden durch *hellere und gleichmäßiger sandbraune Oberseite,* einheitlicher beige verwaschene grauweiße Unterseite, meist *weißen Augenring,* einheitlicher graubraune Schirmfedern (statt dunkler und mit deutlichen hellen Rändern), helleren Schnabel mit hellgrauer oder rosa Basis (statt blaugrau).

STIMME Ruft „tseck“ wie Samtkopf-Grasmücke und ganz anders auch sperlingsartig zeternd „tscher'r'r'r“, eher wie Maskengrasmücke. Gesang ähnlich Samtkopf-Grasmücke, aber etwas langsamer und hüpfender.

SCHUPPENGRASMÜCKE –

Cyprus Warbler *Sylvia melanothorax*

L 12,5-13,5 cm. Brütet auf Zypern in dichtem Buschwerk in offener Landschaft, häufig. Sommervogel (März-Okt.), überwintert von Jordanien bis Sinai in Wadis, scheu.

KENNZEICHEN Ähnlich Samtkopf-Grasmücke, aber mit *dunkel gefleckter Unterseite* und *schmalem weißlichem Augenring.* In allen Kleidern graue Oberseite und *deutliche helle Ränder von Schirmfedern, Armschwingen und Großen Armdecken* (wie bei Maskengrasmücke), *Unterschwanzdecken mit dunklen Zentren,* Flanken grau(beige), Schnabelbasis rosa.– Ad. ♂ mit *schwarzer Kapuze, kräftiger Unterseitenfleckung;* ♀ 1er W mit wenigen oder fehlenden Unterseitenflecken; ad. ♀ und einjährige ♂ intermediär zwischen beiden letztgenannten Kleidern, etwas Grauschwarz an Vorderscheitel und Wangen.

STIMME Ruft *kehlig* schnalzend „zreck“, bei Beunruhigung heiser, gedehnt „tschreh tschreh…“, warnt hoch ratternd „ze-ze-ze-ze-ze…“, manchmal ähnlich Samtkopf-Grasmücke, doch schneller „tri-tr'tr'tr'tr'tr…“. Gesang trocken und holprig zwitschernd, recht monoton, ohne helle Pfeiftöne, langsam und etwas ungleichmäßig.

MASKENGRASMÜCKE –

Rüppell's Warbler *Sylvia rueppelli*

L 12,5-13,5 cm. Brütet in dichtem, oft dornigem Gestrüpp mit einigen niedrigen Bäumen auf trockenen, felsigen Berghängen, manchmal in offenem Eichenwald mit Unterwuchs (hohe Macchie). Sommervogel (meist Anfang Apr.–Sept.), überwintert südlich der Sahara. Am Brutplatz recht scheu, ♂ zeigt aber manchmal schmetterlingsartigen Singflug.

KENNZEICHEN Größe wie Samtkopf-Grasmücke, aber schlanker mit etwas kleinerem Kopf und auffallenderem Hals. *Oberseite grau mit deutlichen hellen Rändern der dunklen Schirmfedern, Armschwingen und (oft) Großen Armdecken,* Alula häufig kontrastierend schwarz. Schnabel schlank, recht lang, bei manchen mit deutlich gebogenem First.– ♂: Scheitel, Kopfseiten und *Kehle schwarz,* deutlicher *weißer Bartstreif,* Lidring und Beine matt ziegelbraun; ab Jan. ausgefärbt.– ♀/♂ 1er W: Scheitel und Mantel grau (schwach braun getönt); Lidring eher schwach, bräunlich weiß; manche ♀ im PK mit Dunkelgrau an der Kehle; von Schuppengrasmücken-♀ im 1en W durch *ungezeichnete grauweiße Unterschwanzdecken, hell grauweiße Flanken und hell blaugraue Schnabelbasis* unterschieden.

STIMME Ruft schnalzend „zack“ ähnlich Mönchsgrasmücke, trocken ratternd „zrrr“, warnt sperlingsähnlich ratternd, oft länger anhaltend, schneller und schwächer als Sperbergrasmücke, gelegentlich sprudelnd, scheltend nasal „zett-ett-ett…“. Gesang ähnlich Samtkopf-Grasmücke, aber *gemächlicher, in niedrigerer Tonhöhe* und wohlklingender, sonorer.

Samtkopf-Grasmücke

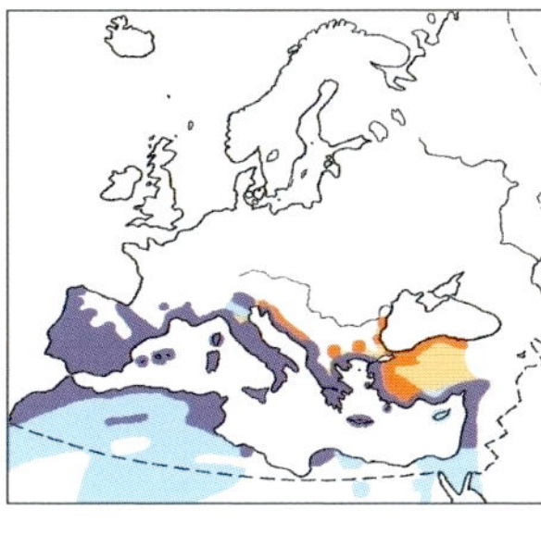

Tamariskengrasmücke

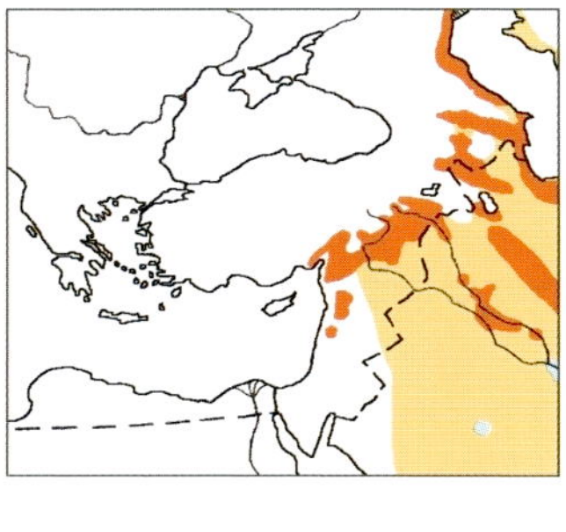

Maskengrasmücke

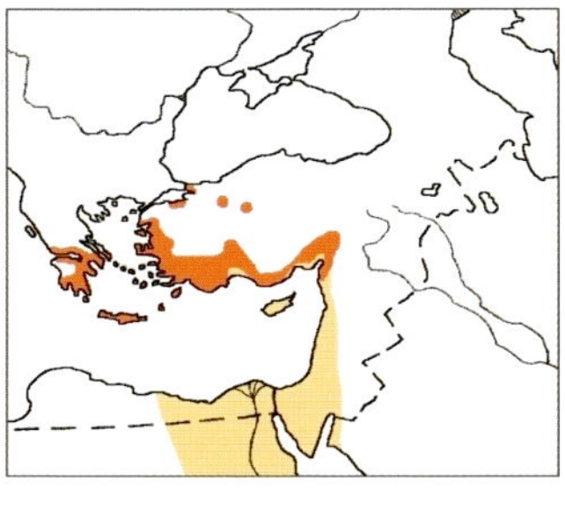

SAMTKOPF-GRASMÜCKE

TAMARISKENGRASMÜCKE

SCHUPPENGRASMÜCKE

MASKENGRASMÜCKE

BRILLENGRASMÜCKE A

Spectacled Warbler *Sylvia conspicillata*

L 12-13 cm. Brütet in niedrigen Büschen und Gestrüpp (Garrigue) an Berghängen, in krautigem Bewuchs trockener Heiden oder Salzwiesen. Kurzstreckenzieher oder Jahresvogel. Scheu, aber oft zu sehen.

KENNZEICHEN Ähnlich Dorngrasmücke, aber *mit geringerer Handschwingenprojektion*, verhältnismäßig kleinerem Körper und *größerem Kopf* sowie etwas *schlankerem Schnabel* mit hellerer Unterschnabelbasis, ferner Bewegungen *schneller* und nervöser.– Ad. ♂: Von Dorngrasmücke unterschieden durch *ausgedehnt grauschwarze Zügelregion, dunkel braunrosa Brust* sowie etwas Grau an unterer Kehle.– ♀/1er W: Ähnlich Dorn- und Weißbart-Grasmücke, aber von Ersterer durch geringere Größe, kurze Flügel, schlankeren Schnabel, breitere rostbraune Flügeldeckensäume (dunkle Zentren kaum sichtbar) zu unterscheiden, von Letzterer durch kürzere Handschwingenprojektion, lebhafteren Rostton auf Flügeln und *heller gelbrosa Beine*.

STIMME Ruft hoch trocken summend „drr", oft zu langen Folgen mit kurzen eingeschobenen Silben gereiht, „drrrrrr-dr-dr-drrrrrrr…" („Klapperschlangenrassel"). Gesang meist schnelles Zwitschern, oft mit mehreren klaren Pfeiftönen eingeleitet (kann wie Haubenlerche klingen).

WEISSBART-GRASMÜCKE A

Subalpine Warbler *Sylvia cantillans*

L 12-13 cm. Brütet in verschiedenen Lebensräumen, häufig in Büschen an trockenen Hängen oder sandigen Heiden, auch in offenem Waldland (oft Steineiche) oder in üppigem Gebüsch an Wasserläufen. Sommervogel (meist Apr.-Sept.), überwintert südlich der Sahara.

KENNZEICHEN Größe wie Klappergrasmücke, aber *schlanker* und kurzschwänzig.– Ad. ♂: Leicht kenntlich am *bleigrauen Kopf* und grauen Mantel sowie an *ziegelroter Färbung der von weißen Bartstreifen eingerahmten Kehle* und Brust, Augen- und Lidring ziegelrot, Beine braunrosa.– Ad. ♀: Wie ♂, aber Kehle/Brust gewöhnlich nur schwach braunrosa getönt (vgl. Tamariskengrasmücken-♂), *Oberseite mit braunem Anflug*, Kopf ohne Bleigrau, *Augenring* schwach ziegelrot oder *weißlich* (Lidring undeutlich rotbraun), Beine gräulich braunrosa.– 1er W: Wie ♀, aber oberseits brauner, unterseits beigeweiß sowie mit anfänglich gräulich gelbbrauner Iris (bei ad. rötlicher).– Variation komplex und nicht ganz geklärt. Auf dem Balkan und in der Türkei *(albistriata)* ad. ♂ mit tief ziegelroter Brust, überwiegend weißlichem Bauch und prominentem weißem Bartstreif. Ad. ♂ in Südwesteuropa *(cantillans)* und Nordwestafrika *(inornata)* unterseits einheitlicher orange- oder rosabeige. Bei Vögeln der westlichen Mittelmeerinseln und Norditaliens *(moltonii)* Gefieder zwar ähnlich, aber genetische Unterschiede groß und Ruf anders, daher manchmal sogar als eigene Art betrachtet.

STIMME Ruft ähnlich Klappergrasmücke trocken schnalzend „tett", oft schnell gereiht, *moltonii* aber trocken trillernd „trrrrt", *albistriata* dagegen rau „trek" (oft doppelt); gelegentlich wüstengimpelartig gedämpft „ähd", erregt heiser „tschä tschä tschä…". Gesang heller als Samtkopf-Grasmücke, Strophen etwas länger, fast bluthänflingsartig knöternd und stotternd, eine unregelmäßige Folge rau zwitschernder und kurzer, hell knirschender Töne.

WÜSTENGRASMÜCKE A

Asian Desert Warbler *Sylvia nana*

L 11,5-12,5 cm. Nah mit Saharagrasmücke verwandt, aber nunmehr als selbstständige Art betrachtet. Brütet in Halbwüste oder trockener Steppe. Sommervogel, überwintert im Nahen Osten. Lebhaft und rastlos, huscht viel am Boden.

KENNZEICHEN *Klein*, Lebensraum, helles Gefieder mit *hell sandfarbener Oberseite* und Größe kennzeichnend. *Ockerfarbene Ränder von Schirmfedern und Großen Armdecken sowie breiter schmutzigweißer Augenring erinnern an Brillengrasmücke,* jedoch *Augen gelb, Beine hell gelbbraun*; *Schwanzoberseite leuchtend rostbraun*, *Schnabel* schlank, *mattgelb*, nur *Spitze* und First *dunkel*. Im Vergleich zur Saharagrasmücke auf *Kopf und Mantel etwas grauer, Handschwingen* etwas *dunkler,* Oberschwanz lebhafter rötlich und vor allem *schwarze Schaftstriche auf Schirm- und mittleren Steuerfedern.* Kann auch an ♀ von Dorngrasmücke erinnern, ist aber kleiner, hat gelbes Auge und blasser gelbliche Beine.

STIMME Ruft hoch zeternd „tscher'r'r'r". Gesang ein inspiriertes, klares Signal, eingeleitet von unterdrückten schwatzenden Lauten, gefolgt von einem silberhellen, in der Höhe abfallenden Triller, „tsche-tre-zerr-SRRRIHR'R'R'R", manchmal mit angehängtem Warnruf.

SAHARAGRASMÜCKE –

African Desert Warbler *Sylvia deserti*

L 11-12 cm. Früher als Unterart der Wüstengrasmücke betrachtet, nun wegen des etwas abweichenden Gesangs und anderer Färbung artlich getrennt. Jahresvogel in nordafrikanischen Halbwüsten, Lebensweise wie Wüstengrasmücke.

KENNZEICHEN Größe und Gestalt wie Wüstengrasmücke. Durch *hell ockerbeige Oberseite* mit keiner anderen Art in Nordafrika verwechselbar. Bei schlechten Sichtbedingungen müssen aber ♀ und Jungvögel von Brillen- und Atlasgrasmücke ausgeschlossen werden, beachte dann *hellgelbes Auge, hell gelbbraune Beine* (statt rosabraun), *Oberschwanz mit Rostton, sehr helle Kopfseiten* ohne Kontrast zur Kehle, dünnen *blass gelben Schnabel,* Spitze und First dunkel.

STIMME Ruft plappernd „kerrrr". Gesang klar, hüpfend, mit hoher, klarer Stimme und wenigen harschen Tönen, jede Strophe mit rufartigem trockenem Triller eröffnet, gefolgt von lauten Tönen in unregelmäßigem Rhythmus, „krrrr-TI-TU-TI-TI-TJU-TI".

Brillengrasmücke

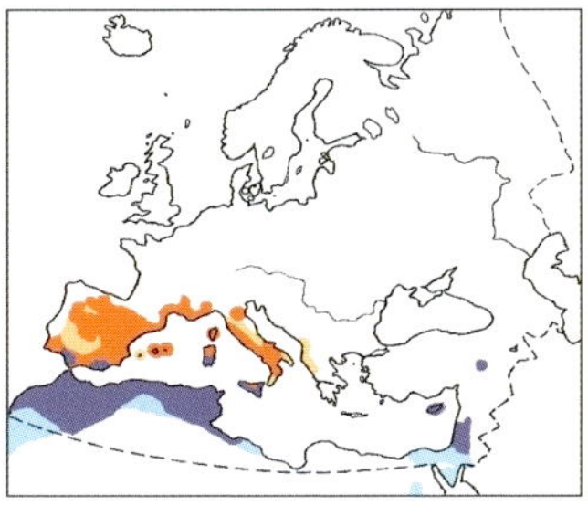

Weißbart-Grasmücke

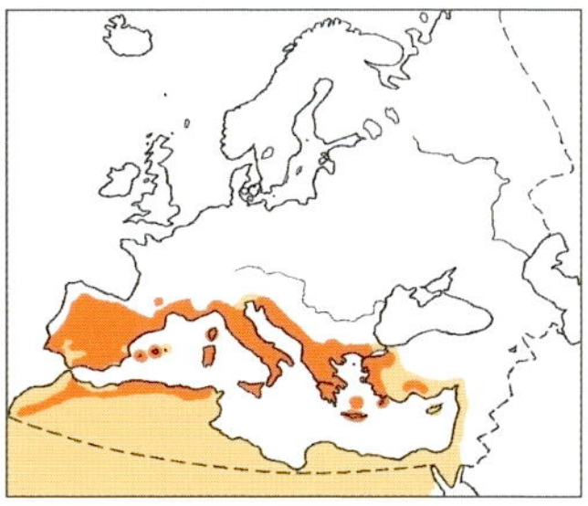

Saharagrasmücke Wüstengrasmücke

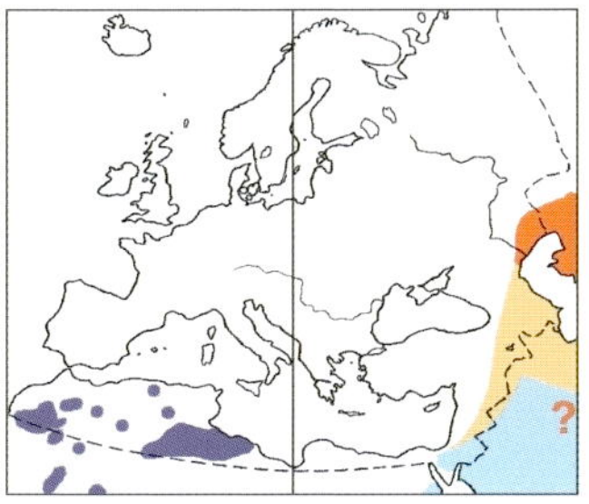

BRILLENGRASMÜCKE

WEISSBART-GRASMÜCKE

WÜSTENGRASMÜCKE

SAHARAGRASMÜCKE

DZ

PROVENCEGRASMÜCKE A

Dartford Warbler *Sylvia undata*

L 13-14 cm. Brütet auf buschreichen Heiden an Küsten oder in höheren Lagen (niedrige Macchie, Garrigue), auch in lichtem Kiefern- oder Eichenwald mit Ginster- und Heidebewuchs. Überwiegend Jahresvogel. Neugierig und vertraut, oft auf Buschspitzen. Nest niedrig in Busch.

KENNZEICHEN *Klein*, sogar kleiner als Brillengrasmücke, jedoch *mit längerem, oft gestelztem Schwanz*. Flug flatternd und ruckartig, knickst mit dem Schwanz. *Oberseite dunkelgrau* oder graubraun, *Unterseite matt weinrot* (wirkt oft nur dunkel, dann Verwechslungsgefahr mit Sarden- und „Balearengrasmücke"), Kehle mit feinen weißlichen Flecken (von Nahem erkennbar), Bauchmitte schmutzig weiß. Iris rotbraun, *Lidring rot*. Geschlechter einander ähnlich, ♀ jedoch oberseits brauner, unterseits weniger satt weinrot.– JK: Ohne roten Lidring, Iris dunkel; noch brauner als ♀, sehr ähnlich juv. Sardengrasmücke (s. u.).

STIMME Ruf typisch *lang gezogen und harsch* „tschääähr" (manchmal „tschääähr-tschr"); warnt ratternd „trrü-tr'r'r'r" ähnlich Samtkopf-Grasmücke, aber höher. Gesang kurz, sehr schnell, knatternd-zwitschernd mit einzelnen eingestreuten Pfeiftönen, *schneller, weniger kräftig und tiefer* als Samtkopf-Grasmücke.

SARDENGRASMÜCKE –

Marmora's Warbler *Sylvia sarda*

L 13-14 cm. Brütet an Berghängen mit niedriger Macchie und Garrigue (bis ca. 1.800 m) und in Gebüsch an Felsküsten (Heide, Zistrose), meidet Wald. Jahresvogel oder Kurzstreckenzieher nach Nordafrika und selten Süditalien. Nest niedrig in Busch oder Staude.

KENNZEICHEN Größe, Gestalt und Verhalten wie Provencegrasmücke (aber durchschnittlich nicht so langschwänzig), unterscheidet sich jedoch durch *graue Unterseite* und *fehlende deutliche helle Kehlflecke* (bei ad. ♂ manchmal angedeutet, bei ♀ und juv. ganze Kehle heller gräulich weiß). Geschlechter einander ähnlich, bei ad. ♂ Stirn und Zügel oft dunkler (grauschwarz).– JK: Sehr ähnlich juv. Provencegrasmücke, aber Kehle, Brustmitte und Bauch weißlicher (nicht so warm graubeige), Flanken mehr gräulich beige (weniger warm braun). Vgl. auch mit der sehr ähnlichen und nah verwandten „Balearengrasmücke" (s. u.).

STIMME Ruft rau und kehlig „tschreck" oder „tschek" (erinnert an Schwarzkehlchen, Weißflügel-Seeschwalbe oder Wasseramsel). Gesang ähnlich Samtkopf- oder Brillengrasmücke, ein kurzes, schnelles, flüssiges Zwitschern, gewöhnlich mit ziemlich klarem Triller oder Schnörkel endend.

„BALEARENGRASMÜCKE" –

„Balearic Warbler" *Sylvia sarda balearica*

L 13-14 cm. Unterscheidet sich farblich und stimmlich etwas von Sardengrasmücke, wird daher manchmal als eigene Art betrachtet, hier aber in Erwartung weiterer Studien als lokale Unterart geführt. Jahresvogel auf den Balearen (außer Menorca). Offenbar nur wenige sichere Nachweise von Gästen auf dem spanischen Festland. Lebensraum und Lebensweise wie Sardengrasmücke.

KENNZEICHEN Der Sardengrasmücke sehr ähnlich und ohne Ruf, Gesang und detaillierte Gefiederbetrachtung besonders des ♂ oft nicht unterscheidbar. Geringfügig kleiner und relativ langschwänziger als Sardengrasmücke, ad. ♂ mit weißlicher Kehle (statt grau). Oberseits durchschnittlich etwas heller grau, auf den Flanken rosabeige getönt (Sardengrasmücke oberseits eher dunkelgrau, unterseits einfarbig grau). Beine tendenziell leuchtender orangebraun, besonders bei juv. (bei Sardengrasmücke oft etwas matter graubraun), aber viel Überschneidung. Sehr ähnliche juv. Provencegrasmücke, am besten am Ruf unterscheidbar.

STIMME Ähnlich Sardengrasmücke, doch mit Übung unterscheidbar. Ruft nasal, kurz, unterdrückt „tset" oder „tret" und nasal unklar „tschärr" (oder „kätsch", an entfernt auffliegende Bekassine erinnernd), deutlich anders als Sardengrasmücke. Gesang mindestens so schnell und kurz wie Sardengrasmücke, klingt weniger angenehm, eher mechanisch und wiederholend, jede Strophe wie eine Rassel in der Höhe an- und absteigend, aus der Ferne an ratternden Ruf der Samtkopf-Grasmücke erinnernd.

ATLASGRASMÜCKE –

Tristram's Warbler *Sylvia deserticola*

L 11,5-12,5 cm. Brütet an kargen Berghängen oder auf Heiden mit Buschwerk (niedrige Macchie, Garrigue), einzelne Steineichen oder Zedern werden toleriert. Überwiegend Jahresvogel, zieht teilweise im Winter etwas südwärts, dann in etwas niedrigeren Lagen und flacherem Gelände, z. B. Halbwüste oder trockene Steppe mit niedrigen Büschen.

KENNZEICHEN Klein und recht langschwänzig (aber Schwanz etwas kürzer als bei Provencegrasmücke), Gefieder mit Merkmalen von Brillengrasmücke *(Rostbraun auf Flügeln, weißer Augenring)* und Weißbart-Grasmücke *(Kehle, Brust und Flanken ziegelrot*, zumindest *angedeuteter weißer Bartstreif). Gesamte Kehle rotbraun, im frischen Gefieder fein weiß geschuppt*, Kopf und Mantel grau. Vögel im Herbst oberseits brauner, Kehle wirkt von der Seite hell, dann sehr ähnlich Brillengrasmücke.

STIMME Ruft sehr hart metallisch „tschick", oft wiederholt, warnt sperlingsartig zeternd leicht nasal „tschett-ett-ett-ett-ett-...". Gesang schnell und zwitschernd mit wenigen eingeflochtenen kurzen Pfeiftönen ähnlich anderen Grasmücken. Schnell wie Provencegrasmücke, aber durchschnittlich abwechslungsreicher, manchmal etwas an Weißbart-Grasmücke erinnernd.

Provencegrasmücke

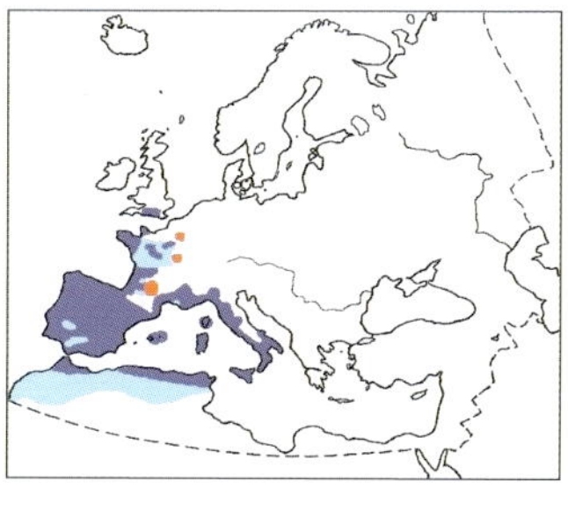

„Balearengrasmücke" Sardengrasmücke

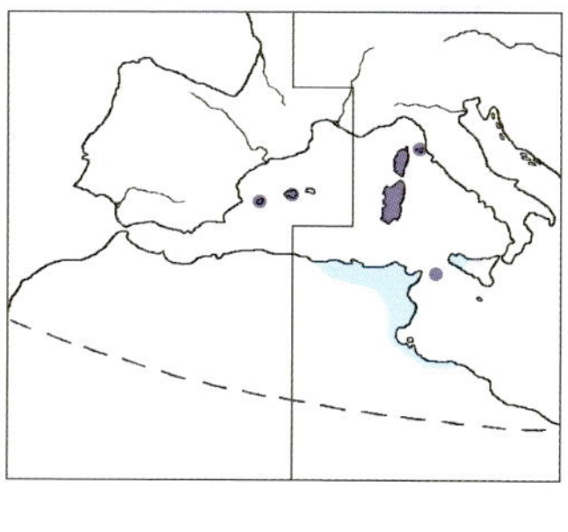

Atlasgrasmücke

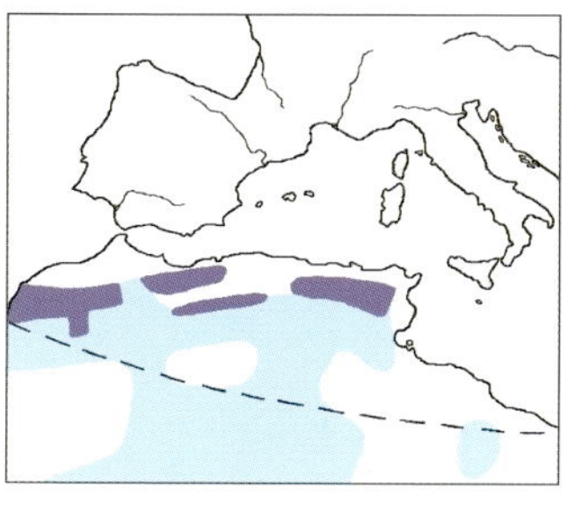

PROVENCEGRASMÜCKE

SARDENGRASMÜCKE

„BALEARENGRASMÜCKE“

ATLASGRASMÜCKE

SCHILFROHRSÄNGER BZ

Sedge Warbler *Acrocephalus schoenobaenus*

L 11,5-13 cm. Brütet in dichter Vegetation von Feuchtgebieten, in Schilf (bevorzugt mit eingesprengten Büschen), in hohen Binsen, Weidengebüsch an Ufern, an verschilften Gräben usw. Sommervogel (Ende Apr.-Sept.), überwintert südlich der Sahara. Lebhaft, wenig scheu, oft frei sichtbar.

KENNZEICHEN Rohrsänger mit *deutlichem, ziemlich langem, weißlichem oder beigeweißem Überaugenstreif*, kontrastiert mit *recht dunklem, diffus gestreiftem Scheitel* und Wangen. Mantel/Rücken diffus dunkel gestreift, wirkt aber im Freiland oft fast einfarbig braun. Beim Auffliegen von hinten *wärmer gelbbrauner Bürzel* sichtbar. Scheitelseiten dunkler und dadurch hellen zentralen Bereich betonend, bei juv. in der Deutlichkeit manchmal zu Verwechslung mit Seggenrohrsänger einladend (s. u.).– JK/1er W: Oft deutliche dunkle Brustflecke, Flügelfedern frischer als bei ad.

STIMME Ruft beunruhigt gedämpft, trocken rollend „errrr", warnt scharf „tsäck!". Gesang, oft in kurzem Flug, laut, lang anhaltend, nur wenig variiert, aufgeregt und *eilig schwatzend*, hier und da abgelöst durch Kaskaden trillernder, pfeifender Töne sowie eingewobener Imitationen, z. B. „zrüzrü-trett zrüzrüzrü psit trutrutru-pürrrrrrrrurrrrr-WI-WI-WI lülülü zeTRE zeTRE…".

SEGGENROHRSÄNGER bZ

Aquatic Warbler *Acrocephalus paludicola*

L 11,5-13 cm. Brütet nur in offenen nassen Seggenwiesen mit fußhoher Vegetation, daher heute sehr selten. Sommervogel (Ende Apr.-Sept.), überwintert in Westafrika.

KENNZEICHEN Gestalt und Gesamteindruck wie Schilfrohrsänger, unterscheidet sich durch *schmalen gelbbeigen Scheitelstreif* (viel kontrastreicher und schmaler als bei Schilfrohrsänger), zwei *deutliche gelbbeige Streifen auf Mantelseiten* sowie *kräftigere schwarze Oberseitenstreifung*. Wirkt normalerweise insgesamt *heller und eher gelblich weiß* (sieht aber von Weitem mitunter genauso dunkel wie Schilfrohrsänger aus). *Zügel hell*, daher wirkt Überaugenstreif vorne breit (1er W und manche ad.; andere ad. mit etwas dunklerem Zügelstreif). Silhouette während des Singens typisch, Schwanz nach unten gedrückt, *Hals* bei jedem Strophenbeginn sehr weit *gestreckt*.– Ad. fast immer mit dünner Brust- und Flankenstrichelung, die im JK/1en W fehlt.

STIMME Ruft schnalzend „tschack", bei Erregung ähnlich Schilfrohrsänger „errr", warnt kurz, heiser „tscht" (wie Heuschrecke!). Gesang (meist abends bis zur Dämmerung; nur selten im Flug) wie schläfriger Schilfrohrsänger; fast immer mit knarrendem „trrrrr" beginnend, unmittelbar danach Reihe Pfeiftöne „jüjüjüjüjü" oder „dididididi" (erinnert an Bruchwasserläufer, aber schriller); lange Zeit nur abwechselndes Knarren und Pfeifen mit Pausen zu hören; mitunter komplexere Strophen mit 4-5 Motiven.

MARISKENROHRSÄNGER A

Moustached Warbler *Acrocephalus melanopogon*

L 12-13,5 cm. Brütet lokal und spärlich im Schilf, oft neben kleinen Blänken und mit Rohrkolben durchsetzt; bevorzugt dichte Bestände mit geknicktem Schilf. Im Westen überwiegend Jahresvogel, im Osten Sommervogel (März-Sept.).

KENNZEICHEN Sehr ähnlich Schilfrohrsänger, etwas größer und kompakter. Hüpft viel auf Boden oder in Wassernähe, zuckt häufig mit Schwanz und hält ihn leicht angehoben. Unterscheidet sich vom Schilfrohrsänger durch *geringere Handschwingenprojektion* (höchstens ein Drittel der Schirmfederlänge statt zwei Drittel), *weißeren Überaugenstreif, der hinten breiter ist und abgeschnitten endet, gleichmäßiger dunklen Scheitel* und Wangen mit am Unterrand *angedeutetem schmalem schwarzem Wangenstreif*. Im frischem Gefieder (Frühjahr) *rotbraun getönt*, besonders auf Bürzel, Nacken, Hals- und Brustseiten, Unterseite weißer (nicht beige gelbweiß).– Unterart *mimicus* (Osttürkei, Kaukasus, Naher Osten) dem Schilfrohrsänger ähnlicher, eher graubraunes, weniger rostgetöntes Gefieder und hellerer, stärker gestrichelter Scheitel.

STIMME Ruft gedämpft kehlig schnalzend „treck" (klingt „zäher" als Schilfrohrsänger, ähnlich Schwarzkehlchen), auch kürzer „trk", bei Erregung zu schnellem „tk-tk-tk-tk…" gereiht, und rollend „trrrt". Gesang ähnlich Teichrohrsänger, aber lebhafter, etwas schneller, weicher und variabler mit typischen eingeflochtenen *Folgen nachtigallähnlich ansteigender Pfeiftöne* „wu wu wü wü wi wi…".

ZISTENSÄNGER A

Zitting Cisticola *Cisticola juncidis*

L 10-11 cm. Brütet in warmen Gegenden in offenem Gelände mit hohen Gräsern oder auf Feldern, bevorzugt trockenen Untergrund, meidet Bäume. Jahresvogel. Nest in niedriger Vegetation.

KENNZEICHEN *Klein*, rundlich und *kurzschwänzig*, sandbraun und *dunkel gestreift*. Beim wellenförmigen *Singflug* zeigen sich oft *stark gerundeter, unten kontrastreich schwarz-weiß endender Schwanz* und *kurze, gerundete Flügel*. Beim stehenden Vogel schließt Kurzschwänzigkeit Verwechslung mit sonst ähnlicher Streifenprinie aus. Zur Brutzeit ♂ mit schwarzem Schnabel und einfarbig braunem Scheitel, ♀ mit hellbraunem Schnabel und gestreiftem hellem Scheitel.

STIMME Ruft laut „tschipp!". Gesang die *monotone Wiederholung eines kurzen, scharfen Tons* über längere Zeit (meist im weit kreisenden Singflug) mit knapp 1 s dauernden Pausen, „dzip … dzip … dzip … dzip … dzip…".

Schilfrohrsänger

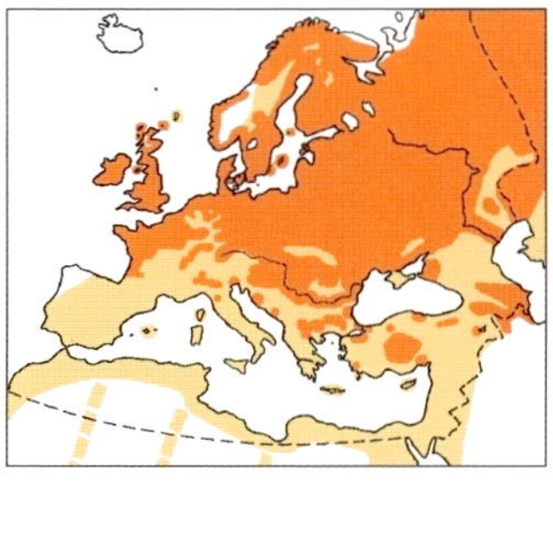

Seggenrohrsänger

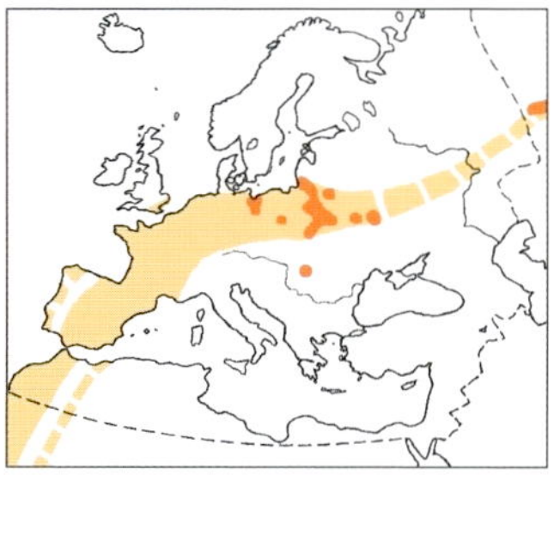

Mariskenrohrsänger

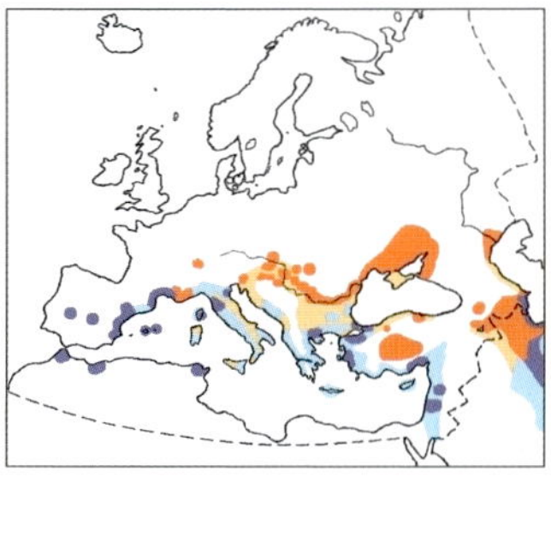

Zistensänger

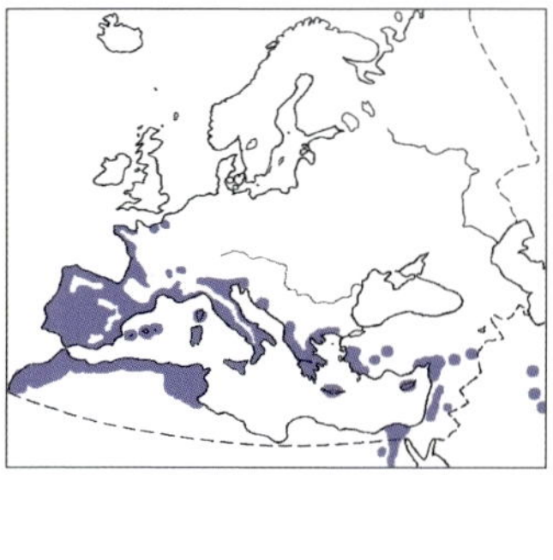

SCHILFROHRSÄNGER

SEGGENROHRSÄNGER

MARISKENROHRSÄNGER

ZISTENSÄNGER

DZ

FELDSCHWIRL BZ

Common Grasshopper Warbler *Locustella naevia*

L 12,5-13,5 cm. Brütet in Gelände mit niedriger, dichter Vegetation, gern stauden- und kräuterreiche Feuchtwiesen mit einzelnen Büschen, in feuchtem Gebüsch an Gewässerrändern, auch auf Lichtungen, Kahlschlägen, jungen Fichtenschonungen. Sommervogel (meist Ende Apr.-Sept.), überwintert soweit bekannt im tropischen Afrika. Außer beim Singen sehr schwer zu sehen, läuft und klettert wie eine Maus durch dichten Bewuchs.

KENNZEICHEN Graubrauner Vogel von der Größe eines Schilfrohrsängers ohne markante Gefiedermerkmale. *Oberseite* auf olivgraubraunem Grund *dunkel gestreift*, Unterseite schmutzig weiß oder manchmal wärmer beige gelbweiß, *ungefleckt* oder in variierender Anzahl *kleine dunkle Flecken auf Kehle* und Vorderbrust (viele mit wenigen dunklen Flecken, nur selten sieht man dichte, kräftige Fleckung und einige diffuse Strichel auf Flanken, dann ähnlich Strichelschwirl). Im Unterschied zum Schilfrohrsänger *ohne deutlichen weißlichen Überaugenstreif* (nur diffus angedeutet), *schmutzig weiße*, diffus *gestrichelte Unterschwanzdecken*, oliv graubrauner, schwach dunkel gefleckter *Bürzel, farblich kaum vom Mantel abgesetzt*, gleichmäßig fein gestrichelter Scheitel ohne dunklere Seiten. Beine rosa, Schnabel recht dunkel. Schirmfedern dunkel, an Basis mit breiten, diffus abgegrenzten braunen Rändern. Im 1en W unterseits oft gelb getönt, ad. dort schmutzig weiß, aber offenbar gelegentlich Überschneidungen.

STIMME Ruft scharf und durchdringend „pswitt". Gesang insektenartig, *mechanisch, trocken schwirrend*, „sir'r'r'r'r'r'r'r'r...", oft ab später Dämmerung und nachts zu hören und minutenlang andauernd, kann an Wecker mit gedämpfter Klingel erinnern. Lautstärke je nach Kopfstellung des Sängers etwas variierend. (Vgl. auch ähnliche Gesänge von Strichel-, Rohr- und Schlagschwirl.)

STRICHELSCHWIRL A

Lanceolated Warbler *Locustella lanceolata*

L 11,5-12,5 cm. Brütet in feuchtem, offenem Wald mit üppigem Unterwuchs, zwischen Weiden und Stauden auf feuchten Lichtungen der Taiga, auch in offeneren Bereichen wie weitläufigen Feuchtgebieten mit Binsen und einzelnen Büschen. Verhalten ähnlich Feldschwirl, überwintert jedoch in Südostasien, Rückkehr nicht vor Ende Mai.

KENNZEICHEN *Klein* und *kompakt*, wirkt *kurzhalsiger* und *kurzschwänziger* als Feld- und Streifenschwirl, mitunter auch etwas großköpfiger. Färbung etwa wie Feldschwirl, also meist mit Grauton im *mattbraunen* Gefieder, jedoch ober- und unterseits *kräftiger schwarz gestreift*. Im typischen Gefieder *Brust und Flanken mit deutlicher Strichelung* (an Kehle am undeutlichsten; einzelne kräftig gezeichnete Feldschwirle mit *dichter Fleckung auf Kehle* und Vorderbrust, bildet fast einen Latz, und einigen *unscharf abgesetzten langen Stricheln* auf Flanken); andere Strichelschwirle (oft 1er W) mit nur spärlicher Kehl- und Bruststrichelung und mitunter fehlender Flankenstrichelung erinnern an diese Feldschwirle, unterscheiden sich jedoch durch *spärliche, aber deutliche Strichel* (nicht diffusere rundere Flecken) sowie *gleichmäßigere Verteilung dieser Markierungen auf Kehle und Brust.* Bei allen Strichelschwirlen *Schirmfedern fast schwarz mit rundum schmalen, scharf abgegrenzten braunweißen Säumen* (Rand der Außenfahne bei manchen Vögeln etwas breiter, jedoch stets scharf abgesetzt, nicht diffus wie Feldschwirl); *Unterschwanzdecken rostig gelbbeige* oder beigeweiß, ungezeichnet wirkend oder mit deutlichen schwarzen Schaftflecken.

STIMME Ruft schnalzend „tschik". Gesang ähnlich Feldschwirl, jedoch etwas höher und schneller, durchschnittlich kürzere Strophen (selten über 1 min, beim Feldschwirl oft 5-10 min), Tonfall *schärfer und durchdringender* mit *Andeutung des schlagschwirlartigen Wetzens* „zizizizizi...", nicht so gleichmäßig trocken schwirrend wie Feldschwirl. (Selten können Feldschwirle mit Stimmdefekt sehr ähnlich klingen!)

STREIFENSCHWIRL a

Pallas's Grasshopper Warbler *Locustella certhiola*

L 13-14 cm. Brütet in Sibirien, Teilen Mittelasiens, der Mongolei und weiter ostwärts in feuchten Wiesen mit dichtem Gestrüpp oder dichter Ufervegetation, auf feuchten Waldlichtungen oder an Moorrändern. Sehr seltener Herbstgast in Europa. Meist in Vegetation versteckt, kaum einmal zu sehen.

KENNZEICHEN Färbung zwischen Feldschwirl und Schilfrohrsänger: *heller Überaugenstreif* etwas deutlicher als bei Feldschwirl, jedoch weit weniger auffallend und kürzer als bei Schilfrohrsänger, Grundfärbung oberseits meist etwas mehr rotbraun (statt olivgrau wie bei den meisten Feldschwirlen), dunkle Zeichnung auf Scheitel, Mantel und Oberschwanzdecken im Durchschnitt kräftiger (bei manchen Individuen aber ähnlich), Bürzel oft rotbraun getönt und ungezeichnet (ähnlich Schilfrohrsänger). Wichtigste Merkmale sind *Steuerfedern mit weißen Spitzen* (im 1en W manchmal undeutlicher), davor dunkler Bereich, Schirmfedern dunkelbraun mit deutlich abgesetztem hellbraunem Rand der Außenfahne und (nahezu ausnahmslos) *mit weißem Fleck nahe der Spitze der Innenfahne,* Unterschwanzdecken völlig (oder nahezu) ungezeichnet rostbeige (mit helleren Spitzen). Unterseite ungezeichnet schmutzig weiß mit nur schwachem gelbbeigem Ton auf Brust und Flanken (ad.) oder deutlich gelbbeige mit wärmerem Ton auf Kehle, Brust und Flanken und mit gefleckter Brust.

STIMME Verschiedene Rufe, u. a. schnalzend „tschick", kürzer tickend „pt", trocken rollend „trrrrrt". Gesang aus schwirluntypischen Strophen, die mit schnell wiederholten, unterschiedlichen Motiven eher an Rohrsänger denken lassen, „tri-tri prt-prt tchiv-tchiv-tchiv srrrrrt SIWIH-SIWIH-SIWIH", ziemlich weich, die letzten Töne aber laut und weit hörbar.

Feldschwirl

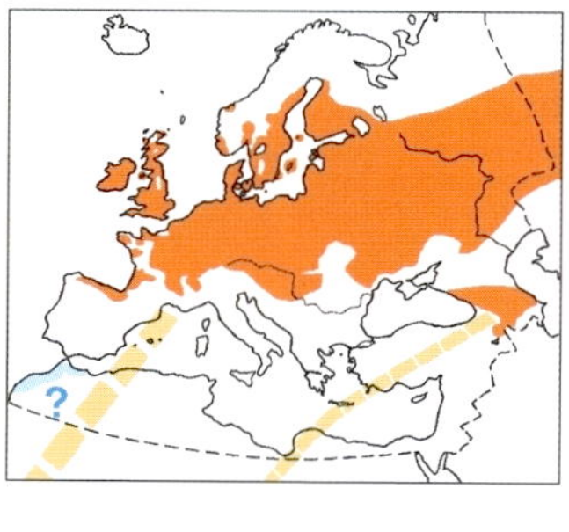

Strichelschwirl

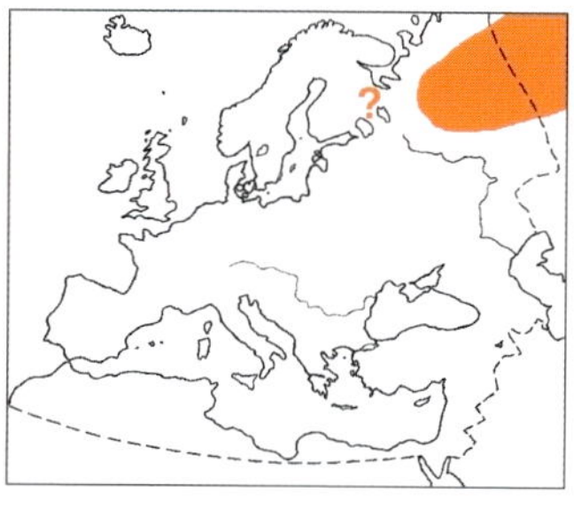

FELDSCHWIRL

STRICHELSCHWIRL

STREIFENSCHWIRL

DZ

SCHLAGSCHWIRL

BZ

River Warbler *Locustella fluviatilis*

L 14,5-16 cm. Brütet in dichten, nicht zu hohen Laubgehölzen an Flüssen und Sumpfrändern, in feuchtem Gebüsch, kleinen Auwaldbeständen (Birke, Weide, Erle), doch nicht in niedriger Vegetation. Sommervogel (Mitte Mai-Aug.), überwintert in Ostafrika. Scheu und fast nur beim Singen zu sehen.

KENNZEICHEN Recht großer, dunkler, lang gestreckter Schwirl mit breitem, gerundetem Schwanz. *Oberseite einfarbig dunkel graubraun*, mitunter mit schwachem Olivton, Unterseite schmutzig weiß mit olivbraunen Flanken; *kurzer, undeutlicher, schmutzig weißer Überaugenstreif* und mit diesem zusammenhängender heller Augenring, *diffuse graue Fleckung oder Strichelung* (variierende Deutlichkeit, manche nur schwach gezeichnet) *auf Vorderbrust* (manchmal auch unterer Kehle), *olivbraune Unterschwanzdecken mit breiten weißlichen Spitzen* (wirken gefleckt). Von Nahem sieht man schmutzig weiße Färbung der Außenfahne der äußersten langen Handschwinge, leichte Bogenform der Flügelkante und lange Unterschwanzdecken, fast bis zur Schwanzspitze reichend. Schnabel recht dunkel, Beine rosa. Kleiderbestimmung im Freiland kaum möglich.

STIMME Rufe wenig kennzeichnend „zrr" oder unrein schnalzend „tschick". Gesang sehr typisch, bemerkenswert maschinenartig wetzend, oft mit nur kurzen Unterbrechungen, meist nachts, auch tagsüber zu hören, „zre-zre-zre-zre..." oder „dze-dze-dze-dze...", Tempo (oft recht ruhig) und Höhe etwas variabel. Erinnert an große Heuschrecke oder kraftvolle Nähmaschine, aus der Nähe mit metallischem Oberton.

ROHRSCHWIRL

BZ

Savi's Warbler *Locustella luscinioides*

L 13,5-15 cm. Brütet in ausgedehnten hohen Schilfbeständen, seltener in Rohrkolben- oder Binsenbereichen oder in anderer dichter Vegetation an Gewässern. Sommervogel (meist Apr.-Sept.), überwintert südlich der Sahara.

KENNZEICHEN Wegen einfarbig brauner und hellerer Färbung und ähnlicher Habitatansprüche hauptsächlich mit Teichrohrsänger zu verwechseln, wie dieser mit rotbrauner Oberseite und kurzem, undeutlichem hellem Überaugenstreif. Unterscheidet sich durch *lange, hell rotbraune Unterschwanzdecken* mit diffus helleren Spitzen (heben sich im Freiland meist nicht ab, sind aber mitunter fast so deutlich wie bei Schlagschwirl, s. o.), leicht *bogenförmigen Flügelvorderrand* (bei Rohrsängern gerader) *mit weißlicher Außenfahne der äußersten langen Handschwinge, gleichmäßigere und etwas dunkler rotbraune Oberseite* (ohne oft kontrastierend wärmer rotbraunen Bürzelbereich des Teichrohrsängers), Brust verwaschen graubraun, Flanken rötlich braungrau (ohne beigegelbe Töne), breiterer Schwanz mit oberseits feinen dunklen Querbändern (nur bei gutem Licht und aus der Nähe zu sehen). Beine bräunlich graurosa.– Östliche Populationen (besonders vom Kaspischen Meer an ostwärts, *fusca*) oberseits leicht olivgrau getönt und insgesamt weniger rotbraun, ferner oft mit etwas deutlicherer Grauschattierung auf Brust sowie gewöhnlich deutlicheren hellen Spitzen der Unterschwanzdecken, ähneln also in mehrfacher Hinsicht stärker einem Schlagschwirl.

STIMME Ruft scharf, metallisch „pwitt". Gesang erinnert stark an Feldschwirl, häufig nachts geäußertes, endloses, insektenartiges Schwirren. Unterscheidet sich (außer durch Singwarte in hohem, dichtem Schilf!) durch *höhere Frequenz, tiefere Tonlage* und *härtere, eher tonlos surrende* Klangqualität, „surrrrrrrr..." (Verwechslungsgefahr mit Maulwurfsgrille). Gesangsstrophen beginnen mit sich beschleunigender Reihe tickender Laute „pt... pt pt-ptptptsurrrr...".

SEIDENSÄNGER

bA

Cetti's Warbler *Cettia cetti*

L 13-14 cm. Brütet in dichter, eher hoher und oft gut abgegrenzter Vegetation, meist am Wasser, z. B. trockeneren Gebüschen in hohem Schilf, in Beständen von Papyrus, Weiden, Bambus, mitunter in Gebäudenähe, in verwunschenen Parks, an Kanälen usw. Überwiegend Jahresvogel, zieht aber im Osten. Hält sich meist in der Vegetation verborgen, hüpft oft auf dem Boden oder niedrig in Büschen.

KENNZEICHEN Mittelgroßer, recht kompakter Sänger *mit kurzem Hals, breitem Schwanz und stark gerundeten Flügeln.* Schnabel spitz, Gefieder *oberseits einfarbig rotbraun*, unterseits schmutzig grauweiß mit Rostton auf Flanken und Bauch. Kopfzeichnung ähnlich Teichrohrsänger und Rohrschwirl, also *mit schmalem und nicht besonders deutlichem hellem Überaugenstreif*, hervorgehoben durch dunklen Zügel- und Augenstreif. Beste Merkmale sind Gestalt, *kurze Handschwingenprojektion, längerer Überaugenstreif* als Teichrohrsänger und Rohrschwirl, schwacher *Grauton auf Ohrdecken, Hals- und Brustseiten*, aber etwas wärmerer *rotbrauner, recht dunkler Ton auf unteren Flanken und Bauch, relativ kurze*, nur die halbe Schwanzlänge einnehmende *dunkelbraune Unterschwanzdecken* mit schmalen hellen Säumen. Sehr lebhaft, zuckt oft mit Flügeln und häufig gestelztem Schwanz.

STIMME Ruft explosiv metallisch „plitt!", oft in sich überschlagenden, schmetternden Serien „plir'r'r'r'r". Gesang *plötzlicher, lauter Ausbruch* klangvoller, metallischer Töne in typischem Rhythmus, zunächst 1-4 vortastende Laute, der letzte zumeist betont, dann kurze Pause, gefolgt von schneller Reihe ähnlicher Motive, mitunter zum Ende hin absterbend, „plitt, plitt-PLÜTT!... tiTSCHUTT-tiTSCHUTT-tiTSCHUTT tschütt, tschütt!" (oder auch „Hör ZU!... Wie HEIss ich denn?... CETti-CETti-CETti, ich bin's!").

Schlagschwirl

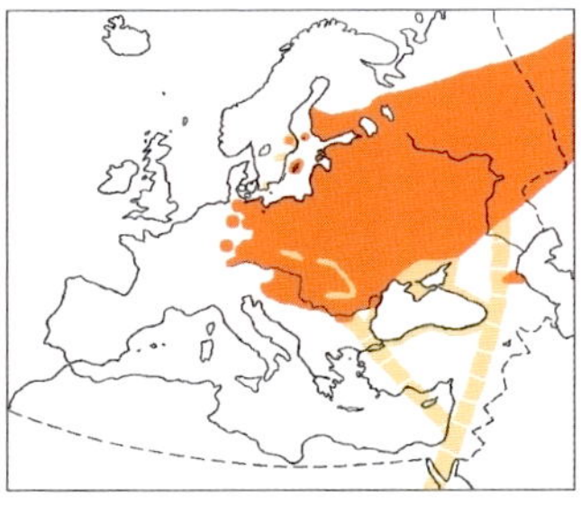

Rohrschwirl

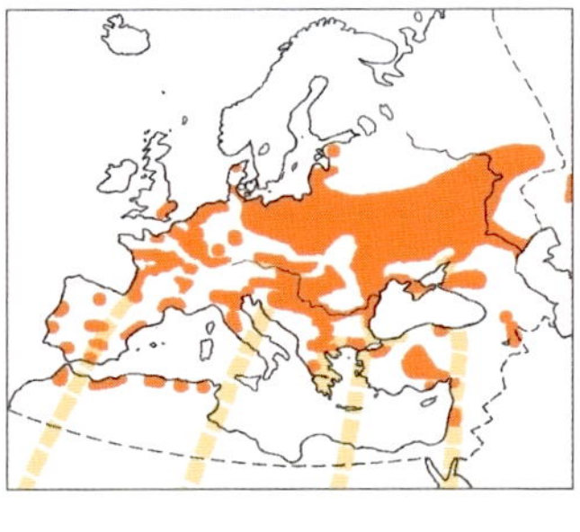

Seidensänger

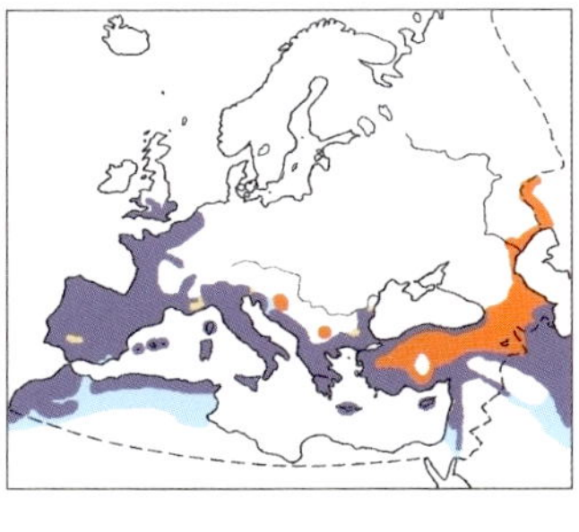

SCHLAGSCHWIRL

ROHRSCHWIRL

SEIDENSÄNGER

DZ

TEICHROHRSÄNGER BZ

European Reed Warbler *Acrocephalus scirpaceus*

L 12,5-14 cm. Brütet im Schilf, bevorzugt in hohen und dichten, im Wasser stehenden Beständen. Sommervogel (Ende Apr.-Sept./Okt.), überwintert im tropischen Afrika. Korbnest wird zwischen Schilfhalme geflochten.

KENNZEICHEN Spitzer Kopf *mit flachem Scheitel und langem, schmalem Schnabel.* Klettert geschickt an Schilfhalmen. *Oberseits einfarbig braun, unterseits beigeweiß* mit wärmerem Ton auf Flanken und Unterschwanzdecken, kurzer, recht undeutlicher heller *Überaugenstreif reicht gewöhnlich nicht hinter das Auge,* Zügel dunkel. Braune Oberseitenfärbung meist leicht olivgrau getönt, *Bürzel jedoch etwas wärmer rostbraun.* Ad. im abgetragenen Gefieder oberseits eher graubraun, unterseits weißlich, im 1en W oberseits warm rostbraun, Flanken satt beige (vgl. sehr ähnlichen Sumpf- und Buschrohrsänger).– Östliche Vögel (vor allem östlich des Schwarzen Meeres, *fuscus*) oberseits etwas grauer und unterseits blasser, ähnlicher Sumpf- und Buschrohrsänger, Rohrschwirl und Blassspötter.

STIMME Ruft kurz und unauffällig „tsche", manchmal etwas härter, fast schnalzend „tschk", bei Beunruhigung lang gezogen, rau „tschreeh", zäh rollend „tschrrrrä" und zweisilbig „trr-rr". Gesang *in gemächlichem Tempo* schwatzend, die zumeist *rauen Töne werden 2-3-mal wiederholt,* immer wieder Imitationen oder Pfeiflaute eingeflochten, z. B. „trett trett trett TIRri TIRri trü trü TIe tre tre wi wü tre tre trü trü TIRri TIri…"; gelegentlich etwas rascheres Tempo, jedoch ohne Crescendo des Schilfrohrsängers.

SUMPFROHRSÄNGER BZ

Marsh Warbler *Acrocephalus palustris*

L 13-15 cm. Brütet in üppiger Hochstaudenvegetation mit Brennnessel, Mädesüß, Wasserdost usw., meist an feuchteren Standorten, Gräben oder Gewässerufern. Sommervogel (Mai-Aug.), überwintert im tropischen Afrika. Unauffällig.

KENNZEICHEN Sehr ähnlich Teichrohrsänger, unterscheidet sich durch *Gesang,* Lebensraum, etwas *kürzeren Schnabel, runderen Kopf,* oft undeutlicheren hellen Überaugenstreif, aber etwas deutlicheren hellen Augenring. Im Frühjahr recht helles Graubraun auf Scheitel und Mantel mit schwachem *Grünstich, unterseits* mehr *gelblich,* im Durchschnitt längere Handschwingenprojektion und deutlichere weiße Handschwingenspitzen.– JK: Oberseits wärmer braun mit rostgelb getöntem Bürzel, also *sehr ähnlich Teichrohrsänger,* Beine hell gelbrosa (nicht hell braungrau).

STIMME Rufe ähnlich Teichrohrsänger. Gesang (oft auch nachts) ein durch kurze Pausen unterbrochener Schwall quirlender, gequetschter, rauer und pfeifender Laute, meist helle Tonlage und flottes Tempo, besteht fast ausschließlich aus brillanten Imitationen (oft Blaumeise, Amsel, Rauchschwalbe, Bluthänfling, Wachtel, Bienenfresser). Gelegentlich längere Passagen von schnellen, trockenen Trillern „prri-prri-prrüprri…" und heiserem „ti-ZÄÄH, ti-ZÄÄH". Tempo wechselt, langsamere Abschnitte mit gemächlichen Wiederholungen erinnern an Buschrohrsänger, Tonfolge wird jedoch schnell wieder beschleunigt.

BUSCHROHRSÄNGER A

Blyth's Reed Warbler *Acrocephalus dumetorum*

L 12,5-14 cm. Brütet auf überwachsenen Laubwaldlichtungen, in Büschen am Wasser usw., meidet Schilf und Staunässe. Sommervogel (meist Ende Mai-Aug.), überwintert in Indien. Lebensweise wie Sumpfrohrsänger.

KENNZEICHEN Von Teich- und Sumpfrohrsänger unterschieden durch *Gesang,* Lebensraum, Singwarte in Busch oder niedrigem Baum (nicht im Schilf oder in der Krautschicht; wenige Ausnahmen), *etwas deutlicheren, längeren hellen Überaugenstreif bis unmittelbar hinter das Auge, kurze Handschwingenprojektion, dunkle,* braungraue *Beine* (nie hell rosa), *langen Schnabel und flache Stirn, gräulich braune Oberseite,* eher olivgraue als beige Flanken. Flügel manchmal auffallend einfarbig braun ohne kontrastierende dunkle Federzentren.– JK: Oberseits rostbraun getönt.

STIMME Ruft schnalzend „zäck" und rollend „zrrrrrt". Gesang typisch (sicherstes Bestimmungskriterium), meist nachts, mit meisterhaften Imitationen, die *in ruhigem Tempo* 3-5-mal (mitunter 10-mal) *wiederholt werden,* schnalzender Ruf zwischen Wiederholungen eingeschoben, „Tonleiterübungen" „lo-lü-LII-a" kommen regelmäßig vor.

FELDROHRSÄNGER A

Paddyfield Warbler *Acrocephalus agricola*

L 12-13,5. Brütet ähnlich Teichrohrsänger im Schilf. Sommervogel (Mai-Aug.), überwintert in Indien.

KENNZEICHEN *Kleiner* als Teichrohrsänger, mit etwas *kürzerem Schnabel* und *längerem Schwanz.* Färbung meist *heller* braun, im frischen Gefieder mit Rostton, in abgetragenem mehr graubraun. Gesichtsausdruck andersartig durch kurzen Schnabel, der eine *dunkle Spitze des sonst strohgelben Unterschnabels* aufweist, sowie den *gleich breiten, langen, hellen Überaugenstreif,* der manchmal von angedeutet dunklem Scheitelseitenstreif betont wird. Meist warm *rostig gelbbrauner Bürzel* (abgetragen manchmal graubraun, vgl. Buschspötter) und *kurze Handschwingenprojektion.*

STIMME Rufe etwas schwächer als z. B. Teichrohrsänger. Alarmruf rollend „tscherrr". Gesang erinnert vor allem an Sumpfrohrsänger, schnell sprudelnd, vorwiegend aus Imitationen bestehend, jedoch *weniger kräftig, mit konstant hohem Tempo* und ohne heisere lange Töne und Triller.

Teichrohrsänger

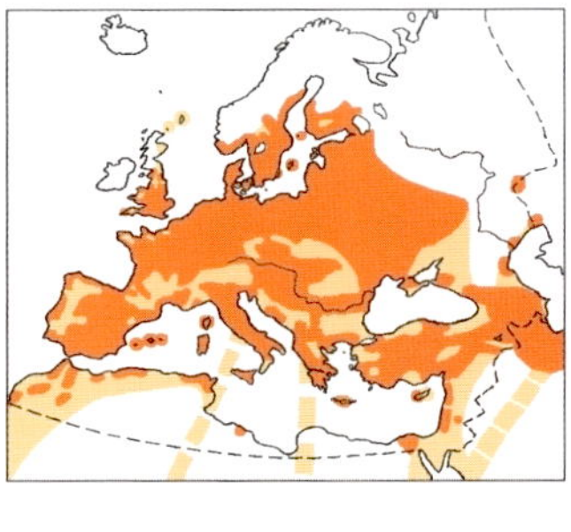

Sumpfrohrsänger

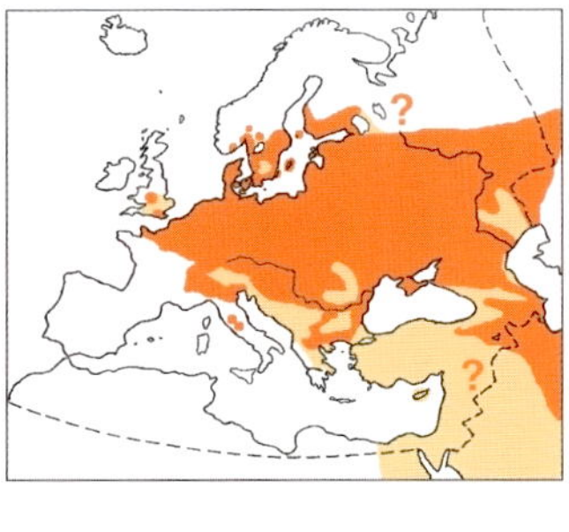

Buschrohrsänger

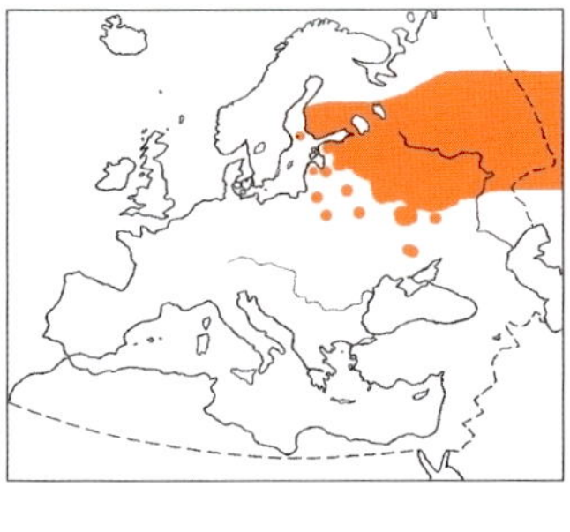

Feldrohrsänger

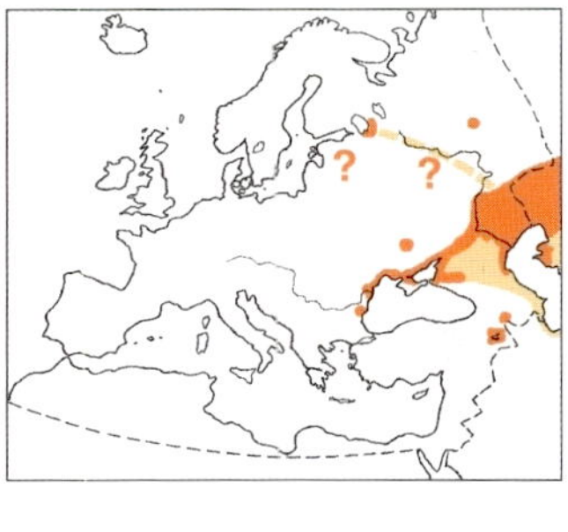

TEICHROHRSÄNGER

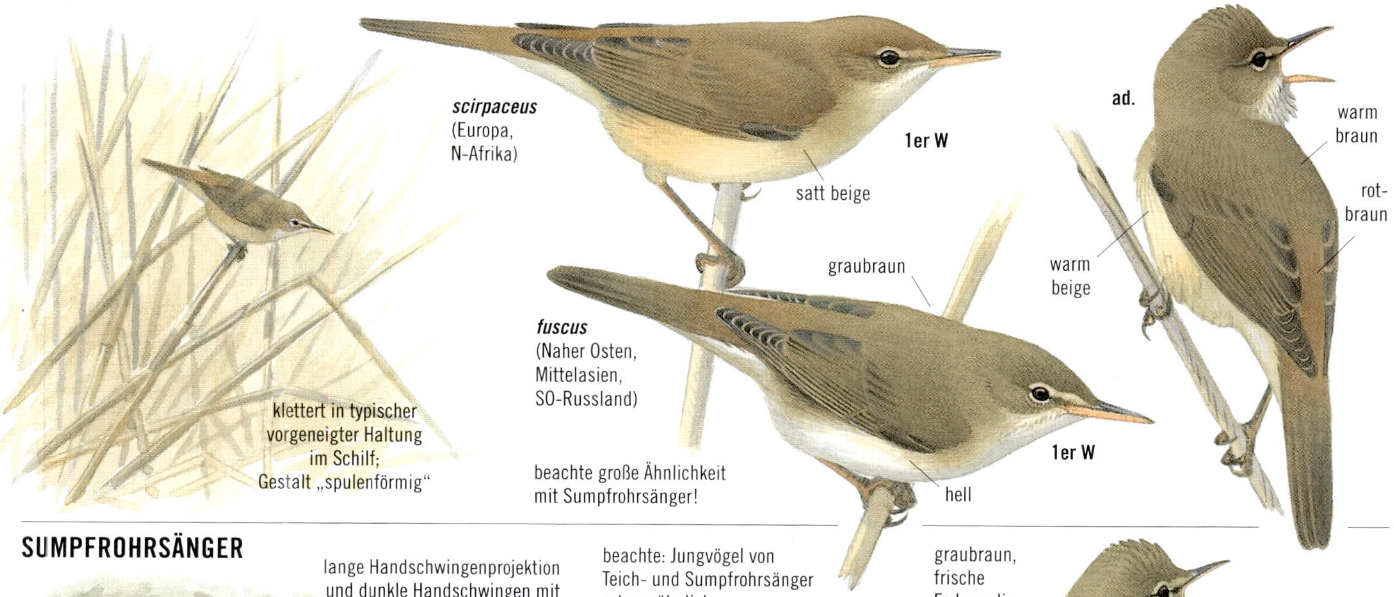

SUMPFROHRSÄNGER

BUSCHROHRSÄNGER

FELDROHRSÄNGER

DROSSELROHRSÄNGER BZ

Great Reed Warbler *Acrocephalus arundinaceus*

L 16-20 cm. Brütet in hohem, dichtem Schilf, auch in kleinen Beständen z. B. an Gräben. Sommervogel (Ende Apr.-Sept.), überwintert im tropischen Afrika. Stabiles Hängenest zwischen kräftigen Schilfhalmen.

KENNZEICHEN Wie eine Großausgabe des Teichrohrsängers, ähnlich gefärbt (oben braun, unten beigeweiß) sowie mit ähnlichen Habitatansprüchen und Gesangsaufbau. Unterscheidet sich außer durch Größe und rauere Stimme durch proportional etwas *größeren Kopf und Schnabel* (drosselartig lang und kräftig), meist *dunklen Fleck an Unterschnabelspitze*, etwas längeren Schwanz, etwas größere Handschwingenprojektion (und deutliche weiße Handschwingenspitzen), oft etwas deutlicheren, *breiteren hellen Überaugenstreif* und im Durchschnitt *dunkleren Zügel und Augenstreif;* brauner Nacken/Hinterhals oft etwas heller und grauer. Aus der Nähe manchmal feine graue Strichelung auf unterer Kehle/oberer Brust. Beine rosabraun oder braungrau.– Ad.: Gefieder im Spätsommer meist etwas abgetragen, oberseits heller braungrau getönt, unterseits weißlicher; Handschwingen braungrau.– JK: Gefieder frisch, oberseits warm rostbraun, unterseits beige getönt; Handschwingen frisch, dunkel mit hellen Spitzen.

STIMME Ruft rau und „zäh" schnalzend „kschak" oder „krrack", warnt hart rollend „krrrrr". Gesang ähnlich Teichrohrsänger, aber viel lauter und rauer (oft erstaunlich weit hörbar), meist grobe und tief knarrende Töne sowie Folge wiederholter, klagender Falsettlaute, z. B. „trr trr karra-karra-karra KRIe-KRIe-KRIe trr-trr-KIe-KIe".

STENTORROHRSÄNGER –

Clamorous Reed Warbler *Acrocephalus stentoreus*

L 16-18 cm. Brütet in dichten Papyrusbeständen, aber auch Schilf und Rohrkolben sowie Mais oder anderer dichter, mannshoher Vegetation in Wasser- oder wenigstens Sumpfnähe. Im behandelten Gebiet vorwiegend Jahresvogel.

KENNZEICHEN Ähnlich Drosselrohrsänger in Größe, Gesang und Habitatansprüchen, unterscheidet sich aber durch *kürzere, rundere Flügel (kurze Handschwingenprojektion), längeren, mehr abgerundeten Schwanz* und *längeren und vor allem schlankeren Schnabel.* Rumpf wirkt auch im Flug kürzer. Oberseite ähnlich braun wie bei Drosselrohrsänger, Unterseite jedoch in der Regel dunkler. Im Nahen Osten seltenere dunkle (melanistische) Morphe sowie Zwischenformen: Gewöhnlich *Oberseite recht dunkel rotbraun, Unterseite schmutzig braunbeige mit nur etwas hellerer Kehle* (Färbung erinnert eher an Rohrschwirl als an Drosselrohrsänger), beigeweißer *Überaugenstreif* mitunter kürzer und vor allem *schmaler,* dadurch weniger hervortretend als bei Drosselrohrsänger, *Augenstreif weniger auffallend,* dunkle Individuen oft ohne Überaugenstreif sowie mit dunklerem Schnabel (fast wie juv. Stare). Beine gräulich.

STIMME Ähnlich Drosselrohrsänger, vor allem Rufe. Gesang ähnlich grob und knarrend, aber etwas *stockender und weniger klar unterteilt* (ähnlich schackernder Wacholderdrossel), *schrille Falsettlaute meist einzeln,* nicht in schneller Folge, typische Strophe z. B. „track, track, track karra-KRU-kih karra-KRU-kih tschiwi TRÜ tschiwi TSCHIH".

DICKSCHNABEL-ROHRSÄNGER –

Thick-billed Warbler *Acrocephalus aedon*

L 16-17,5 cm. Brütet in Südsibirien in Dickichten aus Weiden, jungen Birken u. a. an Rändern von Taigamooren. Überwintert in Indien. Extreme Seltenheit in Europa.

KENNZEICHEN Etwas kleiner als Drosselrohrsänger mit *kurzem, stumpfem Schnabel,* aber wenigen Gefiedermerkmalen. Oberseits graubraun, *Bürzel und Schwanzbasis etwas wärmer rotbraun* (kann im Flug an Nachtigall erinnern, zumal Schwanz auch lang und gerundet ist), unterseits schmutzig weiß mit Beigeton auf Brust, Flanken und Unterschwanzdecken. Ohne deutlichen Überaugenstreif, nur mit *hellgrauem Zügel* und diffus beigebraunem Augenring; Scheitel etwas wärmer braun, bildet nicht selten *angedeutete Kappe.* Handschwingenprojektion mittellang. Beine gräulich. Bewegungen träge, hüpft oft in nach vorne geneigter, geduckter Haltung mit gesenktem Schwanz.

STIMME Ruft schnalzend „tschack", oft in Folge. Warnt manchmal mit neuntöterartigem heiserem „wäht" (Imitation?). Gesang *laut, schnell zwitschernd, mit vielen Imitationen,* erinnert in Tempo, Imitationsfähigkeit und Lautstärke an Sumpfrohrsänger und Gelbspötter, jedoch ohne mehrfach wiederholte „ti-ZÄÄH"-Motive und die schnellsten Triller des Sumpfrohrsängers, dafür härter sowie ohne nasale Gelbspöttertöne.

BASRAROHRSÄNGER –

Basra Reed Warbler *Acrocephalus griseldis*

L 15,5-17,5 cm. Brütet in ausgedehntem Schilf und Papyrus, früher auf den Südirak beschränkt, inzwischen in Nordisrael und vielleicht Syrien. Überwintert in Ostafrika.

KENNZEICHEN *Kleiner und schlanker als Drossel-, aber größer als Teichrohrsänger. Dunkelspitziger Schnabel lang, dünn und spitz, Unterschnabelbasis gelblich rosa* (nicht dunkel wie bei Stentorrohrsänger). *Oberseite eher kalt graubraun,* ohne warmen Rostton auf Bürzel, *Unterseite weißer* als bei anderen Rohrsängern, nur Flanken und Steiß cremeweiß. *Beine gräulich. Deutlicher heller Überaugenstreif* endet gleich hinter Auge, *dunkler Augenstreif* recht auffallend. Beachte lange Flügel und *große Handschwingenprojektion.*

STIMME Ruft sowohl harsch „tschaarr" als auch hart „tschak". Gesang langsam und abgehackt, mit harter, tiefer, gutturaler Stimme, eine lange Folge einfacher Töne, etwas an schwatzenden Bülbül erinnernd.

Drosselrohrsänger

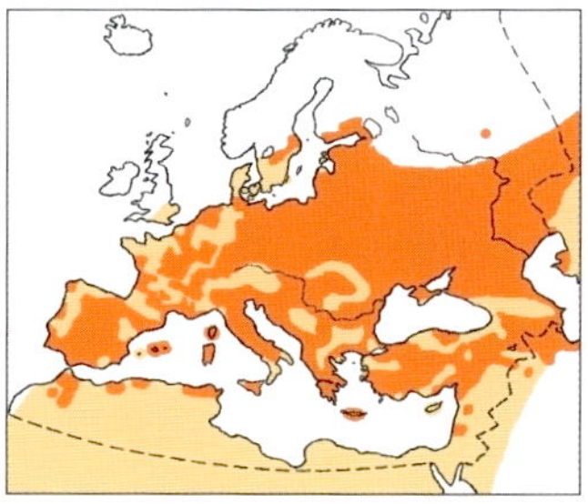

Stentorrohrsänger

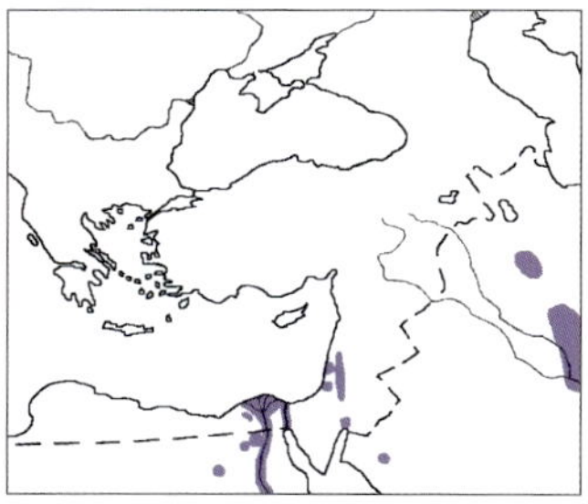

Basrarohrsänger

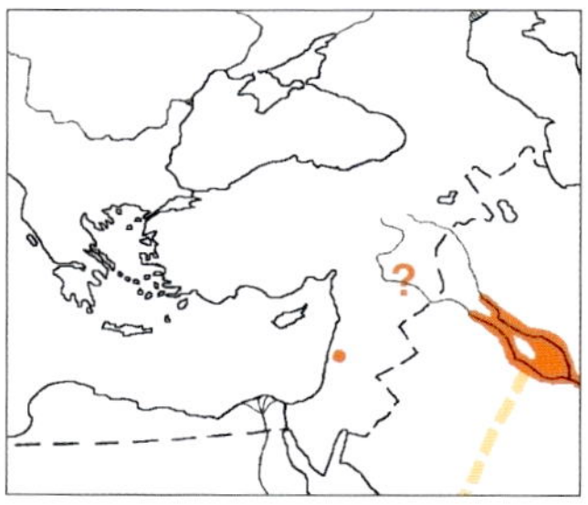

DROSSELROHRSÄNGER

STENTORROHRSÄNGER

DICKSCHNABEL-ROHRSÄNGER

BASRAROHRSÄNGER

DZ

GELBSPÖTTER BZ

Icterine Warbler *Hippolais icterina*

L 12-13,5 cm. Brütet in verschiedensten Waldtypen, in Parks usw. Sommervogel (Anfang Mai-Aug.), überwintert im tropischen Afrika. Meist hoch in Baumkronen versteckt.

KENNZEICHEN Typischer mittelgroßer Spötter, *recht kräftiger Schnabel mit breiter Basis*, ziemlich großer Kopf (oft mit gesträubten Scheitelfedern), lange Flügel *(Handschwingenprojektion entspricht Schirmfederlänge)*, recht kurzer, gerade *abgeschnittener Schwanz. Oberseits gräulich grün, unterseits einheitlich hell zitronengelb* (selten heller), *heller Zügel*, in den recht undeutlichen gelbweißen Überaugenstreif übergehend, heller Augenring, *helle, gelbrosa Schnabelseiten.* Helle Ränder von Schirmfedern und Armschwingen bilden *am zusammengelegten Flügel helles Feld*, am deutlichsten im Frühjahr, kann bei ad. im Herbst abgenutzt sein. Beine gräulich, oft blaugrau.– JK: Oberseits mit Braunstich, weniger grün als ad., helles Flügelfeld undeutlicher, eher beigegelb, Unterseite oft etwas blasser gelb.

STIMME Ruft munter dreisilbig „tä-tä-LÜÜit", auch „täck" und warnt „tä tä tä…". Gesang *laut, schnell*, lang anhaltend, variabel, viele eingeflochtene Imitationen, bestes Merkmal wiederkehrende *nasal jammernde Töne*, z. B. „GIe GIe…", typisch auch Einflechten des Rufs in die Strophen. Wiederholungen (oft 2-4-mal) häufiger als beim Sumpfrohrsänger, Tempo aber geringer.

ORPHEUSSPÖTTER BZ

Melodious Warbler *Hippolais polyglotta*

L 12-13 cm. Ersetzt Gelbspötter in Südwesteuropa, ähnliche Habitatansprüche, aber auch in niedrigerem Gebüsch mit einzelnen Bäumen. Sommervogel (meist Mai-Aug.), überwintert in Westafrika.

KENNZEICHEN Ähnlich Gelbspötter, abseits des Brutgebiets oft schwer unterscheidbar. Wirkt etwas rundlicher und freundlicher, *Schnabel geringfügig kürzer, Flügel deutlich kürzer (Handschwingenprojektion zwischen Hälfte und drei Viertel der Schirmfederlänge).* Oberseite eher bräunlich grün, nicht so gräulich, Unterseite oft hellgelb mit schwach beigebraunem Anflug. Kopf- und Schnabelmuster wie Gelbspötter. *Flügel einfarbiger* und helle Ränder von Schirmfedern und Armschwingen gewöhnlich fast völlig abgenutzt; *Handschwingen oft etwas abgetragen und braungrau*, fast stets ohne deutliche helle Spitzen. Beine gräulich wie Gelbspötter oder *etwas bräunlich getönt.*– JK: Helles Flügelfeld braungelb und nur mäßig kontrastierend, Handschwingen frisch und etwas dunkler braungrau.

STIMME Verschiedene schnalzende Rufe, z. B. „tett", „tre-te-te-tü", anhaltende Folgen „te-te-te…" sowie schneller, sperlingsartig zeternd „tr'r'r'r'r'rt". Gesang *plaudernd*, lang anhaltend und in *hohem Tempo*, mitunter rasant und mit kurzen Imitationen (ähnlich Sumpfrohrsänger), manchmal nicht ganz so schnell und mit etwas schrillem, nasalem Ton (ähnlich Gelbspötter), bisweilen einfacher aufgebaut, leiernd und mit Pfeiftönen (ähnlich Grasmücke).

OLIVENSPÖTTER –

Olive-tree Warbler *Hippolais olivetorum*

L 16-18 cm. Brütet in offenem Wald mit Lichtungen, in hoher Macchie, in Plantagen u. a. Sommervogel (Anf. Mai-Aug.), überwintert im tropischen Afrika. Meist in Deckung.

KENNZEICHEN Sehr groß und lang gestreckt *mit langem, kräftigem Schnabel* und *flacher Stirn* (sofern Scheitelfedern nicht gesträubt sind). *Flügel lang* (Handschwingenprojektion entspricht Schirmfederlänge), *dunkel grauschwarze Handschwingen. Oberseits grau, unterseits schmutzig weiß* (oft auf Brust und Flanken verwaschen grau), erkennbar an deutlichem *hellem Flügelfeld* (auf Mitte der Armschwingen konzentriert), *fast komplettem Fehlen eines hellen Überaugenstreifs* (nur weißlicher Fleck über dem Zügel und diffuser heller Augenring). Beine kräftig, (blau)grau.

STIMME Ruft tief schnalzend „tschack", warnt kehlig, nasal zeternd „kerrekekekekek" wie „Riesenblaumeise". Gesang grob und rauchig mit einfach aufgebauten Strophen mit zyklischen Wiederholungen, kann wie verstärkter und verlangsamter Blassspöttergesang klingen, z. B. „TSCHACK tschü tschi-TSCHACK tschira TSCHUCK tschi-tschi TSCHACK-era TSCHACK tschü tschi-TSCHACK".

DORNSPÖTTER –

Upcher's Warbler *Hippolais languida*

L 14-15 cm. Brütet in Gebüschen und Anpflanzungen auf trockenem, kargem Boden, an Hängen oder in Hochlagen. Sommervogel (Mai-Aug./Sept.), überwintert in Afrika.

KENNZEICHEN Geringfügig größer als Blassspötter, *Schnabel, Beine und Schwanz etwas länger. Kopf häufig etwas runder* mit steilerer Stirn, Schwanz wirkt breiter. Gefieder ähnlich, *etwas dunkler grauschwarze Steuerfedern und Flügelspitzen,* längste Schirmfedern und innere Armschwingen mit helleren grauweißen Rändern, bilden *angedeutetes helles Flügelfeld,* Zügel im Durchschnitt heller und grauer. *Wippt mit dem Schwanz* auch *seitwärts* und spreizt ihn leicht. Gleitet wie Olivenspötter oft letztes Stück vor der Landung.

STIMME Ruft hart schnalzend „zack", bei Gefahr schnell und trocken „trrrt", warnt in langen Serien unrein schnalzend „scheck scheck scheck…". Gesang energisch, nasal, zyklisch wiederholte zwitschernde Lautfolgen, manche Phrasen mehrfach wiederholt, bleibt oft bei hellen, „schrägen" Pfeiflauten mit eingeschobenen Rattertönen hängen, „ … wiä wiä wiä trrrt wiä wiä wiä tjetjetjetje wiä…".

Gelbspötter

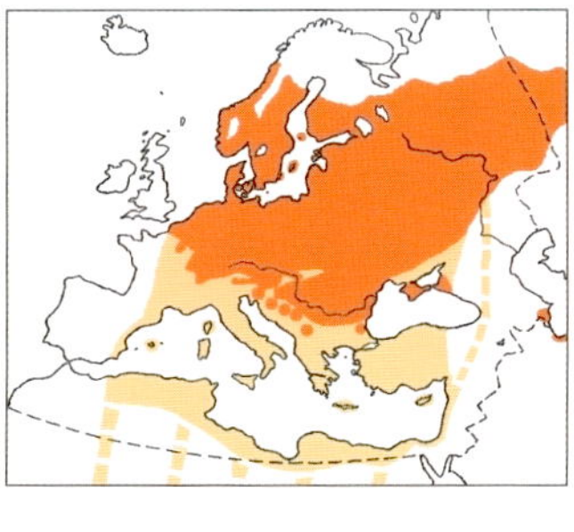

Orpheusspötter

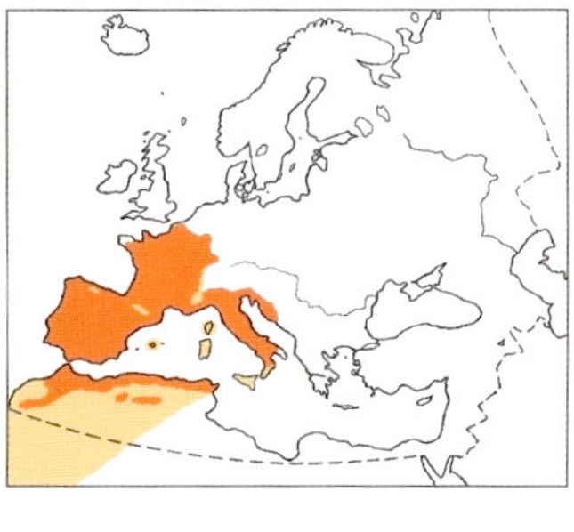

Olivenspötter

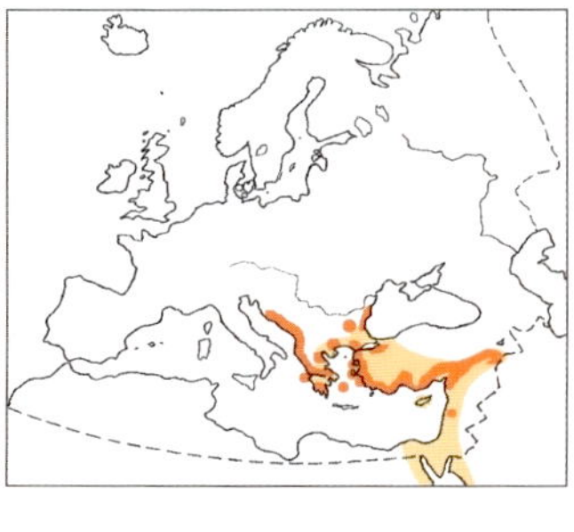

Dornspötter

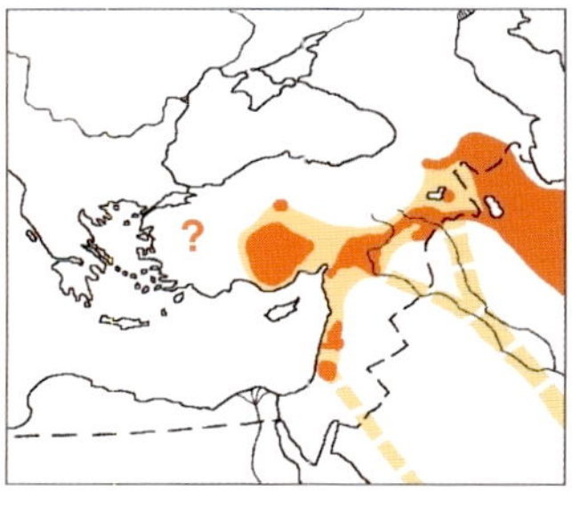

GELBSPÖTTER

ORPHEUSSPÖTTER

OLIVENSPÖTTER

DORNSPÖTTER

DZ

BLASSSPÖTTER A

Eastern Olivaceous Warbler *Iduna pallida*

L 12-13,5 cm. Brütet in offenen Wäldern, Obstgärten, Parks, flussbegleitender Vegetation usw. Sommervogel (meist Mai-Aug.), überwintert südlich der Sahara.

KENNZEICHEN Wie ein farbloser, grau getönter Teichrohrsänger, gleiche Größe und spitzer Kopf *mit flacher Stirn und schlankem, langem Schnabel*, ähnlicher Gesichtsausdruck *mit dunklem Zügel, kurzem, hellem Überaugenstreif* (endet am Augenhinterrand) *und hellem Augenring.* Unterscheidet sich von Teichrohrsänger (auch von recht grauen *fuscus*-Vögeln im abgetragenen Gefieder) durch *regelmäßiges Abwärtsschlagen des Schwanzes* beim Hüpfen durch die Vegetation, *gräulichen Bürzel (nie rostbraunen)*, nahezu gerade *abgeschnittenen Schwanz mit schmalen grauweißen Kanten und Spitzen der äußeren Steuerfedern,* stets *gräuliche Oberseite* und *weißere Unterseite, breitere Schnabelbasis,* meist etwas kürzere Handschwingenprojektion.

STIMME Ruft schnalzend „tschack", etwas zäh und nasal, wie Mischung aus Mönchs- und Gartengrasmücke; daneben schnellere schnalzende Serien, etwas nasal, „zet-zet-zet..." sowie gedämpft sperlingsartig „tr'r'r'r'r". Gesang recht monoton plaudernd, bei gemäßigtem Tempo zwischen tieferen raueren und höheren piepsenden Tönen zyklisch wechselnd, die Laute kratzend ineinander übergehend. Imitiert nicht.

ISABELLSPÖTTER –

Western Olivaceous Warbler *Iduna opaca*

L 13-14 cm. Brütet in Macchie, offenen Wäldern, Obstgärten an Flüssen usw. Sommervogel (Apr.-Aug.), überwintert in Westafrika.

KENNZEICHEN Recht *großer, schlanker, langschwänziger,* einheitlich brauner und weißer Spötter, kann mit Teichrohrsänger und bei schlechtem Licht mit Orpheusspötter verwechselt werden. Muss in Nordwestafrika von der ähnlichen Unterart *reiseri* des Blassspötters unterschieden werden. Beachte *einfarbig blass braune Oberseite* („Tee mit Milch") *ohne kontrastierend helle Armschwingenränder, kein Abwärtsschlagen des Schwanzes, langen und breiten Schnabel,* oft mit konvexen Kanten.

STIMME Ruft wie Blassspötter. Gesang weniger rau und kratzend, etwas langsamer und besser artikuliert, plaudernde Qualität ähnlich Teichrohrsänger, doch ohne 2-3-malige Tonwiederholung, abwechslungsreicher, oft nasale Laute wie Gelb- und Orpheusspötter, Strophen jeweils von „tscheck... tscheck...tscheck..."-Rufen eingeleitet.

BUSCHSPÖTTER A

Booted Warbler *Iduna caligata*

L 11-12,5 cm. Brütet in niedrigem Gestrüpp in Steppen, in Gebüsch auf Wiesen, überwachsenem Weideland oder anderen offenen Gebieten, manchmal an Ufern. Sommervogel, überwintert in Indien.

KENNZEICHEN *Kleinster Spötter,* mit *kurzem,* meist *dunklem Schnabel,* recht *dunklem Zügel* und ziemlich deutlichem, aber *kurzem hellem Überaugenstreif.* Erinnert oft mehr an Laubsänger als an Spötter. Im frischen Gefieder oberseits beigebraun, im abgetragenen mehr graubraun. Flanken oft rostbeige getönt. *Helle Schwanzkanten, oft angedeutete dunkle Scheitelseitenstreifen.* Schnabel kräftiger als bei Zilpzalp und mit hellerer braunrosa Basis. *Beine bräunlich rosa mit dunkler grauen Zehen.* Zuckt manchmal mit Flügeln und Schwanz, schlägt Schwanz aber nicht wiederholt abwärts wie Blassspötter. Sehr ähnlich Steppenspötter (s. u.) und Feldrohrsänger (s. dort).

STIMME Ruft hart schnalzend „tschreck", etwas an Mariskenrohrsänger erinnernd, bei Beunruhigung trocken rollend, gedämpft „zerrrr". Gesang aus „brodelnden" 2-6 s langen Strophen, teilweise sehr rasche Lautfolge klingt nasal zwitschernd-zeternd, teilweise melodisch, enthält auch kurze tremolierende und rauere Töne. *Beginnt oft tief und zögernd, nimmt schnell an Geschwindigkeit und Volumen zu.* Enthält keine Imitationen.

STEPPENSPÖTTER A

Sykes's Warbler *Iduna rama*

L 11,5-13 cm. Brütet in trockenen Ebenen und Halbwüsten, oft mit Saxaul und Tamariske. Sommervogel, überwintert in Pakistan und Indien.

KENNZEICHEN Sehr ähnlich Busch- und Blassspötter, ohne Stimme schwer unterscheidbar. Durchschnittlich *heller und einfarbiger* als Buschspötter, *oberseits wie „Tee mit Milch" gefärbt, unterseits weißlich* (ohne Rostton), Schirmfedern recht einfarbig ohne dunklen Schaft. *Schwanz und Schnabel gewöhnlich etwas länger* (aber Überschneidung). Unterschnabelspitze mit undeutlichem dunklem Fleck (dunkler bei Busch-, fehlend bei Blassspötter). Zuckt nervös mit dem Schwanz, schlägt ihn aber nicht wiederholt abwärts wie Blass-, zuckt nicht gleichzeitig mit den Flügeln wie Buschspötter. *Handschwingenprojektion recht kurz, Handschwingenspitzen eher bräunlich* als dunkelgrau (wie meist bei Blassspötter). Armschwingen nie schmal weißspitzig.

STIMME Ruft trocken schnalzend „tscheck", sauberer als Buschspötter und ohne „r", auch voller „tslek" ähnlich Blaukehlchen. Gesang eilig, ähnlich Buschspötter, aber von Beginn an lauter, mit härteren und kratzenderen Tönen, manche schnell nacheinander *mehrfach wiederholt* und vage *an Schilfrohrsänger erinnernd,* verstärkt durch eingewobene kurze Triller und Pfeiftöne.

Blassspötter

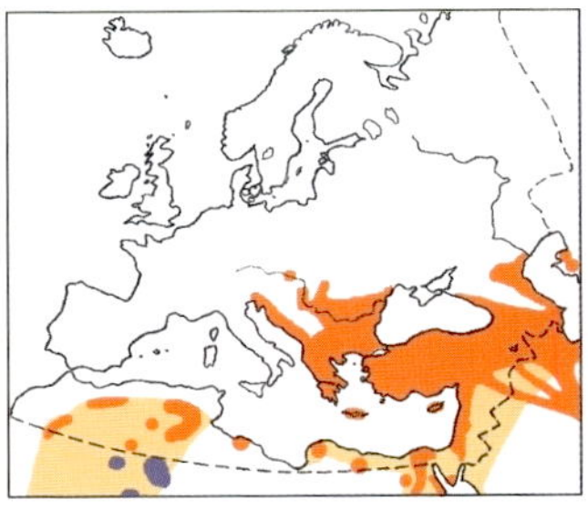

Isabellspötter

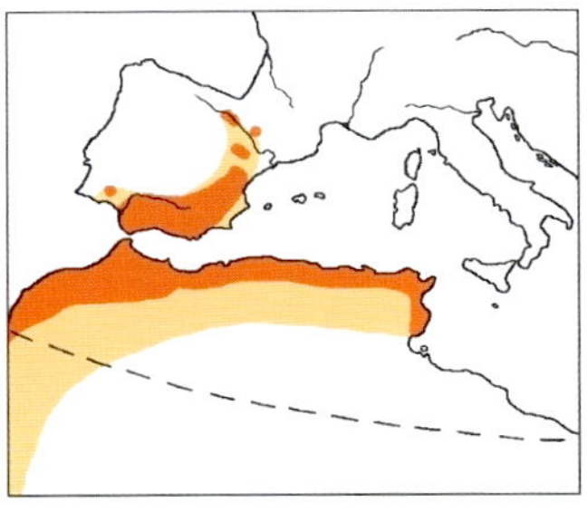

Buschspötter

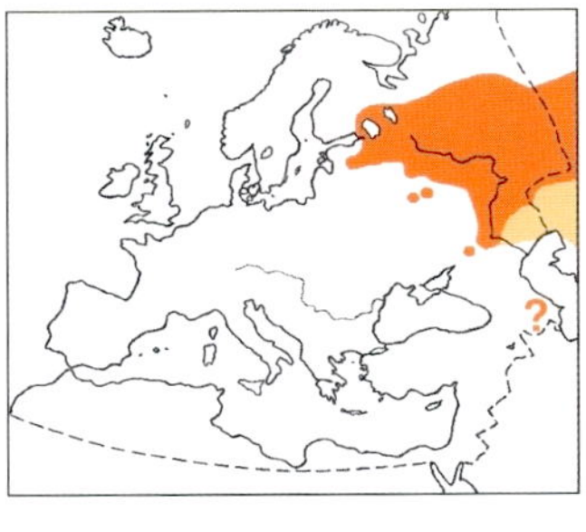

Steppenspötter

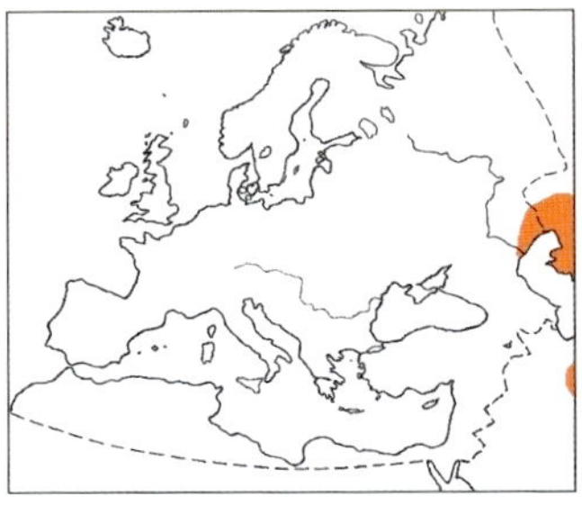

BLASSSPÖTTER

ISABELLSPÖTTER

BUSCHSPÖTTER

STEPPENSPÖTTER

FITIS BZ

Willow Warbler *Phylloscopus trochilus*

L 11-12,5 cm. Brütet zahlreich überall, wo ein paar Bäume oder höhere Büsche zusammenstehen, von Wäldern bis zu Gärten mit Laubbäumen. Einer der häufigsten Vögel im nördlichen Europa. Bewegt sich zur Insektenjagd lebendig und rastlos durch Baumkronen. Sommervogel (Apr.-Sept.), überwintert im tropischen Afrika.

KENNZEICHEN Auffallendstes Kennzeichen ist ein *heller Überaugenstreif.* Oberseits gräulich braungrün (Grünton deutlich in Westeuropa, im Norden Fennoskandiens oft mehr graubraun), Bürzel manchmal etwas heller und leuchtender grün. *Kehle und Brust gelblich weiß,* Bauch weißer, *Beine* gewöhnlich *bräunlich rosa* (manchmal dunkel braungrau!). Am ehesten mit Zilpzalp zu verwechseln, beachte daher Stimme, *Beinfärbung* (bei Zilpzalp dunkler), im Durchschnitt *längeren und deutlicheren hellen Überaugenstreif* sowie *dunkleren Augenstreif,* dadurch markanterer Gesichtsausdruck, olivgraue Ohrdecken, *direkt unter dem Auge* aber meist recht *hell* (statt eher gleich dunkel, daher weiße untere Augenringhälfte hervorgehoben), im Durchschnitt etwas *kräftigeren Schnabel* mit deutlicherer *Gelbrosafärbung an Seiten/Basis,* etwas länger gestreckte Form (statt kompakter), längere Handschwingenprojektion (oft rund drei Viertel der Schirmfederlänge, bei Zilpzalp Hälfte bis zwei Drittel).– JK/1er W: *Unterseite* und Überaugenstreif *satter hellgelb,* manchmal Beigeton auf Brustseiten.

STIMME Ruft weich pfeifend, zweisilbig und ansteigend „HUitt", etwas variabel (manchmal eher wie schnelleres, anders betontes „hüITT" des Zilpzalps), sehr ähnlich Gartenrotschwanzruf, aber etwas weicher. Gesang eine ca. 3 s dauernde, fleißig wiederholte, etwas abfallende Folge weicher Pfeiftöne, z. B. „sisisi-WÜJ-WÜJ-WÜJ swi-swi-swi tuui tuui tuui si-si-SWIIJ-sü", erkennbar am lieblichen Klang mit weich ansteigenden Tönen.

WALDLAUBSÄNGER BZ

Wood Warbler *Phylloscopus sibilatrix*

L 11-12,5 cm. Brütet meist in geschlossenen Wäldern, bevorzugt Buchenwald mit Unterwuchs junger Bäume, Eichenwald, auch Mischwälder. Sommervogel (Apr.-Aug.), überwintert im tropischen Afrika. Lebensweise unauffällig,

KENNZEICHEN Größe wie Fitis, ähnlich *lang gestreckt,* sogar *mit noch längeren, spitzeren Flügeln* (Handschwingenprojektion entspricht mindestens Schirmfederlänge), sieht daher kurzschwänzig aus. *Oberseite satt dunkel moosgrün* (manchmal grau getönt) *mit kontrastierenden hellen Schirmfederrändern* sowie *gelbgrün gerandeten Schwungfedern* und Großen Armdecken; sehr langer, *auffälliger gelber Überaugenstreif, markanter graugrüner Augenstreif, Kehle, Ohrdecken und Vorderbrust hell zitronengelb* mit gewöhnlich *quer abgesetzter silberweißer Färbung der übrigen Unterseite.* (Selten ohne Gelb- und Grüntöne, sieht dann braun und weiß aus, aber an Lautäußerungen, Größe, Gestalt und typischem Kopfmuster bestimmbar.)

STIMME Ruft scharf „zip", bei Beunruhigung gedämpft flötend wehmütig „tüh". Gesang sehr typisch, sich beschleunigende Folge spitzer, metallischer, rufartiger Töne, endet mit fast pulsierendem Triller „zip … zip … zip, zip, zip zip zip zip-zip-zip-zipzipzipzwürrrrürrrr" (ähnlich einer sich auf einer Marmorplatte ausdrehenden Münze). Alternativer Gesangstyp eine zwischen Schwirrstrophen eingeschobene Reihe wehmütiger, anfangs intensiver werdender, weicher Töne „tüh tüh tüh-tüh-tüh-tüh".

BERGLAUBSÄNGER BZ

Western Bonelli's Warbler *Phylloscopus bonelli*

L 10,5-11,5 cm. Brütet in Wäldern, im Norden des Verbreitungsgebiets auch in tieferen Lagen und in offenerem, unterwuchsreichem Wald, im Süden meist an Berghängen mit Nadel- oder Eichenwald. Sommervogel (Apr.-Aug.), überwintert im tropischen Westafrika.

KENNZEICHEN Knapp fitisgroß, *gelblicher Bürzel* kontrastiert zum matter grünlich braunen Mantel, *weißliche Unterseite* ohne deutliches Gelb oder Beige an Kehle, Brust oder Bauch, *Handschwingen und Steuerfeder mit hell gelbgrünen Rändern, Schirmfedern dunkel mit kontrastierenden gelben und weißen Rändern, helle Ränder der Armschwingen bilden leuchtend grünes Flügelfeld, heller Augenring ununterbrochen, heller Zügel und hellgraue Ohrdecken* bewirken blassen Gesichtsausdruck (aber mitunter dunklerer Zügel und Augenstreif!), dunkle braungraue Beine.

STIMME Ruft laut, *deutlich zweisilbig,* ansteigend pfeifend „hü-IIF". Gesang einfache Wiederholung eines hohen Tons „svi-svi-svi-svi-svi-svi-svi", mit silbriger, lachender Stimme, erinnert im Klang an Waldlaubsänger.

BALKANLAUBSÄNGER –

Eastern Bonelli's Warbler *Phylloscopus orientalis*

L 11-12 cm. Lebensraum ähnlich Berglaubsänger, oft in geschlossenen Eichenwäldern. Sommervogel (Apr.-Aug.), überwintert im tropischen Ostafrika.

KENNZEICHEN Sehr ähnlich Berglaubsänger, juv. und abgetragene ad. oft nur am Ruf unterscheidbar, aber etwas größer und langflügeliger, im Frühjahr Schirmfedern und die meisten Großen Armdecken recht ausgeblichen und abgetragen, daher oft *Andeutung eines hellen gräulichen Flügelfelds* (statt frischerer Federn und grünerer Flügel). Oberseite mehr graubraun (meist nicht auffallend), Schnabel etwas kräftiger mit etwas mehr Rosabraun an der Basis.

STIMME Ruft *einsilbig flach „tschip",* fast wie gerade flügger junger Haussperling, während des Zugs gedämpfter „iss(t)". Gesang strukturell sehr ähnlich Berglaubsänger, aber Stimme *flacher, trockener, mechanischer* oder insektenähnlicher.

Fitis

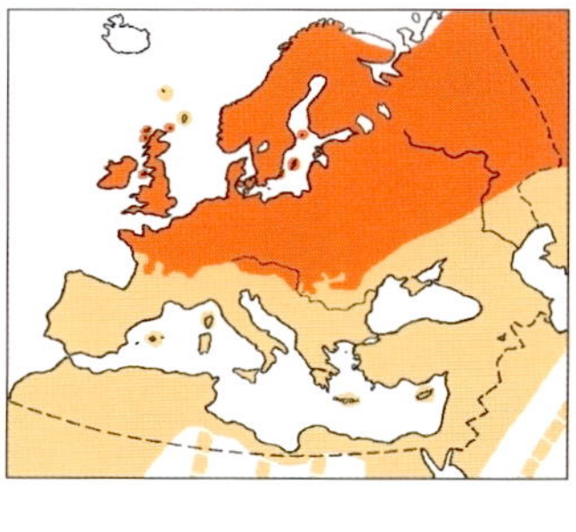

Waldlaubsänger

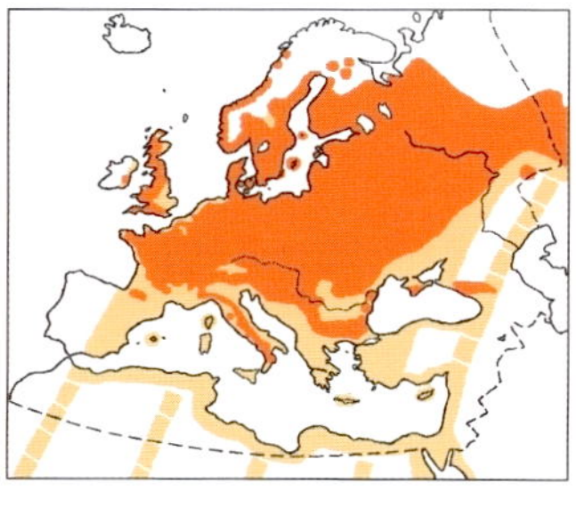

Berglaubsänger Balkanlaubsänger

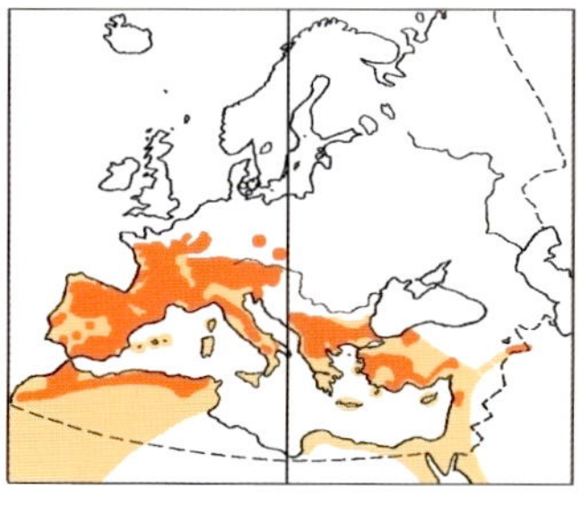

FITIS

WALDLAUBSÄNGER

BERGLAUBSÄNGER

BALKANLAUBSÄNGER

ZILPZALP BZ

Common Chiffchaff *Phylloscopus collybita*

L 10-12 cm. Brütet in verschiedenartigen Laub- und Mischwäldern, auch in Feldgehölzen, Parks und Gärten. Sommervogel (März-Okt.), überwintert vorwiegend im Mittelmeerraum, vereinzelt auch in Mitteleuropa.

KENNZEICHEN Sehr ähnlich Fitis, doch etwas kleiner, kompakter und matter gefärbt. Oberseits gräulich braungrün, unterseits weißlich mit unterschiedlich ausgeprägtem Gelb- und Beigeanteil auf Kehle und Brust, besonders im Herbst oft deutlicher *beigebraune Brustseiten* als Fitis. Ferner unterschieden durch *dunkle Beine, feinen, oft recht dunklen Schnabel,* gewöhnlich *recht kurzen, undeutlichen hellen Überaugenstreif,* dunklen *Augenstreif, der weißlichen Augenring vorne und hinten unterbricht, weiße untere Augenringhälfte hervorgehoben* durch recht einheitlich dunkle Ohrdecken, geringe Handschwingenprojektion. *Schlägt Schwanz bei Bewegung ständig deutlich abwärts* (Fitis nicht).– Vögel im größten Teil Europas *(collybita)* und des nördlichen Fennoskandiens *(abietinus)* einander sehr ähnlich, *abietinus* jedoch im Durchschnitt etwas heller und oberseits grauer; im äußersten Nordosten nehmen Grün- und Gelbtöne im Gefieder graduell ab.

STIMME Ruft weich pfeifend „hüIT", schwach ansteigend und am Ende betont, juv. ab Sommer auch schärfer „hiip" (leicht mit „Taigazilpzalp" verwechselbar), ebenso Vögel der Türkei, des Kaukasus und Nahen Ostens. Gesang taktfeste Folge klarer, kräftiger, *einsilbiger* (selten zweisilbiger) Töne in *zwei oder drei Höhen* „zilp zalp zilp zalp zelp zilp…", zwischen Strophen gelegentlich gedämpftes „perre-perre".

„TAIGAZILPZALP" A

„Siberian Chiffchaff" *Phylloscopus collybita tristis*

L 11-12 cm. Als östliche Unterart des Zilpzalps betrachtet, obwohl es Unterschiede in Aussehen und Stimme gibt, aber kaum genetisch. Brütet in Nadelwaldtaiga vom Ural ostwärts, überwintert vorwiegend in Indien. Einzelvögel verfliegen sich alljährlich (Ende Sept.-Okt.) nach Westeuropa.

KENNZEICHEN Unterscheidet sich von Zilpzalpen in Europa durch *graubraune Färbung von Scheitel, Nacken und Mantel* (ohne Spur von Grün) sowie *helles Rostbeige auf Überaugenstreif, Ohrdecken, Hals- und Brustseiten* (völlig ohne Gelb). Rücken und Bürzel jedoch mit schwachem olivgrünem Anflug, frische Schwung- und Steuerfedern mit schmalen grünen Säumen. *Beine und Schnabel stets schwarz.* Viele Individuen im 1en W mit angedeuteter heller Flügelbinde. (Beachte, dass manche *abietinus*-Zilpzalpe ähnlich graubraun sein können und das Fehlen von Gelb oder Grün im Freiland oft schwer erkennbar ist.)

STIMME Ruft klagend, pfeifend, gerade (oder am Ende kaum abfallend) „swii(e)", aber auch andere östliche Populationen rufen ähnlich. Gesang deutlich *schneller* und *variabler* als bei europäischen Zilpzalpen, Töne zusammenfließend, Tonlage *höher, mehr viel- als einsilbige* Töne.

IBERIENZILPZALP A

Iberian Chiffchaff *Phylloscopus ibericus*

L 11-12 cm. Früher als Unterart des Zilpzalps betrachtet, aber wegen Unterschieden in Stimme, Aussehen, Genetik und Zugverhalten nun als selbstständige Art betrachtet. Brütet in Misch- und Laubwäldern, oft am Fuß von Bergen. Sommervogel (März-Sept.), offenbar im tropischen Westafrika überwinternd.

KENNZEICHEN Würde ohne Gesang kaum auffallen. Wie Zilpzalp, Flügel fast so gerundet, aber *oberseits sauberer grün, Brust gelb, Bauch weißlicher,* eher wie Fitis. Im Frühjahr praktisch *kein beiger Ton auf Kopf, Hals und Brust,* im Herbst allenfalls Spur von Braun auf Kopfseiten. *Überaugenstreif besonders vor Auge oft lebhaft zitronengelb,* auch durch oft *deutlichen dunklen Augenstreif* an Fitis erinnernd. *Beine durchschnittlich etwas heller* als bei Zilpzalp, Schnabelbasis oft heller braun (beides mit Überschneidung). *Schlägt Schwanz* bei der Nahrungssuche wie Zilpzalp oft *abwärts* (Fitis nicht).

STIMME Ruft charakteristisch *abfallend* und sanft pfeifend „fiü". Gesang im Tonfall wie Zilpzalp, etwas variabel, doch meist aus drei Motiven bestehend; beginnt ähnlich Zilpzalp (etwas schneller und monotoner), dann eine Serie schneller, trockener, stotternder Töne, schließlich wenige längere Pfeiftöne, oft z. B. „tschif tschif tschif tschif tr-tr-tr-tr-tr swüi swüi swüi" (Reihenfolge der Motive variabel).

KANARENZILPZALP –

Canary Islands Chiffchaff *Phylloscopus canariensis*

L 11-12,5 cm. Wird inzwischen als lokale Inselform vom Zilpzalp artlich getrennt. Brütet auf den westlichen Kanaren in Wäldern und Dickichten. Jahresvogel.

KENNZEICHEN Durch kurze Flügel *geringe Handschwingenprojektion* (und langschwänziger Eindruck). *Oberseite* recht *dunkel olivbraun, Unterseite im frischen Gefieder verwaschen beige,* abgetragen im Frühjahr sauberer gelb. *Heller Überaugenstreif lang, schmal und deutlich. Schnabel recht lang,* dunkel mit hellen Schneidekanten, Spitze wirkt oft leicht abwärts gebogen; *Beine lang.*

STIMME Ruft entweder wie Zilpzalp „hüit", gerader „hiip" oder zweisilbig „wüst-iist". Gesang ähnlich Zilpzalp, doch durchdringender und „explosiv", Rhythmus ungleichmäßiger, daher insgesamt erstaunlich an Seidensänger erinnernd; andere Strophen ähnlich Iberienzilpzalp.

KAUKASUSZILPZALP –

Caucasian Chiffchaff *Phylloscopus lorenzii*

L 10-11,5 cm. Meist als Unterart des Bergzilpzalps *P. sindianus* betrachtet. Brütet an Berghängen in 1.500-2.500 m Höhe in Weiden, hohem Gebüsch oder in Mischwald an Baumgrenze.

KENNZEICHEN Unterscheidet sich vom sehr ähnlichen „Taigazilpzalp" durch *kräftigeren weißlichen Überaugenstreif, dunkler braunen Scheitel* (wirkt oft wie Kappe), *stärker zur weißen Kehle kontrastierende Brust und Kopfseiten,* relativ *längeren, breiteren, eher quer abgeschnittenen Schwanz, stämmige, recht schwarze Füße* mit kräftigen Krallen. Hauptsächlich braune Oberseite kann auf Mantel, Schulterfedern und Flügeldecken Spur von Grün zeigen.

STIMME Ruft etwas wehmütig pfeifend leicht abfallend „tüü(u)", ähnlich „Taigazilpzalp". Gesang wie Zilpzalp, jedoch etwas rascher, Strophen kürzer, etwas quietschender „pjit pjüt pjüt pjei pjit pjet pjüt…", zwischen den Strophen manchmal gedämpft „te-ti".

ZILPZALP

alle Arten der Zilpzalp-Gruppe schlagen den Schwanz abwärts

Fitis

(zum Vergleich: Abbildung zeigt kurzflügeliges ♀)

Bestimmung der Unterarten aufgrund gewisser Variation z. B. im Gelbanteil der Unterseite auch bei Vögeln Mittel- und W-Europas schwierig oder unmöglich

collybita
(W- und Mitteleuropa)

abietinus
(N- u. NO-Europa)

IBERIENZILPZALP

viele im Freiland anhand Gefiedermerkmalen nicht unterscheidbar; beste Kennzeichen sind Gesang und Ruf!

„TAIGAZILPZALP“

Kombination von Ruf und Gefiedermerkmalen für sichere Bestimmung unerlässlich

tristis
(Sibirien)

KANARENZILPZALP

Lautäußerungen von anderen Formen der Zilpzalp-Gruppe verschieden!

KAUKASUSZILPZALP

DZ

Zilpzalp

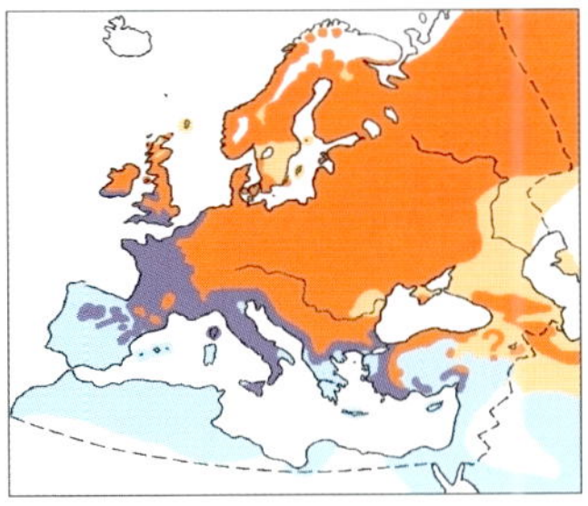

Iberienzilpzalp

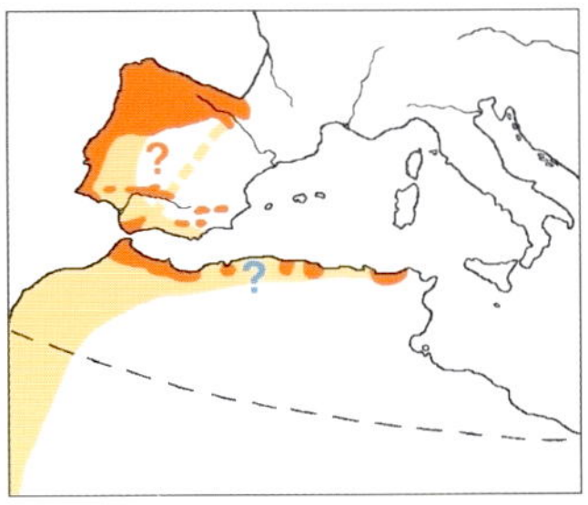

Kanarenzilpzalp

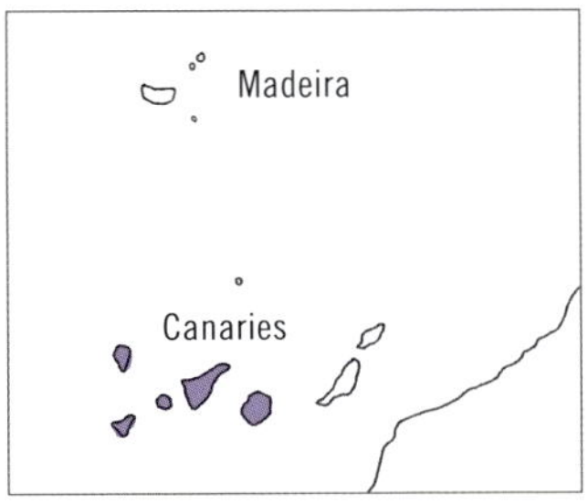

Kaukasuszilpzalp

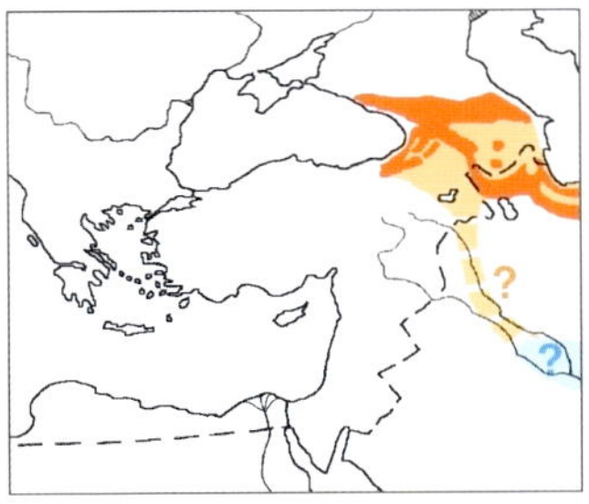

WANDERLAUBSÄNGER A

Arctic Warbler *Phylloscopus borealis*

L 11,5-13 cm. Brütet im nördlichsten Waldgürtel, in Fennoskandien oft in reinem Fjällbirkenwald an sich zu Bächen neigenden Hängen, weiter östlich auch in Nadelwald mit vielen Birken und Weiden. Lebhaft, häufig in Baumkronen. Sommervogel (Ende Juni-Aug.), überwintert in Südostasien (bis Indonesien, hat einen der längsten Zugwege).

KENNZEICHEN Gut fitisgroß. Durch *grünlich graue Oberseite, schmutzig weiße Unterseite, sehr deutlichen und langen Überaugenstreif, langen, breiten, dunklen Augenstreif* sowie *kurze, schmale weißliche Flügelbinde* ähnlich Grünlaubsänger, unterscheidet sich jedoch durch *bedeutendere Größe, recht kräftigen Körperbau*, aber verhältnismäßig *kleineren Kopf, dickeren, eher keilförmigen Schnabel* (breite Basis, aber zugespitzt) *mit schwarzer Unterschnabelspitze* (fehlt Grünlaubsänger), Tendenz zu *olivgrauer Tönung* (mitunter in Form diffuser Fleckung) *auf Brust und Flanken, bis zur Schnabelwurzel reichenden dunklen Zügelstreif, aber kurz vor Stirn endenden hellen Überaugenstreif.* Handschwingenprojektion recht groß. Schirmfedern einheitlich gräulich grün, Handschwingen oft mit bräunlichen Rändern (wie Bartlaubsänger), Ohrdecken gewöhnlich dunkel gefleckt. Flügelbinde ausnahmsweise auf einem oder beiden Flügeln abgenutzt, gelegentlich Andeutung einer zweiten kürzeren Binde auf Mittleren Armdecken. Beine braunrosa, manchmal dunkler braungrau. Wirkt durch flache Stirn und leicht spitzen Hinterscheitel oft stupsnasig.

STIMME Ruft kurz, scharf, rau „dzri" (untypisch für Laubsänger, ähnlich Wasseramsel, durchdringt Wasserrauschen). Gesang schneller, recht hart schwirrender, tiefer Triller „sresresresresresresresresre...", erinnert an Zaunammergesang; gelegentlich wird Tonhöhe gesenkt (Vokalwechsel) oder Tempo nach halber Strophe geändert.

GRÜNLAUBSÄNGER bA

Greenish Warbler *Phylloscopus trochiloides*

L 9,5-10,5 cm. Brütet in Laub- und Mischwald, oft in hochstämmigen Beständen, und Parks, auch in niedrigeren, dichten, küstennahen Gehölzen. Sommervogel (Ende Mai-Aug.), überwintert in Indien.

KENNZEICHEN Klein (wie Zilpzalp) mit verhältnismäßig *großem Kopf und gerundetem Scheitel. Oberseits grünlich grau, unterseits schmutzig weiß* mit Hauch von Gelb auf Kehle und Brust. Erkennbar an *langem, deutlichem, weißlichem Überaugenstreif* (reicht oft bis zur Stirn; vgl. Wanderlaubsänger), *kurzer, schmaler, etwas diffuser weißlicher Flügelbinde.* Keine zweite weiße Flügelbinde auf Mittleren Armdecken (vgl. Wacholder- und „Middendorff-Laubsänger"), gelegentlich im frischen Gefieder wenige etwas hellere graugrüne Spitzen. Dunkler Augenstreif normalerweise weniger markant als bei Wanderlaubsänger, im Zügelbereich meist nur *dunkler Fleck vor dem Auge, reicht nicht bis zur Schnabelbasis* (wenige Ausnahmen). *Unterschnabel hell.*

STIMME Ruft scharf, angedeutet zweisilbig „t'sli" oder deutlich zweisilbig (ähnlich Bachstelze) „tiSLI". Gesang mit spitzem, scharfem Klang, kurze, am Anfang im Tempo zunehmende, oft etwas ruckartige Strophe mit kurzer Pause in der Mitte, z. B. „tiSLI-zizi-tiSLI-züt-SITlie-ZI, t'SLI-sli-zitSLI-sli", manchmal mit zaunkönigartigem Triller endend, manchmal mehr wie Tannenmeise klingend.

„MIDDENDORFF-LAUBSÄNGER" –

„Two-barred (Greenish) W." *Phylloscopus t. plumbeitarsus*

L 10-11 cm. Östliche Form des Grünlaubsängers, oft als eigene Art betrachtet. Brütet in der Taiga Mittel- und Ostsibiriens, sehr seltener Herbstgast in Europa.

KENNZEICHEN Sehr ähnlich Grünlaubsänger, aber *Flügelbinde* entlang Spitzen der Großen Armdecken *länger* (reicht bis zu Schulterfedern), *breiter* (Faustregel: breiter als Tarsus), *schärfer abgesetzt*, daneben meist *kurze, schmale zweite Binde* auf Mittleren Armdecken. Weitere Unterschiede (mit großem Überschneidungsbereich): Oberseite etwas grüner, weniger grau, Unterseite etwas reiner weiß, Überaugenstreif und Kopf-/Halsseiten mit etwas deutlicherem Gelbton, etwas dickerer (aber nicht längerer) Schnabel, hinter dem Auge etwas dunklerer Augenstreif. Im Vergleich zu Gelbbrauen-Laubsänger etwas größer, *Schirmfedern einfarbiger, Unterschnabel einheitlich hell.*

STIMME Sehr ähnlich Grünlaubsänger, oft nicht unterscheidbar. Ruft oft etwas voller und deutlicher zweisilbig „tsi-z'li". Gesangsstrophen im Durchschnitt etwas länger, schneller und flüssiger als bei Grünlaubsänger, in kleineren Tonschritten und ohne Pausen.

WACHOLDERLAUBSÄNGER a

Green Warbler *Phylloscopus nitidus*

L 10-11 cm. Naher Verwandter des Grünlaubsängers, Lebensweise wie dieser. Brütet an Berghängen der Nordtürkei, des Kaukasus und Nordirans mit üppigem Laub- und Mischwald, auch an der Baumgrenze. Sommervogel (Anfang Mai-Aug./Sept.), überwintert in Südindien.

KENNZEICHEN Ähnlich Grünlaubsänger, unterscheidet sich durch *grüne Oberseite* (Farbe wie Waldlaubsänger), *sehr auffallenden und sauber gelben Überaugenstreif, gelblichen Ton auf Ohrdecken, Halsseiten, Kehle und Vorderbrust.* (Beachte jedoch, dass grüne und gelbe Nuancen leicht im sonnendurchfluteten Laubwerk verschwinden und Ähnlichkeit mit Grünlaubsänger zunimmt.) Deutliche *gelbweiße Flügelbinde*, manchmal Andeutung einer kurzen zweiten. Gelber Überaugenstreif endet kurz vor Schnabelbasis, reicht nicht bis Stirn wie meist bei Grünlaubsänger.

STIMME Ruft wie „Middendorff-Laubsänger". Gesang ähnlich Grünlaubsänger, aber oft pro Strophe 1-3 eingeflochtene trocken rollende Phrasen „tsi-tserr".

Wanderlaubsänger

Grünlaubsänger

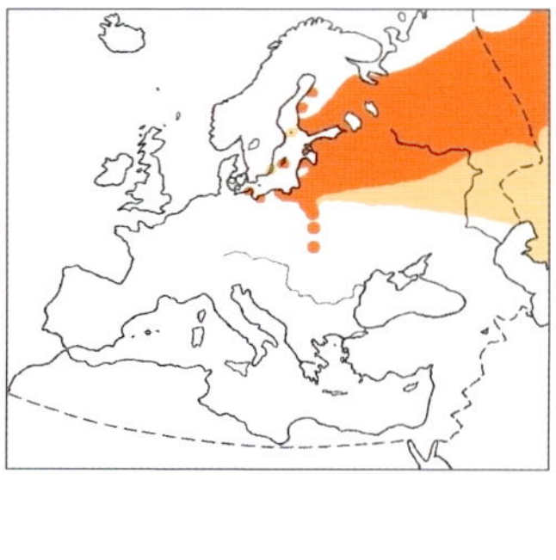

Wacholderlaubsänger

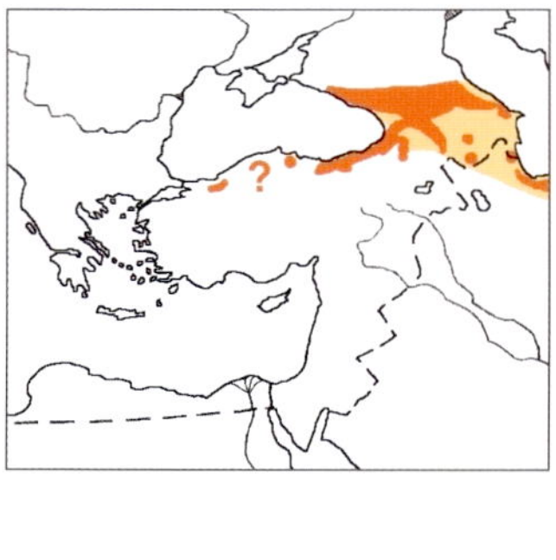

WANDERLAUBSÄNGER

GRÜNLAUBSÄNGER

„MIDDENDORFF-LAUBSÄNGER"

WACHOLDERLAUBSÄNGER

GELBBRAUEN-LAUBSÄNGER A

Yellow-browed Warbler *Phylloscopus inornatus*

L 9-10,5 cm. Brutvogel der sibirischen Taiga, im Nordural und an der Petschora auch auf europäischem Boden. Überwintert in Südostasien, erscheint aber alljährlich in geringer Zahl im Westen Europas, besonders im Okt. an Küsten. Rege, rastlos, ständiges Flügelzucken.

KENNZEICHEN Oft durch die Stimme auffallend. Kleiner und *lebhafter* als Zilpzalp, oberseits graugrün, unterseits schmutzig weiß, Beine mittelbraun. *Langer, deutlicher hellgelber Überaugenstreif,* dunkler Augenstreif, *breite weißlich gelbe Flügelbinde* auf Großen Armdecken, weniger deutlich auf Mittleren Armdecken, besonders die zwei *inneren Schirmfedern mit dunklen Zentren und gelblich weißen Säumen* (im Unterschied zu Grünlaubsänger). Scheitelseiten etwas dunkler graugrün als Scheitelmitte, daher oft Andeutung eines Scheitelstreifs, besonders am Hinterkopf.

STIMME Stimmfreudig. Häufigster Ruf laut, durchdringend und hell „tsuIIST", etwas an Tannenmeise erinnernd, aber höher und am Ende deutlicher ansteigend (sowie immer identisch, während Tannenmeisenrufe in Höhe und Details oft variieren). Gesang einige haspelnde, sehr feine Töne, z. B. „tsüi, süsüwüi…suiis" (erinnert an Haselhuhn).

TIENSCHAN-LAUBSÄNGER A

Hume's Leaf Warbler *Phylloscopus humei*

L 9-10 cm. Nah mit Gelbbrauen-Laubsänger verwandt, wegen der Unterschiede in Färbung und besonders Stimme inzwischen als eigene Art betrachtet. Seltener Herbst- und Wintergast aus Gebirgswäldern Mittelasiens.

KENNZEICHEN Sehr ähnlich Gelbbrauen-Laubsänger. Im frischen Herbstgefieder oberseits etwas *matter und gräulich grün,* Überaugenstreif (vorne), Wangen, Hals- und Brustseiten *beige getönt,* Schwungfedern und Flügeldecken nicht ganz so dunkel, obere helle *Flügelbinde verwaschener, nicht so deutlich und hell,* auch Binde auf Großen Armdecken oft etwas beige getönt statt sauber hellgelb. Schnabel und Beine durchschnittlich dunkler. Im abgetragenen Frühjahrsgefieder meist nicht unterscheidbar.

STIMME *Bestes Unterscheidungsmerkmal zu Gelbbrauen-Laubsänger ist die Stimme.* Ruft außerhalb der Brutzeit *kräftig zweisilbig pfeifend* „dsu-WITT", kürzer, weicher und tiefer als Gelbbrauen-Laubsänger, oder leicht abfallend „DSI-wü" (dem Alternativgesang ähnlich). Gesang lang gezogener, etwas abfallender, rauer Summton „bzzzzzzü" (ähnlich langem Zugruf der Rotdrossel), daneben tiefer und abfallend „WISSlo", oft verdoppelt oder gereiht.

GOLDHÄHNCHEN-LAUBSÄNGER A

Pallas's Leaf Warbler *Phylloscopus proregulus*

Gelbbrauen-Laubsänger

L 9-9,5 cm. Seltener, aber alljährlicher Herbstgast aus Asien (meist Okt./Nov.). Sehr aktiv, bewegt sich schnell und rastlos durch das Gezweig, flattert und rüttelt z. B. in Büschen und Baumkronen, hängt sogar meisenartig kopfüber an Zweigen.

KENNZEICHEN *Sehr klein,* etwa goldhähnchengroß und oft mit diesen vergesellschaftet, unterscheidet sich aber allein durch *viel schnellere Bewegungen* und rastlose Nahrungssuche. Vom Gelbbrauen-Laubsänger unterschieden durch auffallend *hellgelbes* (bis weißliches) *Bürzelfeld,* besonders beim Rütteln oder der Nahrungssuche am Boden, sonst aber schwer sichtbar. *Scheitel sehr dunkel* olivgrün mit schmalem *hellgelbem Scheitelstreif.* Wirkt oft *großköpfig* und *kurzschwänzig.* Von unten betrachtet, beachte langen *dunklen Augenstreif* und lebhaft *gelben Überaugenstreif, vorne orange getönt.*

STIMME Schweigsamer als Gelbbrauen-Laubsänger. Häufigster Ruf schwach, weich, nasal, leicht ansteigend „tjui", auch gerader und dünner „pih". Gesang ungewöhnlich laut und zaunkönigartig trillernd („Taiga-Kanarienvogel").

DUNKELLAUBSÄNGER A

Dusky Warbler *Phylloscopus fuscatus*

L 10,5-12 cm. Brütet in Sibirien in Weiden und anderem Gebüsch auf Taigamooren oder Feuchtwiesen, immer auf feuchtem Untergrund. Überwintert in Südostasien, in Westeuropa sehr seltener Herbstgast, dann meist in Stauden und Gestrüpp in offenen Lebensräumen, besonders gern in Wassernähe.

KENNZEICHEN Gestalt ähnlich Zilpzalp, aber rundflügelig mit geringerer Handschwingenprojektion, Beine etwas länger. Färbung ähnlich Kaukasuszilpzalp, *rostgetönte dunkel graubraune Oberseite,* verwaschen graubraune Unterseite, auf Brustseiten und Flanken am dunkelsten, manchmal leicht rostig getönt. Gekennzeichnet durch *dünne rotbraune Beine, schlanken Schnabel* mit etwas Rotbraun an der Basis, *langen, scharf abgesetzten hellen Überaugenstreif, vor dem Auge weiß und meist schmal, hinter Auge* meist breiter und mitunter *schwach rostbeige getönt, sowie breiten dunklen Augenstreif.* Flanken und Unterschwanzdecken im Gegensatz zum Bartlaubsänger nie gelb.

STIMME Ruft ähnlich Klappergrasmücke hart schnalzend „teck".

BARTLAUBSÄNGER A

Radde's Warbler *Phylloscopus schwarzi*

L 11,5-12,5 cm. Brütet in sibirischer Taiga an Lichtungen bei Wasserläufen mit üppiger Vegetation. Überwintert in Südostasien, seltener Herbstgast in Europa.

KENNZEICHEN Etwa fitisgroß, aber untersetzter, etwas *größerer Kopf* (im Profil oft steilere Stirn), *gröberer Schnabel und kräftigere Beine.* Oberseite recht *dunkel braun mit olivgrauem Ton, Unterseite schmutzig weiß mit warm gelbbeigem* (oder mehr olivbraunem) Ton auf Brust, Flanken sowie besonders *Steiß und Unterschwanzdecken. Markanter heller Überaugenstreif, dunkler Augenstreif.* Vom Dunkellaubsänger unterschieden durch *dickeren Schnabel, kräftigere, im Durchschnitt heller rosabraune Beine,* vor Auge *oben diffuser abgegrenzten, breiten und im frischen Gefieder gelbbeigen Überaugenstreif,* hinter Auge meist weißlich; Bewegungen etwas träger, weniger nervös und lebhaft.

STIMME Ruf weich, etwas nasal, zäh schnalzend „tschrep" oder „tschett", manchmal brodelnd gereiht „tschett-et-et-et-et".

GELBBRAUEN-LAUBSÄNGER

TIENSCHAN-LAUBSÄNGER

GOLDHÄHNCHEN-LAUBSÄNGER

DUNKELLAUBSÄNGER

BARTLAUBSÄNGER

DZ

GOLDHÄHNCHEN Regulidae und ZAUNKÖNIGE Troglodytidae

Goldhähnchen wurden früher in die Nähe der oberflächlich ähnlichen Laubsänger gestellt, sind aber nicht näher verwandt, sondern bilden eine eigene sehr urtümliche Familie kleiner Singvögel. Wegen der Verwechslungsgefahr sind sie hier dennoch an dieser Stelle behandelt, ebenso wie die in Europa nur durch eine Art vertretene, hauptsächlich amerikanische Familie der ebenfalls sehr kleinen Zaunkönige.

WINTERGOLDHÄHNCHEN BJZW

Goldcrest *Regulus regulus*

L 8,5-9,5 cm. Brütet in Nadel- und Mischwäldern, bevorzugt dichte Bestände von Fichten und Tannen, hält sich meist in Baumkronen auf, bewegt sich rastlos hüpfend und rüttelnd zwischen Zweigen. Überwiegend Jahresvogel, aber auch häufiger Durchzügler aus Nordosteuropa, im Winter oft mit Meisen vergesellschaftet, dann auch in offenerem Gelände und in Gärten. Nicht scheu.

KENNZEICHEN Erregt die Aufmerksamkeit oft durch die dünne, hohe Stimme. *Winzig* (kleinster Vogel Europas!), in Kombination mit grüner Ober- und schmutzig weißer Unterseite fast unverwechselbar. Kurzer Hals und proportional großer Kopf vermitteln kompakten, runden Eindruck, wie Pfefferkorn hervorstechend schwarzes Auge wirkt im sonst hellen, kontrastlosen Gesicht groß. *Gelber, schwarz begrenzter Scheitelstreif.* Dunkler Schnabel sehr fein– Ad. ♂: Scheitelstreif *gelborange,* bei angelegten Federn verdeckt, bei Erregung aber deutlich.– Ad. ♀: *Kein Orange im gelben Scheitelstreif* (manchmal etwas, aber kaum sichtbar).– JK: Scheitel einfarbig ohne Gelb, Schnabel auffallend hell. Alterskleid wird ab Spätsommer getragen.– Unterart *teneriffae* auf Kanaren (Teneriffa, La Palma, Gomera, Hierro), manchmal als eigene Art betrachtet, mit *schwarzem Stirnband* und schmaleren hellen Schirmfederspitzen, sind unterseits tiefer rosabeige, haben schmalere helle Schirmfederspitzen und etwas längere Schnäbel.

STIMME Stimmfreudig. Häufigster Ruf fein, sehr hoch, etwas unrein drei- bis viersilbig „sri-sri-sri". Warnruf scharf, hoch und gerade „tsiih". Gesang zyklisch gereiht 4-6-mal „piTIItilü", mit Triller oder baumläuferartigem Schnörkel „zizisuZRIIo" endend. Für ältere Menschen oft schwer hörbar.

SOMMERGOLDHÄHNCHEN BZ

Common Firecrest *Regulus ignicapilla*

L 9-10 cm. Brütet in Laub- und Mischwäldern, auch reinen Koniferenbeständen (einschließlich Kiefern, Zedern). Wählt durchschnittlich niedrigere Wälder als Wintergoldhähnchen, auch hohe Büsche und Hecken, Mischwälder mit hohem Laubholzanteil, auch alte Parks und Gärten. In Iberien und Nordwestafrika auch in Korkeichen- und Buchenbeständen. Kurzstreckenzieher.

KENNZEICHEN Ähnlich Wintergoldhähnchen, am besten anhand der Lautäußerungen zu finden und zu bestimmen. Gleichfalls *winzig,* aber *kräftiger weißer Überaugenstreif* und *schwarzer Augenstreif, Kopfmuster daher gestreifter und schärfer, Halsseiten lebhaft grünlich gelb* mit Ockerton statt einfarbig graugrün. Scheitel wie Wintergoldhähnchen, aber schwarze Scheitelseitenstreifen auf Stirn zusammenlaufend.– Ad. ♂: *Scheitelstreif deutlich orange,* oft auch in entspanntem Zustand erkennbar.– Ad. ♀: Kein oder wenig Orange im Scheitel sichtbar (bei extremer Ausprägung aber ähnlich ♂).– JK: Bis zur Mauser im Herbst ohne Scheitelstreifung, aber schwacher Augen- und Überaugenstreif.

STIMME Ruft ähnlich Wintergoldhähnchen, aber etwas tiefer mit meist längerer und betonter Einleitungssilbe, gefolgt von 2-3 kürzeren, etwas ansteigenden, sich beschleunigenden Tönen „ZÜÜ zü-zi-zi". Gesang Folge feiner, hoher, leicht ansteigender, mit kurzem Triller endender Töne, „zü-zi-zi-zi-zi-zi-zi-zi-zirrr", ohne an- und abschwellenden Rhythmus des Wintergoldhähnchens.

MADEIRAGOLDHÄHNCHEN –

Madeira Firecrest *Regulus madeirensis*

L 9-10 cm. Brütet ziemlich häufig in den Wäldern Madeiras. Jahresvogel. Neuerdings vom Sommergoldhähnchen wegen teilweise abweichender Stimme, genetischer Unterschiede und etwas anderer Färbung artlich getrennt.

KENNZEICHEN Sehr ähnlich Sommergoldhähnchen, zeigt jedoch einen *satter goldbronzenen Bereich auf den Halsseiten,* auf den Handschwingenbasen mehr Schwarz und damit einen *größeren schwarzen Bereich unterhalb der breiten Flügelbinde,* einen *kürzeren,* hinter dem Auge auslaufenden *Überaugenstreif,* ferner einen durchschnittlich *längeren Schnabel* und etwas *längere Beine* (wodurch ein schmächtigerer Eindruck entsteht), Scheitel beim ♂ weniger orange.

STIMME Unter an Sommergoldhähnchen erinnernden feinen Rufen auch ein kennzeichnendes gerades, schrilles „wiiz" und ein gerade pfeifendes „piip" ähnlich „Taigazilpzalp". Singt recht ähnlich Sommergoldhähnchen eine schnelle, sich etwas beschleunigende Folge spitzer Töne.

ZAUNKÖNIG BJZW

Eurasian Wren *Troglodytes troglodytes*

L 9-10,5 cm. Brütet in Wäldern mit dichtem Unterwuchs, Dickichten, gerne am Wasser, auch in offener Landschaft und auf fast kahlen Inseln mit Büschen und Mauern, auch in Parks und Gärten. Überwiegend Jahresvogel, fennoskandische Vögel ziehen nach Westeuropa.

KENNZEICHEN *Sehr klein mit kurzem Schwanz,* der *oft steil aufgerichtet* wird, und kurzem Hals. *Oberseite rötlich braun, Unterseite bräunlich weiß mit verwaschener Querbänderung.* Auffallendstes Gefiedermerkmal ist der schwache, bräunlich weiße Überaugenstreif. Schnabel recht lang, spitz und ganz leicht abwärts gebogen. Alter und Geschlecht nicht unterscheidbar.– Brutvögel der nördlichsten Britischen Inseln *(zetlandicus),* Färöer *(borealis)* und Islands *(islandicus)* sind etwas dunkler mit längeren Schnäbeln und Beinen.

STIMME Ruft bei Beunruhigung ratternd hart „zerrrr" (härter und metallischer als Zwergschnäpper) oder hart schnalzend einzeln „zeck!", beide Lautäußerungen auch in langen Serien kombiniert. Gesang fast ganzjährig zu hören, für einen so kleinen Vogel verblüffend laut, metallisch klingende und trillernde Lautfolgen, die etwas an Kanarienvogel oder Baumpieper erinnern, z. B. „zitrivi-si SWI-SWI-SWI-SWI-SWI ziwüsö ZÜ-ZÜ-ZÜ-ZÜ si ZIRRRRRRRR SWI-SWI-SWI sijöZERRRRR siWI!". Singt meist aus Deckung, manchmal auch exponiert auf Warte stehend.

WINTERGOLDHÄHNCHEN

teneriffae (Kanaren)

SOMMERGOLDHÄHNCHEN

MADEIRAGOLDHÄHNCHEN

ZAUNKÖNIG

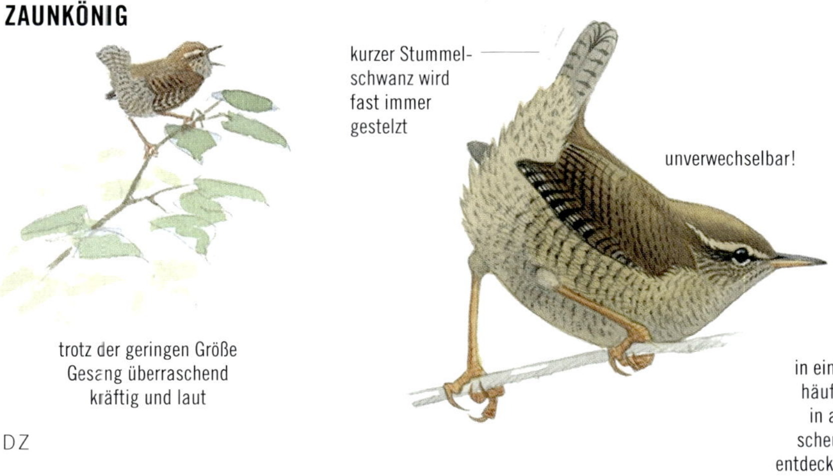

islandicus, zetlandicus u. a. (nordatlantische Unterarten; Island, Inseln vor NW-Küsten Großbritanniens)

DZ

Wintergoldhähnchen

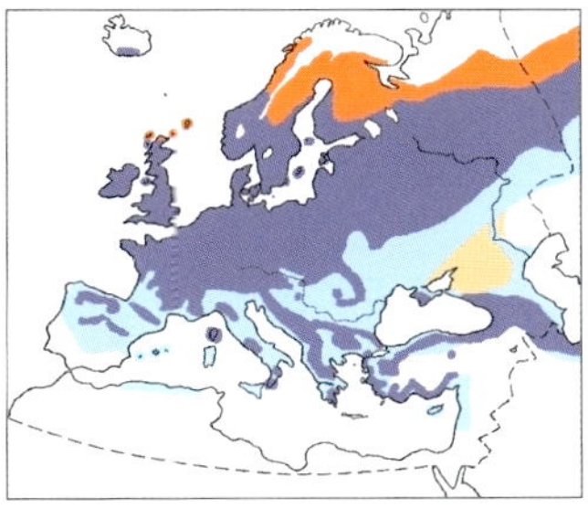

Sommergoldhähnchen

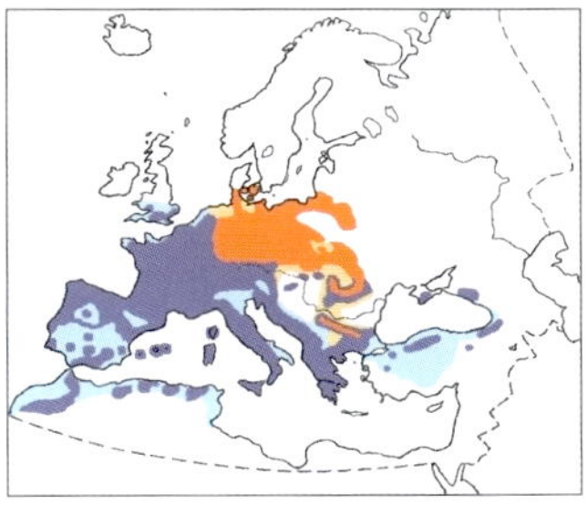

Madeiragoldhähnchen

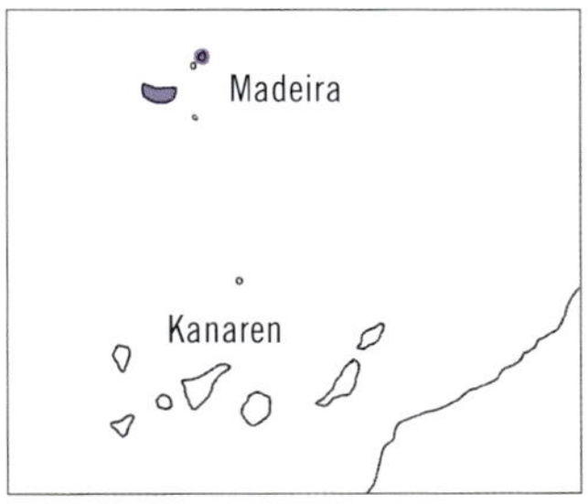

Zaunkönig

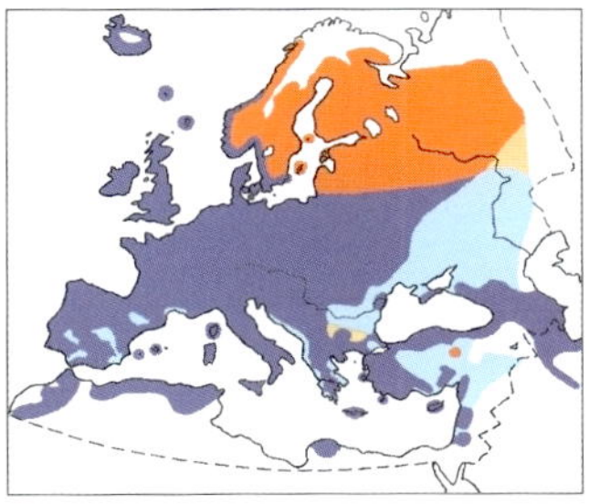

SCHNÄPPER Muscicapidae

Kleine Sperlingsvögel, im behandelten Gebiet sieben Brutvögel. Stehen oft kurze Zeit unbeweglich und frei auf einem Zweig, um plötzlich in schnellem Flug in der Luft, am Boden oder im Laubwerk ein Insekt zu fangen. Beine kurz, Schnabel breit, aber spitz. Zucken oft mit Schwanz und Flügeln. Stimmen charakteristisch. Im Jugendkleid kräftig gefleckt.

GRAUSCHNÄPPER BZ

Spotted Flycatcher *Muscicapa striata*

L 13,5-15 cm. Brütet in Gärten, Parks und offenen Wäldern. Sommervogel (Mai-Sept.), überwintert in Afrika. Nest in Baum- oder Gebäudenischen oder in Halbhöhlen.

KENNZEICHEN Mittelgroß, graubraun, ziemlich schlank, ohne besondere Merkmale. Schnabel dunkel, recht lang und kräftig. *Schwanz und Flügel lang,* Hinterende recht schlank, *kurze Beine* schwarz. *Graubraune Oberseite, schmutzig weiße Unterseite, dunkle Strichelung nur auf Brust, Kehlseiten, Stirn und Vorderscheitel, hervorstechend schwarzes Auge* mit diffusem, schmalem hellem Augenring. Im frischen Gefieder Armschwingen mit diffus helleren Rändern, bilden am zusammengelegten Flügel undeutliches helleres Feld.– JK: Oberseite hell gefleckt, helle Unterseite dunkel meliert. Steht meist aufrecht, oft ganz frei, zuckt mit dem Schwanz, hält nach fliegenden Insekten Ausschau, meist kurzer Verfolgungsflug, um danach auf derselben oder einer anderen Warte zu landen. Flug schnell und agil, steigt bei Insektenjagd manchmal einige Meter steil in die Höhe und rüttelt oder gleitet mehrere Meter im Bogenflug.

STIMME Stimmfreudig, jedoch sehr einfaches Repertoire. Ruft kurz, scharf „zri", erinnert an Rufe einiger anderer Arten (z. B. Buchfink, Kernbeißer, Rotkehlchen), Warnruf kennzeichnender lockrufartiger Laut, gefolgt von 1-2 kurzen, trocken schnalzenden Tönen „isst-te(-te)". Gesang Reihe einfacher, *leiser,* spitzer, etwas gepresster oder rauer Töne, oft mit eingeschobenen sanften Trillerlauten in ungleichmäßigem Rhythmus mit *großen Tonabständen.*

BRAUNSCHNÄPPER –

Asian Brown Flycatcher *Muscicapa dauurica*

L 12-13 cm. Sehr seltener Ausnahmegast aus der Taiga Sibiriens. Lebensweise ähnlich Grauschnäpper.

KENNZEICHEN Ähnlich kleinem Grauschnäpper, unterscheidet sich jedoch durch *ungestrichelten Vorderscheitel, meist einfarbig hell braungrau verwaschene Brust,* markanten *weißlichen Augenring* (um recht großes, dunkles Auge) und *weißliche Zügel.* Schnabel kräftig, lang und im Profil flach, mit breiter Basis, leicht konvexen Seiten und rosa oder *strohfarbener Unterschnabelbasis.*

STIMME Ruft ähnlich Grauschnäpper hoch und durchdringend „tzi".

ZWERGSCHNÄPPER BZ

Red-breasted Flycatcher *Ficedula parva*

L 11-12 cm. Brütet in Wäldern in verschiedenen Lebensräumen, meist in dichten Altbeständen mit reichlich Unterwuchs, gern nahe Bächen oder anderen Gewässern, bevorzugt Laub-, meidet aber auch Mischwald nicht. Sommervogel (Mai-Sept.), überwintert in Westasien.

KENNZEICHEN Klein, flitzt rastlos im Laubwerk umher (anders als andere Schnäpper); steht auch still auf einem Zweig und zeigt schnäppertypisches Zucken mit Flügeln und Stelzen des *schwarz-weißen Schwanzes.* Oberseits braun, unterseits weißlich, schmaler weißlicher Ring um dunkles Auge. Recht kleiner Schnabel dunkel mit rosabrauner Unterschnabelbasis.– Ad. ♂: *Orangerote Kehle* mit *diffuser unterer Begrenzung,* jedoch seitlich scharf begrenzt gegen *bleigraue Halsseiten,* Kopf und Nacken ebenfalls mit blaugrauem Ton. Kehle auch im Winter rot. Oberschwanzdecken schwarz.– ♂ 2er S: Wie ad., aber Rot auf Kehle und Grau am Kopf weniger ausgeprägt.– ♀/♂ 1er S: Kehle ohne Orangerot (Ausnahmen selten), Kopf und Hals ohne Bleigrau. Oberschwanzdecken braun oder schwärzlich, *nicht schwärzer als mittlere Steuerfedern.* Unterseite cremefarben.– 1er W: Wie ♂ im 1en S und ♀, aber Unterseite warm beige, beige Spitzen der Große Armdecken bilden Flügelbinde, Schirmfedern beige gerandet.

STIMME Stimmfreudig, ruft kurz, trocken, trillernd „serrrt" wie gedämpfter Zaunkönig. Warnruf kurz, weich, zweisilbig pfeifend „DIlü". Ruft auch kurz, scharf „sri" und trocken schnalzend „teck". Gesang beginnt mit mehreren spitzen Kurztönen, gefolgt von rhythmischem, trauerschnäpperähnlichem Mittelteil, endet mit typischer langsamer Folge abfallender, klarer Töne „tjü tjü tu to ta".

TAIGASCHNÄPPER –

Taiga Flycatcher *Ficedula albicilla*

L 11-12,5 cm. Brütet in dichter sibirischer Taiga bis an den Westrand des Ural, bevorzugt Plätze mit hohem Birkenanteil. Extreme Ausnahmeerscheinung in Nordwesteuropa.

KENNZEICHEN Sehr ähnlich Zwergschnäpper, aber beim ♂ im PK orangeroter Kehlfleck *unten sauber durch bleigraues Brustband begrenzt,* ferner Tendenz zu bräunlicher Kappe und Braun auf Ohrdecken, aber Zügel und Überaugenstreif grau. ♀ und Unausgefärbte tragen immer *tief schwarze Oberschwanzdecken, schwärzer als die mittleren Steuerfedern.* Ferner *Schnabel fast komplett schwarz,* nur etwas Braun unter Unterschnabel (schwer sichtbar), *Unterseite gräulich braun getönt,* matter und kälter als bei Zwergschnäpper, oft zum weißen Kinn kontrastierend.– 1er W: Wie Zwergschnäpper, aber Flügeldecken und Schirmfedern statt mit beigen meist *mit weißlichen Spitzen bzw. Rändern* (mit Überschneidung).– ♂ 1er S: Durch bereits vorhandenen roten Kehlfleck ähnlich ♂ im PK.– ♂ SK: Verliert roten Kehlfleck ganz oder teilweise, daher ähnlich ♀.

STIMME Häufigster Ruf sehr schnell hart ratternd „trrrt". Singt ganz anders als Zwergschnäpper, eher an Ammer oder Pieper erinnernd, eine schnelle Serie trockener Triller und scharfer Töne unterschiedlicher Höhe, z. B. „zri-zri-DA zri-zri-DA tü-tü-tü-zrri-DAH-zi".

Grauschnäpper

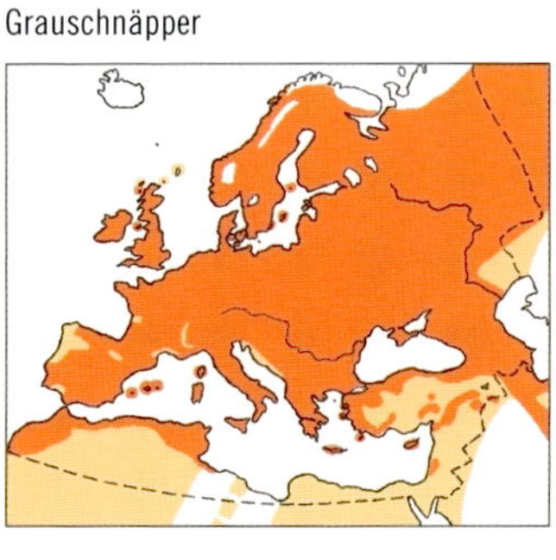

Zwergschnäpper

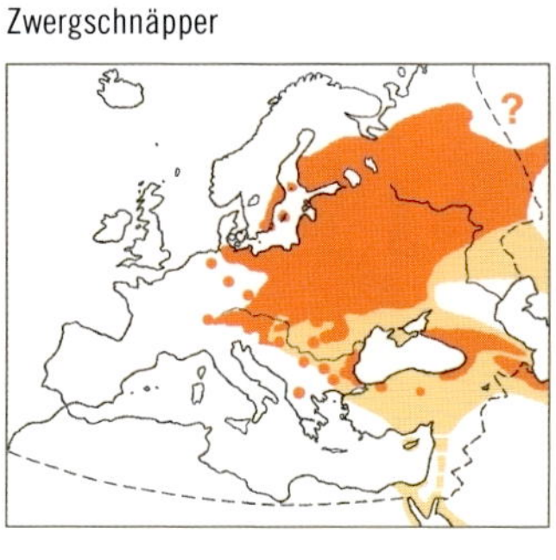

GRAUSCHNÄPPER

BRAUNSCHNÄPPER

ZWERGSCHNÄPPER

TAIGASCHNÄPPER

DZ

TRAUERSCHNÄPPER BZ

European Pied Flycatcher *Ficedula hypoleuca*

L 12-13,5 cm. Brütet in Parks, offenen Laub- und Mischwäldern, bevorzugt in insektenreichen offenen Eichenwäldern, auch in Taiga, in Baumhöhlen und Nistkästen. Sommervogel (Mai-Aug.), überwintert in Westafrika.

KENNZEICHEN Viele ♂ im PK praktisch schwarz-weiß, übrige Kleider braun und schmutzig weiß. In allen Kleidern *weißes oder beiges Feld* auf sonst dunklem Flügel, schmale weiße Schwanzkanten (wenige Ausnahmen), weißliche Unterseite, gewöhnlich *gar kein* oder *nur undeutlicher, schmaler weißer Keilfleck auf Handschwingenbasen, dieser kaum bis vor Handdeckenspitzen reichend*.– ♂ PK: *Oberseite schwärzlich* oder dunkel braungrau (besonders in Mittel- und Osteuropa) mit meist zweigeteiltem *kleinem weißem Stirnfleck*. Handschwingen ziemlich dunkel und frisch. Bräunlichste Vögel ähnlich ♀, jedoch erkennbar an weißem Stirnfleck, *ausgedehntem Weiß auf Außenfahnen der Schirmfedern sowie schwärzerem Oberschwanz*, wenige haben heller grauen Bürzel.– ♂ 1er S: Wie ad. ♂, aber Handschwingen abgenutzter und brauner.– Ad. ♀: Oberseits braun, ohne weißen Stirnfleck, nur Außenrand der Schirmfedern weiß.– ♂ SK: Wie ad. ♀, aber oft *mit schwärzerem Oberschwanz* und eher schwärzlichen Flügeldecken.– 1er W: Wie ♀, aber Schirmfederspitzen mit Stufe zwischen breit weißem Außen- und schmalem Innenfahnenrand.– ♂ der Unterart *iberiae* (Spanien) gefärbt wie Halsbandschnäpper ohne Halsband, sehr schwärzlich mit großem weißem Stirnfleck, viel Weiß im Flügel und ganz schwarzem Schwanz, manche sogar mit Halbring am Hals; viele ♀ mit Stirnfleck.

STIMME Stimmfreudig, warnt mit wiederholtem, kurzem, metallischem „pik", ruft trocken schnalzend „tett". Gesang laut, rhythmisch, eine 2 s dauernde Strophe mit Wiederholungen und plötzlichem Tonhöhenwechsel, „tsi WRITsü WRITsü WRITsü tsu tsu tjü-WI tjü-WI tsi tsi tsi", mitunter eingebaute Tonleiterübung „didüdeloi".

ATLASSCHNÄPPER –

Atlas Pied Flycatcher *Ficedula speculigera*

L 12-13,5 cm. Brütet im nordwestafrikanischen Atlasgebirge. Sommervogel (Ankunft Ende Apr.), überwintert in Westafrika. Nah mit Trauerschnäpper verwandt.

KENNZEICHEN ♂ PK: wie Halsbandschnäpper oberseits tief schwarz mit viel Weiß auf Stirn und Flügeln und ganz schwarzem Schwanz, aber ohne komplettes weißes Halsband (selten schmal und fast komplett vorhanden).– ♀: Wie Halsbandschnäpper, aber Oberschwanz durchschnittlich schwärzer, zum hellgrauen Bürzel und gräulichen Rücken kontrastierend; großer weißer Handschwingenfleck.– ♂ 1er S: Ähnlich Trauerschnäpper, manchmal nicht unterscheidbar, aber oft mit recht großem weißem, nie geteilten Stirnfleck und tieferem Schwarz auf Oberseite.

STIMME Ruft geringfügig anders als Trauerschnäpper gereiht „wiit", auch Gesang ähnlich, aber etwas langsamer, tiefer, mit größeren Tonschritten, klingt statt munter eher nachdenklich.

HALBRINGSCHNÄPPER –

Semicollared Flycatcher *Ficedula semitorquata*

L 12-13,5 cm. Brütet in Laub- und Mischwald in unteren und mittleren Gebirgslagen, oft an Flussläufen. Sommervogel (meist Apr.-Sept.), überwintert in Afrika.

KENNZEICHEN Färbung zwischen Halsband- und Trauerschnäpper.– ♂ PK: Mehr Weiß an Halsseiten als Trauerschnäpper (manche aber erstaunlich ähnlich), *weißspitzige Mittlere Armdecken* (verschmelzen jedoch gelegentlich mit weißem Flügelfeld), größerer weißer Fleck auf Handschwingenbasen (etwa wie bei ♂ 1er S Halsbandschnäpper), *viel Weiß an Basis der äußeren Steuerfedern* (auch von unten sichtbar).– Ad. ♀: Sehr ähnlich Halsbandschnäpper-♀, normalerweise *weißspitzige Mittlere Armdecken* (mitunter fehlend, ausnahmsweise auch bei Halsbandschnäpper vorhanden), weißer Fleck auf Handschwingenbasen im Durchschnitt kleiner.

STIMME Ruft klar, gerade und hell „tüüp", etwas tiefer als Halsbandschnäpper, mitunter dünner, schriller, ansteigend „tüihp"; Kontaktruf gedämpft „tett", Warnruf unrein „schäh". Gesang schwach, leicht zu überhören, gepresste Töne wie Halsband-, Rhythmus eher wie Trauer-, Tonhöhe gleichmäßiger als bei Halsbandschnäpper, z. B. „sri sü-sü srü-ti srü-ti srü-ti srrih si-wi sri…".

HALSBANDSCHNÄPPER BZ

Collared Flycatcher *Ficedula albicollis*

L 12-13,5 cm. Brütet in Laubwald, Parks und Gärten. Sommervogel (Mai-Aug.), überwintert in Afrika. Verhalten ähnlich Trauerschnäpper, mit dem er auch hybridisiert.

KENNZEICHEN Ad. ♂: Am *breit weißen Halsband* leicht kenntlich, sonst großer weißer Stirnfleck, ausgeprägt schwarze Oberseite einschließlich Handschwingen, großer weißer Fleck auf Handschwingenbasen, ganz schwarzer Schwanz, Bürzel hellgrau oder weiß.– ♂ 1er S: Handschwingen brauner, weniger weiße Gefiederanteile, aber kennzeichnendes Halsband ausgebildet.– ♀/1er W: Sehr ähnlich Trauerschnäpper, aber ♀ im Frühjahr oberseits heller und grauer, *weißer Handschwingenfleck größer, rechteckig oder tropfenförmig*, näher am Flügelrand als bei Trauerschnäpper.– ♂ SK: Oberseits braun wie ♀ SK und 1er W, aber *Flügel schwärzlich* mit *großem weißem Handschwingenfleck*. Manchmal viel Weiß auf äußeren Steuerfedern.

STIMME Ruft gezogen, gerade, dünn pfeifend, einatmend „iihp" (wie ein Ton im Gesang), auch leise schnalzend „tett". Gesang ganz anders als bei Trauerschnäpper, Folge recht langsamer, gezogener, scharfer, gepresster Pfeiflaute, oft mit großen Tonsprüngen.

Trauerschnäpper

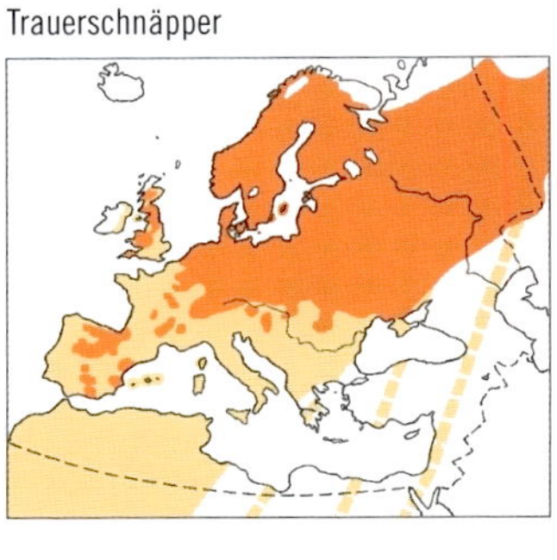

Halbringschnäpper

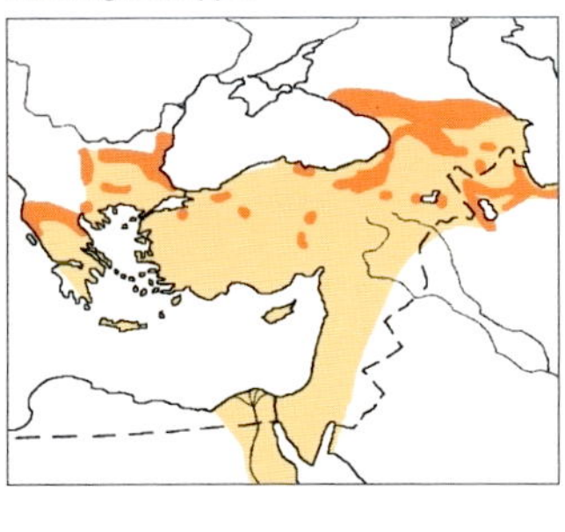

Halsbandschnäpper

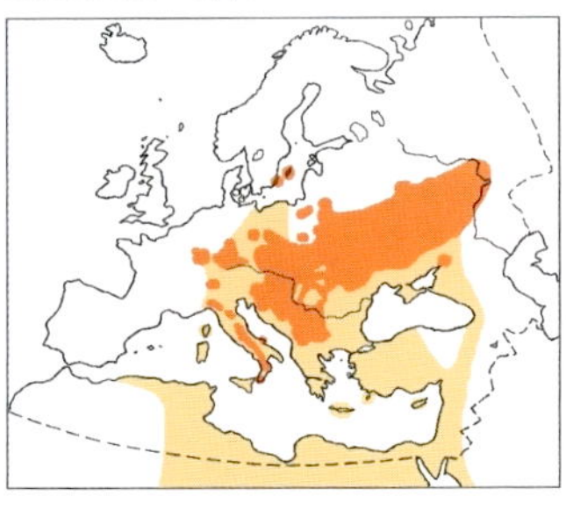

TRAUERSCHNÄPPER

ATLASSCHNÄPPER

HALBRINGSCHNÄPPER

HALSBANDSCHNÄPPER

MEISEN Paridae u. a.

Kleine, lebhafte, kurzschnäbelige Sperlingsvögel, überwiegend Waldbewohner und Höhlenbrüter. Schließen sich im Winter oft zu gemischten Trupps zusammen; meist Jahresvögel. Die drei Arten auf S. 346 gehören zu anderen Familien.

KOHLMEISE BJZW

Great Tit *Parus major*

L 13,5-15 cm. Brütet häufig in baumbestandenem Gelände von Wäldern bis in Gärten, besucht häufig Vogelfütterungen, wenig scheu. Nest in Baumhöhlen oder Nistkästen.

KENNZEICHEN Größte Meise, leicht zu erkennen an *gelber Unterseite* mit schwarzem Längsstreif, *glänzend schwarzem Kopf mit großem weißem Wangenfeld*, moosgrünem Mantel und schmaler weißer Binde über blaugrauem Flügel. ♂ meist unterseits intensiver gelb mit *breiterem schwarzem Längsstreif* (bildet auf hinterem Bauch schwarzen Fleck), ♀ unterseits oft etwas blasser gelb mit schmalerem, oft unterbrochenem schwarzem Bauchstreif.– JK: Ähnlich ad., jedoch mit gelblichem, unten nicht vollständig schwarz eingerahmtem Wangenfeld.

STIMME Reiches Repertoire. Wichtigste Rufe z. B. buchfinkenähnlich „ping ping", heiter „siCHUTti CHUTti" und geschäftig „ti TUUi", im Herbst oft zaghaft fragend „ti ti tüh", zetert in rauen Folgen „schää-schä-schä…", Bettelrufe ausgeflogener juv. durchdringend „teteTE teteTE…". Gesang (ab Spätwinter) monoton wiederholt, mechanisch pfeifend z. B. „TI ta TI ta TI ta…" oder dreisilbig und anders betont „zi zi-TÄ zi-zi-TÄ zi-zi-TÄ…".

TANNENMEISE BJZW

Coal Tit *Periparus ater*

L 10-11,5 cm. Brütet hauptsächlich in Nadelwald, oft mit einzelnen hohen Fichten. Jahresvogel, besonders nördliche Populationen aber im Herbst invasionsartig wandernd. Nahrungssuche vorwiegend in Wipfeln und an Zweigenden.

KENNZEICHEN Ähnlich kleiner, nahezu farbloser Kohlmeise, *schwarzer Kopf mit großem weißem Wangenfeld, schmale weiße Flügelbinde,* aber mit größerem Kopf und *vollerem Nacken.* Unterseite *graubeige* (statt gelb) ohne schwarzen Bauchstreif. *Länglicher weißer Nackenfleck,* bei Erregung wird kleine Haube aufgerichtet. Mantel blaugrau, außer weißer unterer Flügelbinde noch eine zweite in Form einer Perlenschnur entlang der Mittleren Armdecken.– Vögel Großbritanniens und der Iberischen Halbinsel auf Mantel eher oliv als bläulich getönt, Flanken mit rötlich braunem Anflug, in Irland Unterseite und Wangen schwach gelblich.

STIMME Ruft mit verschiedenen feinen, klaren Tönen, manche wehmütig, z. B. „tüüh", „tih tüh-e". Gesang, oft von Spitze der höchsten Fichte im Revier, erinnert an zu schnelle Kohlmeisenstrophe, hell klingende, zarte, schnell wiederholte Motive „sitTJÜ-sitTJÜ-sitTJÜ-sit-TJÜ-…".

BLAUMEISE BJZW

Eurasian Blue Tit *Cyanistes caeruleus*

L 10,5-12 cm. Brütet in gehölzreichen Lebensräumen von Wäldern bis zu Gärten, nimmt Nistkästen an und besucht Futterplätze. Jahresvogel, aber im Herbst oft Zugbewegungen nördlicher Populationen, manchmal invasionsartig.

KENNZEICHEN Kleine Meise mit *kleinem rundem Kopf,* oft „halslos" zwischen die Schultern gezogen. Sieht durch typische Gestalt, lebhaftes Verhalten sowie Kopfzeichnung *mit schwarzem Augenstreif, kleiner blauer Kappe* und viel Weiß im „Gesicht" niedlich und hübsch aus. *Unterseite gelb* mit schmalem schwarzem Längsstreif auf dem Bauch, *Flügel blau,* besonders leuchtend auf Großen Armdecken und Flügelbug; ♀ oft etwas matter gefärbt.

STIMME Stimmfreudig. Häufigster Ruf schnell, hell „sisisüdu" mit tieferem Schlusston, manchmal nur „sisisi" (gelegentlich scharf wie Gebirgsstelze), bei Erregung zeternde Reihe „ter'r'r'r'r'ek-ek-EK". Gesang mehrere lange, spitze Tönen, gefolgt von silberhellem Triller in geringerer Tonhöhe, „siiiih siih si-sürrrrr", auch zwei rasch wiederholte Kurzstrophen „si-si-sürr, si-si-sürrr".

ULTRAMARINMEISE –

African Blue Tit *Cyanistes teneriffae*

L 11-12 cm. Brütet in Nordafrika und auf den Kanaren in Wäldern und Gärten. Jahresvogel. Kürzlich als selbstständige Art von der Blaumeise abgetrennt.

KENNZEICHEN Ähnlich Blaumeise, aber *kleiner* und *dunkler,* Stimme teilweise abweichend. *Scheitel schwärzlich blau,* auf Hinterscheitel ausgedehnter *weißer Überaugenstreif schmal, Mantel gräulich blau* ohne Grünton der Blaumeise, Flügel ultramarinblau, bei Brutvögeln der Kanaren einfarbig *ohne Flügelbinde.*

STIMME Rufe erinnern an Kohl- wie an Haubenmeise.

LASURMEISE A

Azure Tit *Cyanistes cyanus*

L 12-13 cm. Brütet in Laub- und Mischwald, oft in Weiden an Flüssen. Westlich des Brutgebiets sehr seltener Gast.

KENNZEICHEN Unverkennbar mit *weißem und blauem Gefieder.* Lediglich mit albinotischen Blaumeisen oder Hybriden mit Blaumeise *(„pleskii")* verwechselbar, beachte aber *weißen Scheitel* (ohne blaue Kappe), *langen Schwanz mit viel Weiß, sehr breite weiße Flügelbinden, viel Weiß auf Schirmfedern und Schwungfederspitzen.*

STIMME Ruft ähnlich Blaumeise z. B. „tsi-tsi-tserrr de-de-de". Gesang zwischen Blau- und Haubenmeise.

Kohlmeise

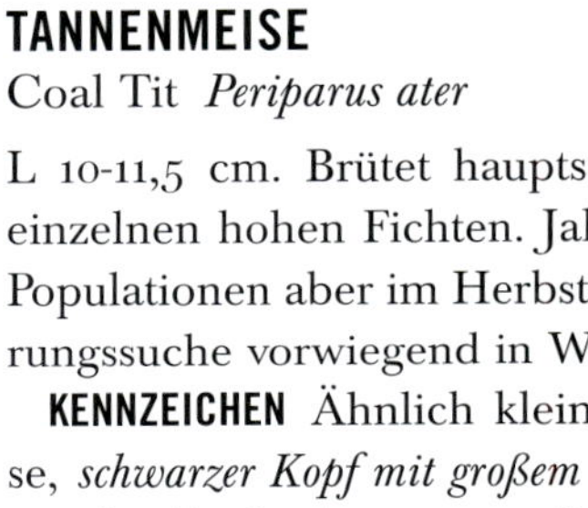

Tannenmeise

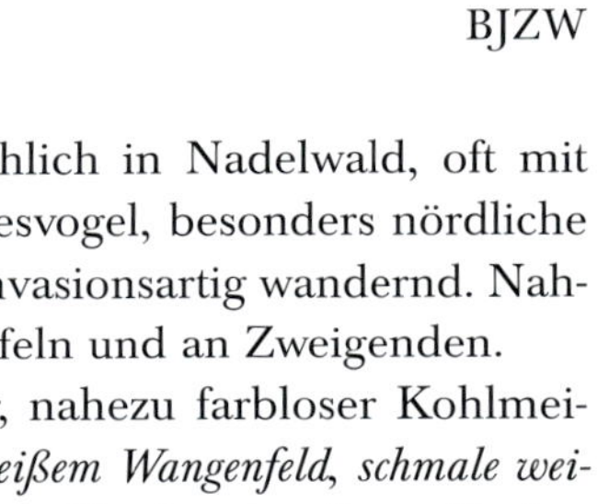

Blaumeise

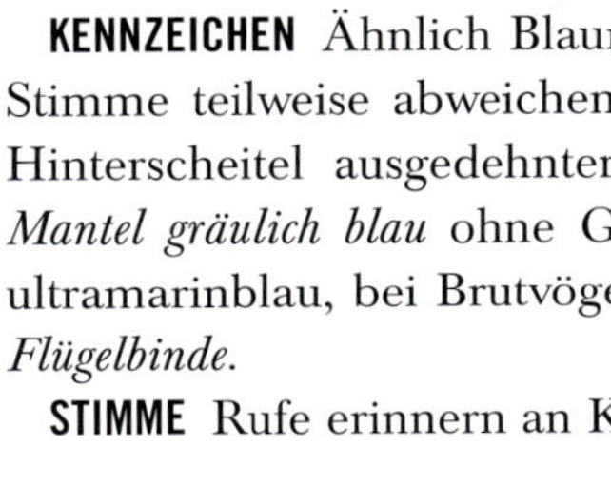

Lasurmeise

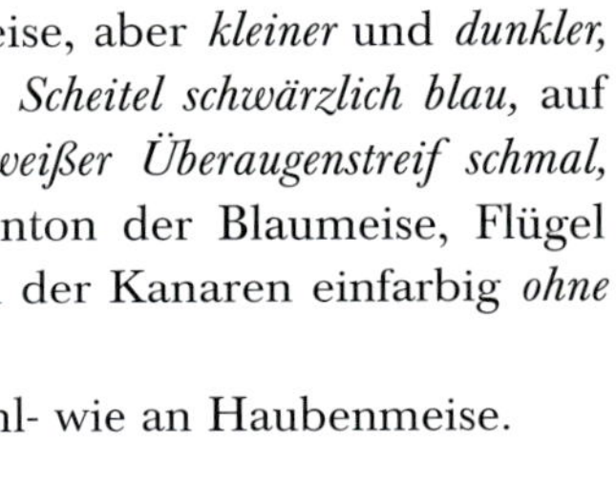

KOHLMEISE

TANNENMEISE

BLAUMEISE

ULTRAMARINMEISE

LASURMEISE

HAUBENMEISE BJ

European Crested Tit *Lophophanes cristatus*

L 10,5-12 cm. Brütet in Nadelwald, gern in älteren Fichten- und Kiefernbeständen, auch in kleinen Nadelwaldinseln im Laubwald und in Parks, gebietsweise in Südeuropa auch in Laubwald. Sehr standorttreu. Hackt Bruthöhle in morsche Stämme oder Baumstümpfe.

KENNZEICHEN Recht klein mit bräunlicher Oberseite und beiger Unterseite, *Kopf* ansprechend *schwarz und weiß gemustert* mit *spitzer dreieckiger Federhaube,* stets sichtbar, aber unterschiedlich hoch aufrichtbar. Kleider gleich.– Geringe geografische Variation, in West- und Südeuropa Oberseite wärmer braun, Kopfseiten mit schwachem Beigeton, Flanken mit rotbraunem Anflug.

STIMME Ruft typisch brodelnd trillernd „bürrürRET", oft wiederholt, ganz anders als andere Meisen (erinnert etwas an Schneeammerruf), daneben hoch und spitz „zit". Gesang aus Folgen von Rufen und spitzen Tönen, alternierend in raschem Tempo vorgetragen „zi-zi-ZÜT bürrürre zi-zi-ZÜT bürrürre zi-zi-ZÜT bürrürre…".

SUMPFMEISE BJ

Marsh Tit *Poecile palustris*

L 11,5-13 cm. Brütet in dichtem, oft feuchtem Laubwald mit viel Totholz, auch in Parks mit älteren Laubbäumen und Unterwuchs. Jahresvogel. Besucht häufig Fütterungen. Wenig scheu, dominiert über Weidenmeise, wo beide zusammen vorkommen. Nest in Baumhöhlen, Astlöchern, Nistkästen.

KENNZEICHEN Sehr ähnlich Weidenmeise (s. u.), bestes Unterscheidungskriterium ist die Stimme. Kopf proportional kleiner (nicht immer auffällig), *kein deutliches helles Armschwingenfeld* bei zusammengelegtem Flügel (diffuse Aufhellung in frischem Herbstgefieder aber möglich). Weitere Unterschiede: *schwarze Kopfplatte glänzend* (aber im JK matter), *Wangen im Schnitt weniger rein weiß, schwarzer Kinnfleck etwas kleiner* (jedoch Überschneidungen). Sumpfmeisen Nordeuropas oberseits etwas brauner, unterseits nicht so rein weißlich wie Weidenmeise, in Mittel- und Westeuropa Grundfärbung beider Arten ähnlicher.

STIMME Ruft explosiv „piTSCHÄ", manchmal etwas länger „zii-zii-TSCHÄ" oder etwas blaumeisenähnlich zeternd „piTSCHÄ-de-de-de-de-de-de-DET". Gesang monoton wiederholte gleiche Töne, mehrere Strophentypen, zwischen denen ♂ wechseln, häufiger Typ laut und klappernd „tjüpp tjüpp tjüpp tjüpp…" (schnelle Varianten grünfinkenähnlich „tjipptjipptjipptjipp…"), anderer Typ erinnert mehr an Tannenmeise „WIta-WIta-WIta-WIta…" oder als Kombination „ti-tschüpp ti-tschüpp ti-tschüpp…".

WEIDENMEISE BJ

Willow Tit *Poecile montanus*

L 12-13 cm. Brütet in unterwuchsreichem, gern feuchtem Laub- und Mischwald, oft mit Birken, Erlen und Weiden, in Gehölzen an Gewässern und in Mooren, im Norden und Süden auch Nadelwald in höheren Lagen. Jahresvogel. Hackt Bruthöhle in dünne, morsche Äste.

KENNZEICHEN Recht großer Kopf, kräftiger Nacken, Gefieder *graubraun und weißlich mit schwarzem Scheitel und Kinnfleck.* Verwechslungsgefahr mit Sumpfmeise, unterscheidet sich vor allem durch *Stimme, helles Armschwingenfeld* (mitunter bei ad. im Sommer völlig abgenutzt; manche Sumpfmeisen im frisch gemauserten Herbstgefieder mit angedeuteten hellen Armschwingensäumen). Weitere Unterschiede: *schwarzer Scheitel immer matt* (bei ad. Sumpfmeisen glänzend), *Kinnfleck* im Durchschnitt *größer,* Kopfplatte reicht weiter in Nacken, Kopfseiten im Durchschnitt weißer.– Nord- und osteuropäische Vögel *(loennbergi, borealis)* unterseits und auf Wangen weißlich, oberseits braungrau, britische *(kleinschmidti)* dunkler, oberseits deutlich braun, Wangen schmutzig weiß, Flanken beige, in Kontinentaleuropa weitere intermediäre Unterarten.

STIMME Ruf 1-2 kurze, spitze Töne gefolgt von 2-4 tieferen, heiser und nasal klingenden Lauten „zi zi DÄÄH DÄÄH DÄÄH", Kontaktruf fein „zi". Gesang aus zwei Haupttypen, nachdenklich, wehmütig, waldlaubsängerartig klingende Tonreihe „ziÜ ziÜ ziÜ ziÜ ziÜ ziÜ" (in den Alpen und Teilen Osteuropas auf gleicher Höhe bleibend „zie zie zie… ") und variable, schwatzende, helle Folge mit trillerndem Schluss.

LAPPLANDMEISE –

Grey-headed Chickadee *Poecile cinctus*

L 12,5-14 cm. Brütet in unberührtem Nadelwald der Taiga, meist flechtenreichem Kiefernurwald, auch Fjällbirkenwald. Jahresvogel, kaum südlich des Brutgebiets.

KENNZEICHEN Ähnlich Weidenmeise, aber mit flauschigerem Gefieder, wirkt großköpfiger, *mit größerem Kinnfleck* (unten oft unsauber begrenzt) sowie rostbeigen Flanken und *matt dunkelbrauner* (nicht schwarzer) *Kopfplatte.* Mantel dunkler und brauner als bei nördlichen Weidenmeisen.

STIMME Ruf schwer von Weidenmeise unterscheidbar „zi-zi TÄH TÄH TÄH", doch nasale Töne weniger lang und meist nicht so energisch betont. Kontaktruf fein „tsih". Gesang heiser schnurrende Reihe „tji-ÜRR tji-ÜRR tji-ÜRR…" oder mehr wie Sumpfmeise monoton „tje-tje-tje-tje…". Funktion eines auch wiederholten eher melodischen Schwätzens „zi-zi-djüTWUJ" unklar.

BALKANMEISE –

Sombre Tit *Poecile lugubris*

L 13 -14 cm. Brütet in offenem Laubwald an Berghängen oder in felsigem Gelände mit Bäumen und Büschen, oft in Obstplantagen. Jahresvogel. Verhalten unauffällig.

KENNZEICHEN Gestalt und Größe etwa wie Kohlmeise. Färbung ähnlich Weidenmeise, aber mit (braun getöntem) *gräulich schwarzem Scheitel,* der an den Seiten weiter nach unten reicht, sowie mit *viel größerem Kehlfleck,* wodurch das *schmutzig weiße Wangenfeld* eine *typische Keilform* bekommt. Schnabel kräftig.

STIMME Ruft ähnlich Blaumeise „si-si-si" und sperlingsartig zeternd „kerrr'r'r'r", oft beide Rufe kombiniert, mitunter auch rauer „zri-zri-zri" sowie mehr wie Kohlmeise zänkisch „tchetchetche…". Gesang eine rasche, einfache Tonreihe ähnlich Sumpfmeise, klingt aber rau und unrein „tchriw-tchriw-tchriw…".

Haubenmeise

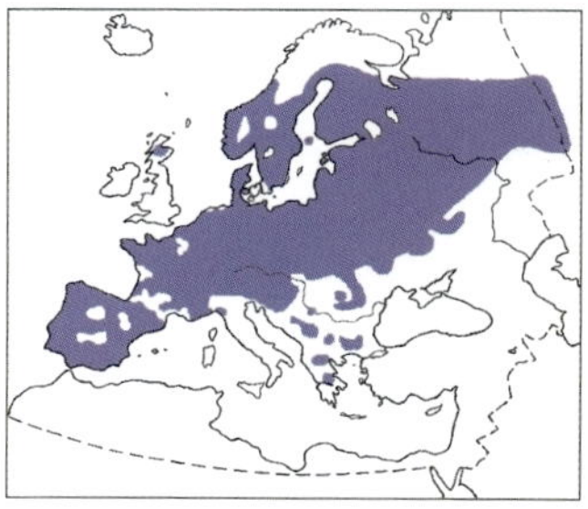

HAUBENMEISE

SUMPFMEISE

WEIDENMEISE

LAPPLANDMEISE

BALKANMEISE

Sumpfmeise

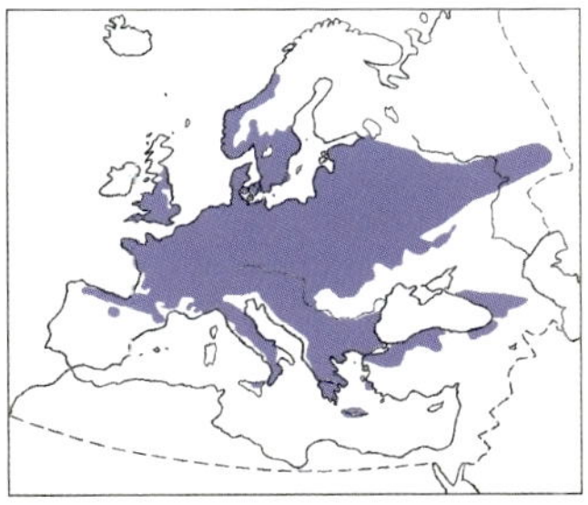

Weidenmeise

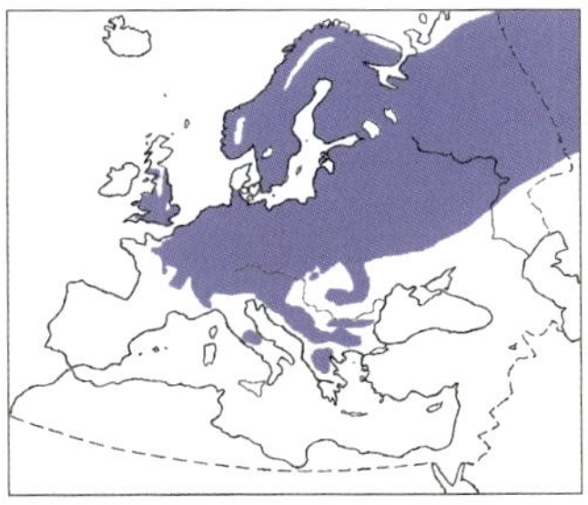

Lapplandmeise

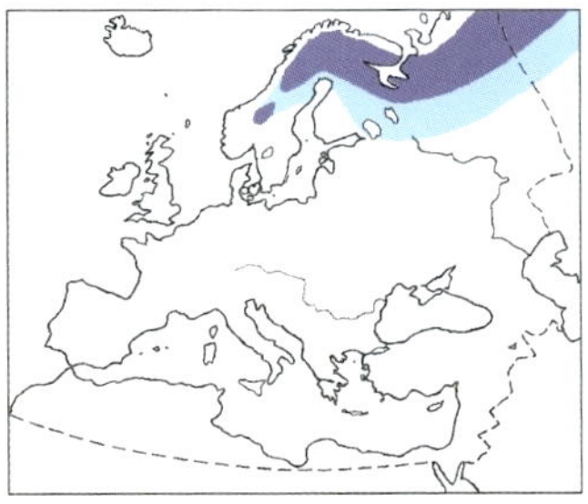

Balkanmeise

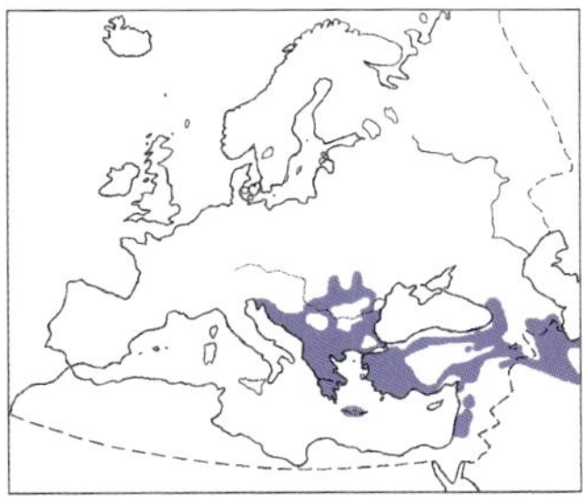

SCHWANZMEISE BJZW

Long-tailed Tit *Aegithalos caudatus*

L 13-15 cm (davon Schwanz 7-9 cm). Nicht näher mit den „echten“ Meisen verwandt (342-345), sondern ein Mitglied derselben großen Gruppierung, zu der auch Laubsänger, Schwalben und Lerchen gehören. Brütet in naturnahen Laub- und Mischwäldern mit viel Unterwuchs (oft Hasel und Salweide) und einigen toten Bäumen, auch in hohem Gebüsch, Parks und Gärten. Vorwiegend Jahresvogel, im Winter Zuzug aus Nordosten. Wenig scheu, aber rastlos und oft nur kurz zu sehen, meist im Familienverband. Baut kunstvolles geschlossenes, hochovales Moosnest in Astgabel, zusammengehalten von Spinnweben und mit Stücken von Birkenrinde und Flechten getarnt.

KENNZEICHEN Sehr klein, rundlich, mit langem Schwanz. Sieht im Flug wie kleiner heller Ball mit Schwanz aus, fliegt hüpfend und in leichten Bögen, klettert akrobatisch an dünnen Zweigen, hängt oft mit Bauch nach oben. *Kopf und Unterseite weiß* mit *breitem dunklem Scheitelseitenstreif* (*europaeus*, Mitteleuropa und *rosaceus*, Britische Inseln), Ohrdecken zart dunkel gestrichelt, Mantel schwarz mit rosa Schulterfedern, Flanken und Bauch hell rötlich braun. Schmaler schwarzer Schwanz mit weißen Kanten. Schnabel kurz, schwarzes Auge wie Pfefferkorn, Lidring oben gelborange.– JK: *Stirn und Kopfseiten dunkel,* Lidring matt rot. Mausert ab Juli ins Alterskleid.– Vögel Nord- und Osteuropas *(caudatus)* mit ganz weißem Kopf (ohne schwarze Streifen), unterseits weißer, Flanken rosa, in Mitteleuropa aber Übergangsformen. In Südspanien, Italien und Türkei Kopfseiten kräftig grau gestrichelt. Türkische Vögel *(alpinus)* mit dunklem Kinnfleck, grauem Mantel und kürzerem Schwanz.

STIMME Rastlos vorbeiziehende Gruppen rufen dreisilbig scharf „srih-srih-srih“ und etwas explosiv schnurrend „zerrrr“; auch schnalzende Kontaktlaute, „pt“ (oder „zepp“), gelegentlich lange helle Triller, z. B. bei Beunruhigung. Gesang leise zwitschernd, selten zu hören.

BARTMEISE BJZW

Bearded Reedling *Panurus biarmicus*

L 14-15,5 cm. Die Bartmeise ist (recht überraschend) am nächsten mit den Lerchen verwandt, wird aber wegen ihrer oberflächlichen Ähnlichkeit mit Meisen an dieser Stelle behandelt. Brütet kolonieweise in ausgedehnten Schilfflächen. Meist Jahresvogel, aber in ungünstigen Jahren wandern manche Populationen im Herbst ab (beginnt mit Höhenflügen in dichten, sehr erregten Trupps über dem Bruthabitat), ausharrende Trupps werden in strengen Wintern oft stark dezimiert. Nahrung Insekten, Schilfsamen. Nest aus Schilfhalmen niedrig im Schilf.

KENNZEICHEN Ein im Schilfdschungel entdeckter kleiner, *hell gelblich brauner* Vogel mit *langem, hell gelbbraunem Schwanz* sollte immer eine Bartmeise sein. Flug etwas unstet in unregelmäßigen, flachen Bögen und mit schwirrenden Flügelschlägen; klettert geschickt an Schilfhalmen; zuckt oft mit Schwanz oder stelzt und spreizt ihn, fächert den Schwanz mitunter auch im Flug.– Ad. ♂: *Kopf hell blaugrau mit langem schwarzem „Bart“,* Kehle weiß, *Unterschwanzdecken schwarz.*– Ad. ♀: Kopf beigebraun ohne Bart, Kehle schmutzig weiß, Unterschwanzdecken beige.– JK: Wie ad. ♀, jedoch *mit schwarzem Mantel* und *schwarzen Schwanzseiten,* Gefieder mehr gelblich beige, ♂ unterscheidet sich von ♀ durch schwarzen Zügel und orangegelben Schnabel (bei ♀ Zügel gräulich oder braun, Schnabel graubraun bis gräulich schwarz), mausern von Juli-Okt. ins Alterskleid.

STIMME Verrät sich meist durch Rufe, auch im Flug, schwungvoll, nasal und etwas unrein „psching“, oft im vielstimmigen Chor im Schilfwald; ferner rollend „tschirrr“ und weicher schnalzend „pett“. Gesang aus 3-4 unreinen, knirschenden Tönen, z. B. „pschin-dschick-tschrääh“.

BEUTELMEISE BZ

Eurasian Penduline Tit *Remiz pendulinus*

L 10-11,5 cm. Wird in eigene Familie gestellt, u. a. wegen abweichender Brutbiologie. Brütet in Laubbäumen an Flüssen und Seen sowie in buschreichen Sumpfgebieten; braucht für Nestanlage geeignete Bäume mit lang herabhängenden Zweigen (Weiden, Birken, Erlen). Im Norden Sommervogel (Apr.-Okt.), im Mittelmeerraum Jahresvogel. Hat sich in den letzten Jahrzehnten weit nach Nordwesten ausgebreitet. Polygam (vor allem Polygynie), mehrere Nester können nahe beieinanderliegen, jedoch kein Koloniebrüter. Sehr kunstvolles Nest, beutelförmig und mit Einschlupfröhre, geschickt in dünne, herabhängende Zweige geflochten, außen hell und flauschig durch eingewobene Samenwolle von Weiden, Pappeln und Rohrkolben.

KENNZEICHEN *Sehr klein,* kennzeichnend *feiner, konisch-spitzer Schnabel.* Ad. fast wie Neuntöter-♂ gefärbt, mit *schwarzer Maske, hellgrauem Scheitel/Nacken und rotbraunem Mantel.* ♂ im Vergleich zu ♀ mit breiterer Augenmaske und dunkler rotbraunem Mantel sowie mit ausgeprägterer diffuser rotbrauner Brustfleckung. Fliegt leicht und etwas hüpfend, klettert sehr geschickt an dünnen Zweigen, hängt oft mit dem Bauch nach oben.– JK: Matter gefärbt, Maske graubraun und schwach angedeutet (nie schwarz), Mantel gelblich graubraun, Scheitel graubeige, Stirn etwas heller.

STIMME Ruft sehr fein, dünn pfeifend „tsiiiü“, etwas abfallend, klingt sanft und etwas verträumt (länger als „siü“ der Rohrammer, weicher und mehr abfallend als „tsiiih“ des Rotkehlchens). Gesang ein einfaches Liedchen mit eingebauten Rufen (oder Ruffragmenten) und hellen Trillern mit vielen Pausen, z. B. „tsiiü… sirrrr… twitwitwitwi… tsiiü… zwer'r'r'r'r'r… tsiiü…“ (wie ein leiser, hoch klingender Grünfink).

Schwanzmeise

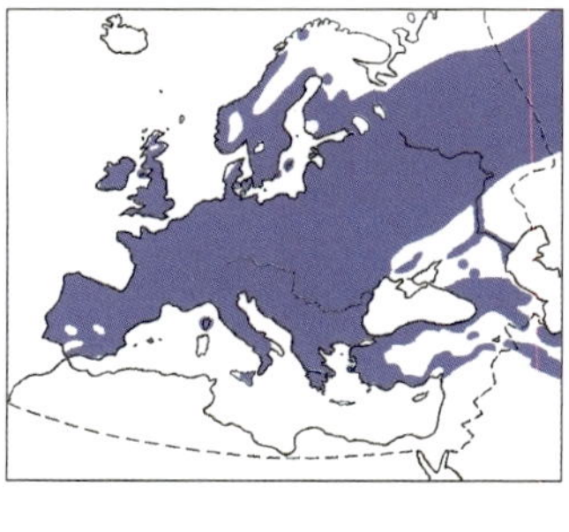

Bartmeise

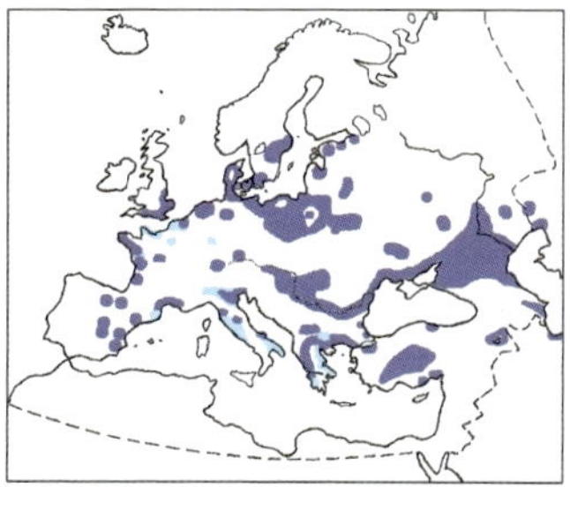

Beutelmeise

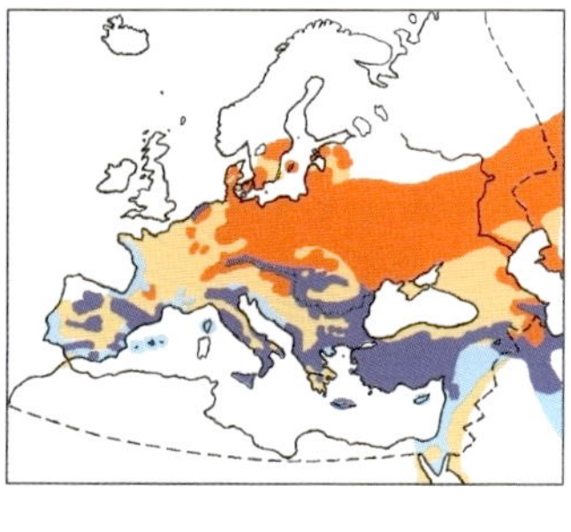

SCHWANZMEISE

BARTMEISE

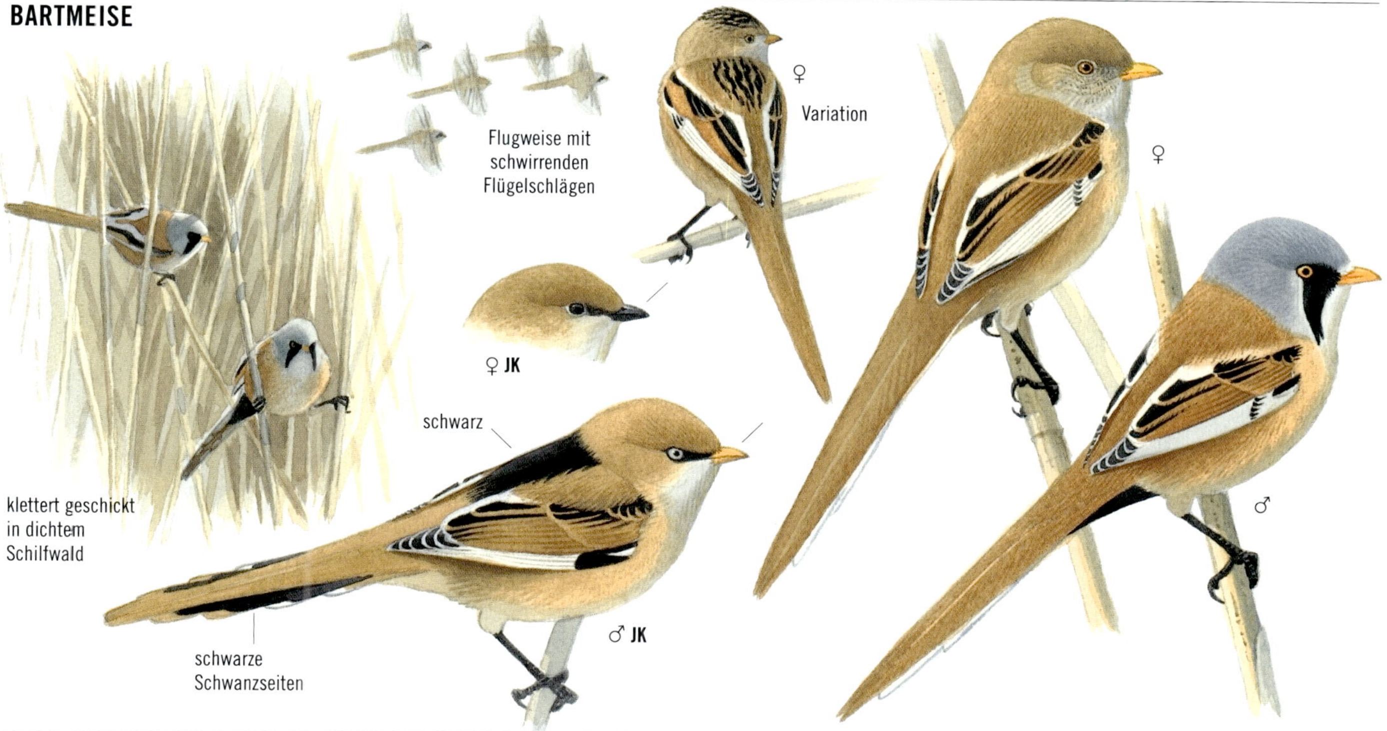

BEUTELMEISE

KLEIBER Sittidae

Sechs kleine bis mittelgroße, kompakte Sperlingsvögel mit großem Kopf und kräftigen Füßen, auf Klettern an schrägen Oberflächen spezialisiert, auch abwärts mit Kopf voran oder auf Astunterseiten. Langer, pfriemförmiger Schnabel, kurzer Schwanz. Nest in Höhlen oder Nischen, manchmal ganz oder teilweise aus Lehm gemauert.

KLEIBER BJ

Eurasian Nuthatch *Sitta europaea*

L 12-14,5 cm. Brütet in Laub- und Mischwald mit älteren Bäumen, Parks und großen Gärten. Jahresvogel, häufigster und am weitesten verbreiteter Kleiber. Nahrung Insekten, Samen, Nüsse, besucht im Winter häufig Futterstellen. Nest aus Kiefernrinde in Baumhöhlen und Nistkästen, mauert zu große Einflugöffnungen mit Lehm zu.

KENNZEICHEN Typische Silhouette: *halslos* mit *großem Kopf* und *langem spitzem Schnabel.* Flink, lebhaft, bewegt sich energisch, klettert ruckartig, aber geschickt an Ästen und Stämmen, kann, anders als Baumläufer, *kopfunter klettern.* Kurze, gerundete Flügel, Flugweise über kurze Strecken direkt, im Streckenflug in kurzen Bögen. *Oberseite blaugrau,* Unterseite heller (je nach Unterart orangebeige oder weiß), *schwarzer Augenstreif.* ♂ mit intensiv rotbraunen hinteren Flanken.– Mitteleuropäische Vögel (*caesia* u. a.) unterseits warm rostbeige, fennoskandische *(europaea)* auf Brust und Bauchmitte weißlich und ohne Weiß auf Stirn, in Russland und Sibirien *(asiatica)* kleiner, oberseits heller blaugrau und mit Weiß an der Stirn.

STIMME Reiches Repertoire lauter Rufe, verrät sich oft zuerst durch Stimme. Während Nahrungssuche spitze Kontaktrufe „zit“ und längeres „ziit“, schärfer als entsprechende Meisenrufe. Bei Erregung und als Warnruf kräftig und sehr laut „twett“ (oder leicht ansteigend „tschüITT“), oft zu schnellen, kurzen Folgen mit eingeschobenen kurzen Pausen gereiht. Gesang aus mehreren lauten Strophentypen, von hoher Warte aus vorgetragen, oft etwas langsamere Folge gleicher Pfeiftöne, etwas an- oder absteigend „wüIH wüIH wüIH wüIH…“ oder „WIIü WIIü WIIü WIIü…“, manche Varianten schnell, fast trillernd und klar „wiwiwiwiwiwi…“, andere langsamer und rhythmischer gereiht „djüdjüDJÜ djüdjüDJÜ…“.

KORSENKLEIBER –

Corsican Nuthatch *Sitta whiteheadi*

L 11-12 cm. Brütet in hochstämmigen Kiefernwäldern nur auf Korsika, insgesamt etwa 2.000 Paare, vorwiegend in 1.000-1.500 m Höhe, meist in steilen Tälern, im Winter manchmal in tieferen Lagen. Nest in Höhlen von Kiefern.

KENNZEICHEN *Klein mit kleinem Kopf* und *kurzem Schnabel. Weißer Überaugenstreif* kontrastiert bei ♂ zu *schwarzem Scheitel* (dieser bei ♀ blaugrau). *Unterseite gräulich beige,* Kehle weißer, kein Rotbraun im Gefieder. Nahrungssuche hoch in Kiefern, turnt meist meisenartig an Zweigenden.

STIMME Ruf bei Beunruhigung heiser, gedehnt „pschääh“, langsam wiederholt und etwas an Angstruf des Stars erinnernd. Gesang klar und laut, schnell trillernd „dididididididi…“, fast wie Alpensegler (aber nicht in Tonhöhe sinkend und zum Schluss absterbend), ähnliche Triller auch als Kontaktlaut benutzt.

TÜRKENKLEIBER –

Krüper's Nuthatch *Sitta krueperi*

L 11,5-12,5 cm. Brütet in Wald verschiedener Höhenlagen, meist Nadelwald in größerer Höhe; zieht auf Lesbos und in der Türkei Kiefernwald vor, sonst Fichtenwald. Vorwiegend Jahresvogel. Nest in Baumhöhle.

KENNZEICHEN *Klein,* mit *kleinem Kopf* und *relativ kurzem Schnabel.* Oberseite blaugrau, Unterseite schmutzig weiß, leicht kenntlich an Kombination von *rotbraunem Brustfleck, weißem Überaugenstreif* und *schwarzem Vorderscheitel.* Bei ♂ schwarzes Scheitelfeld größer und nach hinten schärfer begrenzt, Zügel und Augenstreif schwärzer, Flanken mehr blaugrau (bei ♀ bräunlicher Anflug).

STIMME Bei Beunruhigung heiser, rau „äähtch“, manchmal schnelle Zeterreihen fast wie Häherkuckuck „zreh-zreh-zreh-zreh…“. Ruft grünfinkartig, weich ansteigend „dwui“. Gesang schnelle Tonreihe mit schrillem, nasalem Klang, aus alternierenden hohen und tieferen Tönen, klingt wie altertümliche Fahrradhupe oder Kindertrompete, „tütitütitütitüti…“; Tempo variierend, die schnellsten Strophen klingen fast trillernd, die langsamsten wie buchstabiert. Gelegentlich auch einsilbige „ti-ti-ti-ti…“-Serie.

KABYLENKLEIBER –

Algerian Nuthatch *Sitta ledanti*

L 11,5-12,5 cm. Jahresvogel in Nordalgerien (erst 1975 entdeckt; ca. 100-200 Paare) in Eichenwald (350-1.120 m Höhe) oder in Mischwald mit Eiche, Ahorn, Pappel und Nadelbäumen (2.000 m Höhe). Nest in Baumhöhle.

KENNZEICHEN Sehr ähnlich Korsenkleiber, aber ♂ hat (wie Türkenkleiber) *schwarzen Vorderscheitel* (♀ grauschwarz oder dunkelgrau), scharf vom *blaugrauen Hinterscheitel/Nacken* abgesetzt (bei ♀ unscharfe Grenze), *hellere, mehr warm rosabeige Unterseite.*

STIMME Ruft bei Beunruhigung rau „schääh“, mehrmals wiederholt. Gesang ein langsam wiederholter, nasal pfeifender oder flötender Ruf mit ansteigender Höhe und kurzem Schlusston „wuü-di wuü-di wuü-di…“, gelegentlich schnelle zweisilbige Triller „di-du-di-du…“.

Kleiber

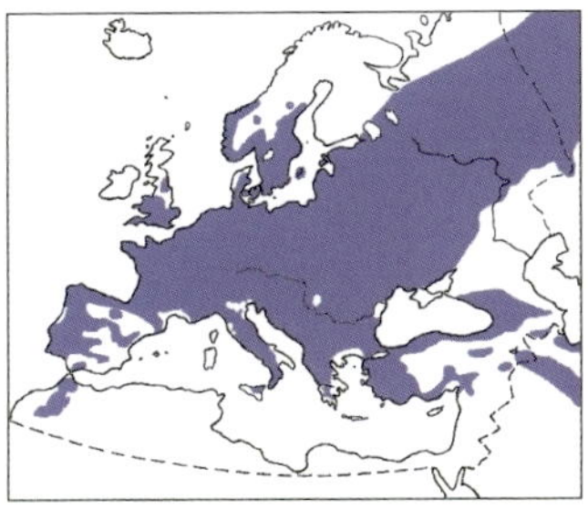

Korsenkleiber

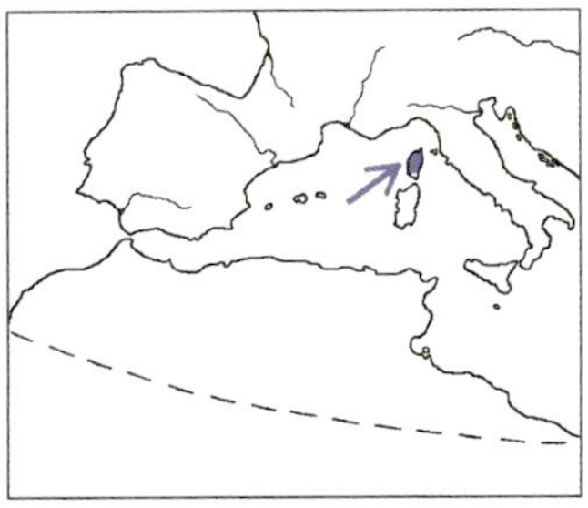

Türkenkleiber

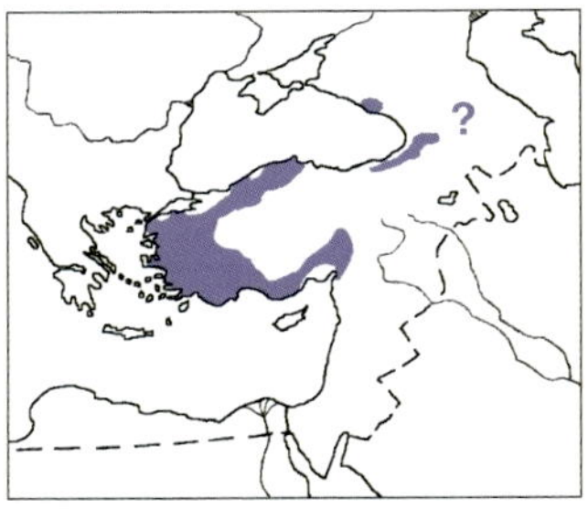

Kabylenkleiber

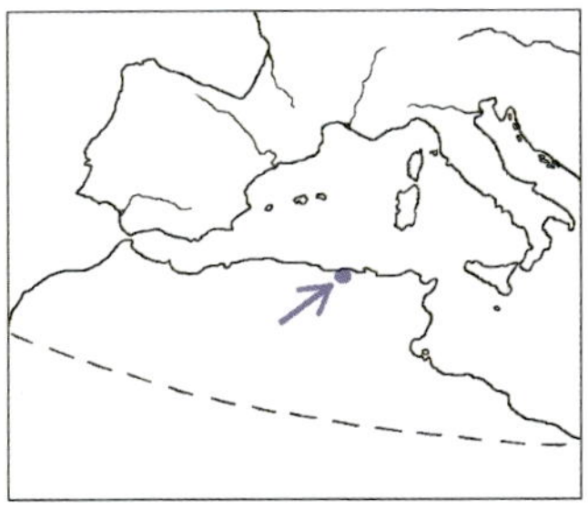

KLEIBER

KORSENKLEIBER

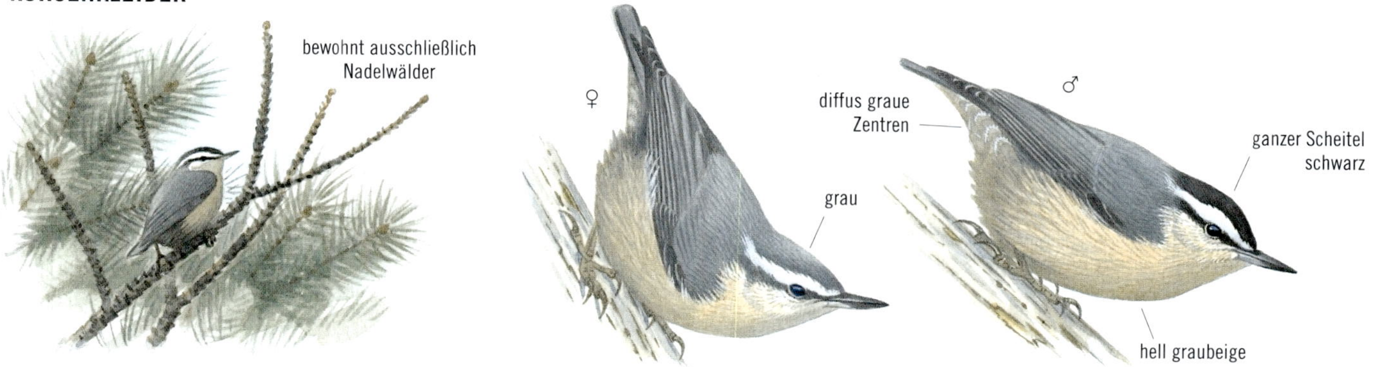

TÜRKENKLEIBER

KABYLENKLEIBER

DZ

FELSENKLEIBER –

Western Rock Nuthatch *Sitta neumayer*

L 14-15,5 cm. Brütet in felsiger Landschaft (oft Kalk) mit einzelnen Büschen und Bäumen in unterschiedlicher Höhe (mitunter Küstenklippen, meist in 1.000-2.500 m Höhe). Geschlossenes Lehmnest mit Eingangsröhre in Felsspalte.

KENNZEICHEN Kaum größer als Kleiber, jedoch mit *etwas längerem Schnabel, heller blaugrauer Oberseiten* sowie *ohne Rotbraun auf Flanken und Unterschwanzdecken* (an Flanken/Bauch schwach rotbeige getönt, etwa wie südosteuropäische Kleiber, aber *auf der Brust weißer*). Schwanz einheitlich grau ohne weiße und schwarze Zeichnung (aber im Freiland schwer erkennbar); helle Oberseite, langer Schnabel und *Lebensraum* meist beste Merkmale.

STIMME Stimmfreudig, laut. Gesang (♂ und ♀, mitunter im Duett) aus langen Folgen klarer Pfeiftöne, oft beschleunigt und in der Tonhöhe abfallend, erinnern von Weitem entfernt an Heidelerchenstrophen (aber viel schneidender, nicht so weich), z. B. „wi-JÜ wi-JÜ wi-JÜ … tüI-tüI-tüI-tüI… wiwiwiwiwiwiwiwi … trrrrtititi-ti-ti-ti-tü tü tü tu … TI-wü TI-wü TI-wa TI-wü…“.

KLIPPENKLEIBER –

Eastern Rock Nuthatch *Sitta tephronota*

L 16-18 cm. Brütet in ähnlichen Habitaten wie Felsenkleiber, normalerweise aber nicht unter 1.000 m Höhe, meidet Wald nicht. Oft in Bäumen, bewohnt auch Eichenwald mit Felsen und Blöcken. Lehmnest an Felsen oder in Bäumen.

KENNZEICHEN *Deutlich größer* als Felsenkleiber, *Kopf und Schnabel* wirken proportional *noch größer. Schwarzer Augenstreif hinter Auge verbreitert und weiter an Halsseiten hinablaufend,* von hinten beide Streifen auf Nacken sichtbar (bei Felsenkleiber nur erahnbar). Steht oft aufrecht.

STIMME Ähnlich Felsenkleiber, aber kräftiger, *tiefer, langsamer.* Gesangsstrophen z. B. „TÜ-ti TÜ-ti TÜ-ti … witt-witt-witt-witt … tschu-tschu-tschu-tschu … TWUI TWUI TWUI TWUI TWUI…“.

MAUERLÄUFER Tichodromidae

Familie mit nur einer Art, steht den Kleibern sehr nahe.

MAUERLÄUFER BJ

Wallcreeper *Tichodroma muraria*

L 15,5-17 cm. Brütet an steil abfallenden Felswänden mit etwas Bewuchs und Wasservorkommen (meist in 1.000-3.000 m Höhe). Im Winter oft in tieferen Lagen, auch an Gebäuden und in Steinbrüchen. Nest in Felsspalte.

KENNZEICHEN Unverkennbar, der Wiedehopf der Felsen! Kletternd durch überwiegend graue und schwarze Gefiederfärbung erstaunlich unauffällig, im Flug *prächtiges Rot-Schwarz-Weiß* auf Oberseite *der breiten, runden Flügel* erkennbar.– ♂ PK: Kehle und Brust schwarz, viel Rot auf Flügeln.– ♀ PK: Kehle grauweiß gefärbt mit kleinerem grauschwarzem Fleck, weniger Rot auf Flügeln.– SK: Kehle/Brust hell grauweiß.

STIMME Recht schweigsam. Gesang gezogene, gepresste Pfeiftöne mit Glissando und typisch alternierend an- und absteigendem Ton „tu … rruuüh … ziiiüu…“.

BAUMLÄUFER Certhiidae

Kleine braune und weiße Vögel mit spitzem, schwach abwärts gebogenem Schnabel und steifen Steuerfedern. Klettern spiralig, etwas ruckartig, an Stämmen oder Ästen empor, fliegen dann zum Fuß des nächsten Baums usw. Nahrung Insekten. Nest unter abstehender Baumrinde.

WALDBAUMLÄUFER BJ

Eurasian Treecreeper *Certhia familiaris*

L 12,5-14 cm. Brütet in Wäldern, oft mit Nadelholzanteil, bevorzugt in dichteren Bereichen. Überwiegend Jahresvogel, nordöstliche Populationen ziehen in manchen Jahren.

KENNZEICHEN Sehr ähnlich Gartenbaumläufer, durchschnittlich *etwas kürzerer Schnabel, unterseits meist reiner weiß, mit deutlicherem, weißerem Überaugenstreif und weißerer, kontrastreicherer Fleckung auf Scheitel/Mantel* (im Süden Europas Färbung aber einander ähnlicher). Weitere Unterschiede im Flügelmuster (s. Abb.), Beurteilung aber nur bei guten Beobachtungsbedingungen oder auf Foto möglich. Stimme bestes Merkmal!

STIMME Ruft wiederholt, fein, klingelnd trillernd „srri“ (zarter und unauffälliger als ähnlicher Amselruf), manchmal auch locker wiederholt dünn und sauberer (ohne „r“) „tiih“. Gesang eine 2-3 s dauernde hohe Strophe (im Klang wie Blaumeise), *abfallend* mit Schnörkel oder *Triller am Ende* (Vorsicht, manche imitieren Gartenbaumläufer).

GARTENBAUMLÄUFER BJ

Short-toed Treecreeper *Certhia brachydactyla*

L 12-13,5 cm. Brütet in Wäldern, bevorzugt aber Laubwald im Flachland, auch in Parks und Gärten.

KENNZEICHEN Sehr ähnlich Waldbaumläufer. *Hintere Flanken durchschnittlich bräunlicher, Schnabel etwas länger.* Unterschiede im Freiland kaum hilfreich, zudem individuelle Variation. Stimme daher wichtig.

STIMME Ruft kräftig, tannenmeisenähnlich klar und durchdringend „tüüt“, oft mehrfach und schneller werdend wiederholt, selten mehr waldbaumläuferähnlich „srri“. Gesang *kurze Strophe* in holprigem Rhythmus auf gleicher Tonhöhe in rufähnlicher Stimmlage „TÜÜT e-to e-tiTITT“ (Vorsicht, manche imitieren Waldbaumläufer).

Felsenkleiber

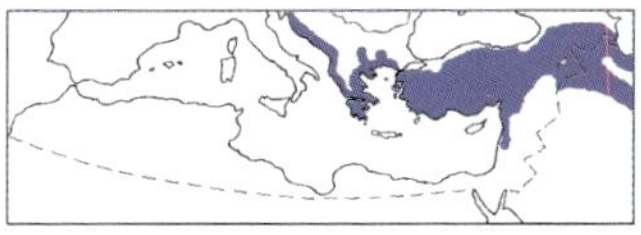

Klippenkleiber

Mauerläufer

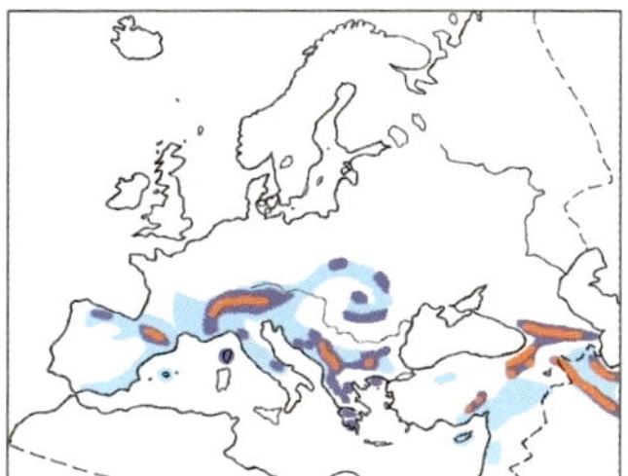

Waldbaumläufer

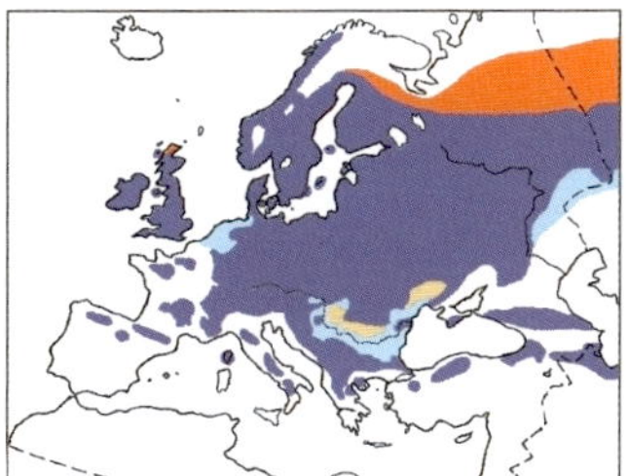

Gartenbaumläufer

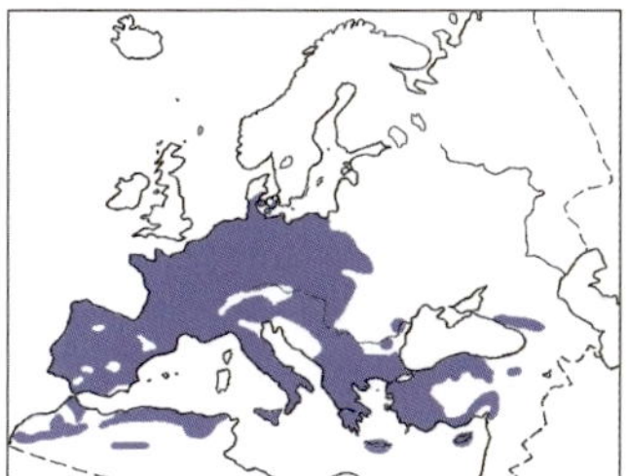

FELSENKLEIBER

KLIPPENKLEIBER

MAUERLÄUFER

WALDBAUMLÄUFER

GARTENBAUMLÄUFER

WÜRGER Laniidae

Acht mittelgroße Sperlingsvögel mit langem Schwanz, kräftigem Schnabel mit hakenförmiger Spitze, kräftigen Füßen mit scharfen Krallen sowie meist breiter dunkler Maske. Spähen lange bewegungslos auf Warten nach Beute (Insekten, Eidechsen, Kleinsäuger, Kleinvögel). Überwiegend Langstreckenzieher. Nest in Astgabeln von Büschen.

RAUBWÜRGER BJW

Great Grey Shrike *Lanius excubitor*

L 21-26 cm. Weit verbreitet, daher Unterschiede in Lebensraum und Lebensweise zwischen Nord und Süd. Nordeuropäische Brutvögel *(excubitor)* auf Moor- und Heideflächen mit Baumgruppen und in weiter Feldflur; Kurzstreckenzieher. Südliche Populationen (mehrere Unterarten) in offener, oft trockener Landschaft mit Warten (Bäume, Leitungen) und dichten Büschen zum Nestbau; Jahresvögel. Unterschiede zwischen den teilweise isoliert voneinander brütenden Unterarten könnten nach ausstehender eingehender Untersuchung zur Aufspaltung in zwei oder drei Arten führen.

KENNZEICHEN *Großer, hellgrauer und weißer* Würger mit großem Kopf, *schwarzer Maske,* schwarzen, recht kurzen und *stumpfen Flügeln* mit *relativ großem weißem Feld auf Handschwingenbasen* sowie *langem, gerundetem schwarzem Schwanz* mit weißen Kanten. Steht oft auf hohen, exponierten Warten, dreht Schwanz seitwärts, *fliegt größere Strecken in tiefen Bögen,* rüttelt gelegentlich. Geschlechter einander ähnlich, aber aus der Nähe zumindest zur Brutzeit ♂ mit komplett schwarzem Schnabel, schwarzem oder sehr dunklem Zügel (komplette Maske bildend) und durchschnittlich schwärzeren Schwungfedern, ♀ meist mit heller Unterschnabelbasis, hellerem Zügel und nicht ganz so schwärzlichen Flügeln, im Norden ferner mit fein grauer Wellung von Brustseiten und Flanken, die ♂ fehlt.– JK: Oberseite schmutzig grau, so gut wie ungebändert, Unterseite schmutzig weiß, dicht braungrau gebändert.– Vögel aus Südrussland *(homeyeri),* als Wintergast in der Schwarzmeerregion und selten weiter westlich: heller mit mehr Weiß in Flügeln und Schwanz, einschließlich großem weißem Handschwingenfeld und breit weißem Flügelstreif auch auf Armschwingen, grauweißer Stirn und blass grauem Mantel.– Naher Osten und Arabien *(aucheri):* wie *excubitor,* aber ♂ mit auf Stirn reichender schwarzer Maske (aber viel weniger als Schwarzstirnwürger), Flanken aschgrau; diese und die folgenden Unterarten im JK im Gegensatz zu Nordeuropäern unterseits völlig ungebändert.– In Nordafrika dunkle Küstenform mit schiefergrauer Oberseite, grauer Brust und ohne weißen Überaugenstreif *(algeriensis)* und blassere Wüstenform mit viel Weiß auf Flügeln und Schwanz *(elegans);* bei beiden zeigen ♂ oft etwas Schwarz auf Stirn.– Auf den Kanaren *(koenigi)* ähnlich dunkel wie *algeriensis,* aber kleiner und oft mit Andeutung des weißen Überaugenstreifs.– In mittelasiatischen Wüsten hat *pallidirostris* nur auf Handflügel großes weißes Feld, oft unterseits Beigeton, schmalen, recht kurzen Schwanz, im 1en W *helle Schnabelbasis, helle Zügel, breit beigeweiße Spitzen der Großen Armdecken;* hier bei ad. ♂ im PK aber ebenfalls Schnabel und Zügel schwarz.

STIMME Ruft meist lang trillernd „prrrih“, warnt heiser „wääch wääch wääch“. Gesang leise einfache Phrase, z. B. metallischer, knirschender Doppelton oder verschiedene Kurzlaute, gefolgt von rauem Triller, rhythmisch alle 1-3 s wiederholt; ferner weicher Vorgesang mit Imitationen.

MITTELMEER-RAUBWÜRGER –

Southern Grey Shrike *Lanius meridionalis*

L 23-25 cm. Brütet in offenen, trockenen Ebenen, oft verkarstetem Gelände mit einzelnen Bäumen und Büschen. Überwiegend Jahresvogel. Scheu, bleibt oft in Deckung. Nahrung überwiegend Insekten und kleine Reptilien.

KENNZEICHEN Größe ähnlich nordeuropäischem Raubwürger, aber Kopf vielleicht etwas größer, Schnabel kräftiger und *Schwanz etwas schmaler* sowie deutliche Gefiederunterschiede. Scheitel, Nacken und Mantel *viel dunkler grau, Brust und Bauch rosa getönt, breite schwarze Maske und schmaler, sauber abgegrenzter,* oft über die Schnabelbasis reichender *Überaugenstreif,* Weiß auf Schulterfedern schmal und begrenzt, Handschwingenfeld mittelgroß und *nie Weiß auf Armschwingen.*– JK: Kopfmuster weniger deutlich, Unterseite ohne Rosa, aber oft fein grau gewellt; ab Spätherbst ähnlich ad.

STIMME Rufe und Gesang offenbar ähnlich Raubwürger, aber eingehende Untersuchungen fehlen.

SCHWARZSTIRNWÜRGER A

Lesser Grey Shrike *Lanius minor*

L 19-21 cm. Brütet in offenem Gelände mit Obstplantagen, Alleen und einzelnen Bäumen (nicht in Waldland). Wärmeliebender Sommervogel (Mai-Aug.), überwintert in Afrika.

KENNZEICHEN Größe zwischen Raubwürger und Neuntöter. Großer runder Kopf und kurzer gerundeter Schnabel. Färbung ähnlich Raubwürger mit *weißem Handbasisfleck,* aber bei ad. *Stirn und Vorderscheitel schwarz* (ausgedehnt bei ♂, kleiner und oft grau meliert bei ♀), *Handschwingenprojektion größer,* proportional etwas *kürzerer und weniger stark gerundeter Schwanz, Brust und Bauch hell lachsrosa.* Viele ad. im Herbst mit grauer Stirn (wohl meist ♀).– JK/1er W: Stirn ohne Schwarz, Scheitel und Mantel gebändert, Unterseite ungebändert (bei Raubwürger im JK umgekehrt).

STIMME Ruft elsterähnlich „tsche tsche“. Gesang papageiartig hart kreischend „tschilip“, in Abständen wiederholt, einzeln von Baumspitze oder doppelt im Singflug. Daneben rauer kontinuierlicher Gesang mit vielen Imitationen, wohl von unverpaarten ♂.

Raubwürger

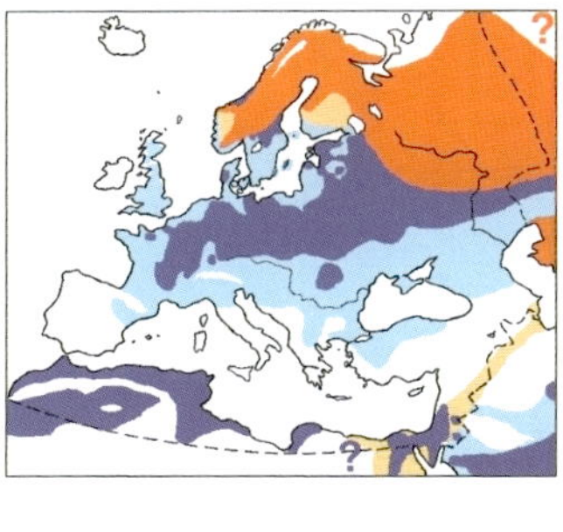

Mittelmeer-Raubwürger

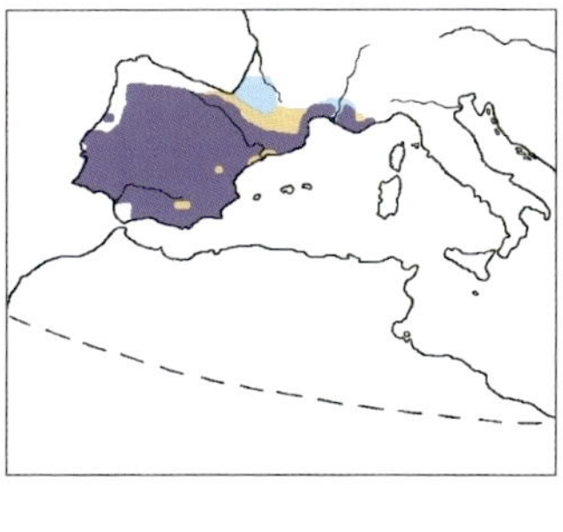

Schwarzstirnwürger

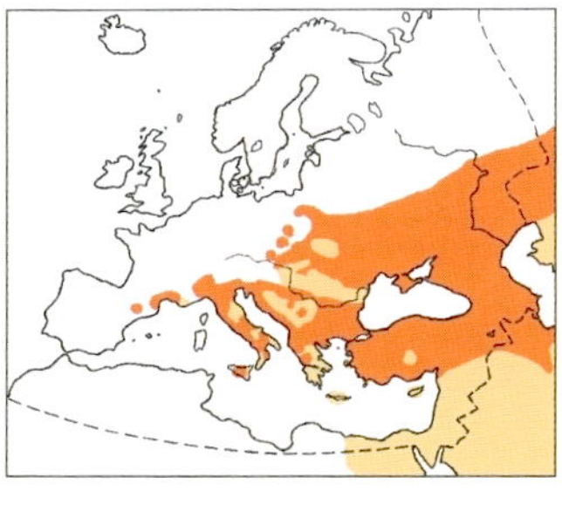

RAUBWÜRGER

MITTELMEER-RAUBWÜRGER

SCHWARZSTIRNWÜRGER

NEUNTÖTER

BZ

Red-backed Shrike *Lanius collurio*

L 16-18 cm. Brütet in offener Kulturlandschaft, oft auf Heiden und Weiden mit Hecken und Dornengebüsch. Sommervogel (Mai-Sept.), überwintert im tropischen Afrika. Insektenspezialist, spießt Beutetiere als Vorrat auf Dornen.

KENNZEICHEN Steht oft gut sichtbar aufrecht, schlägt den Schwanz bei Beunruhigung seitwärts. Kurze Flüge schnell und gerade, längere wellenförmig.– Ad. ♂: Brust und Bauch hell braunrosa, *keine Flankenbänderung*, Kehle weiß, *Scheitel hell aschgrau, Mantel rotbraun,* breite *schwarze Augenmaske*, manchmal etwas über Schnabelbasis reichend und oben oft schmal weiß begrenzt, *Schwanz schwarz, basal mit großen weißen Seitenfeldern* (Steinschmätzermuster), mitunter kleiner weißer Fleck auf Handschwingenbasen.– Ad. ♀: Unterseite cremeweiß *mit Querbänderung, Scheitel braun oder bräunlich grau*, Nacken grauer, Mantel matter braun als bei ♂; Oberseite individuell variabel gemustert (teils nicht, teils kräftig gebändert), Maske brauner, Zügel oft heller, *Schwanz dunkelbraun mit schmalen weißen Kanten*; mitunter ♂-ähnlicher, jedoch stets unterseits mit wenigstens etwas Bänderung.– JK/1er W: Wie ♀, aber meist *oberseits stärker rötlich getönt und kräftig gebändert*, Schirmfedern mit beigen Spitzen und dunklen Subterminalbinden. Manchmal auf Oberschwanz wärmer braun und dann ähnlich Rotschwanz- und Braunwürger im JK.

STIMME Warnt nasal, heiser „wäw“, in Abständen wiederholt, bei größerer Unruhe gereiht schnalzend „tschäk“. Zwei Gesangstypen, entweder Warnruf „wäw“ zur Revieranzeige oder seltener langes, leises Zwitschern, vermischt mit guten Imitationen anderer Vögel.

ISABELLWÜRGER

A

Isabelline Shrike *Lanius isabellinus*

L 16,5-18 cm. Nah mit Rotschwanzwürger verwandt, brütet im Hochland der Mongolei und Westchinas. Ausnahmeerscheinung in Europa, meist im Herbst.

KENNZEICHEN Fällt oft durch *rostroten Oberschwanz* auf, der länger ist als beim Neuntöter. Ad. ♂: Oberseits sandfarben graubraun (frisch oft mit rosabeigem Schimmer, wird im Sommer reiner grau), *unterseits kräftig rostbeige,* komplett schwarze Maske (reicht nicht über Schnabel), *kurzer, unscharfer, beiger Überaugenstreif,* kleines *weißes Feld auf Handschwingenbasen.*– ♀/1er W: Maske nicht komplett (Zügel oft braun), Handschwingenfeld schwach oder fehlend, ♀ auf Flanken und Brustseiten meist fein gewellt.– Klassisch gefärbte ♂ von Isabell- und Rotschwanzwürger zwar recht verschieden, ♀ und 1er W oft intermediär und schwer bestimmbar. Zur Unterscheidung vom Neuntöter im 1en W, s. Rotschwanzwürger.

STIMME Wahrscheinlich von Rotschwanzwürger nicht unterscheidbar, jedoch nicht genau untersucht.

Neuntöter

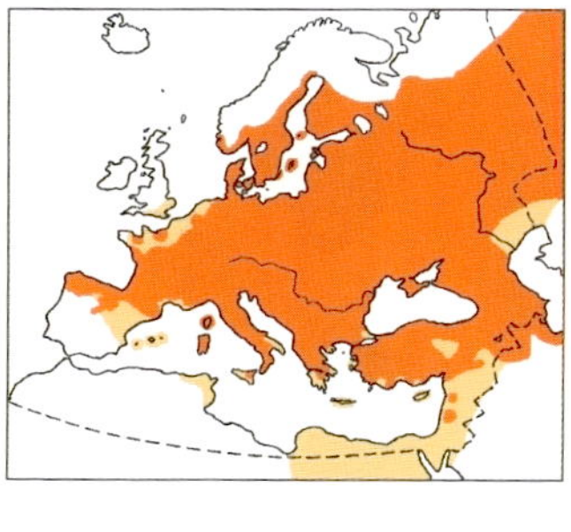

Isabell- / Rotschwanzwürger

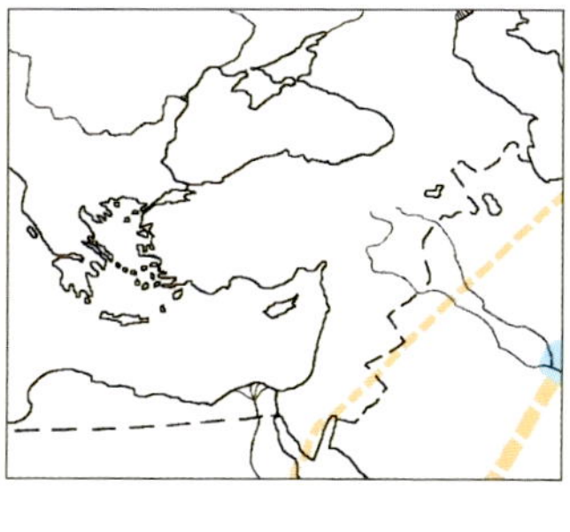

ROTSCHWANZWÜRGER

A

Red-tailed (Turkestan) Shrike *Lanius phoenicuroides*

L 16,5-18 cm. Oft als Unterart des Isabellwürgers betrachtet, aber ♂ recht gut unterscheidbar, Hybridisation eingeschränkt und genetische Unterschiede, daher hier als Art betrachtet. Auch mit Neuntöter nah verwandt und mit diesem in einigen Regionen Mittelasiens hybridisierend. In Europa seltene Ausnahmeerscheinung im Herbst.

KENNZEICHEN Erinnert durch rostroten Oberschwanz und schwarze Maske des ♂ an Isabell- und Braunwürger.– Ad. ♂: Oberseits etwas dunkler und matter graubraun als Isabellwürger, *unterseits viel weißer,* rosabeige Tönung auf Flanken und Brustseiten beschränkt, *deutlicher Überaugenstreif rein weiß, Scheitel/Nacken oft rostfarben, schwarze Maske zieht sich oft über Schnabelbasis.* Bei der Varietät *„karelini“*Scheitel/Nacken/Mantel grau. *Weißer Handschwingenfleck* wie bei Isabellwürger.– ♀ und 1er W wie Isabellwürger (oft nicht sicher unterscheidbar), aber durchschnittlich unterseits weißer mit stärkerer dunkler Wellung.– Unterscheidet sich im 1en W vom jungen Neuntöter durch etwas *blassere und grauere Grundfärbung, weniger oder keine Bänderung auf Mantel und Nacken, hellere, leuchtendere rostrote Oberschwanzfärbung* (einige aber ähnlich!) und *geringere Handschwingenprojektion.*

STIMME Rufe und Gesang sehr ähnlich Neuntöter. Warnruf, auch zur Revieranzeige benutzt, wiederholt harsch „wehw“. Bei Anwesenheit des ♀ Vorgesang mit Imitationen und kratzenden Lauten.

BRAUNWÜRGER

A

Brown Shrike *Lanius cristatus*

L 17,5-20 cm. Seltene sibirische Ausnahmeerscheinung, brütet in Taigamooren und -lichtungen oder Waldsteppe. Hybridisiert in Westsibirien gelegentlich mit Neuntöter, wo sich Brutgebiete überschneiden.

KENNZEICHEN Ähnelt Neuntöter und Rotschwanzwürger, aber etwas größer mit größerem Kopf, *kräftigerem Schnabel* und *schmaleren Steuerfedern.* Ad. ♂ oberseits einschließlich Oberschwanz ziemlich *einfarbig rötlich braun,* ohne Kontrast zwischen rostrotem Schwanz und matt brauner Oberseite des Rotschwanzwürgers. Normalerweise *kein weißer Fleck auf Handschwingenbasen* (allenfalls angedeutet). *Schwarze Maske komplett,* darüber *deutlicher weißer Überaugenstreif.* Ungebänderte Unterseite *gelblich* beige getönt (ohne rosa Anflug vieler Rotschwanzwürger-♂). Geschlechter ähnlich, doch ♂ mit schwärzerer Maske, ♀ fast immer auf Brust und Flanken gewellt.– Im 1en W sehr ähnlich gleichaltrigem Neuntöter, aber *Schnabel kräftiger, Handschwingenprojektion etwas geringer* (mit Überschneidung), drei statt zwei Handschwingen mit Einbuchtung der Außenfahne, *Steuerfedern schmaler* und *Schwanz stärker gestaffelt, komplett dunkle Schirmfederzentren* (mit scharfen hellen Rändern) ohne schwarze Subterminalbinden, *deutlicherer heller Überaugenstreif* und dunkelgraue (statt rotbraune) Ohrdecken.

STIMME Nicht genau untersucht, aber offenbar ähnlich Neuntöter, Isabell- und Rotschwanzwürger.

NEUNTÖTER

ISABELLWÜRGER

ROTSCHWANZWÜRGER

„rotschwänzige" Neuntöter (o.) können, besonders von Weitem, für Rotschwanzwürger gehalten werden

BRAUNWÜRGER

Schwanz lang und schmal; äußerste Steuerfedern enden weit vor Schwanzspitze; Abstand (A) etwa doppelt so groß wie normalerweise bei Isabellwürger und Neuntöter

Braunwürger im JK/1en W kann leicht für Neuntöter gehalten werden

KM

ROTKOPFWÜRGER BZ

Woodchat Shrike *Lanius senator*

L 17-19 cm. Brütet in offenem Waldland mit Lichtungen, Einzelbäumen, Plantagen, gerne mit sandigen oder unbewachsenen Bereichen. Überwintert im tropischen Afrika.

KENNZEICHEN Etwas größer als Neuntöter.– Ad. ♂ (ssp. *senator*): Leicht bestimmbar an *rotbraunem Scheitel/Nacken* sowie *Schwarzfärbung von Maske, Stirn und Mantel.* Oberflügel schwarz *mit weißem Handbasisfleck.* Ausgedehntes Weiß auf Schultern und Oberschwanzdecken. Rücken aschgrau.– Ad. ♀: Wie ♂, aber matter gefärbt *mit dunkel braungrauem Mantel* und oft *eingesprengtem Beigeweiß im Schwarz von Stirn und Maske,* Geschlechtsbestimmung aber manchmal im Freiland unmöglich.– JK/1er W: Oberseite, Brust und Flanken *grau gebändert,* Grundfärbung grau mit variierendem Braunanteil, aber fast stets *an Halsseiten, Großen Armdecken und Schirmfedern deutlich rotbraun getönt.* Beachte Andeutung von hellem Schulterfleck (mit grauer Schuppung) und hellem Bürzel; heller Handbasisfleck unscharf und rostbeige.– Vögel der westlichen Mittelmeerinseln *(badius)* ohne hellen Handbasisfleck (manchmal angedeutet), weniger Schwarz auf Stirn, Rücken dunkler grau, Geschlechtsunterschiede geringer, ♀ fast so sauber wie ♂.– Vögel von Südosttürkei ostwärts *(niloticus)* mit sehr großem weißem Handbasisfleck (dennoch Überschneidung mit *senator*), weißer Schwanzbasis und viel Schwarz auf Stirn. Ad. kann schwer von *senator* trennbar sein, aber Unausgefärbte durch deutlichen, großen, rein weißen Handbasisfleck charakteristisch; wegen früheren Schlupftermins und Mauserbeginns schon ab Herbst erste Merkmale der ad.

STIMME Warnt mit Serie kurzer, heiserer Rufe „wä-wä-wä…" oder schneller heiser trillernd „dscherrrrr". Gesang recht laut und in variablem Tempo, manchmal schnell plaudernd mit schnalzenden und knirschenden Lauten, bisweilen langsamer und mit guten Imitationen; Phrasen mitunter wiederholt, aber im Detail etwas abgewandelt.

MASKENWÜRGER –

Masked Shrike *Lanius nubicus*

L 17-18,5 cm. Brütet in offenem Waldland mit Büschen und Lichtungen, gern am Rand kleiner Felder, oft an Hängen mit Kiefern, Eichen und Dornenbüschen. Steht weniger häufig exponiert auf Spitzen, sondern im Schutz von Baumkronen oder höheren Büschen. Überwintert in Afrika.

KENNZEICHEN *Kleinster Würger. Schlanker* als Neuntöter, *mit längerem, schmalerem Schwanz.* Oberseite schwarz (♂) oder grau (♀), *Stirn und Schulterflecke weiß, großes weißes Handbasisfeld im Flug auffallend, Flanken orange* (bei ♂ satter). Manche ♀ oberseits ähnlich ♂ sehr dunkel grauschwarz.– JK: Grau, weiß und schwarz, kräftig gebändert, helle Schulterflecken und großer weißer Handbasisfleck angedeutet, ähnlich östlichem Rotkopfwürger *(niloticus),* aber kleiner, *kein Rotbraun auf Flügeln und Nacken, Oberschwanzdecken dunkel, Schwanz schmaler, Schnabel kleiner,* einheitlicher dunklere Schirmfedern und Große Armdecken. Manche schon im Sept. ähnlich ad., Mehrzahl behält aber gebändertes graues Gefieder den Herbst über.

STIMME Bei Beunruhigung bekassinenartig „tschäährʺ, warnt mit trockenem Rattern. Gesang erstaunlich ähnlich Oliven- und Blassspötter, recht monotone Strophe mit zyklischen Wiederholungen und rauem Klang, im Aufbau eher stotternd und langsamer als Blassspötter, im Ton nicht ganz so harsch und tief wie Olivenspötter.

ROTKOPFWÜRGER

MASKENWÜRGER

BUSCHWÜRGER Malaconotidae

Recht große, vielfältige, hauptsächlich afrikanische Familie. Schnäbel meist lang und kräftig, Beine recht lang, Schwanz lang und Flügel stark gerundet. Nur eine Art im Bearbeitungsgebiet, Nest in Astgabeln dichter Büsche.

SENEGALTSCHAGRA –

Black-crowned Tchagra *Tchagra senegala*

L 21-24 cm. Brütet im Tiefland in trockenem offenem Buschland. Jahresvogel. Hüpft häufig auf Boden, steht oft niedrig in Büschen. Recht scheu und versteckt, verrät sich durch laute Rufe. Nahrung Insekten, kleine Eidechsen usw.

KENNZEICHEN Markante Kopfzeichnung mit *schwarzem Scheitel, breitem, langem cremeweißem Überaugenstreif* und *schwarzem Augenstreif.* Schulter- und Schirmfedern schwarz, ocker gesäumt. Kräftiger schwarzer Schnabel. Flügel lebhaft rostbraun, *langer Schwanz* mit weißer Spitze, gräuliche mittlere Steuerfedern dunkel gebändert. Geschlechter gleich gefärbt, im JK schwarze Partien auf Kopf, Schirm- und Schulterfedern mit Braunton, Letztere mit diffus beigen Spitzen.

STIMME Gesang bemerkenswert laute, kräftige, an- und absteigende Glissandopfiffe. Ruf des ♀ hart ratternder Triller „trrrrrrr…", manchmal im Duett mit ♂.

Rotkopfwürger

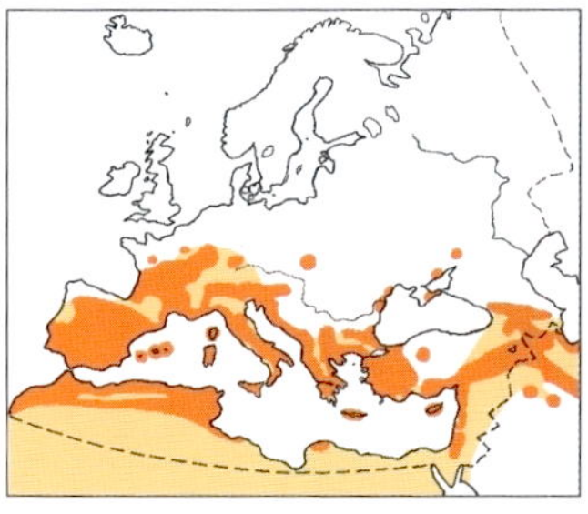

Maskenwürger

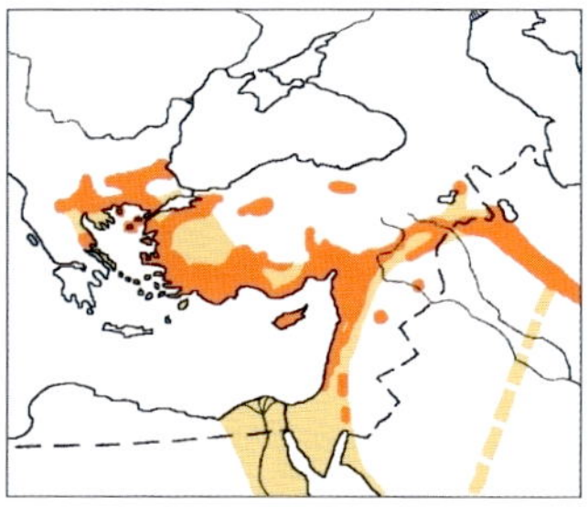

Senegaltschagra

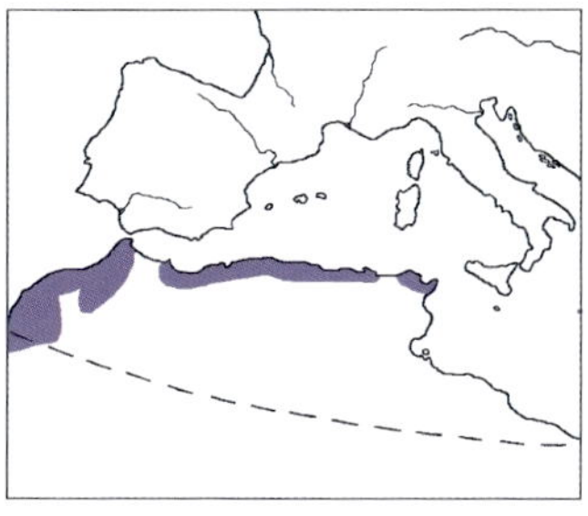

ROTKOPFWÜRGER

MASKENWÜRGER

SENEGALTSCHAGRA

BÜLBÜLS Pycnonotidae

Eine Familie kleiner bis mittelgroßer Sperlingsvögel, nach neuen Erkenntnissen am nächsten mit Laubsängern, Lerchen und Schwalben verwandt, hier aber aus praktischen Gründen mit den Nektarvögeln behandelt, da beide Familien hauptsächlich in Afrika und Asien verbreitet sind. Sozial, lebhaft und stimmfreudig, verbringen viel Zeit in Baumkronen (gern Palmen) und Büschen, auch in Gärten. Baumbrüter.

GRAUBÜLBÜL –

Common Bulbul *Pycnonotus barbatus*

L 19-21 cm. Brütet in Gärten und Plantagen, an Wasserläufen im Bergland und in Oasen. Meidet nicht die Nähe des Menschen und ist daher schnell zu entdecken: lärmend, fliegt viel umher, tritt oft in kleinen Trupps auf, steht häufig frei. Jahresvogel. Verhalten ähnlich Gelbsteißbülbül.

KENNZEICHEN Knapp drosselgroßer, *recht langschwänziger,* dunkelgrau und schmutzig gräulich weiß gefärbter Vogel. *Kopf rußgrau* (Zügel fast schwarz, kein heller Augenring), Oberseite fast genauso dunkelgrau, Brust etwas heller braungrau, *Bauch und Steiß weißlich.* Schwanz matt schwarz, Flügel dunkelgrau. Drosselartiger Schnabel schwarz und leicht abwärts gebogen. Alle Kleider identisch. *Flug direkt und etwas unstet, Flügel gerundet.* Öffnet und schließt den Schwanz häufig während des Fliegens und im Stehen. Kann Scheitelfedern aufrichten, doch entsteht keine Haube, sondern eher ein spitzes Kopfprofil.

STIMME Sehr laut und lärmend. Von Trupps hört man oft wiederholte, heisere Folgen „tschor tschor tschor…", erregte Vögel äußern schärfere, zeternde „tschirr"-Reihen. Gesang aus kräftigen, etwas stotternden, recht variablen Lautfolgen in ungleichmäßigem Rhythmus, z. B. „TCHICK tchilleWI TSCHÜWÜ", vor allem während Morgen- und Abenddämmerung.

GELBSTEISSBÜLBÜL –

White-spectacled Bulbul *Pycnonotus xanthopygos*

L 19-21 cm. Ähnelt in Verhalten und Habitatansprüchen dem nahe verwandten Graubülbül (am Suezkanal treffen sich Areale beider Arten). Lebt in Palmenhainen, Gebüsch, bewachsenen Wadis, Gärten u. a. Sehr sozial, meist in kleinen Gruppen, die immer sehr beschäftigt wirken. Jahresvogel.

KENNZEICHEN Ähnlich Graubülbül, aber mit *zitronengelbem Steiß,* dunklerem, *nahezu schwarzem Kopf,* der zum heller grauen Körper kontrastiert, schmalem grauweißem Augenring, hellgrauem Bauch und etwas gerader abgeschnittenem Schwanz.

STIMME Offenbar sehr ähnlich Graubülbül, Gesang scheint aber immer in geringerer Geschwindigkeit und ohne holprigen Rhythmus vorgetragen zu werden.

WEISSOHRBÜLBÜL –

White-eared Bulbul *Pycnonotus leucotis*

L 17-19 cm. Nah mit Himalajabülbül *(P. leucogenys)* verwandt, hat sich in letzter Zeit vom Irak und der Golfregion westwärts bis Syrien ausgebreitet. Bewohnt ähnliche Lebensräume wie seine Verwandten, nähert sich Menschen sehr vertraut. Jahresvogel.

KENNZEICHEN Gestalt ähnlich Gelbsteißbülbül, aber etwas kleiner, oft aufgerichtete *stumpfe Haube deutlicher* entwickelt. Auffallendstes Merkmal *schwarz umrandeter großer weißer Wangenfleck,* ähnlich Kohlmeise. *Steiß* stärker *orange* getönt als bei Gelbsteißbülbül, dunkler Schwanz mit weißer Spitze, fliegend und stehend auffallend. Schnabel etwas länger und kräftiger als bei den anderen Bülbüls.

STIMME Offenbar ähnlich Gelbsteißbülbül, genaue Untersuchungen fehlen jedoch.

NEKTARVÖGEL Nectariniidae

Große Familie (in Afrika und Asien über 100 Arten) sehr kleiner Vögel, die mit ihren dünnen, spitzen, abwärtsgebogenen Schnäbeln, dem oft prächtigen Gefieder und der Suche nach Nektar in Blüten als die „Kolibris der Alten Welt" bezeichnet werden können. Rütteln jedoch nur selten (und nicht mit insektenartig schnellen Flügelschlägen), stehen beim Blütenbesuch. Fressen auch Insekten, Spinnen usw. Nest in Baumkronen.

JERICHONEKTARVOGEL –

Palestine Sunbird *Cinnyris osea*

L 11-12 cm. Brütet vorwiegend in trockenen, savannenartigen Akazienbeständen, aber auch am Rand von Plantagen, in Parks und Gärten mit nektarreichen Blüten. Jahresvogel, nur lokale Wanderungen. Nahrung Nektar und Insekten.

KENNZEICHEN Wirkt durch kurzen Schwanz niedlich. Lebendig, *flink und agil,* zuckt oft nervös mit dem Schwanz, *Flug schnell und ruckartig. Schnabel schwarz, schmal, spitz, abwärts gebogen.*– ♂ PK (Dez.-Juli): Schwarz mit oft aus der Nähe erkennbarem blauem und violettem Metallglanz.– ♀: Oberseits graubraun, unterseits grauweiß mit schwachem Gelbton. Flügel kontrastierend dunkel.– ♂ SK: Wie ♀, manchmal einzelne schwarze Federn.

STIMME Reichhaltiges Repertoire lauter Rufe, pfeifend „wijÜ", erinnert an Kleiber und Tienschan-Laubsänger (!), auch ansteigend, heiter „twüit", daneben „elektrisch" schnalzend „züt-züt-züt-züt-züt…". Gesang aus wenigen Pfeiftönen, gefolgt von ratterndem Triller, „twuI twuI twuI TIRRRRRR", aus der Ferne ähnlich Hausrotschwanz.

ERZNEKTARVOGEL –

Nile Valley Sunbird *Anthodiaeta metallica*

L 9-10 cm (dazu bei ♂ Schwanzspieße 4,5-6,5 cm). Brütet im behandelten Gebiet nur nahe Kairo (Ägypten). Lebensraum wie Jerichonektarvogel. Manchmal kurze Zugbewegungen. Brutzeit beginnt im Apr.

KENNZEICHEN Sehr klein. Bewegungen nervös, zuckt mit Flügeln, spreizt Schwanz. *Schnabel* wie bei allen Nektarvögeln *schwach abwärts gebogen,* aber *auffallend kurz.* ♂ im PK (Dez.-Juli) unverkennbar mit *grün glänzender Oberseite, schwarzer Brust, gelbem Bauch, langen dünnen Schwanzspießen* mit keulenförmigen Spitzen. Andere Kleider oberseits graubraun, unterseits mit weißlicher Kehle und *gelblich weißem Bauch.* ♂ im SK etwas kräftiger gelb, manchmal mit einzelnen metallisch glänzenden Flügeldecken und etwas Dunkel an der Kehle, im Herbst ohne Schwanzspieße.

STIMME Recht ähnlich Jerichonektarvogel. Gesang hoch mit wiederholten harten und trillernden Tönen.

GRAUBÜLBÜL

Bülbüls sind gesellige Vögel, die häufig Städte besiedeln und durch ihre Lautstärke und Ruffreudigkeit auf sich aufmerksam machen

GELBSTEISSBÜLBÜL

WEISSOHRBÜLBÜL

JERICHONEKTARVOGEL

ERZNEKTARVOGEL

DZ

Graubülbül

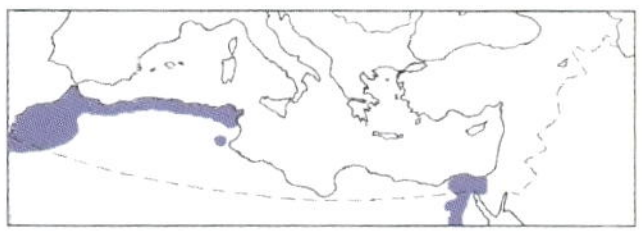

Gelbsteißbülbül

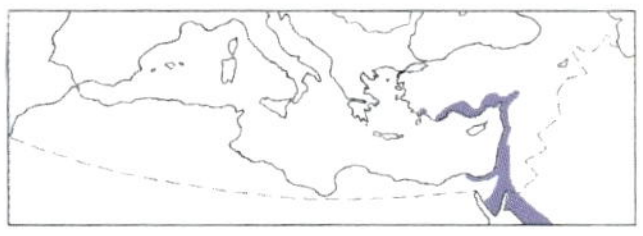

Weißohrbülbül

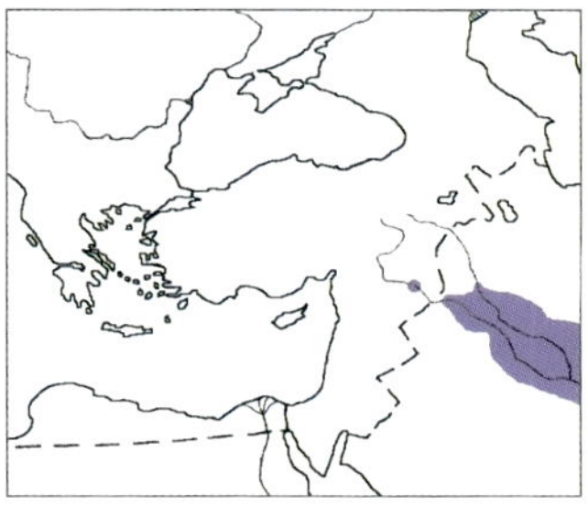

Jerichonektarvogel

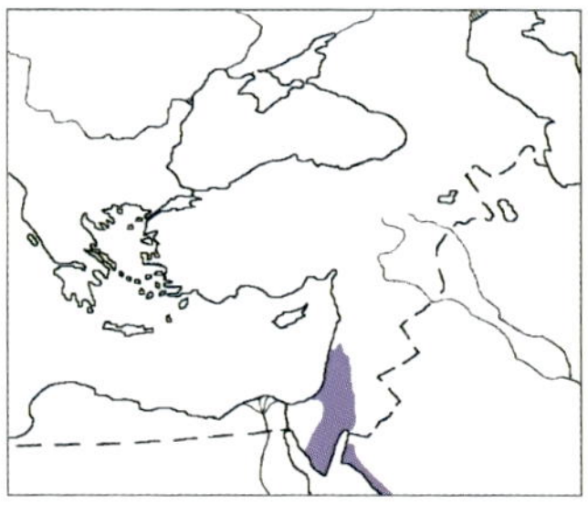

Erznektarvogel

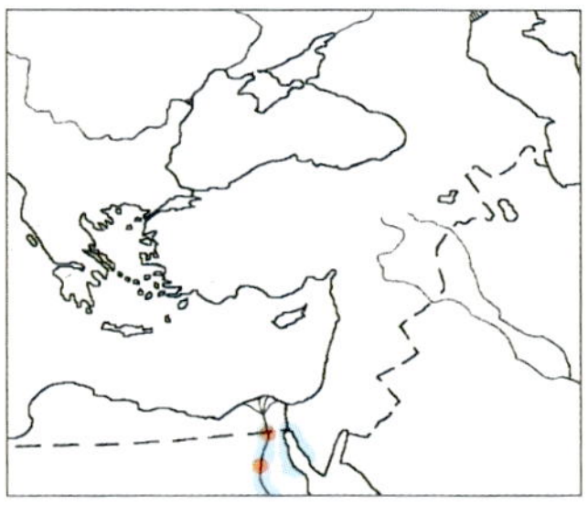

TIMALIEN Timaliidae

Sehr große Familie (über 300 Arten hauptsächlich in Afrika und Südasien) kleiner bis mittelgroßer Sperlingsvögel, oft schlicht gefärbt, mit runden Flügeln und kräftigen Beinen.

AKAZIENDROSSLING –

Fulvous Babbler *Turdoides fulva*

L 23-25 cm. Brütet in karger Buschlandschaft, in Halbwüsten mit einzelnen Bäumen und Büschen, in Palmenhainen mit Unterwuchs, in Oasen usw. Jahresvogel. Meist in Trupps von 5-10 Vögeln. Brütet in Dornengebüsch.

KENNZEICHEN Knapp drosselgroß, *langschwänzig.* Gefieder *recht einheitlich hell rötlich sandbraun* (wärmer als Graudrossling) mit diffusen dunklen Federzentren auf Scheitel, Nacken und Mantel, Kehle weißlich. *Schnabel kräftig,* leicht abwärts gebogen, meist *gräulich schwarz* (bei ♂ etwas Gelb im Schnabelwinkel), aber strohgelb mit dunkler Spitze in Nordostafrika *(acaciae). Iris* gewöhnlich *dunkel,* Beine kräftig, hellbraun.

STIMME Lärmend. Rufe kurz „tschitt“ und verschiedene lange Triller, z. B. recht hart rollend mit metallischem Ton, oft hell „priür'r'r'r'r'r...“. Gesang eine Reihe pfeifender Doppellaute „piü piü-piü-piü piiä“.

GRAUDROSSLING –

Arabian Babbler *Turdoides squamiceps*

L 25-29 cm. Brütet in kargem Buschland, in Halbwüsten mit einigen Akazien und Tamarisken, in Plantagen und Gärten. Gesellig. Nest meist in dichtem Busch.

KENNZEICHEN Drosselgroß, *hellgraubraun, langschwänzig.* Kopf und Hals etwas grauer als Körper, *Scheitel und Nacken fein dunkel gefleckt. Schnabel kräftig und leicht abwärts gebogen,* gräulich schwarz (ad. ♂, juv.) oder gelblich mit diffus dunkler Spitze (ad. ♀), Iris hellgelb (♂), ocker (♀) oder graubraun (juv.). Flug flatternd und direkt mit Gleitphasen auf gestreckten Flügeln. Hüpft am Boden, schlägt mit dem oft angehobenen Schwanz.

STIMME Ruft geschwätzig pfeifend sowie typisch hoch und durchdringend trillernd „zwir r'r'r'r'r'r'r'r...“, warnt rau trillernd „kschärh“, wie ein kleiner Eichelhäher. Gesang eine Serie pfeifender Flötentöne „PIä PIä PIä PIä PIä...“.

RIEDDROSSLING –

Iraq Babbler *Turdoides altirostris*

L 20-23 cm. Jahresvogel des Nahen Ostens, der sich vom Irak nach Syrien und in die Südosttürkei ausgebreitet hat. Lebt in Gruppen hauptsächlich in Schilfbeständen an Flüssen.

KENNZEICHEN Kleinster Drossling der Region, erinnert an Langschwanzdrossling *T. caudata* (Irak, Iran; nicht behandelt), hat aber helle Zügel, warm braunen Scheitel, dort und auf Brust weniger gestrichelt, weißere Kehle und kräftigeren Rostton auf Brustseiten und Flanken. Beine matt dunkelbraun, dunkler Schnabel kräftig.

STIMME Lang gezogene, abfallende hohe Triller.

KRÄHENVERWANDTE Corvidae

Mittelgroße bis große, kräftig gebaute Sperlingsvögel mit starken Füßen und kräftigem Schnabel. Hoch entwickelt, wachsam und lernfähig. Gesellig, oft in Trupps. Geschlechter gleich gefärbt. Allesfresser, nehmen Insekten, Samen, Nüsse, Beeren, Abfälle, Eier und Jungvögel anderer Arten usw. Meist Reisignest in Baumkronen.

BLAUELSTER –

Iberian Magpie *Cyanopica cyanus*

L 31-35 cm (davon Schwanz 16-20 cm). Brütet in Wäldern, vor allem Pinie, aber auch Laubwald. Jahresvogel auf der Iberischen Halbinsel (daneben mit großer Verbreitungslücke in Ostasien). Außerhalb der Brutzeit in Familiengruppen oder größeren Verbänden. Wachsam, recht scheu, bewegt sich während der Suche nach Insekten und Beeren flink durch Baumkronen. Nest oft außen in Steineichenkronen.

KENNZEICHEN Mittelgroß, recht schlank und *langschwänzig.* Wirkt in schattigen Baumkronen oft nur diffus graubraun mit starkem Kontrast zwischen *schwarzer Kappe* und *weißlicher Kehle,* in besserem Licht prächtiges *Hellblau auf Flügeln und Schwanz* sowie Braunrosa des Mantels und Beige auf Brust und Bauch erkennbar. Weiße Handschwingenkanten.

STIMME Mehrere Rufe, am häufigsten helles, raues, leicht nasales „wriiüIIH“, manchmal hoch „kui“ und jammernd „wih-e“, warnt hoch, lang, hart rollend oder ratternd „krrrrrrr...“. Selten zu hörender Gesang ein weiches, quietschendes Zwitschern.

ELSTER BJ

Eurasian Magpie *Pica pica*

L 40-51 cm (davon Schwanz 20-30 cm). Brütet in offener Landschaft mit Gehölzen und im Siedlungsbereich. Jahresvogel. Sucht oft auf Rasenflächen nach Nahrung (Würmer, Insekten, Essensreste u. a.). Großes, überdachtes Reisignest.

KENNZEICHEN Unverkennbar, *schwarz-weiß, sehr langer, grün glänzender Schwanz,* kurze, abgerundete *Flügel mit viel Weiß auf Handflügel.* Flug flatternd, geradlinig, häufig kurzer Gleitflug; schreitet selbstbewusst und etwas ruckartig mit oft erhobenem Schwanz, hüpft auch beidbeinig.

STIMME Warnt mit heiser schackernden Stakkatofolgen „tschek-tschek-tschek...“, ruft auch hart, heiser und klagend, ebenso zweisilbig schnalzend „tscha-ka!“, „tschAH-tscha“ usw. Gesang selten zu hören, leise, rau schwatzend.

Akaziendrossling

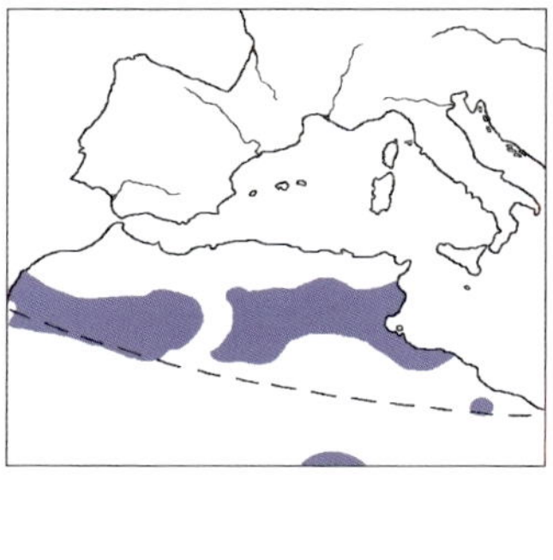

Graudrossling

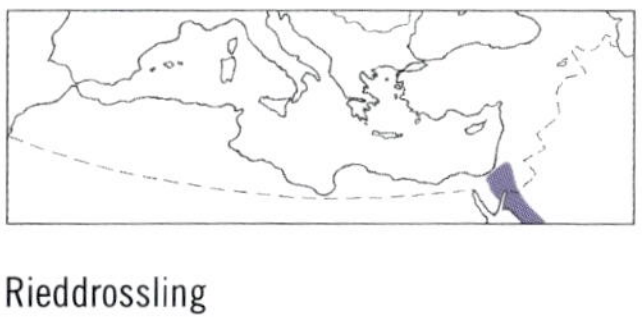

Rieddrossling

Blauelster

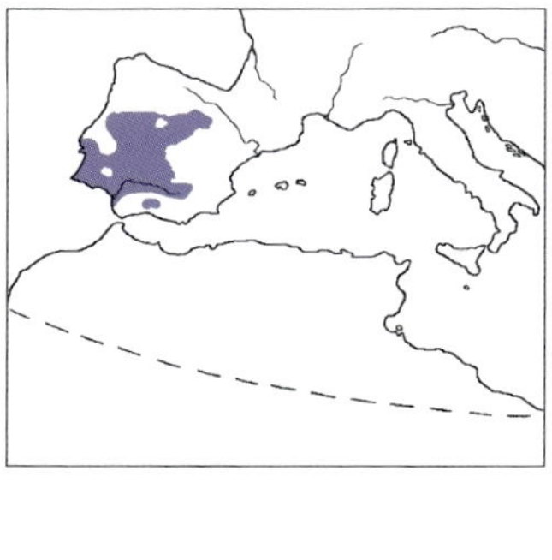

Elster

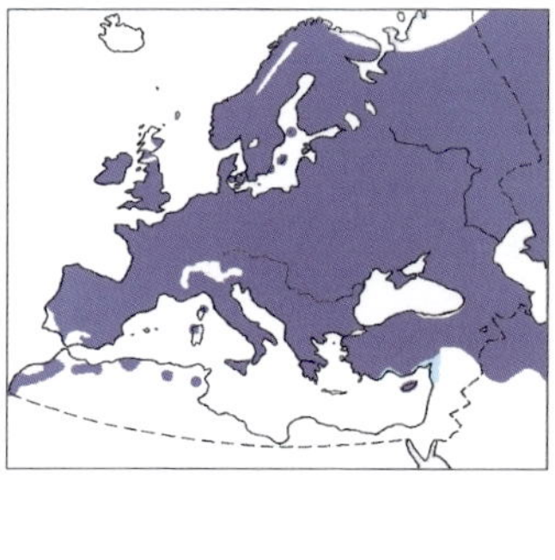

AKAZIENDROSSLING

RIEDDROSSLING

GRAUDROSSLING

BLAUELSTER

ELSTER

EICHELHÄHER BJZW

Eurasian Jay *Garrulus glandarius*

L 32-35 cm, S 54-58 cm. Brütet in verschiedenen Waldtypen, Laub- wie Nadelwald, Gehölzen und Parks. Bevorzugt Gebiete mit Ahorn (daneben Buche und Hainbuche), deren Samen er im Herbst als Winternahrung versteckt. Transportiert Nüsse und Samen im Kehlsack oft viele Kilometer weit. Überwiegend Jahresvogel, in manchen Jahren Evasionen nördlicher Populationen nach Süden und Südwesten. Wachsam und scheu, Annäherung schwierig. Allesfresser, im Frühjahr auch Eier und Jungvögel. Baumnest meist gut versteckt.

KENNZEICHEN Markant gefärbtes Gefieder, *überwiegend rosa graubraun*, Kehle und Steiß weiß, *am Flügelbug hellblaues*, fein schwarz gebändertes *Feld*, breiter schwarzer Bartstreif, Scheitel weißlich mit schwarzer Strichelung. Scheitelgefieder zu kleiner, spitzer Haube aufrichtbar. Im Flug *großes weißes Bürzelfeld* sowie breites weißes Armschwingenabzeichen. Streckenflug gerade, flatternd, etwas ungleichmäßig. Aus der Entfernung vom ähnlich fliegenden Tannenhäher an *recht langem Schwanz* und *kurzem Schnabel* unterscheidbar.– Britische und irische Vögel *(rufitergum, hibernicus)* dunkler rotbraun, im Kaukasus *(krynicki)*, Nahen Osten *(atricapillus)* und Nordafrika *(cervicalis)* mit schwarzem Scheitel und kräftigerem Schnabel, in Nordrussland *(brandtii)* mit rotbraunem Kopf.

STIMME Häufigster Ruf typisches, lautes, heiser rätschendes „krschääh!", oft in kurzen Abständen wiederholt, bei Auftauchen eines Feindes (Eule, Habicht, Marder) zu ohrenbetäubendem Geschrei anschwellend. Gelegentlich abfallendes, klagendes „pijäh", sehr ähnlich Mäusebussard, aber echter Bussardruf meist vom Himmel zu hören, Häher aus dichtem Wald. Oft auch Imitation des gackernden Habichtrufs „kja-kja-kja…". Im Spätwinter manchmal leiser Gesang, recht eigenartige Mischung aus glucksenden, knackenden, klagenden und rauen Tönen, nicht weit zu hören.

UNGLÜCKSHÄHER –

Siberian Jay *Perisoreus infaustus*

L 26-29 cm. Brütet in nordeuropäischen Nadelwäldern, meist dichte, ältere, mit Bartflechten behangene Bestände. Jahresvogel. Legt in Bäumen Wintervorräte aus Insekten, Samen und Beeren an (Verstecke hinter Rinde, zwischen Nadeln usw.). Allesfresser, Nahrungssuche auch an Lagerfeuern, Elchschlachtplätzen; plündert auch Kleinvogelnester. Geht seinen Geschäften meist ruhig und vertrauensvoll nach, selbst, wenn Waldwanderer ihm sehr nahe kommen.

KENNZEICHEN Etwa drosselgroß, ziemlich *langschwänzig, dunkel* und *einfarbig*. Gefieder rötlich graubraun mit rosabraunem Einschlag, *dunkler braunem Scheitel* und etwas heller braunweißer Kehle. Befiederung am Nasenloch bildet *auf Stirn kleinen beigefarbenen Bausch*. Flug lautlos, geschickt, schnell, oft lange Gleitstrecken, wendiges Manövrieren zwischen Fichten, dabei *Rostbraun auf Handflügel, Schwanzbasis und Schwanzseiten* sichtbar. Geschlechter gleich gefärbt.

STIMME Überwiegend schweigsam, gelegentlich kurz klagend „geä", ansteigend „küi" und dünner „kiij", bei Erregung mitunter eichelhäherartig (aber schwächer) „kräh" oder anhaltend jammernd „geeäh". Gesang selten und kaum über 20 m weit zu hören, zwitschernde, pfeifende und klagende Laute.

TANNENHÄHER BJZW

Spotted Nutcracker *Nucifraga caryocatactes*

L 32-35 cm, S 49-53 cm. Brütet fast ausschließlich in Gebieten mit Zugang zu Nadelwald zum Nestbau und reichlichen Vorkommen von Arven oder Haselsträuchern, deren Samen als Wintervorräte dienen. Samen werden im Spätsommer und Herbst im Boden versteckt und auch unter hoher Schneedecke wiedergefunden. Europäische Brutvögel *(caryocatactes)* wachsam und scheu, vorwiegend Jahresvögel. Bei schlechtem Fruchtansatz der sibirischen Arven wandern in manchen Jahren große Scharen der Unterart *macrorhynchos* im Spätsommer oder Frühherbst aus Nordostrussland und Sibirien nach Mitteleuropa, fallen dort durch geringe Scheu auf; bisher wurden keine konzentrierten Rückwanderungen dieser Vögel festgestellt. Im Sommer Allesfresser. Nest schon früh im Jahr hoch in dichter Tanne (gelegentlich Kiefer) in Stammnähe.

KENNZEICHEN Etwa so groß wie Eichelhäher, aber anders proportioniert: *Schwanz kurz* (bestes Merkmal im Flug), *Schnabel lang und kräftig*, Kopf länger ohne Haube. *Gefieder dunkelbraun, mit kleinen weißen Flecken übersät*, Scheitel und breite, runde Flügel jedoch ungefleckt dunkelbraun. Flug geradlinig, oft recht hoch, ähnlich Eichelhäher mit flatternden Flügelschlägen. Von unten fällt *Weiß von Steiß und Schwanzspitze* auf.– Europäische Vögel mit kräftigerem Schnabel (dickere Basis) und schmalerer weißer Schwanzendbinde. Bei sibirischer Unterart *macrorhynchos* Schnabel eher gleichmäßig schlank und durchschnittlich etwas länger, Schwanzendbinde breiter.

STIMME Insgesamt ein eher schweigsamer Vogel. Allerdings besitzt er einen sehr charakteristischen, oft zu hörenden Ruf, zumindest im zeitigen Frühjahr und Sommer, nämlich ein gedehntes, hart rollendes „krrrrrreh" von fast maschinenartiger Qualität, oft in schneller Folge mehrmals wiederholt; er ist länger, schwächer und von höherer Frequenz als der häufigste Ruf der Rabenkrähe, der Klang ist gleichmäßiger und mechanisch. Manchmal leise, dohlenartige Rufe „jäk" und „kja". Gesang selten zu hören, leise schwatzend mit rauen und zwitschernden Lauten vom selben Typ wie bei der Elster.

Eichelhäher

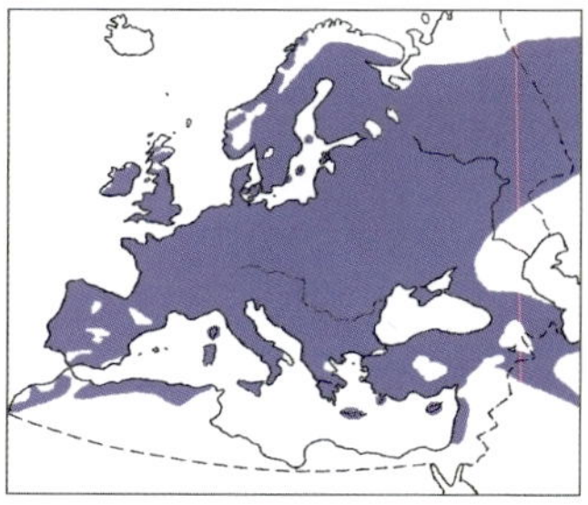

Unglückshäher

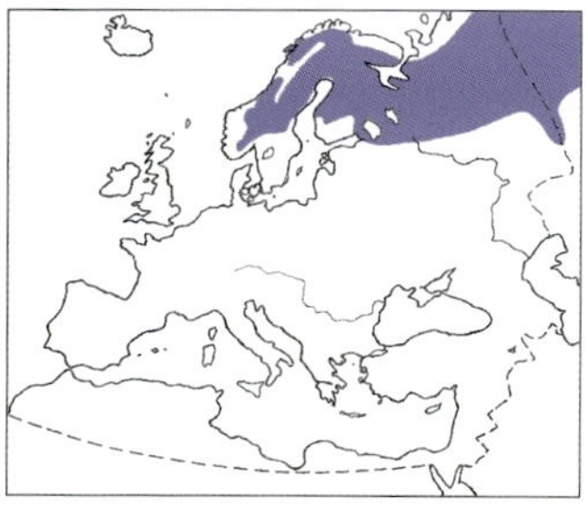

Tannenhäher

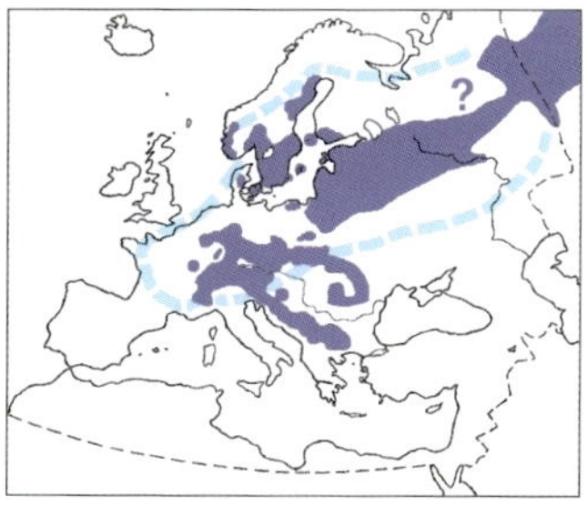

EICHELHÄHER

UNGLÜCKSHÄHER

TANNENHÄHER

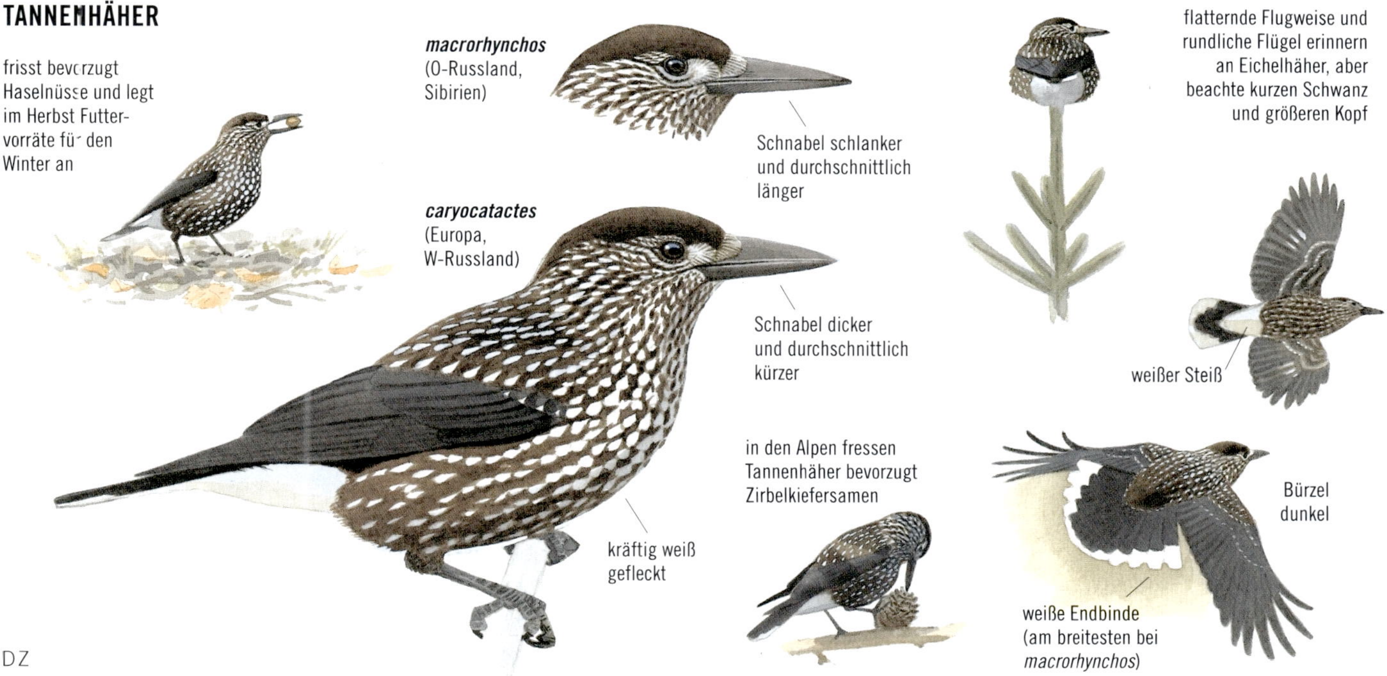

DOHLE BJZW

Western Jackdaw *Corvus monedula*

L 30-34 cm, S 64-73 cm. Brütet sowohl im menschlichen Siedlungsbereich in Gebäudenischen wie in Parks und Laubwäldern mit Bäumhöhlen, lokal auch im Gebirge und an Küstenklippen. Im Nordosten Kurzstreckenzieher, sonst Jahresvogel. Paare leben in Dauerehe, stehen oft wie Verliebte nah beieinander; außerdem sehr gesellig, Nahrungssuche in Gruppen, besonders im Herbst große Schwärme an Schlafplätzen in Gehölzen oder Stadtparks. Kann recht zutraulich werden, sofern sie nicht verfolgt wird. Allesfresser. Nest in Schornsteinen, Belüftungsschächten, Baumhöhlen, Nistkästen für Enten, Höhlen, Felsspalten usw.

KENNZEICHEN Aus der Entfernung ganz schwarz, aus der Nähe *dunkelgrau* mit *hellerem Grau auf Halsseiten und Nacken. Augen gräulich weiß,* Schnabel proportional kleiner als bei Raben-, Nebel- und Saatkrähe. Läuft am Boden schnell und aufrecht. Im Flug von Krähen durch *schnellere, etwas tiefere Schläge* der proportional etwas längeren, schlankeren Flügel sowie durch breiteren, aber kürzeren Hals und das wegen des kurzen Schnabels vorne etwas gestutzt wirkende Aussehen unterschieden, fliegt meist in dichteren Schwärmen als Rabenkrähe.– Bei nordosteuropäischen Vögeln *(soemmerringii)* Halsseiten besonders im frischen Herbstgefieder heller, aber in Fennoskandien Übergänge zur Nominatform, daher Unterartbestimmung schwierig. In West- und Südeuropa *(spermologus)* dunkler.

STIMME Stimmbegabt. Lock- und Stimmfühlungsrufe recht kurz und scharf, klingen angenehm, manche auch rau und heiser. Oft plötzliches „kja", mehrfach wiederholt, härteres „kjack!", gedehntes „kjaar" und etwas raueres „tschräh", Details und Lautstärke variieren mit Stimmung. Oft leises Schwatzen auf einem Schornstein beieinanderstehender schnäbelnder und turtelnder Paare. Warnruf furios, rau, gedehnt „tschäähr". Ein gackernder Chor ist von großen Trupps an Schlafplätzen zu hören, bevor sie sich zur Nachtruhe begeben.

ALPENKRÄHE a

Red-billed Chough *Pyrrhocorax pyrrhocorax*

L 37-41 cm, S 68-80 cm. Brütet im Gebirge (1.200-3.000 m, lokal höher) mit Steilabfällen und Schluchten, aber auch auf Meereshöhe an Küstenklippen mit Grotten und tiefen Spalten. Jahresvogel. Oft wenig scheu, daher Annäherung leicht möglich. Außerhalb der Brutzeit gesellig, doch bei Mangel an geeigneten Brutplätzen Tendenz zu Koloniebildung, mitunter zusammen mit Alpendohlen. Nahrungssuche (Insekten, andere Wirbellose, Beeren) am Boden. Nest auf Felssimsen, in Nischen und Spalten von Felswänden, manchmal auch in Höhlungen von Gebäuden und Ruinen.

KENNZEICHEN *Metallisch glänzender, schwarzer,* gut dohlengroßer Vogel mit kennzeichnenden Proportionen: *Flügel recht lang, breit und mit geradem Hinterrand* sowie *gerundeter, tief gefingerter Flügelspitze, gerader abgeschnittener, recht kurzer Schwanz* (entspricht Flügelbreite). *Langer Schnabel rot, spitz und abwärts gebogen,* lange rote Beine. Flügelspitze reicht bei stehenden Vögeln bis zur Schwanzspitze (Alpendohle mit deutlich die Flügel überragendem Schwanz). Akrobatisches Flugvermögen, vollführt trotz breiter, ausgefranster Flügel mit größter Leichtigkeit schnelle Drehungen und jähe Richtungswechsel sowie Abstürze *mit angewinkelten Flügeln* und sausendem Fluggeräusch, um gleich darauf wieder himmelwärts zu schießen.– JK: Schnabel matt orangegelb, kürzer als bei ad., Gefieder matter rußschwarz, Beine oft matter rot.

STIMME Typischer Ruf, oft bei der Balz im Flug zu hören, schneidend, pfeifend „tjiach", erinnert an Dohle, aber durchdringender, höher und zäher ausklingend; variiert beträchtlich im Detail, z. B. auch „tjiaa", „tjriää", „TJI-ah", „tschraah" usw.

ALPENDOHLE BJ

Alpine Chough *Pyrrhocorax graculus*

L 36-39 cm, S 65-74 cm. Brütet nur in Gebirgen (1.500-3.900 m Höhe) mit steilen, unzugänglichen Felswänden. Jahresvogel. Sehr gesellig, oft das ganze Jahr über in großen Schwärmen (mehrere Hundert). Auf der Suche nach Essensresten häufig an Skihütten und Liftstationen, dort oft erstaunlich vertraut. Rastlos, verschwindet oft unvermutet schnell wieder hinter einem Bergkamm. Nahrung im Sommerhalbjahr vorwiegend Insekten, im Winter Beeren, Samen und Nahrungsreste. Nistet auf Felsvorsprüngen und in Höhlen.

KENNZEICHEN Ähnlich nah verwandter Alpenkrähe *mit ganz schwarzem Gefieder* und roten Beinen, *kontrastierend kohlschwarzen Unterflügeldecken* sowie mit atemberaubenden Flugmanövern und spielerischen Verfolgungsjagden. Unterscheidet sich durch *längeren Schwanz* (länger als Flügelbreite) *mit schmalerer Basis und gerundeter Spitze,* etwas kürzere Flügel *mit geschwungenem Armflügelhinterrand, etwas schmalerem Ansatz* sowie *stärker gerundeter Flügelspitze und weniger, nicht gleich langen „Fingern".* Aus der Nähe *kurzer gelber Schnabel* diagnostisch. Von Weitem mit gleich großer Dohle verwechselbar, diese hat aber kürzeren Schwanz (weniger als Flügelbreite), breitere Schwanzbasis, breiteren Kopf/Hals sowie einheitlich graue Unterflügel.– JK: Rußschwarz, etwas matter gefärbt als ad., dunkle Beine, oft dunkle Spitze des gelben Schnabels.

STIMME Mindestens 90 % der Rufe artspezifisch und nicht mit Alpenkrähe verwechselbar. Häufigster Ruf von fliegenden Gruppen hell rollend „zirrrrr" von fast „elektrischer" Qualität, daneben durchdringend pfeifend „ziieh" sowie dazwischen liegende Rufe, z. B. „zrieh". Angstruf etwas tiefer und voller „krrrrü". Einzelne Rufe erinnern mehr an Alpenkrähe.

Dohle

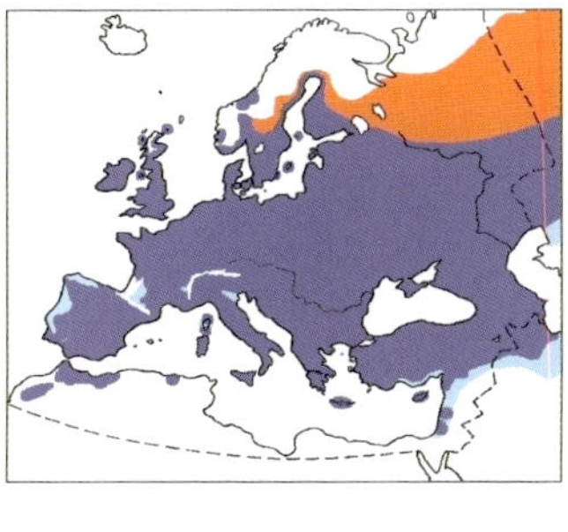

Alpenkrähe

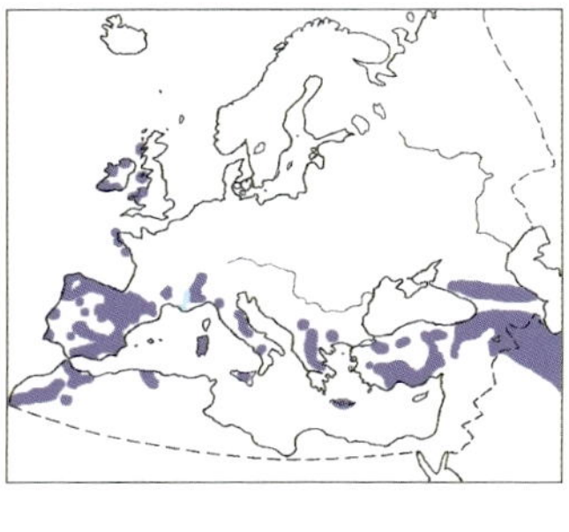

Alpendohle

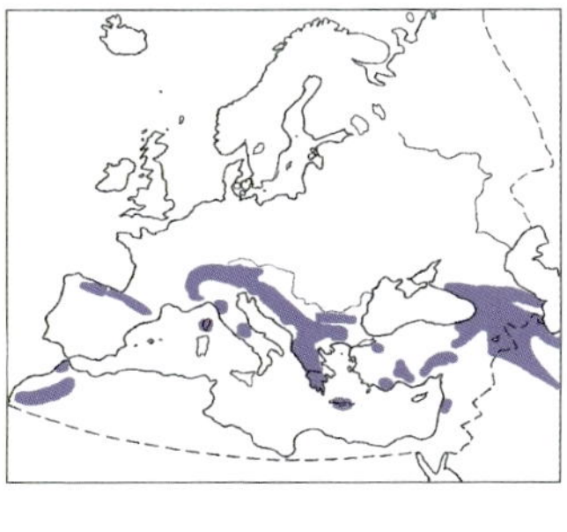

DOHLE

ALPENKRÄHE

ALPENDOHLE

SAATKRÄHE BJZW

Rook *Corvus frugilegus*

L 41-49 cm, S 81-94 cm. Brütet in Kolonien in der Agrarlandschaft, baut lockere Reisignester in Baumkronen auch bei Gehöften oder in Parks, sehen vor Laubaustrieb wie große Hexenbesen aus. Nahrungssuche in oft großen Schwärmen auf gepflügten Feldern und auf Weiden, oft in Gesellschaft von Dohlen. Ohne Jagddruck wenig scheu. Allesfresser, nimmt aber überwiegend Insekten und Regenwürmer. Im Nordosten Zugvogel.

KENNZEICHEN Größe wie Rabenkrähe (und oft mit ihr verwechselt), *einheitlich schwarzes Gefieder*, aus manchen Perspektiven violett schimmernd. Ad. mit *unbefiederter grauweißer Hautpartie am Schnabelgrund* und ohne Befiederung der Nasenlöcher. Ferner im Unterschied zur Rabenkrähe Stirn steiler, Scheitel spitzer und Hals kürzer, Brust flacher, Bauch durch locker abstehendes Gefieder voller wirkend. Unbefiederter Schnabelgrund entsteht Feb.-Mai des 2en KJ, bis dahin von sehr ähnlicher Rabenkrähe unterschieden durch etwas andere Schnabelform *mit geraderem First und schlankerer Spitze* (sowie Stimme). *Flügelschläge bei Saatkrähe elastischer, schneller und tiefer, Schwanzspitze mehr gerundet,* fast keilförmig, etwas längerer Handflügel und schmalere Flügelspitze (Unterschiede jedoch gering).

STIMME Ruft heiser und nasal, ohne höheres, offenes, rau rollendes „r" der Rabenkrähe, eher schleifend und gereizt „geaah", „gäääh", „gra gra grah..." u. ä.; Lärm einer Kolonie oft ohrenbetäubend.

NEBELKRÄHE BJZW

Hooded Crow *Corvus cornix*

L 44-51 cm, S 84-100 cm. Brütet in Einzelpaaren in offenem Waldland, in Baumgruppen in der Kultur- und Agrarlandschaft, auch in Parks in Städten. Überwiegend Jahresvogel, nordöstliche Populationen Kurzstreckenzieher. Hybridisiert in schmaler Kontaktzone mit Rabenkrähe. Wachsam und scheu, da in vielen Ländern von Jägern verfolgt. Allesfresser, verzehrt Abfall, Aas, Beeren und Samen, erbeutet verschiedene Kleintiere auf Feldern, Wiesen und am Strand (dort auch kleine Fische, Muscheln u. Ä.). Stabiles Nest in Baumkronen, gewöhnlich gut getarnt.

KENNZEICHEN Größe etwa wie Saatkrähe, ähnliche Gestalt, jedoch *Gefieder zweifarbig, Körper schmutzig hellgrau*, Flügel, Schwanz und Kopf sowie *ausgefranster Brustlatz schwarz* (vgl. Glanzkrähe, S. 368). Fliegt recht lässig und locker, Flügelbewegung etwas zögerlich (im Unterschied zu tieferen, energischeren Flügelschlägen der Dohle). Truppformation meist locker.

STIMME Laut. Ruft meist heiser, hart, krächzend am häufigsten 3-4-mal wiederholt „krra krra krra" (mitunter wie Saatkrähe ohne rollendes „r", „gaah..."); bei Streitereien oder beim Hassen auf Sperber oder Eule gedämpft, aber hartnäckig schnarrend „krrrr krrrr...", angesichts eines Habichts aber meist laut, hart, erregt „krrah".

RABENKRÄHE BJZW

Carrion Crow *Corvus corone*

L 44-51 cm, S 84-100 cm. Nah mit Nebelkrähe verwandt, vertritt diese in Mittel- und Südwesteuropa. Beide hybridisieren in einer schmalen Kontaktzone und produzieren intermediär aussehende Nachkommen. Lebensraum und Lebensweise wie Nebelkrähe.

KENNZEICHEN Größe und Gestalt wie Nebelkrähe, aber *gesamtes Gefieder schwarz* (frisch mit schwachem grünem oder violettem Metallglanz). Vom Kolkraben unterschieden durch deutlich geringere Größe, breitere, kürzere Flügel, *lässigere Flugweise* mit flacheren Flügelschlägen sowie *stumpf gerundetes, nicht keilförmiges Schwanzende.* Verwechslungsgefahr mit jungen Saatkrähen, aber *Schnabel dicker, stumpfer,* an Spitze *deutlich abwärts gebogen,* Flugweise etwas lässiger, Flügel ein wenig kürzer und breiter (Unterschiede jedoch gering).

STIMME Sehr ähnlich Nebelkrähe, klingt aber oft etwas härter und garstiger, nicht so offen rollend.

KOLKRABE BJ

Northern Raven *Corvus corax*

L 54-67 cm, S 115-130 cm. Brütet in größeren Wäldern, im Gebirge und an Küstenklippen. Revier groß, streift weit umher, führt Dauerehe. Jahresvogel. Sehr scheu und wachsam. Allesfresser. Großes Zweignest in unzugänglichen Felsen oder auf hohen Bäumen, brütet im zeitigen Frühjahr.

KENNZEICHEN Größter Sperlingsvogel, *größer als Mäusebussard.* Gefieder *ganz schwarz* mit Metallglanz (grün, blauviolett). *Schnabel sehr kräftig,* auch im Flug auffallend wie *zottig abstehende Kehlbefiederung.* Flugsilhouette typisch durch *lange, verhältnismäßig schmale Flügel* mit gefingertem, aber *recht schmalem, langem Handflügel, weit hervorstehende Halspartie* und *keilförmiges Schwanzende,* Flugweise ebenfalls kennzeichnend, oft in beträchtlicher Höhe und in recht hohem Tempo; dabei *langsame, aber tiefe und fördernde, elastische Flügelschläge* mit leicht *nach hinten abgewinkeltem Handflügel*; tritt oft paarweise auf. Kreist häufig, hält Flügel waagrecht oder sogar leicht gesenkt, nicht angehoben wie Bussard oder Steinadler.

STIMME Laut, klangvoll, kehlig mit rollendem „r". Ruft tief „korrp", manchmal 3-4-mal wiederholt. Warnruf schneller hart „krack-krack-krack". Im Frühjahr verschiedene merkwürdig knackende und glucksende Laute sowie resonant „klong".

Saatkrähe

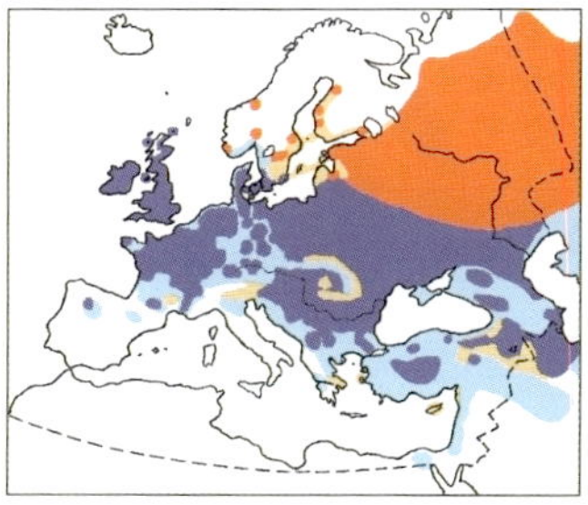

Nebelkrähe

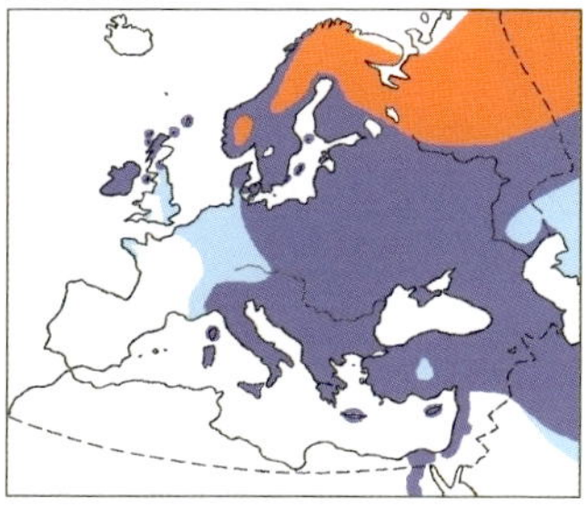

Rabenkrähe

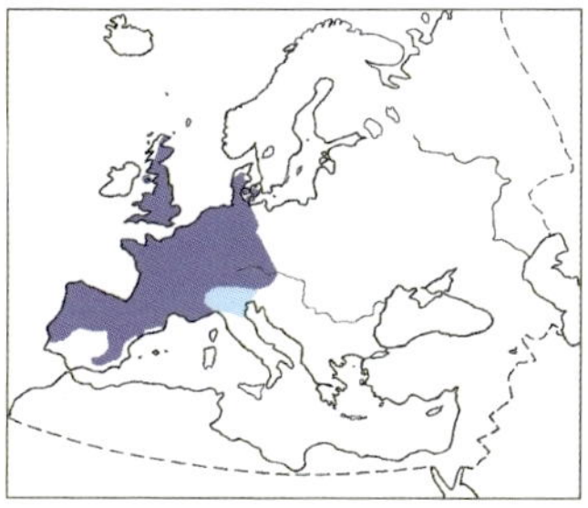

Kolkrabe

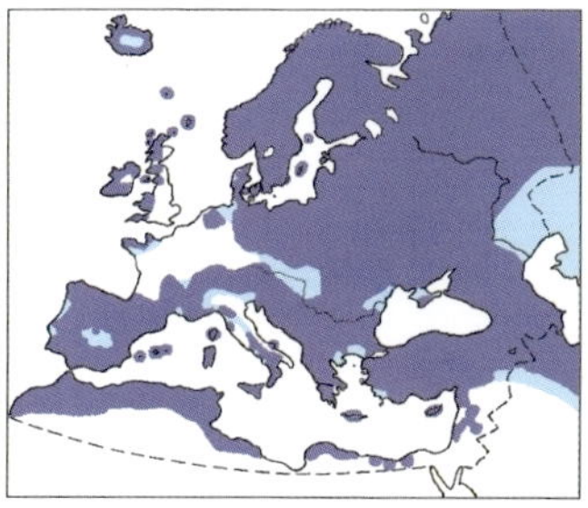

SAATKRÄHE

NEBELKRÄHE

RABENKRÄHE

KOLKRABE

DZ

WÜSTENRABE –

Brown-necked Raven *Corvus ruficollis*

L 48-56 cm, S 103-120 cm. Brütet in Wüste und Trockensteppe, gelegentlich zwar an Berghängen oder felsigen Wadis zu sehen, aber kein Bergbewohner. Jahresvogel. Wachsam, scheu, daher Annäherung oft schwierig. Nest in Baumkronen, Masten oder in Klippen, ausnahmsweise auf dem Boden.

KENNZEICHEN Sehr ähnlich Kolkrabe, im Freiland nur schwer zu unterscheiden, Stimme oft sicherstes Merkmal (s. u.). *Etwas kleiner* als Kolkrabe (ohne direkten Vergleich aber schwer zu beurteilen), proportional *etwas kleinerer* (dünnerer) *Schnabel*, etwas weniger struppige Kehlbefiederung sowie *etwas schmalerer Handflügel* (in Flügelspitze ein „Finger“ weniger). Fliegt oft mit abwärts gerichtetem Schnabel, Schwanzspitze oft weniger deutlich keilförmig (mitunter etwas vorragende mittlere Steuerfedern wie bei Rötelfalke), diese Merkmale jedoch nicht immer zutreffend oder oft schwierig zu beurteilen, aus der Nähe *bronzebrauner Nacken* (bei Kolkrabe manchmal angedeutet), Zehen oft gelblich (zumindest im Nahen Osten).

STIMME Ruft u. a. erstaunlich krähenartig krächzend „krriäh“, etwas heiser und hell, nicht so tief, widerhallend oder rollend wie Kolkrabe. Ferner ähnlich Nebelkrähe „grreu grreu grreu“, wohl als Revierruf.

BORSTENRABE –

Fan-tailed Raven *Corvus rhipidurus*

L 45-52 cm, S 103-110 cm. Brütet in Gebirgswüsten, lokal in felsigen, kargen Gebieten in geringerer Höhe. Jahresvogel. Gesellig, oft in Trupps, kreist häufig, vollführt Flugspiele. Allesfresser, besucht Deponien, Felder, Oasen. Nest an Klippen oder in Höhlungen steiler Felsen.

KENNZEICHEN Größe wie Wüstenrabe, kleiner als Kolkrabe. Schwanz sehr kurz, *Flügelspitzen überragen* am Boden *deutlich die Schwanzspitze* (bei Wüstenraben gleiche Länge). Schnabel recht kurz und dick, Kopf jedoch klein (erinnert mitunter an Geier). Läuft oft mit halb geöffnetem Schnabel am Boden. Im Flug sofort erkennbar an besonderer Silhouette *mit sehr breiten Flügeln (am Flügelansatz am breitesten)* und gestutztem Schwanz.

STIMME Ruft kolkrabenähnlich „offen“ rollend und angenehm klingend „korr korr“. Bei Beunruhigung, z. B. bei Nähe eines Greifvogels, helles, trockenes, hölzern rollendes „trrrü trrrü…“, etwas an Saatkrähe erinnernd.

GLANZKRÄHE –

House Crow *Corvus splendens*

L 37-42 cm, S 68-80 cm. Indische Art, erst in jüngerer Zeit durch Schiffstransport (oder Aussetzung) ins Bearbeitungsgebiet gelangt. Koloniebrüter in Menschennähe, in Hafengegenden oder Städten mit Brutbäumen und Nahrung in Form von Abfällen. Allesfresser, gesellig, fast stets im Trupp.

KENNZEICHEN Größe zwischen Dohle und Nebelkrähe, aber schlanker und eleganter als beide. Am Boden recht *schmächtig mit auffallend langen Beinen* und Flügeln, *kleinem Kopf*, aber verhältnismäßig *großem Schnabel*, oft durch steile Stirn betont. Gefieder erinnert an Hybriden zwischen Raben- und Nebelkrähe, d. h. *Kopf, Brustlatz, Mantel, Flügel und Schwanz schwarz, übriges Gefieder dunkelgrau* (Nacken, Hals und Vorderbrust etwas heller), Schwarz des Kopfs endet weniger ausgedehnt als bei Nebelkrähe direkt hinter dem Auge, Kontrast zwischen Grau und Schwarz bei entfernten Vögeln schwierig zu sehen, wirken dann nur dunkel. Durch *schlanke, leicht gewinkelte Flügel* und recht großen Schnabel sowie *langen Schwanz* entsteht Eindruck eines kleinen Kolkraben.

STIMME Schweigsam, ruft gedämpft krächzend „kraar“, erinnert etwas an Nebelkrähe, bei Annäherung von Greifvögeln härter „krao-krao“.

STARE Sturnidae

Vier mittelgroße, kompakt gebaute Sperlingsvögel mit kurzem Schwanz, kräftigen Füßen und spitzem Schnabel. Oft in großen, dichten Schwärmen; häufig auf dem Boden, laufen recht flink. Höhlenbrüter. Vielfältige Nahrung. Eine asiatische Art unten behandelt, die drei europäischen auf der Folgeseite.

TRISTRAMSTAR –

Tristram's Starling *Onychognathus tristramii*

L 24-27 cm. Brütet in kargen Gebirgsgegenden, vor allem im Bereich von Schluchten, Wadis und Tälern mit etwas Vegetation. Jahresvogel. Gesellig, außerhalb der Brutzeit oft in Trupps (10-15 Vögel nicht ungewöhnlich). Nahrung Insekten, Früchte, Beeren; besucht mitunter tiefer gelegene Anbauflächen. Brütet in Felshöhlen.

KENNZEICHEN Etwa starengroß, aber etwas *langschwänziger und schlanker*. Gefieder überwiegend *schwarz* mit blauviolettem Metallglanz. Typisches *großes, leuchtend kupferfarbenes* Feld im Handflügel, im Flug auffällig, bei geschlossenem Flügel nur als schmales Band am Flügelrand sichtbar. Augen (braun) rot. Kopf und Hals bei ♀ gräulich mit diffus dunklerer Strichelung oder Fleckung.

STIMME Stimmfreudig und laut. An Berghängen fliegende Trupps äußern kräftige Glissandorufe, erinnern an Gassenpfiffe oder an Sendersuche (mit voller Lautstärke) auf altem Radio, „WIJwuuWIJ“ und „woWIJJuu“. Warnruf pirolähnlich „wäääch“, aber mit garstigerem Klang. Gesang soll leise Serie knirschender und rauer Laute sein.

Wüstenrabe

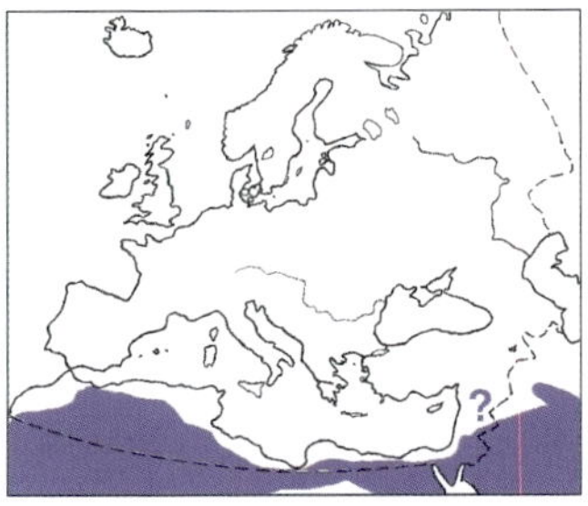

Borstenrabe

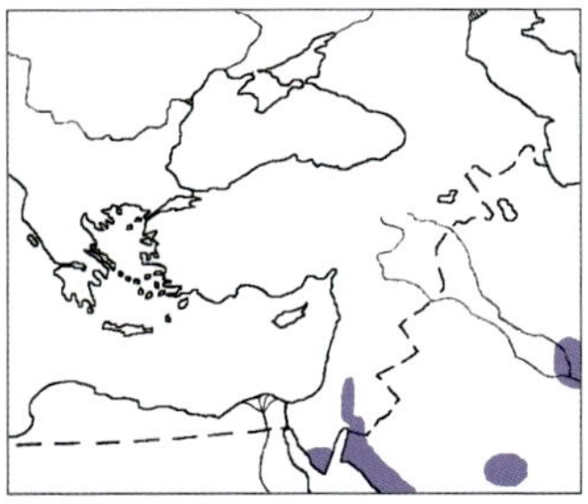

Glanzkrähe

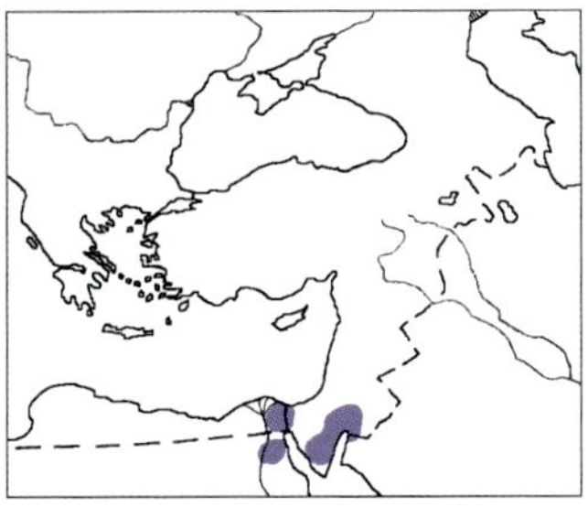

Tristramstar

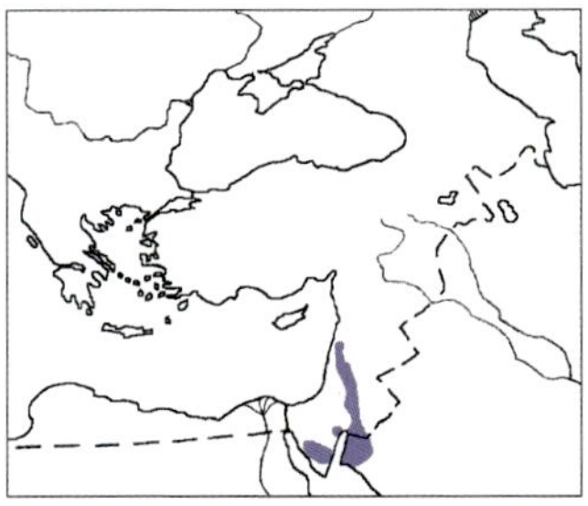

WÜSTENRABE

BORSTENRABE

GLANZKRÄHE

TRISTRAMSTAR

STAR BJZW

Common Starling *Sturnus vulgaris*

L 19-22 cm. Bekannter Brutvogel im menschlichen Siedlungsbereich, in Gärten, Parks und Wäldern mit Höhlenangebot. Teilzieher (März-Okt.), viele überwintern in Mitteleuropa. Nach der Brutzeit in oft riesigen Schwärmen zur Nahrungssuche auf Wiesen, Feldern und Tangflächen, aber auch an Obstbäumen, übernachtet oft im Schilf.

KENNZEICHEN Bei einem *schwarzen Vogel mit gelbem Schnabel* auf dem Rasen muss der Beginner zwischen Amsel und Star unterscheiden, doch ist der Star leicht erkennbar: Ad. mit *gelblich weißen Flecken* im Gefieder, Federn mit *grün-violettem Metallglanz; Schwanz kurz, Schnabel recht lang und spitz,* hüpft nicht, sondern *trippelt mit ruckartigen Bewegungen*. Fliegt schnell und in leichten Bögen, typische Silhouette mit recht *spitzen Flügeln und kurzem Schwanz.*– ♂ PK: Ungefleckte Brust und blaugraue Unterschnabelbasis.– ♀ PK: Unterseits mit einigen verbliebenen hellen Flecken, gelblich weiße Unterschnabelbasis.– SK: Schnabel dunkel, gesamtes Gefieder dicht gelbweiß gefleckt, Kinn hell.– JK: Gefieder *matt schmutzig braun.*– 1er W: ähnlich SK, mausernde Vögel (Ende Juli-Sept.) mit hell geflecktem Körper und verbliebenem matt braunem Kopfgefieder.

STIMME Reiches Lautrepertoire. Auffliegend und im Flug kurz schwirrend „tjürr“, Warnruf am Nest heiser quäkend „stääh“, bei Gefahr aus der Luft scharf „kjätt“, Bettelrufe der Jungvögel murmelnd, heiser schwirrend, bei ausgeflogenen juv. mitunter metallisch ratternd. Gesang im Frühjahr an Nisthöhle (mit heftig schlagenden Flügeln und gesträubtem Kehlgefieder), bei warmem Wetter auch im Herbst und Winter, aus lauten, gedehnten Pfeiftönen und recht leisen, knackenden, klickenden und knirschenden Lauten sowie vielen Imitationen anderer Vögel (u. a. Kiebitz, Brachvogel, Haussperling, Elster) oder Geräusche.

EINFARBSTAR –

Spotless Starling *Sturnus unicolor*

L 19-22 cm. Jahresvogel in Siedlungen und Gärten, manchmal in Olivenhainen oder auf Klippen. Verhalten wie Star.

KENNZEICHEN Sehr ähnlich Star, aber im Frühjahr und Sommer *völlig ungefleckt schwarz* (♀ und ♂ im 1en S manchmal mit einigen feinen Flecken auf Unterschwanzdecken) mit *einheitlicherem Purpurglanz* (aus manchen Winkeln grün). Im Winter helle Flecke auf Rücken, Bauch und Unterschwanzdecken, *Scheitel meist ungefleckt* (bei Star gefleckt). Schnabel wirkt oft kurz, *Beine hell rosa* (heller als bei Star).

STIMME Sehr ähnlich Star, Pfeiftöne im Gesang jedoch schärfer, oft klarer, lauter und ansteigend, Triller oft kräftiger und rollender.

ROSENSTAR A

Rosy Starling *Pastor roseus*

L 19-22 cm. Brütet kolonieweise in Agrarlandschaft oder Steppen. Auftreten unstet, abhängig vom Massenvorkommen von Heuschrecken. Sommervogel.

KENNZEICHEN *Körper rosa,* Kopf, Flügel und Schwanz schwarz. Ad. ♂ mit violettem Metallglanz am Kopf und grünem auf Flügeln und *langem, hängendem Schopf.* ♀ etwas matter gefärbt sowie mit kürzerem Schopf und bräunlichem Rücken.– 1er W: Schmutzig graubraune Rosafärbung auf Rücken und Bauch, oft ohne Metallglanz und Schopf.– JK: Wie blasser junger Star, aber mit *gelblichem, kürzerem und stumpferem Schnabel,* Kontrast zwischen dunkleren Flügeln und hellerem Körper sowie (besonders im Flug erkennbar) *hellem Bürzel* (beachte abweichend helle junge Stare, diese aber mit dunklem, spitzem Schnabel).

STIMME Ruft kurz und rau. Gesang, oft mit zuckenden Flügeln, ein klingelnder, aufbrausender Chor von knackenden, quietschenden und silberhellen Lauten.

PIROLE Oriolidae

Mittelgroße Sperlingsvögel von länglicher, drosselähnlicher Gestalt. Meist im Laub versteckt. Im Bearbeitungsgebiet nur eine Art.

PIROL BZ

Eurasian Golden Oriole *Oriolus oriolus*

L 22-25 cm. Brütet in offenem Laubwald (auch mit einzelnen Koniferen), gern an Gewässern und im Auwald, auch in Parks. Sommervogel (Mai-Aug.), überwintert im tropischen Afrika. Scheu und rastlos, schwer zu beobachten, hält sich meist hoch im Laubwerk verborgen. Nahrung Insekten, Früchte. Kunstvolles, hängendes Nest in Astgabel geflochten (wie Vogelnest in Comic), meist hoch in Laubbäumen.

KENNZEICHEN Fliegt schnell durch Baumkronen, im Streckenflug drosselartig in langen, flachen Bögen.– Ad ♂: Unverkennbar, *leuchtend gelb mit schwarzen Flügeln und schwarzem Schwanz* sowie rötlichem Schnabel, *Zügel schwarz.*– ♀/♂ 1er S/JK: *Oberseite grün, Unterseite schmutzig weiß mit feiner Strichelung,* an Flanken und Bauch variabler Anflug von Gelbgrün oder Gelb. (Einzelne ad. ♀ mitunter sehr ♂-ähnlich, jedoch mit dunkelgrauem Zügel und teilweise olivfarbenen Schirmfedern und mittleren Steuerfedern.)

STIMME Ruft oft rau und heiser „wjääehk“, erinnert etwas an Eichelhäher, klingt aber nasaler und gepresster. Ferner falkenartig schnell „gigigigigi“. Gesang aus kräftigen, sehr melodischen Flötentönen, die (aus der Ferne) etwas an Amselgesang erinnern, z. B. „FOH-flüo-FIH-fiu“, kürzer „fo FLÜH-füo“ oder nur „fiiooh“, im Detail variabel.

Star

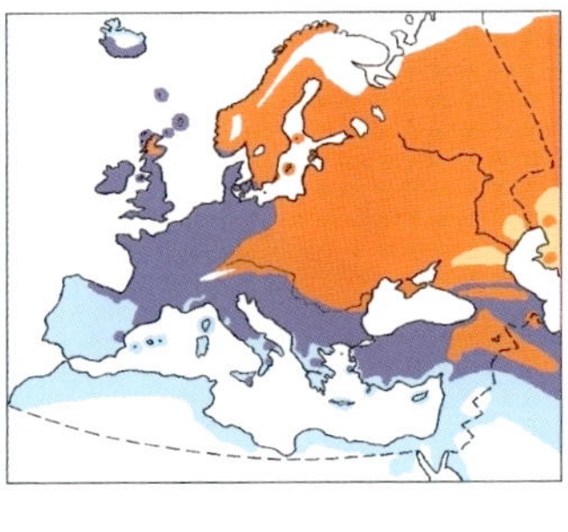

Einfarbstar

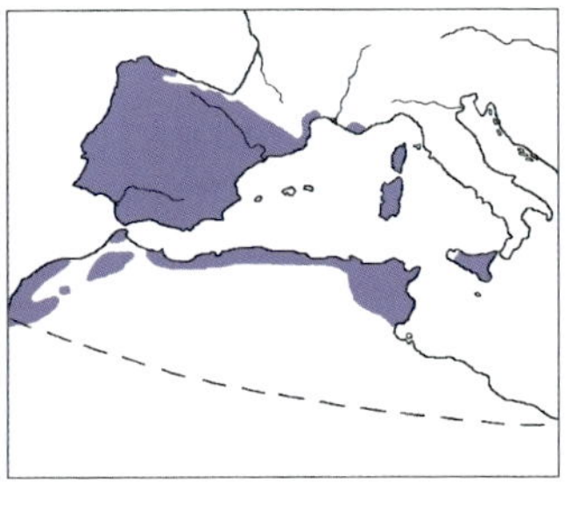

Rosenstar

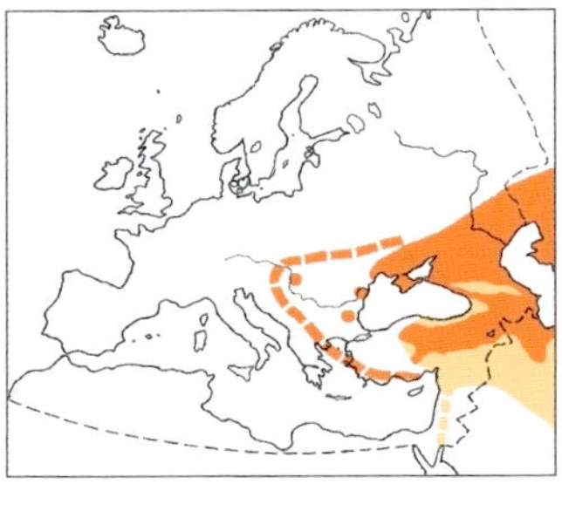

Pirol

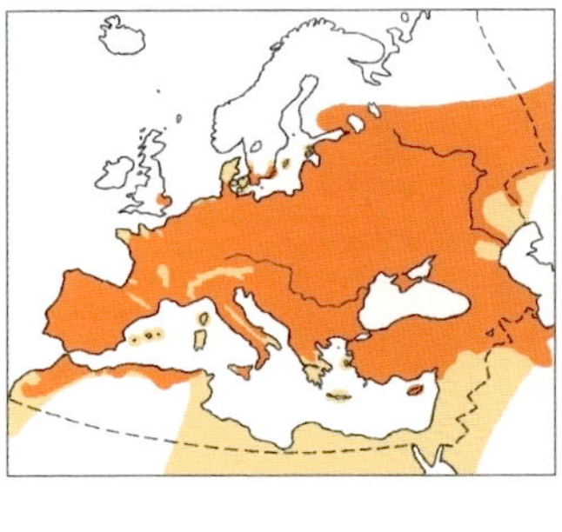

STAR

EINFARBSTAR

ROSENSTAR

PIROL

SPERLINGE Passeridae

Kräftig gebaut, mit kegelförmigem Schnabel. Einfaches Stimmrepertoire, oft liederliches, kugeliges Nest. Im Sommer das Großgefieder einschließende Jugendmauser.

HAUSSPERLING BJ

House Sparrow *Passer domesticus*

L 14-16 cm. Brütet fast ausschließlich in menschlichen Siedlungen. Jahresvogel. Auch zur Brutzeit gesellig, oft in dichten Trupps. Nest unter Dachziegeln, in Lüftungsschächten und Gebäudenischen, gelegentlich in Bäumen.

KENNZEICHEN Robust mit breitem Körper, recht großem Kopf und *kräftigem Schnabel.* Gefieder häufig aufgeplustert, „locker" und struppig erscheinend. Grundmerkmale sind *kräftig schwarz gestreifter bräunlicher Mantel,* im Stehen *kauernde Haltung* mit eingezogenen Beinen und schwerfälliger, angestrengt wirkender Flug mit *ständig schwirrenden Flügelschlägen.*– Ad. ♂: *Kehle,* Zügel und Augenregion *schwarz, grauer Scheitel* an den Seiten breit kastanienbraun eingefasst, Halsseiten weißlich, aber *Ohrdecken meist düster grau; breite weiße Flügelbinde.* Schnabel zur Brutzeit schwarz.– ♀/JK: Unterseits düster bräunlich grau, oberseits schmutzig braun mit schwarz gestreiftem Mantel, meist deutlicher hellbeiger Überaugenstreif. Erste schwarze Kehlfedern des juv. ♂ ab Aug./Sept.

STIMME Bei der Balz lange Serien einsilbiger, ständig variierter Tschilptöne, etwa „tschilp tschef tschilp tschelp tschürp …". Bei Beunruhigung ratternd „tscher'r'r'r'r'r".

ITALIENSPERLING –

Italian Sparrow *Passer italiae*

L 14-16 cm. Früher als Mischform zwischen Haus- und Weidensperling betrachtet, inzwischen eher als eigene Art (wie hier) oder als Unterart des Weidensperlings. Brutvogel des italienischen Festlands, Korsikas und teilweise Siziliens, hybridisiert in den Südalpen mit Haussperling. Ähnlich aussehende Vögel Nordafrikas jedoch eher Hybriden zwischen Haus- und Weidensperling.

KENNZEICHEN Kombiniert *kastanienbraunen Scheitel* und *weißliche Wangen* des Weidensperlings mit dem *Fehlen schwarzer Unterseitenfleckung* des Haussperlings. Oft *angedeuteter kurzer weißer Überaugenstreif* wie bei Weidensperling. ♀ nicht von den beiden anderen Arten unterscheidbar.

STIMME Nicht von Haussperling unterscheidbar.

WEIDENSPERLING –

Spanish Sparrow *Passer hispaniolensis*

L 14-16 cm. Brütet anders als Haussperling in hohen Gebüschen oder Baumgruppen, oft in großen Kolonien. Kugelförmiges Nest aus Stroh und Zweigen, auch als „Untermieter" in Storchennestern. Überwiegend Jahresvogel im Westen, Zugvogel im Osten, *tagsüber ziehende dichte, wogende Trupps* mit zielgerichtetem, niedrigem Flug.

KENNZEICHEN Gestalt wie Haussperling.– ♂: Leicht zu bestimmen an Kombination von *kastanienbraunem Scheitel, ausgedehnt schwarzer Kehle und Brust,* die *bis zu den schwärzlichen Schultern reicht, grob schwarz gefleckten Flanken, weißen Ohrdecken und Halsseiten, schmalem weißem Überaugenstreif* (gelegentlich über dem Auge unterbrochen); im PK viel *Schwarz auf Mantel und Schulterfedern.*– ♀: Im Freiland meist nicht von Haussperling zu unterscheiden (durchschnittlich etwas größerer Schnabel, hellerer Bauch, gelegentlich angedeutete Strichel auf Flanken, aber Unterschiede zu gering für sichere Bestimmung).

STIMME Etwas *höher* und *metallischer* als Haussperling. *Schnelle, monotone Serie* „tschiLI-tschiLI-tschiLI-…".

FELDSPERLING BJ

Tree Sparrow *Passer montanus*

L 12,5-14 cm. Brütet in offenem Waldland, meist nahe Kulturland, oder Siedlungen. Jahresvogel. Höhlenbrüter.

KENNZEICHEN Kleiner und sauberer gezeichnet als Haussperling, wie dessen ♂ mit schwarz gestreiftem, braunem Mantel, deutlicher weißer Flügelbinde, schwarzem Kinn und braungrauer Unterseite, unterschieden jedoch durch *rotbraune Kopfplatte, rein weiße Kopfseiten* mit *großem schwarzem Wangenfleck, kleineren und schärfer abgesetzten schwarzen Kinnfleck* und *schmal weißes Halsband* (nur im Nacken unterbrochen); Geschlechter gleich gefärbt.

STIMME Recht ähnlich Haussperling, jedoch kennzeichnendes „tsuWITT", etwas nasal und zweisilbig mit vergnügtem Klang. Flugruf trocken „tett-ett-ett-ett". Gesang schnelle Folge von „tswit" oder ähnlichen Rufen, etwas höher als Haussperling.

MOABSPERLING –

Dead Sea Sparrow *Passer moabiticus*

L 12-13 cm. Brütet in trockenen Ebenen mit Tamarisken oder anderen Büschen und Zugang zu Wasser, nicht an Menschen gebunden. Ortstreu oder nomadisch, recht scheu.

KENNZEICHEN Klein.– ♂: *Scheitel, Nacken und Ohrdecken dunkelgrau* (im SK leicht braun getönt), kleiner schwarzer Kinnfleck, *heller Überaugenstreif am Ende beige,* charakteristische *hellgelbe Halsseiten.*– ♀: Ähnlich *kleinem, hellem* Haussperling, einige mit angedeutet gelben Halsseiten.

STIMME Stimme dünner als Haussperling. Flugrufe wiederholt hoch und zweisilbig „tschi-vit". Gesang aus schnellen, rollenden „trirp-trirp-trirp-trirp"-Rufen oder auch langsameren Serien sonorer, aber variabler Tschilptöne „tschilp tschrilp tschrirp tschilp…".

Haussperling

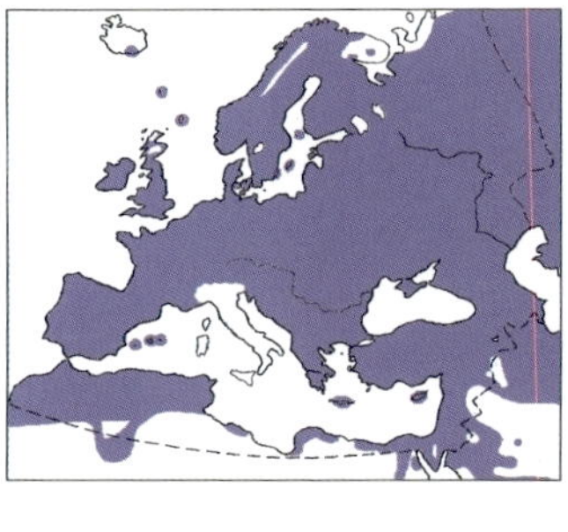

Weidensperling

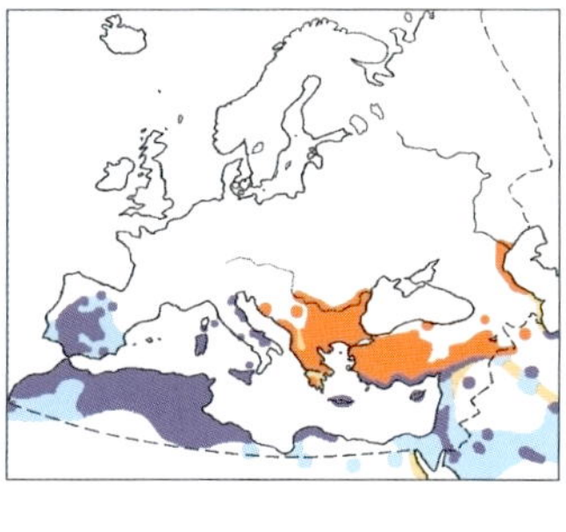

Feldsperling

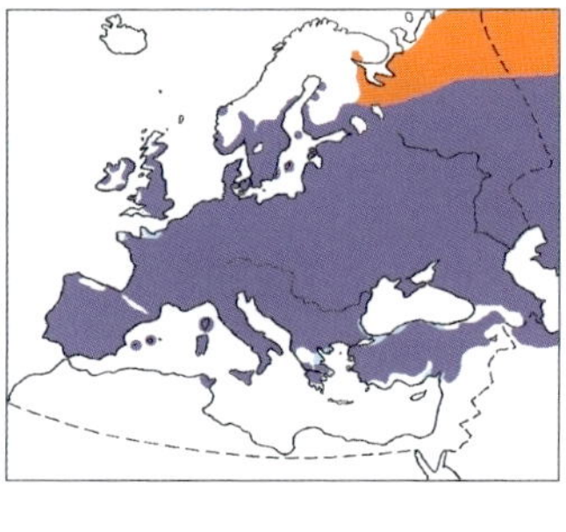

Moabsperling

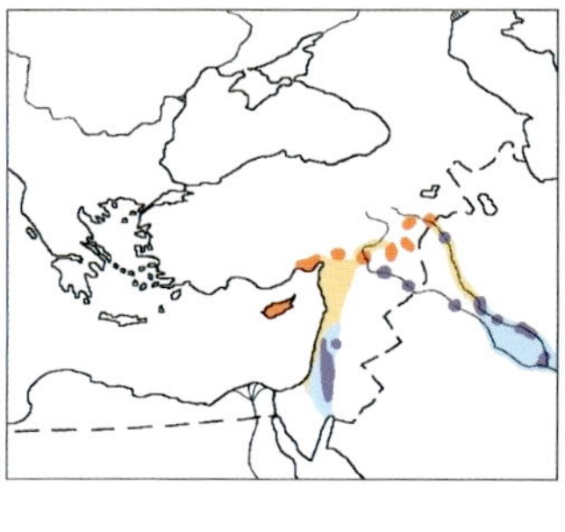

HAUSSPERLING

ITALIENSPERLING

WEIDENSPERLING

FELDSPERLING

MOABSPERLING

DZ

STEINSPERLING –

Common Rock Sparrow *Petronia petronia*

L 15-17 cm. Bewohnt Lebensräume mit kahlen Böden, z. B. Felsen, Schluchten, Wadis, Sand- und Steinbrüche, offene Landschaften mit Mauern, Ruinen oder Häusern, lokal auch Bergwiesen mit Geröllblöcken und Kulturlandschaft. Jahresvogel, gesellig, außerhalb der Brutzeit oft in großen Schwärmen. Nest in Felshöhlen oder -spalten.

KENNZEICHEN Recht groß und *sehr kräftig* mit breitem Kopf und *grobem Schnabel.* Gefieder kräftig gestreift, Flügel gemustert, *breiter heller Überaugenstreif, breiter dunkler Scheitelseiten-* und Augenstreif. Großer Teil der *weißlichen Unterseite markant braungrau gestreift* (wirkt auf Entfernung recht dunkel), gelber Fleck auf Kehle/Vorderbrust (aber oft schwer zu sehen). Schwanz dunkel, *äußere Federn mit breit weißen Spitzenflecken, Unterschwanzdecken dunkel mit breiten hellen Säumen.* Geschlechter gleich gefärbt.

STIMME Vielfältig. Ruft kurz nasal „vüi", bei Alarm hart rollend „tii-tür'r'r'r", kennzeichnend ein lauter, gedehnter Ruf, wiederholt und variiert auch als Gesang, „sle-väit" oder „twäjuIIT", etwas nasal, knarrend und „verführerisch" klingend, gelegentlich auch kürzer „twüIT".

FAHLSPERLING –

Pale Rock Sparrow *Carpospiza brachydactyla*

L 14,5-15,5 cm. Brütet in trockenem, hügeligem und kahlem Gelände mit einzelnen Büschen und etwas Bodenvegetation. Zugvogel. Nest in Astgabel von Baum oder Busch.

KENNZEICHEN Recht schlank mit kleinem Kopf und *großem, kurzem, hohem Schnabel,* an der Basis etwas geschwollen. Gefieder recht einfarbig *hell graubeige* (Mantel ohne deutliche Streifung). Schwach angedeuteter, heller Überaugenstreif, diffuser heller Augenring, zwei undeutliche helle Flügelbinden. *Schnabel* im PK recht *dunkel grau* mit etwas hellerer Unterschnabelbasis, im SK heller graubeige. Im Flug *schmale weiße Steuerfederspitzen.*

STIMME Rufe grünfinkenähnlich „dvui", auch kurz, tief, rollend „trrü" (wie entfernter Bienenfresser). Gesang einfaches, gedehntes, 1 s andauerndes, kehliges Summen, „bzrüüüüiz", wie Insekt oder Elektromotor, manchmal eingeleitet durch „bz-bz-bz-bzrüüüiz" (ähnlich Grauammer).

GELBKEHLSPERLING –

Yellow-throated Sparrow *Gymnoris xanthocollis*

L 13-14,5 cm. Brütet im Bearbeitungsgebiet nur an wenigen Stellen der Südosttürkei in Gehölzen und Plantagen oder in trockenem Gebüsch mit einzelnen Bäumen. Sommervogel, überwintert in Indien, zurück im Mai.

KENNZEICHEN Kleiner und *schlanker* Sperling mit kleinem Kopf, aber *langem, kräftigem, spitzem, kegelförmigem Schnabel,* dessen Größe durch flache Stirn/Scheitel betont wird (kann aber Scheitelfedern aufstellen). Gefieder braungrau mit etwas hellerem Bauch und *doppelter Flügelbinde.* ♂ von ♀ durch *rotbraune Randdecken, gelben Kehlfleck, dunklen Zügel* und (im PK) *schwarzen Schnabel* unterschieden. Schwanz graubraun, gerade abgeschnitten, Beine grau.

STIMME Ähnlich Haussperling. Einfacher, tschilpender Gesang, aber Tempo kennzeichnend schnell, Ton voll und klingelnd. Ruft durchdringend „tschiAH" (wie kleine Alpenkrähe).

WÜSTENSPERLING –

Desert Sparrow *Passer simplex*

L 13-14,5 cm. Brütet in Sandwüsten bei Oasen, Siedlungen oder Plantagen. Ortstreu oder nomadisch. Höhlenbrüter.

KENNZEICHEN Wie blasser kleiner Haussperling. Gefieder *blass beige sandfarben.*– ♂: *Kehle, Zügel und Augenregion schwarz,* im PK *schwarzer Schnabel*; Handdecken, Alula, äußere Große Armdecken, Handschwingenspitzen und Schirmfederzentren bräunlich schwarz; *Scheitel und Mantel grau getönt.*– ♀: Überwiegend hell sandfarben mit wärmer *ockerfarbenem Ton auf Scheitel, Mantel* und Brust; Kehle hell, dunkle Flügelmarkierungen braungrau, nicht schwarz wie bei ♂. Heller Schnabel zur Brutzeit dunkler.– JK: Wie ♀, aber Flügelmarkierungen noch weniger kontrastierend.

STIMME Ähnlich Haussperling, aber metallischer, durchsetzt mit bachstelzenartigem hohem „tschi-vi tschi-i". Im Flug oft grünfinkenähnlich „tschüpp-tschüpp-tschüpp".

SCHNEESPERLING BJ

White-winged Snowfinch *Montifringilla nivalis*

L 16,5-19 cm. Brütet im Gebirge, oft in 1.900-3.100 m Höhe. Jahresvogel, bleibt auch im Winter in alpiner Zone. Nahrungssuche oft bei Berghütten; unruhig, aber furchtlos.

KENNZEICHEN Ziemlich *groß, lang gestreckt* und langflügelig mit viel Weiß im Gefieder. Am Boden unscheinbar graubraun mit schmalem, aber langem weißem Flügelfeld, im Flug *großer Teil des inneren Flügels weiß* und *weißer Schwanz mit schwarzem Längsband* (und schmaler schwarzer Endbinde). Matt erdbrauner Mantel, grauer Kopf und weißliche Unterseite mit schwarzem, häufig diffus abgesetztem Kinnfleck. Schnabel im PK schwarz, im SK elfenbeinweiß. Fliegt schnell und kraftvoll in langen Wellen.

STIMME Ruft z. B. rau „züiiih", jammernd „mjäh", kurz „ti ti zü" und erregt haubenmeisenartig rollend „tir'r'r'r", auch klappernd „tjett-tjett-tjett-tjett". Gesang von Warte oder in kreisförmig gleitendem Singflug sperlingsartig, variabel, zögernd und holprig mit wiederholten trockenen, angestrengten Trillern. Auch leise zwitschernder Vorgesang.

Steinsperling

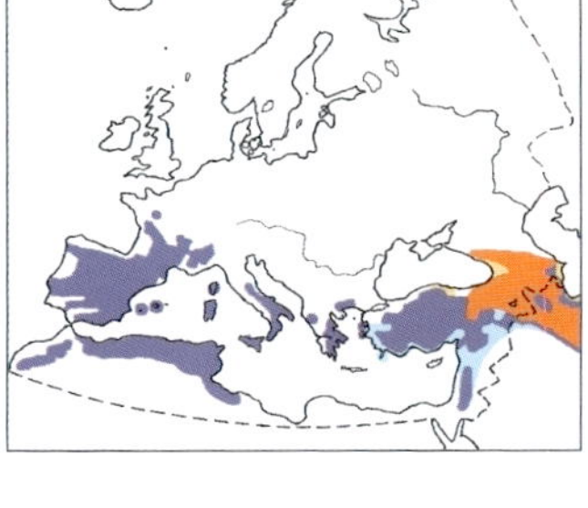

Fahlsperling

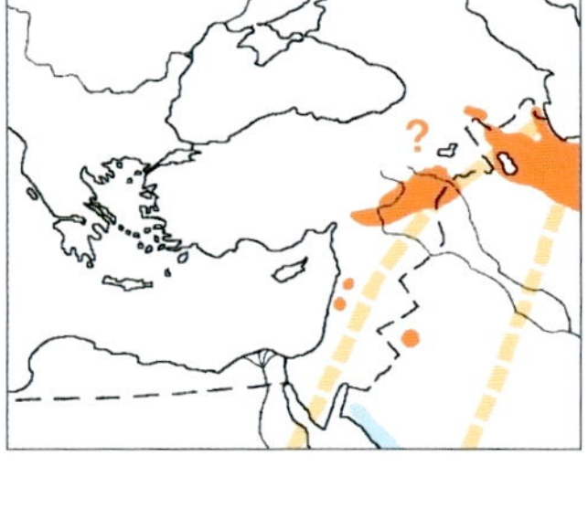

Wüstensperling

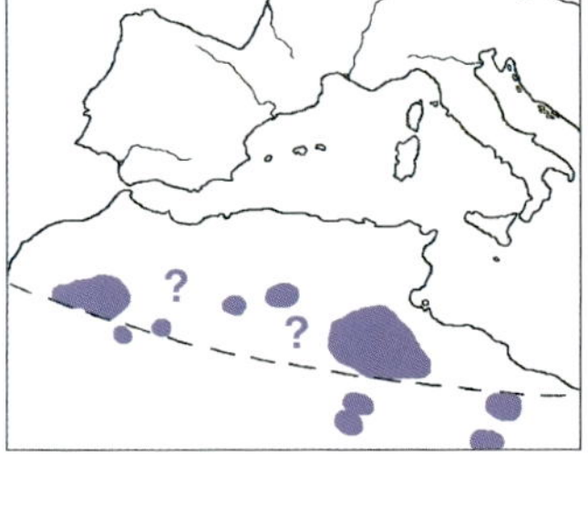

Schneesperling

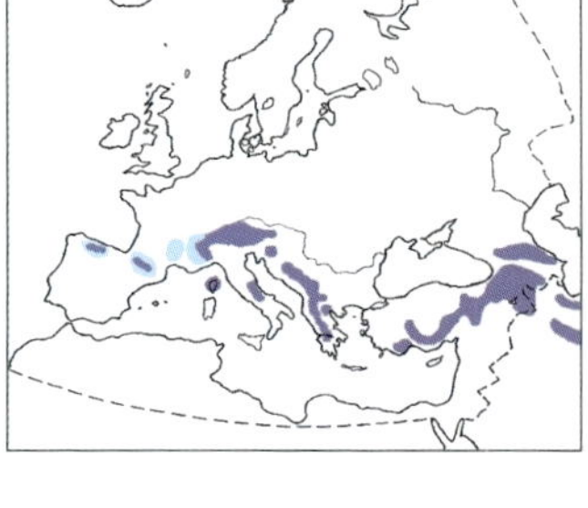

STEINSPERLING

FAHLSPERLING

GELBKEHLSPERLING

WÜSTENSPERLING

SCHNEESPERLING

DZ

FINKEN Fringillidae

Große, vielgestaltige Familie relativ kleiner Sperlingsvögel mit großem, kegelförmigem Schnabel. Schwanz meist schmal und eingekerbt, wellenförmiger Flug kraftvoll. Viele Arten hervorragende, eifrige Sänger. Außerhalb der Brutzeit oft gesellig, Zug und Nahrungssuche im Trupp, Hauptnahrung Samen, die mit dem kräftigen Schnabel aufgebrochen und geschält werden, im Sommer auch Insekten. Offene, napfförmige Nester, meist in dichten Büschen oder Bäumen.

BUCHFINK BJZW

Common Chaffinch *Fringilla coelebs*

L 14-16 cm. Brütet häufig in verschiedensten, bevorzugt lichten Waldtypen, in Parks und Gärten. Er ist einer unserer häufigsten Brutvögel, der seine Nahrung vorwiegend am Boden sucht. Kurzstreckenzieher, viele überwintern in Mitteleuropa und bekommen dort starken Zuzug aus Nord- und Nordosteuropa. Nest in Astgabeln, außen mit Moos und Flechten getarnt.

KENNZEICHEN Größe wie Haussperling, aber schlanker und langschwänziger. Leicht zu erkennen an *zwei breiten weißen Flügelbinden* (obere viel breiter), *weißen Schwanzkanten* und *graugrünem Bürzel*.– ♂: *Kopfseiten und Brust rostrot, Scheitel und Nacken blaugrau* (im frischen Gefieder brauner), Mantel rotbraun.– ♀/JK: Oberseite grünlich braungrau; weißlich graue Unterseite, schmalere weiße Flügelbinden als ♂.– Flug kräftig und wellenförmig, Trupps ziehen in lockerem Verband (vgl. Bergfink, aber häufig auch gemischte Schwärme), vor dem Landen oft einige flatternde, schwungvolle Wendungen.

STIMME Vielfältiges Repertoire, eine Reihe charakteristischer Rufe, z. B. explosiv, scharf „fink!" (nur mit Kohlmeise zu verwechseln), im Flug weich „jupp" (weicher als Bergfink und schwächer als Grünfink), von überfliegenden, ziehenden Schwärmen ständig wiederholt. In Nordeuropa häufig kraftvoller, aufwärts gezogener, oft beharrlich wiederholter Pfiff, „hüITT", in Südskandinavien, Großbritannien und Mitteleuropa häufig ersetzt durch rollenden, geraden, dissonanten Pfiff „rrhü" (als „Rülschen" oder „Regenruf" bezeichnet, viele lokale Varianten, in Südeuropa auch sprosserartig reiner „hiit"), bei großer Erregung scharf pfeifend „ziih"; flügge juv. betteln mit lautem „tjripp". Gesang sehr charakteristisch, recht konstant vorgetragen und ruhelos wiederholt, klare, laute und lebhafte Strophe eingeleitet durch 3-4 schnell wiederholte, scharfe Töne, Wechsel zu einer ähnlichen Folge tiefer Töne und in einen Endschnörkel gipfelnd, „zitt-zitt-zitt-zitt-sett-sett-sett-tjatt-tjiterIIdia", bei einigen noch ein buntspechtartiges „kick" angehängt.

Buchfink

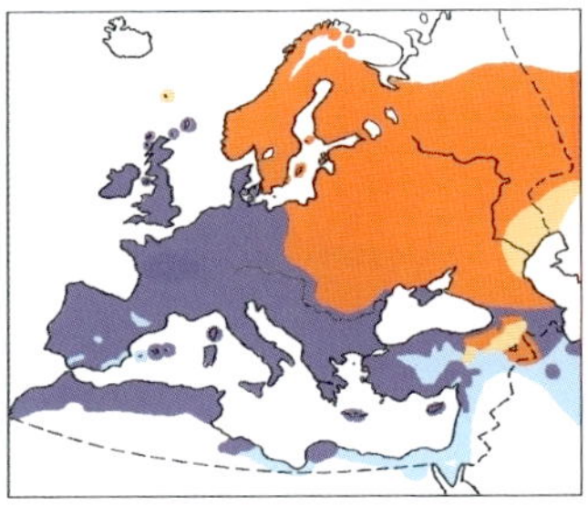

Bergfink

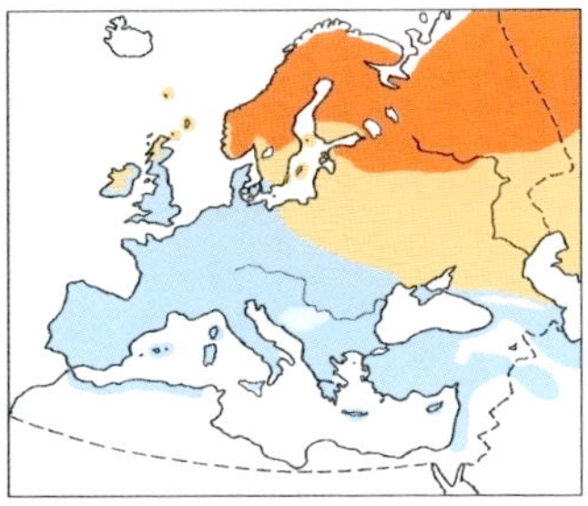

BERGFINK bZW

Brambling *Fringilla montifringilla*

L 14-16 cm. Häufiger Brutvogel im nordeuropäischen Nadelwaldgürtel und fennoskandischen Birkenwäldern, fehlt in dichten, hohen Wäldern, bevorzugt offeneren Nadelwald mit einigen Laubbäumen. Nur im Sommer im Brutgebiet (meist Mitte Apr.-Okt.), überwintert in Mittel- und Südeuropa. Nahrung vor allem Samen, im Sommer auch Insekten, im Winter oft Bucheckern, besucht auch Futterhäuser. In Jahren mit guter Buchenmast oft riesige Schwärme. Nest in Astgabeln, meist in Birken, auch in Fichten.

KENNZEICHEN Größe und Gestalt wie Buchfink, aber in allen Kleidern durch auffallenden *weißen Bürzel* gekennzeichnet (im JK leicht gelblich), ferner wenig oder *kein Weiß auf Schwanzkanten*. Wie Buchfink mit hellen Flügelbinden, diese aber teilweise gelblich bis rostfarben, schmaler und weniger auffällig. Flug ähnlich Buchfink, aber artreine Trupps ziehen dichter zusammen.– ♂ PK: *Kopf, Mantel und Schulterfedern glänzend blauschwarz*. Kehle, *Brust und Randdecken ungefleckt gelblich rostfarben*, einige dunkle Flecke auf hinteren Flanken; Schnabel schwarz.– ♀: Scheitel, Mantel und Nackenseiten recht dunkel graubraun, Kopfseiten und mittlerer Nackenstreifen heller beigegrau, *Brust braunorange*.– ♂ SK: Schwarze Färbung des PK teilweise durch ziemlich breit rostbraune Federsäume verdeckt, daher geschecktes Aussehen, Schnabel strohgelb mit dunkler Spitze. Von ♀ am sichersten am *durchscheinenden Schwarz auf Kopfseiten* unterschieden; ♂ im 1en W mit schwarz gefleckten Randdecken und oberseits breiteren hellen Federsäumen.

STIMME Charakteristischer Ruf laut, quäkend oder hart, nasal „tä-ÄHP", ziehende Trupps rufen hart, kurz, etwas nasal „jäck", oft wiederholt; aufgeregt feine, silbrig-klare Rufe, „slitt, slitt, slitt…". Gesang kennzeichnend, mit einsamem Klang, langsam wiederholt, gerade, kaum 1 s lang, grell summend „rrrrrhüh", kann an entfernte Kettensäge erinnern.

TEYDEFINK –

Blue Chaffinch *Fringilla teydea*

L 16-18 cm. Brütet in Kiefernwäldern in 1.200-1.800 m Höhe auf Teneriffa (recht häufig) und Gran Canaria (spärlich). Jahresvogel. Nahrungssuche meist in Kiefernwäldern, gelegentlich an buschreichen Berghängen und ausnahmsweise (in harten Wintern) auch in Kulturlandschaft bis ca. 500 m hinab. Meist einzeln oder in kleinen Gruppen von weniger als zehn Individuen. Nahrung vor allem Samen der Kanarenkiefer. Brütet spät, Ende Mai-Juli (August).

KENNZEICHEN Sichtbar *größer* als Buchfink, vorderlastiger, *Brust, Kopf und Schnabel kräftiger. Unscheinbar gefärbt, schmale grauweiße Flügelbinden, kein Weiß im Schwanz*, kräftiger, kegelförmiger Schnabel hell grau.– ♂: *Kopf und Mantel dunkel graublau, Kehle, Brust und Flanken heller bleigrau*, Unterschwanzdecken weiß.– ♀: Oberseits braungrau, unterseits grauweiß.

STIMME Ruft zweisilbig, umschlagend „tjrooit", mit etwas quietschendem Klang. Gesang kürzer als Buchfink, nicht so kraftvoll, mit verlangsamtem Ende aus einigen wiederholten, recht rauen, abfallenden Tönen, der letzte lang gezogen, z. B. „sitt-itt-sitt-rüha-rüha, rrüüAAH".

BUCHFINK

BERGFINK

TEYDEFINK

KM

BLUTHÄNFLING BJZW

Common Linnet *Carduelis cannabina*

L 12,5-14 cm. Brütet in Landschaften mit dichten Büschen, in Gärten und Küstenheide mit Ginster, lokal in Obstgärten. Teilzieher, aktiv und ruhelos. Paare bleiben im Sommer dicht zusammen.

KENNZEICHEN *Schlank* und recht langschwänzig mit kurzem grauem Schnabel. In allen Kleidern *brauner Mantel und Rücken,* beige Kehle mit undeutlicher dunkler Fleckung, *Kopfseiten mit heller Augenumgebung und hellem Fleck auf dunklen Ohrdecken. Handschwingen mit weißen Außenfahnen.*– Ad. ♂: *Stirn und Brust rot* (im SK braunrot, teilweise verdeckt durch helle Federsäume), Nacken einheitlich grau.– ♀/1er W: Ohne Rot im Gefieder, Nacken braungrau, Brust und Scheitel leicht gestreift.– JK: Stärker gestreift und oberseits weniger zimtbraun als ad. ♀.

STIMME Flugrufe trocken, etwas nasal, hüpfend „tigg-ITT" oder „tett-ett-ETT", besonders beim Auffliegen. Gesang Mischung aus kurzen, knöternden, den Flugrufen ähnlichen Silben und musikalisch pfeifenden Lauten, gelegentlich lange Phrasen in recht schnellem Tempo, aber meist ruhiger, mit kurzen, wohlplatzierten Versen. Häufige Gesangselemente neben den Rufen z. B. „piUU", „trrrüh" und „tu-ki-JÜÜ".

BERGHÄNFLING W

Twite *Carduelis flavirostris*

L 12,5-14 cm. Brütet in baumlosen Mooren und kahlen Küstenheiden. Überwintert vor allem an Küsten von Nord- und Ostsee (meist Okt.-Apr.), seltener auch im Binnenland. Nahrungssuche oft auf Ruderalflächen und bestellten Feldern, dann teilweise in großen, dichten Trupps. Lokal Schlafplätze an innerstädtischen Gebäuden. Rastlos und aktiv, aber nicht scheu.

KENNZEICHEN Erinnert in Größe und Gestalt an Bluthänfling, aber insgesamt etwas *längerer und tiefer eingekerbter Schwanz,* kleinerer Kopf und etwas lockerer getragenes Gefieder; von Bluthänfling im 1en W unterschieden durch *kräftiger dunkel gestreiftes, ockerbraunes Gefieder* (weniger variabel als Bluthänfling), *Fehlen von Zimtbraun oberseits, fehlende dunkle Kehlfleckung, deutlichere helle Flügelbinde,* im Flug kleineres weißliches Handschwingenfeld, im SK *gelben Schnabel* mit dunkler Spitze (im PK braungrau); ♂ mit *rosafarbenem Bürzel.*

STIMME Ruft kurz und hart „jätt", erinnert an Bergfink, Birkenzeisig und Bluthänfling, außerdem kennzeichnendes *gedehntes, etwas ansteigendes* „tweeiht". Gesang eher wie Zitronenzeisig als Bluthänfling, schnell trillernd, surrend und zwitschernd mit wiederholten tiefen, knatternden „trrrrrrr"-Rufen.

BIRKENZEISIG BJZW

Common Redpoll *Carduelis flammea*

L 11,5-14 cm. Brütet in Birkenwäldern, jungen Koniferenbeständen, seltener in Weiden im Fjäll, in den Alpen gern in lärchendominierten Wäldern, in Mitteleuropa auch in Gärten und Friedhöfen. Teilzieher, Wintergast in stark schwankender Zahl, in manchen Jahren Evasionen aus dem Norden. Mobil und rastlos, dichte Winterschwärme selten lange an einem Ort, auch zur Brutzeit weit umherfliegend. Klettert geschickt, oft rücklings in Birkenzweigspitzen.

KENNZEICHEN Gräulich und dunkel gestreift mit *kleinem, spitz kegelförmigem Schnabel mit dunklem First, hellen Flügelbinden, schwarzem Kinn, Zügel und Schnabelgrund und rotem Vorderscheitel.* Unter guten Beobachtungsbedingungen nur mit Polarbirkenzeisig zu verwechseln (s. u.). *Bürzel gestreift,* aber beachte, dass einige (besonders ad. ♂) weiße (oder blass rote) Grundfärbung und nur schwache Strichel aufweisen können (dann ähnlich Polarbirkenzeisig). Brust nur bei ad. ♂ kräftig rot, Geschlechts- und Altersbestimmung sonst schwierig.– Vögel der Britischen Inseln, Mitteleuropas und Südwestskandinaviens (*cabaret,* „Alpenbirkenzeisig") kleiner und dunkler als solche aus Fennoskandien (*flammea,* „Taigabirkenzeisig"). Grönländische Vögel *(rostrata)* groß, dunkel und kräftig gestreift.

STIMME Ruf hart und metallisch, fast nachhallend, wiederholt „tschett-tschett-tschett", häufig im Flug, beunruhigt etwas grünfinkenähnlicher, aber schwächer und rauer „djüih" (auch bei Balz). Gesang aus metallischem Ruf mit eingestreutem, trockenem, surrendem „serrrrrrr", meist in wellenförmigem, weiträumigem Singflug.

POLARBIRKENZEISIG A

Arctic Redpoll *Carduelis hornemanni*

L 12-14 cm. Brütet in Weiden und niedrigen, offenen Birkenwäldern in oder nahe Tundra, selten auch in hohen, geschlossenen Bergbirkenwäldern; Zugverhalten unklar, einige wandern im Winter mit Birkenzeisigen südwärts.

KENNZEICHEN Sehr ähnlich Birkenzeisig. *Schnabel klein* und spitz mit *geradem First,* Gefieder locker.– Ad. ♂: Großer, *ungestreift weißer Bürzel* (auch leicht rosa), nur *wenige schmale Flankenstrichel, Grundfarbe von Mantel/Rücken weißlich,* Stirn meist hell. *Brust hellrosa* (nie kräftig rot); meist *weiße Unterschwanzdecken.*– ♀/1er W: Ohne Rosa auf Brust und Bürzel, viele mit kleinem, ungestreift weißem Bürzel, einige (wohl jüngere) dort schwach gestreift; Flankenstrichelung variabel, einige kräftig gestreift.

STIMME Sehr ähnlich Birkenzeisig und schwer zu unterscheiden. Surrender Triller durchschnittlich weicher und weniger umschlagend, mit fast lispelndem Klang, „tschett-tschett-tschett"-Ruf ebenfalls weicher und höher.

Bluthänfling

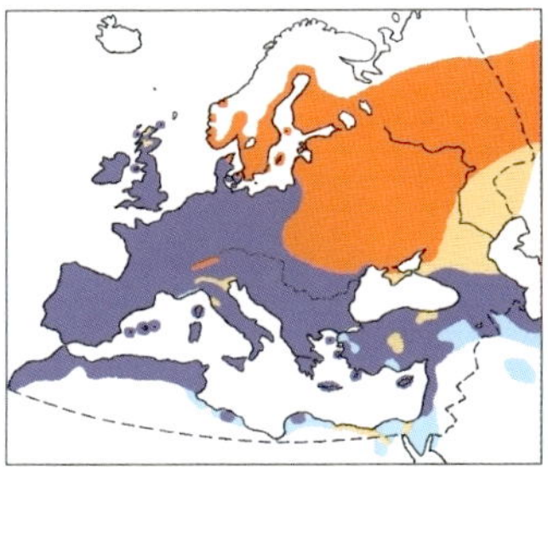

Berghänfling

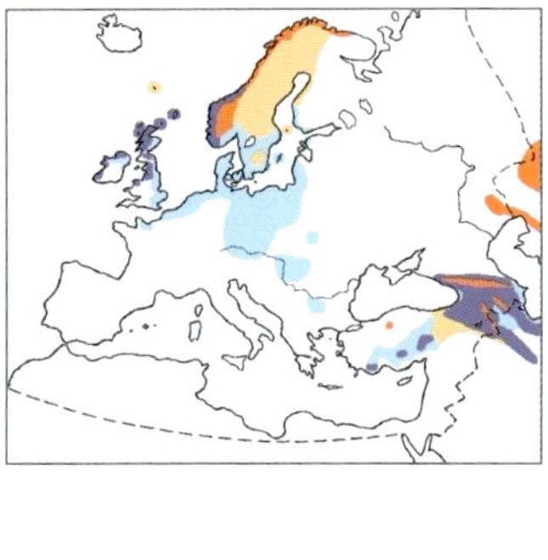

Birkenzeisig

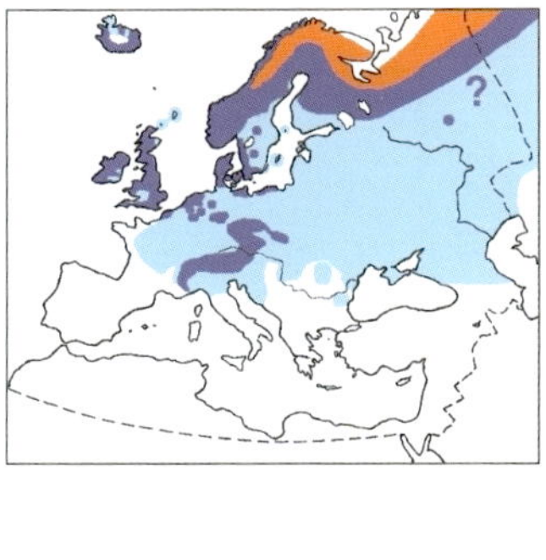

Polarbirkenzeisig

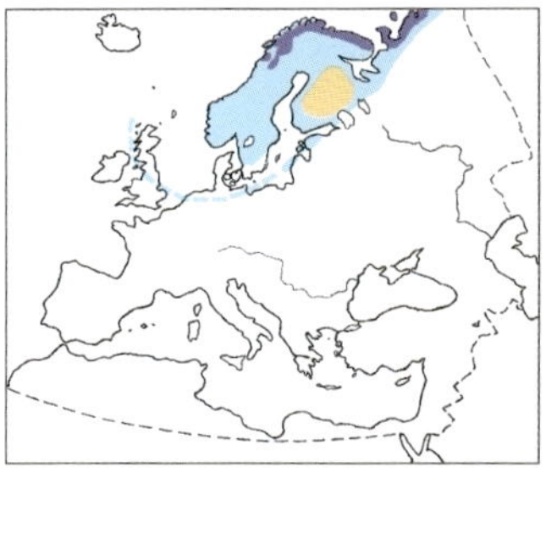

BLUTHÄNFLING

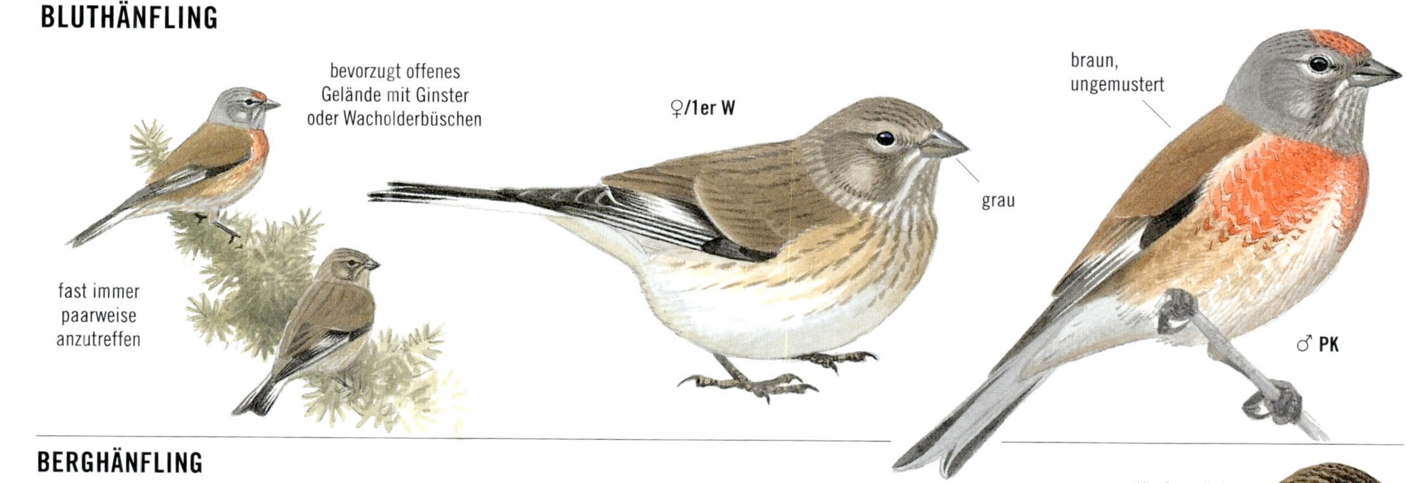

BERGHÄNFLING

BIRKENZEISIG

POLARBIRKENZEISIG

DZ

STIEGLITZ BJZW

European Goldfinch *Carduelis carduelis*

L 12-13,5 cm. Brütet in Kulturlandschaft, in lichten Laub- und Mischwäldern und Gärten. Überwiegend Sommervogel (Apr.-Okt.), überwintert in Süd- und West-, aber auch Mitteleuropa; nach der Brutzeit häufig in Schwärmen. Nahrungssuche oft an samentragenden Disteln, Kletten u. a.

KENNZEICHEN Unverkennbar mit *rotem Gesicht,* sonst *schwarzweißem Kopf, schwarzen Flügeln mit breit gelbem Flügelstreif* (auch bei zusammengelegtem Flügel sichtbar), im Flug auffallend *weißem Bürzel* und *schwarzem Schwanz mit weißen Flecken.* Schnabel recht lang und sehr spitz, elfenbeinweiß.– JK: Kopf graubraun und diffus gestreift, ohne Rot, Schwarz und Weiß der ad.

STIMME Ruf dreisilbig, hüpfend und fröhlich „tickeLITT“, Kontaktrufe einsilbig „litt“ oder zweisilbig „teLITT“; Schwärme rufen auch kratzend „tschrre“. Gesang recht leise, ähnlich Erlenzeisig, aus schnellen Trillern, miauenden Lauten und zwitschernden Sequenzen bestehend, aber immer erkennbar am eingewobenen typischen Ruf.

GRÜNFINK BJZW

European Greenfinch *Carduelis chloris*

L 14-16 cm. Brütet an Waldrändern, in gehölzreichen Weidelandschaften, Gärten und Städten. überwiegend Jahresvogel, einige ziehen nach West- und Südwesteuropa.

KENNZEICHEN *Kräftiger Körper, Kopf und Schnabel.* Schnabel blass rosa oder elfenbeinfarben. Gekennzeichnet durch auch am zusammengelegten Flügel sichtbares *grüngelbes Flügelfeld,* gebildet von *gelben Außenfahnen der Handschwingen, grünliche Unterseite, viel Gelb an Schwanzbasis.– ♂: Brust und Bauch gelbgrün,* graugrüne Oberseite, gräuliche Kopfseiten, *hellgraues Flügelfeld;* viel Gelb auf Handschwingen und Schwanz.– ♀: Mattere, grauere Farbtöne, Mantel bräunlicher, weniger Gelb auf Handschwingen und Schwanz.– JK: Diffus gestreift.

STIMME Ruf kurz, kräftig „jüpp“, meist in schnellen Serien wiederholt und zu kurzen Trillern gesteigert „djüp-rüp-rüp“, auch laut ansteigend „juIT“. Zwei sehr verschiedene Gesangstypen, unmusikalisches, vibrierendes, krächzendes „dschrüüüüjuh“, mit langen Pausen wiederholt, und gefälliger, langer, kanarienvogelartiger Gesang aus Trillern, Pfiffen und schnellem Zwitschern, z. B. „djüpp-djüpp-djüpp djürrrrrrrrr tuj-tuj-tuj djuIT tjipp-tjipp-tjipp-tjipp dürdürdürdür djürrrrrrrr...“.

ERLENZEISIG BJZW

Eurasian Siskin *Carduelis spinus*

L 11-12,5 cm. Brütet in Nadel- und Mischwald, vor allem mit Fichten, bevorzugt Nähe von Erlen und Birken zur Nahrungssuche. Jahresvogel, Wintereinflüge aus Nord- und Osteuropa (Sept.-Apr./Mai), gelegentlich in großer Zahl, im Winter oft in großen Schwärmen. Aktiv, weit umherstreifend (auch zur Brutzeit), nicht scheu. Nest hoch in Fichten.

KENNZEICHEN Klein und zierlich, mit recht kleinem Kopf und kurzem Schwanz. *Dunkler Flügel mit kontrastierend gelben oder gelblich weißen Binden, Schwanzseiten an der Basis gelb, stark gestreifte hintere Flanken.– ♂: Stirn, Scheitel und Kinn schwarz* (im frischen Gefieder teilweise durch hellgraue Federsäume verdeckt), Überaugenstreif, *Brust und Bürzel ungestreift grüngelb.*– ♀: Scheitel graugrün, Brust und Bürzel weißlich mit gelbgrünem Ton, diffus gestreift.– JK: Bräunlicher Mantel, Kopf recht blass, dunkel gestreift.

STIMME Zwei charakteristische zweisilbige Rufe, abfallend „tiLÖ“ und ansteigend „tluIH“, ferner ersticktes, ratterndes „tetete“. Gesang flüssige Serie zwitschernder und trillernder Töne mit einigen (z. T. sehr guten) Imitationen, gelegentlich unterbrochen durch langen, erstickten Ton.

ZITRONENZEISIG BJ

Citril Finch *Carduelis citrinella*

L 11,5-12,5 cm. Brütet in Bergwäldern von 700 m bis zur Baumgrenze, meist bei Fichtenbeständen mit angrenzenden Bergwiesen oder Lichtungen. Nahrungssuche in Bäumen und oft am Boden. Überwiegend Jahresvogel.

KENNZEICHEN Größe wie Erlenzeisig mit *kürzerem,* aber *spitzem Schnabel. Zwei gelbgrüne Flügelbinden,* sonst im Flug keine hellen Markierungen auf Flügel und Schwanz.– ♂: *Gesicht, Unterseite und Bürzel gelbgrün, Nacken und Halsseiten aschgrau, Mantel fast ungestreift olivgrau.*– ♀: Matter und grauer, weniger Gelbgrün im Gefieder, besonders im Gesicht, Mantel leicht gestreift, Grau der Halsseiten läuft zu Brustband zusammen.

STIMME Ruft einsilbig kurz „teh“, z. B. unregelmäßig wiederholt im Flug, oder schnell stotternd „te-te-te“, Bettel- und Warnrufe scharf „ziit“ oder pfeifend „tüht“. Gesang erinnert etwas an Stieglitz, oft kurz mit Pausen, enthält viele birkenzeisigartig summende Triller und fast buchfinkenartige Passagen.

KORSENZEISIG –

Corsican Finch *Carduelis corsicana*

L 11,5-12,5 cm. Vom Zitronenzeisig als eigene Art abgetrennt. Brütet an buschbestandenen Hängen Korsikas und Sardiniens bis in 1.650 m Höhe. Jahresvogel.

KENNZEICHEN Sehr ähnlich Zitronenzeisig, aber *brauner Mantel dunkel gestreift, Unterseite und Gesicht eher gelb* als grünlich, Oberschwanzdecken gräulich statt olivgrün.

STIMME Flugruf vielleicht schwächer und zitternder, Gesang vielleicht länger und strukturierter als Zitronenzeisig.

Stieglitz

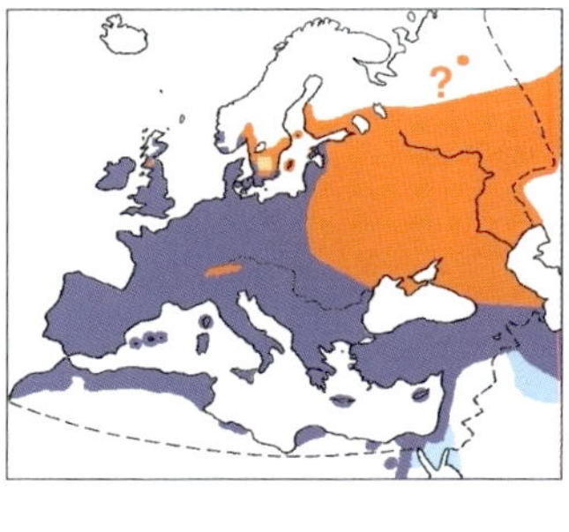

Grünfink

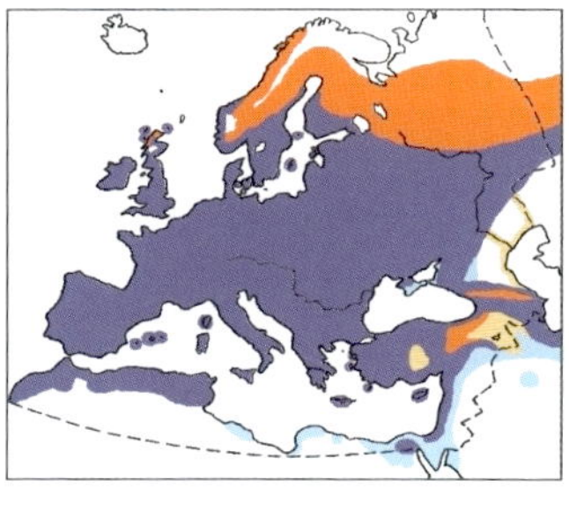

Erlenzeisig

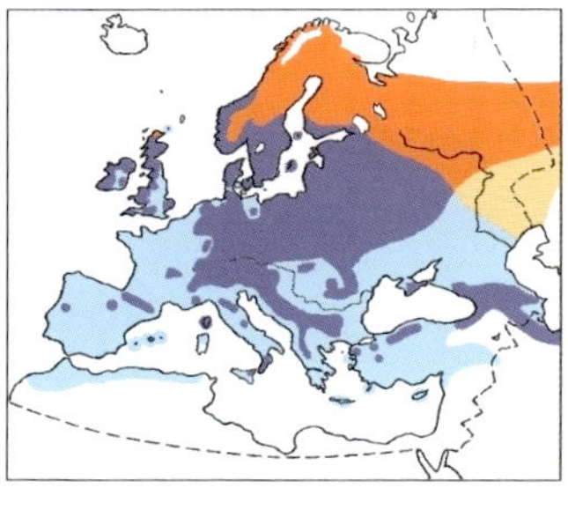

Zitronenzeisig

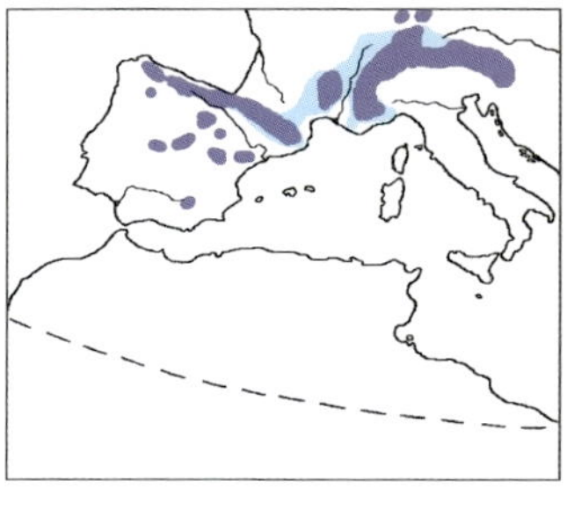

STIEGLITZ

GRÜNFINK

ERLENZEISIG

ZITRONENZEISIG

KORSENZEISIG

KM

GIRLITZ

BZ

European Serin *Serinus serinus*

L 11-12 cm. Brütet in Baumgruppen, an Waldrändern, in Gärten, Parks, auf Friedhöfen, meist mit einigen Nadelbäumen. Sommervogel, zieht im Winter nach Südwesten, wenige überwintern. Nest hoch in dichten Nadelbäumen.

KENNZEICHEN Klein mit proportional *großem Kopf,* aber *winzigem Schnabel.* Wichtige Merkmale sind geringe Größe, *energetischer, hüpfender Flug* und *rastloses* Verhalten. Mantel, Rücken und *Flanken* immer kräftig *gestreift. Langer heller Überaugenstreif* zieht sich um Ohrdecken bis zu *hellen Halsseiten,* düstere *Ohrdecken mit hellem Fleck* im Zentrum, *Bürzel hell,* leuchtend gelb und kontrastierend bei ♂, matter grünlich gelb bei ♀ (manchmal kaum auffallend). Bei ♂ Stirn, Überaugenstreif, Halsseiten, Kehle, Brust leuchtend zitronengelb, diese Regionen bei ♀ heller gelblich weiß.– JK: Beigeweiße statt gelbe Gefiederpartien.

STIMME Ruf ein summender, hüpfender Triller „zir'r'r'rl" mit typisch hohem, klarem, silbernem Klang, Alarmruf ansteigend „tü-ih", ähnlich Birkenzeisig, aber deutlicher zweisilbig. Gesang rasend schnell und angeregt wirkender Fluss quietschender, scharfer und klingelnder Töne (oft mit klirrendem Glas verglichen, Klangcharakter ähnlich Ruf) auf *gleichmäßiger Höhe,* von Baumspitze oder im Singflug mit steifen, zeitlupenartigen Flügelschlägen.

KANARENGIRLITZ

–

Atlantic Canary *Serinus canaria*

L 12,5-13,5 cm. Stammform des Kanarienvogels, brütet auf Madeira und den Kanaren (außer Fuerteventura und Lanzarote) in Kulturlandschaften, Gebüschen, Hecken u. a., von Meereshöhe bis in ca. 1.500 m Höhe; Jahresvogel.

KENNZEICHEN Verglichen mit Girlitz *größer, schlanker,* mit *längerem Schnabel und Schwanz,* kürzeren Flügeln (kurze Handschwingenprojektion). Graue und hellbraune Farbtöne im Gefieder, *diffusere, ausgewaschenere Zeichnung* als Girlitz, ohne dessen zur hellen Stirn kontrastierenden dunklen Scheitel.– ♂: Grüngelbe Partien im Gesicht, auf Nacken, Halsseiten, Kehle, Brustmitte und Bürzel, Kopfseiten und Scheitel diffus grau, hintere Flanken hell gelblich und gestreift.– ♀: Matter, weniger gelb, heller Bürzel undeutlich.– JK: Ohne Gelb.

STIMME Recht charakteristischer, etwas abfallender, zitternder Ruf „tit-ti-türr" mit umschlagendem, trällerndem Klang, außerdem ansteigendes, grünfinkenartiges „djuit", erlenzeisigähnliches, abfallendes „tiüh" und silbriges, girlitzartiges „twi-wi-wi-wi". Gesang vergleichbar Stieglitz, im selben Tempo, bestehend aus nasalen, dissonanten Tönen, schnellem Zwitschern, dumpfen Trillern und vielen hohen Tönen.

ZEDERNGIRLITZ

–

Syrian Serin *Serinus syriacus*

L 12-13 cm. Brütet an unteren Berghängen und in hügeligem Hochland mit einzelnen Bäumen und Büschen, gelegentlich in Kulturlandschaft. Bleibt teilweise im Brutgebiet, weicht aber im Winter in niedrigere Lagen aus, manche ziehen südwärts bis zum Sinai. Recht scheu. Nest in Bäumen.

KENNZEICHEN Kaum größer als Girlitz, etwas *schlanker und langschwänziger,* proportional kleinerer Kopf, *Schnabel klein und kurz* wie Girlitz. Gefieder erinnert an Zitronenzeisig, recht *einheitlich und blass,* schwach gestreifter olivgrauer Mantel, *ungestreifter gelbgrüner Bürzel,* blass gelblich grauweiße *Unterseite ohne oder mit sehr schwacher Strichelung, Flügel grünlich.*– ♂: Stirn, Augengegend und Kinn leuchtend gelb, Scheitel, Nacken und Kopfseiten grau getönt, im Gegensatz zum Girlitz *ohne dunkel abgesetzten Scheitel, gelben Augenring und Ohrdecken umrahmende gelbe Halsseiten.*– ♀: Matter, weniger gelb, insgesamt mehr olivgrau und deutlicher gestreift.– JK: Beigeweiße statt gelbe Gefiederpartien.

STIMME Trockener, etwas nasaler, rollender oder zitternder Ruf „pe-re-ret" oder „pü-tü", erinnert an Zitronenzeisig, aber tiefer, auch grünfinkenartig, kraftvoll„tjüpp", z. T. wiederholt, auch höher und schneller „tjip-ip-ip-ip", teilweise in Gesang eingebaut. Gesang erinnert an Rotstirngirlitz und Zitronenzeisig, quietschend und zwitschernd, in hohem Tempo, mit gelegentlich eingewobenem Summen, Strophen recht kurz, aber mit kurzen Pausen wiederholt.

ROTSTIRNGIRLITZ

–

Red-fronted Serin *Serinus pusillus*

L 11,5-12,5 cm. Brütet in Gebirgen nahe oder knapp unter der Baumgrenze in Nadel- und Mischwäldern, oft an Bächen in hoch gelegenen Tälern mit spärlicher, niedriger Vegetation oder an Bergwiesen mit einzelnen Wacholdern oder Rhododendren. Weicht im Winter in niedrigere Lagen aus. Gesellig, meist nicht scheu. Nest in niedrigen Büschen oder dichten Bäumen.

KENNZEICHEN *Klein* wie Girlitz (aber Schwanz geringfügig länger), ähnlich *hüpfender Flug.*– Ad. unverkennbar durch *schwarzen Kopf* mit *leuchtend rotem Stirnfleck.* Restliches *Gefieder kräftig und dicht schwarz gestreift,* dunkler Gesamteindruck. *Bürzel orangegelb,* diffus gestreift. Geschlechter ähnlich, einige ♀ mit weniger intensiv schwarzem Kopf (rußgrau mit dunkler Streifung auf Hinterscheitel, Nacken und Brust) und kleinerem rotem Stirnfleck.– JK/1er W (bis Okt./Nov., z. T. bis März): Kopf überwiegend einheitlich zimtbraun.

STIMME Ruf brodelnder und zwitschernder Triller mit fröhlichem Klang „twir'r'r'r", ähnlich Zitronenzeisig und Zederngirlitz, Triller (immer lang wie Girlitz, nicht teilweise kurz wie Zitronenzeisig) am Ende leicht abfallend. Gesang lange, zwitschernde und fanatische Serie, ähnlich schnellem Stieglitzgesang, Triller und schnelle Pfiffe vermischt mit summenden Tönen.

Girlitz

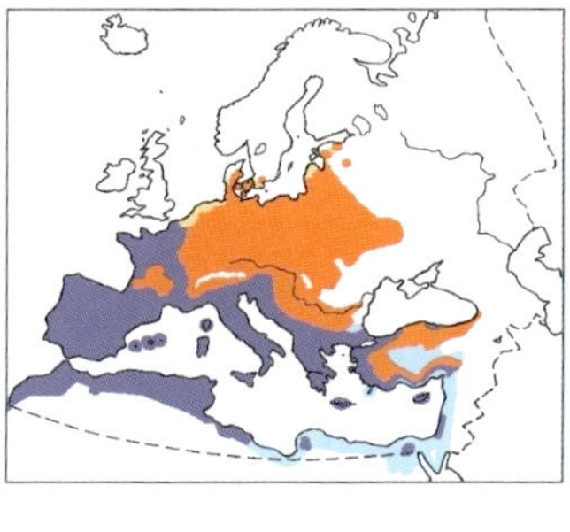

Zederngirlitz

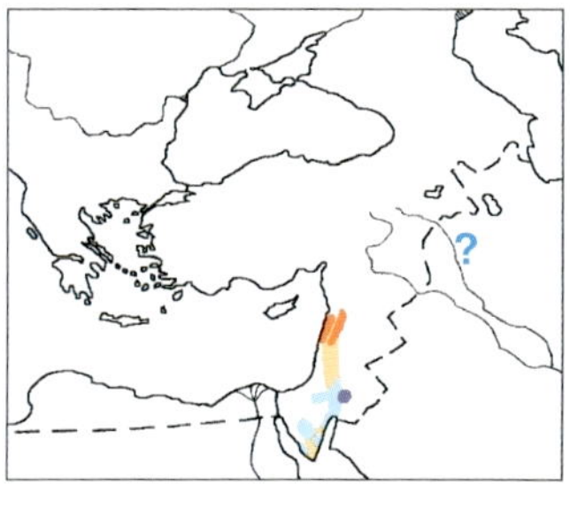

Rotstirngirlitz

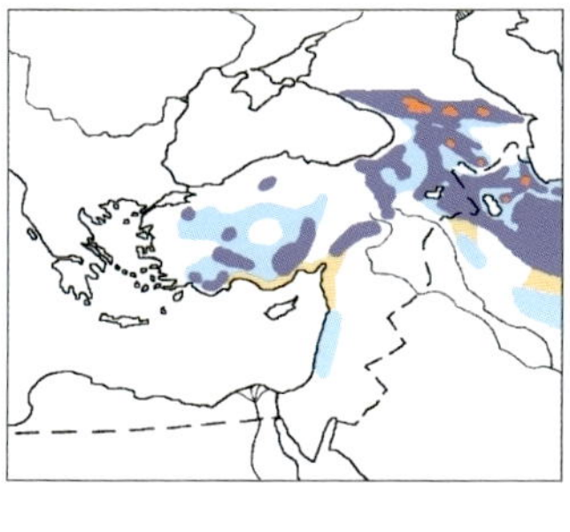

GIRLITZ

KANARENGIRLITZ

ZEDERNGIRLITZ

ROTSTIRNGIRLITZ

Trupp bei der Nahrungssuche im Hochgebirge

DZ

GIMPEL
BJZW

Eurasian Bullfinch *Pyrrhula pyrrhula*

L 15,5-17,5 cm. Brütet in Mischwäldern, Parks, größeren Gärten usw. mit einigen Nadelbäumen, gelegentlich (besonders in Fennoskandien) auch in Nadelwäldern. Überwiegend Jahresvogel, einige nordosteuropäische Brutvögel wandern (überwiegend Ende Okt.) nach Südskandinavien und Mitteleuropa. Nicht sehr scheu, aber heimlich und im Sommer leicht zu übersehen. Ruhiges, fast träges Verhalten. Häufig paarweise oder in kleinen, lockeren Gruppen. Nahrung verschiedene Samen und Knospen, im Sommer auch Insekten, besucht im Winter Futterhäuser. Nest in Büschen oder Bäumen.

KENNZEICHEN Recht großer, sehr *kompakter* Fink, wirkt stiernackig und *halslos,* hat rundlichen Körper, großen Kopf und sehr kurzen, hohen, *dicken schwarzen Schnabel.* Flügel und Schwanz recht lang, Flug schnell und in langen Bögen, dann *weißer Bürzel* mit kontrastierendem *schwarzem Schwanz* und *grauem Rücken* sowie *breit weiße Flügelbinden* kennzeichnend.– ♂: Gesicht und Kappe schwarz, *kräftig rosarote Unterseite,* aschgrauer Mantel.– ♀: Unterseite beigegrau, grauer Mantel leicht braun getönt.– JK (bis Sept./Okt.): Kopf ganz graubraun mit herausstechendem schwarzem Auge, beide Geschlechter unterseits wie ♀ beigegrau gefärbt.

STIMME Ruft kurz pfeifend oder flötend, tief, recht leise, mit meist melancholischem Klang, „püh", oder am Ende leicht abfallend „pjü", lokal auch deutlicher abfallend „pjü-u". Eine Variante mit dem Klang einer Kindertrompete könnte ihren Ursprung in Nordrussland haben. Kontaktrufe (manchmal beim Auffliegen) gedämpft wiederholt „bütt". Gesang weich, langsam, zögernd und vorsichtig vorgetragen, Mischung aus den Rufen ähnlichen, tief flötenden Tönen und erstickt quietschenden und kratzenden Lauten, gelegentlich zweisilbiges „phü-phü" oder lang gezogene, melancholisch absinkende Rufe „pjüüuh" eingefügt, einige Töne so leise, dass sie nur aus der Nähe zu hören sind, Gesang wirkt daher auf Entfernung noch zusammenhangsloser.

HAKENGIMPEL
A

Pine Grosbeak *Pinicola enucleator*

L 19-22 cm. Brütet in der Taiga, meist in alten, ungestörten Nadelwäldern mit einigen Birken und beerenreichem Unterwuchs. Wohl überwiegend Jahresvogel, in einigen Jahren Massenwanderungen südwärts bis Südskandinavien (meist Ende Okt.-Nov.), nur ausnahmsweise bis Mitteleuropa. Zur Brutzeit heimlich und unauffällig, im Winter recht furchtlos, dann gelegentlich Gruppen an Vogelbeeren. Nahrung Samen, Knospen und junge Sprosse z. B. von Fichten, Birken, auch Vogel-, Heidel- und Preiselbeeren, in dichten Wäldern Nahrungssuche häufig niedrig in Strauchschicht. Nest am Stamm, meist in Fichten.

KENNZEICHEN *Drosselgroß*, stämmige, untersetzte und halslos wirkende Gestalt, *langschwänzig. Kurzer, hoher Schnabel* mit geschwungenem First, *zwei weißliche Flügelbinden* (Große und Mittlere Armdecken mit breit weißen Spitzen und schmalen weißlichen Außenkanten) und *Schirmfedern außen mit weißen Säumen*, kontrastierend zu sonst grauschwarzen Flügeln. Tief wellenförmiger Flug kraftvoll und schnell.– Ad. ♂: Großteil des Gefieders *himbeerrot* (mit hellgrauem Einschlag), Mantel, Rücken und Oberschwanzdecken dunkel gefleckt.– ♀/1er W: *Gräulich gelborange* statt rot.

STIMME Ruft im Flug laut flötend „PLÜit" oder „dju-DJÜ", auch (besonders vor dem Auffliegen) vielsilbig „plüiDJIH, püllidiDJÜH" u. Ä. Gruppen rufen leise, schnell „bütt-bütt-bütt…". Hübscher Gesang mit einsamem Klang, sehr schnelle, rasch wiederholte, hohe, silberhelle Phrasen (2-3 s lang), unentschlossen zwischen zwei Tönen hin- und hervibrierend, Strophen in der Mitte häufig etwas mehr betont als an Anfang und Ende, erinnert entfernt an Bruchwasserläufergesang, z. B. „piliDÜ-piliüDI-piliDÜ-pilidiPÜ-pilüpiPI".

KERNBEISSER
BJZW

Hawfinch *Coccothraustes coccothraustes*

L 16,5-18 cm. Brütet in Laub- und Mischwald, bevorzugt alte, hohe Laubwälder mit vielen Eichen, Hainbuchen, Buchen, Eschen und Ulmen, auch gern in Obstbäumen, besonders Kirschen, deren Kerne er mit seinem kräftigen Schnabel knacken kann (Druckkraft 50 kp). Frisst auch Insekten. Jahresvogel, zieht aber auch. Sehr aufmerksam und scheu, verbringt viel Zeit in Baumkronen. Nest meist hoch in Laubbäumen, nahe am Stamm oder in Astgabel, recht offen.

KENNZEICHEN Recht großer Fink mit typischen Proportionen: *sehr kräftiger, dreieckiger Schnabel, großer Kopf,* dicker Hals, aber *kurzer Schwanz.* Gefieder vorwiegend *rostbraun und beige* mit schwarzer, weißer und grauer Zeichnung. Schnabel im PK grauschwarz mit blaugrauer Basis, im SK elfenbeinweiß oder blass gelbbraun. Schwungfedern metallisch glänzend blauschwarz, innere Handschwingenbasen mit keulenförmigen Verbreiterungen. Im Flug mit *breitem weißem Handflügelstreif* und *breit weißer Schwanzspitze.* Geschlechter ähnlich gefärbt, aber ♂ mit schwärzeren Schwungfedern, ♀ mit aschgrauen Armschwingen-Außenfahnen.– JK: Brust gräulich gelb, Bauch grob dunkel gefleckt.

STIMME Ruft sehr hart und knackend „pix!", mit fast elektrischem Klang, mit etwas Übung leicht von z. B. knatternden „tick"-Rufen des Rotkehlchens zu unterscheiden, oft in langsamem Tempo im wellenförmigen Flug wiederholt (ein „pix!" pro Wellenaufstieg), daneben auch unauffälliger „zrri" und „zih". Gesang recht leise, stockende Serie von „zih"- und „zrri"-Lauten.

Gimpel

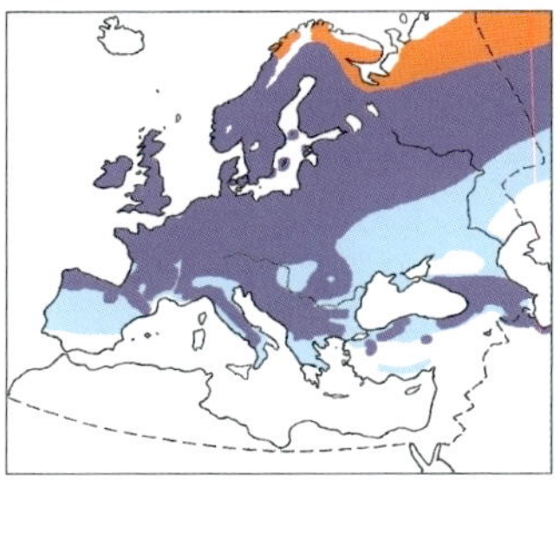

Hakengimpel

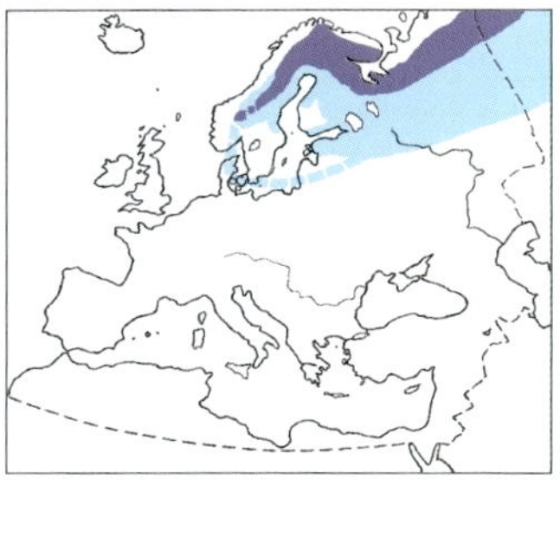

Kernbeißer

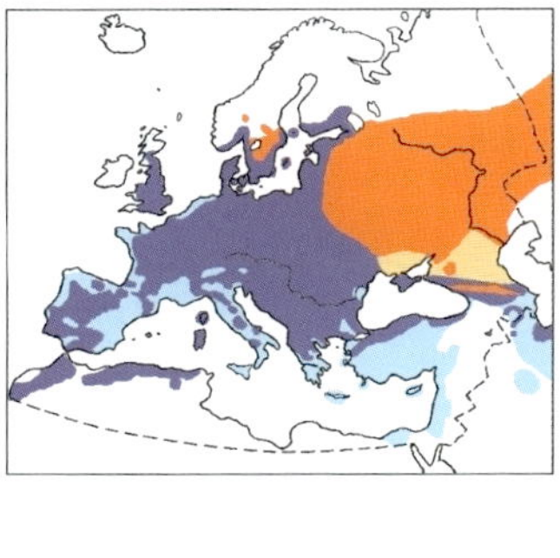

GIMPEL

HAKENGIMPEL

KERNBEISSER

DZ

KREUZSCHNÄBEL *Loxia*

Kräftige Finken mit großen Köpfen und Stiernacken, langen Flügeln, tief gekerbten Schwänzen und kräftigen Schnäbeln mit in Anpassung an das Öffnen von Zapfen gekreuzten Spitzen. Brutzeit oft früh im Jahr (Feb.-März). Meist Jahresvögel in nördlichen Nadelwäldern, aber regelmäßige, durch Nahrungsknappheit ausgelöste Massenwanderungen nach Süden und Westen. Bei der Nahrungssuche meist stumm (leicht zu übersehen, auf fallende Zapfen und rieselnde Samenflügel achten!), klettern geschickt wie Papageien. Fliegende Familienverbände machen durch laute, metallische Rufe auf sich aufmerksam. Flug wellenförmig.

FICHTENKREUZSCHNABEL BJZW

Common Crossbill *Loxia curvirostra*

L 15-17 cm. Brütet in Nadelwald, auch in kleineren Gruppen, bevorzugt Fichten. Häufigster und am weitesten verbreiteter Kreuzschnabel, aber Zahlen fluktuieren regional.

KENNZEICHEN Sehr ähnlich Kiefernkreuzschnabel, aber kleiner, mit proportional *kleinerem Kopf, dünnerem Hals* und *schlankerem Schnabel. Schnabel länger als hoch,* First nur sanft gebogen, *Unterschnabel schmaler als Oberschnabel* und *unten ohne deutliche S-Form.*– ♂ 1er W/1er S: Kopf, Unterseite und Bürzel ziegelrot mit variablem Anteil von Gelborange oder gräulich Grün (nicht streng altersabhängig).– ♀ 1er W/1er S: Graugrün oder matt gelblich grün, unterseits ungestrichelt, Bürzel oft blass gelb, Rücken und Kopfseiten bräunlich.– JK: Grau, unterseits kräftig gestreift, manchmal bis in den 1en W. (Seltene Variante mit schmalen hellen Flügelbinden, s. Bindenkreuzschnabel).

STIMME Stimmfreudig, Rufe laut und metallisch, recht hoch „glipp", meist in schneller Folge wiederholt „glipp-glipp-glipp…", klingen klickend, wie mit eingefügtem „I" nach einleitendem Konsonant, manchmal auch härter „kipp"; variieren in Tonhöhe und Lautstärke abhängig von Alter, Population, Stimmung, aber immer höher als Kiefernkreuzschnabel. Gesang erinnert an Kiefernkreuzschnabel, aber kenntlich an eingeflochtenen Rufen.

KIEFERNKREUZSCHNABEL A

Parrot Crossbill *Loxia pytyopsittacus*

L 16-18 cm. Brütet in Nadelwäldern mit hohem Kiefernanteil; frisst bei Evasionen auch an Fichten. Seltener als Fichtenkreuzschnabel. Nest hoch in Kiefern.

KENNZEICHEN Wenig größer als Fichtenkreuzschnabel mit proportional größerem Kopf, Schnabel und dickerem Hals, Gefieder wie dieser. Bestes Kennzeichen ist *größerer, dickerer Schnabel,* ungefähr *so hoch wie lang, Unterschnabel fast so hoch wie Oberschnabel,* First stärker gebogen, daher Spitze stumpfer, *Unterschnabel mit s-förmiger Unterkante und papageienartiger Ausbuchtung in der Mitte,* Unterschnabelspitze im Profil meist nicht hinter Oberschnabel zu sehen.

STIMME Stimmfreudig, ruft sehr ähnlich Fichtenkreuzschnabel, aber durchschnittlich *tiefer und härter,* nachhallender, oft weniger „klickend" mit härterem Anfangskonsonanten, „tüpp-tüpp-tüpp-…". Unterschiede sind mit Übung herauszuhören. Gesang Mischung aus gepressten Trillern und weichem Gezwitscher mit kennzeichnenden rufähnlichen Tönen, einige Motive schnell wiederholt.

SCHOTTISCHER KREUZSCHNABEL –

Scottish Crossbill *Loxia scotica*

L 15,5-17 cm. Brütet nur in Nordschottland in alten Kiefernwäldern. Jahresvogel, wandert offenbar nicht.

KENNZEICHEN Gefieder wie Fichten- und Kiefernkreuzschnabel, Größe, Gestalt, Schnabelgröße und Stimme intermediär. Am besten an Verbreitung und oft sichtbar kräftigerem Schnabel als Fichtenkreuzschnabel (aber Überschneidung) zu bestimmen. Innerhalb des Verbreitungsgebiets sind Kiefernkreuzschnäbel wohl kaum bestimmbar.

STIMME Rufe intermediär zwischen Fichten- und Kiefernkreuzschnabel.

BINDENKREUZSCHNABEL (b)A

Two-barred Crossbill *Loxia leucoptera*

L 14,5-16 cm. Nur in Russland regelmäßiger Brutvogel, in manchen Jahren auch in Finnland und Schweden. Bevorzugt Lärchenzapfen, nimmt im Winter oft Vogelbeeren.

KENNZEICHEN Gefieder ähnlich anderen Kreuzschnäbeln, aber ad. ♂ häufig intensiver himbeerrot gefärbt, Schulterfedern und Oberschwanzdecken mit dunkleren Zentren. Etwas kleiner als Fichtenkreuzschnabel (aber Überschneidungsbereich), Schnabel etwas schwächer. Am sichersten an Stimme und *breit weißen Flügelbinden* und *scharf abgesetzten weißen Schirmfederspitzen* bestimmbar.– Ad.: Durch sehr breite weiße Flügelbinden und Schirmfederspitzen unverwechselbar.– JK: Unterseite gräulich, kräftig gestreift. Flügelbinden und Schirmfederspitzen deutlich schmaler als bei ad. (Einige Fichtenkreuzschnäbel ebenfalls mit weißlichen Flügelbinden und Schirmfederspitzen, aber meist mindestens eine Flügelbinde unvollständig, Schirmfedern meist nur mit schmalen hellen Rändern statt mit breiten, scharf begrenzten weißen Spitzen).– 1er W/1er S: Einige erkennbar an noch vorhandenen juv. Flügeldecken und Schirmfedern mit wenig Weiß.

STIMME Ruf schwächer und höher als Fichtenkreuzschnabel, weniger metallisch „tjipp-tjipp-tjipp…". Daneben *kennzeichnender nasaler Ruf* wie gedämpfte Kindertrompete, „twiiht" (Kontakt-, Warnruf, seltener Flugruf). Gesang schnell, variationsreich, erlenzeisigähnlich zwitschernd.

Fichtenkreuzschnabel

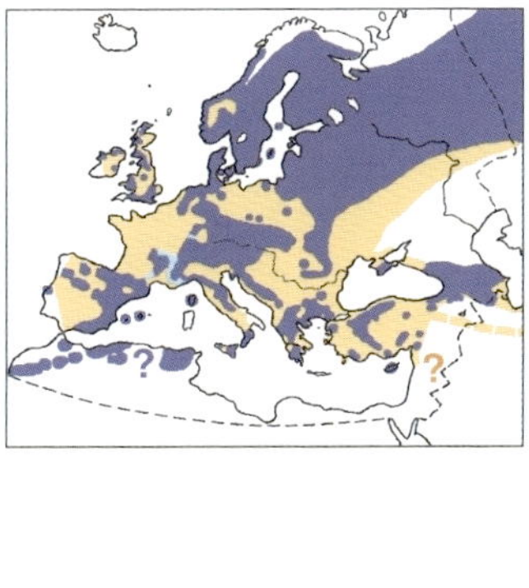

Kiefernkreuzschnabel

Schottischer Kreuzschnabel

Bindenkreuzschnabel

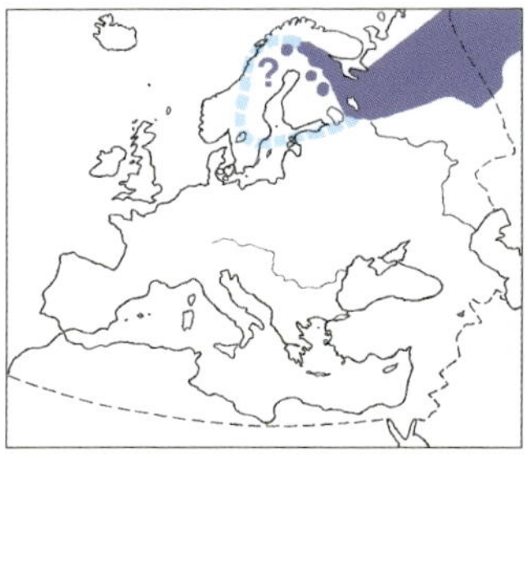

FICHTENKREUZSCHNABEL

KIEFERNKREUZSCHNABEL

BINDENKREUZSCHNABEL

DZ

KARMINGIMPEL BZ

Common Rosefinch *Carpodacus erythrinus*

L 13,5-15 cm. Brütet in Gebieten mit Laubsträuchern, üppigem Gebüsch, oft an feuchten Stellen und überwachsenen Seeufern, in Parks, kleinen unterholzreichen Gebüschen an Wasserläufen und Feldrändern, auch auf buschreichen Lichtungen in Laubwäldern. Sommervogel (meist Ende Mai-Aug.), überwintert in Indien. Ist erst in jüngerer Zeit aus Osteuropa eingewandert. Recht zutraulich, singt oft von exponierten Warten, sonst meist stumm und zurückgezogen, leicht zu übersehen. Nahrung überwiegend Samen, Knospen und Sprösslinge, auch Insekten. Nest niedrig in Büschen oder dichten, kleinen Bäumen.

KENNZEICHEN Knapp gimpelgroßer, etwas vorderlastiger Fink, Brust und Kopf/Hals kräftig, aber Hinterende schlank und Schwanz lang. *Schnabel kräftig.* Ausgefärbte ♂ durch rote Färbung und Gesang auffallend, alle anderen Kleider jedoch unscheinbar (und bei flüchtiger Begegnung leicht verwechselbar, z. B. mit Grauammer, Haussperling-♀, blassem jungem Goldammer-♀ usw.). Beachte aber Schnabelform, *kontrastlos braungraues* Gefieder, *einheitlich braungrauen Kopf,* diffuse Zeichnung auf Scheitel, Mantel und Unterseite, *zwei schmale, eher unauffällige helle Flügelbinden,* helle Schirmfederränder, kein Weiß im Schwanz.– Ad. ♂: *Brust, Kopf und Bürzel leuchtend karminrot,* helle Flügelbinden oft rosa.– ♂ 1er S: Meist ♀-ähnlich braungrau ohne Rot (meist nicht von ♀ zu unterscheiden), einige mit roten Federn und wenige bereits ähnlich ad. ♂, aber meist mit grauweißen Flügelbinden, einzelnen braungrauen Federn zwischen roten Gefiederpartien, einigen abgetragenen Flügel- und Steuerfedern.– ♀: Insgesamt braungrau, grauweiße Flügelbinden schmal.– JK: Wie ♀, aber frischeres Gefieder, etwas wärmer olivbraun, stärker dunkel gefleckt, Flügelbinden beige.

STIMME Ruf ansteigender Pfiff „wüIH", manchmal rauer und grünfinkenähnlich, aber meist mit weicherem Klang, manchmal auch von ziehenden Vögeln zu hören. Gesang eine typische, weiche Pfeifstrophe aus einigen rhythmisch verbundenen Silben, z. B. „WIDje-wüj-WIIDja" oder „WIDje-WÜDja-WÜJ" in mehreren Variationen und Dialekten. Bei Erregung und Balz auch leise, ekstatisch ratternde und zwitschernde Töne zwischen den Strophen.

EINÖDGIMPEL –

Sinai Rosefinch *Carpodacus synoicus*

L 13-14,5 cm. Brütet in Felswüsten in Wadis und Schluchten, lokal auch an Ruinen, gern in sehr kargen, felsigen Gebieten, benötigt Wasser in erreichbarer Entfernung. Jahresvogel. Mobil, Annäherung schwierig (lokal aber weniger scheu), besucht morgens (ca. 9.00 h) und nachmittags Trinkplätze, an heißen Tagen auch mittags. Manchmal in kleinen Gruppen (meist Familienverbänden). Nahrung Samen. Nest in Felsspalten, oft hoch an steilen Felswänden, manchmal näher am Boden.

KENNZEICHEN Größe und Gestalt sehr ähnlich Karmingimpel, aber *Schnabel etwas kleiner mit weniger gebogenem First.* In allen Kleidern *blass* und ohne auffallende Zeichnung, *Oberseite fast ohne Streifung, keine hellen Flügelbinden.*– Ad. ♂: *Gesicht rot, Unterseite, Kopfseiten und Bürzel blasser rosafarben,* braunerer Nacken und Mantel ebenfalls mit leichtem Rosaton, *Vorderscheitel, Scheitelseiten* und (etwas weniger) Ohrdecken *mit silbrig weißen Federspitzen.*– ♀/♂ 1er S: Fast einfarbig hell graubraun, wie trockener Lehm, Kopf etwas brauner, Flügeldeckensäume wenig heller als restlicher Flügel, kann mit jungem Wüstengimpel verwechselt werden. Einige jüngere ♂ (und vielleicht auch ad. ♀) zeigen etwas Rosa auf Kopf und Brust.

STIMME Ruft beim Auffliegen erstaunlich sperlingsartig „tjipp…tjipp…" (auch „tjiepp") mit hartem Ende, volle Stimme (mit Obertönen) erinnert gelegentlich an Bartmeise (z. B. in hallender Umgebung). Ruft stehend ratternd, schrill, haussperlingsartig schwatzend „wiht, tjeht tüwt, twiht-twiht …". Gesang (unvollständig bekannt?) teilweise als kurz, klar und melodisch beschrieben, auch als einfache Strophen aus sperlingsartig tschilpenden Lauten.

BERGGIMPEL –

Great Rosefinch *Carpodacus rubicilla*

L 19-20,5 cm. Alpiner Brutvogel in kahlen Gebirgen über 2.500 m (meist über 3.000 m), gerne in der Nähe von Gletschern an sonnigen, geröllreichen Hängen mit Gräsern und Löwenzahn. Jahresvogel, steigt im Winter je nach Schneelage bis ca. 1.000 m oder niedriger hinab, dann oft in mobilen kleinen Gruppen. Scheu, Annäherung schwierig. Brütet spät, oft nicht vor Ende Juli, Nest in Felsspalten oder unter Geröll.

KENNZEICHEN *Groß* wie Hakengimpel und ähnlich untersetzt. *Schnabel kräftig.* Flügel und Schwanz recht lang, Streckenflug tief wellenförmig. Gefieder recht *dunkel,* kann zusammen mit Größe und Flugweise an Drossel erinnern.– Ad. ♂: *Dunkel himbeerrot, auf Scheitel und Unterseite fein weiß gesprenkelt, schwärzliche Zügel- und Augenregion* erzeugt ernsten Gesichtsausdruck, hintere Ohrdecken mit rosaweißem Glanz, *Schnabel recht hell gelblich grau.*– ♀/♂ 1er S: Einheitlich bräunlich grau (ohne Rot), kräftig dunkel gestreift, Zügel, Augenumgebung und vordere Ohrdecken recht dunkel, Schnabel graubraun.

STIMME Ruf hoch, fröhlich klingend „twoi", oft im Flug. Warnruf unrein, voll, sperlingsähnlich „tjick". Gesang reine, klare Strophe in langsamem Tempo und etwas abfallend, z. B. „tjüIH, tjü-tjü-tjü twutwutwu-tsü", einige Strophen länger, Vortragsweise etwas variierend.

Karmingimpel

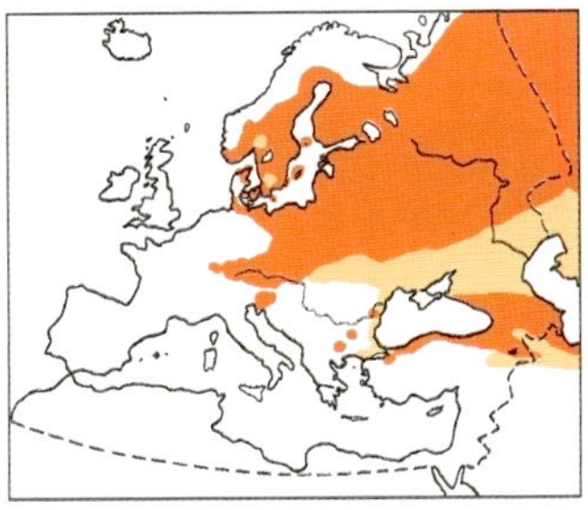

Einödgimpel

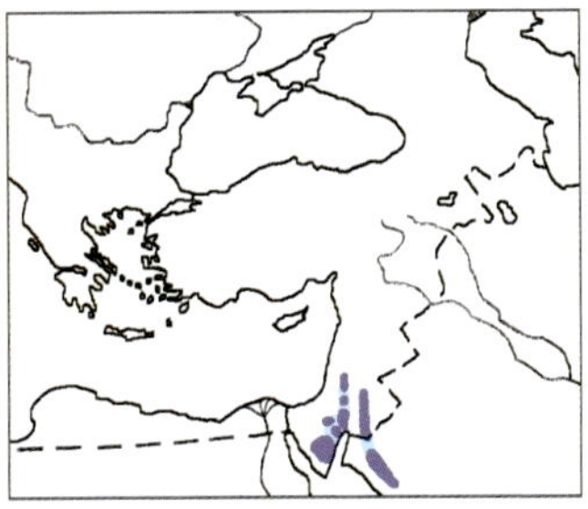

Berggimpel

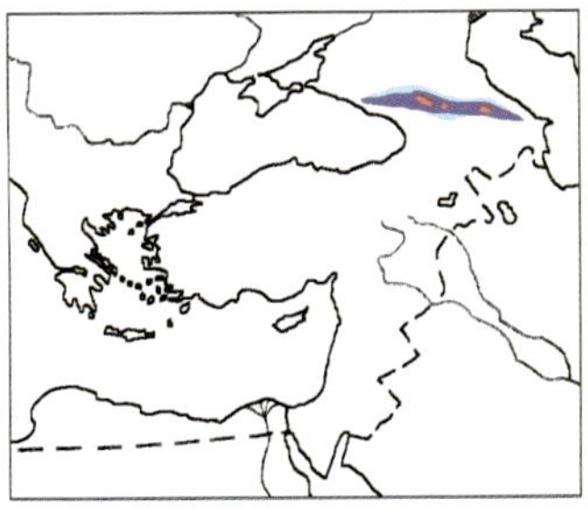

KARMINGIMPEL

EINÖDGIMPEL

BERGGIMPEL

DZ

WÜSTENGIMPEL

A

Trumpeter Finch *Bucanetes githagineus*

L 11,5-13 cm. Brütet in Felswüsten und Halbwüsten in niedrigen oder mittleren Lagen, auch in trockenen, vegetationsarmen Gebieten mit Wasserangebot. Recht häufig auf den Kanaren. Jahresvogel, aber mobil. Gesellig, aber Trupps meist klein. Bodennest in Spalten oder unter Vegetation.

KENNZEICHEN *Klein*, langflügelig, recht großköpfig, *kurzer*, aber *sehr dicker, kräftiger Schnabel, schmaler heller Augenring*, kontrastierend *dunkle* (fast schwarze), *schmal hell gesäumte Handschwingen- und Steuerfederspitzen*.– ♂ PK: Kennzeichnend *roter Schnabel*, *rosa Beine*, lebhaft *rosa Schwanzseitenbasen*, rosa Ton auf Bürzel, Bauch und hinteren Flanken, *Schwungfedern und Große Flügeldecken mit rosa Rändern*, ungestreift warm brauner Mantel, Gefieder sonst *einheitlich hell grau* (teilweise rosa überhaucht).– ♀/♂ SK: Schnabel hell gräulich gelbbraun, oft mit leichtem Rosaton, Beine hell ockerbeige, Gefieder etwas blasser, mit weniger Rosa und klarem Grau, mehr beige und braungrau getönt.– JK: Ohne Rosa.

STIMME Ruf kurz nasal „ahp“, unrein und trällernd (ähnlich Gesang, aber tiefer), häufig wiederholt, in Lautstärke und Tonhöhe variierend. Gesang besteht hauptsächlich aus eigentümlich nasalem und gedehnt summendem Ton, lautem, geradlinigem, rauem, metallischem Surren „äääääähp“, erinnert an Spielzeugtrompete, oft auf zwei verschiedenen Tonhöhen, häufig mit einigen kurzen, klaren Tönen beginnend oder endend, z. B. „tju tju zi äääääähp“.

MONGOLENGIMPEL

–

Mongolian Finch *Bucanetes mongolicus*

L 11,5-13 cm. Brütet in kahlen, felsigen Bergregionen über 2.000 m Höhe. Jahresvogel, teilweise in niedrigere Regionen ausweichend. Meist in kleinen Gruppen, nicht scheu.

KENNZEICHEN Ähnlich Wüstengimpel, aber etwas *kleinerer Schnabel* (besonders Basis weniger hoch) *gelblich braun* oder hell graubraun, nie rosa oder rot. *Kopf hellbraun wie Mantel* (nicht kontrastierend grau), in sämtlichen Kleidern *Oberseite* leicht, aber *deutlich dunkel gestreift* (statt fast ungezeichnet) und anderes Flügelmuster (bei ad. ♂, bei manchen ♀ schwerer erkennbar), im Flug *kurzer, breiter Streif auf Armschwingen* und *angedeuteter Streif auf Basen der Großen Armdecken*. Armschwingen mit breiteren hellen Spitzen als Wüstengimpel, bei zusammengelegtem Flügel meist *schmaler weißlicher Fleck auf Armschwingen* erkennbar.

STIMME Flugruf ein ansteigender Laut, gefolgt von einer kurzen Silbe, „tu-wüiit“, auch kürzer „twüi“ oder „tui“. Gesang eine wohlklingende, melodische, kurze Strophe, z. B. „wiit-wüah…vreüah“, wird langsam wiederholt.

ROTFLÜGELGIMPEL

–

Crimson-winged Finch *Rhodopechys sanguineus*

L 13-15 cm. Alpine Art kahler Gebirge in 1.700-3.300 m Höhe (lokal ab 1.100 m), im Winter oft niedriger. Bewohnt steile Abhänge, Schluchten und fast vegetationsfreie Geröllhänge. Gesellig, ganzjährig in kleinen Gruppen. Mobil, Nahrungssuche und Trinken oft weit vom Brutplatz, meist recht scheu. Nest in Felsspalten oder -höhlen.

KENNZEICHEN *Großer Kopf, dicker Hals, schwerer, dreieckiger Schnabel, kurzer Schwanz* und *lange Flügel. Ausgedehnt rosa Basen der Schwungfedern und Handdecken* bilden Flügelfeld, auch am zusammengelegten Flügel sichtbar, *schwarzer Scheitel* (im frischen Gefieder teilweise von hellen Säumen verdeckt), Kehle braun wie Kopfseiten, *Brust, Flanken und Oberseite braun, Flanken und Mantel dunkel gefleckt*. Geschlechter ähnlich, ♀ matter gefärbt.– Unterart *alienus* (Atlas) etwas größer, unterseits weniger Kontrast zwischen rötlicher Brust/Flanken und beigeweißem Bauch, Mantel und Flanken fleckenlos, Bürzel dunkler rötlich statt rosa, *Kehle oft hell* rosabeige, Nacken gräulicher.

STIMME Ruft sonor „tjivLI“ und „tju-tjeLÜTT“ (ähnlich Heidelerche), etwas schrill „djuWÜ-djuWÜ“ und höher „pitja“. Gesang von Warte oder in wellenförmigem Singflug schnelle, recht kurze und rhythmische Strophe ziemlich konstant wiederholt, gekennzeichnet durch Rhythmus und sonoren, musikalischen Klang, gegen Ende gelegentlich lang gezogene, betonte Laute, z. B. „tjodlü-tjodlü-udle-FRIIIH-tjodlü“, im Flug auch kürzere Strophen.

WEISSFLÜGELGIMPEL

–

Desert Finch *Rhodospiza obsoleta*

L 13-14 cm. Brütet in offener, trockener, meist flacher Landschaft, oft bei bewässerten Plantagen, Oasen usw. Überwiegend Jahresvogel. Oft in Kleingruppen, steht anders als Wüstengimpel gern auf Bäumen, Nahrungssuche aber meist am Boden. Nest in Büschen oder Bäumen.

KENNZEICHEN *Sandfarben* mit charakteristischer Flügel- und Schwanzzeichnung: *schwarze, fein weiß gerandete Handschwingenspitzen*, am zusammengelegten Flügel *großes weißes und rosafarbenes Flügelfeld*, nur unterbrochen vom Schwarz der Alula und Spitzen der Großen Handdecken.– ♂: *Schirmfedern schwarz*, schmal weißlich gesäumt, *Schnabel schwarz. Zügel schwarz* bei ad., hell im 1en W. – ♀: Schirmfederzentren, Schnabel und Zügel graubraun.

STIMME Drei häufige Rufe: brodelnd, am Ende fallend „drrr'r“, gebogen „twoi (oder „twio“), an Karmingimpel erinnernd, und trällernd, an Berghänfling und Steinsperling erinnernd „dweüüt“. Gesang weiche, zögernde Folge kurzer, ungleichmäßiger Töne, manchmal mit eingewobenen langen, summenden, wüstengimpelähnlichen Lauten.

Wüstengimpel

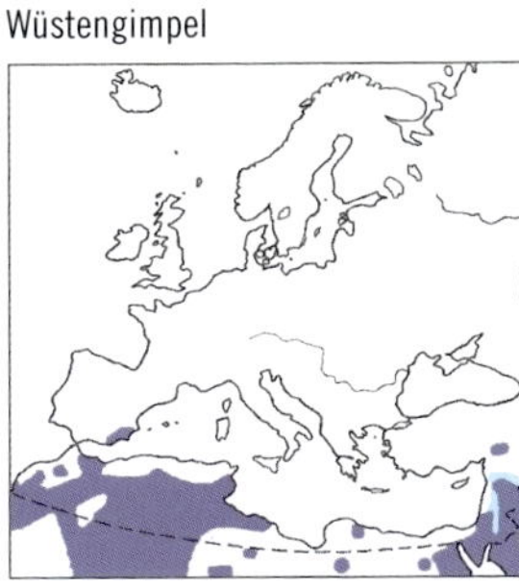

Mongolengimpel

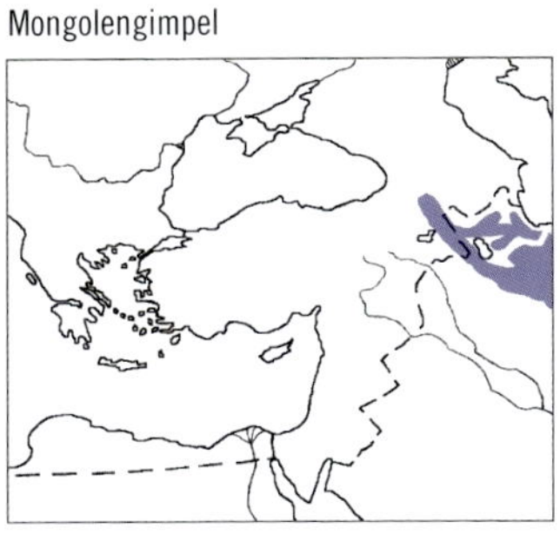

Rotflügelgimpel

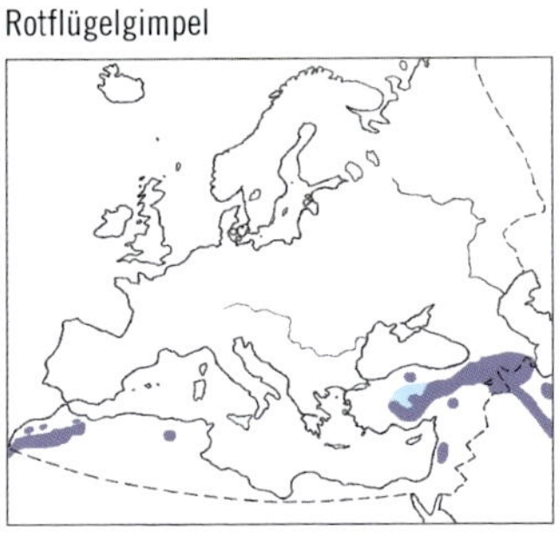

Weißflügelgimpel

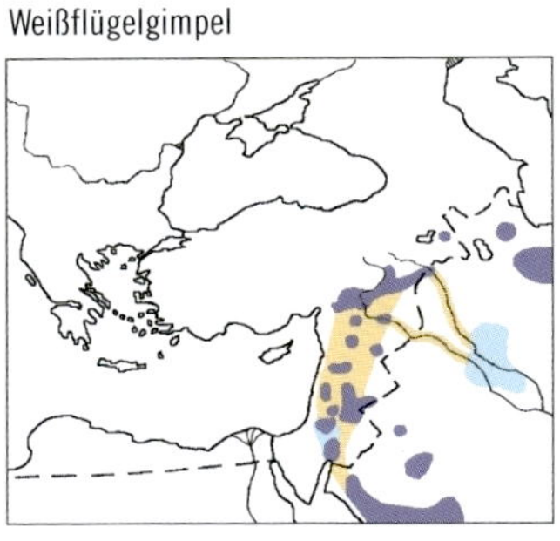

WÜSTENGIMPEL

MONGOLENGIMPEL

ROTFLÜGELGIMPEL

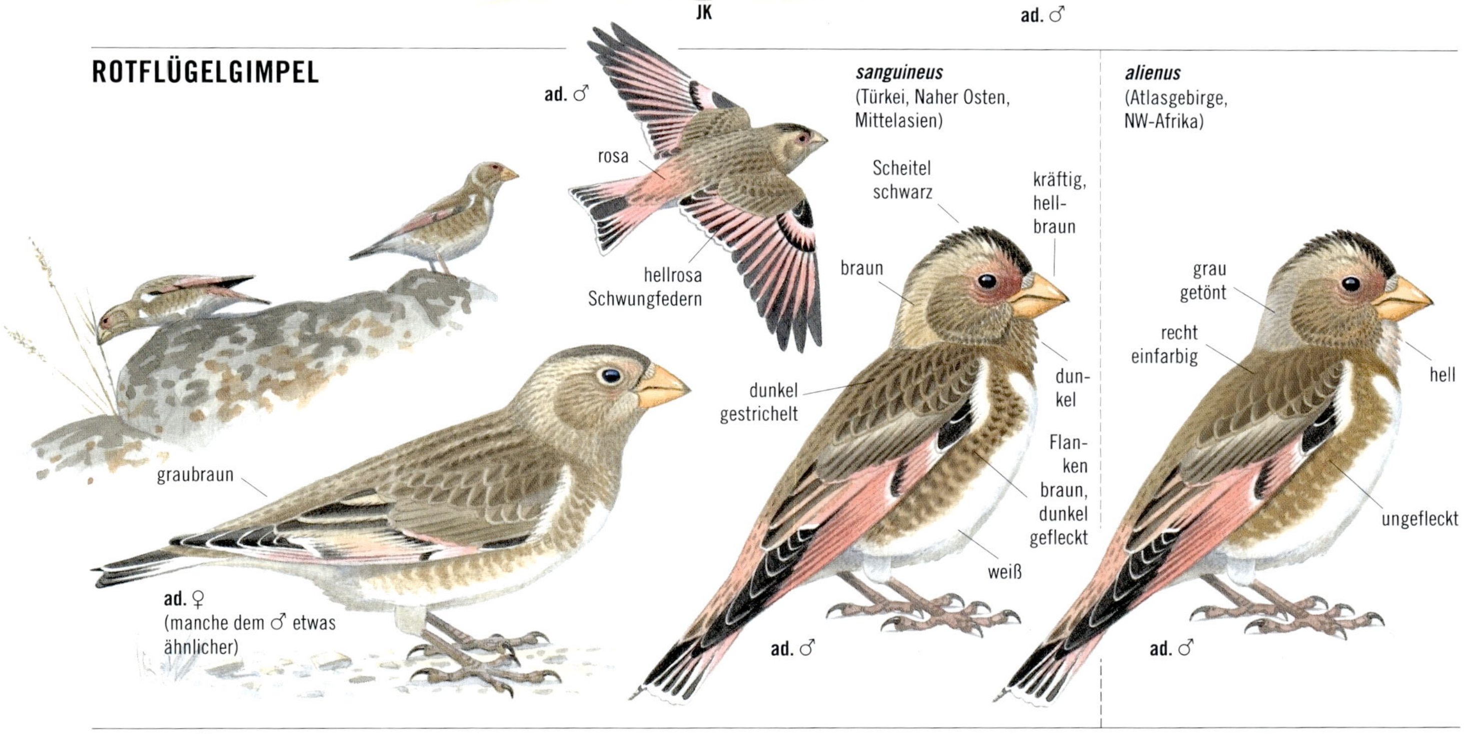

WEISSFLÜGELGIMPEL

DZ

AMMERNVERWANDTE
Emberizidae

Mehr am Boden als die verwandten Finken. Die europäischen Arten gehören zur Gattung *Emberiza*, haben kegelförmige Schnäbel und eine charakteristische Gefiederfärbung und -musterung. Artkennzeichnende Gesänge laut und oft eher kurz. Überwiegend Zugvögel. Bevorzugte Nahrung Grassamen. Nest in Grasbüscheln oder niedrig in Büschen.

ROHRAMMER BZW
Common Reed Bunting *Emberiza schoeniclus*

L 13,5-15,5 cm. Brütet in Schilfgebieten, hohen Binsenbeständen, Gebüschen auf feuchtem Untergrund oder an Gewässerrändern, auch auf trockeneren Flächen (mit jungen Koniferen, Rapsfeldern u. a.). Sommervogel (März-Okt.), in Westeuropa Teilzieher. Nur auffällig, wenn ♂ frei von Warte aus singt. Fliegt in hüpfendem, ungleichmäßigem Flug auf und verschwindet schnell wieder in Deckung.

KENNZEICHEN Mittelgroße Ammer. *Schnabel* klein (außer in Südosteuropa und am Schwarzen und Kaspischen Meer, dort größer und kräftiger) und *dunkel. Gefieder überwiegend braun und beigeweiß mit dunkler Streifung* und *weißen Schwanzkanten.*– ♂ PK: Leicht kenntlich an *schwarzem Kopf und Kehle* mit *rein weißem Nackenband* und *schmalem weißem Bartstreif.*– Andere Kleider: Beiger Überaugenstreif, Scheitel und Ohrdecken graubraun. ♂ meist an düsterer oder ungleichmäßig schwarz gefleckter Kehle erkennbar, ♀ mit ungefleckt beiger Kehlmitte und auffallendem schwarzem Kinnstreif. Randdecken rötlich braun. Ohrdecken immer düster (statt rotbraun). Beine rotbraun oder schwarz (dunkler als bei Zwergammer).

STIMME Ruft hoch, sanft abfallend „siü“, oft im Herbst auch etwas unrein klingelnd „bzü“, manchmal kurz, scharf „zi zi…“. Gesang kurze, einfache Strophe, meist in langsamem Tempo aus einigen scharf rollenden Einzeltönen und mit einigen schnelleren Rufen oder kurzem Triller endend, z. B. „sripp, sripp, sriA, srisriSIRR“, im Detail variabel und gelegentlich schnell, aber immer kennzeichnend.

PALLASAMMER –
Pallas's Reed Bunting *Emberiza pallasi*

L 12-13,5 cm. Brütet in ähnlichen Lebensräumen wie nördliche Rohrammerpopulationen in niedriger Tundravegetation an Wasserläufen, auch in offenem Lärchenwald am Tundrarand. Sommervogel, überwintert in Südostasien, Rückkehr erst Mitte Juni. Verhalten ähnlich Rohrammer.

KENNZEICHEN Wie kleine Ausgabe der Rohrammer, aber *kleiner* (nicht größer als Zwergammer), *schmalerer, schwächerer Schnabel* mit in ♀-ähnlichen Kleidern *rosa Unterschnabelbasis* (bei Rohrammer kräftiger und dunkler), *aschgraue* (♂) *oder matt braune* (♀) *Randdecken.* ♀-farbene Vögel auf *Brust und Flanken fast ungestreift,* dadurch dunkler Kinnstreif hervorgehoben, *zwei beigeweiße Flügelbinden* (deutlicher als bei Rohrammer), *Scheitel und Ohrdecken einfarbig braun* (Rohrammer mit dunkel eingerahmten Ohrdecken und oft dunklen Scheitelseiten), meist erkennbar *blassere, eher gelbbeige Grundfärbung* (einige östliche Rohrammern aber ähnlich hell). Geschlechtsbestimmung wie bei Rohrammer; ad. ♂ mit kontrastierend grauweißem Bürzel (aber auch bei einigen Rohrammern aus Südostrussland).

STIMME Ruft recht voll, sperlingsartig, etwas abwärts gezogen „tschialp“ und leicht raspelnd „tschirp“, soll auch rohrammerähnlicher fein „dsiu“ rufen. Gesang sehr *einfach und monoton,* aus einer Folge gleichartiger, energischer Töne „srih-srih-srih-srih-srih“, kaum variiert.

ZWERGAMMER A
Little Bunting *Emberiza pusilla*

L 12-13,5 cm. Brütet in Nordosteuropa in der Taiga, oft an Lichtungen und lichten Nadelwäldern mit einzelnen Birken und Weiden, auch in hoch gelegenen Birkenwäldern mit einigen Fichten, meist in Gewässernähe. Seltene, aber regelmäßige Ausnahmeerscheinung in Mittel- und Westeuropa (meist Sept.-Okt.). Verbringt viel Zeit am Boden.

KENNZEICHEN *Klein.* Hat im PK *rotbraunen Kopf* mit *schwarzem Scheitelseitenstreif* und *weißem Augenring.* Im Herbst leicht mit ♀-farbiger Rohrammer zu verwechseln, aber anderer *Ruf,* deutlicherer *weißer Augenring, Ohrdecken, Zügel und vorderer Überaugenstreif einheitlich warm rotbraun, hintere Ohrdecken meist mit kleinem hellem Fleck* und schmal schwärzlicher Begrenzung, *kein den Schnabel erreichender Wangen- oder Augenstreif, deutlicher heller Scheitelstreif zwischen dunklen Scheitelseiten,* proportional *längerer Schnabel* mit *geradem First,* deutlichere beigeweiße Flügelbinden, graubraune Randdecken, stets rosa Beine. Geschlechter gleich gefärbt (individuelle Variation größer als Tendenz zu deutlicherer Kopfzeichnung bei ad. ♂).

STIMME Ruft scharf kurz „zick“, Lautstärke stimmungsabhängig. Gesang melodisch, recht kurz und hoch, aus klaren und kratzenderen, härteren, rollenderen Klängen bestehend, wie „trütrütrütrü srrri tüüj siwi-siwi tju si“ oder „siTRÜ-siTRÜ-siTRÜ srisrisri swi-swi-sürrr“.

GELBBRAUENAMMER –
Yellow-browed Bunting *Emberiza chrysophrys*

L 13-14 cm. Extrem seltene Ausnahmeerscheinung aus Ostsibirien; wenige Beobachtungen Ende Sept./Okt.

KENNZEICHEN Fast so groß wie Waldammer, recht *großköpfig,* kräftiger *Schnabel mit geradem First und rosa Unterschnabel.* PK unverwechselbar: *leuchtend gelber Überaugenstreif, schwarzer Scheitel* mit *schmalem weißem Scheitelstreif.* Im Herbst mehr wie Zwerg- und Waldammer, aber mit *gelb angehauchtem Überaugenstreif, angedeutetem weißem Scheitelstreif, Brust und Flanken schmal, aber deutlich schwarz gestreift.*

STIMME Ruft durchdringend, scharf „zick!“ (wie Zwergammer).

Rohrammer

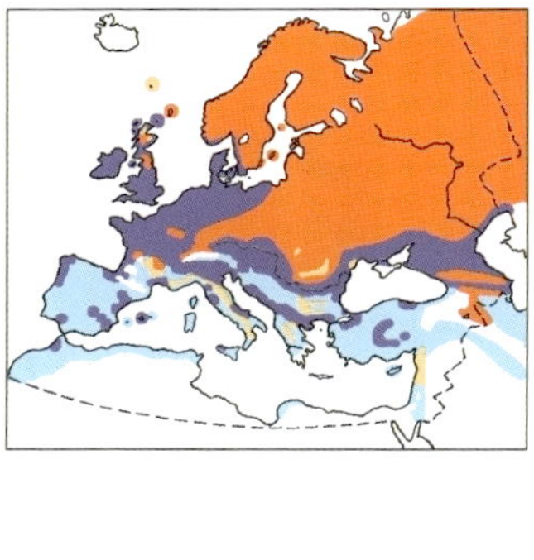

Pallasammer

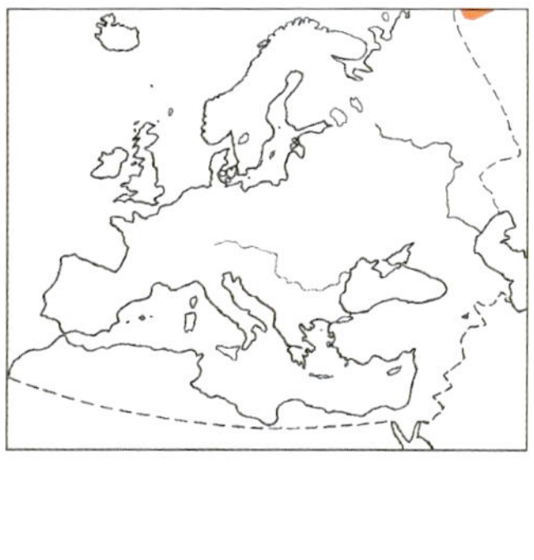

Zwergammer

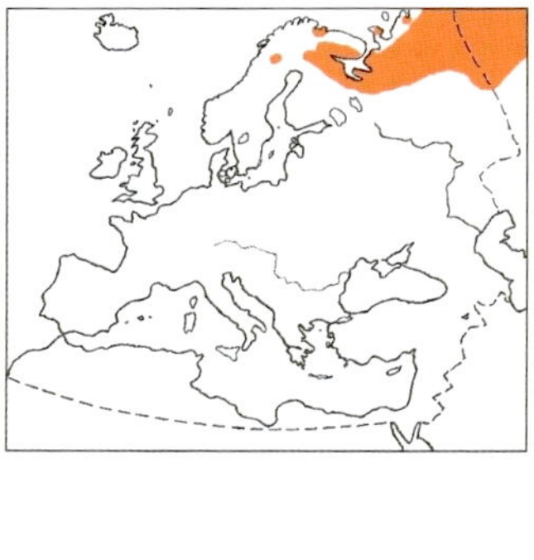

ROHRAMMER

PALLASAMMER

ZWERGAMMER

GELBBRAUENAMMER

SCHNEEAMMER W

Snow Bunting *Plectrophenax nivalis*

L 15,5-18 cm. Brütet in nördlichen hochalpinen Lebensräumen in geröllreichen, kahlen Bergregionen, auch entlang steiniger Küsten und in offenen, baumlosen Heiden und Tundra. Sommervogel (März-Okt.), Wintergast an Nord- und Ostseeküste, seltener im Binnenland, oft zwar zutraulich, aber ständig in Bewegung in großen Trupps an Spülsäumen und auf Wiesen.

KENNZEICHEN *Großes weißes Feld auf innerem Flügel* und Schwanzseiten blitzen im Flug auf. Kann nur im Süden mit Schneesperling (S. 374) verwechselt werden, beachte aber Verbreitung, Lebensraum, weniger Weiß im Schwanz, deutlicheres Kopfmuster usw.– ♂ PK: Unverkennbar, *Kopf und Unterseite vollständig weiß, ganz schwarzer Mantel.*– ♀ PK: Scheitel, Ohrdecken und Brustseiten diffus dunkel, Mantel braun gefleckt.– JK: Deutlich anders gefärbt, *Kopf grau*, Brust diffus schmutzig grau; JK wird vor Wegzug gemausert.– SK/1er W: *Rostfarben gelbbraune Töne* auf Brust-, Kopfseiten und Scheitel/Nacken, Mantel gelbbraun, schwarz gestreift, *Schnabel strohgelb mit dunkler Spitze*; ♂ mit mehr Weiß auf Schwungfedern und Flügeldecken (Letztere oft weiß mit schwarzen Spitzen, Alula schwarz, daher im Flug isolierter dunkler Fleck an Flügelvorderkante) und mit schwärzerer Flügelspitze als ♀.– Isländische Vögel *(insulae)* im Vergleich zu skandinavischen *(nivalis)* mit etwas dunklerem Gefieder und dunkleren Handdecken (auch bei ♂ oft braun).

STIMME Ruft im Flug rollend, fast haubenmeisenartig „per'r'r'rit", auch weicherer, aber bestimmt klingender Pfiff (meist von Einzelvögeln), „pjüu", erinnert an Flussregenpfeifer, in dichten Schwärmen oder bei Revierstreitigkeiten rau „bersch". Gesang kurzes Gezwitscher mit *klarem und einsamem Klang* (ähnlich Wald- und Spornammer, härter als Erstere), z. B. „SWIto-swÜÄ-wiTÜty-süWÄH".

SPORNAMMER ZW

Lapland Bunting *Calcarius lapponicus*

L 14-15,5 cm. Brütet in hoch gelegenen, weidengebüschreichen Gebieten, meist an feuchten Stellen, auch auf kahlen Bergen, Heiden, Tundra und großen, offenen Mooren mit Zwergbirken, Kriechweiden und niedrigen Gebüschen. Sommervogel (Mai-Sept.), überwintert hauptsächlich in südrussischer Kultursteppe, seltener in Westeuropa, dann besonders an Küsten. Meist einzeln oder in Kleingruppen, meist am Boden, recht aufmerksam, läuft davon oder duckt sich und fliegt aufgescheucht meist hoch ab, Flug kraftvoll.

KENNZEICHEN Recht *kräftig gebaute*, mittelgroße Ammer mit *auffallend großer Handschwingenprojektion, recht dickem, kurzem Schnabel* und *langer, gerader Hinterkralle; Schnabel strohgelb mit dunkler Spitze* (im JK etwas dunkler und grauer), Beine recht dunkel, braun.– ♂ im PK unverwechselbar, Kopf und Brust schwarz, weißer Überaugenstreif zieht sich hinter den Ohrdecken bis zu den Brustseiten, Nacken rotbraun, Bauch weiß, auch ♀ dann mit *rotbraunem Nacken, diffus grauweißem Fleck auf Vorderbrust,* hellem Schnabel.– Im frischen Herbstgefieder ähnlich Rohrammer, aber *breit rotbraune Schirmfederränder und Große Armdecken,* Letztere bei zusammengelegtem Flügel rotbraunes, von *zwei schmalen hellen Flügelbinden* eingefasstes Feld bildend, heller Schnabel, *heller, graubrauner Scheitelstreif* (heller und deutlicher als bei Rohrammer), *graubrauner, stark gestreifter Bürzel,* manchmal *rotbrauner Nacken;* Geschlechter und Alterskleider im Herbst einander sehr ähnlich, ad. ♂ manchmal an angedeutet rotbraunem Nacken und dichter dunkler Brustfleckung (statt vereinzelten Flecken) erkennbar.

STIMME Recht ruffreudig, im Flug (oft beim Auffliegen) trocken rollend „pr'r'r'rt", etwas härter und trockener als Schneeammer, kurzer Pfiff „tju" (manchmal sehr ähnlich „pju" der Schneeammer), daneben etwas rauer und nachdrücklicher „tjüb" (oft im Flug, auch von nachts ziehenden Vögeln), am Brutplatz nervös zweisilbig „tihü". Gesang kurze, recht konstant *klingelnde Strophe* mit einsamem Klang, z. B. „kretle-KRLII-trr kritle-kretle-trü", etwas an Ohrenlerche erinnernd, aber ohne deren zögernde Einleitung; gelegentlich hoher Singflug mit gefächertem Schwanz und kurzem Rütteln.

WALDAMMER A

Rustic Bunting *Emberiza rustica*

L 13-14,5 cm. Brütet in sumpfigen Nadelwäldern mit zahlreichen Laubbäumen und in überfluteten Laubwäldern. Sommervogel (Mai-Sept.), überwintert in Südostasien. Leicht zu übersehen, meist einzeln oder in kleinen Gruppen.

KENNZEICHEN Größe wie Rohrammer, unterscheidet sich durch *weißen Bauch, einfarbig rotbraunen Bürzel, rotbraune Flankenfleckung,* rosabraune Beine, *langen Schnabel mit geradem First und rosa Unterschnabel.*– ♂ PK: *Brustband und Nacken rotbraun, Oberkopf schwarz mit weißem Überaugen- und Bartstreif, kleiner weißer Fleck im Nacken.*– ♀ PK: Scheitel und Ohrdecken braun gefleckt, Überaugenstreif schmutzig weiß, Nacken weniger ausgedehnt rotbraun; einige sehr ähnlich ♂.– SK/1er W: Schwarze und rotbraune Gefiederpartien teilweise von beigebraunen Federrändern verdeckt; wie Zwergammer oft mit *dunkel begrenztem, weißlichem Fleck auf hinteren Ohrdecken* und *deutlichem hellem Überaugenstreif.* Geschlechts- und Altersbestimmung im Herbst kaum möglich.

STIMME Ruf kurz und durchdringend „zit", schärfer als Singdrossel, spitzer als Rotkehlchen. Gesang oft in hellen Nächten vorgetragen, unverkennbar durch *weichen, schwermütigen und melodischen Klang* ohne harte und scharfe Töne, in *flottem Rhythmus,* z. B. „DUU-dele-DÜÜdo-deLUU-deLÜ".

Schneeammer

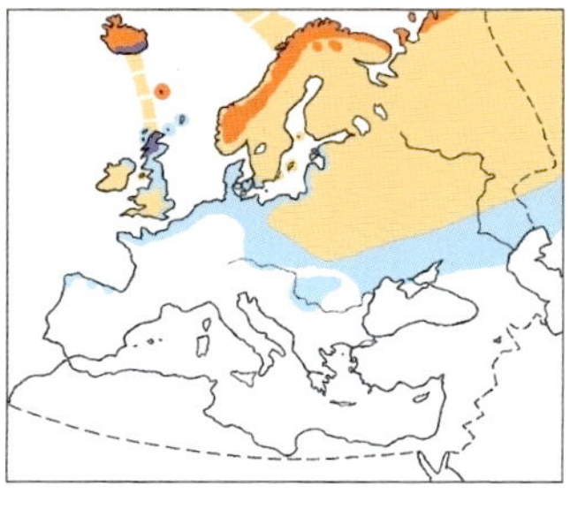

Spornammer

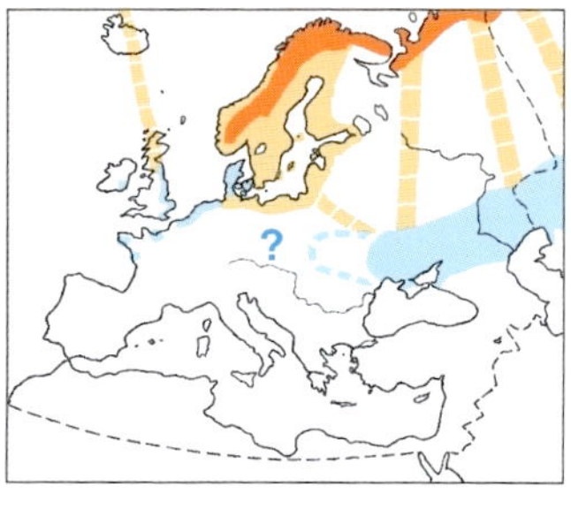

Waldammer

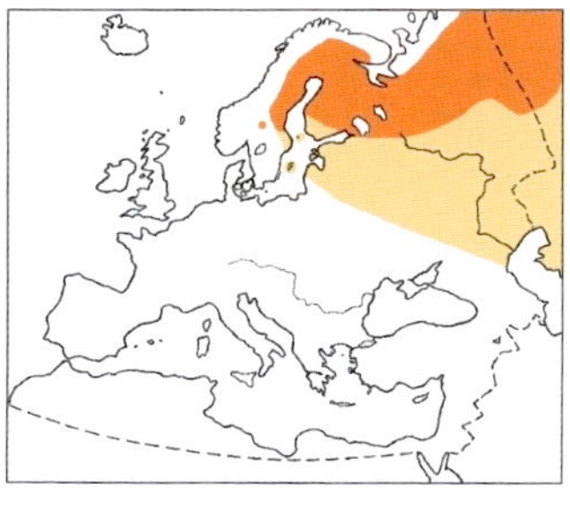

SCHNEEAMMER

SPORNAMMER

WALDAMMER

im Herbst kann die Unterscheidung von Rohr- und Waldammer schwierig sein; einige hilfreiche Unterscheidungsmerkmale sind rechts dargestellt

ORTOLAN BZ

Ortolan Bunting *Emberiza hortulana*

L 15-16,5 cm. Brütet im Tiefland in landwirtschaftlich genutzten, oft sandigen Gebieten mit Laubbaumgruppen und Gebüschen, in offenen, baumreichen Weidelandschaften und auf Kahlschlägen; in Südeuropa, der Türkei und im Kaukasus auch in Bergregionen meist auf Lichtungen und an Waldrändern oft über 1.500 m. Sommervogel (meist Apr.-Sept.), überwintert im tropischen Afrika, Nachtzieher. Nahrungssuche am Boden, gern auf trockenen, kurzrasigen Flächen, recht scheu und wachsam, flüchtet frühzeitig in Deckung.

KENNZEICHEN Mittelgroße, schlanke Ammer, *Schnabel recht lang, beigerosa*, First etwas dunkler und gerade, Beine beigerosa. In allen Kleidern *deutlich gelblich weißer Augenring, kräftig dunkel gestreifter, graubrauner Mantel, dunkler Kinnstreif auf hellgelbem Grund* (juv. jedoch bis Juli/Aug. ohne Gelb), *Flanken und Bauch* mit variablem, deutlich *orangebraunem* Farbton (außer JK), *Kopf und Nacken* meist *oliv getönt, graubrauner, gestreifter Bürzel*.– ♂ PK: Kopf, breites Brustband und schmaler Kinnstreif *ungefleckt olivgrau*, Bauch und Flanken *tief orangebraun*.– ♀ PK/SK: Scheitel, Brust und Kinnstreif *fein dunkel gefleckt*, olivgraues Brustband schmal und undeutlich, Orangefärbung unterseits manchmal schwächer; einige ♂ im SK ähnlich PK.– 1er W: Kopf braungrau (ohne Grünstich) und deutlich gestreift, Kinnstreif, Brust und obere Flanken kräftig gestreift, Augenring beigeweiß, Kinn beigegelb.

STIMME Ruft metallisch, fast zweisilbig „sli-e", auch etwas holprig, aus der Entfernung fast klickend „tju", beide Rufe abwechselnd mit 2 s Abstand geäußert, z. B. von nachts durchziehenden Vögeln; auch klarer klickend „plett", z. B. beim Auffliegen. Gesang eine klare Strophe mit typisch *klingelndem Klang* und mit wiederholten Silben, die nach einer halben Strophe gewechselt werden, teils *wie Echo klingend*, wie „srü-srü-srü-srü-drö-drö-drö" oder „sia sia sia drü drü", „Echosilben" oft etwas tiefer. Viele regionale Dialekte, bergbewohnende Vögel Südeuropas am Beginn klingelnd mit meist abgebrochenem, zu lang gezogener Endsilbe verkürztem zweitem Teil, „srü-srü-srü-srü-tjuuüj" (Verwechslungsgefahr mit Grauortolan, s. u.).

GRAUORTOLAN a

Cretzschmar's Bunting *Emberiza caesia*

L 14-15,5 cm. Brütet an sonnigen und trockenen, kahlen Berghängen mit Felsen, Gras und Dornensträuchern, meist küstennah, im gemeinsamen Verbreitungsgebiet mit Ortolan eher (aber nicht immer) in niedrigen Lagen, meist unter 1.350 m. Sommervogel (meist Mitte Apr.-Aug.), überwintert südlich des Roten Meeres. Nachtzieher; meist auf dem Boden oder niedrigen Steinen, singt aber auch von niedrigen Büschen; nicht scheu.

KENNZEICHEN Etwas kleiner als Ortolan, Gestalt ähnlich, *Schnabel etwas kürzer*, auch Gefieder ähnlich, aber *Kopf, Brust und Kinnstreif bleigrau* (statt grüngrau), *Kinn und Bartstreif rostrot* oder weiß (statt fahl gelb), deutlicher *Augenring weiß* (nicht gelblich), *Bürzel rotbraun*, intensiv gefärbt und ungestreift bei ad. ♂, matter bei ad. ♀ und nur rotbraun angehaucht und gestreift im 1en W.– Ad. ♂: *Sehr dunkel orangebraune Unterseite*, aus der Entfernung wirken Brust und Kehle dunkler als Bauch (nie bei Ortolan).– ♀: Blasser als ♂.– 1er W: Sehr ähnlich Ortolan, aber Kehle und Augenring weißer, Bürzel schwach rotbräunlich.

STIMME Ortolanartige Rufe, deutliche regionale Unterschiede, meist zu erkennen an scharf raspelnden („tsrip") und melancholischen, recht tiefen, voll pfeifenden, leicht abwärts gezogenen Tönen („tjüu"), auch trockener, sehr ähnlich Ortolan „plett". Gesang recht ähnlich südeuropäischen Ortolanen, gleiche Struktur mit (2-)3 wiederholten, kurzen Silben und lang gezogenem Schlusston, „dji dji dji DJÜÜ" oder etwas schneller „si-si-si-SIÜÜH", stets ohne angenehm klingelnden Klang am Beginn, einige Vögel wechseln mit rau (fast asthmatisch) klingenden Strophentypen ab, „tcha-tcha-tcha-TCHEEH".

STEINORTOLAN A

Grey-necked Bunting *Emberiza buchanani*

L 14-15,5 cm. Brütet auf kahlen Berghängen oder Hochplateaus mit Felsen, karger Vegetation und einzelnen niedrigen Büschen, meist über 2.000 m. Ähnliche Habitatansprüche wie Zippammer oder südeuropäische Ortolane. Sommervogel (in Osttürkei meist Ende Apr.-Sept.), überwintert in Indien. Ruhig, nicht scheu.

KENNZEICHEN Ähnlich Grauortolan, aber *etwas langschwänziger. Schnabel lang und schmal, ganz rosa* (ohne dunklen First), *Augenring weiß, Mantel* stets *unscheinbar gestreift,* in frischem Gefieder recht *einheitlich braungrau* wirkend, *Bürzel einfarbig braungrau*, manchmal angedeutet gestreift.– Ad. ♂: Gräulicher Kopf (schmutzig grau, manchmal aschgrau), *kleiner weißlicher Kehlfleck* und schmutzig weißer, langer Bartstreif, *kalt rotbraune Brust* (im SK mit weißlichen Säumen), *bräunlich weißer Bauch, rotbraune Schulterfedern*.– Ad. ♀: *Matter*, Brust und Scheitel *fein gestrichelt*.– 1er W: Bürzel matt braun ohne Rostton, Mantel nur mäßig gefleckt, beachte schmalen, spitzen Schnabel und weißen Augenring.

STIMME Ruft ähnlich Grauortolan und Türkenammer, kraftvoll „tschüpp" und höher, schärfer „zrip", beide Rufe variiert und abwechselnd vorgetragen. Gesang am ähnlichsten Türkenammer, einfache, kurze Serie mit etwas kratzender Stimme (meist nicht so schön summend wie Ortolan) „srüsrüsrü SRIH-srusru" oder „srisrisri-suSRIIH-sria", auch in größerem Tonbereich „tru-trü-TRI tre-tra", *oft auf drittletzter Silbe betont.*

Ortolan

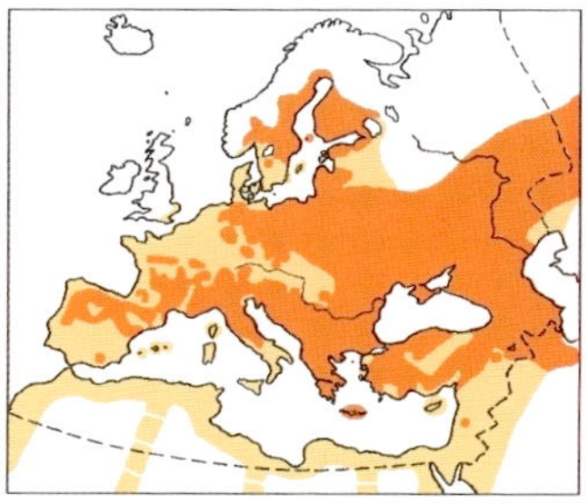

Grauortolan

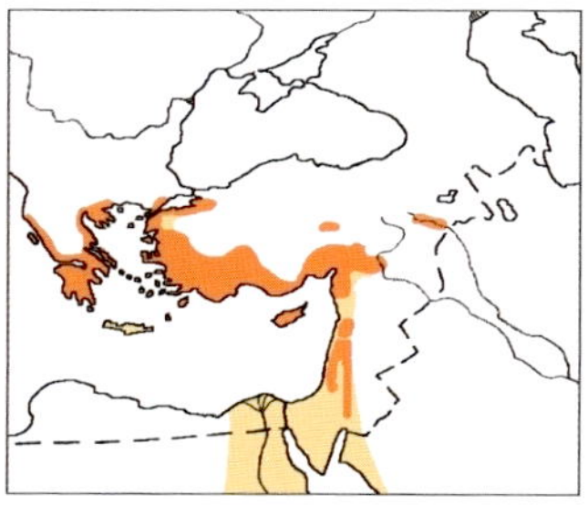

Steinortolan

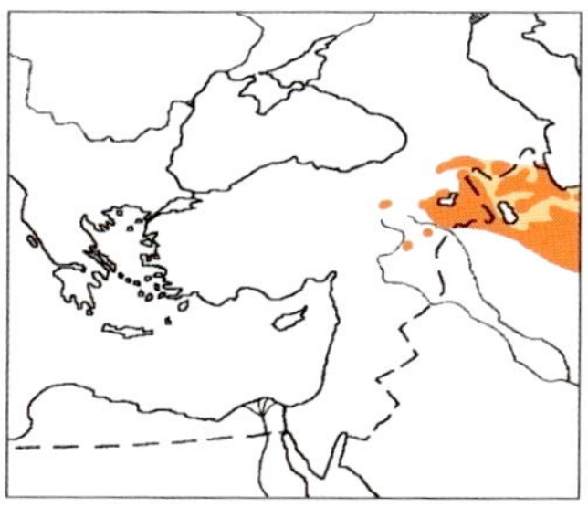

ORTOLAN

GRAUORTOLAN

STEINORTOLAN

DZ

GOLDAMMER BJZW

Yellowhammer *Emberiza citrinella*

L 15,5-17 cm. Brütet häufig in der Agrarlandschaft, an Waldrändern, auf Lichtungen, Heiden und an Küsten mit einzelnen Büschen und Bäumen. Teilzieher, Wintergäste aus Skandinavien (Okt.-Apr.), im Herbst und Winter oft in Trupps. Nahrungssuche am Boden, z. B. nach liegen gebliebenen Getreidekörnern auf Stoppelfeldern.

KENNZEICHEN *Langschwänzig* mit *ungezeichnetem rotbraunem Bürzel* und *Gelb* im *Gefieder.* Mantel/Rücken olivbraun, kräftig schwarz gestreift. Schnabel relativ klein, Unterschnabel hell blaugrau. *Weiße Schwanzkanten,* etwas ruckartiger Flug in langen Bögen, wirkt dabei langschwänziger als Rohrammer. – ♂ PK: Unverkennbar, *fast ganz gelber Kopf* mit wenigen dunklen Markierungen auf Scheitel und Ohrdecken, *satt gelbe Unterseite, Brust mit viel Olivgrün und Rotbraun, Flanken rotbraun gestrichelt.*– ♀ PK: Graugrüner, gestrichelter Scheitel, oft mit kleinem hellem Fleck, graugrüne Ohrdecken mit wenig Gelb, unterseits *blasser gelb, Brust und Flanken grauschwarz gestreift.*– SK/1er W: ♂ oft an angedeutet kräftigem Gelb auf Kopf und Unterseite und *olivgrünen und rotbraunen Farbtönen auf Brust* erkennbar. ♀ SK ähnlich ♀ PK. ♀ im 1en W hat oft gänzlich braunen, gestreiften Kopf, beigeweiße Unterseite und nur geringen, im Freiland oft schwer erkennbaren Gelbstich.

STIMME Ruft dissonant „stüff", daneben zahlreiche kürzere, erstickte, knackende Rufe, „pt…pt, pt, pittiLITT" u. ä., auch scharf „tsit" oder fein, gedehnt „tsiih". Gesang schnelle Folge 5-8 kurzer Töne mit gedehntem Ende, z. B. „si-si-si-si-si-si-SÜÜÜ", vorletzte Silbe oft höher und die letzte tiefer „sre-sre-sre-sre-sre-sre SIII-suuuu", Klang manchmal auch schlagschwirlartig „dzre-dzre-dzre…".

FICHTENAMMER A

Pine Bunting *Emberiza leucocephalos*

L 16-17,5 cm. Brütet in Sibirien (soweit bekannt nicht westlich des Ural) in ähnlichen Habitaten wie die nah verwandte Goldammer, aber stärker an Wald gebunden, hybridisiert in Westsibirien mit dieser. Sommervogel, überwintert in Mittelasien und lokal im westlichen Mittleren Osten und in Südeuropa. Ausnahmeerscheinung in West- und Mitteleuropa, meist im Herbst und Winter in Goldammertrupps.

KENNZEICHEN Zwillingsart der Goldammer, bei der alle gelben Farbtöne durch Weiß ersetzt sind.– PK: Beim ♂ (gelegentlich auch beim ♀) *Kehle und Überaugenstreif rotbraun.*– SK/1er W: Oft schwer von Goldammer-♀ im 1en W zu unterscheiden, beachte *weißliche Grundfarbe der Unterseite* (ohne Gelb), recht *blass graubraunen Mantel* (ohne Grün), oft *rotbräunliche Schulterfedern,* hell bräunlich bis schmutzig weißen *Überaugenstreif ohne Gelb,* schmal *weißliche* (statt gelbliche) *Handschwingenkanten,* eher *rotbraune Flankenstreifung* (statt gräulich schwarze).

STIMME Überwiegend wie Goldammer. Neben normalem „stüff"-Ruf gelegentlich etwas anders „tsick" und leicht abfallend „tschüeh". Gesang klingt wie Goldammer.

ZAUNAMMER BJZ

Cirl Bunting *Emberiza cirlus*

L 15-16,5 cm. Brütet an Waldrändern, auf Lichtungen, in größeren Parks u. Ä., bevorzugt hügeliges Gelände mit einigen großen Bäumen, dichten Büschen und Hecken, oft an trockenen, sonnigen Hängen (süd- oder ostexponiert), z. B. in Weinbergen, meidet offene Ebenen; ganz im Westen oft an Berghängen bis ca. 1.500 m Höhe. Jahresvogel.

KENNZEICHEN Etwas kleiner als Goldammer, proportional *etwas größerer Schnabel* und kürzerer Schwanz.– ♂ PK: *Kehle und Augenstreif schwarz, breites, olivgraues Brustband.*– ♀/1er W: Sehr ähnlich Goldammer, unterschieden durch *oliv getönten graubraunen Bürzel,* auf hellerem Grund *stärker kontrastierende* dunkle *Kopfmarkierungen, rötlich braune Schulterfedern, einfarbiger braungraue Große Armdecken, gleichmäßig gestrichelten, grünlich graubraunen Scheitel* (keine angedeutet hellere Scheitelmitte), Tendenz zu eher zweifarbigem Schnabel und andere Stimme.

STIMME Ruft fein, spitz klickend „zitt", auch etwas rohrammerartig abfallend „siiü" und bei Verfolgungsjagden schnell, scharf trillernd „zir'r'r" (kann an Schwanzmeise erinnern). Gesang gut 1 s lang, monotoner, trockener Triller, „sre'sre'sre'sre' sre'sre'sre'sre'sre", klappernd und recht metallisch, manchmal Wechsel zwischen zwei Tonlagen, kann aus der Entfernung an Wanderlaubsänger erinnern.

TÜRKENAMMER a

Cinereous Bunting *Emberiza cineracea*

L 16-17 cm. Brütet lokal und spärlich an trockenen, steinigen Hängen mit niedriger Vegetation, Macchie und einzelnen Bäumen. Sommervogel (in der Türkei Mitte Apr.-Anfang Aug.), überwintert rund ums Rote Meer.

KENNZEICHEN Recht groß, *schlank* und *langschwänzig. Blasses, fast ungestreiftes Gefieder, schmaler heller Augenring, kräftiger heller Schnabel,* daher ähnlich Kappenammer-♀, jedoch mit *weißen Schwanzkanten.*– ♂: *Kehle gelblich, Kopf einfarbig gelblich grau, Brust grau, Mantel gräulich,* undeutlich dunkel gefleckt.– ♀/1er W: Kehle beigeweiß, Kopf und Mantel bräunlich, Brust graubraun, Brust und Scheitel fein gestrichelt.– Von der Südosttürkei ostwärts *(semenowi)* sind ♂ auch auf unterer Brust und Bauch gelb.

STIMME Ruft ähnlich Grau- oder Steinortolan scharf, energisch „tschirp", voll „tschülp" (oder kürzer „tschü"), oft abwechselnd und leicht variiert. Gesang erinnert an Steinortolan, einfache, schnelle Strophe mit scharfen, leicht rauen Tönen und etwas variablem Tempo, z. B. „zre, zrü-zrü-zrü ZRIH-zra", oft mit schnell aufeinander folgendem hohem und tiefem Ton endend.

Goldammer

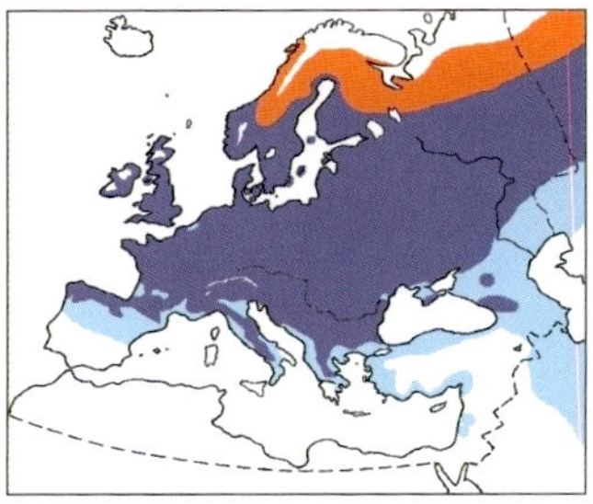

Zaunammer

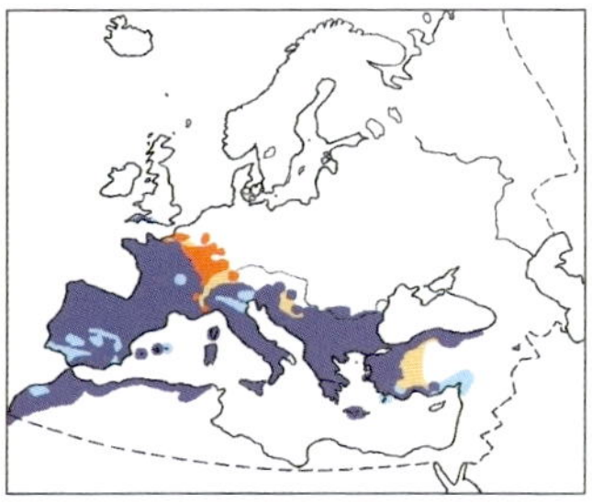

Türkenammer

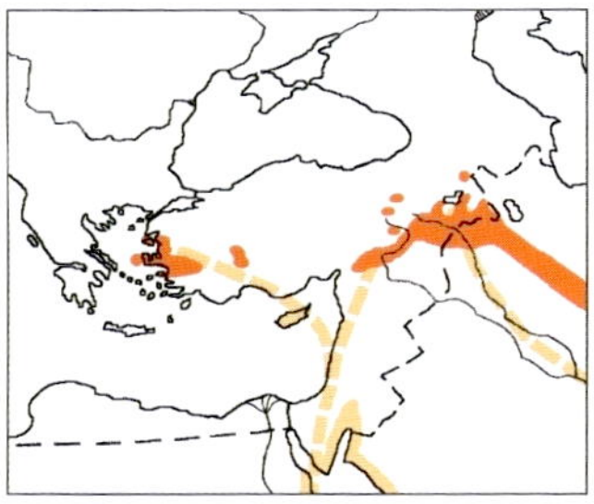

GOLDAMMER

FICHTENAMMER

ZAUNAMMER

TÜRKENAMMER

DZ

BRAUNKOPFAMMER (A)

Red-headed Bunting *Emberiza bruniceps*

L 15-16,5 cm. Sehr nah mit Kappenammer verwandt und mit dieser im Überschneidungsbereich hybridisierend. Brütet in Steppengebieten mit einigen Büschen und einzelnen Bäumen, in Halbwüsten, an offenen Berghängen und auf Hochplateaus. Sommervogel (Juni-Aug.), überwintert in Indien. Nicht besonders scheu. Gelegentliche Beobachtungen in West- und Mitteleuropa betreffen wohl überwiegend Gefangenschaftsflüchtlinge.

KENNZEICHEN *Ziemlich groß* und recht langschwänzig. *Kein Weiß im Schwanz.*– ♂: *Kopf und Vorderbrust rotbraun, Bürzel gelblich, Mantel gelblich grün, gestreift.*– ♀: Recht unscheinbar und schwer zu bestimmen, beachte *langen, kräftigen, hellgrauen Schnabel, schmalen beigeweißen Augenring;* hell mattbrauner Mantel und Scheitel/Nacken nur *unauffällig fein gestrichelt,* meist schwach gestreifter, gelbgrüner oder *gelblicher Bürzel,* gänzlich *ungestreifte schmutzig gelblich weiße Unterseite* und *kräftig gelbe Unterschwanzdecken.*– 1er W: Wie ♀, aber *Brust beigeweiß* (gelegentlich fein gestrichelt), *stärker gestreifter graubrauner Mantel,* Bürzel ohne gelbgrüne Farbtöne; sehr ähnlich Kappenammer und oft nicht unterscheidbar.

STIMME Zahlreiche Rufe, überwiegend kappenammerähnlich, z. B. ortolanähnlich „tschüpp" und grauortolanartig „zrit", auch ähnlich Goldammer „tschüh", scharf „tsit" und scharf klickende Rufserien, „ptr'r'r". Gesang wie Kappenammer, leicht beschleunigte, etwas abfallende Strophe in niedriger Tonlage mit holprigem Rhythmus und sehr rollendem Klang, „zrit…zrit…srütt, srütt-srütt sütteRI-sütt sütterRÄH".

KAPPENAMMER A

Black-headed Bunting *Emberiza melanocephala*

L 15,5-17,5 cm. Sehr nah mit Braunkopfammer verwandt und lokal hybridisierend. Brütet in offenen, trockenen Gebieten mit Büschen, oft in Feldlandschaften mit einzelnen Baumgruppen, Wein- und Obstanbaugebieten, flussnahen Wäldern, an Waldrändern, auf Lichtungen und trockeneren Berghängen mit dornigen Sträuchern und einzelnen Bäumen. Sommervogel (Mai-Juli), überwintert in Indien.

KENNZEICHEN *Ziemlich groß,* etwas größer als Braunkopfammer, ähnlich langschwänzig, *ohne Weiß im Schwanz.*– ♂: *Schwarze Kapuze, ungestreift rotbraune Oberseite.*– ♀: Sehr ähnlich Braunkopfammer und im Freiland oft schwer zu unterscheiden; *etwas längerer Schnabel, matt graubrauner Mantel* gelegentlich *mit schwach rotbraunem Stich, Bürzel matt braun* oder gelblich braun (nie mit Grünstich wie Braunkopfammer), *Scheitel* manchmal *deutlicher dunkel gestreift* und Ohrdecken etwas dunkler.– 1er W: Sehr ähnlich Braunkopfammer (s. o.) und im Freiland oft nicht sicher bestimmbar.

STIMME Rufe sehr ähnlich Braunkopfammer, aufgrund der Variation (bei beiden Arten) im Freiland nicht sicher zu unterscheiden. Gesang wie bei Braunkopfammer (s. o.).

WEIDENAMMER A

Yellow-breasted Bunting *Emberiza aureola*

L 14-15,5 cm. Brütet in Nordosteuropa und weiten Teilen Sibiriens (dort sehr häufig) in gebüschreichen Gebieten, oft an Rändern von Feuchtgebieten. Sommervogel (Juni-Juli), überwintert in Südostasien.

KENNZEICHEN Etwa so groß wie Rohrammer, *längerer Schnabel mit geraderem First* und *rosa* (statt grauschwarzem) *Unterschnabel.* In allen Kleidern unterseits mit *gelben oder gelbbeigen Farbtönen* und *sparsam schmal gestrichelten Flanken.*– ♂ PK: *Gesicht schwarz, Oberseite ungestreift dunkel rotbraun, rotbraunes Brustband, satt gelbe Unterseite, weißer Flügelfleck;* im 1en S dunkel gefleckter, kleinerer weißer Flügelfleck, braune und weiße Flecke im schwarzen Gesicht, schmales oder unterbrochenes Brustband, einige unterseits blasser gelb.– ♀/1er W: *Gelbweißer Überaugenstreif,* dunkler Augenstreif (aber heller Zügel), *hell gelbbraune Ohrdecken dunkel umrahmt, dunkle Scheitelseitenstreifen,* schmaler, heller graubrauner Scheitelstreif, *weiße Schwanzkanten* (Rötelammer-♀ mit ganz dunklem Schwanz), *kräftig gestreifter, graubrauner Bürzel* (mit leicht rotbraunem Stich), weißliche Unterschwanzdecken.

STIMME Ruft scharf klickend „tsick". Gesang aus *klaren, lauten, paarweise wiederholten Tönen* und mit *großem Tonumfang,* oft stufenweise höher werdend (Strophen am Ende aber oft auf- und absteigend) „tru-tru trüa-trüa TRI-TRI tscha" (letzte Silbe abfallend) oder „trü-trü, tra, tro-tro TRIIH" (in der Mitte am tiefsten), große Variation.

RÖTELAMMER –

Chestnut Bunting *Emberiza rutila*

L 12,5-13,5 cm. Brütet in ostsibirischer Taiga. Sommervogel, überwintert in Südostasien. Sehr seltene Ausnahmeerscheinung in Europa oder Gefangenschaftsflüchtling.

KENNZEICHEN Klein, *Bürzel ungestreift rotbraun, Unterseite hellgelb,* Schnabel lang, mit rosa Unterschnabelbasis.– ♂ PK: Unverkennbar.– ♀/1er W: Recht ähnlich Weidenammer, aber *kleiner, ungestreift rotbrauner Bürzel, deutlicherer Kinnstreif, weißliche Kehle, gelbliche Unterschwanzdecken* und *kein Weiß im Schwanz.*

STIMME Ruft kurz, hart und scharf klickend „zit", gelegentlich schnell gereiht. Gesang kurz, laut, recht schnell, ähnlich Teilen von Goldhähnchen-Laubsänger- oder Waldpiepergesang. Oft beginnt jede Phrase mit drei langsamen, klaren Tönen oder Doppellauten, gefolgt von charakteristischem kratzend trillerndem Teil (fehlt bei ähnlichem Gelbbrauenammergesang) und weichem, rotschwanzähnlichem Ende (wie Gelbbrauenammer), „TWIa TWIa TWIa sre-sre-sre sisiitscha".

Braunkopfammer

Kappenammer

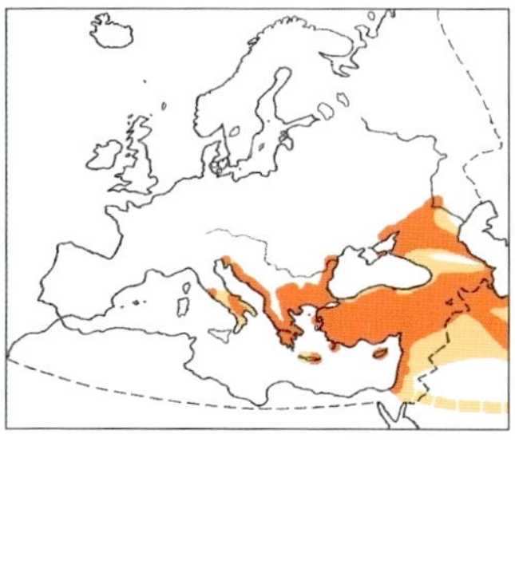

Weidenammer

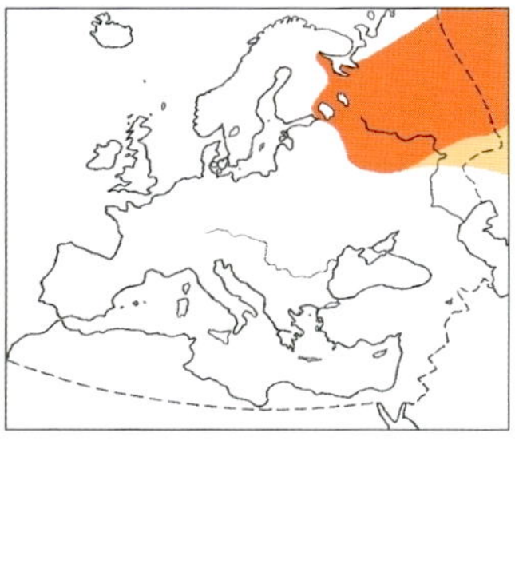

BRAUNKOPFAMMER

KAPPENAMMER

WEIDENAMMER

RÖTELAMMER

DZ

GRAUAMMER

BJZW

Corn Bunting *Emberiza calandra*

L 16-19 cm. Brütet in weiten Teilen Europas in extensiv genutztem, offenem Feldgelände, meist bei großen Getreide-, Grünfutter- oder Gemüsefeldern, benötigt erhöhte Singwarten, z. B. Einzelbäume, -büsche, Stromleitungen oder Zaunpfähle; im Süden des Verbreitungsgebiets auch an trockenen Berghängen mit niedrigen, dornigen Sträuchern. Starker Bestandsrückgang in mitteleuropäischen Gebieten mit industrialisierter Landwirtschaft. Überwiegend Jahresvogel. Gesellig, oft in kleinen, lockeren Gruppen. Kompliziertes Brutverhalten, lokal 2-3 ♀ pro ♂.

KENNZEICHEN Groß, mit recht *schwerem Körper* und *kräftigem Schnabel,* wirkt oft *großköpfig.* Gefieder lerchenähnlich gefärbt, oberseits graubraun und dunkel gestreift, unterseits beigeweiß mit dunkler Strichelung auf Kehlseiten, Brust und (schmaler) Flanken. Mittellanger *Schwanz ohne Weiß,* Kopf auf beigeweißem Grund unregelmäßig dunkel gestreift mit *dunklerem Kinnstreif* und *angedeutetem Wangenstreif,* dunkler Fleck auf hinteren Ohrdecken, in abgetragenem Gefieder (Sommer) Bruststrichelung oft zu unregelmäßigen dunklen Flecken zusammenfließend. *Beine und Schnabelseiten gelblich rosa.* Geschlechter gleich gefärbt. *Fliegt* kurze Strecken recht *schwerfällig, oft mit hängenden Beinen* (kann lerchenähnlich wirken), Streckenflug in tiefen Wellen.

STIMME Ruft dissonant metallisch „tsritt", auch kurz klickend „bitt" oder „bt", oft zu schnellen, „elektrisierten" Folgen gereiht, „bt'bt'bt'bt...". Gesang charakteristisch (kann aber z. B. von Braunkehlchen gut imitiert werden), kurze, wenig variierte und häufig wiederholte Strophe mit zögerndem Beginn und zu knirschendem, rasselndem Ende hin beschleunigt, „tück tück-zick-zik-zkzkzkzrississss".

ZIPPAMMER

BJZ

Rock Bunting *Emberiza cia*

L 15-16,5 cm. Brütet an steilen, oft steinigen oder felsigen, offenen Berghängen mit Gräsern, Kräutern, Gebüschen und einzelnen Bäumen im Bereich der Waldgrenze (in Europa oft unter 1.500 m), gelegentlich auf Lichtungen und bei Bergwiesen, an Küsten lokal bis hinab auf Meereshöhe. Überwiegend Jahresvogel, weicht im Winter aber meist in tiefere Lagen aus. Nicht besonders scheu, aber zurückgezogene Lebensweise, daher leicht zu übersehen.

KENNZEICHEN Ziemlich groß, kurzflügelig, aber *langschwänzig.* In allen Kleidern kontrastreiche Kopfzeichnung mit *dunklem Scheitelseiten-, Augen- und Wangenstreif,* dunkel eingerahmten Ohrdecken, *aschgrauer Kehle* und Brust (besonders bei ♂). *Bauch und Flanken rostbraun* (bei jungen ♀ orangebeige), *Schwanzkanten weiß, Randdecken grau,* Unterschnabel hell bleigrau, Bürzel ungestreift rotbraun.– ♂ PK: Kopfmarkierungen schwarz, Überaugenstreif weißlich grau, Brust und Kehle ungefleckt hell bleigrau, Flanken ungestreift.– ♀: Gelegentlich im Freiland nicht von ♂ zu unterscheiden, bei vielen aber Brust weniger ausgedehnt grau, Kehle, Brust und Flanken leicht gestrichelt, Kopfzeichnung diffuser.

STIMME Ruft kurz scharf „tsi", auch gedehnt „tsiii", gelegentlich leicht abfallend und dann rohrammerähnlich „tsiü", bei Beunruhigung fein zwitschernd „tir'r'r'r" (ähnlich bettelnden Bachstelzen). Gesang *hoch und klar,* recht melodisch mit deutlichen Tonhöhenwechseln, oft typisch *zögernder Einleitung* und ungleichmäßigem Rhythmus, z. B. „sütt, titt-itt, swi tja-tja-siwisüasüa, sitt siwisürrr si".

WÜSTENAMMER

–

Striolated Bunting *Emberiza striolata*

L 13-14 cm. Lebt in unbewohnten, kahlen Bergregionen mit karger Vegetation, scheu und recht schwer zu beobachten. Nest stets in Felsnischen. Jahresvogel, weicht im Winter gelegentlich in Kulturland in tieferen Lagen aus.

KENNZEICHEN *Recht klein, Flügel mit viel Rotbraun, Kehle und Brust dunkel gefleckt oder schattiert, strohgelber Unterschnabel, Schwanz ohne Weiß.* Kann an Zippammer erinnern, da Kopf häufig gräulich weiß mit dunklen Streifen, aber kleiner, Schwanz ohne Weiß (statt mit weißen Schwanzkanten), dunkel gefleckte Kehle und Brust (statt ungefleckt hellgrau), *rostbraune* (statt graue) *Randdecken, keine* (statt zwei schmale) *weißen Flügelbinden.* ♀ eher bräunlich als grau an Kopf, Brust und Nacken, Kopfzeichnung undeutlicher.

STIMME Ruft nasal wimmernd „tschuäht", kürzer „twett" und rau, haussperlingsartig „tschriff". Gesang einfache, muntere, kurze Folge, oft wiederholt, erster und letzter Ton tiefer, „TRI-i ah TRÜ-TRÜ trieitri TRAH".

HAUSAMMER

–

House Bunting *Emberiza sahari*

L 13-14 cm. Brütet nahe bei Siedlungen, an Berghängen mit kleineren Feldern und einzelnen Büschen und Bäumen, lokal auch in Gärten, keineswegs scheu, fliegt sogar in Häuser und brütet in deren Mauernischen. Jahresvogel. Früher als Unterart der nah verwandten Wüstenammer betrachtet.

KENNZEICHEN Sehr ähnlich Wüstenammer, aber *Bauch und Flügel viel intensiver rostbraun, Mantel* so gut wie *ungestreift.* Bei ♂ Kopf düsterer und diffuser gezeichnet, statt kontrastreich grauweiß und schwarz.

STIMME Ruft u. a. ähnlich Rötelschwalbe munter „dwuit", wehmütig klagend und abfallend „tschuo" und grünfinkenähnlich „tschüpp". Gesang eine kurze, konstant aufgereihte hohe Strophe in hüpfendem Rhythmus, z. B. WISS-to SISS-to-schiWISStjo".

Grauammer

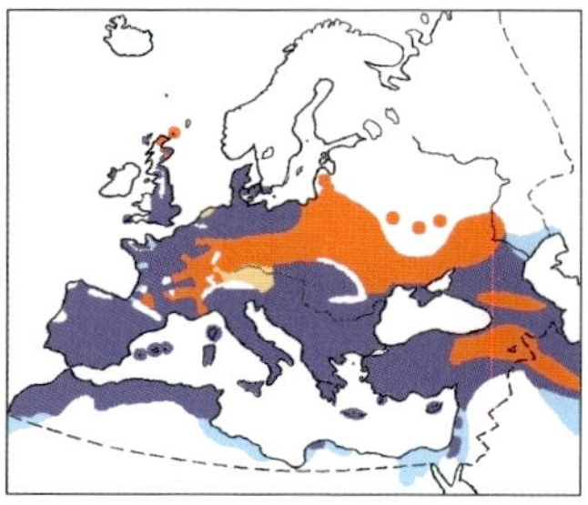

Zippammer

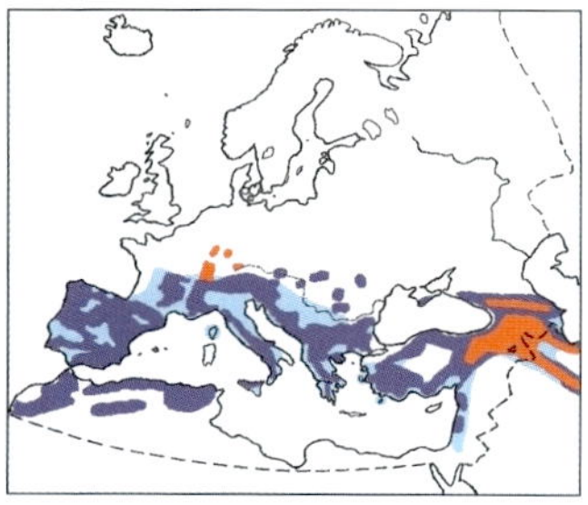

Hausammer Wüstenammer

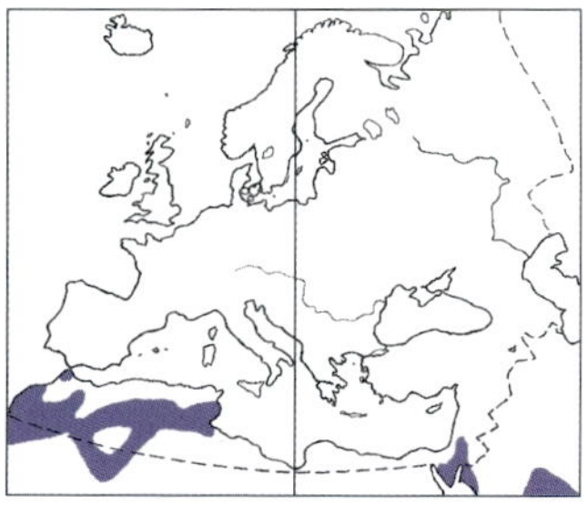

GRAUAMMER

ZIPPAMMER

WÜSTENAMMER

HAUSAMMER

DZ

NORDAMERIKANISCHE SINGVÖGEL

Alljährlich werden einzelne nordamerikanische Sperlingsvögel in Europa festgestellt, besonders auf den Britischen Inseln, Irland und Island, meist unterstützt von starkem westlichem Rückenwind. Einige sind auf den beiden folgenden Doppelseiten behandelt, Drosseln bereits auf S. 298.

VIREOS Vireonidae

Große Familie, an Grasmücken oder Fliegenschnäpper erinnernd, meist eher klein, oberseits grau und grün, unterseits weißlich, kräftige Schnäbel mit Hakenspitze.

ROTAUGENVIREO A

Red-eyed Vireo *Vireo olivaceus*

L 13-14 cm. Alljährlicher Herbstgast, meist Sept./Okt., gern in alten Gärten und Hecken versteckt.

KENNZEICHEN Größe und Gesamteindruck ähnlich Gelbspötter, recht *großköpfig, kräftiger Schnabel, gerade abgeschnittener, recht kurzer Schwanz, olivgrüne Oberseite,* blaugraue Beine. Kennzeichnendes Kopfmuster mit markantem, langem, *weißlichem Überaugenstreif,* durch *dunklen Scheitelseitenstreif* (deutlich) und *dunklen Augenstreif* (kürzer) eingefasst, Scheitel blaugrau, manchmal erkennbar *rote* (oder rotbraune) *Iris.* Oft träge und schwerfällige Bewegungsweise, etwas an Gartengrasmücke erinnernd, kann sich allerdings auch schneller bewegen. Ruft nasal wimmernd „tschäij".

WALDSÄNGER Parulidae

Artenreiche Unterfamilie der Ammern (S. 392-403), Waldbewohner, Insektenfresser mit kleinen, spitzen Schnäbeln und laubsängerartigem Erscheinungsbild. Gefieder oft charakteristisch bunt gefärbt, viele mit großen weißen Schwanzflecken, oft von unten sichtbar.

MEISENWALDSÄNGER A

Northern Parula *Parula americana*

L 10,5-11,5 cm. Erscheinungsbild ähnlich Goldhähnchen, rastlose Bewegungen, manchmal rüttelnd oder kopfüber hängend.

KENNZEICHEN *Klein,* recht dunkel *bläulich graugrüne Oberseite,* Kopf und Schwungfederkanten blaugrün (besonders bei ad.), Mantel grün, zwei schmale, aber *deutliche Flügelbinden,* schmaler weißer Augenring (vorne und hinten unterbrochen), *Kehle und Brust gelb, Bauch weiß.* ♂ mit angedeutetem dunklem Brustband, bei ♀ fehlend.

KRONWALDSÄNGER –

Yellow-rumped Warbler *Dendroica coronata*

L 12,5-13,5 cm. Bei Nahrungssuche oft zusammen mit Piepern in kurzem Gras.

KENNZEICHEN *Gelber Bürzel und weißliche Kehle* (gelegentlich eher beige) kennzeichnend (diese Merkmale sonst nur bei Magnolienwaldsänger, S. 420, dieser jedoch mit hellgelber Kehle). Im Herbst *braune Oberseite schwach dunkel gefleckt, zwei helle Flügelbinden,* weißliche Unterseite, Brust und Flanken dunkel gestreift, *gelber Brustseitenfleck* (kann ♀ im 1en W fehlen), auf *Scheitelmitte* manchmal *kleiner gelber Fleck* (oft durch braune Federränder verdeckt, kann auch fehlen, besonders bei ♀ im 1en W), Ohrdecken und Zügel recht dunkel graubraun, heller Überaugenstreif diffus und schmal, recht deutlicher weißer Augenring, blaugrau gesäumte Oberschwanzdecken und Steuerfedern. Ruft besonders im Flug hart schmatzend „tschick".

STREIFENWALDSÄNGER –

Blackpoll Warbler *Dendroica striata*

L 12-13 cm. Seltene Ausnahmeerscheinung.

KENNZEICHEN Im Herbst *Kopfseiten, Kehle und Brust gelblich,* Bauch und *Unterschwanzdecken weißlich,* Scheitel und Mantel olivgrün, *Mantel* dünn *dunkel gestreift,* undeutlicher olivgrüner Augenstreif, Flügel dunkel mit zwei deutlichen, recht schmalen *weißen Flügelbinden, Schirmfedersäume weiß.* Brust und Flanken meist fein gestreift. Beine gelbbraun, Sohlen orange. Ruft hart, aber flüssig „tsück".

GOLDWALDSÄNGER –

American Yellow Warbler *Dendroica petechia*

L 11,5-13 cm. Ausnahmeerscheinung, oft Ende Sept./Okt.

KENNZEICHEN Im Herbst *gelblich* mit etwas dunkler *graugrüner Oberseite* und *angedeuteter gelblicher Flügelbinde.* Ad. ♂ auf Kopf und Unterseite intensiv gelb, *unterseits rotbraun gestreift.* ♀ und 1er W matter, Scheitel/Nacken grünlicher und Unterseitenstreifung schwach oder fehlend. Gespreizter Schwanz zeigt *gelbe Flecke auf Innenfahnen der Steuerfedern.* Ruft kennzeichnend „tsipp".

SCHNÄPPERWALDSÄNGER –

American Redstart *Setophaga ruticilla*

L 13-14 cm. Sehr seltene Ausnahmeerscheinung, meist Okt. Sehr schnelle Bewegungen.

KENNZEICHEN Langschwänzig, häufiges Schwanzheben und -spreizen mit hängenden Flügeln. ♀/♂ im 1en W mit grauem Kopf, olivgrauem Mantel und Flügel, weißlicher Unterseite, *großen gelben Feldern auf Schwanzbasis, kleinem gelbem Flügelfleck,* diffus abgegrenztem gelbem (♀) oder orangegelbem (♂ 1er W) Brustseitenfleck. Ruft schmatzend „tschick" oder spitz „tsiit".

KLETTERWALDSÄNGER –

Black-and-white Warbler *Mniotilta varia*

L 11,5-13 cm. Sehr seltener Herbstgast.

KENNZEICHEN *Klettert an Baumstämmen* oder größeren Ästen auf und ab, manchmal auch *kleiberartig kopfüber.* Kennzeichnend *schwarz-weiß gestreift, weißer Scheitel- und Überaugenstreif,* Schnabel recht lang und schmal. Geschlechter ähnlich, ad. ♂ mit schwarzer Kehle und Brust, ♂ im 1en W mit kräftig schwarz gestreiften Flanken und Unterschwanzdecken, ♀ im 1en W unterseits nur undeutlich gestreift, Kopfseiten und Flanken eher beige. Ruft rotkehlchenartig hart „tick" und scharf „ziit".

DROSSELWALDSÄNGER –

Northern Waterthrush *Seiurus noveboracensis*

L 13-14,5 cm. Bodenvogel, sucht an Ufern nach Insekten.

KENNZEICHEN Pieperähnlich, aber *längerer, markanterer Überaugenstreif, Kopf und Schnabel kräftiger,* Schwanz kürzer, *wippt häufig mit dem Hinterende,* Schnabel dunkel, Beine hellrosa. Unterseite weißlich bis gelblich.

ROTAUGENVIREO

MEISENWALDSÄNGER

KRONWALDSÄNGER

STREIFENWALDSÄNGER

GOLDWALDSÄNGER

SCHNÄPPERWALDSÄNGER

KLETTERWALDSÄNGER

DROSSELWALDSÄNGER

KM

WINTERAMMER –

Dark-eyed Junco *Junco hyemalis*

L 13,5-14,5 cm. Gehört zur Unterfamilie Emberizinae. Seltene Ausnahmeerscheinung, meist im Frühjahr. Nahrungssuche fast immer hüpfend am Boden, zuckt mit dem Schwanz, versteckt sich im Laub.

KENNZEICHEN *Finkenartiger Schnabel rosa, Oberseite, Kopf und Brust rußgrau, Bauch weiß, Schwanz* lang *mit weißen Kanten.* Beine rötlich braun, Füße dunkler; Geschlechter ähneln einander, ♀ etwas heller grau, oberseits mit leichtem Braunstich, Bauch weniger rein weiß.

STIMME Ruft klickend „tick“, teilweise in schneller Folge wiederholt, auch leicht schnalzend „tscheck“.

INDIGOFINK (A)

Indigo Bunting *Passerina cyanea*

L 11,5-13 cm. Ammer der Unterfamilie Cardinalinae. Seltene Ausnahmeerscheinung zu allen Jahreszeiten, häufiger Käfigvogel, daher oft Gefangenschaftsflüchtlinge.

KENNZEICHEN ♂ PK: *Ganz blau* mit *dunklem Zügel,* wirkt auf Entfernung einfach dunkel, *hell blaugrauer Unterschnabel* (kann nur mit Azurfink *Passerina caerulea* verwechselt werden, dieser jedoch größer und mit rotbraunen Flügelbinden, hier nicht behandelt).– ♂ SK: Blaue Färbung überwiegend durch braune Federsäume verdeckt.– ♀/1er W: Unscheinbarer, *Oberseite rötlich graubraun* mit undeutlicher Streifung, Unterseite gelblich graubraun mit diffus dunkler Fleckung; *Steuerfedern, Oberschwanzdecken* und gelegentlich Handschwingen *mit schmalen blaugrünen Rändern* (bei ♀ im 1en W oft fehlend); im 1en W etwas deutlichere hellbraune Flügelbinden und kräftigere Brustfleckung als ad. ♀. Ruft scharf „tsick“.

STÄRLINGE Icteridae

Nur in Amerika verbreitete Ammernverwandte. Die meisten Arten erinnern sowohl an Stare als auch an Finken. Gefieder oft schwarz, manchmal mit einigen leuchtenden Farben, Schnabel entweder kräftig und finkenartig oder lang, schmal und spitz, Beine kräftig und recht lang, Schwanz oft lang und gerundet.

BOBOLINK –

Bobolink *Dolichonyx oryzivorus*

L 16-18 cm. Seltene Ausnahmeerscheinung von Sept.-Nov. Verhalten teilweise lerchenähnlich, oft auf Stoppelfeldern, auch auf Büschen und im Schilf.

KENNZEICHEN ♂ PK: Unverkennbar, schwarz mit großem, gelblichem Nackenfleck, weißem Schulterfleck und weißem Bürzel.– ♀/SK: Nicht unähnlich Haussperling-♀, aber mit *gelblicherem Grundton,* Oberseite braun und schwärzlich gestreift, Unterseite gelblich weiß; *dunkler Scheitelseiten-* und *beiger Scheitelstreif, dunkler Augenstreif, aber heller Zügel, hell beige Ohrdecken, zwei helle Mantelstreifen* (ähnlich Seggenrohrsänger). Überraschend ähnlich Weidenammer-♀ (S. 400), aber viel *größer* und *ohne dunkle Ohrdeckenbegrenzung, Steuerfedern* schmal und *spitz.* Steht oft aufrecht und mit lang gestrecktem Hals am Boden, Kopf dann recht klein wirkend; *fliegt geradlinig,* nicht wellenförmig. Ruft im Flug scharf „pink“.

BALTIMORETRUPIAL –

Baltimore Oriole *Icterus galbula*

L 17-19 cm. Seltene Ausnahmeerscheinung, meist Sept.-Okt., gelegentlich Winter- und Frühjahrsbeobachtungen.

KENNZEICHEN Groß, *langschwänzig, Schnabel lang und spitz.*– ♂ PK: Unverkennbar, Oberseite, Kopf und Kehle schwarz, Unterseite und Bürzel orange.– ♀/SK: *Zwei weiße Flügelbinden,* obere breiter und auffälliger, *Unterseite lebhaft gelb,* am kräftigsten auf Kehle, Brust und Unterschwanzdecken, *gräulich gelber Schwanz und Bürzel,* Mantel etwas variabel gefärbt, olivbraun mit kräftiger dunkler Fleckung (Hinweis auf ♂) oder einheitlich grau (Hinweis auf ♀). Ad. ♀ und ♂ im 1en W manchmal Schwarz auf Kopf und Kehle. Ruft zweisilbig, klar und voll pfeifend „pjo-li“, auch nasal schwatzend.

ROSENBRUST-KERNKNACKER (A)

Rose-breasted Grosbeak *Pheucticus ludovicianus*

L 17,5-20 cm. Ammer der Unterfamilie Cardinalinae. Seltene Ausnahmeerscheinung in Europa, fast ausschließlich im Okt.

KENNZEICHEN Groß, stämmig, *großköpfig* und *großschnäbelig,* Proportionen fast wie Kernbeißer. *Schnabel* überwiegend *hell,* oft *mit deutlichem Rosaton.*– ♂ PK: Bauch weiß, großer roter Brustfleck, Oberseite schwarz, Bürzel weiß, weiße Flügelmarkierungen.– ♀/1er W: Ohrdecken braun, fast vollständig umrahmt durch sehr *breiten weißlichen Überaugenstreif* und *weißliche Halsseiten,* Scheitel braun, fein dunkel gestrichelt, *schmaler weißlicher Scheitelstreif, weißer Fleck unter dem Auge,* diffuser weißlicher Fleck auf hinteren Ohrdecken, *zwei weiße Flügelbinden, Schirmfedern mit weißen Spitzenflecken,* Oberseite braun, dunkel gestreift, Unterseite schmutzig beigeweiß, manchmal deutlicher beigegelb, Kehlseiten, Brustseiten und Flanken dunkel gestreift. ♂ 1er W oft durch *breitere obere Flügelbinde, größeren weißen Fleck auf Handschwingenbasen* und *hellroten Schimmer auf Brust* von ♀ unterschieden, oft auch etwas Rot auf Achselfedern sichtbar. Ruft hart „tschick“.

WEISSKEHLAMMER (A)

White-throated Sparrow *Zonotrichia albicollis*

L 15-17 cm. Amerikanische Ammer, seltene Ausnahmeerscheinung, meist im Frühjahr. Nahrungssuche meist hüpfend am Boden, versteckt sich oft in Büschen.

KENNZEICHEN *Weiße Kehle* (unten manchmal schmal schwarz begrenzt), *graue Brust, schwarzer Augen-, breit heller Überaugen-, breit dunkler Scheitelseiten-* und *schmaler heller Scheitelstreif, einfarbig graue Ohrdecken.* Kopfzeichnung typischerweise schwarzweiß mit *vor dem Auge gelblichem Überaugenstreif,* bei einigen (meist 1er W) helle Partien eher bräunlicher. Im 1en W Kehle etwas weniger scharf abgesetzt und schmutzig weiß (statt scharf abgesetzt weiß bei ad.). Verwechslungsgefahr mit Dachsammer (S. 417), diese aber mit hellgrauer Kehle (im 1en W beigeweiß), hellgrauen Kopf- und Halsseiten, grauem Nackenband und breiterem weißem Scheitelstreif.

WINTERAMMER

INDIGOFINK

BOBOLINK

BALTIMORETRUPIAL

ROSENBRUST-KERNKNACKER

KM

WEISSKEHLAMMER

SEHR SELTENE AUSNAHMEERSCHEINUNGEN

Nachfolgend werden solche Arten kurz beschrieben, von denen es im Bearbeitungsgebiet (s. Definition auf S. 8) nur wenige Nachweise gibt. Als Grenzwert wurden etwa 4-15 Feststellungen seit dem Jahr 1900 angenommen (jedoch nicht ganz einheitlich, zumal ständig neue Meldungen hinzukommen; teilweise sind wohl Gefangenschaftsflüchtlinge enthalten). Ausführlichere Beschreibungen für die meisten dieser Arten finden sich bei Lewington u. a. (1991), in den allgemeinen Handbüchern und der Spezialliteratur über Raritäten (s. Verzeichnis auf S. 427-428). Extreme Ausnahmeerscheinungen (mit insgesamt nur etwa 1-3 Nachweisen) sind auf S. 418-421 lediglich aufgelistet.

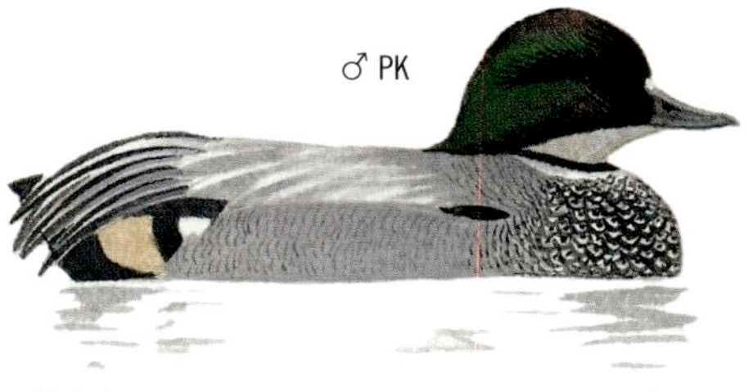

Sichelente

SICHELENTE *Anas falcata* Falcated Duck (A)

L 46-54 cm. Brütet in Ostasien. Wurde schon in vielen europäischen Ländern nachgewiesen, z. B. Belgien, Dänemark, Deutschland, Finnland, Frankreich, Großbritannien, Niederlande, Spanien, Schweden. Meist als Gefangenschaftsflüchtling betrachtet (wird häufig als Ziergeflügel gehalten), aber zumindest die Nachweise aus Jordanien, den Niederlanden und der Türkei werden derzeit als Wildvögel eingestuft.– Wirkt aus der Entfernung grau mit dunklem Kopf. ♂ aus der Nähe unverwechselbar durch *dunkelgrünen Kopf* (mit Ausnahme des scharf abgesetzten weißen Kinns), *sanft geschwungene Stirn* und *vollen Nacken.* Krickentenähnlicher *gelber Fleck am Heck* oft durch *überhängende lange, sichelförmige Schulterfedern* verdeckt.– ♀ kann an *kleine, breitflügelige* Spießente erinnern, hat *schmalen dunklen Schnabel,* melierte Kopfseiten und *dunklen Spiegel.*

Fahlente

FAHLENTE *Anas capensis* Cape Teal (A)

L 44-48 cm. Brütet in Afrika südlich der Sahara. Einige Frühjahrs- und Sommernachweise in Israel und Libyen. Auch in vielen europäischen Ländern nachgewiesen, dann aber als sehr wahrscheinlicher Gefangenschaftsflüchtling eingestuft.– Etwa pfeifentengroß, alle Kleider einander ähnlich, fahl grau mit *aufgeworfenem rosa Schnabel* und *breit weiß eingefasstem grünem Spiegel. Kopf ungemustert, Körper spärlich dunkelbraun gefleckt,* besonders Flanken. Kopf wirkt durch fülligen, gerundeten Nacken oft recht groß.

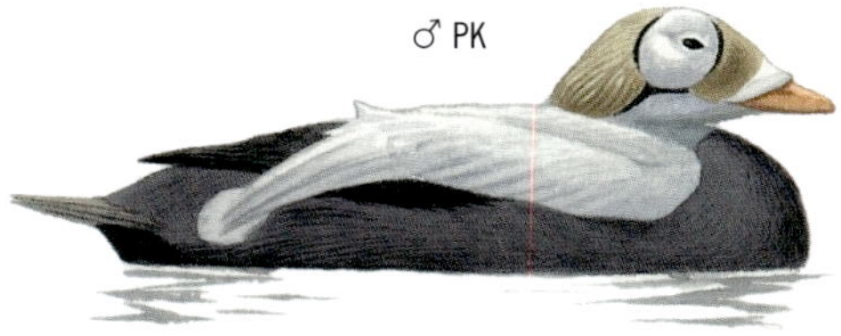

Plüschkopfente

PLÜSCHKOPFENTE *Somateria fischeri* Spectacled Eider –

L 52-58 cm. Brütet in Alaska und Nordostsibirien, überwintert in Eislöchern im Beringmeer, wenige Winterbeobachtungen in Nordnorwegen.– Größe wie Samtente, also *etwas kleiner als Eiderente,* doch Gestalt, Proportionen und Färbung Letzterer ähnlich, aber bei ♂ im PK *Brust* (und Bauch) *schwarz,* große, *runde, weiße „Brille“,* vorwiegend *grüner Kopf, orangefarbener Schnabel,* teilweise durch samtige grüne und weiße Federn verdeckt. ♀ mit *hellbeiger „Brille“* am recht dunkel rötlich braunen Kopf und dicht schwarz gebändertem rötlichem Körper. ♂ im SK ähnlich ♀, doch Schirmfedern und teilweise Mantel weiß.

Pazifiktaucher

PAZIFIKTAUCHER *Gavia pacifica* Pacific Loon –

L 60-88 cm, S 95-115 cm. Brütet in Alaska, dem zentralen und westlichen Nordkanada und in Nordostsibirien, wenige britische Nachweise.– Nah mit sehr ähnlichem Prachttaucher verwandt, aber im Winter unterschieden durch *Fehlen des weißen Felds auf der Hinterflanke* (nur etwas Weiß erkennbar, wenn Vogel sehr hoch im Wasser liegt), dünnes *schwarzes Kinnband* (hauptsächlich im SK, aber bei vielen schon im 1en W; kann bei Prachttaucher angedeutet sein), den weißen Bauch vom kleinen weißen zentralen Steißfleck trennende *dunkle Querbinde über dem Steiß* (manchmal bei Gefiederpflege und im Flug sichtbar). Wirkt oft *kleinschnäbelig,* hat durchschnittlich *runderen Kopf und volleren Nacken,* der auch etwas blasser grau ist.

DZ

ROTSCHNABEL-TROPIKVOGEL *Phaethon aethereus* –
Red-billed Tropicbird

L 45-50 cm (zuzüglich ca. 45 cm Schwanzspieße bei ad.), S 100-115 cm. Brütet auf den Kapverden, im Südatlantik, am Roten Meer und Persischen Golf. Nachweise von Britischen Inseln, Israel, Kanaren, Madeira und Portugal.– Ein heller, taubengroßer Vogel, *weiß mit schwarzen äußeren Handschwingen,* schwarzen Flecken und schwarzem länglichem Streif auf innerem Armflügel, *schwarzem Augenstreif,* fein schwarzer Wellung auf Körperoberseite und Kleinen Armdecken. Ad. mit *leuchtend rotem Schnabel* und *sehr stark verlängerten mittleren Steuerfedern.* Im JK ohne Schwanzspieße, Schnabel gelblich braun mit dunkler Spitze, Schwanzendbinde dunkel. Fliegt oft hoch mit mechanischen Flügelschlägen, sehr ähnlich Brandseeschwalbe, rüttelt oft vor dem Stoßtauchen, Suchflug mit kurzen Gleitphasen.

Rotschnabel-Tropikvogel ad.

MASKENTÖLPEL *Sula dactylatra* Masked Booby –

L 80-90 cm, S 165-185 cm. Brütet im Indischen Ozean, Südatlantik und der Südkaribik. In Frankreich, Israel, Marokko und Spanien nachgewiesen.– Erinnert an Basstölpel, ist jedoch etwas kleiner und hat weniger keilförmigen, spitzen, sondern eher *stumpf gerundeten Schwanz.* Ad. weiß mit *schwärzlichen Schwungfedern,* daher mit noch nicht ganz ausgefärbtem Basstölpel, der seine dunklen Schwungfedern länger und in größerem Umfang als üblich behalten hat, oder mit Kaptölpel (*Morus capensis,* nicht behandelt) verwechselbar, hat aber *schwarze Schirm- und längste Schulterfedern* (weiß bei älteren Bass- und Kaptölpeln) und *dunkel bläulich graues* Gesicht. Schnabelbasis hoch und grob (sowie blaugrün getönt), gelbliche Spitze schlanker.

Maskentölpel ad.

RÖTELPELIKAN *Pelecanus rufescens* Pink-backed Pelican (A)

L 125-135 cm, S 225-260 cm. Brütet in Afrika. In vielen Ländern Europas als Gefangenschaftsflüchtling nachgewiesen, aber Meldungen von den Kanaren, aus Ägypten, Israel, Italien, Marokko und Spanien könnten Wildvögel betreffen.– Erinnert an fast adulten Rosapelikan, ist aber *schmutzig graurosa* (statt rein weiß), etwas *kleiner,* hat etwas *kürzeren Schnabel ohne dunklen First und Kehlsack.* Im PK *dunkler Fleck vor Auge.* Unterseitenbefiederung recht lang und locker.

Rötelpelikan

PRACHTFREGATTVOGEL *Fregata magnificens* Magnificent Frigatebird –

L 90-114 cm, S 215-245 cm. Brütet auf den Kapverden, in Mittel- und Südamerika. Wenige Beobachtungen in Europa (Großbritannien, Dänemark, Frankreich, Italien, Spanien), außerdem einige Beobachtungen nicht auf Artniveau bestimmter Fregattvögel.– *Sehr groß, Flügel lang, schmal und spitz, Schwanz lang, tief gegabelt* (im Flug meist zusammengelegt, dann lang und schmal erscheinend), Kopf im Flug eingezogen, Schnabel lang, kräftig und kormoranartig; fliegt oft mit langsamen, unterbrochenen Flügelschlägen und *leicht gewinkeltem Handflügel* (daher Flügelbug hervortretend), häufig gleitend und mit gewandten Flugmanövern; ♂ *ganz schwarz* mit hellgrauem Schnabel (roter Kehlsack abseits der Brutplätze meist nicht zu sehen), ♀ mit *weißem Bereich auf Brust und Vorderbauch,* unausgefärbt zusätzlich mit *weißlichem Kopf.* Unterscheidung von anderen Fregattvogelarten (Ariel- und Adlerfregattvogel nachgewiesen, s. S. 418) bei schwierigen Beobachtungsbedingungen oft unmöglich. Prachtfregattvogel ist am größten, glänzt am Kopf grün und auf Mantel, Schulterfedern und Brust purpurn; bei ad. ♂ kein Weiß auf Unterseite (Arielfregattvogel mit weißem Achselfleck).

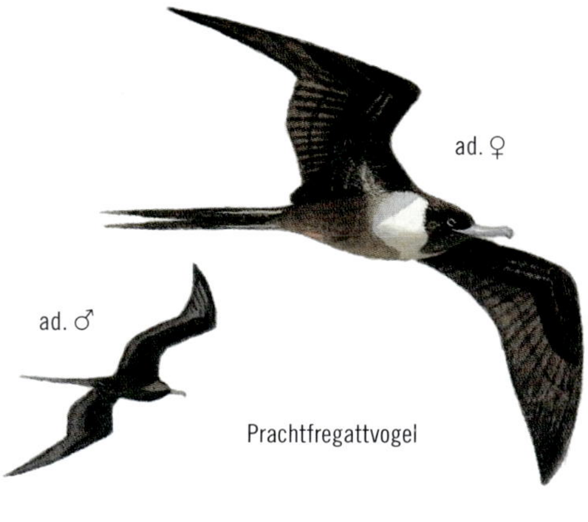
ad. ♀
ad. ♂
Prachtfregattvogel

GRAURÜCKENDOMMEL *Ixobrychus sturmii* Dwarf Bittern –

L 27-30 cm. Brütet in weiten Teilen von Afrika südlich der Sahara. Einige anerkannte Nachweise von den Kanaren.– Sehr kleine Dommel, verwandt mit Zwergdommel, Flügel kurz und gerundet. Kopf und Großteil der *Oberseite einfarbig bläulich grau, Unterseite hell gelblich beige mit breiten schwärzlichen Streifen, Schnabel gelb* mit dunklem First. Beine hellgelb, *lange Zehen oft leuchtend orange,* im Flug meist deutlich über Schwanzspitze ragend. (Nicht abgebildet.)

Schmuckreiher

Mittelreiher

Goliathreiher

JK

Nimmersatt

JK

Bindenseeadler

DZ

GRÜNREIHER *Butorides virescens* Green-backed Heron –

L 40-47 cm. Amerikanischer Verwandter des fast kosmopolitischen Mangrovereihers (S. 80), manchmal als dessen Unterart betrachtet; beide hybridisieren gelegentlich in Mittelamerika. Mehrfach auf den Azoren sowie in einigen westeuropäischen Ländern festgestellt.– Unterscheidet sich vom Mangrovereiher durch insgesamt *dunklere Farben, tiefer rötliche* (fast purpurne) Färbung von *Kopfseiten, Hals und Brust, kontrastierendere weiße Strichelung auf Kinn und Kehle, dunkler schiefergraue Oberseite mit blaugrünem Stich* (Mangrovereiher oberseits heller und grauer, unterseits weniger satt rötlich.) (Nicht abgebildet.)

SCHMUCKREIHER *Egretta thula* Snowy Egret a

L 55-65, S 90-105 cm. Amerikanische Art. Nachgewiesen auf Island, den Britischen Inseln und in Deutschland.– Sehr nah mit Seidenreiher verwandt, wie dieser mit *dunklem Tarsus* und *gelben Zehen,* aber unterschieden durch stets *gelbliche untere Tarsushinterkante,* gelegentlich so ausgedehnt, dass nur die Vorderkante dunkel ist (statt ganz dunkler Tarsus), *satter gelbe Zehen* einschließlich Sohlen (statt matter gelb mit grünlichen Sohlen), im SK *leuchtend gelbe Zügel* (statt blaugrau oder grünlich), im PK *kürzere, buschigere weiße Schmuckfedern im Nacken,* zudem etwas kleiner, Hals und Beine kürzer.

MITTELREIHER *Mesophoyx intermedius* Intermediate Egret –

L 60-72 cm, S 105-115 cm. Brütet in Afrika südlich der Sahara, Süd- und Ostasien. Wenige Nachweise aus Ägypten, Israel, Italien und Jordanien.– Wenig größer als Seidenreiher, wegen des *kurzen* und meist *komplett gelben Schnabels* (nur äußerste Spitze dunkel) eher an Silberreiher erinnernd und von diesem schwer unterscheidbar, wenn *geringere Größe* nicht einschätzbar, aber *Schnabelwinkel endet unter oder vor Hinterrand des Auges* (statt dahinter), *Kopf ist runder* (Scheitelspitze in Kopfmitte), *Hals* weniger geknickt, eher *sanft s-förmig.* Füße ganz dunkel, im PK ohne Schmuckfedern am Kopf (anders als Seidenreiher).

GOLIATHREIHER *Ardea goliath* Goliath Heron –

L 135-150 cm, S 210-230 cm. Brütet im tropischen Afrika und Ostirak. Gelegentliche Beobachtungen im Bearbeitungsgebiet, z. B. Israel (mehrfach, Frühjahr und Herbst), Jordanien und Syrien (spätes 19. Jh.).– *Sehr groß,* wie Graureiher mit *blaugrauem Oberflügel* und weißem Vorderhals mit schwarzen Längsstreifen, jedoch mit *rotbraunem Scheitel und Hinterhals,* dunkel *rotbrauner Unterseite, kräftigem, schwarzem Schnabel* und schwarzen Beinen; ad. mit *rotbraunem Schopf am Hinterscheitel,* JK ohne Schopf und etwas blasser.

NIMMERSATT *Mycteria ibis* Yellow-billed Stork (A)

L 95-105 cm, S 150-165 cm. Brütet im tropischen Afrika. Gelegentliche Beobachtungen auf den Kanaren, in Ägypten, Israel, Jordanien und Spanien.– Erinnert an Weißstorch, hat aber *rote Gesichtsmaske* (kann auch teilweise orange sein), *gelblichen Schnabel* (mit etwas dunkler gelboranger, abwärts gebogener Spitze). Gefieder weiß, *Flügeldecken, Schulterfedern und Mantel rosa getönt,* Beine orangerot. Im Flug sehr ähnlich Weißstorch, jedoch mit *schwarzem Schwanz* (statt weiß). Unausgefärbt mit schmutzig graubraunem Gefieder, graugrünen Beinen und rosagelber Gesichtsmaske.

BINDENSEEADLER *Haliaeetus leucoryphus* Pallas's Fish Eagle (A)

L 73-84 cm, S 185-210 cm. Brütet lokal und selten an Gewässern von Mittel- bis Südasien. Früher auch am Kaspischen Meer. Ausnahmsweise z. B. in Finnland, Israel, Norwegen und Polen.– Ad. kenntlich an mittellangem, gleichmäßig gerundetem *weißem Schwanz mit breit schwarzer Endbinde* (wie juv. Steinadler), dunkelbraunem Körper, *ganz dunklen Flügeln,* kontrastierend *beigeweißem Kopf,* recht langen, unbefiederten, hellgrauen Beinen. Unausgefärbt Kopf und Körper hell zimtbraun, dunkelbraune Maske; kann im Flug durch Größe und *weißes Längsband auf Unterflügeln* an Steppenadler erinnern, Band aber auf Mittleren statt Großen Decken, *Achseln weiß, innere Handschwingen mit großem weißlichem Bereich,* ganz dunkler Schwanz eher gerade abgeschnitten.

GAUKLER *Terathopius ecaudatus* Bateleur (A)

L 50-60 cm, S 170-190 cm. Brütet in Afrika. Ausnahmeerscheinung in Nordägypten und Israel.– Unverkennbar aufgrund langer, eigentümlich geformter Flügel mit *ausgebuchtetem Armflügel-Hinterrand* und *verengter innerer Hand,* Flügelspitze schmal, aber dennoch tief gefingert, *kurzer Schwanz,* bei ad. so kurz, dass *Füße den Schwanz im Flug überragen,* ferner Kopf und Hals unproportional lang und weit vorstehend. Fliegt oft schnell mit elastischen Flügelschlägen, Flügel beim Gleiten v-förmig gehalten, macht auch Loopings. Gefieder im JK ähnlich dunklem Bussard, ad. aber markanter, Kopf, Körperunterseite und Schulterfedern schwarz, Rücken und Schwanz rötlich, *Wachshaut und Füße orangerot,* ♂ mit komplett schwarzen Schwungfedern, diese bei ♀ weiß mit schwarzem Hinterrand.

BUNTFALKE *Falco sparverius* American Kestrel (A)

L 23-27 cm. Amerikanische Ausnahmeerscheinung in Großbritannien, Dänemark und Malta.– Erinnert an *kleinen* Turmfalken, aber *Flügel etwas kürzer und breiter,* vor deren *Hinterrand im Flug ein helles Band* andeutende helle Flecken erkennbar. Rüttelt oft mit gespreiztem Schwanz, dieser *rötlich braun mit breiter schwarzer Endbinde* (bei ♂ breiter). In allen Kleidern kontrastreiche Kopfzeichnung mit *spitzem, schwarzem Kinnstreif* und *zwei schwarzen Markierungen auf Kopf- und Nackenseiten.* Bei beiden Geschlechtern *Scheitel blaugrau, in der Mitte rötlich braun,* rotbrauner Mantel schwarz gebändert, *Flügel* bei ♂ *blaugrau, bei* ♀ *rotbraun.* Oberseite bei juv. ♂ kräftiger gebändert als bei ad. ♂.

AMURFALKE *Falco amurensis* Amur Falcon –

L 23-27 cm. Brütet in Südostsibirien, Ostmongolei, Ostchina, überwintert in Südostafrika, überfliegt dorthin den Indischen Ozean. In Großbritannien, Italien, Schweden und Ungarn nachgewiesen.– Fernöstliches Gegenstück zum nah verwandten Rotfußfalken, etwas kleiner und kompakter. Ad. ♂ unterscheidet sich durch *rein weiße Unterflügeldecken* und durchschnittlich etwas dunkleren Scheitel, Mantel und Flügelvorderrand. Ad. ♀ zeigt *weiße* (nicht rötlich beige) *Unterseite mit kräftigen schwarzen Bruststreifen und Flankenbändern* (statt fein gestreift oder nur gepunktet), ferner *dunkelgrauen Scheitel* (statt rötlich beige). Im JK sehr ähnlich Rotfuß- und Baumfalke, einziger Unterschied *angedeutete dunkle Bänderung der Hinterflanke.*

BRONZESULTANSHUHN *Porphyrio alleni* Allen's Gallinule a

L 22-25 cm. Brütet im tropischen Afrika. Ausnahmeerscheinung, z. B. in Deutschland, Finnland, Frankreich, Griechenland, Großbritannien, Israel, Kanaren, Marokko, Spanien. Lebt in dichten Sümpfen.– *Klein,* nicht größer als Wasserralle, *kurzer, gänzlich roter Schnabel,* Gefieder *dunkelblau und grün.* Ähnlich Zwergsultanshuhn (s. u.), aber deutlich kleiner, *Beine rot,* weiße *Unterschwanzdecken in der Mitte schwarz geteilt* (wie bei Teichhuhn). Im JK ähnlich Mischung aus Kampfläufer im JK und weiblichem Kleinem Sumpfhuhn.

ZWERGSULTANSHUHN *Porphyrio martinica* American Purple Gallinule –

L 29-33 cm. Brütet in Nordamerika. Ausnahmeerscheinung auf Kanaren, Island, in Großbritannien, Norwegen und der Schweiz.– Teichhuhnähnlich, *aber ohne weiße Flankenlinie,* mit etwas längeren Beinen, *tief ultramarinblauer Unterseite* und *grünlicher Oberseite,* Schnabel rot mit gelber Spitze, *Stirnschild blaugrau.* Ähnlich Bronzesultanshuhn, aber *größer, Unterschwanzdecken ganz weiß* (ohne dunkle Zentren), *Beine gelb.*

AMERIKANISCHES BLÄSSHUHN *Fulica americana* American Coot –

L 31-37 cm. Brütet in Nordamerika. Beobachtungen u. a. auf den Britischen Inseln, Island, in Irland und Portugal.– Wie Blässhuhn, aber mit dunklem Band auf dem weißlichen Schnabel (aus der Nähe Schnabel bläulich getönt, Band purpurn), *äußere Unterschwanzdecken weiß, kleiner dunkler* (rötlicher) *Fleck oben auf Stirnschild.* Insgesamt etwas schlanker, mit *geraderem Rückenprofil* und *hellerem grauem Körpergefieder* als Blässhuhn.

DZ

KANADAKRANICH *Grus canadensis* Sandhill Crane –

L 80-95 cm, S 155-180 cm. Brütet in Nordamerika und Nordostsibirien, überwintert im südlichen Nordamerika und Mexiko. Ausnahmeerscheinung in Großbritannien, Färöer, Irland und den Niederlanden.– Nominatform (betrifft europäische Beobachtungen) *kleiner* als Kranich. Gefieder *grau* mit diffuser Fleckung, im PK oberseits rostfarben getönt (wie Kranich). Bei ad. *Kehle und Kopfseiten weißlich, Stirn/Vorderscheitel rot.* Im JK schwerer von juv. Kranich zu unterscheiden, jedoch Kopf/Hals, *Mantel und Flügeldecken deutlicher rotbraun.*

Arabertrappe

ARABERTRAPPE *Ardeotis arabs* Arabian Bustard –

L 70-90 cm. Brütet in Afrika südlich der Sahara, früher auch in Marokko, dort gelegentlich Beobachtungen.– *Graubraun* und *groß, fein gebänderter Hals* (bei ♂ dick und buschig). Hinterscheitel mit *kurzem Schopf,* durch schwarze Scheitelseitenstreifen betont, Schopf meist angelegt, abgesehen von der Balz meist wenig auffällig. Im Flug *weniger Weiß im Flügel* als andere Trappen.

Reiherläufer

REIHERLÄUFER *Dromas ardeola* Crab Plover –

L 38-41 cm. Brütet am Persischen Golf, im Oman und am Golf von Aden. Ausnahmeerscheinung in Ägypten, Israel, Syrien und der Türkei.– *Groß, schwarz-weiß gefärbt* (JK dunkelgrau und gräulich weiß); erinnert am ehesten an Säbelschnäbler, aber *Schnabel kurz, gerade und dolchförmig.* Steht oft aufrecht wie Rennvogel am Sandstrand, kann sich aber auch ducken wie Regenpfeifer, Bewegungen regenpfeiferähnlich, kurz rennend, innehaltend und Ausschau haltend, erneut kurz rennend usw. Beachte im Flug oberseits schwarze Flügel mit weißen Vorderflügeln (entfernt fliegender Säbelschnäbler zeigt weiße Flügel mit schwarzen Spitzen und Armflügelfeldern). Flugruf etwas lachseeschwalbenähnlich „WEDde-WEK, WEDde-WEK…".

Krokodilwächter

KROKODILWÄCHTER *Pluvianus aegyptius* Egyptian Plover –

L 19-21 cm. Brütet im tropischen Afrika. Ausnahmeerscheinung in Libyen und Ägypten, früher Brutvogel bei Kairo; auch Meldungen von Kanaren und Israel.– Recht kleiner, *kompakter* Watvogel mit *breiten Flügeln* und kurzen Beinen. Unverkennbar, *breite schwarze und weiße Streifen auf den Flügeln,* schwarz-weißes Kopfmuster, *orange getönte Unterseite, schwarzes Brustband.* Wippt beim Laufen mit Kopf und Vorderkörper. Sehr vertraut. Fast immer an Flüssen.

ORIENTBRACHSCHWALBE *Glareola maldivarum* Oriental Pratincole –

L 23-27 cm. Brütet in Südasien von Indien ostwärts. Ausnahmeerscheinung z. B. in Großbritannien, Israel, den Niederlanden, Schweden und auf Zypern.– *Unterflügeldecken rötlich braun* (wie Rotflügel-Brachschwalbe), *Oberflügel dunkel, ohne deutlichen weißen Armschwingen-Hinterrand* (wie Schwarzflügel-Brachschwalbe), *kurze Schwanzspieße enden* ca. 1-3 cm *vor Flügelspitze,* wirkt dadurch im Flug stummelschwänzig; *vorderer Bauch oft wärmer orangebeige* (unter braungrauem Brustfleck); Nasenlöcher rund bis oval (bei Verwandten schmal schlitzförmig, doch nur aus geringster Entfernung sichtbar); durchschnittlich *breitere schwarz-weiße Kehleinfassung, schwärzere Zügel* und weniger Rot an Unterschnabelbasis als Rotflügel-Brachschwalbe. Bei manchen Rotflügel-Brachschwalben ist der weiße Flügelhinterrand abgenutzt, unausgefärbte Vögel besitzen kürzere Schwanzspieße, daher Unterscheidung oft schwer und immer auf so viele Merkmale wie möglich zu stützen.

Großer Knutt

GROSSER KNUTT *Calidris tenuirostris* Great Knot A

L 24-27 cm. Brütet in Nordostsibirien. Ausnahmeerscheinung in Deutschland, Großbritannien, Irland, Israel, Marokko, den Niederlanden, Norwegen, Polen und Schweden.– Wenig größer als Knutt, Hals länger, *Kopf kleiner, längerer, leicht abwärts gebogener Schnabel mit dicker Basis und dünnerer Spitze,* durch lange Flügel *lang gezogenes Hinterende;* im PK *grobe dunkle Brustfleckung, Flanken mit Pfeilflecken, kontrastierende Oberseite* mit breit weiß gesäumten schwarzen Federn und *rostbraunen Schulterfedern.* SK ähnlich Knutt, aber Oberseite deutlicher gestreift, Brust gefleckt.

DZ

WILSONBEKASSINE *Gallinago delicata* Wilson's Snipe –

L 23-28 cm. Nordamerikanisches Gegenstück zur Bekassine, neuerdings wegen abweichender Stimme und geringen morphologischen Unterschieden als eigene Art abgetrennt. Nachgewiesen in Frankreich, Großbritannien und Irland.– Größe und Gestalt etwa wie Bekassine, Gesang tiefer (erinnert fast an Raufußkauz), aber verirrte Vögel in Europa gewöhnlich stumm. Zur Unterscheidung von der Bekassine sind möglichst viele der folgenden Merkmale wichtig: *weißer Armflügel-Hinterrand schmaler* (oft < 2 mm), aber Überschneidung; Unterflügeldecken mit schmaleren hellen Spitzen, daher *Unterflügel dunkler; äußere Steuerfedern stärker und dichter gebändert,* meist 3-4 deutliche dunkle Binden auf ziemlich weißem Grund erkennbar, etwa so breit wie die hellen (bei Bekassine oft 1-2 undeutliche Binden auf graubeigem Grund, schmaler als die hellen). (Nicht abgebildet.)

WALDBEKASSINE *Gallinago megala* Swinhoe's Snipe –

L 26-31 cm. Brütet in mittel- und ostsibirischer Taiga, weiter westlich vielleicht nur übersehen. Ein alter russischer Nachweis im europäischen Nordural, neuerdings ein balzendes ♂ in Finnland, doch in Erwartung weiterer Nachweise hier bereits aufgenommen.– Geringfügig größer und massiger als Bekassine, doch etwas kleiner als Doppelschnepfe. Sehr ähnlich Bekassine und Spießbekassine, am sichersten am *Gesang* unterscheidbar (ein im Flug geäußerter jammernder, hohler Ton, lauter werdend, in pulsierendem Schnörkel endend, oft von unterdrückten harschen Tönen wie „krrek-krrek-krrek-krrek" gefolgt, ähnlich Holzrassel). *Gefiedermerkmale überschneiden sich teilweise mit Spießbekassine,* aber *ohne deren 6-7 stiftförmige äußere Steuerfedern* (2-5 sind schmal, aber nicht spießförmig), mit *massigerem Körper, längerem Schwanz,* der im Flug *von Zehen kaum überragt* wird. Im Unterschied zur Bekassine *kein breit weißer Armflügel-Hinterrand, dunklerer Unterflügel* und durchschnittlich *kürzerer Schnabel.* Mögliche Unterschiede in Flugrufen bisher wenig bekannt. (Nicht abgebildet.)

HUDSONSCHNEPFE *Limosa haemastica* Hudsonian Godwit –

L 37-42 cm, S 67-79 cm. Nordamerikanische Art, Beobachtungen in Dänemark, Großbritannien, Norwegen und Schweden.– Erinnert in Größe und Gestalt an Pfuhlschnepfe, aber noch *auffälliger aufwärts gebogener Schnabel* und etwas *längere Beine,* Gefieder eher uferschnepfenähnlich durch (angedeuteten) *weißen Flügelstreif, weißen Bürzel* und *schwarzen Schwanz.* Flügelstreif nur auf inneren Handschwingen markant. *Brust im SK ungemustert graubraun.* Im Flug zum übrigen Unterflügel kontrastierende *diagnostische schwarze Achselfedern und Unterflügeldecken.* Flugruf schnell zweisilbig „piid-wid" oder nur „wid".

Hudsonschnepfe

SCHLAMMTRETER *Tringa semipalmata* Willet –

L 31-36 cm, S 54-62 cm (östliche Nominatform). Brütet in Nordamerika. Beobachtet in Finnland, Frankreich, Italien und Norwegen.– Größe und Proportionen ähnlich Grünschenkel, aber *Schnabel kürzer, gerader und massiger* (First gerade, nur Unterschnabel leicht aufgeworfen), *Hals kürzer und dicker, Brust und Flanken ausgedehnter gemustert* und gebändert. Im Flug *breit weißer Flügelstreif im Kontrast zu sonst schwärzlichen Handschwingen und -decken* und schwärzlichen Unterflügeln. Westliche Unterart *inornata* (vielleicht eigene Art)größer, Schnabel und Beine länger. Flugruf schnell klar trillernd „kli-li-li" oder zweisilbig „ki-litt". (Nicht abgebildet.)

GRAUKOPFMÖWE *Chroicocephalus cirrocephalus* Grey-headed Gull –

L 39-43 cm, S 100-115 cm. Brütet im tropischen Afrika und in Südamerika. Nachweise aus Israel, Jordanien, Marokko, Spanien und Tunesien.– Etwas *größer als Lachmöwe* mit etwas größerem Kopf. *Flügelspitze ausgedehnter schwarz und mit zwei weißen Flecken vor Spitze; Unterflügel dunkel.* Im PK *hellgraue Kapuze. Flügel breiter und stumpfer* als bei Lachmöwe, Schnabel recht lang und *Schnabelgrundbefiederung lang gezogen und schmal auslaufend* wie bei Dünnschnabelmöwe. Ad. mit *weißlichem Auge,* schmalem rotem Lidring und weißem Augenring.

Graukopfmöwe

Eilseeschwalbe

EILSEESCHWALBE *Sterna bergii* Greater Crested Tern –

L 50-54 cm (davon 7-10 cm Schwanzspieße). Brütet vom südlichen Afrika bis zum Pazifik, auch am Roten Meer und Persischen Golf. Erreicht regelmäßig Suez und gelegentlich Akaba.– *Sehr groß*, langflügelig. Auch im PK *Stirn und Zügel weiß* (auf Stirn aber sehr schmal), schwarzer Scheitel mit *lockerem, struppigem Schopf, Schnabel sehr lang, recht schmal* mit leicht abwärts gebogenem First, meist *blass grünlich gelb* (im PK etwas kräftiger gelb). Im Nahen Osten *(velox)* Mantel, Oberflügel und *Bürzel* recht *dunkel grau* (besonders bei bewölktem Himmel) ohne hellblauen Ton von z. B. Rüppellseeschwalbe (S. 202). Häufigster Ruf tief krächzend „karrack".

Schmuckseeschwalbe

SCHMUCKSEESCHWALBE *Sterna elegans* Elegant Tern A

L 39-43 cm. Brütet im westlichen Mittelamerika. Erstaunlicherweise zeigte sich ein Individuum in einer Brandseeschwalben-Kolonie in Frankreich von 1974-85, verpaarte sich mit einer Brandseeschwalbe und zog juv. auf; weitere Beobachtungen in Dänemark, Deutschland, Irland und Spanien.– Sehr ähnlich Rüppellseeschwalbe (S. 202), aber etwas *längerer, stärker abwärts gebogener Schnabel,* häufig *leuchtender orange* mit gelegentlich deutlicherer gelber Spitze. *Struppigerer Schopf* als Rüppellseeschwalbe. Im SK Stirn/Vorderscheitel weiß, jedoch *fast vom Auge an nach hinten schwarz.* Beachte Verwechslungsgefahr mit aberranter gelbschnäbeliger Brandseeschwalbe. Kann auch mit Königsseeschwalbe (S. 202) verwechselt werden, aber z. B. Schnabel länger und schmaler.

Braunbauch-Flughuhn

BRAUNBAUCH-FLUGHUHN *Pterocles exustus* –
Chestnut-bellied Sandgrouse

L 28-32 cm (ohne 4-8 cm Schwanzspieße), S 50-56 cm. Brütet in Afrika, im 19. Jh. bis Suez, dort vereinzelt beobachtet bis 1929, heute in Nordägypten ausgestorben. In Europa ein alter Nachweis in Ungarn.– *Bauch bräunlich schwarz.* Vom Sandflughuhn unterschieden durch geringere Größe, *ganz dunkle Unterflügel* und *schmale Schwanzspieße,* von Tropfenflughuhn z. B. durch *oberseits dunkle Handschwingen.* Stehend wirkt ♂ wie schmutziges oder verwaschenes Sandflughuhn. ♀ zeigt kräftige Fleckung auf Kehle und Brust. Flugruf moorschneehuhnartig schrill „witt-karr-arr".

Steppenflughuhn

STEPPENFLUGHUHN *Syrrhaptes paradoxus* Pallas's Sandgrouse A

L 27-32 cm (ohne 4-11 cm Schwanzspieße bei ad.). Brütet in asiatischen Steppengebieten. Seltene und unregelmäßige Ausnahmeerscheinung (überwiegend im 19. Jh.), teilweise in kleinen Invasionen und mit Brutversuchen (z. B. 1888/89).– *Schwarzer Bauchfleck,* oberseits und unterseits *recht helle Flügel;* ♂ von ähnlichem Tropfenflughuhn unterschieden durch kräftig *schwarz gebänderten Mantel, Rücken und Bürzel,* jedoch *einfarbige Oberflügeldecken;* kennzeichnende nadelartig verlängerte äußere Handschwingen im Freiland schwer zu sehen. Flugruf mehrfach wiederholt tief dreisilbig „ku-ke-RIK".

Lachtaube

LACHTAUBE *Streptopelia risoria roseogrisea* African Collared Dove –

L 28-30 cm. Brütet in Afrika südlich der Sahara und auf der Arabischen Halbinsel. Seltener Herbst-/Wintergast in Südisrael und Jordanien. Vgl. auch mit domestizierter Form (S. 424).– Sehr ähnlich Türkentaube, *etwas kleiner* und *kurzschwänziger.* Gefieder etwas *heller, Bauch weißer, Schwungfedern und Steuerfedern oberseits* jedoch *dunkler,* daher etwas stärkerer Kontrast; vielsilbiger Gesang gekennzeichnet durch hohe, lang gezogene erste Silbe, gefolgt von sehr kurzer Pause und abfallendem Teil mit *rollendem Klang,* „koo, kurroo-ooh".

CAROLINATAUBE *Zenaida macroura* American Mourning Dove A

L 28-33 cm. Brütet häufig in Nordamerika in verschiedensten Lebensräumen einschließlich Städten. Nachweise in Großbritannien, Island, Irland, Dänemark und Deutschland (die letzten drei wohl denselben Vogel betreffend).– Größe etwa wie Türkentaube, vielleicht etwas schlanker und eleganter. Langer, spitzer Schwanz mit weißen Kanten im Flug auffallend. Gefieder hell rosabraun mit Grauton oberseits und auf Nacken und einigen schwarzen Flecken auf der Oberseite. Auge und Schnabel dunkel, Beine rosa. ♂ zeigt mehr Purpurglanz auf Nacken

DZ

und Halsseiten als ♀. Beide Geschlechter mit kleinem schwarzem Wangenfleck. Im Flug pfeifendes Flügelgeräusch. (Nicht abgebildet.)

SCHORNSTEINSEGLER *Chaetura pelagica* Chimney Swift –

L 12-13 cm. Brütet in Nordamerika. Ausnahmeerscheinung in Frankreich, Großbritannien (mehrfach), Irland, den Kanaren und Schweden im Herbst.– *Klein, untersetzter Körper, breite Flügel, besonders Handflügel* (Armschwingen kürzer, wodurch Flügel am Übergang eingekerbt wirken kann). Gefieder recht *einfarbig graubraun,* nur *Kehle und Vorderbrust wenig heller.* Feine Steuerfederdornen nur aus der Nähe zu sehen. Flug zeitweise schnell auf zurückgebogenen Flügeln, wenig später langsamer mit schnellen, flachen Flügelschlägen, unterbrochen durch Gleitstrecken. Ruft schnell zwitschernd.

Schornsteinsegler

STACHELSCHWANZSEGLER *Hirundapus caudacutus* –
White-throated Needletail

L 19-21 cm, S 50-54 cm. Brütet in Südsibirien und Mittelasien. Ausnahmeerscheinung auf den Färöer, in Finnland, Großbritannien, Irland, Niederlanden, Norwegen und Schweden.– *Groß* mit *kräftigem, kompaktem Körper,* „halslos", stummelschwänzig (Gestalt wie Zwischending aus flacher Zigarre und „fliegendem Fass"); *Flug beeindruckend schnell,* scheinbar wesentlich schneller als andere Segler; *weiße Unterschwanzdecken und Steiß* (ein Stück auf Flanken reichend) und *bräunlich weißer Mantel.*

Stachelschwanzsegler

PAZIFIKSEGLER *Apus pacificus* Pacific Swift –

L 18-19 cm. Brütet in Asien, von Mittelsibirien ostwärts. Ausnahmeerscheinung in Großbritannien und Schweden.– Wie ein Mauersegler mit schmalem *weißem Bürzelfleck.* Verwechslungsgefahr mit teilalbinotischen Mauerseglern, aber etwas *tiefer gegabelter Schwanz, längere Flügel,* geringfügig *weiter vorstehender, kräftigerer Kopf,* im Vergleich dazu Körper manchmal *schlanker* wirkend, oft *größerer weißer Kehlfleck,* geschuppte Unterseite. *Rauerer, schrillerer, am Ende deutlich abfallender Ruf* „wriiüh" (kann an Fahlsegler erinnern).

Pazifiksegler

GELBBAUCH-SAFTLECKER *Sphyrapicus varius* Yellow-bellied Sapsucker –

L 18-21 cm. Nordamerikanische Art. Ausnahmeerscheinung in Großbritannien, Irland und Island.– Erinnert etwas an Dreizehenspecht, z. B. im Trinken von Baumsaft. *Schwarz-weiß* gefärbt, ad. mit *rotem Scheitel,* ♂ auch mit *roter Kehle* (weiß bei ♀), *Kopfseiten breit schwarz-weiß gestreift,* Kehle breit schwarz eingefasst, als Band auf der *Brust* zu *breitem schwarzem Fleck* verbreitert (fehlt im 1en W), *weißer rechteckiger Längsfleck auf Flügel,* Mantel und Rücken fein schwarz-weiß gefleckt, Unterseite gelblich (manchmal am stärksten auf Brustseiten).

Gelbbauch-Saftlecker

FAHLSTIRNSCHWALBE *Pterochelidon pyrrhonota* American Cliff Swallow –

L 13-14 cm. Brütet in Nordamerika. Herbstliche Ausnahmeerscheinung in Großbritannien, Irland, Island und den Kanaren.– Nah mit Mehlschwalbe verwandt und von ähnlicher Gestalt, aber *gerade abgeschnittener Schwanz und breitere Flügel; Ohrdecken, Kehle und Halsseiten rötlich braun, Nacken fahl, Stirn cremeweiß,* blauschwarzer Scheitel bildet isolierte dunkle Kappe, *Bürzel orange;* auf Entfernung Verwechslungsgefahr mit Rötelschwalbe, aber *ohne Schwanzspieße* und *Mantel diffus weiß gestreift,* grauschwarzer Fleck auf unterer Kehle/Vorderbrust. Ruft sperlingsartig nasal „tschiew".

Fahlstirnschwalbe

ZEDERNSEIDENSCHWANZ *Bombycilla cedrorum* Cedar Waxwing –

L 15-19 cm. Brütet in Nordamerika, Lebensweise wie Seidenschwanz. Ausnahmsweise in Großbritannien und Island.– *Kleiner* als Seidenschwanz, Gefieder unterscheidet sich durch *Fehlen von Gelb oder Weiß auf Handschwingenspitzen* wie auch *Weiß auf Handdecken, matt grauweißen Steiß* (statt dunkel braunrot), gelblich getönten Bauch (statt gräulich rosa) und komplett dunkle Armschwingen ohne weiße Spitzen oder Kanten. Schwarze Maske auch *oben mit weißer, über die Stirn laufender Begrenzung* (statt nur unterhalb der Maske weiß). Ruft höher und schwächer als Seidenschwanz. (Nicht abgebildet.)

DZ

Katzenvogel

KATZENVOGEL *Dumetella carolinensis* Catbird a

L 19-22 cm. Brütet in Nordamerika. Ausnahmeerscheinung in Belgien, Deutschland, Großbritannien, Irland und auf Kanalinseln.– Wie kleine langschwänzige Drossel. Ad. *einfarbig aschgrau* mit *schwarzem Scheitel* und *rötlich braunem Steiß.* Hüpft am Boden oder versteckt sich in niedriger Vegetation.

Rußheckensänger

RUSSHECKENSÄNGER *Cercotrichas podobe* Black Bush Robin –

L 20-23 cm. Brütet in Afrika südlich der Sahara und in Arabien. Neuerdings regelmäßig bei Elat/Israel.– *Gänzlich rußschwarz, Schwanz lang, oft steil aufwärts gehalten,* schnell gespreizt oder geschlagen. *Steuerfedern mit breiten weißen Spitzen,* Unterschwanzdecken mit schmalen weißen Spitzen. Hochbeinig. Hält sich meist auf dem Boden oder auf niedrigen Büschen auf. Gesang von Buschspitze aus, recht ähnlich Heckensänger, oft von Schwanzheben begleitet.

BLAUNACHTIGALL *Luscinia cyane* Siberian Blue Robin –

L 12-13 cm. Brütet in Sibirien. Ausnahmeerscheinung in Großbritannien, Spanien und auf den Kanalinseln.– *Klein,* kompakt, *kurzschwänzig,* mit *kräftigen blass rosa Beinen* und kräftigem *spitzem Schnabel.* Ad. ♂ *oberseits dunkelblau, unterseits rein weiß* mit schwärzlicher Begrenzung entlang Zügel, Wangen und Brustseiten. ♀ und 1er W oberseits braun, unterseits beige grauweiß, aber Schwanz blau getönt. (Nicht abgebildet.)

ad. ♂

Mohrenschwarzkehlchen

MOHRENSCHWARZKEHLCHEN *Saxicola caprata* Pied Bushchat –

L 13-14,5 cm. Brütet in Mittel- und Südasien. Ausnahmeerscheinung in Israel und auf Zypern.– Etwas größer als Schwarzkehlchen, ad. ♂ *bis auf weißen Bürzel, Steiß und Schulterfleck ganz schwarz.* ♀ und ♂ im 1en S bräunlich grau ähnlich Hausrotschwanz-♀, unterschieden durch *kurzen, ganz dunklen Schwanz,* lediglich Bürzel rostfarben, von dunklen Schwarzkehlchen-♀ der Unterart *rubicola* unterschieden durch *ganz dunkle Flügel* (selten heller Fleck angedeutet) und *hellere Kehle.*

KRONENLAUBSÄNGER *Phylloscopus coronatus* Eastern Crowned Warbler a

L 11-12 cm. Brütet in Ostasien. Ausnahmeerscheinung in Deutschland, Finnland, Großbritannien, den Niederlanden und Norwegen.– Ähnlich Wanderlaubsänger, aber mit *hellem Scheitelstreif* (hinten deutlich, vorne diffuser), *dunklerem olivgrauen Augen- und Scheitelseitenstreif,* besonders *vor dem Auge gelbem Überaugenstreif, weißlicherer Unterseite* mit *kontrastierenden hellgelben Unterschwanzdecken* und *klarer grüner Oberseite.* (Nicht abgebildet.)

Schachwürger

ad.

SCHACHWÜRGER *Lanius schach* Long-tailed Shrike –

L 21,5-24 cm. Brütet in Asien. Ausnahmeerscheinung in Dänemark, Großbritannien, Israel, Jordanien, Schweden und der Türkei.– Recht groß, *Schwanz lang* und stark gerundet. Maske und Stirn schwarz (weniger ausgedehnt als bei Schwarzstirnwürger-♂), Scheitel und Mantel hellgrau, *Bürzel, Rücken und Schulterfedern rostig gelbbraun,* Steiß rostgelb. Bei ad. kleiner weißer Fleck auf Handschwingenbasen. Schnabel grob.

Elsterdohle

ad.

ELSTERDOHLE *Corvus dauuricus* Daurian Jackdaw (A)

L 30-34 cm. Brütet in Ostasien. Ausnahmeerscheinung in Dänemark, Deutschland, Finnland, Frankreich, den Niederlanden und Schweden.– Größe und Gestalt wie Dohle, aber immer *dunkles Auge* (bei ad. Dohle weißlich, im JK grau), ad. mit *hell grauweißem Nacken, Halsring, Bauch und Flanken.* Hintere Kopfseiten mit silbrig weißen Federspitzen. 1er W entweder ähnlich ad. (seltene helle Morphe) oder dunkelgrau wie Dohle (häufigere dunkle Morphe), dann nur mit wenig hellerem Bauch und dunklem Nacken (bei Dohle heller grau).

Abendkernbeißer

ad. ♂

DZ

ABENDKERNBEISSER *Coccothraustes vespertina* Evening Grosbeak –

L 18-20 cm. Nordamerikanische Ausnahmeerscheinung in Großbritannien und Norwegen, nur Frühjahr.– Starengroß. *Großer, dreieckiger, grünlich gelber Schnabel.* ♂ *gelb und olivbraun, Schwanz und Flügel schwarz, Schirmfedern weiß,* Stirn und Scheitelseiten gelb, Scheitelmitte schwarz. ♀ erinnert stärker an Kernbeißer, Gefieder beige grauweiß und graubraun mit weißen Flecken auf Flügel und Schwanz, meist *gelblichen Halsseiten.* Achselfedern gelb.

BRAUENWALDSÄNGER *Vermivora peregrina* Tennessee Warbler –

L 10,5-12 cm. Brütet in Nordamerika. Ausnahmeerscheinung auf Britischen Inseln, Färöer und Island. (Waldsänger sind dünnschnäbelige Ammernverwandte und füllen die in Europa von Laubsängern besetzte ökologische Nische.) – Im Herbst durch *grüne Oberseite, gelbliche Unterseite* und *gelben Überaugenstreif* ähnlich Laubsänger. *Beine dunkelgrau,* spitzer *Schnabel recht lang, hellgrau mit dunklem First.* Ruft scharf „tsiit".

Brauenwaldsänger
Winter

PIEPERWALDSÄNGER *Seiurus aurocapilla* Ovenbird –

L 13,5-15 cm. Nordamerikanischer bodenbewohnender Waldvogel. Ausnahmeerscheinung in Großbritannien, Irland und Norwegen.– *Einfarbig grünlich braune Oberseite,* blasse *Unterseite grob dunkel gefleckt,* schmaler schwarzer Kinnstreif. *Heller Augenring,* sonst einheitlich braune Kopfseiten. *Rötlich brauner Scheitelstreif schmal schwarz eingefasst.* Läuft pieperartig am Boden.

Pieperwaldsänger

WEIDENGELBKEHLCHEN *Geothlypis trichas* Common Yellowthroat –

L 12-13 cm. Nordamerikanische Ausnahmeerscheinung in Großbritannien und Island.– *Ungezeichnetes* Gefieder, *oberseits olivgrün,* unterseits schmutzig weiß, *Kehle und Unterschwanzdecken gelb,* Flanken bräunlich weiß. Ad. ♂ mit bis auf die Stirn reichender *schwarzer Maske,* hinten schmal hellgrau begrenzt. ♂ im 1en W mit düsteren Ohrdecken und verdunkelter Stirn. Kopf des ♀ olivbraun.

Weidengelbkehlchen
♂ 1er W

SCHARLACHTANGARE *Piranga olivacea* Scarlet Tanager –

L 15,5-17 cm. Nordamerikanische Art aus der neuweltlichen Familie der Tangaren (Thraupidae). Ausnahmeerscheinung in Frankreich, Großbritannien, Irland und Island, fast alle im Okt.– *Schnabel kräftig, recht lang* und spitz; im SK/1en W *Kopf und Körpergefieder gräulich gelbgrün,* unterseits am blassesten. Ad. ♂ mit leuchtend gelber Unterseite, Scheitel gelblich, Mantel/Rücken grüner. *Flügel dunkler als Mantel,* bei ♀ grau, bei ad. ♂ schwarz, im 1en W grau mit einigen schwärzeren Flügeldecken und Schirmfedern. (Nicht abgebildet.)

SINGAMMER *Melospiza melodia* Song Sparrow –

L 13-15 cm. Nordamerikanische Art. Wenige Beobachtungen in Belgien, Großbritannien, den Niederlanden und Norwegen.– Mittelgroß, *langschwänzig,* Flügel kurz und rund, Schnabelgröße variabel, oft recht schmal und spitz. *Brauner Scheitelseitenstreif, heller grauer Scheitelstreif, graue Kopfseiten mit dunklem Augen-, Wangen- und Kinnstreif.* Unterseite kräftig gestreift, auf *Vorderbrust* meist zu *kleinem dunklem Fleck* zusammenfließend.

Singammer

DACHSAMMER *Zonotrichia leucophrys* White-crowned Sparrow (A)

L 15-16 cm. Nordamerikanische Ausnahmeerscheinung in Frankreich, Großbritannien, Irland, Island und den Niederlanden.– Ähnlich Weißkehlammer (S. 406), doch ohne scharf abgesetzte weiße Kehle, mit *sehr breitem weißem Scheitelstreif, markant schwarzen Scheitelseitenstreifen, weißem Überaugenstreif* (nie gelb vor Auge), einfarbig grauen Wangen, *breiterem hellem Halsring, grauer Oberseite* (statt braun). Im 1en W braune und beigeweiße Kopfmarkierungen.

Dachsammer

MASKENAMMER *Emberiza spodocephala* Black-faced Bunting A

L 14-15,5 cm. Brütet in Sibirien in feuchten Wäldern und Mooren. Ausnahmeerscheinung in Deutschland, Finnland, Großbritannien und den Niederlanden.– Gestreifte Ammer, etwas *schmutzig gelblich weißes, graues und braunes Gefieder.* Bei ♂ im PK *Kopf und Brust olivgrau, Gesicht schwärzlich.* Herbstvögel unauffälliger, *einheitlich* (oder nur diffus gefleckter) *bräunlich grauer Bürzel, olivgrau getönte Ohrdecken und Halsseiten,* schmutziger und *recht undeutlicher heller Überaugenstreif, gelblich getönte Unterseite,* gerader Schnabelfirst, teilweise rosa Unterschnabel. Ruft scharf „zit", ähnlich Singdrossel.

Maskenammer
ad. ♂

DZ

EXTREME SELTENHEITEN

Von den nachfolgend aufgelisteten Arten gibt es im Bearbeitungsgebiet nur 1-3 Nachweise (ausnahmsweise mehr). Neben deutschem und wissenschaftlichem Namen sind die Herkunftsregion (Haupt- oder nächstgelegenes Verbreitungsgebiet) sowie Land und Zeitpunkt der Nachweise angegeben. Nachweise, die mit höchster Wahrscheinlichkeit auf Gefangenschaftsflüchtlinge zurückzuführen sind oder deren Glaubhaftigkeit fraglich ist, wurden meist nicht aufgenommen. Veröffentlichte Nachweise wurden bis einschließlich Juni 2009 berücksichtigt.

Art		**Herkunft**	**Nachweise**
Strauß	*Struthio camelus*	Afrika	Ägypten (alte Nachweise Sinai), Israel (gelegentlich bis 1920er), Jordanien (1930er?)
Gelbbrust-Pfeifgans	*Dendrocygna bicolor*	Amerika, Afrika, Indien	Marokko (1977, Sept. 1980)
Javapfeifgans	*Dendrocygna javanica*	Südasien	Israel (Nov. 1966-März 1967)
Sporngans	*Plectropterus gambensis*	Afrika	Marokko (Juni 1984)
Koromandelzwergente	*Nettapus coromandelianus*	Südasien, Australien	Jordanien (Apr. 1997)
Rotschnabelente	*Anas erythrorhyncha*	Afrika	Israel (Juni-Juli 1958)
Rotaugenente	*Netta erythrophthalma*	Afrika, Südamerika	Israel (Apr.-Mai 1998)
Gelbnasenalbatros	*Thalassarche chlororhynchos*	Südatlantik	Großbritannien (Juni-Juli 2007), Norwegen (Apr. 1994, Juni-Juli 2007), Schweden (Juli 2007)
Weißkappenalbatros	*Thalassarche cauta*	Südatlantik, Indischer Ozean	Ägypten und Israel (Feb.-März 1981)
Tristanalbatros	*Diomedea dabbenena*	Südatlantik	Italien (Okt. 1957)
Riesensturmvogel	*Macronectes giganteus*	Antarktis	Italien (Sept. 1991)
Kapsturmvogel	*Daption capense*	südliche Ozeane	Spanien (Gibraltar, Juni 1979)
Weichfeder-Sturmvogel	*Pterodroma mollis*	Südatlantik	Israel und Jordanien (März 1997)
Schlegelsturmvogel	*Pterodroma incerta*	Südatlantik	Israel und Jordanien (Mai 1982, Apr. 1989)
Teufelssturmvogel	*Pterodroma hasitata*	Westindische Inseln	Großbritannien (Frühjahr 1850, Dez. 1984), Spanien (Apr. 2002)
Weißgesicht-Sturmtaucher	*Calonectris leucomelas*	Indischer Ozean & Pazifik	Israel und Jordanien (Juni-Sept. 1992, Mai-Juli 1993), Israel (Feb. 2003)
Blassfuß-Sturmtaucher	*Puffinus carneipes*	Indischer Ozean & Pazifik	Israel und Jordanien (Aug. 1980)
Keilschwanz-Sturmtaucher	*Puffinus pacificus*	Indischer Ozean & Pazifik	Ägypten (März 1988)
Audubonsturmtaucher	*Puffinus lherminieri*	Indischer Ozean & Pazifik, Westindische Inseln	Ägypten (Sept. 1991), Israel (Jan.-Feb. 1985, Dez. 1989)
Ohrenscharbe	*Phalacrocorax auritus*	Nordamerika	Großbritannien (Jan.-Apr. 1989), Frankreich (Okt. 2000), Irland (Nov. 1995-Jan. 1996)
Afrika-Schlangenhalsvogel	*Anhinga rufa*	Afrika	Israel (Mai 2004), Marokko (Aug. 1985), Türkei (brütete 1933-ca. 1950)
Adlerfregattvogel	*Fregata aquila*	Südatlantik	Großbritannien (Juli 1953)
Arielfregattvogel	*Fregata ariel*	tropische Meere	Israel und Jordanien (Dez. 1997, Mai 1999)
Amerikanische Zwergdommel	*Ixobrychus exilis*	Amerika	Island (Sept. 1970)
Mandschurendommel	*Ixobrychus eurhythmus*	Ostasien	Italien (Nov. 1912)
Paddyreiher	*Ardeola grayii*	Asien	Ägypten (Apr. 2004)
Blaureiher	*Egretta caerulea*	Amerika	Irland (Sept.-Okt. 2008)
Dreifarbenreiher	*Egretta tricolor*	Amerika	Kanaren (Nov. 2007-Juni 2008)
Glockenreiher	*Egretta ardesiaca*	Afrika	Israel (Okt. 1982)

Art		Herkunft	Nachweise
Schwarzhalsreiher	*Ardea melanocephala*	Afrika	Frankreich (Ende 19. Jh., Nov. 1971), Israel und Jordanien (Okt.-Dez. 1987)
Kanadareiher	*Ardea herodias*	Amerika	Großbritannien (Dez. 2007), Kanaren (Dez. 1998-Jan. 1999), Frankreich (Apr. 1996), Island (Nov. 1983, Apr. 1984)
Marabu	*Leptoptilos crumeniferus*	Afrika	Israel (Mai 1951, Apr.-Mai 1957)
Heiliger Ibis	*Threskiornis aethiopicus*	Afrika, Irak	Aserbaidschan (1944), Kanaren (März 1991), Ägypten (1889, 1891) – (s. S. 423.)
Weißkopf-Seeadler	*Haliaeetus leucocephalus*	Nordamerika	Großbritannien (Jan. 1973), Irland (Nov. 1987)
Schikrasperber	*Accipiter badius*	Asien, Afrika	Armenien und Aserbaidschan (neuerdings Brutvogel), Israel (Apr. 1987, Nov. 2005)
Graukehl-Sumpfhuhn	*Porzana marginalis*	Afrika	Algerien (Jan. 1867), Italien (Jan. 1997), Malta (März 1981, Apr. 2004)
Steppensumpfhuhn	*Crex egregia*	Afrika	Kanaren (Nov. 2001, Nov. 2006, Jan. 2007)
Zwergteichhuhn	*Gallinula angulata*	Afrika	Madeira (Jan. 1895)
Dreiband-Regenpfeifer	*Charadrius tricollaris*	Afrika	Ägypten (sechs Nachweise März 1993-Nov. 2007)
Steppenregenpfeifer	*Charadrius veredus*	Asien	Finnland (Mai 2003)
Schwarzschopfkiebitz	*Vanellus tectus*	Afrika	Israel und Jordanien (1869)
Kanadaschnepfe	*Scolopax minor*	Amerika	Frankreich (Okt. 2006)
Eskimobrachvogel	*Numenius borealis*	Nordamerika	Großbritannien (4 Herbstnachweise 19. Jh.), Irland (Okt. 1870)
Grauschwanz-Wasserläufer	*Tringa brevipes*	Sibirien	Großbritannien (Okt.-Nov. 1981, Nov.-Dez. 1994), Schweden (Juli 2003)
Antarktikskua	*Stercorarius maccormicki*	Antarktis	Färöer (Sept. 1889), Israel (Juni 1983), Israel und Jordanien (Juni 1992)
Braunkopfmöwe	*Chroicocephalus brunnicephalus*	Mittelasien	Israel (Mai 1985)
Reliktmöwe	*Larus relictus*	Asien	Russland (Mai 2000)
Beringmöwe	*Larus glaucescens*	West-Nordamerika, Nordpazifik	Großbritannien (Dez. 2006 und Frühjahr 2007, Dez. 2008), Kanaren (Feb. 1992), Marokko (Jan. 1996)
Dominikanermöwe	*Larus dominicanus*	Küsten der Südhalbkugel	Kanaren (Apr. 2001), Marokko (Aug. 2006)
Kamtschatkamöwe	*Larus schistisagus*	Asien	Lettland (Apr. 2009), Litauen (Nov. 2008)
Aleutenseeschwalbe	*Onychoprion aleuticus*	Beringmeer	Großbritannien (Mai 1979)
Amerikanische Zwergseeschwalbe	*Sternula antillarum*	Amerika	Großbritannien (Sommer 1983-92, derselbe Vogel)
Noddiseeschwalbe	*Anous stolidus*	Westindische Inseln, südl. Rotes Meer, Persischer Golf	Deutschland (Okt. 1912)
Afrikanischer Scherenschnabel	*Rynchops flavirostris*	Afrika	Israel (ca. 1934), Marokko (Jan. 1987)
Marmelalk	*Brachyramphus perdix*	Pazifik	Großbritannien (Nov. 2006), Rumänien (Dez. 2006), Schweiz (Dez. 1997)

Art		Herkunft	Nachweise
Silberalk	*Synthliboramphus antiquus*	Pazifik	Großbritannien (Frühjahr 1990, 1991 und 1992, wahrscheinlich derselbe Vogel)
Schopfalk	*Aethia cristatella*	Beringmeer	Island (Aug. 1912)
Rotschnabelalk	*Aethia psittacula*	Beringmeer	Schweden (Dez. 1860)
Gelbschopflund	*Fratercula cirrhata*	Pazifik	Großbritannien (Sept. 2009), Schweden (Juni 1994)
Gelbaugentaube	*Columba eversmanni*	Asien	Russland (Mai 1881)
Goldkuckuck	*Chrysococcyx caprius*	Afrika	Zypern (Juni 1982), Israel (März 1994)
Hinduracke	*Coracias benghalensis*	Irak, Südasien	Syrien (Datum?)
Goldspecht	*Colaptes auratus*	Nordamerika	Dänemark (Mai 1972)
Weißbauch-Phoebetyrann	*Sayornis phoebe*	Nordamerika	Großbritannien (Apr. 1987)
Buchenschnäppertyrann	*Empidonax virescens*	Nordamerika	Island (Nov. 1967)
Zwergschnäppertyrann	*Empidonax minimus*	Nordamerika	Island (Okt. 2003)
Erlenschnäppertyrann	*Empidonax alnorum*	Nordamerika	Island (Okt. 2003)
Gabelschwanz-Königstyrann	*Tyrannus savana*	Nordamerika	Spanien (Okt. 2002)
Harlekinlerche	*Eremopterix signatus*	Ostafrika	Israel (Mai 1983)
Tibetlerche	*Calandrella acutirostris*	E Mittelasien, Himalaja	Israel (Feb. 1986)
Sumpfschwalbe	*Tachycineta bicolor*	Nordamerika	Großbritannien (Juni 1990, Mai 2002)
Purpurschwalbe	*Progne subis*	Nordamerika	Großbritannien (Sept. 2004)
Fahlkehlschwalbe	*Hirundo aethiopica*	Afrika	Israel (März 1991)
Spottdrossel	*Mimus polyglottos*	Nordamerika	Großbritannien (Aug. 1982, Mai 1988), Kanaren (Apr. 2005), Niederlande (Okt. 1988)
Rote Spottdrossel	*Toxostoma rufum*	Nordamerika	Großbritannien (Nov. 1966-Feb. 1967)
Schwirrnachtigall	*Luscinia sibilans*	Sibirien	Großbritannien (Okt. 2004), Polen (Dez. 2005)
Sprosserrotschwanz	*Phoenicurus erythronotus*	Mittelasien, NW Mongolei	Israel (Nov. 1988), Russland (Okt. 1881, Okt. 1888)
Elstersteinschmätzer	*Oenanthe picata*	Mittelasien	Israel (Feb. 1986)
Halsbanddrossel	*Ixoreus naevius*	Nordamerika	Großbritannien (Nov. 1982), Island (Mai 2004)
Walddrossel	*Hylocichla mustelina*	Nordamerika	Großbritannien (Okt. 1987), Island (Okt. 1967)
Einfarbdrossel	*Turdus unicolor*	W Himalaja	Deutschland (Okt. 1932)
Riesenschwirl	*Locustella fasciolata*	Ostsibirien	Dänemark (Sept. 1955), Frankreich (Sept. 1913)
Chinarohrsänger	*Acrocephalus orientalis*	Ostasien	Israel (Feb.-Apr. 1988, Mai 1990)
Eichenlaubsänger	*Phylloscopus neglectus*	Mittelasien	Schweden (Okt. 1991)
Rubingoldhähnchen	*Regulus calendula*	Nordamerika	Island (Nov. 1987, Okt. 1998)
Kanadakleiber	*Sitta canadensis*	Nordamerika	Großbritannien (Okt. 1989-Mai 1990), Island (Mai 1970)
Sibirienraubwürger	*Lanius borealis*	Nordamerika, Sibirien	Finnland (März 2000), Norwegen (Nov. 1881)
Mongolenstar	*Sturnus sturninus*	Asien	Niederlande (Okt. 2005), Norwegen (Sept. 1985)
Gelbkehlvireo	*Vireo flavifrons*	Nordamerika	Großbritannien (Sept. 1990), Deutschland (Sept. 1998)
Philadelphiavireo	*Vireo philadelphicus*	Nordamerika	Großbritannien (Okt. 1987), Island (Okt. 2008), Irland (Okt. 1985)
Rosengimpel	*Carpodacus roseus*	Sibirien	Ungarn, Russland, Ukraine

Art		Herkunft	Nachweise
Meisengimpel	*Uragus sibiricus*	Sibirien	Dänemark (März-Apr. 1995), Russland (westeuropäische Nachweise betreffen Käfigvögel)
Goldflügel-Waldsänger	*Vermivora chrysoptera*	Nordamerika	Großbritannien (Jan.-Apr. 1989)
Blauflügel-Waldsänger	*Vermivora pinus*	Nordamerika	Irland (Okt. 2000)
Gelbscheitel-Waldsänger	*Dendroica pensylvanica*	Nordamerika	Großbritannien (Sept. 1985, Okt. 1995)
Pappelwaldsänger	*Dendroica cerulea*	Nordamerika	Island (Okt. 1997)
Blaurücken-Waldsänger	*Dendroica caerulescens*	Nordamerika	Island (Sept. 1988, Okt. 2003)
Grünwaldsänger	*Dendroica virens*	Nordamerika	Deutschland (Nov. 1858), Island (Okt. 2003)
Fichtenwaldsänger	*Dendroica fusca*	Nordamerika	Großbritannien (Okt. 1961, Okt. 1988), Island (Sept.-Nov. 1987)
Tigerwaldsänger	*Dendroica tigrina*	Nordamerika	Großbritannien (Juni 1977)
Magnolienwaldsänger	*Dendroica magnolia*	Nordamerika	Großbritannien (Sept. 1981), Island (Sept.-Dez. 1995, Okt. 1995)
Palmenwaldsänger	*Dendroica palmarum*	Nordamerika	Island (Okt. 1997)
Braunbrust-Waldsänger	*Dendroica castanea*	Nordamerika	Großbritannien (Okt. 1995)
Stelzenwaldsänger	*Seiurus motacilla*	Nordamerika	Kanaren (Nov. 1991)
Kapuzenwaldsänger	*Wilsonia citrina*	Nordamerika	Großbritannien (Sept. 1970, Sept. 1992)
Mönchswaldsänger	*Wilsonia pusilla*	Nordamerika	Großbritannien (Okt. 1985)
Kanadawaldsänger	*Wilsonia canadensis*	Nordamerika	Island (Sept. 1973), Irland (Okt. 2006)
Sommertangare	*Piranga rubra*	Nordamerika	Großbritannien (Sept. 1957)
Rötelgrundammer	*Pipilo erythrophthalmus*	Nordamerika	Großbritannien (Juni 1966)
Rainammer	*Chondestes grammacus*	Nordamerika	Großbritannien (Juni-Juli 1981, Mai 1991)
Grasammer	*Passerculus sandwichensis*	Nordamerika	Großbritannien (Apr. 1982, Sept.-Okt. 1987, Okt. 2003)
Fuchsammer	*Passerella iliaca*	Nordamerika	Deutschland (Mai 1949, Apr. 1977), Großbritannien (Juni 1961), Island (Nov. 1944)
Bandammer	*Emberiza fucata*	Asien	Großbritannien (Okt. 2004)
Dickzissel	*Spiza americana*	Nordamerika	Norwegen (Juli 1981)
Kuhstärling	*Molothrus ater*	Nordamerika	Großbritannien (Apr. 1988, Mai-Juli 2009), Norwegen (Juni 1987)
Purpurgrackel	*Xanthocephalus xanthocephalus*	Nordamerika	Island (Juli 1983), Niederlande (Mai-Juli 1982) (Nachweise in Großbritannien, Frankreich, Norwegen und Schweden wahrscheinlich keine Wildvögel)

EINGEFÜHRTE BRUTVÖGEL UND GEFANGENSCHAFTSFLÜCHTLINGE

Einige Arten, die nicht zur ursprünglichen Avifauna des Bearbeitungsgebiets gehören, wurden vom Menschen eingeführt oder konnten nur durch menschliche Hilfe frei lebende Populationen aufbauen. Sie brüten heute teilweise lokal in Freiheit, ohne unmittelbar vom Menschen abhängig zu sein. Daher werden sie unten kurz beschrieben. Die Zusammenstellung ist nicht komplett, enthält aber zumindest die bekanntesten Arten.

Ebenfalls mit aufgenommen sind einige Arten, die zwar nicht im Gebiet brüten, aber bereits einige Male freifliegend beobachtet wurden, deren Auftreten jedoch auf aus Gefangenschaft entkommene Vögel zurückzuführen ist. Sie sind deshalb keinesfalls als natürlich auftretende Ausnahmeerscheinungen einzustufen.

Einige eingeführte Arte sind allgemein so bekannt oder aber zum direkten Vergleich mit verwandten Arten so wichtig, dass sie bereits im Hauptteil des Buchs behandelt wurden. Dies sind z. B. Kanadagans (S. 20), Nil- und Streifengans (S. 22), Schwarzkopf-Ruderente (S. 44), Jagd-, Gold- und Diamantfasan (S. 48) und Indigofink (S. 406).

Es sei darauf hingewiesen, dass besonders eine große Zahl von Entenvögeln aus allen Teilen der Erde in Gefangenschaft gehalten wird, entfliegt und sich dann teilweise den heimischen Arten anschließt. Außerdem besteht ein reger Handel mit Käfigvögeln, sodass z. B. viele Singvögel aus Asien (aber auch seltenen europäischen Arten ähnelnde Vögel aus Australien und Afrika) in großer Zahl nach Europa importiert werden. Gelegentlich entkommen sie und können dann im Freiland zu Verwirrung führen. Nur ein Bruchteil dieser Arten konnte hier aufgenommen werden.

SCHWARZSCHWAN *Cygnus atratus* Black Swan (BJ)

L 115-140 cm. Australische Art. Ausgesetzte sich selbst erhaltende Population in den Niederlanden, Freibruten auch in anderen Ländern, z. B. Deutschland.– Schwimmend *ganz schwarz* mit *rotem Schnabel mit weißer Binde vor Spitze. Hals besonders dünn*, Körper kurz und seltsam geformte, *wie Dachziegel wirkende Flügelfedern.* Im Flug *weiße Hand- und äußere Armschwingen* sichtbar. Im JK blasser, rußig braungrau. (Nicht abgebildet.)

ZWERGSCHNEEGANS *Anser rossii* Ross's Goose (A)

L 53-66 cm. Brütet in Nordkanada. Einzeln oder paarweise in vielen nordwesteuropäischen Ländern festgestellt (z. B. Deutschland, Großbritannien, Niederlande, Schweden), oft in Gesellschaft von Weißwangengänsen, aber allgemein als Gefangenschaftsflüchtlinge betrachtet.– Wie Schneegans, aber *kleiner* und *kurzhalsiger, Kopf runder* und *Schnabel kürzer, an der Basis grünlich blau.* Auch eine seltene graue Morphe. (Nicht abgebildet.)

KAISERGANS *Anser canagica* Emperor Goose (A)

L 66-85 cm. Brütet in Alaska und Nordostsibirien. In einigen europäischen Ländern festgestellt, auch brütend, aber wahrscheinlich ausschließlich Gefangenschaftsflüchtlinge.– Hübsche, mittelgroße, ziemlich *kompakte* und *kurzhalsige* Gans, *Körper bläulich grau geschuppt, Kopf und Hinterhals weiß,* aber *Kinn und Vorderhals schwarz. Beine orangegelb,* Schnabel schwarz mit großem rosagelbem Feld. Dunkle Morphe der Schneegans oberflächlich ähnlich, aber mit langem Hals und ungeschupptem Gefieder. (Nicht abgebildet.)

GRAUKOPFKASARKA *Tadorna cana* South African Shelduck (A)

L 60-68 cm. Brütet in Südafrika. In einigen europäischen Ländern nachgewiesen, hat in Schweden gebrütet.– Sehr ähnlich Rostgans, besonders im Flug (beide mit schwarzen Handschwingen, weißem Armflügelfeld und grünem Spiegel), aber ♂ hat *einfarbig grauen Kopf,* ♀ *dunkelbraunen mit rein weißem Gesicht.* (Nicht abgebildet.)

Brautente

BRAUTENTE *Aix sponsa* Wood Duck (BJ)

L 43-51 cm. Amerikanische Art, oft in Gefangenschaft und zunehmend frei brütend. Ausnahmeerscheinung auf Island.– Etwas größer als Mandarinente. ♂ im PK unverkennbar, *Kopf und Oberseite mit metallisch blauem und grünem Glanz, Kopf mit feinen weißen Linien,* Kinn und obere Kehle weiß, Halsseiten und Brust dunkel rötlich, weiß gesprenkelt. ♀ (und ♂ im SK) der Mandarinente sehr ähnlich, aber *mehr Weiß um Auge, Kopf dunkler ohne helle Strichelung der Seiten, tief konkave Schnabelbasis,* dunkler Nagel, *feinere Flankenfleckung.*

MANDARINENTE *Aix galericulata* Mandarin Duck (BJ)

L 41-49 cm. Brütet in Ostasien, etablierte Populationen z. B. in Großbritannien, Irland, Frankreich und Deutschland, Feststellungen und Bruten in vielen anderen Ländern. Bevorzugt Gewässer mit überhängender schützender Vegetation.– Kleinere kompakte Ente mit langem Schwanz und großem Kopf. Geschlechter sehr unterschiedlich gefärbt. ♂ im PK unverwechselbar mit *rotem Schnabel, breit weißem Band vom Schnabel über das Auge bis zum Ende der aufrichtbaren Haube,* orangefarbenen, gekämmt wirkenden Halsseiten und über den Rücken ragenden *orangenen „Segeln“.* ♀ dagegen matt olivgrau mit *weißer „Brille mit schmalen Bügeln“,* weißer Linie entlang der eher geraden Schnabelbasis und kräftig hell gefleckten Flanken. JK matter und brauner als ♀, Kopfmarkierungen undeutlicher.

Mandarinente

ZIMTENTE *Anas cyanoptera* Cinnamon Teal (A)

L 38-48 cm. Brütet im westlichen Nordamerika und in Südamerika. In Europa selten frei fliegend beobachtet, höchstwahrscheinlich ausschließlich als Gefangenschaftsflüchtling.– Beide Geschlechter mit *grünem Spiegel* und *auffallend blauen Armdecken.* ♂ einfarbig rötlich mit dunklem Scheitel und Mantel, ♀ ähnlich Blauflügelenten-♀ (S. 28), aber rötlicher mit *weniger kontrastreichem Kopfmuster.* (Nicht abgebildet.)

SCHOPFWACHTEL *Callipepla californica* California Quail (A)

L 24-27 cm. Brütet in Nordamerika. In Europa eingeführt, lokal frei lebende Populationen z. B. in Frankreich und auf Korsika.– *Oberseite und Brust einfarbig blaugrau,* Bauch grob weiß gefleckt. Beide Geschlechter mit *schwarzer Stirntolle* (bei ♂ größer). Bei ♂ *Kehle schwarz, weiß begrenzt,* weißer Überaugenstreif, bei ♀ Kopf fein gefleckt. Singt laut, wiederholt „ka-KWAH-ko“.

Schopfwachtel

VIRGINIAWACHTEL *Colinus virginianus* Northern Bobwhite (A)

L 24-26 cm. Brütet in Nordamerika. Eingeführt in Südeuropa, frei lebende Populationen z. B. in Zentralfrankreich und Norditalien.– Überwiegend *rotbraun,* schwarz und weiß gefleckt und gestreift. ♂ mit *schwarzem Kopf, weißem Überaugenstreif, weißer Kehle,* bei ♀ Kopf dunkelbraun und hell rostbraun gemustert. Singt klar pfeifend „tüh tweIIT“. (Nicht abgebildet.)

ERCKELFRANKOLIN *Francolinus erckelii* Erckel's Francolin –

L 38-43 cm. Brütet in Ostafrika, besonders Äthiopien.– Mittelgroßer Frankolin, oberseits braun, unterseits weißlich, gesamtes Gefieder dunkelbraun gestreift. Typisch sind *einfarbig rötlicher Scheitel, schwarze Stirn und Maske, unmarkiertes weißes Kinn.* Gelbliche Beine sehr kräftig und mit zwei Sporen. (Nicht abgebildet.)

KÖNIGSFASAN *Syrmaticus reevesii* Reeve's Pheasant (A)

L ♂ 140-190 cm, ♀ 60-85 cm. Chinesische Art, in Europa eingeführt, frei lebende Brutpopulationen z. B. in Frankreich und Tschechien. Waldbewohner.– Groß, braun gefleckt wie Jagdfasan, aber ♂ mit *extrem langem Schwanz* (100-150 cm!), *weißem Kopf mit schwarzem Band* vom Schnabel bis zum Nacken und *weißem Fleck unter dem Auge.* (Nicht abgebildet.)

Heiliger Ibis

HEILIGER IBIS *Threskiornis aethiopicus* Sacred Ibis (A)

L 60-85 cm. S 110-125 cm. Brütet in Afrika, baut Nest in Bäume in Reiherkolonien (wie Sichler). In Frankreich 1976 eingeführt, dort heute frei fliegende Population, ebenso in Italien; erscheint gelegentlich auch anderswo.– Überwiegend weiß mit *schwarzem Kopf und Hals* (beide unbefiedert), *kräftigem, abwärts gebogenem, schwarzem Schnabel* und *schwarzen, flaumartig herabhängenden Schirmfedern.*

AFRIKANISCHER LÖFFLER *Platalea alba* African Spoonbill (A)

L 85-95 cm. Brütet in Afrika. Einige Beobachtungen in Frankreich und Spanien, einzelne auch Dänemark, Deutschland und Österreich, die wohl alle entflogene Vögel betreffen.– Groß wie Löffler, *Gefieder weiß, rosarote Beine. Rotes Gesicht* und rote Basis und Kanten des sonst grauen, *löffelförmigen Schnabels.*

Afrikanischer Löffler

KM/DZ

Zwergflamingo

Chileflamingo

ad.

Hauslachtaube

♀ ♂

Halsbandsittich

KUBAFLAMINGO *Phoenicopterus ruber* American Flamingo (BZ)

L 125-145 cm, S 140-170 cm. Brütet in Mittelamerika. Mehrere europäische Nachweise, aber wohl alles Gefangenschaftsflüchtlinge, da häufig gehalten.– Groß wie Rosaflamingo, Gefieder aber *kräftiger und ausgedehnter rosarot*. Rotton hängt jedoch von Alter und Nahrung ab, daher manchmal hell wie Rosaflamingo, manchmal *intensiv rot an Kopf, Hals, Brust und Schwanz*. Beine gräulich mit wenig Rosa am „Knie“ (viel weniger Kontrast als bei Chileflamingo), *Schnabel* oft *tiefer rosa*. (Nicht abgebildet.)

ZWERGFLAMINGO *Phoenicopterus minor* Lesser Flamingo (A)

L 80-95 cm, S 90-110 cm. Brütet in Mittel- und Ostafrika. Beobachtungen in Frankreich (dort Brutversuch 1994 und später), Marokko und Spanien könnten Wildvögel betreffen. Nachweise weiter nördlich wahrscheinlich eher Gefangenschaftsflüchtlinge.– *Klein*. Gefieder *rosa*, rote Streifen auf Mantel und Schultern. *Beine gänzlich rot, Schnabel dunkelrot mit kleiner schwarzer Spitze*.

CHILEFLAMINGO *Phoenicopterus chilensis* Chilean Flamingo (BZ)

L 100-120 cm, S 120-135 cm. Südamerikanische Art, in Europa häufig in Gefangenschaft. In Deutschland eine verwilderte Population.– Etwas kleiner als Rosaflamingo, *Schnabel vorne mehr als zur Hälfte schwarz, Beine beigegrau mit kontrastierend roten „Knien“* und Zehen, *Gefieder oft blasser rosa*.

HAUSLACHTAUBE *Streptopelia risoria* (domest.) Barbary Dove (A)

L 27-29 cm. Domestizierte Form der afrikanischen Lachtaube (S. 414), manchmal als eigene Art behandelt. Einige Brutpaare auf Teneriffa gehen auf entflogene Käfigvögel zurück.– Sehr ähnlich Türkentaube, aber *kleiner*, etwas *kurzschwänziger, blasser* beige grauweißes Gefieder, fast weißer Bauch (Türkentaube hellgrau), schwarzes Nackenband oft breiter, stärker gerundet. Auch etwas kleiner und blasser als wilde Stammform. Singt angenehm „ko k'rruuh“, mehrfach wiederholt.

HALSBANDSITTICH *Psittacula krameri* Rose-ringed Parakeet (BJ)

L 37-43 cm (inkl. 18-23 cm Schwanzverlängerung bei ad.). Brütet in Südasien und Afrika südlich der Sahara, eingebürgert u. a. in Ägypten, Belgien, Deutschland, Frankreich, Griechenland, Großbritannien, Israel, den Niederlanden, Spanien usw.).– Fast *komplett leuchtend grün* mit *langem, spitzem Schwanz* und *langen, schmalen Flügeln* mit dunkleren Schwungfedern. *Oberschnabel hagebuttenrot*. ♂ mit *schwarzer Kehle*, in *schmaler Linie auf Halsseiten* verlängert und in rosarotes Nackenband übergehend. Kopf/Hals des ♀ einfarbig grün. Auge hell mit rotem Lidring. Laut und lebendig, meist in Baumkronen in großen Parks.

ALEXANDERSITTICH *Psittacula eupatria* Alexandrine Parakeet (BJ)

L 50-62 cm. Brütet in Südasien von Indien ostwärts. Auf Gefangenschaftsflüchtlinge zurückgehende kleine Populationen in Belgien, Deutschland, den Niederlanden und der Türkei (Istanbul).– Wie Großausgabe des Halsbandsittichs, fast doppelt so groß, zudem *komplett roter Schnabel proportional viel kräftiger* und *rötliche „Schulterbänder“*. (Nicht abgebildet.)

PFIRSICHKÖPFCHEN *Agapornis fischeri* Fischer's Lovebird (A)

L 14-16 cm. Ostafrikanische Art. Sich ausbreitende, verwilderte Population in Frankreich.– Recht kleiner, kompakter Papagei mit proportional *großem, rundem Kopf* und *kurzem Schwanz*. Leicht erkennbar an *grünem Körper, orangem Kopf* und *gelber Brust. Kräftiger Schnabel ganz rot, weißer Augenring* um dunkles Auge. (Nicht abgebildet.)

NANDAYSITTICH *Nandayus nenday* Nanday Parakeet –

L 32-36 cm. Südamerikanische Art. Gefangenschaftsflüchtlinge brüten lokal in Kleinkolonien in Israel.– Mittelgroßer Papagei mit *überwiegend leuchtend gelbgrünem Gefieder, bläulichem Brustband* und *schwärzlichem Kopf.* Bernsteingelbes Auge mit weißem Ring. *Schwanz lang, spitz, grün,* Beine orange. (Nicht abgebildet.)

Mönchssittich

MÖNCHSSITTICH *Myiopsitta monachus* Monk Parakeet (BJ)

L 28-31 cm. Südamerikanische Art. Kleine Brutkolonien in Belgien, Deutschland, Italien, Österreich, Slowakei, Spanien, auf Balearen und Kanaren auf entflogene Käfigvögel zurückgehend.– *Oberseite leuchtend grün,* Stirn, Kehle und *Brust hellgrau,* Brust fein dunkel gebändert, Bauch hellgrün. *Flügel bläulich getönt. Schwanz lang, spitz, grün.* Schnabel orange.

GUAYAQUILSITTICH *Aratinga acuticauda* Blue-crowned Parakeet –

L 33-38 cm. Südamerikanische Art. Flüchtlinge haben in Großbritannien und Spanien gebrütet.– Mittelgroße, überwiegend *grün* gefärbte Art, Brust heller grün, Kopf dunkler und blau getönt, besonders Scheitel. *Langer, spitzer Schwanz grün, goldbraun und rötlich.* Recht schwerer Schnabel rosabraun, Lidring weißlich. (Nicht abgebildet.)

Hirtenmaina

HIRTENMAINA *Acridotheres tristis* Common Myna (b)

L 22-25 cm. Indische Starenart, breitet sich nach Norden und Westen aus. Brutvorkommen z. B. in Israel, Russland und Teneriffa (seit 1993) auf Gefangenschaftsflüchtlinge zurückzuführen.– Etwa starengroß, braun mit rußschwarzem Kopf. *Gelber Schnabel, nackte gelbe Haut hinter dem Auge, gelbe Beine, große weiße Handflügelflecke auf gerundeten Flügeln.* Furchtlos, lebt nahe menschlichen Siedlungen. Sehr laut und lärmend.

SCHWARZKOPFWEBER *Ploceus melanocephalus* Black-headed Weaver –

L 14-16 cm. Afrikanische Art, brütet am Südrand der Sahara. Entflogene Käfigvögel haben sich in Portugal angesiedelt.– Einer von vielen überwiegend gelblichen Webern mit *schwarzem Kopf.* Erkennbar an Kombination von *leicht gestricheltem graubraunem Mantel,* Eindruck eines *gelben Halsbands, gelber Brust* ohne orangeroten Anflug und *dunklem Auge.* (Nicht abgebildet.)

Manyarweber

MANYARWEBER *Ploceus manyar* Streaked Weaver –

L 12-13 cm. Afrikanische Art. Entflogene Käfigvögel haben Brutkolonien in Schilfgebieten des ägyptischen Nildeltas gebildet.– *Großköpfig, kräftiger Schnabel,* kurzer, gerade abgeschnittener Schwanz, recht kurze Beine. Bei ♂ *Scheitel gelb, Kopfseiten dunkel,* stark gestreifte bräunlich beige Unterseite, im PK *schwarzer Schnabel.* ♀ mit *gelbem Überaugenstreif, gelbem Halsseitenfleck,* Ohrdecken und Scheitel dunkel, Schnabel elfenbeingelb.

TAHAWEBER *Euplectes afer* Yellow-crowned Weaver (A)

L 9,5-12 cm. Weit verbreitete afrikanische Art. Kleine Population entflogener Käfigvögel in Portugal.– Rundlich und kurzschwänzig. ♂ *gelb auf Scheitel, Oberseite und Steiß, sonst schwarz.* ♀ braun, oberseits gestreift, ähnlich Haussperling, aber kleiner. (Nicht abgebildet.)

Senegalamarant

SENEGALAMARANT *Lagonosticta senegala* Red-billed Firefinch –

L 9,5-11 cm Afrikanische Art, südlich der Sahara weit verbreitet. Eingeführt in El Golea, Algerien, inzwischen aber selten oder verschwunden.– *Klein.* Winzige helle Brustseitenflecken. ♂ auf Kopf und Brust überwiegend rot, Schnabel rot, *Flügel einfarbig braun,* Schwanz schwarz. ♀ graubraun, *Zügel, Schnabel und Bürzel rot.* Schmaler gelber Augenring um dunkles Auge.

DZ

Wellenastrild

Tigerfink

Indischer Silberschnabel

DZ

WELLENASTRILD *Estrilda astrild* Common Waxbill (A)

L 11-12 cm. Afrikanische Art. Auf Iberischer Halbinsel eingeführt, brütet heutzutage lokal von Feb.-Nov. besonders in Portugal in Schilf-, Binsen-, Seggenbeständen usw. Jahresvogel.– *Klein*, graubraun, fein gebändert, *rote Maske, roter Bauchmittenfleck, schwarzer* (oder dunkelbrauner) *Steiß, Schnabel* bei ad. *rot,* im JK braunschwarz. Gesang dreisilbige, einfache Strophe zweier rauer Töne gefolgt von ansteigender Silbe, etwas rollender Klang, „schre-schre-srri".

TIGERFINK *Amandava amandava* Red Avadavat (A)

9,5-10,5 cm. Indische Art. Eingeführt z. B. in Spanien und im Po- und Nildelta. Brütet im Herbst (im Nildelta im Frühjahr) in üppiger Ufervegetation, auch in Agrarflächen.– *Sehr klein.* In allen Kleidern graubraune Oberseite, fein *weiß gefleckte Flügeldecken und Schirmfedern, rote Oberschwanzdecken,* dunkler Schwanz. Bei ♂ im PK *Kopf und Unterseite satt rot, Unterseite fein weiß gesprenkelt.* ♀ und ♂ im SK unterseits schmutzig weiß, Brust beigegrau, *Bauch gelblich,* Zügel dunkel, ♂ im SK mit mehr Rot auf Oberschwanzdecken, deutlicherer weißer Sprenkelung und *Rotschimmer am Bauch.* Flugruf kurz, dumpf „schick-schick", bei Nahrungssuche auch scharf „zsi". Gesang eine Serie abfallender, klarer, weicher Töne, oft in kurzem Triller endend.

INDISCHER SILBERSCHNABEL *Lonchura malabarica* Indian Silverbill –

L 11-12 cm. Indische Art. Brütet seit 1988 in Israel, seit 1990 in Jordanien, inzwischen auch Population im französischen Nizza. Herkunft aus Gefangenschaft in allen Fällen wahrscheinlich. Selbst zur Brutzeit gesellig, furchtlos.– *Klein. Kräftiger, silbergrauer Schnabel, einfarbig hellbraune Oberseite,* weißliche Unterseite mit bräunlich getönten Flanken, schwarze Handschwingen, *langer, spitzer, schwarzer Schwanz, Oberschwanzdecken und Bürzel weiß.* Geschlechter gleich gefärbt. Im JK mit kürzerem, stumpferem Schwanz, bräunlichem Gesicht und Bürzel.

SCHWARZBAUCHNONNE *Lonchura malacca* Black-headed Munia –

L 10,5-12 cm. Indische Art. Entflogene Käfigvögel haben in Portugal Kolonien etabliert.– Attraktive, recht kleine, finkenähnliche Art. ♂ mit *schwarzem Kopf und Steiß,* getrennt durch *weiße untere Brust und Flanken, Oberseite einfarbig braun,* schwerer konischer Schnabel gräulich weiß. ♀ einfarbig graubraun und weißlich ohne besondere Merkmale, aber gewöhnlich am kräftigen, hellgrauen Schnabel erkennbar. (Nicht abgebildet.)

LITERATUR

Die nachfolgend aufgeführten Referenzen wurden während der Erstellung dieses Buchs zu Rate gezogen. Sie alle können zur Vertiefung empfohlen werden. Für die Erstellung der Verbreitungskarten wurden alle bekannten nationalen Artenlisten und Atlanten konsultiert, hier jedoch nur die wichtigsten und aktuellsten aufgenommen.

ALLGEMEIN

Ali, S., & S.D. Ripley (1987): Handbook of the Birds of India and Pakistan. Compact Edition. 2. Aufl. Oxford Univ. Press, Oxford.

Alström, P., K. Mild & B. Zetterström (2003): Pipits & Wagtails of Europe, Asia and North America. Helm, London.

Baker, K. (1997): Warblers of Europe, Asia and North Africa. Helm, London.

Beaman, M., & S. Madge (1998): Handbuch der Vogelbestimmung. Ulmer, Stuttgart.

Blomdahl, A., B. Breife & N. Holmström (2003): Flight Identification of European Seabirds. Helm, London.

Brazil, M. (2009): Birds of East Asia. Helm, London.

Brewer, D. (2001): Wrens, Dippers and Thrashers. Helm, London.

Brown, L.H., E.K. Urban, K. Newman, C.H. Fry & G.S. Keith (Hrsg.; 1982-2004): The Birds of Africa. Bd. 1-7. Academic Press/Helm, London.

Campbell, B., & E. Lack (Hrsg.; 1985): A Dictionary of Birds. Poyser, Calton.

Chantler, P., & G. Driessens (1995): Swifts. Pica, Mountfield.

Cleere, N., & D. Nurney (1998): Nightjars. Pica, Mountfield.

Clement, P., A. Harris & J. Davis (1993): Finches and Sparrows. Helm, London.

Clement, P., & R. Hathway (2000): Thrushes. Helm, London.

Cottridge, D., & K. Vinicombe (1996): Rare Birds in Britain & Ireland. A photographic record. HarperCollins, London.

Cramp, S., K.E.L. Simmons & C.M. Perrins (Hrsg.; 1977-1994): The Birds of the Western Palearctic. Bd. 1-9. Oxford University Press, Oxford.

Curry-Lindahl, K., et al. (195-1962): Våra fåglar i Norden. Bd. 1-4. 2. Aufl. Natur och Kultur, Stockholm.

Curson, J., D. Quinn & D. Beadle (1994): New World Warblers. Helm, London.

Delin, H., & L. Svensson (1989): Der Kosmos-Vogelatlas. Kosmos, Stuttgart.

Delin, H., & L. Svensson (2007): Philip's Guide to Birds of Britain & Europe. Philip's, London.

Doherty, P. (2004): The Birds of Britain & Europe. 6 DVD. Bird Images, Sherburn-in-Elmet.

Dunn, J., & K. Garrett (1997): A Field Guide to the Warblers of North America. Houghton Mifflin, Boston.

Farrand Jr., J., et al. (Hrsg.; 1983): The Audubon Society Master Guide to Birding. Bd. 1-3. Knopf, New York.

Forsman, D. (1984): Rovfågelsguiden. Lintutieto, Helsinki.

Forsman, D. (1999): The Raptors of Europe and the Middle East. Poyser, London.

Fry, C.H., K. Fry & A. Harris (1992): Kingfishers, Bee-eaters & Rollers. Helm, London.

Génsbøl, B. (2006): Rovfåglar i Europa. Prisma, Stockholm.

Géroudet, P. (1953-1961): Les Passereaux d'Europe. I-III. Délachaux & Niestlé, Paris.

Géroudet, P. (1965): Les Rapaces Diurnes et Nocturnes d'Europe. Délachaux & Niestlé, Paris.

Géroudet, P. (1965): Water-birds with webbed feet. Blandford, London.

Gibbs, D., E. Barnes & J. Cox (2001): Pigeons and Doves. Pica, Mountfield.

Glutz von Blotzheim, U.N., & K.M. Bauer (Hrsg.; 1966-1997): Handbuch der Vögel Mitteleuropas. Bd. 1-14. Aula, Wiesbaden.

Grant, P.J. (1986): Gulls: a guide to identification. 2. Aufl. Poyser, Calton.

Grimmett, R., C. Inskipp & T. Inskipp (1998): Birds of the Indian Subcontinent. Helm, London.

Hancock, J., & J. Kushlan (1984): The Herons Handbook. Harper & Row, New York.

Harrap, S., & D. Quinn (1996): Tits, Nuthatches & Treecreepers. Helm, London.

Harris, A., L. Tucker & K. Vinicombe (1991): Vogelbestimmung für Fortgeschrittene. Kosmos, Stuttgart.

Harris, T., & K. Franklin (2000): Shrikes & Bush-Shrikes. Helm, London.

Harrison, P. (1989): Seabirds of the World. Helm, London.

Hayman, P., J. Marchant & T. Prater (1986): Shorebirds. Croom Helm, Beckenham.

Hollom, P.A.D., R.F. Porter, S. Christensen & I. Willis (1988): Birds of the Middle East and North Africa. Poyser, London.

del Hoyo, J., A. Elliott & D.A. Christie (Hrsg.; 1992-2010): Handbook of the Birds of the World. Bd. 1-15. Lynx, Barcelona.

Jenni, L., & R. Winkler (1994): Moult and Ageing of European Passerines. Academic Press, London.

Jonsson, L., & T. Tysse (1992): Lommar. Vår Fågelvärld, Suppl. 15.

Kaufman, K. (1990): Advanced Birding. Houghton Mifflin, Boston.

Lefranc, N., & T. Worfolk (1997): Shrikes. Pica, Mountfield.

Lewington, I., P. Alström, & P. Colston (1991): A Field Guide to the Rare Birds of Britain and Europe. HarperCollins, London.

Madge, S., & H. Burn (1988): Wildfowl. Helm, London.

Madge, S., & H. Burn (1991): Crows and Jays. Helm, London.

Madge, S., & P. McGowan (2002): Pheasants, Partridges & Grouse. Helm, London.

Mebs, T., & W. Scherzinger (2000): Die Eulen Europas. Kosmos, Stuttgart.

Mikkola, H. (1983): Owls of Europe. Poyser, Calton.
Mitchell, D., & Young, S. (1997): Rare Birds of Britain and Europe. New Holland, London.
Naoroji, R. (2006): Birds of Prey of the Indian Subcontinent. Helm, London.
O'Brien, M., R. Crossley & K. Karlson (2007): The Shorebird Guide. Helm, London.
Olsen, K.M., & H. Larsson (1995): Terns of Europe and North America. Helm, London.
Olsen, K.M., & H. Larsson (1997): Skuas and Jaegers. Pica, Mountfield.
Olsen, K.M., & H. Larsson (2004): Gulls of Europe, Asia and North America. 2. Aufl. Helm, London.
Olsson, U., J. Curson & C. Byers (1995): Buntings and Sparrows. Pica, Mountfield.
Palmer, R.S., et al. (Hrsg.;1962-1988): Handbook of North American Birds. Bd. 1-5. Yale University Press, New Haven.
Porter, R.F., S. Christensen & P. Schiermacker-Hansen (1996): Field Guide to the Birds of the Middle East. Poyser, London.
Pyle, P., et al. (1997): Identification Guide to North American Birds. Part 1. Slate Creek Press, Bolinas.
Rasmussen, P.C., & J. Anderton (2005): Birds of South Asia. The Ripley Guide. Bd. 1-2. Smithsonian & Lynx, Barcelona.
Robson, C. (2000): A Field Guide to the Birds of South-East Asia. New Holland, London.
Rosair, D., & D. Cottridge (1995): Photographic Guide to the Waders of the World. Hamlyn, London.
Rosenberg, E. (1953): Fåglar i Sverige. Almqvist & Wiksell, Stockholm.
Shirihai, H. (2007): A Complete Guide to Antarctic Wildlife. 2. Aufl. A&C Black, London.
Shirihai, H., D. Christie & A. Harris (1996): Birder's Guide to European and Middle Eastern Birds. Macmillan, London.
Shirihai, H., G. Gargallo & A.J. Helbig (2001): Sylvia Warblers. Helm, London.
Sibley, D.A. (2000): The Sibley Guide to Birds. Knopf, New York.
Svensson, L. (1992): Identification Guide to European Passerines. 4. Aufl. Selbstverl., Stockholm.
Taylor, B., & B. van Perlo (1998): Rails. Pica, Mountfield.
Ticehurst, C.B. (1938): A Systematic Review of the Genus Phylloscopus. British Museum, London.
Turner, A., & C. Rose (1989): Swallows and Martins of the World. Helm, London.
Urquhart, E. (2002): Stonechats. Helm, London.
Winkler, H., D.A. Christie & D. Nurney (1995): Woodpeckers. Pica, Mountfield.
Witherby, H.F., F.C.R. Jourdain, N.F. Ticehurst & B.W. Tucker (1938-1941): The Handbook of British Birds. Bd. 1-5. Witherby, London.

ATLANTEN UND ARTENLISTEN

Andrews, I.J. (1995): The Birds of the Hashemite Kingdom of Jordan. Selbstverl., Musselburgh.
Bannerman, D.A., & W.M. Bannerman (1983): The Birds of the Balearics. Helm, London.
Baumgart, W. (2003): Birds of Syria. 2. Aufl. OSME.
Barthel, P.H., & A.J. Helbig (2005): Artenliste der Vögel Deutschlands. Limicola 19: 89-141.
Beaman, M. (1994): Palearctic Birds. Harrier, Stonyhurst.
Clements, J.F. (2000): Birds of the World. A Checklist. 5. Aufl. Pica, Mountfield.
Dickinson, E.C., et al. (Hrsg.; 2003): The Howard & Moore Complete Checklist of the Birds of the World. 3. Aufl. Helm, London.
Dubois, P.J., P. Le Maréchal, G. Olioso, P. Yésou (2000): Inventaire des Oiseaux de France. Nathan, Paris.
Estrada, J., et al. (Hrsg.; 2004): Atles dels ocells nidificants de Catalunya 1999-2002. Lynx, Barcelona.
Ferguson-Lees, J, I. Willis & J.T.R Sharrock (1983): The Shell Guide to the Birds of Britain and Ireland. Michael Joseph, London.
Gavrilov, E., & A. Gavrilov (2005): The Birds of Kazakhstan. Tethys, Almaty.
Gill, F., & M. Wright (2006): Birds of the World. Recommended English Names. Helm, London.
Gill, F., & D. Donsker (Hrsg.; 2010): IOC World Bird Names (version 2.7). http://www.worldbirdnames.org [Zugriff 1.1.2011]
Gjershaug, J.O., P.G. Thingstad, S. Eldøy & S. Byrkjeland (Hrsg.; 1994): Norsk fugleatlas. NOF, Klæbu.
Goodman, S.M., P.L. Meininger (Hrsg.; 1989): The Birds of Egypt. Oxford Univ. Press, Oxford.
Gorman, G. (1996): The Birds of Hungary. Helm, London.
Hagemeijer, W.J.M., & M.J. Blair (Hrsg.; 1997): The EBCC Atlas of European Breeding Birds. Poyser, London.
Handrinos, G., & T. Akriotis (1997): The Birds of Greece. Helm, London.
Hartert, E. (1903-1938): Die Vögel der paläarktischen Fauna. Bd. 1-4. Friedländer, Berlin.
Isenmann, P., & A. Moali (2000): Birds of Algeria. SEOF, Paris.
Isenmann, P., et al. (2005): Birds of Tunisia. SEOF, Paris.
Kirwan, G., et al. (2008): The Birds of Turkey. Helm, London.
Kren, J. (2000): Birds of the Czech Republic. Helm, London.
Larsson, L., E. Larsson & G. Ekström (2002): Birds of the World. Interaktive elektronische Checklist, 2 CDs. Väse.
Leibak, E., V. Lilleleht & H. Veromann (1994): Birds of Estonia. Estonian Academy Publ., Tallinn.
Lindell, L. (Hrsg.; 2002): Sveriges fåglar. 3. Aufl. SOF, Stockholm.
Martí, R., & J.C. del Moral (Hrsg.; 2003): Atlas de las Aves Reproductoras de España. Ministerio de Medio Ambiente/SEO Birdlife, Madrid.
Maumary, L., L. Vallotton & P. Knaus (2007): Die Vögel der Schweiz. Schweizerische Vogelwarte, Sempach und Nos Oiseaux, Montmollin.
Meschini, E., & S. Frugis (Hrsg.; 1993): Atlante degli Uccelli Nidificanti in Italia. Suppl. Ric. Biol. Selvaggina, Bologna.
Priednieks, J., M. Strazds, A. Strazds & A. Petrins (1989): Latvijas Ligzdojoso Putno Atlants 1980-1984. Zinatne, Riga.
Purroy, F.J., et al. (Hrsg.; 1997): Atlas de las Aves de España. SEO Birdlife/Lynx, Barcelona.
Rogacheva, H. (1992): The Birds of Central Siberia. Druck- u. Verlagsgesellschaft, Husum.
Roselaar, C.S. (1995): Songbirds of Turkey. An atlas of biodiversity of Turkish passerine birds. Pica, Mountfield.

Rufino, R., et al. (Hrsg.; 1989): Atlas das Aves que nidificam em Portugal Continental. Minist. plano e administr. território, Lisbon.

Ryabitsev, V.K. (2001): Ptitsy Urala, Priuralya, i Zapadnoy Sibiri. Ekaterinburg.

Scott, D.A., et al. (Hrsg.; 1983): The Birds of Iran. 2. Aufl. Dept of Environment, Teheran.

Shirihai, H. (1996): The Birds of Israel. Academic Press, London.

Stewart, P.F., & S.J. Christensen (1971): A Checklist of the Birds of Cyprus. RAF, Plymouth.

Stresemann, E., L.A. Portenko, H. Dathe, I.A. Neufeldt et al. (1960-1988): Atlas der Verbreitung palaearktischer Vögel. Lfg. 1-15. Akademie-Verlag, Berlin.

Svensson, S., M. Svensson & M. Tjernberg (1999): Svensk fågelatlas. Vår Fågelvärld, Suppl. 31. SOF, Stockholm.

Thévenot, M., R. Vernon & P. Bergier (2003): The Birds of Morocco. BOU Checklist 20. BOU, Tring.

Tomialojc, L., & T. Stawarczyk (2003): Awifauna Polski. Bd. 1-2. PTPP, Wroclaw.

Vaurie, C. (1959, 1965): The Birds of the Palearctic Fauna. Bd. 1-2. Witherby, London.

Voous, K.H. (1977): List of Recent Holarctic Bird Species. BOU, London.

Wassink, A., & G.J. Oreel (2007): The Birds of Kazakhstan. Selbstverl., Texel.

Zink, G. (1973-1985): Der Zug europäischer Singvögel. Bd. 1-4. Vogelzug-Verlag, Möggingen.

VOGELSTIMMEN

Andersson, B., L. Svensson & D. Zetterström (1990): Fågelsång i Sverige. CD mit Buch. Mono Music, Stockholm.

Bergmann, H.-H., & H.-W. Helb (1982): Stimmen der Vögel Europas. BLV, München.

Carlsson, S., & P.-E. Gydemo (1993): Tättingläten. CD. Schweden.

Chappuis, C. (1987): Migrateurs et hivernants. 2 Tonkassetten. Grand Couronne, France.

Chappuis, C. (2000): African Bird Sounds – 1. North-West Africa, Canaria and Cap-Verde Islands. 4 CDs. SEOF/Nat. Sound Arch., London.

Constantine, M., et al. (2006): The Sound Approach to birding. Mit 2 CDs. Poole.

Cramp, S., et al. (Hrsg.; 2006): BWPi, version 2.0. (Elektronische Version von BWP, seiner Concise Edition, der BWP Updates, plus Film- und Tonmaterial). Birdguides, London.

Gulledge, J., et al. (1983): A Field Guide to Bird Songs of Eastern and Central North America. 2. Aufl. 2 Tonkassetten. Cornell/Houghton Mifflin, Boston.

Gunn, W.W.H., P.P. Kellogg et al. (1975): A Field Guide to Western Bird Songs. 3 Tonkassetten. Cornell/Houghton Mifflin, Boston.

Jännes, H. (2003): Calls of Eastern Vagrants. CD. Earlybird, Helsinki.

Mild, K. (1987): Soviet Bird Songs. 2 Tonkassetten mit Begleitheft. Stockholm.

Mild, K. (1990): Bird Songs of Israel and the Middle East. 2 Tonkassetten mit Begleitheft. Stockholm.

Palmér, S., & J. Boswall (1981): A Field Guide to the Bird Songs of Britain and Europe. 16 Tonkassetten. SR Phonogram, Stockholm.

Ranft, R., & N. Cleere (1998): A Sound Guide to Nightjars and Related Nightbirds. CD. Pica/Nat. Sound Arch., Mountfield.

Robb, M.S. (2000): Introduction to vocalizations of crossbills in north-western Europe. CD mit Begleitheft. Dutch Birding, Amsterdam.

Roché, J.C. (1998): Birds of prey and Owls of Western Europe. CD. Frémeaux, Cervennes.

Roché, J.C., et al. (1990): All the bird songs of Britain and Europe. 4 CDs. Sittelle, Mens.

Roché, J.C., J. Chevereau et al. (1998): A sound guide to the Birds of North-West Africa. CD. Sittelle, Mens.

Roché, J.C., J. Chevereau et al. (2001): Guía sonora de las aves de Europa. 10 CDs. Lynx, Barcelona.

Sample, G. (1998): Bird Call Identification. Buch und CD. HarperCollins, London.

Sample, G. (2003): Warbler Songs & Calls of Britain and Europe. Buch und 3 CDs. HarperCollins, London.

Schubert, M. (1981): Stimmen der Vögel Zentralasiens. 2 LP. Eterna, Berlin.

Schubert, M. (1984): Stimmen der Vögel. VII. Vogelstimmen Südosteuropas (2). LP. Eterna, Berlin.

Schulze, A. (Hrsg.; 2003): Die Vogelstimmen Europas, Nordafrikas und Vorderasiens. 17 CDs. Ample, Germering.

Strömberg, M. (1994): Moroccan Bird Songs and Calls. Tonkassette. Schweden.

Svensson, L. (1984): Soviet Birds. Tonkassette. Stockholm.

Ueda, H. (1998): 283 Wild Bird Songs of Japan. Yama-kei, Tokio.

Veprintsev, B.N. (1982-1986): Birds of the Soviet Union: A Sound Guide. 7 LP. Melodia, Moskau.

Veprintsev, B.N., & O. Veprintsev (2007): Voices of the birds of Russia. MP3. Phonotheca, Pushchino.

Wahlström, S. (1992): Från Alfågel till Ärtsångare. 2 CDs. Bra Böcker, Viken.

Walton, R.K., & R.W. Lawson (1994): More Birding by Ear. A Guide to Bird-song Identification. Eastern/Central North America. 3 CDs mit Begleitheft. Houghton Mifflin, Boston.

Wetland Birds – a celebration. (1996): CD. Wildfowl & Wetlands Trust/Bird Watching.

ZEITSCHRIFTEN

Alula (1995-2008): finnisch, 4 Hefte/Jahr. Helsinki.

Birding World (1988-): britisch, 12 Hefte/Jahr. Cley-next-the-sea.

British Birds (1907-): britisch, 12 Hefte/Jahr. London.

Dutch Birding (1979-): niederländisch, 6 Hefte/Jahr. Santpoort-Zuid.

Limicola (1987-): deutsch, 4-6 Hefte/Jahr. Einbeck-Drüber.

Vår Fågelvärld (1942-): schwedisch, 8 Hefte/Jahr. Stockholm.

REGISTER

Die Seitenverweise beziehen sich auf die Textseiten. Die Illustrationen befinden sich in der Regel auf den gegenüberliegenden Seiten.

A

D

G

H

M

R

S

Titel der Originalausgabe:
„FÅGLARNA. Alla Europas och Medelhavsområdets fåglar i fält“,
2. Auflage, erschienen 2011 bei Bonnier Fakta, Stockholm, Schweden,
unter ISBN 978-91-7424-142-6

Über 4000 Farbzeichnungen von Killian Mullarney und Dan Zetterström;
drei Schwarz-Weiß-Fotos.

Aus dem Schwedischen übersetzt von Peter H. Barthel.

Das vorliegende Buch ist die große Ausgabe zum inhaltlich nahezu
identischen Bestimmungsbuch „Der Kosmos-Vogelführer“
(ISBN 978-3-440-12384-3), Kosmos-Verlag, Stuttgart.

Umschlaggestaltung von eStudio Calamar unter Verwendung
einer Farbzeichnung einer Küstenseeschwalbe.
Die Buchrückseite zeigt die verschiedenen Kleider des Dunklen Wasserläufers.

Nach Vorgabe des schwedischen Verlags und Autors entspricht die Übersetzung
des Buchs der schwedischen Originalausgabe. In einigen Fällen weichen daher
Systematik, Taxonomie und Nomenklatur von der bei uns gängigen Praxis ab.

Unser gesamtes lieferbares Programm und viele weitere Informationen zu
unseren Büchern, Spielen, Experimentierkästen, DVDs, Autoren und Aktivitäten
finden Sie unter kosmos.de

FSC
www.fsc.org
MIX
Papier aus verantwortungsvollen Quellen
FSC® C015829

Für die deutschsprachige Ausgabe:

ISBN 978-3-440-13461-0
Projektleitung der Neuausgabe: Stefanie Tommes
Text: Peter H. Barthel
Satz: Christine Barthel, Limicola Verlag
Produktion: Markus Schärtlein
Printed in Italy / Imprimé en Italie